Digitale
Informationswandler

Digital
Information Processors

Dispositifs traitant
des informations numériques

Digital Information Processors

Selected Articles on
Problems of Information Processing

Edited by WALTER HOFFMANN
with the Cooperation of 25 Specialists

With 173 Figures

Dispositifs traitant
des informations numériques

Une sélection d'articles techniques sur
les problèmes concernant le traitement d'informations

Edité par WALTER HOFFMANN
avec la coopération de 25 spécialistes

Illustré de 173 figures

Digitale Informations wandler

Probleme der Informationsverarbeitung
in ausgewählten Beiträgen

Herausgegeben von WALTER HOFFMANN
unter Mitwirkung von 25 Fachautoren

Mit 173 Bildern

Springer Fachmedien Wiesbaden GmbH

Dieses Sammelwerk erscheint zugleich als Lizenzausgabe der
Interscience Publishers
A Division of John Wiley & Sons, Inc., New York, N. Y.
unter dem Titel "Digital Information Processors".
Die vorliegende Originalausgabe
darf *nicht* in die westliche Hemisphäre geliefert werden.

ISBN 978-3-322-96126-6   ISBN 978-3-322-96260-7 (eBook)
DOI 10.1007/978-3-322-96260-7

Mit der programmgesteuerten Rechenanlage (Ziffern-Rechenautomat) ist vor etwa zwanzig Jahren ein Maschinentyp auf den Plan getreten, der Leistungen zu vollbringen imstande ist, die bis dahin der menschlichen Geistestätigkeit vorbehalten waren. Zu der *Kraft*-Maschine, welche menschliche Muskelkraft ersetzt, kam die *Informations*-Maschine*) hinzu, welche logisch erfaßbare Tätigkeiten der menschlichen Ratio ausführen und somit den Menschen auf einer höheren, der geistigen, Ebene entlasten kann.

Im Zuge der Entwicklung hat sich die programmgesteuerte Rechenanlage, der Prototyp der Informationsmaschine, ein viel größeres Anwendungsfeld erschlossen, als es durch die Interessen der Mathematiker gekennzeichnet ist. Andere Maschinentypen sind hinzugekommen, auf welche die Bezeichnung *Rechen*-Automat nurmehr bedingt paßt, die aber andererseits Anspruch haben, ebenbürtig an deren Seite gestellt zu werden. Dabei denkt man zum Beispiel an die technischen Modelle zur Beschreibung von Lernvorgängen, an Spezialzweckanlagen zur Datenverarbeitung, Sprachenübersetzung, logischen Beweisführung, zur Ausführung von Strategiespielen usw. In Anbetracht der Vielfalt der Interessen erscheint es nicht unbillig zu fragen, wo, an welcher Stelle im Gebäude der Natur- und technischen Wissenschaften wir uns überhaupt befinden, ob eine einfache Interpretation des Sachverhalts überhaupt möglich ist, die uns ein Zurechtfinden erlaubt.

Ein Versuch einer solchen Interpretation ist bereits gemacht worden vom Standpunkt der Nachrichtentechnik und Informationstheorie. Dort befaßte man sich bislang praktisch ausschließlich mit der Übermittlung und Übertragung von Nachrichten oder Information, was der technisch geschulte Wissenschaftler schematisiert etwa so darstellt: Ein zunächst nicht weiter definierter Kasten („Black Box") hat links einen Eingang zur Zuführung und rechts einen Ausgang zur Abnahme von Information. Der Kasten kann nun beispielsweise eine Übertragungsstrecke (drahtlos oder mit Draht) mit den entsprechenden Codierungseinrichtungen darstellen.

Das Problem der klassischen Nachrichtentechnik und Informationstheorie besteht darin, die Nachricht störungsfrei vom Eingang zum Ausgang zu übertragen, d. h. den Informations*inhalt* der Nachricht nicht zu verändern; er soll am Ausgang derselbe sein wie am Eingang.

Setzt man nun zum Beispiel eine programmgesteuerte Rechenanlage oder eine andere der oben erwähnten Maschinentypen als „Black Box" mit möglicherweise mehreren Eingängen, so eröffnet sich damit die Möglichkeit, die zugeführte Nachricht (Daten) nach vorgegebenen logischen Gesetzmäßigkeiten zu verarbeiten und am Ausgang eine Nachricht mit *abgewandeltem* Informationsinhalt zu erhalten. Greifen wir aus der so allgemein umrissenen Kategorie von Maschinen diejenigen heraus, welche nach dem Digitalprinzip, d. h. mit diskreten Werten wie Ziffern und Buchstaben, oder schrittweise, unter Verwendung von Impulszügen usw., arbeiten, so haben wir die *Digitalen Informationswandler.*

---

*) Diese Bezeichnung ist wissenschaftlich exakter als Ausdrücke wie „Denkmaschine" oder „Elektronengehirn" und dürfte diesen deshalb vorzuziehen sein.

Der vorliegende Sammelband befaßt sich mit digitalen Informationswandlern im Sinne der Informationsmaschine und legt eine Auswahl von Beiträgen zu diesem Gebiet vor, wobei auch beim Einsatz digitaler Informationswandler auftretende Probleme der Informationsverarbeitung behandelt werden.

Es ist wohl unbestritten, daß im Laufe der letzten Jahre auf dem Gebiet der digitalen Informationswandler und der Methodik der Informationsverarbeitung auch schon eine sehr weitgehende Spezialisierung Platz gegriffen hat, daß viele Fachleute neben ihrem eigentlichen Spezialgebiet, sogar auf ganz engen Nachbargebieten, nicht mehr den neuesten Stand kennen — obwohl dies sehr wünschenswert wäre. Zum Beispiel sollte jemand, der sich mit dem kommerziellen Einsatz von Rechenanlagen befaßt, wissen, welche Fortschritte mit den verschiedenen Programmsprachen erzielt wurden und wo ihre Grenzen liegen mögen, oder welche Techniken für die nächste Generation der Rechenanlagen zu erwarten sind und welche Folgerungen daraus zu ziehen wären usw. Welchen Fachmann dürfte es beispielsweise nicht interessieren, etwas über die linguistischen Probleme zu erfahren, die sich bei der maschinellen Sprachenübersetzung oder bei der Bewältigung des Bibliotheksproblems auftun? Wir wissen, wie schwierig es für den Fachwissenschaftler ist, insbesondere und gerade bei der heutigen Flut von Veröffentlichungen aller Art, sich selektiv über Dinge zu unterrichten, die nicht unmittelbar sein tägliches, eng umgrenztes Arbeits- und Forschungspensum berühren, die ihm aber in vieler Hinsicht durch Ausweitung seiner Kenntnisse und Anregung seines Geistes von großem Nutzen sein könnten.

Hier möchte der vorliegende Sammelband eine Brücke bauen. Dementsprechend wendet sich das Buch in erster Linie an Leser, die bereits mit Rechenanlagen vertraut sind, und an Rechenautomaten-Fachleute, die sich beispielsweise über ihre Nachbargebiete oder in der breiten Fachwelt noch nicht zum Allgemeingut gewordene Entwicklungsrichtungen orientieren möchten. Es wäre wünschenswert, wenn dieser Leserkreis in diesem Buch einen Wegleiter findet zu den gegenwärtig im Brennpunkt des Interesses stehenden Fragen sowie zu den von verschiedenen Seiten und Entwicklungsgruppen beschrittenen Lösungswegen — soweit es die in den einzelnen Beiträgen behandelten Themen betrifft.

Für die einzelnen Beiträge sind bewußt Themen ausgewählt worden, von denen angenommen wurde, daß für ihre Behandlung ein besonderes Bedürfnis besteht, oder die sich durch besondere Originalität auszeichnen und die offenbar anderswo noch nicht umfassend abgehandelt sind. Demgegenüber hat man Themen ausgeklammert, die zum Standardinhalt der heute auf dem Markt befindlichen Rechenautomatenbücher zählen. Es ist also nicht die Absicht gewesen, den heute bereits vorhandenen Lehrbüchern über Rechenautomaten ein weiteres beizufügen, sondern in einem Sammelband gerade diejenigen Dinge aufzugreifen, vor denen das konventionelle Lehrbuch in der Behandlung des Stoffes haltmacht. Über thematische Details gibt das anschließende, ausführliche Inhaltsverzeichnis dem Leser Aufschluß; jedem Beitrag ist ferner eine Zusammenfassung in deutscher, englischer und französischer Sprache vorangestellt.

Die einzelnen Beiträge sind in der Einsicht geschrieben worden, daß wir inmitten einer Entwicklung größten Ausmaßes stehen und daß heute noch niemand den Horizont klar überschauen und ein abgeschlossenes Urteil sprechen kann. Dennoch wurde versucht, eine Darstellung zu finden, die sich von allzu spezifischen Einzelheiten freimacht und Aspekte in den Mittelpunkt stellt, die für eine längere Zeitdauer Gültigkeit haben sollten. Es wurde auch darauf verzichtet, das wahrscheinlich Unmögliche, die Vollständigkeit einer alles umfassenden Darstellung, anzustreben. Wir begnügten uns mit dem bescheideneren Versuch, hier und dort einige Ziele, Marksteine, abzustecken und sie uns von Fachleuten vor Augen führen zu lassen, gleichsam wie die Spektrallinien eines gleißenden, uns sonst wohl blendenden Lichtes — wenn man einen Vergleich solcher Art konzediert.

Grundsätzlich ist den Autoren in der Gestaltung ihrer Themen praktisch keine Einschränkung auferlegt worden. Der Individualität der einzelnen Autoren stand ein möglichst weiter Spielraum zur Darlegung ihrer Auffassungen zur Verfügung, was schließlich auch in den einzelnen Beiträgen seinen Niederschlag gefunden hat. Größter Wert wurde auf das Bemühen gelegt, das Fachschrifttum zu dem vom einzelnen Autor bearbeiteten Themenkreis möglichst vollständig zu zitieren unter Angabe entsprechender Hinweise im Text; ausführliches und korrektes Zitieren der Titel war hierbei die Richtschnur. Die einzelnen Beiträge vermitteln somit den Anschluß an die Spezialliteratur und bringen dort, wo Literatur fehlt, die entsprechenden Ergänzungen im Text.

Diese Auffassung in der Gestaltung der Beiträge sollte diesen Sammelband auch zu einem literarischen Hilfsmittel in der Hand des Neulings werden lassen, der vor dem Problem steht, sich in diesen komplexen Wissenschaftszweig einarbeiten zu müssen: Die zahlreich verstreute Fachliteratur liegt wie „gebunden" vor ihm; den Zugang dazu und das Verstehen im allgemeineren Rahmen vermittelt der Kommentar des Fachautors.

Der Sammelband „Digitale Informationswandler" stellt somit ein wissenschaftliches Fachbuch dar, das in der Mitte steht zwischen den spezielle Einzelprobleme behandelnden, zahlreichen, in verschiedenen Fachzeitschriften und Fachberichten verstreuten Artikeln und einer, einen mehr oder weniger abgeschlossenen Wissenschaftszweig behandelnden Monographie.

Eine Besonderheit ist die Mehrsprachigkeit dieses Bandes, die durch die Mitwirkung von Fachautoren aus zahlreichen Ländern gegeben ist; es tut sich darin nicht zuletzt auch äußerlich die weltweite Verbundenheit der auf diesem Wissenschaftszweig tätigen Fachleute kund.

Nachdem der Band nun abgeschlossen vor uns liegt, ist es dem Herausgeber ein Bedürfnis, allen am Gelingen des Werkes Beteiligten herzlich zu danken. Der Dank gilt in besonderem Maße den Autoren, welche die Einladung zur Mitarbeit an diesem Sammelband angenommen und die Beiträge geschrieben haben und die mit Geduld und Verständnis eingegangen sind auf die zahlreichen Sonderwünsche, die sich hauptsächlich beim Redigieren durch das Abstimmen der einzelnen Beiträge aufeinander und bei der Zusammenstellung des Schrifttums ergeben haben. Ebenso gebührt Dank und Anerkennung der Arbeit des Verlages für die ansprechende Gestaltung des Bandes und für die stete Bereitschaft zur Aufnahme und drucktechnischen Ausführung von immer neuen textlichen Abänderungen und Ergänzungen, so daß es möglich war, in hohem Maße aktuell zu sein.

Rüschlikon bei Zürich, im Februar 1962 *Walter Hoffmann*

The collective volume "Digitale Informationswandler" deals with digital information processors in the sense of the information machine and presents a selection of contributions to this field. In this context consideration is also given to problems of information processing which arise in the course of application and use of digital information processors.

It is an undisputed fact that during recent years a great advance towards specialisation has been made in the field of digital information processors and in the methodology of data processing. Many skilled professionals are no longer aware of the latest developments and the state of the art outside their own direct field of interest, even if they are in very closely related areas — although this would be highly desirable. For example, anyone concerned with the commercial application of computers should be informed about the advances made in the different programming languages and their limitations, and about the techniques connected with the next generation of computers and their implications. Further, what specialist would not be interested in learning about the linguistic problems which arise during machine translation or during the solution of the library problem? We know of all the difficulties experienced by the specialist, in particular, in face of the present-day flood of publications of all kinds, when he attempts to be selectively informed of subjects which do not directly concern his daily, narrow area of research and work, but which, nevertheless, could be of immense value to him in many respects to extend his knowledge and stimulate his thoughts.

This volume aims at bridging the gap. Hence, it is addressed primarily to those readers already familiar with computers, and to computing specialists, who, for example, wish to learn about their neighboring areas or about new trends which have not yet become common knowledge. We hope that this book will serve as a signpost, for that circle of readers, with respect to present questions of burning interest and to solutions successfully tried by various scientists and development groups, at least as far as the subjects treated in the individual contributions are concerned.

The selection of these subjects has been guided either by the understanding that there is, at the present time, a special need for their study, or by their particular originality which clearly to date has not received comprehensive treatment elsewhere. This point of view occasioned the elimination of material which to-day forms the standard content of current text-books on automatic computers. In other words, it was not intended to increase further the number of available text-books on computers, but rather to present in a collective volume, just those aspects which the conventional monographs are wary of treating. The details of these subjects can be learnt from the following comprehensive list of contents; in addition, each contribution is preceded by German, English and French summaries.

The individual articles have been written with the understanding that we find ourselves to-day in the midst of a major development, and that no single person can, at this time, clearly survey the horizon and pronounce conclusive judgement. Nevertheless, an attempt has been made to arrive at a presentation free from most specific details, and with aspects which should retain their validity for a longer period, at its center. Similarly, no bid was made to attain the probably impossible, namely, a completely comprehensive treatment. In other words, we were satisfied with the more modest goal of setting certain boundaries and of asking specialists to demonstrate these for us, somewhat like the spectral lines of a strong light source which otherwise might blind us — if such a comparison be conceded.

The authors were absolutely free as far as the presentation of their subjects was concerned. Each author had the greatest possible opportunity to express his opinions; a fact reflected in the individual contributions. Full listing of references to the special literature with detailed indications in the text has been emphasized throughout, together with extensive and correct citations of titles. Therefore, the individual articles represent links to the special literature and, whenever there is none in existence, the text provides the necessary supplements.

This conception in the presentation of the articles should also make this volume valuable as a literary aid to the debutant faced with the problem of starting his studies and working himself into this complex branch of science, in that the widely scattered technical literature is assembled and presented in a "bound"-like manner; the comments of the specialist provide access to the subject and facilitate its understanding from a more general point of view.

In this manner, the collective volume "Digitale Informationswandler" represents a specialized scientific book, intermediate between the numerous professional articles dealing with specific problems, and scattered throughout various technical journals, proceedings and reports, on the one hand, and handbooks and monographs covering a more or less self-contained branch of science on the other.

The multiple language aspect of this volume is a special feature which is a natural consequence of the cooperation of specialists in many countries; it also demonstrates in this manner, the world-wide relationships between the specialists active in this field of science.

Now that the volume is complete, the editor wishes to express his gratitude to all those who participated in its success. Special thanks are due to the authors who accepted the invitations to contribute, wrote the articles and cooperated with patience and understanding in response to numerous specific requests which arose mainly during the final stages of arrangement of the individual papers and assembly of literature. Further, special thanks and acknowledgements are due to the publishers, for the attractive appearance of the volume and for their continued readiness to accept and reset over and over again new changes in the text and supplements which made it possible to remain, as far as possible, up to date.

Rueschlikon/Zurich, February, 1962   *Walter Hoffmann*

Le présent recueil «Digitale Informationswandler» expose des dispositifs traitant des informations numériques et offre un choix de contributions à ce sujet. De plus, sont étudiés des problèmes de traitement d'informations se présentant à la suite de l'application de ces dispositifs.

Durant ces dernières années la spécialisation au sujet des dispositifs et des méthodes de traitement d'informations s'est sans doute particulièrement accentuée. Beaucoup de professionels ne connaissent plus la situation technique même dans les domaines les plus restreints, voisins de leur branche spéciale — connaissances qui pourtant leur sont très désirables. Ainsi les spécialistes de l'application commerciale des calculatrices auraient avantage à connaître les progrès réalisés dans les divers langages de programmation et leurs limitations, à prévoir la technique de la génération prochaine des machines à calculer automatiques et aussi les conséquences qui en découlent. Est-il un professionel qui, par exemple, ne s'intéresse pas aux problèmes linguistiques posés par la réalisation de la machine à traduire et à ceux de la recherche documentaire? Nous savons combien il est difficile pour l'homme de science spécialisé, en particulier, du fait de l'abondance actuelle des publications de toute nature, de se documenter d'une manière sélective sur tout ce qui ne touche pas directement à son travail quotidien, mais qui en élargissant ses connaissances et en stimulant son esprit lui serait d'une grande utilité à de nombreux points de vue.

De rendre service dans cette situation — voilà le but de cet ouvrage. Il s'adresse donc en premier lieu aux lecteurs connaissant déjà les machines à calculer automatiques et ensuite aux spécialistes qui désirent s'orienter dans des domaines voisins des leurs, ou se repérer au sujet de certaines tendances dans le cadre de l'évolution technique, ne faisant pas encore partie de leur patrimoine. Il est à espérer que les lecteurs de cet ouvrage y trouvent un fil d'ariane qui les conduise aux questions du plus haut intérêt, ainsi qu'aux solutions trouvées de part et d'autre, par des groupes de recherches — tant que celles-ci se trouvent en rapport avec les sujets traités.

C'est en vue des besoins existants, ou pour leur originalité particulière, que les thèmes de ces diverses contributions ont été choisis, qui paraissent ne pas avoir été traités en détail ailleurs. Des études, par contre, formant pièces de résistance de presque tous les livres en vente concernant les machines à calculer ont été omis. L'intention en était de réunir dans ce recueil précisément la matière devant laquelle les livres classiques sur les calculatrices automatiques reculent et non simplement d'y ajouter un exemplaire de plus. La table des matières en donne les détails; chaque article est précédé d'un résumé en allemand, anglais et français.

Les différents articles sont écrits en tenant compte de ce que nous sommes emportés par une évolution d'ampleur exceptionelle et qu'à l'heure actuelle, personne ne peut embrasser toute son étendue d'un seul coup d'œil ou en donner une opinion définitive. Cependant, l'essai est fait de présenter un exposé libre de tout détail trop spécifique mais dont les aspects mis en valeur la garderont longtemps. L'éditeur n'a pas tenté ce qui paraît impossible: le traité intégral embrassant toutes les questions en cette matière. Il s'agit plutôt d'une tentative modeste de nous faire voir çà et là certains buts et repères par les yeux des spécialistes, comme — permettez-nous la comparaison — les lignes du spectre d'une lumière sinon éblouissante, qui sont observées une à une.

Par principe, aucune limitation pour l'exposition de leur thème n'a été imposée aux auteurs. Le cadre le plus vaste possible mis à disposition leur a permis, à chacun — et les contributions en font preuve — de présenter leurs conceptions en toute individualité. Nous avons, au prix de grands efforts, cité aussi complètement que possible la bibliographie sur les thèmes étudiés par les divers auteurs en faisant les citations correspondantes dans le texte; la citation complète et correcte des titres a été de règle. Les divers articles assurent ainsi la liaison avec la littérature spécialisée et donnent les compléments correspondants dans le texte lorsque cette dernière fait défaut.

Cette conception de la forme des articles fait de ce recueil un auxiliaire bibliographique à l'usage du débutant qui se voit obligé de se mettre au courant de cette branche complexe des sciences: la littérature technique fortement dispersée se trouve «rassemblée» devant lui; le commentaire de l'auteur spécialisé lui en ouvre l'accès et la compréhension dans un cadre plus vaste.

Le recueil «Digitale Informationswandler» est ainsi un livre scientifique spécialisé qui tient le juste milieu entre les nombreux articles traitant des problèmes spéciaux, dispersés dans diverses revues et rapports techniques d'une part et une monographie traitant une branche plus ou moins limitée des sciences d'autre part.

Une particularité de ce livre est sa multiplicité des langues qui résulte de la coopération d'auteurs spécialisés de nombreux pays; ceci témoigne nettement des liens qui unissent dans tout le monde les spécialistes de cette branche.

Maintenant que ce livre est terminé, nous éprouvons le besoin de remercier tous ceux qui ont participé à la réussite de l'ouvrage. Ces remerciements s'adressent en particulier aux auteurs qui ont accepté notre invitation à collaborer à ce recueil et qui ont écrits les articles, donnant suite avec patience et compréhension aux nombreux désirs qui se sont manifestés surtout dans la rédaction pour adapter les différents articles les uns aux autres et réunir la bibliographie. La Maison Vieweg & Sohn mérite également nos remerciements et notre reconnaissance pour son travail de mise en forme du livre et sa constante bonne volonté d'accepter et de réaliser à l'impression les modifications et compléments incessants du texte qui ont permis à ce recueil d'être de la plus grande actualité.

Ruschlikon près de Zurich, Février 1962   *Walter Hoffmann*

Autoren

Contributors

Auteurs

YEHOSHUA BAR-HILLEL, Ph. D.,
Professor of Logic and Philosophy of Science,
Hebrew University, Jerusalem.
30 Abarbanel Street, Jerusalem, Israel.

Dr. rer. nat. FRIEDRICH L. BAUER,
a. o. Professor an der Johannes Gutenberg-Universität Mainz,
Direktor des Instituts für Angewandte Mathematik.
Jakob Welder-Weg 7, Mainz, Deutschland.

ROBERT W. BEMER, A. B. Math.,
Director of Programming Standards,
International Business Machines Corp.,
112 East Post Road, White Plains, N. Y., USA.

Dr. sc. techn. THEODOR ERISMANN,
Privatdozent an der Eidgenössischen Technischen Hochschule Zürich,
Leiter der Mathematischen Abteilung der Alfred J. Amsler & Co., Schaffhausen.
Rosenbergstraße 24, Neuhausen am Rheinfall, Schweiz.

Dr. HERMAN H. GOLDSTINE,
Director of Mathematical Sciences, Thomas J. Watson Research Center,
International Business Machines Corp.,
P. O. Box 218, Yorktown Heights, N. Y., USA.

EIICHI GOTO, Ph. D.,
Assistant Professor, Department of Physics, University of Tokyo.
Visiting Research Assistant Professor at the Electrical Engineering Department,
Massachusetts Institute of Technology, Cambridge 39, Mass., USA.

Dr. Engng. MOTINORI GOTO,
Professor of the University of Tokyo,
President of the Agency of Industrial Science and Technology, Japanese Government.
No. 287, 5-chome, Omiyamae, Suginami-ku, Tokyo, Japan.

WALTER HOFFMANN, Dipl.-Phys.,
Leiter der Patentabteilung Zürich der International Business Machines Corp.,
Forschungslaboratorium Adliswil.
Bahnhofstraße 11, Rüschlikon bei Zürich, Schweiz.

Dr. Engng. YASUO KOMAMIYA,
Chief of the Applied Mathematics Section,
Electrotechnical Laboratory, Japanese Government.
No. 7, Kikuna-machi, Kohoku-ku, Yokohama, Japan.

Dr. Engng. NORIYOSHI KUROYANAGI,
Project Leader, Sakurais' Special Section, Electrical Communication Laboratory,
Nippon Telegraph and Telephone Public Corp. Tokyo.
1953, Mure, Mitaka-shi, Tokyo, Japan.

Dr. Engng. TOHRU MOTOOKA,
Assistant Professor of Electronic Engineering at the University of Tokyo.
Visiting Research Assistant Professor at the University of Illinois,
220, Digital Computer Laboratory, Urbana, Ill., USA.

Dr.-Ing. HIROJI NISHINO,
Leader, Digital Computer Group, Circuitry Branch,
Electronics Division, Electrotechnical Laboratory,
2–1, Nagata-cho, Chiyoda-ku, Tokyo, Japan.

JAN OBLONSKÝ, Ing., C. Sc.,
Research Institute of Mathematical Machines,
Loretánské nám. 3, Praha IV, Czechoslovakia.

Dr Ir WILLEM L. VAN DER POEL,
Head of the Mathematical and Switching Department,
Dr Neher Laboratory of the Netherlands Postal and Telecommunications Services, Leidschendam.
Laan van Meerdervoort 1715, Den Haag, Holland.

Dr. rer. pol. ERWIN REIFLER,
Professor of Chinese at the University of Washington,
Director of the University of Washington Chinese-English Machine Translation Project.
Department of Far Eastern and Slavic Languages and Literature,
University of Washington, Seattle 5, Wash., USA.

Dr. rer. nat. KLAUS SAMELSON,
a. o. Professor an der Johannes Gutenberg-Universität Mainz,
Institut für Angewandte Mathematik,
Saarstraße 21, Mainz, Deutschland.

Dr. phil. Dipl.-Math. HANS KONRAD SCHUFF,
Geschäftsführer, Mathematischer Beratungs- und Programmierungsdienst,
Rechenzentrum Rhein-Ruhr, Dortmund.
Rubinstraße 50, Dortmund-Berghofen, Deutschland.

Dr. sc. techn. AMBROS P. SPEISER,
Privatdozent an der Eidgenössischen Technischen Hochschule Zürich,
Direktor des Forschungslaboratoriums der International Business Machines Corp.,
Zürichstraße 108, Adliswil bei Zürich, Schweiz.

Ing. Dr. techn. Doc. ANTONÍN SVOBODA,
Research Institute of Mathematical Machines,
Loretánské nám. 3, Praha IV, Czechoslovakia.

SHIGERU TAKAHASHI, Ph. D.,
Head, Circuitry Branch, Electronics Division,
Electrotechnical Laboratory,
2–1, Nagata-cho, Chiyoda-ku, Tokyo, Japan.

HIDETOSI TAKAHASI, Ph. D.,
Professor, Department of Physics,
Faculty of Science, University of Tokyo,
Motofujicho, Bunkyo-ku, Tokyo, Japan.

Dr. phil. Dr. sc. techn. RUDOLF TARJÁN,
Wissenschaftlicher Chef-Mitarbeiter der Ungarischen Akademie der Wissenschaften,
beauftragter Dozent an der Technischen Hochschule Budapest.
Ponty ucca 2, Budapest, I. Ungarn.

Dr. Engng. HIDEO YAMASHITA,
Professor (Emeritus) at the Electrical Engineering Department, University of Tokyo,
President of the Information Processing Society of Japan.
125, Haramachi, Bunkyo-ku, Tokyo, Japan.

Dr. techn. HEINZ ZEMANEK,
Hochschuldozent an der Technischen Hochschule Wien,
Leiter der Forschungsgruppe Wien der Internationalen Büro-Maschinen Gesellschaft mbH.,
Parkring 10, Wien 1, Österreich.

Dipl.-Ing. Dr.-Ing. E. h. KONRAD ZUSE,
Gründer und Inhaber der Zuse KG, Bad Hersfeld.
Im Haselgrund 21, Hünfeld/Rhön, Deutschland.

Inhaltsverzeichnis

Contents

Table des matières

H E I N Z   Z E M A N E K

Wien, Österreich

Automaten und Denkprozesse

Mit 6 Bildern

Disposition

Zusammenfassung. Die Informationsverarbeitungsmaschine setzt eine Reihe von Leistungen, die bisher ausschließlich mit Hilfe menschlichen Denkens hervorgebracht wurden. Durch äußere Analogie hat diese Problematik zu Bezeichnungen wie „Denkmaschine" und „Elektronengehirn" geführt. Die Reaktion auf solche Simplifizierungen mußte die Leugnung aller Zusammenhänge sein. Der heutige Stand der Entwicklung läßt bessere Unterscheidungen zu — die Wahrheit liegt irgendwo in der Mitte.

Das Wesen des Automaten soll hier kritisch dargestellt werden. Zuerst werden Automaten und Denkprozesse, die Grundlagen der Betrachtung, vom Standpunkt des Automatenfachmanns aus analysiert. Dabei können zwar keine exakten Definitionen entstehen, es können nur bisher erschienene Beiträge zu diesem Thema zusammengefaßt und kritisiert werden.

Strukturell hat man es mit Vorgängen wie Reproduktion, Vereinfachung und Vervielfachung von Information zu tun. Die Anwendung nachrichtentheoretischer Gedankenmodelle auf natürliche Vorgänge oder Organismen ist die sinngemäße Definition der Kybernetik. Ihre Grundmodelle werden beschrieben. Spezielle Probleme, wie Lernen, Komponieren, Spielen und Kombinieren, sind mit Automaten versucht worden; noch aber ist dieses Gebiet sehr im Fluß.

Insgesamt steht der möglichen strukturellen Gleichartigkeit des physikalischen Ablaufs der grundsätzliche Unterschied in der Betrachtungsweise von Maschinen und menschlichen Einzelwesen gegenüber.

Summary. The information processing machine produces results which can otherwise be obtained only by human thought processes. By a purely external analogy names like "thinking machine" or "electronic brain" were introduced and came into wide use. As a reaction to such a simplification, in the other extreme, the denial of any relationship was postulated. The present stage of development allows a fairer and more critical assessment of the actual situation — obviously, the truth lies between the two extremes.

A critical presentation of the nature of the automaton will be ventured upon. To begin with, automata and thought processes, which are the basics of this essay, are analysed from the point of view of one skilled in the automation engineering art. Exact definitions cannot emerge in this way; it is possible only to summarize and critically review work already published.

Structurally, the basic processes concerned are reproduction, reduction and expansion of information. A meaningful definition of cybernetics is the application of an information-theory "Gedankenmodell" to natural processes or organisms. The basic imaginative models, e. g. the famous "artificial animals", are described. The solution of specific problems such as learning, composing, game-playing, and problem solving by machine have also been attempted; this field, however, is still in an evolutionary state.

In general, it may be said that in contrast to the possibly apparent behaviouristic similarities there still exists a fundamental difference in the way of looking at machines and looking at human beings.

Résumé. La machine pour le traitement de l'information assume des fonctions qui étaient jadis l'apanage exclusif du cerveau humain. Cette faculté conduisit à la création de termes abusifs tels que «machine à penser» ou «cerveau électronique». La réaction naturelle contre ces qualificatifs ne pouvait être qu'une contestation absolue de toute analogie entre la machine et le cerveau. Les progrès réalisés dans ce domaine permettent de porter aujourd'hui un jugement plus nuancé : la vérité se situe à mi-chemin.

Cet article est un exposé critique de l'automate dans son essence. Il commence par une analyse de l'automate et du procédé de raisonnement, les bases de cet essai, du point de vue du spécialiste dans l'automation. Il ne s'agit pas de donner une définition précise, mais plutôt de passer en revue d'un œil critique les publications parues sur ce sujet.

Dans leur structure, les procédés mis en jeu consistent dans la reproduction, la simplification ou l'extension de l'information. L'application des notions fournies par la théorie de l'information à des phénomènes naturels ou à des organismes est, par définition, du ressort de la cybernétique, dont les méthodes de base sont décrites ici. Quelques tentatives ont déjà été faites de confier aux automates des fonctions particulières telles que composer, apprendre, jouer, combiner; ce domaine est encore en pleine évolution.

En conclusion, on peut dire enfin que l'analogie structurelle possible se distingue de la différence essentielle par la manière de traiter la machine et l'être humain.

1. „Elektronengehirne" und „Denkmaschinen"

Wer glaubt, eine hinreichende Vorstellung vom Begriff der Maschine zu haben, sei nachdrücklich gewarnt. Eine Maschine ist heute nicht mehr das, was sie vor zwanzig Jahren war; der Begriff ist weiter geworden, umfassender und sehr viel schwieriger; das Ende der Wandlung kann man erahnen, aber dazu muß man sich unerwartete Mühe machen. Die neuen Züge der Maschine haben Enthusiasmus und Beunruhigung hervorgerufen, und dies mit Recht, denn sie hat sich in den letzten zwanzig Jahren dem Menschen genähert, und sie wird sich ihm in den kommenden Jahrzehnten noch weiter nähern.

Die Veränderungen des Begriffs *Maschine* beruhen auf der geistigen Anstrengung der Mathematik und Naturwissenschaft der letzten dreihundert Jahre — und sie verlangen von uns geistige Anstrengung für ihre Bewältigung. Da es nun aber in der menschlichen Natur liegt, Anstrengungen nur dann auf sich zu nehmen, wenn ein materieller oder höherer Gewinn lockt, hat sich eine Verschiebung der Akzente ergeben, die unserem Zeitalter nicht guttut. Die Gewinnchancen liegen nämlich für den naturwissenschaftlich-technischen Fortschritt ungleich günstiger als für die geistige Bewältigung dieses Fortschritts. Zwar gibt es erfreuliche Anzeichen dafür, daß die allenthalben beobachtete Unbeschwertheit in dieser Entwicklung in nächster Zeit durch ein in seinen Folgen bedachtes Weiterschreiten abgelöst werden dürfte, aber solche Zeiten werden nicht in Jahren, sondern in Generationen gemessen, und im Augenblick gehört zu dieser Hoffnung ein gut Teil Optimismus.

Die Journalisten und Fastjournalisten, die die Ausdrücke *Elektronengehirn* und *Denkmaschine* geprägt haben und verbreiten, hatten weit mehr die Absicht, bei ihren Lesern gut anzukommen, als sich mit der Sachlage ernsthaft auseinanderzusetzen. Sie dürfen jedoch mit Recht darauf hinweisen, daß ihnen nur wenige Quellen für diese Auseinandersetzung zur Verfügung standen und stehen, und diese sind versteckt und verstreut.

Diese Bezeichnungen, die als Symbol einer geistigen Einstellung gelten dürfen, scheinen von BERKELEY [1] ausgegangen zu sein, der sein Buch „Riesengehirne oder Maschinen, die denken" nannte. Der französische Mathematiker COUFFIGNAL [2] hat ebenfalls die „Denkmaschinen" als Buchtitel gewählt, und sogar der Philosoph WASMUTH [3] spricht vom „Menschen und der Denkmaschine".

Denkt nun die Maschine wirklich? Es ist eine Flut von Literatur darüber geschrieben worden; lediglich als kleine Auswahl sei einige davon zitiert [4 bis 20]. Man wird sich überzeugen können, daß das Ergebnis dieser Schriftstellerei nicht gerade überwältigend ist. Nicht nur, daß über das Denken mehr subjektive Vorstellungen als exakte Informationen vorliegen, selbst über die Maschine, über dieses Produkt menschlicher Kunst, ist es nicht leicht, ein umfassendes Bild zu geben. BERKELEY und COUFFIGNAL machen es sich mit ihrer Feststellung zu einfach:

„Kann man einer Maschine, die rechnet, verwehren eine Denkmaschine zu sein, insbesondere, wenn sie gleichzeitig lesen und schreiben kann?"

Aber Rechenmaschinen können ja noch viel mehr, sie spielen und musizieren, übersetzen, komponieren und dichten, sie schreiben nicht nur Rechnungen, sondern auch Liebesbriefe — was können sie eigentlich nicht? Alle Antworten auf Fragen dieser Art sind — besonders, wenn sie isoliert dastehen — stark vom Vokabular abhängig, von den Definitionen der Begriffe. Es soll am Ende dieser Betrachtungen wohl eine Antwort vorgeschlagen werden, aber angesichts der gegebenen Vokabularabhängigkeit kommt es weniger auf ihren Wortlaut an, als auf die zahlreichen Relationen, die auf dem Weg zu dieser Antwort vorgebracht werden. Sie möchten eine Warnung vor allzu einfachen und allzu willkürlichen Definitionen sein. Der Rechenmaschinenfachmann, der im Drange seiner Hauptarbeit über die Randgebiete nur Nebenbemerkungen macht, weiß natürlich meist, daß das, was er sagt, nur in seinem, in einem sehr engen Sinn gilt. Je weiter der Wortlaut seiner Äußerungen im Verlauf seiner Ausbreitung sich aber von ihm entfernt, um so unbestimmter werden die Einschränkungen. Das ist an sich unvermeidlich; man macht ihm jedoch trotzdem Vorwürfe, daß er mitschuldig werde an der Verwilderung der Sprache.

So sehr diejenigen, die an der Klarheit und Sauberkeit der Sprache Anteil nehmen, in vielen Dingen im Recht sind, so sehr sind sie aber auch in Gefahr, zu viel zu verlangen. Klar reden kann man nur über klare Verhältnisse. Bis dahin sollte dem Fachmann eine gewisse sprachliche Freiheit erlaubt werden, eine Freiheit, deren Mißbrauch unklug wäre. Gerade in diesem Randgebiet, wo die Technik und das Menschliche sprachlich aufeinandertreffen, ist keine Mühe zu groß, um das richtige Wort für den Begriff zu finden. Auch dazu sollen die folgenden Ausführungen helfen.

2. Die alte Maschine

Am Beginn seiner Entwicklung mußte der Mensch alles selbst, allein und ohne Hilfsmittel machen, ein Zustand, der uns heute unvorstellbar geworden ist. Zuerst wurde das Werkzeug erfunden. Zu dieser Erfindung kommen in bescheidenem Ausmaß auch manche Tiere, zum Beispiel Affen oder Mäuse. Aber das Werkzeug des Menschen ist bald nicht mehr bloß das zufällig gefundene Objekt, sondern das überlegt zubereitete; soweit kommt das Tier nicht. Das hergestellte Werkzeug ist vorwiegend mechanischer Verstärker: Spitzen und Schneiden konzentrieren die Kraft auf kleine Flächen und erhöhen so den Druck; Hebel und Keile setzen Bewegung in Kraft um. Allmählich wird aus dem Werkzeug die Maschine.

Vor allem ist es das Rad, das den Beginn technischer Tätigkeit zu markieren vermag. Es kommt in der Natur nicht vor und war eine gewaltige Leistung geistiger Tätigkeit. Die Maschine nimmt dem Menschen allmählich immer mehr Mühe ab und eröffnet neue Möglichkeiten. Was man heute unter Technik versteht, ist weitgehend durch die Kraftmaschine charakterisiert: durch Maschinen zur Energieumwandlung und zur Energieanwendung. Zuerst war es der Dampf, der unerhörte Energiemengen beherrschbar machte, und später die Elektrizität; heute im Atomzeitalter ist man dabei, Masse in Energie umzuwandeln, und hat dadurch die Energiemengen um mehrere Zehnerpotenzen erhöht. Durch diesen Fortschritt ist der reine Energieaspekt problematisch geworden. Erstens erfordern Atom- bzw. Kernenergiemaschinen ganz neuartige Maßnahmen zu ihrer Beherrschung. Die Unannehmlichkeit, sich mit dieser Problematik auseinandersetzen zu müssen, hat bei vielen dazu beigetragen, den Umschwung zu beschleunigen, der in der Einschätzung der Technik eingetreten ist: vom blinden Vertrauen in den Fortschritt zum blinden Mißtrauen. PASCUAL JORDAN, der in seinem Büchlein „Der gescheiterte Aufstand" [21] die entstandene Situation in sieben Essays umreißt, schließt mit einem sehr passenden Absatz:

„In einer päpstlichen Kundgebung ist ausgesprochen worden, daß die furchtbare neue Waffe geeignet sei, die ganze Menschheit mit Vernichtung zu bedrohen. Diese Kundgebung erfolgte, wenn ich recht im Bilde bin, im zwölften Jahrhundert; und sie bezog sich auf die damals zu weiter Verbreitung gelangte Armbrust, die es ermöglichte, Tod und Vernichtung — in Form von Pfeilen — über die unerhörte Entfernung von 40 Schritt zu schleudern, während die konventionellen Waffen höchstens 30 Schritt Reichweite besaßen.

Dennoch hat die Menschheit die Armbrust überstanden."

An den Maschinen und Werkzeugen, an den großen und kleinen, stand bisher der Mensch, beobachtete die Vorgänge und steuerte sie. Diese Steuertätigkeit ist heute für den überwiegenden Teil der manuellen Arbeiter charakteristisch, nachdem auf die Muskelkraft des Arbeiters mehr und mehr verzichtet wird. Auch in dieser Hinsicht ist der Energieaspekt problematisch geworden: reichen die menschlichen Sinnesorgane noch aus, um die bereitstehenden Energien zu beherrschen? Nicht nur bei Kernreaktoren und Raketenfahrzeugen, sondern im gewöhnlichen Straßenverkehr mit seinen zahlreichen Opfern ist eher ein Nein als ein Ja als Antwort abzulesen.

Es ist daher nicht erstaunlich, daß zwei Schlagworte moderner Publizistik, die sich auf die beiden erwähnten kritischen Punkte beziehen, rasche Verbreitung und Aktualität gefunden haben: *Automation* und *Kybernetik*[1]). Die Kybernetik umfaßt die mathematische Beschreibung des Steuervorgangs und die Anwendung der einschlägigen Theorien auf lebende Wesen. Das Wort Kybernetik hat durch verschiedenen Mißbrauch einen etwas schlechten Klang bekommen, man sollte es aber im eben genannten Sinn für die Naturwissenschaft retten, denn es drückt einen wichtigen Begriff prägnant aus. Die Automation ist die technische Verwirklichung der automatischen Steuerung in der industriellen Produktion. Auch die Gefahren dieser Entwicklung sind in allen Farben ausgemalt worden, zum Teil in der gleichen Düsterkeit, mit der die Kernenergie betrachtet wird. Insbesondere NORBERT WIENER, der das Wort Kybernetik geprägt oder mindestens aktualisiert hat (in seinem Buch „Cybernetics" [22]), trug in seinem zweiten populären Buch „The Human Use of Human Beings" [23] in dicken Strichen Pessimismus hinsichtlich der Folgen der Automation auf. Indessen haben sich die Meinungen etwas beruhigt, WIENER hat einige seiner Formulierungen praktisch zurückgenommen, die Gewerkschaften haben sich großteils positiv eingestellt und es ist klargeworden, daß diese anstrengende Entwicklung keinesfalls den Charakter einer Revolution annehmen wird, sondern eben auch zu den Aufgaben gehört, mit denen die heutige und die künftige Generation fertig werden müssen. Weder die Erhöhung der beherrschten Energiemengen noch die selbsttätige Steuerung sind plötzlich und unvorhergesehen eingetretene Schritte der Technik. Sie gehören im Gegenteil zu dem Fluß der Entwicklung, die etwa mit GALILEI begonnen hat — oder schon früher, in dem Augenblick, als die Natur nicht mehr als dämonenerfüllte und unverständliche, sondern als gesetzgebundene und verständliche Umwelt angesehen wurde. Die Fähigkeit des Menschen, diese Gesetze zu verstehen, mußte, sobald sie einmal aktiviert war, zu dem führen, was wir heute erleben. Es ist durchaus unangebracht, aus dieser natürlichen Entwicklung nur den Weg in die Katastrophe herauszulesen. Und umgekehrt darf man sich nicht darauf verlassen, daß alles von selbst gut gehen wird.

3. Der Automat

Der beobachtende und steuernde Mensch kann heute an technischen Einrichtungen durch technische Einrichtungen ersetzt werden, so daß die Maschine selbsttätig läuft: aus der alten Maschine wird der Automat. Zwei Wesenselemente der

---

[1]) Von griech. κυβερνητική: Steuermannskunst.

Maschine machen die Änderung aus: erstens kommt zur Energie als neue Dimension die Information hinzu, so daß es nun Energiemaschinen, Informationsmaschinen und die Kombination beider gibt; zweitens hat sich die Funktionsstruktur der Maschine von der Kette zur Schleife gewandelt, was auch wieder vorwiegend die Dimension der Information betrifft.

3.1 Informationstheorie[2])

Die Nachricht ist seit langem in technische Formen gekleidet worden; zwei historische Wendepunkte waren wohl die Erfindung der Schrift und die Erfindung des Buchdrucks. Die Schrift ergab die Möglichkeit der Nachrichtenspeicherung auch außerhalb des Gehirns, und der Druck erlaubte die bis dahin ungeahnte Vervielfältigung der Nachricht. Die Elektrizität brachte die Fernübertragung des geschriebenen und des gesprochenen Wortes. In all diesen Fällen aber war die Nachricht ausschließlich Produkt eines Menschen und für einen Menschen als Empfänger bestimmt. Die Übertragungstechnik hatte allein die Aufgabe, die Nachricht so getreu als möglich über den Raum oder über die Zeit oder über beide zu bringen. Solange war die Nachricht keine physikalische Dimension.

Erst als die Nachricht zur meßbaren Größe wurde, begann das neue Zeitalter. Auch diese Entwicklung lag in der Luft. In den Jahren vor dem zweiten Weltkrieg finden sich in allen Brennpunkten nachrichtentechnischer Entwicklung Ansätze vor; ohne seine Störung wäre die zusammenfassende Arbeit vielleicht früher und woanders entstanden. Andererseits hat der Krieg praktische Arbeiten beschleunigt, insbesondere die Anwendung sehr kurzer Stromstöße, die den Blick für die logischen Entscheidungen zwischen zwei Möglichkeiten in der Nachrichtentechnik schärften. Die grundlegende Arbeit schrieb C. E. SHANNON [24], der NORBERT WIENER als seinen Lehrmeister bezeichnet; dieser hat auch ohne Zweifel sowohl auf zweiwertige Entscheidungen als auch auf den statistischen Charakter der Nachricht nachdrücklich hingewiesen [22]. Die von SHANNON geschaffene Informationstheorie beruht auf diesen beiden Prinzipien. Wenn man die Signalelemente klar klassifiziert, kann man sie einer Gruppeneinteilung unterwerfen und die Nachricht durch die Zahl der logischen Entscheidungen zwischen zwei Möglichkeiten messen, die für die genaue Bezeichnung erforderlich sind. Die solcherart gemessene oder meßbare Nachricht wird hier „Information" genannt. Wesensgemäß ist die Nachricht überraschend: was man schon weiß, braucht einem nicht mitgeteilt zu werden. Dies wieder bedeutet, daß man über die Information a priori stets unterinformiert ist und für die Berechnung daher auf Wahrscheinlichkeitsmethoden angewiesen ist.

Vorläufig ist die Informationstheorie vorwiegend für Übertragungsprobleme angesetzt worden. Es besteht aber kein Zweifel, daß sie auch für das mit dem Automaten verbundene Nachrichtengeschehen von großer Bedeutung ist. Darauf wird in einem der nächsten Abschnitte noch zurückzukommen sein.

3.2 Schaltalgebra[3])

Die Anwendung des Logikkalküls[4]) für Schaltkreise begann schon vor dem zweiten Weltkrieg, etwa gleichzeitig in Japan, den USA, der UdSSR und Deutschland; die elektronische Rechenmaschine hat diesen Versuchen raschen Aufschwung

---

[2]) Empfehlenswerte Literatur zu diesem Abschnitt cf. [24 bis 33].
[3]) Empfehlenswerte Literatur zu diesem Abschnitt cf. [34 bis 37].

vermittelt, und heute wächst die Zahl der Veröffentlichungen auf diesem Gebiet so stark wie nicht bald auf einem andern.

Es ist hier nicht der Platz, um auf Rechenregeln und Verfahren einzugehen; aber ein Grundsatz muß näher erläutert werden, da er für das Wesen des Automaten kennzeichnend ist. Logische Zusammenhänge werden durch logische Funktionen ausgedrückt. Alle logischen Funktionen lassen sich aus wenigen Grundverknüpfungen aufbauen, zum Beispiel aus Konjunktion, Disjunktion und Negation. Für die Grundverknüpfungen lassen sich in allen Schalttechniken die passenden Realisierungen angeben[5]). Aus diesen Sätzen ergibt sich ein sehr wichtiger Schluß: was immer logisch exakt beschreibbar ist, läßt sich als Automat realisieren. Die Bedeutung dieses Satzes ist schwerwiegend; er macht die meisten, vielleicht sogar alle Argumentationen wertlos, die mit den Worten *„... aber man wird nie einen Automaten bauen können, der ..."* eingeleitet werden. Vermag man nur das, was der Automat können (oder nicht können) soll, exakt zu beschreiben, so kann man diesen Automaten auch bauen, es sei denn, daß sekundäre Gründe dies verhindern, zum Beispiel, wenn die Aufgabenstellung zu einer aussichtslos lang erscheinenden Arbeitszeit führt, wie es später im Abschnitt 5.5 beim Schachspiel gezeigt werden wird.

3.3 Schleifenstrukturen

Wir sind gewohnt, Maschinen mit Kettenstruktur zu sehen, und es liegt nahe, die Kettenstruktur für eine bindende Eigenschaft der Maschine zu halten. Alle herkömmlichen Maschinen sind Folgestrecken für Ursache und Wirkung. Wer eine Taste einer Schreibmaschine betätigt, setzt eine solche Folge (Aufeinanderfolge) in Gang, die mit dem Abdruck des erwünschten Buchstaben und mit der Rückkehr aller Teile in den Ruhestand endet. Die Tatsache, daß der Buchstabe abgedruckt ist, hat — nur für die Maschine gesehen — keinen Einfluß darauf, was vorher und nachher geschieht: die Wirkung der Maschine beeinflußt die verursachenden Vorgänge nicht oder nur über einen steuernden Menschen.

Vielleicht ist es diese Eigenschaft der Maschine, die ihr den Zug des Unerbittlichen gibt und die den offenbar starken Gegensatz der Technik zur Natur hervorgerufen hat.

Tatsächlich aber müssen Maschinen keineswegs Kettenstruktur haben; die Wirkung der Maschine kann sehr wohl auf die verursachenden Vorgänge in einem geringen, ausgleichenden Maß zurückgelenkt werden, so wie das in den Funktionskreisen der Natur allgemein üblich ist. Die so entstehende Schleifenstruktur ist zwar technisch und insbesondere mathematisch reichlich komplizierter als die Kettenstruktur (und deswegen war sie bisher relativ selten), sie ergibt aber ein sinnvolleres Verhalten. Die bekannteste Schleife ist die Regelschleife, die beispielsweise Tourenzahlen oder Temperaturen konstant hält. Da sie zuerst in der Starkstromtechnik und auf ziemlich intuitiver Basis verwendet wurde, ist der Informationsaspekt der Schleife bisher nur unzulänglich herausgearbeitet

---

[4]) Der *Logikkalkül*, die *formale Logik*, auch *mathematische* oder *symbolische Logik*, *Algebra der Logik* oder *Logistik* genannt, ist die Erweiterung der formalen Methode der Mathematik auf das Gebiet der Logik. Wegen einer unterschiedlichen Bedeutung von *„logistics"* im Angelsächsischen wird hier und im folgenden das Wort *„Logistik"* vermieden; anstatt *„logistisch"* wird besser *„logisch"* gesagt (Anm. d. Herausg.).

[5]) Es wird verwiesen auf den Beitrag von R. Tarján, in diesem Buch, insbes. S. 116—124.

worden; auch das zuständige deutsche Normblatt[6]) zeigt diese Schwäche, es ist überdies unnötig von Gegenstandseigenschaften überwuchert, die nicht zum Prinzip gehören.

Um die Wirkung in einer technischen Einrichtung auf den Eingang zurückzuführen, braucht man nämlich nicht einen Teil der Wirkung selbst, sondern nur eine entsprechende Information über die Wirkung. Auch die Anweisung, auf welche Art die Rückwirkung Einfluß nehmen soll, hat Informationscharakter. Mit anderen Worten, es kommt nicht darauf an, auf welchem Träger diese Information sitzt, und dieser kann auch mehrfach gewechselt werden.

Die elektronische Rechenmaschine hat den Schleifencharakter durch das Zusammenwirken von Sprungbefehlen und bedingten Befehlen bekommen. Der Programmablauf kann durch die Wirkung des Programms beeinflußt werden, und Programme mit zahlreichen Programmschleifen sind die wirkungsvollsten. Gerade sie machen die elektronische Maschine zu mehr als einer herkömmlichen Rechenmaschine (mit bloß erhöhten Rechengeschwindigkeiten), sie machen sie zu einem typischen Automaten.

3.4 Automatentheorie[7])

Die Zusammenfassung der in den letzten Abschnitten aufgeführten Gesichtspunkte führt zu einem Gedankengebäude, das man am besten als allgemeine Automatentheorie bezeichnen wird. Noch ist es kein geschlossenes Gebäude, sondern es gibt hier und dort Komplexe, die auf Ergänzung und Zusammenordnung warten. Die beste Quelle für diese Fragen ist der von SHANNON und MCCARTHY zusammengestellte Band „Automata Studies" [38] mit Beiträgen von JOHN VON NEUMANN, KLEENE, ASHBY, UTTLEY und anderen.

Der Logikkalkül braucht den Begriff der Zeit nicht, seine Sätze sind wahr oder falsch gewissermaßen von der Schöpfung bis zum Weltuntergang — mindestens aber im gegebenen System unabhängig von der Zeit. Im Automaten läuft ein Befehl nach dem andern ab, und man muß die Schaltalgebra auf die Zeit erweitern. Diese wird zu diesem Zweck quantisiert, das heißt in gleichmäßige Schritte eingeteilt. Zu den Grundverknüpfungen (Konjunktion, Disjunktion und Negation) kommt noch ein Verzögerungsglied hinzu, das die Entscheidung zwischen zwei Möglichkeiten um einen Zeitschritt später, als die Eingangswerte an seinem Eingang eintreffen, abgibt. Damit ergibt sich grundsätzlich die Möglichkeit, nun auch alle *zeitabhängigen* logischen Funktionen zu realisieren. Und wieder ist man nicht weit weg von der längst geübten Rechenmaschinentechnik: auch dort sind neben den Grundverknüpfungen Verzögerungsglieder üblich, vielfach auch deswegen, weil in manchen technischen Ausführungsformen gewisse Grundverknüpfungen nur mit Zeitverzögerung realisiert werden können.

Der Ausgang einer zeitabhängigen logischen Funktion hängt nicht nur von den Augenblickseingangswerten, sondern auch von vorhergehenden Eingangswerten ab, von endlich vielen, wenn sie endlich viele Verzögerungsglieder enthält. Der Satz dieser Werte ist das *Ereignis*, auf das die Funktion reagiert. Eine solche Funktion hat daher ein *Gedächtnis*, und umgekehrt ist auf diese Weise auch das Gedächtnis logisch erfaßt.

---

[6]) Deutsches Normblatt 19 226 „Regelungstechnik", Januar 1954.
[7]) Empfehlenswerte Literatur zu diesem Abschnitt cf. [38 bis 41]; es wird auch verwiesen auf den Beitrag von R. TARJÁN, in diesem Buch, insbes. S. 139—141.

Die einfachste Klasse zeitabhängiger logischer Funktionen hat Kettenstruktur. Sobald auch Schleifen zugelassen sind, kann die Funktion dieser Art den Eindruck aktiver Tätigkeit hervorrufen; selbst dann, wenn am Eingang einer solchen Funktion keine Signale ankommen, kann sie beliebig komplizierte Strukturen von Ausgangssignalen abgeben.

Die Schaltalgebra, ohne Zeit oder mit Zeit, setzt zunächst absolut zuverlässige Bauelemente voraus, d. h., die Grundverknüpfungen arbeiten stets richtig. In Wirklichkeit ist das leider anders: auch die besten Schaltelemente unterliegen gelegentlichen Fehlleistungen oder fallen ganz aus. Die Frage nach einer Schaltalgebra mit unzuverlässigen Schaltelementen führt naturgemäß in ein sehr schwieriges Gebiet. Wenn man über die Fehler aber vereinfachte Annahmen trifft (die Imperfektion gewissermaßen perfektioniert), so kann man immerhin erste, tastende Schritte machen. VON NEUMANN [41] zum Beispiel setzt Fehler an, die an allen Stellen, wo sie auftreten, und zu jedem Zeitpunkt, in dem sie auftreten, nur durch einen einzigen statistischen Parameter (Fehlerwahrscheinlichkeit p_S) beschreibbar sind. Die Informationstheorie liefert den Satz, daß Störungen nur durch Redundanz bekämpft werden können. Die Redundanz erzielt VON NEUMANN durch Vielfachbetrieb: alle Informationen laufen auf Bündeln von Verbindungsleitungen, und das ganze Bündel überträgt die gleiche Entscheidung, freilich mit einer gewissen Wahrscheinlichkeit für jede Ader gestört. Durch Korrekturschaltungen ist es möglich, den Fehler zu beherrschen und insgesamt zu beliebig sicheren Verhältnissen zu kommen. VON NEUMANN geht aus Gründen, die nicht vom Rechenautomaten, sondern von seinem Interesse am Nervensystem herkommen, von ziemlich ungünstigen Voraussetzungen aus; er erhält Bündelstärken von 20 000 bis 60 000. Der Verfasser hat erstens mit automatennäheren Annahmen und zweitens mittels einer Schleifenstruktur Bündel von 10 bis 100 Adern errechnet [40, 40A]. Für den wirklichen Automatenbau sind solche Vorschläge freilich noch nicht brauchbar.

3.5 Die Rechenmaschine als universaler Informationsautomat[8])

Der sehr allgemeinen und abstrakten Automatentheorie steht als technisch verwirklichtes Gerät nur die programmgesteuerte elektronische Rechenmaschine gegenüber. Sonderbarerweise genügt sie aber für jede noch so allgemeine Theorie: die heute allgemein übliche Bauform hat Universalcharakter. Der Beweis ist nach dem Gesagten sehr einfach: wenn die Rechenmaschine nur die Grundverknüpfungen als Befehl besitzt, also Disjunktion, Konjunktion und Negation (die Zeitverzögerung hat sie auf jeden Fall) und mittels bedingten Befehlen und Sprungbefehlen Schleifen gebildet werden können, ist jede theoretisch beschriebene Automatenstruktur auf ihr programmierbar. Ob die Arbeit des Programmierens leicht ist und ob das Programm dann in sinnvoller Rechenzeit (d. h. nicht erst z. B. nach 10^{175} Jahrtausenden, wie eine im Abschnitt 5.5 angestellte Betrachtung über die Möglichkeiten des Schachspielens mit Automaten ergibt) abläuft, ist eine andere Frage.

Grundsätzlich ist die elektronische Rechenmaschine bereits jetzt der universale Informationsautomat. Vielleicht ist sie ein wenig zu sehr in den Händen von Mathematikern, als daß dieser Aspekt entsprechend beachtet würde.

---

[8]) Empfehlenswerte Literatur zu diesem Abschnitt cf. [42 bis 45].

4. Denkprozesse

Nachdem nun der Automat für die Zwecke der Gegenüberstellung *Automaten und Denkprozesse* dargestellt ist, sind die Denkprozesse zu betrachten. Das ist der schwierigere Abschnitt. Man kann dem Verfasser vorwerfen, daß er damit seine Kompetenzen überschreitet; die Antwort wäre, daß auch ein Fachmann der Biologie damit seine Kompetenz überschreiten würde, denn es geht um die Berührung zweier Wissensgebiete, um ihre Überdeckung.

Es ist üblich, Denkvorgänge dem Gehirn zuzuschreiben. Beweisbar ist das nur insofern, als Störungen oder Zerstörungen im Gehirn Störungen des Denkens hervorrufen. Es kann also die Notwendigkeit bewiesen werden, es fragt sich aber, ob der Beweis hinreichend ist. Für diesen Abschnitt genügt der notwendige Teil. Der physikalisch beschreibbare Teil des menschlichen Denkapparats soll beschrieben werden. Wenn dies ein Nachrichtentechniker tut, dann tut er es in seiner Sprache, und dann klingt es etwas anders, als wenn es ein Biologe beschreibt — im allgemeinen wenigstens; es gibt nämlich auch Biologen, die sich die technische Sprache aneignen und dann biologische Vorgänge und Dinge damit beschreiben.

Einer der ersten, der das Gehirn in der Sprache der elektronischen Rechenmaschine beschrieben hat, war der amerikanische Physiologe, Neurologe und Psychologe W. S. McCulloch, der in seinem Aufsatz „Das Gehirn als Rechenmaschine" [14] im Jahre 1949 Bilder verwendete, die dann weite Verbreitung gefunden haben. Er sagte zum Beispiel:

„Ein großes Gebäude wäre zu klein für eine Röhrenrechenmaschine, die annähernd gleich viele Schaltelemente besäße wie das menschliche Gehirn, die Niagarafälle wären notwendig, um die erforderliche Energie zu liefern, und der Niagarafluß, um das Gerät zu kühlen. ENIAC mit seinen Tausenden von Röhren hat nicht mehr Schaltelemente als ein Regenwurm."

Einige Jahre später gibt er eine etwas präzisere Schilderung [46]:

„Da uns die Natur ein funktionierendes Modell zur Verfügung stellt, brauchen wir theoretisch nicht zu fragen, ob Maschinen gebaut werden können, die Informationen ebenso behandeln wie das Gehirn. Aber es wird lange dauern, bis wir dieser Rechenmaschine von eineinhalb Litern Volumen, eineinhalb Kilogramm Gewicht und 25 Watt Energieverbrauch etwas Entsprechendes gegenüberzustellen haben werden. Die Rechenmaschine Gehirn hat einen Speicher mit einer Kapazität von 10^{13} bis 10^{15} bit[9]) und eine mittlere Halbwertszeit von einem halben Tag[10]); 5 % seiner Aufzeichnungen regeneriert dieser Speicher erfolgreich über 60 Jahre hindurch. Das Gehirn arbeitet andauernd und störungsfrei mit seinen 10^{10} dynamischen und dennoch stabilen, unersetzbaren Schaltelementen, erhält sich selbst und beherrscht seine eigene Aktivität. Es reguliert den Zustand des ganzen Körpers und dessen Beziehungen zur Umwelt mit Hilfe einer *reflexiven* und *appetitiven* negativen Rückkopplung. Seine generelle Organisation wurde zuerst aus den Störungen seiner Schaltungen erraten, besonders wenn diese durch teilweise Zerstörung des Gehirns entstanden waren. Die Informationswandler des Körpers, Sinnesorgane genannt, werden durch Licht, Schall, Geschmack, Geruch, Berührung, Temperatur, Druck, Andauer, Beschleunigung usw. angeregt und senden dann Signale zu den hinteren Teilen des Nervensystems.

---

[9]) Bit: Einheit des Informationsinhaltes (gemäß NTG-Empfehlung 0601 und Vornorm DIN 44 300).

[10]) In der Diskussion erklärte McCulloch später, daß sich diese Halbwertszeit auf den Zerfall zufällig zusammengestellten Merkstoffes bezieht, daß der Mensch aber auch noch über andere Gedächtnisformen verfügt, sogar über solche, die ihren Inhalt mit der Zeit verbessern.

Die Ausweitung an der oberen Spitze des Nervsystems heißt Gehirn. Sein Vorderteil sendet Signale zu den Muskeln und Drüsen, um diese zu veranlassen, die Vorgänge, die die Informationswandler melden, weiterlaufen zu lassen, anzuhalten, umzukehren oder sonst zu verändern.

Zuoberst im Gehirn ist das Großhirn (*Cerebrum*) mit seiner Rinde (*Cortex*), einige hundert Schaltelemente tief, die in beiden Richtungen an ihrer Eingangsseite durch lange Gruppen von Schaltelementen verbunden ist, die man als *Thalamus* bezeichnet. Ohne diese Strukturen können wir weder Formen sehen noch Klänge hören noch irgendeine andere jener Invarianten errechnen, die wir Apperzeptionen oder Ideen nennen. Eingekeilt zwischen Gehirnrinde und Thalamus sind die *Fundamentalganglien*, die unsere automatisch gruppierten Bewegungen programmieren, wie zum Beispiel saugen, essen, kriechen, gehen oder laufen. Die Ausbuchtung im Hinterteil des Gehirns heißt Kleinhirn (*Cerebellum*). Seine Aufgabe ist es, den in Bewegung gesetzten Körperteil an der richtigen Stelle anzuhalten.

Jeder dieser Teile des Gehirns sendet Signale zu den andern, und alle senden Signale über viele Kanäle zu vielen Teilen des Nervsystems, wo sie auf die Eingänge jener Regelsysteme wirken, die man *Reflexbögen* nennt. Der Speicher, unser Gedächtnis, hat mehrere Formen und kann nicht einfach lokalisiert werden. Der Großteil davon kann nicht im Kleinhirn oder noch tiefer liegen."

Derartige Beschreibungen werden von Berufenen und von Unberufenen gegeben; sie sind geradezu eine Mode geworden. Die Gegner solcher Analogiebildungen wenden ein, daß es ein Zirkelschluß ist, wenn man zuerst das Gehirn in der Sprache der elektronischen Rechenmaschinen beschreibt und dann über die „überraschenden" Ähnlichkeiten erstaunt ist (zum Beispiel O. H. Schmitt in [46], Seite 244). Vor derartigen Zirkelschlüssen kann tatsächlich nicht nachdrücklich genug gewarnt werden; andererseits beweist die Möglichkeit, Gehirnfunktionen in der Rechenmaschinensprache ziemlich zufriedenstellend zu beschreiben, daß eine gewisse Überdeckung vorliegen muß. Ausführlich und mit Sachkenntnis hat sich mit diesen Fragen von Neumann in seinem letzten, leider unvollendet gebliebenen Werk [47] auseinandergesetzt.

Daß man auch mit reiner Physik den komplexen Vorgängen im Gesamtgehirn beachtenswerte theoretische Vorstellungen abgewinnen kann, hat H. von Foerster mit seiner kleinen Schrift „Das Gedächtnis" [48] bewiesen. Sein Versuch, die Vergessenskurven von Ebbinghaus als Zerfallsvorgänge von Speicherelementen zu deuten, machte auf die amerikanischen Fachleute solchen Eindruck, daß man ihn mit der Herausgabe der Kybernetik-Tagungsberichte der J. Macy-Foundation beauftragte [49].

Auch die Tatsache, daß die erste Arbeit zur Automatentheorie nicht von Ingenieuren, sondern von Neurologen geschrieben wurde, dürfte ein gewichtiger Beweis für die Überdeckung sein. Schon 1943 hatten nämlich W. S. McCulloch und W. Pitts den Weg beschritten, Nervennetzwerke aus einem sehr einfachen Modell des Neurons logisch zu beschreiben [50]. Dieser Veröffentlichung wird zwar Mangel an Klarheit vorgeworfen, sie stellt aber ohne Zweifel den ersten Versuch dar, eine allgemeine Automatentheorie aufzustellen.

Heute ist es für eine Bewertung noch zu früh; die verschiedenen Lehrmeinungen müssen sich noch viel weiter entwickeln, ehe abgeschätzt werden kann, worin Gehirn und Automat einander ähnlich sind und worin sie sich unterscheiden. Was hier weiter auszuführen ist, stellt ebenfalls den Weg in diese Richtung dar.

4.1 Körperschema und Nervensystem

Man darf nicht übersehen, daß das Denken, von der biologischen Entwicklung her gesehen, nur eine Nebentätigkeit des Nervensystems ist. Zuvor kommt die

Ausgleichstätigkeit für das körperliche Befinden, und diese Regelung mischt sich mehr in die Denkprozesse hinein, als uns lieb ist zuzugeben. Der Informationsautomat in der heutigen Form hat keinerlei Einfluß von Eigenbedürfnissen eingebaut, und allein schon deswegen dürfte er nicht als Denkmaschine bezeichnet werden. Zwar ist beim Menschen das Denken bereits zu einer der Haupttätigkeiten des Nervensystems geworden, es beruht aber auch bei ihm weitgehend auf der Vorarbeit der Außenstellen, der Sinnesorgane und Verbindungsleitungen, und hängt sehr stark von deren Signalen ab.

Während in der Rechenmaschine die Signale zunächst keine Gewichtsunterschiede haben (erst in einem sehr fortgeschrittenen Stadium der Programmierkunst werden Kriterien verschiedener Vordringlichkeit berücksichtigt), macht das mit den Signalen im Nervensystem verbundene Gewicht (beispielsweise der mit dem Signal verbundene Affekt, wenn diese Aufspaltung hier gestattet wird) sehr viel aus. P. DAL BIANCO und der Verfasser haben begonnen, ein Körperinformationsschema zu entwickeln, bei dem jeder Kanal aus zwei Wegen besteht, aus einem digitalen, der den logischen oder „rein berichtenden" Informationsgehalt befördert, und aus einem analogen (der natürlich auch digital repräsentiert sein könnte, um ein Rechenmaschinenprogramm daraus formen zu können), der den damit verbundenen Affekt transportiert. Die *Affektspannung* lädt Speicherkondensatoren auf, die bei einer gewissen Höhe der Aufladung kippen und dadurch logische Signale (d. h. Schaltbefehle) hervorrufen, die sich auch auf die Behandlung der Information des ersten Weges auswirkt. Derartige Mechanismen werden insbesondere dann am Körper oder menschlichen Verhalten sichtbar, wenn durch gewisse Krankheiten die Kontrolle in der umgekehrten Richtung, nämlich die Steuerung der Affekte durch logische Überlegung, geschwächt oder gestört wird.

Aber auch wenn man von den Affekten, die nicht nur Entscheidungen augenblicklich beeinflussen, sondern durch ihre Wirkung auf die Tiefe und Aufrufbarkeit des Gespeicherten auch über lange Zeiten hinweg noch berücksichtigt werden müßten, für die erste Näherung absieht, kommt man auf äußerst verwickelte Verknüpfungen der Informationsflüsse. Betrachtet man nur die mit der Sprache verbundenen Mechanismen, so zeigt sich ein Organisationsdreieck Hören—Lesen—Sprechen, das in der Kindheit vorbereitet und dann in der Schule ausgestaltet wird. Es ist hier nicht der Raum, um auf die Störungen einzugehen, die in dieser Organisation beobachtet werden können. Es sei nur bemerkt, daß schon für ihre Systematisierung die Übertragung von Bildern aus der Technik des Automaten sehr wertvoll werden kann.

Jedenfalls drängt sich bei der Untersuchung dieser Vorgänge das Bild der Unterprogramme unvermeidlich auf, wenn man den Begriff des Unterprogramms kennt. Hier kann nicht bloß eine oberflächliche Analogie vorliegen, eine willkürliche Begriffsübertragung — hier muß funktionell einfach das gleiche vorliegen. Die einzelnen Unterprogramme sind miteinander verknüpft, der Aufruf des einen bereitet das andere vor. Ein Teil der Unterprogramme ist schon vorhanden, ehe die Beeinflussung durch den Willen beginnt. Durch bewußtes Lernen werden nicht wenige dieser Unterprogramme bis zur Unaufrufbarkeit verdrängt, sie können aber wieder hervorkommen, sobald der Wille aus irgendwelchen Gründen ausgeschaltet ist.

Ja, es zeigt sich sogar, daß im Nervensystem genau wie im Automaten eine Hierarchie der Programme aufgebaut wird, daß auf höherem Niveau geringerer Informationsfluß anzutreffen ist. Die zahlreichen Sinnesorgane liefern eine Flut von Nachrichten, die im wahrsten Sinn des Wortes unübersehbar ist. Auf dem Weg zum Gehirn wird diese Flut auf verschiedene Weise geordnet und reduziert; sie landet in ganz bestimmten Teilen des Gehirns und mag dort noch relativ lokalisierbar sein. Es gibt eine Art Abbildung des Körpers im Gehirn, wo die verschiedenen Körperteile sozusagen mit ihrem Informationsgewicht multipliziert aufscheinen. Die weitere Verarbeitung ergibt immer abstraktere Ebenen, aber auch immer weniger lokalisierbare Abbildungen. P. DAL BIANCO vergleicht diese Verhältnisse mit der Unschärferelation von HEISENBERG: das Produkt aus einem denkbaren Maß der Abstraktion und aus einem denkbaren Maß der Lokalisierbarkeit wäre konstant.

Das Denken erweist sich also als Oberbegriff für eine vorläufig unübersehbare Zahl von komplexen Vorgängen. Und das erklärt eine Reihe von sehr widerspruchsvollen Auffassungen: wer für eine Argumentation einen Teilaspekt heranzieht, der sich mit dem Teilaspekt seines Gegenübers überhaupt nicht deckt, darf sich nicht wundern, wenn sich die Standpunkte nicht vereinigen lassen. Damit soll nicht gesagt sein, daß sich zum Beispiel philosophische und naturwissenschaftliche Auffassungen vom Denken grundsätzlich nicht überdecken können und sollen — vielmehr ist daraus die Folgerung zu ziehen, daß noch eine ungeheure Arbeit zu leisten ist, ehe auch nur eine Übersicht über die möglichen Aspekte des Denkens gewonnen sein wird. Die Nachrichtentheorie und das Konzept des Automaten können dazu einen wichtigen Beitrag leisten; und in dieser Richtung sei zunächst einiges versucht.

4.2 Der Mensch als Informationsautomat

Der menschliche Körper kann auf das Material hin untersucht werden, aus dem er besteht. Das ist in erster Linie eine Aufgabe für die Chemie, die in der Medizin bereits ihren festen Platz hat. Übrigens kann man selbst diese Aufgabe informationstheoretisch auffassen: die Beschreibung des menschlichen Körpers hat den Charakter einer Information, und es läßt sich daher der Informationsgehalt der Beschreibung abschätzen [51]. Genau dies meinte WIENER, als er sagte [23], *„daß wir das Schema eines Menschen nicht von einem Ort zu einem andern telegraphieren können, liegt wahrscheinlich an technischen Schwierigkeiten,... nicht an der Unmöglichkeit der Idee"*. Die technischen Schwierigkeiten sind allerdings enorm.

Der menschliche Körper kann erstens aus Atomen aufgebaut gedacht werden. Es wäre also zu beschreiben, mit welchen Atomen ein räumlicher Raster besetzt werden muß, damit ein (bestimmter oder überhaupt ein) Mensch entsteht. Selbst bei optimistischer Abschätzung hat die Beschreibung einen Informationsgehalt von 10^{28} bit.

Setzt man den Körper aus Molekülen zusammen, so kommt man auch nur wenig herunter, es sind dann weniger als 10^{25} bit. Einen derartigen Aufwand treibt die Natur bei der Herstellung des Körpers natürlich auch nicht; sie verwendet in der Keimzelle ein Rezept, dessen Informationsgehalt zwischen 10^6 und 10^{12} bit liegt — dieses Rezept legt allerdings nur das Grundsätzliche fest, das dann erst von den Wachstumsbedingungen und von der Geschichte ausgeformt wird.

So ungeheuer lang wäre also die materielle Beschreibung des Körpers. Etwas einfacher, weil weniger individuell, wäre die energetische Beschreibung des Körpers. Für seinen Betrieb braucht der Körper ja ständig Energie, die mit den Nahrungsmitteln aufgenommen wird und dann den einzelnen Stellen zufließt.

Auch die Nachrichtenmittel werden so versorgt, und es ist ein sehr elegantes System, das der Nachrichtentechniker in seinen Kabelnetzen und Telephonvermittlungen gerne nachahmen würde, wenn die Technik nur so weit wäre: es ist nämlich jedes Schaltelement zugleich auch Batterie. Nun, auch Fragen der Energie werden in der Medizin, meist eben im Zusammenhang mit der Chemie, schon länger betrachtet.

Der menschliche Körper kann schließlich aber auch als Informationsnetz betrachtet werden, und das ist eine relativ neue Betrachtungsweise. Es beginnt mit den Sinnesorganen, die in dieser Betrachtung als Informationswandler erscheinen. Sie sind zwar alle nicht so einfach wie ein Mikrophon, das akustische Schwankungen in Stromschwankungen verwandelt; die Sinnesorgane arbeiten mit einer Pulsfrequenzmodulation und bearbeiten außerdem die Information sehr wesentlich: sie differenzieren, integrieren und kombinieren die ankommenden Signale, und an ihren Ausgängen ist nur schwer zu erkennen, was eigentlich signalisiert wird.

Trägt man den weiteren Verlauf des Informationsflusses von den Sinnesorganen bis zu einem vorstellbaren *innersten Denkzentrum* als Diagramm auf, so ergibt sich eine fallende Kurve. Immer mehr Einzelheiten gehen verloren, nur die wichtigeren, nur die nach gewissen, uns noch wenig bekannten Verfahren ausgewählten Signalelemente steigen höher auf, und die innersten Signale bedeuten aufs äußerste reduzierte Informationsstrukturen. Es ist nicht schwierig, die Reduktion abzuschätzen. Da das Auge das weitaus komplizierteste Sinnesorgan ist, braucht man nur den Informationsfluß, den es nach seiner Bauweise bewältigt, mit dem tatsächlichen Informationsfluß beim Lesen zu vergleichen. Das sind gute Kriterien, denn das Auge ist soweit gut bekannt, und hinsichtlich des Lesens darf angenommen werden, daß der Mensch diese Fähigkeit bis nahe an die Grenze des Möglichen entwickelt hat.

Das Auge hat rund 120 Millionen Stäbchen und $6^1/2$ Millionen Zäpfchen. Rechnet man überschlägig pro Zäpfchen 16 Farbtöne und 1024 Helligkeitsstufen, so ergeben sich 14 bit pro Zäpfchen. Die Stäbchen sind allein auf Helligkeit empfindlich und unterscheiden durchschnittlich nur etwa 30 Helligkeiten; man darf also 5 bit pro Stäbchen annehmen. Zu einem bestimmten Zeitpunkt vermag das Auge daher rund 700 Millionen bit aufzunehmen. Vom Film her weiß man, daß die Auflösung in Einzelbilder etwa von 15 Bildern pro Sekunde an aufhört. Der Informationsfluß über den Aughintergrund beträgt daher rund 10 Milliarden bit pro Sekunde.

Wir lesen nicht mehr als 50 Buchstaben pro Sekunde, das wären 250 bis 350 bit pro Sekunde — wäre der Text redundanzfrei und würden wir bei dieser Geschwindigkeit wirklich alle Buchstaben beachten können. In Wirklichkeit nehmen wir ganze Buchstabengruppen auf einmal auf — deswegen findet man Druckfehler so schwer — und können mindestens drei Viertel des Textes im vorhinein erraten. Das macht rund einen Zehnerfaktor aus, und der Informationsfluß beim Lesen liegt bei 25 bit pro Sekunde — dieser Wert läßt sich auf vielfache Weise bestätigen. Beim Klavierspielen zum Beispiel kann man ein Notenbild von zufällig aufeinanderfolgenden Tönen auch bei bester Geläufigkeit nur bis zu einer bestimmten Geschwindigkeit richtig wiedergeben — es wird die gleiche Grenze von rund 25 bit pro Sekunde erkennbar [52, 53].

Von den Sinnesorganen bis zum *Denkzentrum* erfolgt also eine unerwartet starke Informationsreduktion; zu höheren Leistungen ist man erst nach längeren

Lernvorgängen fähig, die auf der Informationsspeicherung beruhen. Das ist ein überaus merkwürdiges Ergebnis. Gerade die Stelle, wo in unserem Innern die Information sozusagen in den Geist an sich übergeht, erweist sich als relativ träge. Da diese Stelle aber eine ganze Reihe von Problemen aufwirft, möge sie für eine spezielle Behandlung auf einen späteren Abschnitt zurückgestellt werden. Jedenfalls müssen wir diese Erscheinung zur Kenntnis nehmen.

Wenn man das mit den Augen Gelesene gleichzeitig ausspricht, wenn man also vorliest, entsteht — bei gleicher Lesegeschwindigkeit — ein Schallereignis, das einen wesentlich höheren Informationsfluß hat. Auf dem Weg vom Denkzentrum zu den Sprechmuskeln werden offenbar von wenigen Impulsen Unterprogramme ausgelöst, welche Sprechorgane steuern. Dabei entstehen sowohl durch die Eigenheiten der Unterprogramme als auch durch die speziellen Formen der Sprechwerkzeuge und durch den emotionellen Zustand des Sprechenden Charakteristika, die aus dem gelesenen Text nicht hervorgehen, für eine getreue Übertragung aber insgesamt einen Informationsfluß von rund 50 000 bit pro Sekunde verlangen. Diese Informationsausweitung ist ebenso typisch für den menschlichen Körper als Informationsautomat wie die enorme Reduktion auf der Eingangsseite.

Beide Vorgänge, Informationsreduktion und Informationsausweitung, sind wesentlich bestimmt durch den Inhalt beteiligter Informationsspeicherzellen. Dabei darf man nicht nur an das Gedächtnis im Gehirn denken — der Klaviervirtuose muß sein Stück „in die Finger" bekommen: vermutlich hat jede einzelne Nervenzelle den Charakter eines Informationsspeichers. Von dorther werden dann die für die Informationsausweitung erforderlichen Informationsvervielfachungen genommen, die oft wiederholten Unterprogramme.

Insgesamt betrachtet, als Gesamtgebilde stellt der menschliche Körper viel eher eine Informationssenke als eine Informationsquelle dar. Die nähere Betrachtung dieser Relation führt eindeutig zu dem Schluß, daß die Informationsreduktion eine edlere und wertvollere Tätigkeit ist als die Informationserzeugung — im Grunde eine alte Weisheit, die nur von der unermüdlichen Informationsvervielfachung der heutigen Nachrichtentechnik reichlich verdunkelt wird. Tatsächlich sind unser Nervensystem und unser Gehirn von einer immer noch steigenden Flut anstürmender Nachrichten angegriffen, gegen die sie sich nicht nur nicht wehren können, sondern auch nicht wahllos wehren dürfen, denn es sind in dieser Flut durchaus relevante Nachrichten enthalten. Wenn man auch das Prinzip befolgen könnte, Reklame-Informationen in einer möglichst niederen Ebene der Hierachie auszuscheiden, so sähe man sich dennoch einer ansteigenden Menge von Gesetzestexten gegenüber, die von Regierungen und Parlamenten unter Ausnützung technischer Mittel ständig erzeugt werden. Es ist offenbar, daß nur der Informationsautomat gegen diesen Angriff helfen kann. Er wird eines Tages dazu imstande sein, eine Auslese und Reduktion zu treffen, deren Umfang dem menschlichen Nervensystem und der Speicherfähigkeit des Gehirns wieder angepaßt ist — vorher werden freilich die Erkrankungen dieser Organe unvermeidlich häufiger werden.

4.3 Erscheinungsformen des Denkens

Es geht in diesem Abschnitt nicht um die geisteswissenschaftlichen Formen des Denkens, die erst in einem viel späteren Zeitpunkt sinnvoll in diesen Zusammenhang kommen können, sondern um die Erscheinungsformen, die für die Gegenüberstellung mit den heute beherrschten Automatenfunktionen von Wichtigkeit sind.

Die einfachste Form der Gehirntätigkeit wäre die einfache Aufzeichnung von Umweltereignissen — wenn es sie gäbe. Der Mensch ist aber kein Photoapparat und kein Tonbandgerät: er zeichnet niemals einfach auf, sondern er *reduziert* bei der Aufnahme und er *rekonstruiert* bei der Wiedergabe. Deswegen darf er sich nicht einmal selbst auf sein Gedächtnis verlassen. Freilich kann man durch Übung der objektiven Aufzeichnung näherkommen; in der Regel aber ist der Mensch ein unverläßlicher Zeuge und bedarf der Unterstützung durch die Technik. Die Aufzeichnung umfangreichen Datenmaterials aller Art wird somit stets eine Hauptdomäne des Automaten bleiben, und in der Verarbeitung von großen Datenmengen wird es unerwartete Erfolge geben — sobald einmal die Methodik beherrscht werden wird.

Was bei der Aufzeichnung durch Sinnesorgane im Nervensystem und im Gehirn vor sich geht, scheint ein sehr verwickeltes Korrelationsverfahren zu sein: die Meldungen mehrerer Sinnesorgane werden zusammengefaßt und bilden ein Ganzes, von dem wir oft gar nicht wissen, aus wieviel verschiedenen *Dimensionen* es zusammengesetzt ist. Weiter oben ist als Beispiel die Verkopplung von Hören, Lesen, Sprechen und Schreiben beim Erlernen einer Sprache genannt worden.

Für alle diese Vorgänge ist der Inhalt des Speichers von größter Bedeutung, ja man kann sagen, daß man nur das zu sehen, zu hören, zu erkennen vermag, was in diesem Speicher vorgeformt ist: wer nicht ein Vor-Bild des Mondes besitzt, kann den Mond nicht sehen. Daraus ergibt sich die wichtige Frage, wie neue Vor-Bilder entstehen können — und diese Frage ist von allgemeiner Bedeutung. Denn auch die Naturwissenschaft füllt entweder nur innerhalb eines vorgeformten Schemas durch systematischen Aufbau leere, aber im Grunde freiheitsgradlose Felder aus oder sie hat es mit dem schmerzlichen, unsystematischen Vorgang zu tun, der zu einer Ausweitung ihres Schemas führt. Da niemand die Regeln weiß, nach denen das Schema auszuweiten ist, begegnet man dem Ausweitungsversuch mit berechtigtem Mißtrauen, das nicht selten erst lange nach dem Tode des genialen Ausweiters langsam abklingt. Für den Automaten gilt in gleicher Weise, daß er nur zu jenen Aufgaben befähigt ist, für die sein Programm eingerichtet ist; alle Ausweitungen sind zunächst dem programmierenden Menschen vorbehalten. Sobald aber die Frage beantwortet ist, nach welchem Schema Ausweitungen herzustellen sind, wird das entsprechende Programm aufstellbar sein, und dann hat der Automat eine unheimliche Grenzenlosigkeit erhalten, die ihn der menschlichen Kontrolle noch stärker entzieht als seine keinem Sinnesorgan unmittelbar zugängliche Geschwindigkeit. Vorläufig kann nur festgestellt werden, daß die automatische Bildung neuer Oberbegriffe bisher über triviale Fälle nicht hinausgekommen ist und daß diese sehr zentrale Fähigkeit des menschlichen Denkapparats der *Denkmaschine* abgeht. Das heißt freilich nicht, daß dieser Mangel ein Wesensmerkmal des Automaten ist und bleiben muß.

Ist schon die einfache Aufzeichnung im Gehirn mit beinahe unübersehbarer Komplikation verbunden, so gilt dies noch viel mehr für alle andern Tätigkeiten des Gehirns, die auf seinen Aufzeichnungen aufbauen. Was immer also in den nächsten Abschnitten über Versuche berichtet werden kann, die verschiedenen Erscheinungsformen des Denkens auf dem Automaten zu simulieren, unterscheidet sich grundlegend von den Verfahren des Gehirns; es wird auf vereinfachten Annahmen beruhen müssen, auf Analogien, die weit mehr auf die großen Linien beschränkt sind, als dem Betrachter der Ergebnisse bewußt wird. Diese Tatsache verringert nicht den Wert der Versuche, es ergeben sich neue, dem menschlichen Gehirn verschlossene Wege; sie verringert aber wohl die Übereinstimmung zwischen den als analog betrachteten Vorgängen und bedeutet daher eine Warnung vor übereilten Schlüssen zwischen beiden Ebenen.

Dies vor Augen, erscheint schon das *logische Denken* im Gehirn nicht unbeträchtlich unterschieden von den logischen Vorgängen im Automaten. Wo hier sich alles streng nach den Regeln richtet, gibt es im ganzen Gehirn offenbar keine Einheit, bei der eine saubere Konjunktion gebildet werden kann: diese einfache Relation schwebt vielmehr als komplexer Gedanke über einer Vielzahl von parallel verlaufenden Teilvorgängen; NULL und EINS sind niemals *leere Stelle* oder *einfacher Impuls*, sondern wer weiß, was für verwickelte Impulsmuster.

Das heißt aber, daß das „ideal logische Denken" dem Automaten vorbehalten bleibt — das menschliche Gehirn ist viel zu vielseitig dafür. Eines der Beispiele des Abschnitts 5.6 wird zeigen, daß das mehr ist als eine geistreiche Idee; der Automat, der nur eindeutigen Befehlen zu folgen vermag, kommt niemals dazu, sich aus *Einsicht* zu ungenauen Denkschritten verleiten zu lassen. Richtiger wäre es allerdings, das „ideal Logische" eben nicht als Denken zu bezeichnen — bei allem Wert des exakten, aber primitiven Verknüpfungsvorgangs bleibt dieser doch etwas Naturwissenschaftliches, ja geradezu Technisches.

Ein wichtiger weiterer Denkprozeß findet beim *Steuern* von Vorgängen statt, von Vorgängen innerhalb des Körpers und außerhalb des Körpers. Für diese Betrachtung fallen die automatischen Regelungssysteme innerhalb des Körpers weg, solange ihre Schleifen nicht über das Bewußtsein laufen, obwohl dieser Unterschied für die physikalische Betrachtung nicht sehr wichtig ist. Die denkende Steuerung macht die Verknüpfung von Denkprozessen und Zustandsmeldungen der Sinnesorgane noch einmal deutlich. Ob man ein Auto lenkt oder bloß nach seiner Zigarette greift, die Grenzen zwischen effektivem Denken und Reflexvorgängen sind schwer abzustecken. Sicherlich aber hat jeder solche Steuervorgang den Charakter des *Zielsuchens*. Die Zielstrebigkeit ist schon deshalb ein dankbarer Gegenstand der Philosophie, weil der Gedanke der Rückkopplung bei den Philosophen selbst hundert Jahre nach mathematischer Formulierung immer noch nicht heimisch geworden ist und daher phantastische Deutungsmöglichkeiten offeriert. Solange das Ziel ein materielles ist und auf mechanischem Wege angestrebt wird, erscheint die Sache noch wenig attraktiv — wenn Ziel und Suchvorgang aber den Charakter einer Information, eines Satzes von Regeln zum Beispiel, haben, entsteht ein weites Feld für die Spekulation, der die Zielstrebigkeit am liebsten als mythologische Zauberkraft erscheint. Hier wird der Automat viele und harte Arbeit haben, die *mechanische* Bewältigbarkeit vieler Probleme anschaulich zu machen. Auch dafür werden eine Reihe von Beispielen folgen.

Ausdenken und *Entwerfen* sind Denkprozesse, die als Mischung von logischen Vorgängen, Steuerungsabläufen und Zielverfolgungen beschrieben werden können. Wenn sich Ausdenken und Entwerfen nicht im üblichen oder gar trivialen Rahmen bewegen, dann kommt eine Qualität dazu, die zum Beispiel als *Phantasie* bezeichnet wird. Und man hat mehrfach, um wenigstens ein Teilgebiet des menschlichen Geistes vor der *Mechanisierung* durch den Automaten zu bewahren, diesem die Fähigkeit abgesprochen, Phantasie zu haben. Leider aber ist

es mit der Phantasie nicht besser als mit den andern Erscheinungsformen des
Denkens; es gibt mindestens eine Dimension daran, die sich sehr wohl im Automaten simulieren läßt. Es gilt ganz allgemein, daß alles formell exakt Beschreibbare auch als Programm formulierbar ist. Es braucht nur eine genaue Beschreibung eines Ausdenk- oder Entwurfprogramms, um auch diese Aufgaben
dem Automaten zu überantworten, und selbst die Phantasie — stimmt man nur
mit einer bestimmten logischen Definition überein — läßt sich in diese Fesseln
schlagen. Im Abschnitt über den komponierenden Automaten werden Beispiele
dazu gegeben — und im Abschnitt 6 werden Gründe angeführt, warum man mit
einer logischen Definition nicht einverstanden sein sollte.

Fassen wir hier zunächst die Erscheinungsformen des Denkens zusammen, die
angeführt worden sind, so haben wir:

> Aufzeichnen von Umweltereignissen im Gedächtnis
> Logische Verknüpfung von Tatsachen und Behauptungen
> Steuern von Vorgängen in dem und um den Körper
> Zielsuchen samt Ausdenken und Entwerfen
> Phantasie und ähnliche Kategorien.

Das sind lange nicht alle Prozesse, die zum Komplex des Denkens gehören.
Führen wir noch einige weitere an:

> Fragen beantworten — Fragen stellen
> Schlüsse ziehen
> Probleme lösen;

dazu kommen noch etliche Wortbedeutungen, die etwas ferner liegen, aber doch
in gewissem Sinne auch noch darunterfallen, wie zum Beispiel *denken* im Sinn
von glauben oder annehmen — was man als Ausdenken oder Entwerfen einer
Situation interpretieren könnte.

Hingegen sollten hier alle jene Auffassungen vom Denken außer Betracht
bleiben, die etwa das Denken als Funktion einer unsterblichen Seele definieren.
Auf solche Betrachtungen kommt der Abschnitt 6 zurück.

Was hier als Erscheinungen des Denkens aufgeführt ist, macht einen ungeheuer
vielfältigen Komplex sichtbar, der noch der ernsten und sorgfältigen Durch-
arbeitung bedarf. Es ist sehr stark anzunehmen, daß ein Teil dieser Arbeit von
den Geisteswissenschaften bereits geleistet worden ist — für diesen Teil bleibt
dann aber auch noch die nicht zu unterschätzende Arbeit der Übersetzung in
eine Sprache, die für Geisteswissenschaft und Naturwissenschaft gleichermaßen
verständlich ist. Der Automat kann für die Ordnung in diesem Komplex schon
jetzt sehr viel leisten: nämlich mit Beispielen zeigen, welche Funktionsstrukturen
zu welchen Resultaten führen — und das wird schon vielfältig besorgt. Der
Abschnitt 5 gibt eine Übersicht über die laufenden Arbeiten, ohne indes jede
einzelne im Detail beschreiben zu können.

Vorher aber sind noch zwei Tätigkeiten näher zu erwähnen, die bisher ausge-
lassen wurden: Lernen und Spielen.

4.4 Erscheinungsformen des Lernens

Jedermann hat von der Schule her eine ziemlich deutliche Vorstellung vom
Lernen. Aber leider ist das nicht ausreichend, um den Lernvorgang so exakt zu
beschreiben, daß man daraus ein Rechenmaschinenprogramm ableiten könnte.
Der lernende Automat ist ein beliebtes Schlagwort geworden, und Lernpro-

gramme bringen heute jeden Forschungsmanager zum Entzücken. Dabei zeigt die nähere Untersuchung nicht selten, daß der groß angekündigte Lernvorgang vor zehn Jahren ganz bescheiden als Iteration bezeichnet worden wäre. Im weitesten Sinn umschließt die Iteration auch tatsächlich jeden Lernvorgang — wo liegt eine vernünftige Grenze der Terminologie? Auch auf diese Frage kann die Antwort nur versucht werden.

Seit den Arbeiten des russischen Physiologen I. P. PAWLOW weiß man, daß die Basis der biologischen Lernvorgänge durch den sogenannten *bedingten Reflex* beschrieben wird. Klarer als jede wissenschaftliche Definition ist wohl das klassische Beispiel aus PAWLOWS Experimenten, der Hund, der lernt, daß eine Glocke etwas zum Fressen ankündigt. Als Anzeige dient bei diesen Versuchen der Speichelfluß; der Hund, der etwas zum Fressen erblickt, erhöht automatisch seinen Speichelfluß — das ist ein unbedingter Reflex. Läutet man nun einige Male gleichzeitig eine Glocke, wenn man dem Hund etwas Freßbares zeigt, so genügt es fortan (zumindest einige Male; die Feinheiten des Vorganges sind nicht so kurz beschreibbar), die Glocke zu läuten, um eine Erhöhung des Speichelflusses zu erzielen. Das ist der bedingte Reflex: der Hund hat gelernt, daß die Glocke Freßbares ankündigt, obwohl die Glocke — ehe sie mit dem Fressen in Zusammenhang gebracht wird — dem Hund an sich nichts bedeutet.

Ähnlich wie für das Denken die zahllosen Vorgänge im Körperschema Voraussetzung und Grundlage bilden, dürfte für das Lernen die Bildung von bedingten Reflexen verschiedenster Art eine biologische Basis darstellen, die sich bei der Betrachtung auch rein geistiger Lernvorgänge nicht ganz abtrennen läßt. So stellt das Lernen von Vokabeln, in einer Fremdsprache ebenso wie in einer Fachsprache, zweifellos einen Vorgang dar, der nicht notwendigerweise Geist und Bewußtsein voraussetzt. Da man unter Verwendung halbwegs vorsichtig ausgewählter Satzstrukturen mit solchen Vokabeln Sätze bilden kann, denen der Zuhörer Sinn zuordnet, darf man nicht daran zweifeln, daß selbst am Führen von Gesprächen Automatismen beteiligt sein können — die ihrerseits von Automaten wieder sehr leicht nachgebildet werden können. Dieser Gedanke ist nicht neu — er soll hier nur darauf hinweisen, daß sich der Vergleich von Automaten und Denkprozessen immer wieder als gar nicht weit hergeholt erweist.

Der bedingte Reflex ist nicht der einzige biologische Funktionskreis, der zu den Lernautomatismen im Lebewesen zu zählen ist. Es gibt Spezialisierungs- und Generalisierungsvorgänge, Hemmungen und andere Funktionen, die im Zusammenwirken ein sehr buntes Bild der Verhaltensweisen ergeben.

Allgemein zählt man zum Lernen alle Arten des Aneignens von Fähigkeiten, Kenntnissen und Ideen, sei es auf systematische Weise, sei es durch zufälliges Probieren (*trial and error* — Methode). Vom unbewußten Reflex bis zu den geistvollsten Prozessen erstreckt sich ein weites Feld. Mit Programmen kann man an den verschiedensten Stellen ansetzen, und das Bild der bisherigen Versuche ist dementsprechend bunt. Wer das Lernen dann zu definieren versucht, kann sich in der Regel von seinen bisherigen Untersuchungen und Experimenten nicht so weit wegbewegen, daß eine allgemeine Definition entsteht — sie paßt sehr häufig am besten zu den eigenen Arbeiten. Lassen wir ein paar Beispiele folgen (von psychologischen Definitionen sei vorläufig abgesehen):

„Lernen ist der Vorgang, bei dem eine Tätigkeit durch Übungsvorgänge ausgelöst oder geändert wird, zum Unterschied von Auslösungen oder Änderungen, die nicht auf der Erfahrung beruhen" (HILGARD, Zitat aus [54]).

„Angenommen, ein Organismus oder eine Maschine liegt in oder ist verbunden mit einer Klasse von Umgebungen und daß es ein Maß für den ‚Erfolg' oder für die ‚Anpassung' gibt; angenommen weiter, daß dieses Maß verhältnismäßig rasch (im Vergleich zur Lebensdauer) bestimmt werden kann; hat dieses Maß die Tendenz, mit der Zeit zu steigen, so kann man sagen, daß der Organismus oder die Maschine lernt, sich dieser Klasse von Umgebungen bezüglich des gewählten Maßes anzupassen" (SHANNON [55]).

„Zeichenerkennung bedeutet die Klassifizierung einer Datenmenge in die erlernten Kategorien; Lernen bedeutet, brauchbare Arbeitsdefinitionen der Kategorien zu erwerben; Lernen und Zeichenerkennen sind also komplementär" (SELFRIDGE [56]).

„Lernen eines Systems besteht darin, daß es entsprechend früheren Erfolgen oder Mißerfolgen (Erfahrung!) das interne Modell der Außenwelt verbessert" (STEINBUCH [57]).

„Zum Lernen gehört 1. Klassifizierung der Erscheinungen in der Umwelt, 2. Speicherung, 3. Zählen (für jedes deduktive und induktive Verhalten erforderlich), 4. Selektive Verstärkung der Eindrücke, um die Kluft zwischen passivem und zwecklosem Verhalten einerseits und richtigem organischem Verhalten andererseits zu überbrücken, und 5. Näherungsverfahren (einschließlich Verallgemeinerungsprozeduren), um Größe und Geschwindigkeit des Systems gering zu halten" (GEORGE [54]).

Diese Beispiele streuen so sehr, daß man nicht einmal der Kombination aller die Auslotung des Problems zutraut. Und doch hat man eine Vorstellung davon, in welcher Richtung die Bemühungen um den lernenden Automaten angesetzt sind. Die Beispiele im Abschnitt 5.3 über den lernenden Automaten werden diese Vorstellung noch ausbauen — mehr kann im Augenblick nicht verlangt werden, eine systematische Darstellung liegt in ferner Zukunft.

4.5 Das Spiel

Ist der lernende Automat das Schlagwort von heute, so wird der spielende Automat das Schlagwort von morgen sein. Damit soll aber nicht gesagt sein, daß sich hinter den Schlagworten nichts Wichtiges verbirgt. Gerade am Spiel läßt sich heute schon erkennen, daß die Behandlung von oben herab (Sache für Kinder! — Das Kind im Ingenieur!) auf einer sehr falschen Unterschätzung der Bedeutung des Spiels für den Organismus und für die Maschine beruht.

Das Spiel ist die Ausübung von Fähigkeiten und das Vorweisen von Kenntnissen ohne Zweckrichtung über die Spielregeln hinaus. Das Spiel ist in erster Linie eine Sonderform des Lernens, es verbessert die Fähigkeiten und vertieft die Kenntnisse, denn es bedeutet ihre Übung. Darüber hinaus aber erzeugt das Spiel neue Konfigurationen der Fähigkeiten und Kenntnisse, für die zuerst ein Zweck nicht sichtbar ist — wenn überhaupt ein Zweck dazukommt, dann aus einer andern, unerwarteten Richtung.

Der Bau spielender Automaten ist selbst ein Spiel mit all seinen besonderen Folgen. Das Spiel am Automaten kann sehr ernsten Zwecken dienen, man hat Automaten für Wirtschaftsspiele und für Strategiespiele programmiert...

Irgendeinmal aber werden die Automaten zum Spiel schlechthin, zum Spiel für ihre eigene Entwicklung programmiert werden und zur Auswertung der dabei gewonnenen „Erkenntnisse". Dafür gibt es heute noch keine Beispiele.

5. Gedankliche und technische Modelle

Die Modellvorstellung und das Modell sind für den Fortschritt der Naturwissenschaft von ungeheurer Bedeutung. Im Abschnitt 6 wird noch einmal aus einer anderen Sicht darauf zurückzukommen sein, hier sei es nur einfach als Arbeitsprinzip formuliert: verglichen werden können nicht so sehr die Denkprozesse selbst mit dem Automaten, sondern viel besser die Modelle, die wir uns von den Denkprozessen anfertigen. Am bedingten Reflex kann man es besonders deutlich erkennen: er ist ganz offenbar ein Gedankenmodell tierischer Verhaltensweise. Und dieses Gedankenmodell läßt sich leicht in ein technisches Modell abbilden. Bei diesen beiden Modellen dürfen wir der Übereinstimmung der Funktionsstrukturen sicher sein; die Funktionsstrukturen des lebenden Organismus in ihrer ungeheuren Verwickeltheit entziehen sich dem exakten Beweis.

Im 19. Jahrhundert wurden nicht selten Natur und Beschreibung der Natur in Durcheinander gebracht; einerseits wurde der Werkzeug- und Modellcharakter der Physik übersehen, andererseits wurde mit einer Wirklichkeit der Natur „jenseits der Beschreibung" operiert, als wäre sie beschreibbar. Gerade die Beschäftigung mit dem Automaten und seinen Möglichkeiten macht aber offenbar, daß zuerst, im Zusammenwirken mit dem Experiment, ein Gedankenmodell entworfen wird, dessen klare Funktionsstruktur zu Ergebnissen führt, die den wirklichen Erscheinungen in der Natur möglichst nahekommen. Von diesem Gedankenmodell zu einem tatsächlichen Modell oder seiner Programmierung auf einem Universalautomaten ist kein großer Abstand.

Mit verschiedenen derartigen Gedankenmodellen hat man es zu tun, wenn man die Versuche, Denkprozesse durch Automaten nachzuahmen, der Reihe nach präsentiert. Es ist nützlich, etwas weiter auszugreifen und mit der Kybernetik zu beginnen.

5.1 Die Kybernetik

Im Abschnitt 3.3 ist die Schleifenstruktur als eine der Grundlagen des modernen Automaten erwähnt worden. Die große Bedeutung, die der Fortschritt von der Kettenstruktur zur Schleifenstruktur für alle Gebiete des menschlichen Wissens besitzt, macht es verständlich, daß der Steuervorgang (wie erwähnt heißt Kybernetik übersetzt: Steuermannskunst), eine elementare Schleifenstruktur, zur Grundlage eines sehr merkwürdigen Fachgebietes geworden ist. Es gibt Autoren, die von Kybernetik und Kybernetikern sprechen, als gäbe es ein solches Fachgebiet im gleichen Sinn, wie es die Mathematik und den Mathematiker, die Physik und den Physiker gibt. Die nähere Betrachtung erweist, daß ein solches Fachgebiet nicht existiert. Es gibt das Buch von WIENER [22] und eine Reihe von fachlichen und popularisierenden Werken, in deren Titel das Wort Kybernetik erscheint; es gibt die Association Internationale de Cybernétique in Namur, die Tagungen veranstaltet [58 bis 61] und die Zeitschrift „Cybernetica" herausgibt; in Italien ist eine Gesellschaft für medizinische Kybernetik gegründet worden; in Deutschland gibt es eine kybernetische Gruppe in einem Max-Planck-Institut; und diese Reihe läßt sich wahrscheinlich noch länger fortsetzen. Das sind alles keine Beweise dafür, daß die Kybernetik gleich der Optik, Akustik oder Phonetik als ordentliches Fachgebiet anzusprechen ist. Sie besteht sozusagen nur temporär, eine ihrer typischen Tagungen lang, die durch das Zusammentreffen von Fachleuten gekennzeichnet ist, die alle einem bestimmten Fachgebiete angehören — nicht aber Kybernetiker sind. So hat es in Mexiko rund um WIENER begonnen [22], so ging es in Frankreich [62] und in den USA [49] weiter; auch in Deutschland sind schon viele solche Veranstaltungen mit gutem Erfolg abgehalten worden [63 bis 65]. Sobald die Teilnehmer aber abgereist sind, hört die Kybernetik wieder auf, im sonst üblichen Sinne einer Wissenschaft zu existieren, und

die als Kybernetiker apostrophierten Fachleute sind wieder Ingenieure, Ärzte,
Biologen oder Wirtschaftler. Auf dem ersten Kybernetikkongreß in Namur 1956
ist das einmal, halb scherzhaft, halb ernst, auf etwas andere Weise ausgedrückt
worden: der Kybernetik gehört eine Fragestellung nur solange an, als sie offen
ist; sobald man klar sieht, gehört der Sachverhalt bereits einem der betroffenen
klassischen Fachgebiete an.

Vielleicht ist ein Teil dieser Unbestimmtheiten auch darauf zurückzuführen, daß
WIENER und etliche seiner Nachfolger die Kybernetik zu weit erstreckt haben.
Alle Automaten, Rechenmaschinen und Automationssysteme mit einzubeziehen
geht zu weit. Es wäre als Definition viel besser vorzuschlagen, als Kybernetik
die Anwendung nachrichtentheoretischer Konzepte auf biologische Gebiete zu
verstehen. Darin kommt auch der dynamische Charakter zum Ausdruck, der an
ihr stets zu beobachten ist. Es wird dann die allzu nachrichtentechnische Sprache
berechtigter, die in der Kybernetik üblich ist, und es wird der Anteil nicht
geleugnet, den die Biologie schon vor dem Einbruch der Nachrichtentheorie
geleistet hat [66, 67].

Statisch ist die Kybernetik nur insofern, als sie durch ihre Grundmodelle
definiert ist.

5.2 Die Grundmodelle der Kybernetik

Drei Modelle dürfen als Grundmodelle der Kybernetik angesprochen werden:

1. Modell für allgemeine tierische Verhaltensweisen, als künstliche Schildkröte
   bekanntgeworden; Original von W. G. WALTER [68]; weitere Beispiele [69 bis
   71]. Ein von N. WIENER und J. B. WIESNER stammender Vorgänger dieses
   Modells ist in [23] beschrieben. Indessen sind sicherlich weitere Nachbildungen
   gebaut worden, insbesondere aus der UdSSR liegen solche Nachrichten, leider
   aber keine Veröffentlichungen vor.

2. Modell für Homöostasis (der Homöostat), für die höhere Art der Gleichgewichtshaltung im Lebewesen; Original von W. R. ASHBY [72]; weiteres
   Beispiel [73]; es liegen Nachrichten über ein Modell in der ČSR vor.

3. Modell für die Orientierung im Labyrinth, als künstliche Maus bekanntgeworden; Original von C. E. SHANNON [74]; weitere Beispiele [69, 75 bis 77].

Diese drei Modelle seien nun näher beschrieben.

5.21 Das Modell für allgemeine tierische Verhaltensweisen

Die einfachste Verhaltensweise ist der Reflex: ein Signal löst eine bestimmte
Reaktion aus. Zum Beispiel gibt es Tiere, die vom Licht wegstreben (Wanze),
und solche, die zum Licht hinstreben (Motte); negativer und positiver Photo-
tropismus lassen sich mit Hilfe einer einfachen Steuerung sehr leicht nachahmen.
Weitere Beispiele sind das Totstellen bei plötzlichem Schall (Käfer) oder das
Zurückziehen nach Berührung eines Hindernisses (Amöbe). Während das Modell
von WIENER und WIESNER nur wahlweise positiven und negativen Tropismus
zeigte, kombinierte WALTER alle aufgezählten Reflexe an einem einzigen Modell,
dem Schildkrötenpaar *ELMER* und *ELSIE*.

In einer zweiten Stufe fügte WALTER den bedingten Reflex hinzu: plötzlicher
Schall bevorzugter Frequenz wurde mit dem Berührungsreflex gekoppelt. Wenn
häufig genug Berührung und Schall zusammenfallen, lernt das Modell, daß
Schall Hindernis bedeutet: es macht die Zurückziehbewegung auf den plötzlichen

Schall hin. Nach einiger Zeit klingt der Reflex ab, die bedingte Reaktion tritt nicht mehr ein, kann aber wieder gelernt werden. WALTER nannte dieses Modell *CORA* (*Conditioned Reflex Analogue*).

Eine dritte Stufe wurde in Zusammenarbeit zwischen einem Neurologen und dem Wiener Institut für Schwachstromtechnik entwickelt. Eine Vorstufe [78] war im Konzept und in der technischen Ausführung noch unvollkommen. Erst der intensive Austausch von Meinungen und Argumenten ergab ein Modell, das außer dem bedingten Reflex auch Generalisierung und Spezialisierung, Hemmung und Wiederauslösung des Reflexes sowie den Wechsel zwischen Wach- und Schlafzustand in befriedigender Weise wiedergab [71].

Die künstliche Schildkröte bildet nicht ein bestimmtes Tier ab; es werden nur typische generelle Verhaltensweisen kombiniert, wobei sowohl auf der Seite der Sinnesorgane als auch auf der Seite der Effektoren radikal vereinfachte technische Organe vorgesehen werden. Ergibt sich schon in der zweiten Stufe ein verhältnismäßig komplexes Zusammenspiel, so wird in der dritten Stufe die Vorführung zu einem Problem: ohne Protokoll fällt es selbst jenen, die das Tiermodell schrittweise entworfen und gebaut haben, schwer, den Ablauf der Zustände richtig zu erläutern.

5.22 Das Modell für die Homöostasis

Den Namen *Homöostasis* hat der amerikanische Physiologe W. B. CANNON für jenes Gleichgewichtsprinzip im lebenden Organismus geprägt, welches für die Konstanthaltung gewisser Größen sorgt, die von der Innenwelt und von der Umwelt abhängen [67, 79]. W. R. ASHBY hat hervorgehoben, daß diese Regelkreise erstens mehrfach verschlungen und zweitens wesentlich nichtlinear sind; die Größen wirken gegenseitig aufeinander und dürfen außerdem gewisse äußerste Grenzen nicht unter- bzw. überschreiten. Er ersetzte den gewöhnlichen Begriff der Stabilität durch die Ultrastabilität, bei der die Ebene ruckweise geändert wird, wenn in einem Bereich keine gewöhnliche Stabilität erreicht werden kann, und dies so lange, bis in einer der Ebenen endlich Stabilität erreicht ist.

Dieses Gedankenmodell der Homöostasis ist exakt genug, um in einem Modell realisiert zu werden. ASHBY hat das auch erkannt und seinen Homöostaten gebaut, bei dem vier Größen gegenseitig aufeinander einwirken. Sie dürfen sich nur in einem bestimmten Bereich bewegen, und wenn eine Größe zu lange über ihren Bereich hinaustendiert, wird durch einen inneren Umschalter der Gesamtzusammenhang geändert. In gewissen Zeitabständen tritt diese Umschaltung solange auf, bis das Gleichgewicht gefunden ist.

Technisch besteht das Modell (Bild 1) aus vier Röhren, deren Gitterspannungen von einem Flüssigkeitspotentiometer abgenommen werden, dessen beweglicher Punkt als von Spulen angetriebener Zeiger ausgeführt ist. Durch die Spulen fließt ein verstellbarer Anteil aller Röhrenanodenströme. Die Verstellung der Richtungen und Anteile erfolgt entweder durch Drehknöpfe (Umwelt) oder durch planlos beschaltete Drehwähler (Ultrastabilitätseinrichtung).

Ein derartiges System findet nicht nur mit der Zeit ein Gleichgewicht, das auf direkte Weise nicht erzielbar wäre, es hat auch Eigenschaften wie Gewöhnung und Anpassung. Eines allerdings mußte ASHBY aus technischen und funktionellen Gründen weglassen: ein Gedächtnis, das den Erfolg bei bestimmten Bedingungen aufzeichnet und dem System gestatten würde, im Wiederholungsfall die frühere

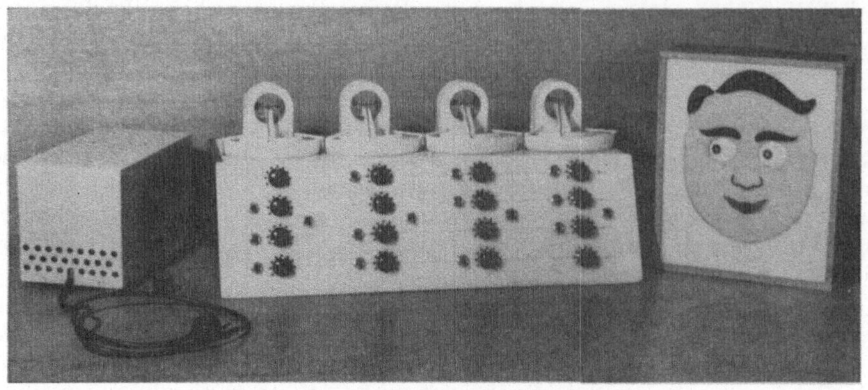

Bild 1. Der Homöostat (Wiener Ausführung)

Der Homöostat ist ein Modell für die Gleichgewichtshaltung im Lebewesen (Homöostasis). Vier Variablen, dargestellt durch die Stellung der Zeiger, sind schleifenförmig miteinander verkoppelt. Sie nehmen im Flüssigkeitspotentiometer eine Spannung auf, die den Anodenstrom einer Röhre steuert. Der Strom, beeinflußt durch die Drehknöpfe (oder in der anderen Schalterstellung durch Widerstände an einem Drehwähler), wirkt auf die Spulen, und diese auf den Stellmagneten der Zeiger. Bei Bereichsüberschreitung der Variablen schaltet der Drehwähler weiter.
Links das Netzgerät, rechts als Illustration ein Gesicht mit vier vom Homöostaten her gesteuerten Variablen: Augenstellung, Mundstellung, linke Augenbraue und rechte Augenbraue.

Erfahrung anzuwenden. Die noch größere Schwierigkeit ist die Erweiterung des Modells auf eine große Anzahl von Regelgrößen; dann tritt nämlich der Zeitfaktor immer störender in Erscheinung: es sind immer zahlreichere Situationen zu durchlaufen, ehe der Erfolg aufgefunden wird. Der Organismus kann auf keinen Fall als *Gesamt-Homöostat* eingerichtet sein, er käme sonst nie mit seinen Lösungen zurecht. Vermutlich gibt es Teilkomplexe, für die das Bild des Homöostaten ganz gut gilt; und der gesamte Organismus steuert dann, vielleicht auch mit einem ultrastabilen System, die Teilbereiche auf die Gesamtlösung hin — aber dafür gibt es noch kein passendes Modell, dazu ist die denkbare Lösung noch viel zu vage.

Immerhin stellt der Homöostat ein Modell dafür dar, wie ein Mechanismus mit immer neuen Situationen fertig werden kann, ohne für jede einzelne ein *Programm* vorbereitet zu haben. Es ist ein Zwischenglied zwischen dem Pendel, das „die Mitte sucht", und der Zielstrebigkeit eines höheren Organismus, die dadurch an Wahrscheinlichkeit gewonnen hat, ganz natürlich erklärbar zu sein.

5.23 Das Modell für die Orientierung im Labyrinth

Der Rechenmaschineningenieur sieht im Ariadnefaden, mit dem *Theseus* aus dem Labyrinth des *Minotaurus* herausgefunden hat, ein Programm für die Orientierung. C. E. Shannon hat diesen Gedanken in einem Modell realisiert, das vermutlich zwar weniger biologischen als nachrichtentheoretischen Zielen diente, das aber für die Theorie des Lernens einige wichtige Aufschlüsse gibt.

Ein Labyrinth ist ein Netzwerk, dessen Punkte unregelmäßig verbunden sind oder nicht. An dieser Formulierung wird die Analogie zum Fernsprechnetz und anderen Nachrichtennetzwerken deutlich. Zwischen zwei Punkten, zwischen Start und Ziel, soll ein Weg bestehen; am Beginn fehlen aber alle Informationen darüber, wie dieser Weg aussieht. Das Modell versucht daher systematisch, die verschiedenen Wege durch das Labyrinth herauszufinden und speichert für jedes

Feld des Labyrinths (für jeden Punkt des Netzwerks) den (bisherigen) Erfolg. Der Ariadnefaden zeigt an, ob ein Feld bereits betreten wurde und ob es auch schon wieder erfolglos verlassen wurde. Wenn einmal im Gedächtnis aufgezeichnet ist, in welcher Richtung jedes einzelne Feld mit Erfolg verlassen wurde, dann gibt diese Information auch den einfachsten Weg durch das Labyrinth an. Ein kleines Zusatzproblem bilden Kreiswege; SHANNON hat dafür einfach einen Zähler eingesetzt: wenn das Suchen allzu lange dauert, muß ein Kreisweg vorliegen, und es wird ein Ausbruchprogramm eingeschaltet. Man kann aber auch ein systematisches Kriterium für Kreiswege finden [75], indem man das Bild des Ariadnefadens etwas konsequenter beibehält als SHANNON.

Bild 2. Theseus im Labyrinth (Wiener Ausführung)

Sechs mal sechs Quadrate können durch Stecken von Zwischenwänden zu einem Labyrinth kombiniert werden. Bei der Zielsuche sammelt der Fühler (dunkler Zylinder, von einem Magneten unter der Fläche bewegt) Informationen über die Wegmöglichkeiten, die den Verhältnissen beim Legen eines *Ariadnefadens* nachgeformt sind. Bei der Wegwiederholung oder bei der Rückkehr vom Ziel (helle Doppelscheibe) zum Startpunkt läuft der Fühler, ohne an eine Wand anzustoßen und ohne eine Sackgasse zu betreten. Das Gerät enthält rund 300 Relais und einen Drehwähler.

(Photo: *N. Teufelhart*)

Die *Maus* im Labyrinth ist bei SHANNON eine Relaisschaltung mit über 100 Relais. Die suchende, künstliche Maus wird vom Suchfinger durch einen Magneten nachgezogen und kann auch losgelassen werden; zum Unterschied von der Schildkröte führt sie ihr „Gehirn" nicht auf einem Wägelchen mit sich herum, sondern die Schaltung befindet sich unter dem Irrgarten. Das in Wien gebaute Modell für die Orientierung im Labyrinth zeigt Bild 2. Eine Abwandlung des SHANNONschen Modells ist in England gemacht worden, wo man die Sinnesorgane über das Labyrinth verteilt hat, während die suchende Maus nur eine

Lichtquelle trägt, aus der das Orientierungsgedächtnis entnimmt, wo sie sich gerade befindet; am Prinzip des Suchens und Orientierens ändert sich dadurch nicht viel, aber man gewinnt an konstruktiver Einfachheit [69].

SHANNON selbst hat vier Punkte von seinem Modell hervorgehoben [55]: Die Maus lernt erstens nach dem Verfahren des systematischen Probierens, sie wiederholt zweitens die Lösung ohne Fehler, sie setzt drittens neue Information zu der alten dazu und baut sie ein, ohne daß sie alles neu beginnen müßte, und sie vergißt viertens unnütze Information.

ASHBYS Homöostat lernt zwar nicht, aber er findet seine Lösung durch eine Art zufälligen Probierens.

WALTERS Schildkröte lernt nach dem bedingten Reflex.

Alle drei kybernetischen Grundmodelle weisen also auf das Lernproblem hin; seitdem (die drei Modelle sind um 1950 entstanden) ist das Interesse am Lernen noch weiter angestiegen.

5.3 Der lernende Automat[11])

UTTLEY hat ein weiteres Prinzip des Lernens entwickelt: den Lernvorgang auf Grund der bedingten Wahrscheinlichkeit. Nach seinen Überlegungen arbeitet das Nervensystem ganz allgemein mit zwei Prinzipien: mit der Klassifizierung von ankommenden Informationen und mit der bedingten Wahrscheinlichkeit der Folge der Ereignisse. Der bedingte Reflex ordnet sich in dieser Sicht zwanglos ein, der Lernvorgang ist nur etwas allgemeiner.

Die Klassifizierung [80] wird rein binär aufgefaßt; auf n verschiedenen Leitungen kommen Entscheidungen zwischen zwei Möglichkeiten $x_1, x_2, \ldots x_i, \ldots x_n$ an. Für jeden (quantisiert gedachten) Zeitpunkt bildet ein Klassifizierungssystem alle 2^n möglichen Kombinationen (d. h. alle Vollkonjunktionen oder *Minterme*); praktisch fallen freilich alle jene weg, die mit verschwindender Wahrscheinlichkeit auftreten. Für die grundsätzliche Überlegung kann man aber alle Kombinationen betrachten. Das *Ereignis* ist also als *Minterm* klassifiziert.

An die Klassifizierung schließt sich die Messung der Wahrscheinlichkeit an [81]. Jede Folge von Ereignissen ergibt eine bestimmte Wahrscheinlichkeitsverteilung über die Minterme. Die gemessenen Wahrscheinlichkeiten bestimmen dann die Beurteilung oder Vorhersage von Ereignissen. Wenn eine bestimmte Gruppe von Ereignissen, oder genauer gesagt, eine Folge von Ereignissen auftritt, die dem gleichen Minterm zugeordnet sind, so wird diesem Minterm eine hohe Wahrscheinlichkeit zugeschrieben sein; und wenn danach die eine oder andere Entscheidung abweichend eintrifft, ansonsten aber das gleiche Ereignis, so wird auf das Ereignis mit der hohen Wahrscheinlichkeit hin korrigiert.

Die Muster sind zunächst nur gleichzeitig aufgefaßt; mit Hilfe von Verzögerungsgliedern läßt sich aber leicht auch die Analyse von zeitlich verteilten Ereignissen auf gleiche Weise lösen.

Im National Physical Laboratory in Teddington bei London ist ein Modell für einen derartig lernenden Automaten aufgebaut worden (Bild 3). Er hat fünf binäre Eingänge, und eine Schaltung aus Relais, Kondensatoren und anderen Bauteilen ermöglicht die Bildung der erforderlichen Wahrscheinlichkeiten in Form von Kondensatorladungen; wenn die Ladung eine gewisse Höhe überschreitet, ist ein Kriterium für die Umschaltung auf den *gelernten* Zustand gegeben. Die fünf Eingänge können nicht nur von Hand aus über Tasten gesteuert werden,

---

[11]) Empfehlenswerte Literatur zu diesem Abschnitt cf. [57, 171 bis 177, 186].

sondern auch an Sondergeräte angeschlossen werden; zum Beispiel gibt es eine optische Empfangsanlage, die aus dem Abspielen eines Filmes mit wechselnden Mustern *lernt*; noch eindrucksvoller ist ein kleines Wägelchen, welches in Verbindung mit dem Lernautomaten, aber ohne spezielles Programm, imstande ist, ein Schwarz-Weiß-Muster auf einem Tisch, das über lichtempfindliche Zellen wahrgenommen wird, als Richtschnur für seine Fortbewegung zu „begreifen" — nach einiger Zeit des Übens folgt es brav der Kante, ob auf der schwarzen oder auf der weißen Seite, das hängt nur von den Anfangsbedingungen, nicht aber vom Programm ab.

In welchem Ausmaß das Nervensystem tatsächlich auf solche Vorgänge aufbaut, ist noch fraglich. Eine Reihe von Erscheinungen lassen sich jedenfalls ganz

Bild 3. Lernautomat nach dem Prinzip der bedingten Wahrscheinlichkeit von *A. M. Uttley*
(National Physical Laboratory, Teddington)

Fünf Eingänge für je eine Entscheidung zwischen zwei Möglichkeiten werden systematisch ausgewertet. Die Häufigkeit der Kombinationen (Eingang *J*, Eingang *K*, ... Eingang *N*, Eingänge *J* und *K*, *J* und *L*, ..., Eingänge *J* und *K* und *L*, ..., schließlich alle fünf Eingänge *J* und *K* und *L* und *M* und *N* — jeweils zu einem Zeitpunkt) wird gespeichert. Überschreitet die relative Häufigkeit eine bestimmte Schwelle, so schließt der Automat, daß bei fehlenden Eingängen diese zu ergänzen sind, z. B. würde bei Schwellwertüberschreitung für die Kombination *JLN* der Eingang *JN* zum gleichen Resultat führen wie der Eingang *JLN* selbst. Das Verfahren ist vielfach anwendbar. Am oberen Ende des Gestells ist ein Eingang für optische Signale angebracht, der von einem Projektor aus angeregt werden kann; der Automat erlernt dann die Erkennung optischer Signale. Einen anderen Eingang bildet das Wägelchen rechts vor dem Automaten; es hat eine Steuerung, die vom Automaten bedient wird, und zwei Sinnesorgane, links und rechts, die schwarzen und weißen Boden zu unterscheiden vermögen. Der Automat lernt, das Wägelchen an einer Trennlinie des Schwarz-Weiß-Musters entlangzuführen, ohne daß ein spezifisches Programm dazu erforderlich wäre.

befriedigend beschreiben, andere verlangen Zusätze und Korrekturen [82]. Es wird andererseits daran gedacht, ein solches Lernsystem für die Steuerung von Produktionsprozessen anzuwenden [83], und man kann auf den Erfolg gespannt sein.

An dieser Stelle sei auch die von K. STEINBUCH angegebene *Lernmatrix* [178] erwähnt. Es handelt sich hierbei um eine Schaltungsstruktur, welche bedingte Reflexe so zusammenfaßt, daß Lernvorgänge verwirklicht werden können. Von den verschiedenen sich anbietenden physikalischen Realisierungsmöglichkeiten für bedingte Reflexe untersucht STEINBUCH vorläufig die Realisierung durch elektrochemische Prozesse und die Realisierung durch ferromagnetische Ringkerne. Als wichtige Anwendungen der Lernmatrix werden ins Auge gefaßt: Automatische Zeichenerkennung, automatische Spracherkennung, Wiederauffinden von Information (Archivproblem), Decodierung erlernter und gegebenenfalls gestörter Zeichen, Modell für die semantische Informationstheorie und für das Verständnis der Nachrichtenverarbeitung im Menschen, adaptive (optimale) Systeme in der Verfahrenstechnik, Maschinensteuerung und Verkehrssteuerung.

Damit sind die wichtigsten bekanntgewordenen Typen lernender Automaten, die mit ausgeführten Modellen verbunden sind, aufgezählt; und es ist Gelegenheit für eine Zwischenbemerkung über die Ausführung von Modellen.

Der technische Aufbau derartiger Modelle macht außerordentliche Schwierigkeiten; sie sind Sonderausführungen, denen die industriemäßige Fertigung verschlossen bleiben muß und für deren Wartung Spezialisten erforderlich sind, die den interessierten Fachleuten und Instituten kaum zur Verfügung stehen. In den einfacheren Fällen lassen sich diese Schwierigkeiten überwinden; der Verfasser hat zum Beispiel fünf einschlägige Modelle als Diplomarbeiten an seinem Hochschulinstitut bauen lassen. Man ist aber bald an der Grenze des Sinnvollen. Nicht nur der Arbeitsaufwand kann dabei Grenzen setzen, sondern die Zahl der beteiligten Elemente an sich kann das Modell auf einen relativ trivialen Grenzfall reduzieren — die Interdependenz der Bauteile läßt sich sehr bald nicht mehr überschauen. Es zeigt sich aber ein Ausweg, der außerdem ganz neue Möglichkeiten bietet. Die elektronische Rechenmaschine hat ja, wie hier bereits ausgeführt, universellen Charakter. Programmieren erscheint bald billiger zu sein als bauen. Das Modell wird durch ein Programm ersetzt (wobei der Besitz oder die Zugänglichkeit einer elektronischen Rechenmaschine allerdings Voraussetzung ist).

Das Programm hat den Vorteil, abschnittsweise überprüfbar und änderbar zu sein. Die Kombination verschiedener Programme läßt sich leichter durchführen als die Kombination verschiedener Modelle. Vielfachanteile erfordern nicht vielfaches Material, sondern nur Programmwiederholungen, die man unter Umständen sogar automatisch ausführen kann. Schließlich ist auch der rasche Ablauf der Ereignisse in elektronischen Rechenautomaten ein wichtiger Vorteil; wenn zu einem Modell und seiner Untersuchung oder auch zu seiner Einrichtung lange Versuchsreihen erforderlich sind, so können diese Reihen programmiert werden und laufen dann ohne langsame menschliche Einwirkung mit maximal möglicher Maschinengeschwindigkeit ab.

Die folgenden Beispiele für lernende Automaten sind durchwegs als Programme ausgeführt worden; nur bei wenigen davon ist an den Bau spezieller Modelle gedacht, und dort haben diese Modelle selbst den Charakter einer elektronischen Rechenmaschine.

Eine Schwierigkeit ist allerdings sehr unangenehm: die Unübersichtlichkeit der heutigen Rechenmaschinenprogramme. Und dabei darf man nicht nur an den Entwerfer des Programms denken, der erst mühsam in die Kunst des Programmierens der ihm zur Verfügung stehenden Maschine eindringen muß. Viel schlimmer noch ist die daraus resultierende Mitteilungsschwierigkeit: es ist sinnlos, jemandem ein solches Programm zum Lesen zu geben, der nicht für die gleiche Maschine ein ganz ähnliches Programm entworfen hat. Aus den langen Listen kann der Uneingeweihte nicht klug werden. Natürlich kann man das Programm nur auf der gleichen Maschine vorführen, bei einem andern Maschinentyp versagt es.

Die in der jüngsten Zeit zu beobachtenden Bemühungen auf dem Gebiet der Programmierungstechnik lassen nun jedoch gewisse berechtigte Hoffnungen für die Zukunft aufkommen: die Erarbeitung einer algorithmischen Programmsprache, ihre internationale Anerkennung und in Aussicht genommene allgemeine Anwendung[12]).

Ehe auf die Programme des lernenden Automaten übergegangen wird, sei noch kurz ein Programm für das Lernen mit Hilfe des Automaten besprochen. Die Firma Solartron hat nämlich ein Lernprogramm für die Ausbildung von Lochkarten-Stanzpersonal aufgestellt, das sich der Fähigkeit des Ausgebildeten anpaßt und dessen Fertigkeiten steigert; es heißt *SAKI* [84, 85]. Es dürfte sich leicht auf Programme für das Lernen von Maschineschreiben erweitern lassen, von denen der Mensch vom Automaten zu besseren Leistungen geführt werden kann, und zwar ungleich besser als von jeder menschlichen Lehrkraft. Der Automat kann jeden Anschlag prüfen und aus den Fehlern des Schülers Verbesserungsprogramme ableiten. Ähnliches wird ohne Zweifel für die Fliegerausbildung versucht; beim Maschineschreiben dürfte der Automat etwas teuer sein — das Flugzeug hingegen dürfte den Automaten außerdem noch zu einem billigeren Lehrer machen.

Eines der bekanntesten älteren Lernprogramme stammt von A. G. OETTINGER [86]. Er hat damals den Rechenautomaten EDSAC (Universität Cambridge, England) zum „Einkaufengehen" programmiert. Ein Teil des Maschinengedächtnisses repräsentiert die *Hausfrau* und ein anderer Teil die verschiedenen *Geschäfte*. Die Hausfrau, auf der Suche nach einem bestimmten Artikel, sucht die Geschäfte ab, bis sie ihn findet. In einem erweiterten Programm merkt sie sich auch, was sie im Vorbeigehen an anderen Artikeln sieht, so daß sie bei einem späteren Einkauf gleich weiß, wo sie hingehen muß. Nun, dieses Programm ist weniger ein Lernvorgang als ein Registriervorgang, wenn auch die Registrierung eine Änderung der Verhaltensweise hervorruft. Ein echtes Lernprogramm ist hingegen das zweite dort beschriebene, bei dem der *Lehrer* die Möglichkeit hat, der Maschine zu ausgedruckten Zahlen Zustimmung, Gleichgültigkeit und Ablehnung auszudrücken. Die Maschine, die zuerst Zahlen (zwischen 1 und 5) ganz zufällig als Reaktion auf eine Anregung (auch eine der Zahlen von 1 bis 5) hervorbringt, entnimmt den Anweisungen des Lehrers sehr bald, welche Reaktion seine Zustimmung hervorbringt, und reagiert dann auf genau diese Weise (mit genau dieser Zahl).

Wesentlich weiter ausgebaut ist ein ähnliches Programm von A. SVOBODA [87], das als Modell anzusehen ist für den Instinkt der Organismen, ihr Überleben zu

---

[12]) Es wird verwiesen auf den Beitrag von F. L. BAUER und K. SAMELSON, in diesem Buch S. 227—268.

sichern. Zum Rechenautomaten kommt dabei eine Transporteinrichtung und ein Koordinatenleser (es werden keine Gründe genannt, warum nicht auch diese Teile als Programme realisiert werden, was leicht möglich wäre). Das Fühlorgan des Automaten kann über ein gegebenes Feld transportiert werden, welches schachbrettartig eingeteilt ist. Der *Lehrer* in OETTINGERS Programm erscheint hier durch *Störungssignale aus der Umwelt* ersetzt; es kommen also nur Ablehnungssignale, die von der Maschine registriert und zeitbezogen gezählt werden. Das Programm sorgt nun dafür, daß das Fühlorgan Felder mit starker Ablehnungshäufigkeit viel seltener aufsucht als solche mit geringer Häufigkeit. Das Modell lernt also aus Erfahrung und hat die Tendenz, *sicherere* Felder für seinen Aufenthalt zu wählen. Je nach der Größe eines Ausgangsparameters (bezogen auf die mittlere Häufigkeit der Störungssignale) nimmt das Modell einen *furchtsameren* oder *mutigeren* Charakter an. Auf ein gleichmäßiges Störungsfeld würde es nicht reagieren, es würde aber einen *Schutzunterstand* (ein Feld geringen Störeinflusses) herausfinden und sich nur selten daraus hervorwagen. Ähnliche Verhältnisse lassen sich für das Hungergefühl erdenken, Felder mit ständigen Hungerimpulsen, eines aber, das, auf dem die Nahrung zu denken ist, ist relativ störfrei; die Kombination mit dem allgemeinen Störungsfeld und einem (vom Futterplatz verschiedenen) Unterstand, würde ein Verhalten ergeben, bei dem das Modell, vom Hunger getrieben, den Unterstand verläßt, sich sättigt und dann wieder in den Unterstand zurückkehrt. Die Verwandtschaft derartiger Programme mit dem bedingten Reflex und mit UTTLEYS Prinzip der bedingten Wahrscheinlichkeit ist unverkennbar.

Derartige Programme lassen sich verallgemeinern; man kann sie zum Erkennen von Zeichen aller Art verwenden oder hier überhaupt den Vorstoß in das Gebiet der allgemeinen Aufgabenlösung tun.

Ein Beispiel dafür ist das *Pandämonium* von O. G. SELFRIDGE [88]. Das am Anfang etwas sonderbar erscheinende Wort *Dämon* bedeutet hier so ziemlich das gleiche wie Unterprogramm. Anstelle von UTTLEYS rein logischer Klassifizierung binärer Variablen tritt eine mathematische Verknüpfung beliebiger Komplikation, es kann zum Beispiel eine Korrelationsfunktion sein; ein letztes Entscheidungsprogramm wählt dann für die Anzeige jenes Muster, für das der Korrelationskoeffizient am größten ist — soweit ein klassisches Verfahren der Zeichenerkennung. Es würde auch an der klassischen Schwierigkeit scheitern: entweder sind die Korrelationskoeffizienten in Gefahr, häufig ziemlich ähnliche Werte für mehrere Muster zu haben, oder der Aufwand ist so enorm, daß es bei einer Prinzipschaltung auf dem Papier bleibt. SELFRIDGE umgeht diese Schwierigkeit mit einem Lernprogramm. Die Anzeigen der Teilprogramme können mit verschiedenen Gewichten versehen werden, ehe sie zu einem Erkennungsprogramm zusammengeführt werden. Ein erstes Verfahren für eine automatische Verbesserung besteht in der systematischen Gewichtsveränderung, um jene Kombination herauszufinden, die optimal unterscheidet. Ein zweites von SELFRIDGE angewandtes Verfahren besteht in der Ausscheidung und Neubildung von Unterprogrammen, wobei er auch wieder auf die logischen Verknüpfungen (z. B. auf die nichttrivialen 10 Verknüpfungen zweier logischer Variablen) zurückgreift.

Als praktisches Beispiel ist die Übersetzung von Morsezeichen in Buchstaben ausgeführt worden. Das Programm „lernt" dabei zuerst die Unterscheidung von Punkten und Strichen, dann kommen die verschiedenen Arten der Zwischenräume dazu, und schließlich kommen darüber etwa 40 Buchstaben-*Dämone* mit einem neuen Entscheidungsprogramm, so daß für die endgültige Erkennung der Buchstaben aus den Codegruppen die gesamte Vorarbeit mitbenützt wird. Es ist übrigens klar, daß ein solches Programm nicht nur für ideale Morsezeichen, sondern auch für die im Funkverkehr tatsächlich auftretenden deformierten Signale brauchbar ist.

Wenden wir uns nun einer Gruppe von Lernprogrammen zu, bei der ein Automat nach gewissen Regeln aus zunächst zufälligen Entscheidungsfolgen ein wirksames Programm aufbaut. Dazu sind vielleicht einige Eingangsbemerkungen angebracht über den Sinn von Zufallsreihen, insbesondere als Ausgangspunkt für Lernvorgänge. Wiederholt war nämlich der Nutzen des Zufalls in solchen Zusammenhängen Gegenstand äußerst lebhafter Diskussionen.

Die Zufallsauswahl ist auf jeden Fall dort sinnvoll, wo die Voraussetzungslosigkeit eines Vorgangs demonstriert werden soll. Wenn beim Kartenspiel vorher gemischt wird, so soll damit verhindert werden, daß ein Spieler von einer geordneten Folge des vorhergehenden Spiels ungerechten Nutzen zieht.

In vielen Fällen würde ein geordneter Ausgang nur triviale Ergebnisse bringen oder das Problem unzweckmäßig vereinfachen. In all diesen Fällen kann die Zufallsauswahl zweckmäßig sein. Manche Autoren aber unterlegen der zufälligen Anordnung eine Bedeutung, für die aus der Natur des Zufalls keine Begründung folgt. Eine sinnvolle Ordnung für ein Vorgehen kann nicht einfach als uninteressant oder primitiv abgetan werden, oder wie K. STEINBUCH es ausdrückt [57]: *„Sinnlos herumzuraten ist für Automaten ebenso wertlos wie für Menschen."* In dieser Sicht erscheinen die Versuche, z. B. das Gehirn auf dem Weg über zufällige Netzwerkmodelle nachbilden zu wollen, als beachtenswerte Ansätze, deren Ergebnisse aber erst der kritischen Sichtung zu unterwerfen sind, ehe sie als Grundlage für weitere Schritte akzeptiert werden. In diesem Sinn sind die in den folgenden Programmen verwendeten Zufallsauswahlen zu verstehen.

T. KILBURN, R. L. GRIMSDALE und F. H. SUMNER [89] zum Beispiel betrachten *Teilrechenmaschinen (sub-computers)*, die sie auf einer Rechenmaschine programmieren; auf dieser Maschine werden weiterhin nach gewissen Methoden Programme für die Teilrechenmaschine gebildet, und nach gewissen Kriterien wird die Güte der gebildeten Programme bestimmt und ihr Ablauf in Richtung auf ein gewisses Ziel verbessert. Dafür halten die Autoren einen zufälligen Anteil in der Programmherstellung für unerläßlich, wenn sie auch auf eine vollständig zufällige Erzeugung zugunsten einer eingeschränkt zufälligen verzichten. Die Experimente beschränkten sich auf das Auffinden einer allgemeinen Berechnungsformel für die Summen oder für die n-ten Glieder von Zahlenreihen. Beispiele für den letzteren Fall sind:

1, 4, 9, ... n^2	1, 3, 7, 13, ... $n^2 - n + 1$
2, 6, 12, ... $n^2 + n$	1, 6, 15, ... $2n^2 - n$
2, 5, 10, ... $n^2 + 1$	3, 5, 7, ... $2n + 1$
0, 2, 6, ... $n^2 - n$	3, 16, 45, ... $n^3 + 2n^2$
0, 3, 8, ... $n^2 - 1$	0, 4, 18, ... $n^3 - n^2$
1, 2, 3, ... n	1, 16, 81, ... n^4
1, 8, 27, ... n^3	2, 3, 4, ... $n + 1$
2, 12, 36, ... $n^3 + n^2$	0, 8, 54, ... $n^4 - n^3$

Die Maschine brauchte für die zweite Gruppe etwa viermal so lang, wenn ihr die Unterlagen der ersten Gruppe, also ihre „Vorerfahrungen", nicht zur Verfügung standen, hingegen gleich lang, wenn sie darauf aufbauen konnte.

Die Ideen für diese Programme sind ebenso originell wie einfach, und es muß ziemlich beeindruckend sein, wenn man das Herausfinden der Formel vor der Maschine miterleben kann (bei dem von KILBURN et al. benutzten Rechenautomaten *Mercury* der Firma Ferranti dauert es z. B. nur wenige Minuten). Hingegen geben die Verfasser ein typisches Beispiel oberflächlicher Wortwahl; daß das probeweise Anbieten von Formeln, bis das Kriterium erfüllt ist, als Lernprogramm bezeichnet wird, mag zunächst angehen (auf das Wesen des Lernens kommen wir am Schluß dieses Abschnittes zurück), daß aber die Anwendung des Wortes Denken damit begründet wird, daß „die Herstellung dieser neuen Programme vom Menschen ein gewisses schöpferisches Denken verlangt hätte", ist keine sehr gute Begründung.

Ohne die Wörter *Lernen* und *Denken* zu bemühen, kommen A. NEWELL, J. C. SHAW und H. A. SIMON [90, 91] aus, obwohl sie das gleiche Problem noch etwas allgemeiner anpacken. Ihr Ziel ist ein allgemeines Programm für das Lösen von Aufgaben; als Hauptbestandteile sehen sie vier Komponenten an:

1. ein Vokabular für die Beschreibung der *Umgebung* der Aufgabe (z. B.: Objekt, Operator, Unterschied, Einzelheit usw.);

2. ein Vokabular für die Organisation des Lösungsvorgangs (z. B.: Zielart, Methode, Bewertung usw.);

3. eine Gruppe von Programmen, durch die die Begriffe des zweiten Vokabulars durch Ausdrücke des ersten Vokabulars definiert werden;

4. eine Gruppe von Programmen, durch die das erste Vokabular auf eine bestimmte Umgebung anwendbar wird (z. B.: auf die Schaltalgebra, auf die Trigonometrie oder auf die Algebra).

Mit nach diesem Schema aufgebauten Programmen werden Sätze wie zum Beispiel

$$R\&(\bar{P} \to Q) = (QVP)\&R$$

aus der Logik oder

$$(\tan x + \cot x) \cdot \sin x \cdot \cos x = 1$$

aus der Trigonometrie bewiesen. Das Hauptgewicht der Arbeiten liegt darauf, daß die Hauptteile des Programms vom speziellen Gebiet (Logik oder Trigonometrie) unabhängig und für möglichst viele Fälle anwendbar sind.

Dieses Programm weist auf eine Gruppe von Programmen hin, die im Abschnitt 5.6 beschrieben sind, wobei die lernenden und kombinierenden Programme nicht in allen Fällen scharf auseinandergehalten werden können.

Eine andere Verallgemeinerung des zufälligen Aussuchens von Programmen, die bestimmten Kriterien entsprechen sollen, stammt von R. M. FRIEDBERG et al. [92, 93]. Ähnlich wie bei KILBURN, GRIMSDALE und SUMNER wird hier eine Teilrechenmaschine programmiert, aber tatsächlich mit völlig zufälligen Programmen gearbeitet. Auch FRIEDBERG geht es, gleich NEWELL, SHAW und SIMON, nicht um einen bestimmten Lernvorgang — nach dem bedingten Reflex oder einer bedingten Wahrscheinlichkeit —, sondern um die Lösung allgemeiner Probleme. Während bei andern Lernprogrammen die Regeln auf irgendeine Weise angenommen waren, sind hier die Regeln gesucht. Der Automat soll sie aus einer Menge möglicher

Regeln auswählen, damit das gestellte Problem erfüllt wird. Die erste Schwierigkeit besteht darin, daß bei einer kleinen Auswahlmenge an Regeln die Erfindungskraft des Programms sehr gering ist, während eine große Auswahlmenge eine lange Suchzeit zur Folge hat. Man kann sich nur dadurch helfen, daß man eine Klasseneinteilung vorsieht und das Ergebnis, das aus einer Regel einer Klasse hervorgeht, als typisch für die ganze Klasse ansieht.

FRIEDBERG hat auf einem Rechenautomaten Type IBM 704 eine Teilrechenmaschine programmiert, die er *Hermann, den Schüler* nennt, und eine Aufgabenstellung und Lösungsbeurteilung, die unter dem Namen *Lehrer* zusammengefaßt werden. *Hermann* hat 64 Speicherzellen mit je 14 Binärstellen für 64 Befehle I_n (n ist die Adresse des Befehls I_n und liegt zwischen 0 und 63) und 64 Speicherzellen mit je einer Binärstelle für die Zahlen D_n (n ist wie vorher die Adresse und liegt ebenfalls zwischen 0 und 63).

Die vorkommenden Zahlen sind also entweder 0 oder 1.

Die vorkommenden Befehle bestehen aus 2 Binärstellen für die Angabe der Operation (es gibt also vier verschiedene Operationen), die weiteren 12 Binärstellen geben zwei Adressen i und j an, so daß man symbolisch schreiben kann $I_n = (\text{Op}, i, j)$.

Die vier Befehle sind:

1. (00) ein Sprungbefehl

$I_n = (00, i, j)$ bedeutet: wenn $D_n = 0$, so ist der nächste Befehl nicht wie sonst I_{n+1}, sondern I_i; ist hingegen $D_n = 1$, so wird als nächster Befehl I_j ausgeführt.

2. (01) Konjunktion

$I_n = (01, i, j)$ bedeutet: in die Speicherzelle D_n wird das Ergebnis der Konjunktion zwischen den Inhalten der Speicherzellen D_i und D_j eingeschrieben; der nächste Befehl ist I_{n+1}.

3. (10) Transfer

$I_n = (10, i, j)$ bedeutet: der Inhalt der Speicherzelle D_i wird abgelesen und in die Speicherzelle D_j eingeschrieben; der nächste Befehl ist I_{n+1}.

4. (11) Negation, Transfer und Adressenveränderung

$I_n = (11, i, j)$ bedeutet: der Inhalt der Speicherzelle D_i wird abgelesen und negiert. Dann wird das Ergebnis erstens in die Speicherzelle D_n und zweitens in die Speicherzelle D_m eingeschrieben, wobei m jene Adresse ist, die im Befehl $I_j = (\text{Op}, m, r)$ an der Stelle der ersten Adresse steht.

Die Befehle sind erstens möglichst einfach, zweitens aber so gewählt, daß bei den zufälligen Veränderungen doch eine vernünftige Verkopplung zwischen den Befehlen bestehen bleibt, wie sie für wirkliche Programme typisch ist.

Vor jedem Versuch füllt der *Lehrer* in die Eingangsadressen zufällig gewählte binäre Werte, die anderen Zahlenspeicher bleiben unverändert. *Hermann* weiß nicht, welche Zahlenspeicher die Eingangsspeicher sind. Am Ende des Versuchs liest der *Lehrer* die Ausgangsadressen und prüft, ob das Ergebnis in einem bestimmten Verhältnis zum Eingang steht (dieses Verhältnis ist eben die Aufgabenstellung); wenn dies zutrifft, notiert der *Lehrer* einen Erfolg, wenn nicht, einen Fehlschlag. Dieses Prüfungsergebnis ist die einzige Information, die *Hermann* über die Tätigkeit des *Lehrers* erhält. *Hermann* beginnt sein Programm mit I_0 und endet, wenn I_{63} an der Reihe gewesen ist, aber kein Sprungbefehl war. Der Sprungbefehl macht es einerseits möglich, daß I_{63} schon

nach weniger als 63 Schritten an die Reihe kommt; andererseits kann es
passieren, daß nach einer sehr großen Zahl von Schritten immer noch keine End-
bedingung aufgetreten ist, weil *Hermann* von l_{63} immer wieder zurückspringt.
Es gibt daher zusätzlich eine Zeitbedingung, die für eine maximale Länge sorgt.

Für jede Befehlszelle gibt es 2^{14} Möglichkeiten des Inhalts. Es wäre also sehr
unpraktisch für die Aufzeichnung, alle unbeschränkt zuzulassen. Vielmehr sind
je zwei Befehle pro Befehlszelle aufgezeichnet; eine ist *aktiv*, d. h., sie wird
tatsächlich benützt, die andere ist *nicht aktiv*, d. h., sie ist für einen Austausch
vorbereitet. *Hermann* ändert das Programm auf zwei Arten. Die *Routine-
änderung* besteht im Austausch des aktiven und passiven Befehls und kommt
häufig vor. Die *Zufallsänderung* hingegen kommt selten vor; dabei wird einer
der 128 aufgezeichneten aktiven und passiven Befehle durch zufallsgewählte 14
neue binäre Werte ersetzt. Beide Arten der Änderungen hängen von der *Erfolgszahl* ab; sie wird um 1 höher, sobald der *Lehrer* einen Erfolg bucht, um
2 höher, wenn dieser Erfolg schon nach weniger als 32 ausgeführten Befehlen
eintritt. Die Erfolgszahl wird für jeden Befehl aufgezeichnet, und wenn im Lauf
des Programms ein neuer Befehl hineingenommen wird, so wird seine Erfolgszahl
willkürlich angesetzt. Wenn eine der Befehlszahlen größer als eine vorgegebene
Konstante wird, so werden *alle* Befehlszahlen um einen Faktor kleiner als 1 (aber
nahe an 1) heruntergesetzt. Wird hingegen ein Fehler gebucht, so wird einer der
Befehle I_n kritisiert (es kommen der Reihe nach, immer wieder von vorn beginnend, alle Befehle I_n daran); es werden die Erfolgszahlen des aktiven und des
passiven Befehls I_n verglichen, und wenn der passive Befehl besser liegt, wird er
zum aktiven gemacht.

Die Zufallsänderung erfolgt nach jedem 64. Fehlschlag, und zwar wird aus einer
Untergruppe von 32 Befehlen (z. B. die aktiven mit gerader Speichernummer)
jener mit der geringsten Erfolgszahl ausgetauscht.

Die erforderlichen Zufallszahlen werden aus dem Rest eines Divisionsvorganges
abgeleitet.

Die gestellten Aufgaben steigen in der Schwierigkeit von der Gleichsetzung
(Eingang) $D_0 =$ (Ausgang) D_{63} über logische Verknüpfungen, z. B. (Eingänge)
D_0 und D_6 verknüpft durch Äquivalenz auf (Ausgang) D_{62}, d. h. $D_{62} = D_0 \equiv D_6$,
bis zu Aufgaben, bei denen der *Lehrer* einige Prozent falsche Buchungen
machte. 10 000 Versuche sind bei diesem Programm geeignete Gruppen für den
Vergleich; bei der allereinfachsten Aufgabe stellte sich ein sicherer Erfolg nach
160 000 Versuchen ein, bei der letzterwähnten Aufgabe sind 2 670 000 Versuche
gemacht worden.

In einem zweiten Teil des Berichts steht die Lernwirksamkeit des Programms im
Mittelpunkt der Betrachtungen, und es wird auch untersucht, welche Faktoren
auf diese Lernwirksamkeit Einfluß haben. Es ist schwierig, die Versuche richtig
zu deuten, aber es ergaben sich viele neue Fragestellungen, ebenso schwierig
wie faszinierend. Die Autoren haben das Gefühl, daß ihr Verfahren noch etwas
zu passiv ist; sie wollen weitere Varianten untersuchen.

Hat FRIEDBERG das Problem des Lernens den Eigenschaften der elektronischen
Rechenmaschine bis zum äußersten angepaßt, so geht F. ROSENBLATT vom Cornell Aeronautical Laboratory mit seinem *Perceptron* [94 bis 96] einen geradezu
umgekehrten Weg. Er beruft sich auf gewisse Äußerungen VON NEUMANNS bezüglich der Unzulänglichkeit der üblichen symbolischen Logik für die Beschreibung der Gehirnvorgänge und hält eine andere Art von Mathematik, von

in erster Linie statistischer Natur, für angepaßt. Was er auf einem Rechenautomaten Type IBM 704 (über dessen Langsamkeit und Kleinheit für seine Zwecke er sich beklagt) simuliert, soll der Erkennung von Reizen oder Mustern in seiner Umwelt dienen. Das Perceptron ist mehrfach stark kritisiert worden, nicht nur wegen der übertriebenen Vergleiche, die mit den fertiggestellten und geplanten Einrichtungen gemacht werden, sondern auch weil man dem Grundverfahren einige grundsätzliche Schwächen nachsagt. Das Prinzip ist die Organisation von Fühleinheiten (Einheiten eines Sinnesorganes wie etwa die Stäbchen und Zäpfchen des Auges) und Assoziationseinheiten (also Speicherzellen) zu Gruppen, die ohne vorher eingefüllte Modellformen öfter gesehene Formen wiedererkennen. Wenn man die Berichte von ihren Überspitzungen reinigt und in eine den andern Berichten entsprechende Sprache übersetzt, so zeigt sich sofort eine Reihe von Ähnlichkeiten mit den Vorschlägen von Uttley und Selfridge, und neuerdings hat Rosenblatt ein Synapsenmodell dazugenommen, wie es auch D. G. Willis [97] beschreibt, womit Perceptrone der Klasse C und C' entstehen [98]. Für eine sachliche Beurteilung wird es notwendig sein, konkrete Ergebnisse des Perceptrons abzuwarten; weitere Arbeiten über das Perceptron sind inzwischen veröffentlicht worden [179 bis 182].

Die Vielfalt der Lernprogramme und lernenden Modelle (bei etwas weiterer Auslegung des Begriffes fallen auch die folgenden Abschnitte 5.4, 5.5 und insbesondere 5.6 darunter) ergibt keine einfache Grundlage für ein Ordnungs- und Klassifizierungsprinzip. Der Übergang von simplen Iterationsmethoden zu Vorgängen, die schon sehr stark an das erinnern, was man auf jeden Fall mit dem Wort „Lernen" bezeichnen würde, ist stetig und scheint willkürliche Einteilungen erforderlich zu machen.

Ein Vorschlag von K. Steinbuch [57] für eine solche Einteilung soll den Abschluß dieses Abschnitts bilden. Steinbuch unterscheidet verschiedene Organisationsformen des Automaten, deren höhere Spielarten dann Lernvorgänge beherrschen. Da alle diese Formen auf dem programmgesteuerten Rechenautomaten simuliert werden können, ergibt sich der „etwas resignierende Schluß, daß Denk- und Lernvorgänge gegenüber den *normalen* logischen Verknüpfungsvorgängen objektiv keine neue Kategorie darstellen. Ihre subjektiv empfundene Sonderstellung rührt von der Ähnlichkeit der Vorgänge mit Vorgängen im Menschen und ihrer Beschreibung mit Begriffen, die im Zusammenhang mit Menschen entstanden sind". Nun, resignieren braucht nur, wer sich von der Nachahmung von Lernprozessen und Denkprozessen mehr erwartet hat, als eine Maschine geben kann. Die Universalität des Rechenautomaten, wie sie etwa A. M. Turing schon 1936 formuliert hatte [45], schließt derartige Vorgänge ein.

Die Einteilung nach Steinbuch hat die folgende Form:

Automat a)

Er bekommt in seiner Programmsteuerung Auftrag und Durchführungsanweisung, wodurch Eingabe und Ausgabe fest verknüpft sind.

Automat b)

Er bekommt in seiner Programmsteuerung zwar einen generellen Auftrag, die Daten für die Durchführung kommen jedoch teilweise aus einem Testwertgeber, der der Reihe nach verschiedene Daten anbietet. Die Eingabe des Automaten kann über die Wirkung der Ausgabe bei verschiedenen Daten des Testwert-

gebers Auskunft geben, und der Automat kann dadurch den optimalen Wert
herausfinden.

Automat c)

Die ungeordneten oder nach irgendeinem System geordneten Werte des Test-
wertgebers können unter Umständen zu katastrophalen Einwirkungen des
Automaten Anlaß geben, ehe dieser den Optimalwert herausgefunden hat. Ein
im Automaten aufgebautes Modell der Außenwelt, an dem die Einwirkungen
des Automaten erprobt werden, erlaubt das Herausfinden des Optimalwertes,
der dann tatsächlich an die Ausgabe geleitet wird. Die Einstellung des Modells
im Automaten erfolgt nach dem Prinzip a) — sie erfolgt durch das Eingabe-
programm und wird nicht vom Automaten selbst vorgenommen.

Automat d)

Der Automat c) hat keinen Eingang von der von ihm gesteuerten Umwelt her;
wenn er sich nicht bewährt, muß das in ihm vorhandene Modell der Umwelt vom
Programmierer geändert werden. Wenn der Automat hingegen Informationen
von der Wirkung seiner Steuerung erhält und diese aufzeichnet, kann ihm ein
Programm ermöglichen, sein Modell von der Außenwelt auf Grund der Aufzeichnungen zu verbessern. Dieser vierte Typus ist der ideale, der vollständige
Automat — vorausgesetzt, daß die Programme, die seine Struktur realisieren
sollen, die gestellten Anforderungen ideal und vollständig erfüllen.

Diese vier Automatentypen ergeben wahrscheinlich keine gleich großen Klassen,
aber die Einteilung hat eine gewisse Vollständigkeit. Man könnte alle Programme,
von der einfachsten Funktionsberechnung bis zu den schwierigsten Lernprogrammen, in ihr unterbringen. Denn selbst der Fall, daß der Automat sein Modell von
der Umwelt nicht nur verbessern, sondern auch von Beginn an selbst aufbauen
soll, fällt in die Gruppe d).

Zusammenfassend kann nun versucht werden, eine ähnliche Klassifizierung für
das Lernen aufzustellen, womit gleichzeitig auch das Wesen des Lernens in verschiedenen Stufen charakterisiert ist.

A) Auswendiglernen

Ein Umweltereignis wird sorgfältig registriert, ein Vorbild streng kopiert.

Beispiele: Iteration mit fester Formel und festen Parametern,
         Einkaufsprogramm von OETTINGER.

B) Regeln aufstellen lernen (einfachster Fall)

Es wird ein Zusammenhang festgestellt, eine Wenn-Dann-Folge, und der an
einer beschränkten Zahl von Fällen gewonnene Regelsatz wird generalisiert (so
könnte man auch die Kausalität definieren, man wäre dann, physikalisch gesehen,
sauberer, schlösse allerdings Komponenten dieses Begriffs aus, die manchen
wesentlich erscheinen; darauf kommen wir im Abschnitt 6 zurück).

Beispiele: Bedingter Reflex der Schildkröte,
         Prinzip und Maschine von UTTLEY.

C) Erlernen einer vorgestellten Fähigkeit mit Hilfe kritischen Vergleichs

Das ist das Heranarbeiten an ein Vorbild oder an eine Lösung (aus einer vorgegebenen Klasse von Lösungen) durch systematisches Einsetzen von vorhandenen Routinevorgängen (wozu auch das zufällige Probieren gehören kann), bis
ein Kriterium erfüllt ist.

Beispiele: Iteration mit beweglichen Parametern,
　　　　　　Maus nach SHANNON,
　　　　　　Homöostat nach ASHBY (hat allerdings keine gespeicherten Routine-
　　　　　　vorgänge, sondern beginnt immer neu und planlos zu suchen),
　　　　　　Programm mit *Lehrer* von OETTINGER,
　　　　　　Summierung von Reihen nach KILBURN et al.

D)　Erlernen einer nicht-vorgestellten Fähigkeit

Bei diesem Typ sei besser auf eine allgemeine Beschreibung verzichtet und allein
auf die Beispiele verwiesen, d. h. auf die oben beschriebenen Programme von
FRIEDBERG, ROSENBLATT, NEWELL et al., SELFRIDGE und vielleicht auch SVOBODA.
Das Lernproblem ist durchaus in Fluß, und es wird möglicherweise nicht mehr
lange dauern, bis die Gruppe D in weitere Gruppen aufgesplittert werden muß.

5.4 Der Automat komponiert [13]

Der Musikautomat gehört zu den ältesten aller Automaten. Zwar ist uns nicht
bekannt, ob HERON, der Altmeister der Automation, der ihr erstes Handbuch
schrieb [101] und ein Buch speziell über die Automatisierung des Theaters [102],
sich auch mit Musikautomaten beschäftigte; sicherlich aber sind die Glocken-
spiele der mittelalterlichen Kirchen, betrieben von schweren eisernen Speicher-
trommeln, das Vorbild der mechanischen Automaten des 18. Jahrhunderts, z. B.
der berühmten schreibenden und zeichnenden Automaten jener Zeit. Obwohl hier
nicht der Platz ist für historische Betrachtungen, so möchten wir doch auf einen
ziemlich unbekannt gebliebenen, komponierenden Automaten aus dem Jahre 1821
hinweisen: auf eine Weiterentwicklung von MAELZLs *Panharmonium*, die im
Museum des Königlichen Konservatoriums für Musik in Brüssel gezeigt wird. Sie
hat vom Erbauer, dem deutschen Orgelmechaniker D. N. WINKEL, den Namen
Componium erhalten und dürfte eine der ältesten erhaltenen Maschinen mit einem
Zufallselement sein. Ein kleines Schleuderrad entscheidet durch seine zufällige
Lage beim Anhalten, ob die nächsten beiden Takte in der gleichen oder in einer
andern Variation des Alexandermarsches fortgeführt werden, was gewiß eine erste
Näherung zur automatischen Komposition darstellt. Das Componium ist erst kürzlich durch die Initiative des Verfassers von dem Wiener Mechaniker KRCAL in-
standgesetzt worden; eine neue Beschreibung des Automaten befindet sich in Vorbereitung. — Obwohl das Componium, das zwar durchaus als ein Vorgänger der
für das Komponieren programmierten elektronischen Rechenmaschinen angesehen
werden kann, sicherlich nicht als Ausgangspunkt für die moderne Entwicklung
auf diesem Gebiet verwendet worden ist, so setzte man doch zunächst genau dort
fort: in der Anwendung fester Regeln für die Erzeugung neuer Tonfolgen. Leider
sind die meisten dieser Versuche als Spielereien nicht veröffentlicht worden. Die
wenigen Beispiele sind bald geschildert.
Als erstes Beispiel sei ein Terzett für Oboe, Baßgeige und *G-15* ausgewählt.
G-15 ist ein kleiner elektronischer Rechenautomat der amerikanischen Firma
Bendix. Die Töne des Rechenautomaten entstehen durch passende Impuls-
kombinationen, die — der Dauer des gewünschten Tones entsprechend — verschieden oft hintereinander aufgerufen und einem Lautsprecher zugeführt
werden. Dieses Verfahren wird bei musizierenden Rechenautomaten praktisch
ausschließlich angewendet; es hat den Nachteil, daß die erreichbare Tonqualität
grundsätzlich beschränkt ist. Das Programm sorgt dafür, daß die Stimme eines

---

[13] Empfehlenswerte Literatur zu diesem Abschnitt cf. [99, 100].

Instrumentes durch den Automaten gespielt wird; es ist also kein Komponier-
programm. Gespielt wurden Weihnachtschoräle [103, 104].

Auch der Rechenautomat *Whirlwind I* des Massachusetts Institute of Technology soll einmal Weihnachtschoräle für eine Rundfunkübertragung gespielt haben.
Richtiggehend komponiert hat hingegen der Rechenautomat ILLIAC (*Illinois
Automatic Computer*) auf Grund eines Programms von L. A. HILLER und L. M.
ISAACSON [100]. Die komponierten Teilstücke wurden zu einem Streichquartett
mit vier Sätzen zusammengestellt. In diesem Fall spielte nicht ein Automat; er
hatte vielmehr die Komposition hergestellt, die dann auf normale Notenschrift
übersetzt und von einem Streichquartett aufgeführt wurde. Tonbänder dieser
Aufnahmen sind auch in Europa mehrfach hörbar gewesen, zum Beispiel in einer
Sendung der UNESCO anläßlich der International Conference on Information
Processing (ICIP) in Paris im Juni 1959. Man hat für die verschiedenen Sätze
verschiedene Kompositionsmethoden angewendet. Grundsätzlich gibt es in jedem
Fall einen Satz von Regeln und eine allgemeine Ordnungsstruktur. Was beim
Auffüllen der Ordnungsstruktur nicht durch die Regeln bestimmt wird, leitet
das Programm von einer Zufallsfolge von Zahlen ab. Im ersten Satz wurden
nur die einfachsten Kontrapunktprinzipien benutzt und nur die weißen Tasten
des Klaviers als Tonstufen vorgesehen. Für den zweiten Satz wurden einige
etwas schwierigere Kontrapunktvorschriften hinzugenommen. Im dritten Satz
wurden auch Rhythmus, Dynamik und Spielanweisungen, wie Bogen, pizzicato
u. ä., berücksichtigt und außerdem Zwölftonvorschriften befolgt. Der vierte Satz
hat hierzu noch Wahrscheinlichkeitsprinzipien für Tonhöhe und Intervalle ein-
bezogen. — Nach den gleichen Grundsätzen wurden auf einem Rechenautomaten
vom Typ *Datatron* Schlager komponiert; einer davon hat den Titel „Pushbutton
Bertha" [105].

Die Regeln und Wahrscheinlichkeiten der genannten Programme wurden vor
der Aufstellung der Programme festgelegt; soweit Unterlagen benützt wurden,
stammten sie nicht aus der Arbeit eines Automaten. Nun kann man auch die
Musik einer Analyse unterziehen, ehe man sich an die Erstellung des Programms
macht. Schon vor mehreren Jahren hatte C. E. SHANNON die Wahrscheinlichkeiten
von Tonhöhen und Intervallen amerikanischer Cowboy-Gesänge untersucht und
dabei relativ einfache Gesetzmäßigkeiten gefunden. Neuerdings wurden für
diesen Zweck Programme ausgearbeitet und mit dem Rechenautomaten Mark IV
der Harvard Universität 37 Choralmelodien statistisch ausgewertet. Das Programm stammt von BROOKS, HOPKINS, NEUMANN und WRIGHT; ein deutscher Bericht ist von NEUMANN und SCHAPPERT veröffentlicht worden, der auch für die
obenstehenden Ausführungen mitbenutzt wurde [106, 107]. SHANNON hat bei
der Untersuchung der statistischen Eigenschaft der Information [24] den MAR-
KOFF-Prozeß verwendet; man stellt die Wahrscheinlichkeiten fest, mit denen
auf eine gegebene Gruppe von n Zeichen ein bestimmtes $(n + 1)$-tes Zeichen
entsteht, und bildet auf Grund dieser Wahrscheinlichkeit neue Zeichenketten.
Macht man das mit der Sprache, so entstehen Buchstabenfolgen, die viel vom
Charakter der untersuchten Sprache haben; macht man das gleiche mit der
Musik, so entstehen Tonfolgen, die mit den untersuchten Stücken viel gemeinsam
haben.

Bei den Chorälen kommt man mit einem relativ einfachen Taktgerippe aus, im
Viervierteltakt werden Achtelnoten als kürzeste zugelassen; bei zwei aufeinanderfolgenden Tönen wird unterschieden, ob der zweite neu angeschlagen
werden oder nur eine Verlängerung des ersten sein soll. Die Melodien

werden einheitlich aus Gefügen von vier Takten aufgebaut; sie beginnen mit einem Auftakt und enden mit einer Dreiviertelnote. In diese Zeitstruktur werden nun die Töne nach dem Ergebnis der MARKOFF-Analyse der 37 Choralstücke mittels Zufallszahlen eingefüllt, wobei die Übergangswahrscheinlichkeiten beachtet werden. Es zeigt sich, daß bei der Ordnung 4 (d. h., der nächste Ton wird in Abhängigkeit von den vorhergehenden vier bestimmt) der Anteil der Tonleiterpassagen relativ hoch ist; bei der Ordnung 6 entstehen relativ originelle Folgen, während bei der Ordnung 8 schon ganze Stücke aus den Ursprungsmelodien übernommen werden.

Einen völlig anderen Weg sind wir in Wien bei unseren Versuchen gegangen. Einem Vorschlag von F. WAGNER [108] folgend, kann man den Charakter musikalischer Tonfolgen, der zwischen periodischer und ungeordneter Folge liegt, durch die Kombination verschiedener periodischer Spannungsformen nachbilden, wobei der Kopplungsgrad der verschiedenen Grundfrequenzgeneratoren schwach oder zu Null gemacht wird. Stromtore und Begrenzer formen die entstehenden Kombinationsspannungen weiter, und schließlich fließt das Muster einem Tongenerator zu, dessen Frequenz von dem Augenblickswert der zugeführten Spannung abhängig ist. Die vielen Parameter dieses Systems waren bei dem Versuchsmodell mit Potentiometern veränderbar, und bei ausgewählten Einstellungen ergaben sich Melodien unterschiedlichen Charakters, wenn auch im ganzen eher dem atonalen Bereich zugehörend.

In einer zweiten Stufe wurde dem oben beschriebenen System, das analogen Aufbau hat, ein digitales Auswahlverfahren überlagert, welches nicht nur dafür sorgt, daß alle Töne der wohltemperierten Skala entnommen werden, sondern auch Akkorde und Akkordfolgen den Regeln des vierstimmigen Tonsatzes unterwirft (R. LEITNER [109]). Im Vergleich zu den analysierenden Rechenmaschinenprogrammen entstehen weniger ordentliche Melodien, die dafür aber durch kühne Modulationen überraschen.

All diese Untersuchungen hatten nur Versuchscharakter; außer ein paar Tonbändern ist nichts Vorführfähiges zurückgeblieben. Die Arbeiten sind unterbrochen worden und dürften so bald nicht wieder aufgenommen werden.

5.5 Der Automat spielt[14])

Wissenschaftlich ist dem Spiel in den letzten Jahren auf zwei verschiedenen Gebieten neue Beachtung geschenkt worden: in der Wirtschaft und beim Automaten. Für die Wirtschaft kann eine gleiche Theorie wie für das Spiel angewendet werden; die Arbeiten von J. VON NEUMANN, insbesondere sein Buch „Theorie der Spiele und des wirtschaftlichen Verhaltens", gemeinsam mit O. MORGENSTERN [112], haben eine Flut von Büchern und Aufsätzen ausgelöst, in denen das Spiel allerdings mehr Naturerscheinung als Denkprozeß ist. Für den spielenden Automaten ist diese hohe Theorie von Interesse, nicht aber von Bedeutung: vorläufig kommt man beim Automaten über Spiele, die im Sinne dieser Theorie geradezu trivial sind, kaum hinaus. Betrachtet werden durch Regeln geordnete Spiele (also englisch *game* und nicht *play*). Sie werden einteilt in

> Spiele für eine — zwei — drei und mehr Personen
> Spiele mit vollständiger — unvollständiger Information
> Spiele mit endlicher — unendlicher Kombinationsmöglichkeit.

---

[14]) Empfehlenswerte Literatur zu diesem Abschnitt cf. [110, 111].

Ein- und Zweipersonenspiele sind theoretisch sehr einfach: sie führen auf ein
gewöhnliches Minimalproblem. Hingegen sind bei drei und mehr beteiligten
Personen zeitweilige Interessengemeinschaften (Koalitionen) zwischen zwei oder
mehr Mitspielern möglich; man kommt auf Minimaxprobleme, auf Ungleichungen eher als auf Gleichungen und somit auf sehr schwierige mathematische
Gebiete. Die *unvollständige* Information (das Mischen der Karten zum Beispiel
verhindert, daß ein Mitspieler das Blatt der andern und unaufgedeckte Karten
vollständig kennt) führt auf Wahrscheinlichkeitsrechnungen, und bei Spielen mit
endlicher Kombinationsmöglichkeit könnte man theoretisch alle Möglichkeiten
ausprobieren.

Bei den meisten Spielen folgen die Aktivitäten der Teilnehmer nach gewissen
Regeln; die Grundaktion der Teilnehmer heißt *Zug.* Die Folge aller wirklichen
und möglichen Züge läßt sich graphisch darstellen; da in dieser Darstellung
immer neue Verzweigungen auftreten, heißt sie *Baum.* Da auch verhältnismäßig
einfache Regeln meist eine sehr große Anzahl von Möglichkeiten offenlassen,
kommt vor dem Problem der Optimisierung des Zuges für einen bestimmten
Teilnehmer das Problem der Baum-Kombinatorik. Die Liste der Möglichkeiten,
aus der die optimale zu bestimmen ist, hat meist einen ungeheuren Umfang.
Der spielende Automat ist von C. E. SHANNON [55] in vier Kategorien eingeteilt
worden:

1. Automaten vom Wörterbuchtyp: jeder Zug des Automaten ist im voraus
   für jede mögliche Situation festgelegt und eingespeichert.

2. Automaten mit exakten Spielformeln: der nächste Zug wird mittels einer
   Formel, die auf einer geschlossenen Theorie des betreffenden Spiels beruht,
   berechnet.

3. Automaten mit nicht exakten Spielformeln: der nächste Zug wird nach
   Formeln berechnet, die man für nützlich hält, die aber keineswegs den Erfolg
   garantieren.

4. Lernende Automaten: die Spielformeln werden auf Grund der Erfahrung
   verbessert, und auch dafür stehen vier Wege offen:
   a) Zufällige Versuche mit Speicherung erfolgreicher und Löschung erfolg-
      loser Züge und/oder Formeln;
   b) Nachahmung eines erfolgreichen Gegners;
   c) „Lehren" durch Zustimmung und Ablehnung oder durch Information des
      Automaten über die Art seiner Fehler;
   d) Analyse der Fehler durch ein selbst-optimisierendes Programm.

Es seien im folgenden die vier Kategorien noch etwas näher erläutert und durch
Beispiele ergänzt; in einem zweiten Teil dieses Abschnitts wird dann das Schachspiel etwas ausführlicher behandelt.

Automaten vom Wörterbuchtyp können nur für sehr einfache Spiele angewendet
werden. Selbst das übliche Mühlespiel hat zum Beispiel viel zu viele Kombinationen; erst die Reduktion auf dreimal drei Felder (und selbstverständlich ohne
Springen!) erlaubt den Bau eines einfachen Gerätes. Das erste Modell ist nach
unseren Information in der Relaistechnik des Wähltelephons in den Bell Laboratorien gebaut worden. Davon sind dann viele Kopien und Varianten ausgegangen; so gibt es eine Maschine in den Zentral-Laboratorien der Siemens &
Halske AG, München, wo sie der Verfasser kennenlernte. Einem seiner Mitarbeiter gelang dann der Bau einer ähnlichen Maschine [113], ohne daß er

Unterlagen bekommen hätte, in der relativ kurzen Zeit, die üblicherweise zur Durchführung einer Diplomarbeit zur Verfügung steht.

Bild 4. NIMROD, ein Automat für das Streichhölzchenspiel

Es gibt vier Häufchen von Streichhölzern, die durch Knopfreihen am Spieltisch und durch Lampenreihen in der Mitte oben am Automaten dargestellt werden. Links und rechts oben am Automaten wird der Programmablauf signalisiert. Da es eine geschlossene mathematische Theorie dieses Spiels gibt, gewinnt der Automat immer, wenn es überhaupt möglich ist.

(Photo: Ferranti Ltd., Edinburgh)

Exakte Spielformeln können nur dann programmiert werden, wenn eine geschlossene Theorie für das Spiel bekannt ist. Das ist nun beim Streichhölzchenspiel der Fall, das auf englisch *Nim* heißt [114, 115], wo von zwei oder mehr Häufchen Streichhölzern ein, zwei oder drei Stück wegzunehmen sind, und wer als letzter wegnimmt, gewinnt (oder verliert, je nach vorheriger Definition). Die Firma Ferranti hat vor einiger Zeit eine kleine Röhrenmaschine für dieses Spiel gebaut, den *NIMROD* [116] (Bild 4); eine andere, sehr viel einfachere Maschine ist von der Maxson Corp. in New York gebaut worden [117]. Seither hat man für viele elektronischen Rechenmaschinen die erforderlichen Programme gemacht, und dieses Spiel ist ein beliebtes Vorführkunststück geworden.

Wesentlich fesselnder sind natürlich Spiele, für die es keine geschlossene Theorie gibt. Das Finden der Regeln und Bewerten ihrer Parameter gibt die interessantesten Einblicke in die Automatisierung von Denkprozessen. Ein hübsches Beispiel gibt SHANNON [55] mit einer Maschine seines Mitarbeiters E. F. MOORE für ein Spiel namens *Hex*; es ist ein Brettspiel mit einem Muster aus regelmäßigen Sechsecken, auf dem die beiden Spieler abwechselnd schwarze und weiße Steine auf unbesetzte Felder setzen. Die Aufgabe besteht darin, zwei gegenüberliegende Endpunkte des Musters durch eine geschlossene Kette gleichfarbiger Steine zu verbinden. Die Lösung fand sich mit Hilfe eines Potentialfeldes, mit einer Analogiemethode also, in das gesetzte weiße Steine ein negatives, gesetzte schwarze Steine ein positives Potential zuführen. Der beste nächste Zug entspricht einer bestimmten Art von Sattelpunkten im Potentialfeld.

Ein anderes, an der gleichen Stelle erwähntes Beispiel ist das Programm des
Engländers C. S. STRACHEY für das Damespiel. 1952 stand damit ein ziemlich
bescheidenes Programm zur Verfügung, das insbesondere im Endspiel reichlich
schwach war, aber doch — mindestens über Teile des Spiels — besser als so
mancher menschliche Gegner. Fortgeführt wurden die Arbeiten zum Damespiel
dann von A. L. SAMUEL, der 1956 ein sehr gutes [118] und 1959 ein ausge-
zeichnetes Programm [119] ausgearbeitet hatte; letzteres nimmt es schon mit
Meistern auf. Da anschließend das ebenfalls in diese Kategorie gehörende Schachspiel ausführlicher behandelt werden soll, mögen diese wenigen Bemerkungen
genügen.

An der Universität von Delaware ist ein Programm für das Bridge-Spiel für
einen Rechenautomaten Bendix G-15 ausgearbeitet worden [120], wobei — wie
üblich — ein Mensch spielt, der alle Informationen in die Maschine eingibt und
von ihr den nächsten Zug angegeben bekommt. Über die Wirksamkeit des Programms ist dort nichts angegeben.

Was Lernprogramme für spielende Automaten anbelangt, wäre alles im Abschnitt
5.3 Gesagte sinngemäß anzuwenden — praktisch ist noch nicht sehr viel gemacht
worden. Ein hübsches Experiment wird wieder von C. E. SHANNON [55] berichtet:
zwei Geräte spielen *Kopf und Adler*, Münzenwerfen also, eines von SHANNON
selbst, ein anderes von D. W. HAGELBARGER. Das Prinzip ist die Analyse der
Setzgewohnheiten des menschlichen Gegners: nichts ist schwerer, als wirklich
zufällig zu setzen, man ist gewissen Reaktionsgesetzmäßigkeiten in sich selbst
ausgeliefert, die von dem Gerät herausgefunden und gegen den menschlichen
Partner angewendet werden. Es gewinnt bei 55 bis 60 von 100 Sätzen. Da beide
Maschinen nach dem gleichen Verfahren arbeiteten und nur verschiedene Um-
schaltkriterien und etwas verschiedenen Aufbau hatten, gab es im Labor bald
heftige Diskussionen über den Vergleich der beiden Maschinen untereinander.
Da die theoretische Behandlung sehr schwierig erschien, wurde die Frage experimentell gelöst: man baute einen automatischen Schiedsrichter und ließ die beiden
Geräte gegeneinander spielen. Zum Gaudium der Laboringenieure zeigte sich,
daß die kleinere, einfachere Maschine ständig mit einem Verhältnis von etwa 55
aus 100 Sätzen gewann!

Schach, das königliche Spiel, ist das anziehendste Programm für den Automaten,
das man sich denken kann. Seine Geschichte reicht denn auch bis in das 18. Jahrhundert zurück! Eine Tabelle möge eine Übersicht über die folgenden Ausführungen geben:

Jahr	Autor(en)	Bemerkung
1769	KEMPELEN	Täuschung
1912	TORRES Y QUEVEDO [121]	Endspiel: König und Turm gegen König
1948	WIENER [22]	Anregende Bemerkungen
1950	SHANNON [122]	Methode, kein Programm
1951	TURING [115]	Programmversuch am Papier
1952	PRINZ [123]	Endspiel
1956	STEIN, ULAM et al. [124]	6 mal 6 Felder, alle Züge, 2 Züge tief
1957	BERNSTEIN, ROBERTS [125]	7 ausgewählte Züge, 2 Züge tief
1958	NEWELL, SHAW, SIMON [110]	Ausgewählte Züge, bis zu einer stabilen Stellung, spezielle Formelsprache

Als sich im Jahre 1769 der damalige Hofsekretär der siebenbürgischen Hof-
kanzlei, WOLFGANG VON KEMPELEN, rühmte, eine eben abgelaufene Hofgala-

vorstellung eines französischen Mathematikers und Mechanikers weit überbieten zu können, hinterbrachte jemand diese Äußerungen der Kaiserin MARIA THERESIA, und diese nahm KEMPELEN beim Wort. Tatsächlich stellte er in wenigen Monaten einen Schachspielautomaten her, der zu einer Sensation an den europäischen Höfen wurde. Sein Geheimnis wurde eigentlich nie gelüftet; der Apparat verbrannte während einer Amerikatournee in der zweiten Hälfte des 19. Jahrhunderts. E. A. POE hatte in einem Essay, einer der ersten Kriminalnovellen der Welt, einen Indizienbeweis geführt, daß und wie in dem Automaten ein Mensch normaler Größe verborgen war; das Öffnen des „leeren" Kastens war eine geniale Täuschung. Seitdem verschwand die Idee des Schachspielautomaten nie mehr aus der Literatur.

Aber erst knapp vor dem ersten Weltkrieg gelang die erste Lösung, und diese nur für das kurze und von der Theorie voll erfaßbare Endspiel von König und Turm (weiß, Automat) gegen König (schwarz, menschlicher Gegner). Der spanische Erfinder L. TORRES Y QUEVEDO, Direktor des Automaten-Laboratoriums Madrid, der auch Rechenmaschinen und eine drahtlose Schiffssteuerung entwickelt hatte [126, 127], baute zwei Modelle, von denen eines heute noch betriebsfähig ist (Bild 5) und zum Beispiel auf der Weltausstellung 1958 in Brüssel so manchen Besucher matt gesetzt hat. Die Technik jener Zeit bot Zahnräder und Zahnstangen, Magnete und Relais sowie den Phonographen, der nun anstelle KEMPELENS mechanischer Sprechapparatur ein viel deutlicheres Schach bieten konnte. Sechs Regeln waren in eine Schaltung umzuwandeln, um den sicheren Sieg des Automaten zu gewährleisten.

Mehr als 30 Jahre lang ruhte das Problem des Schachautomaten. Dann brachte es die elektronische Rechenmaschine wieder in Fluß.

Bild 5. Schachautomat von *L. Torres y Quevedo* (1914)

Das Endspiel zwischen König und Turm (Automat) gegen König (Mensch) wird mit den Mitteln der Mechanik und Relaistechnik perfekt gelöst. Bei Verstößen gegen die Spielregeln bricht der Automat das Spiel ab. Hinter dem Kreis in der Mitte des Bildes verbirgt sich kein Lautsprecher, sondern ein mechanisches Grammophon, das „Schach" sagt, wenn die Regel es erfordert. Das Gerät wird ständig betriebsfähig gehalten und war bei Tagungen in Paris und Namur sowie auf der Brüsseler Weltausstellung 1958 zu sehen.

(Photo: Nuno, Madrid, durch Entgegenkommen von Herrn *G. Torres y Quevedo*)

Die bekannten Namen machen wieder den Anfang. NORBERT WIENER überlegt in einem Anhang zum letzten Kapitel seines Buches „Cybernetics" [22] die Schachspielmaschine. Er bemerkt, daß die Maschine mit exakten Spielformeln (das Optimalspiel im Sinn von JOHN VON NEUMANN) aussichtslos sei; das Programm müßte mit Bewertungsformeln arbeiten und zwei bis drei Züge in die Zukunft rechnen. Und er sagt voraus, daß das Ergebnis nicht so offenkundig schlecht sein müßte, daß es lächerlich wäre.

Später, in seinem andern Buch [23], spricht WIENER auch von der lernenden Schachspielmaschine, die von Partien mit Meisterspielern profitieren würde, aber auch in Gefahr wäre, durch unüberlegte Wahl der Gegner mehr oder weniger ruiniert zu werden.

SHANNON griff diese Anregung WIENERS auf und schrieb eine längere Betrachtung [122], deren Gedankengänge bis heute die Grundlinien der Schachspielprogramme bilden. Die Rechenmaschine mit ihrem Universalcharakter erübrigt es, spezielle Geräte zu bauen; Programme können leicht verändert und verbessert werden, und auf die automatische Ausführung der Züge und auf das automatische Erkennen des Spielfeldes kann man leicht verzichten — nicht das ausgeführte Spiel ist der Kern, sondern das Programm, die Programmierung für einen Denkprozeß. Der Maschinenkode hat auch den Vorteil, genau zu sein und die in der gewöhnlichen Sprache unvermeidlichen Zweideutigkeiten zu vermeiden. Umgekehrt erhält man aus dem Programm neue Einsichten in die Programmierung ähnlicher Probleme.

Das Schachspiel ist ein Zweipersonenspiel mit vollständiger Information und endlicher Kombinationsmöglichkeit (es gibt eine maximale Spiellänge von 6350 Zügen, wenn man gewisse Regeln akzeptiert) — von der Theorie der Spiele her gesehen also ein sehr einfaches Spiel. Die Schwierigkeit liegt in der großen Zahl der Kombinationsmöglichkeiten. Ein Programm, das alle möglichen Züge absuchen wollte, müßte alle möglichen Spiele durchspielen. Man kann abschätzen, wie lange das dauert. Die Untersuchung einer großen Zahl von Meisterspielen hat ergeben, daß die Zahl der möglichen (erlaubten) Züge in einer bestimmten Situation von 20 (zu Beginn) langsam auf 40 ansteigt und dann wieder absinkt. Die 20 Möglichkeiten zu Beginn setzen sich aus zweimal 8 Bauernzügen und 4 Springerzügen zusammen. Zug und Gegenzug ergeben somit 1600 Möglichkeiten im Hauptteil des Spiels. Nimmt man diesen mit etwa 60 Zügen an, so sind 1600^{60} Spiele zu untersuchen, das sind rund 10^{192}. Läßt man die Maschine jede Kombination auch in einer Mikrosekunde prüfen, so bleibt dennoch eine Rechenzeit von 10^{175} Jahrtausenden! Die Maschine mit den exakten Spielformeln ist somit unmöglich, d. h. es müssen also unexakte Spielformeln zugrunde gelegt werden — und das bedeutet, daß die Maschine verlieren kann.

Ein Spielprogramm muß zuerst die erlaubten Züge finden, für alle Figuren und für die Bauern. Dann muß es aus ihnen den besten heraussuchen. Das kann nicht von der augenblicklichen Situation aus beurteilt werden, sondern es ist notwendig, bis zu einer gewissen Tiefe in die Zukunft zu rechnen: der Baum muß abgesucht werden. Da ein Absuchen bis zum Matt zu lange dauern würde und deshalb unmöglich ist, muß vorher abgebrochen und bewertet werden. Aus den Wertangaben ermittelt man schließlich durch Rechnung die beste Fortsetzung. Die Wertangaben sind Gewichtskombinationen aus dem Wert der Figur, ihrer Position, ihrer Deckung und ihrer Beweglichkeit.

SHANNON gab kein spezielles Programm an, sondern nur die Methodik. A. M. TURING schrieb ein Programm [115], aber es war nicht für eine Maschine, sondern für die Auswertung „mit der Hand" bestimmt. Das praktische Ergebnis war schwach, die einzige damit gespielte Partie gegen einen Anfänger ging verloren. Aber Turing setzt einen wichtigen neuen Begriff hinzu: den der *stabilen Stellung (dead position)*, wo ein gewisses Gleichgewicht der Möglichkeiten eingetreten ist und man daher die Untersuchung des Baumes abbrechen kann. Die Auswertung von Hand hat natürlich auch den Nachteil größerer Fehlerwahrscheinlichkeit: im Programm des genannten einzigen Spiels war ein Fehler, es wurde eine Kombinationsmöglichkeit übersehen.

1952 machte D. G. Prinz den offenbar ersten Versuch, die Rechenmaschine praktisch für Schachaufgaben einzusetzen [123]. Er benützte den bekannten Rechenautomaten der Universität Manchester, England, und beschränkte sich auf Endspiele, also auf jenes Gebiet, das durch die Schacheckenaufgaben „Weiß zieht und setzt in drei Zügen matt" gekennzeichnet ist. Das Modell von Torres y Quevedo erscheint nach den Prinzipien von Shannon in ein Programm umgewandelt. Nach diesen Versuchen tritt eine längere Pause ein.

Erst 1956 werden die Arbeiten in Los Alamos auf dem Rechenautomaten MANIAC wieder aufgenommen [124]. Die dortige Arbeitsgemeinschaft beschränkte sich auf ein Feld von sechs mal sechs Teilfeldern, es gibt keine Läufer und nur zweimal sechs Bauern. Es wurden alle möglichen Züge untersucht, aber nur zwei Züge tief in die Zukunft. Bei einer Rechengeschwindigkeit von etwa 11 000 Operationen pro Sekunde brauchte das Programm ungefähr 12 Minuten pro Zug. Es hatte einen Umfang von rund 600 Befehlen. Es wurden drei Spiele gespielt, und es zeigte sich, daß das Programm einem Menschen mit einer Erfahrung von 20 Partien gleichwertig war. Immerhin hätte es einen schwächeren menschlichen Partner schlagen können.

Der nächste Schritt wurde auf einem Rechenautomaten Type IBM 704 gemacht, wieder für das volle Brett von acht mal acht Feldern [125]. Der Automat druckt nach jedem Zug die neue Stellung aus (die Feldränder werden durch ein Punktmuster, die Figuren durch drei Buchstaben gekennzeichnet). Das Programm folgt ebenfalls den Shannonschen Vorschlägen; es stellt acht Fragen:

1. Bin ich im Schach? Und wenn ja, kann ich die angreifende Figur schlagen oder eine eigene Figur vorstellen oder ausweichen?
2. Ist ein Abtausch möglich, und gewinne ich dabei oder soll ich lieber ausweichen?
3. Wenn ich noch nicht rochiert habe, kann ich es jetzt tun?
4. Kann ich eine einfache Figur vorziehen?
5. Kann ich einen freien Platz in einer Reihe besetzen?
6. Kann ich einen Stein auf eines jener kritischen Felder bringen, die durch Bauernreihen entstehen?
7. Kann ich einen Bauern ziehen?
8. Kann ich eine gute Figur vorziehen?

Der Hauptfortschritt besteht darin, daß bei diesem Programm nicht mehr alle möglichen Züge untersucht werden, sondern nur jene sieben, die nach den obenstehenden Fragen am wichtigsten sind, und alle zwei Züge (vier Halbzüge) tief in die Zukunft. Als Bewertungsfunktion dient das Verhältnis zweier Summen für Weiß und für Schwarz; die Summen umfassen Kennwerte für Material, Verteidigung des Königs, Raumbeherrschung und Beweglichkeit. Bei einer

Rechengeschwindigkeit von 42 000 Operationen pro Sekunde dauert ein Zug etwa
acht Minuten. Das Programm besteht aus 7000 Befehlen. Es entspricht einem
Amateur, der mehrere Züge hindurch ganz gut spielt, dann aber wieder sehr
schwache Momente hat. Zwei Partien sind gespielt worden, bei der veröffentlichten verlor die Maschine nach 22 Zügen.

Der neueste Versuch läuft auf dem Rechenautomaten JOHNNIAC mit 20 000
Operationen pro Sekunde für das volle acht-mal-acht-Felder-Spiel [110]. Das Programm umfaßte 1958 rund 6000 Befehle, soll aber auf rund 16 000 erweitert
werden. Auch hier untersucht das Programm nicht alle möglichen Zweige des
Baumes, sondern nur eine Auswahl; die ausgewählten Kombinationen werden
jedoch bis zu einer *stabilen Stellung* (*dead position*) in die Zukunft analysiert.
Diese umfangreiche Untersuchung wird zwar vermutlich zu langen Berechnungs-
zeiten führen, 1 bis 10 Stunden pro Zug, dafür aber darf man ein ausgezeich-
netes Spiel erwarten. Die langsame Geschwindigkeit hängt übrigens auch damit
zusammen, daß das Programm nicht in der Maschinensprache, sondern in einer
Formelsprache für Datenbearbeitung geschrieben ist, das von der Maschine erst
übersetzt werden muß; besser angepaßte Rechenmaschinen würden erheblich
rascher übersetzen.

Die Beschreibung dieses letzten Programms [110] ist mit einer historischen Einleitung versehen und sei als Schrifttum zum schachspielenden Automaten bestens
empfohlen.

Schließlich ist noch über einen spielenden Automaten von völlig anderer Art zu
berichten, über ein Spiel mit Hilfe eines Automaten, das der Ausbildung von
Wirtschaftsmanagern dient: über das *Geschäftsentscheidungsspiel* der A.M.A.
(American Management Association), ausgeführt auf einem Rechenautomaten
Type IBM 650 [128]. (In England bietet die IBM ein gleiches oder ähnliches
Programm an [129].) In den Adirondack Bergen am Saranac See im Staat New
York hat die A.M.A. in einem ehemaligen Sanatorium eine Akademie einge-
richtet, bestehend aus 55 Gebäuden, wo der Geschäftsmann in völlig veränderter
Umgebung eine Sonderausbildung mitmacht, die ihm einen neuen Blick für seine
Aufgabe geben soll. Ein Platz für ein 14-Tage-Spiel kostet 500 Dollar, dazu
kommen die Ausgaben für Verpflegung und Unterbringung. Ungefähr vierzig
Teilnehmer bilden fünf Gruppen oder „Gesellschaften", die in Wettbewerb
treten; sie treffen Entscheidungen über Preise, Produktion, Verkauf, Forschung
und Entwicklung, Investitionen und Marktforschung für eine Zeitspanne von
10 Jahren. Sie hören Vorlesungen, nehmen an Diskussionen teil, und ihre Arbeit
wird fachkundig kritisiert.

Das Programm übernimmt die Informationsbearbeitung. Es druckt die Aus-
gangsinformationen aus, nimmt die Entscheidungen entgegen und rechnet die
Folgen der Entscheidungen aus, die der Gruppe ausgedruckt werden. Nun beginnt die Periode von neuem, und die Verkürzung des Zeitmaßstabs erlaubt ein
viel intensiveres Lernen als die Wirklichkeit, bei der große Abstände zwischen
Entscheidung und Auswirkung liegen. Die Teilnehmer haben den Eindruck, an
einer ernsten Angelegenheit mitzuwirken, und nützen häufig auch die Freizeit
für weitere Überlegungen aus. Alle fünf Gesellschaften produzieren im allgemeinen die gleiche Ware und liegen auf dem gleichen Wirtschaftssektor im Wettbewerb. Es gibt nicht einfach eine *Sieger*-Gesellschaft, sondern nur eine Beurteilung der Situationen, in welche die einzelnen Gesellschaften gebracht wurden;
es ist ebenso schlimm, maximalen Gewinn zu erzielen, aber die Betriebsein-

richtungen dabei zugrunde zu richten, wie es verkehrt ist, nur konservierend zu arbeiten. Aber das nimmt den Teilnehmern nicht den Reiz des Kämpfens um Erfolge und Positionen. Sie gehen mit einem ganz neuen Gefühl für die Interdependenz ihrer Entscheidungen zurück in die Wirklichkeit und haben außerdem noch einen besseren Blick für das Wesen und für die Möglichkeiten der elektronischen Rechenmaschine bekommen.

5.6 Der Automat kombiniert

Lernende, komponierende und spielende Automaten beruhen auf der Kombination logischer Entscheidungen. Über diese drei etwas konkreteren Gebiete hinaus vermag der Automat logische Entscheidungen aber auch auf die verschiedensten abstrakten Weisen zu kombinieren; darüber soll ein kleiner Überblick gegeben werden, wobei zahlreiche Anknüpfungspunkte, ja Überschneidungen zu den vorherigen Abschnitten bemerkbar sein werden. Die logische Ordnung dieses Abschnitts ist nicht einmal ein Versuch — es wird einfach aufgezählt, was noch zu erwähnen ist.

Zu Beginn ein kleiner Scherz, ein Liebesbrief:

Darling Sweetheart
You are my avid fellow feeling. My affection curiously clings to your passionate wish. My liking yearns for your heart. You are my wistful sympathy: my tender liking.
Yours beautifully
MUC

Muc ist der von der Firma Ferranti gebaute Rechenautomat der Universität von Manchester, England. Das Programm stammt von C. STRACHEY [17] und ist denkbar einfach. Zwei Satzschemen „*My* — Eigenschaftswort — Hauptwort — Umstandswort — Zeitwort — *your* — Eigenschaftswort — Hauptwort" und „*You* — *are* — *my* — Eigenschaftswort — Hauptwort" wurden durch zufällige Auswahl aus Listen der angegebenen Wortarten aufgefüllt. Der Wortschatz selbst war aus ROGETs Thesaurus, einem nach Wortarten geordneten Wörterbuch, ausgesucht worden. Mit Über- und Unterschriften lassen sich immer neue Briefe bilden.

Das ist ein typisches Beispiel für die kombinatorischen Fähigkeiten eines Automaten. Weiter ausgebaut zu einem Fragespiel, lassen diese Fähigkeiten die Nutzanwendung gut ahnen; hier ein Programm, das für den Rechenautomaten SEAC des National Bureau of Standards, Washington, geschrieben wurde und von M. E. STEVENS stammt [130]:

a) etwas dazusuchen

Frage: „Eisenho(wer)" „Lincoln" +
Antwort: „Jackson" +
Frage: „Eisenho" „Jackson" +
Antwort: „Washing(ton)" +
Frage: „Lincoln" „Jackson" +
Antwort: „Rooseve(lt)" +

Die ersten drei Namen haben gemeinsam die Eigenschaft, Personen zu bezeichnen, die amerikanische Präsidenten waren oder sind, den nächsten dreien ist gemeinsam, daß sie Generäle bezeichnen, und den letzten dreien, daß die Träger gestorben sind. Das Programm vergleicht also die Informationen, die zu den Stichwörtern der Frage gespeichert sind, und sucht für die Antwort jene Stichwörter, die die gemeinsamen Eigenschaften haben.

b) etwas zurückweisen
Frage: „Atlanta" „Mobile" „Boston" +
Antwort: „Boston" Reason: No America +
Zu Boston war nämlich die Information „Massachusetts", nicht aber „America"
eingespeichert.
Frage: „Watteau" „Rooseve" „Eisenho" „Krueger" „Jackson" +
Antwort: Joker: „Watteau" „Krueger" +
            „Rooseve" Reason: No General +

Die Vorzeile mit der Angabe „Joker" zeigt jene Stichwörter an, die dem
Programm unbekannt sind; diese werden vor der Untersuchung zurückgewiesen.

Das verwendete Programm basiert, wie der Autor auch anmerkt, auf den Arbeiten
von UTTLEY. Es benützt zwar keine bedingten Wahrscheinlichkeiten, erweitert
aber die Klassifikation in Richtung auf die Assoziation.

Die Kombination und der Vergleich von 0,1-Reihen, wie sie hier zugrunde liegen,
ist vielfach für die Automatisierung von Denkprozessen angewendet worden.
So haben B. G. FARLEY und W. A. CLARK damit Netzwerke untersucht und mit
einer Art von Lernprogramm so modifiziert, daß sie gewissen Bedingungen
entsprachen [131].

Von der einfachen Kombination ist kein weiter Weg zur beweisführenden
Kombination; freilich ist auch hier wieder die logische Algebra mit ihren
0,1-Entscheidungen das nächstliegende Gebiet. So haben zum Beispiel B. DUNHAM,
R. FRIDSHAL und G. L. SWARD ein „nicht-heuristisches Programm zum Beweisen
elementarer logischer Theoreme" aufgestellt [132]. *Heuristisch*, ein in den
USA in diesem Zusammenhang sehr beliebtes Wort, heißt *auffindend* im
Gegensatz zu *systematisch festlegend*. Das Programm hat alle Wahrheitswert-
Theoreme der „Principia Mathematica" in ungefähr zwei Minuten bewiesen (auf
einer IBM 704); es stellt aber eine Ausgangsstufe für ein noch allgemeineres
Beweisführungsprogramm dar. Ein ähnliches und tatsächlich auch bereits weiter-
gehendes Programm für die gleiche Maschine stammt von P. C. GILMORE [133].
Am weitesten in der Beweisführung scheinen die Arbeiten von H. GELERNTER
und N. ROCHESTER vorzustoßen; sie beweisen geometrische Theoreme [134 bis
136]. Auf der IBM 704 werden eigentlich drei Teilrechenmaschinen programmiert,
eine für die Syntax des bearbeiteten Gebiets, zum Beispiel eben für die
Geometrie; eine für die Auswertung des gegebenen Diagramms; und schließlich
eine für den *heuristischen*, den suchenden Anteil am Programm. Auch in
diesem Fall sind Lernvorgänge von großem Interesse: der Suchvorgang würde
dadurch verkürzt werden.

Der gesamte Vorgang ist viel zu kompliziert, um hier beschrieben zu werden.
Es seien nur die Hauptschritte angegeben, die das Programm macht:

1. Die Maschinenbeschreibung des zu beweisenden Theorems wird bestimmt.
2. Auf Grund dieser Beschreibung werden die anwendbaren Methoden bestimmt
   und deren Güten abgeschätzt.
3. Die geeignetste Methode wird ausgewählt.
4. Diese wird versucht.
5. Falls sie nicht zum Erfolg führt, wird sie ausgeschieden; Sprung auf Punkt 3.
6. Falls der Beweis gelingt, wird er ausgedruckt; stop.

Einfache Beispiele, die erfolgreich gelöst wurden, waren beispielsweise: Ein Punkt auf der Winkelsymmetrale ist von beiden Schenkeln gleich weit entfernt; wenn in einem Viereck zwei Seiten gleich lang und parallel sind, so sind die andern Seiten ebenfalls gleich lang (Bild 6). Auch noch komplexere Probleme, ausgewählt zum Beispiel aus den Prüfungsaufgaben für das technische Abitur, hat das Programm erfolgreich bearbeitet.

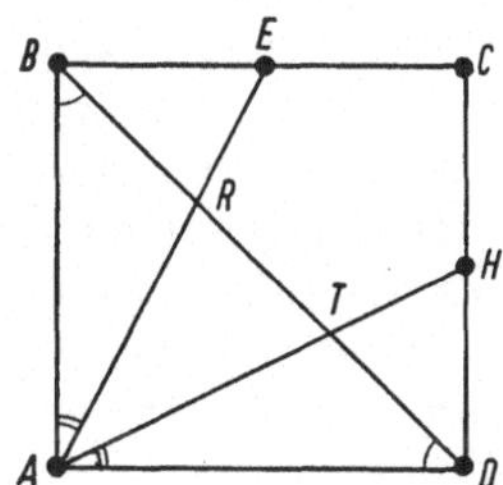

Bild 6.   Automatische Beweisführung in der Geometrie (*H. Gelernter*)

Gegeben ist:

Quadrat: *ABCD*
auf einer Linie: *BEC, CHD*
BE = EC
CH = HD
auf einer Linie: *ATH, ARE, BRT, RTD*

Zu beweisen ist: *BR = TD*

Automatisch entstandener Beweis:

1. Quadrat: *ABCD*
2. *AD = AB*
3. Winkel *ABD* = Winkel *ADB*
4. Winkel *ABR* = Winkel *ADT*
5. *BC = CD, BE = EC, CH = HD*
6. *BE = HD*
7. rechter Winkel: *CBA*, rechter Winkel: *CDA*
8. rechter Winkel: *EBA*, rechter Winkel: *HDA*
9. Winkel *EBA* = Winkel *HDA*
10. Dreieck *BAE* $\cong$ Dreieck *DAH*
11. Winkel *BAE* = Winkel *DAH*
12. Winkel *BAR* = Winkel *DAT*
13. Dreieck *RBA* $\cong$ Dreieck *TDA*
14. *BR = TD* q. e. d.

Hier zeigt sich ein nicht zu unterschätzender Vorteil der Maschine gegenüber dem Menschen: ihr vollkommener Mangel an Intuition erlaubt Beweisgänge nur bei wirklicher logischer Folgerichtigkeit, während der Mensch nicht immer sicher ist, ob einer seiner Schritte zwar intuitiv richtig erkannt, aber doch nicht ganz folgerichtig beschrieben ist. Man darf mit Spannung erwarten, wie diese Versuche weiterlaufen werden.

GELERNTER erwähnt die Möglichkeit, sein Programm auch für automatische Erkennung von Zeichen anzuwenden. Dieses wichtige Gebiet muß in einer solchen Zusammenfassung leider sehr zu kurz kommen. Eine sehr gedrängte Übersicht mit wenigen Schrifttumsangaben — von denen aus allerdings der Zugang zum Gesamtschrifttum leichtfallen müßte — soll wenigstens eine Vorstellung von der Problematik geben.

Die Zeichenerkennung ist einzuteilen in die eigentliche Zeichenerkennung oder Erkennung optischer Zeichen und die Lauterkennung oder Erkennung akustischer Zeichen. Für beide ist das alte philosophische Gestalt-Problem wichtig: die Zeichengestalten müssen unabhängig von Größe, Lage und geringeren Deformationen erkannt werden. Wie unsere Sinnesorgane dieses schwierige Problem so ausgezeichnet lösen, ist leider nur in geringem Umfang bekannt, und es ist auch nicht sicher, ob die Anwendung der gleichen Verfahren zu einer technisch optimalen Lösung führt, ja es darf vermutet werden, daß für viele spezielle Zwecke sehr abweichende technische Verfahren wesentlich günstiger, vor allem billiger sein werden.

Bei den optischen Zeichen sind die wichtigsten natürlich unsere Schriftzeichen; man wird mit steigender Schwierigkeit Druckzeichen, Schreibmaschinenzeichen und Handschriftzeichen zu behandeln haben. Eine engere, aber sehr wichtige Aufgabenstellung ist die Erkennung der zehn Ziffern von 0 bis 9.

Wenn die Größe festliegt und wenn die Zentrierung gesichert ist, kommen Rasterverfahren in Betracht; für die zehn Ziffern kann man dabei mit relativ wenigen Rasterfeldern auskommen, insbesondere, wenn man die Verteilung der Zeichenschnittpunkte mit den Rasterfeldgrenzen auswertet.

Eine gute Übersicht über die Verfahren im einzelnen gibt die Arbeit von K. STEINBUCH [137]; der im Zeitpunkt des Abfassens des vorliegenden Beitrages erreichte Stand in den USA dürfte durch den Aufsatz von S. H. UNGER [138] festgehalten sein; beide Arbeiten geben weitere Schrifttumshinweise. Schließlich sei auch noch auf die Vorträge hingewiesen, die auf der International Conference on Information Processing (ICIP), Paris, Juni 1959, in der Sitzung „Pattern Recognition and Machine Learning" gehalten wurden [139], sowie auf eine populärwissenschaftliche Arbeit in der Zeitschrift „Scientific American" [183].

Bei den akustischen Zeichen ist die Lage wesentlich schwieriger, denn dort liegen nicht so schön definierte Formen wie bei den Schriftzeichen vor. Die einzelnen Laute hängen in ihrer Form stark von ihrer Umgebung ab, und so liegen nicht einmal die Ausgangspunkte der Bemühungen einwandfrei fest. Die ersten Bemühungen waren auf die optische Wiedergabe der akustischen Ereignisse gerichtet. In den Bell Laboratorien wurde ein Verfahren entwickelt, das den Namen *visible speech* erhielt [140 bis 142]. Ähnlich dem *Vocoder* (Abk. für *voice coder*) beruht es auf der Umwandlung des Zeitsignals in ein Kurzzeitspektrum.

In der Schweiz wurde ein Klangspektograph gebaut [143 bis 145, 184, 185], der die spektrale Verteilung zunächst in eine Art Schriftzeichen verwandelt, die stenographischen Zeichen ähneln und gut lesbar sind; die weitere Fortführung bis zur automatischen Erkennung des zugrunde liegenden Lautes soll erfolgreich sein. Auch französische Mitarbeiter sind daran beteiligt.

Die optischen Bilder der akustischen Zeichen geben nützliche Auskunft über die erzielte Vereinfachung und Klassifizierbarkeit. Auch hier bedeutet die Einschränkung auf die zehn Ziffern eine merkliche Erleichterung, und wieder in den Bell Laboratorien ist mit dem *Audrey-System* (*automatic digit recognizer*) [146 bis 151] wenigstens die Erkennung der zehn Ziffern, von *einer* bestimmten Versuchsperson mit etwa 95 Prozent Wahrscheinlichkeit gelungen; für jede neue Versuchsperson muß das Gerät *umlernen*, d. h. neue statistische Mittelwerte einspeichern.

Kurz erwähnt seien noch die Arbeiten von D. B. FRY und P. DENES [152, 153], die in der statistischen Auswertung noch um einen wesentlichen Schritt weitergehen, indem sie auch noch die Folgewahrscheinlichkeiten der akustischen Zeichen zu ihrer Erkennung heranziehen.

Übersichtsbeiträge zu diesem Thema liegen vor von K. STEINBUCH [154] und R. FATEHCHAND [155]; es sei auch wieder auf die Schrifttumsverzeichnisse aller, insbesondere der zuletzt genannten Arbeiten verwiesen.

Die automatische Erkennung gesprochener Sprache führt auf ein weiteres Problem: die automatische Übersetzung von Sprachen[15]), die zunächst von geschriebener zu geschriebener Sprache erfolgen muß und bei der es vom Erfolg der Erkennungsversuche abhängt, wann der Übergang von gesprochener auf gesprochene Sprache möglich sein wird.

Sobald alle diese Probleme mittels der elektronischen Rechenmaschine bearbeitet werden sollen, stellt sich die Frage der Sprache, in welcher die Programme niedergeschrieben werden sollen. Der Mangel an gemeinsamen Begriffen und Ausdrucksmöglichkeiten hat sich bereits jetzt als ernstes Hindernis für den Fortschritt der Arbeiten erwiesen; deshalb muß hier abermals auf den unmeßbaren Wert einer international anerkannten algorithmischen Programmsprache hingewiesen werden.

Ein kleiner Ausschnitt aus dem weiten Gebiet der Bearbeitung alphabetischer Information sei schließlich noch gestreift, und das ist die automatische Herstellung von Auszügen und Klassifizierung bei wissenschaftlichen Veröffentlichungen[16]). Sie gehört zum sogenannten Bibliotheksproblem — zur Sammlung, Klassifizierung, Speicherung und Reproduktion von Informationen der Dokumentation. Zu diesem Thema seien hier einige Arbeiten von H. P. LUHN [156 bis 158] und P. B. BAXENDALE [159] erwähnt. Es sind Versuche, durch Zählvorgänge die signifikanten Vokabeln eines Beitrags herauszufinden und die Sätze, in denen diese vorkommen, zu einer Inhaltsangabe zusammenzufassen. Dazu muß der Beitrag erst in eine Form gebracht werden, die der Maschine zugänglich ist; dann müssen häufige, aber wenig aussagende Vokabeln ausgeschieden werden. Die häufigsten andern dienen dann dem Vorgang selbst. Aus ihnen kann auch ein Register gebildet werden, welches für das automatische Wiederherausfinden benützt werden kann. Ob ein so simples Verfahren tatsächlich praktischen Wert hat, muß freilich erst die Praxis erweisen. Immerhin liegt ein erstes praktisches Ergebnis der Bemühungen in dieser Richtung bereits vor: die nach LUHNS *Keyword-In-Context Index* [160] erstellten Titelverzeichnisse chemischen Schrifttums, die seit kurzem von der American Chemical Society in Form einer periodisch erscheinenden Publikation herausgegeben werden[17]).

Eine Erweiterung des in [158] dargestellten Systems würde es gestatten, einer ganzen Industrie-, Forschungs- oder Regierungsorganisation Informationen auf vollautomatischem Wege zuzuleiten, sowohl die von außen kommenden als auch die innen erzeugten Nachrichten würden auf schnellstem Wege allen Beteiligten zugeführt werden können als konzentrierter Auszug oder in vollem Wortlaut, je nach Wunsch oder Programm. Einen ähnlichen Plan scheint man in der UdSSR zu verfolgen; in Paris auf der International Conference on Information Processing (ICIP), Juni 1959, wurde von einem Superinformationszentrum gesprochen, das für ganz Rußland alle greifbare naturwissenschaftliche Information klassifizieren, übersetzt speichern und auf Anfrage zugänglich machen soll — und dies alles auf vollautomatischem Wege (ein Hinweis darauf findet sich auch in [161]). In diesen Gedanken ist ein Fernziel ausgedrückt, dessen Betrachtung heute schon nicht nur lohnt, sondern ein Machtmittel von morgen vorbereitet. Daß im deutschen Sprachbereich auf diesen Gebieten so erschreckend wenig gearbeitet wird, daß

---

[15]) Es wird verwiesen auf den Beitrag von E. REIFLER, in diesem Buch S. 444—507.

[16]) Es wird verwiesen auf den Beitrag von Y. BAR-HILLEL, in diesem Buch S. 406—443.

[17]) Chemical Titles — Current Author and Keyword Indexes from Selected Chemical Journals. A product of The Chemical Abstracts Service published by The American Chemical Society, 1155 Sixteenth Street, N. W., Washington 6, D. C.

4*

dafür viel zuwenig Voraussetzungen geschaffen werden, ist nicht nur äußerst
betrüblich, sondern wird sich in wenigen Jahrzehnten, vielleicht schon in wenigen
Jahren rächen.

6. Der Mensch und die Maschine

Es ist tatsächlich ein verwirrendes Bild, welches vor uns ersteht, wenn all diese
neuartigen und so wenig mathematischen Anwendungen der programmgesteuerten elektronischen Rechenmaschine beschrieben sind. Die gewählte Abschnitts-
einteilung bringt nur eine scheinbare Ordnung; in Wirklichkeit überschneiden
und überdecken sich alle Gedanken, fließen ineinander über und hängen voneinander ab. Der Informationsautomat wird zum Spiegel des Wissens unserer
Zeit, seiner Fülle und Buntheit. Läßt sich all dies vom Einzelnen überhaupt noch
überschauen?

Die Betrachtung des Automaten führt auch hier wieder zu einer höchst eigen-
artigen Antwort. Zwar ist es sehr schwierig, alle einzelnen Verfahren und
Methoden samt ihrer Bedeutung außerhalb des Automatenbereichs zu über-
blicken; man hat aber dennoch den festen Eindruck, daß die Fülle und Buntheit
im Grunde gar nicht so überwältigend ist. Gewisse Verfahren und Kunstgriffe
wiederholen sich häufig, nicht etwa weil sie eben vorliegen und übernommen
werden, man erfindet sie vielfach neu, und sie gleichen sich doch. Es drängt sich
eine Analogie zur Chemie auf: die Fülle und Buntheit der stofflichen Welt beruht
auf der Kombination von nur 92 Grundstoffen, von wenigen hundert, wenn man
die Isotope mitzählt. Sollte nicht auch die Fülle und Buntheit der naturwissenschaftlichen Welt auf wenigen hundert Grundmethoden beruhen, die — wären sie
einmal als Unterprogramme hinlänglich allgemein vorhanden — die Beherrschung
dieser Welt durch den Automaten zu einem Routinevorgang machen würden?

Es ist zu früh für eine Antwort. Falls die Entwicklung wirklich dazu führen
würde, hätte die Welt ja keineswegs ihre Probleme verloren; vielleicht aber wäre
sie einem Gleichgewicht wieder näher als heutzutage.

Neuerdings ist ein Weg zu sehen, der die Wartezeit auf diese Antwort erheblich
verkürzen wird — es ist schon mehrfach darauf verwiesen worden: eine einheitliche Formelsprache für alle elektronischen Rechenmaschinen ist vorgeschlagen
worden und gewinnt ständig an Bedeutung. Die technischen Verschiedenheiten
und die abweichenden Befehlscodes würden bei der Darstellung von Problemen
und Methoden herausfallen. Es käme zu einer Sammlung von Prozeduren, deren
Ähnlichkeit zu den oben erwähnten Grundmethoden nicht zu verkennen ist.
Vorläufig ist diese algorithmische Formelsprache [162/A/B] auf die numerische
Analysis beschränkt; es wird erforderlich sein, sie für logische Zwecke aus-
zugestalten. Dann könnte ein Beitrag wie der vorliegende ganz anders aussehen:
die Verfahren für die Nachahmung von Denkprozessen, Lernvorgängen und
Spielen könnten exakt und kurz dargestellt werden, und es wäre ein klarer Vergleich möglich. Der Unterricht würde sich nicht wie heute auf die genaue Darstellung statischer Formeln beschränken, sondern auch die dynamischen Vorgänge,
die heute mündlich oder schriftlich durch Zwischentexte erläutert werden, fänden
ihre feste und sichere Form.

Wenn der Automatisierung aber ein derartig weiter Bereich der menschlichen
Tätigkeit zugänglich ist — ist dann der Mensch nicht in höchster Gefahr? Sollten
wir dann nicht, so wie es S. BUTLER in seinem Roman „Erewhon" (deutsch:
Jenseits der Berge) schildert, die Maschinen rechtzeitig zerstören und verbieten,

ehe sie mächtiger werden als der Mensch? Der Kultur- und Technik-Pessimismus ist zwar in den letzten Jahren etwas geringer geworden als in der ersten Zeit nach dem zweiten Weltkrieg, es dürfte aber doch am Platz sein, mit einigen Betrachtungen zu schließen, die sich mit dem Verhältnis zwischen Mensch und Maschine im Zeitalter des Informationsautomaten auseinandersetzen.

6.1 Das Bewußtsein, Fremdling in der technischen Welt

PASCAL hat in seinen „Pensées" [163] die Bemerkung gemacht, daß der Mensch ebensosehr Automat ist wie Geist; auch von DESCARTES stammen ähnliche Äußerungen, und im 18. Jahrhundert führte der Triumph der Mechanik in der Astronomie und in der Technik dazu, daß man der ganzen Welt zutraute, den Charakter eines Automaten zu haben — der Mensch nicht ausgenommen. Aus den vorangehenden Abschnitten folgen auf neuer und höherer Ebene wieder ausschließlich Automateneigenschaften des lebenden Körpers. Die Informationen werden auf höchst physikalisch-technische Weise in Nervensignale umgewandelt, und auch was sonst von Nervensystem und Gehirn naturwissenschaftlich beschreibbar ist, hat den Charakter eines Automaten. McCULLOCH [15] bemerkt durchaus konsequent:

„Alles was wir über Organismen dazulernen, führt uns zum Schluß, daß sie nicht nur *analog* zu Maschinen sind, sondern daß sie Maschinen *sind*."

Aber lernen wir auch alles, wenn wir den Organismus, insbesondere den menschlichen, ausschließlich naturwissenschaftlich betrachten? Wir finden im Gehirn Atome und Moleküle und Quanten, die in irgendwelche Vorgänge verstrickt sind, die aus physikalischen Gründen ablaufen. Dieser Mechanismus ist komplizierter als eine Zuckerzange oder ein Fahrrad, aber nicht wesensverschieden — vom Geist ist nicht die Spur. Dürfte die Naturwissenschaft daraus ableiten, daß es den Geist nicht gibt, weil er sich ihrer Untersuchung nicht stellt? Sie würde ihren Ursprung verneinen, wollte sie sich zum allein bestimmenden Kriterium machen. Bevor es die Naturwissenschaft gibt, gibt es das einzelne Ich, das, sich selbst empfindend, lebt und denkend erkennt. Physikalisch gesehen, ist dieses Ich nicht nur unentdeckbar, es ist nicht nur unnötig: es dürfte überhaupt nicht sein. Der Physik an sich kann es nur ein Ärgernis sein, daß es zu den untersuchten Atomen und Funktionsstrukturen des Gehirns auch noch ein Bewußtsein, ein Ich gibt, denn es hat keine Gleichung und bringt keinen Zeiger zum Ausschlag.

Dabei ist dieser Geist von einer geradezu lächerlichen Langsamkeit. Er ist nicht etwa durch die Bauweise der Sinnesorgane begrenzt, von denen das Auge immerhin 10^{10} bit/sec erreicht. Nein, die Information wird maschinell untersetzt, und was wir bewußt verarbeiten, hat kaum die Größenordnung von 25 bit/sec. Im Augenblick kann man dazu nur den Kopf schütteln. Physikalisch gesehen, gibt es außerdem für das Bewußtsein nur zwei Möglichkeiten: entweder es läuft alles so gesetzmäßig ab, wie es sonst in der Natur zu beobachten ist; dann entsteht kein einziger Nervenimpuls, der nicht auf jeden Fall entstehen müßte, und das Bewußtsein kann nicht in die Schaltvorgänge des Gehirns eingreifen; oder es greift ein, dann tut es dieses mit Hilfe einer bisher nirgends entdeckten Ausnahme von der physikalischen Gesetzmäßigkeit.

Die bequemste Haltung wäre es, sich auf solche Ausnahmen nicht einzulassen und das Bewußtsein als eine vorläufig nicht klärbare unbedeutende Nebenerscheinung hochkomplexer Systeme zu betrachten. Leider aber ist für mich nichts so unmittelbar wie mein Ich und mein Bewußtsein; eher noch mag die ganze

Physik eine optische Täuschung sein, eine irreale Erscheinung, als die Tatsache
meines Ichs und meines Bewußtseins. Die Diskrepanz muß durch die Naturwissenschaft verursacht sein.

6.2 Das Wesen der Naturwissenschaft

Was sind eigentlich die Grundlagen der Naturwissenschaft, was ist ihr Wesen?
Es muß zugegeben werden, daß die Antwort auf diese Frage sehr schwer ist, weil
sie in jeder Epoche neu gegeben werden muß, weil sie jede neue Entwicklung
berücksichtigen und mit einschließen muß. Trotzdem kann man der Philosophie,
mindestens der letzten hundert Jahre, den Vorwurf nicht ersparen, daß sie es
kaum verstanden hat, dem Naturwissenschaftler bei der Antwort zu helfen. Es
gibt kein umfassendes Werk zu seiner Unterstützung, und immer wieder haben
Physiker versuchen müssen, die Antwort auf eigene Weise zu suchen.

Für den Automaten im besonderen, der erst allmählich neben Naturwissenschaft
und Physik sein eigenes Profil entwickelt, ist die Situation besonders schwierig.
Was hier im Bereich der deutschen Sprache zum Beispiel geboten wird, macht
die Philosophie dem Ingenieur eher verdächtig, als daß er Orientierung davon
ableiten könnte [3, 10]. Sehr beliebt ist auch der Vorwurf des Materialismus
[164], wobei verkannt wird, daß die Physik und die Technik als Lehren vom
Material diese zum Mittelpunkt haben müssen [165].

Es sind zwei Physiker, die am ehesten auf die Fragen Antwort geben, die sich
bei der Betrachtung des Automaten und seiner Fähigkeit, Denkprozesse funktionell auszuführen, für den Ingenieur erheben.

A. S. EDDINGTON definiert in seiner „Philosophie der Naturwissenschaft" [166]
seine Auffassung als *selektiven Subjektivismus*, weil die Physik nicht die
Lehre von irgendwelchen Beobachtungen ist, sondern von *guten* — und was gute
Beobachtungen sind, unterliegt einer sehr selektiven Vorschrift; der ganze Vorgang ist keineswegs so objektiv, wie es ein gewisses Idealbild der Physik haben
möchte. Außerdem kommt das Wissen der Physik aus zwei verschiedenen
Quellen; EDDINGTON gibt dazu ein sehr lebendiges Beispiel.

Nehmen wir an, ein Biologe sei dabei, das Leben im Ozean zu erforschen. Er
wirft sein Netz ins Wasser und fördert dann eine Auswahl von Fischen zutage.
Er prüft seinen Fang und verfährt dann in der gewohnten Art eines Wissen-
schaftlers, um das, was der Fang kundtut, in ein System zu bringen. Er kommt
so zu zwei Lehrsätzen:

1. Kein Seegeschöpf ist weniger als zwei Zoll lang;
2. Alle Seegeschöpfe haben Kiemen.

Beides stimmt für seinen Fang, und er nimmt versuchsweise an, daß beides, sooft
er auch den Fang wiederholt, wahr bleiben wird.

Das Netz steht in diesem Gleichnis für das wissenschaftliche Rüstzeug; sein
Auswerfen für die Beobachtung. Wissen, das nicht durch Beobachtung gewonnen wird oder gewonnen werden könnte, wird in der Physik nicht zugelassen. Der Zuschauer könnte vielleicht einwenden, daß der erste Lehrsatz
falsch sei: es gibt eine Menge von Seegeschöpfen, die weniger als zwei Zoll
lang sind. Der Biologe weist diesen Einwand verächtlich ab: was mein Netz
nicht fangen kann, ist kein Seegeschöpf. Der Zuschauer hat ein objektives Tier-
reich im Auge, der Biologe aber anerkennt die Existenz nur jenes subjektiven
Tierreichs, das seinem Netz zugänglich ist, so wie der Physiker nur das Beob-

achtbare anerkennt. Die Physik ist subjektiv durch die exakte Definition ihres Rüstzeugs, ihrer Beobachtungs- und Auswertungsmethoden. Der zweite Lehrsatz hat rein empirischen Charakter; morgen kann doch ein Seegeschöpf ohne Kiemen gefangen werden (es gibt sogar Fische ohne Kiemen!), und dann muß dieser Satz auf das neue Beobachtungsmaterial erweitert werden. Der erste Lehrsatz hingegen hat logischen Charakter, er ist aus den Postulaten des Verfahrens auch vor jeder Beobachtung ableitbar und gilt daher unumstößlich so lange, als man nicht an den Postulaten etwas ändert, das auf ihn zurückwirkt.

EDDINGTON hat den logischen Hintergrund des physikalischen Lehrgebäudes gesucht, die Wahrheiten, die vor der Beobachtung gültig sind. Er glaubte nicht an Naturkonstanten, die zufällig irgendeinen Zahlenwert annehmen; er ließ deren drei zu, die eine Folge von Meter, Kilogramm und Sekunde — den willkürlich festgelegten Maßeinheiten — sind, alle anderen mußten sich durch logische Ableitung ergeben. Sein grandioser Versuch, eine dieser Konstanten als die Zahl der Teilchen der Schöpfung zu erweisen, die aus kombinatorischen Gründen gleich $2 \cdot 136 \cdot 2^{256}$ sein sollte, muß zunächst als gescheitert angesehen werden. So einfach ist die Logik des Weltalls offenbar doch nicht. EDDINGTON hat auch die symbolische Logik nicht gekannt oder nicht benützen wollen; er leitet einmal die Zweiwertigkeit aus der quadratischen Gleichung $x^2 - x = 0$ ab. Aber der quantenhafte Charakter des physikalischen Wissens wird in seinen Arbeiten schon sehr deutlich.

Vorläufig sind EDDINGTONS Arbeiten nicht weitergeführt worden. Nur eine Arbeit hat, unabhängig davon, die gleiche Richtung genommen: D. M. MACKAY [167] schrieb über die quantenhaften Aspekte der naturwissenschaftlichen Information. Vom Standpunkt des digitalen Automaten aus erscheint es sehr plausibel, daß die Quantennatur der Materie, der Energie und der Information eine Folge der logischen Betrachtungsweise der Naturwissenschaft ist. Der Anteil dessen, was an der Physik a priori aus ihrer eigenen Definition folgt, harrt immer noch der Untersuchung. Dazu müßte man allerdings ihre Definition auch genau kennen.

Zu dieser Frage hat E. SCHRÖDINGER einen sehr wichtigen Beitrag geleistet [168]. Er versucht, an den Ursprung physikalischen Denkens vorzustoßen, und liest bei den altgriechischen Philosophen nach, auf welche Überlegungen die Anfänge des naturwissenschaftlichen Gedankengebäudes zurückgehen. Er findet zwei tragende Säulen: die Annahme der Verständlichkeit und die Objektivierung der Natur. Es war damals sehr kühn, inmitten einer dämonengläubigen Welt alle Erscheinungen der Natur als verständlich, das heißt, nach Ursache und Wirkung aufgliederbar, anzunehmen. Erfolgreich konnte diese Annahme aber nur werden, wenn der Einzelfall und das Persönliche zugunsten einer Klassen- oder Durchschnittsbeschreibung sorgfältig entfernt wird. Messungen und ihre logisch-mathematische Auswertung haben in der Neuzeit dann jenen riesigen Bau ergeben, über dessen Fundamente man sich erst wieder Gedanken macht, seit es allmählich an seine Grenzen anstößt.

Die Objektivierung ist die Erklärung dafür, daß sich das Subjektive und Einmalige im physikalischen Modell der Wirklichkeit nicht wiederfindet. Man hat die persönlichen Qualitäten aus dem Lehrgebäude der Naturwissenschaft (mit Recht) seit Jahrhunderten peinlich genau entfernt. Eine Zeitlang war man sogar der Meinung, auf diese Weise den Menschen überhaupt entthront zu haben: wie kann er Mittelpunkt der Welt sein, wenn er auf einem unbedeutenden Körnchen der Schöpfung durch das All kreist, wenn er aus Billionen unvorstellbar kleiner

Welten zusammengesetzt ist? Mittlerweile ist der Mensch als Maß aller Dinge brav wieder ins Zentrum aller Naturwissenschaft gesetzt worden: er ist der Beobachter, wenn auch ein unpersönlicher und idealisierter, so doch kein ausschaltbarer Bestandteil der Beschreibung der Welt. Da aber das Persönliche sorgfältig aus der Physik entfernt ist, wie soll dann das Ich und wie soll dann das Bewußtsein darin auffindbar sein? Und selbstverständlich kann auch der persönliche Gott darin nicht gefunden oder gar widerlegt werden.

Es ist das Wesen der Naturwissenschaft, all das zu beschreiben, was ein für allemal gilt und in ständiger Wiederholung abläuft.

6.3 Der Automat als Krönung der Naturwissenschaft

Was ein für allemal gilt und in ständiger Wiederholung abläuft, ist genau aber auch das Wirkungsfeld des Automaten. Sein Wesen hängt aufs innigste mit dem Wesen der Naturwissenschaft zusammen, und er darf daher als Krönung der naturwissenschaftlichen Bemühungen des Menschen angesprochen werden [169].

Mensch, Automat und Physik haben sehr verwandte Strukturen: Informationen werden zuerst selektiv geordnet und vereinfacht, auf ihre kürzeste Form gebracht und abgespeichert. Und von einem Zentrum aus, wo die einfachsten Formen der Informationen nach Augenblickslage kombiniert werden, geht ein Strom von Impulsen aus, der Unterprogramme auslöst, die durch Wiederholung und Variation die Augenblickserfordernisse erfüllen. Das kann zu einem Schema zusammengefaßt werden, wobei zu jedem Stichwort auch ein zugeordneter Informationsspeicher zu denken ist:

Automat	Mensch	Physik
1. Empfangswandler für die Information:		
Meßgeräte, Eingabe	Sinnesorgane	Beobachtung, Experiment
2. Informationsreduktion:		
Klassifizierung	Nervensystem	Theoretische Forschung
3. Kombinationszentrum:		
Hauptprogramm	Bewußtsein, Wille	Physikalische Grundgesetze
4. Informationsausweitung:		
Unterprogramme	Nervensystem	Handbücher, Ingenieurerfahrung
5. Informationswandler (Effektoren):		
Resultate	Muskeln	Technische Produktion

Die Eintragung unter 3. beim Menschen deutet den Punkt an, wo sich dieses Schema mit einer Welt schneidet, die anders und mehr ist als Naturwissenschaft und Technik. Die Verschiedenheit dieser Welten verbietet ein gut Teil der Fragen, die so schwierig beantwortbar sind wie: Denken Maschinen? Haben sie Phantasie? Ist die elektronische Rechenmaschine ein Elektronengehirn? Die Fragen sind Scheinfragen, sie setzen Begriffe in eine Verbindung, die diese nie haben können. Wenn man das nicht wahrhaben will, verfällt man Fehlargumentationen. So ist es sogar dem ausgezeichneten Logiker TURING passiert, daß er [18] aus der Nichtbeobachtbarkeit des Nichtdenkens der Maschine auf das Denken der Maschine schließt.

Über die Terminologie in diesen Fragen kann man natürlich viel Papier ver-
schreiben. Wer ein weites Sprachgewissen hat, wird bedenkenlos vom Denken,
Lesen und Schreiben der Maschine reden, wo er ganz spezialisierte Programm-
abläufe meint. Das Gegenstück sind jene Leute, die ihr zu enges Sprachgewissen
dazu treibt, dem Ingenieur das zu verwehren, was der Sprache ihren Wert über
ein tautologisches Zeichensystem hinaus gibt: neue Begriffe mit alten Namen zu
bezeichnen, ein Vorgehen, das in der Sprache seit eh und je ebenso erlaubt wie
notwendig war. Zahn und Gelenk, Arbeit und Energie sind zum Beispiel Wörter,
die längst ihre Begriffswelt besaßen, als Technik und Physik einen neuen und
zusätzlichen Begriff unterlegten. Der Zahn einer Maschine und die Phantasie
einer Maschine wären dann Begriffe, die sich sehr wohl von den üblichen Begriffen Zahn und Phantasie unterscheiden — soweit bei diesen Begriffen überhaupt
von genügender Eindeutigkeit die Rede sein kann.

Trotzdem sei hier für eine vorsichtige Verwendung jener Wörter plädiert, die
für die Denkprozesse subjektiver Art üblich sind. Beim Zahn des Zahnrades
steht nicht viel auf dem Spiel — Denken oder Phantasie aber sind in der klassischen Bedeutung des Wortes ein Vorrecht des Menschen, das ihm die Maschine
weder streitig machen kann noch soll. Nicht einmal in den viel weniger kritischen
Grenzgebieten zwischen Biologie und Technik ist es ratsam, den Biologen durch
Ausplünderung seines Vokabulars zu verärgern; es ist viel besser, ihn durch eine
sorgfältige Sprache zur Mitarbeit zu gewinnen.

6.4 Gibt es ein Ende der Naturwissenschaft?

Da es ebenso das Wesen der Naturwissenschaft wie jenes des Automaten ist, all
das zu erfassen, was ein für allemal gesagt und getan werden kann, besteht
die beste Aussicht, daß die ohnehin rasche Entwicklung der Physik und der
Technik durch die Möglichkeiten des Automaten eine noch größere Beschleunigung erfährt. Was heute schon an Versuchen vorliegt, Denkprozesse zu automatisieren, verspricht eine Entwicklung in diese Richtung, die man sich heute
noch gar nicht vorstellen kann. Und so ist diese Frage nicht unberechtigt, wohin
das Ganze führen soll.

Es ist eingangs (Abschnitt 6) die Vermutung aufgestellt worden, daß die Fülle
und Buntheit unseres Wissens durch eine verhältnismäßig geringe Zahl von
Denkprozessen beherrscht werden könnte, wenn diese einmal gesucht und gefunden würden. Der rasante Fortschritt der Technik würde sich dann nur als
Fülle einer Kombinatorik erweisen, die ja schon in den allereinfachsten Fällen
superastronomische Werte an Möglichkeiten zuläßt. Wirklich neue Gedanken
kommen weit langsamer dazu. Aber selbst unter diesen Umständen scheint der
Informationsautomat ins Unbegrenzte zu führen.

Hier paßt vielleicht ein Gedanke her, der für die meisten Zeitgenossen unan-
nehmbar erscheint — so sehr haben wir uns an den Fortschritt der Wissenschaft
gewöhnt. Er sei daher besser als Frage formuliert: Geht das Zeitalter der Naturwissenschaft zu Ende? Es mehren sich die Stimmen, die diese Frage bejahen.
Als Beispiel sei ein Beitrag von G. GAMOW [170] herangezogen, der mit den
Worten schließt:

„Es scheint tatsächlich, daß die Erforschung des Weltalls, die Untersuchung der innersten
Struktur der Materie und das Begreifen der Lebensvorgänge — die ganze Naturwissenschaft von heute sich dem höchsten Punkt der Barriere der Geheimnisse nähert, und es
ist meine feste Überzeugung, daß das 20. Jahrhundert in der Geschichte der Entdeckung

des Makrokosmos und des Mikrokosmos die gleiche Rolle spielt wie die Zeit der
großen Entdeckungsfahrten in der Geschichte der Erforschung der Erdoberfläche. Es
kann sein, daß ich mich irre, aber ich glaube es nicht, oder zumindest werde ich nie
wissen, ob ich mich irre."

Natürlich hat GAMOW wie alle andern, die eine solche Meinung vertreten, das
Zitat von LAPLACE entgegengehalten bekommen: Je größer das Gebiet wird, das
wir erforscht haben, um so größer werden die Grenzen des Unbekannten. Aber
auf die Erforschung der Erdoberfläche angewendet, erweist sich dieser Satz als
unrichtig; und selbst wenn man die Astronautik heranzieht, wird doch das Verhältnis zwischen Entfernung und erforschbarer Fläche ein äußerst ungünstiges,
und noch schlechter dürfte der Wirkungsgrad hinsichtlich erforschbarer Details
werden. Natürlich ist das Gebiet der Naturwissenschaft beträchtlich vielfältiger
als die Welt der Geographie. Aber wenn man Astronomie, Kernphysik und Biologie genauer untersucht, so kann man keine Zeichen für den Divergenzprozeß
finden, den LAPLACE postuliert hat.

Die Entwicklung würde also dahin führen, daß wir die Natur ähnlich beherrschen,
wie wir geographisch den Globus beherrschen. Es bleiben durchaus Probleme;
sie werden eben nur nicht geographischer bzw. physikalischer Natur sein.

6.5 Das Bedürfnis des Einzelnen: das „Ich" und der „Nächste"

Daß die Maschine begonnen hat, auch für Denkprozesse brauchbar zu sein, hat
also für die künftige Naturwissenschaft und Technik sehr große Bedeutung; es
eröffnet neue Wege und Perspektiven und würde jeden Staat, hätte er nur etwas
von einem vorsorgenden Vater an sich, zu emsigen Vorbereitungen veranlassen.
Der Staat ist leider aber selbst auf dem Weg, zum Automaten zu degenerieren,
zu einem nicht besonders guten, weil die zugehörige Konstruktionskunst nicht
studiert wird. Der *Beamtenapparat* treibt eine Quasi-Naturwissenschaft; er
sieht den Einzelnen kaum mehr, sondern nur Statistiken, Mittelwerte, Gruppen-
forderungen, Milliardenbudgets . . . .

Die Möglichkeiten des Automaten werden also äußerst unzulänglich vorbereitet,
und allein schon daraus werden der nächsten Generation ganze Bündel von
Problemen erwachsen. Vielleicht läßt sich aber dazu noch mehr und allgemeineres
sagen. Alle Perfektion physikalischer Beschreibung, selbst mit Hilfe des
Automaten, ändert nichts an der Tatsache, daß der Mensch ein unterinformiertes
und daher unzulängliches Geschöpf bleibt. Was hilft es ihm, wenn er ein naturwissenschaftliches Spezialgebiet auch noch so gut beherrscht — er wird von seinem
eigenen Ich und von seinem nächsten Nachbarn immer zu wenig wissen, und
beide werden Probleme haben, die durch das beste Wissen und durch die per-
fektesten Denkprozesse nicht gelöst werden können. Beide sind Einzelfälle,
sorgfältigst aus der Naturwissenschaft entfernt. Es mag ja so aussehen, als
könnten ihm die verschiedensten Organisationsformen der technisierten Welt
Sicherheit bieten, und sie werden immer mehr Automaten einsetzen, mit Unterprogrammen für Denkprozesse sogar. Aber im Grunde bleibt das ein Irrtum —
es wird immer wieder zu bemerken sein. Der Einzelne ist allein, inmitten aller
materiellen, energetischen und informatorischen Netzwerke, und darauf angewiesen, in seiner Einsamkeit den Sinn seiner Existenz zu finden, den Grund
dafür, daß sein *Ich* da ist und zu sich selbst und zu seinen *Nächsten* sehr
verschiedene Arten der Einstellung haben kann.

Schrifttum

[1] BERKELEY, E.C.: Giant Brains, or Machines that Think. J. Wiley, New York 1949.

[2] COUFFIGNAL, L.: Denkmaschinen. G. Kilpper Verlag, Stuttgart 1955. (Übersetzung aus dem Französischen.)

[3] WASMUTH, E.: Der Mensch und die Denkmaschine. J. Hegner Verlag, Köln und Olten 1955.

[4] BUNGE, M.: Do Computers Think? Brit. J. Philosophy of Science 7 (1956) No. 26, S. 139—148 und No. 27, S. 212—219.

[5] CHAUVENET, R.: The Capacity of Computers to Think. Computers and Automation 4 (1955) No. 1, S. 21—22.

[6] GOOD, I. J.: Could a Machine Make Probability Judgements? Computers and Automation 8 (1959) No. 1, S. 14—16 und No. 2, S. 24—26.

[7] GRUENBERG, E. L.: Reflective Thinking in Machines. Computers and Automation 3 (1954) No. 2, S. 12—28.

[8] GRUENBERG, E. L.: Thinking Machines and Human Personality. Computers and Automation 4 (1955) No. 4, S. 6—9.

[9] GRUENBERG, E. L.: Machines and Religion. Computers and Automation 5 (1956) No. 1, S. 6—9 und 45.

[10] GÜNTHER, G.: Das Bewußtsein der Maschinen. Agis Verlag, Krefeld und Baden-Baden 1957.

[11] DE LATIL, P.: La pensée artificielle. L'avenir de la science No. 34. Gallimard, Paris 1953.

[12] MACKAY, D. M.: Mindlike Behavior in Artefacts. Brit. J. Philosophy of Science 2 (1951) No. 6, S. 105—121.

[13] MACKAY, D. M.: Brain and Will. Faith and Thought 90 (1958) No. 2, S. 103—115.

[14] McCULLOCH, W. S.: The Brain as a Computing Machine. Electrical Engng. 72 (1949) No. 6, S. 492—497.

[15] McCULLOCH, W. S.: Mysterium Iniquitatis of Sinful Man Aspiring into the Place of God. Scientific Monthly (Jan. 1955), S. 35—39.

[16] ROSENTHAL, I., TROLL, J. H.: The Capacity of Computers not to Think. Computers and Automation 3 (1954) No. 8, S. 28—29.

[17] STRACHEY, C.: The "Thinking" Machine. Encounter 3 (Oct. 1954), S. 25—31.

[18] TURING, A. M.: Computing Machinery and Intelligence. Mind 59 (1950), S. 433—460.

[19] WILKES, M. V.: Can Machines Think? Proc. IRE 41 (1953) No. 10, S. 1230—1234.

[20] ZEMANEK, H.: Maschinen mit Phantasie? Merkur 12 (1958) No. 3, S. 205—224.

[21] JORDAN, P.: Der gescheiterte Aufstand. Verlag V. Klostermann, Frankfurt am Main 1956.

[22] WIENER, N.: Cybernetics — or Control and Communication in the Animal and the Machine. J. Wiley, New York 1948.

[23] WIENER, N.: Mensch und Menschmaschine. A. Metzner Verlag, Frankfurt am Main 1952. (Übers. aus dem Engl.)

[24] SHANNON, C. E., WEAVER, W.: The Mathematical Theory of Communication. Univ. of Illinois Press, Urbana, Ill. 1949.

[25] ZEMANEK, H.: Elementare Informationstheorie. R. Oldenbourg Verlag, Wien und München 1959.

[26] MEYER-EPPLER, W.: Grundlagen und Anwendungen der Informationstheorie. Kommunikation und Kybernetik in Einzeldarstellungen Band 1. Springer-Verlag, Berlin 1959.

[27] JACKSON, W. (Editor): Symposium on Information Theory, Report of Proceedings. Ministry of Supply, London 1950.

[28] JACKSON, W. (Editor): Communication Theory. Proceedings of a Symposium on Applications of Information Theory. Second Symposium on Information Theory, London 1952. Butterworths Scientific Publ., London 1953.

[29] CHERRY, C. (Editor): Information Theory. Third Symposium on Information Theory, London 1955. Butterworths Scientific Publ., London 1956.

[30] Fourth Symposium on Information Theory. Veranstaltet von Prof. Dr. C. CHERRY, London, 29. Aug. bis 2. Sept. 1960. Tagungsbericht erscheint voraussichtlich 1961 im Verlag Butterworths, London.

[31] QUASTLER, H. (Editor): Information Theory in Biology. Univ. of Illinois Press, Urbana, Ill. 1953.

[32] QUASTLER, H.: Information Theory in Psychology. The Free Press, Glencoe, Ill. 1956.

[33] CHERRY, C.: On Human Communication. J. Wiley, New York 1957.

[34] WITTGENSTEIN, L.: Tractatus Logico-Philosophicus. Routledge & Kegan, London 1922; Neuauflage 1955.

[35] WEYH, U.: Elemente der Schaltungsalgebra. R. Oldenbourg Verlag, München 1960.

[36] ZEMANEK, H.: Schaltalgebra. Nachr.-techn. Fachber. 3 (1956), S. 93—113.

[37] ZEMANEK, H.: Logistische Rechenmaschinen* unter besonderer Berücksichtigung der logistischen Relaisrechenmaschine des Instituts für Niederfrequenztechnik der Technischen Hochschule Wien. Nachr.-techn. Fachber. 4 (1956), S. 207—212.

[38] SHANNON, C. E., McCARTHY, J. (Editors): Automata Studies. Annals of Mathematics Studies No. 34. Princeton Univ. Press, Princeton, N. J. 1956.

[39] TARJÁN, R.: Neuronal Automata. Cybernetica 1 (1958) No. 3, S. 189—196.

[40] ZEMANEK, H.: A Contribution to the Theory of Unreliable Logical Networks. Proceedings, Congreso Internacional de Automatica, Madrid 1958 (im Druck).

[40A] ZEMANEK, H.: The Logics and Information Theory of Sequential Networks. Preprints of Papers Vol. 1, IFAC Congress, Moskau, 27. Juni bis 7. Juli 1960. Butterworths Scientific Publ., London 1960, S. 67—73.

[41] VON NEUMANN, J.: Probabilistic Logics and the Synthesis of Reliable Organisms from Unreliable Components. In: Automata Studies. Princeton Univ. Press 1956, S. 43—98.

[42] BOWDEN, B. V. (Editor): Faster than Thought. Pitman & Sons, London 1953.

[43] JEFFRES, J. A. (Editor): Cerebral Mechanisms in Behavior. The Hixon Symposium 1948. J. Wiley, New York 1951.

[44] BERKELEY, E. C.: Symbolic Logic and Intelligent Machines. Reinhold Publ. Corp., New York 1959.

[45] TURING, A. M.: On Computable Numbers, with an Application to the "Entscheidungsproblem". Proc. London Math. Soc. Ser. 2, 42 (1936), S. 230—265. Korrektur: ibid. 43 (1937), S. 544—546.

[46] Symposium on the Design of Machines to Simulate the Behavior of the Human Brain. IRE Trans. Electronic Computers EC-5 (1956) No. 4, S. 240—255.

[47] VON NEUMANN, J.: The Computer and the Brain. Yale Univ. Press, New Haven, Conn. 1958. (Deutsche Übersetzung erschienen unter dem Titel „Die Rechenmaschine und das Gehirn" im Verlag R. Oldenbourg, München 1960.)

[48] VON FOERSTER, H.: Das Gedächtnis. Deuticke Verlag, Wien 1948.

[49] VON FOERSTER, H. (Editor): Cybernetics, Transactions. J. Macy Foundation, New York 1950 bis 1955 (Bände VI bis X der Kybernetik-Tagungen 1949 bis 1953).

[50] McCULLOCH, W. S., PITTS, W.: A Logical Calculus of the Ideas Immanent in Nervous Activity. Bull. Math. Biophysics 5 (1943), S. 115—133 und 9 (1947), S. 127.

[51] DANCOFF, S. M., QUASTLER, H.: The Information Content and Error Rate of Living Things. In: Information Theory in Biology. Univ. of Illinois Press 1953, S. 263—272.

[52] QUASTLER, H.: Studies of Human Channel Capacity. In: Information Theory (Third London Symposium). Butterworths Scientific Publ., London 1956, S. 361—371.

[53] KÜPFMÜLLER, K.: Informationsverarbeitung durch den Menschen. Nachr.-techn. Z. 12 (1959) No. 2, S. 68—74.

[54] GEORGE, F. H.: Inductive Machines and the Problem of Learning. Cybernetica 2 (1959) No. 2, S. 109—126.

[55] SHANNON, C. E.: Computers and Automata. Proc. IRE **41** (1953) No. 10, S. 1235—1241.

[56] SELFRIDGE, O. G.: Pattern Recognition and Learning. In: Information Theory (Third London Symposium). Butterworths Scientific Publ., London 1956, S. 345—353.

[57] STEINBUCH, K.: Lernende Automaten. Elektron. Rechenanlagen **1** (1959) No. 3, S. 112—118 und No. 4, S. 172—175.

[58] Journées Internationales d'Information sur les Implications Economiques et Sociales de l'Automation. Assoc. Internat. de Cybernétique, Namur 1957.

[59] Actes du 1er Congrès International de Cybernétique, Namur, 26.—29. Juni 1956. Gauthier Villars, Paris 1958.

[60] Actes du 2e Congrès International de Cypernétique, Namur, 3.—10. Sept. 1958. Assoc. Internat. de Cybernétique, Namur 1960.

[61] 3e Congrès International de Cybernétique, Namur, 11.—15. Sept. 1961.

[62] DE BROGLIE, L.: La cybernétique. Editions d'Optique, Paris 1951.

[63] GEYER, H., OPPELT, W. (Herausg.): Volkswirtschaftliche Regelungsvorgänge. Tagung der VDI/VDE-Fachgruppe Regelungstechnik, Essen 1955. R. Oldenbourg Verlag, München 1957.

[64] MITTELSTAEDT, H. (Herausg.): Regelungsvorgänge in der Biologie. R. Oldenbourg Verlag, München 1956.

[65] Regelungsvorgänge in lebenden Wesen. Tagung der VDI/VDE-Fachgruppe Regelungstechnik gemeinsam mit der Assoc. Internat. de Cybernétique, Essen 1958. Tagungsbericht wird erscheinen im Verlag R. Oldenbourg, München.

[66] VON HOLST, E., MITTELSTAEDT, H.: Das Reafferenzprinzip. Naturwissenschaften **37** (1950), S. 464—476.

[67] WIESER, W.: Organismen, Strukturen, Maschinen. Fischer Bücherei No. 230, Frankfurt am Main 1959.

[68] WALTER, W. G.: The Living Brain. Duckworth, London 1953.

[69] DEUTSCH, J. A.: The Insightful Learning Machine. Discovery **16** (1955) No. 12, S. 514—517.

[70] EICHLER, E.: Die künstliche Schildkröte. Radio Technik **31** (1955) No. 5/6, S. 173—179.

[71] ZEMANEK, H., KRETZ, H., ÁNGYÁN, A. J.: A Model for Neurophysiological Functions. Fourth Symposium on Information Theory, London, 29. Aug. bis 2. Sept. 1960. Erscheint voraussichtlich 1961 im Verlag Butterworths, London.

[72] ASHBY, W. R.: Design for a Brain — The Origin of Adaptive Behaviour. J. Wiley, New York 1952; 2. rev. Aufl. bei Chapman & Hall, London 1960.

[73] HAUENSCHILD, A.: Der Homöostat. Staatsprüfungsarbeit an der Techn. Hochschule Wien, 1957.

[74] SHANNON, C. E.: Presentation of a Maze-Solving Machine. In: Cybernetics, Trans. 8th Conference 1951. J. Macy Foundation, New York 1953, S. 173—180.

[75] EIER, R., ZEMANEK, H.: Automatische Orientierung im Labyrinth. Elektron. Rechenanlagen **2** (1960) No. 1, S. 23—31.

[76] HOWARD, I. P.: A Note on the Design of an Electro-Mechanical Maze-Runner. Durham Research Rev. (1953) No. 3.

[77] THOMSON, R., SLUCKIN, W.: Cybernetics and Mental Functioning. Brit. J. Philosophy of Science **3** (1953), S. 130—144.

[78] ÁNGYÁN, A. J.: Machina Reproducatrix, an Analogue Model to Demonstrate some Aspects of Neural Adaption. Symposium Mechanisation of Thought Processes, National Physical Lab., Teddington, 24.—27. Nov. 1958, S. 933—943.

[79] SLUCKIN, W.: Minds and Machines. Pelican Book No. A 308, Penguin Books, Harmondsworth, Middlesex 1954.

[80] UTTLEY, A. M.: The Classification of Signals in the Nervous System. E. E. G. Clin. Neurophys. **54** (1954) No. 6, S. 479—494.

[81] UTTLEY, A. M.: A Theory of the Mechanism of Learning Based on the Computa-

tion of Conditional Probabilities. Actes 1er Congrès Internat. Cybernétique, Namur, 26.—29. Juni 1956, S. 830—856.

[82] UTTLEY, A. M.: Conditional Probability Computing in a Nervous System. Symposium Mechanisation of Thought Processes, National Physical Lab., Teddington, 24.—27. Nov. 1958, S. 119—152.

[83] ANDREW, A. M.: Learning Machines. Symposium Mechanisation of Thought Processes, National Physical Lab., Teddington, 24.—27. Nov. 1958, S. 473—509.

[84] A Machine that Learns from Experience. Data Processing (London) 1 (1959) No. 2, S. 106—112.

[85] GILL, S.: Possibilities for the Practical Utilisation of Learning Processes. Symposium Mechanisation of Thought Processes, National Physical Lab., Teddington, 23.—27. Nov. 1958, S. 825—839.

[86] OETTINGER, A. G.: Programming a Digital Computer to Learn. Philosophical Magazine 7 (1952) No. 43, S. 1243—1262.

[87] SVOBODA, A.: Un modèle d'instinct de conservation. Actes 2e Congrès Internat. Cybernétique, Namur, 3.—10. Sept. 1958, S. 866—872. Desgl. in: Stroje na Zpracování Informací, Sborník VII. Nakl. ČSAV, Praha 1960, S. 147—155.

[88] SELFRIDGE, O. G.: Pandemonium, a Paradigm for Learning. Symposium Mechanisation of Thought Processes, National Physical Lab., Teddington, 24.—27. Nov. 1958, S. 511—531.

[89] KILBURN, T., GRIMSDALE, R. L., SUMNER, F. H.: Experiments in Machine Learning and Thinking. Information Processing, Proc. Internat. Conf. UNESCO, Paris, 15.—20. Juni 1959. Verlag Oldenbourg, München 1960, S. 303—309.

[90] NEWELL, A., SHAW, J. C., SIMON, H. A.: Report on a General Problem-Solving Program. Information Processing, Proc. Internat. Conf. UNESCO, Paris, 15.—20. Juni 1959. Verlag Oldenbourg, München 1960, S. 256—264.

[91] NEWELL, A., SHAW, J. C.: A General Problem-Solving Program for a Computer. Computers and Automation 8 (1959) No. 7, S. 10—17.

[92] FRIEDBERG, R. M.: A Learning Machine, Part I. IBM Journal Res. & Dev. 2 (1958) No. 1, S. 2—13.

[93] FRIEDBERG, R. M., DUNHAM, B., NORTH, J. H.: A Learning Machine, Part II. IBM Journal Res. & Dev. 3 (1959) No. 3, S. 282—287.

[94] ROSENBLATT, F.: The Perceptron, a Probabilistic Model for Information Storage and Organization in the Brain. Psychol. Rev. 65 (1958) No. 6, S. 386—408.

[95] ROSENBLATT, F.: Design of the Perceptron. Datamation 4 (1958) No. 4, S. 5—9.

[96] BUSHOR, W. E.: The Perceptron, an Experiment in Learning. Electronics 53 (1960) No. 30, S. 56—59.

[97] WILLIS, D. G.: Plastic Neurons as Memory Elements. Information Processing, Proc. Internat. Conf. UNESCO, Paris, 15.—20. Juni 1959. Verlag Oldenbourg, München 1960, S. 290—298.

[98] ROSENBLATT, F.: Two Theorems of Statistical Separability in the Perceptron. Symposium Mechanisation of Thought Processes, National Physical Lab., Teddington, 24.—27. Nov. 1958, S. 419—472.

[99] HILLER JR., L. A.: Computer Music. Scientific American 201 (Dez. 1959), S. 109—120.

[100] HILLER JR., L. A., ISAACSON, L. M.: Experimental Music, Composition with an Electronic Computer. McGraw Hill, New York 1959.

[101] HERON VON ALEXANDRIA: Pneumatica und Automataria. Herons Opera, Vol. 1, Leipzig 1899.

[102] HERON VON ALEXANDRIA: Druckwerke und Automatentheater. Herausgegeben von W. SCHMIDT, Leipzig 1899.

[103] HUGGINS, P.: Three-Part Music with a Computer as One Part. Computers and Automation 7 (1958) No. 3, S. 8.

[104] MACDONALD, N.: Music by Automatic Computers. Computers and Automation 7 (1958) No. 3, S. 8—9.

[105] Syncopation by Automation. Data from Electrodata (Aug. 1956); Burroughs Corp., Pasadena, Cal.

[106] Neumann, P. G., Brooks jr., F. P., Hopkins jr., A. L., Wright, W. V.: An Experiment in Musical Composition. IRE Trans. Electronic Computers **EC-6** (1957) No. 3, S. 175—182.

[107] Neumann, P. G., Schappert, H.: Komponieren mit elektronischen Rechenautomaten. Nachr.-techn. Z. **12** (1959) No. 8, S. 403—407.

[108] Wagner, F.: Verfahren zur Steuerung von Gebern psychisch-physischer Reize. Österr. Patent Nr. 187 047 vom 15. Dezember 1955.

[109] Leitner, R.: Logische Programme für automatische „Musik". Staatsprüfungsarbeit an der Techn. Hochschule Wien, 1957.

[110] Newell, A., Shaw, J. C., Simon, H. A.: Chess Playing Programs and the Problem of Complexity. IBM Journal Res. & Dev. **2** (1958) No. 4, S. 320—335.

[111] Samuel, A. L.: Programming Computers to Play Games. In: Advances in Computers Vol. I (Ed.: F. L. Alt). Academic Press, New York 1960, S. 165—192.

[112] von Neumann, J., Morgenstern, O.: Theory of Games and Economic Behavior. Princeton Univ. Press, Princeton, N. J. 1947.

[113] Sonntag, H.: Relaisprogrammierung für ein einfaches Spiel. Staatsprüfungsarbeit an der Techn. Hochschule Wien, 1957.

[114] Bouton, Ch. L.: Nim, a Game with a Complete Mathematical Theory. Ann. Mathematics II, **3** (Okt. 1901) No. 1, S. 35—39.

[115] Turing, A. M.: Digital Computers Applied to Games. In: Faster than Thought (Ed.: B. V. Bowden). Pitman & Sons, London 1953, S. 304—310.

[116] Stuart-Williams, R.: Nimrod, a Small Scale Automatic Computer. Electronic Engng. **23** (1951) No. 283, S. 344—348.

[117] Koppel, H.: Digital Computer Plays Nim. Electronics **25** (1952) No. 11, S. 155—157.

[118] Samuel, A. L.: Making a Computer Play Draughts. Proc. Instn. Electr. Engrs. **103** Pt. B Suppl. (1956) No. 3, S. 452—453.

[119] Samuel, A. L.: Some Studies in Machine Learning, Using the Game of Checkers. IBM Journal Res. & Dev. **3** (1959) No. 3, S. 210—229.

[120] Huggins, P.: Bridge-Playing by Computer. Computers and Automation **7** (1958) No. 3, S. 13.

[121] Torres y Quevedo, G.: Présentation des appareils de Leonardo Torres y Quevedo. In: Les machines à calculer et la pensée humaine. Colloques Internat. Centre Nat. de la Recherche Sci., Paris, 8.—13. Jan. 1951. Verlag C.N.R.S., Paris 1953, S. 383—406.

[122] Shannon, C. E.: Programming a Computer for Playing Chess. Philosophical Magazine **7** (1950) No. 41, S. 256—275.

[123] Prinz, D. G.: Robot Chess. Research **6** (1952), S. 261—266.

[124] Stein, P., Ulam, S.: Experiments in Chess on Electronic Computing Machines. Computers and Automation **6** (1957) No. 9, S. 14—20.

[125] Bernstein, A., Roberts, M. de V.: Computer vs. Chess-Player. Scientific American **198** (Juni 1958), S. 96—105.

[126] Torres y Quevedo, L.: Arithemomètre électromécanique. Bull. Soc. d'Encouragement Ind. Nat. **119** (1920), S. 588—599.

[127] Torres y Quevedo, G.: Les travaux de l'école espagnole sur l'automatisme. In: Les machines à calculer et la pensée humaine. Colloques Internat. Centre Nat. de la Recherche Sci., Paris, 8.—13. Jan. 1951. Verlag C.N.R.S., Paris 1953, S. 361—381.

[128] McDonald, J., Ricciardi, F.: The Business Decision Game. Fortune (März 1958), S. 140—142, 208 und 213—214.

[129] Training Future Executives. Data Processing (London) **1** (1959) No. 2, S. 83—85.

[130] Stevens, M. E.: A Machine Model of Recall. Information Processing, Proc. Internat. Conf. UNESCO, Paris, 15.—20. Juni 1959. Verlag Oldenbourg, München 1960, S. 309—315.

[131] Farley, B. G., Clark, W. A.: Simulation of Selforganizing Systems by Digital Computer. IRE Trans. Information Theory **PGIT-4** (Sept. 1954), S. 56—84.

[132] DUNHAM, B., FRIDSHAL, R., SWARD, G. L.: A Non-heuristic Program for Proving Elementary Logical Theorems. Information Processing, Proc. Internat. Conf. UNESCO, Paris, 15.—20. Juni 1959. Verlag Oldenbourg, München 1960, S. 282—285.

[133] GILMORE, P. C.: A Program for the Production from Axioms, of Proofs for Theorems Derivable within the First Order Predicate Calculus. Information Processing, Proc. Internat. Conf. UNESCO, Paris, 15.—20. Juni 1959. Verlag Oldenbourg, München 1960, S. 265—273.

[134] GELERNTER, H. L., ROCHESTER, N.: Intelligent Behavior in Problem-Solving Machines. IBM Journal Res. & Dev. 2 (1958) No. 4, S. 336—345.

[135] GELERNTER, H.: Realization of a Geometry Theorem Proving Machine. Information Processing, Proc. Internat. Conf. UNESCO, Paris, 15.—20. Juni 1959. Verlag Oldenbourg, München 1960, S. 273—282.

[136] GELERNTER, H., HANSEN, J. R., LOVELAND, D. W.: Empirical Explorations of the Geometry Theorem Machine. IBM Research Report RC-258, Yorktown Heights, N. Y. 1960.

[137] STEINBUCH, K.: Automatische Zeichenerkennung. Nachr.-techn. Z. 11 (1958) No. 4, S. 210—219 und No. 5, S. 237—243.

[138] UNGER, S. H.: Pattern Detection and Recognition. Proc. IRE 47 (1959) No. 10, S. 1737—1752.

[139] Pattern Recognition and Machine Learning. Information Processing, Proc. Internat. Conf. UNESCO, Paris, 15.—20. Juni 1959. Verlag Oldenbourg, München 1960. Chapter IV, insbes. S. 223—256. (Mehrere Einzelartikel.)

[140] POTTER, R. K.: Visible Patterns of Sound. Science 102 (1945), S. 465—472.

[141] POTTER, R. K.: Introduction to Technical Discussions of Sound Portrayal. J. Acoustic. Soc. Amer. 18 (1946) No. 1, S. 1—3, sowie fünf weitere Artikel von Mitarbeitern der Bell Laboratorien, ibid. S. 4—89.

[142] POTTER, R. K., KOPP, G. A., GREEN, H. C.: Visible Speech. D. van Nostrand, New York 1947.

[143] DREYFUS-GRAF, J.: Le sténo-sonographe phonétique. Techn. Mitt. PTT (Bern) 28 (1950) No. 3, S. 89—95. Desgl. in Onde Electr. 30 (1950), S. 356—361.

[144] DREYFUS-GRAF, J.: Sonograph and Sound Mechanics. J. Acoustic. Soc. Amer. 22 (1950), S. 731—739.

[145] DREYFUS-GRAF, J.: Phonétographe et subformants. Techn. Mitt. PTT (Bern) 35 (1957) No. 2, S. 41—59.

[146] DAVIS, K. H., BIDDULPH, R., BALASHEK, S.: Automatic Recognition of Spoken Digits. J. Acoustic. Soc. Amer. 24 (1952) No. 6, S. 637—642.

[147] DAVID, E. E.: Ears for Computers. Scientific American 192 (Febr. 1955), S. 92—98.

[148] DAVID JR., E. E.: Artificial Auditory Recognition in Telephony. IBM Journal Res. & Dev. 2 (1958) No. 4, S. 294—309. Desgl. Bell Telephone Lab. Monograph 3141.

[149] HARRIS, C. M.: A Speech Synthesizer. J. Acoustic. Soc. Amer. 25 (1953) No. 5, S. 970—975.

[150] DUDLEY, H.: Phonetic Pattern Recognition Vocoder for Narrow-Band Speech Transmission. J. Acoustic. Soc. Amer. 30 (1958), S. 733—739. Desgl. Bell Telephone Lab. Monograph 3172.

[151] DUDLEY, H., BALASHEK, S.: Automatic Recognition of Phonetic Patterns in Speech. J. Acoustic. Soc. Amer. 30 (1958), S. 721—732. Desgl. Bell Telephone Lab. Monograph 3172.

[152] FRY, D. B., DENES, P.: Theoretical Aspects of Mechanical Speech Recognition. — The Design and Operation of the Mechanical Speech Recognizer at University College London. J. Brit. Instn. Radio Engrs. 19 (1959) No. 4, S. 211—234.

[153] FRY, D. B., DENES, P.: An Analogue of the Speech Recognition Process. Symposium Mechanisation of Thought Processes, National Physical Lab., Teddington, 24.—27. Nov. 1958, S. 375—395.

[154] STEINBUCH, K.: Automatische Spracherkennung. Nachr.-techn. Z. **11** (1958) No. 9, S. 446—453.

[155] FATEHCHAND, R.: Machine Recognition of Spoken Words. In: Advances in Computers Vol. I (Ed.: F. L. ALT). Academic Press, New York 1960, S. 193—229.

[156] LUHN, H. P.: A Statistical Approach to Mechanized Encoding and Searching of Literary Information. IBM Journal Res. & Dev. **1** (1957) No. 4, S. 309—317.

[157] LUHN, H. P.: The Automatic Creation of Literature Abstracts. IBM Journal Res. & Dev. **2** (1958) No. 2, S. 159—165.

[158] LUHN, H. P.: A Business Intelligence System. IBM Journal Res. & Dev. **2** (1958) No. 4, S. 314—319.

[159] BAXENDALE, P. B.: Machine-Made Index for Technical Literature. — An Experiment. IBM Journal Res. & Dev. **2** (1958) No. 4, S. 354—361.

[160] LUHN, H. P.: Keyword-In-Context Index for Technical Literature (KWIC Index). IBM ASDD Report RC-127, Yorktown Heights, N. Y. 1959.

[161] WASSILJEW, M., GUSCHTSCHEW, S.: Reportage aus dem 21. Jahrhundert. — So stellen sich sowjetische Wissenschaftler die Zukunft vor. Nannen-Verlag, Hamburg 1959, insbes. S. 148—150.

[162] ZEMANEK, H.: Die algorithmische Formelsprache ALGOL. Elektron. Rechenanlagen **1** (1959) No. 2, S. 72—79 und No. 3, S. 140—143.

[162A] BOTTENBRUCH, H.: Erläuterung der algorithmischen Sprache ALGOL an Hand einiger elementarer Programmierbeispiele. Bl. Dtsch. Ges. Versicherungsmath. **4** (1959) No. 2, S. 199—208.

[162B] STEPHAN, D.: Die Algorithmische Sprache ALGOL 60, an Beispielen erläutert. Bl. Dtsch. Ges. Versicherungsmath. **5** (1960) No. 1, S. 61—86.

[163] PASCAL, B.: Pensées; No. 252. Pascal, Band 70 der Fischer Bücherei, Frankfurt am Main 1954, insbes. S. 172.

[164] THIEME, K.: Die tödliche Gefährdung des Menschen. Triumph und Tragödie der Kybernetik. Hochland **46** (1954) No. 3, S. 209—221.

[165] ZEMANEK, H.: Tödliche Gefährdung des Menschen durch die Naturwissenschaft? Hochland **46** (1954) No. 6, S. 543—557.

[166] EDDINGTON, A. S.: Philosophie der Naturwissenschaft. Sammlung „Die Universität" Band 6, Humboldt Verlag, Wien 1949.

[167] MACKAY, D. M.: Quantal Aspects of Scientific Information. Philosophical Magazine **7** (1950) No. 41, S. 290—311.

[168] SCHRÖDINGER, E.: Die Natur und die Griechen. Rowohlts Deutsche Enzyklopädie Band 28. Rowohlt, Hamburg 1956.

[169] ZEMANEK, H.: Wesen und Grenzen des Automaten. MTW Moderne Rechentechnik und Automation **6** (1959) No. 1, S. 9—16.

[170] GAMOW, G.: Will Science Come to an End? IRE Trans. Military Electronics **MIL-1** (1957) No. 1, S. 26—31.

[171] HAWKINS, J. K.: Self-Organizing Systems — A Review and Commentary. Proc. IRE **49** (1961) No. 1, S. 31—48.

[172] KELLER, H. B.: Finite Automata, Pattern Recognition, and Perceptrons. Journal ACM **8** (1961) No. 1, S. 1—20.

[173] MINSKY, M.: Steps Toward Artificial Intelligence. Proc. IRE **49** (1961) No. 1, S. 8—30.

[174] RATH, G. J.: A New Task for the Technical Writer — Programming Teaching Machines. IRE Trans. Engng. Writing and Speech **EWS-4** (1961) No. 1, S. 3—4.

[175] ZEMANEK, H.: Lernende Automaten. Abschnitt 12 im Taschenbuch der Nachrichtenverarbeitung (Hrsg.: K. STEINBUCH). Springer-Verlag, Berlin, im Druck.

[176] ZEMANEK, H.: Lernende Automaten. MTW Moderne Rechentechnik und Automation **8** (1961), No. 2, S. 49—54.

[177] BILLING, H. (Hrsg.): Lernende Automaten. Bericht über die NTG-Fachtagung in Karlsruhe am 13. und 14. April 1961. Beihefte zur Zeitschrift Elektronische Rechenanlagen. R. Oldenbourg Verlag, München 1961, 240 S.

[178] STEINBUCH, K.: Die Lernmatrix. Kybernetik 1 (1961) No. 1, S. 36—45.
[179] HAY, J. C.: Mark I Perceptron Operators Manual. Report No. VG—1196—G—5,
       Cornell Aeronautical Lab., Buffalo, N. Y., Febr. 1960.
[180] JOSEPH, R. D.: On Predicting Perceptron Performance. IRE Internat. Convention
       Record 8 (1960) Pt. 2, S. 71—77.
[181] HAY, J. C., MARTIN, F. C., WIGHTMAN, C. W.: The Mark I Perceptron — Design
       and Performance. IRE Internat. Convention Record 8 (1960) Pt. 2, S. 78—87.
[182] HAWKINS, J. K.: A Magnetic Integrator for the Perceptron Program. IRE Internat.
       Convention Record 8 (1960) Pt. 2, S. 88—95.
[183] SELFRIDGE, O. G., NEISSER, U.: Pattern Recognition by Machine. Scientific
       American 203 (1960) No. 2, S. 60—68.
[184] DREYFUS-GRAF, J.: Sonographe et serrure. Brochure provisoire, Laboratoire de
       Recherche du Phonétographe. Genf, 9. Dez. 1960.
[185] DREYFUS-GRAF, J.: Phonétographe — Présent et futur. Brochure provisoire,
       Laboratoire de Recherche du Phonétographe. Genf, 24. März 1961.
[186] STEINBUCH, K.: Automat und Mensch — Über menschliche und maschinelle
       Intelligenz. Springer-Verlag, Berlin 1961.

AMBROS P. SPEISER

Adliswil/Zürich, Schweiz

Neue technische Entwicklungen

Mit 17 Bildern

Disposition

1. Allgemeine Vorbemerkung

2. Aufbau einer Rechenmaschine

3. Rechenwerk und Leitwerk
3.1 Magnetkerne
3.2 Transistoren und Tunneldioden
3.3 Systeme mit Trägerfrequenzen
3.4 Kryotron
3.5 Andere Schaltelemente

4. Speicherwerk
4.1 Stromkoinzidenz-Speicher mit magnetischen Ringkernen und Lochplatten
4.2 Flußkoinzidenz-Speicher
4.3 Twistor
4.4 Dünne magnetische Schichten
4.5 Supraleitender Speicher
4.6 Magnettrommelspeicher
4.7 Magnetplattenspeicher
4.8 Speicher mit fester Information

5. Eingabe und Ausgabe
5.1 Druckwerke
5.2 Magnetbänder
5.3 Registrierung an der Datenquelle
5.4 Zeichenerkennung

6. Aufbau und Herstellung

7. Datenverarbeitungssysteme der obersten Größenklasse

Zusammenfassung. Für eine progressive Entwicklung der programmgesteuerten Rechenmaschinen sind zwei Dinge von entscheidender Wichtigkeit: Fortschritte in der Struktur und Organisation der Maschinen (logische Planung) und neue technische Entwicklungen von Komponenten. Beim Bau der ersten Rechenautomaten vor nunmehr fünfzehn Jahren griff man auf vorhandene Bauelemente zurück und übernahm bewährte Schaltungstechniken insbesondere aus der Lochkartenmaschinen- und der Fernsprechvermittlungstechnik. Es zeigte sich jedoch bald die Notwendigkeit der Entwicklung besonderer, für die Verwendung in Rechenautomaten zugeschnittener Elemente und Techniken. Dies spielte sich in den folgenden Jahren ab, die durch eine stürmisch vorangetriebene Entwicklung neuer Schalt- und Speicherelemente gekennzeichnet waren. Nach diesem ersten Anlauf rechnete man mit einer gewissen Konsolidierung im Rechenmaschinenbau, die zum Teil auch tatsächlich eintrat: Die heute allgemein beherrschte Technik der Rechenautomaten der „ersten Generation" bildete sich heraus mit ausgereiften Elektronenröhren-, Dioden- und Magnetkernschaltungen. Gegenwärtig stehen wir mitten in

einer zweiten Entwicklungsphase; sie ist vielschichtiger als es die erste war, da in viel
stärkerem Maße als jemals zuvor Probleme aus nahezu allen Zweigen der physikalischen Grundlagenforschung hineinspielen. Für den Rechenautomatentechniker steht
diese Entwicklung heute im Mittelpunkt des Interesses; sie wird in diesem Beitrag
diskutiert. Die Erfolge dieser neuen technischen Entwicklungen werden das Gesicht der
Rechenautomaten der zweiten oder dritten Generation prägen.

Summary. Two things are of essential importance for a progressive development of
the programme controlled computer art: Progress in the structure and organization of
the machines (logical design) and new technical developments of components. For the
construction of the first computers, now fifteen years ago, available elements were
used and proven switching techniques were taken over, particularly from punched card
machines and telephone dialling engineering. However, it soon turned out that there
was a strong necessity of designing novel components and of developing new techniques especially suited for computers. This trend determined the efforts in the following
years which were characterized by a rapidly pushed development of new switching and
storage elements. After this first run somewhat of a consolidation in the construction
of computers was expected which as a matter-of-fact at least partly occurred: The technology of the "first generation" of computers grew up, which techniques are in general
fully under control to-day, comprising advanced thermionic tube-, diode-, and magnetic
core circuits of a rather satisfactory maturity. We are presently confronted with a
second stage of development; it is of much more diversity than the first one since
problems from nearly all branches of basic physical research are involved in a much
higher degree than ever before. This development belonging to a sphere of main
interest to the computer engineer forms the subject of discussion in this contribution.
The success of these technical developments will determine the face of the computers
of the second and third generation.

Résumé. Deux choses ont une importance capitale pour le perfectionnement progressif
des calculatrices automatiques: les progrès dans la structure et l'organisation des
machines et les nouveaux perfectionnements techniques des éléments les constituant.
Dans la construction des premières machines à calculer automatiques, qui remontent
à plus de quinze ans, on avait recours à des éléments existants et à des montages ayant
fait leurs preuves, en particulier dans la technique des machines à cartes perforées et
des télécommunications. Il s'avéra cependant bientôt nécessaire de mettre au point des
éléments et techniques spécialement conçus pour les calculatrices automatiques. Ceci
s'effectua dans les années suivantes, qui furent caractérisées par la mise au point
accélérée de nouveaux éléments de couplage et de mémoire. Après ce premier
démarrage, on comptait que la construction des calculatrices se stabiliserait, ce qui se
produisit effectivement en partie : la technique des calculatrices de la «première
génération», généralement bien au point maintenant utilisait des montages
de tubes électroniques, diodes et noyaux magnétiques ayant fait leurs épreuves.
Actuellement nous nous trouvons dans une deuxième phase de l'évolution, beaucoup
plus complexe que la première, car des problèmes beaucoup plus nombreux et beaucoup
plus ardus qu'auparavant se posent dans presque toutes les branches de la recherche
scientifique et particulièrement de la physique. Cette évolution, objet de la présente
étude, constitue aujourd'hui le centre d'intérêt des techniciens des machines à calculer.
Les résultats de ces nouveaux perfectionnements techniques fixeront l'aspect des calculatrices de la deuxième ou de la troisième génération.

1. Allgemeine Vorbemerkung

Die außerordentlich schnellen Fortschritte in der elektronischen Datenverarbeitung
sind allgemein bekannt. In rascher Folge werden Maschinen mit sukzessive ver-
besserter Leistungsfähigkeit entwickelt und auf den Markt gebracht, und die

wachsenden Erfahrungen im Einsatz solcher Anlagen bewirken, daß immer größere Bereiche des wissenschaftlichen und geschäftlichen Lebens davon beeinflußt werden. Nachfolgend wird ausgeführt, welche Tendenzen sich in bezug auf den technischen Aufbau und die Organisation elektronischer Rechenmaschinen heute abzeichnen.

Dieser Überblick beginnt bei den Systemen, welche in letzter Zeit auf den Markt gekommen sind, und versucht einen Blick auf die um 5 bis 10 Jahre vor uns liegende Zukunft zu vermitteln. In der letzten Zeit sind grundsätzlich neue Verfahren bekannt geworden. Heute kennt man Anordnungen, welche als Träger der Signale Mikrowellen, die sich in Wellenleitern fortpflanzen, oder sogar Lichtstrahlen verwenden; andere Systeme arbeiten in flüssigem Helium und beruhen auf dem Prinzip der Supraleitung. Allen Ernstes spricht man schon von Impulsfrequenzen in der Höhe von 100 Megahertz. Solche Vorrichtungen haben nur wenig Ähnlichkeit mit dem, was wir uns heute unter einer Rechenmaschine vorstellen, und man darf mit Recht darauf gespannt sein, wie wohl ein Datenverarbeitungssystem in 10 Jahren aussehen wird.

Allgemein sind zwei Entwicklungstendenzen deutlich zu unterscheiden:

1. Konsolidierung der Technik für die Maschine in der Leistungsklasse, die heute fabriziert wird. Es ist erwiesen, daß für Maschinen dieser Kategorie ein erst teilweise erschlossener Markt besteht, und durch systematische Anpassung sollen die Bedürfnisse von kleinen und mittleren Verbrauchern noch besser befriedigt werden.

2. Erhöhung der Geschwindigkeit von großen und größten Datenverarbeitungssystemen und parallel dazu Vergrößerung der Speicherkapazität. Dadurch werden immer umfangreichere Aufgaben sowohl wissenschaftlicher als auch kommerzieller Natur für die elektronischen Rechenmaschinen erschlossen.

Während Punkt 1 hauptsächlich durch eine Unmenge entwicklungstechnischer Kleinarbeit erreicht wird, welche für Außenstehende nur von beschränktem Interesse ist, kommen die bedeutsamen physikalischen Entwicklungen der letzten Jahre hauptsächlich den Arbeiten im Sinne von Punkt 2 zugute. In dieser Sparte sind wichtige Neuerungen zu erwarten, und wir werden uns im folgenden hauptsächlich mit solchen Resultaten befassen. Es sei aber betont, daß es lange dauern wird, bis daraus für die Benützer kleiner und mittlerer Systeme ein Nutzen erwächst, und daß andererseits die im Sinne einer Konsolidierung der jetzigen Technik zu erzielenden Fortschritte ebenfalls von großer Bedeutung sein werden.

Bevor wir auf neue technische Entwicklungen eingehen, ist eine Bemerkung über den großen Unterschied zwischen einem Forschungsprojekt und einer Anlage, die in Serie hergestellt wird, erforderlich. Der Weg von einer experimentell verwirklichten Einzelschaltung zu einer angelaufenen Fabrikation ist sehr lang; daher können nach dem Bekanntwerden etwa eines umwälzend neuen Schaltelementes Jahre verstreichen, bis kommerzielle Anlagen, die diese Neuerung enthalten, tatsächlich installiert sind. Oft findet man sogar, daß Neuerungen mit durchaus bestechenden Vorteilen überhaupt nie praktisch verwertet werden. Die Auswahl eines Schaltsystems ist eben nicht nur durch rein technologische Gesichtspunkte bestimmt; Fragen der Kosten, der Fabrikationsmittel und der Patentlage spielen oft entscheidend mit. Weiter ist zu beachten, daß die großen Firmen nur alle paar Jahre eine wirkliche Umstellung der Grundelemente, aus denen die Maschinen aufgebaut sind, vornehmen können. Daher ist es möglich, daß schöne Entwicklungen einfach übersprungen werden. Man findet das — um nur ein Beispiel zu nennen — in ausgeprägter Form bei den Magnetkernschaltungen: Hier ist eine Fülle von wirklich guten Schaltungssystemen erfunden worden, und es läßt sich mit Sicherheit sagen, daß von ihnen nur ein kleiner Bruchteil praktisch angewendet werden wird.

2. Aufbau einer Rechenmaschine

Unverändert gilt auch heute noch die grundsätzliche Gliederung einer Rechenmaschine in Rechenwerk, Speicherwerk, Leitwerk, Eingabe- und Ausgabeorgane. Diese Bausteine sind funktionell aufs engste miteinander verknüpft, und eine Verbesserung im einen Teil muß notwendigerweise von einer entsprechenden Anpassung in allen übrigen Gliedern begleitet sein, damit sie wirklich zur Auswirkung gelangt. Dabei ist, wenn im folgenden die verschiedenen Hauptteile getrennt behandelt werden, doch in Erinnerung zu behalten, daß die Fortschritte in jedem Fall eng miteinander verknüpft sind.

Die Fortschritte in der Entwicklung der programmgesteuerten Rechenmaschinen im Hinblick auf größere Rechengeschwindigkeit, größere Zuverlässigkeit, größere Flexibilität, Vereinfachung in der Programmierung und nicht zuletzt hinsichtlich Wirtschaftlichkeit und Preiswürdigkeit werden erzielt einerseits durch Verbesserungen der logischen Struktur und der Gesamtorganisation der Maschinen (logische Planung) und andererseits durch Verbesserungen und Neuentwicklungen von Schalt- und Speicherelementen und der aus diesen Elementen aufgebauten Grundschaltungen. Wir werden uns im folgenden hauptsächlich mit dem letzteren Punkt auseinandersetzen und verweisen den Leser, der sich eingehender mit den Systementwicklungen der jüngsten Zeit vertraut machen will, auf einige ausgezeichnete Übersichtsaufsätze [110 bis 114].

3. Rechenwerk und Leitwerk

Rechenwerke und Leitwerke stehen funktionell im engsten Zusammenhang, verwenden notwendigerweise die gleichen Bauelemente und werden oft zu einer einzigen Gruppe mit der Bezeichnung „Arithmetischer Teil" zusammengefaßt. Die Mehrzahl der heute in Betrieb befindlichen Maschinen enthält als wesentliche Bausteine des arithmetischen Teils Elektronenröhren, Dioden und Impulstransformatoren. Bis Ende 1960 sind im Vergleich zur Gesamtzahl der in Betrieb befindlichen programmgesteuerten Rechenmaschinen erst verhältnismäßig wenige Maschinen, die vorwiegend mit Transistoren arbeiten, an Kunden ausgeliefert worden. Dieses Bild wird sich in Zukunft allerdings entscheidend ändern, denn die Herstellerfirmen haben die Produktion von Elektronenröhren-Rechenautomaten bereits weitgehend eingestellt zugunsten von Maschinen, die mit Festkörperelementen ausgestattet sind.

3.1 Magnetkerne

Nur vereinzelt werden bis heute im arithmetischen Teil (im Gegensatz zum Speicherwerk) Magnetkerne verwendet. Hier sind unmittelbare Neuerungen zu erwarten. Die gewöhnlichen Ringkerne aus Permalloy oder aus Ferrit sind in ihrer Schaltungstechnik so weit konsolidiert, daß in Bälde Rechenwerke, die vorwiegend mit Magnetkernen arbeiten, konstruiert werden können. Immerhin haben alle diese Kerne nach dem heutigen Stand der Technik eine Schaltzeit (das ist die Zeit, welche es braucht, um den Kern vom einen Remanenzpunkt zum andern zu schalten) von etwa einer Mikrosekunde (1 µs = 10^{-6} s), so daß die Impulsfrequenz solcher Systeme beschränkt ist. Praktisch kann man kaum über 100 bis 200 kHz gehen. Für die Ausführung bestimmter logischer Operationen sind ziemlich komplizierte Anordnungen mit vielen Kernen nötig, und ein solches System läßt sich befriedigend aufbauen, wenn in die verbindenden Leitungen eine erhebliche Anzahl von Dioden und Widerständen geschaltet werden. Die Dioden sind hauptsächlich deshalb nötig, weil ein Magnetkern, im Gegensatz zu einer Vakuumröhre, ein Vierpol ist, der Energie in beiden Richtungen überträgt. Daher müssen Vorkehrungen getroffen werden, um den Übertragungssinn der Signale festzulegen.

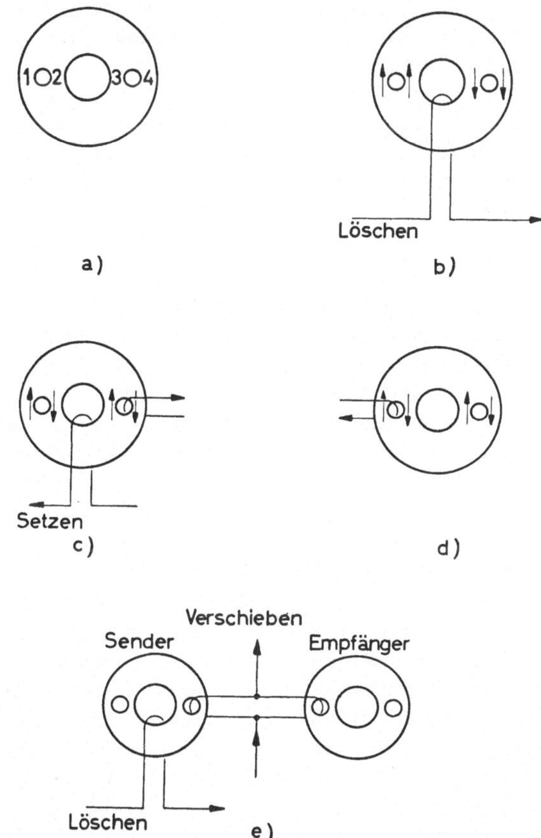

Bild 1. Schieberegister, das nur Magnetkerne und Verbindungsdraht benötigt

Neuerdings ist es gelungen, Halbleiterelemente aus Schaltungen mit Toroid-Magnetkernen zu eliminieren, unter Beibehaltung der Widerstände [1]. Dieser Fortschritt wurde dadurch ermöglicht, daß die Magnetkerne in den ursprünglichen (Ruhe-)Zustand mit einem Stromimpuls zurückgestellt werden, der einen langsamen Anstieg aufweist. Die so hervorgerufene Flußänderung ist so langsam, daß sie ihrerseits in den übrigen Wicklungen des Kerns keine wirksame Spannung induziert. Natürlich ist es nach einem solchen Verfahren nicht möglich, die größte Schaltgeschwindigkeit der Kerne auszunützen.

Wirklich befriedigende logische Schaltungen erhält man erst mit Kernen, die mehrere Öffnungen enthalten, die sich also von gewöhnlichen Ringkernen topologisch fundamental unterscheiden. Nachfolgend wird das sog. *MAD-System* (MAD = Multi-Aperture Devices) beschrieben, das als verbindendes Element überhaupt nur gewöhnlichen Draht enthält, nicht aber Widerstände und Dioden [2,3]. Das Schaltelement eines solcherart aufgebauten Schieberegisters ist ein Ringkern mit zwei zusätzlichen Löchern, vgl. Bild 1a, und besteht aus dem üblichen Material mit rechteckiger Hystereseschleife. Dieser Kern besitzt vier Schenkel, die mit 1, 2, 3, 4 numeriert sind und die alle gleichen Querschnitt haben. Ein starker Impuls *„löschen"* (Bild 1b) magnetisiert den ganzen Kern im Uhrzeigersinn. Diesen Zustand bezeichnen wir als NULL oder 0. Ein etwas schwächerer Impuls *„setzen"* (Bild 1c) verursacht eine Ummagnetisierung in den Schenkeln 2 und 3, ist aber zu klein, um in 1 und 4, die durch einen längeren Weg verbunden sind, die Koerzitivkraft zu erreichen; dort ändert sich also nichts, und dieser Zustand sei mit EINS oder L bezeichnet. Da zu seiner Erzeugung ein Impuls von kritischer Amplitude erforderlich ist, wird er auf eine andere Art herbeigeführt. Ein genügend starker Strom durch den Draht, welcher in Bild 1d den Schenkel 1 umfaßt, vermag den Fluß in den Schenkeln 1 und 3 umzukehren, nicht aber in den Schenkeln 2 und 4.

Läßt man nun durch eine zusätzliche Wicklung, die durch die rechte kleine Öffnung geht, einen Strom fließen, so vermag dieser Strom im Falle 0 keine Flußänderung um die kleine Öffnung herum hervorzurufen, da entweder in Schenkel 3 oder in Schenkel 4 eine Flußerhöhung stattfinden müßte, was unmöglich ist, da beide gesättigt sind. Voraussetzung ist immerhin, daß dieser Strom, der durch die rechte kleine Öffnung fließt, nie so groß wird, daß er in den weiter entfernt liegenden Schenkeln 1 und 2 ein die Koerzitivkraft erreichendes Feld erzeugt. Im Zustand L jedoch kann ein in Pfeilrichtung durch die kleine Öffnung fließender Strom den Fluß in den Schenkeln 3 und 4 umkehren: Dieser Strom wird daher im Gegensatz zum Fall 0 eine hohe Induktivität vorfinden.

Die Kopplung von zwei Kernen geschieht nun nach Bild 1e. In die Kopplungsschleife wird zuerst in der gezeigten Weise ein Stromimpuls (Verschiebe-Impuls) eingegeben. Jetzt soll gezeigt werden, daß sich nach diesem Impuls der rechte Kern (*Empfänger*) im gleichen Zustand wie der linke Kern (*Sender*) befindet. Der Sender ist entweder im Zustand 0 oder L; der Empfänger ist durch einen früher angelegten Lösch-Impuls in den Zustand 0 versetzt worden. Übertragung einer 0 erfolgt demnach durch das Fehlen einer Änderung. Im Falle einer 0 verzweigt sich der Verschiebe-Stromimpuls in zwei gleiche Teile, die zu klein sind, als daß sie eine Flußänderung verursachen können (denn um die kleinen Öffnungen herum ist eine solche im Zustand 0 unmöglich). Ist jedoch der Sender im Zustand L, so wird wegen der höheren Induktivität im linken Teil der Schleife mehr Strom nach rechts gedrängt, und dadurch gelangt der Empfänger in den Zustand L. Im nächsten Schritt wird der Sender durch einen Löschimpuls in den Zustand 0 zurückversetzt. Damit ist die Information um eine Stufe nach rechts verschoben worden. Dieser Prozeß kann nun weitergehen, indem der bis jetzt als *Empfänger* bezeichnete Kern zum *Sender* wird. Ein Kern kann jedoch nicht gleichzeitig Information entgegennehmen und abgeben: pro Dualstelle sind demnach zwei Kerne nötig, und ein vollständiger Zyklus besteht aus 4 aufeinanderfolgenden Impulsen nach dem Rhythmus *„löschen, verschieben, löschen, verschieben"*; abwechselnd werden Kerne gerader und ungerader Numerierung betroffen.

Es zeigt sich, daß durch kompliziertere Ausgestaltung der Kerne logische Operationen ausgeführt werden können [115]. Ein einzelner Kern ist in der Lage, ziemlich komplizierte Verknüpfungen darzustellen. Bild 2 zeigt einige der verwendeten Kernformen. Der Verlauf der Ränder in der Umgebung der verschiedenen Öffnungen ist kritisch und muß in engem Zusammenhang mit dem Verlauf der magnetischen Flußlinien studiert werden. Mit diesem System sind Impulsfrequenzen von 100 kHz und mehr erreicht worden.

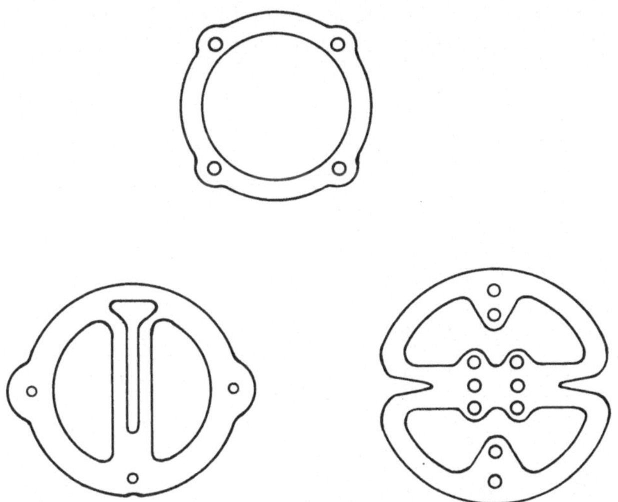

Bild 2. Einige Kernformen für logische Verknüpfungen mit dem System nach Bild 1

Ähnliche Resultate lassen sich mit dem *Transfluxor*, ebenfalls ein Magnetkern mit mehreren Öffnungen, erzielen [4,5]. Durch die Einführung von anderen Kernformen ergibt sich eine Fülle neuer Möglichkeiten. Schon mit gewöhnlichen Ringkernen ist eine große Menge von Schaltungen erprobt und veröffentlicht worden; wenn nun die topologische Form der Kerne als neuer Freiheitsgrad hinzukommt, so wird die Menge der denkbaren Anordnungen absolut unabsehbar, und es darf wohl vorausgesagt werden, daß die Magnetkerntechnik überholt sein wird, lange bevor alle praktisch brauchbaren Konfigurationen erprobt sind.

Mit solchen komplizierten Magnetkernen sind bis jetzt keine kommerziell erhältlichen Rechenwerke gebaut worden. Dagegen hat der Gedanke, die logischen Verknüpfungen mit Dioden und die Verstärkung und Formung mit Kernen zu bewerkstelligen, praktische Verwertung gefunden. Bild 3a zeigt eine solche Schaltung, die den Namen „Ferractor" erhalten hat [6]. An der unteren Klemme werden die von einer Leistungsquelle her kommenden Trägerimpulse angeschlossen. Die positive Halbperiode ist die Periode, während der die Diode D_1 leiten und ein Ausgangssignal abgeben kann. Während der negativen Periode ist D_1 nichtleitend; dann ist die Schaltung bereit, ein Eingangssignal entgegenzunehmen. Ein solches Signal kann durch den Transformator keine Energie direkt an den Ausgangskreis weitergeben. Das Kernmaterial des Transformators hat eine rechteckige Hystereseschleife, und die Trägerimpulse sind so bemessen, daß ihr positiver Teil den Kern vom negativen $(-B_r)$ zum positiven Remanenzpunkt $(+B_r)$ schalten kann, wenn die Eingangsklemmen geerdet sind. Wenn der Kern schon zu Beginn des Trägerimpulses auf $+B_r$ steht, so zeigt die Sekundärwicklung eine geringe Impedanz, und es entsteht ein starker positiver Ausgangsimpuls. Wurde aber zuvor der Kern durch ein Eingangssignal auf $-B_r$ gestellt, so reicht der Trägerimpuls eben gerade aus, um auf $+B_r$ zu gelangen, weshalb kein Ausgangsimpuls entstehen kann. Bild 3b zeigt die zeitliche Lage der Impulse. Die gezeichnete Schaltung ist ein komplementierender (negierender) Magnetverstärker; wenn am Eingang ein Impuls angelegt wird, so gibt der Ausgang in der folgenden Halbperiode *keinen* Impuls ab, und umgekehrt. Wir haben hier ein geschlossenes System vor uns, indem solche Elemente direkt in Kette geschaltet werden können. Logische Verknüpfungen werden mit Dioden ausgeführt; die

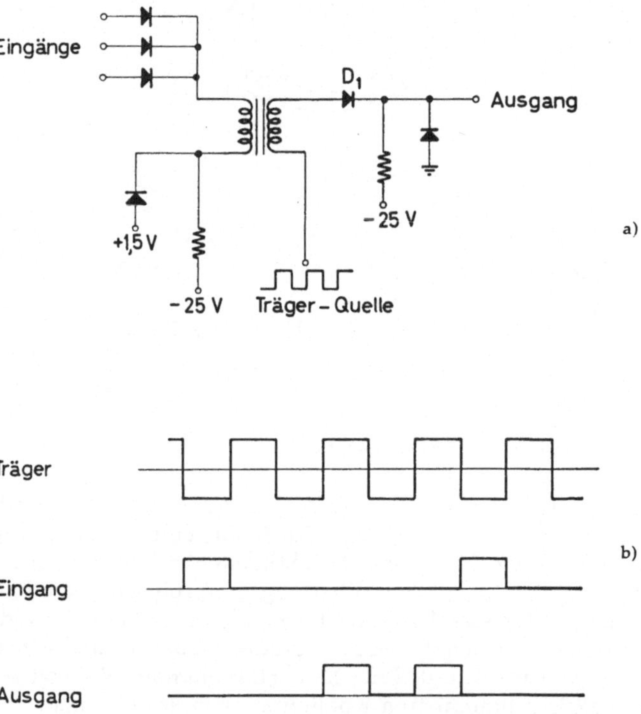

Bild 3.   Impuls-Magnetverstärker, kombiniert mit einem ODER-Gatter aus drei Dioden

Abbildung zeigt als Beispiel ein dreifaches ODER-Gatter. Im praktischen Betrieb werden 660 kHz Impulsfrequenz verwendet [6]. Die Spulenkerne sind aus Permalloy-Band von nur 0,003 mm Dicke gewickelt; die Spulenkörper sind aus Stahl, und Primär- und Sekundärwicklung haben mehrere hundert Windungen.

In diesem Abschnitt konnte nur ein kleiner Abriß über einige der bemerkenswertesten Entwicklungen auf dem Gebiete der Magnetkern-Schaltkreistechnik gegeben werden. Es sei an dieser Stelle auf einige bereits veröffentlichte, sehr gute Übersichtsbeiträge zu diesem Thema hingewiesen [7 bis 9].

3.2 Transistoren und Tunneldioden

Eine Erhöhung der Geschwindigkeit gegenüber Magnetkernschaltungen wird durch eine Weiterentwicklung der Transistorentechnik möglich sein. Diese Entwicklung hat sich bis jetzt wesentlich langsamer abgespielt, als 1948 bei der Erfindung des Transistors vorausgesagt wurde. Es zeigt sich, daß der Entwurf von Transistorschaltungen bedeutend schwieriger und zeitraubender ist als der Entwurf von Schaltungen mit Vakuumröhren. Der Grund ist einerseits darin zu suchen, daß ein Transistor, im Gegensatz zu einer Röhre, für seine Steuerung eine beachtliche Leistung braucht, und andererseits darin, daß die Vierpoleigenschaften der Transistoren in Abhängigkeit der Temperatur und von Exemplar zu Exemplar großen Schwankungen unterworfen sind.

Auch über Transistorschaltungen in Rechenautomaten gibt es bereits eine reichhaltige Literatur [10 bis 12, 116].

Mit gewöhnlichen Transistoren ist infolge der Diffusionszeiten, welche für die in der Basis sich bewegenden Ladungsträger beansprucht werden, die Impulsfrequenz auf einige hundert Kilohertz beschränkt. Einen außerordentlichen Fortschritt ermöglichen hier die Drift-Transistoren, bei welchen das Basismaterial inhomogen ist, wodurch die Ladungsträger vermöge eines elektrischen Feldes viel schneller bewegt werden. Die Hauptvorteile der Drift-Transistoren sind:

1. Sehr hohe Grenzfrequenz (200—500 MHz);
2. hohe zulässige Kollektorspannung (über 50 V);
3. niedriger Basiswiderstand (unter 50 Ohm).

Die Notwendigkeit schnellster Arbeitsweise verlangt große Sorgfalt beim Entwurf der Schaltungen. Mit Drift-Transistoren ist es möglich, Rechensysteme mit einer Impulsfrequenz von 10 MHz zu bauen. Die IBM hat eine von der amerikanischen Atomenergiekommission in Auftrag gegebene Maschine (*Stretch*) [13, 14] gebaut, die mit dieser hohen Impulsfrequenz tatsächlich arbeitet. Die Multiplikationszeit dieser Rechenanlage beträgt 1,8 Mikrosekunden. Diese extrem hohe Rechengeschwindigkeit und eine wohldurchdachte Systemorganisation machen *Stretch* zur leistungsfähigsten Datenverarbeitungsanlage, die es bis heute überhaupt gibt [149]. Es ist schwierig, sich zu vergegenwärtigen, was es bedeutet, zwei beispielsweise zwölfstellige Dezimalzahlen (bei *Stretch*: 52 Bits Mantisse, 12 Bits Exponent, 8 Bits für automatische Fehlererkennung und -korrektur) miteinander in weniger als zwei Mikrosekunden zu multiplizieren: denn eine solche Multiplikation besteht aus Tausenden von elementaren Schaltvorgängen, die teilweise gleichzeitig und teilweise nacheinander ablaufen. Eine solche Maschine leistet in wenigen Stunden die Arbeit, für welche ein menschlicher Rechner, der nur eine Tischrechenmaschine als Hilfsmittel benutzt, 10 000 Jahre benötigen würde. Derartige Vergleiche haben allerdings, wenn sie in diese Größenordnung gehen, kaum mehr einen Sinn; denn mit den schnellsten elektronischen Rechenmaschinen wird man nur noch solche Probleme bearbeiten, deren Durchführung von Hand vollständig außerhalb des Bereichs des Möglichen liegt.

Es lohnt sich, hier einige Betrachtungen über Hochgeschwindigkeits-Schaltungen mit Transistoren anzustellen [15, 16]. In digitalen Transistorschaltungen wird die Arbeitsgeschwindigkeit durch fünf verschiedene Effekte begrenzt:

1. Speicherung der Ladungsträger, falls der Transistor im Sättigungsgebiet arbeitet;

2. Kapazitäten des Transistors und der Schaltungen;

3. α-Abfall bei hohen Frequenzen;

4. Laufzeit im Transistor;

5. Löcherspeicherung in den zugehörigen Dioden.

Wenn die Schaltgeschwindigkeit der Transistoren hauptsächlich durch deren α-Bandbreite und Laufzeit begrenzt sein soll, so dürfen sie nicht im Sättigungsgebiet betrieben werden, da sonst die Speichereffekte dominieren. Um den Effekt der Schaltkapazitäten zu vermindern, ist der Spannungssprung zwischen 0 und L so klein zu halten, als es mit der Forderung nach Betriebssicherheit vereinbar ist: denn hohe Schaltkapazitäten führen zu hohen Strömen. Auch der Gesichtspunkt der Leistung darf nicht vernachlässigt werden. Wenn bei einer Impulsfrequenz f eine Schaltkapazität C aufgeladen werden soll, so ist dazu die Leistung

$$P = C \cdot \Delta U^2 \cdot f$$

nötig, wobei ΔU den Spannungssprung kennzeichnet. Bei den kleinen zulässigen Verlustleistungen der Transistoren verdient dieser Punkt Aufmerksamkeit.

Da somit kleine Spannungssprünge erwünscht sind, entstehen besondere Probleme bei der Ausführung der logischen Verknüpfungen. Dioden erscheinen zunächst geeignet, doch macht der Spannungsabfall über einer leitenden Diode bereits einen merklichen Teil des ganzen verfügbaren Spannungssprunges aus; ferner sind die zur schnellen Aufladung der Schaltkapazitäten benötigten Ströme erheblich, so daß die Anzahl der Stufen, die hintereinander geschaltet werden können, sehr beschränkt ist. Daher ist es besser, die logischen Verknüpfungen mit Transistoren auszuführen. Mit Drift-Transistoren verwendet man am besten relativ hohe Spannungen und Ströme und vermeidet eine Sättigung. Besonders bewährt hat sich die Stromkopplung von p-n-p- mit n-p-n-Transistoren, die in

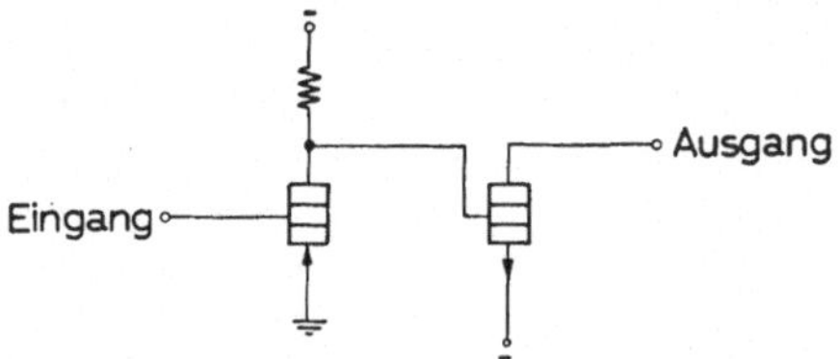

Bild 4.   Stromkopplung von zwei Drift-Transistoren

Bild 4 gezeigt ist; dieses Verfahren ist in bezug auf den Aufwand an Widerständen und anderen Teilen überaus ökonomisch. Logische Verknüpfungen lassen sich durch einfaches Zusammenschalten der Kollektoren erreichen. Man erhält so eine Verzögerung von etwa 16 Nanosekunden pro logische Stufe, und die Impulsanstiegszeit beträgt 20 Nanosekunden. Drift-Transistoren ermöglichen daher Rechengeschwindigkeiten, die über dem liegen, was in ökonomischer Weise mit konventionellen Vakuumröhren zu erreichen ist.

Die Festkörperphysik eröffnet eine Fülle von Verfahren und Möglichkeiten, welche bisher nicht zugänglich waren. Wie wir sahen, kann durch die Verwendung von inhomogenem Material die Arbeitsgeschwindigkeit von Transistoren enorm erhöht werden. Andererseits lassen sich einfache Schaltelemente bauen, welche mehrere Funktionen zugleich ausführen. Dieser Gedanke ist im RUTZ-Transistor (vgl. Bild 5) verwirklicht [17]. Dieser Transistor hat in üblicher Weise einen

Emitter, verfügt jedoch über zwei Kollektoren und ist als vollständiges Addierwerk für drei Dualziffern zu betrachten. Die drei zu addierenden Ziffern werden in Ströme verwandelt und in einem Widerstandsnetzwerk addiert, wonach der Summenstrom in den Emitter eingegeben wird. In den beiden Kollektoren fließen alsdann Ströme, welche dem Digitalwert der Summenstelle bzw. des Übertrages im Dualsystem entsprechen. Es ist denkbar, daß Halbleiterelemente mit noch wesentlich komplizierteren Funktionen hergestellt werden.

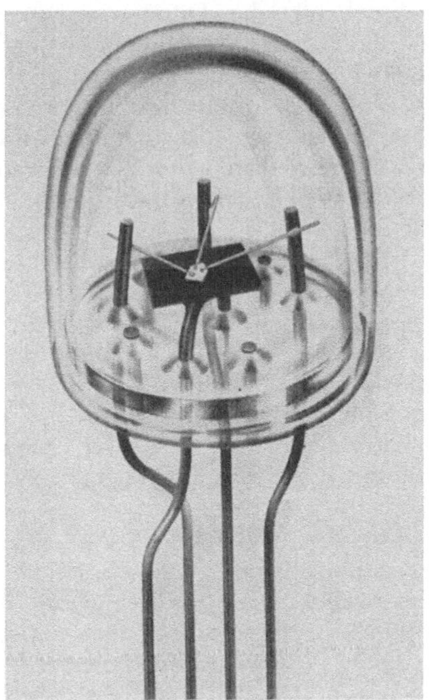

Bild 5.· Ansicht eines *Rutz*-Transistors mit einem Emitter und zwei Kollektoren
(Er stellt ein duales Addierwerk dar)

Die Halbleiterphysik hat uns in jüngster Zeit ein weiteres, neuartiges Schaltelement beschert: die *Tunneldiode* (nach ihrem Erfinder auch Esaki-Diode genannt) [18]. Dieses Element ist ein auf dem Tunneleffekt in Halbleitern beruhender Zweipol niedriger Impedanz, schneller Schaltzeit und billiger Herstellung. Die Strom/Spannungs-Charakteristik der Tunneldiode weist einen Bereich mit fallender Kennlinie (negativer Widerstand) auf und besitzt somit das für bistabile Schaltelemente wesentliche Kennzeichen. Obwohl die Tunneldiode bei weitem das jüngste Glied in der Familie neuer Schaltelemente darstellt, so ist ihre Entwicklung in kürzester Zeit doch erstaunlich vorwärts getrieben worden. Ihre Aussichten für einen nützlichen Einsatz sind heute schon als durchaus ebenbürtig im Vergleich zu anderen Schalttechniken und -elementen einzuschätzen. Es gibt bereits eine Vielzahl von Schaltungsvorschlägen mit Tunneldioden [117] sowohl als logisches Schaltelement [19 bis 21] als auch als Speicherzelle in Matrizen [22, 23] *).

---

*) Für eine ausführlichere Darstellung dieses für die Rechenautomatentechnik bedeutsamen Schaltelements vgl. den Beitrag "The Esaki Diode", von E. Goto, in diesem Buch S. 630—637.

3.3 Systeme mit Trägerfrequenzen

Einer Erhöhung der Impulsfrequenz über 10 MHz steht hauptsächlich die Schwierigkeit der Verstärkung solcher Signale im Wege, besonders weil Impulsfolgen in Rechenmaschinen eine hohe relative Bandbreite aufweisen. Diesem Umstand Rechnung tragend, wird heute versucht, eine hohe Trägerfrequenz zu verwenden, welcher die Impulse mittels Amplituden-, Frequenz- oder Phasenmodulation aufgedrückt werden. Solche Signale haben den Vorteil einer geringeren relativen Bandbreite, das heißt, die Differenz zwischen der höchsten und niedrigsten übermittelten Frequenz ist, verglichen mit der Frequenz des Trägers, sehr klein. Diese Eigenschaft bringt es mit sich, daß die *Impedanztransformation* (die Verwandlung von Signalen hoher Impedanz in solche niedriger Impedanz und umgekehrt) in einfachster Weise mit abgestimmten Anordnungen wie Wellenleitern oder Schwingkreisen geschehen kann. (Impulstransformatoren, die diese Aufgabe für Impulse unter 10 MHz befriedigend lösen, eignen sich bei höchsten Frequenzen nicht mehr.)

Ein weiterer, wichtiger Vorteil der Trägerfrequenzen besteht in der Möglichkeit der Phasenmodulation. So können z. B. die Werte 0 und L durch zwei um 180° versetzte Phasen dargestellt werden; beide haben dann gleichen Energieinhalt, und die Negation entspricht einfach einer Umpolung der Verbindungsleitungen oder einer Verzögerung um eine Halbschwingung. Diese Eigenschaft ist für den logischen Entwurf von größter Bedeutung. Schon bei Trägerfrequenzen unter 2 MHz kann davon in Form des *Parametrons* [24] Gebrauch gemacht werden[1]. Unter Verwendung ähnlicher Prinzipien tendiert man, bis ins Mikrowellengebiet vorzudringen [25, 118].

Die Technik der Frequenzen von 10 GHz (3 cm Wellenlänge) ist heute allgemein bekannt, und ihre Beherrschung bereitet keine besonderen Schwierigkeiten. Als Verstärker stehen Wanderwellenröhren zur Verfügung, die relative Bandbreiten bis zu 1 : 2 erreichen können, und die neuestens entwickelten parametrischen Mikrowellenverstärker eignen sich vielleicht noch besser [26]. In solchen Systemen können Impulsfrequenzen von 100 MHz verarbeitet werden [27], und vielleicht ist das der Weg, welcher zum begehrten Ziel einer Impulsfrequenz von 1 GHz führen wird. — Wie die Literatur zeigt, wird an mehreren Stellen auf diesem Gebiet gearbeitet [28 bis 33, 119].

Die Hauptschwierigkeit liegt heute noch bei der Entwicklung geeigneter Modulatoren für Mikrowellen. Mit 1 GHz Impulsfrequenz dürfte wohl die Grenze dessen erreicht sein, was in Datenverarbeitungssystemen auf einige Zeit hinaus möglich sein wird. Bei dieser Frequenz beträgt das Intervall zwischen zwei Impulsen eine Nanosekunde ($1 \text{ ns} = 10^{-9}$ s), und während dieser Zeit legt das Licht eine Strecke von 30 cm zurück[2]. Somit bedeutet, selbst wenn man die Fortpflanzung von Signalen innerhalb der Maschine mit dem maximal möglichen Wert, der Lichtgeschwindigkeit, ausführen kann, eine Strecke von 30 cm bereits eine Verzögerung um ein Impulsintervall. Eine weitere Erhöhung der Rechengeschwindigkeit kann nur noch dadurch erreicht werden, daß man die Ausdehnung

---

[1]) Vgl. auch den Beitrag "The Parametron", von H. Takahasi und E. Goto, in diesem Buch S. 595—609.

[2]) Die Fortpflanzung des Lichtes während einer Nanosekunde über eine Strecke von 30 cm entspricht gerade der in angelsächsischen Ländern verwendeten Längeneinheit 1 Fuß, und daher ist für die Zeiteinheit Nanosekunde der originelle Ausdruck „Lichtfuß" geprägt worden.

der Schaltungen erheblich unter das heutige Maß reduziert, was praktisch die Abkehr von der konventionellen Verdrahtungstechnik (einschließlich der heute weiträumig ausgeführten gedruckten Schaltungen) bedeutet. Die Entwicklung von Mikroelementen und die Technik der Molekularschaltungen (im Angelsächsischen manchmal nicht sehr glücklich mit „Molectronics" bezeichnet) wird energisch vorangetrieben [34 bis 36, 120].

3.4 Kryotron

Ein Phänomen, welches bislang noch wenig technische Anwendung gefunden hat, vollzieht jetzt seinen Einzug in die Technologie der Rechenanlagen: die Supraleitung. Es ist allgemein bekannt, daß verschiedene Leiter und Halbleiter bei Temperaturen, welche nur wenige Grade über dem absoluten Nullpunkt liegen, supraleitend werden, das heißt, ihr elektrischer Widerstand sinkt auf einen unmeßbar kleinen Wert ab. Merkwürdigerweise weisen vorwiegend diejenigen Substanzen, welche bei Zimmertemperaturen nicht besonders gute Leiter sind, wie z. B. Blei, dieses Phänomen auf, während gute elektrische Leiter, wie z. B. Kupfer, auch bei niedrigsten Temperaturen einen gewissen elektrischen Widerstand beibehalten. Weniger allgemein bekannt ist die Tatsache, daß die Übergangstemperatur in den supraleitenden Zustand durch ein angelegtes magnetisches Feld beeinflußt wird, und zwar wird diese Temperatur um so mehr reduziert, je stärker das magnetische Feld ist. Das bedeutet, daß ein Leiter, welcher normalerweise bei einer gewissen vorgegebenen Temperatur supraleitend ist, allein durch Anlegen eines magnetischen Feldes und ohne Änderung der Temperatur normalleitend gemacht werden kann. (Das ist auch der Grund, weshalb man durch supraleitende Drähte nicht beliebig große Ströme hindurchschicken kann; denn der Strom erzeugt im Draht selbst ein magnetisches Feld und zerstört damit die Supraleitung.) Bereits 1935 haben J. M. CASIMIR-JONKER und W. J. DeHAAS — was nicht allgemein bekannt ist — Experimente an Supraleitern in einem Magnetfeld ausgeführt und dabei relaisartige Schalteffekte beobachtet [37]. Eine im Prinzip ähnliche Schaltungstechnik liegt dem *Kryotron* (von griech. $\varkappa\varrho\acute{v}o\varsigma$ = Frost) zu grunde, das von D. A. BUCK angegeben wurde [38]; seine Pionierarbeit hat der Fachwelt überhaupt erst die Eignung der Kryotrontechnik für Rechenmaschinenschaltungen vor Augen geführt.

Das Kryotron besteht aus einem Kern (vgl. Bild 6a), welcher bei der Betriebstemperatur von etwa 4,2 °K supraleitend ist, welcher aber schon bei einem schwachen magnetischen Feld von beispielsweise 100 Oersted normalleitend wird. Ein solches Material ist z. B. Tantal, welches als *weicher* Supraleiter bezeichnet wird. Um diesen Kern herum liegt eine Wicklung, die das magnetische Feld erzeugen kann und ihrerseits bei allen hier vorkommenden Feldern supraleitend bleibt. Man verwendet für die Wicklung einen sog. *harten* Supraleiter, z. B. Niob. Auch die Anschlüsse und sämtlichen Verbindungen müssen aus einem harten Supraleiter bestehen. Der Kern, welcher normalerweise keinen elektrischen Widerstand besitzt, wird nun durch einen Strom in der Wicklung normalleitend gemacht, wodurch sein Widerstand auf etwa 1/100 Ohm ansteigt. Dieser Widerstand ist zwar immer noch sehr klein, aber das Verhältnis zwischen ein- und ausgeschaltetem Zustand ist außerordentlich hoch, und daher ist das Kryotron ein überaus leistungsfähiger Schalter in einem System, welches mit hinreichend niedrigen Impedanzen arbeitet.

Als Anwendung sei der Kryotron-Flipflop (vgl. Bild 6b) gezeigt. An den Eingangsklemmen wird ein konstanter Strom i angelegt, und es läßt sich leicht nachprüfen,

daß in jedem Fall der eine der beiden Kerne supraleitend, der andere normalleitend sein muß. Diese Zustände bleiben beliebig lange erhalten und können
durch äußere Einwirkung ineinander übergeführt werden. Wir haben somit ein
vollständiges Analogon zum bekannten Röhren- oder Transistoren-Flipflop,

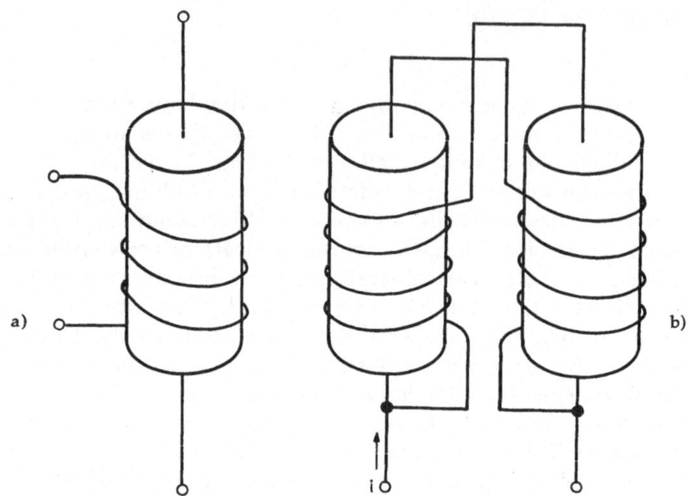

Bild 6a.   Draht-Kryotron
(Der Kern besteht aus Tantal, ist etwa 5 mm lang und hat einen Durchmesser von 0,2 mm)

Bild 6b.   Aus zwei Kryotrons bestehende bistabile Anordnung (Flip-Flop)

welcher in Rechenmaschinen eine so große Rolle spielt. Um die Umschaltzeit dieser
Anordnung möglichst zu reduzieren, versucht man heute, an Stelle von Drähten
sowohl für den Kern als auch für die Wicklung dünne, z. B. aufgedampfte
Schichten zu verwenden (vgl. die Übersichten in [39, 121, 148]), und es ist gelungen,
Umschaltzeiten von 10 Nanosekunden zu erreichen. Dieses *planare Kryotron*
besteht in seiner einfachsten Form aus einem Band, das aus weichem Supraleiter

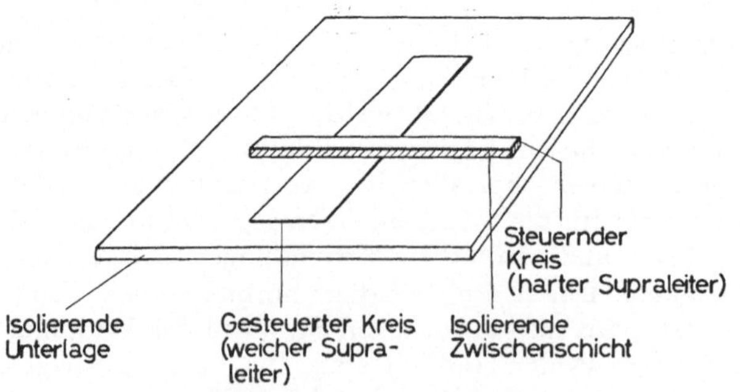

Bild 7.   Planares Kryotron

besteht und den gesteuerten Kreis darstellt, und einem darüber gelegten, senkrecht
dazu verlaufenden Band aus hartem Supraleiter für den steuernden Kreis
(vgl. Bild 7); dieser erzeugt, wenn er stromdurchflossen ist, an seiner Oberfläche
ein magnetisches Feld, welches den gesteuerten Kreis durchdringt und normal-

leitend macht, wodurch der Strom in diesem Kreis unterbrochen wird. Im supraleitenden Zustand dagegen führt der gesteuerte Kreis einen Strom. Dieser Strom erzeugt ebenfalls ein magnetisches Feld, das, obwohl unvermeidlich, nicht erwünscht ist, weil es die Tendenz hat, den Kreis normalleitend zu machen. Dieser Effekt begrenzt den maximalen steuerbaren Strom. Da das Feld in der Umgebung eines Bandleiters bei gegebenem Strom von der Breite des Leiters abhängt, muß man das gesteuerte Band möglichst breit (jedenfalls breiter als das steuernde Band) auslegen; denn die Verstärkung, die hier als Verhältnis von geschaltetem zu schaltendem Strom definiert ist, muß größer als Eins sein, sonst läßt sich aus Kryotrons kein System aufbauen. Leider ist die Verstärkung des planaren Kryotrons nicht, wie man vermuten würde, gleich dem Verhältnis der Breiten der Bandleiter, sondern infolge verschiedener Effekte etwa zehnmal kleiner, so daß man sich in praktischen Ausführungen mit einem Verstärkungsfaktor von etwa 3 begnügen muß. — Solche Schaltungen bestehen aus Schichten mit einer Dicke in der Größenordnung von 1 μm, und ihre Ausdehnung beträgt wenige Millimeter. Daher lassen sich die Kryotrons außerordentlich dicht packen.

Der Aufbau logischer Schaltungen mit Kryotrons wird durch das enorm hohe Verhältnis der Widerstände zwischen aus- und eingeschaltetem Zustand bestimmt. Es können ohne Einbuße an Signalstärke beliebig viele Kreise parallel oder in Serie geschaltet werden. In dieser Hinsicht ist das Kryotron analog dem elektromechanischen Relais, bei dem für praktische Zwecke der Widerstand eines geschlossenen Kontaktes gleich Null, der eines offenen Kontaktes gleich Unendlich betrachtet werden kann. Im Gegensatz zu einem Relais hat aber im Kryotron auch der steuernde Kreis (der der Spule entspricht) den Widerstand Null, so daß auch hier eine beliebige Serienschaltung möglich ist. Dadurch gewinnt man beim Aufbau logischer Schaltungen eine fast unvorstellbare Stabilität. — Der ein Kryotron durchfließende Strom beträgt etwa 200 mA, während (im stationären Zustand) sämtliche Spannungsabfälle gleich Null sind, da die normalleitenden Zweige keinen Strom führen.

Diese Anordnungen müssen in flüssigem Helium betrieben werden und arbeiten bei einer Temperatur von 4,2 °K. Das scheint auf den ersten Blick ein unüberwindliches Hindernis für ihre praktische Verwertbarkeit zu sein. Dem ist jedoch nicht so. Ein Heliumverflüssiger ist heute ein kommerziell erhältlicher Apparat, dessen Kosten nur einen Bruchteil derjenigen eines Datenverarbeitungssystems betragen; ebenso fällt der Raumbedarf im Vergleich zu einer großen Rechenmaschine kaum ins Gewicht. Daher ist der Gedanke, Teile einer Rechenmaschine in einer Umgebung von flüssigem Helium zu betreiben, nicht von der Hand zu weisen. Es läßt sich auch an die Anwendung für Steuersysteme in Raketen denken, wo eine Betriebsdauer von nur wenigen Minuten erforderlich ist. In diesem Fall würde man den Heliumvorrat allmählich verdampfen lassen und auf einen Verflüssiger verzichten.

Über die Vielfalt der heute im Mittelpunkt des Interesses stehenden physikalischen und technischen Probleme der Kryotron-Rechenmaschinenschaltungen informiert ein im Sommer 1960 erschienener, umfangreicher Konferenzbericht [40].

3.5 Andere Schaltelemente

Seit Jahren spricht man von der Verwendung *elektrochemischer Schaltelemente*, doch sind die anfänglich gehegten Erwartungen nur teilweise in Erfüllung gegangen, indem Betriebssicherheit und Geschwindigkeit noch immer nicht befriedigen. Trotzdem haben die Arbeiten in dieser Richtung nicht nachgelassen; vielmehr scheinen neue Erkenntnisse sogar zu einer Intensivierung der Forschungsarbeiten geführt zu haben. Im Vordergrund steht die Idee, Diffusionseigenschaften einer Membran durch ein angelegtes elektrisches Feld zu steuern [41].

Vielversprechend scheinen auch *Photoleiter* zu sein; das sind Schaltelemente, die bei Auftreffen von Licht leitend werden. Als Lichtquellen kommen Glimmlampen oder elektrolumineszente Materialien in Betracht. Eine solche Kombination hat verstärkende und schaltende Eigenschaft und verhält sich insofern ähnlich wie ein elektromechanisches Relais, als (im Gegensatz zu Röhren und Transistoren) Eingangs- und Ausgangskreis elektrisch getrennt sind, und eine Lichtquelle mehrere unabhängige Photoleiter schalten kann. Verschiedene Vorschläge zur Realisierung logischer Schaltungen mit Photoleitern sind bereits gemacht worden [42 bis 45]. Von besonderem Interesse scheint ein matrixförmiges Photoleiter-System zu sein, das in erster Linie zur Verwendung in adaptiven logischen Schaltungen bestimmt ist [46]. Elektrolumineszente Materialien eignen sich auch für Speicherzwecke [122].

Es sei an dieser Stelle auch einmal erwähnt, daß die Entwicklung neuer Schaltelemente nicht immer die Erhöhung der Operationsgeschwindigkeit zum Ziele haben muß. Dies beweist die in der letzten Zeit an mehreren Stellen vorangetriebene Entwicklung digitaler *pneumatischer* oder *hydraulischer Schaltelemente*, von denen man selbstverständlich keine extrem hohen Schaltgeschwindigkeiten erwarten darf; hier bedeuten einige 100 Hz schon viel. Das Ziel der Entwicklung liegt in der Schaffung zuverlässiger Komponenten und im Studium der durch ihre Verbindung zu größeren logischen Systemen sich ergebenden Probleme. Um ganze Systeme bauen zu können, benötigt man bekanntlich einige Grundkomponenten oder -schaltungen, welche logische Verknüpfungen, Verzögerung und (gegebenenfalls daraus resultierend) Speicherung leisten; zusätzlich muß noch das Problem der Signalverstärkung gelöst werden. Im Rahmen dieser Entwicklungsarbeiten sind verschiedene Wege von den einzelnen Forschungsgruppen mit teilweise gutem Erfolg beschritten worden [47 bis 51, 123, 146, 147].

4. Speicherwerk

Bei den Speicherwerken kann man grundsätzlich unterscheiden zwischen Schnellspeichern mit möglichst kurzer Zugriffszeit (bei relativ kleiner Kapazität) und Großraumspeichern mit möglichst großem Fassungsvermögen (bei entsprechend längerer Zugriffszeit). Da die Forderungen einer großen Speicherkapazität bei gleichzeitiger kurzer Zugriffszeit aus technischen Gründen inkompatibel sind, geht man neuerdings bei großen und sehr schnellen Maschinen zu einer hierarchischen Struktur des Gesamtspeichers über, d. h. man sieht eine Staffelung technisch verschiedenartiger Speichereinheiten vor, beginnend beim Großraumspeicher, der die Gesamtheit der gespeicherten Daten aufnimmt, über mehrere Stufen bis hinunter zum Schnellspeicher mit einer Zugriffszeit von Bruchteilen von Mikrosekunden, der nur so viele Daten zu fassen braucht, wie für die unmittelbar auszuführenden Operationen benötigt werden. Eine wohldurchplante Maschinenorganisation bewirkt in Verbindung mit einem automatisch funktionierenden, „vorausschauenden" Befehlsablauf die rechtzeitige Bereitstellung der zu verarbeitenden Daten im Schnellspeicher, d. h. in der untersten Stufe der Speicherhierarchie.

In den heute vertriebenen Rechenmaschinen finden wir fast ausschließlich Magnetkernmatrizen als Schnellspeicher und Magnettrommeln als Speicher größeren Fassungsvermögens; mitunter ist noch die Anschlußmöglichkeit von Magnetbandeinheiten vorgesehen zur weiteren Vergrößerung der Speicherkapazität. Elektrostatische Speicherröhren, welche noch vor einigen Jahren als Schnellspeicher eine wichtige Rolle spielten, haben inzwischen entscheidend an Bedeutung verloren. Obwohl an manchen Stellen die Entwicklung von Speicherröhren, insbesondere des Typs der „Barrier grid storage tube", noch fortgesetzt wird [52 bis 54], ist es praktisch doch so, daß sie heute als Rechenspeicher nicht mehr verwendet werden.

Nachfolgend werden zunächst die Schnellspeicher und dann die Großraumspeicher besprochen. Ausgehend von dem jeweiligen „klassischen" Vertreter: Magnetkern- bzw. Magnettrommelspeicher wird auf einige neuere, teilweise schon erfolgreich realisierte oder zumindest für die Zukunft sehr aussichtsreich erscheinende Speicherverfahren und -techniken übergeleitet. Wir sind uns bewußt, daß neben den hier dargestellten noch eine Anzahl weiterer Entwicklungen laufen und auch noch andere, teils recht geistreiche Vorschläge zum Speichern von Information bekanntgeworden sind. Einmal erscheint es nicht sehr sinnvoll, auf alle möglichen Varianten in der äußeren Erscheinungsform der von den verschiedenen Firmen auf den Markt gebrachten Produkte einzugehen, soweit ihnen ein gleiches technisches oder physikalisches Prinzip zugrunde liegt; zum anderen wurde auf die Darstellung derjenigen Verfahren verzichtet, die heute bereits als überholt gelten bzw. von mehr akademischem als praktischem Wert sind. — Ein guter Überblick über die konventionellen Speicher und über Zuordner mit gespeicherter Information wird in zwei Arbeiten [55, 56] gegeben, auf die an dieser Stelle hingewiesen sei. Erwähnt seien auch zwei vergleichende Übersichten [124, 125] jüngeren Datums, welche sich auf neuere Speicherelemente beziehen und reichhaltige Literaturzusammenstellungen enthalten.

4.1 Stromkoinzidenz-Speicher mit magnetischen Ringkernen und Lochplatten

Die konventionellen Magnetkernspeicher, welche nach dem Stromkoinzidenzprinzip arbeiten, haben eine Kapazität in der Größenordnung von 100 000 oder sogar 1 000 000 Dualziffern (Bits) und eine Zugriffszeit von 5 bis 10 Mikrosekunden. Die Ferrit-Ringkerne sind üblicherweise in Ebenen (von z. B. 2000 Kernen) angeordnet und werden bekanntlich durch eine kreuzweise und diagonale matrixförmige Verdrahtung getragen. Etwa 50 solcher Ebenen werden übereinandergeschichtet und bilden zusammen das Schnellspeicherwerk (Bild 8). Im Zuge der Miniaturisierungsbestrebungen versucht man, die Packungsdichte der Magnetkerne in dreidimensionalen Anordnungen bis an die Grenze des Möglichen zu erhöhen. In dem kommerziell erhältlichen „Microstack" erreichte man beispielsweise eine Packungsdichte von $16 \times 16 \times 10$ Kernen auf einem Raum von etwa $3,5 \times 3,5 \times 2,8 \ cm^3$.

Beim konventionellen Stromkoinzidenz-Speicher, der mit einem Selektionsverhältnis von 2 : 1 arbeitet, ist es in erster Linie die Unmöglichkeit, die Zugriffszeit noch weiter zu verkürzen, welche zu Neuentwicklungen anspornt. Die Schaltzeit magnetischer Materialien hängt nämlich von der Größe des angelegten magnetischen Feldes ab, und für die heute einzig in Betracht kommenden Ferrite beträgt diese Schaltzeit bei einem Feld von 1 Oersted etwa eine Mikrosekunde. Infolge des klassischen zweidimensionalen Matrixprinzips, welches das Schalten vom zeitlichen und örtlichen Zusammenfallen zweier Ströme (und daher zweier Felder) abhängig macht, ist es grundsätzlich nicht möglich, das angelegte Feld höher als

die doppelte Koerzitivkraft des Materials werden zu lassen. Da ein Speicher- oder
Ablesevorgang stets mehrere Ummagnetisierungen benötigt, kommt man auf die
schon genannte Zugriffszeit von etwa 5 Mikrosekunden.

Bild 8.   Magnetkernspeicher für insgesamt 100 000 Dualstellen

Eine Möglichkeit, die Zugriffs- oder Zykluszeit bei den Stromkoinzidenz-Speichern
mit Magnetkernen herabzusetzen, besteht in der Erhöhung des Selektions-
verhältnisses auf beispielsweise 3 : 1 oder noch höher [126, 127]. Die Verdrahtung
von solchen Speichern mit Vielfachkoinzidenz wird jedoch immer schwieriger, je
höher das Selektionsverhältnis gewählt wird, da die Anwendung des bekannten
Inhibitionsverfahrens zur Steuerung des Einschreibens von Information dann
nicht mehr möglich ist. Bisher haben sich Vielfachkoinzidenz-Speicher mit einem
Magnetkern pro Bit in der Praxis nicht durchsetzen können.

Durch Verwendung von zwei Magnetkernen pro Bit läßt sich auch ein Selektionsverhältnis von 3 : 1 erzielen, ohne daß sich ein prohibitiver Aufwand in der Verdrahtung und in der Steuerungsschaltung ergibt [128]. Man muß dann jedoch
zum Konzept des Parallelspeichers[3]) übergehen, das heißt, man kann nicht mehr

---

[3]) Für diese Art der Organisation eines Speichers findet man manchmal auch die
    Bezeichnung „2-D-Speicher" (D kommt von Dimension) oder „Speicher mit wort-
    organisiertem Anruf" im Gegensatz zum „3-D-Speicher" mit „bitorganisiertem
    Anruf".

einzelne Zellen im Speicher anwählen, sondern ist gezwungen, die Information z. B. eines ganzen Wortes gleichzeitig in so viele Zellen einzuschreiben, wie sich entlang einer Selektionsleitung (Wortleitung) befinden, und diese Information auch wieder simultan auf parallelen Leseleitungen (Bitleitungen) auszulesen.

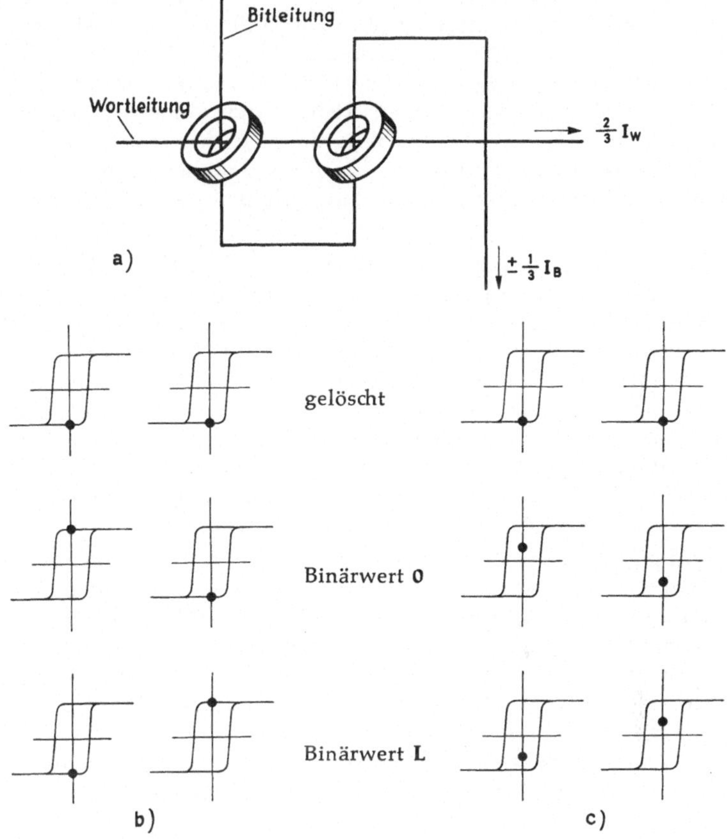

Bild 9.   Zweikern-Speicher mit wortorganisiertem Anruf
a) Verdrahtung der beiden Magnetkerne
b) Remanenzzustände bei vollem Umschalten der Kerne
c) Remanenzzustände bei partiellem Umschalten

Die Verdrahtung zweier Magnetkerne zur Speicherung eines Binärwertes ist in Bild 9a gezeigt. Durch den ersten Kern sind Wort- und Bitleitung gleichsinnig, durch den zweiten Kern gegensinnig hindurchgeführt. Zum Einschreiben wird die Wortleitung mit einem Strom $\frac{2}{3}\,I_W$ beaufschlagt, während in der Bitleitung ein Strom $\frac{1}{3}\,I_B$ fließt, dessen Polarität die einzuschreibende Binärinformation 0 oder L kennzeichnet. Bild 9b zeigt die charakteristischen Remanenzzustände der beiden Kerne. Das Auslesen der Information geschieht durch einen in der Wortleitung nach links fließenden Strom beliebiger Stärke, der die beiden Kerne in den Ausgangszustand zurückversetzt. Dabei wird in der Bitleitung ein negativer oder positiver Spannungsimpuls induziert je nachdem, welche Binärinformation gespeichert war. Dieser Speicher hat die vorteilhafte Eigenschaft, daß die Impedanz der Leitungen unabhängig von der gespeicherten Information ist.

Die Zykluszeit in einem solchen Zweikern-Speicher läßt sich noch weiter verringern, wenn man vom Prinzip des partiellen Schaltens Gebrauch macht [129].
Dabei werden an einen Kern zwar starke, aber so kurze Impulse angelegt, daß es
zu keiner vollständigen Umschaltung der Magnetisierung im Kernmaterial kommt.
Bei diesem Verfahren tritt bei beiden Kernen ein partielles Schalten auf, jedoch
schalten sie infolge ihrer verschieden großen Durchflutung verschieden schnell. Die
Stromimpulse (Dauer etwa 100 ns) sind so kurz, daß die Kerne keine Zeit haben,
vollständig in den entgegengesetzten Remanenzzustand umzuschalten, und es ergeben sich die in Bild 9c dargestellten Remanenzzustände. Mit einem solchen
Speicher ist man auf eine totale Zykluszeit von 0,5 µs heruntergekommen. — Der
nach diesem Grundprinzip betriebene Zweikern-Speicher eröffnet bestechende
Möglichkeiten, und verschiedene Entwicklungsgruppen beschäftigen sich mit ihm
[130, 131].

Bei den aus Ferritmaterial hergestellten Magnetplatten, welche mit einer Vielzahl
von Löchern versehen sind, wirken als Speicherzellen die die Löcher umgebenden,
schmalen Randzonen des Ferritmaterials [57, 132]. Die einzelnen Ferritplatten, die
in einem Preßvorgang hergestellt und nachher einem Temperungsprozeß unterworfen werden, lassen sich sowohl für Speicher- als auch für Schaltmatrizen (zur
Auswahl der anzurufenden Speicherzelle) verwenden. Zur Vereinfachung der
Verdrahtung ist auf jeder Platte einer der Auswahldrähte als gedruckte Schaltung
aufgebracht, wobei die elektrische Leitsubstanz wie ein Draht alle Löcher der
Platte umschlingt. In einer kommerziellen Ausführung gibt es diese Platten in
einer Größe von etwa 4,3 cm² mit 256 Löchern je Platte.

In Japan wird ein originelles Speicherverfahren angewendet, das es gestattet, eine
Ferritkernmatrix ohne zusätzliche Schaltungsmaßnahmen zur Signalumwandlung
direkt an Parametrons anzuschließen [58] (vgl. auch [30], insbesondere S. 124).
Wir gehen hier nicht näher auf dieses Speicherverfahren, dessen Arbeitszyklus
jedenfalls nicht schneller (eher langsamer) ist als beim konventionellen Magnetkernspeicher, ein, sondern verweisen auf eine zusammenfassende Darstellung
[133] sowie auf einen Beitrag an anderer Stelle dieses Buches [4]). Ein auf demselben
Grundprinzip beruhendes Speicherverfahren wurde — offenbar unabhängig von
der Entwicklung in Japan — auch in England erfunden und zum Patent angemeldet [134].

4.2 Flußkoinzidenz-Speicher

Durch die Entwicklung von Magnetkernen mit mehreren Öffnungen ist es
gelungen, den Schaltvorgang in einem bestimmten Kern nicht mehr von der
Koinzidenz zweier Ströme bzw. zweier Felder, sondern zweier magnetischer Flüsse
abhängig zu machen [59]. Dieses Flußkoinzidenzverfahren sei an Hand von
Bild 10a erläutert. Man benötigt einen Kern mit vier Schenkeln. Die kleine Öffnung
links soll als Treiberöffnung bezeichnet werden, und die Treiberleitungen x und y
(welche den horizontalen und vertikalen Treiberleitungen in einem gewöhnlichen
Stromkoinzidenz-Speicher entsprechen) umfassen den äußeren bzw. den inneren
Schenkel. Die kleine Öffnung rechts ist die Ableseöffnung; die Ablesewicklung
umfaßt nur den äußeren rechten Schenkel. Wenn nun durch x und y gleichzeitig

---

[4]) Vgl. den Beitrag "Memory Systems for Parametron Computers", von H. TAKAHASI
   und E. GOTO, insbes. den Abschnitt "Hysteresis Elements — The Dual Frequency
   Method", in diesem Buch S. 611—616.

ein Stromimpuls geschickt wird, der zu beiden Seiten der Treiberöffnung einen gleichgerichteten Fluß verursacht (beispielsweise im Uhrzeigersinn, bezogen auf die große, mittlere Öffnung), so kann die ganze Magnetisierung des Kerns in dieser Richtung geschaltet werden. Das Ergebnis ist dasselbe wie wenn der Fluß mit einer einzigen Treiberwicklung, die den ganzen Kern umfaßt, geschaltet worden wäre. Danach kann durch x oder durch y allein ein Impuls, der die nämliche Polarität wie im vorherigen Vorgang hat, geschickt werden, ohne daß der Flußverlauf im Kern erheblich geändert wird, da der Fluß sich lediglich vom

Bild 10.   Flußkoinzidenz-Speicherkern

Remanenzwert zur Sättigung vergrößern kann. Wenn aber in x oder y ein Impuls umgekehrten Vorzeichens eingegeben wird, so wird die Umgebung der Treiberöffnung gesättigt, und der Flußpfad um den ganzen Kern herum wird unterbrochen, wie wenn der Kern aufgeschnitten worden wäre. Der Hauptfluß muß dann auf der rechten Seite wieder zurückkehren und nimmt daher die in Bild 10b gezeigte *Bananen*-Form an. Der Teil, den die Lesewicklung umfaßt, ist unverändert geblieben, und in dieser Wicklung ist keine Spannung induziert worden. Andererseits können x und y gleichzeitig mit je einem Impuls beaufschlagt werden, der in seiner Polarität umgekehrt dem ursprünglichen, setzenden Signal ist; dann wird der ganze Fluß in die Gegenuhrzeiger-Richtung umgeschaltet, und in der Lesewicklung entsteht eine Spannung.

Daraus ist ersichtlich, daß ein Strom in der x- oder y-Treiberleitung allein nicht den ganzen Kern setzen kann, selbst wenn dieser Strom den Koerzitivstrom für das Material um mehrere Größenordnungen überschreitet. Bei Koinzidenz der Impulse erfolgt daher der Schaltvorgang — unter Einwirkung eines sehr starken Feldes — entsprechend schnell. Dieses Verfahren hat eine weitere, wichtige Konsequenz: Es ist nicht mehr nötig, daß das Kernmaterial eine Magnetisierungsschleife mit gutem Rechteckigkeitsverhältnis aufweist; lediglich das Verhältnis Remanenzfluß zu Sättigungsfluß muß möglichst groß sein. Ein nach dem Flußkoinzidenzverfahren betriebenes Speicherwerk hat eine Zugriffszeit von etwa 0,5 Mikrosekunden.

Das unter der Bezeichnung *BIAX* bekanntgewordene Speicherelement [60] beruht auf einem ähnlichen Prinzip, ist jedoch von anderer topologischer Struktur. Ein einzelnes BIAX-Element stellt sich dar als kleiner, aus Ferrit bestehender, prismatischer Körper (Maße: $1,3 \times 1,3 \times 2,0$ mm^3) mit zwei übereinanderliegenden, orthogonal zueinander angeordneten Löchern. Die Binärinformation wird durch die Richtung des das eine Loch umgebenden magnetischen Flusses gespeichert. Das Auslesen bzw. Abfragen des Speicherinhalts kann wahlweise informationszerstörend oder nichtzerstörend geschehen durch Erzeugen eines magnetischen Flusses um das zweite Loch herum. Als Folge der Wechselwirkung der beiden Magnetflüsse entsteht in einem durch das Speicherloch hindurchgeführten Lesedraht ein durch Induktion erzeugtes Ausgangssignal. Ein vollständiges BIAX-

Speichersystem in Matrixverdrahtung mit einer Kapazität von 21 500 Bits konnte mit seinen gesamten Schreib- und Leseeinrichtungen auf einem Raum von etwa 22,8 dm³ untergebracht werden. Der Lesezyklus bei Arbeitsweise mit wahlweisem Zugriff beträgt 2 MHz (wie oben). BIAX-Elemente lassen sich — wie dies ganz allgemein für Magnetkerne mit mehreren Öffnungen zutrifft (s. Abschnitt 3.1) — natürlich auch für logische Schaltungen gut verwenden.

Schließlich seien noch die mit dünnen magnetischen Schichten durchgeführten Experimente erwähnt, bei denen in Verbindung mit einer vierschichtigen Speicherzelle eine dem Flußkoinzidenzverfahren verwandte Einschreibe- und Auslesemethode zur Anwendung kommt [61].

4.3 Twistor

Der Twistor ist ein neuartiges Speicherelement, welches zum Aufbau von Schnellspeichern mit kurzer Zugriffszeit verwendet wird [62]. Wenn die gehegten Erwartungen in Erfüllung gehen, so werden die Herstellungkosten gegenüber Magnetkernspeichern beträchtlich niedriger sein.

Als speicherndes Medium dient ein aus magnetischem Material (z. B. Nickel) bestehender, homogener, dünner Draht. In einer Variante stellt sich das Twistorelement dar als ein mit einem dünnen magnetischen Belag (etwa 5 μm dick) umgebener oder überzogener, nichtmagnetischer, drahtförmiger Leiter (z. B. Kupferdraht von etwa 50 μm Dicke). Im Speichermedium liegt die bevorzugte Magnetisierungsrichtung normalerweise axial. Wird nun auf den Draht eine Torsionsspannung von einer gewissen Größe ausgeübt, so entsteht ein mechanischer Spannungszustand, welcher die bevorzugte Magnetisierungsrichtung um 45° verdreht, so daß sie jetzt die Form einer Schraubenlinie hat (vgl. Bild 11). Die Selektion erfolgt in ähnlicher Weise wie beim Magnetkernspeicher, indem zwei Ströme, welche mit I_1 und I_2 bezeichnet sind, angelegt werden, von denen jeder für sich

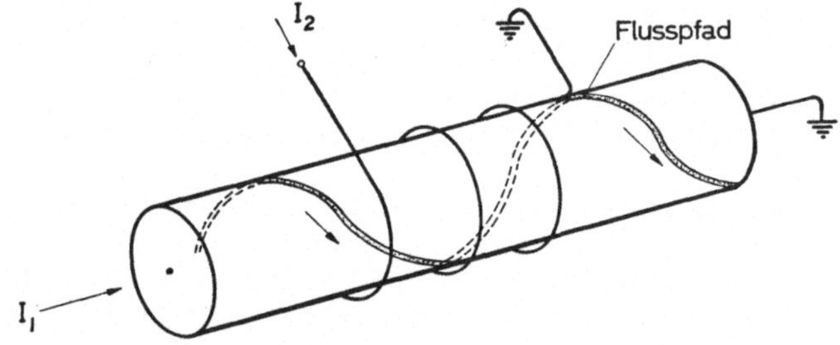

Bild 11.   Einzelnes Twistor-Element
(Der speichernde Nickeldraht hat eine Dicke von etwa 0,025 mm)

nicht genügt, um die Koerzitivkraft des magnetischen Materials zu überwinden, während beide zusammen eine Ummagnetisierung hervorrufen. Auf diese Art wird in einer Ebene von Speicherzellen nur eine einzige geschaltet. Im Twistor wird, wie aus Bild 11 hervorgeht, der Strom I_1 durch den Nickeldraht selbst geschickt, während für I_2 eine kleine Spule um ein Stück des Drahtes herumgelegt ist. I_1 erzeugt ein kreisförmiges, I_2 ein axiales Feld. Diese liegen senkrecht zueinander und überlagern sich zu einem Feld entlang einer Schraubenlinie, welches mit der bevorzugten Magnetisierungsrichtung zusammenfällt. Die dualen Werte O und L werden durch positive bzw. negative Werte von I_1 und I_2 dargestellt. Die Ablesung erfolgt, indem man den Wert 0 einschreibt und beobachtet, ob eine Flußänderung stattfindet oder nicht. Eine Flußänderung äußert sich als Spannungsimpuls im Nickeldraht. Da der schraubenförmige Fluß diesen Draht mehrmals umfaßt, wird der Impuls entsprechend verstärkt. Der in praktischen Ausführungen verwendete Nickeldraht hat im Interesse hoher Schaltgeschwindigkeit eine Dicke von nur 25 µm und ist somit (im Gegensatz zu Bild 11, das der Anschaulichkeit halber mit veränderten Größenverhältnissen gezeichnet ist) sehr viel kleiner als die Länge der Treiberspule. Somit wird der schraubenförmige Fluß im Bereich einer Zelle den Draht tatsächlich vielmal umfassen. Die Schaltzeit des Twistors liegt in der Größenordnung einer Mikrosekunde und damit etwa in der Größenordnung der Schaltzeit bei normalen Ferrit-Ringkernen. Es ist also nicht dieser Punkt, sondern es sind die für größere Speicheranordnungen zu erwartenden niedrigeren Herstellungskosten, die es möglich erscheinen lassen, daß der Twistor mit den Magnetkernspeichern in erfolgreiche Konkurrenz tritt.

4.4 Dünne magnetische Schichten

Auch die mit dem Flußkoinzidenz-Speicher erreichbare Zugriffszeit von 0,5 Mikrosekunden ist für die geplanten Hochgeschwindigkeits-Rechenanlagen mit 100 oder mehr Megahertz Impulsfrequenz noch viel zu lang. Es scheint nun, daß dünne magnetische Schichten hier eine wesentliche Verbesserung bringen können.

Die vielfältige Grundlagenforschung, die auf dem Gebiet der Magnetmaterialien getrieben wird, hat zu einem besseren Verstehen der magnetischen Phänomene nicht nur im Massivmaterial sondern vor allem auch in dünnen Schichten geführt. Ein wesentliches Merkmal der dünnen magnetischen Schichten, das in der technischen Anwendung eine wichtige Rolle spielt, ist das Vorhandensein einer uniaxialen magnetischen Anisotropie, d. h. einer bevorzugten Magnetisierungsrichtung. Eine dünne magnetische Schicht besteht aus einer Nickel-Eisen-Legierung (z. B. 80 %/o Ni, 20 %/o Fe), hat eine Dicke von z. B. 2000 Å ($1\text{ Å} = 10^{-8}$ cm) und wird im Vakuum aufgedampft. Sie läßt sich so herstellen, daß sie einen einzigen WEISSschen Bezirk darstellt, das heißt, es kommen innerhalb dieses Bereiches keine Domänenwände vor. Die Ummagnetisierung einer solchen Schicht kann somit nicht mehr durch Wandverschiebungen erfolgen; vielmehr findet eine Rotation der atomaren Dipole statt, und diese Rotation ist bedeutend schneller als eine Wandverschiebung; die Ummagnetisierungszeiten einer dünnen magnetischen Schicht liegen bei einer Nanosekunde [63].

Ein Magnetschichtspeicher besteht aus einzelnen quadratischen oder runden magnetischen Speicherelementen, die auf eine ebene Unterlage aufgedampft sind (planare Ausführungsform). Infolge der geringen Dicke dieser Elemente kann sich der Fluß jedes Elements durch die Luft schließen, ohne daß eine merkliche Entmagnetisierung eintritt. Die Anordnung der Speicher- und Ableseleitungen, die ebenfalls auf dem Wege der Aufdampfung oder der Elektrolyse aufgebracht werden können, ist matrixförmig — also im Prinzip ähnlich wie beim gewöhnlichen Kernspeicher. Es ist auch möglich, die Speicherung und Ablesung, einschließlich der Selektion, nach dem konventionellen Stromkoinzidenzverfahren auszuführen. Es erscheint jedoch aussichtsreicher, ein anderes Selektionsverfahren, welches die inhärenten Eigenschaften der uniaxialen magnetischen Anisotropie der Speicherzellen ausnutzt, anzuwenden; dann muß man jedoch zum Konzept des 2-D-Speichers übergehen (s. Fußnote [3]). Das Verfahren des Einschreibens der Information besteht kurz darin, daß die Magnetisierung der Speicherelemente durch ein y-Treibfeld in die harte Richtung ausgelenkt und ihr Umschalten durch ein positives oder negatives x-Steuerfeld (parallel zur leichten Richtung) in die vorbestimmte, die zu speichernde Information kennzeichnende, bevorzugte Magnetisierungsrichtung gesteuert wird. — Die ganze Entwicklung steckt erst in den Anfängen, da die gleichmäßige Herstellung dünner magnetischer Schichten noch gewissen Schwierigkeiten begegnet; doch scheint es, daß auf diesem Prinzip schnellste Speicherwerke mittelgroßen Fassungsvermögens, die außerdem in der Herstellung nicht teuer sind, entwickelt werden können [39, 61, 64 bis 67, 135 bis 137].

Neben den planaren Ausführungsformen gibt es auch Beispiele für Magnetschichtspeicher mit zylinderförmigen Speicherelementen [68, 69]. Das Element (eine amerikanische Herstellerfirma nennt es „Rod") besteht aus einem zylinderförmigen Glasstab (Durchmesser etwa 0,3 mm) als Träger, der auf seiner Oberfläche mit einer dünnen, z. B. chemisch aufgebrachten, nichtmagnetischen, gut leitenden, metallischen Schicht (z. B. Silber) überzogen ist. Darauf befindet sich eine etwa 3000 Å dicke, ferromagnetische (98 % Fe, 2 % Ni) Filmschicht. Dieses Element eignet sich wegen seiner Rechteckhysterese-Eigenschaften und der kurzen Umschaltzeiten für die Magnetisierung (unter 50 Nanosekunden) sowohl für Speicherzwecke als auch für logische Verknüpfungsschaltungen, wobei mit Betriebsfrequenzen von 2 bis 5 MHz gearbeitet werden kann. In einer matrixförmigen Speicheranordnung, die mit Stromkoinzidenz arbeitet, benötigt man für jede Speicherzelle vier separate, aus je etwa 10 Windungen bestehende Wicklungen (x- und y-Selektions-, Inhibierungs- und Lesewicklung), die in vorfabrizierter Form als Solenoidbündel in den Koordinatenpunkten der Matrixebene vorgesehen werden [68]. Die durch maschinelle Wicklungsverfahren hergestellten Solenoidmatrizen werden in mehreren Ebenen hintereinander angeordnet und die Speicherstäbe durch die Wicklungen hindurchgesteckt. Die Speicherdichte entlang eines Elements beträgt in der hier erwähnten Anordnung etwa 4 Bits je cm. Die Drahtwicklungen der Solenoidbündel bedingen verhältnismäßig hohe Induktivitäten und Kapazitäten und sind der Grund, weshalb man die mit dünnen magnetischen Schichten an sich erzielbaren hohen Schaltgeschwindigkeiten im praktischen Betrieb nicht ausnutzen kann. Um hier weiter zu kommen, versucht man an anderer Stelle [69] die Solenoidbündel durch matrixförmig angeordnete Gruppen von Übertragungsleitungen niedriger Impedanz (Koaxial- und Bandleiter) zu ersetzen. Man wendet dann nicht mehr das konventionelle Stromkoinzidenzverfahren an, sondern geht zum 2-D-Speicher mit wortorganisiertem Anruf über und macht sich — wie oben — die Anisotropie der Speicherzellen (die leichte Richtung verläuft kreisförmig konzentrisch zur Achse) für den Vorgang des Einschreibens zunutze.

Die vielversprechenden Eigenschaften der dünnen magnetischen Schichten fordern natürlich auch zur Entwicklung logischer Schaltungen heraus [70 bis 74], wobei man auch an Parametrons denkt [33]. Bis zur Bereitstellung dieser bereits konzipierten Schaltkreiselemente für die Verwendung in kommerziell gefertigten Rechenanlagen wird es jedoch noch längerer, intensiver Forschungs- und Entwicklungsarbeit bedürfen.

4.5 Supraleitender Speicher

Ein weiterer aussichtsreicher Weg wird durch die Erfindung des in Abschnitt 3.4 bereits beschriebenen Kryotrons eröffnet. Bekanntlich fließt ein Strom, welcher in

einem supraleitenden, geschlossenen Leiter induziert wurde, auf unbeschränkte
Zeit weiter, da kein Widerstand vorhanden ist, welcher die im magnetischen Feld
vorhandene Energie aufzehren könnte. Der magnetische Fluß ist somit in der
supraleitenden Anordnung festgehalten, und man spricht von *gefangenem Fluß*
(trapped flux). Ein solcher ringförmiger Leiter wäre somit als Speicherelement
bestens geeignet, indem ein Strom in der einen Richtung als 0, ein Strom in der
anderen Richtung als L zu deuten wäre. Speicherung und Ablesung werden bedeutend erleichtert, wenn man nicht einen, sondern zwei geschlossene Strompfade
verwendet [75]. Nach einer solchen Anordnung besteht ein Speicherwerk aus einer
supraleitenden Platte; jede Zelle ist durch ein Loch dargestellt, dessen Durchmesser wenige Millimeter beträgt und über welches quer eine Brücke gelegt ist
(vgl. Bild 12). Diese Brücke ist mit der Grundplatte supraleitend verbunden und

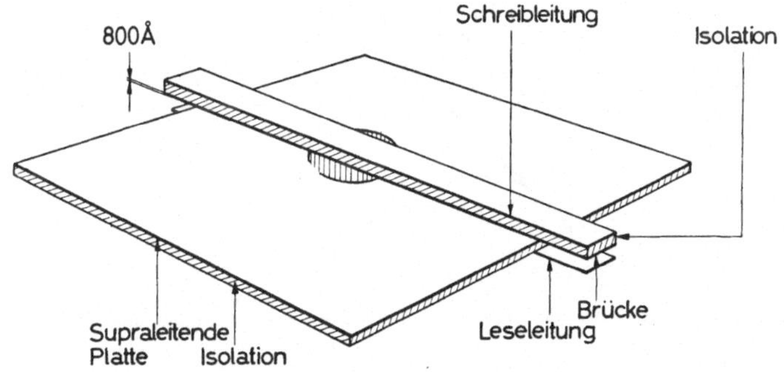

Bild 12.   Supraleitende Speicherzelle

besteht aus weichem Supraleiter. Alle andern Teile sind aus hartem Supraleiter,
das heißt, sie bleiben bei allen im Betrieb vorkommenden Strömen supraleitend.
Das gespeicherte Signal besteht jetzt aus einem durch die Brücke in der einen oder
andern Richtung fließenden Strom; beim Übergang zur Platte teilt sich dieser
Strom in zwei Hälften und fließt auf beiden Seiten entlang den Rändern des
Loches zurück. Der *gefangene* magnetische Fluß umfaßt die Brücke und schließt
sich durch die beiden halbkreisförmigen Öffnungen.

Jetzt muß die Speicherung und die Ablesung gelöst werden. In Bild 12 ist ersichtlich, wie die Schreibleitung und die Leseleitung angebracht sind. Zunächst sei der
Schreibvorgang erläutert: Wenn man durch die Schreibleitung einen langsam ansteigenden Strom schickt, so wird infolge der engen Kopplung in der Brücke ein
genau gleich großer Gegenstrom induziert werden, derart, daß das magnetische
Feld immer Null ist. Das kann aber nur so lange dauern, bis eine Schwelle erreicht
wird, bei der die weichsupraleitende Brücke durch ihren eigenen Strom normalleitend gemacht wird. Dann wird Energie verzehrt, und der Brückenstrom sinkt
wieder, bis er die Schwelle unterschritten hat. Bei weiter ansteigendem Schreibstrom wiederholt sich dieser Vorgang, so daß praktisch der Brückenstrom konstant
bleibt. Bild 13 veranschaulicht die Beziehung zwischen Schreibstrom und Brückenstrom. Wenn sich jetzt der Schreibstrom wieder verringert, so sinkt der Brückenstrom genau im gleichen Maß und verharrt schließlich, wenn der Schreibstrom zu
Null geworden ist, auf einem negativen Wert. Damit ist also durch einen Impuls
in der Schreibleitung eine Binärziffer (z. B. 0) gespeichert worden. Ein umgekehrter
Impuls speichert die andere Binärziffer, also L.

Die Ablesung erfolgt durch Beobachtung der Spannungen, die in der Lesewicklung induziert werden. Eine solche Spannung entsteht, wenn in der Öffnung eine Flußänderung stattfindet, das heißt, wenn die Änderung von Brückenstrom und Schreibstrom nicht entgegengesetzt gleich sind; das ist dann der Fall, wenn in der Brücke Energie verzehrt wird, was dem horizontalen Teil der Kurve im Bild 13 entspricht. Um also eine Zelle abzulesen, wird beispielsweise eine 0 eingespeichert; das Vorzeichen des Impulses in der Lesewicklung kennzeichnet dann den vorher gespeicherten Wert, der allerdings durch den Ablesevorgang gelöscht wird.

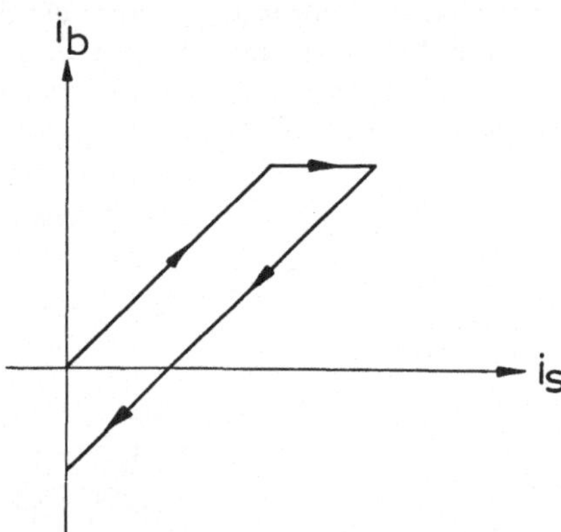

Bild 13.   Beziehung zwischen Schreibstrom i_s und Brückenstrom i_b in der supraleitenden Speicherzelle

Da die irreversiblen Prozesse in der Speicherzelle erst bei einer scharf definierten Schwelle einsetzen, eignet sich dieses Verfahren bestens für Matrixspeicher nach dem Stromkoinzidenzprinzip. Jede Zelle hat dann zwei isoliert in gleicher Richtung aufeinanderliegende Schreibleitungen, deren magnetische Felder sich addieren. Von großer Bedeutung ist die Tatsache, daß Schreib- und Leseleitungen voneinander durch eine supraleitende Platte getrennt sind, wodurch das Übersprechen, das bei Magnetkernspeichern so schädlich ist, völlig ausgeschaltet wird; denn ein Supraleiter ist für magnetische Felder vollkommen undurchdringlich.

Praktische Bedeutung gewinnen neue Schalt- und Speicherelemente immer erst dann, wenn es gelingt, diese Elemente auf rationelle Weise durch automatisierte Fertigungsmethoden herzustellen. Auch in diesem Punkte konnten in der jüngsten Zeit beim Kryotronspeicher beachtliche Fortschritte erzielt werden. Es ist die Entwicklung und die automatische Herstellung einer supraleitenden Speicherplatte gelungen, die bei einer Kapazität von 40 Bits nur so groß ist wie eine Briefmarke [138]. In ihr gehören drei einzelne Kryotronelemente zu einer Speicherzelle, so daß neben der Speicheroperation auch noch eine einfache logische Operation vorgenommen werden kann. Eine solche, aus drei Kryotrons zusammengesetzte Speicherzelle ist in Bild 14 dargestellt. Der Kern dieser Speicherzelle ist die Leiterschleife CDEFC. In dieser Schleife kann je nach dem Schaltzustand des Schreibkryotrons ein Suprastrom fließen oder nicht. Das *Einschreiben* eines Suprastroms erfolgt auf folgende Weise:

1. Das Schreibkryotron wird durch den Strom I_W erregt; dadurch wird der Strompfad CF normalleitend.

2. Schaltet man den Informationsstrom I_Z ein, so kann dieser durch den Zweig CDEF fließen.

3. Beim Abschalten von I_W wird der Pfad CF wieder supraleitend und der Informationsstrom I_Z kann nun als Suprastrom in der geschlossenen Schleife CDEFC fließen.

4. Schließlich kann der Informationsstrom I_Z wieder abgeschaltet werden.

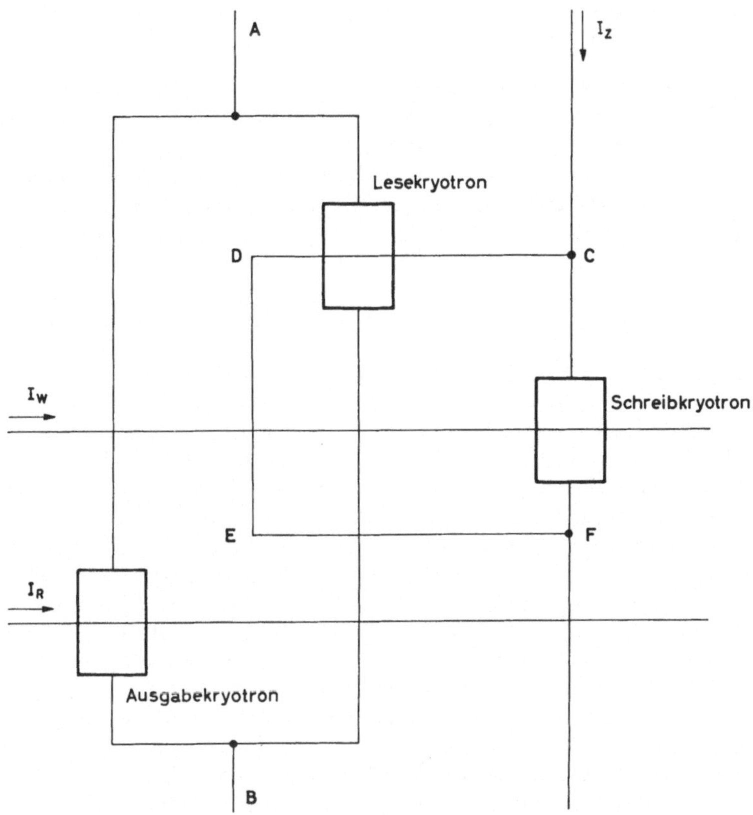

Bild 14.   Speicherzelle in einem planaren Kryotronspeicher

Der Suprastrom in der Schleife CDEFC wird durch Einschalten des Schreibstroms I_W zerstört, denn das Schreibkryotron wird normalleitend, wodurch der gespeicherte Suprastrom auf Null abklingt. Die Anwesenheit oder Nichtanwesenheit eines Suprastromes kann durch Prüfung des Widerstandes des Zweiges AB festgestellt werden, wenn während der Leseoperation durch den Strom I_R das Ausgabekryotron normalleitend gemacht wird. Ist ein Suprastrom in der Schleife CDEFC gespeichert, so ist das Lesekryotron normalleitend und damit auch die ganze Schleife AB. War kein Suprastrom gespeichert, so ist das Lesekryotron supraleitend und damit kein Widerstand zwischen den Punkten AB vorhanden.

Der gesamte Speicher arbeitet nach dem Prinzip des wortorganisierten Anrufs. Neben den 120 Kryotrons, die zur eigentlichen Informationsspeicherung dienen, befinden sich auf einer Speicherplatte noch 10 Kryotrons, die als Wahlschalter für die 40 Speicherzellen vorgesehen sind, und 5 weitere Kryotrons als Übertragungselemente zur Informationsübertragung von einer Platte zur anderen. Eine Speicherplatte enthält 8 Wortregister zu je 5 Bits. Die Auswahl der Wortregister erfolgt durch eine bei Raumtemperatur arbeitende elektronische Schaltung. Ebenfalls von einer bei Raumtemperatur arbeitenden Schaltung werden die 10 Kryotrons gesteuert, die verschiedene Schaltaufgaben innerhalb der Speicherplatte zu erfüllen haben. Jede Speicherplatte besitzt zusätzliche Einrichtungen zur direkten Übertragung der Information von einem Wortregister zu einem anderen, dazu noch die normalen Schreib- und Leseeinrichtungen.

Diese Speicherplatten werden durch einen Aufdampfprozeß im Hochvakuum (bei einem Druck von etwa 10^{-7} mm Hg) hergestellt. Durch 17 genau justierte Masken, die durch einen automatisch gesteuerten Maskenhalter nacheinander ausgewechselt werden, erfolgt das sukzessive Niederschlagen der verschiedenen Metalle und Isolierstoffe in dem gewünschten Muster auf der Trägerplatte. Auf diese Weise ist es möglich, die Speicherplatten mit reproduzierbaren elektrischen und mechanischen Kennwerten vollautomatisch herzustellen.

4.6 Magnettrommelspeicher

Die bisher betrachteten Speicherelemente sind hauptsächlich zur Verwendung in Schnellspeichern mit möglichst kurzer Zugriffszeit bestimmt; als Großraumspeicher mit möglichst großem Fassungsvermögen wird man sie wohl kaum verwenden. Insbesondere die in den heute auf dem Markt befindlichen Rechenautomaten praktisch noch ausschließlich als Schnellspeicher verwendeten Magnetkernmatrizen sind wegen der hohen Kosten für die Aufnahme großer Datenmengen (10^6 und mehr Dualziffern) unwirtschaftlich, weshalb man zu den bewährten und schon seit über zehn Jahren bekannten Magnettrommeln greift. Bei einer Magnettrommel werden die Daten in Form von Impulsen mit Hilfe von Magnetköpfen — ähnlich wie bei einem Magnettonband — auf der Trommeloberfläche gespeichert. Je nach der Größe der Trommel erreicht man ein Fassungsvermögen von 10^6 oder mehr Dualziffern. Die Umdrehungsgeschwindigkeit der Trommel hängt von ihrer Größe ab und beträgt normalerweise 50 bis 100, in seltenen Fällen sogar bis 250 Umdrehungen je Sekunde. Dementsprechend liegt die Zugriffszeit zwischen 20 und 4 Millisekunden. In großen und schnellen Maschinen werden immer Magnettrommel- und Magnetkernspeicher gemeinsam verwendet. In Übereinstimmung mit der eingangs aufgezeigten hierarchischen Speicherorganisation (in den heute vertriebenen Maschinen sind es nur zwei Stufen) werden die sehr oft benötigten Daten im Magnetkernspeicher, der — wie erwähnt — eine kurze Zugriffszeit aufweist, gespeichert. Weniger häufig verwendete Daten gehen zunächst auf die Magnettrommel und werden von dort nach Bedarf in den Magnetkern-Schnellspeicher transferiert. Mittelschnelle Maschinen verzichten meistens auf einen Magnetkernspeicher und verwenden eine Trommel mit möglichst hoher Drehzahl.

Um eine annehmbare räumliche Dichte auf der Trommeloberfläche zu erreichen, muß der Magnetkopf in einem Abstand von nicht mehr als etwa 25 µm von der Trommel angebracht sein. Diese Bedingung stellt an die Genauigkeit der Halterung und an den Rundlauf der Trommel große Anforderungen. Auch die thermischen Ausdehnungen, die ein Mehrfaches dieses Betrages ausmachen können, müssen beherrscht werden. Viele dieser Schwierigkeiten werden durch die Verwendung von Magnetköpfen, die durch ein Luftkissen in konstantem Abstand von der Trommeloberfläche gehalten werden, umgangen [76, 77]. Dieser Abstand kann auf etwa 10 μm reduziert werden. Nach der Art eines Gleitlagers erzeugt die bewegte Oberfläche einen sich in Fortbewegungsrichtung verengenden Luftkeil, der den Magnetkopf trägt. Nur wenn Form, Lagerung, Anpreßdruck und Masseverteilung des Kopfes in ganz bestimmter Weise geartet sind, kommt dieses Phänomen überhaupt zustande, und die Bedingung der Stabilität (Abklingen einer kleinen mechanischen Störung) stellt zusätzliche Bedingungen. Für Anlauf und Auslauf müssen die Köpfe durch eine besondere Vorrichtung abgehoben werden.

Die Probleme der Registrierung digitaler Daten auf einem magnetischen Träger bei einer angestrebten hohen Packungsdichte sind in einem ausgezeichneten Überblicksaufsatz [139] sehr instruktiv dargestellt.

4.7 Magnetplattenspeicher

Für viele Zwecke sind Speicherkapazitäten von 10^7 oder sogar 10^8 Dualziffern erwünscht. Da nun die Speicherkapazität einer Trommel proportional zu ihrer Oberfläche ist, während andererseits die mechanischen Probleme einer solchen

Bild 15.   Teilansicht eines Plattenspeichers

Konstruktion von der Masse des rotierenden Teils (und damit von seinem Volumen) abhängen, stehen einer Vergrößerung des Aufnahmevermögens große Schwierigkeiten im Wege. Einen erfreulichen Schritt in dieser Richtung kennzeichnet der Plattenspeicher [78]. Dieses Gerät besteht aus Aluminiumplatten mit einem Durchmesser von etwa 50 cm, welche im Abstand von etwa 2 cm auf einer gemeinsamen, rotierenden Welle übereinander geschichtet werden und welche beidseitig mit magnetischem Belag überzogen sind. Auf den Oberflächen sind die magnetischen Impulse entlang konzentrischen, kreisförmigen Spuren aufgezeichnet, ähnlich wie die Rillen einer Grammophonplatte. Ein einziger Magnetkopf ist durch eine mechanische Anordnung so geführt, daß er sich zunächst in axialer Richtung bewegt und die gewünschte Platte aussucht; nachher sticht er radial zwischen zwei Platten hinein und kommt über der gewünschten Spur zur Ruhe (vgl. Bild 15). In dieser Vorrichtung ist nun die gespeicherte Datenmenge proportional zum Volumen, welches die Platten einnehmen. Das abgebildete Speicherwerk hat 50 Platten und speichert 35 Millionen Dualziffern. Die Zugriffszeit hängt vom Weg ab, welchen der Magnetkopf zu durchlaufen hat. Der ungünstigste Fall tritt dann ein, wenn der Kopf von der inneren Spur der untersten Platte bis zur inneren Spur der obersten Platte wandern muß; diese Zeit dauert 0,5 Sekunden. So einfach und bestechend die Idee des Plattenspeichers ist, so mußten doch bis zu einer betriebsfähigen Ausführung für mehrere damit zusammenhängende Fragen neuartige technische Lösungen gefunden werden. So ist es auch hier, wie bei Magnettrommeln, erforderlich, den Magnetkopf in einem Abstand von etwa 0,02 mm von der magnetischen Schicht zu halten. Es wäre nun ganz unmöglich, sowohl die Platten als auch die Führung des Kopfes mit einer solchen Genauigkeit herzustellen; allein die Durchbiegung der Platten infolge ihrer Elastizität beträgt ein Vielfaches von diesem Wert. Daher wurde eine spezielle Magnetkopfkonstruktion entwickelt, welche nach aerodynamischen Prinzipien auf einem Luftkissen gleitet. Dieses Luftkissen gewährleistet eine überaus genaue Einhaltung des verlangten Spaltes, unabhängig von Durchbiegungen der Platten und von Ungenauigkeiten in der Positionierung des Kopfes. Eine weitere Schwierigkeit besteht darin, daß es nicht mehr möglich ist, wie auf Magnettrommeln, eine besondere Spur mit fest aufgezeichneten Uhrimpulsen vorzusehen, welche abgelesen werden und als Zeitmarken für das magnetische Schreiben dienen. Die mangelnde Torsionssteifigkeit der gemeinsamen Welle und die unvermeidlichen Ungenauigkeiten in der Positionierung des beweglichen Kopfes würden es verhindern, daß die Impulse immer an die genau gleiche Stelle geschrieben werden. Es mußten daher elektronische Schaltungen entwickelt werden, welche zuerst die zeitliche Lage der bereits registrierten Impulse abfühlen und anschließend die Neueinschreibung in der genau gleichen Phase vollziehen. — Dieses Speichersystem befindet sich heute in Serienfabrikation und wird hauptsächlich in den *RAMAC-Systemen* [79, 140] verwendet (RAMAC bedeutet „Random Access Method for Accounting and Control"); daneben ist es selbstverständlich auch als zusätzlicher Großraumspeicher für Rechen- und Datenverarbeitungsanlagen der oberen Größenklasse vorgesehen.

Auch an anderen Stellen befinden sich auf aerodynamischen Prinzipien beruhende, magnetische Plattenspeicher in Entwicklung [80, 81]. Hier sind jedoch die Magnetköpfe in kompakten Trageplatten fest eingebaut. Die Magnetspeicherscheiben, die in axialer Richtung eine in diesem Fall erwünschte, relativ große Elastizität aufweisen, rotieren an der Unter- bzw. Oberseite der Trageplatten. (Es wurden beide Möglichkeiten experimentell erprobt.) Bei Rotation nehmen diese Scheiben infolge der wirksamen Zentrifugalkräfte und der aerodynamischen Stabilisierungseffekte eine definierte plane Lage und einen festen Abstand zu den Magnetköpfen ein. Diese Wirkung wird durch Einblasen von Luft aus einer zentrisch gelegenen Öffnung unterstützt (BERNOULLIscher Effekt).

4.8 Speicher mit fester Information

Für Datenverarbeitungssysteme, welche einen Speicher mit fester Information (*Totspeicher*, engl. auch: *read-only-memory*) enthalten wie es z. B. bei Sprachübersetzungsmaschinen der Fall ist, verwendet man mit gutem Erfolg photographische Schichten als Informationsträger. Die Information wird von einem in einer Elektronenstrahlröhre mit Ablenksystem erzeugten Lichtfleck über ein entsprechendes Linsensystem abgetastet (*flying-spot memory*) [82 bis 84]. Mit photographischen Mitteln erreicht man erstaunlich hohe Speicherdichten: Das unter der Leitung von G. W. KING für den *Mark I Translator* gebaute *photoscopic memory* [85,86,141] enthält auf einer mit 1200 U/min umlaufenden transparenten Speicherscheibe insgesamt über 30 Millionen Dualstellen bei einer Speicherdichte von etwa 1 Million Dualstellen je 1 cm².

Eine auf einer völlig anderen Technik beruhende Art der Speicherung von fester Information wurde unter der Leitung von Prof. L. I. GUTENMACHER am Institut für Elektromodellierung der Akademie der Wissenschaften der UdSSR entwickelt [87]. Das Prinzip ist sehr einfach: Die binäre Information wird durch das Vorhandensein oder Fehlen einer Kapazität (ca. 3 pF) in den Kreuzungspunkten einer matrixförmigen Leiteranordnung gekennzeichnet. Das Auslesen der Information geschieht parallel (Speicher mit wortorganisiertem Anruf) durch Anwählen einer Wortleitung und Feststellung der kapazitiven Ströme in den zugehörigen parallelen Ausgangsleitungen. Die Besonderheit dieses Totspeichers liegt in der Technologie der Herstellung. Durch Aufeinanderschichten von Kondensatorelektroden tragenden, mittels einer gedruckten Schaltungstechnik hergestellten Blättern, welche auch die matrixförmige Leitungsführung enthalten, und Zwischenlegen von Abschirm- und Isolierblättern erhält man Kondensator-Speicherblocks, die schließlich zusammengepreßt und hermetisch verschlossen werden. Die Stromzu- und -abführungen sind als steckbare Kontakte ausgeführt, so daß sich mehrere Speicherblocks zu Speichereinheiten großen Fassungsvermögens zusammenschalten bzw. -stecken lassen. Die Speicherung der Information wird bereits bei der Herstellung der Kondensatorelektroden-Speicherblätter vorgenommen, indem die Zuleitungen zu den betreffenden Kondensatorelektroden aufrechterhalten oder unterbrochen werden. Die erzielbare Speicherdichte in diesem kapazitiven Totspeicher ist nicht extrem groß; sie beträgt auf den einzelnen Blättern etwa 1 Bit/cm². Durch die relativ große Packungsdichte der aufeinandergeschichteten Speicherblätter erzielt man in den Speicherblocks eine durchschnittliche Speicherdichte von bestenfalls 100 Bits/cm³. — Auf denselben Prinzipien beruhende, in der Technologie der Herstellung sich vielleicht etwas unterscheidende, kapazitive Totspeichersysteme sind inzwischen auch in den USA gebaut worden, bei den Bell Telephone Laboratorien und bei IBM [88].

Was im obigen Totspeichersystem auf kapazitivem Wege erzielt wurde, läßt sich natürlich auch auf induktivem Wege realisieren. Ein solcher induktiver Totspeicher wurde in Manchester, England, gebaut [142]. Es wird eine matrixförmige Verdrahtung geschaffen, die auch in Form einer gedruckten Schaltung ausgeführt werden kann. Die horizontalen Treiberleitungen und die vertikalen Leseleitungen werden in ihren Kreuzungspunkten induktiv stark oder schwach miteinander verkoppelt (Speicherung von L bzw. 0) durch Anbringen bzw. Fortlassen eines kleinen Ferrit-Kopplungsstäbchens. Es ist möglich, die Kopplungsstäbchenanordnung austauschbar zu machen, so daß der Informationsinhalt des Totspeichers den jeweiligen Aufgaben entsprechend angepaßt werden kann.

5. Eingabe und Ausgabe

5.1 Druckwerke

Die Schlußresultate müssen, um einer direkten Kenntnisnahme durch den
Benützer zugänglich zu sein, in gedruckter Form vorliegen. Normale Druckwerke
(Tabelliermaschinen) schreiben pro Minute etwa 150 Zeilen, wobei eine Zeile
ihrerseits zum Beispiel aus 120 Zeichen besteht. Diese Ausgabegeschwindigkeit
genügt aber für die Niederschrift der enormen Datenmengen, welche eine große
Maschine liefert, nicht. Es befinden sich daher heute Druckwerke in Betrieb,
welche, immer noch auf mechanischem Weg, pro Minute bis zu 1800 Zeilen
drucken. Solche Druckwerke arbeiten entweder nach dem Prinzip des Draht-
druckers (mosaikartige Zusammensetzung des zu druckenden Zeichens) [89, 90]
oder sie verwenden kontinuierlich umlaufende Typenwalzen und selektiv akti-
vierte Anschlaghämmer [91, 92]. Die Zeilen werden einzeln nacheinander auf das
Papier gedruckt, wobei beim Druck jeder Zeile der Papiervorschub angehalten
werden muß. Eine Erhöhung der Geschwindigkeit bei mechanischen Druckwerken
erscheint nunmehr nur noch dadurch möglich zu sein, daß man unter allerdings
gewaltiger Erhöhung des apparativen Aufwands zum simultanen Mehrzeilendruck
übergeht. Man könnte dann auch bei einem Druckwerk mit festen Typenzeichen
mit kontinuierlichem Papiervorschub arbeiten, weil einer Druckposition die verschiedenen Typen nacheinander in verschiedenen Zeilen des Druckwerks zum
Druck angeboten werden [93]. Ein Prototyp eines solchen Druckers wurde in der
UdSSR entwickelt und ist an den Rechenautomaten *Strela* im Rechenzentrum
der Akademie der Wissenschaften der UdSSR, Moskau, angeschlossen. Seine
Kenndaten: Ausschließlich numerische Zeichen; 10 Druckpositionen pro Zeile;
Druckgeschwindigkeit 50 Zeilen pro Sekunde [94].
Um extrem hohe Druckgeschwindigkeiten zu erzielen, hat man sich schon vor
längerer Zeit von der rein mechanischen Drucktechnik abgewendet und ist auf
chemische, magneto-, elektro- oder photographische Verfahren übergegangen
[95 bis 98]. Besonders die xerographischen Druckverfahren, die — wie ihr Name
sagt — trocken arbeiten, sind heute vielversprechend. Das Prinzip der elektro-
graphischen Aufzeichnung und Fixierung wurde — was nicht allgemein bekannt
ist — bereits um 1930 von P. SELENYI entdeckt [99].
Man mag sich die Frage stellen, wer denn so massenweise anfallende, gedruckte
Datenmengen überhaupt liest. Dieser Einwand ist für wissenschaftliche Maschinen
teilweise berechtigt: denn das Resultat einer wissenschaftlichen Rechnung besteht
meist aus relativ kleinen Zahlenmengen, welche ihrerseits eine umfangreiche
Begutachtung und Bearbeitung durch die Forscher erfordern. Anders bei eigentlichen Datenverarbeitungsmaschinen. Wenn man bedenkt, wieviele Formulare
zum Beispiel für die Prämienabrechnung in einer Versicherungsgesellschaft ausgefüllt werden müssen, bis für jeden Kunden — möglichst auf den gleichen Tag —
ein vollständiger Kontoauszug erstellt ist, so ist leicht ersichtlich, daß für Leserschaft selbst von größten Datenmengen immer gesorgt sein wird.

5.2 Magnetbänder

Der wichtigste Zwischenträger für größere Datenmengen ist heute das Magnetband. Es kann als Puffer dienen, welcher ermöglicht, daß die eigentliche Rechenmaschine als ein Eingabe- und Ausgabeorgan vollständig getrennt arbeitet. Es
kann auch als Speichermittel dienen und ermöglicht es so, fast beliebig große

Datenmengen in einem Archiv aufzubewahren. (An dieser Stelle sei auf eine konstruktiv sehr originelle Lösung des Magnetbandspeicherproblems, den Karussellspeicher [143] hingewiesen.) Weiterhin ermöglicht es das Magnetband, Angaben zwischen zwei räumlich getrennten Maschinen zu übertragen, ohne daß die Signale in eine für den Operateur verständliche Form übergeführt werden müssen. Tatsächlich spielt heute der Postversand von Magnetbändern bereits eine erhebliche Rolle. Die Impulsaufzeichnung auf Bänder hat in der letzten Zeit außerordentliche Fortschritte gemacht. Kommerzielle Anlagen registrieren auf einem Band etwa sieben Spuren, und auf jeder Spur beträgt die Impulsfrequenz bis zu 60 kHz. Ein einzelnes Zeichen besteht dann aus sieben Impulsen, mit welchen sowohl numerische als auch alphabetische Angaben gekennzeichnet werden und in welchen außerdem eine automatische Fehlerkontrolle eingebaut ist. Pro Sekunde kann also ein solches Band 60 000 Buchstaben registrieren oder abgeben oder pro Minute 3,6 Millionen. Wenn man bedenkt, daß dieses Datenvolumen dem Inhalt eines Romans mittlerer Länge entspricht, so erkennt man leicht, wie außerordentlich leistungsfähig diese Übertragung ist. Eine einzelne Rolle enthält in solchen Anlagen etwa sieben Millionen Buchstaben und benötigt eine Registrierzeit von etwa zwei Minuten, doch ist die Umspulzeit ohne Registrierung wesentlich kürzer. Eine schnelle Ablesung oder Registrierung bei gleichförmiger Bandgeschwindigkeit ist aber nicht die einzige Anforderung, die man an eine Magnetbandeinheit stellen muß. Oft ist es nötig, von einem Band nur ein kurzes Stück, vielleicht sogar nur ein einziges Wort, abzulesen. Die hierzu benötigte Zeit wird hauptsächlich durch die erreichbare Bandbeschleunigung, nicht durch die Geschwindigkeit, bestimmt. Während der Beschleunigungsperiode kann weder aufgezeichnet noch abgelesen werden. Somit müssen überall dort, wo Zwischenhalte vorkommen können, Lücken in der Aufzeichnung gelassen werden. Selbstverständlich ist man bestrebt, diese Lücken möglichst klein zu halten. Heute ist es möglich, ein Magnetband in weniger als 2 ms auf 2,5 m/s zu beschleunigen [100]. Das entspricht einer Beschleunigung von weit über 100 g $(g = 9,81$ m/s^2). Analog sind die erreichbaren Verzögerungen. Die Beschleunigungsstrecke ist 2,5 mm lang, so daß für einen Zwischenhalt eine Lücke von nur 5 mm erforderlich ist. Die mechanischen Anforderungen für die Erreichung dieser Leistungen sind erheblich. Es ist nicht einfach, durch ein elektrisches Signal in so kurzer Zeit große mechanische Kräfte auszulösen. Weiter verursachen die hohen Beschleunigungskräfte elastische und plastische Dehnungen des Bandes, die zu Impulsverschiebungen zwischen den einzelnen Spuren führen und denen besondere Beachtung geschenkt werden muß.

5.3 Registrierung an der Datenquelle

Schwieriger als das Problem der Ausgabe, welches durch Druckwerke in befriedigender Weise gelöst werden kann, ist die Frage, wie man Datenmengen, welche an irgendeiner Stelle eines Betriebes entstehen, der Rechenmaschine zuführen soll. Das Eintippen von Zahlen in eine Tastatur durch einen Operateur ist zeitraubend und kostspielig und ist für größte Datenmengen kaum mehr anwendbar. Man muß daher — wenn immer möglich — bestrebt sein, die Daten von Anfang an in einer für die Maschine verständlichen Form entstehen zu lassen. So kann zum Beispiel ein Bankscheck als Lochkarte ausgebildet sein und die Nummer des Kontoinhabers sowie den Betrag, auf den er ausgestellt ist, in gelochter Form enthalten, zusätzlich zu den üblichen Beschriftungen. Das ist natürlich nur dann möglich, wenn der Scheck seinerseits auf mechanischem Weg berechnet und hergestellt wurde, wie es zum Beispiel bei Lohnabrechnungen oft der Fall ist. Wenn ein solcher Scheck bei der Bank eingeht, so kann er vollständig maschinell bearbeitet werden, ohne daß irgendwelche Daten durch den Operateur einer Maschine zugeführt werden müssen.

Sind große Datenmengen auszuwerten, die durch Meßinstrumente oder Produktions-Überwachungsgeräte ermittelt werden, so ist es am besten, wenn die physikalischen Größen direkt durch das Meßinstrument in digitale Form übergeführt und auf Lochkarten oder Magnetbändern registriert werden. Es wäre hier durchaus unzweckmäßig, für die Ablesung eine menschliche Arbeitskraft dazwischenzuschalten.

5.4 Zeichenerkennung

Von großer Bedeutung sind die Bemühungen, Vorrichtungen zu bauen, welche gedruckte oder sogar handgeschriebene Zahlen und Buchstaben automatisch ablesen und einer Rechenanlage zuführen [101, 102, 144]. Bereits verwirklicht sind Systeme, welche sich auf gedruckte Zeichen von einer ganz bestimmten Typenform und -größe beschränken, und es ist heute unter diesen Voraussetzungen möglich, betriebssichere und schnelle Maschinen herzustellen [103]. Diese Aufgabe wird erheblich erleichtert, wenn man für die gedruckten Zeichen magnetische Druckerschwärze verwendet. Die Ablesung kann dann durch einfache Anordnungen mit Magnetköpfen erfolgen.

Ganz wesentlich komplizierter ist das Problem der Erkennung handgeschriebener Zeichen, und bevor diese Aufgabe gelöst werden kann, wird noch ein tiefgreifendes Studium der Vorgänge, welche sich im menschlichen Hirn bei der Erkennung geschriebener Symbole abspielen, nötig sein. Solche Vorrichtungen werden in Zukunft von größter Bedeutung sein; wenn zum Beispiel die an irgendeiner Stelle, etwa aus Werkstätten oder von Privatpersonen eingehenden Formulare maschinell verarbeitet werden können, so kann eine enorme Menge menschlicher Arbeit erspart werden, und zwar ist das gerade eine rein mechanische, keinerlei gedankliche Leistung verlangende Arbeit, das heißt eine Tätigkeit, die wir am ehesten geneigt sind, als menschenunwürdig zu betrachten.

6. Aufbau und Herstellung

Mit zunehmender Massenfabrikation von elektronischen Rechenmaschinen wird auch die Notwendigkeit immer dringender, die Herstellung zu rationalisieren und soweit wie möglich zu automatisieren. Im allgemeinen werden die einzelnen Schaltelemente auf Platten von etwa 1 dm² Fläche gruppiert; diese Platten enthalten die elektrischen Verbindungen in aufgedruckter Form und sind steckbar. Der feste Teil der Schaltungen enthält dann keine eigentlichen Schaltelemente mehr, sondern nur noch Verbindungen. Doch werden diese Verbindungen, entsprechend ihrer großen Anzahl, äußerst kompliziert und daher kostspielig in der Herstellung. Es sind nun Ansätze gemacht worden, auch den festen Teil als Schaltung zu verdrahten (vgl. Bild 16), so daß die Anzahl der in Form von eigentlichen Drähten vorhandenen Verbindungen im elektronischen Teil einer Maschine auf ein Minimum reduziert wird [104]. Die Herstellung der einzelnen Platten kann vollständig automatisiert werden. Folgende Prozesse werden je durch eine Maschine, ohne Zutun einer Arbeitskraft, ausgeführt: Stanzen der Löcher, galvanisches Aufbringen der gedruckten Verbindungen, Anbringen der Lötösen, Einführen der Schaltelemente, Verlöten der ganzen Anordnung, elektrische Prüfung. Die Einrichtung solcher Prozesse sowie die dazu benötigten Maschinen sind aber außerordentlich kostspielig und eignen sich daher nur bei einem Bedarf von größten Stückzahlen.

Bild 16.   Zwei steckbare Einheiten mit Widerständen, Kondensatoren und Transistoren, die in einem ebenfalls durch gedruckte Schaltungen verdrahteten Untergestell eingesteckt sind

Wir verweisen an dieser Stelle auch auf die bereits (am Schluß des Abschnitts 3.3) erwähnte Entwicklung von Mikroelementen und die Technik der Molekularschaltungen, die zwar noch nicht die Produktionsreife erlangt haben, die aber in Zukunft eine immer größere Bedeutung bekommen werden [34 bis 36, 120].

7. Datenverarbeitungssysteme der obersten Größenklasse

Die größten existierenden Datenverarbeitungsanlagen werden heute für militärische Zwecke gebaut. Als Beispiel sei das *SAGE-System* [105] für die Luftraumüberwachung des nordamerikanischen Kontinents kurz geschildert. Die gegen Ende des zweiten Weltkrieges entwickelten Radarorganisationen, in welchen telephonische Luftlagemeldungen an eine Auswertezentrale gegeben und dort auf großen Karten den verantwortlichen Chefs präsentiert werden, genügen den heutigen Anforderungen bei weitem nicht mehr, weil die entstehenden Zeitverzögerungen bei Einbeziehung großer Gebiete prohibitiv werden. In Frage kommt nur eine Automatisierung der genannten Übermittlung und Darstellung der Luftlage. SAGE ist die Abkürzung für „Semi-Automatic Ground Environment", und das System dient dazu, eingehende Luftraummeldungen zu verarbeiten und der Führung zeitverzugslos die Unterlagen für einen Entschluß zur Verfügung zu stellen. Alle Radarstationen des Gebietes senden ihre Informationen durch Telephonleitungen an ein Rechengerät, das der Führung sagt, wie sich die Luftlage entwickelt und welches, unter Berücksichtigung der verfügbaren eigenen Mittel, die logischen Entschlüsse sein könnten. Wie der Name sagt, ist das System

halbautomatisch; das bedeutet, daß der Entscheid zugunsten einer bestimmten
Lösung unter mehreren möglichen dem Kommandanten überlassen wird, der der
Maschine seinen Entschluß diktiert. Die Maschine übernimmt nun den Vollzug
des Befehls mit allen Änderungen, die sich aus dem weiteren Verhalten des
Feindes ergeben, und sie übermittelt den gewählten Abwehrwaffen laufend die

Bild 17.   Bedienungsraum der SAGE-Maschine

von ihr errechneten Wegprogramme. Auch die Nachbarabschnitte werden über die
Luftlage und die erlassenen Befehle orientiert, so daß eine wirksame Koordination
der Abschnitte (welche etwa 500 000 km² umfassen) gewährleistet ist. Das
zentrale Rechengerät arbeitet wie folgt: Die eingehenden Informationen werden
mit den in der Maschine gespeicherten eigenen Bewegungen, wie zum Beispiel
zum voraus erstellten Flugplänen, verglichen, und die Maschine legt alle Differenzen als mögliche Feindaktionen dem Identifikationsoffizier zum endgültigen
Entscheid vor. Erkennt dieser auf „Feind", so unterbreitet das Rechengerät dem
Zuweisungsoffizier, welche Waffen für die Durchführung einer Aktion in Frage
kommen, gestützt auf die ebenfalls gespeicherten Angaben über alle unterstellten
Mittel. Über den Verlauf aller ausgelösten Aktionen erfolgen Rückmeldungen.
Bild 17 zeigt die Bedienungsplätze, an denen auf Kathodenstrahlröhren sektoren-
weise Angaben über Ort, Geschwindigkeit und Richtung von Flugkörpern, zu-
sammen mit Meldungen über die Verteidigungsmittel, vermittelt werden. Das hier
anwesende Personal kann taktische Entscheidungen treffen. Das Herz des ganzen
Systems ist der *SAGE Computer* [106], ein riesiges Gebilde, das nicht weniger
als 50 000 Röhren, 170 000 Dioden und 600 000 Widerstände enthält und einen
Stromverbrauch von 850 kW aufweist.
Eine solche Maschine, von welcher die Verteidigung ganzer Landesteile abhängt,
muß eine außergewöhnlich hohe Betriebssicherheit haben; für die Behebung von

Fehlern darf die Anlage als Ganzes nie stillgelegt werden. Es ist klar, daß die Konstrukteure eines solchen Systems, das an Größe die bisherigen Anlagen um einen Faktor 10 überschreitet, in bezug auf die Zuverlässigkeit vor ganz neue Probleme gestellt wurden. Zunächst muß das System so entworfen sein, daß größere Teile außer Betrieb genommen werden können, ohne daß die Funktionen der Maschine als Ganzes beeinträchtigt werden. In solchen Anlageteilen werden nun durch Veränderung der Speisespannungen „marginale" Betriebsbedingungen hergestellt, durch welche jene Elemente, die durch Alterung nahe an die Toleranzgrenze herangerückt sind, nicht mehr richtig funktionieren und auf Grund der beobachteten Fehler ersetzt werden können. Durch diese Maßnahmen wird der ideale Fall angestrebt, in welchem während des Betriebs überhaupt keine Ausfälle vorkommen. In der Praxis ist dies jedoch nicht zu erreichen, und die Maschine muß durch beständige und lückenlose Kontrolle der Rechenresultate jeden auftretenden Fehler sofort anzeigen und dem Personal möglichst genaue Hinweise über Ort und Natur des Defektes vermitteln.

Der Entwurf und die Erstellung von Verdrahtungsplänen für eine derart große Maschine werden beim heutigen Mangel an technischem Personal zu einem ernsten Problem, und bereits zeichnet sich die Möglichkeit ab, solche Arbeiten ebenfalls durch eine Maschine ausführen zu lassen [107 bis 109, 145]. Wir haben damit den lange erstrebten Zustand vor uns, nach welchem eine Maschine — wenigstens teilweise — in der Lage ist, eine neue, eventuell sogar bessere Maschine zu konstruieren.

Schrifttum

[1] Russel, L. A.: Diodeless Magnetic Core Logical Circuits. IRE National Convention Rec. 5 (1957) Teil 4, S. 106—114.

[2] Crane, H. D.: A High-Speed Logic System Using Magnetic Elements and Connecting Wire Only. Proc. IRE 47 (1959) No. 1, S. 63—73.

[3] Bennion, D. R., Crane, H. D.: Design and Analysis of MAD (Multi-Aperture Devices) Transfer Circuitry. Proc. Western Joint Computer Conf., San Francisco, 3.—5. März 1959, S. 21—36. — Siehe ferner: IRE Trans. Electronic Computers EC-10 (1961) No. 2, S. 203—232.

[4] Rajchman, J. A., Lo, A. W.: The Transfluxor. Proc. IRE 44 (1956) No. 3, S. 321—332.

[5] Rajchman, J. A.: Magnetic Switching. Proc. Western Joint Computer Conf., Los Angeles, 6.—8. Mai 1958, S. 107—116.

[6] Bonn, T. H.: Magnetic Computer Has High Speed. Electronics 30 (1957) No. 8, S. 156—160.

[7] Rajchman, J. A.: A Survey of Magnetic and Other Solid-State Devices for the Manipulation of Information. IRE Trans. Circuit Theory CT-4 (1957) No. 3, S. 210—225.

[8] Rajchman, J. A.: Magnetics for Computers — A Survey of the State of the Art. RCA Review 20 (1959) No. 1, S. 92—135.

[9] Morgan, W. L.: Bibliography of Digital Magnetic Circuits and Materials. IRE Trans. Electronic Computers EC-8 (1959) No. 2, S. 148—158. — Siehe ferner: ibid. EC-10 (1961) No. 2, S. 191—203.

[10] Dreyer, H.-J.: Transistorschaltkreise — Eine Literaturübersicht. Nachrichtentechn. Fachber. (NTF) 14 (1959), S. 21—24.

[11] Session „Logical Circuitry for Transistor Computers" (Vier Vorträge und Diskussion), veröffentlicht in: Proc. Western Joint Computer Conf., Los Angeles, 6.—8. Mai 1958, S. 17—39.

[12] Hurley, R. B.: Transistor Logic Circuits. J. Wiley & Sons, New York 1961.

[13] BLOCH, E.: The Engineering Design of the Stretch Computer. Proc. Eastern Joint Computer Conf., Boston, 1.—3. Dezember 1959, S. 48—58.

[14] SPEISER, A. P.: Stretch — eine neue Entwicklungsstufe der Datenverarbeitungsmaschinen. Elektron. Datenverarb. Folge 10 (April 1961), S. 76—81.

[15] YOURKE, H. S., SLOBODZINSKI, E. J.: Millimicrosecond Transistor Current Switching Techniques. Proc. Western Joint Computer Conf., Los Angeles, 26.—28. Febr. 1957, S. 68—72.

[16] HENLE, R. A.: High-Speed Transistor Computer Circuit Design. Proc. Eastern Joint Computer Conf., New York, 10.—12. Dezember 1956, S. 64—66.

[17] RUTZ, R. F.: Two-Collector Transistor for Binary Full Addition. IBM Journal Res. & Dev. 1 (1957) No. 3, S. 212—222.

[18] ESAKI, L.: New Phenomenon in Narrow Ge P-N Junctions. Phys. Rev. 109 (1958), S. 603—604.

[19] LEWIN, M. H.: Negative-Resistance Elements as Digital Computer Components. Proc. Eastern Joint Computer Conf., Boston, 1.—3. Dezember 1959, S. 15—27.

[20] CHOW, W. F.: Tunnel Diode Logic Circuits. Electronics 33 (24. Juni 1960) No. 26, S. 103—107.

[21] GOTO, E., et al.: Esaki Diode High-Speed Logical Circuits. IRE Trans. Electronic Computers EC-9 (1960) No. 1, S. 25—29.

[22] MILLER, J. C., LI, K., LO, A. W.: The Tunnel Diode as a Storage Element. Internat. Solid-State Circuits Conf., Philadelphia, 10.—12. Februar 1960, S. 52—53.

[23] KAUFMAN, M. M.: A Tunnel Diode Tenth Microsecond Memory. IRE Internat. Convention Rec. 8 (1960) Teil 2, S. 114—123.

[24] GOTO, E.: The Parametron, a Digital Computing Element which Utilizes Parametric Oscillation. Proc. IRE 47 (1959) No. 8, S. 1304—1316. (Vgl. auch Deutsche Auslegeschrift 1 025 176 von E. GOTO; Priorität: Japan, 28. Mai 1954.)

[25] WIGINGTON, R. L.: A New Concept in Computing. Proc. IRE 47 (1959) No. 4, S. 516—523. (Vgl. auch US-Patent 2,815,488 von J. VON NEUMANN, angemeldet am 28. April 1954.)

[26] SPEISER, A. P.: Parametrische Resonanz und parametrische Verstärker. Scientia Electrica 5 (1959) No. 2, S. 61—75.

[27] LEWIS, W. D.: Microwave Logic. Proc. Internat. Symposium Theory of Switching, Teil II. Cambridge, Mass., 2.—5. April 1957. Ann. Computation Lab. Harvard University 30, Harvard University Press 1959, S. 334—342.

[28] Mehrere Beiträge zum Thema „Microwave Techniques for Computing Systems", in: IRE Trans. Electronic Computers EC-8 (1959) No. 3, S. 263—307.

[29] STERZER, F.: Microwave Parametric Subharmonic Oscillators for Digital Computing. Proc. IRE 47 (1959) No. 8, S. 1317—1324.

[30] BILLING, H., RÜDIGER, A.: Das Parametron verspricht neue Möglichkeiten im Rechenmaschinenbau. Elektron. Rechenanlagen 1 (1959) No. 3, S. 119—126.

[31] LEAS, J. W.: Microwave Solid-State Techniques for High Speed Computers. Information Processing, Proc. Internat. Conf. UNESCO, Paris, 15.—20. Juni 1959. Verlag Oldenbourg, München 1960, S. 466—474.

[32] RAJCHMAN, J. A.: Solid-State Microwave High-Speed Computers. Proc. Eastern Joint Computer Conf., Boston, 1.—3. Dezember 1959, S. 38—47.

[33] POHM, A. V., READ, A. A., STEWART, R. M., SCHAUER, R. F.: High Frequency Magnetic Film Parametrons for Computer Logic. Proc. National Electronics Conf. 15, Chicago, 12.—14. Oktober 1959, S. 202—214.

[34] BUCK, D. A., SHOULDERS, K. R.: An Approach to Microminiature Printed Systems. Information Processing, Proc. Internat. Conf. UNESCO, Paris, 15.—20. Juni 1959. Verlag Oldenbourg, München 1960, S. 474—479.

[35] STALLER, J. J., WOLFSON, A. H.: Miniaturization in Computers. In: Miniaturization (Hrsg.: H. D. GILBERT). Reinhold, New York 1961, S. 112—177.

[36] PERUGINI, M. M., LINDGREN, N.: Microminiaturization. Electronics 33 (25. Nov. 1960) No. 48, S. 77—108. — Siehe ferner: ibid. 33 (1960) No. 20, S. 69—78.

[37] CASIMIR-JONKER, J. M., DEHAAS, W. J.: Some Experiments on a Superconductive Alloy in a Magnetic Field. Physica 2 (1935), S. 935—942. (Auch bekannt als Communication No. 237 c des Kamerlingh-Onnes Laboratoriums, Leiden.)

[38] BUCK, D. A.: The Cryotron — A Superconductive Computer Component. Proc. IRE 44 (1956) No. 4, S. 482—493.

[39] PROEFSTER, W. E.: Dünne Schichten als Rechenmaschinenelemente. Elektrotechn. Z. (A) 81 (1960) No. 25, S. 913—920.

[40] Symposium on Superconductive Techniques for Computing Systems. Washington, D. C., 17.—19. Mai 1960. Office of Naval Research Symposium Report ACR-50, 413 Seiten.

[41] GREEN, B. K., BERMAN, E., KATCHEN, B., SCHLEICHER, L., STANSFREY, J. J.: Chemical Switches. Proc. Internat. Symposium Theory of Switching, Teil II. Cambridge, Mass., 2.—5. April 1957. Ann. Computation Lab. Harvard University 30, Harvard University Press 1959, S. 316—325.

[42] MILCH, A.: Bit Storage via Electro-Optical Feedback. IRE Trans. Electronic Computers EC-4 (1955) No. 4, S. 136—144.

[43] LOEENER, E. E.: Opto-Electronic Devices and Networks. Proc. IRE 43 (1955) No. 12, S. 1897—1906. (Vgl. auch US-Patent 2,907,001.)

[44] GHANDHI, S. K.: Photoelectronic Circuit Applications. Proc. IRE 47 (1959) No. 1, S. 4—11.

[45] BRAY, T. E.: An Electro-Optical Shift Register. IRE Trans. Electronic Computers EC-8 (1955) No. 2, S. 113—117.

[46] DOMENICO, R. J., HENLE, R. A.: All-Purpose Computer Circuits Automatically Connected to Solve Specific Problems. Electronics 33 (19. Aug. 1960) No. 34, S. 56—58.

[47] BERENDS, T. K., TAL, A. A.: Pneumatic Switching Circuits. Automation and Remote Control 20 (1959) No. 11, S. 1446—1456. (Engl. Übers. aus „Avtomatika i Telemechanika".)

[48] BERENDS, T. K., TAL, A. A.: Pneumatic Relay Circuits. Preprints of Papers Vol. 4, IFAC Congress, Moskau, 27. Juni bis 7. Juli 1960. Butterworths, London 1960, S. 1641—1648.

[49] GLÄTTLI, H. H.: Neuere Untersuchungen auf dem Gebiet digitaler mechanischer Steuerungs- und Rechenelemente. Elektron. Rdsch. 15 (1961) No. 2, S. 51—53.

[50] GLÄTTLI, H. H.: Hydraulic Logic: What's Its Potential? Control Engng. 8 (1961) No. 5, S. 83—86.

[51] Fluid Computing Elements Open New Doors in Control. Control Engng. 7 (1960) No. 5, S. 26, 28, 30.

[52] HINES, M. E., CHRUNEY, M., McCARTHY, J. A.: Digital Memory in Barrier-Grid Storage Tubes. Bell System Techn. J. 34 (1955) No. 6, S. 1241—1264.

[53] GREENWOOD, T. S., STAEHLER, R. E.: A High-Speed Barrier Grid Store. Bell System Techn. J. 37 (1958) No. 5, S. 1195—1220.

[54] GRAHAM, M., MILLER, G. L., PATE, H. R., SPINRAD, R.: The Design of a Large Electrostatic Memory. IRE Trans. Electronic Computers EC-8 (1959) No. 4, S. 479—485.

[55] STEINBUCH, K.: Elektrische Gedächtnisse für Ziffern. Elektrotechn. Z. (A) 77 (1956) No. 21, S. 799—806.

[56] STEINBUCH, K., ENDRES, H.: Elektrische Zuordner. Nachr.-techn. Z. 10 (1957) No. 6, S. 277—287.

[57] RAJCHMAN, J. A.: Ferrite Apertured Plate for Random Access Memory. Proc. IRE 45 (1957) No. 3, S. 325—334.

[58] GOTO, E.: Speichersystem für die Speicherung von Binärinformation. Deutsche Patentauslegeschrift DAS 1 067 061. Anm.: 28. April 1956; Bek.: 15. Okt. 1959; Priorität: Japan, 28. April 1955.

[59] HUNTER, L. P., BAUER, E. W.: High-Speed Coincident-Flux Magnetic Storage Principle. J. appl. Phys. 27 (1956) No. 11, S. 1257—1261.

[60] WANLASS, C. L., WANLASS, S. D.: BIAX High-Speed Magnetic Computer Element.
IRE Wescon Convention Rec. 3 (1959) Teil 4, S. 40—54.

[61] BROADBENT, K. D.: A Vacuum Evaporated Random Access Memory. Proc. IRE 48
(1960) No. 10, S. 1728—1731.

[62] BOBECK, A. H.: A New Storage Element Suitable for Large-Sized Memory Arrays
— The Twistor. Bell System Techn. J. 36 (1957) No. 6, S. 1319—1340.

[63] DIETRICH, W., PROEBSTER, W. E., WOLF, P.: Nanosecond Switching in Thin
Magnetic Films. IBM Journal Res. & Dev. 4 (1960) No. 2, S. 189—196.

[64] POHM, A. V., RUFENS, S. M.: A Compact Coincidence-Current Memory. Proc.
Eastern Joint Computer Conf., New York, 10.—12. Dezember 1956, S. 120—123.

[65] RAFFEL, J., SMITH, D.: A Computer Memory Using Magnetic Films. Information
Processing, Proc. Internat. Conf. UNESCO, Paris, 15.—20. Juni 1959. Verlag
Oldenbourg, München 1960, S. 447—445.

[66] BRADLEY, E. M.: A Computer Storage Matrix Using Ferromagnetic Thin Films.
Journal Brit. IRE 20 (1960) No. 10, S. 765—784.

[67] BRADLEY, E. M.: Making Reproducible Magnetic-Film Memories. Electronics 33
(9. September 1960) No. 37, S. 78—81.

[68] MEIER, D. A.: Millimicrosecond Magnetic Switching and Storage Element. Proc.
4th Symposium on Magnetism and Magnetic Materials, Philadelphia,
17.—20. Nov. 1958. J. appl. Phys. 30 Suppl. (1959) No. 2, S. 45S—46S.

[69] HOFFMAN, G. R., TURNER, J. A., KILBURN, T.: High-Speed Digital Storage Using
Cylindrical Magnetic Films. Journal Brit. IRE 20 (1960) No. 1, S. 31—36.

[70] METHFESSEL, S., PROEBSTER, W. E., KINBERG, C.: Thin Magnetic Films. Information
Processing, Proc. Internat. Conf. UNESCO, Paris, 15.—20. Juni 1959. Verlag
Oldenbourg, München 1960, S. 439—447.

[71] PROEBSTER, W. E.: Dünne magnetische Schichten als Speicher- und Schaltkreiselemente. Elektron. Rechenanlagen 1 (1959) No. 4, S. 164—171.

[72] FRANCK, A., MARETTE, G. F., PARSEGYAN, B. I.: Deposited Magnetic Films as Logic
Elements. Proc. Eastern Joint Computer Conf., Boston, 1.—3. Dez. 1959, S. 28—37.

[73] BROADBENT, K. D.: Magnetic Device (Shift Register). US-Patent 2,919,432. Angemeldet am 28. Februar 1957.

[74] OGUEY, H.: Die Verknüpfungsaufgabe in einem aus dünnen Magnetschichten
bestehenden Schaltkreissystem. Bull. Schweiz. Elektrotechn. Verein 51 (1960)
No. 20, S. 1004—1010.

[75] CROWE, J. W.: Trapped-Flux Superconducting Memory. IBM Journal Res. & Dev.
1 (1957) No. 4, S. 295—303.

[76] WELSH, H. F., PORTER, V. J.: A Large-Capacity Drum-File Memory System. Proc.
Eastern Joint Computer Conf., New York, 10.—12. Dezember 1956, S. 136—139.

[77] FULLER, H. W., WOODSUM, S. P., EVANS, R. R.: The Design and System Aspects
of the HD File Drum. Proc. Western Joint Computer Conf., Los Angeles,
6.—8. Mai 1958, S. 197—203.

[78] NOYES, T., DICKINSON, W. E.: Engineering Design of a Magnetic-Disk Random-
Access Memory. Proc. Western Joint Computer Conf., San Francisco, 7.—9. Febr.
1956, S. 42—44. (Desgleichen in: IBM Journal Res. & Dev. 1 (1957) No. 1,
S. 72—75.)

[79] LESSER, M. L., HAANSTRA, J. W.: The RAMAC Data-Processing Machine — System
Organization of the IBM 305. Proc. Eastern Joint Computer Conf., New York,
10.—12. Dezember 1956, S. 139—146. (Desgleichen in: IBM Journal Res. & Dev. 1
(1957) No. 1, S. 62—71.) — Siehe ferner: Elektron. Rechenanlagen 2 (1960) No. 2,
S. 58—66.

[80] FARRAND, W. A.: An Air-Floating Disk Magnetic Memory Unit. IRE Wescon
Convention Rec. 1 (1957) Teil 4, S. 227—230.

[81] PEARSON, R. T.: The Development of the Flexible-Disk Magnetic Recorder. Proc.
IRE 49 (1961) Computer Issue, S. 164—174.

[82] Hoover jr., C. W., Staehler, R. E., Ketchledge, R. W.: Fundamental Concepts in the Design of the Flying Spot Store. Bell System Techn. J. **37** (1958) No. 5. S. 1161—1194.

[83] Hoover jr., C. W., Haugk, G., Herriott, D. R.: System Design of the Flying Spot Store. Bell System Techn. J. **38** (1959) No. 2, S. 365—401.

[84] Lovell, C. A.: High-Speed High-Capacity Photographic Memory. Proc. Eastern Joint Computer Conf., Philadelphia, 3.—5. Dezember 1958, S. 34—38.

[85] King, G. W., Brown, G. W., Ridenour, L. N.: Photographic Techniques for Information Storage. Proc. IRE **41** (1953) No. 10, S. 1421—1428.

[86] Multi-million Bit Storage System. Digital Computer Newsletter **8** (1956) No. 3, S. 15—16.

[87] Gutenmacher, L. I., Avruch, M. L., Vissonova, I. A., Mochel, L. L., Cholscheva, A. F.: Kontaktlose magnetische Einrichtungen für Regelsysteme (russ.). Veröffentlicht in dem Sammelband: Avtomatitscheskoje Upravlenije i Vytschislitelnaja Technika (Herausg.: V. V. Solodovnikov). Verlag Maschgis, Moskau 1958. Insbes. S. 136—145. (Übersetzung erhältlich vom US Joint Publications Research Service unter Bestell-Nr. JPRS L-871-N).

[88] Foglia, H. R., McDermid, W. L., Petersen, H. E.: Card Capacitor — A Semipermanent, Read Only Memory. IBM Journal Res. & Dev. **5** (1961) No. 1, S. 67—68.

[89] DiGiulio, E. M.: Burroughs G-101 High-Speed Printer. IRE National Convention Rec. **4** (1956) Teil 4, S. 94—100.

[90] Fahnestock, J. D.: High-Speed Printer for Weapons Testing. Electronics **29** (1956) No. 9, S. 166—169.

[91] Rosen, L.: High-Speed Printing Equipment. Review of Input and Output Equipment Used in Computing Systems, Joint AIEE-IRE-ACM Computer Conf., New York, 10.—12. Dezember 1952, S. 95—97.

[92] Masterson, E., Pressman, A.: A Self-Checking High-Speed Printer. Proc. Eastern Joint Computer Conf., Philadelphia, 8.—10. Dezember 1954, S. 22—29.

[93] Johnston, R. F.: Druckvorrichtung, insbesondere für Rechenmaschinen aller Art. Deutsche Auslegeschrift 1,050,098. Priorität: USA, 13. Mai 1954.

[94] Ware, W. H., u. a.: Soviet Computer Technology 1959. Commun. ACM **3** (1960) No. 3, insbes. S. 160—161 und Fig. 29.

[95] Carroll, J. M.: Trends in Computer Input/Output Devices. Electronics **29** (1956) No. 9, S. 142—149.

[96] Rossheim, R. J.: Nonmechanical High-Speed Printers. Review of Input and Output Equipment Used in Computing Systems, Joint AIEE-IRE-ACM Computer Conf., New York, 10.—12. Dezember 1952, S. 113—117.

[97] Epstein, H.: The Electrographic Recording Technique. Proc. Western Joint Computer Conf., Los Angeles, 1.—3. März 1955, S. 116—118.

[98] Sims jr., J. C.: Magnetic Reproducer and Printer. Proc. Western Joint Computer Conf., Los Angeles, 3.—6. Februar 1953, S. 160—166.

[99] Selenyi, P.: Elektrographie, ein neues elektrostatisches Aufzeichnungsverfahren und seine Anwendungen. Elektrotechn. Z. **56** (1935) No. 35, S. 961—963.

[100] Bayrick, S., Montijo, R. E.: An RCA High-Performance Tape Transport Equipment. IRE National Convention Rec. **5** (1957) Teil 4, S. 96—101.

[101] Steinbuch, K.: Automatische Zeichenerkennung. Nachr.-techn. Z. **11** (1958) No. 4, S. 210—219 und No. 5, S. 237—243.

[102] Drei Beiträge zum Thema „Zeichenerkennung", in: Nachr.-techn. Fachber. **14** (1959), S. 30—46.

[103] Shepard, D. H., Bargh, P. F., Heasly jr., C. C.: A Reliable Character Sensing System for Documents Prepared on Conventional Business Devices. IRE National Convention Rec. **5** (1957) Teil 4, S. 111—120.

[104] Wyma, E. R.: A Three-Dimensional Printed Back Panel. IBM Journal Res. & Dev. **1** (1957) No. 1, S. 32—38.

[105] EVERETT, R. R., ZRAKET, C. A., BENINGTON, H. D.: SAGE — A Data Processing System for Air Defense. Proc. Eastern Joint Computer Conf., Washington, 9.—13. Dezember 1957, S. 148—155.

[106] ASTRAHAN, M. M., HOUSMAN, B., JACOBS, J. F., MAYER, R. P., THOMAS, W. H.: Logical Design of the Digital Computer for the SAGE System. IBM Journal Res. & Dev. 1 (1957) No. 1, S. 76—83.

[107] ALMAN, J., PHIPPS, P., WILSON, D.: Design of a Basic Computer Building Block. Proc. Western Joint Computer Conf., Los Angeles, 26.- 28. Februar 1957, S. 110—114.

[108] KLOOMOK, M., CASE, P. W., GRAFF, H. H.: The Recording, Checking, and Printing of Logic Diagrams. Proc. Eastern Joint Computer Conf., Philadelphia, 3.—5. Dez. 1958, S. 108—118.

[109] ROTH, J. P., WAGNER, E. G.: Algebraic Topological Methods for the Synthesis of Switching Systems — Minimization of Nonsingular Boolean Trees. IBM Journal Res. & Dev. 3 (1959) No. 4, S. 326—344.

[110] LAWLESS, W. J.: Developments in Computer Logical Organization. In: Advances in Electronics and Electron Physics 10 (Herausg.: L. MARTON). Academic Press, New York 1958, S. 153—184.

[111] BECKMAN, F. S., BROOKS JR., F. P., LAWLESS JR., W. J.: Developments in the Logical Organization of Computer Arithmetic and Control Units. Proc. IRE 49 (1961) Computer Issue, S. 53—66.

[112] REITWIESNER, G. W.: Binary Arithmetic. In: Advances in Computers Vol. 1 (Herausg.: F. L. ALT). Academic Press, New York 1960, S. 231—308.

[113] MacSORLEY, O. L.: High-Speed Arithmetic in Binary Computers. Proc. IRE 49 (1961) Computer Issue, S. 67—91.

[114] FREIMANN, C. V.: Statistical Analysis of Certain Binary Division Algorithms. Proc. IRE 49 (1961) Computer Issue, S. 91—103.

[115] BRAIN, A. E.: The Simulation of Neural Elements by Electrical Networks Based on Multi-Aperture Magnetic Cores. Proc. IRE 49 (1961) Computer Issue, S. 49—52.

[116] STURMAN, J. C.: Transistor Switches for Industrial Service. Control Engng. 8 (1961) No. 3, S. 103—126.

[117] SIMS, R. C., BECK JR., E. R., KAMM, V. C.: A Survey of Tunnel-Diode Digital Techniques. Proc. IRE 49 (1961) Computer Issue, S. 136—146.

[118] ABEYTA, I., BORGINI, F., CROSBY, D. R.: A Computer Subsystem Using Kilomega-cycle Subharmonic Oscillators. Proc. IRE 49 (1961) Computer Issue, S. 128—135.

[119] SCHMITT, E.: Das Parametron und seine Verwendung in nachrichtentechnischen Systemen. Elektron. Rdsch. 14 (1960) No. 2, S. 41—46.

[120] Sessionen „Miniature and Packaged Components" und „Microelectronic Components and Molecular Circuitry" (12 Beiträge), veröffentlicht in: Proc. 1960 Electronic Components Conf., Washington, 10. bis 12. Mai 1960, S. 1—58.

[121] SMALLMAN, C. R., SLADE, A. E., COHEN, M. L.: Thin-Film Cryotrons. Proc. IRE 48 (1960) No. 9, S. 1562—1582.

[122] HOFFMAN, G. R., SMITH, D. H., JEFFREYS, D. C.: High-Speed Light Output Signals from Electroluminescent Storage Systems. Proc. Instn. Electr. Engrs. Pt. B 107 (1960) No. 36, S. 599—605.

[123] EZEKIEL, F. D., GREENWOOD III, R. J.: Hydraulics Half-Add Binary Numbers. Control Engng. 8 (1961) No. 2, S. 145.

[124] SCHAEFER, E.: Vergleich neuer Speicherelemente für elektronische Rechenmaschinen. Elektron. Rechenanlagen 2 (1960) No. 4, S. 183—193.

[125] RAJCHMAN, J. A.: Computer Memories — A Survey of the State-of-the-Art. Proc. IRE 49 (1961) Computer Issue, S. 104—127.

[126] MINNICK, R. C., ASHENHURST, R. L.: Multiple-Coincidence Magnetic Storage System. J. appl. Physics 26 (1955) No. 5, S. 575—579.

[127] SCHLAEPPI, H., CARTER, I. P. V.: Magnetkernspeicher mit Vielfachkoinzidenz. Elektron. Rechenanlagen 1 (1959) No. 3, S. 127—133.

[128] BEST, R. L.: Memory Units in the Lincoln TX—2. Proc. Western Joint Computer Conf., Los Angeles, 26.—28. Febr. 1957, S. 160—167.

[129] QUARTLY, C. J.: A High-Speed Ferrite Storage System. Electronic Engng. 31 (Dez. 1959) No. 382, S. 756—758.

[130] RHODES, W. H., RUSSELL, L. A., SAKALAY, F. E., WHALEN, R. M.: A 0.7-Microsecond Ferrite Core Memory. IBM Journal Res. & Dev. 5 (Juli 1961) No. 3, S. 174—182.

[131] EDWARDS, D. B. G., LANIGAN, M. J., KILBURN, T.: Ferrite-Core Memory Systems with Rapide Cycle Times. Proc. Instn. Electr. Engrs. Pt. B 107 (1960) No. 36, S. 585—598.

[132] SCHWEIZERHOF, S.: Topologische und technologische Fragen bei Plattenspeichern. Nachr.-techn. Fachber. 21 (1960), S. 87—92.

[133] VÖLCKER, E.: Informationsspeicherung in magnetischen Gedächtnissen mit phasenverschobenen Hochfrequenzen. Elektronik 9 (1960) Nos. 9, 11, 12, S. 275—279, 335—338 und 373—375.

[134] KILBURN, T., HOFFMAN, G. R.: Magnetisches Speichersystem. Deutsches Patent 1 023 486. Anm.: 14. April 1956; Bek.: 30. Jan. 1958; Priorität: Großbritannien, 14. April 1955.

[135] BITTMANN, E. E.: Using Thin Films in High-Speed Memories. Electronics 32 (5. Juni 1959) No. 23, S. 55—57.

[136] BITTMANN, E. E.: Designing Thin Magnetic Film Memories for High-Speed Computers. Electronics 34 (3. März 1961) No. 9, S. 39—41.

[137] RAFFEL, J. I., CROWTHER, T. S., ANDERSON, A. H., HERNDON, T. O.: Magnetic Film Memory Design. Proc. IRE 49 (1961) Computer Issue, S. 155—164.

[138] BEESLEY, J. P.: An Evaporated Film 135-Cryotron Memory Plane. Internat. Solid-State Circuits Conf., Philadelphia, 15.—17. Febr. 1961. Digest of Technical Papers. Lewis Winner, New York 1961, S. 108—109.

[139] HOAGLAND, A. S., BACON, G. C.: High-Density Digital Magnetic Recording Techniques. Proc. IRE 49 (1961) Computer Issue, S. 258—267.

[140] WINKLER, H.: IBM RAMAC-Systeme. Elektron. Datenverarb. Folge 10 (April 1961), S. 90—93.

[141] KING, G.W.: The Photoscopic Memory System. Final Report on Computer SET AN/GSQ—16 (XW—1), Vol. 1. IBM Research Center, Yorktown Heights, N. Y., 20. Juni 1959.

[142] KILBURN, T., GRIMSDALE, R. L.: A Digital Computer Store with Very Short Read Time. Proc. Instn. Electr. Engrs. Pt. B 107 (1960) No. 36, S. 567—572.

[143] STEMME, N. G. E., WAHLSTRÖM, S. E.: Speichervorrichtung. Deutsche Patentauslegeschrift DAS 1 097 179. Anm.: 21. Okt. 1958; Bek.: 12. Jan. 1961.

[144] HORWITZ, L. P., SHELTON JR., G. L.: Pattern Recognition Using Autocorrelation. Proc. IRE 49 (1961) Computer Issue, S. 175—185.

[145] Automatic Drafting via Computer Numerical Control. Communications ACM 4 (1961) No. 4, S. 196 sowie Titelseite.

[146] Computing with Air (General Precision's Kearfott Div., Little Falls, N. J., USA). Machine Design (8. Juni 1961), S. 24—28.

[147] DEXTER, E. M.: Vortex Valve Development. General Electric Comp., Schenectady, New York. Vortragsmanuskript, 17. April 1961.

[148] ITTNER III, W. B., KRAUS, C. J.: Superconducting Computers. Scientific American 205 (Juli 1961), S. 124—136.

[149] BUCHHOLZ, W. (Hrsg.): Planning a Computer System (Project Stretch/IBM 7030). McGraw-Hill, New York. In Vorbereitung. — Siehe ferner: 7030 Data Processing System. Reference Manual, Form A 22—6530—2. IBM Corp., White Plains, N. Y., August 1961, 172 S.

RUDOLF TARJÁN

Budapest, Ungarn

Logische Maschinen

Mit 11 Bildern

Disposition

Zusammenfassung. Nach einem kurzen historischen Überblick wird eine allgemeine Begriffsbestimmung der logischen Maschinen gegeben und eine systematische Klassifizierung derselben den Problemen nach, die sie zu lösen vermögen, vorgenommen. Es gibt drei Arten von logischen Maschinen, solche für den Aussagenkalkül, solche für den Prädikatenkalkül und solche für die induktive Logik (plausibles Schließen) oder neuronale Automaten. Es werden die verschiedenen Möglichkeiten der Instrumentierung der elementaren logischen Verknüpfungen sowie die bisher gebauten logischen Maschinen, die alle für Lösungen von Problemen des Aussagenkalküls dienen, und weiterhin die Methoden der Berechnung logischer Ausdrücke durch digitale Rechenautomaten beschrieben. Es wird gezeigt, daß eine Maschine für den Prädikatenkalkül im Grunde nichts anderes ist als eine spezialisierte programmgesteuerte digitale Rechenmaschine.

Im Anschluß daran werden die Hauptprobleme und Resultate der abstrakten Theorie der Automaten, die aus zweiwertigen Entscheidungselementen aufgebaut werden können, beschrieben, und es wird gezeigt, daß für die induktive Logik eine neue Art von Maschinen, nämlich die neuronalen Automaten notwendig sind, die aus den Neuronen ähnelnden Schaltelementen aufgebaut werden müssen und die, zumindest prinzipiell, auch zu lernen vermögen und der selektiven Assoziationen fähig sind. Einige Eigenschaften solcher neuronaler Automaten werden erörtert.

Summary. After a brief historical survey the general notion of a logical machine is defined and a systematic classification of the logical machines according to the problems which they are capable of solving is undertaken. There are three types of logical machines, namely those for the propositional calculus, those for the calculus of predicates, and those for inductive logic (plausible inference) or neuronal automata. The different means for implementing the elementary logical connectives are briefly discussed and the logical machines hitherto built as well as methods of computing the truth-values of logical functions by means of digital computers are described. It is shown that a machine for the calculus of predicates is essentially a specialized digital computer.

The main problems and results of the abstract theory of automata which may be synthesized out of two-valued decision elements are briefly described and it is shown that for the inductive logic or plausible inference a new type of machines, neuronal automata, are necessary which have to be assembled from basic switching organs like nervous cells and which automata are, at least principally, capable of learning and selective associations. Some properties of such automata are discussed.

Résumé. Après une brève revue historique on donne une définition générale des machines logiques et une classification selon les problèmes qu'elles peuvent résoudre. Il existe trois types de machines logiques: pour le calcul des propositions, pour le calcul des prédicats et pour la logique inductive (plausible raisonnement) nommés aussi automates neuronaux. On décrit brièvement les possibilités diverses pour l'instrumentation des connections logiques élémentaires, puis les machines logiques construites jusqu'ici, et qui servent toutes au calcul des propositions et enfin les méthodes pour calculer des expressions logiques à l'aide d'un calculateur digital. On montre qu'une machine pour le calcul de prédicats est essentiellement un calculateur digital spécialisé.

Puis on décrit les problèmes les plus importants et les résultats de la théorie abstraite des automates qui se composent d'éléments de décision à deux valeurs, et on montre que la logique inductive a besoin d'un nouveau genre de machines, notamment des automates neuronaux qui doivent se composer des éléments de connections semblables aux neurons et qui sont capables, au moins en principe, d'apprendre et de réaliser des associations sélectives. On discute quelques qualités des automates susnommés.

1. Einleitung — Historischer Überblick

Es gehört zu den Urträumen der Menschheit, Maschinen zu bauen, die irgendwelche menschlichen Fähigkeiten, wozu als eine der erstrebenswertesten die des Denkens gehört, besitzen. Was das Verrichten physischer Arbeit anbelangt, so waren die notwendigen physikalisch-theoretischen Vorkenntnisse über die Mechanik geschichtlich sehr früh sogar schon so weit vorhanden, daß bereits die Griechen im klassischen Altertum komplizierte mechanische Maschinen, die sogar schon als Automaten bezeichnet werden können, bauen konnten. Anders verhält es sich mit dem Verrichten geistiger Arbeit, dem Vollbringen geistiger Leistungen. Jene physiologischen Kenntnisse, die etwa den Kenntnissen der fünf grundlegenden Maschinenelemente entsprechen, besitzen wir selbst heute bei weitem noch nicht so weit, daß wir in der Lage wären, auf Grund dieser Kenntnisse „Denkmaschinen" zu bauen. Auch über die einzelnen Phasen der rein psychologisch verstandenen geistigen Prozesse, wie etwa das Lernen, wissen wir nur zu wenig. Das vielleicht am gründlichsten durchforschte Gebiet des wissenschaftlichen Denkens ist wohl die Arithmetik und die Logik. So wird es verständlich, daß, nachdem Pascal und Leibniz die ersten handbetätigten Rechenmaschinen in den Jahren 1642 bzw. 1671 gebaut hatten, der englische Mathematiker und Philosoph Charles Babbage schon um 1835 einen, dem damaligen Stande der Technik entsprechend, mechanisch arbeitenden Rechenautomaten, d. h. eine Rechenmaschine mit programmgesteuertem Rechenablauf, zu bauen versuchte. Dieser von Charles Babbage konzipierte Rechenautomat (analytical engine) weist bereits ziemlich alle funktionell wesentlichen Merkmale unserer heutigen elektronischen, digitalen, programmgesteuerten Rechenmaschinen oder Rechenautomaten, wie diese Geräte auch bezeichnet werden, auf.

Was die Frage der logischen Maschinen anbetrifft, so waren die wichtigsten Regeln der zweiwertigen Logik seit Aristoteles zum Teil durch die klassischen Philosophen, zum Teil durch die Logiker des Mittelalters ziemlich weitgehend ausgearbeitet. Im Gegensatz zur Mathematik waren sie jedoch *verbal* gehalten, d. h., obwohl die ersten Ansätze bereits bei Aristoteles zu finden sind, fehlte dennoch der entsprechende Formalismus, der die Struktur der Regeln hätte klar hervortreten lassen und als Vorbild der Instrumentierung hätte dienen können. Die Notwendigkeit eines „Calculus Racionator" hat bereits Leibniz betont; der entscheidende Schritt in dieser Richtung wurde jedoch erst im Jahre 1847 von dem Engländer GEORGE BOOLE (1815–1864) getan [1], der ein System einer Algebra geschaffen hat, in welchem die Variablen Klassen von Dingen repräsentierten; die Operationen der Addition bzw. Multiplikation wurden so definiert, daß man mit ihrer Hilfe verschiedene Klassen von Dingen ohne Widerspruch zu neuen Klassen kombinieren konnte. Sein System war teils durch AUGUSTUS DE MORGAN (1806–1871), teils durch W. S. JEVONS (1835–1882) weiter entwickelt und bis zu einer gewissen Vollständigkeit gebracht worden. Insbesondere war es JEVONS, der, nachdem die begrifflichen Grundlagen hinreichend geklärt worden waren, im Jahre 1870 die erste im heutigen Sinne verstandene logische Maschine ebenfalls in mechanischer Ausführung baute [2]. Etwas später, im Jahre 1880, veröffentlichte J. VENN die seither nach ihm benannten Diagramme, auf die jedoch, da es sich bei ihnen um keine logischen Maschinen in dem hier verstandenen Sinne handelt, im folgenden nicht weiter eingegangen werden soll; statt dessen sei auf das kürzlich erschienene vortreffliche Buch von M. GARDNER [3] verwiesen, in dem die VENN-Diagramme ausführlich behandelt werden und das im übrigen eine ziemlich vollständige Darstellung auch anderer diagrammatischer Methoden und Maschinen, die von historischem Interesse sind, bringt.

Die JEVONSsche Maschine wurde lange Zeit nur für ein Kuriosum gehalten, da die Möglichkeiten der praktischen Anwendung fehlten. Erst nach dem zweiten Weltkriege rückte die maschinelle Lösung von logischen Problemen wiederum in den Vordergrund des Interesses. Den Anlaß dazu gaben in erster Linie die faszinierende Entwicklung und die Leistungen der modernen elektronischen digitalen Rechenautomaten, die u. a. zu lebhaften, auch heute noch andauernden Diskussionen über die Möglichkeiten des maschinellen Denkens [4, 5, 6] führten. Die theoretischen Grundlagen für logische Maschinen sind durch die seit JEVONS' Zeiten zur selbständigen Wissenschaft entwickelte *mathematische Logik* geschaffen und in einer Reihe von guten Büchern behandelt worden. Die automatischen Telefonzentralen mit ihren vielen schaltungstechnischen Problemen haben zu der Entstehung der Algebra der Kontaktschaltungen geführt und das erste praktische Anwendungsgebiet der mathematischen Logik geliefert. Zu dieser sind seither auch andere Gebiete, insbesondere die Konstruktion der digitalen Rechenautomaten selbst, sowie verschiedene logistische Probleme der Operationsforschung hinzugekommen. Die erste, mit modernen technischen Mitteln (Telefonrelais) speziell für die Lösung logischer Probleme gebaute Maschine ist, soweit aus der Literatur feststellbar, die als Diplomarbeit im Jahre 1947 gebaute Relaismaschine von W. BURKHART [7], auf die seither eine Anzahl anderer Konstruktionen folgten. Obwohl die Entwicklung bei weitem nicht zu so auffälligen Resultaten führte, wie dies bei den Rechenautomaten der Fall war, gehen die Forschungen seither beständig weiter und haben auch zu einigen interessanten Resultaten geführt.

Neben den rein technischen Entwicklungen entstand, hauptsächlich auf den Arbeiten von A. M. TURING [8], W. S. McCULLOCH und W. PITTS [9] und J. VON NEUMANN [10, 11] fußend, als wissenschaftlich äußerst wertvolles Beiprodukt der Entwicklung die *abstrakte Theorie der Automaten.* Sie beschäftigt sich mit den theoretischen Fragen der logischen Struktur der ganz allgemein verstandenen digitalen, in diesem Zusammenhange impulsmäßig arbeitenden, Automaten. Das Hauptproblem der Theorie ist die Fragestellung: Welche Automaten kann man aus möglichst universell gedachten bistabilen Schaltelementen synthetisieren? Diese Frage hängt eng mit dem bekannten TURINGschen Problem der berechenbaren Zahlen [8] zusammen. Die offensichtliche Analogie des universellen Schaltelements mit den Nervenzellen führt dann in natürlicher Weise zum zentralen Problem der Kybernetik, nämlich zu dem Problem der logischen Struktur des menschlichen Gehirns. Daraus beginnt sich in der letzten Zeit die *Theorie der neuronalen Automaten* zu entwickeln. Diese neuronalen Automaten sind aus universellen Schaltelementen, welche die Eigenschaften der Nervenzellen besitzen, aufgebaut. Eine wichtige Frage dieser Theorie ist von J. VON NEUMANN gestellt und beantwortet worden [11], nämlich, wie man zuverlässig arbeitende Automaten aus unzuverlässig arbeitenden Elementen bauen kann.

2. Versuch einer Systematik

2.1 Definitionen

Vor der Behandlung der eigentlichen logischen Maschinen erscheint es zweckmäßig, den Versuch einer Systematisierung zu unternehmen und einige Begriffe etwas genauer festzulegen.

Der Begriff der logischen Maschine wird von den einzelnen Autoren in sehr unterschiedlichem Sinne verwendet. Es wird allgemein stillschweigend angenommen, daß eine logische Maschine einfach eine Maschine ist, die logische Operationen durchführt. Dabei wird der Begriff der logischen Operation nicht weiter präzisiert. J. VON NEUMANN beispielsweise betrachtet unsere heutigen digitalen Rechenautomaten im wesentlichen ebenfalls als logische Maschinen, und zwar einfach aus dem Grunde, weil sie mit binärer Entwicklung der Rechnungsgrößen arbeiten [10]. Demnach bestünde das Wesen der logischen Maschinen, dem Charakter der zweiwertigen Logik entsprechend, im zweiwertigen Charakter der durch die Maschine durchgeführten Elementarschritte. Dieser Standpunkt spiegelt sich auch in der neueren Literatur über Datenverarbeitung wider, wo oft davon gesprochen wird, daß die Maschinen Entscheidungen treffen. Eine Entscheidung im logischen Sinne bedeutet eine exklusive Disjunktion. Die datenverarbeitenden Maschinen treffen jedoch eine Entscheidung immer durch einen Sprungbefehl, dem eine Subtraktion vorangeht. Es wird die Vorzeichenbinärstelle auf einen der zwei möglichen binären Zustände hin untersucht. Es wird also mit nur *einer* Variablen gearbeitet, während die exklusive Disjunktion eine logische Operation mit zumindest zwei Variablen ist. Was die VON NEUMANNsche Auffassung anbetrifft, so ist dazu ebenfalls zu bemerken, daß die binären Elementarschritte der Rechenautomaten keineswegs mit den elementaren logischen Operationen identisch sind. Vielmehr müssen die elementaren logischen Operationen erst aus den Elementarschritten der Maschine — räumlich oder zeitlich — synthetisiert werden.

Um Rechenmaschinen und logische Maschinen eindeutig auseinanderhalten und um systematisch vorgehen zu können, ist es zweckmäßig, von folgender Definition auszugehen:

D e f i n i t i o n   2.1 :   Eine logische Maschine im allgemeinen Sinne ist eine physikalische Einrichtung mit z u m i n d e s t einem Eingang und g e n a u einem Ausgang. Sie besteht aus einer endlichen Anzahl von geeignet angeordneten Elementen und führt an den Eingangsgrößen, die entweder Zustände oder Ereignisse sein können, eine wohlgeordnete, endliche Folge von physikalischen Operationen in der Weise durch, daß bei gegebener logischer Interpretation der Eingangsgrößen der Ausgang als Resultat einer endlichen Folge von logischen Operationen interpretiert werden kann

2.2 Deduktive Maschinen

Bei der Behandlung von logischen Problemen können verschiedene Situationen auftreten. Sind Prämissen, legitime Regeln des Schließens und die notwendige Reihenfolge der Anwendung derselben alle wesentlichen Kennzeichen eines Problems, so besteht die Aufgabe der Maschine einfach in der Durchführung der entsprechenden Operationen und im Anzeigen des Resultats. Wie leicht einzusehen ist, begegnet man prinzipiell der gleichen Situation bei einem digitalen Rechenautomaten, da das Resultat implizite durch das Programm bzw. durch die Anfangswerte bereits bestimmt ist. Wir werden Probleme dieser Art deduktive Probleme, und Maschinen, die solche deduktive Probleme lösen können, *deduktive Maschinen* nennen. Man kann leicht einsehen, daß eine deduktive Maschine zumindest solche Elemente in hinreichend großer Anzahl enthalten muß, deren Funktion umkehrbar eindeutig je einer der elementaren logischen Verknüpfungen (beispielsweise Negation, Konjunktion, Disjunktion usw.) entspricht. Im folgenden werden wir diese Elemente als elementare logische Maschinen bezeichnen und sie wie folgt definieren:

D e f i n i t i o n 2.2: Eine elementare logische Maschine ist eine physikalische Einrichtung mit z u m i n d e s t einem Eingang und g e n a u einem Ausgang. Sie führt an den Eingangsgrößen eine physikalische Operation in der Weise durch, daß der Ausgang umkehrbar eindeutig dem Resultat einer bestimmten elementaren logischen Verknüpfung entspricht.

Weniger selbstverständlich ist es, daß eine logische Maschine im Sinne der Definition 2.1, abgesehen von einem Speicher, *nur* aus elementaren logischen Maschinen sowie aus solchen Hilfseinrichtungen bestehen kann, die im wesentlichen die Art und Reihenfolge des Funktionierens der ersteren bestimmen. Auf diese Frage kommen wir noch ausführlicher zu sprechen.

2.3 Induktive Maschinen

Einer anderen wichtigen Situation begegnet man beispielweise bei der Konstruktion des Beweises eines Theorems. Hier sind zwar die Prämissen und die legitimen Regeln des Schließens im voraus gegeben, nicht aber die Reihenfolge, in welcher diese Regeln anzuwenden sind. Man kann in diesem Falle etwa so vorgehen, wie es A. NEWELL, H. A. SIMON und J. C. SHAW [12, 13, 14] getan haben, die, außer einigen Regeln der Anwendung der eigentlichen Regeln des logischen Schließens, auch den Prozeß des Probierens in ein Programm für einen digitalen Rechenautomaten eingebaut haben. Einen weiteren Schritt in dieser Richtung bedeuten die von A. OETTINGER [15] ausgearbeiteten Programme für das Lernen, in welchen ebenfalls der Prozeß des Probierens eingearbeitet ist.

Entscheidend ist jedoch in beiden Fällen ein im voraus ausgearbeitetes Programm, ohne welches der Rechenautomat, der, wie leicht einzusehen ist, eine deduktive Maschine ist, nicht richtig funktionieren kann. Der Mensch bedient sich zwar auch der Methode des Probierens, aber in einer grundlegend anderen Weise. Wird der Beweis durch einen Menschen geführt, so stützt er sich stark auf das *plausible Schließen*, d. h. der Mensch bedient sich nicht nur des Probierens mit darauffolgenden Korrektionen, sondern auch der im empirischen Sinne verstandenen *Induktion*. Das plausible Schließen ist zweifellos auch ein logischer Prozeß, wenn auch von anderer Natur, als das rein deduktive Schließen. Die größte Schwierigkeit besteht in erster Linie darin, daß im Gegensatz zu den

Regeln der deduktiven, zweiwertigen Logik, welche sehr gut entwickelt sind, die
Regeln des plausiblen Schließens, mit Ausnahme der berühmten Bücher von
R. CARNAP [16] und von GEORG PÓLYA [17], noch kaum mit wissenschaftlichen
Methoden in Angriff genommen worden sind. Wir werden später darauf noch
zurückkommen, daß eine solche derzeit noch hypothetische Maschine aus grundlegend anderen Elementen aufgebaut sein und auch anders funktionieren muß
als die deduktiven Maschinen. Wir wollen solche Probleme lösende Maschinen
induktive Maschinen nennen.

3. Instrumentierung der elementaren logischen Verknüpfungen

Die elementaren logischen Verknüpfungen können in verschiedener Weise
instrumentiert werden. Man braucht dazu nichtlineare Elemente, die dauernd
oder auch nur vorübergehend zwei, und nur zwei gut unterscheidbare Zustände
haben. Sie können dann so kombiniert werden, daß der Ausgang einer bestimmten logischen Verbindung der Eingänge entspricht. Die nichtlinearen Elemente
können im einfachsten Falle mechanisch ausgeführt werden, beispielsweise durch
zweiarmige Hebel oder ein um eine Rolle gelegtes Seil in einer hohen und einer
tiefen Lage und andere einfache mechanische Vorrichtungen, wie dies schon bei
der JEVONSschen Maschine der Fall war, oder es lassen sich einfache mechanische
Modelle bilden, wie sie beispielsweise im Institut für Praktische Mathematik der
Technischen Hochschule in Darmstadt für Lehr- und Demonstrationszwecke verwendet werden. Für die praktische Anwendung kann man entweder Relais oder
elektronische Schaltelemente, wie Halbleiterdioden und Widerstände, Elektronenröhren, Transistoren usw., daneben auch magnetische Schaltelemente, wie Ferrit-
ringkerne mit rechteckiger Hystereseschleife, benützen.

In der Praxis ist es für die Realisierung von logischen Schaltungen wichtig, solche
logischen Verknüpfungen zu instrumentieren, die ein sogenanntes *vollständiges
System* bilden, d. h. daß alle anderen Verknüpfungen (Schaltfunktionen) aus
ihnen gebildet werden können. Grundsätzlich genügt eine einzige logische Verknüpfung zur Darstellung eines vollständigen Systems, nämlich das SHEFFERsche
Symbol $A\,|\,B = \overline{A \cdot B}$ bzw. die zum SHEFFERschen Symbol logisch äquivalente
Verknüpfung $A \downarrow B = \overline{A \vee B}$, die gelegentlich auch als PEIRCEsche Funktion bezeichnet wird (vgl. hierzu [11] und [90]). Obwohl die Synthese der einzelnen Verknüpfungen aus den SHEFFERschen Symbolen, vom technischen Gesichtspunkt her
gesehen, nicht immer ganz einfach ist, so werden sie neuerdings dennoch als
logische Grundschaltungen (NAND- bzw. NOR *circuit*) [91 bis 94] bei der Konstruktion digitaler Rechenautomaten (z. B. NORDIC und RCA 501) [95, 96] verwendet. Dem kommt die Tatsache entgegen, daß sich diese Schaltkreise technisch
recht einfach realisieren lassen (es handelt sich im wesentlichen um ein
KIRCHHOFFsches Addiernetzwerk mit Widerständen und einem Transistor).

Ein vollständiges System wird ferner durch die folgenden Paare von logischen
Verknüpfungen gebildet: Konjunktion (logisches UND) und Negation; Disjunktion
(logisches ODER) und Negation; Konjunktion und Disvalenz (exklusive Disjunktion); Disjunktion und Disvalenz. Während Konjunktion und Disjunktion paar-
weise kein vollständiges System bilden, so bilden sie es selbstverständlich in
Verbindung mit der Negation. Diese letztere Kombination hat sich in schaltungs-
technischer Hinsicht als sehr vorteilhaft herausgestellt und sie ist in der Praxis
beim logischen Entwurf von Schaltungen am häufigsten anzutreffen [97].

Weniger bekannt ist die Tatsache, daß auch die logischen Verknüpfungen $A \cdot \bar{B}$, $\bar{A} \cdot B$, $A \vee \bar{B}$ und $\bar{A} \vee B$ (Implikation) bei gleichzeitiger Bereitstellung der Konstanten NULL bzw. EINS jeweils ein vollständiges System bilden [98]. (Die Konstanten werden im allgemeinen repräsentiert durch einen vorgegebenen Gleichspannungswert oder einen Taktimpuls.)

3.1 Das Darmstädter mechanische Modell

Das Darmstädter mechanische Modell (cf. [18] und Bild 1) hat den Vorzug, eine gute Analogie zu den modernen, mit Halbleiterdioden ausgeführten logischen Schaltkreisen zu liefern, weshalb es eine etwas nähere Beschreibung verdient. Das Modell besteht aus einem an einem Ende befestigten elastischen Gummiband, an dessen freiem Ende zwei unelastische Bindfäden befestigt sind. Die Eingangsgrößen werden dargestellt durch auf die beiden unelastischen Bindfäden wirkende Kräfte, die entweder vorhanden oder nicht vorhanden sind. Die Ausgangsgröße wird durch die Lage des Vereinigungspunktes der beiden Bindfäden mit dem elastischen Gummiband angezeigt. Eine tiefe Lage des Vereinigungspunktes entspricht dem Wahrheitswert NULL (falsche Aussage) und eine hohe Lage des Vereinigungspunktes dem Wahrheitswert EINS (wahre Aussage).

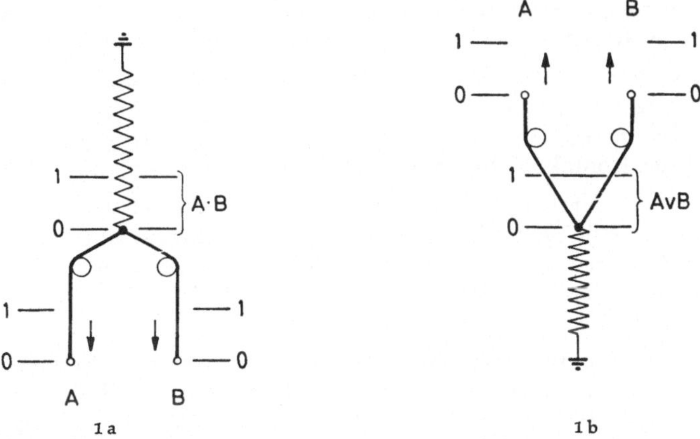

Bild 1.   Mechanische Modelle zur Darstellung der Konjunktion (1 a) und der Disjunktion (1 b)

Im Falle der *Konjunktion* wird das Gummiband *oben* befestigt (cf. Bild 1a); die beiden unelastischen Bindfäden werden durch gleiche, nach unten gerichtete Zugkräfte in der tiefen Lage, welche dem Wahrheitswert NULL entspricht, gehalten. Die Eingangsgröße oder das Eingangssignal EINS wird im Falle der Konjunktion durch das *Verschwinden* der Zugkräfte repräsentiert. Wie aus Bild 1a zu erkennen ist, kann der Vereinigungspunkt dann, und nur dann in die hohe, dem Wahrheitswert EINS entsprechende Lage übergehen, wenn beide, die bei *A und B* angreifende Zugkräfte verschwinden, wie es der Definition der Konjunktion entspricht.

Im Falle der *Disjunktion* wird das Gummiband *unten* befestigt (cf. Bild 1b). Die Eingangsgröße oder das Eingangssignal EINS wird in diesem Falle nicht durch das Verschwinden, sondern durch das *Vorhandensein* der nach oben gerichteten Zugkräfte repräsentiert. Wie aus Bild 1b zu erkennen ist, kann der Vereinigungspunkt immer dann in die hohe, dem Wahrheitswert EINS entsprechende Lage übergehen, wenn irgendeine, entweder die bei *A oder B* angreifende Zugkraft oder auch wenn beide gleichzeitig wirksam sind, wie es der Definition der Disjunktion entspricht.

3.2 Instrumentierung durch Relais

Die vielleicht bekannteste Methode der Realisierung der elementaren logischen Verknüpfungen besteht in der Repräsentation der Eingangsvariablen durch die Schaltstellung von elektrischen Kontakten, während die Ausgangsgröße durch den Spannungszustand eines Schaltkreises, in dem die Kontakte sich befinden, repräsentiert und beispielsweise durch das Aufleuchten bzw. Nichtaufleuchten einer Glühlampe angezeigt wird. Vereinbarungsgemäß soll ein geschlossener Kontakt den Wahrheitswert EINS (wahre Aussage), ein geöffneter Kontakt den Wahrheitswert NULL (falsche Aussage) darstellen. Wird eine Aussage negiert, so muß der entsprechende Kontakt geöffnet werden. Daraus ergibt sich zwar eine gewisse Schwierigkeit in technischer Hinsicht für den Fall, daß eine negierte Variable den Wahrheitswert EINS haben soll; man kann sich jedoch behelfen und auf einfache Weise dieser Schwierigkeit Abhilfe schaffen, entweder durch Umbenennung der betreffenden Variablen oder durch den vorübergehenden Übergang von einem Arbeitskontakt, der nur im Falle einer Anregung geschlossen wird, auf einen Ruhekontakt, der im Falle einer Anregung geöffnet wird.

Zwei (oder mehr) hintereinander geschaltete Kontakte *A* und *B* leisten in ihrer *Reihenschaltung* die logische *Konjunktion*; eine die Ausgangsgröße EINS kennzeichnende Spannung kann nur dann am Ausgang des Schaltkreises auftreten, wenn beide, der Kontakt *A und* der Kontakt *B*, geschlossen sind.

Zwei (oder mehr) parallel geschaltete Kontakte *A* und *B* leisten in ihrer *Parallelschaltung* die logische *Disjunktion*; eine die Ausgangsgröße EINS kennzeichnende Spannung tritt immer dann am Ausgang des Schaltkreises auf, wenn einer von beiden, entweder der Kontakt *A oder* der Kontakt *B*, oder auch, wenn beide geschlossen sind.

Die einzelnen Kontakte könnte man natürlich mit der Hand betätigen. Für das praktische Arbeiten ist es jedoch zweckmäßig, die Kontakte an Relais anzubringen, wie dies etwa in Bild 2 gezeigt ist. In diesem Falle werden die Eingangs-

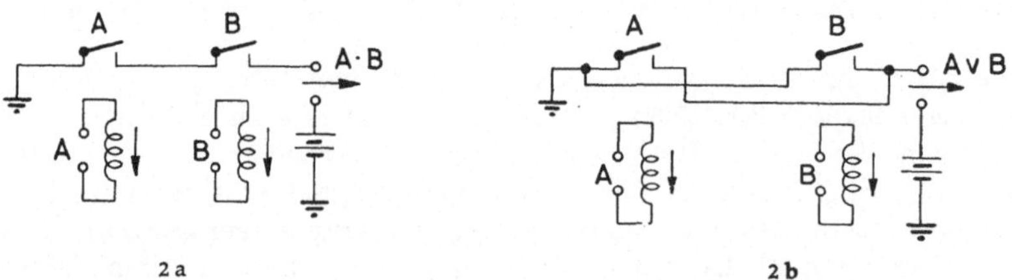

Bild 2. Instrumentierung der Konjunktion (2 a) und der Disjunktion (2 b) durch Relais

variablen durch das Vorhandensein bzw. Nichtvorhandensein eines Erregungsstromes in den Relaiswicklungen *A* und *B* repräsentiert. Die Ausgangsvariable wird wieder durch den Leitungszustand des Schaltkreises, d. h. durch den durch die Kontakte fließenden Strom bestimmt; sie kann durch eine Glühlampe angezeigt werden.

Die Instrumentierung der elementaren logischen Verknüpfungen durch Relais ist einfach und billig, hat aber den Nachteil, daß sich keine hohen Arbeitsgeschwindigkeiten erzielen lassen. Will man diese erhöhen, wie dies bei einigen modernen Problemen größeren Umfanges notwendig erscheint, so muß man zu elektronischen Mitteln übergehen.

Obwohl man auch mit Gleichspannungen arbeiten kann, werden die Variablen gewöhnlich durch kurzzeitige Rechteckimpulse von etwa 1 bis 5 µsec Dauer dargestellt. Das Vorhandensein eines Impulses entspricht einer wahren Aussage; einer negierten Variablen entspricht das Fehlen des betreffenden Impulses.

Die logische *Konjunktion* entspricht physikalisch der *Koinzidenz* der beiden Impulse, d. h. ein Koinzidenzstromkreis (Koinzidenzgatter) gibt dann, und nur dann ein Ausgangssignal, wenn die Eingangssignale zeitlich zusammenfallen.

Die logische *Disjunktion* entspricht physikalisch der *Mischung* der Impulse, d. h. der Zusammenführung der Eingangssignale auf einen gemeinsamen Ausgang. Einen Stromkreis, der dieses leistet, bezeichnet man auch als Mischgatter. Als *Negation* pflegt man in der Literatur der Rechenautomaten gewöhnlich die Invertierung der Impulspolarität anzugeben. Logisch ist das eigentlich nicht richtig, da dies die Repräsentierung der binären NULL durch einen negativen Impuls bedeuten würde. Logisch entspricht der Negierung einer Variablen die *Sperrung* des Impulsweges für die betreffende Variable. Zu diesem Zweck sind eben negative Sperrimpulse notwendig, wodurch ein vorhandener Impuls in einen nichtvorhandenen Impuls umgewandelt wird, wie es der üblichen, oben angeführten Konvention entspricht.

3.3 Instrumentierung durch Dioden

Die notwendigen Koinzidenz-, Antikoinzidenz- und Mischschaltungen wurden bereits vor mehr als zwanzig Jahren für die Zwecke der Untersuchung von kosmischen Strahlen mit Hilfe von Röhrendioden, Trioden bzw. Mehrgitterröhren ausgearbeitet. Heute verwendet man fast ausschließlich Halbleiterschaltelemente, wie Germanium- oder Siliziumdioden, neuerdings auch Transistoren. Den Stromkreis für die logische Konjunktion zweier Variablen A und B, ein Koinzidenzgatter für positive Impulse, zeigt Bild 3a; die Schaltung für die logische Disjunktion zweier Variablen A und B, ein Mischgatter für positive Impulse, ist in Bild 3b gezeigt. Für negative Impulse ist die Polarität (Vorspannung) der Dioden bzw. die Polarität der Spannungsquellen zu vertauschen. Die Negation wird gewöhnlich mit der Konjunktion kombiniert instrumentiert, indem man parallel zu den Konjunktionsdioden eine oder nach Bedarf mehrere Sperrdioden mit entgegengesetzter Polarität (positive Vorspannung) schaltet, wie es aus Bild 3c hervorgeht. Die Diode D ist im Normalzustand so vorgespannt, daß sie keinen Strom führt. Gelangt an den Eingang C ein *negativer* Sperrimpuls, so wird die Diode D leitend und schließt damit den Ausgang für die beiden Konjunktionseingänge effektiv kurz.

Da die Wirkungsweise dieser Schaltungen aus der Rechenautomatenliteratur hinreichend bekannt ist (vgl. etwa das unter [19] angegebene Schrifttum), so sei hier lediglich noch bemerkt, daß die Diodenschaltungen für die Konjunktion und die Disjunktion zueinander in dem Sinne dual sind, daß eine Konjunktionsschaltung für positive Impulse bei Betrieb mit negativen Impulsen eine Disjunktionsschaltung ergibt und umgekehrt.

Vergleicht man die Diodenschaltungen mit dem Darmstädter mechanischen
Modell, so findet man eine fast vollständige Analogie: Den Dioden entsprechen
die Gummibänder und den Widerständen die unelastischen Bindfäden. In der
Konjunktionsschaltung führen die Dioden im Ruhezustand Strom, der durch die
angelegten Impulse aufgehoben wird; beim Gummimodell wirkt auf die Bindfäden im Ruhezustand eine Kraft, die durch die Eingangssignale aufgehoben
wird. Bei der logischen Disjunktion sind in der Diodenschaltung die Dioden im
Ruhezustand stromlos; beim Gummimodell wirkt auf die Bindfäden im Ruhezustand keine Kraft. Der entgegengesetzten Polarität der Spannungsquellen bei
den Diodenschaltungen entspricht beim Gummimodell eine entgegengesetzte
Richtung der Zugkraft.

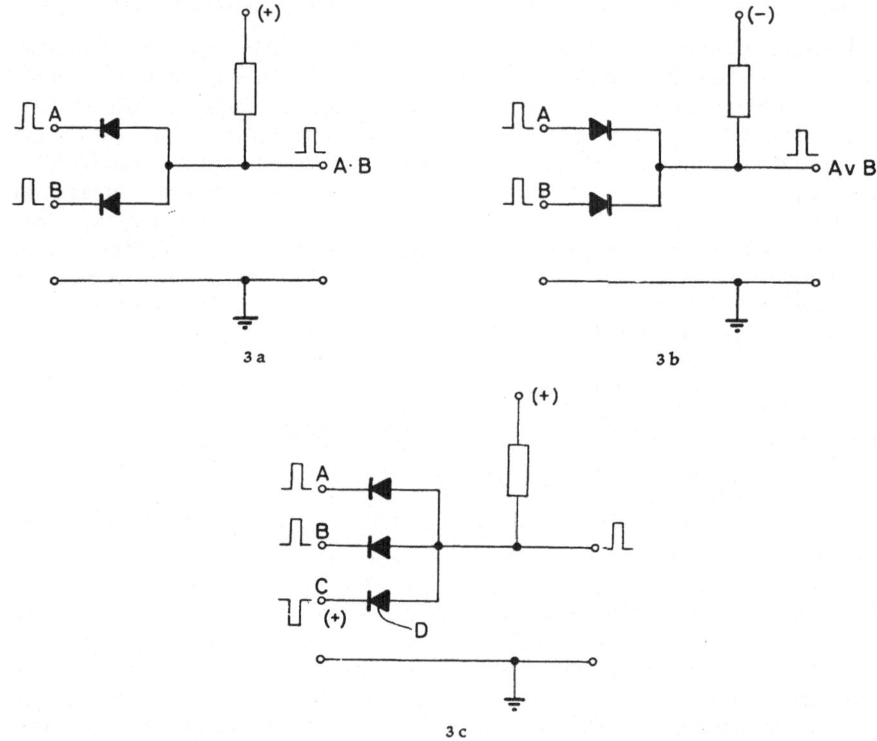

Bild 3.   Instrumentierung der elementaren Verknüpfungen durch Dioden
Konjunktion (3 a) — Disjunktion (3 b) — Sperrschaltung (3 c)

3.4 Instrumentierung durch Transistoren

Die aus Dioden gebauten logischen Schaltkreise finden in den digitalen Rechenautomaten eine sehr weitgehende Anwendung, da sie zur Übertragung auch sehr
kurzer Impulse geeignet sind. Ihr einziger Nachteil besteht in der Dämpfung der
Impulse, weshalb nach je zwei bis drei Diodenstufen eine Regenerierungs- bzw.
Formierungsstufe mit einer Elektronenröhre, einem Transistor oder einem
Magnetverstärkerelement eingeschaltet werden muß. Je eine von den vielen
möglichen Varianten der Instrumentierung der logischen Konjunktion bzw. Disjunktion mit Flächentransistoren ist in Bild 4a bzw. 4b gezeigt. Durch ent-

sprechende Wahl der Basisspannung führen die n-p-n-Transistoren im Ruhe-zustand keinen Strom. Bei dem Koinzidenzgatter nach Bild 4a tritt ein Signal am Ausgang nur dann auf, wenn an beide Eingänge ein positives Signal von solcher Größe angelegt wird, daß die Transistoren in den stromleitenden Zustand versetzt werden. Bei dem Mischgatter nach Bild 4b tritt ein Signal am Ausgang immer dann auf, wenn an einem (oder an beiden) von den zwei Eingängen ein

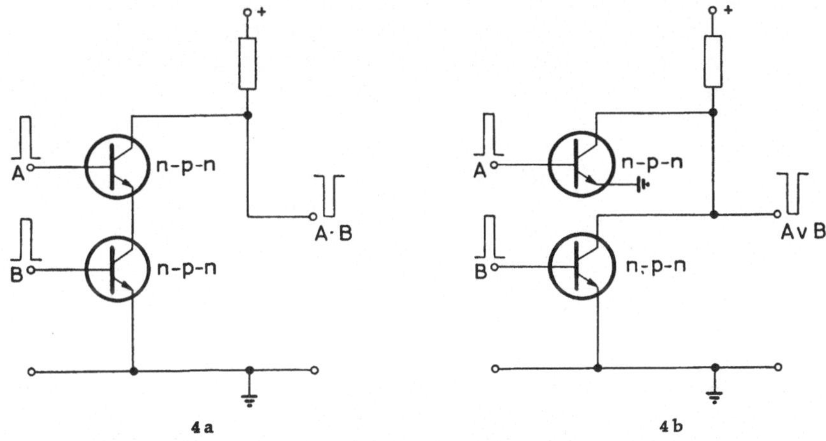

Bild 4. Instrumentierung der Konjunktion (4a) und der Disjunktion (4b)
durch direktgekoppelte Transistoren

positives Signal angelegt wird. Das Ausgangssignal wird durch ein Absinken der Spannung an der Ausgangsklemme gekennzeichnet. Durch einen nachgeschalteten Inverter kann die dadurch bedingte Phasenumkehr ausgeglichen werden. Betreffs weiterer Einzelheiten und anderer Varianten von logischen Schaltungen, beispiels-weise mit p-n-p-Transistoren, sei auf die reichhaltige Literatur verwiesen (vgl. etwa das unter [20] angegebene Schrifttum).

Auch der in der Einleitung zum Abschnitt 3 bereits erwähnte NOR *circuit* (WEDER-NOCH *Schaltkreis*), welcher die zueinander logisch äquivalenten universellen logischen Verknüpfungen $\overline{A \vee B}$ bzw. $\overline{A \cdot B}$ (SHEFFERsches Symbol) darzustellen im Stande ist, wird vorzugsweise unter Verwendung von Transistoren instru-mentiert [91 bis 96]. Obwohl aus dem einfachen Wortgebrauch „NOR" die Dualität dieser beiden logischen Verknüpfungen nicht klar hervorgeht und die Möglichkeit der Realisierung beider Verknüpfungsformen durchaus nicht ohne weiteres er-sichtlich ist (deshalb mancherorts auch die Unterscheidung zwischen NOR- und NAND circuits), so wird diese Tatsache in der technischen Darstellung der Schaltung dagegen sehr augenscheinlich (vgl. insbes. [93]). Da es bei der üblichen Instru-mentierung auf eine KIRCHHOFF-Addition ankommt, so können durch definitions-gemäße Wahl der die Binärwerte darstellenden Eingangsamplituden beide logischen Verknüpfungen realisiert werden. Welche von den beiden logischen Verknüpfungen geleistet wird, hängt außerdem auch davon ab, ob in dem Schaltkreis ein p-n-p- oder ein n-p-n-Transistor verwendet wird (Dualität!). Dieser Schaltkreis, bei dem die eigentliche logische Verknüpfung am Eingang durch ein Addiernetzwerk mit Widerständen verwirklicht wird, hat daneben nicht nur die Funktion eines Gatters, sondern bewirkt auch eine Verstärkung des Signals sowie eine Normalisierung des Potentials. Man kann eine Mehrzahl solcher

Stufen in Kaskade hintereinanderschalten; in einer ausgeführten Schaltung liegt
die Signalverzögerung je Stufe in der Größenordnung von 0,1 Mikrosekunde [96].

3.5 Instrumentierung durch Ferritkerne

Interessante Möglichkeiten bietet die Instrumentierung der elementaren logischen
Verknüpfungen durch Ferritkerne mit rechteckiger Hystereseschleife, da man
technisch mit einem einzigen Element, aus dem alle logischen Funktionen synthetisiert werden können, auskommt. Das Element besteht aus einem Ferritringkern
von etwa 3 bis 4 mm Durchmesser, der vier Wicklungen W_1 bis W_4 trägt
(cf. Bild 5). Die Wicklung W_1 ist die Eingangswicklung; W_2 ist die Sperrwicklung,

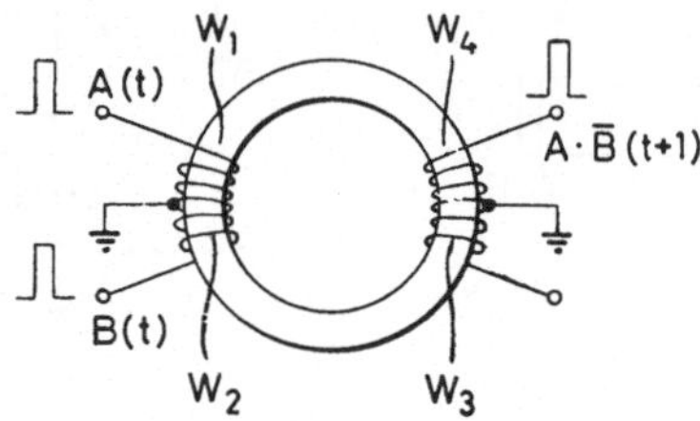

Bild 5.   Instrumentierung der universellen logischen Verknüpfung UND-NICHT durch einen Magnetkern
mit rechteckiger Hystereseschleife

deren Wicklungssinn so gewählt ist, daß sie die durch die Eingangswicklung W_1
hervorgerufene Magnetisierung kompensiert; W_3 ist die Ablesewicklung, deren
Wicklungssinn ebenfalls entgegengesetzt der Eingangswicklung gewählt wird;
schließlich ist W_4 die Ausgangswicklung. Definitionsgemäß wird eine der beiden
möglichen Remanenzlagen des Ferritkerns als die NULL-Lage, die andere als die
EINS-Lage festgelegt. Kommt etwa zu einem Zeitpunkt t ein Impuls durch die
Eingangswicklung W_1, so gibt der Kern unter der Wirkung eines Ableseimpulses
zu einem nächsten Zeitpunkt $t+1$ einen Ausgangsimpuls ab, vorausgesetzt, daß
die Wicklung W_2 zum Zeitpunkt t, also gleichzeitig mit dem Eingangsimpuls,
keinen Sperrimpuls erhalten hat. Dieses magnetische Schaltelement leistet also
die logische Verknüpfung UND-NICHT:

$$W_4 \, (t+1) = W_1 \, (t) \cdot \overline{W_2 \, (t)}$$

Da sich, wie bereits erwähnt wurde, aus dieser Schaltfunktion alle übrigen
logischen Verknüpfungen zusammensetzen lassen, so kann das magnetische
Schaltelement nach Bild 5 als universelles logisches Entscheidungselement angesehen werden.

Der Vorteil der Ferritkerne besteht in ihrer Einfachheit und Zuverlässigkeit. Ihr
Nachteil besteht darin, daß sie sich hauptsächlich für serienmäßig arbeitende
Maschinen eignen. Weiterhin müssen die Verzögerungen, die durch die einzelnen
Schaltelemente entstehen, entsprechend berücksichtigt werden, wie dies etwa in
der oben niedergeschriebenen Beziehung angedeutet ist. Betreffs weiterer Einzelheiten sei auch hier wieder auf die reichhaltige Literatur (z. B. [21, 22]) verwiesen.

3.6 Symbolik

In der Praxis hat es sich als zweckmäßig erwiesen, für die drei wichtigsten Verknüpfungen, nämlich Konjunktion (UND), Disjunktion (ODER) und Negation

(NICHT) besondere symbolische Zeichen einzuführen, mit deren Hilfe man eine logische Struktur wesentlich übersichtlicher darstellen kann, als es durch die entsprechenden Formeln möglich ist. Die größte Verbreitung hat die in Bild 6

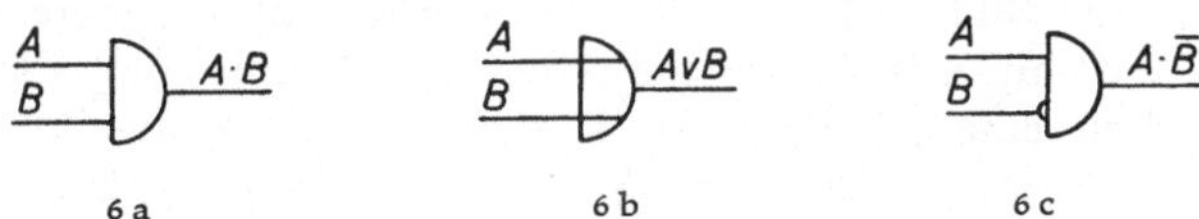

6 a   6 b   6 c

Bild 6. Symbolische Darstellung der elementaren Verknüpfungen
Konjunktion (6 a) — Disjunktion (6 b) — UND-NICHT (6 c)

dargestellte Symbolik gefunden. Sie hat den Vorteil, daß die Halbkreise zugleich die Fortpflanzungsrichtung der als Impulse gedachten Signale angeben; die Anwendung der sonst üblichen Pfeile wird daher überflüssig. Das in Bild 6 c angegebene Symbol ist zugleich die symbolische Darstellung des magnetischen Schaltelements von Bild 5.

Mit Hilfe dieser Symbolik lassen sich auch die übrigen logischen Grundverknüpfungen darstellen. Die für logische Maschinen (und auch für Rechenautomaten) wichtigen Verknüpfungen, wie Disvalenz (exklusives ODER), Äquivalenz und Implikation, sind den in Bild 7 a, 7 b und 7 c dargestellten logischen Strukturen

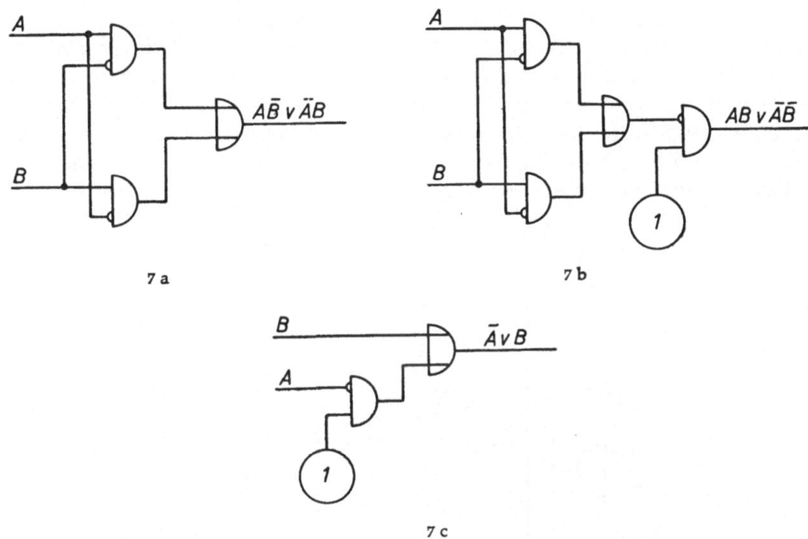

7 a   7 b

7 c

Bild 7. Struktur der wichtigsten logischen Verknüpfungen
Exklusive Disjunktion (7 a) — Äquivalenz (7 b) — Implikation (7 c)

zu entnehmen. Man kann sich anhand von Wahrheitstafeln leicht überzeugen, daß die in Bild 7 a angegebene logische Struktur der Definitionsgleichung der *Disvalenz (exklusive Disjunktion)*:

$$A \not\equiv B = A \cdot \bar{B} \vee \bar{A} \cdot B,$$

jene des Bildes 7 b der Definitionsgleichung der *materiellen Äquivalenz*:

$$A \equiv B = A \cdot B \vee \bar{A} \cdot \bar{B},$$

und schließlich die in Bild 7c angegebene logische Struktur der Definition der *Implikation*:

$$A \supset B = \bar{A} \vee B$$

genügt. Die in den Bildern 7b und 7c ersichtlichen EINS-Generatoren sind notwendig, weil — damit, wie üblich, die Anwesenheit eines Impulses eine wahre, seine Abwesenheit eine falsche Aussage repräsentiert — die Schaltung auch in dem Falle einen Impuls abgeben muß, wenn am Eingang keine Impulse vorhanden sind.

Hat man nur universelle Entscheidungselemente, wie etwa die bereits erwähnten Ferritkerne, zur Verfügung, so wird die logische Struktur der einzelnen Verknüpfungen natürlich etwas komplizierter. Wegen weiterer Einzelheiten muß wiederum auf die bereits angegebene Literatur [21, 22] hingewiesen werden. Von Neumann gibt Beispiele [11], wie man die einzelnen Verknüpfungen aus dem Shefferschen Symbol zusammensetzen kann.

3.7 Logische Pyramiden

Schließlich soll im Zusammenhang mit der Instrumentierung der elementaren logischen Verknüpfungen noch auf einen Umstand mehr technischer Natur hingewiesen werden, der bisher für den Bau von logischen Maschinen zwar noch nicht nutzbar gemacht wurde, wohl aber in Zukunft noch eine große Bedeutung erlangen kann. Es handelt sich darum, daß man in der Technik der Rechenautomaten immer mehr auf die ausschließliche Verwendung von UND-ODER-Pyramiden übergeht, wobei man die der Konjunktion entsprechenden UND-Stufen durch eine ODER-Stufe verbindet und mit der darauffolgenden Impulsregenerierungsstufe, der logisch keine eigentliche Funktion zukommt, technisch zu einer Einheitsstufe vereinigt. Die Konjunktions- bzw. Disjunktionsstufen sind im

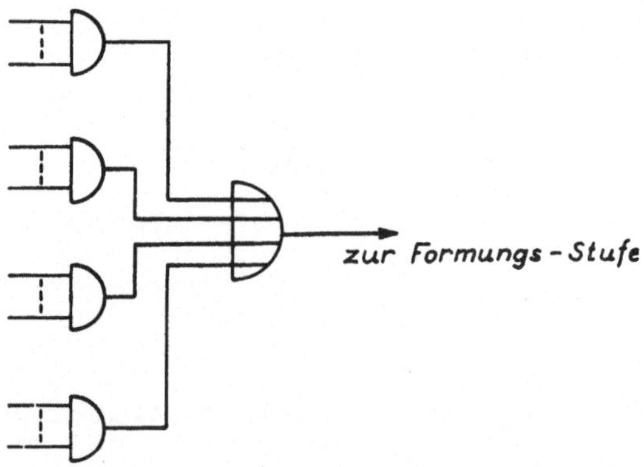

Bild 8.   Struktur einer logischen Einheitsstufe (UND-ODER-Pyramide)

allgemeinen aus Dioden aufgebaut. Eine Konjunktions- bzw. Disjunktionsstufe hat gewöhnlich vier Eingänge. Bild 8 zeigt die logische Struktur einer solchen Einheitsstufe. Man erkennt unschwer, daß eine solche Einheitsstufe eigentlich einen Teil der disjunktiven Normalform darstellt. Durch Anwendung solcher Einheitsstufen wird auch der Bau von eigentlichen logischen Maschinen unter Umständen wesentlich erleichtert.

4. Logische Maschinen für den Aussagenkalkül

4.1 Mechanische logische Maschinen erster Art

Hat man elementare logische Maschinen in entsprechender Anzahl zur Verfügung, so kann man unter Hinzunahme einiger Hilfseinrichtungen deduktive Maschinen für verschiedene Aufgaben bauen. Die einfachste Aufgabe ist die Berechnung des Wahrheitswertes einer endlich langen, demzufolge auch endlich viele Variablen enthaltenden Formel des Aussagenkalküls. Dazu ist außer den elementaren logischen Maschinen nur eine Einrichtung notwendig, welche die verschiedenen möglichen Kombinationen der affirmativen bzw. negierten Variablen herstellt, was im wesentlichen auf eine binäre Zählkette entsprechender Länge hinausläuft. Dementsprechend läßt sich die folgende Definition geben:

Definition 4.1: Eine logische Maschine im Sinne der Definition 2.1 wird dann, und nur dann eine solche von erster Art genannt, wenn sie folgende Eigenschaften hat:

a) die Eingänge repräsentieren affirmative oder negierte einfache Aussagen, die zweier, und nur zweier Werte (wahr oder falsch, EINS oder NULL) fähig sind;

b) sie besteht aus elementaren logischen Maschinen im Sinne der Definition 2.2, die physikalische Operationen zumindest entsprechend der Verknüpfung UND—NICHT ausführen;

c) sie besitzt einen Speicher sowie eine geeignete Einrichtung zur systematischen Erzeugung sämtlicher möglichen Kombinationen der nicht-negierten bzw. negierten Variablen;

d) der Ausgang nimmt dann, und nur dann den Wert EINS (wahr) an, wenn die Formel durch eine Variablenkombination befriedigt wird; in allen anderen Fällen hat sie den Wert NULL (falsch).

4.11 Die syllogistische Maschine von Jevons. Diese Maschine war historisch die erste logische Maschine, die überhaupt gebaut wurde [2]. Wegen des historischen Interesses soll sie hier kurz beschrieben werden. Die übliche Bezeichnung „logisches Piano" weist darauf hin, daß die Eingangsvariablen, deren Anzahl höchstens vier betragen kann, durch das Drücken entsprechender Tasten einer Klaviatur eingestellt werden. Die Maschine ist grundsätzlich für die Untersuchung von Syllogismen (Implikationen) gebaut. Die Klaviatur ist unterteilt; die linke Seite entspricht dem Vorglied (Subjekt), die rechte Seite dem Nachglied (Prädikat), welche durch eine dem Hilfszeitwort IST (Copula) entsprechende Taste getrennt werden. Auf jeder Seite sind je acht Tasten vorhanden, und zwar je eine für die nicht-negierte bzw. negierte Form der vier Variablen. Eine weitere Taste spielt die Rolle des Punktes am Ende des Satzes, und noch eine Taste dient zur Herstellung der Ruhelage. Zu jeder Taste gehören in der Maschine zwei Bretter, die miteinander durch einen Bindfaden verbunden und auf einem Balken so aufgehängt sind, daß ein Brett auf der Vorderseite, das andere auf der Hinterseite herunterhängt. Jedes Brett trägt auf der Innenseite an entsprechenden Stellen Nägel, auf die Hebel einwirken und die Bretter hinauf oder hinunter verschieben können. Die Hebel werden durch Vermittlung von Bindfäden durch das Drücken der Tasten betätigt. Die Tasten, die als Anschrift eine assertive Variable tragen, wirken auf die Hebel von negierten Variablen und umgekehrt. Die Vorderseiten der vorne herabhängenden Bretter tragen entsprechende Anschriften der Variablen (A, $\bar{A}$ usw.), aus denen immer nur ein

Buchstabe in einem horizontal verlaufenden Schlitz zu sehen ist. Zuerst müssen
die entsprechenden Tasten der Vorglieder der Implikation, dann die Copula,
dann die Tasten der Nachglieder gedrückt werden. Sind die einzelnen Variablen
der einen Seite durch Konjunktion verbunden, so sind sie einfach nacheinander
einzutasten; die Tasten befinden sich dann gleichzeitig ın der eingetasteten
Stellung. Sind die einzelnen Variablen durch Disjunktion verbunden, so ist
zwischen dem Eintasten der einzelnen Variablen jeweils auch die Disjunktions-
taste der entsprechenden Seite zu drücken. Nach dem Eintasten des Punktes
bleiben in dem Schlitz alle Variablenkombinationen, für die die Implikation
wahr ist, zu sehen; im Falle der einfachen Implikation $A \supset B$ sind das also
$AB, \bar{A}B, \bar{A}\bar{B}$.

4.12 Die Maschine von Marquand. Eine ebenfalls mit mechanischen Mitteln
arbeitende, der Jevonsschen ähnliche Maschine wurde im Jahre 1885 von A.
Marquand [23] gebaut. Da sie auf der gleichen Grundlage beruht, sei betreffs
Einzelheiten auf die Beschreibung in dem Buch von Gardner [3] verwiesen. Man
muß anerkennen, daß in Anbetracht des frühen Entstehungszeitpunktes und der
verwendeten einfachen technischen Mittel diese Maschinen doch sehr bemerkenswerte Möglichkeiten aufweisen.

4.2 Relaismaschinen für logische Ausdrücke mit Klammern

4.21 Die Maschine von Kalin und Burkhart. Die erste mit modernen technischen
Mitteln ausgeführte logische Maschine erster Art war die bereits erwähnte
Relaismaschine von W. Burkhart [7]. Die Originalarbeit wurde nicht publiziert;
eine qualitative Beschreibung ist in [4], eine etwas ausführlichere Darstellung
der Grundsätze sowie ein Schema des Gerätes ist in dem Darmstädter Vortrag
von Zemanek [24] zu finden. Die Maschine beruht auf dem Grundgedanken,
daß alle elementaren Verknüpfungen durch zwei Wechselkontakte und einen
zweipoligen Drehschalter realisiert werden können. Dadurch können die verschiedenen nötigen Verknüpfungen an einem einzigen Element wahlweise eingestellt werden, was den einheitlichen Bau der Maschine wesentlich vereinfacht.
Es können wahlweise vier elementare Verknüpfungen, Konjunktion, Disjunktion,
Implikation und Äquivalenz, eingestellt werden. Die Negation wird durch
besondere Relais durch Umpolen ausgeführt. Es können Formeln bis zu
12 Variablen, die durch höchstens 11 Verknüpfungen verbunden sind, eingestellt
werden. Die einzelnen Kombinationen werden durch eine binäre Zählkette mit
1023 Positionen geliefert, was praktisch eine Einschränkung der Anzahl der
Variablen auf 10 bedeutet. Die Maschine bleibt automatisch bei jener Kombination
stehen, für welche die eingestellte Formel wahr (wahlweise auch falsch) ist, worauf
die Kombination von dem Stand der Zählkette notiert und die Maschine wieder
in Gang gesetzt werden kann.

4.22 Die erste Ferranti-Maschine. Die vielleicht am besten bekannte Relaismaschine ist diejenige, die von D. M. McCallum und J. B. Smith [25] bei der
Firma Ferranti ausgearbeitet wurde. Die Maschine ist für sieben Eingangsvariablen
gebaut. Ist die Variable wahr, so ist die entsprechende Klemme positiv; ist sie
falsch, so ist sie geerdet. Die $2^7 = 128$ Kombinationen werden dadurch hergestellt, daß die Ausgangskontakte von sieben Relais durch einen entsprechend
geschalteten Uniselektor an eine positive Spannung gelegt bzw. geerdet werden.
Es wird der reflektierte Binärkode verwendet, bei dem bei jedem Schritt nur ein
Relais umgeschaltet werden muß. Es wurden insgesamt sechs verschiedene

logische Verknüpfungen, nämlich Negation, Konjunktion, Disjunktion, exklusive Disjunktion, Implikation und Äquivalenz, instrumentiert. Die einzelnen Verknüpfungen sind in Form von separaten, sog. Konnektivschachteln ausgeführt, von denen so viele zusammenzustöpseln sind, wie es die auszuwertende Formel vorschreibt. Die Schachteln sind natürlich in entsprechender Anzahl herzustellen. Wie aus Bild 9a ersichtlich, wird die Disjunktion eigentlich nicht durch Kontakte, sondern durch die Selengleichrichter ähnlich wie in Bild 3b ausgeführt. Interessant ist die Instrumentierung der Konjunktion (Bild 9b). Bei den Konjunktions-

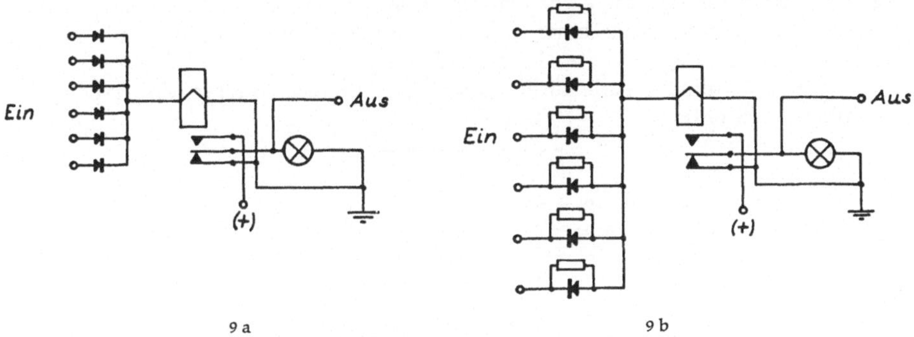

Bild 9. Instrumentierung der Disjunktion (9 a) und der Konjunktion (9 b) bei der ersten Ferranti-Maschine

schachteln sind nämlich maximal sechs Eingänge möglich, die jedoch nicht immer notwendig sind. Die Konjunktionsschachtel muß unabhängig von der Anzahl der jeweils aktiven Eingänge richtig funktionieren; demzufolge kann die übliche Diodenschaltung nach Bild 3 nicht angewendet werden, da sie dann, und nur dann ein Ausgangssignal abgibt, wenn *alle* Eingänge aktiv sind. Die Lösung benützt die Tatsache, daß den negierten Variablen geerdete Klemmen entsprechen. Es werden zu den Selengleichrichtern Widerstände parallel geschaltet, die so bemessen sind, daß das Relais dann, und nur dann anzieht und damit die Ausgangsklemme an positive Spannung legt, wenn *keine* der Eingangsklemmen geerdet (falsch) ist. Es wird also der Ausdruck $\overline{(A \vee B \vee C \vee D \vee E \vee F)}$ instrumentiert.

Die Verwendung einer besonderen Schachtel für jede in der Formel vorkommende Verknüpfung macht zwar die Handhabung der Maschine etwas umständlich, hat aber den großen Vorteil, daß durch sie das Problem der Klammerausdrücke automatisch gelöst wird. Die Eingänge einer Schachtel sind die Glieder eines Klammerausdrucks, während der Ausgang den Wert des Klammerausdrucks ergibt, mit dem man weiterarbeiten kann. Wegen ausgeführter Beispiele sei auf die Originalarbeit verwiesen.

4.23 Die Maschine der Technischen Hochschule Wien. Eine der Ferranti-Maschine im Prinzip ähnliche, nur in Konstruktionseinzelheiten verschiedene Maschine wurde an der Technischen Hochschule Wien unter Leitung von H. ZEMANEK durch J. WEIPOLTSHAMMER [26] im Jahre 1954 als Staatsprüfungsarbeit gebaut. Auch diese Maschine ist für sieben Variablen und für dieselben Verknüpfungen wie die Ferranti-Maschine gebaut. Die einzelnen Verknüpfungen sind jedoch ohne Gleichrichter, nur aus Relais konstruiert und in Form eines stöpselbaren Schaltfeldes ausgeführt. Es können Formeln mit maximal 74 Verknüpfungen gestöpselt werden.

4.24 Die Maschine von Szeged. In Szeged, Ungarn, wurde 1958 von L. Kalmár
eine logische Maschine erster Art auf Grund eines interessanten neuen Prinzips
gebaut [27]. Im Gegensatz zu dem allgemein angewendeten Verfahren, bei
welchem man den Wahrheitswert einer Aussage durch den Spannungszustand
einer Klemme bzw. durch *einen* geschlossenen oder offenen Kontakt darstellt,
wird in dieser Maschine jede Variable durch einen *Wechselkontakt* repräsentiert.
Ist die Aussage wahr, so ist etwa der untere Kontakt, ist sie falsch, so ist der
obere Kontakt geschlossen. Wird also ein Wechselkontakt durch einen *Dreipol*
repräsentiert, so entspricht einer wahren Aussage der Umstand, daß die mittlere
Klemme mit der unteren, einer falschen Aussage hingegen, daß die mittlere
Klemme mit der oberen leitend verbunden ist. Wahre bzw. falsche Aussagen
werden also in diesem Falle nicht durch Spannungen, sondern durch Leitungs-
zustände repräsentiert.

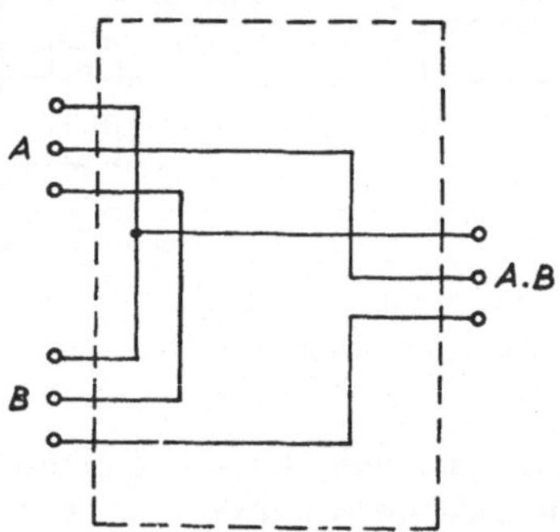

Bild 10.   Instrumentierung der Konjunktion durch Verdrahtung nach L. *Kalmár*

Wie in [27] bewiesen wurde, können bei dieser Art der Repräsentation alle
Operationen einer finiten Algebra im Sinne einer Universalalgebra, insbesondere die elementaren logischen Verknüpfungen durch *reine Verdrahtung* ausgeführt werden. In Bild 10 ist als Beispiel die Ausführung der Konjunktion für
zwei Variablen gezeigt. Die mittlere und die untere Klemme des Ausgangsdreipols
sind dann, und nur dann leitend miteinander verbunden, wenn die entsprechenden Klemmen der beiden Eingangsdreipole leitend miteinander verbunden sind,
wie dies die Definition der Konjunktion verlangt und in der Figur leicht nachzuprüfen ist. Ähnlich sind die übrigen elementaren logischen Verknüpfungen
des Aussagenkalküls zu instrumentieren.

Auf Grund dieses Prinzips wurde an der Universität in Szeged eine der Ferranti-
Maschine ähnliche Maschine für acht Eingangsvariablen gebaut. Die einzelnen
Verknüpfungen wurden ebenfalls als stöpselbare Schachteln ausgeführt, die
jedoch nichts als die oben beschriebene reine Verdrahtung enthalten. Die systematische Abtastung aller möglichen Kombinationen der Eingangsvariablen wird
auch in diesem Falle nach dem reflektierten Binärkode durch Drehschalter und
Relais durchgeführt.

4.25 Die zweite Ferranti-Maschine mit Rückkopplung. Bei der Auswertung von
logischen Formeln des Aussagenkalküls ergeben sich zwei praktische Schwierigkeiten. Die eine Schwierigkeit besteht darin, daß die Anzahl der möglichen
Kombinationen bei N Eingangsvariablen bekanntlich 2^N beträgt. Die Zahl der
zum systematischen Durchprobieren aller möglichen Kombinationen notwendigen

Operationen wird also mit dem Wachsen der Anzahl der Variablen rasch prohibitiv groß.

In praktischen Fällen braucht man jedoch nicht immer alle möglichen Lösungen, sondern man kann sich auf nur eine Lösung beschränken. Die zur Auffindung *irgendeiner* Lösung, die die Bedingungen befriedigt, notwendige Zeit kann unter Umständen dadurch herabgesetzt werden, wie dies von McCallum und Smith [28] gezeigt wurde, daß die systematische Untersuchung aller möglichen Kombinationen durch die Einführung einer Art negativen Rückkopplung durch die folgende Methode ersetzt wird. Die Abtastung der Variablen beginnt an einer beliebigen Stelle, und der Zustand einer Variablen wird nur dann geändert, wenn die Bedingung, die die Variable enthält, unbefriedigt ist. Um von den möglicherweise auftretenden geschlossenen Zyklen frei zu werden, wird außerdem ein quasi-stochastisches Element eingeführt, welches entscheidet, welcher von den möglichen zwei Übergängen an einem gegebenen Punkt der Rechnung durchgeführt werden soll. Die Maschine bleibt wie auch im ersten Fall bei der ersten gefundenen Lösung stehen. Es wird nachgewiesen, daß diese Methode für Probleme mit einer kleinen Anzahl (etwa vier) von Variablen, wobei in den einzelnen Bedingungen nicht alle Variablen vorkommen, vorteilhafter ist als die systematische Abtastung aller möglichen Kombinationen.

4.3 Relaismaschinen für klammerfreie Ausdrücke

Die zweite der im vorangegangenen Abschnitt erwähnten Schwierigkeiten besteht bekanntlich in dem *Auftreten von Klammerausdrücken*. Bei den bisher beschriebenen Maschinen wurde diese Schwierigkeit, wie bereits erwähnt, im wesentlichen durch die Anwendung von stöpselbaren Einheiten umgangen, deren Ausgang jeweils dem Resultat eines Klammerausdrucks entspricht. Die natürliche Lösung besteht aber in der Fortschaffung der Klammer, wie dies bei der klammerfreien Schreibweise von Lukasiewicz geschieht.

4.31 Der Logikrechner Stanislaus. Soweit feststellbar, war es H. Angstl [29], der als erster im Jahre 1950 bemerkte, daß die klammerfreie Schreibweise den Vorteil hat, sich sehr gut instrumentieren zu lassen. Er hat folgende Regel dafür angegeben.

Jedes Symbol einer Variablen (0,1) kann als eine „black box" (Schachtel) mit einem Ausgang allein, das Symbol der Negation als eine Schachtel mit einem Eingang und einem Ausgang, die Symbole der übrigen Verknüpfungen als Schachtel mit zwei Eingängen und einem Ausgang aufgefaßt werden. Ist die Formel in der klammerfreien Schreibweise aufgeschrieben, so sind die Schachteln der einzelnen Symbole (Variablen bzw. Verknüpfungen) wie folgt zu verbinden: Der erste Eingang eines Operationssymbols ist mit dem Ausgang des nächstfolgenden Symbols (Variable oder Verknüpfung) zu verbinden. Mit Ausnahme der Negation (die nur einen Eingang hat) ist der andere Eingang mit dem Ausgang des ersten nach rechts liegenden Symbols zu verbinden. Als Beispiel soll die Formel

$$f = [(p \supset q) \cap (q \supset r)] \supset (p \supset r)$$

(Transitivität der Implikation) dienen, die in der klammerfreien Schreibweise wie folgt zu schreiben ist:

$$f = J K J p q J q r J p r$$

Hierin bedeuten J die Implikation und K die Konjunktion.

Die entsprechende Instrumentierung zeigt Bild 11, die ohne weiteres verständlich ist. Eine dieser Methode entsprechende Maschine, der Logikrechner *Stanislaus* [30], wurde noch im Jahre 1950 entworfen, jedoch erst 1956 gebaut und im Jänner 1957 im logistischen Seminar der Universität München vorgeführt. Die

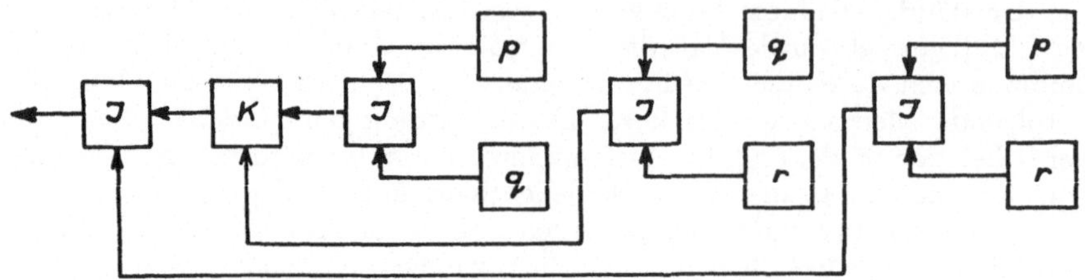

Bild 11. Struktur der Transitivität der Implikation nach *H. Angstl*

Maschine kann vier Eingangsvariablen und fünf Verknüpfungen (Negation, Konjunktion, Disjunktion, Äquivalenz und Implikation) behandeln, die mit Hilfe von Druckknöpfen einfach einzutasten sind. Für die Variablen muß man sogleich den auszuprobierenden Wahrheitswert eintasten, da die Maschine keine Einrichtung für die Variation der Variablen besitzt. Die Befriedigung der Formel wird durch Lichtsignale angezeigt.

4.32 Die Burroughs-Maschine. Unabhängig davon haben A. W. Burks, D. W. Warren und J. B. Wright im Auftrage der Burroughs Corporation die theoretischen Grundlagen einer logischen Maschine für die klammerfreie Schreibweise untersucht und die Maschine gebaut [31]. Auf Grund exakter Definitionen der in Betracht kommenden Begriffe beweisen sie eine Reihe von abstrakten Theoremen, wonach eine in der klammerfreien Schreibweise geschriebene Formel sich *rekursiv berechnen* läßt. Daraus folgt der technisch wichtige Umstand, den auch F. L. Bauer [30] bemerkt, daß eine logische Maschine für solche Ausdrücke nicht nur — um die für Rechenautomaten gebräuchliche Ausdrucksweise zu verwenden — parallel, wie dies bei den bisher beschriebenen Maschinen der Fall war, sondern auch serienweise arbeiten kann, was eine wesentliche Herabsetzung der Anzahl der notwendigen Bestandteile bedeutet. Eine solche Maschine hat demzufolge aus zwei Hauptteilen zu bestehen: erstens aus einem Auswertungsorgan, das etwa der arithmetischen Einheit eines Rechenautomaten entspricht, zweitens aus einem Speicher (etwa einer Magnettrommel) für die notwendigen Speicherungen während der Auswertung der Reihe von Kombinationen.

Die Maschine wurde für 10 Eingangsvariablen gebaut. Das Auswertungsorgan wurde im Jahre 1957 von M. Miehle [32] kurz beschrieben. Es besteht aus einer binären Zählkette (aus Relais, mit zehn Stufen) für die Erzeugung der Variablenkombinationen, einem Schiftregister für die Speicherung der Variablen während des Auswertungsvorgangs, aus einem nicht näher beschriebenen eigentlichen Auswertungsorgan sowie aus einem Drehschalter, der die — wie üblich — eingestöpselte Formel mit einer Geschwindigkeit von zehn Symbolen pro Sekunde abtastet. Die Formel wird von rechts nach links an die einzelnen Kontakte des Drehschalters gestöpselt. Die Maschine besteht insgesamt aus nur vierzig Relais, 130 Kristalldioden und 35 Widerständen sowie zwei hintereinandergeschalteten Drehschaltern mit je 50 Positionen. Eine Tautologie mit zehn Variablen, bestehend aus 98 Symbolen (Operations- oder Variablen-symbole), kann in $2^3/_4$ Stunden mit allen 1024 Kombinationen ausgewertet werden. Die Maschine kann entweder manuell (schrittweise) oder automatisch betätigt werden, in welchem Falle sie wahlweise entweder bei den befriedigenden bzw. nicht befriedigenden Variablenkombinationen anhält.

4.4 Berechnung logischer Ausdrücke
auf programmgesteuerten digitalen Rechenmaschinen

Will man mit der Auswertungsgeschwindigkeit höher gehen, so muß man zu rein elektronischen Mitteln greifen. Das ist natürlich ohne weiteres möglich. Daß bis jetzt keine spezialisierte, rein elektronische logische Maschine gebaut worden ist, hängt hauptsächlich damit zusammen, daß für die bisher aufgetauchten praktischen Aufgaben der Bau einer elektronischen Spezialmaschine noch nicht gerechtfertigt ist. Eine andere auf der Hand liegende Möglichkeit besteht in der Benützung von normalen programmgesteuerten digitalen Rechenmaschinen für die Auswertung von Ausdrücken des Aussagenkalküls. Das kann sogar in mehrfacher Weise geschehen.

4.41 Die Methode von Abbott. Man kann die normalen Befehle der Maschine für die formelle Berechnung der Wahrheitswerte benützen, was einer Arithmetisierung der Logik entspricht. Offensichtlich wird hier das Inverse jenes Verfahrens durchgeführt, mit Hilfe dessen man die arithmetischen Operationen aus den elementaren logischen Verknüpfungen zusammensetzt. Dies wurde von W. R. Abbott [33] getan, der für die Berechnung des Wahrheitswertes von Formeln des Aussagenkalküls für CALDIC (*California Digital* Computer) ein Programm ausgearbeitet hat, das im Prinzip auch für andere Rechenautomaten auf Grund des Strukturdiagramms des Programms ohne weiteres umgearbeitet werden kann. Das Programm, das für jede Variablenkombination einmal durchlaufen werden muß, besteht aus 115 Befehlen. Die Berechnung erfolgt „von innen nach außen", d. h. zuerst werden die Wahrheitswerte der einzelnen Klammern, dann die Kombinationen der Klammern stufenweise berechnet. Da die Maschine für heutige Begriffe relativ langsam ist (durchschnittliche Additionszeit 17,6 Millisekunden), so ergibt sich die überraschende Tatsache, daß für einfachere Formeln eine Relaismaschine, z. B. jene von Kalin und Burkhart rascher arbeitet als der elektronische Rechenautomat. Andererseits aber ist die Maschine von Kalin und Burkhart auf höchstens 12 zweigliedrige Klammerausdrücke (elf Verknüpfungen) beschränkt, während die Länge der Formel bei CALDIC auf Kosten der Rechenzeit beliebig lang sein kann.

4.42 Digitalisierung der Logik. Eine andere Methode, die mehr direkt die Tatsache benützt, daß die *„bit"-weisen* arithmetischen Operationen im Dualsystem den elementaren logischen Verknüpfungen von Negation, Disjunktion und Konjunktion entsprechen, wurde von W. Mays und D. G. Prinz im Jahre 1950 ausgearbeitet [34] und in [35] ausführlicher beschrieben. Die Grundidee kann am Beispiel des einfachsten Falles von nur zwei Variablen p und q wie folgt dargestellt werden. Man schreibt die möglichen vier Kombinationen der Wahrheitstafel etwa so auf:

$$p:\quad 0\ 1\ 0\ 1$$
$$q:\quad 0\ 0\ 1\ 1$$

9*

Faßt man die obigen beiden Zeilen für p und q als Dualzahlen auf, so kann man durch *logische Operationen* (nachfolgend in Klammern angegeben) weitere „Dualzahlen" aus ihnen bekommen. — Das Ersetzen der Nullen durch Einser und umgekehrt in den einzelnen Stellenwerten ergibt

$$\bar{p}: \quad 1\ 0\ 1\ 0 \quad \text{und} \quad \bar{q}: \quad 1\ 1\ 0\ 0 \quad \text{(Negation)}.$$

Die „*bit*"-*weise* Multiplikation der entsprechenden Stellenwerte von p und q ergibt

$$p \cdot q: \quad 0\ 0\ 0\ 1 \quad \text{(Konjunktion)},$$

worin der Einser in der Spalte des niedrigsten Stellenwertes anzeigt, daß das *logische Produkt* dann, und nur dann den Wahrheitswert EINS hat, wenn p UND q gleichzeitig wahr sind. — Die *logische* Addition (nicht zu verwechseln mit der *binären* Addition!) der entsprechenden Stellenwerte von p und q ergibt in analoger Weise $p + q$ bzw. in der anderen, von uns auch sonst gebrauchten Schreibweise (abgeleitet von lat. *vel* = ODER)

$$p \vee q: \quad 0\ 1\ 1\ 1 \quad \text{(Disjunktion)}.$$

Für die übrigen logischen Verknüpfungen erhält man die Resultate

$p \equiv q: \quad 1\ 0\ 0\ 1$ (Äquivalenz)	$p \mid q: \quad 1\ 1\ 1\ 0$ (SHEFFER-Symbol)
$p \not\equiv q: \quad 0\ 1\ 1\ 0$ (Disvalenz)	$p \downarrow q: \quad 1\ 0\ 0\ 0$ (PEIRCE-Funktion)
$p \supset q: \quad 1\ 0\ 1\ 1$ (Implikation)	$\bar{p} \cdot q: \quad 0\ 0\ 1\ 0$ (Sperrfunktion)
$q \supset p: \quad 1\ 1\ 0\ 1$ (Implikation)	$p \cdot \bar{q}: \quad 0\ 1\ 0\ 0$ (Sperrfunktion).

Diese Ausdrücke werden vor der Berechnung als eine Tafel gespeichert. Die Maschine wird dann so programmiert, daß die auftretenden Glieder bitweise (d. h. Dualstelle für Dualstelle) formell berechnet werden. Als Resultat erhält man eine in diesem Falle vierstellige Dualzahl, wo an jenen den Kombinationen entsprechenden Stellenwerten, für welche der Ausdruck befriedigt ist, ein Einser steht.

Die Methode kann im Prinzip auf beliebig viele Variablen ausgedehnt werden. Im Falle von N Variablen erhält man eine Wahrheitstafel von 2^N Zeilen, in jeder Zeile mit einer Dualzahl von ebenfalls 2^N Dualstellen. Für Beispiele muß auf [35] oder auf [6] verwiesen werden.

Unabhängig davon hat auch R. S. LEDLEY in zwei Arbeiten [36, 37] die Möglichkeit der Berechnung von logischen Ausdrücken des Aussagenkalküls mit Hilfe von digitalen Rechenautomaten mit strengen Mitteln untersucht. Ausgehend von vier Definitionen, deren wichtigste die eindeutige Zuordnung einer Dualzahl zu einer jeden Aussage ist, wird eine Methode der kürzestmöglichen Darstellung der Ausdrücke mit Hilfe von digitalisierten „Worten", dann eine Methode der Generierung der einfachsten BOOLEschen Funktionen, ferner eine systematische Methode für die Erzeugung sämtlicher wahren und falschen Implikationen gegebener Aussagen sowie eine systematische Methode zur Lösung von logischen Gleichungen angegeben. Wegen der interessanten Einzelheiten muß auf LEDLEYs Originalarbeiten sowie auch auf eine ausführliche Darstellung in seinem kürzlich erschienenen Buche [99] verwiesen werden. Es ist jedoch hervorzuheben, daß die beiden letztgenannten Methoden, sofern digitale Rechenautomaten mit großer Speicherkapazität, etwa mit Magnetplatten· oder Magnetbandspeichern zur Verfügung stehen, auch für die Behandlung von Problemen größeren Umfangs geeignet sind. Einige interessante Beispiele militärischer Natur auf Grund des bekannten Buches von CLAUSEWITZ sind bei LEDLEY zu finden [37].

4.43 Die Methode von Kitov. Eine zur eben beschriebenen ähnliche Möglichkeit der Berechnung des Wahrheitswertes von Ausdrücken des Aussagenkalküls mit Hilfe von digitalen Rechenautomaten besteht in der direkten Anwendung jener logischen Instruktionen, die ja in jedem Rechenautomat zur Erleichterung des Programmierens eingebaut sind. Die konkrete Methode hängt natürlich von der Art der Maschine, ob Serien- oder Parallelmaschine, bzw. von den eingebauten logischen Operationen ab. Ein Beispiel für die direkte Anwendung der eingebauten logischen Operationen hat A. I. KITOV [38] gegeben, welches jetzt kurz beschrieben werden soll.

Es wird eine parallele Dreiadressen-Maschine vorausgesetzt, die als eingebaute logische Operationen die Disjunktion, Konjunktion und die negierte Äquivalenz (exklusive Disjunktion) enthält. Die ersten beiden Adressen enthalten die beiden Operanden, während das Resultat an die dritte Adresse kommt. Die Instruktionen werden ansonsten wie bei den Einadressen-Maschinen in natürlicher Reihenfolge nacheinander ausgeführt. Die einzelnen Variablen werden durch aufeinanderfolgende Speicherzellen repräsentiert, an deren einzelnen Dualstellen einer der beiden Wahrheitswerte NULL oder EINS der betreffenden Variablen steht, usw. in solcher Anordnung, daß die einander vertikal entsprechenden Dualstellen der aufeinanderfolgenden Speicherzellen eine Reihe der Wahrheitstafel ergeben. Sind etwa drei Variablen A, B und C vorhanden, so sieht der Inhalt der aufeinanderfolgenden Zellen folgendermaßen aus:

$$A \quad 0 \quad 1 \quad 0 \quad 1 \quad 0 \quad 1 \quad 0 \quad 1$$
$$B \quad 0 \quad 0 \quad 1 \quad 1 \quad 0 \quad 0 \quad 1 \quad 1$$
$$C \quad 0 \quad 0 \quad 0 \quad 0 \quad 1 \quad 1 \quad 1 \quad 1$$

Wie ersichtlich, ergeben die untereinander stehenden entsprechenden Dualstellen der einzelnen Speicherzellen die einzelnen Reihen der in diesem Falle möglichen $2^3 = 8$ Kombinationen der Wahrheitstafel. Die vollständige Tafel ist vor dem Beginn der eigentlichen Auswertung in die Maschine einzuführen, was durch einen Zählvorgang automatisch geschehen kann. Ist einmal die Wahrheitstafel gespeichert, so wird der Wahrheitswert in wenigen Schritten *an allen Dualstellen gleichzeitig* berechnet. Läßt man das Resultat in binärer Form drucken, so erkennt man — wie auch im vorigen Fall — durch die an den betreffenden Dualstellen stehenden Einser, daß die Formel für die betreffende Kombination erfüllt ist.

Als Beispiel wird die Berechnung der Werte der Variablen A, B und C, für welche die Formel

$$f = A \equiv (B \lor C) \equiv 1$$

wahr ist, angegeben.

Mit Rücksicht darauf, daß unter den Instruktionen die Äquivalenz nicht vorkommt, muß man sie zuerst durch die exklusive Disjunktion

$$A \equiv B = \overline{\overline{(A \equiv B)}} \equiv 1,$$

deren Richtigkeit leicht nachgeprüft werden kann, ausdrücken. Die zu berechnende Formel lautet somit:

$$f = \overline{\overline{[A \equiv (B \lor C)]}} \equiv 1$$

Unter der Annahme, daß die Variablen A, B und C in den Speicherzellen 100, 101 bzw. 102 stehen, sind zur Berechnung die folgenden drei Befehle notwendig:

$$
\begin{array}{llcccc}
m   & \lor   & 101 & 102   & 103 \\
m+1   & \not\equiv & 100 & 103   & 103 \\
m+2   & \not\equiv & 103 & \langle 1 \rangle & 103
\end{array}
$$

Das Resultat wird in der Speicherzelle 103 stehen. Man hätte ebensogut die unter den Instruktionen fehlende Äquivalenz auch durch die Konjunktion und Negation (die der Komplementierung entspricht) ausdrücken können; das Programm wäre dann etwas länger.

Ist die Anzahl der Variablen größer als fünf, dann können natürlich nicht alle Kombinationen in einer Speicherzelle je Variable untergebracht werden. Man kann sich dann so behelfen, daß man die Wortlänge virtuell (durch entsprechende Hilfsinstruktionen) auf die notwendige Länge vergrößert. In diesem Fall werden die einzelnen Variablen nicht durch unmittelbar aufeinanderfolgende Speicherzellen repräsentiert. Ist die Anzahl der Variablen etwa zehn, so wird die Wahrheitstafel insgesamt 1024 Zeilen haben. Nimmt man eine Wortlänge von 32 Dualstellen an, so ist für eine Variable eine Zelle von der virtuellen Länge von 32 Zellen notwendig. Die einzelnen Variablen werden also durch die Speicherzellen $k + 32\,n$ $(n = 1,2\ldots10)$ repräsentiert. Das Programm bleibt — abgesehen von den notwendigen Änderungen programmierungstechnischer Art, z. B. Änderung der Adressen der Speicherzellen und den zufolge der verlängerten Speicherzellen notwendigen Sprungbefehle — prinzipiell dasselbe, so daß wir auf die Details verzichten können. Wie leicht ersichtlich, ist die Methode von Kitov nahe mit der vorher erwähnten Methode der Digitalisierung der logischen Ausdrücke verwandt, von welcher sie sich hauptsächlich dadurch unterscheidet, daß sie direkt die in die Maschine eingebauten logischen Instruktionen benützt.

4.5 Die Arbeiten von K. Zuse

Unabhängig von den in den vorausgegangenen Abschnitten beschriebenen Arbeiten hat K. Zuse (vgl. z. B. in diesem Buch S. 520) schon sehr früh (vor 1945) die klare Einsicht gewonnen, daß man programmgesteuerte digitale Rechenmaschinen auch für nichtnumerisches Rechnen (K. Zuse bezeichnet sie als *„logistische" Rechengeräte*) bauen kann, die zur Lösung wichtiger praktischer Aufgaben geeignet sind. Auf der GAMM-Tagung im Jahre 1948 hat er einen Automaten umrissen [39], der zur automatischen Lösung logischer Probleme dient. Die theoretische Grundlage für diese Maschine bildet der ebenfalls von ihm entwickelte sogenannte *allgemeine Plankalkül* [40], der anhand eines Beispiels aus der Schachtheorie in einer neueren Arbeit [41] beschrieben wird. (Die vor 1945 entstandenen bedeutsamen theoretischen Arbeiten über eine Theorie des allgemeinen Rechnens unter besonderer Berücksichtigung des Aussagenkalküls und eine Theorie der angewandten Logistik blieben leider unveröffentlicht.)

Der allgemeine Plankalkül basiert auf dem Aussagenkalkül und dem Prädikatenkalkül. Es handelt sich um eine explizite Formalisierung der Herleitung rekursiv definierter sinnvoller Ausdrücke aus gegebenen Anfangsausdrücken mit Hilfe entsprechender Operations- bzw. Klammerzeichen. Nach der heutigen Terminologie ist der allgemeine Plankalkül mit den algebraischen Methoden der automatischen Programmierung verwandt.

Die technischen Einzelheiten von Zuses „logistischen" Maschinen sind in Patent-schriften aus den Jahren 1944 bis 1952 [42, 43, 44] enthalten. Bei dem in den neueren Patentschriften beschriebenen Gerät handelt es sich um einen zusammen-gesetzten digitalen Rechenautomaten, der außer der üblichen arithmetischen Einheit eine besondere Einheit für aussagenlogische Operationen enthält. Diese beiden Einheiten sind untereinander bzw. mit dem Speicher derart verbunden, daß Resultate gegenseitig übertragen bzw. gespeichert werden können; sie werden auch durch dasselbe Steuerwerk gesteuert. Dadurch können an den zu verarbeitenden Daten wahlweise numerische oder auch rein logische Operationen durchgeführt werden. Die vorgesehenen logischen Operationen enthalten auch die Implikation. Was die praktische Realisierung dieser Maschinen anbetrifft, so ist von K. Zuse lediglich während des zweiten Weltkrieges ein Modell eines kleinen „logistischen" Rechengerätes für Operationen des Aussagenkalküls gebaut worden [42].
Man muß wohl sagen, daß in den Zuseschen Arbeiten sehr bemerkenswerte Ideen enthalten sind, die bis heute nur zum Teil realisiert wurden. Im Lichte der seither durchgeführten Untersuchungen über die logische Struktur der Maschinen dürfte allerdings eine besondere logische Einheit nicht notwendig sein. Man kann nämlich zeigen, daß neben drei Registern entsprechender Länge mit beider-seitigen Stellenverschiebungs-Möglichkeiten nur die — bei parallelen Maschinen stellenweise — Instrumentierung der Konjunktion, Disjunktion und Negation (Komplementierung) hinreichend ist. Mit Hilfe entsprechender Mikroprogramme, die auch verdrahtet werden können, kann dann jede arithmetische und aussagen-logische Operation ausgeführt werden.

4.6 Anwendungsmöglichkeiten

Es würde sich wohl lohnen, in die Rechenautomaten außer den heute üblichen logischen Instruktionen auch die Äquivalenz und die Implikation einzubauen, um sich das unbequeme manuelle Ausdrücken der nötigen Operation durch jene Instruktionen, welche in die Maschine zufällig eingebaut sind, ersparen zu können. Der Einbau der heute noch fehlenden elementaren logischen Ver-knüpfungen ist auch aus dem Grunde gerechtfertigt, weil es sich voraussehen läßt, daß auf dem Gebiete der Operationsforschung logische Probleme größeren Umfanges sich ergeben werden, zu deren Lösung elektronische Geschwindigkeiten notwendig erscheinen.
Als solche können z. B. die Blockierungsprobleme von Bahnhöfen in Betracht kommen, deren Fragen von A. Rose [45] theoretisch untersucht wurden. Als ein weiteres Problem kann das Zuordnungsproblem in der Linearplanung gelten. Ein anderes wichtiges Anwendungsgebiet der logischen Maschinen erster Art wird die Konstruktion komplizierter digitaler Automaten selbst, beispielsweise Telefonzentralen, digital gesteuerte Werkzeugmaschinen bzw. Aggregate von solchen usw., sein. In diesen Fällen kommt es in erster Linie auf die Ver-einfachung der zuerst aufgeschriebenen Booleschen Ausdrücke an, so daß z. B. die Anzahl der notwendigen Kontakte minimal wird. Eine logische Maschine erster Art, die in gewissen Grenzen auch diese Aufgabe erfüllt, wurde 1953 von C. E. Shannon und E. F. Moore [46] ohne Angabe der technischen Details ver-öffentlicht. Die Maschine kontrolliert die Richtigkeit der eingestöpselten Schaltung und kann sie innerhalb gewisser Grenzen auch vereinfachen. Eine andere Maschine für vier Variablen wurde 1952 als Prüfungsarbeit von E. Bobrow [47] konstruiert und gebaut, die jedoch nicht publiziert wurde, so daß man nicht viel

darüber weiß. (Einige Angaben über die Maschinen von SHANNON/MOORE und BOBROW findet man auch in dem Darmstädter Vortrag von H. ZEMANEK [24].)

Für die Vereinfachung von Kontaktnetzen, die eine ebenso wichtige wie langwierige Arbeit ist, gibt es derzeit nur verschiedene analytische bzw. Diagramm-Methoden, beispielsweise diejenigen von E. W. VEITCH [48], W. V. QUINE [49], M. KARNAUGH [50], die sich — zumindest prinzipiell — auf einem digitalen Rechenautomaten programmieren ließen, indem man die einzelnen Speicherzellen den Zellen eines VEITCH-Diagramms entsprechen läßt. Bisher ist jedoch kein solcher Versuch bekanntgeworden.

An dieser Stelle muß hingewiesen werden auf die unter der Leitung von Prof. M. A. GAVRILOV im Institut für Automatik und Telemechanik der Akademie der Wissenschaften der UdSSR, Moskau, durchgeführten Arbeiten [100, 101], über die u. a. auch auf dem IFAC-Kongreß 1960 in Moskau berichtet wurde. Insbesondere wurde eine Maschine beschrieben, die für einen aus maximal vier Relais bestehenden Stromkreis mit zwei auszuführenden Bedingungen automatisch die mindestmögliche Anzahl von Kontakten zu finden gestattet. In dem oben angegebenen Schrifttum sind auch Angaben über andere neuere russische Arbeiten zu finden.

Wenn man von der Digitalisierung der logischen Ausdrücke absieht, sind die bisher beschriebenen logischen Maschinen, technisch gesprochen, eigentlich Analogiemaschinen. Die Konnektivschachteln spielen dieselbe Rolle, wie die Integrations-, Multiplikations- und andere Einheiten der bekannten Analogierechenmaschinen. Aus einer hinreichenden Anzahl von solchen Konnektiveinheiten wird eigentlich ein physikalisches Analogon der auszuwertenden logischen Formel aufgebaut, ähnlich wie eine bestimmte Zusammenschaltung der entsprechenden Einheiten eines Analogrechners im wesentlichen ein physikalisches Analogon des zu lösenden mathematischen Problems darstellt. Der unabhängigen Veränderlichen des Analogrechners, die gewöhnlich die Zeit ist, entspricht die automatische Erzeugung der verschiedenen Kombinationen der Eingangsvariablen. Die Analogie geht noch weiter in dem Fall, wenn — wie es McCALLUM und SMITH [28] getan haben — eine Art negativer Rückkopplung eingeführt wird, die eine Analogie zu dem Fehlersignal der üblichen Servomechanismen bedeutet.

4.7 Maschinen für die mehrwertige Logik

Zum Abschluß dieses Kapitels müssen noch einige Worte über die Instrumentierung des mehrwertigen Aussagenkalküls gesagt werden. Solche Maschinen sind bis jetzt nicht gebaut worden, was auf zwei Umstände zurückgeführt werden kann. Erstens sind die Probleme des mehrwertigen Aussagenkalküls bei weitem nicht so weit ausgearbeitet, wie jene des zweiwertigen Aussagenkalküls, zweitens fehlen noch die praktischen Probleme der Anwendung. In diesem Zusammenhang muß auf eine neuere Arbeit von A. ROSE [51] hingewiesen werden, in welcher gezeigt wird, wie die Funktionen des mehrwertigen Aussagenkalküls aus zweiwertigen Entscheidungselementen zusammengesetzt werden können. Interessant ist die Anwendung der mehrwertigen Logik auf ein Problem der wirtschaftlichen Ausnützung des Maschinenparkes eines Betriebes, das als Zuordnungsproblem auch in der Operationsforschung eine große Rolle spielt. Es ist wahrscheinlich, daß Maschinen für die mehrwertige Logik in diesem Zusammenhange noch eine praktische Bedeutung erlangen werden. Es liegt auch auf der Hand, die mehrwertige Logik in einer ähnlichen Weise zu digitalisieren, wie es oben beschrieben wurde; solche Versuche sind jedoch bislang nicht bekanntgeworden.

5. Logische Maschine für den Prädikatenkalkül

Die logischen Maschinen erster Art haben, wie oben angedeutet, eine Reihe von wichtigen möglichen Anwendungsgebieten, und es werden in Zukunft sicher auch noch andere erschlossen werden. Vom theoretischen Gesichtspunkt aus betrachtet, haben sie jedoch die Einschränkung, daß sie nur Formeln des Aussagenkalküls berechnen können, die von vornherein gegeben sind. Sie können weder neue Formeln herleiten, noch die Widerspruchsfreiheit einer Formel anzeigen, auch können sie keine Probleme des Prädikatenkalküls behandeln. Das Problem einer logischen Maschine für den Prädikatenkalkül wurde von R. TARJÁN [52] behandelt.

5.1 Definition einer logischen Maschine für den Prädikatenkalkül

Vom technischen Gesichtspunkt aus betrachtet, unterscheidet sich der Prädikatenkalkül vom Aussagenkalkül in zwei wesentlichen Punkten. Erstens hat man es an Stelle von einfachen Aussagen mit *logischen Funktionen,* im allgemeinen Fall sogar mit mehreren Variablen zu tun; zweitens treten die beiden charakteristischen Quantoren (Klammerzeichen) des Prädikatenkalküls, nämlich das *Allzeichen* oder der *Universalquantor* (x) und das *Seinszeichen* oder der *Existentialquantor* $(\exists x)$ auf, die im Aussagenkalkül nicht auftreten. Offenbar muß sich eine Maschine für die Probleme des Prädikatenkalküls wesentlich unterscheiden von einer logischen Maschine erster Art. Mit Berücksichtigung der oben erwähnten beiden Gesichtspunkte kann eine logische Maschine zweiter Art wie folgt definiert werden:

D e f i n i t i o n 5.1 : Eine l o g i s c h e M a s c h i n e im Sinne der Definition 2.1 wird dann, und nur dann eine solche von z w e i t e r A r t genannt, wenn sie folgende Forderungen erfüllt:

a) sowohl die Eingänge als auch der Ausgang repräsentieren logische Funktionen;

b) sie kann derart p r o g r a m m i e r t werden, daß die durchgeführten physikalischen Operationen ein-eindeutig der Ableitung einer Formel aus gegebenen Axiomen bzw. Theoremen entsprechen;

c) die Maschine kann an den logischen Funktionen physikalische Operationen durchführen, die ein-eindeutig dem Universalquantor (x) bzw. dem Existentialquantor $(\exists x)$ entsprechen.

5.2 Notwendige Eigenschaften einer Maschine für den Prädikatenkalkül

Was die Eigenschaft a) anbelangt, so müssen wir bemerken, daß bei den logischen Funktionen Subjekt und Prädikat getrennt sind (ein Prädikat ist über einen Bereich von Subjekten definiert) und eine Funktion im allgemeinen Fall auch von mehreren Variablen abhängen kann. Vom technischen Gesichtspunkt aus gesehen, bedeutet dies, daß eine logische Funktion nicht durch eine einzige binäre Größe, etwa durch einen Impuls, der entweder ist oder nicht, repräsentiert werden kann; vielmehr muß sie durch eine *räumliche oder zeitliche Anordnung* (engl. *pattern*) von Größen dargestellt werden. Die Wahl dieser Größen wird eher durch technologische als durch prinzipielle Gesichtspunkte bedingt.

Zur Realisierung der Forderung b) sind offensichtlich — abgesehen von den entsprechenden Eingangs- bzw. Ausgangsorganen — drei Haupteinheiten notwendig. Erstens ein *Speicher* entsprechender Kapazität zur Speicherung der Axiome, Ausgangstheoreme sowie des Programms. Zweitens muß man eine *Steuerung* haben, die für die richtige Durchführung der im Programm vorgeschriebenen Befehle sorgt. Drittens ist eine eigentliche *logische Einheit* zur Durchführung der vorgeschriebenen logischen Operationen notwendig. Diese hat entsprechende Elementarmaschinen für die Verknüpfungen des Aussagenkalküls zu enthalten, wobei man jedoch beachten muß, daß man im Prädikatenkalkül *mit Formeln anstatt mit Aussagen* (das bedeutet: mit einer Anordnung von Impulsen anstatt mit einzelnen Impulsen) arbeitet. Sind beispielsweise zwei logische Funktionen $f(x)$ und $g(x)$ etwa durch eine Konjunktion zu verbinden, so ist das Resultat eine neue Formel, d. h. die Wirkung der Konjunktionseinheit muß nicht nur in der Abgabe einer EINS oder einer NULL, vielmehr darin bestehen, daß die beiden Funktionen mit einem entsprechenden Zeichen zwischen ihnen in dasselbe Register geschickt werden. Zur Bequemlichkeit sind auch einige Hilfsoperationen, wie z. B. die *„bit"-weise* logische Multiplikation für das Ersetzen von Formelteilen durch andere, sowie Transfermöglichkeiten und verschiedene Sprungbefehle in die Befehlsliste aufzunehmen. All dies läßt sich durch moderne elektronische Mittel ohne prinzipielle Schwierigkeiten durchführen.

Die wichtigste Eigenschaft der logischen Maschine zweiter Art ist in der Forderung c) obiger Definition 5.1 enthalten. Es ist leicht einzusehen, daß sich die beiden Quantoren (x) und $(\exists\, x)$ nicht durch binäre Schaltelemente realisieren lassen. Sie stellen eigentlich *Aussagen* dar, die gewisse Eigenschaften der logischen Funktionen, auf welche sie einwirken, zum Ausdruck bringen. Vom technischen Gesichtpunkt bedeutet dies, daß sie von derselben Natur wie die logischen Funktionen selbst sind, welche ebenfalls gewisse Tatbestände betreffend ihrer Subjekte ausdrücken. Daraus folgt aber, daß ihre maschinelle Behandlung nicht etwa durch besondere Elementarmaschinen, vielmehr durch entsprechende *Änderung der Repräsentation* der logischen Funktion selbst innerhalb der Maschine, etwa durch Anbringung besonderer Zeichen wie bei der schriftlichen Arbeit, d. h. durch Maschinen-*Operationen*, zu erfolgen hat, die zwar durch logische Regeln bedingt, selbst aber nicht notwendig von logischer Natur sind. Die Behandlung der beiden Quantoren reduziert sich also auf ein Repräsentationsproblem. Damit ist aber auch die im Abschnitt 2.2 angegebene Behauptung bewiesen, welche etwas präziser wie folgt gefaßt werden kann:

Das logische Organ einer logischen Maschine im Sinne der Definition 2.1 besteht außer dem Speicher und Hilfseinrichtungen zur Steuerung der Operationen aus Elementarmaschinen im Sinne der Definition 2.2 und nur aus diesen.

Der Umstand, daß beispielsweise der Universalquantor (x) auf eine logische Funktion $f(x)$ wirkt, die Funktion $f(x)$ also für jedes x den Wahrheitswert EINS hat, kann in zweierlei Weise festgestellt werden. Bei *Problemen induktiver Art* muß der ganze Bereich der Variablen untersucht (abgetastet) werden, um dann gegebenenfalls die Formel $(x)\, f\,(x)$ als richtig zu erkennen. Dasselbe gilt natürlich sinngemäß auch für die Formel $(\exists\, x)\, f\,(x)$. Offenbar kann dieses Verfahren nur im Endlichen durchgeführt werden, in welchem Falle es sich eigentlich um die exhaustive Durchsuchung aller Möglichkeiten handelt, wie es bei den logischen Maschinen erster Art der Fall war. Diese Methode ist also von keinem prinzipiellen Interesse. Ein auf dieser Grundlage arbeitendes Modell mechanischer Ausführung wurde von T. NEMES [53] für Demonstrationszwecke gebaut; es wurde auch eine elektronische Ausführung geplant, jedoch nicht ausgeführt.

Andererseits ist bei *Problemen deduktiver Art* der Umstand, daß eine logische Funktion $f(x)$ für jedes x wahr ist, entweder *von vornherein bekannt*, z. B. in

Form eines Axioms oder Theorems, oder aber *folgt als Konsequenz* eines Beweisschrittes im Laufe des Funktionierens der Maschine. Beide Fälle können durch eine geeignete Form der Repräsentation in der folgenden Weise gemeinsam behandelt werden. Einer jeden logischen Funktion ist — nötigenfalls in bezug auf jede Variable — ein Präfix von einer bestimmten Anzahl von Dualstellen anzuhängen, in welchem ein Einser an bestimmten Dualstellen vereinbarungsgemäß bedeuten soll, daß auf die Funktion ein bestimmter Quantor wirkt. Dieses Präfix kann zusammen mit der logischen Funktion entsprechend gespeichert werden, und das Funktionieren der Maschine besteht gegebenenfalls darin, daß in die vereinbarte Dualstelle den DE MORGANschen Regeln der Quantoren entsprechend Einser bzw. Nullen geschrieben werden.

Zusammenfassend kann also gesagt werden, daß eine logische Maschine zweiter Art mit Hilfe moderner elektronischer Mittel wohl konstruiert werden kann. Im wesentlichen ist sie eine spezielle digitale Maschine, zweckmäßigerweise von gemischt serien-paralleler Operationsweise, ähnlich wie eine Datenverarbeitungsmaschine mit alphanumerischen Möglichkeiten und variabler Wortlänge. Der einzige Unterschied gegenüber den Datenverarbeitungsmaschinen braucht nur darin zu bestehen, daß die arithmetische Einheit durch eine spezielle logische Einheit im Sinne des oben Gesagten zu ersetzen ist. Als Umweg ist es natürlich möglich, die notwendigen logischen Operationen auch für eine alphanumerische Datenverarbeitungsmaschine zu programmieren. Das bedeutet im wesentlichen, daß sie z. B. auch zur Kontrolle eines gegebenen Beweises herangezogen werden kann, wie dies von L. KALMÁR [54] bemerkt wurde, sofern die einzelnen Beweisschritte entsprechend programmiert werden können. Ist der Beweis richtig, so liefert die Maschine als Zeichen dafür etwa eine EINS, widrigenfalls aber NULL.

6. Grundzüge der abstrakten Theorie der Automaten

Die zum Schluß des vorangegangenen Abschnittes 5.2 angestellte Betrachtung führt unmittelbar auf die folgende Verallgemeinerung der Fragestellung:

Welche Probleme können überhaupt für eine programmgesteuerte digitale Rechenmaschine programmiert werden?

6.1 Turing-Maschinen

Was die eigentlichen Berechnungsprobleme anbelangt, so hat bekanntlich A. M. TURING [8] schon 1936 bewiesen, daß jede eindeutig definierte Berechnung, d. h. jede Zahl, für deren Berechnung es ein effektives Verfahren gibt, durch eine universelle Rechenmaschine — seither TURINGsche Maschine genannt — berechnet werden kann. Die TURINGsche Maschine besteht im wesentlichen aus einem Streifen, von dem die Eingangszeichen abgelesen bzw. auf den sie gedruckt werden. Die Wirkung der Maschine besteht darin, daß sie, je nachdem welches Eingangssignal (NULL oder EINS) abgelesen wurde, den Streifen eine Stelle vorwärts oder rückwärts befördert bzw. stehenläßt und die abgelesene Zahl entweder unverändert läßt oder eine NULL bzw. EINS niederschreibt. Die eigentliche Maschine besteht aus möglichst universell gedachten Schaltelementen oder Entscheidungsorganen. M. L. MINSKY [50] gibt die Bedingungen an, die für solche Schaltelemente notwendig sind, während A. ROSE [56] eine praktische Ausführungsform angibt.

Die Gesamtheit der jeweiligen Zustände dieser Schaltelemente ergibt den internen Zustand der Maschine. Die Ausgangsfolge der gedruckten Dualzahlen wird also teils durch die Eingangsfolge, teils durch den jeweiligen internen Zustand der Maschine bestimmt. C. E. SHANNON zeigt [57], daß eine universelle TURINGsche Maschine mit nur *zwei* internen Zuständen möglich ist. Die TURINGschen Maschinen sind, wie leicht einzusehen ist, nach dem Wortgebrauch von SHANNON *deterministische Maschinen*, da die Ausgangsfolge bei einer gegebenen festen Eingangsfolge im wesentlichen eindeutig bestimmt ist. K. DE LEEUW, E. F. MOORE, C. E. SHANNON und N. SHAPIRO [58] führen den interessanten Begriff der Wahrscheinlichkeitsmaschine ein. Diese ist im wesentlichen eine universelle TURINGsche Maschine, deren Eingangsgrößen jedoch nicht aus einer gegebenen festen Folge von Nullen und Einsern bestehen, sondern durch eine Wahrscheinlichkeitseinrichtung (Zufallsorgan) geliefert werden, welche mit einer Wahrscheinlichkeit p Einser bzw. mit einer Wahrscheinlichkeit $(1-p)$ Nullen liefert. Das Hauptresultat der Arbeit besagt: Wenn die Wahrscheinlichkeit p eine *berechenbare* Zahl ist, d. h., wenn es ein effektives Verfahren für die Berechnung von p gibt, so kann eine Wahrscheinlichkeitsmaschine jede Zahl berechnen, die eine deterministische Maschine berechnen kann.

6.2 Allgemeine Automaten

Man kann jedoch die Fragestellung weiter verallgemeinern und fragen, welche Probleme (nicht nur Berechnungen) überhaupt durch digitale Automaten im allgemeinen Sinne gelöst werden können. Es ist eine interessante historische Analogie mit der TURINGschen Maschine, daß auch diese Frage schon lange vor der Entwicklung der digitalen Rechenautomaten im Zusammenhang mit der Untersuchung der logischen Struktur des Gehirns durch W. S. McCULLOCH und W. PITTS [9] beantwortet wurde, die bewiesen haben, daß jeder endliche Ausdruck der Logik durch physikalische Nervennetze realisiert werden kann. Das bedeutet im wesentlichen, daß für jedes eindeutig definierte und lösbare Problem entsprechende Maschinen gebaut werden können. Die Bedeutung dieses Satzes wurde am klarsten durch J. v. NEUMANN erkannt, der ihn in seinem berühmten Vortrag am Hixon Symposium [10] in folgender Form ausgesprochen hat:

„Alles, was exhaustiv und unzweideutig beschrieben, alles was vollständig und unzweideutig in Worte gefaßt werden kann, ist ipso facto durch geeignete endliche neuronale Netzwerke realisierbar."

Dieses Resultat wurde später durch S. C. KLEENE [59] mit strengeren Mitteln bewiesen.

In der erwähnten Arbeit hat J. v. NEUMANN die interessante Frage der selbstreproduzierenden Automaten gestellt und den berühmten Beweis erbracht, daß man Automaten bauen kann, die sich selbst nicht nur *reproduzieren*, d. h. Duplikate ihrer selbst herstellen, sondern auch *sich weiterentwickeln* können in dem Sinne, daß sie auf Grund entsprechender Programme Automaten herstellen, die komplizierter sind als die ursprünglichen Automaten. Die v. NEUMANNsche Fragestellung wurde dann von A. W. BURKS und HAO WANG [60] weiter verallgemeinert, und gezeigt, daß die selbstreproduzierenden Automaten von v. NEUMANN sowie die universellen TURINGschen Maschinen Spezialfälle einer allgemeineren Klasse, nämlich der Klasse der wachsenden Automaten sind. BURKS hat auch gezeigt [102], wie ein selbstreproduzierender Automat aus wohldefinierten Grundelementen effektiv konstruiert werden kann. Nach C. SHANNON (cf. [103]) hat jedoch bereits v. NEUMANN die effektive Konstruktion eines selbstreproduzierenden

Automaten aus einem wohldefinierten Grundelement angegeben, was jedoch bislang nicht publiziert wurde.

6.3 Zuverlässige Automaten aus unzuverlässigen Elementen

Die Schaltelemente der Automaten werden immer als ideell angenommen in dem Sinne, daß sie fehlerfrei arbeiten. Praktisch ist dies natürlich nie der Fall. Von Neumann betonte in seinem Vortrag [10] auf dem Hixon Symposium, daß man eine allgemeine logische Theorie der Automaten im allgemeinen Sinne notwendig hat, welche die Fehlerwahrscheinlichkeit der Schaltorgane von vornherein berücksichtigt. Dieses Programm hat er in einer weiteren Arbeit [11] durchgeführt und die Frage untersucht, wie man aus unzuverlässigen Schaltorganen, die mit einer festen (zeitlich konstanten) Wahrscheinlichkeit fehlerhaft arbeiten, zuverlässige Automaten bauen kann. Er hat bewiesen, daß man durch stochastisch permutierte Verbindungen der in entsprechender Anzahl multiplexierten universellen Schaltorgane, die er als SHEFFERsche Organe annimmt, *Majorisierungsorgane* herstellen kann. Dadurch kann man erreichen, daß die Fehlerwahrscheinlichkeit eines beliebigen logischen Netzwerkes beliebig klein gemacht werden kann. Der Grad der Multiplexierung ist allerdings sehr hoch; bei einer Fehlerwahrscheinlichkeit von $1/6$ für das einzelne Schaltelement kommt eine Redundanz von rund $1 : 60\,000$ heraus.

E. F. Moore und C. E. Shannon haben für gewöhnliche Relais eine Methode angegeben [61], die im wesentlichen auf einer geeigneten Serien-Parallel-Kombination von Relais beruht. Mit Hilfe dieser Methode kann die Redundanz der notwendigen Schaltorgane größenordnungsmäßig auf $1 : 100$, also gegenüber der v. NEUMANNschen Methode wesentlich herabgesetzt werden. Auch die von H. ZEMANEK angestellten Rechnungen ergeben eine Redundanz, die in der gleichen Größenordnung liegt [104]. Obwohl selbst diese Methoden eine für praktische Zwecke noch viel zu große Redundanz ergeben, muß betont werden, daß ihre Bedeutung darin liegt, zu beweisen, daß sich die Zuverlässigkeit der Automaten bei prinzipiell fehlerhaft arbeitenden Schaltorganen durch organisatorische Mittel vergrößern läßt.

7. Probleme der induktiven Logik [1])

7.1 Das Grundproblem der induktiven Logik

Logische Maschinen erster und zweiter Art sind, wie bereits erwähnt, deduktive Maschinen in dem Sinne, daß sie von vornherein programmierte, zweiwertige logische Operationen durchführen können. Es entsteht jedoch spontan die Frage, ob man nicht Maschinen für Probleme der *induktiven Logik* im Sinne von Carnap bzw. Pólya bauen könnte, die der Mensch durch Probieren und sukzessives Korrigieren auf Grund der gesammelten Erfahrung löst. Soll beispielsweise ein Theorem T bewiesen werden, so geht man etwa von einem Axiomensystem $\{A_1, A_2, \ldots A_n\}$ aus und wendet eine Anzahl der erlaubten logischen Schlußweisen (Syllogismen) $\{S_1, \ldots S_k\}$ in einer bestimmten Reihen-

---

[1]) Vgl. hierzu auch den Beitrag „Automaten und Denkprozesse", von H. ZEMANEK, in diesem Buch, insbes. S. 26—52, als eine Darstellung eines sich teilweise überdeckenden Problemkomplexes in etwas anderer Sicht. Aus diesem Grunde sind verschiedene Abschnitte im vorliegenden Kapitel etwas kürzer gefaßt. (Anm. d. Hrsg.)

folge $\bar{S}$ an, so daß man am Ende das gewünschte Theorem T bekommt. Dabei sind natürlich für ein bestimmtes T nicht notwendig alle A_n bzw. S_k zu verwenden. Die Aufgabe besteht darin, zu bestimmen, welche Schlußweisen S_k, in welcher Reihenfolge bzw. auf welche der Aximone A_n sie anzuwenden sind.

Man erkennt unschwer, daß der Vorgang, der bei der Lösung dieser Probleme oder solcher ähnlicher Art (z. B. verschiedene Spiele) angewendet wird, eng mit dem Vorgang des Lernens zusammenhängt, weshalb besonders in der jüngsten Zeit eine Reihe von Arbeiten die Instrumentierung des Lernens bzw. verschiedener Spiele behandelt. Das Problemlösen geht jedoch über das einfache Lernen hinaus. Es handelt sich dabei um die *intelligente Anwendung* dessen, was gelernt wurde. Der Mensch bedient sich in solchen Fällen der Heuristik bzw. des plausiblen Schließens, deren Grundform, die dem *modus tollens* der klassischen Syllogistik entspricht, nach G. PÓLYA [17, Bd. II, p. 113] wie folgt dargestellt werden kann:

$$\begin{array}{c} \text{aus } A \text{ folgt } B \\ B \text{ ist wahr} \\ \hline A \text{ ist mehr plausibel} \end{array}$$

Das Wort „plausibel" ist hier im Sinne einer — allerdings subjektiv geschätzten — Wahrscheinlichkeit zu verstehen. Sieht man für einen Augenblick von dem subjektiven Inhalt ab, so ist es in der Tat möglich, die der obigen Schlußweise entsprechende Formel hinzuschreiben:

$$P(A) = P(B) \cdot P(A|B),$$

worin die Bezeichnungen die übliche Bedeutung haben. Da die Aussage B wahr ist, folgt $P(B) = 1$, und die Wahrscheinlichkeit $P(A)$, d. h. die Plausibilität der Aussage A, beträgt

$$P(A) = P(A|B),$$

das heißt, sie wird gleich der bedingten Wahrscheinlichkeit des Eintretens von A, sofern B eingetreten ist.

7.2 Möglichkeiten der maschinellen Lösung

Zur maschinellen Lösung der Probleme der induktiven Logik stehen prinzipiell zwei Wege offen.

Man kann entweder von den verschiedenen Theorien bzw. mathematischen Modellen des *Lernvorganges* ausgehen, oder man kann durch Befragen von Versuchspersonen die *heuristischen Regeln* festzustellen versuchen. Sind diese einmal formuliert, so können sie — wenn auch nicht ohne Schwierigkeiten — auf digitalen Rechenautomaten *programmiert* werden.

Die andere Möglichkeit besteht darin, *spezielle Maschinen* zu bauen, die induktive Schlüsse vollziehen können. Solche Maschinen müssen Einrichtungen haben, die in irgendeiner Form die oben erwähnten bedingten Wahrscheinlichkeiten bzw. ein Maß der Plausibilität generieren und entsprechend anwenden, um die Richtung des Schließens, die beim Menschen durch die Möglichkeit selektiver Assoziationen besorgt wird, auszuwählen. Die logischen Maschinen zweiter Art haben keine solchen Einrichtungen, sie können sie höchstens modellieren. Selbst wenn sie, wie z. B. W. R. ASHBY [62] vorschlägt, mit einem Zufallsgenerator versehen oder gekoppelt sind, so fehlt noch irgendeine Selektionseinrichtung zur Auswahl der Richtung des Schließens.

7.3 Heuristische Programme

7.31 Beweis logischer Theoreme. Die Idee, das Verfahren des Probierens zu programmieren und dadurch einen Rechenautomaten nicht nur zur Kontrolle eines gegebenen Beweises, sondern zur *heuristischen Konstruktion eines neuen Beweises* einer Formel des Aussagenkalküls zu verwenden, liegt auch den bereits erwähnten Arbeiten von NEWELL, SHAW und SIMON [12, 13, 14] zugrunde. Es werden fünf Ausgangsaxiome sowie drei legitime Regeln des Schließens, nämlich Einsetzen, Trennen und Ersetzen durch die Definition, von vornherein gespeichert. Sodann werden die legitimen Regeln des Schließens durch entsprechende Unterprogramme wiederholt auf die Axiome angewendet, wodurch neue Theoreme entstehen. Diese werden dann der Reihe nach mit dem vorgegebenen Theorem verglichen. Ist dieses unter den neuen Theoremen enthalten, so ist es durch effektive Herleitung bewiesen; widrigenfalls werden die Regeln des Schließens auf die erhaltenen Theoreme erster Stufe wiederum angewendet und Theoreme zweiter Stufe hergeleitet usw. Praktisch kann jedoch dieser, wie die Verfasser es nennen, „British Museum Algorithmus" offenbar nicht angewendet werden, da die Anzahl der Maschinenoperationen mit wachsender Anzahl der notwendigen Beweisschritte rasch prohibitiv wird. Der Gedanke der Exhaustion liegt einer kürzlich von P. C. GILMORE veröffentlichten Arbeit [63] zugrunde. Es wird das Verfahren von BETH [64] angewendet, das im wesentlichen in einer systematischen Konstruktion von Gegenbeispielen besteht. Gelingt die Konstruktion eines Gegenbeispiels nicht, so ist damit das Theorem bewiesen. Es wurde für eine IBM 704 ein Programm von 500 Instruktionen ausgearbeitet, mit dessen Hilfe einfache geometrische Theoreme, die zuerst mit Hilfe der mathematischen Logik zu formalisieren sind, bewiesen werden konnten. Die Anzahl der notwendigen effektiven Maschinenoperationen bzw. der notwendige Zeitaufwand wächst allerdings, wie zufolge der exhaustiven Natur der Methode zu erwarten ist, mit der Länge der Formel ungefähr exponentiell an.

Um die Anzahl der notwendigen Maschinenoperationen herabzusetzen, werden in der Arbeit von NEWELL, SHAW und SIMON als heuristisches Hilfsmittel nur jene Theoreme für die weitere Behandlung beibehalten, die dem zu beweisenden Theorem *ähnlich* sind. Die Ähnlichkeit wird dabei durch die folgenden, auch quantitativ erfaßbaren Merkmale der zu beweisenden Formel definiert: Erstens durch die Tiefe der Formel (im wesentlichen durch die Anzahl der Klammerausdrücke), zweitens durch die Anzahl der untereinander verschiedenen Variablen und drittens durch die Gesamtanzahl der in der Formel überhaupt auftretenden Variablen. Die erhaltenen neuen Theoreme wurden nach jedem Beweisschritt mit Hilfe von Vergleichsoperationen auf die so definierte Ähnlichkeit geprüft und die *nicht ähnlichen Theoreme* aus der weiteren Behandlung *eliminiert.* Dadurch wird gewissermaßen eine *Richtung* definiert und die Anzahl der notwendigen Maschinenoperationen erheblich herabgesetzt.

Es ist den Verfassern gelungen, durch dieses Verfahren mehrere (insgesamt 38 der ersten 52) Theoreme der Principia Mathematica durch den Rechenautomaten JOHNNIAC der Rand Corp. herleiten zu lassen. Obwohl die Verfasser die Methode nur für den Aussagenkalkül ausgearbeitet haben, kann sie prinzipiell auch für den Prädikatenkalkül erweitert werden.

Das Programmieren solcher Aufgaben für gewöhnliche Rechenautomaten ist allerdings, wie dies aus [12] bzw. [14] hervorgeht, besonders umständlich. Zur Zusammenstellung der entsprechenden Programme ist es notwendig, besondere interpretive Programme oder Kompilationsprogramme, von den Verfassern als Informationsverarbeitungssprachen bezeichnet, auszuarbeiten, worin die einzelnen Instruktionen als Subroutine, bestehend aus den eigentlichen Maschinenbefehlen, interpretiert werden. Dieses Problem behandeln die Autoren in der Arbeit [65]. Es ergeben sich besondere Anforderungen sowohl hinsichtlich der Speicherkapazität (die Autoren erachten 10^5 Worte als zweckmäßig) als auch der Wortstruktur und insbesondere hinsichtlich der Einteilung (Topologie) des Speichers. Die Subroutinen stellen nämlich eigentlich *Listen* dar, deren einzelne Posten definitionsgemäß nacheinander zu liegen haben. Um die Speicherkapazität gut ausnützen zu können, wählen die Autoren eine spezielle Wortstruktur, bei welcher, ähnlich wie bei dem bekannten Zweiadressensystem, ein Teil des Wortes die Adresse des nächstfolgenden Wortes bedeutet. Zwei Posten der Liste liegen dann definitionsgemäß nebeneinander, wenn die Adresse des folgenden Wortes in dem vorangehenden enthalten ist. Die Autoren entwickeln dann die Instruktionsstruktur einer interessanten, derzeit noch hypothetischen Maschine, die außer Speicher, Eingang und Ausgang eigentlich nur ein zentrales Steuerwerk enthält und die an solchen Worten im wesentlichen *Ordnungsoperationen* durchführen kann. Sie ist also zur Herstellung von informationsverarbeitenden Programmen im allgemeinen Sinne geeignet. Wegen der interessanten Einzelheiten muß auf die Originalarbeiten verwiesen werden. Es sei noch hervorgehoben, daß die als Verbindungsglieder gedachten zweiten Teile der einzelnen Worte auch als Assoziationsbasis bei einem Instrumentierungsversuch *induktiver Probleme* dienen könnten.

In einer neueren Arbeit [66] greifen die Verfasser das im Abschnitt 7.1 formulierte Problem in voller Allgemeinheit an. Sie entwickeln die Grundlagen eines *allgemeinen* heuristischen Problemlösungs-Programms, das im wesentlichen die menschliche heuristische Vorgehensweise nachahmt. Das Programm arbeitet in einer virtuellen Umgebung von Objekten, Operatoren und Methoden. Ein *Objekt* ist charakterisiert durch seine Eigenschaften bzw. durch die Differenzen, die den Eigenschaften anderer Objekte gegenüber bestehen. Ein *Operator* ergibt, angewendet auf ein Objekt, wiederum ein Objekt, dessen Eigenschaften jedoch von denen des Ausgangsobjekts mehr oder minder verschieden sind. Demzufolge kann ein Operator, angewendet auf ein Objekt O_1, die dem Objekt O_2 gegenüber bestehende Differenz D zur Gänze oder zum Teil zum Verschwinden bringen. Die *Methode* gibt im wesentlichen die Reihenfolge der Anwendung der Operatoren auf die zulässigen Objekte an. Im Gebiete des Aussagenkalküls sind beispielsweise die Objekte die einzelnen Aussagen bzw. Ausdrücke; die Operatoren sind bestimmte Formeln, in deren linke Seiten die Objekte eingesetzt werden, wodurch auf der rechten Seite neue Objekte entstehen. Als Differenzen werden willkürlich etwa die verschiedene Anzahl der Variablen und dergleichen angesetzt.

Die Grundidee des Programms besteht nun darin, daß man *die vorgesetzte Aufgabe* (Zielobjekt) womöglich *durch eine oder mehrere leichtere Unteraufgaben zu ersetzen trachtet*, ähnlich wie man bei der menschlichen Arbeit die gegebene Aufgabe auf leichtere zurückzuführen versucht. Die Lösung besteht im wesentlichen darin, daß man die Aufgabe bzw. die Unteraufgaben mit der Zielaufgabe vergleicht und durch Anwendung einer der möglichen Methoden bzw. Operatoren die Differenz zum verschwinden zu bringen trachtet.

Die Methode wird dann zu einer allgemeineren Planungsmethode weiterentwickelt, die es erlaubt, den Plan der Lösung noch vor der Ausarbeitung der

Details allgemein zu formulieren. Dies wird im wesentlichen dadurch erreicht, daß man durch Weglassen gewisser Details der Objekte bzw. der Operatoren das Problem in eine abstrakte Form übersetzt und es in dieser abstrakten Umgebung löst. Die so erhaltene abstrakte Lösung ist dann ein *Plan* der effektiven Lösung der Zielaufgabe. Die explizite Anfertigung eines solchen allgemeinen Problemlösungs-Programms ist allerdings, wie die Autoren darauf mit Recht hinweisen, eine überwältigende Arbeit, die jedoch mit der in der Arbeit [65] entwickelten Methode bewältigt werden kann.

In mehreren Arbeiten hat HAO WANG kürzlich gezeigt, daß Theoreme des Prädikatenkalküls auch direkt, also ohne heuristische Methoden, durch Rechenautomaten bewiesen werden können [105 bis 107]. Er geht dazu allerdings auf tiefliegende Theoreme der theoretischen Logik, wie z. B. das Theorem von HERBRAND zurück, wie es beispielsweise in dem bekannten Buch von HILBERT-BERNAYS [108] dargestellt ist, das im wesentlichen besagt, daß ein jedes wahre Theorem in ebenfalls wahre Teile zerlegt werden kann. Dementsprechend geht er von dem *gegebenen* Theorem aus, zerlegt es in entsprechende Teile und prüft diese auf Wahrheit. Durch dieses Rückwärtsarbeiten wird die prohibitiv große Anzahl der Wahlschritte beim Vorwärtsarbeiten, welche eben gerade durch die Heuristik herabgesetzt werden soll, vermieden. Wegen der Einzelheiten der angewendeten Methoden, bei denen auch andere tiefgründige Resultate der Beweistheorie verwendet werden, muß auf die Originalabhandlungen verwiesen werden. WANG ist es tatsächlich gelungen, eine Reihe von Programmen zu schreiben und mit Hilfe einer IBM 704 die nahezu 400 Theoreme der „Principia Mathematica" in nichttrivialer Weise zu beweisen.

Der Erfolg von WANG zeigt deutlich, daß die klassischen Methoden der theoretischen Logik noch weitaus nicht erschöpft sind und, wenn die menschliche Ermüdung bzw. das Nachlassen der Aufmerksamkeit durch die Anwendung von Rechenautomaten eleminiert werden, weitaus mehr tragfähig sind, als man zunächst vermuten würde. Die Bedeutung der Arbeit von WANG liegt, wie er selbst bemerkt, darin, daß man mit diesen Methoden nach entsprechender Anpassung auch Probleme von eigentlich mathematischen Disziplinen behandeln und vermutete Theoreme z. B. aus der Zahlentheorie entweder beweisen oder widerlegen kann. Jedenfalls kann man mit sehr interessanten weiteren Resultaten rechnen.

7.32 Beweis geometrischer Theoreme. Wie bereits darauf hingewiesen wurde, ist das Schlüsselproblem der Heuristik die *selektive Auswahl der Richtung*, die am meisten aussichtsreich erscheint. Allgemeine Methoden gibt es nicht; jedes Gebiet hat seine durch die Erfahrung gewonnenen charakteristischen Methoden. Die Geometrie unterscheidet sich von der Logik in vorteilhafter Weise dadurch, daß man *mit Figuren arbeiten* kann. Eine Behauptung, die in der Figur nicht stimmt, kann zumeist weggelassen werden. Diese Einsicht liegt den Arbeiten von H. GELERNTER und N. ROCHESTER [67, 68] zugrunde, die die heuristische Konstruktion von Beweisen geometrischer Theoreme (ebene Trigonometrie) auf einer IBM 704 programmierten.

Anstelle der Ähnlichkeit bzw. der Differenzen, die in den Arbeiten von NEWELL, SHAW und SIMON als Grundlage dienen, wenden die genannten Autoren als heuristisches Prinzip die Tatsache an, daß man aus der Figur, anhand welcher ein Theorem bewiesen werden soll, gewisse Behauptungen ablesen kann, die dann als Ausgangspunkte des Beweises dienen können. Eine weitere wichtige

Erkenntnis besteht darin, daß bei geometrischen Problemen immer gewisse *Symmetrien* auftreten, die bei der Formulierung der Theoreme als eine *syntaktische Symmetrie* einander äquivalenter Theoreme zum Ausdruck kommen. Durch Erkenntnis dieser Symmetrien kann aber der gesonderte Beweis des äquivalenten Theorems eliminiert werden. Durch geschickte Anwendung dieser beiden heuristischen Prinzipien kann die Richtung der Konstruktion des Beweises annähernd festgelegt und die Anzahl der notwendigen Maschinenoperationen bzw. der Zeitaufwand wesentlich herabgesetzt werden.

Das Programm besteht aus drei Hauptteilen: Der Diagrammteil enthält die Figur in entsprechend kodierter Darstellung; der syntaktische Teil enthält die Axiome, die aus der Figur ablesbaren wahren Behauptungen usw., also das formale System, der heuristische Teil arbeitet ähnlich, wie bei NEWELL und Mitarbeitern, d. h., das zu lösende Problem wird in Unterprobleme gespalten, die ihrerseits einzeln wieder in Unterprobleme höherer Ordnung verzweigen können. Das Problem ist gelöst, wenn sämtliche zu einem Verzweigungspunkt gehörenden Unterprobleme bewiesen worden sind, d. h., wenn das Unterproblem durch eine wahre Konjunktion von Axiomen, wahren Aussagen bzw. bereits bewiesenen Sätzen dargestellt werden kann. Bei den ersten Versuchen ist es den Verfassern beispielsweise gelungen, den Satz *„Die Abstände eines Punktes der Winkelhalbierenden von den beiden Schenkeln des Winkels sind einander gleich"* in sechs Schritten, in ungefähr fünf Minuten durch die Maschine beweisen zu lassen.

Das Gebiet der heuristischen Programme ist in der jüngsten Zeit von M. MINSKY [109] systematisch behandelt worden. In ähnlicher Weise, wie es z. B. PÓLYA in [110] tut, teilt MINSKY den Prozeß der Problemlösung in die folgenden Gebiete auf (vgl. hierzu auch [66]): Zuerst muß der Raum der möglichen Lösungen *abgesucht* werden, was durch die *Erkennung von gemeinsamen Eigenschaften* (*pattern recognition*) erleichtert wird. Dieser Erkennungsprozeß wird allmählich *gelernt;* die Resultate werden als Erfahrung gesammelt, was späterhin den Suchprozeß weiter erleichtert, indem je nach der Natur des Problems gewisse Richtungen von vornherein ausgezeichnet werden. Auf Grund dieser Resultate können dann die Schritte der Lösung *geplant* und schließlich *durch Induktion verallgemeinert* werden. Der Prozeß der Problemlösung läßt sich also nach MINSKY auf die folgenden fünf Teilprobleme zurückführen: Suchen, Erkennen (von allgemein verstandenen Eigenschaften), Lernen, Planen und Verallgemeinern durch Induktion. Es werden in seiner Arbeit dann die einzelnen Gebiete bzw. die Probleme und Möglichkeiten der Mechanisierung unter Berücksichtigung der vorhandenen Literatur eingehend diskutiert. Wegen der interessanten Einzelheiten sei auf die Originalabhandlung verwiesen. Wir wollen uns hier mit der abschließenden Bemerkung begnügen, daß das schwierigste Gebiet wohl die Verallgemeinerung durch Induktion ist, was offenbar auch die Vermutung von zu beweisenden Theoremen enthält, die eben entweder heuristisch oder auf Grund der oben erwähnten Methode von WANG zu beweisen sind. Was diesen Punkt anbetrifft, so geht die Heuristik bereits in die Theorie der Selbstorganisierenden Systeme über.

7.4 Programmierung des Lernens

Strenggenommen sind die heuristischen Programme ebenfalls deduktiver Art, da der Beweis der einzelnen Unterziele deduktiv vorgenommen wird. Die in das

Programm eingebauten heuristischen Prinzipien dienen letzten Endes zur selektiven Auswahl der Unterziele, aus denen der deduktive Beweis aussichtsreich erscheint. Sie dienen daher zur Elimination und zur Herabsetzung der Anzahl der notwendigen Maschinenoperationen. Der Erfolg hängt entscheidend davon ab, wie die heuristischen Prinzipien vom Programmierer gewählt werden. Die heuristischen Maschinen bzw. die entsprechenden Programme entsprechen demzufolge bis zu einem gewissen Grad dem Fall des *Lernens durch Unterricht*, wo der Programmierer die Rolle des Lehrers spielt.

Diese Art des Lernens ist jedoch nur ein — praktisch allerdings sehr wichtiger — Spezialfall des *Lernens durch Erfahrung*. Für den allgemeinen Fall ist nicht nur das Verfahren des Probierens allein, sondern wesentlich auch der Umstand charakteristisch, daß die Wahrscheinlichkeit einer bestimmten Reaktion (z. B. Wahl des Ausgangspunkts) durch früher erzielte Erfolge vergrößert wird. Gegenüber den heuristischen Maschinen, bei welchen die in das Programm eingebauten heuristischen Prinzipien die Erfolgswahrscheinlichkeit bestimmter Methoden von vornherein erhöhen, müssen im letzteren Falle diese Wahrscheinlichkeiten durch die Maschine bzw. durch das Programm selbst aus den Resultaten wiederholter Versuche irgendwie hergeleitet werden.

7.41 Modellierung von Reflexverhalten. Der erste Versuch wurde bereits im Jahre 1952 von A. G. OETTINGER [15] auf dem EDSAC durchgeführt. Die Maschine wurde virtuell in zwei Teile geteilt; der eine repräsentierte das Versuchsobjekt, der zweite den Experimentator. Im ersten, sogenannten Warenhausprogramm wurde im wesentlichen nur das Verfahren des Probierens mit Hilfe von Sprungbefehlen programmiert. Im zweiten Programm wurde direkt das im biologischen Sinne verstandene Reflexverhalten programmiert. Aus dem Kommandopult konnte der Maschine in Form von Zahlen ein positiver bzw. negativer Reiz mitgeteilt werden, der Belohnung bzw. Bestrafung repräsentierte. Falls die Summe der erhaltenen positiven Reize einen gewissen Schwellenwert überstieg, reagierte die Maschine darauf mit dem Ausschreiben einer bestimmten Zahl. Dabei bildete die Maschine im wesentlichen eine Statistik der erhaltenen Reize. In das Programm wurde auch die zufällige Änderung der Schwellenwerte sowie eine Art von Vergeßlichkeit eingebaut. Nach einer entsprechenden Anzahl von Übungen konnte man erreichen, daß die Maschine auch bei minimalem positiven Reiz die gewünschte Zahl abdruckte.

7.42 Anwendung auf die automatische Anfertigung von Programmen. Das Abdrucken bestimmter Zahlen erfolgt, technisch gesprochen, zufolge Durchführung gewisser Maschinenbefehle, welche als Antwort auf die Reize ausgeführt werden. Die Wahrscheinlichkeit der Auswahl hängt von der Fluktuation der Schwellenwerte ab, ist also im wesentlichen zufallsbedingt. Es liegt nun der Gedanke nahe, eine ganze Reihe von verschiedenen Instruktionen zufallsmäßig auszuwählen, die dann — als ein Programm durchgeführt — die Lösung einer bestimmten Aufgabe ergeben. Der automatische Vergleich des Resultats des Programms mit dem vorgegebenen Ziel tritt dann an die Stelle der Erfahrung.

Erst vor kurzem sind interessante Versuche in dieser Richtung bekanntgeworden. In den Arbeiten von FRIEDBERG, DUNHAM und NORTH [69, 70] besteht die Aufgabe darin, durch zufallsbedingte Auswahl von Instruktionen ein Programm herzustellen, das eine virtuelle, einfache, auf einer IBM 704 durch Programmieren simulierte Maschine befähigt, den Inhalt bestimmter, sogenannter

Eingangs-Speicherzellen in ebenfalls bestimmte Ausgangs-Speicherzellen zu übertragen. Das Gesamtprogramm besteht aus drei Teilen: Der erste Teil modelliert die Eigenschaften der virtuellen Maschine; der zweite Teil repräsentiert den Studenten, dessen „Fähigkeiten" verschieden gestaltet werden können; der dritte Teil des Programms repräsentiert den Lehrer, der den Erfolg des hergestellten Programms prüft und durch zufallsmäßige Abänderung jener Instruktionen, die erfolglos waren, das Programm in einem gewissen Sinne „kritisiert". Nach einer, allerdings ziemlich großen Anzahl von Probegängen (größenordnungsmäßig 10^4) ist es den Verfassern gelungen, fehlerlose Programme für die fallweise in einfachen Varianten ausgewählten Aufgaben zu erhalten.

Die Arbeit von FRIEDBERG und Mitarbeitern geht in der Hinsicht weiter, als die bahnbrechende Arbeit von OETTINGER, indem sowohl der Lehrer als auch der Student modelliert werden. Die Resultate sind insofern weniger plastisch, weil der Erfolg nur entweder gut oder schlecht sein kann, *ohne ein Maß der Güte zu geben*, ferner, weil die durch den Lehrer ausgeübte „Kritik" nur in einer zufallsmäßigen Abänderung der Instruktionen und nicht durch Mitteilung von etwa heuristischen Ratschlägen, also gewissermaßen unpädagogisch erfolgt. Darauf ist zum Teil auch die große Anzahl der zu einem erfolgreichen Programm notwendigen Versuche zurückzuführen. Auch ist die Länge des Programms zufolge der großen Anzahl (64) der möglichen Instruktionen für die relativ einfachen Aufgaben viel zu groß.

7.43 Erlernte Programmierung mathematischer Aufgaben. Die oben erwähnten Schwierigkeiten werden in einer sehr interessanten neuen Arbeit von KILBURN, GRIMSDALE und SUMNER [71] in der Weise eliminiert, daß die Zahl der verschiedenen möglichen Instruktionen auf höchstens 10 begrenzt wird, unter welchen auch die Benützung eines B-Registers sowie eine Schleifeninstruktion vorgesehen sind; weiterhin wird die Länge des Programms auf höchstens 30 (im allgemeinen 10 bis 12) Instruktionen limitiert; schließlich wird ein geistreiches Konvergenzkriterium zur Beurteilung der Güte des Programms verwendet. Wird dieses Kriterium nicht erfüllt, so werden die Instruktionen geprüft, die unnötigen Instruktionen zufallsmäßig durch eine andere Instruktion ersetzt bzw. das Programm um eine Instruktion verlängert. Die Maschine, ein Rechenautomat Type *Mercury* der Firma Ferranti, ist ähnlich wie bei OETTINGER virtuell in zwei Teile geteilt. Die durch den „Lehrer" zusammengestellten Programme werden durch die „Maschine" ausgeführt, worauf dann der „Lehrer" das Resultat prüft. In dieser Weise konnte beispielsweise die Maschine ein nichttriviales Programm für die Berechnung der Glieder der Reihe ($n^3 + n^2$) aus einigen *numerisch vorgegebenen* Anfangsgliedern in etwa 75 Sekunden herstellen. Wegen der interessanten Einzelheiten sei auf die Originalarbeit verwiesen.

7.44 Spielmaschinen. Ein theoretisch wichtiges Versuchsgebiet der heuristischen Programme ist der Entwurf heuristischer Programme für verschiedene Spiele, in erster Linie für das Schachspiel. Da die ausführliche Darstellung dieses interessanten Gebietes zu weit führen würde und teilweise Gegenstand eines anderen Beitrages in diesem Buche ist (vgl. S. 39—47), wollen wir hier darauf verzichten und begnügen uns mit drei Literaturhinweisen: die treffliche Diskussion von NEWELL, SHAW und SIMON [72] über das Schachspiel, die ausgezeichnete Arbeit von A. L. SAMUEL [73] über das Damespiel und schließlich von demselben Autor eine umfassende Darstellung [111] über Spielprogramme für Rechenautomaten.

7.5 Versuche der direkten Instrumentierung

7.51 Die bedingte Wahrscheinlichkeitsmaschine von Uttley. Wie in Abschnitt 7.1 hervorgehoben wurde, spielen in der heuristischen Denkweise des Menschen die subjektiv geschätzten bedingten Wahrscheinlichkeiten eine große Rolle. Die Wichtigkeit der bedingten Wahrscheinlichkeiten für die Instrumentierung hat zuerst A. M. UTTLEY erkannt und für die Modellierung bedingter Reflexe, insbesondere für den Prozeß des Lernens angewendet. Wie bekannt, besteht ein bedingter Reflex, der die biologische Grundlage des Lernens ist, darin, daß ein Versuchstier, wenn es einige Male zwei gleichzeitigen oder in kurzem Abstand aufeinanderfolgenden Reizen R_1 und R_2 ausgesetzt wird, nach einiger Übung mit großer Wahrscheinlichkeit schon auf den Reiz R_1 in entsprechender Weise reagiert, ohne daß der Reiz R_2 gewirkt hätte. Das Tier *antizipiert* gewissermaßen das Auftreten des Reizes R_2, d. h., die *bedingte* Wahrscheinlichkeit $p\,(R_2\,|\,R_1)$ überschreitet eine gewisse, nahe an Eins gelegene Grenze, deren Größe allerdings durch biologische Faktoren bestimmt wird.

Nachdem in einer Reihe von Arbeiten die Probleme der Klassifizierung räumlich oder zeitlich angeordneter Signale durch das Nervensystem [74] und auf Grund derselben die Berechnung von bedingten Wahrscheinlichkeiten [75, 76] durch eine entsprechende Maschine untersucht wurden [77], hat UTTLEY eine „lernende Maschine" gebaut, die auf dem Prinzip der Berechnung bedingter Wahrscheinlichkeiten arbeitet und für die Durchführung einer bestimmten Aufgabe nicht programmiert werden muß, vielmehr diese bedingten Wahrscheinlichkeiten durch Probieren erlernt. Die Maschine hat fünf Eingänge (Photozellen); die aus ihnen kommenden Reize werden in Form von Impulsen in den möglichen 31 Kombinationen durch Zähler gezählt und gespeichert. Sind etwa Z_{jkl} bzw. Z_{jk} die Zahlen, die in jenen Zählern gespeichert sind und die der gleichzeitigen Aktivität der Kanäle j, k und l bzw. j und k entsprechen, so berechnet die Maschine auf Grund der während des Probierens gesammelten Statistik die bedingte Wahrscheinlichkeit dafür, daß der Kanal l aktiv ist, unter der Voraussetzung, daß gleichzeitig noch die Kanäle j und k aktiv sind, als $p\,(l\,|\,jk) = Z_{jkl}\,|\,Z_{jk}$. Überschreitet diese bedingte Wahrscheinlichkeit einen bestimmten Schwellenwert, so zieht die Maschine den Schluß und gibt ein entsprechendes Kontrollsignal für die Steuerung eines kleinen Dreirades ab. (Vgl. auch in diesem Buch S. 26—27.)

Ein theoretisch äußerst wichtiges Ergebnis der Untersuchungen von UTTLEY bezieht sich auf die Organisation der Schaltorgane. Jene Schaltorgane, die direkt mit den einzelnen Eingangskanälen verbunden sind, geben ihre Ausgangswerte an eine Reihe von Schaltorganen in höheren Stufen weiter, die die gleichzeitige Aktivität zweier, dreier usw. Eingangskanäle anzeigen. In einer neueren Arbeit [78] zeigt er, daß — um Anordnungen (*patterns*) richtig unterscheiden und die entsprechenden bedingten Wahrscheinlichkeiten richtig angeben zu können — eine weitere Eigenschaft der Schaltorgane bzw. der Organisation derselben notwendig ist: Gewisse Einheiten der höheren Stufen müssen durch niedere Stufen *gehemmt* werden können. Man gelangt in dieser Weise zu einer Hierarchie von Kontrollorganen, die sich gegenseitig entweder fazilitieren oder hemmen können. Diese Art der Organisation ist offenbar wesentlich verschieden von der Organisation der Maschinen für die deduktive Logik und weist deutlich den Weg in die Richtung der Organisation des zentralen Nervensystems.

7.52 Die Rolle der Ähnlichkeit. Physiologisch scheint die zweite Möglichkeit, daß nämlich eine Größe generiert wird, die *direkt* die bedingten Wahrscheinlichkeiten repräsentiert, besser den Tatsachen zu entsprechen. Die bedingten Wahrscheinlichkeiten werden nämlich durch den Menschen auf Grund der *Ähnlichkeit* der einzelnen Situationen subjektiv geschätzt. Diese Ähnlichkeit ist, wie R. TARJÁN [52] bemerkt, wesentlich verschieden von dem Ähnlichkeitsbegriff beispielsweise der Geometrie. Der Ähnlichkeitsbegriff der Geometrie ist ein streng logischer Begriff, dessen Bestehen nicht *empfunden,* sondern *bewiesen* wird. Zwei Dreiecke beispielsweise sind im geometrischen Sinne entweder ähnlich (d. h. entsprechen der Definition) oder sind es nicht. Die Ähnlichkeit im biologischen Sinne ist allgemeiner und mehr qualitativer Natur. Es handelt sich hier um eine Menge der Eigenschaften, die sich *zum Teil* überdecken. Demgemäß können etwa zwei Objekte einander mehr oder minder ähnlich sein; der biologische Ähnlichkeitsbegriff enthält also auch den *Begriff des Maßes.* Auf Grund dieser Überlegungen wird mit Hilfe der Mengentheorie ein verallgemeinerter Ähnlichkeitsbegriff eingeführt und ein Maß dafür definiert [52]. Es läßt sich zeigen, daß bei geeigneter Interpretation des Begriffes „Eigenschaft" die Ähnlichkeit im geometrischen Sinne eine Ähnlichkeit vom Maße Eins ist. Dazu genügt es, nur jene Eigenschaften der zu vergleichenden Dreiecke in die Menge der Eigenschaften aufzunehmen, die in der Definition der Ähnlichkeit auftreten. Auf Grund der strengen axiomatischen Begründung der Wahrscheinlichkeitstheorie mit Hilfe der Mengenlehre, kann man auch leicht einsehen, daß das bei TARJÁN definierte Maß der Ähnlichkeit zugleich ein Maß der beim plausiblen Schließen auftretenden bedingten Wahrscheinlichkeiten ist. In diesem Punkt sind also die beiden Auffassungen äquivalent.

7.6 Künstliche Neuronenmodelle

Um zu Automaten zu gelangen, die zumindest annähernd die Plastizität des zentralen Nervensystems besitzen, muß man solche Schaltorgane anwenden, die die wichtigsten Eigenschaften der wirklichen Neuronen besitzen und die sich relativ einfach, beispielsweise elektronisch, instrumentieren lassen. Diese Eigenschaften sind erstens die Monostabilität, d. h. spontane Rückkehr in den Ruhezustand nach erfolgter Erregung; zweitens die Existenz einer Reizschwelle von der Eigenschaft, daß das Neuron nur anspricht, wenn die algebraische Summe der fazilitierenden und hemmenden Reize die Reizschwelle überschreitet (Summationseffekt); drittens die Existenz einer absoluten bzw. relativen refraktären Periode, während ersterer die Reizschwelle unendlich hoch ist und während letzterer sie allmählich auf die normale Höhe zurückkehrt.
Das erste theoretische Modell des Neurons wurde bereits im Jahre 1943 von McCULLOCH und PITTS angegeben [9]. In diesem Modell werden die beiden letztgenannten Eigenschaften, Reizschwelle und synaptische Verzögerung, berücksichtigt. Auch S. C. KLEENE [59] und J. v. NEUMANN [11] verwenden im wesentlichen dasselbe Modell. R. TARJÁN berücksichtigt in den Arbeiten [52] bzw. [79] auch die erste Eigenschaft, die Monostabilität, und zeigt, daß dadurch das Neuron zu einer frequenzmodulierten Einrichtung wird, die nicht nur das Auftreten eines Reizes, sondern auch seine Intensität, also nicht nur die Existenz, sondern auch eine Qualität anzeigt. In einer neueren Arbeit [80] berücksichtigt D. G. WILLIS auch den Summationseffekt und zeigt, daß durch Annahme dauernder Stabilität der synaptischen Werte (im wesentlichen: die Reizschwelle einzelner Synapsen) das Neuron, auch ohne reverberative Ketten zu bilden, mehrere Bits speichern kann. Dies wäre eine mögliche Erklärung der enormen Kapazität des menschlichen Gedächtnisses. Die Modellierungsversuche auf einem digitalen Rechenautomaten bestätigen die theoretischen Erwartungen; ob und

inwieweit die Voraussetzungen auch biologisch zutreffen, ist noch zu prüfen. W. K. Taylor [81] gibt im Zusammenhange mit einem Gestalt-Erkennungsgerät ein interessantes elektronisches Analogon des Neurons an, in welchem die Reizschwelle und die spatiale Summation in einer geistreichen Weise durch die in Netzmodellen übliche Kirchhoff-Addition modelliert werden. Dortselbst wird auch eine Kondensatorspeichereinheit angegeben, die im wesentlichen die Eigenschaften des erwähnten Modells von Willis besitzt.

7.61 Die Eigenschaften neuronaler Netzwerke. Die logischen Eigenschaften neuronaler Netzwerke haben wir im vorausgegangenen Abschnitt 7.5 bereits kurz zusammengefaßt. Das charakteristische Merkmal des zentralen Nervensystems ist jedoch, daß die einzelnen Neuronen, wie dies durch die histologischen Untersuchungen bewiesen wird, untereinander *stochastisch* verbunden sind. Auf die Bedeutung der stochastischen Verbindungen vom Standpunkt des zuverlässigen Funktionierens haben wir anhand der v. Neumannschen Arbeit [11] bereits hingewiesen. J. T. Allanson [82] untersucht mit Hilfe von wahrscheinlichkeitstheoretischen Methoden die totale Aktivität eines stochastisch verbundenen neuronalen Netzes und gibt einen Zusammenhang für die Anzahl der gleichzeitig aktiven Neuronen an. Er gelangt zu dem interessanten Ergebnis, daß ein solches Netz unter Umständen einen durch dauernde Oszillationen gekennzeichneten Gleichgewichtszustand hat, was als mögliche Erklärung beispielsweise des bekannten Alpha-Rhythmus dienen kann. N. Rochester und Mitarbeiter [83] haben das Verhalten neuronaler Netze auf einem digitalen Rechenautomaten modelliert, während W. K. Taylor in einer interessanten Arbeit [84] die Nachahmung des Lernvorganges durch künstliche Neuronen der obigen Eigenschaften behandelt und zeigt, daß durch Einführung sogenannter assoziativer Zellen, die im wesentlichen — wie bei Uttley — die Koinzidenz der Rezeptorzellen anzeigen, zu einem Modell des Assoziationsvorganges gelangen kann. McCulloch untersucht in den Arbeiten [85, 86] das Verhalten neuronaler Netzwerke im Falle einer gemeinsamen Verschiebung der Reizschwelle und gibt solche Strukturen an, die im logischen Sinne stabil, d. h. gegen solche gemeinsame Verschiebungen der Reizschwelle unempfindlich sind.

7.62 Selbstorganisation durch Erfahrung. Zur Frage der Selbstorganisation durch Erfahrung hat F. Rosenblatt vom Cornell Aeronautical Laboratory, Buffalo, N. Y., sehr interessante Beiträge beigesteuert [112 bis 116]. Es ist die Aufgabe des von ihm konzipierten neuronalen Netzwerks, das er *Perceptron* nennt, die visuelle Erkennung bzw. Diskriminierung von ebenen Figuren zu leisten. Während das Grundkonzept des Perceptrons zunächst auf einer Rechenanlage IBM 704 simuliert wurde, ist man inzwischen dazu übergegangen, eine experimentelle Maschine, das *Perceptron Mark I* zu bauen, um noch eingehendere Studien treiben zu können [117, 118].
Das Modell besteht aus vier funktionell verschiedenen Hauptteilen, die nachfolgend kurz erläutert werden. Die Lichtsignale vom Objekt fallen auf ein aus lichtempfindlichen Zellen bestehendes *Rezeptorfeld*, das der Retina entspricht. Die hier erzeugten elektrischen Signale werden weitergeleitet auf ein aus zwei Schichten bestehendes *Assoziationsfeld*. Die erste Schicht ist das unmittelbar mit der Retina in Verbindung stehende *Projektionsfeld*, während die zweite Schicht das *eigentliche Assoziationsfeld* darstellt. Diese zwei Schichten sind zufallsmäßig miteinander verbunden. Die aus dem Assoziationsfeld stammenden Signale gelangen zu dem *Entscheidungsfeld*, das funktionell etwa dem Motor-Cortex ent-

spricht. Die in dem Entscheidungsfeld erzeugten Signale werden zurückgeführt zum Assoziationsfeld, wo sie je nach den Umständen entweder Reize auslösend (verstärkend) oder auch hemmend wirken können. Abgesehen von den lichtempfindlichen Zellen des Rezeptorfeldes bestehen die einzelnen Felder aus künstlichen Neuronen, deren Eigenschaften im wesentlichen mit dem in [80] beschriebenen Neuronenmodell von G. WILLIS übereinstimmen.

Die grundlegende Hypothese ist diese: Wegen der bei Beginn des Versuches nur zufallsmäßigen Verbindung zwischen dem Projektionsfeld und dem eigentlichen Assoziationsfeld besitzt das letztere anfänglich überhaupt keine Organisation. lm weiteren Verlauf des Versuches, der aus einem wiederholten Vorzeigen von einfachen Figuren besteht, wird das Assoziationsfeld durch die vom Entscheidungsfeld zurückgeführten Signale in der Weise beeinflußt, daß die zufällig vorhandenen richtigen Verbindungen verstärkt, die unrichtigen hingegen allmählich geschwächt (gehemmt) werden. Das anfänglich unorganisierte Assoziationsfeld wird sich also durch die Erfahrung in einer der vorgezeigten Figur entsprechenden Weise selbst organisieren.

Die bisher durchgeführten Modellversuche zeigen offenbar ermutigende Resultate. Der hierbei verfolgte grundlegende Gedanke über die organisierende Wirkung der Erfahrung ist jedenfalls auch theoretisch sehr bemerkenswert und verdient wohl eingehende Untersuchungen.

7.63 Speicherung und Assoziation in neuronalen Netzen. Dasselbe Problem wird in etwas anderer Weise in Anlehnung an die retikulare Struktur der Gehirnrinde auch von TARJÁN behandelt [52, 79]. Zwei oder mehr künstliche Neuronen können miteinander so verbunden werden, daß sie reverberative Ketten bilden, deren Existenz im zentralen Nervensystem anatomisch festgestellt ist und die zumindest als ein Teil des Gedächtnisses funktionieren können. Eine solche Kette verhält sich zufolge der allgemein verschiedenen refraktären Perioden annähernd wie ein Bandfilter, dessen Resonanzfrequenz im wesentlichen durch die refraktären Perioden der einzelnen Neuronen bestimmt wird, und welche also nur auf Reize innerhalb eines bestimmten Frequenzbandes anspricht. Nun kann man aus solchen Neuronen, indem man sie miteinander in jeder möglichen Weise verbindet, *neuronale Netze* ähnlich der retikularen Struktur des Cortex bauen. Aus einem solchen Netz von Neuronen kann man durch entsprechende Kombination von Fazilitierungen und Hemmungen insgesamt 2^{N-1} Teilnetze aus je zwei, je drei usw. Neuronen auswählen. Dadurch gelangt man zu einem „Speicher", welcher an Kapazität jene der digitalen Rechenautomaten bei gleicher Anzahl von Schaltorganen um Größenordnungen übertrifft.

Wird ein solches neuronales Netzwerk durch entsprechende Rezeptor- bzw. Effektor-Organe mit der Außenwelt verbunden, so gelangen wir zu einem *neuronalen Automaten*. Es liegt nun nahe, die Objekte bzw. die Vorgänge der Außenwelt dem neuronalen Automaten gegenüber als die Menge aller ihrer Eigenschaften zu definieren und physikalisch durch Netze entsprechender Größe zu repräsentieren, wobei dann die einzelnen Teilnetze den einzelnen Eigenschaften des Objekts entsprechen.

Betrachten wir nun zwei Netzwerke N_1 und N_2, die ein gemeinsames Teilnetz N_{12} haben. Erhält etwa das Netz N_1 einen Reiz entsprechender Frequenz, so wird zufolge des gemeinsamen Teilnetzes N_{12} auch das Netz N_2 *bis zu einem gewissen Grade* ansprechen, und zwar um so stärker, je größer das gemeinsame Teilnetz N_{12} im Verhältnis zu den beiden Netzen N_1 und N_2 ist. Die Reaktion des

Netzes N_2 im Verhältnis zu der des Netzes N_1 kann also als ein Maß der Ähnlichkeit im oben (Abschnitt 7.52) definierten Sinne dienen. Um diese auch anzuzeigen, sind Neuronen bzw. Netze notwendig, die organisatorisch um eine Stufe höher liegen als die beiden Netze N_1 und N_2 und technisch die gleichzeitige Anregung derselben, also die Anregung eines *Gebietes* anzeigen. Die Netze der zweiten Stufe können ebenfalls gemeinsame Teile untereinander haben, deren Ansprechen durch Netze einer dritten Stufe usw. angezeigt werden kann. Wie ersichtlich, kommt TARJÁN, von anderen Voraussetzungen ausgehend, zu derselben Art der Organisation der einander übergeordneten Kontrollen, wie auch UTTLEY gekommen ist. Ferner ist zu bemerken, daß nach beiden Auffassungen eine *Irradation* der Reize und somit eine *automatische, selektive Assoziation* möglich ist. Unter der Annahme einer spontanen Tätigkeit dieser Netze, sofern nur die höchsten Stufen der Kontrollnetze tätig und die niederen durch diese gehemmt werden, können beide Modelle als plausible Modelle für den Mechanismus der Abstraktion dienen.

Es ist auch einzusehen, daß die neuronalen Automaten im Gegensatz zu den logischen Maschinen deduktiver Art nicht in einer im wesentlichen logischen Weise programmiert werden können; vielmehr müssen sie, wenn auch in einer viel kürzeren Zeit, aber doch ungefähr so wie die Menschen, durch Sammlung von Erfahrungen erzogen werden, um gewisse Aufgaben, beispielsweise das plausible Schließen, zu erlernen.

Wir haben an dieser Stelle keine Möglichkeit, auf die interessanten und vom Gesichtspunkt der weiteren Entwicklung wichtigen Einzelheiten des Lernvorgangs bzw. der neuronalen Automaten ausführlicher einzugehen; statt dessen sei auf das Referat von A. M. ANDREW [87] verwiesen, wo eine gute Systematik der Theorien über den Lernvorgang bzw. die Möglichkeiten der Instrumentierung zu finden ist. Als weitere Literatur empfehlen wir eine zusammenfassende Diskussion über allgemein-selbstorganisierende Systeme, zu denen auch die lernenden Automaten gehören, von J. K. HAWKINS [88] sowie den Konferenzbericht über die NTG-Fachtagung „Lernende Automaten", die im April 1961 in Karlsruhe stattfand [119].

7.7 Abschließende Bemerkungen

Zum Abschluß wollen wir noch die Frage der Anwendungsmöglichkeiten und, was damit zusammenhängt, die Frage der Programmierung der neuronalen Automaten kurz diskutieren. Obwohl wir heute außer einigen Modellen, die zur Prüfung von Arbeitshypothesen dienen, noch keine solchen Maschinen haben, ist es vorauszusehen, daß — ähnlich wie bei den programmgesteuerten digitalen Rechenmaschinen — die Schwierigkeiten technischer Art früher oder später überwunden werden und, wie S. GILL [89] bemerkt, die Anwendung auf wichtige Gebiete einzig und allein in den Schwierigkeiten der Programmierung ein Hemmnis vorfinden wird. Bei den digitalen Rechenautomaten wird dies bei Problemen wie z. B. der automatischen Sprachenübersetzung oder der automatischen Regelung und Überwachung des Luftverkehrs deutlich, wo die Schwierigkeiten nicht so sehr in der erforderlichen hohen Speicherkapazität oder in der Beschaffung bzw. Bereitstellung der notwendigen Ausgangsinformation als in der Ausarbeitung des Programms bestehen, das zur Lösung der äußerst verwickelten Probleme notwendig ist. Bei den neuronalen Automaten müssen wir uns von vornherein darüber im klaren sein, daß von einem Programm im logischen Sinne eigentlich nicht gesprochen werden kann. Das sonst im voraus auszuarbeitende Programm muß in diesem Falle durch die *Sammlung von Erfahrungen* ersetzt werden. Dazu ist eine Art von Erziehungsprozeß und eine entsprechende, wenngleich höchstwahrscheinlich viel kürzere Zeit als beim Menschen notwendig. Das Programmieren der neuronalen Automaten wird im wesentlichen aus einer Art *Erziehung* bestehen, d. h. durch eine sorgfältig ausgewählte Vorbereitung jener Umstände, aus denen der Automat seine Erfahrungen zu sammeln hat, wobei — ähnlich wie beim Menschen — darauf geachtet werden muß, daß der Automat weder sich selbst noch seiner Umgebung einen Schaden zufügen kann.

Heute haben wir solche Maschinen noch nicht; man wüßte wohl heute auch noch nicht genau, für welchen praktischen Zweck sie eigentlich verwendet werden könnten. Einige mögliche Anwendungen, die reale Bedeutung haben und bei denen es auf rasches Reaktionsvermögen, Unermüdbarkeit usw. ankommt, ist der Ersatz des Menschen in einer gefahrvollen Umgebung, etwa in der Atomindustrie, insbesondere auch bei der ja heute schon in den Bereich des Möglichen gerückten Erforschung der unmittelbaren Oberflächensphäre bei der Landung auf fremden Planeten. Wie dem auch sei, aus der ganzen Geschichte der Technik ist erwiesen, daß neue Maschinen, wenn sie einmal geschaffen worden sind, sich auch die am besten geeigneten Anwendungsgebiete erschließen und die Grundlagen für die Entwicklung neuer Maschinentypen schaffen.

Schrifttum

[1] BOOLE, G.: Mathematical Analysis of Logic. Cambridge, 1847; neu gedruckt in Oxford 1948.

[2] JEVONS, W. S.: On the Mechanical Performance of Logical Inference. Phil. Trans. Roy. Soc. London **160** (1870) Pt. 2, pp. 497—518.

[3] GARDNER, M.: Logic Machines and Diagrams. McGraw-Hill, New York 1958.

[4] BERKELEY, E. C.: Giant Brains or Machines that Think. J. Wiley & Sons, New York 1949. Insbes. pp. 144—166.

[5] TURING, A. M.: Computing Machinery and Intelligence. Mind, Quart. Rev. Psychology Philosophy **59** (Oct. 1950) No. 236, pp. 433—460.

[6] WILKES, M. V.: Can Machines Think? Proc. IRE **41** (Oct. 1953) No. 10, pp. 1130—1134.

[7] BURKHART, W.: Electrical Analysis of Truth Functions. Thesis 1947.

[8] TURING, A. M.: On Computable Numbers, with an Application to the "Entscheidungsproblem". Proc. London Math. Soc. Ser. 2, **42** (Nov. 1936) No. 11, pp. 230—265. Korrektur: ibid. **43** (1937), pp. 544—546. (Desgl. abgedruckt als Appendix One (A) und (B) in: Annual Review in Automatic Programming Vol. I (Editor: R. GOODMAN). Pergamon Press, Oxford 1960, pp. 230—267.)

[9] McCULLOCH, W. S., PITTS, W.: A Logical Calculus of the Ideas Immanent in Nervous Activity. Bull. Math. Biophysics **5** (1943), pp. 115—133.

[10] VON NEUMANN, J.: The General and Logical Theory of Automata. In: The Hixon Symposium on Cerebral Mechanism in Behaviour (Editor: L. A. JEFFRES). J. Wiley & Sons, New York 1951, pp. 1—41.

[11] VON NEUMANN, J.: Probabilistic Logics and the Synthesis of Reliable Organisms from Unreliable Components. In: Automata Studies (Editors: C. E. SHANNON, J. McCARTHY). Princeton University Press 1956, pp. 43—98.

[12] NEWELL, A., SIMON, H. A.: The Logic Theory Machine: A Complex Information Processing System. IRE Trans. Information Theory **IT-2** (Sept. 1956) No. 3, pp. 61—79.

[13] NEWELL, A., SHAW, J. C., SIMON, H. A.: Empirical Explorations of the Logic Theory Machine: A Case Study in Heuristic. Proc. 1957 Western Joint Computer Conference, pp. 218—230.

[14] Newell, A., Shaw, J. C.: Programming the Logic Theory Machine. Proc. 1957 Western Joint Computer Conference, pp. 230—240.

[15] Oettinger, A. G.: Programming a Digital Computer to Learn. Phil. Mag. Ser. 43, 7 (1952) No. 3, pp. 1243—1263.

[16] Carnap, R.: Logical Foundations of Probability. Routledge and Kegan Paul, Ltd., London 1950.

[17] Pólya, G.: Mathematics and Plausible Reasoning I—II. Insbes. Bd. II: Patterns of Plausible Inference. Princeton University Press 1954.

[18] Die mechanischen Modelle von logischen Stromkreisen wurden nach einer Idee von Dipl.-Phys. W. Schütte im Institut für Praktische Mathematik (IPM) der Technischen Hochschule Darmstadt, Direktor Prof. Dr. A. Walther, gebaut und dienen dort für Lehr- und Unterrichtszwecke im Rahmen der Vorlesungen über programmgesteuerte Rechenmaschinen.

[19] Grabbe, E. M., Ramo, S., Wooldridge, D. E. (Editors): Handbook of Automation, Computation, and Control. Vol. 2, Computers and Data Processing. J. Wiley & Sons, New York 1959. Insbes. pp. 14·33 ff.
Millman, J., Taub, H.: Pulse and Digital Circuits. McGraw-Hill, New York 1956. Insbes. pp. 394 ff.
Richards, R. K.: Digital Computer Components and Circuits. D. van Nostrand, Princeton, N. J. 1957. Insbes. pp. 36 ff.
Smith, Ch. V. L.: Electronic Digital Computers. McGraw-Hill, New York 1959. Insbes. pp. 91 ff.

[20] Grabbe, et al., op. cit., insbes. pp. 16·10 ff.
Hunter, L. P. (Editor): Handbook of Semiconductor Electronics. McGraw-Hill, New York 1956. Insbes. pp. 15·44 ff. und pp. 15·65 ff.
Millman, et al., op. cit., insbes. pp. 604 ff.
Richards, op. cit., insbes. pp. 167 ff.
Smith, op. cit., insbes. pp. 97 ff.

[21] Guterman, S., Kodis, R. D., Ruhman, S.: Circuits to Perform Logical and Control Functions with Magnetic Cores. IRE National Convention Record 1954, Pt. 4, pp. 124—132.

[22] Guterman, S., Kodis, R. D., Ruhman, S.: Logical and Control Functions Performed with Magnetic Cores. Proc. IRE 43 (March 1955) No. 3, pp. 291—298.

[23] Marquand, A.: A New Logical Machine. Proc. Amer. Academy of Arts and Sciences 21 (1885/86), pp. 303—307.

[24] Zemanek, H.: Logistische Rechenmaschinen unter besonderer Berücksichtigung der logistischen Relaisrechenmaschine des Instituts für Niederfrequenztechnik der Technischen Hochschule Wien. Nachrichtentechn. Fachber. (NTF) 4 (1956), pp. 207—212.

[25] McCallum, D. M., Smith, J. B.: Mechanized Reasoning — Logical Computors and their Design. Electron. Engng. 23 (April 1951) No. 278, pp. 126—133.

[26] Weipoltshammer, J.: Die logistische Relaisrechenmaschine (LRR 1) der Technischen Hochschule in Wien. Staatsprüfungsarbeit an der Technischen Hochschule in Wien 1954. (Die Maschine ist beschrieben in [24]).

[27] Kalmár, L.: A New Principle of Construction of Logical Machines. Proc. 2nd Internat. Congress on Cybernetics, Namur, Sept. 3—10, 1958, pp. 458—463. Vgl. auch den vom gleichen Autor auf dem Internat. Mathematiker-Kongreß, Edinburgh 1958, gehaltenen Vortrag "Problems Concerning the Conductivity States of Multipoles".

[28] McCallum, D. M., Smith, J. B.: Feedback Logical Computors. Electron. Engng. 23 (Dec. 1951) No. 286, pp. 458—461.

[29] H. Angstl berichtete über seine Ergebnisse in einem Seminar über Logistik, welches 1950 von Prof. W. Britzelmayr an der Universität München abgehalten wurde. (Freundl. Mitt. von Prof. Dr. F. L. Bauer, Mainz, vordem TH München; vgl. auch [30]).

[30] BAUER, F. L.: The Formula-Controlled Logical Computer „Stanislaus". Mathematics of Computation (MTAC) **14** (Jan. 1960) No. 69, pp. 64—67.

[31] BURKS, A. W., WARREN, D. W., WRIGHT, J. B.: An Analysis of a Logical Machine Using Paranthesis-Free Notation. Math. Tables and Other Aids to Computation (MTAC) **8** (April 1954) No. 46, pp. 53—57.

[32] MIEHLE, W.: Burroughs Truth Function Evaluator. Journal ACM **4** (April 1957) No. 2, pp. 189—192.

[33] ABBOTT, W. R.: Computing Logical Truth with the California Digital Computer. Math. Tables and Other Aids to Computation (MTAC) **5** (1951), pp. 120—128.

[34] MAYS, W., PRINZ, D. G.: A Relay Machine for the Demonstration of Symbolic Logic. Nature (London) **165** (4. Febr. 1950) No. 4188, pp. 197—198.

[35] BOWDEN, B. V. (Editor): Faster than Thought. Pitman & Sons, London 1953. Insbes. pp. 193—198.

[36] LEDLEY, R. S.: A Digitalization, Systematization and Formulation of the Theory and Methods of the Propositional Calculus. National Bureau of Standards, Washington, Report No. 3363, Feb. 1954.

[37] LEDLEY R. S.: Mathematical Foundations and Computational Methods for a Digital Logic Machine. J. Operations Res. Soc. Amer. **2** (Aug. 1954) No. 3, pp. 249—274.

[38] KITOV, A. J.: Elektronnie ziffrovie maschini (Elektronische Ziffernrechner). Verlag Sowjetskoje Radio, Moskau 1956. Insbes. pp. 228—230.

[39] ZUSE, K.: Die mathematischen Voraussetzungen für die Entwicklung logistisch-kombinativer Rechenmaschinen. Z. angew. Math. Mech. (ZAMM) **29** (1949) No. 1/2, pp. 1—2.

[40] ZUSE, K.: Über den allgemeinen Plankalkül als Mittel zur Formulierung schematisch-kombinierter Aufgaben. Archiv der Math. **1** (1948/49) No. 6, pp. 441—449.

[41] ZUSE, K.: Über den Plankalkül. Elektron. Rechenanlagen **1** (Mai 1959) No. 2, pp. 68—71.

[42] ZUSE, K.: Vorrichtung zum Ableiten von Resultatangaben mittels Grundoperationen des Aussagenkalküls. Deutsche Patentanmeldung Z 394 IX b/42 m, vom 11. Oktober 1944; bekanntgemacht am 12. März 1953. (Dem entspricht das österreichische Patent No. 172 288.)

[43] ZUSE, K.: Kombinierte numerische und nichtnumerische Rechenmaschine. Deutsche Patentschrift No. 926 449, vom 17. März 1955; angemeldet am 12. Mai 1950.

[44] ZUSE, K.: Kombinierte numerische und nichtnumerische Rechenmaschine (Zusatz zum Patent 926 449). Deutsche Patentauslegeschrift No. 1 008 935, vom 19. November 1952; bekanntgemacht am 23. Mai 1957.

[45] ROSE, A.: Application of Logical Computers to the Construction of Electrical Control Tables for Signaling Frames. Z. math. Logik und Grundlagen der Math. **4** (1958), pp. 222—243.

[46] SHANNON, C. E., MOORE, E. F.: Machine Aid for Switching Circuit Design. Proc. IRE **41** (Oct. 1953) No. 10, pp. 1348—1351.

[47] BOBROW, D.: A Symbolic Logic Machine to Minimize Boolean Functions of Four Variables and Application to Switching Functions. Thesis 1952. — Scientific Project, Bronx High School of Science 1953.

[48] VEITCH, E. W.: A Chart Method for Simplifying Truth Functions. Proc. ACM Pittsburgh Meeting, May 2—3, 1952, pp. 127—133.

[49] QUINE, W. V.: The Problem of Simplifying Truth Functions. Amer. Math. Monthly **59** (1952), pp. 521—531.

[50] KARNAUGH, M.: The Map Method for Synthesis of Combinatorial Logic Circuits. Trans. AIEE **72**, Pt. 1: Communication and Electronics (Nov. 1953) No. 9, pp. 593—599.

[51] ROSE, A.: Many-Valued Logical Machines. Proc. Cambridge Phil. Soc. **54** (July 1958) Pt. 3, pp. 307—321.

[52] TARJÁN, R.: On the Instrumentation of Logical Problems. Acta Techn. Acad. Scient. Hung. **27** (1959) No. 3/4, pp. 371—383.

[53] NEMES, T.: Logical Machines for Recognizing Class and Casual Relations Genetically. Acta Techn. Acad. Scient. Hung. **7** (1953) No. 1/2, pp. 3—17.

[54] A gyorsmüködésü automatikus számológépek fejlödési irányai (Entwicklungstendenzen der digitalen Rechenautomaten); Diskussion. Mitt. der III. math. und phys. Klasse der Ungar. Akad. der Wissenschaften **7** (1956) No. 1, pp. 76—82.

[55] MINSKY, M. L.: Some Universal Elements for Finite Automata. In: Automata Studies (Editors: C. E. SHANNON, J. McCARTHY). Princeton University Press 1956, pp. 117—128.

[56] ROSE, A.: Sur les éléments universels de décision. C. R. Acad. Sci. (Paris) **244** (1957), pp. 2343—2345 (vgl. auch Brit. Patent No. 847 224).

[57] SHANNON, C. E.: A Universal Turing Machine with Two Internal States. In: Automata Studies (Editors: C. E. SHANNON, J. McCARTHY). Princeton University Press 1956, pp. 157—165.

[58] DE LEEUW, K., MOORE, E. F., SHANNON, C. E., SHAPIRO, N.: Computability by Probabilistic Machines. In: Automata Studies (Editors: C. E. SHANNON, J. McCARTHY). Princeton University Press 1956, pp. 183—212.

[59] KLEENE, S. C.: Representation of Events in Nerve Nets and Finite Automata. In: Automata Studies (Editors: C. E. SHANNON, J. McCARTHY). Princeton University Press 1956, pp. 3—41.

[60] BURKS, A. W., WANG, H.: The Logic of Automata I—II. Journal ACM **4** (April/July 1957) Nos. 2/3, pp. 193—218 und pp. 279—297.

[61] MOORE, E. F., SHANNON, C. E.: Reliable Circuits Using Less Reliable Relays I—II. J. Franklin Inst. **262** (1956), pp. 191—208 und pp. 281—297.

[62] ASHBY, W. R.: Design for an Intelligence-Amplifier. In: Automata Studies (Editors: C. E. SHANNON, J. McCARTHY). Princeton University Press 1956, pp. 215—233.

[63] GILMORE, P. C.: A Program for the Production from Axioms, of Proofs for Theorems Derivable within the First Order Predicate Calculus. Information Processing, Proc. Internat. Conf. UNESCO, Paris, 15.—20. Juni 1959. Verlag Oldenbourg, München 1960, pp. 265—273.

[64] BETH, E. W.: Semantic Entailment and Formal Derivability. Mededel. Koninkl. Ned. Akad. Wet., Afd. Letterkunde, N. R. **18** (1955) No. 13, pp. 309—342.

[65] SHAW, J. C., NEWELL, A., SIMON, H. A., ELLIS, T. O.: A Command Structure for Complex Information Processing. Proc. 1958 Western Joint Computer Conference, pp. 119—128.

[66] NEWELL, A., SHAW, J. C., SIMON, H. A.: Report on a General Problem-Solving Program. Information Processing, Proc. Internat. Conf. UNESCO, Paris, 15.—20. Juni 1959. Verlag Oldenbourg, München 1960, pp. 256—264.

[67] GELERNTER, H. L., ROCHESTER, N.: Intelligent Behavior in Problem-Solving Machines. IBM Journal Res. & Dev. **2** (Oct. 1958) No. 4, pp. 336—345.

[68] GELERNTER, H. L.: Realization of a Geometry Theorem Proving Machine. Information Processing, Proc. Internat. Conf. UNESCO, Paris, 15.—20. Juni 1959. Verlag Oldenbourg, München 1960, pp. 273—282.

[69] FRIEDBERG, R. M.: A Learning Machine I. IBM Journal Res. & Dev. **2** (Jan. 1958) No. 1, pp. 1—13.

[70] FRIEDBERG, R. M., DUNHAM, B., NORTH, J. H.: A Learning Machine II. IBM Journal Res. & Dev. **3** (July 1959) No. 3, pp. 282—287.

[71] KILBURN, T., GRIMSDALE, R. L., SUMNER, F. H.: Experiments in Machine Learning and Thinking. Information Processing, Proc. Internat. Conf. UNESCO, Paris, 15.—20. Juni 1959. Verlag Oldenbourg, München 1960, pp. 303—309.

[72] NEWELL, A., SHAW, J. C., SIMON, H. A.: Chess-Playing Programs and the Problem of Complexity. IBM Journal Res. & Dev. **2** (Oct. 1958) No. 4, pp. 320—335.

[73] SAMUEL, A. L.: Some Studies in Machine Learning, Using the Game of Checkers. IBM Journal Res. & Dev. **3** (July 1959) No. 3, pp. 210—229.

[74] Uttley, A. M.: The Classification of Signals in the Nervous System. E. E. G. Clin. Neurophysiol. **6** (1954), pp. 479—494.

[75] Uttley, A. M.: Temporal and Spatial Patterns in a Conditional Probability Machine. In: Automata Studies (Editors: C. E. Shannon, J. McCarthy). Princeton University Press 1956, pp. 277—285.

[76] Uttley, A. M.: Conditional Probability Machines and Conditioned Reflexes. In: Automata Studies (Editors: C. E. Shannon, J. McCarthy). Princeton University Press 1956, pp. 253—275.

[77] Uttley, A. M.: The Design of Conditional Probability Computers. Information and Control **2** (April 1959) No 1, pp. 1—24.

[78] Uttley, A. M.: Conditional Probability Computing in a Nervous System. Proc Symposium Mechanisation of Thought Processes, Teddington/Middlesex, Nov. 24—27, 1958. Her Majesty's Stationery Office, London 1959, pp. 119—152.

[79] Tarján, R.: Neuronal Automata. Proc. 2nd International Congress on Cybernetics, Namur, Sept. 3—10, 1958, pp. 812—820.

[80] Willis, D. G.: Plastic Neurons as Memory Elements. Information Processing, Proc. Internat. Conf. UNESCO, Paris, 15.—20. Juni 1959. Verlag Oldenbourg, München 1960, pp. 290—298.

[81] Taylor, W. K.: Pattern Recognition by Means of Automatic Analogue Apparatus. Proc. Instn. Electrical Engrs. Pt. B, **106** (March 1959) No. 26, pp. 198—209.

[82] Allanson, J. T.: Some Properties of a Randomly Connected Neural Network. In: Third London Symposium on Information Theory (Editor: C. Cherry). Butterworths, London 1956, pp. 303—313.

[83] Rochester, N., Holland, J. H., Haibt, L. H., Duda, W. L.: Tests on a Cell Assembly Theory of the Action of the Brain, Using a Large Digital Computer. IRE Trans. Information Theory **IT-2** (Sept. 1956) No. 3, pp. 80—93.

[84] Taylor, W. K.: Electrical Simulation of Some Nervous System Functional Activities. In: Third London Symposium on Information Theory (Editor: C. Cherry). Butterworths, London 1956, pp. 314—328.

[85] McCulloch, W. S.: Agathe Tyche of Nervous Nets — The Lucky Reckoners. Proc. Symposium Mechanisation of Thought Processes, Teddington/Middlesex, Nov. 24—27, 1958. Her Majesty's Stationery Office, London 1959, pp. 611—633.

[86] McCulloch, W. S.: The Reliability of Biological Systems. In: Self-Organizing Systems (Editors: M. C. Yovits, S. Cameron). Pergamon Press, London 1960, pp. 264—281.

[87] Andrew, A. M.: Learning Machines. Proc. Symposium Mechanisation of Thought Processes, Teddington/Middlesex, Nov. 24—27, 1958. Her Majesty's Stationery Office, London 1959, pp. 473—509.

[88] Hawkins, J. K.: Self-Organizing Systems — A Review and Commentary. Proc. IRE **49** (Jan. 1961) No. 1 (Computer Issue), pp. 31—48.

[89] Gill, S.: Possibilities for the Practical Utilization of Learning Processes. Proc. Symposium Mechanisation of Thought Processes, Teddington/Middlesex, Nov. 24—27, 1958. Her Majesty's Stationery Office, London 1959, pp. 825—839.

[90] Sheffer, H. M.: A Set of Five Independent Postulates for Boolean Algebras, with Application to Logical Constants. Trans. Amer. Math. Soc. **14** (Oct. 1913) No. 4, pp. 481—488.

[91] Rowe, W. D.: The Transistor NOR Circuit. IRE Wescon Convention Record **1** (1957) Pt. 4, pp. 231—245.

[92] Rowe, W. D., Royer, G. H.: Transistor NOR Circuit Design. Trans. AIEE **76**, Pt. 1: Communication and Electronics (July 1957) No. 31, pp. 263—267.

[93] Kellett, P.: The Elliott Sheffer Stroke Static Switching System. Electronic Engng. **32** (Sept. 1960) No. 391, pp. 534—539.

[94] Grisamore, N. T., Rotolo, L. S., Uyehara, G. U.: Logical Design Using the Stroke Function. IRE Trans. Electronic Computers. **EC—7** (June 1958) No. 2, pp. 181—183.

[95] Jeeves, T. A., Rowe, W. D.: The NORDIC II Computer. IRE Wescon Convention Record **1** (1957) Pt. 4, pp. 85—104.

[96] BRUSTMAN, J. A.: The RCA 501 System, insbes. der Abschnitt "Circuit Element and Construction". Elektron. Rechenanlagen 2 (Nov. 1960) No. 4, pp. 210—211.

[97] WASHBURN, S. H.: An Application of Boolean Algebra to the Design of Electronic Switching Circuits. Trans. AIEE **72**, Pt. 1: Communication and Electronics (Sept. 1953) No. 8, pp. 380—388.

[98] MARTIN, N. M.: On Completeness of Decision Element Sets. Journal of Computing Systems 1 (July 1953) No. 3, pp. 150—154.

[99] LEDLEY, R. S.: Digital Computer and Control Engineering. McGraw-Hill, New York 1960. Insbes. Kapitel 11, pp. 320—367.

[100] PARKHOMENKO, P. P.: Analyse von Relaisnetzwerken mit maschineller Hilfe (in russ.). Avtomatika i Telemechanika 20 (April 1959) No. 4, pp. 486—497.

[101] LAZAREV, V. G., PARKHOMENKO, P. P.: Machine Aid for Processes of Analysis and Synthesis of Structure of Relay Devices. Preprints of Papers Vol. 4, IFAC Congress, Moskau, 27. Juni bis 7. Juli 1960. Butterworths, London 1960, pp. 1611—1615.

[102] BURKS, A. W.: Computation, Behavior and Structure in Fixed and Growing Automata. In: Self-Organizing Systems (Editors: M. C. YOVITS, S. CAMERON). Pergamon Press, London 1960, pp. 282—311.

[103] SHANNON, C. E.: Von Neumann's Contributions to Automata Theory. Bull. Amer. Math. Soc. 64 (May 1958), pp. 123—129.

[104] ZEMANEK, H.: The Logics and Information Theory of Sequential Networks. Preprints of Papers Vol. 1, IFAC Congress, Moskau, 27. Juni bis 7. Juli 1960. Butterworths, London 1960, pp. 67—73.

[105] WANG, H.: Toward Mechanical Mathematics. IBM Journal Res. & Dev. 4 (Jan. 1960) No. 1, pp. 2—22.

[106] WANG, H.: Proving Theorems by Pattern Recognition I. Communications ACM 3 (April 1960) No. 4, pp. 220—234.

[107] WANG, H.: Proving Theorems by Pattern Recognition II. Bell System Techn. J. 11 (Jan. 1961) No. 1, pp. 1—41.

[108] HILBERT, D., BERNAYS, P.: Grundlagen der Mathematik, Band II. Springer, Berlin 1939, insbes. pp. 149—163.

[109] MINSKY, M.: Steps Toward Artificial Intelligence. Proc. IRE 49 (Jan. 1961) No. 1 (Computer Issue), pp. 8—30.

[110] PÓLYA, G.: How to Solve It. Princeton University Press, Princeton, N. J. 1948.

[111] SAMUEL, A. L.: Programming Computers to Play Games. In: Advances in Computers Vol. I (Editor: F. L. ALT). Academic Press, New York 1960, pp. 165—192.

[112] ROSENBLATT, F.: The Perceptron, a Probabilistic Model for Information Storage and Organization in the Brain. Psychol. Rev. 65 (1958) No. 6, pp. 386—408.

[113] ROSENBLATT, F.: Two Theorems of Statistical Separability in the Perceptron. Proc. Symposium Mechanisation of Thought Processes, Teddington/Middlesex, Nov. 24—27, 1958. Her Majesty's Stationery Office, London 1959, pp. 419—472.

[114] JOSEPH, R. D.: On Predicting Perceptron Performance. IRE Internat. Convention Record 8 (1960) Pt. 2, pp. 71—77.

[115] ROSENBLATT, F.: Perceptual Generalization over Transformation Groups. In: Self-Organizing Systems (Editors: M. C. YOVITS, S. CAMERON). Pergamon Press, London 1960, pp. 63—100.

[116] ROSENBLATT, F.: Perceptron. Vortrag auf der NTG-Fachtagung „Lernende Automaten", Karlsruhe, 13.—14. April 1961. (Publikation cf. [119].)

[117] BUSHOR, W. E.: The Perceptron, an Experiment in Learning. Electronics 53 (1960) No. 30, pp. 56—59.

[118] HAY, J. C., MARTIN, F. C., WIGHTMAN, C. W.: The Mark I Perceptron — Design and Performance. IRE Internat. Convention Record 8 (1960) Pt. 2, pp. 78—87.

[119] BILLING, H. (Hrsg.): Lernende Automaten. Bericht über die NTG-Fachtagung in Karlsruhe am 13. und 14. April 1961. Beihefte zur Zeitschrift Elektronische Rechenanlagen. R. Oldenbourg Verlag, München 1961, 240 S.

THEODOR ERISMANN

Schaffhausen, Schweiz

Digitale Integrieranlagen (Digital Differential Analyzers[*]) und semidigitale Methoden

Mit 31 Bildern

Disposition

Zusammenfassung. Dieser Beitrag ist in der Hauptsache den digitalen Integrieranlagen gewidmet, die eine Grenzstellung einnehmen zwischen den programmgesteuerten digitalen Rechenmaschinen und den Analogrechengeräten (insbesondere den mechanischen Integrieranlagen). Hierbei steht die Behandlung folgender Einzelheiten im Vordergrund: Funktionsprinzipien, mathematische Schaltungstechnik und Vergleich mit anders organisierten Rechengeräten. Darüber hinaus werden einige Ausführungs-

---

[*] In der Folge wird vorwiegend die im englischen Sprachgebrauch übliche Abkürzung DDA verwendet.

beispiele kurz beschrieben, und es wird auf semidigitale Methoden hingewiesen, die ebenfalls ins gleiche Grenzgebiet gehören, aber wesentlich näher den Analogrechengeräten liegen.

Summary. This contribution is mainly concerned with the Digital Differential Analyzer (DDA) which is a device combining vital features of programme controlled digital computers on the one hand and of analog computers (especially mechanical differential analyzers) on the other. Special attention is given to the following topics: Principle of function, mathematical set-up techniques, and comparison with other computing equipment. In addition, a short description is given of several existing machines, and the readers's attention is drawn to semidigital methods which belong to the same boundary field between analog and digital computation which, however, are more closely related to the analog computers than is the case with the digital differential analyzers.

Résumé. Cet article décrit en premier lieu les analyseurs différentiels digitaux, c. à d. un type de machines à calculer basé sur des éléments de calcul numériques (comme les calculatrices automatiques numériques courantes), mais se rapprochant dans ses applications aux machines analogiques (en particulier aux analyseurs différentiels mécaniques). Les chapitres suivants sont traités avec un soin tout particulier: Principe de fonction, technique des branchements mathématiques, comparaison avec des machines de conception différente. En outre, l'article contient une courte description d'un nombre de machines réalisées ainsi que d'une technique seminumérique faisant partie du même genre intermédiaire entre les machines numériques et analogiques, mais se rapprochant encore d'avantage d'une conception purement analogique.

1. Problemstellung des DDA

1.1 Vorgeschichte

In den späten Zwanzigerjahren schuf V. Bush mit der *mechanischen Integrieranlage* das erste Rechengerät, das eine große Anzahl verschiedener Aufgabenkomplexe und insbesondere gewöhnliche Differentialgleichungen vollautomatisch zu lösen vermochte [9]. Schon frühzeitig entstand für diese rein mechanischen Analogrechengeräte eine sehr leistungsfähige Schaltungstechnik [6, 10, 23, 29, 36, 48].

Mit dem zweiten Weltkrieg begann dann die imposante Entwicklung der *elektronischen Digital- und Analogrechengeräte,* und die mechanische Integrieranlage trat auf den zweiten Plan zurück. Sie wird heute nur noch für ein verhältnismäßig beschränktes Arbeitsgebiet eingesetzt und weiterentwickelt, wobei die neueren Schöpfungen auf diesem Gebiet fast durchwegs den rein mechanischen Charakter eingebüßt haben und als elektromechanische Geräte angesprochen werden müssen [10, 13, 15, 16, 18, 19, 25, 29, 48]. Die Gründe für das erwähnte Zurücktreten auf der einen, für das zähe Überleben auf der anderen Seite können kurz wie folgt umrissen werden:

> Im Gegensatz zu elektronischen Geräten ist die *Rechengeschwindigkeit* einer mechanischen oder elektromechanischen Anlage durch die Trägheit der bewegten Teile beschränkt.

> Bezüglich der *Rechengenauigkeit* wird normalerweise die Größenordnung des programmgesteuerten digitalen Rechenautomaten von der mechanischen Anlage nicht erreicht, diejenige des elektronischen Analogrechners jedoch übertroffen.

Auch in der *mathematischen Vielseitigkeit* wird der Digitalrechner im allgemeinen nicht erreicht, der elektronische Analogrechner aber übertroffen. Zwei besondere Fähigkeiten der wenigstens teilweise mechanischen Anlagen bieten nämlich für gewisse nichtlineare Aufgaben einzigartige Lösungsmöglichkeiten: Erstens die Funktionsbildung durch photoelektrische Abtastung gezeichneter Kurven [13, 15 bis 19, 25] und zweitens die Möglichkeit der partiellen Integration (d. h. der Integration in Funktion jeder beliebigen Variablen). Die häufig unterschätzte Bedeutung dieser letzteren Eigenschaft wird in den Abschnitten 3.2 und 3.4 eingehend gewürdigt.

Die Erkenntnis dieser Tatsachen führte um 1950 verschiedene Fachleute dazu, den Versuch einer Synthese zwischen den Vorzügen der Digitalrechner einerseits und denen der damaligen mechanischen Anlagen anderseits zu unternehmen und damit ein Gerät zu schaffen, das insbesondere nichtlineare Differentialgleichungen schneller, genauer und mit geringerem Vorbereitungsaufwand lösen sollte, als es mit den zu jener Zeit verfügbaren Mitteln möglich war. Wem das Erstlingsrecht eines brauchbaren Vorschlages auf diesem Gebiet zusteht, entzieht sich der Kenntnis des Verfassers. Solche Gedankengänge lagen damals in der Luft, und es ist sehr wahrscheinlich, daß sie an verschiedenen Stellen ohne Kenntnis fremder Arbeiten konzipiert wurden. Immerhin dürfte feststehen, daß die erste praktisch eingesetzte Anlage nach Ideen von H. Bückner entstand [7, 8, 11, 14]. Dieser „Integromat" soll als Vorläufer der heutigen Verwirklichungen dieses Rechengerätetyps im Abschnitt 4.2 kurz beschrieben werden. Eine elektronische Lösung wurde in einem Patent von Steele, Sprague und Wilson [40] vorgeschlagen. Den Anstoß zur weiteren Entwicklung, die heute bereits einen beachtlichen Umfang erreicht hat, gab die erste elektronische Anlage dieser Art, genannt „MADDIDA" (siehe Abschnitt 4.3), deren Prinzip von Hagen, Williams, Philbrick, Beck und Russell [22] patentiert wurde.

1.2 Grundidee und Definition

Im Sinne der obigen Ausführungen stellt die digitale Integrieranlage (kurz: der *DDA = Digital Differential Analyzer*) einen Versuch dar, die hohe Genauigkeit des Digitalrechners, womöglich auch die Schnelligkeit rein elektronischer Schaltungstechnik, mit der Flexibilität der mechanischen Integrieranlage bei der Lösung nichtlinearer Differentialgleichungen in einem Gerät zu verschmelzen. Darüber hinaus wird der logische Gesamtaufbau eines DDA normalerweise weitgehend demjenigen eines Analogrechners angeglichen. Damit kommt man der Denkweise des Ingenieurs entgegen, dem ein Modell eines zu untersuchenden Vorganges meist näher liegt als eine abstraktere Darstellung, wie sie für die Programmierung eines Digitalrechners herkömmlicher Bauart erforderlich ist.

Berücksichtigt man ferner die Tatsache, daß jedes automatische Rechengerät in der Hauptsache aus Vorrichtungen (Rechenelementen) zur Ausführung gewisser Basisoperationen[1]) und aus Mitteln für den Informationstransport (sowohl intern zwischen den Rechenelementen als auch gegenüber der Außenwelt) besteht, so kann man für die *Definition des DDA* folgende Kriterien aufzählen:

Wie bei einem Analogrechner ist beim DDA für jede im Rahmen eines Gesamtproblems vorkommende Basisrechenoperation ein spezielles Rechenelement vorhanden, das die betreffende Operation entweder selbst

---

[1]) Diese müssen nicht mit den arithmetischen Grundoperationen übereinstimmen.

durchführt oder zumindest die erforderlichen Zahlenwerte in fest zugeteilten Speicherplätzen bereithält.

Wie bei einem Analogrechner erfolgt somit beim DDA der Informationstransport durch Verkopplung der Ein- und Ausgänge der einzelnen Rechenelemente zu einer Rechenschaltung.

Wie bei einer mechanischen Integrieranlage sind beim DDA partielle Integrationen ohne weiteres möglich.

Wie bei einem Digitalrechner erfolgt beim DDA sowohl die Datenumformung bei der Ausführung der Basisoperationen als auch der Informationstransport in digitaler Form.

Im Rahmen dieser Definition sind zwei Hauptgruppen zu unterscheiden, nämlich sukzessiv und simultan arbeitende DDA. Die erste Gruppe ist dadurch charakterisiert, daß die einzelnen Rechenelemente in einer festgelegten Reihenfolge ihre Arbeit verrichten, während bei der zweiten Gruppe alle vorhandenen Elemente gleichzeitig in Funktion sind.

2. Hauptelemente des DDA

2.1 Allgemeine Bemerkungen

Im Rahmen dieses Beitrages, dessen Umfang durch die Aufgabenstellung weitgehend vorgezeichnet ist, kann von einer erschöpfenden Beschreibung aller Einzelheiten selbst bei einem so wichtigen Abschnitt wie dem nun folgenden nicht die Rede sein. Es seien deshalb die Richtlinien kurz dargelegt, die bei der unvermeidlichen Beschränkung auf das Wesentlichste maßgebend waren:

Es wird ausschließlich der logische Aufbau der zur Lösung der verschiedenen Aufgaben erforderlichen Mittel beschrieben und gelegentlich auf technische Fragen grundsätzlicher Art hingewiesen. Dagegen werden die technischen Details (elektrische Schaltpläne, Wahl der verwendeten Schaltelemente usw.) nicht berührt.

Wo mehrere Ausführungsformen in Betracht kommen, wird diejenige herausgegriffen, die die beste Aussicht zu haben scheint, mit der Zeit zur Norm zu werden. Nebenvarianten werden beiläufig erwähnt, jedoch ohne Anspruch auf Vollständigkeit.

Wer sich eingehend mit allen Aspekten des Informationstransportes und insbesondere der Rechenelemente befassen will, wird mithin auf den folgenden Seiten eine Einführung zum weiteren Studium finden, das anhand der heute schon recht umfangreichen Originalliteratur durchgeführt werden muß [1, 4, 5, 12, 20, 24, 26, 27, 28, 30, 31, 33, 34, 35, 38, 39].

2.2 Informationstransport

Man muß sich stets vor Augen halten, daß der DDA weitgehend als „digitalisiertes Modell" einer mechanischen Integrieranlage aufgefaßt werden kann. Dementsprechend wird das Verständnis seiner Funktion vielfach durch das Aufzeigen der Parallelen zum mechanischen Gerät gefördert.

Bei einer mechanischen Integrieranlage erfolgt die Übertragung einer Rechengröße von einem Rechenelement zum anderen meist durch eine mit entsprechenden Kupplungsorganen versehene rotierende Welle. Ob diese Welle materiell vor-

handen oder durch eine elektrische Fernübertragung ersetzt ist, spielt in diesem
Zusammenhang keine Rolle. Eine wesentliche Eigenschaft einer solchen Übertragung besteht darin, daß An- und Abtriebsseite eines in die Welle eingebauten
Kupplungsorganes vor Beginn der Rechnung in beliebiger gegenseitiger Stellung
miteinander verbunden werden können. Mit anderen Worten: Wenn der Eingang A eines Rechenelementes vom Ausgang B eines anderen gesteuert wird, so
kann die Rechengröße in A gegenüber derjenigen in B um einen als Anfangs-
bedingung frei wählbaren konstanten Betrag verschoben sein. Übertragen werden
also nicht die Beträge der Rechengrößen, sondern nur ihre *Inkremente*[2]).

In entsprechender Weise werden auch beim DDA lediglich Inkremente zwischen
den einzelnen Rechenelementen ausgetauscht. Wie wertvoll dies ist, wird im Zusammenhang mit der Schaltungstechnik noch zu erwähnen sein (insbesondere im
Abschnitt 3.4). Der Übergang auf ein digitales System führt in der Praxis fast
zwangsläufig zur Verwendung *elektrischer Impulse,* deren Zahl der Größe des
übertragenen Inkrementes entspricht.

Es kann hier nicht auf alle logischen und technischen Möglichkeiten des Informationstransportes durch Impulse eingegangen werden. Festgehalten seien nur
die allerwichtigsten logischen Grundlagen: Will man bei konstanter Polarität der
Impulse pro Rechengröße mit einem einzigen Übertragungskanal auskommen,
so steht ein binäres System zur Verfügung, das nur zwei Zustände kennt (Auftreten oder Ausbleiben eines Impulses, bezogen auf das gleichmäßige Auftreten
einer allen Teilen des Gerätes gemeinsamen Synchronisationsimpulsfolge). Jeder
dieser beiden Zustände muß — da natürlich sowohl zunehmende als auch ab-
nehmende Inkremente in Betracht kommen — dem Auftreten eines positiven bzw.
eines negativen Einheitsinkrementes zugeordnet werden. Eine konstant bleibende
Größe ist also nur angenähert durch abwechselnde positive und negative Signale
darstellbar. Man verwendet aus diesem Grund häufig entweder Impulse, deren
Vorzeichen durch ihre Polarität gegeben ist, oder zwei Übertragungskanäle, von
deren vier Zuständen drei zur Darstellung der drei Möglichkeiten „negatives
Signal" — „Null" — „positives Signal" ausgenützt werden. Es handelt sich in
beiden Fällen also um ein ternäres Übertragungssystem. Die dabei verwendete
Verschlüsselung stellt ein technisches Detailproblem dar, für welches kaum eine
Optimallösung angegeben werden kann, da sehr vieles vom schaltungstechnischen
Aufbau der Rechenelemente abhängt.

2.3 Der Integrator

Bei Verwendung digitaler Mittel muß die Integration durch eine *wiederholte
Summation* nach der Beziehung

$$\Delta z = c \cdot y \cdot \Delta x \tag{1}$$

angenähert werden, wobei Δz das Inkrement des Integrals, c einen konstanten
Koeffizienten, y den Integranden und Δx das Inkrement des Argumentes
bedeuten. Im Falle des DDA muß der Integrator (d. h. das Rechenelement, das
die Integration leistet) offenbar so organisiert sein, daß seine beiden Eingänge
(x und y) mit Impulsen gespeist werden und das Ergebnis am Ausgang ebenfalls
in Impulsform zur Verfügung steht.

Was den Integranden anbelangt, so bedeutet diese Bedingung, daß der Integrator
ein addierendes Register (Integranden- oder y-Register) besitzen muß, das aus dem

---

[2]) Daher kommt auch die gelegentlich verwendete Bezeichnung *„Inkrementrechner".*

willkürlich gewählten Anfangswert y_0 und den ankommenden Inkrementen Δy den Integranden nach der Formel

$$y = y_0 + \Sigma \Delta y \tag{2}$$

aufsummiert.

Während das bisher Gesagte unabhängig davon gilt, wie die Integration technisch verwirklicht wird, so beschränken sich die folgenden Betrachtungen ausschließlich auf elektronisch aufgebaute Integratoren. Beim gegenwärtigen Stand der Technik erscheint dies durchaus gerechtfertigt, da sich bisher keine elektromechanische oder gar rein mechanische Lösung entscheidend durchsetzen konnte. Einige Hinweise auf eine elektromechanische Variante sind im Abschnitt 4.2 zu finden.

Nach der Bildung des Integranden verbleiben noch zwei Operationen: Die Multiplikation von y mit Δx gemäß der Beziehung (1) und die Umwandlung von Δz in die gewünschte Impulsform. Die nächstliegende Lösung dieser Aufgabe ist in Bild 1 schematisch dargestellt. Die Multiplikation ist dabei sehr einfach, da die

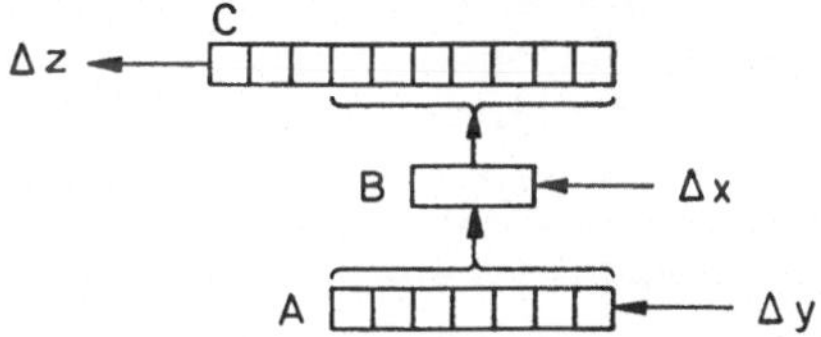

Bild 1. Logisches Schema des Integrators
A = y-Register, B = Multiplikator, C = r-Register

Inkremente Δx ja nur die Werte $+1$, 0 und -1 annehmen können. Es genügt also eine Schaltvorrichtung B, die den im y-Register A gespeicherten Wert — unter Berücksichtigung des Vorzeichens — jeweils durchläßt, wenn ein Δx-Signal eintrifft. Damit steht am Ausgang dieses äußerst primitiven Multiplikators die Größe Δz in Form einer Dualzahl zur Verfügung (andere Verschlüsselungen als die rein binäre brauchen in diesem Zusammenhang nicht behandelt zu werden, da sie lediglich organisatorische, nicht aber grundsätzliche Probleme mit sich bringen). Ihre Umwandlung in Impulse erfolgt im sogenannten Resultat- oder r-Register C, das wiederum addierend aufgebaut ist und dem die Inkremente $y \cdot \Delta x$ zugeführt werden. In diesem Register bildet sich somit ein Zwischenresultat

$$r = \Sigma y \cdot \Delta x, \tag{3}$$

bis es überläuft, d. h. bis der Inhalt des Registers den Wert $2^n - 1$ (wenn n seine Dualstellenzahl ist) überschreitet. Der Aufbau des r-Registers ist nun so gestaltet, daß es im Augenblick des Überlaufens einen Δz-Impuls nach außen abgibt und den über 2^n hinausgehenden Restbetrag behält. In dieser Art arbeitet das r-Register fortwährend weiter, so daß jedem abgegebenen Δz-Impuls ein r von weiteren 2^n Einheiten entspricht. Damit ist die Beziehung (1) erfüllt, und man erhält für den konstanten Koeffizienten c den Wert 2^{-n}.

Die Behandlung des Vorzeichens ist äußerst einfach, wenn man bedenkt, daß

$$\text{sign } \Delta z = \text{sign } y \cdot \text{sign } \Delta x \tag{4}$$

sich aus der Gleichung (1) unmittelbar ergibt.

Eine eingehende Diskussion der *Eigenschaften dieses Integrators* ergibt folgendes Bild: Auf alle Fälle muß das r-Register mindestens ebenso viele Stellen besitzen wie das y-Register; sonst könnte ein Aufaddieren der y-Werte im r-Register gar nicht erfolgen. Bei gleicher Stellenzahl der beiden Register erreicht der Integrator ein maximales „Übersetzungsverhältnis" von 1 : 1, genau genommen $(1-2^{-n}) : 1$, da ein ganz angefülltes y-Register das r-Register annähernd bei jedem Δx-Signal erneut zum Überlaufen bringt. Eine Maßstabswahl ist in Stufen von 1 : 2 ohne weiteres durch Erhöhung der Stellenzahl des r-Registers möglich. Die Konstante c kann also jeden beliebigen Wert 2^{-m} annehmen, sofern m ganzzahlig und $m \geq n$ ist. Ist die verfügbare Stellenzahl der beiden Register gleich, so kann derselbe Effekt durch stellenverschobene Addition im r-Register erzielt werden, wobei dann allerdings ein Teil der Stellen des y-Registers verlorengeht, was einen systematischen Fehler bewirkt, sofern keine speziellen Rundungsvorrichtungen eingebaut sind.

In der bisher dargelegten einfachen Form hat das geschilderte Integrationsverfahren noch einen recht wesentlichen Nachteil: Will man schnell arbeiten, so wird man darauf ausgehen, möglichst große Rechenschritte zu verwenden. Das bedeutet unter Umständen, daß sich der im y-Register gespeicherte Wert zwischen dem Eintreffen zweier Δx-Impulse um einen nennenswerten Betrag ändert. Verwendet man also den zu Beginn eines solchen Rechenschrittes vorliegenden y-Wert, so entsteht ein Fehler, der offensichtlich systematischen Charakter trägt. In den meisten modernen Anlagen wird daher — unter Annahme eines innerhalb zweier benachbarter Rechenschritte annähernd linearen Verlaufes für $y\,(x)$ — eine *Trapezextrapolation* benutzt, die bei Verwendung der Indizes i, $i+1$ usw. für die Ordnungsziffern der Δx-Impulse wie folgt geschrieben werden kann:

$$y \Big|_{i}^{i+1} \cong y_i + \frac{y_i - y_{i-1}}{2} = \frac{3}{2} \cdot y_i - \frac{1}{2} \cdot y_{i-1}. \tag{5}$$

Einzelheiten über den Wert dieser Extrapolationsmethode, die natürlich einen erheblichen Mehraufwand mit sich bringt, sind im Abschnitt 5.1 zu finden.

Das Aufaddieren der y-Werte im r-Register geschieht bei den meisten bestehenden Anlagen als Serienaddition. Die Δx-Impulse müssen also mindestens n-mal langsamer eintreffen als die Grundimpulse. Eine vollständig parallele Addition würde zwar eine beträchtliche Steigerung der Rechengeschwindigkeit ermöglichen, aber einen außerordentlich großen Aufwand bedingen. Es darf nicht vergessen werden, daß ein DDA eine Vielzahl von Integratoren umfaßt und daß normalerweise jeder Integrator eine vollständige Addiervorrichtung besitzen muß. Für extreme Fälle könnte man sich vielleicht eine Serienaddition in mehreren parallel arbeitenden Gruppen vorstellen. Man muß sich dabei aber vergegenwärtigen, daß auch mit Serienadditionen schon sehr hohe Geschwindigkeiten erreichbar sind: Bei der heute bereits verwirklichten Grundimpulsfrequenz von 3 MHz und 30 Dualstellen im y-Register sind 10^5 Rechenschritte in der Sekunde möglich. Außerdem besteht — wie im nächsten Absatz gezeigt wird — noch ein weiteres Mittel zur gelegentlichen Steigerung der Rechengeschwindigkeit.

Eine sehr wesentliche Eigenschaft des digitalen Integrators liegt nämlich in der Möglichkeit, die Stellenzahl n des y-Registers willkürlich zu verringern. Dies kann entweder dadurch geschehen, daß die Δy-Impulse nicht mehr bei der ersten, sondern bei einer weiter links liegenden Stelle des Registers eingeführt werden (Übergehen der untersten Stellen), oder dadurch, daß bei der Übertragung vom y- auf das r-Register eine Stellenverschiebung nach links erfolgt (Wegfall der obersten Stellen, die natürlich gleich Null bleiben müssen und mit dem r-Register gar nicht mehr verbunden sind); auch eine Entnahme der Δz-Impulse unterhalb der obersten Stelle des r-Registers ist denkbar. Diese Maßnahmen bewirken jedenfalls eine Vergrößerung der Konstanten c, was gleichbedeutend ist mit einer größeren Anzahl von Δz-Impulsen bei gleicher Anzahl von Δx- und Δy-Impulsen. Man kann also — allerdings auf Kosten der Genauigkeit — die Rechengeschwindigkeit beträchtlich steigern. Diese sehr nützliche *Kompromißmöglichkeit zwischen Genauigkeit und Geschwindigkeit* besitzen Analogrechengeräte nur in sehr geringem Maß; bei elektrischer Analogintegration kann eine Verlangsamung der Rechnung infolge größerer Drift sogar zu einer Verschlechterung der Genauigkeit gegenüber einem gewissen Optimum führen.

Schließlich sei noch erwähnt, daß ein Integrator ohne wesentlichen zusätzlichen Aufwand mit einem mehrfachen Δy-Eingang versehen werden kann, der mehrere Impulsfolgen y_k derart additiv verarbeitet, daß

$$y = y_0 + \sum_k (\Sigma\, \Delta y_k) \tag{6}$$

wird. Diese Möglichkeit einer Summation unter dem Integralzeichen ist sehr bequem und wird angesichts ihrer Einfachheit bei den meisten DDA ausgenützt. Im Falle eines sukzessiv arbeitenden Gerätes, wobei die Impulse jeder einzelnen Folge zeitlich geordnet nacheinander eintreffen, können die Eingänge y_k parallel an das y-Register angeschlossen werden und man muß nur dafür sorgen, daß keine unerwünschten Impulsübertragungen in umgekehrter Richtung auftreten. Beim simultan arbeitenden DDA ist immerhin ein kleines Vorschaltgerät erforderlich, das gleichzeitig eintreffende Δy_k-Impulse verschiedener Folgen dem Register so zuführt, daß kein Impuls verlorengeht.

2.4 Das digitale Servo

Neben dem Integrator ist das *digitale Servo*[3]) bei weitem das wichtigste Rechenelement eines DDA. Es handelt sich dabei um ein Gerät, das ein y-Register gleicher Art besitzt wie der Integrator; an die Stelle des r-Registers und der Δx-Steuerung tritt hier aber eine Schaltvorrichtung, die immer dann pro Rechenschritt einen Ausgangsimpuls Δz abgibt, wenn die Bedingung

$$0 < |y| < c \tag{7}$$

erfüllt ist. Das Vorzeichen des Δz-Impulses entspricht dabei demjenigen von y. Die Größe der Konstanten c spielt nur in gewissen Sonderfällen eine Rolle. Häufig wird sie dem halben Arbeitsbereich für y gleichgesetzt. Wie beim Integrator wird das y-Register meist zur additiven Verarbeitung mehrerer Impulsfolgen ausgerüstet.

Der Name des Gerätes ist durch seine *Ähnlichkeit mit den Servosteuerungen der Regeltechnik* gerechtfertigt. Als Beispiel sei ein von einem Gegentaktverstärker gesteuerter Servomotor herangezogen: Sobald am Eingang des Verstärkers ein Signal vorliegt (Analogie zu $y \neq 0$), beginnt der Motor in einem vom Vorzeichen des Signals abhängigen Drehsinn zu laufen (Analogie zu $\Delta z \neq 0$ und sign $\Delta z =$ sign y) und bewirkt die Verstellung weiterer Regelglieder, meist in dem Sinne, daß y automatisch auf Null zurückgeführt wird. Zum Unterschied von einer solchen Analog-Servosteuerung hat aber das digitale Servo eine diskontinuierliche Charakteristik und ist keinerlei dynamischen Effekten unterworfen. Auf die Möglichkeiten dieses verhältnismäßig einfachen Elementes wird in den Ab-

---

[3]) In Ermangelung einer geeigneten deutschen Bezeichnung wird hier eine wörtliche Übersetzung des englischen *"digital servo"* verwendet.

schnitten 3.2 und 3.4 im Zusammenhang mit der Schaltungstechnik näher eingegangen.

2.5 Weitere Rechenelemente

Die Tatsache, daß der Integrator und bis zu einem gewissen Grade auch das
digitale Servo bei weitem die wichtigsten Rechenelemente eines DDA darstellen,
ist eng mit der Schaltungstechnik dieses Rechengerätetyps verknüpft. Man
beachte im Hinblick darauf vorab die Abschnitte 3.2 und 3.4. Immerhin besteht
eine Anzahl von *Hilfselementen*, die im Vergleich mit der dominierenden Stellung
des Integrators zwar etwas im Hintergrund stehen, deren Nützlichkeit aber doch
unbestritten ist. Den wichtigsten unter diesen Elementen gelten die folgenden
Ausführungen.

Es wird im Verlauf der weiteren Betrachtungen mehrfach davon die Rede sein,
daß ein *Funktionsgenerator* normalerweise nicht — wie bei der mechanischen
Integrieranlage — zur Standardausrüstung des DDA gehört (siehe Abschnitte 3.4
und 5.2). Man hat darunter ein Gerät zu verstehen, das an seinem Eingang eine
Impulsfolge Δx erhält und an seinem Ausgang eine Impulsfolge Δy abgibt, derart, daß $y(x)$ eine eindeutige Funktion darstellt, die im Rahmen gewisser Stetig-
keitsbedingungen einen vor Beginn der Rechnung wählbaren beliebigen Verlauf
haben kann. Die verhältnismäßig geringe Verbreitung dieses — an sich äußerst
nützlichen — Gerätes beim DDA kommt nicht von ungefähr, da sie durch grundsätzliche technische Gegebenheiten bedingt ist. Die den Funktionsverlauf wieder-
gebenden Inkremente müssen nämlich entweder auf einem x-abhängig räumlich
vorgeschobenen materiellen Träger (z. B. Lochstreifen oder Diagrammpapier mit
photoelektrischer Kurvenabtastung) oder aber mit statischen Methoden (z. B. Flip-
Flops oder Ferritkernen) gespeichert werden. Im ersten Fall beschränkt die
mechanische Bewegung des Informationsträgers die Rechengeschwindigkeit, was
sich ganz besonders bei Lochstreifen mit ihren durch die Lochdistanzen bedingten
beträchtlichen Vorschubgeschwindigkeiten sehr unangenehm bemerkbar macht.
Kurvenabtastvorrichtungen sind in dieser Hinsicht dank ihrem besseren räum-
lichen Auflösungsvermögen sowie dem an sich kontinuierlichen Charakter des
Abtastvorganges im Vorteil und haben die Anschaulichkeit der sichtbaren Darstellung für sich; auf der anderen Seite durchbrechen sie in ihrer Eigenschaft als
Elemente der Analogtechnik das wesensmäßig digitale Prinzip des DDA, was mit
Notwendigkeit zu einem sehr nennenswerten Aufwand bei der zweimaligen
Informationsumwandlung (digital-analog am Eingang, analog-digital am Ausgang des Elementes) führt. Die schnellen statischen Speichermethoden sind zwar
ihrem Wesen nach digital, doch gerade darum nicht unmittelbar zur Speicherung
von Inkrementen geeignet (die in letzter Konsequenz ebenso viele Speicherzellen
erfordert wie das Argument der Funktion Einheiten durchläuft); muß man also
danach trachten, verhältnismäßig wenige vielstellige Werte zu speichern und den
Übergang auf Inkremente nach einem geeigneten Interpolationsverfahren zu vollziehen, was wiederum einen beträchtlichen Aufwand mit sich bringt. Immerhin
gehören Funktionsgeber — meist als relativ teure Zusatzgeräte — zur Ausrüstung
verschiedener DDA. Ausgeführte Beispiele werden in den Abschnitten 4.2, 4.3
und 4.4 erwähnt.

Einen speziellen *Summator* gibt es heute als Basiselement des DDA ebensowenig
wie einen *Multiplikator*. Zwar besitzen gewisse Anlagen (siehe Abschnitt 4.4)
Rechenelemente, die als Summatoren (adder) und Multiplikatoren (multiplier)
bezeichnet werden, doch handelt es sich im ersten Fall um Vorschaltgeräte, die den

y-Registern von Integratoren oder Servos eine besonders große Zahl von additiv zusammengefaßten Eingangsimpulsfolgen zuzuführen vermögen, während im zweiten Fall die Multiplikationen durch entsprechende feste Verschaltung von Integratoren, also mittelbar, ausgeführt werden. Man kommt aber auch ohne diese sogenannten Summatoren und Multiplikatoren aus, da die erwähnten arithmetischen Operationen in eleganter Weise mit Hilfe von Integratoren und Servos behandelt werden können. Die Bedeutung dieser Möglichkeiten rechtfertigt im übrigen deren eingehende Behandlung im Abschnitt 3.2.

Der vorliegende Abschnitt wäre unvollständig, wollte man nicht eine grundsätzliche Schwierigkeit erwähnen, die für den DDA charakteristisch ist. Es handelt sich dabei um die *Einführung konstanter Koeffizienten*. Zwar liefern gewisse arithmetische Grundoperationen (Multiplikation und Division) und auch die Integration sinnvolle Resultate ganz unabhängig davon, mit welchen Maßstäben ihre Eingänge gespeist werden (d. h. wie viele Impulse einer Einheit der betreffenden Rechengröße entsprechen). Man muß lediglich dafür sorgen, daß man die verfügbaren Arbeitsbereiche einerseits nicht überschreitet, andererseits aber auch im Interesse einer guten Genauigkeit möglichst voll ausnützt. Dazu genügt die Wahl eines relativ groben Maßstabes, wie es beispielsweise durch binäre Demultiplikation möglich ist. Das Resultat hat auf alle Fälle einen durch die Gerätekonstanten und die Maßstäbe der Eingänge eindeutig festgelegten Maßstab. Bei der Addition (bzw. der Subtraktion, die sich ja von jener nur durch eine Vorzeichenumkehr unterscheidet) liegen die Dinge grundsätzlich anders: Eine Summationsvorrichtung arbeitet nur dann richtig, wenn die ankommenden Summanden alle den gleichen Maßstab haben. Es ist häufig unmöglich, diese Bedingung ohne weiteres im Rahmen einer gegebenen Rechenschaltung zu erfüllen. Man kommt also nicht um die Verwendung von *Koeffizientengebern* herum. Dies gilt übrigens in vollem Umfang auch für alle elektrischen und mechanischen Analogrechner. Dort können aber die konstanten Koeffizienten in verhältnismäßig einfacher Weise durch Potentiometer, Dekadenwiderstände, Zahnradgetriebe oder ähnliche Mittel eingeführt werden. Im Gegensatz dazu benötigt man beim DDA für diesen Zweck ein recht umfangreiches Gerät, das in seinem Aufbau am besten als „Integrator mit konstantem Integranden" zu charakterisieren wäre. In der Praxis werden denn auch häufig Integratoren für diese Operation eingesetzt, sofern keine speziellen Koeffizientengeber verfügbar sind.

3. Schaltungstechnik des DDA

3.1 Allgemeine Bemerkungen

Die Schaltungstechnik der mechanischen Integrieranlage, über die sich im Laufe der Jahrzehnte eine recht umfangreiche Literatur angesammelt hat [6, 10, 23, 29, 36, 48], läßt sich fast zur Gänze auf den DDA anwenden. Es ist also kein Zufall, daß nur wenig Bedürfnis nach einer Neufassung der bereits behandelten Probleme im Lichte der Eigenheiten des DDA besteht. Einiges an Veröffentlichungen ist immerhin in den letzten Jahren hinzugekommen [20, 27, 28, 30, 31, 37, 39]. Was die Schaltungstechnik anbelangt, so lassen es die meisten Autoren bei nur einigen Hinweisen bewenden und konzentrieren ihre Bemühungen vielmehr auf technische Fragen.

In den folgenden Abschnitten soll — unter Verzicht auf eine ausführliche Darlegung der gesamten Schaltungstechnik des DDA — wenigstens soviel aus dem reichen vorliegenden Material herausgegriffen und dem Leser vermittelt werden, daß dieser in die Lage versetzt wird, die Einsatzmöglichkeiten des DDA für konkrete Aufgaben zu beurteilen und entsprechende Blockschaltbilder aufzustellen. Für die Details der praktischen Arbeit mit dem DDA, insbesondere für die Ermittlung der Anfangswerte und der konstanten Koeffizienten, sei auf die von den einzelnen Firmen herausgegebenen Anleitungen verwiesen.

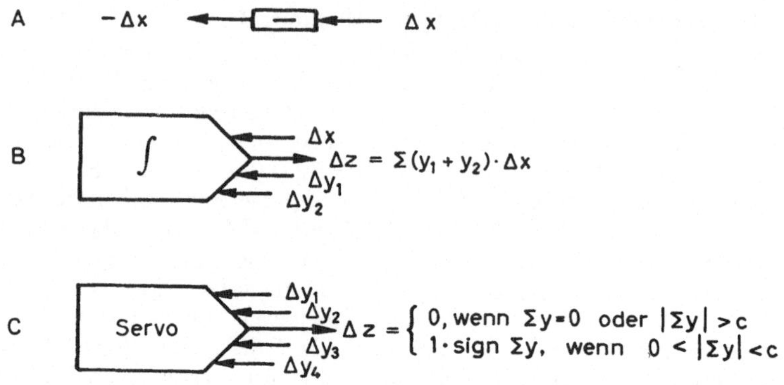

Bild 2. Symbole für die Schaltungstechnik
A = Vorzeichenumkehr, B = Integrator, C = Digitales Servo

Das Verständnis der Schaltungstechnik oder Programmierung eines Rechengerätes kann in weiten Grenzen durch die *Art der verwendeten Symbolik* gefördert oder erschwert werden. Leider ist diese Symbolik in der Literatur über mechanische Integrieranlagen nicht einheitlich, da das von BUSH [9, 10] eingeführte System wegen seiner Umständlichkeit (es war in Anlehnung an die technischen Gegebenheiten der ersten Integrieranlagen entstanden und für diese durchaus geeignet) in neueren Publikationen (vorab in deutscher Sprache) teilweise durch vereinfachte Darstellungen abgelöst wurde [6, 16, 18, 19, 29, 48]. Zum Glück hat sich für den DDA (mit gewissen geringfügigen Variationen) eine Symbolik eingebürgert, die zwar vielleicht nicht ideal, aber dennoch verhältnismäßig übersichtlich und nicht allzu schwer verständlich ist. Die dabei verwendeten Symbole sind in Bild 2 dargestellt und bedürfen keiner näheren Erläuterung. In den folgenden Abschnitten werden ausschließlich diese Symbole verwendet. Wo die Einführung eines konstanten Koeffizienten erforderlich ist, der sich nicht mittels einfacher Impulsdemultiplikation darstellen läßt, wird der Koeffizientengeber durch einen Integrator ohne Integrandeneingang symbolisiert.

3.2 Arithmetische Grundoperationen

Ein universell anwendbares Rechengerät, das nicht die Möglichkeit zur Durchführung der vier arithmetischen Grundoperationen bietet, ist schlechthin undenkbar. Liegen keine speziellen Mittel für jede dieser Operationen vor, so ist der Nachweis ihrer Ausführbarkeit mit den vorhandenen Mitteln das erste und wichtigste Anliegen der Schaltungstechnik.

Addition und *Subtraktion* werden beim DDA — sofern sie nicht unter dem Integralzeichen stehen und somit in den meisten Fällen direkt im Integrator erledigt werden können — durch Summationsschaltung eines Servos bewerkstelligt. Ein Beispiel für den Fall von drei Summanden ist in Bild 3 dargestellt. Das Servo erhält die Eingangsimpulsfolgen Δy_1, Δy_2, Δy_3 und $-\Delta z$. Da diese letztere Impulsfolge (die vom Ausgang des Servos rückgekoppelt ist) immer läuft, wenn die

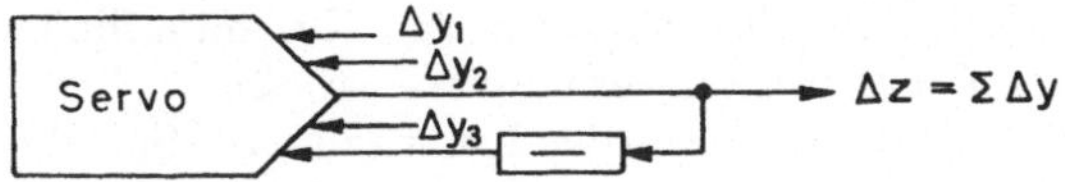

Bild 3. Schaltung eines Servos als Summator

im y-Register gebildete Summe der Eingänge nicht Null ist, strebt das System automatisch dem Gleichgewichtszustand

$$\Sigma \Delta y_1 + \Sigma \Delta y_2 + \Sigma \Delta y_3 - \Sigma \Delta z = 0 \tag{8}$$

zu, so daß die gesuchte Summen-Impulsfolge bei Δz entnommen werden kann. Zu beachten ist lediglich, daß die Frequenz dieser Folge die Rechenschrittfrequenz nicht übersteigen darf. Die Eingänge sind entsprechend dieser Bedingung eventuell zu demultiplizieren. Für die Subtraktion braucht lediglich das Vorzeichen des betreffenden Inkrementes gewechselt zu werden (Negation).

Es wurde schon erwähnt, daß auch für die *Multiplikation,* die bekanntlich das Sorgenkind der Erbauer elektronischer Analogrechner ist, kein spezielles Basisgerät vorhanden ist. Beim DDA läßt sich nämlich (wie bei der mechanischen Integrieranlage) die Möglichkeit der partiellen Integration in eleganter Weise für die Multiplikation ausnützen. Die elementare Beziehung

$$d\,(x \cdot y) = x \cdot dy + y \cdot dx \tag{9}$$

oder, in Differenzen geschrieben,

$$\Delta z = \Delta\,(x \cdot y) \simeq x \cdot \Delta y + y \cdot \Delta x \tag{10}$$

führt unmittelbar zum Schaltschema von Bild 4. Diese Methode darf mit Recht als klassisch bezeichnet werden: Dem Verfasser sind mindestens vier Fachleute — seine eigene Person nicht ausgeschlossen — bekannt, die sie in den ersten Tagen ihrer Beschäftigung mit Integrieranlagen neu „erfunden" hatten, nur um beim Studium der Literatur sehr bald darüber belehrt zu werden, daß die gute Idee etwa ebenso alt ist wie die mechanische Integrieranlage selbst ...

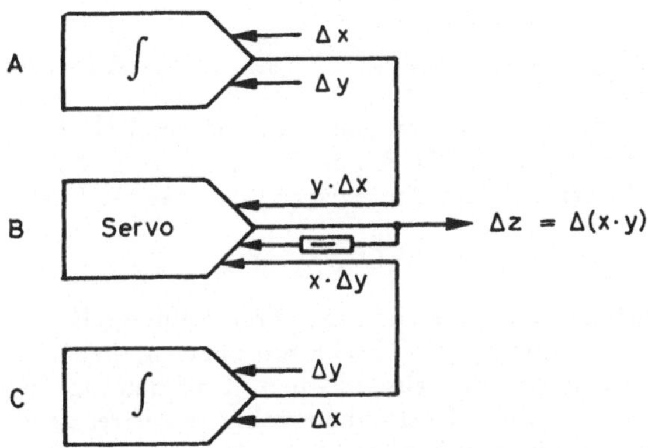

Bild 4. Multiplikationsschaltung mit partieller Integration

Überall dort, wo Multiplikatoren als spezielle Rechengeräte in einem DDA eingesetzt werden, kommt die Grundidee der beschriebenen Schaltung zur Anwendung, wobei allerdings dank der festen Verkopplung zu einem Einzweckgerät
gewisse Schaltungskniffe möglich sind, die den Gesamtaufbau vereinfachen und
besonders günstige Extrapolationsverhältnisse schaffen. Hier ist übrigens eine
Erläuterung in bezug auf die vorwiegend in englischer Sprache abgefaßte Fachliteratur am Platz: Ein Multiplikator der beschriebenen Bauart wird im englischen Sprachgebrauch meist als „variable multiplier" bezeichnet, während unter
einem „constant multiplier" ein Koeffizientengeber zu verstehen ist.

Der einzige Nachteil der Multiplikation durch partielle Integration besteht darin,
daß das Produkt — an sich eine eindeutige Funktion der beiden Faktoren — an den
Ausgängen von Integratoren entnommen wird und daher mit den unvermeidlichen Interpolations- und Rundungsfehlern dieser Geräte behaftet ist. Nun liegt
es in der Natur jedes Integrationsfehlers, daß er, einmal entstanden, nie mehr
wieder verlorengeht und bestenfalls zufällig wieder durch einen in entgegen-
gesetztem Sinne wirkenden neuen Fehler kompensiert werden kann. Arbeitet man
mit genügender Stellenzahl, so werden die entstehenden Fehler zwar im allgemeinen klein bleiben; sie können aber dennoch unter gewissen Umständen auf
die Resultate einen sehr ungünstigen Einfluß ausüben. Dies tritt insbesondere
dann ein, wenn das Produkt während einer großen Anzahl von Rechenschritten
einen kleinen Absolutwert besitzt und selber als Integrand einer weiteren Integration zu dienen hat.

Zum Glück besteht eine Möglichkeit, diese gefährliche Fehlerquelle vollständig zu
beseitigen und zugleich den Aufwand für die Bildung eines *Produktintegrals* von
drei Integratoren und einem Servo auf zwei Integratoren zu senken. Es handelt
sich dabei um die ebenfalls klassische STIELTJES-Integration, deren Schema aus
Bild 5 hervorgeht. In einer ersten Integrationsetappe wird aus dem Inkrement Δt

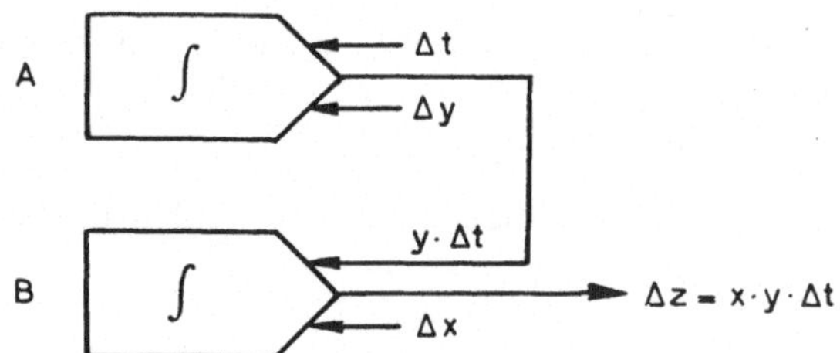

Bild 5.   Stieltjes-Integration zur Bildung von Produktintegralen

des Argumentes und dem Integranden y das Integralinkrement $y \cdot \Delta t$ gebildet
(Integrator A). Dieses dient als Argument für eine zweite Integration (Integrator B), deren Integrand x ist. Am Ausgang des zweiten Integrators erhält man
somit offenbar

$$\Delta z = x \cdot y \cdot \Delta t, \tag{11}$$

was dem Inkrement des gewünschten Produktintegrals entspricht. Da in
dieser Methode beide Integranden direkt von außen gesteuert werden und nicht
von Integratorausgängen, die zur gleichen Teilschaltung gehören, kann so
gerechnet werden, als würde das Produkt völlig fehlerfrei gebildet. Überdies ist
jeder der Faktoren, wie man sich leicht überzeugen kann, stets durch eine größere
Zahl von Binärstellen dargestellt als ihr Produkt, so daß das Auflösungsvermögen

der Integratoren in STIELTJES-Schaltung grundsätzlich besser ausgenützt ist als das des Integrators, der das Produkt zum Integranden hätte.

Die ausführliche Auseinandersetzung mit der STIELTJES-Integration ist durch die Bedeutung dieser stets erstrebenswerten Schaltung vollauf gerechtfertigt, die schon der mechanischen Integrieranlage häufig einen Vorteil gegenüber elektronischen Analogrechnern verschafft und auch dem DDA weitgehend zugute kommt.

Für den Übergang von der Multiplikation zur *Division* ist das digitale Servo wiederum ein äußerst nützliches Element. In der Schaltung nach Bild 6 erzeugen zunächst die Integratoren A und C die Inkremente $y \cdot \Delta z$ und $z \cdot \Delta y$, deren

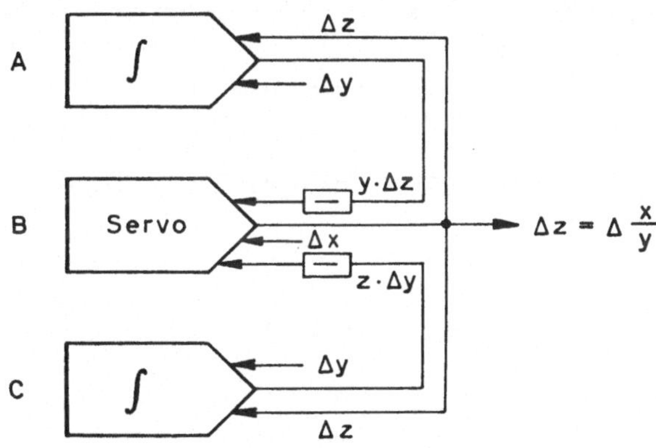

Bild 6. Divisionsschaltung

Summe das Produktinkrement $\Delta(y \cdot z)$ ist. Diese werden im Servo B von Δx subtrahiert, so daß die Differenz $x - y \cdot z$ im Register des Servos gebildet wird, während sein Ausgang die Größe Δz liefert. Also nimmt z zu (bzw. ab), wenn $y \cdot z$ kleiner (bzw. größer) ist als x. Die Differenz strebt damit für positive Eingangswerte stets gegen Null, was durch die Beziehung

$$x - y \cdot z \cong 0 \tag{12}$$

ausgedrückt werden kann, aus der

$$z \cong \frac{x}{y} \tag{13}$$

unmittelbar folgt.

Für die Division gelten weitgehend ähnliche Überlegungen wie für die Multiplikation: Sie ist unter dem Integralzeichen ebenso wichtig wie bei direkter Anwendung; der Anschluß eines Integrators an eine Divisionsschaltung gemäß Bild 6 bedingt großen Aufwand und gefährdet die Genauigkeit.

Bild 7 zeigt, wie auch hier mit verringertem Aufwand eine Schaltungsverbesserung erzielt werden kann. Ein erster Integrator A bildet das Inkrement $(1 - y) \cdot \Delta v$, wobei der Übergang von y auf $1 - y$ ja keines Elementes bedarf und die Bedeutung von v sich erst bei Betrachtung des als Summator geschalteten Servos B offenbart, dessen Summanden $(1 - y) \cdot \Delta v$ und Δt sind und der Δv nach der Beziehung

$$\Delta v = \Delta t + (1 - y) \cdot \Delta v \tag{14}$$

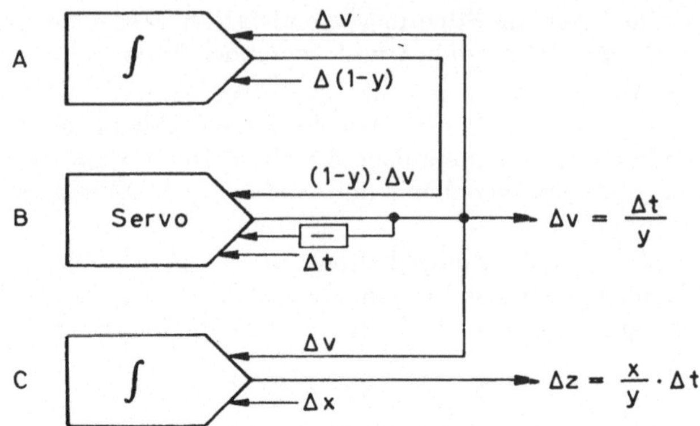

Bild 7.   Quotientenintegration
Die Elemente A und B führen im Rahmen dieser Schaltung eine inverse Integration aus

liefert. Die Auflösung dieser Gleichung nach Δv ergibt offenbar

$$\Delta v = \frac{\Delta t}{y} \tag{15}$$

als Resultat. Der zweite Integrator C, dessen Argument Δv und dessen Integrand x ist, führt dann zum Inkrement

$$\Delta z = \frac{x}{y} \cdot \Delta t, \tag{16}$$

das dem gewünschten Quotientenintegral angehört.

Bemerkenswert an dieser äußerst sparsamen Schaltung ist neben den Vorteilen, die denen einer STIELTJES-Integration entsprechen, die Tatsache, daß die als Nebenprodukt von den Elementen A und B gemäß Beziehung (15) erzeugte Hilfsgröße Δv nichts anderes ist als das Resultat einer inversen Integration, also einer Operation, die auch unabhängig von der Quotientenintegration von großer Bedeutung ist.

3.3 Lösung von Differentialgleichungen

Die Lösung gewöhnlicher Differentialgleichungen ist das ureigenste Gebiet aller Integrieranlagen und somit auch des DDA. Die Möglichkeit, solche Gleichungen nicht mit differenzierenden, sondern mit integrierenden Geräten zu behandeln, wurde schon von LORD KELVIN erkannt [43 bis 46]. Das dieser Möglichkeit zugrunde liegende *Prinzip der Rückkopplung* (englisch *"feed back"*) ist für den DDA und alle Analogrechengeräte charakteristisch. Dank der weiten Verbreitung der letzteren darf es als allgemein bekannt vorausgesetzt werden. Immerhin dürfte eine kurze Rekapitulation anhand eines einfachen Beispiels insofern von Nutzen sein, als gleichzeitig die bei der Vorbereitung einer Aufgabe für den DDA üblichen Operationen dargelegt werden können.
Gegeben sei die Differentialgleichung

$$x'' + c_1 \cdot x' + c_0 \cdot x = 0, \tag{17}$$

deren Lösung bekanntlich — je nach dem Vorzeichen von c_1 — eine angefachte oder gedämpfte harmonische Schwingung ergibt. Die Primitivität und elementare

Lösbarkeit der Aufgabe braucht hier nicht als störend empfunden zu werden. Im Gegenteil, sie macht den gesamten Arbeitsgang durchsichtig, ohne dem Wert der Ergebnisse Abbruch zu tun; denn die kompliziertesten Probleme werden grundsätzlich in genau gleicher Weise behandelt wie die einfachsten.

Die *Vorbereitung des Problems* beginnt damit, daß man die Gleichung nach der höchsten vorkommenden Ableitung auflöst und aus der differentiellen in eine integrale Form umschreibt, die im vorliegenden Fall

$$x'' = -c_1 \cdot x' - c_0 \cdot x = -c_1 \cdot \int x'' \cdot dt - c_0 \cdot \int\int x'' \cdot dt^2 \qquad (18)$$

lautet. Nun wird zunächst der ausgezogene Teil des Blockschemas von Bild 8 aufgezeichnet. Dieser umfaßt die zweimalige Integration von x'' bis x, wobei so verfahren wird, als wäre x'' bereits bekannt. Das Verfahren hat in dieser Hinsicht

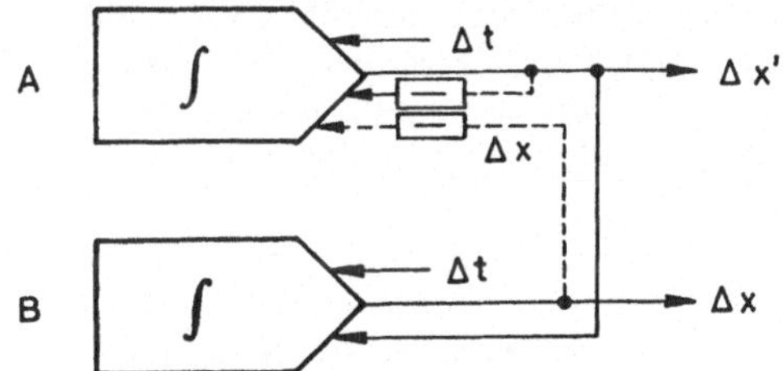

Bild 8.   Lösung der Gleichung (17)

eine gewisse Verwandtschaft mit der klassischen Algebra, deren Grundidee ja auch darin besteht, mit den Unbekannten so zu rechnen, als seien sie bekannt. Anschließend kann die rechte Seite der Gleichung (18) aufgebaut werden (gestrichelter Teil der Schaltung). Der Einfachheit halber wird hier angenommen, die Koeffizienten c_0 und c_1 seien Zweierpotenzen; sonst müßten den Δy-Eingängen des Integrators A Koeffizientengeber vorgeschaltet werden. Die Rückkopplung der Integratorausgänge auf den Integranden des Integrators A vermittels der gestrichelten Verbindungen entspricht dem Gleichheitszeichen der Beziehung (18).

Der in Bild 8 dargestellte *Schaltplan* genügt zur praktischen Bearbeitung des Problems auf dem DDA noch nicht, denn er sagt weder über die *Maßstäbe*, in denen die auftretenden Größen dargestellt werden sollen, noch über die *Anfangsbedingungen* etwas aus, die für die richtige Lösung der Aufgabe berücksichtigt werden müssen. Auf diese beiden Punkte, deren Behandlung in der Praxis den weitaus größten Teil der Vorbereitungsarbeit ausmacht und deren Beherrschung eine eingehende Schulung und viel Übung verlangt, kann hier nicht näher eingegangen werden. Sie gehören in den Rahmen einer Anleitung zum Gebrauch eines DDA. Im übrigen sind dabei fast zur Gänze die gleichen Gedankengänge erforderlich wie bei den entsprechenden Operationen an einem Analogrechner. Einzig in zwei Details muß der mit der elektronischen Analogrechnung Vertraute umlernen: Einmal erlaubt der digitale Charakter des DDA das bereits erwähnte Schließen eines Kompromisses zwischen Rechengeschwindigkeit und Genauigkeit, was bei der Wahl der Schrittgröße (also des Maßstabs der Hauptvariablen) zu berücksichtigen ist. Zum zweiten ist bei der Bestimmung der Anfangswerte für die Integranden und Servoeingänge zu berücksichtigen, daß das auf Inkrementen aufgebaute System an jedem dieser Eingänge die Einführung einer additiven Konstanten ohne weiteres gestattet.

Der Übergang vom geschilderten elementaren Beispiel auf *Differential-gleichungen höheren Grades*, ja auf simultane Gleichungssysteme, bringt lediglich eine größere Anzahl anzustellender Überlegungen, aber keinerlei grundsätzlich neue Gesichtspunkte mit sich. Auch der bei elektronischen Analogrechnern meist recht deutlich fühlbare Sprung vom linearen zum nichtlinearen Problem hat — wie aus dem vorhergehenden und dem nachfolgenden Abschnitt zu ersehen ist — beim DDA einen Teil seiner Schrecken eingebüßt. Dagegen ist die Lösung partieller Differentialgleichungen genau so umständlich wie bei einem Analogrechengerät. Dieses Problem soll im Abschnitt 3.5 noch kurz gestreift werden.

3.4 Funktionsdarstellung

Die Überlegenheit des DDA gegenüber dem elektronischen Analogrechner im Bereich der nichtlinearen Probleme beruht einzig auf der Möglichkeit des Integrierens über jeder beliebigen Variablen als Argument. Zusammen mit der Tatsache, daß sich zahlreiche Funktionen durch Differentialgleichungen ausdrücken lassen, öffnet diese Eigenschaft den Zugang zu einem der reizvollsten Gebiete des maschinellen Rechnens.

Die folgenden Ausführungen sollen ohne Anspruch auf Vollständigkeit und Systematik eine Idee davon geben, wie elegant mit den Mitteln eines DDA Probleme behandelt werden können, deren Lösung mit den meisten anderen Geräten nicht ohne beträchtliche Schwierigkeiten möglich ist. Umfassendere Dar-legungen zu diesem Thema finden sich in der Literatur über mechanische Integrier-anlagen [6, 10, 29, 36]. Im übrigen sind die Beispiele dieses Abschnittes bewußt so gewählt, daß sowohl rationale und irrationale als auch transzendente Funk-tionen Erwähnung finden, womit wenigstens ein „Überblick in Stichproben" er-zielt werden soll.

An sich ist es klar, daß ein Rechengerät, welches die arithmetischen Grund-operationen auszuführen gestattet, auch zur Darstellung jeder beliebigen *rationalen Funktion* verwendet werden kann. Der Aufwand an Rechenelementen wäre aber unverantwortlich, wollte man sich auf die im Abschnitt 3.2 behandelten Schaltungen beschränken. Es soll daher in der Folge auf einige Möglichkeiten hingewiesen werden, die sowohl vom ökonomischen Standpunkt aus wie auch hinsichtlich der erzielbaren Genauigkeit vorteilhaft sind.

Unbestreitbar nehmen in der angewandten Mathematik die Polynome der Form

$$y = \sum_{i=0}^{i=n} c_i \cdot x^i \tag{19}$$

mit positiven ganzzahligen Werten für i eine besonders wichtige Stellung ein. Durch $n-1$-malige Ableitung nach x erhält man

$$y^{(n-1)} = (n-1)! \cdot c_{n-1} + n! \cdot c_n \cdot x, \tag{20}$$

also eine Größe, die — ausgehend von x — am Ausgang eines Koeffizientengebers bezogen werden kann. Diese Größe wird nun im Gerät n-mal über x integriert, um so von Ableitung zu Ableitung die gewünschte Funktion zu erhalten (siehe Bild 9). Die Eingabe der Koeffizienten c_i erfolgt dabei (abgesehen von c_n) aus-schließlich durch Einstellung der einzelnen Integranden auf die Anfangswerte der entsprechenden Ableitungen. Die daraus resultierende Sparsamkeit wird am besten illustriert durch die Tatsache, daß ein Koeffizientengeber und $n-1$

Integratoren laufend eine Funktion liefern, für deren Berechnung pro x-Wert nicht weniger als $2 \cdot n - 1$ Multiplikationen und n Additionen erforderlich sind.

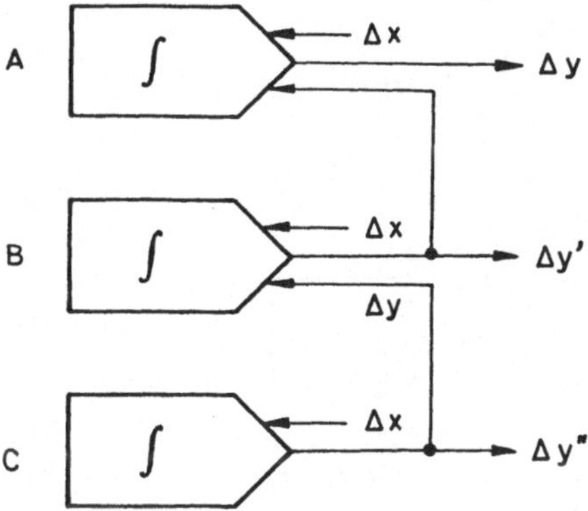

Bild 9. Darstellung eines Polynoms und seiner Ableitungen durch fortgesetzte Integration

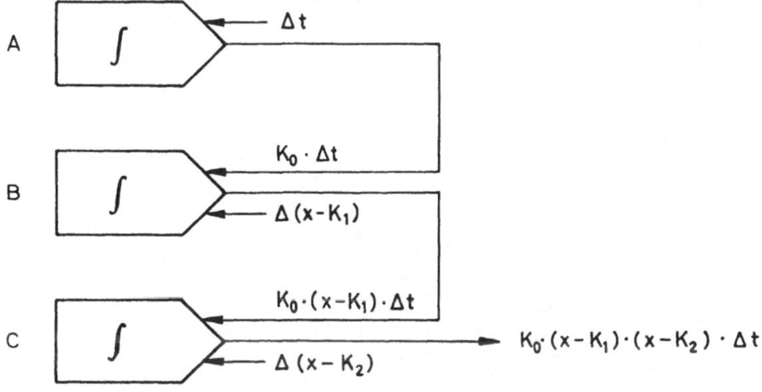

Bild 10. Bildung eines Polynomintegrals durch Stieltjes-Integration (erste Variante)
K_i sind die Nullstellen des Polynoms

Tritt ein Polynom der beschriebenen Form unter dem Integralzeichen auf, so ist aus den gleichen Gründen wie im Falle der STIELTJES-Integration die explizite Berechnung des Integranden (in diesem Falle des Polynoms) unzweckmäßig. Man erhält beispielsweise für $n = 2$ eine Schaltung gemäß Bild 10, die hier allerdings keine Einsparung an Rechenelementen erlaubt. Die Koeffizienten von k_1 aufwärts werden wiederum durch entsprechende Wahl der Anfangswerte für die Integranden eingegeben. Ein Nachteil dieser Schaltung besteht in der Notwendigkeit der Umrechnung der Koeffizienten von der c_i-Reihe auf die k_i-Reihe. Da es sich bei der letzteren um nichts anderes als um die reellen Nullstellen des Polynoms handelt, ist das Verfahren ohne zusätzliche Maßnahmen nur anwendbar, wenn alle Nullstellen des Polynoms reell sind.

Eine Schaltung, die die erwähnten Nachteile vermeidet, allerdings bei erheblich größerem Aufwand, ist in Bild 11 dargestellt. Statt eines Koeffizientengebers und $n - 1$ Integratoren braucht man hier n Koeffizientengeber, $n - 1$ Integratoren und ein als Summator arbeitendes Servo mit einer genügenden Zahl von Ein-

gängen, also die doppelte Anzahl von Elementen. Trotzdem ist diese Schaltung
überall dort, wo nicht alle Nullstellen des Polynoms reell sind und wo gleichzeitig
hohe Genauigkeitsforderungen gestellt werden, nicht zu umgehen.

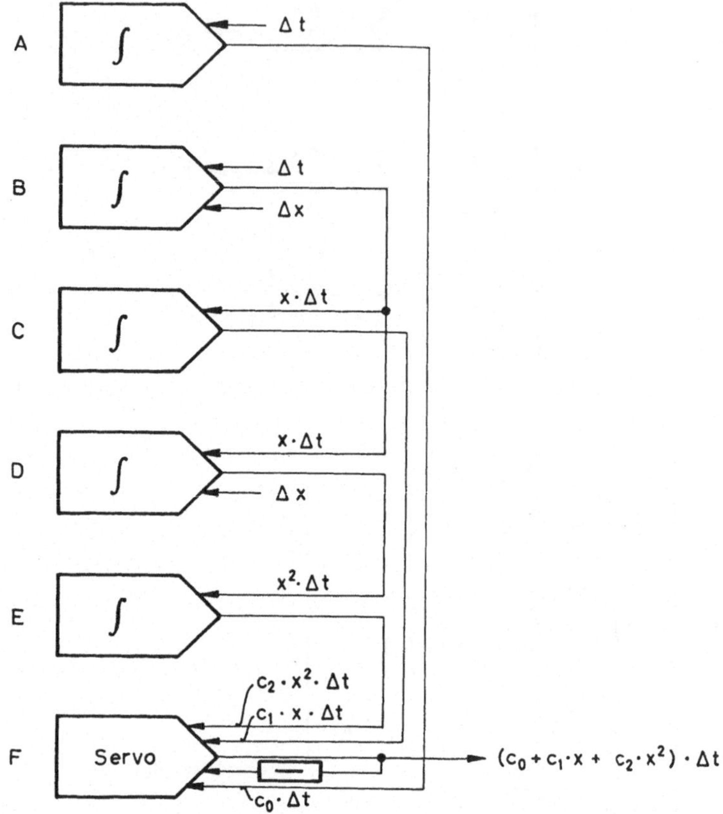

Bild 11. Bildung eines Polynomintegrals durch Stieltjes-Integration (zweite Variante)

Eine weitere rationale Funktion von großer Wichtigkeit ist die Reziproke

$$y = \frac{c}{x} \, . \tag{21}$$

Sie könnte natürlich durch Vereinfachung der Divisionsschaltung von Bild 6
gewonnen werden. Es gibt jedoch einen Weg, der billiger zum Ziel führt und
überdies zur Demonstration des grundsätzlichen Vorgehens bei der Funktionsdarstellung mit Inkrementrechnern sehr geeignet erscheint: Dieses Vorgehen
besteht darin, daß man untersucht, welche algebraischen Beziehungen zwischen
der darzustellenden Funktion und ihren Ableitungen nach (bzw. ihren Integralen
über) ihrem Argument vorliegen; dies gestattet die Aufstellung einer Differentialgleichung, deren Lösung die betreffende Funktion liefert.
Im Falle der Reziproken ergeben sich schon aus der ersten Ableitung nach x die
Beziehungen

$$y' = -y^2 \tag{22}$$

beziehungsweise

$$\Delta y = -y^2 \cdot \Delta x \tag{23}$$

und damit die Schaltung nach Bild 12, deren Aufbau so durchsichtig ist, daß er keiner weiteren Erklärung bedarf. Als Nebenresultat erscheint dabei am Ausgang des quadrierenden Integrators B die Funktion c/x^2, die fast ebenso wichtig ist wie die ursprünglich anvisierte. Zu vermerken ist noch, daß die Konstante c auch hier wieder durch die Wahl der Anfangsbedingungen für die Integranden eingegeben wird.

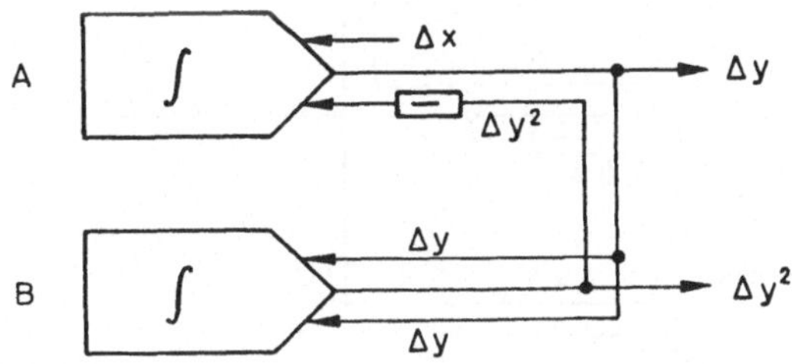

Bild 12. Bildung der Reziproken c/x und ihres Quadrates
Die gleiche Schaltung gestattet die Darstellung aller in Tab. 1 aufgeführten Funktionen

Eine unter dem Integralzeichen auftretende Reziproke führt zur inversen Integration

$$\Delta z = \frac{\Delta x}{y}, \tag{24}$$

wie sie — mit sinngemäßer Vertauschung der Symbole — in der Formel (15) auftritt und von den Elementen A und B in Bild 7 verwirklicht wird.

Die Reziproke kann übrigens auch noch auf andere Weise ermittelt werden. Die dabei erforderlichen Überlegungen leiten zum Gebiet der *irrationalen Funktionen* über, denn es handelt sich um die allgemeine Darstellung einer Potenz der Form

$$y = c \cdot x^n, \tag{25}$$

wobei n einen beliebigen Wert haben darf, c/n also nur den Spezialfall für $n = -1$ darstellt. Für eine solche Funktion kann unschwer die Differentialgleichung

$$y' = n \cdot \frac{y}{x} \tag{26}$$

und damit die Differenzengleichung

$$\Delta y = n \cdot y \cdot \frac{\Delta x}{x} \tag{27}$$

gefunden werden, welch letztere der Schaltung von Bild 13 zugrunde liegt. Der Integrator A ist mit dem Servo B in gleicher Weise verbunden wie die entsprechenden Elemente in Bild 7. Unter Berücksichtigung der Eingangsgrößen ergibt sich

$$\Delta v = \frac{\Delta x}{x}. \tag{28}$$

Das gewünschte Endresultat gemäß Gleichung (26) wird dann im Koeffizientengeber C und im Integrator D auf triviale Weise ermittelt. Die Bedeutung des Nebenresultates Δv und der Rückkopplung im Integrator D werden später noch etwas näher zu betrachten sein. Einstweilen genüge die Bemerkung, daß die

Konstante c einmal mehr ohne ein spezielles Element nur durch richtige Wahl des
Anfangswertes für den Integranden des Integrators D eingeführt wird.

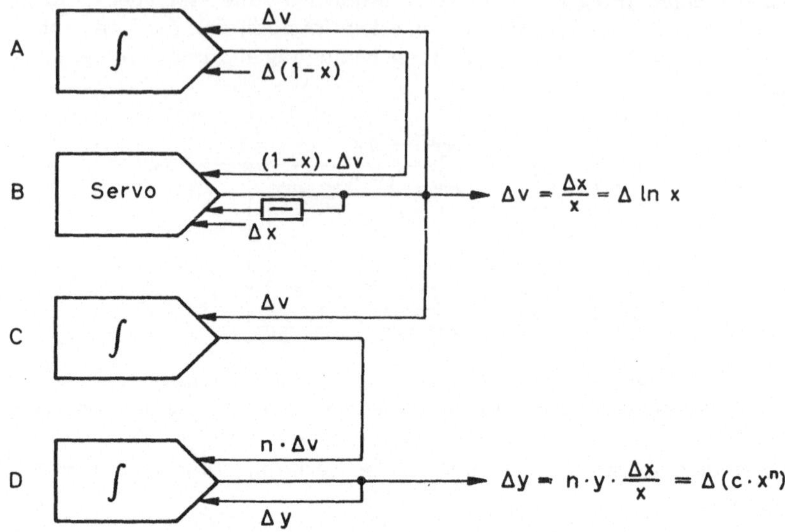

Bild 13.   Darstellung des Logarithmus und einer beliebigen Potenz von x
Der Integrator D bildet die e-Funktion seines Argumentes

Ein anderer wichtiger Spezialfall der Potenz ist die Quadratwurzel

$$y = \sqrt{x}, \tag{29}$$

die als irrationale Funktion hierher gehört. Werden keine weiteren Potenzen von x
gleichzeitig benötigt (was eine Einsparung durch gemeinsame Verwendung der
Elemente A und B in Bild 13 gestatten würde), so kann die sparsamere Schaltung
gemäß Bild 14 gewählt werden, bei welcher die gesuchte Wurzel im Inte-

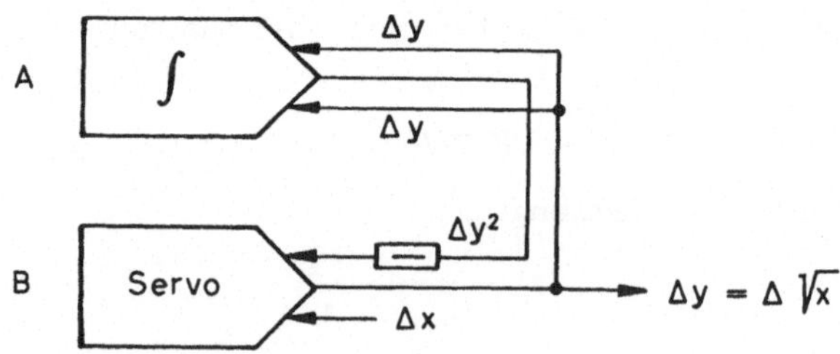

Bild 14.   Darstellung einer Quadratwurzel

grator A quadriert wird, während das Servo B dafür sorgt, daß y^2 stets dem Ein-
gangswert x gleich ist.

Die Schaltung nach Bild 13 steht im Schnittpunkt zwischen rationalen, irrationalen
und *transzendenten Funktionen*. In der Tat sagt die Gleichung (28) nichts anderes
aus, als daß v dem natürlichen Logarithmus von x entspricht. Mehr noch: Aus (27)
und (28) ersieht man, daß

$$\frac{\Delta y}{y} = n \cdot \Delta v \tag{30}$$

ist, woraus sich

$$y \cong e^{n \cdot v} \tag{31}$$

ergibt. Zur Bildung einer irrationalen Funktion werden also stillschweigend zwei transzendente — der Logarithmus und die Exponentialfunktion — herangezogen. Je nach den gewünschten Funktionen und den verfügbaren Elementen können Logarithmus und Reziproke auch durch eine weitere Schaltung dargestellt werden (Bild 15), da einerseits der Logarithmus durch Integration der Reziproken über

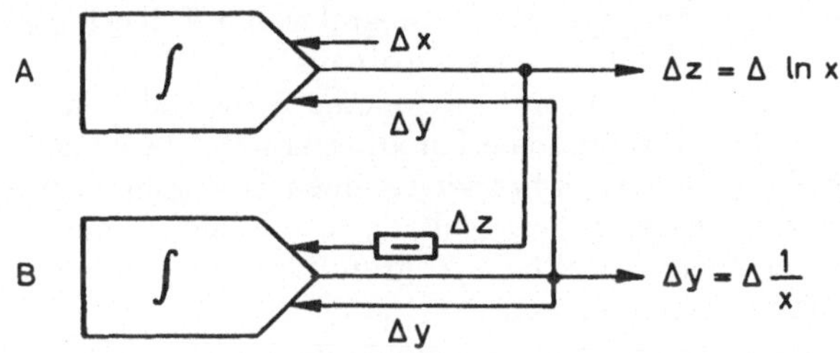

Bild 15.   Darstellung des Logarithmus und der Reziproken

dem Argument entsteht, andererseits die Integration der Reziproken über dem Logarithmus zu den trivialen Beziehungen

$$\Delta y = \frac{\Delta \ln x}{x} = \frac{\Delta x}{x^2} \tag{32}$$

und

$$\frac{\Delta y}{\Delta x} = \frac{1}{x^2} \tag{33}$$

führt, die offenbar bis auf das Vorzeichen richtig sind, wenn y der Reziproken entspricht.

Keine Schaltung zeigt die erstaunlich nahe Verwandtschaft äußerlich grundverschiedener Funktionen so verblüffend wie diejenige von Bild 12, die auf den ersten Blick gewiß nicht hintergründig aussieht. Man braucht aber nur etwas mit den Anfangsbedingungen zu spielen, um erstaunliche Resultate zu erhalten. Die sich ergebenden Verhältnisse können aus der Tabelle 1 entnommen werden:

Tabelle 1.   Übersicht über die mit der Schaltung von Bild 12
darstellbaren Funktionen

Anfangswerte			Vorzeichen am Integranden von A	Differential-gleichung	Resultatfunktionen	
x_0	y_0	y_0'			y	y^2
$+1$	$+1$	$+1$	$-$	$y' = -y^2$	$1/x$	$1/x^2$
0	0	$+1$	$+$	$y' = 1 + y^2$	$\tan x$	$\tan^2 x$
$+\pi/2$	0	-1	$-$	$y' = 1 - y^2$	$\cot x$	$\cot^2 x$
0	0	$+1$	$-$	$y' = 1 - y^2$	$\mathfrak{Tan}\, x$	$\mathfrak{Tan}^2 x$
$+1$	$\dfrac{e^2-1}{e^2+1}$	$\dfrac{2}{e^2+1}$	$-$	$y' = 1 - y^2$	$\mathfrak{Cot}\, x$	$\mathfrak{Cot}^2 x$

Als Einheit für y und y' ist dabei natürlich nicht das Einheitsinkrement zu denken, sondern die Größe des Integranden, die bei Berücksichtigung der gewählten Maßstäbe einem Verhältnis von 1 : 1 zwischen Argumenten- und Integralschritt entspricht. Als Anfangsbedingungen wurden im übrigen jene Werte gewählt, die ohne Singularitäten die anschaulichsten Verhältnisse liefern.

Der Verfasser erinnert sich der Verwunderung, die er bei der ersten Fühlungnahme mit der Infinitesimalrechnung erlebte, als ihm die Tatsache klar wurde, daß die sonst so taktfesten ganzzahligen Potenzen in der Nähe des Nullpunktes eine Singularität aufweisen, indem das Integral von x^{-1} den Logarithmus ergibt. Ein ähnliches Staunen ist denkbar, wenn man aus ein und derselben Kombination einer Rechenschaltung einmal eine trigonometrische oder hyperbolische, ein andermal aber eine einfache rationale Funktion erhält. Stellt man dann erst noch durch Variation der Parameter schrittweise einen Übergang von einer Funktion zur anderen her und registriert die Resultate, so wird einem mit aller wünschenswerten Eindeutigkeit klar, in welchem Abgrund des Transzendenten die wenigen Lichtpunkte des Rationalen glimmen.

Ein wesentliches Element der Schaltungstechnik und ein klassisches Mittel der Prüfung bei allen Analogrechnern und beim DDA stellt der Zirkeltest dar. Es handelt sich um die bekannte Differentialgleichung der harmonischen Schwingung

$$y'' = -y, \tag{34}$$

aus welcher die Schaltung von Bild 16 unmittelbar aufgebaut werden kann. Je nach Wahl der Anfangsbedingungen liefern die beiden Integratoren die Größen

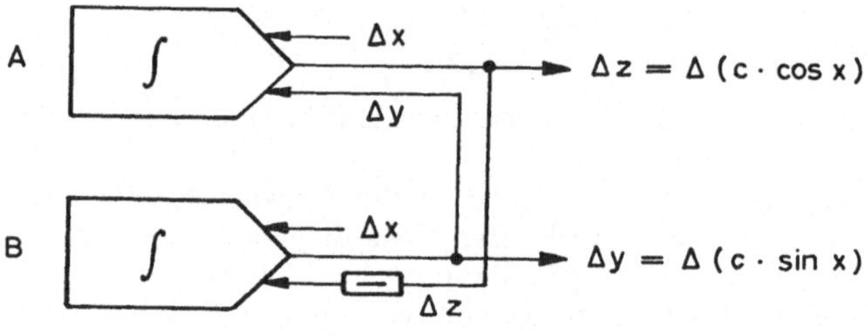

Bild 16.   Zirkeltest

$c \cdot \sin x$ und $c \cdot \cos x$ in verschiedenen Phasenlagen. Durch Weglassen des negativen Vorzeichens am Integranden von A können unter anderem auch die hyperbolischen Funktionen $c \cdot \mathfrak{Sin}\, x$ und $c \cdot \mathfrak{Cos}\, x$ berechnet werden. Die Bedeutung des Zirkeltests besteht darin, daß er ein periodisches Resultat liefert und daher beliebig lang laufen gelassen werden kann. Dadurch können gewisse systematische Fehler (im Falle des DDA insbesondere Rundungs- und Extrapolationsfehler) entdeckt werden, die bei einem einmaligen Arbeitsgang wegen ihrer Kleinheit unter Umständen unbemerkt bleiben. Der Name dieses Tests rührt davon her, daß die Registrierung des einen Ausganges in Funktion des anderen einen Kreis ergibt.

Der diskrete Charakter des DDA — sonst gelegentlich ein Stein des Anstoßes — kann sich bei der Darstellung *unstetiger Funktionen* als nützlich erweisen. Als Beispiel diene die einfache Schaltung von Bild 17. Das Argument $\varDelta y$ wird einem Servo zugeführt, dessen Ausgang $\varDelta z$ unter Umkehrung des Vorzeichens zu einem zweiten Eingang des Servos geleitet wird. Das Servo sorgt also dafür, daß die

Differenz $c_1 \cdot \Delta y - c_2 \cdot \Delta z$ stets so rasch als möglich verschwindet. Sind die Koeffizienten c_1 und c_2 zunächst gleich 1, so wird die Näherungsbeziehung

$$\Delta z \cong \Delta y \tag{35}$$

erfüllt, d. h. z folgt fast augenblicklich jeder Änderung von y. Man hat also eine Nachlaufschaltung vor sich. Nun nehme man an, die beiden Koeffizienten c_1 und c_2

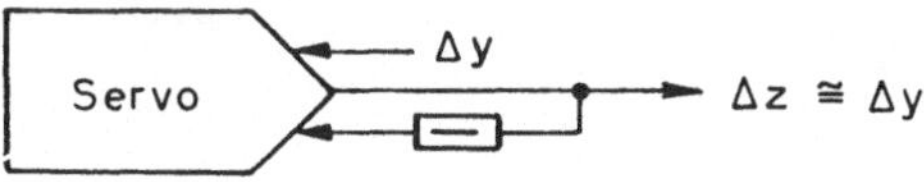

Bild 17. Servo in Nachlaufschaltung

(die durch zwei den Eingängen des Servos vorgeschaltete Koeffizientengeber eingeführt werden; in Bild 17 nicht dargestellt) seien sehr klein, beispielsweise 10^{-3}. Startet man das System in Gleichgewichtslage, so wird eine Störung derselben (und damit eine Reaktion des Servos) erst nach tausend Δy-Impulsen auftreten. Das Servo wird so rasch als möglich (d. h. mit der Rechenschrittfrequenz) tausend Impulse aussenden, wodurch ein dem Störimpuls im Vorzeichen entgegengesetzter Impuls auf das Servo rückgekoppelt wird, der die Arbeit desselben zum Stillstand bringt. Auch hier folgt z also den Änderungen von y nach, aber nicht mehr gleichmäßig, sondern in Stufensprüngen. Bild 18 zeigt den zeitlichen Verlauf aller beteiligten Größen für linear zunehmendes y und $c_1 = c_2 = 0{,}25$. Die Höhe und die Breite der Stufen von $z(y)$ lassen sich durch richtige Einstellung der Koeffizienten beliebig wählen. Im übrigen zeigt das Bild, daß ein reiner Stufencharakter mit vertikalen Sprüngen nicht erreichbar ist (vertikale Tangenten sind bei einem Inkrementrechner grundsätzlich nur in impliziter Form darstellbar). Die Güte der Annäherung an diesen Idealzustand hängt vom Verhältnis der Impulsfrequenz von y zur Rechenschrittfrequenz ab.

3.5 Sonderaufgaben

Ohne Zweifel ist der DDA, wie jede Integrieranlage, in erster Linie ein Mittel zur Lösung gewöhnlicher Differentialgleichungen. Sein Arbeitsfeld geht aber insofern über eine so eng gezogene Umgrenzung hinaus, als zahlreiche mathematische Probleme, die ihrem Wesen nach keineswegs den Charakter gewöhnlicher Differentialgleichungen tragen, eine Behandlung auf dem Umweg über solche erlauben. Wie schon in den vorangehenden Abschnitten seien auch hier einige typische Beispiele zur Illustration dieser Tatsache aus der Fülle der Möglichkeiten herausgegriffen.

Es ist allgemein anerkannt, daß zur Bearbeitung *partieller Differentialgleichungen* mit vernünftigen Arbeitsgeschwindigkeiten große und teure Rechengeräte erforderlich sind, da Mittel für den direkten Angriff auf diese Probleme heute nicht existieren. Der DDA macht hier keineswegs eine Ausnahme. In der Tat benötigt man bei der Bearbeitung einer partiellen Differentialgleichung in einem Arbeitsgang (und nur eine solche verspricht hohe Rechengeschwindigkeit verbunden mit großer mathematischer Flexibilität) eine sehr große Zahl von Integratoren und anderen Elementen zur Darstellung der Netzpunkte des Systems und ihrer gegenseitigen Beziehungen. Da jedes dieser Rechenelemente eine gewisse Anzahl materiell ausgeführter Bauteile bedingt, ist es einleuchtend, daß man mit dem DDA im allgemeinen weniger weit kommt als mit einem programmgesteuerten Digitalrechner, der über einen sehr großen Speicher zum Festhalten der vielen simultan zu berücksichtigenden Werte verfügt. Es kann also mit Recht behauptet werden, daß der DDA bis auf weiteres für diesen Aufgabenkreis nur

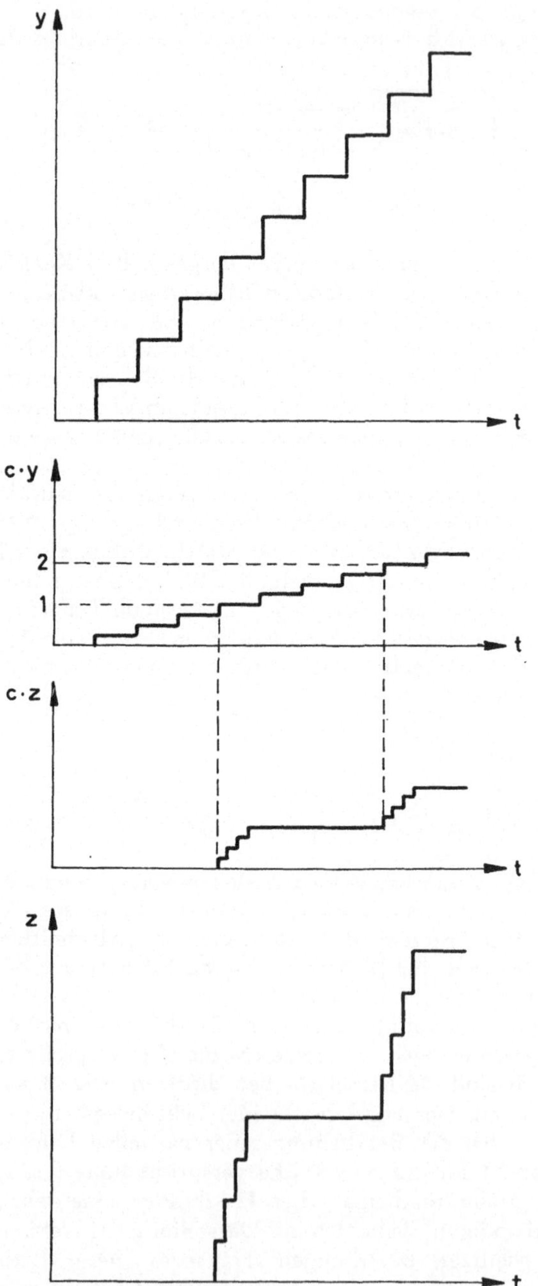

Bild 18.   Darstellung einer Stufenfunktion mit der Schaltung nach Bild 17

ausnahmsweise in Betracht kommt, so daß sich ein näheres Eingehen auf Einzelheiten erübrigt.

Beträchtlich günstiger (obgleich ebenfalls recht verschwenderisch im Bedarf an Rechenelementen) sind die Möglichkeiten der gelegentlichen Bearbeitung eines Aufgabenkreises, der auf den ersten Blick überhaupt nichts mit Differentialgleichungen zu tun hat. Es handelt sich um die *linearen Gleichungssysteme* mit mehreren Unbekannten. Der Weg, der bei der Lösung dieser sehr wichtigen Aufgabe zu einem System von Differentialgleichungen führt, sei — um auch dem Nichtmathematiker nahegebracht zu werden — anhand eines anschaulichen Beispiels dargelegt: Gegeben sei ein einfaches Gleichungssystem

$$a_{11} \cdot x_1 + a_{12} \cdot x_2 + b_1 = 0$$
$$a_{21} \cdot x_1 + a_{22} \cdot x_2 + b_2 = 0 \tag{36}$$

mit den Unbekannten x_1 und x_2. Man stelle sich nun vor, daß zunächst für x_1 und x_2 je ein beliebiger Anfangswert angenommen und in die linken Seiten der Gleichungen eingesetzt wird. Offenbar werden dann (wenn man nicht zufällig die Lösungswerte getroffen hat) die linken Seiten nicht verschwinden, sondern es wird je ein Residuum r_1 und r_2 entstehen. Der Lösungspunkt ist erreicht, wenn beide Residuen gleichzeitig verschwinden, was auch durch

$$R = r_1{}^2 + r_2{}^2 = 0 \tag{37}$$

ausgedrückt werden kann. Die Größe R ist offenbar eine Funktion der Variablen x_1 und x_2. Man stelle sich nun diese Größe räumlich vor als Höhe über einer horizontalen Grundfläche, in welcher x_1 und x_2 als orthogonale Koordinaten auftreten. Es entsteht auf diese Weise eine räumlich gekrümmte Fläche, welche die Grundfläche nur in einem Punkt berührt — eben im Lösungspunkt — und von diesem Punkt aus nach allen Seiten ansteigt. Legt man eine kleine Kugel auf einen beliebigen Punkt dieser schalenförmigen Fläche und füllt die Schale mit einer dämpfenden Flüssigkeit, so wird die Kugel unter dem Einfluß der Schwerkraft dem Lösungspunkt zustreben und in demselben zur Ruhe kommen. Die Bewegung der Kugel kann naturgemäß durch eine gewöhnliche Differentialgleichung beschrieben werden, was die Aufgabe der Behandlung auf dem DDA (oder einem Analogrechner) zugänglich macht. Der eben skizzierte Vorgang legt dabei die Bezeichnung „Fanggrubenverfahren" nahe. Ist der Kugeldurchmesser gegenüber den Dimensionen der Fanggrube und die Trägheitskräfte der Kugel gegenüber den Dämpfungskräftten vernachlässigbar, so werden die Geschwindigkeiten der Kugel in den beiden x-Richtungen proportional den Kraftkomponenten in diesen Richtungen und somit den dazugehörigen Neigungen sein. Man wird also den Ansatz

$$\frac{d x_1}{d t} = -c \cdot \frac{d R}{d x_1}$$
$$\frac{d x_2}{d t} = -c \cdot \frac{d R}{d x_2} \tag{38}$$

machen. Wie man sich überzeugen kann, ergibt die Rechnung zunächst

$$\frac{d R}{d x_1} = 2 \cdot a_{11} \cdot r_1 + 2 \cdot a_{21} \cdot r_2$$
$$\frac{d R}{d x_2} = 2 \cdot a_{12} \cdot r_1 + 2 \cdot a_{22} \cdot r_2 \tag{39}$$

und anschließend mit $c = 0{,}5$ unmittelbar das zu lösende Differenzengleichungs-
system

$$\Delta x_1 = - (a_{11} \cdot r_1 + a_{21} \cdot r_2) \cdot \Delta t$$
$$\Delta x_2 = - (a_{12} \cdot r_1 + a_{22} \cdot r_2) \cdot \Delta t. \tag{40}$$

Die dazugehörige Schaltung ist in Bild 19 gezeigt. Die Elementgruppen A und B
(deren jede aus einem Servo in Summationsschaltung und zwei seinen Eingängen vor-
geschalteten Koeffizientengebern besteht) bilden aus den Unbekannten die Residuen,
aus denen sich in den gleichartigen Gruppen C und D die Ableitungen $0{,}5 \cdot dR/dx_1$
und $0{,}5 \cdot dR/dx_2$ ergeben. Diese entsprechen bis auf das Vorzeichen den
rechten Seiten der Beziehungen (40) und liefern somit durch Integration über t
(Integratoren E und F) die Unbekannten. Dabei müssen die Konstanten b_i durch
richtige Wahl der Anfangswerte der Integranden berücksichtigt werden, was am
einfachsten durch Start im Punkt $x_1 = x_2 = 0$ geschieht.

Eine solche Schaltung braucht, einmal eingestellt, nur lange genug mit Δt-Impulsen
betrieben zu werden, um die Unbekannten mit der aus der Stellenzahl des Gerätes
sich ergebenden Genauigkeit zu erhalten. Der Übergang von zwei Unbekannten
auf mehrere bringt gedanklich nichts Neues. Unter gewissen Voraussetzungen
können auch nichtlineare Systeme auf diese Weise in Angriff genommen werden.

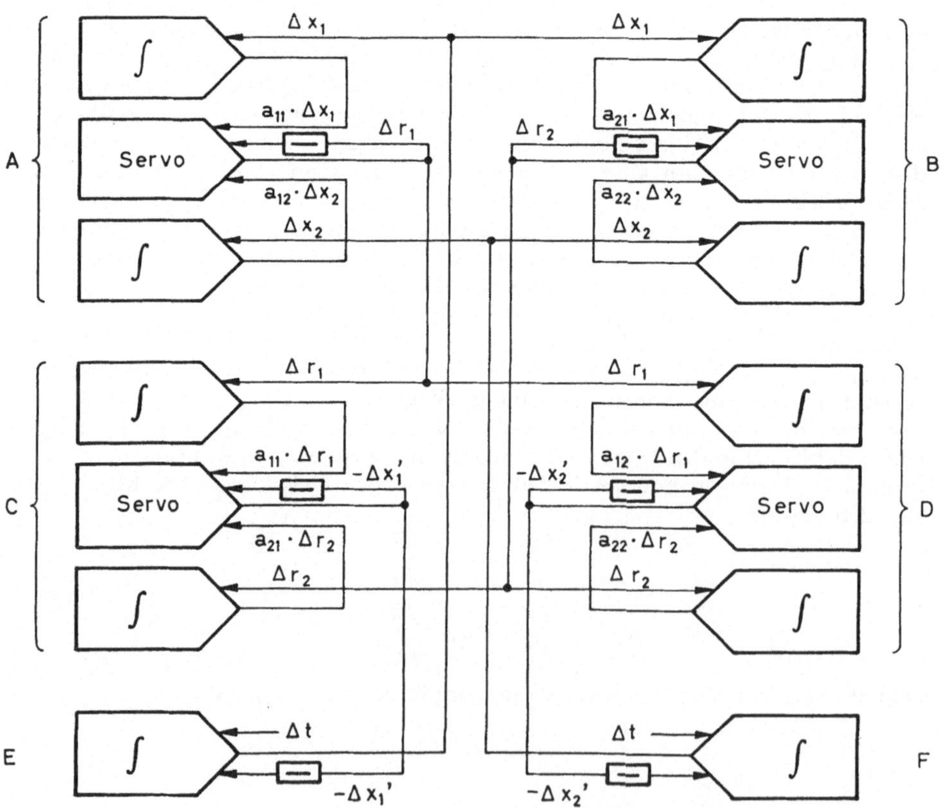

Bild 19. Lösung eines linearen algebraischen Gleichungssystems

Schließlich läßt sich zeigen, daß jeder Integrator im Bedarfsfall durch ein Servo ersetzt werden kann; man bewegt sich dann allerdings nicht mehr auf der „Fall-linie" der Fanggrube, kommt aber auch so zum Ziel.

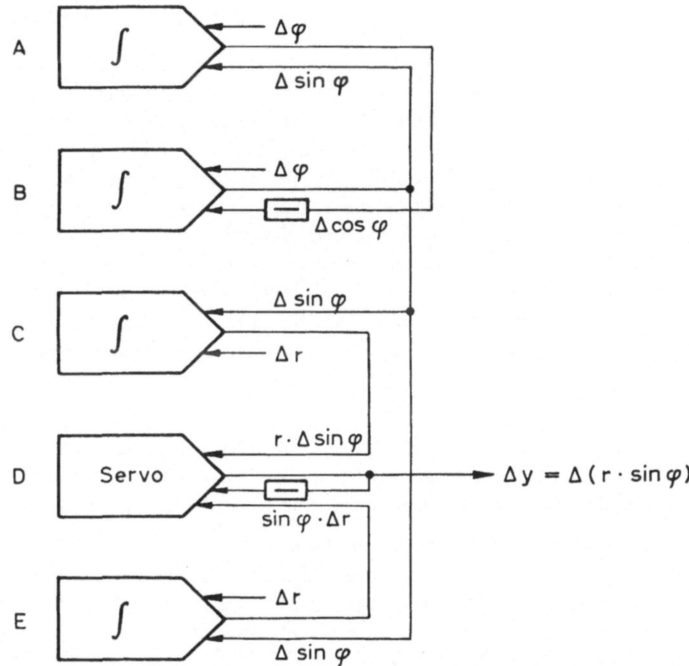

Bild 20.   Transformation aus einem polaren in ein kartesisches Koordinatensystem

Eine weitere Möglichkeit, die übrigens schon in der Praxis ausgenützt worden ist, bezieht sich auf die genaue und schnelle *Koordinatentransformation*, wie sie in steigendem Maß für die Steuerung von Raketen benötigt wird. Es handelt sich dabei um eine stets wiederkehrende Aufgabe, deren Bedeutung den Bau von Ein-zweckgeräten rechtfertigt [3]. Da man es dabei durchwegs mit den arithmetischen Grundoperationen und der Darstellung trigonometrischer Funktionen zu tun hat, braucht auf Einzelheiten der erforderlichen Schaltungen nicht eingegangen zu werden. Als typisches Beispiel zeigt Bild 20 einen Teil der Transformation aus einem polaren Koordinatensystem r, φ in ein kartesisches System x, y. Dabei sind die Integratoren A und B in Zirkeltestschaltung verbunden und liefern $\sin \varphi$ bzw. $\cos \varphi$, während die restlichen Integratoren C und E mit dem Servo D eine Multi-plikationsschaltung bilden, die einer der kartesischen Koordinaten

$$y = r \cdot \sin \varphi \qquad\qquad (41)$$

abgibt. Zur Bestimmung von x wäre naturgemäß eine weitere Multiplikations-schaltung erforderlich.

In die gleiche Kategorie von Aufgaben fallen die Einzweckgeräte für *Werkzeug-maschinensteuerung*. Solche Geräte sind beispielsweise NUDA [42] und DAPOS [4]),

---

[4]) Einzelheiten über dieses Gerät wurden auf dem IFAC-Congress 1960 in Moskau im Zusammenhang mit der Beschreibung von NUDA [42] bekanntgegeben.

die im Forschungsinstitut für Mathematische Maschinen, Prag, entwickelt worden
sind.

4. Beispiele ausgeführter DDA

4.1 Technische Hauptprobleme

Es ist nicht schwierig, ausgehend von den bereits beschriebenen logischen Grundlagen und unter Verwendung konventioneller elektrischer Schaltungen, *Rechenelemente* zu entwickeln, die zur Verwendung in einem DDA geeignet sind. Dabei
ist es klar, daß die benützte Technik sich den jeweils verwendeten Schaltmitteln
(Röhren, Transistoren, Parametrons usw.) anzupassen hat. In diesem Zusammenhang muß festgestellt werden, daß der grundsätzliche Aufbau eines DDA — meist
in noch höherem Maße, als dies bei programmgesteuerten Rechenautomaten der
Fall ist — eine sehr große Zahl von Schaltelementen bedingt, weshalb der Preis
und der Raumbedarf der verwendeten Mittel eine sehr wesentliche Rolle spielen.
Unter diesen Umständen drängt sich beim heutigen Entwicklungsstand die Verwendung von Dioden und Transistoren in Verbindung mit gedruckten Schaltungen
auf.

Natürlich ist die Konzeption eines DDA damit noch lange nicht abgeschlossen,
vielmehr muß noch eine große Anzahl von Entscheidungen getroffen werden, die
auch auf den Aufbau der Rechenelemente einen beträchtlichen Einfluß ausüben.

An erster Stelle ist die *Wahl des Zahlensystems* zu nennen. Es wurde schon erwähnt, daß im Hinblick auf die grundsätzlichen Eigenschaften des DDA (relativ
kleine Zahl von einzugebenden Daten, große Zahl von Rechenelementen) das
rein binäre System wesentliche Vorteile bietet, obwohl ein dezimal verschlüsseltes
System durchaus im Bereich der technischen Möglichkeiten liegt. Die Verwendung
rein binär aufgebauter Rechenelemente bedingt aber die Umwandlung dezimal-
binär für die eingegebenen und binär-dezimal für die ausgegebenen Daten. Auch
hier können die aus der Technik der Digitalrechner bekannten Mittel in geeigneter
Modifikation zur Anwendung gelangen, weshalb sich ein Eingehen auf Einzelheiten erübrigt.

Die *Eingabe von Anfangswerten* bringt aber noch ein weiteres Problem mit sich,
das unmittelbar mit dem Aufbau der Rechenelemente zusammenhängt: Es wird
in vielen Fällen nicht genügen, wenn diese Werte vor Beginn einer Rechnung
manuell eingegeben werden können, nach Beendigung derselben aber nicht mehr
greifbar sind. In der Tat müßten unter diesen Umständen überall dort, wo ein und
dieselbe Aufgabe mehrmals unter Variation einzelner Parameter gelöst werden
muß, zwischen je zwei Durchläufen alle Anfangswerte neu eingegeben werden
und nicht nur die variierten Parameter. Es lohnt sich also unter Umständen, die
Anfangswerte in geeigneter Form zu speichern und die Eingabe in die Rechenelemente zu automatisieren. Dabei stehen zwei Möglichkeiten offen: Entweder
die Speicherung erfolgt zentral (etwa auf einer Magnettrommel), und die Rechenelemente müssen lediglich mit Einrichtungen zum Abfragen der gespeicherten
Werte versehen sein; oder jeder Integrator und jedes Servo wird mit einem individuellen Anfangswertregister versehen, das jederzeit eine Rückkehr auf einen
einmal eingestellten Wert gestattet. Die Entscheidung zugunsten der einen oder
anderen Lösung hängt in erster Linie davon ab, in welchem Maß die gesamte Anlage zentralisiert ist.

Damit gelangt man wohl zur wichtigsten Frage, die beim Entwurf eines DDA zu beantworten ist: Soll das Gerät in seinem Gesamtaufbau *dezentralisiert* sein, also (in ähnlicher Weise wie ein Analogrechner) aus einer Anzahl möglichst unabhängiger Rechenelemente bestehen, während die Zentralorgane auf das absolute Minimum (Stromversorgung, Grundimpulsgenerator usw.) beschränkt bleiben; oder soll sich der Aufbau der Gesamtanlage eher demjenigen eines programmgesteuerten Digitalrechners angleichen, indem die Durchführung der wesentlichen Operationen (Speicherung, Addition usw.) nicht den Rechenelementen überlassen, sondern in *zentralisierten* Gruppen zusammengefaßt wird?

Denkt man diese beiden Möglichkeiten konsequent durch, so erkennt man, daß ein *zentralisierter Aufbau* vor allem hinsichtlich des Preises Vorteile bieten kann, wenn man sich eines billigen Magnettrommelspeichers bedient und dafür sorgt, daß die zur Durchführung von arithmetischen Operationen dienenden Apparaturen für alle Rechenelemente Verwendung finden können. Man gelangt damit zwangsläufig zu einer Konzeption mit *sukzessiv arbeitenden, vereinfachten Rechenelementen*, deren zyklische Bedienung durch einen Trommelspeicher und ein zentrales Rechenwerk in idealer Weise gegeben ist. Eine solche Anlage braucht keine Integratoren als selbständige Elemente zu besitzen, sondern kann eher aufgefaßt werden als normaler Digitalrechner, der durch eine geeignete Programmierung zur Simulation eines DDA eingerichtet ist. In der Tat existieren Geräte, bei denen eine DDA-Ausrüstung als Zusatzgerät zu einem konventionellen Magnettrommelrechner lieferbar ist (siehe Abschnitt 4.3). Ein solcher Zusatz hat vor allem die Aufgabe, die sonst recht schwerfällige Programmierung zu rationalisieren, die bei einem normalen Digitalrechner für die Lösung von Differentialgleichungen im Stile eines DDA nicht zu vermeiden ist.

Dem Vorteil eines bescheidenen Preises steht als wesentlicher Nachteil der zentralisierten Konzeption eine sehr beträchtliche Einbuße an Rechengeschwindigkeit gegenüber. Der Übergang auf Speicher mit schnellem Zugriff bringt hier nicht viel ein, da die Organisation ohnehin so getroffen werden kann, daß auch beim Trommelspeicher praktisch keine Wartezeiten verlorengehen. Die Langsamkeit ist vielmehr durch die Vielzahl nacheinander auszuführender Operationen bedingt und kann nur vermittels einer *Vielzahl simultan arbeitender Rechenelemente* überwunden werden, was zwangsläufig zu einem *dezentralisierten Gesamtaufbau* mit unabhängigen Integratoren führt. Hier sind natürlich statische Speicher am Platz, deren Aufbau ein Einbeziehen der Register in die Rechenelemente gestattet und damit zu einer Gesamtkonzeption führt, die dem Idealbild eines DDA weitgehend entspricht, was allerdings durch einen entsprechend höheren Aufwand erkauft werden muß. Die Verhältnisse sind also durch eine ähnliche Polarität zwischen Kosten und Schnelligkeit gekennzeichnet, wie sie bei einem Vergleich zwischen parallel und in Serie arbeitenden Digitalrechnern herkömmlicher Bauart festgestellt werden kann.

Die Frage, ob das *Komma* der Maschine *fest oder gleitend* auszuführen ist, wurde bei den bisherigen DDA entweder überhaupt nicht gestellt oder aber im Sinne der einfacheren Form mit festem Komma beantwortet. Dies ist begreiflich, wenn man bedenkt, welche Komplikationen bei einem Inkrementrechner mit der Einführung eines Gleitkommas verbunden wären. Diese wären in der Tat kaum geringer als eine einfache Erhöhung der Stellenzahl. Zudem muß man bei einem Inkrementrechner ohnehin im Interesse eines genügenden Auflösungsvermögens ein gewisses Minimum an Betrachtungen über die zu verwendenden Maßstäbe machen. Die Einführung eines gleitenden Kommas brächte also nicht die gleichen Vorteile wie bei einem programmgesteuerten digitalen Rechenautomaten.

4.2 Ein Vorläufer

Ohne Zweifel war der in den ersten Fünfzigerjahren von der Firma *Schoppe & Faeser GmbH,* (Minden, Westf., Deutschland) nach Ideen von H. BÜCKNER entwickelte *„Integromat"* einer der wichtigsten Vorläufer der heute unter dem Begriff DDA zusammengefaßten Anlagen. Dem damaligen technischen Entwicklungsstand gemäß handelte es sich um ein elektromechanisches Gerät. Gerade angesichts dieser Tatsache lohnt sich eine Beschreibung — selbst wenn sie aus Raumgründen recht summarisch bleiben muß —, denn die Auseinandersetzung mit einer elektromechanischen Lösung ermöglicht eine Betrachtung des gesamten mit dem DDA zusammenhängenden Problemkomplexes aus einer etwas anderen und zum Teil ergänzenden Perspektive.

Der Integromat [7, 8, 11, 14] arbeitet wie jeder DDA mit elektrischen Impulsen zur Darstellung der Inkremente. Diese Impulse werden aber an den Eingängen der einzelnen Rechenelemente zum Teil in mechanische Bewegungen umgewandelt, was naturgemäß mit Hilfe geeigneter Schrittschaltwerke geschieht. So wird beispielsweise am *Intregator* eine Welle derart angetrieben, daß ihr Drehwinkel dem Argument x proportional ist. Auf dieser Welle sitzt eine Schaltwalze, die auf ihrem Umfang eine große Anzahl von Schaltelementen trägt (siehe Bild 21), die im vorliegenden Fall aus Unterbrecherlamellen für metallische Kontakte bestehen. Diese Schaltelemente sind in mehreren Ringen derart angeordnet, daß der erste Ring bei einer Umdrehung einmal einen Stromkreis öffnet und schließt, während der zweite Ring dieses Arbeitsspiel zweimal, der dritte dreimal pro Umdrehung wiederholt usw. Es besteht nun die Möglichkeit, durch eine weitere Schaltvorrichtung einen der erwähnten Ringe herauszugreifen und als Impulsgeber einer Δz-Impulsfolge zu verwenden. Bezeichnet man mit i die Ordnungszahl dieses

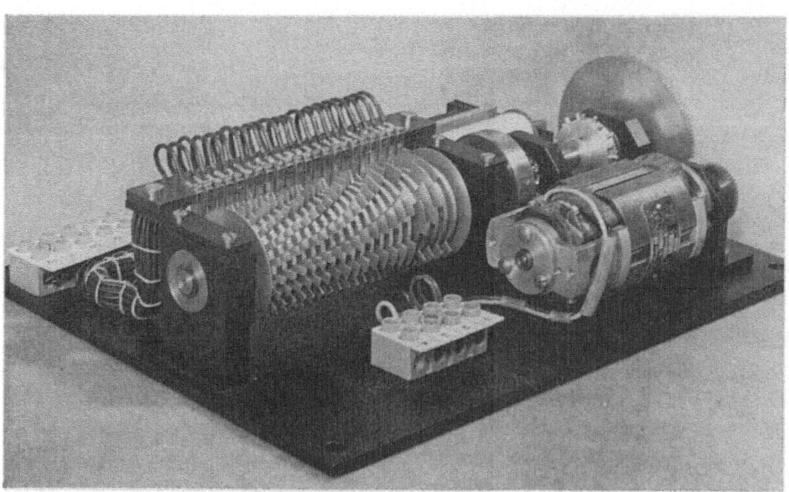

Bild 21. Integrator des Integromaten
Man beachte die Schaltwalze mit den vielen Unterbrecherlamellen
(Werkphoto: Schoppe & Faeser GmbH)

Ringes (und damit auch die Zahl der von ihm je Umdrehung getätigten Kontakt-gaben) und mit c die Zahl von Δx-Impulsen, die zu einer Umdrehung der Walze erforderlich sind, so erhält man die Zahl der am Ausgang gelieferten Δz-Impulse durch die Differenzengleichung

$$\Delta z = \frac{i}{c} \cdot \Delta x, \tag{42}$$

die bereits als Gleichung eines Integrators aufgefaßt werden darf, wenn man i mit dem Integranden gleichsetzt. Dies geschieht beim Intregromaten für einen Teil der Integratoren durch ein einfaches Schaltwerk, für einen anderen Teil aber in der folgenden höchst originellen Weise:

Als ergänzendes Element ist in diesen Fällen dem Integrator nämlich ein *Funktionsgeber* (siehe Bild 22) zugeordnet. Bei diesem Gerät wird ein Lochstreifen proportional zur ankommenden Δy-Impulsfolge vorgeschoben. Dieser trägt eine

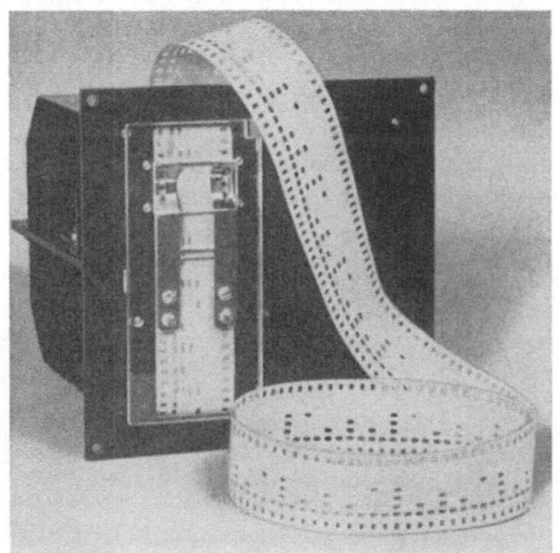

Bild 22. Funktionsgeber des Integromaten
Der Lochstreifen dient als Funktionsträger für die Ableitung der darzustellenden Funktion
(Werkphoto: Schoppe & Faeser GmbH)

Funktion $g(y)$ in geeigneter Verschlüsselung. Dabei ist $g(y)$ als Ableitung einer anderen Funktion $f(y)$ nach y definiert, was in der Terminologie eines Inkrement-rechners durch die Beziehung

$$g(y) = \frac{\Delta f(y)}{\Delta y} \tag{43}$$

auszudrücken ist. Die Kombination von Integrator und Funktionsgeber erfolgt nun dadurch, daß der Lochstreifen die Selektion der Ordnungszahl i besorgt, daß also i mit $g(y)$ gleichgesetzt wird. Aus den Formeln (42) und (43) erhält man somit die Gleichung der Kombination, die

$$\Delta z = \frac{1}{c} \cdot \frac{\Delta f(y)}{\Delta y} \cdot \Delta x \tag{44}$$

lautet. Setzt man

$$\frac{\Delta f(y)}{\Delta y} = k \cdot y, \tag{45}$$

so wird das Gerät — wie man leicht durch Einsetzen in (43) erkennt — zum Integrator. Schließt man dagegen die beiden Eingänge x und y an die gleiche Impulsfolge an, so wird Δz bis auf eine Konstante gleich $\Delta f(y)$, man hat also einen Funktionsgenerator vor sich.

Der Vorteil dieser Kombination gegenüber der auf den ersten Blick einfacher scheinenden Verwendung von Einzweckelementen für die Funktionsdarstellung besteht darin, daß $f(y)$ nicht direkt, sondern in Form der Abteilung $g(y)$ gespeichert wird. Der Funktionsträger braucht also nicht jedes Inkrement von $f(y)$ zu enthalten, sondern lediglich die Übergänge von einem Wert für $\Delta f(y)/\Delta y$ zum nächsten (im Sinne einer Approximation durch einen Polygonzug). Der Lochstreifen wird dementsprechend kürzer und kann rascher vorbereitet werden. Zudem erfolgt der Vorschub des Streifens im Betrieb langsamer und stellt geringere Anforderungen hinsichtlich der zu beschleunigenden Massen.

Es ist klar, daß die Konstruktion eines *vollständigen Gerätes* in der Art des Integromaten die Lösung einer Reihe weiterer technischer Fragen voraussetzt. So müssen Mittel für die Beherrschung des Vorzeichens, für die Addition zweier Impulsfolgen und für eine Anzahl anderer Funktionen vorhanden sein. Auf diese Details kann hier nicht eingegangen werden, und es muß der Hinweis auf die bereits erwähnten Publikationen genügen. Eine ausgeführte Anlage mit 18 Integratoren und 12 Funktionsgebern ist in Bild 23 dargestellt.

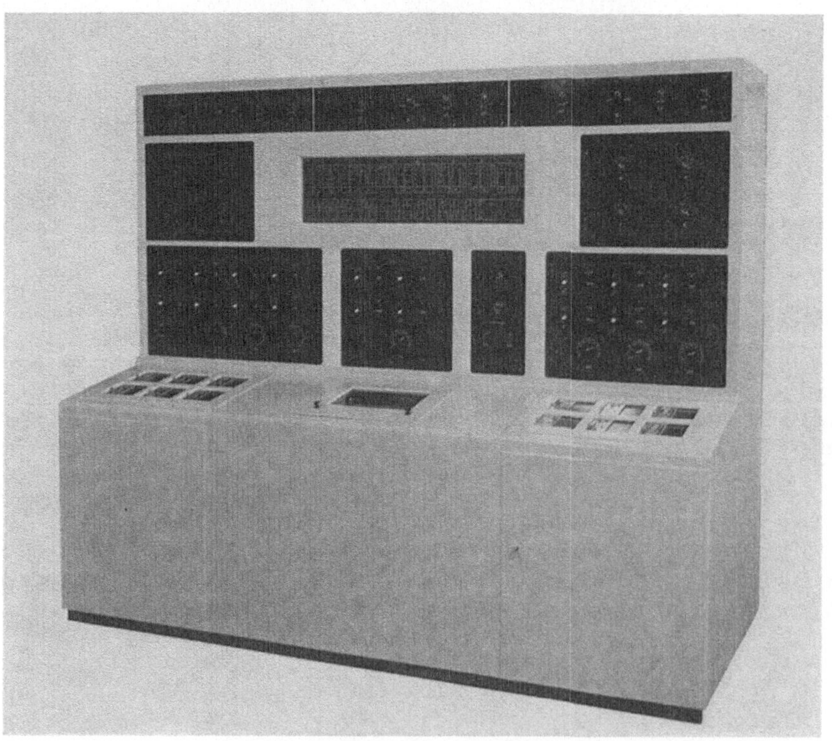

Bild 23. Gesamtansicht des Integromaten
(Werkphoto: Schoppe & Faeser GmbH)

Neben seinen *Vorzügen* hat der Integromat in der dargestellten Form zwei sehr wesentliche *Nachteile:* Einmal ist der Rechengeschwindigkeit durch die in den Schrittschaltwerken auftretenden Beschleunigungen eine recht enge Grenze gesetzt. (Dabei muß allerdings berücksichtigt werden, daß der Integromat ein simultan arbeitender DDA ist, daß also die erreichte Impulsfrequenz von etwa 10 Hz gleichzeitig auch als Frequenz der Integrationsschritte aufzufassen ist; mit Trommelspeichern ausgestattete sukzessiv arbeitende Geräte übertreffen die so erreichbare Rechengeschwindigkeit mit 25 bis 50 Integrationsschritten pro Sekunde nur wenig und könnten von einem höher gezüchteten elektromechanischen DDA glatt geschlagen werden). Zum zweiten ist die erreichbare Genauigkeit infolge des nur über eine geringe Schrittzahl sich erstreckenden y-Bereiches sehr bescheiden. Dies dürften — neben der raschen Entwicklung elektronischer Rechengeräte — die Hauptgründe für den Abbruch einer Entwicklung gewesen sein, die sehr preisgünstige Geräte versprach und ohne Zweifel noch eine Anzahl von Verbesserungen hätte bringen können, waren doch die Möglichkeiten einer elektromechanischen Lösung weder hinsichtlich der Gesamtkonzeption noch der technischen Einzelheiten ausgeschöpft.

Im Rahmen einer auf das Grundsätzliche gerichteten Betrachtung ist es von Interesse, die Parallelen zwischen dem im Abschnitt 2.3 beschriebenen *Integrationsprinzip* und demjenigen des Integromaten aufzuzeigen: Die Rolle des y-Registers spielt offensichtlich der Lochstreifen. Die Auslösung der Δz-Impulse durch die Δx-Impulse erfolgt allerdings ohne Zwischenschaltung eines r-Registers direkt durch die Kontaktgabe der nach x rotierenden Walze. Beim Übergang von einem y-Wert zum nächsten wird also der Winkel zwischen dem letzten Impuls des alten und dem ersten des neuen Wertes dem Zufall überlassen, was — sofern nicht sehr langsam durch den y-Bereich hindurchgefahren wird — eine neue Fehlerquelle dargestellt, auf deren statistische Streuung im Sinne eines Ausgleichs man sich nicht allzu sehr verlassen darf. Es handelt sich im übrigen nicht um eine grundsätzliche Eigenschaft der elektromechanischen Lösung des digitalen Inkrementrechners, sondern um ein spezifisches Charakteristikum des Integromaten (beispielsweise würde bei einem als Stufengetriebe ausgebildeten Integrator die einen Geber treibende Ausgangswelle als r-Register dienen und den genannten Fehler ausschalten).

In *technischer Hinsicht* wird man einer elektromechanischen Lösung beim heutigen Stand der Technik kaum mehr viel Kredit einräumen. In der Tat liegt die Leistungseinbuße gegenüber einem simultan arbeitenden elektronischen DDA mindestens in der gleichen Größenordnung wie diejenige einer sukzessiv arbeitenden Anlage. Die Einsparung an Aufwand erreicht kaum das gleiche Maß, obgleich sie gewiß beträchtlich ist, wie man sich beim Vergleich eines elektromechanischen Impulszählers mit einem elektronischen vergewissern kann.

Unter den geschilderten Umständen ist es verständlich, daß die weitere Entwicklung des Integromaten eingestellt wurde.

4.3 Sukzessiv arbeitende DDA

Der erste sukzessiv arbeitende DDA [12] entstand bei der Firma *Northrop Aircraft Inc.* (Hawthorne, Calif., USA), als deren Werk der DDA in mancher Hinsicht betrachtet werden darf und der einige grundlegende Patente zuerkannt wurden [2, 22, 40, 41]. Das entscheidende Patent [22] trägt die Namen HAGEN, WILLIAMS, PHILBRICK, BECK und RUSSELL. Das nur wenig später als der Integromat entwickelte Gerät wurde „*MADDIDA*" (*Magnetic Drum Digital Differential Analyzer*) genannt. Die Entwicklungsgruppe ist später zur Firma *Bendix Aviation Corp.* (Los Angeles, Calif., USA) übergewechselt.

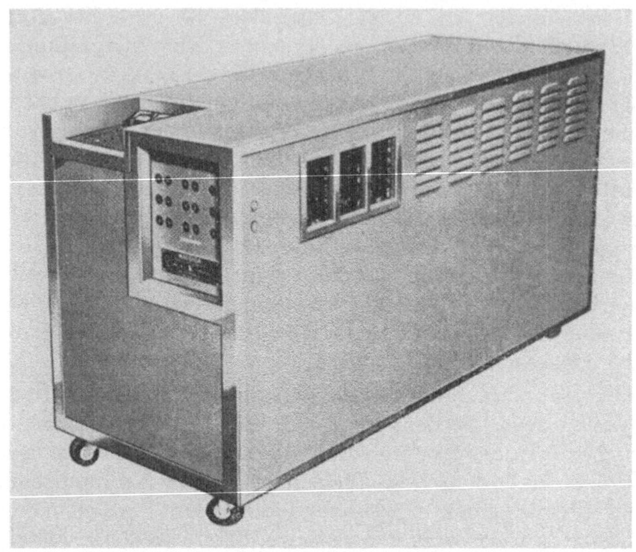

Bild 24. Gesamtansicht des MADDIDA
Man beachte den kompakten Aufbau und die Einfachheit der Schalttafel
(Werkphoto: Bendix Aviation Corp.)

MADDIDA war nicht nur der erste sukzessiv arbeitende DDA, sondern auch der erste elektronische DDA überhaupt. Der *Gesamtaufbau* entspricht weitgehend den Gedankengängen, die im Zusammenhang mit den technischen Problemen im Abschnitt 4.1 angestellt wurden: Die gesamte Anlage ist um einen Magnettrommelspeicher gruppiert, der nicht nur die einzelnen Register, sondern auch alle für die Verkopplung bzw. Programmierung erforderlichen Informationen trägt. Es sind 44 Integratoren vorhanden, deren jeder mehrere additiv zusammengefaßte Δy-Eingänge besitzt. Die Maschine arbeitet rein binär mit 30 Stellen (was etwa 9 Dezimalstellen entspricht). Die Ablesung der Zahlen erfolgt auf einem Oszillographen im Oktalsystem, das — im Gegensatz zum Dezimalsystem — praktisch ohne Umrechnung an das Binärsystem angeschlossen werden kann. Das Vorzeichen eines Inkrementes wird durch seine Polarität dargestellt. Die gesamte Vorbereitung der Anlage erfolgt mit Hilfe einer äußerst einfachen Schalttafel, die aber nicht als Kopplungstafel im Sinne eines Analogrechners ausgebildet ist und somit kein synoptisches Bild der jeweils eingegebenen Schaltung vermittelt. Der Anschluß von Ausgangsoszillographen bzw. der Zusammenschluß mehrerer Maschinen zur Lösung großer Aufgaben ist durch Steckkabel möglich. Alle Teile des Gerätes sind in sehr kompakter Form zusammengefaßt, wie aus Bild 24 zu erkennen ist. Mit den heute verfügbaren Mitteln könnte natürlich noch eine beträchtliche Reduktion der Abmessungen erreicht werden. Die *praktischen Möglichkeiten* des MADDIDA sind — abgesehen von der beschränkten Rechengeschwindigkeit — vor allem durch zwei Umstände eingeengt: Erstens ist die Ein- und Ausgabe im Oktalsystem äußerst lästig und erfordert entweder teure

Zusatzgeräte (insbesondere, wenn eine Tabellierung an die Stelle der Ablesung treten soll) oder langwierige Umrechnungen von Hand. Zweitens geht die Übersichtlichkeit der Kopplungstafel, die der Praktiker so sehr am Analogrechner schätzt, völlig verloren, was die Wahrscheinlichkeit von Schaltungsfehlern beträchtlich erhöht.

So ist es nicht erstaunlich, daß bald *verbesserte Konstruktionen* auf dem Markt erschienen, bei denen die Überwindung der genannten Nachteile versucht wurde. Auf Einzelheiten kann hier nicht eingegangen werden, weshalb auf die Literatur verwiesen sei [27, 32, 33, 34]. Nur in einem Fall rechtfertigt sich eine spezielle Erwähnung, weil das betreffende Gerät in gewisser Hinsicht eine Sonderstellung einnimmt.

Es handelt sich hierbei um ein *DDA-Zusatzgerät*, dessen logischer Aufbau von M. PALEVSKY stammt und das bei der Firma *Bendix Aviation Corp.* (Los Angeles, Calif., USA) entwickelt wurde [4, 5, 26, 38]. Es zeichnet sich gegenüber älteren Ausführungsformen von DDA dadurch aus, daß es nicht als selbständige Anlage, sondern als Zusatzgerät zu einem von der Firma *Bendix* bereits gebauten konventionellen programmgesteuerten Digitalrechner (Type G-15) konzipiert ist, womit eine hohe Flexibilität und ein verhältnismäßig bescheidener Preis der Gesamtanlage (siehe Bild 25) erreicht wird. Diesen offensichtlichen *Vorteilen* steht (abgesehen von der bescheidenen Rechengeschwindigkeit von etwa 25 Integrationsschritten pro Sekunde, die in der Größenordnung mechanischer bzw. elektromechanischer Analogrechner liegt) der *Nachteil* gegenüber, daß die Programmierung auch hier nicht in Form einer Kopplungstafel wie bei einem Analogrechner, sondern vermittels der Programmschreibmaschine des Digitalrechners erfolgt. Man erhält auf diese Weise zwar einen Beleg über die jeweils dem Gerät

Bild 25. DDA der Bendix Aviation Corp. als Zusatzgerät zu einem Magnettrommelrechner
Der Schrank links enthält den Digitalrechner, der Schrank rechts den DDA; Programmierung beider Geräte erfolgt durch die elektrische Schreibmaschine; ein *x/y*-Schreiber rechts vorn dient zur graphischen Darstellung der Resultate
(Werkphoto: Bendix Aviation Corp.)

13*

befohlene Schaltung, verfügt aber bei weitem nicht über die vom Praktiker so
geschätzte Übersicht, die den DDA erst zur glücklichen Synthese aus Eigenschaften
der Analog- und der Digitalrechentechnik werden läßt. Die Vorbereitung der
Anlage erfordert im übrigen beträchtlich mehr Zeit als diejenige eines Analogrechners. Das Gerät umfaßt etwa 100 Integratoren, von denen jeder nicht nur die
Einführung eines groben Maßstabsfaktors, sondern auch eine vielstellig abge-
stufte Maßstabswahl erlaubt. Es ist also jeder Integrator mit einem Konstantwert-
geber fest in Serie geschaltet. Es besteht die Möglichkeit, die Resultate in
Tabellenform auszuschreiben oder mit Hilfe eines speziellen Digital-Analog-
Umformers in Kurvenform zu registrieren. Für die Eingabe nichtlinearer Funktionen kann ein Funktionsgenerator mit photoelektrischer Abtastung und den
nötigen Umformern (digital-analog am Eingang und analog-digital am Ausgang)
angeschlossen werden.

4.4 Ein simultan arbeitender DDA

Der einzige simultan arbeitende DDA, der heute produziert wird, ist „*TRICE*"
(*T*ransistorized *R*eal time *I*ncremental *C*omputer *E*xpandable), ein Erzeugnis der
Packard-Bell Computer Corp. (Los Angeles, Calif., USA), an dessen Entwicklung
wiederum M. PALEVSKY maßgebend beteiligt war [28, 35].

Seinem Charakter als simultan arbeitender DDA entsprechend ist TRICE in seinem
Gesamtaufbau einem Analogrechner sehr ähnlich: Jedes Rechenelement (einen
Integrator zeigt Bild 26) stellt eine in sich geschlossene Einheit dar, die als Schub-
lade in den schrankartigen Rahmen der Maschine eingeschoben und dabei automatisch an das allen Elementen gemeinsame Netz (Stromversorgung, Sicherung

Bild 26. Integrator des TRICE
Man beachte die Bestückung mit Transistoren und das Fehlen von Elektronenröhren
(Werkphoto: Packard-Bell Computer Corp.)

gegen Überlauf usw.) angeschlossen wird. Auf seiner Frontseite trägt das Gerät eine Kopplungstafel, die weitgehend derjenigen eines Analogrechners entspricht (siehe Bild 27). Der Impulstransport von Element zu Element erfolgt jeweils auf

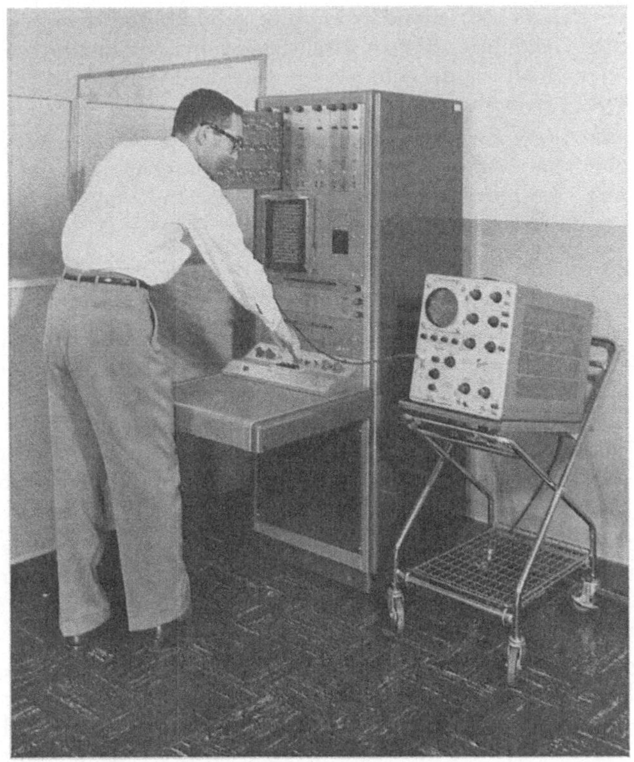

Bild 27. Teilansicht des TRICE
Verkopplung und Bedienung erfolgen ähnlich wie bei einem Analogrechner
(Werkphoto: Packard-Bell Computer Corp.)

zwei Leitungen, die Vorhandensein und Vorzeichen eines Einheitsinkrementes signalisieren. Die Größe der Anlage ist nicht ein für allemal festgelegt, sondern kann je nach Bedarf durch Verwendung der erforderlichen Anzahl von Elementen zusammengestellt werden. Das ganze Gerät enthält weder bewegte Teile noch Elektronenröhren.

An *Rechenelementen* sind folgende Typen verfügbar:

Integratoren. Es sind drei Eingänge vorhanden, von denen zwei additiv zum Integranden zusammengefaßt werden. Neben dem y- und r-Register ist noch ein weiteres Register zur Speicherung der Anfangswerte für den Integranden vorhanden. Die Register sind als elektrische Verzögerungsstrecken ausgeführt. Der Integrand hat 30 Dualstellen. Er wird trapezförmig extrapoliert.

Digitale Servos. Es sind zwei additiv zusammengefaßte Eingänge sowie ein Anfangswertregister vorhanden. Auch in anderen Belangen entspricht der Aufbau demjenigen des Integrators weitgehend.

Koeffizientengeber. Es handelt sich um vereinfachte Integratoren mit fest einstellbarem Integranden.

Summatoren. Es können bis zu sechs Eingänge additiv zusammengefaßt werden. Es wird in binärer Form die Summe der während eines Integrationsschrittes eintreffenden Impulse gebildet und dem y-Register eines Integrators oder eines Servos direkt zugeführt (im letzteren Fall kann bei geeigneter Schaltung die Summe von fünf Eingängen dem Servo direkt als Impulsfolge entnommen werden).

Multiplikatoren. Zwei Integratoren sind zu einer Multiplikationsschaltung im Sinne von Bild 4 (Abschnitt 3.2) zusammengefaßt, wobei die feste Schaltung eine gewisse Einsparung an Aufwand und eine Reduktion der Fehler gestattet.

Darüber hinaus umfaßt die Anlage die nötigen *Zentralorgane*, wie die Kopplungstafel, den Grundimpulsgenerator, die Stromversorgung usw.

Zur *Eingabe* von Anfangswerten können manuelle oder automatische Vorrichtungen (Lochstreifenleser) vorgesehen werden. Empirische Funktionen können mittels eines als „*DAFT*" (*Digital-Analog Function Table*) [49] bezeichneten ziemlich aufwändigen Interpolators eingegeben werden, der eine Reihe von Stützpunkten speichert und automatisch — gesteuert von der ankommenden Impulsfolge — die Zwischenwerte interpoliert. Auch Fremdanschlüsse über Analog-Digital-Umformer sind möglich.

Die *Ausgabe* von Resultaten kann über eine Schnellschreibmaschine in Digitalform oder (nach entsprechender Umformung) auch in Analogform erfolgen, was Registrierung, oszillographische Darstellung und direkte Weiterverwendung in außerhalb der Anlage befindlichen Geräten ermöglicht.

Die *Leistungen* des *TRICE* liegen um Größenordnungen über denjenigen eines sukzessiv arbeitenden DDA. Ausgehend von einer Grundimpulsfrequenz von 3 MHz und unter Berücksichtigung der Tatsache, daß die Additionen der 30 binären Stellen innerhalb der Elemente in Serie erfolgen, kommt man auf 10^5 Integrationsschritte pro Sekunde und kann bei reduzierter Stellenzahl noch höher gehen. Man erreicht hier also mit digitalen Mitteln Rechengeschwindigkeiten, die weit in das Gebiet des elektronischen Analogrechners vordringen. Daß man die daraus resultierenden Möglichkeiten durch einen entsprechenden finanziellen Aufwand bezahlen muß, versteht sich nach den Ausführungen des Abschnittes 4.1 von selbst.

5. Möglichkeiten und Grenzen

5.1 Vergleich mit programmgesteuerten digitalen Rechenmaschinen

Geht man darauf aus, verschieden organisierte Rechengeräte in einer Weise miteinander zu vergleichen, die Aussicht hat, über längere Zeit Gültigkeit zu behalten, so muß man versuchen, von den augenblicklich auf diesem oder jenem Gebiet erreichten Leistungen abzusehen und die mit den verschiedenen Konzeptionen bei gleichem Entwicklungsstand erreichbaren Möglichkeiten gegeneinander abzuwägen. Man wird auch so noch auf eine genügende Anzahl von Imponderabilien stoßen, die ein unter allen Umständen gültiges Urteil ausschließen, so daß die Entscheidung über die Überlegenheit des einen oder des anderen Systems zum

Gegenstand eines detaillierten Studiums wird, dessen Resultat in hohem Maße von den Gegebenheiten eines speziellen Falles abhängt.

In diesem Sinne kann zunächst festgestellt werden, daß der DDA gegenüber einem vergleichbaren digitalen programmgesteuerten Rechenautomaten nur dort von Vorteil sein kann, wo sein ureigenes Gebiet, nämlich die Lösung gewöhnlicher Differentialgleichungen im Mittelpunkt des Interesses steht. In der Tat wird zugunsten des DDA — sofern er nicht sehr unzweckmäßig konzipiert ist — unter sonst gleichen Bedingungen stets eine geringere *Arbeit bei der Vorbereitung* derartiger Aufgaben anzuführen sein.

Betrachtet man die erreichbare *Rechengeschwindigkeit*, so liegen die Dinge bereits wesentlich komplizierter. Hier geht es natürlich nicht an, wenn man einen sukzessiv arbeitenden DDA mit einem Parallel-Hochgeschwindigkeitsautomaten, oder umgekehrt, eine Anlage vom Kaliber des TRICE mit einem kleinen Magnettrommelrechner vergleicht. Vielmehr ist es erforderlich, daß man als Vergleichsobjekte stets Geräte einer bestimmten *Preisklasse* wählt.

Zunächst setze man als Arbeitshypothese voraus, daß der programmgesteuerte Digitalrechner die gestellten Aufgaben mathematisch in gleicher Weise lösen soll wie der DDA. Unter dieser Bedingung wird der sukzessiv arbeitende DDA dank der optimalen Organisation der Aufeinanderfolge der einzelnen Operationen meist schneller arbeiten als ein vergleichbarer Magnettrommelrechner normaler Bauart. Desgleichen wird ein simultan arbeitender DDA einem Hochgeschwindigkeitsautomaten mit vollständig statischem Speicher und Parallelrechenwerk überlegen sein, selbst wenn er die Additionen in Serie durchführt; denn er braucht pro Integrationsschritt nur das Produkt aus Grundimpulszeit und Dualstellenzahl, während der programmgesteuerte Rechenautomat für die Erledigung eines Integrationsschrittes eine große Vielzahl von Einzeloperationen durchlaufen muß, deren jede allerdings nur einige wenige Grundimpulse beansprucht. (Durch Übergang auf mehrere simultan eingesetzte Rechenwerke ließen sich Mammut-Digitalrechner herstellen, deren Geschwindigkeit im Extremfall — je ein Rechenwerk für jede Operation innerhalb eines Integrationsschrittes — derjenigen eines simultan arbeitenden DDA mit paralleler Addition etwa gleichkäme).

Die Schwierigkeit liegt nun aber darin, daß die soeben eingeführte Arbeitshypothese (Simulation des DDA durch den programmgesteuerten Digitalrechner) durchaus nicht immer anwendbar ist. Im Gegenteil: Arbeiten in dieser Richtung wurden nur gelegentlich zu Versuchszwecken unternommen [47]. Normalerweise werden aber Differentialgleichungen mit programmgesteuerten Rechenautomaten — allerdings mit noch weiter erhöhtem Aufwand an Programmierungsarbeit — in beträchtlich größeren Integrationsschritten gelöst, als dies beim DDA mit seinen Einheitsinkrementen der Fall ist. Um die hier maßgebenden Verhältnisse etwas klarer zu sehen, muß man sich wenigstens summarisch mit einigen in Betracht kommenden Verfahren auseinandersetzen.

In seiner einfachsten Form leitet der Integrator eines DDA beim Eintreffen eines Δx-Impulses den jeweils im y-Register stehenden Wert an das r-Register weiter. Man arbeitet also mit einer *Rechtecksintegration*, deren Fehler pro Integrationsschritt der Ableitung des Integranden nach dem Argument und dem Quadrat der Schrittweite in erster Näherung proportional ist. Alle modernen DDA verfügen über eine erste Verbesserung in Form einer *Trapezextrapolation*, bei der die beiden letzten y-Werte berücksichtigt sind und eine lineare Änderung des Integranden angenommen wird (siehe Abschnitt 2.3). Der Fehler ist damit in erster Näherung

nur noch der zweiten Ableitung des Integranden und der dritten Potenz der
Schrittweite proportional. Mit einem programmgesteuerten Digitalrechner ist es
nun ein leichtes, eine größere Anzahl vorangehender y-Werte zu berücksichtigen,
also *höhere Approximationsgrade* mit entsprechend reduzierten Fehlern einzuführen und auf diese Weise größere Schrittweiten — oder, mit anderen Worten:
höhere Rechengeschwindigkeiten — zu erreichen. Darüber hinaus kann man die
Tatsache in Betracht ziehen, daß dank der sukzessiven Arbeitsweise des programmgesteuerten Rechenautomaten bei der Berechnung mehrfacher Integrale
stets nur die erste Integration ausschließlich auf die Resultate des vorhergehenden
Integrationsschrittes und damit auf eine Extrapolation angewiesen ist. Die
höheren Integrationen der Reihe können dagegen von den Resultaten der
niedrigeren profitieren; das bedeutet, daß man die Extrapolationen durch Interpolationen ersetzen kann, was eine weitere Fehlerreduktion ermöglicht. Es ist dies
übrigens durchaus nicht der einzige Punkt, in dem die programmgesteuerte digitale
Rechenmaschine bei der Lösung von Differentialgleichungen andere Wege gehen
kann als der DDA (man denke nur an die Darstellung rationaler Funktionen!).
Der vorliegende Fall ist aber immerhin typisch und überdies einer näheren Untersuchung besonders gut zugänglich. Er soll daher noch etwas genauer unter die
Lupe genommen werden.

Geht man von der nächstliegenden Approximation mit Hilfe von Polynomen aus,
so kommt man für einen Integrationsschritt Δx und einen theoretisch kontinuierlich verlaufenden Integranden y (dessen Ableitungen nach x mit Strichen
bezeichnet werden) in erster Näherung zu den in Tabelle 2 festgehaltenen Fehlern.
Die Fehler sind dabei als Absolutfehler (Differenz zwischen berechnetem und
theoretischem y-Wert) definiert, decken sich also mit den relativen Fehlern, wenn
der im y-Register stehende Wert einer Einheit der dargestellten Größe entspricht.
Im Hinblick auf die Rechengeschwindigkeit interessiert man sich nun allerdings
weniger für die Fehler als für die Größe des Integrationsschrittes, die bei einer
gegebenen zulässigen Fehlergröße noch statthaft ist. Man kommt hier (wie dies

Tabelle 2. Fehler für Schrittintegration mit verschiedenen Extra- und Interpolationsgraden

Extra- oder Interpolationsgrad	Art der Approximation	Fehler pro Integrationsschritt bei Extrapolationen	Fehler pro Integrationsschritt bei Interpolationen
0	Rechteck (keine Interpolation)	$0{,}50\,000 \cdot y' \cdot \Delta^2 x$	
1	Trapez	$0{,}41\,667 \cdot y'' \cdot \Delta^3 x$	$0{,}08\,333 \cdot y'' \cdot \Delta^3 x$
2	Quadratische Parabel	$0{,}37\,500 \cdot y''' \cdot \Delta^4 x$	$0{,}04\,167 \cdot y''' \cdot \Delta^4 x$
3	Kubische Parabel	$0{,}34\,861 \cdot y'''' \cdot \Delta^5 x$	$0{,}02\,639 \cdot y'''' \cdot \Delta^5 x$

auch bei einer quantitativen Fehlerabschätzung aus obiger Tabelle der Falle wäre)
nicht um die Untersuchung einer Anzahl konkreter Funktionen für $y(x)$ herum.
Als charakteristisch sei die Funktionenfamilie

$$y = \sum_{i=1}^{i=n} \pm \frac{x^i}{i} \tag{46}$$

herausgegriffen, wobei n stets um eine Einheit höher ist als der Extra- oder Interpolationsgrad. Tabelle 3 zeigt (jeweils zur Verbesserung der Übersicht bis auf maximal etwa $\pm 2\,{}^0\!/_0$ gerundet) die bei Verwendung dieser Funktion für verschiedene Größenordnungen des zugelassenen Fehlers erreichbaren Schrittweiten. Dabei ist als Bezugsgröße („Einheitsschrittweite") diejenige Schrittweite gewählt, die bei Trapezextrapolation einem Fehler von 10^{-6} zugeordnet ist und somit bei der Verwendung eines simultan arbeitenden DDA in der Größenordnung häufig verwendeter Schrittweiten liegt. Diese Schrittweite beträgt im vorliegenden Fall etwa $1,55 \cdot 10^{-3}$, was dem Durchlaufen einer x-Einheit in etwa 650 Schritten entspricht. Die Absolutwerte der zulässigen Schrittweiten erhält man also durch Multiplikation der tabellierten Zahlen mit $1,55 \cdot 10^{-3}$. Für die Diskussion der Resultate ist aber die gewählte Darstellungsweise übersichtlicher.

Tabelle 3.   Zulässige Schrittweite bei gegebenen Fehlern für Schrittintegration der Funktion gemäß Gleichung (46) bei verschiedenen Extra- und Interpolationsgraden

Zugelassener Absolutfehler für v	Approximationsgrad	Verhältnis der zulässigen Schrittweite zur Einheitsschrittweite bei Extrapolation	Verhältnis der zulässigen Schrittweite zur Einheitsschrittweite bei Interpolation
10^{-3}	0	1,3	
	1	32	71
	2	71	150
	3	95	180
10^{-6}	0	$1,3 \cdot 10^{-3}$	
	1	1	2,2
	2	7	15
	3	17	32
10^{-9}	0	$1,3 \cdot 10^{-6}$	
	1	0,0032	0,007
	2	0,7	1,5
	3	3	5,7

Wenn man auch bei der Betrachtung dieser Zahlen stets die Tatsache im Auge behalten muß, daß es sich um einen Einzelfall handelt, so kann man daraus dennoch eine beträchtliche Anzahl allgemein gültiger Schlüsse ziehen. Aber auch für andere Funktionen als Integranden wird man ähnliche Größenordnungen der Resultate erhalten, solange man sich nicht in die Nähe von Stellen begibt, an denen die höheren Ableitungen besonders große Werte annehmen (was natürlich vorab für die Umgebung von Unstetigkeiten gilt). Am Rande sei noch vermerkt, daß eine eingehendere Untersuchung der Verhältnisse für den Fall der harmonischen Schwingung als Integrandenfunktion (wobei nicht nur die erste Näherung, sondern der exakte Wert des Fehlers bestimmt wurde) eine noch ausgeprägtere Tendenz zugunsten höherer Extra- und Interpolationen gezeigt hat als die obige Tabelle. Auf alle Fälle können die folgenden Feststellungen in wesentlich höherem Maße Anspruch auf allgemeine Gültigkeit erheben, als man auf den ersten Blick

vermuten mag. Dabei sei versucht, die Formulierung so zu gestalten, daß die
Eigenschaften der gewählten Testfunktion nach Möglichkeit in den Hintergrund
treten. Man kann in diesem Sinne folgendes konstatieren:

> Bei zunehmenden Genauigkeitsansprüchen nimmt die zulässige Schritt-
> weite für höhere Approximationen langsamer ab als für niedrigere. Mit
> anderen Worten: Je genauer man rechnen will, desto mehr Zeit gewinnt
> man durch Übergang auf höhere Approximationen.
>
> Mit einfacher Trapezextrapolation sind hohe Genauigkeiten nur bei sehr
> großen Schrittzahlen erreichbar. Ein sukzessiv arbeitender DDA wird also
> die seiner Stellenzahl entsprechende Genauigkeit nur bei sehr langen
> Rechenzeiten voll ausnützen können. (Eine Überschlagsrechnung zeigt, daß
> es sich um Stunden handeln kann).
>
> Der Gewinn an Schrittweite ist beim Übergang vom Rechteck zum Trapez
> immer lohnend. Bei mittleren Genauigkeitsforderungen macht sich auch
> die Anwendung der quadratischen Parabel (nach der Simpsonschen Regel),
> bei hohen auch diejenige der kubischen Parabel bezahlt. Es dürfte kaum je
> von Interesse sein, die Approximation noch weiter zu treiben.
>
> Wo man die Extrapolation durch die Interpolation ersetzen kann, gewinnt
> man regelmäßig etwa einen Faktor 2 in der Schrittlänge.

Wendet man die Ergebnisse auf den Vergleich zwischen DDA und programmgesteuerter digitaler Rechenmaschine an, so muß man feststellen, daß ein normaler
Magnettrommelrechner einem im Aufbau ähnlichen, sukzessiv arbeitenden DDA
— allerdings bei beträchtlich höherem Aufwand an Programmierungsarbeit --
vom mittleren Genauigkeitsbereich an in der Rechengeschwindigkeit überlegen
sein wird, wenn man zu höheren Approximationsgraden und (dort, wo dies möglich ist) zum Ersatz der Extrapolation durch die Interpolation greift. Ein simultan
arbeitender DDA wird bis zu einer gewissen Genauigkeitsstufe das schnellste
digitale Rechengerät sein; bei noch höheren Forderungen wird man aber mit einem
normalen Hochgeschwindigkeitsautomaten schneller zum Ziel gelangen.

Allerdings muß festgestellt werden, daß die Entwicklung des DDA auch noch
nicht am Ende angelangt ist: Mit einem gewissen Mehraufwand ließen sich auch
hier höhere Approximationen (wenigstens bis zur quadratischen Parabel) einführen, und auch eine Umschaltbarkeit der Integratoren (Extrapolation als „Kopf-
Integrator", Interpolation als „Folge-Integrator") ist beim sukzessiv arbeitenden
DDA durchaus denkbar. Ob eine solche Entwicklung sich durchsetzen wird [1],
hängt ebenso von den Verbesserungen in der Programmierungstechnik der
normalen Digitalrechner wie von denjenigen im Bau von DDA-Elementen ab.

Betrachtet man die soeben geschilderten Verhältnisse insgesamt, so kommt man
zum Schluß, daß heute die Vorzüge des DDA praktisch ausschließlich auf dem
Gebiet der Vorbereitungsarbeit liegen. Denn bezüglich der Leistungen kann man
nicht umhin, sich — entgegen den heutigen Gepflogenheiten in der exakt-
wissenschaftlichen Literatur — eines Dichterwortes zu erinnern, das eigens für den
Fall hätte geschrieben sein können, wenn die Teilnehmer der Walpurgisnacht sich
schon damals mit den Möglichkeiten befaßt hätten, welche die Automation des
Rechnens und Denkens einem intelligenten Teufel in die Hand zu geben vermag:

> „Wir nehmen das nicht so genau!
> Mit tausend Schritten machts die Frau;
> Doch wie sie auch sich eilen kann,
> Mit Einem Sprunge machts der Mann!"

5.2 Vergleich mit Analogrechengeräten

Ein unbestreitbarer *Vorteil* des DDA gegenüber einem Analogrechengerät liegt in der Möglichkeit, bei entsprechendem Zeitaufwand (der je nach Bauart sehr verschieden ist) höhere Genauigkeiten zu erreichen. Ebenso unbestreitbar sind zwei *Nachteile:* Bei gleicher Anzahl von Rechenelementen ist der *Preis* höher, und es ist nur auf dem Umweg über Analog-Digital- und Digital-Analog-Umformer möglich, von außen in Analogform ankommende Größen zu verarbeiten und Resultatgrößen als Kurven zu registrieren oder in Analogform nach außen abzugeben.

Der Gewinn an *Genauigkeit* ist allerdings kleiner, als man auf den ersten Blick annehmen möchte. Dies liegt weniger an den bis heute noch kaum untersuchten Rundungsfehlern als an der Tatsache, daß beim DDA grundsätzlich jeder Fehler systematischen Charakter hat. Eine mehrmalige Wiederholung der Rechnung zur Ermittlung statistischer Durchschnittswerte ist sinnlos, da es sich nur um die Wiederholung der gleichen Fehler handeln würde. Man besitzt also kein Mittel, um neuralgische Punkte eines Rechnungsganges aufzuspüren, von denen ausgehend sich die Fehler durch die gesamte Rechenkette fortsetzen.

Bezüglich der *Rechengeschwindigkeit* ist folgendes zu sagen: Obgleich ein simultan arbeitender DDA beachtliche Geschwindigkeiten erzielt, so ist er doch einem vollelektronischen Analogrechner gleichen Entwicklungsstandes grundsätzlich unterlegen. Man darf nicht vergessen, daß am Ausgang eines Integrators stets eine geringere Impulsfrequenz geliefert wird als die am Argument ankommende. Wo mehrere Integratoren in Serie geschaltet sind (STIELTJES-Integration), läuft also der letzte viel langsamer als der erste. Die Gesamtschaltung muß aber nach den an den langsamsten Integrator zu stellenden Genauigkeitsforderungen ausgelegt werden. So kommt es, daß ein sukzessiv arbeitender DDA in der Praxis in vielen Fällen nicht schneller rechnet als eine elektromechanische Integrieranlage. Gegenüber Analogrechengeräten mit elektronischer Integration teilt der DDA mit der mechanischen Integrieranlage den wesentlichen Vorzug der *Funktionsdarstellung* durch „Unterprogramme". Im Gegensatz zu mechanischen und elektromechanischen Geräten können ihm aber photoelektrisch abgetastete Funktionen nur über Analog-Digital-Umformer zugeführt werden.

Wie man sieht, sind Vor- und Nachteile auch hier ziemlich gleichmäßig verteilt, und die Entscheidung zugunsten des einen oder anderen Systems hängt von den Eigenschaften ab, die in einem bestimmten Einzelfall von einem Rechengerät verlangt werden müssen.

6. Semidigitale Methoden

6.1 Grundlagen

Wer sich viel mit Analogrechengeräten befaßt und ihre Vorzüge zu schätzen weiß, stößt unweigerlich früher oder später auf die Frage, ob es nicht gelegentlich möglich wäre, einen Engpaß in der Genauigkeit durch relativ einfache Mittel zu überwinden. Vieles läßt sich gewiß durch geschickte Ausnützung der schaltungstechnischen Möglichkeiten erreichen. Aber sehr oft zeigt es sich doch, daß nur durch eine bessere Genauigkeit eines bestimmten Elementes oder einer Gruppe von Elementen der gewünschte Erfolg sichergestellt werden kann. Nicht selten wird die Lösung in der Anwendung einer Technik zu finden sein, die man am besten als semidigital bezeichnet und die halbwegs zwischen der Technik des

reinen Analogrechengerätes und derjenigen des DDA liegt. Aus diesem Grunde
ist es gerechtfertigt, einige Bemerkungen über die dabei in Betracht kommenden
Möglichkeiten in einen Beitrag einzuflechten, der in erster Linie dem DDA und
seinem Verhältnis zu anderen Rechengerätetypen gewidmet ist.

Unter semidigital möge eine Darstellungsweise für Rechengrößen verstanden
werden, die sich aus zwei Teilen, nämlich einem *Digitalteil* und einem *Analogteil*,
additiv zusammensetzen. Die unvermeidlichen Fehler beschränken sich offenbar
auf den Analogteil und können somit relativ zum Arbeitsbereich beliebig klein
gemacht werden, wenn man dafür sorgt, daß der Analogteil nur einen geringen
Ausschnitt dieses Bereiches überstreicht, während der größere Rest digital behandelt wird. Auf den ersten Blick mag eine solche Darstellungsweise als völlig
undiskutables Zwittergebilde erscheinen. Es gibt aber physikalische Größen, die
ihrem Wesen nach semidigitalen Charakter besitzen und daher zwanglos in einer
solchen Weise gemessen und — was einem etwas zurechtgebogenen Messen entspricht — auch zum Rechnen herangezogen werden können. Das klassische Beispiel
einer derartigen Größe ist der Drehwinkel einer rotierenden Welle: Er kann als
zusammengesetzt aus einer Anzahl ganzer Umdrehungen (Digitalteil) und einem
Restwinkel (Analogteil) aufgefaßt werden. Der Digitalteil kann auf das einfachste
mit einem Zähler, der Analogteil mit einer Winkelteilung gemessen werden, wobei
beliebige Genauigkeiten durch entsprechend große Umdrehungszahlen erreichbar
sind. Beispielsweise liegt an einer Kalenderarmbanduhr mit Sekundenzeiger der
Ablesefehler, bezogen auf den Ablesebereich (einen Monat), in der Größenordnung $4 \cdot 10^{-7}$!

Es ist klar, daß zusammen mit der rotierenden Welle auch alle anderen periodisch
und formschlüssig arbeitenden Übertragungsmittel (Zahnräder, elektrische Mehr-
phasensysteme usw.) als semidigitale Bausteine herangezogen werden können.
Ein Zahnraddifferentialgetriebe ist somit ein *semidigitaler Summator*, desgleichen
ein elektrischer Dreiphasen-Differentialgeber. Im einen Fall handelt es sich um
ein rein mechanisches, im anderen um ein elektromechanisches Rechenelement.
Dies ist kein Zufall, denn bei näherer Betrachtung muß man feststellen, daß man
bei der Anwendung semidigitaler Methoden schwerlich ganz ohne mechanische
Hilfsmittel auskommt. Damit ist automatisch die Beschränkung auf relativ langsame Rechengeräte festgelegt.

Um alle im Rahmen einer Integrieranlage in Frage kommenden Operationen
semidigital zu beherrschen, muß man das Verfahren nebst der Addition mindestens noch auf die Funktionsdarstellung und die Integration erweitern können.
Bei *Funktionsgeneratoren* mit photoelektrischer Abtastung gezeichneter Kurven
bedeutet der Übergang auf eine semidigitale Darstellung nichts anderes als die
Möglichkeit einer Aufzeichnung in beliebig großem Maßstab, wobei die Zeichen-
fläche über ein Netz digitaler Stützpunkte verfügen muß. In Abszissenrichtung ist
dies kein Problem, wenn man die Funktionskurve auf einen langen Papierstreifen
mit Führung durch Randperforationen aufzeichnet. Natürlich müssen dabei die
Perforationen als Basis für die Aufzeichnung dienen (Zahl der Perforationen =
Digitalteil, Restabstand = Analogteil). In Ordinatenrichtung ist die Sache naturgemäß etwas schwieriger, da man weder über eine unbeschränkte Papierbreite
noch über geeignete Mittel zur Fixierung der digitalen Stützpunkte verfügt. Hier
kann man sich mit der sogenannten „polydromen" Darstellung helfen (siehe
Bild 28): Man schneidet gewissermaßen die ursprünglich sehr groß gewählte
Originaldarstellung in Streifen der Breite *a* und paust die Kurvenabschnitte auf
einen einzigen Streifen — natürlich wieder mit der Breite *a* — ab. Als digitale

Stützpunkte dienen offenbar die Ränder der einzelnen Streifen. Man muß nur noch dafür sorgen, daß die an einem Rande des Streifens unterbrochene Abtastung automatisch und ohne Zeitverlust am anderen Rande wieder aufgenommen wird (wie dies im folgenden Abschnitt beschrieben werden soll), um die abgetastete Funktion in Form einer ununterbrochenen Wellendrehung nach außen abgeben zu können.

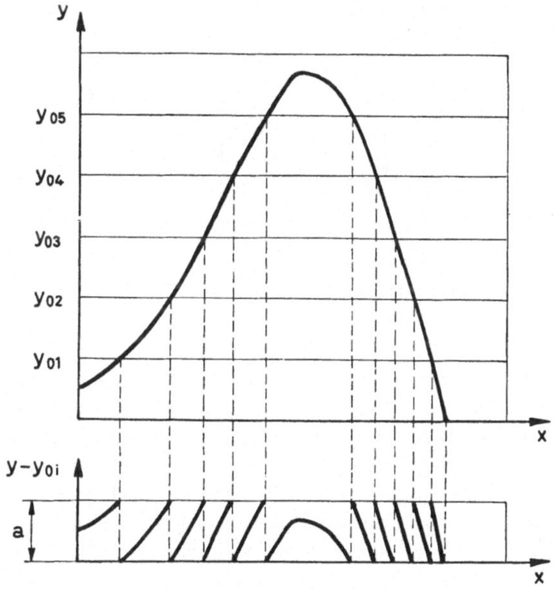

Bild 28. Polydrome Funktionsdarstellung

Wesentlich größere Schwierigkeiten bereitet die semidigitale *Integration*. Um hier klar sehen zu können, muß man sich vergegenwärtigen, daß ein mechanischer Integrator nichts anderes ist als ein stufenloses Getriebe, dessen Antrieb dem Argument, dessen Übersetzungsverhältnis dem Integranden und dessen Abtrieb dem Integral entspricht. Als Fehlerquelle ist die Abweichung des tatsächlichen Übersetzungsverhältnisses vom theoretischen zu betrachten. Will man hier auf semidigitale Genauigkeiten kommen, so muß man offenbar dafür sorgen, daß nur ein kleiner Teil des Gesamtübersetzungsverhältnisses mit Analogmitteln (also stufenlos mit Reibungsschluß) hergestellt wird, während der Rest durch formschlüssige Antriebe (Zahnräder) zu liefern ist. Bild 29 zeigt eine solche Anordnung, wobei mit Absicht von den beim DDA üblichen Symbolen abgegangen wurde. Das Argument x wird einerseits einem stufenlosen Getriebe A, andererseits einem Zahnradgetriebe B zugeführt. Dem stufenlosen Getriebe wird als Übersetzungsverhältnis der Integrand y eingegeben, der aber durch entsprechende Wahl der Anfangsbedingungen um einen konstanten Betrag y_0 reduziert ist. Der Wert y_0 entspricht dem Übersetzungsverhältnis des Zahnradgetriebes, so daß durch Summation im Differentialgetriebe C das gewünschte Integral entsteht. Ist y_0 beträchtlich größer als der Regelbereich des stufenlosen Getriebes, so kann eine sehr hohe Genauigkeit des Resultates erreicht werden, allerdings auf Kosten eines entsprechend reduzierten Integrandenbereiches. Leider wird man nur in seltenen Sonderfällen das Glück haben, daß der Integrand innerhalb derart be-

schränkter Grenzen bleibt. Man wird daher meist nicht um eine Umschaltung
herumkommen, die ein mehrfaches Durchlaufen des Regelbereiches im stufenlosen Getriebe gestattet. Hier liegt die wesentliche Schwierigkeit dieses unter dem

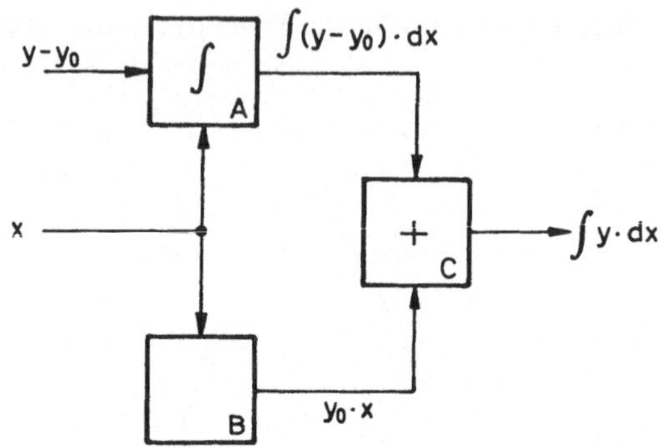

Bild 29.   Nebenschlußintegration

Namen „Nebenschlußintegration" bekannten Verfahrens. Denn gerade bei der
rationellsten Gestaltung des Umschaltvorganges (wie man sich leicht überlegen
kann, benötigt man hierzu je eine Drehsinnumkehr an beiden Eingängen des
stufenlosen Getriebes sowie eine Übersetzungsänderung im Zahnradgetriebe)
kommt man aus Trägheitsgründen nicht ohne eine Unterbrechung des Rechen-
vorganges aus. Umschaltvorrichtungen, die ohne solche Unterbrechungen arbeiten
können, sind zwar ohne weiteres ausführbar, werden aber zwangsläufig relativ
kompliziert im Aufbau. Hier liegt eine der Grenzen des Verfahrens.

Zum Abschluß sei noch erwähnt, daß eine semidigitale *Multiplikation* noch beträchtlich größere Schwierigkeiten birgt als die Integration. Ihre technische Verwirklichung ist daher nicht von Interesse, wenn man bedenkt, daß die Multiplikation stets auf Integrationen oder Funktionsbildungen zurückgeführt werden
kann.

6.2 Ausführungsbeispiele

Das Prinzip einer *polydromen Abtastung* wurde ungefähr gleichzeitig um 1954
nach Ideen von M. GALLO bei der Firma *Contraves A. G.* (Zürich, Schweiz) und
nach Ideen des Verfassers bei *A. J. Amsler & Co.* (Schaffhausen, Schweiz) verwirklicht [17 bis 19, 21]. Die Ausführung von *Contraves* bewerkstelligt den stoß-
freien Übergang von einem Rand der nutzbaren Streifenbreite zum anderen durch
ein rotierendes Glasprisma bei stillstehender Photozelle. Im übrigen arbeitet sie
diaskopisch mit einem Normalfilm als Funktionsträger. Zum Auftragen der Kurve
auf den Film dient ein spezielles Zusatzgerät. Abgetastet wird die Mitte der
Funktionskurve. Bei der Ausführung der Firma *Amsler* (siehe Bild 30) kommen
zwei formschlüssig hin- und herbewegte Abtastköpfe zum Einsatz, deren Ablösung an den Übergangsstellen durch Umschalten erfolgt. Die Abtastung ist
episkopisch, so daß ein Aufzeichnen der Kurven auf ein Papier mit Liniennetz
möglich ist (die Farbe des Netzes gestattet den Photozellen die Unterscheidung
gegenüber dem Kurvenstrich). Abgetastet wird ein Rand der Funktionskurve.
Beide Systeme arbeiten mit Wechselstromverstärkung.

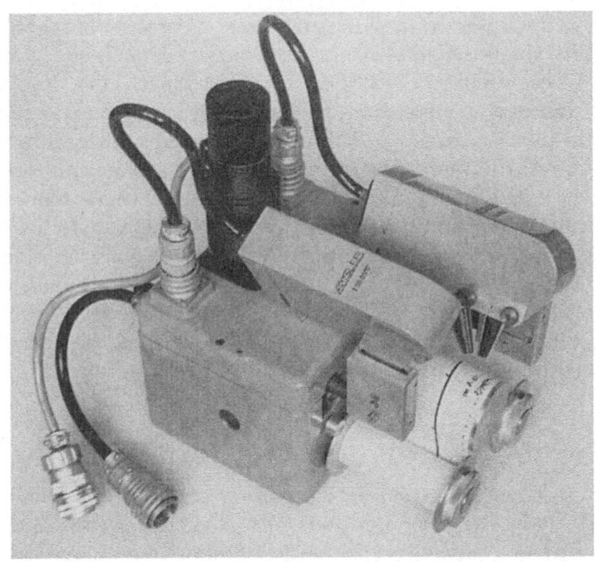

Bild 30. Funktionsgenerator mit polydromer Abtastung (Ausführung Amsler)
Man beachte die beiden Abtastköpfe im Vordergrund; der Servomotor ist auf das Gehäuse aufgeflanscht;
der Verstärker ist nicht sichtbar
(Werkphoto: Alfred J. Amsler & Co.)

Bild 31. Semidigitale Flächenmeßmaschine Haag-Streit/Amsler
Der Kasten vorn links enthält die Getriebe; dahinter ist das Gehäuse des Integrators sichtbar
(Werkphoto: Alfred J. Amsler & Co.)

Die *Nebenschlußintegration* wurde im Laufe der Zeit an verschiedenen Geräten sporadisch verwendet. Eine systematische Einführung erfuhr sie aber ebenfalls erst durch die Firma *Amsler*, von der sie konsequent in allen Fällen eingesetzt wird, wo die technischen und wirtschaftlichen Voraussetzungen dafür gegeben sind [15, 16]. Ein Musterbeispiel ist das sogenannte „*Intrasond*" (*Integriergerät für Radio-Sond*en), ein kleines Gerät für den Feldeinsatz, bei dem die Berechnung der von einer Radiosonde erreichten Höhe im wesentlichen durch eine Integration der Temperatur über dem Logarithmus des Druckes ausgeführt wird [19]. Da natürlich mit der absoluten Temperatur gearbeitet werden muß, deren Bereich in der Praxis etwa zwischen 200 und 300 °K liegt, hat man hier den idealen Fall einer Nebenschlußintegration mit beschränktem Integrandenbereich, also ohne die Notwendigkeit einer Umschaltung. Als zweites Beispiel sei eine in Zusammenarbeit mit der Firma *Haag-Streit* (Bern, Schweiz) entwickelte *Flächenmeßmaschine* (siehe Bild 31) erwähnt, also gewissermaßen ein Super-Planimeter, bei dem angesichts der ohnehin von Hand erfolgenden Bedienung die kurze Unterbrechung des Arbeitsganges beim Umschalten in Kauf genommen wird.

7. Schlußbetrachtungen

Der DDA ist ein Musterbeispiel dafür, daß es in der Technik nur selten möglich ist, die Vorteile zweier Systeme miteinander zu verquicken, ohne gleichzeitig das Einschleichen einiger Nachteile von beiden Seiten her zulassen zu müssen. Die Ausführungen der Abschnitte 5.1 und 5.2 legen ein beredtes Zeugnis dafür ab.

Daß diese Tatsache grundsätzliche und nicht nur entstehungsgeschichtliche Ursachen hat, läßt sich durch eine einfache Überlegung nachweisen: Das Analogrechengerät ist meist nichts anderes als ein Modell des zu untersuchenden physikalischen Vorganges; physikalische Größen werden also durch andere physikalische Größen abgebildet, und ihre Zusammenhänge im Gerät entsprechen weitgehend den in natura auftretenden Verhältnissen. Da die Vorgänge in der physikalischen Welt (wenigstens makroskopisch betrachtet) kontinuierlich ablaufen, ist der Weg von da zum ebenfalls kontinuierlich organisierten Analogrechengerät der kürzeste denkbare. Auf der anderen Seite geht der digitale Rechenautomat ganz von der Abstraktion der Zahlenwelt aus, weshalb es auch nicht verwunderlich ist, daß sein erstes und wichtigstes Anwendungsgebiet sich im Bereich des Zahlenrechnens befindet (was ebensogut auf mathematische Tabellenwerke wie auf die Buchhaltung und Statistik angewandt werden kann). Es ist also keineswegs ein Zufall, wenn ein Analogrechner nicht für Postscheckabrechnungen verwendet wird oder wenn die Lösung gewisser Differentialgleichungen mit dem Digitalrechner Mühe macht. Die innere Konformität zwischen dem Grundprinzip des Rechengerätes und dem der zu lösenden Aufgabe ist eben in beiden Fällen mangelhaft. Und aus diesem fundamentalen Mangel ergeben sich als sekundäre Erscheinungen zwangsläufig unzureichende Detailverhältnisse wie schlechte Genauigkeit oder umständliche Programmierung.

Der DDA nun verbindet einen abstrakten (digitalen) Aufbau der einzelnen Rechenelemente mit einem auf die konkrete physikalische Wirklichkeit ausgerichteten (analogen) Aufbau des Gesamtgerätes. Aus dieser Kombination können in bestimmten Fällen einzigartige Vorzüge entspringen. Sie ist aber ihrem Wesen nach zu heterogen, als daß man von ihr Wunder erwarten dürfte. Man wird vielmehr gut daran tun, bei jeder neu gestellten Aufgabe nach gründlichem Studium dasjenige Rechengerät auszusuchen, das den Gegebenheiten des individuellen Falles am besten entspricht. Es lassen sich selbstverständlich zahlreiche Beispiele finden, wo nur der Digital- oder nur der Analogrechner (sei er nun elektronisch, elektromechanisch oder rein mechanisch) die einzig richtige Lösung bietet. Dazwischen aber liegt gewiß ein Streifen, in dem der DDA seine Lebensberechtigung hat. Bis zu diesem Punkt kann die Betrachtung als grundsätzlich und damit als ziemlich unabhängig vom augenblicklich erreichten Entwicklungsstand angesehen werden. Will man aber die Grenzen zwischen den einzelnen Gruppen von Geräten im Hinblick auf konkrete Entscheidungen genau ziehen, so wird man sich wohl oder übel mit den Tagesfragen der technischen Entwicklung hüben und drüben auseinandersetzen müssen.

Auch die semidigitalen Methoden fügen sich diesem Gedankenkreis zwanglos ein. Sie liegen — wiederum ein typischer Grenzfall — an der äußersten Genauigkeitsgrenze des mechanischen bzw. elektromechanischen Analogrechengerätes und damit zum Teil auch (wo es sich um die Lösung von Differentialgleichungen handelt) an der Grenze gegenüber dem DDA. Auf Kosten einer hohen Rechengeschwindigkeit sparen sie in vielen Fällen (insbesondere bei der Funktionsdarstellung) die Analog-Digital-Umformung ein und können dadurch gelegentlich von hohem praktischem Interesse sein.

Das wichtigste Anliegen des Verfassers dieses Beitrages bestand darin, den Part zu umreißen, den die beschriebenen Geräte im großen Orchester der automatischen Rechenanlagen zu spielen bestimmt sind. Die Durchführung eines solchen Unternehmens wäre undenkbar ohne den Versuch eines Vordringens bis zu den Grundlagen, aus denen sich die Eigenschaften dieser oder jener technischen Konzeption bei konsequenter Entwicklung von selber ergeben. Nur die Verankerung in einer solchen Basis schützt bis zu einem gewissen Grade vor Überraschungen und nährt die Hoffnung, die gezogenen Schlußfolgerungen mögen wenigstens für eine beschränkte Dauer ihre Gültigkeit bewahren.

Schrifttum

[1] ALONSO, R. L.: A Special Purpose Digital Calculator for the Numerical Solution of Ordinary Differential Equations. Dissertation, Computation Laboratory of Harvard University. Progress Report AF-47. Cambridge, Mass. 1957.

[2] BECK, R. M.: Automatic Coding System for a Digital Differential Analyzer. US Patent 2,852,187. Anm.: 16. Dez. 1952; Bek.: 16. Sept. 1958.

[3] BECK, R. M., PALEVSKY, M.: A Digital High Speed Coordinate Conversion System. Vortragsmanuskript, National Conf. on Aeronautical Electronics. Dayton, Ohio, Mai 1958.

[4] Bendix Corp.: Programming Manual for the DA-1 — Digital Differential Analyzer Accessory for the G-15 D Computer. Bendix Computer Division of Bendix Aviation Corp., Los Angeles, Calif. 1957.

[5] Bendix Corp.: Bendix G-15. Digital Computer Newsletter 8 (1956) No. 2, S. 1—2.

[6] BÜCKNER, H.: The Differential Analyzer. Manuskript, Minden in Westfalen 1948.

[7] BÜCKNER, H.: Integrieranlage zum Lösen von Differentialgleichungen. Deutsches Patent 899 422. Anm.: 12. Jan. 1950; Bek.: 9. April 1953.

[8] BÜCKNER, H.: Über die Entwicklung des Integromat. Probleme der Entwicklung programmgesteuerter Rechengeräte und Integrieranlagen. Kolloquium an der TH Aachen, Juli 1952. Herausgeb. Prof. H. CREMER, Mathematisches Institut der TH Aachen, 1953. S. 1—16.

[9] BUSH, V.: The Differential Analyzer. A New Machine for Solving Differential Equations. J. Franklin Inst. 212 (1931), S. 447—488.

[10] BUSH, V., CALDWELL, S. H.: A New Type of Differential Analyzer. J. Franklin Inst. 240 (1945), S. 255—326.

[11] COLLATZ, L., MEYER, H., WETTERLING, W.: Die Hamburger Integrieranlage Integromat. Z. Angew. Math. Mech. 36 (1956), S. 234—235.

[12] DONAN, J. F.: The Serial-Memory Digital Differential Analyzer. Math. Tabl. Other
      Aids Comput. 6 (1952), S. 102—112.

[13] DREYER, H.-J.: Automatisches lichtelektrisches Kurvenabtasten bei Integrier-
      anlagen. Z. Angew. Math. Mech. 30 (1950), S. 291—292.

[14] EGGERS, K.: Die Hamburger Integrieranlage Integromat. Bericht Nr. 3 des Instituts
      für Schiffbau der Universität Hamburg, 1954.

[15] ERISMANN, TH.: Eine neue Integrieranlage. Z. Angew. Math. Mech. 32 (1952),
      S. 242—245.

[16] ERISMANN, TH.: Alte und neue Integrieranlagen. Neue Zürcher Ztg. Beilg. Technik,
      12. Nov. 1952, Nr. 2512/2513.

[17] ERISMANN, TH.: New Computing Components for Mechanical Analogue Com-
      puters. Proc. First Internat. Analogy Computation Meeting, Brüssel, 26. Sept. —
      2. Okt. 1955. Presses Acad. Europ., Brüssel 1956. S. 262—263.

[18] ERISMANN, TH.: Eine neue Anlage zur Berechnung von Geschoßflugbahnen. Neue
      Zürcher Ztg. Beilg. Technik, 12. Sept. 1956, Nr. 2531.

[19] ERISMANN, TH.: Zwei neue Integrieranlagen: MIA-850 und Intrasond. Neue
      Zürcher Ztg. Beilg. Technik, 4. März 1959, Nr. 639.

[20] FORBES, G. F.: Digital Differential Analyzers. An Applications Manual for Digital-
      and Bush-Type Differential Analyzers. Pacoima, Calif. 1956.

[21] GALLO, M.: Ein neuentwickelter Funktionsgeber für die Rechentechnik. Scientia
      Electrica 2 (1956), S. 129—139.

[22] HAGEN, G. E., WILLIAMS, CH. R., PHILBRICK, E. D., BECK, R. M., RUSSELL, C. R.:
      Machine for Digital Differential Analysis. US Patent 2,850,232. Anm.: 26. Dez.
      1951; Bek.: 2. Sept. 1958. (Korrespondierende Deutsche Patentauslegeschrift DAS
      1,053,820.)

[23] HARTREE, D. R.: The Mechanical Integration of Differential Equations. Mathe-
      matical Gazette 22 (1938), S. 342—363.

[24] HERRING, G. J., LAMB, D.: The Digital Differential Analyzer as a General Ana-
      logue Computer. Proc. Second Internat. Analogue Computation Meetings, Straß-
      burg, 1.—6. Sept. 1958. Presses Acad. Europ., Brüssel 1959. S. 392—396.

[25] HOFFMANN, H.: Aufbau und Wirkungsweise neuzeitlicher Integrieranlagen. Elek-
      trotechn. Z. (A) 77 (1956), S. 41—52 und S. 77—83.

[26] LEWIS, S. H.: The G-15 Digital Computer. Instruments and Automation 29 (1956)
      No. 9, S. 1773—1778.

[27] Litton Industries: Litton-20 Digital Differential Analyzer. Digital Computer
      Newsletter 8 (1956) No. 2, S. 6—7.

[28] MITCHELL, J. M., RUHMAN, S.: The TRICE, a High-Speed Incremental Computer.
      IRE National Convention Rec. 6 (1958) Pt. 4, S. 206—216.

[29] MÜLLER, P. F.: Die Integrieranlage des Rheinisch-Westfälischen Institutes für
      instrumentelle Mathematik in Bonn. Forschungsber. Nr. 310 des Wirtschafts- und
      Verkehrsministeriums Nordrhein-Westfalen. Westdeutscher Verlag, Köln und
      Opladen 1956.

[30] NESLUCHOWSKIJ, N. S.: Digitale Integriermaschinen (in russ.). Veröffentlichung des
      Instituts für Präzisionsmechanik und Rechentechnik der Akademie der Wissen-
      schaften der UdSSR (ITMiVT AN SSSR) in der Serie „Elektronnyje Vytschislitelnyje
      Maschiny". Moskau 1960, 106 S.

[31] OWEN, P. L., PARTRIDGE, M. F., SIZER, T. R. H.: The Differential Analyser and its
      Realization in Digital Form. Electronic Engng. 32 (1960) Nos. 392 und 393,
      S. 614—617 und 700—704.

[32] OWEN, P. L., PARTRIDGE, M. F., SIZER, T. R. H.: CORSAIR — A Digital Differential
      Analyser. Electronic Engng. 32 (1960) No. 394, S. 740—745.

[33] PALEVSKY, M.: An Approach to Digital Simulation. Proc. National Simulation
      Conf., Dallas, Texas, 19.—21. Jan. 1956. S. 18 · 1—18 · 4.

[34] PALEVSKY, M.: The Design of the Bendix Digital Differential Analyzer. Proc.
      IRE 41 (1953), S. 1352—1356.

[35] PALEVSKY, M.: A Real-Time Simulation System for Use with an Analog Simulator. Proc. Second Internat. Analogue Computation Meetings, Straßburg, 1.—6. Sept. 1958. Presses Acad. Europ., Brüssel 1959. S. 400—402.

[36] SHANNON, C. E.: Mathematical Theory of the Differential Analyzer. J. Math. and Physics 20 (1941), S. 337—354.

[37] SAVASTANO, G.: Some Applications of Digital Differential Analyzers. Proc. Second Internat. Analogue Computation Meetings, Straßburg, 1.—6. Sept. 1958. Presses Acad. Europ., Brüssel 1959. S. 409—420.

[38] SAVASTANO, G.: Numerical Integration in Differential Analyzers. Proc. Second Internat. Analogue Computation Meetings, Straßburg, 1.—6. Sept. 1958. Presses Acad. Europ., Brüssel 1959. S. 421—428.

[39] SPRAGUE, R. E.: Fundamental Concepts of the Digital Differential Analyzer Method of Computation. Math. Tabl. Other Aids Comput. 6 (1952), S. 41—49.

[40] STEELE, F. G., SPRAGUE. R. E., WILSON, B. T.: Digital Differential Analyzer. US Patent 2,841,328. Anm.: 6. März 1950; Bek.: 1. Juli 1958.

[41] STEELE, F. G., COLLISON, W. F.: Digital Differential Analyzer. US Patent 2,900,134. Anm.: 26. März 1951; Bek.: 18. Aug. 1959. (Korrespondierende Deutsche Patentschrift 1,038,797.)

[42] SVOBODA, F., MARTINEK, M.: Digital Computer for Generation of Data for Automatic Machine Control. Preprints of Papers Vol. 3, IFAC Congress, Moskau, 27. Juni bis 7. Juli 1960. Butterworths Scientific Publ., London 1960, S. 1347—1350.

[43] THOMSON, J.: On an Integrating Machine Having a New Kinematic Principle (Paper III). Proc. Royal Soc. London 24 (1876), S. 262—265.

[44] THOMSON, W. (*Lord Kelvin*): On an Instrument for Calculating $(\int \varphi(x)\, \psi(x)\, dx)$, the Integral of the Product of Two Given Functions (Paper IV). Proc. Royal Soc. London 24 (1876), S. 266—268.

[45] THOMSON, W. (*Lord Kelvin*): Mechanical Integration of the Linear Differential Equations of the Second Order with Variable Coefficients (Paper V). Proc. Royal Soc. London 24 (1876), S. 269—271.

[46] THOMSON, W. (*Lord Kelvin*): Mechanical Integration of the General Linear Differential Equation of any Order with Variable Coefficients (Paper VI). Proc. Royal Soc. London 24 (1876), S. 271—275.

[47] TOSTANOSKI, B. M., HOPPEL, C. J., DICKINSON, M. M.: The Simulation of a Digital Differential Analyzer on the IBM Type 701 EDPM. Proc. National Simulation Conf., Dallas, Texas, 19.—21. Jan. 1956. S. 19 · 1 — 19 · 8.

[48] WALTHER, A.: Lösung gewöhnlicher Differentialgleichungen mit der Integrieranlage IPM-Ott. Z. Angew. Math. Mech. 29 (1949), S. 37.

[49] BECK, R. M., MITCHELL, J. M.: DAFT — A Digital/Analog Function Table. Proc. Western Joint Computer Conf., San Francisco, 3.—5. Mai 1960, S. 109—118.

HERMAN H. GOLDSTINE

Yorktown Heights, N. Y., USA

Interrelations between Computers and Applied Mathematics

Disposition

1. Introduction
2. Machine Speed
3. Machine Errors
4. Adjoint Systems (Excursus)
5. The Independent Relations
6. Some Applications of BLISS' Relations (Excursus)
7. Some Examples (Excursus)
8. Importance to Mathematics

Summary. In this article an attempt is made to analyze some of the effects that the modern, large-scale, electronic digital computers have had upon the general area of applied mathematics. Broadly, these effects are divided into two categories: those which relate to the impact of the new machines on numerical analysis and those which refer to the opportunity given to the mathematicians for gaining heuristic insights into the areas that have as yet proved inaccessible by more conventional means.

In discussing the first category, four types of errors that can arise in calculational work are analyzed in some detail. There is a quite lengthy digression which serves to illustrate some of those sources of error; it is concerned with an application of the adjoint system to the error problem.

In the latter portion of the article, there are discussed those areas of mathematics which are still unpenetrable by current analytical means and which might be amenable to computational attack.

Zusammenfassung. In diesem Beitrag werden einige jener Einflüsse zu analysieren versucht, welche die modernen, elektronischen, digitalen Großrechenanlagen auf das Gebiet der Angewandten Mathematik haben. Allgemein betrachtet, wirken sie sich nach zwei Richtungen hin aus: einmal ist es die Beeinflussung der numerischen Analysis durch die neuen Maschinen, zum anderen betrifft es die dem Mathematiker in die Hand gegebene Chance, dadurch einen heuristischen Einblick in Gebiete zu bekommen, die sich bislang konventionellen Verfahren gegenüber als unzugänglich erwiesen haben.

Bei der Erörterung des Einflusses der Maschinen auf die numerische Analysis werden vier Arten von Fehlermöglichkeiten, die bei Rechenprozessen auftreten können, unterschieden und ausführlicher untersucht. Zum besseren Verständnis einiger dieser Fehlerursachen wird dabei etwas weiter ausgeholt; dies betrifft die Anwendung adjungierter Systeme auf das Fehlerproblem.

Zum Abschluß werden jene Gebiete der Mathematik behandelt, die mit bestehenden analytischen Methoden noch nicht zu durchdringen sind, die vielleicht aber dem rechnerischen Zugriff erschlossen werden könnten.

Résumé. Cet article tente d'analyser l'influence des grandes calculatrices numériques électroniques modernes dans le vaste domaine des mathématiques appliquées. D'une manière générale ces machines agissent de deux façons : d'une part elles influent sur l'analyse numérique, d'autre part elles offrent au mathématicien des possibilités de pénétrer dans des domaines qui s'étaient jusqu'alors avérés inaccessibles aux méthodes classiques.

Dans l'étude de l'influence des machines sur l'analyse numérique, l'auteur distingue quatre sortes de possibilités d'erreurs susceptibles de se produire dans le processus de calcul et il les examine en détail. Pour mieux comprendre quelques-unes de ces causes d'erreur, il pousse son analyse un peu plus loin et étudie l'adjonction de systèmes particuliers au problème des erreurs.

Pour terminer, il traite les domaines des mathématiques inaccessibles jusqu'ici aux méthodes analytiques existantes mais susceptibles de s'ouvrir éventuellement au calcul électronique.

1. Introduction

The advent of the modern digital computer during the last decade has had a most profound effect upon the engineering and scientific communities, and most particularly, upon the general area of applied mathematics. There is every reason to believe that this effect will not decrease, but in fact, will rather increase, especially in the more theoretical areas of mathematics. To a substantial extent there has been a very great ad hoc usage of digital computers and to a much lesser extent there have been systematic developments of mathematical techniques to replace the classical-precomputer-ones of NEWTON and GAUSS, or of new insights into those non-linear areas of mathematics which have so far proved intractable by analytical means.

In the space available it is not possible, nor are we endowed with the prescience necessary, to do more than sketch quite broadly the impact that the modern computer is having and will continue to have upon mathematics. In what follows I shall indicate first the dimensions of the burden placed by the new computers on the mathematicians, and second, the opportunity given them by these devices to gain needed heuristic insights in areas that are still impenetrable by more conventional techniques.

While this order of presentation may seem opposite to the really significant one, it is justified, perhaps, by the realization that only after the development of new computing techniques has proceeded quite a distance and they have been fully assimilated, will it be possible to form ideas of lasting validity as to the directions in which the most fruitful applications will be made. Therefore, any discussion of the second main topic will necessarily be a dangerous one leading, possibly, into what will later prove to be quite unreasonable areas, and will almost certainly overlook many areas now or in the near past regarded as quite remote from the centrum of mathematics such as economics or biology where significant applications will almost certainly arise. Finally, it is clear that no discussion can properly proceed in such profoundly interrelated areas without substantial inter-relationships, which will of necessity make themselves felt as the exposition proceeds.

2. Machine Speed

To make precise what is meant here, I recall for a moment the state of the machine art prior to 1949 and also re-discuss certain topics perhaps already well-known, but never, so far as I know, explicitly discussed in detail.

Perhaps the most striking attribute of modern calculators is their tremendous speed, the rate at which they can perform arithmetical operations. It is this great speed which has rendered classical much of the literature in numerical analysis and which has made the modern computers so enormously valuable in applications of mathematics to engineering and to the physical sciences. After having said this, we must find a measure of this speed which can be used to make more precise comparisons between various devices and to make more intelligible to the lay reader what is now well-known in the subject.

In the early 1940's von Neumann and the author introduced the notion of the multiplying speed of a machine as a crude figure of merit for comparing computers. This measure, while not particularly useful for so-called hand calculations where human transferring of data is likely to be the dominant operation, is quite useful for machine calculations. Since the time needed to perform a multiplication or division is usually long as compared to that for an addition or a subtraction (about 10 times) and since most calculations require about one non-linear operation for every three or four linear ones, the time spent on the non-linear functions bulks large as compared to that spent on the linear ones. Thus the length of a calculation is proportional to the time spent on the non-linear operations and the multiplying speed is then a reasonable figure of merit (cf. [1]; in particular, on page 342 we showed the proportionality factor was about 2.6). With this measure of speed we can now compare present day machines with the pre-1940 days and arrive at some feeling for the progress that has taken place since then.

The best of the non-electronic machines were capable of one multiplication in about one second, whereas the present machines, as exemplified by the IBM 7090, are capable of about 60,000 per second. Thus there has been a speed acceleration of about 6×10^4. In what has just been said, is must be remembered that one should not talk of speed per se, but rather speed relative to the number of digits being handled. More specifically, any calculation involves a certain level of precision which is maintained in all elementary operations. Thus the multiplying speed of a machine should always be associated with a precision level. In what follows in Section 3 below, we shall pursue more this question of the level precision or viewed conversely of the level of imprecision or "noise" that can be permitted in a calculation. Now, however, we slough over this point at present since it does not affect our order of magnitude discussion.

Furthermore, this factor of 6×10^4 does not in any sense represent either an optimum — from a mathematical point of view — or an ultimatum — from an engineering point of view. Both the IBM machine, the 7030 which is in existence, and other machines now being planned, exceed substantially these speeds and make our factor of 6×10^4 even larger. It should be emphasized that this factor represents not the acceleration of modern machines over "hand" calculations, but over the best electro-mechanical devices; and if we enquire into the latter factor, we must note that with a standard desk calculator it takes about 10 seconds to perform a multiplication. Thus our factor of 6×10^4 now becomes 6×10^5.

We return now to numerical analysis. It is not a priori surprising that an acceleration of more than 5 powers of 10 in speed should render obsolete and inadequate techniques which were developed in a different era for different classes of problems. Of course it is not fair to ignore the large literature that has come into being in the last ten years (cf. [2], [3] and [4] for an extensive bibliography on this subject). But so far the technological advances have carried far beyond the mathematical ones and there is a large gap which must be filled[1]).

The chief reason for the importance of the size of a calculation lies in the notion of numerical stability (cf. Section 4 below) or what is equivalent in the notion of computational noise. To understand this concept, one should recognize quite consciously that all machines, whether digital or analog, have an inherent noise level determined in the one case by the number of digits carried or in the other by the level of imprecision of the physical device involved. It should be stressed that this source of noise or error is not due to malfunction, but is inherent in finite machines. Before discussing this notion of stability further, we should perhaps make a brief excursus into the notion of machine errors.

3. Machine Errors

To orient this discussion, we shall need to discuss various categories of machine errors. (Cf. in this connection [5] pp. 1023 ff. for a somewhat parallel treatment.) First of all there are the actual malfunctions or mistakes in which the device functions differently from the way in which it was designed and relied upon to function. They have their counterparts in human mistakes, both in planning (for a human or a machine computing establishment) and in actual human computing. They are quite unavoidable in machine computing and form the subject of much very serious work in the relevant industrial laboratories. This source of difficulties is coped with in various ways which are outside the scope of our discussion now. In any case, this is not the type of error that we wish to discuss here.

This leaves us to consider those errors that are not malfunctions, i. e. those deviations from the desired, exact solution which the computer will produce even though it runs precisely as planned. Under this heading we distinguish three different types of errors.

One type, the second one in the general enumeration we are now carrying out, is due to the fact that in problems of a physical or more generally of an empirical nature, the input data of the calculation and frequently also the equations which govern it, may only be valid as approximations. Any uncertainty in one of these inputs — data as well as equations — will reflect itself as an uncertainty in the validity of the results. The total size of this error depends on the size of the input errors and on the "degree of continuity" of the mathematically formulated problem. It is to be noted that this type of error is inherent in any mathematical approach to natural phenomena and is not particularly characteristic of the computational approach. We will therefore ignore it from this point on.

---

[1]) Preparation of a handbook for automatic computation, in five or more volumes, is now under way for publication by Springer, Berlin. It will appear in the series „Grundlehren der Mathematischen Wissenschaften". Before the appearance of the volumes themselves, the respective algorithms (written in ALGOL) will be prepublished in a series of supplements to the journal „Numerische Mathematik".

We also refer to a recommendable collection of proven methods for the solution of mathematical problems with digital computers, published recently [10].

The next type, the third one in our general enumeration, deals with a specific phase of digital computing. Continuous processes, like quadratures, integrations of differential equations and of integral equations, etc., must be replaced in digital computation by elementary arithmetical operations, i. e. they must be approximated by successions of individual additions, subtractions, multiplications, and divisions. These approximations, it must be stressed, have nothing to do with the precision level of the quantities involved, but only with the inexactitude of the approximations to the type, exact formulas. They naturally cause deviations from the exact result and are known as *truncation errors*. Analog devices avoid them when dealing with one-dimensional integrations (quadratures, total differential equations), but at the price of other imperfections.

This brings us up to the last type, the fourth one in our general enumeration. This one arises from the fact that no real machine, no matter how constructed, is capable of carrying out the operations of arithmetic in the rigorous, mathematical sense. It is important to realize that this observation applies irrespectively of the question, whether the numbers which enter (as the operational variables) into an addition, subtraction, multiplication or division operation, are the exact numbers that the rigorous mathematical theory would require at that point, or whether they are only approximations of those. Irrespectively of this, there is no machine in which the operations that are supposed to produce the four elementary functions of arithmetics, will really all produce the correct results, i. e. the sum, difference, product or quotient which correspond precisely to those values of the variables that were actually used. In analog machines this applies to all operations and it is due to the fact that the variables are represented by physical quantities and the operations (of arithmetics, or whatever other operations are being used as basic ones) by physical processes, and therefore they are affected by the uncontrollable (as far as we can tell in this situation, random) uncertainties and fluctuations inherent in any physical instrument. I. e. (to use the expression that is current in communications engineering and theory) these operations are contaminated by the *noise* of the machine. In digital machines the reason is more subtle. Any such machine has to work at a definite number of (say, decimal) places, which may be large, but must nevertheless have a fixed, finite value, say n. Now the sum and the difference of two n digit numbers is again a strictly n digit number, but the product and the quotient are not. (The product has, in general, $2n$ digits, while the quotient has, in general, infinitely many.) Since the machine can only deal with n digit numbers, it must replace these by n digit numbers, i. e. it must use as product or as quotient certain n digit numbers, which are not strictly the product or the quotient. This introduces, therefore, at each multiplication and at each division an additive extra term. This term is, from our point of view, uncontrollable (as far as we can tell in this situation, usually random or very nearly so). In other words: Multiplication and division are again contaminated by a *noise* term. This is, of course, the well known round-off error, but we prefer to view it in the same light as its obvious equivalent in analogy machines, as noise. This shows, too, where one of the main generic advantages of digital devices over analogy ones lies: They have a much lower, indeed an arbitrarily low, *noise level*. No analogy device exists at present with a much lower noise level than 10^{-4}, and already the reduction from 10^{-3} to 10^{-4} is very difficult and expensive. An n decimal digit machine, on the other hand, has a noise level 10^{-n}; for the customary values of n from 8 to 10 this is 10^{-8} to 10^{-10} and it is easy and cheap, when there is a good reason, to increase n further. (It is natural to increase the arithmetical equipment proportionately to n; this extends then the multiplication time proportionately to n, too.) Hence passing from $n = 10$ to $n = 11$, i. e. from noise 10^{-10} to noise 10^{-11}, increases both by 10 % only, which is indeed very little. Cf. also the remarks further below, concerning the method of increasing the number of digits carried without altering the machine, just by increasing the multiplication time. In this case this duration increases essentially proportionately to n^2. To sum up, one may even say, that the digital mode of calculation is best viewed as the most effective way known at present to reduce the (communications) noise level in computing.

It is the *round-off* or *noise* source of error which will concern us in much of what follows. It depends not only on the mathematical problem that is being considered and the approximation used to solve it, but also on the actual sequencing of the arithmetical steps that occur. There is ample evidence to confirm the view, that in complicated calculations of the type that we are considering, this source of error is the critical, the primarily limiting factor.

Let us now consider a very complicated calculation in which the accumulation and amplification of the round-off errors threatens to prevent the obtaining of results of the desired precision, or of any significant results at all. As we have observed previously, the most obvious procedure to meet such a situation would involve increasing the number of digits to be carried throughout the calculation. There should be no inherent difficulty in doing this. A reasonably flexible digital machine, built for, say, p decimal digits, should be able to handle q digit numbers as $[q/p]$ aggregates of p digit complexes ($[x]$ is the smallest integer $\geq x$) i. e. as p digit numbers. The multiplication time will

usually rise by a factor of about $\frac{1}{2} \left[\dfrac{q}{p}\right] \left(\left[\dfrac{q}{p}\right] + 1\right)$, i. e. for large (q/p) essentially

proportional to q^2, as observed before.

4. Adjoint Systems (Excursus)

Much of the literature in numerical analysis has been concerned with the topic of truncation error and particularly with that aspect of it which relates to the numerical solution of differential equations. It would seem to be of interest here to exhibit a mathematical technique, developed by BLISS during World War I, which has not been sufficiently exploited in numerical analysis, but which is quite elegant and powerful. The only use made of the method in this connection was a short note by RADEMACHER [6]. In another place I will show the applicability of the method both to truncation and rounding errors for partial differential equations.

Here it will suffice to describe a modification of BLISS' techniques [7] as applied to a system of total differential equations

$$
\begin{aligned}
y_i' &= \bar{f}_i(x, y) \quad (\tilde{x}_0 \leq x \leq \tilde{x}_1), \\
y_i(\tilde{x}_0) &= \tilde{y}_{i0} \qquad (i = 1, 2, \ldots, n)
\end{aligned}
\tag{4.1}
$$

with the functions $\bar{f}_i$ defined and of class C' on a region of $(x, y_1, \ldots, y_n)$-space containing the point $\tilde{x}_0, \tilde{y}_{10}, \ldots, \tilde{y}_{n0}$. We shall be concerned with this system when expressed in the following somewhat unusual integral form

$$y_i(x) = \bar{y}_{i0} + \int_{\bar{x}_0}^{x} f_i(x, y)\, du(x) \qquad (i = 1, 2, \ldots, n\,;\ \ u(x) = x)\,, \qquad (4.2)$$

and shall attempt to study the behavior of the solution vector $(y_i(x))$ viewed as a function of the parameters $x_0, y_{10}, \ldots, y_{n0}, f_1, \ldots, f_n, u$. That is, we seek the variations in $y_i(x)$ $(i = 1, 2, \ldots, n)$ caused by varying the quantities

$$x_0,\ y_{i0},\ f_i,\ u \qquad (i = 1, 2, \ldots, n)\,,$$

it being understood that only first-order variations are to be studied. To evaluate these variations we shall form the first differentials δy_i of the solution of (4.2) along the given arc C, i. e. we form the differentials at the point

$$(x_0,\ y_{i0},\ f_i,\ u) \ = \ (\bar{x}_0,\ \bar{y}_{i0},\ \bar{f}_i,\ x) \qquad (4.3)$$

in our function space.

They clearly satisfy the variational equations

$$\delta y_i = \delta y_{i0} - \bar{f}_i(\bar{x}_0, \bar{y}_0)\, dx_0 + \int_{\bar{x}_0}^{x} \bar{f}_{iy_j}\, \delta y_j\, dx + \int_{\bar{x}_0}^{x} \delta f_i\, dx + \int_{\bar{x}_0}^{x} \bar{f}\, dU \qquad (4.4)$$

$$(i = 1, 2, \ldots, n)\,,$$

where the differential variables are

$$dx_0,\ dy_{10},\ \ldots,\ dy_{n0},\ \delta f_1,\ \ldots,\ \delta f_n,\ U \qquad (4.5)$$

and where repeated indices indicate summation. In differentiated form these equations become

$$\delta y_i' = \bar{f}_{iy_j}\, \delta y_j + \delta f_i + \frac{d}{dx} \int_{\bar{x}_0}^{x} \bar{f}_i\, dU\,,$$

$$\delta y_i(\bar{x}_0) = d y_{i0} - y_i'(\bar{x}_0)\, dx_0 \qquad (i = 1, 2, \ldots, n)\,. \qquad (4.6)$$

The terms involving U are unusual in terms of BLISS' formulation and RADEMACHER's application; they arise, as we shall see, because of the need to express the integration procedure of the numerical process.

The adjoint system is, by definition,

$$-\lambda_i' = \lambda_j \bar{f}_{jy_i} \qquad (i = 1, 2, \ldots, n)\,; \qquad (4.7)$$

in these equations the derivatives of $\bar{f}_1, \ldots, \bar{f}_n$ are taken along the arc C (4.3). The system is of course determined by forming the linear system whose matrix is the negative of the adjoint of the variational system (4.6). By suitable and obvious manipulations, we find the fundamental identity of BLISS

$$\frac{d}{dx}\, \lambda_i \delta y_i = \lambda_i \delta f_i + \lambda_i \frac{d}{dx} \int_{\bar{x}_0}^{x} \bar{f}_i\, dU\,,$$

or equivalently

$$\lambda_i \delta y_i \big|^{\bar{x}_1} = \lambda_i \delta y_i \big|^{\bar{x}_0} + \int_{\bar{x}_0}^{\bar{x}_1} \lambda_i \delta f_i\, dx + \int_{\bar{x}_0}^{\bar{x}_1} \lambda_i\, d \int_{\bar{x}_0}^{x} \bar{f}_i\, dU\,. \qquad (4.8)$$

In reality this relation contains a number of independent ones which arise from the character of δy_i and form the independent solutions to the adjoint system.

We go to show the form of these various relations. To do so, observe that

$$\delta y_i(x) = y_{ix_0}(x)\, dx_0 + y_{iy_{j_0}}(x)\, dy_{j_0} + L_{ij}(x;\ \delta f_j) + M_i(x;\ U)$$

$$(i = 1, 2, \ldots, n),$$

(4.9)

where L_{ij} is a linear continuous operator in the variable δf_j $(i, j = 1, 2, \ldots, n)$ and M_i is such an operation in U $(i = 1, 2, \ldots, n)$ — we use as norm the one commonly associated with the space of functions defined and continuous on the interval $\tilde{x}_0$, $\tilde{x}_1$. In the expressions for δy_i the quantities (4.5) are the independent variables and there is, of course, one relation (4.8) for each of these variables.

5. The Independent Relations

Let us consider for each i $(i = 1, 2, \ldots, n)$ the

$$\lambda_{ij}(x) \qquad\qquad (j = 1, 2, \ldots, n) \qquad\qquad (5.1)$$

of the adjoint system (4.7) satisfying at $x = \tilde{x}_1$ the conditions

$$\lambda_{ij}(\tilde{x}_1) = \delta_{ij} \qquad\qquad (i, j = 1, 2, \ldots, n); \qquad\qquad (5.2)$$

this family (5.1) of solutions is clearly linearly independent.

For these (4.8) becomes

$$\delta y_i(\tilde{x}_1) = \lambda_{ij}(\tilde{x}_0)\, \delta y_j(\tilde{x}_0) + \int_{\tilde{x}_0}^{\tilde{x}_1} \lambda_{ij}\delta f_j\, dx + \int_{\tilde{x}_0}^{\tilde{x}_1} \lambda_{ij}\, d\int_{\tilde{x}_0}^{x} \bar{f}_j\, dU \quad (i = 1, 2, \ldots, n). \qquad (5.3)$$

Furthermore, we recall the initial value relations of (4.6)

$$y_i(\tilde{x}_0) = d y_{i0} - y_i'(\tilde{x}_0)\, dx_0 \qquad (i = 1, 2, \ldots, n).$$

Thus (5.3) becomes

$$\delta y_i(\tilde{x}_1) = -\lambda_{ij}(\tilde{x}_0)\, y_j'(\tilde{x}_0)\, dx_0 + \lambda_{ij}(\tilde{x}_0)\, dy_{j0} + \int_{\tilde{x}_0}^{\tilde{x}_1} \lambda_{ij}\delta f_j\, dx + \int_{\tilde{x}_0}^{\tilde{x}_1} \lambda_{ij}\, d\int_{\tilde{x}_0}^{x} \bar{f}_j\, dU$$

$$(i = 1, 2, \ldots, n). \qquad\qquad (5.4)$$

Comparing this with (4.9), we find that

$$y_{ix_0}(\tilde{x}_1) = -\lambda_{ij}(\tilde{x}_0)\, y_j'(\tilde{x}_0),$$

$$y_{iy_{j_0}}(\tilde{x}_1) = \lambda_{ij}(\tilde{x}_0),$$

$$L_{ij}(\tilde{x}_1;\ \delta f_j) = \int_{\tilde{x}_0}^{\tilde{x}_1} \lambda_{ij}\delta f_j\, dx, \qquad\qquad (5.5)$$

$$M_i(\tilde{x}_1;\ U) = \int_{\tilde{x}_0}^{\tilde{x}_1} \lambda_{ij}\, d\int_{\tilde{x}_0}^{x} \bar{f}_j\, dU \qquad (i = 1, 2, \ldots, n).$$

In these relations the quantities

$$\delta f_i,\ U \qquad (i = 1, 2, \ldots, n)$$

are all independent and hence (5.5) contains $2n\,(n+1)$ independent relations. They are all obtained at a cost of n solutions of the adjoint system, the n being obtained by means of the initial conditions (5.2). This is the true importance of BLISS' work. It means that it is unnecessary to solve the variational system (4.6) $2n\,(n+1)$ times to find the quantities indicated in the left members of (5.5); it suffices to solve the adjoint system just n times.

6. Some Applications of Bliss' Relations (Excursus)

In this and the next sections we shall examine the applicability of the relations
(5.5) to numerical analysis. To this end we notice that the first n $(n+1)$ of
the relations enable us at once to discuss the perturbations of the solution
arc $(y_i(x))$ which arise from changes in the initial values x_0, y_{i0} $(i = 1, 2, \ldots, n)$.
That is, we are able to discuss the physical stability of the original system with
the help of the adjoint system. This sort of discussion is frequently quite important in applied mathematical situations.

To gain an insight into the procedure we have outlined, let us examine momen-
tarily an illustrative example. The example we choose is this:

$$y_1' = y_2,$$
$$y_2' = y_1,$$
$$y_1(0) = +1, \qquad y_2(0) = -1.$$

Then clearly the given solution is

$$(y_1, y_2) = (e^{-x}, -e^{-x})$$

and the adjoint system is

$$-\lambda_1' = \lambda_2,$$
$$-\lambda_2' = \lambda_1.$$

Let us choose for $\tilde{x}_1$ the value 1. Then the adjoint system is to be solved with
the initial conditions

$$\lambda_{11}(1) = 1, \qquad \lambda_{12}(1) = 0;$$
$$\lambda_{21}(1) = 0, \qquad \lambda_{22}(1) = 1.$$

It is trivial to see that

$$(\lambda_{11}, \lambda_{12}) = (\cosh(x-1), -\sinh(x-1)),$$
$$(\lambda_{21}, \lambda_{22}) = (-\sinh(x-1), +\cosh(x-1)).$$

Thus the changes in, for example, y_1, y_2 produced a change of dx_0 in the initial
value $\tilde{x}_0 = 0$ are given by

$$y_{1x_0}(1) = -[\lambda_{11}(0) y_1'(0) + \lambda_{12}(0) y_2'(0)] \cdot dx_0 = e^{-1} dx_0,$$

$$y_{2x_0}(1) = -[\lambda_{21}(0) y_1'(0) + \lambda_{22}(0) y_2'(0)] \cdot dx_0 = -e^{-1} dx_0;$$

we see from this that an error of dx_0 in the initial value $\tilde{x}_0$ will produce an
error of about $e^{-1} dx_0$, $-e^{-1} dx_0$ in $y_1(1)$, $y_2(1)$. Note that this is exactly what
one expects from an analysis of the solution

$$e^{-(x-\tilde{x}_0)}, \quad -e^{-(x-\tilde{x}_0)}$$

as a function of $\tilde{x}_0$.

7. Some Examples (Excursus)

Let us first look briefly at the case when $n = 1$ and $f = \tilde{f}$ does not depend upon
$y = y'$. Then the original system is reduced to that of performing a quadrature

$$y(x) = y_0 + \int_{\tilde{x}_0}^{x} f(x') \, dx'.$$

I do not propose here to consider this case exhaustively, but reserve this task for another, more appropriate occasion. However, let us note that

$$f_y \equiv 0 \qquad (7.1)$$

and hence

$$\lambda(x) \equiv 1.$$

Thus our relation (5.5) becomes

$$M(\tilde{x}_1;\, U) = \int_{\tilde{x}_0}^{\tilde{x}_1} d \int_{\tilde{x}_0}^{x} f\, dU = \int_{\tilde{x}_0}^{\tilde{x}_1} f\, dU. \qquad (7.2)$$

We now see at once that

$$M(\tilde{x}_1;\, U) \leq \|f\| \cdot \int_{\tilde{x}_0}^{\tilde{x}_1} |dU|, \qquad (7.3)$$

where $\|f\|$ is the norm of f in the space of functions defined and continuous on the interval $(\tilde{x}_0,\, \tilde{x}_1)$, i.e.,

$$\|f\| = \operatorname*{Max}_{\tilde{x}_0 \leq x \leq \tilde{x}_1} |f(x)|.$$

If f is class C', then integrating (7.2) by parts we find

$$M(\tilde{x}_1;\, U) = fU \Big|_{\tilde{x}_0}^{\tilde{x}_1} - \int_{\tilde{x}_0}^{\tilde{x}_1} f' U\, dx \qquad (7.4)$$

and thus we find a new inequality

$$|M(\tilde{x}_1;\, U)| \leq |f(\tilde{x}_1) U(\tilde{x}_1)| + |f(\tilde{x}_0) U(\tilde{x}_0)| + \|f'\| \int_{\tilde{x}_0}^{\tilde{x}_1} |U|\, dx. \qquad (7.5)$$

If now U is such that

$$U(\tilde{x}_0) = U(\tilde{x}_1) = 0, \qquad (7.6)$$

then (7.5) becomes

$$|M(\tilde{x}_1;\, U)| \leq \|f'\| \cdot \int_{\tilde{x}_0}^{\tilde{x}_1} |U|\, dx, \qquad (7.7)$$

i.e.

$$|M(\tilde{x}_1;\, U)| \leq \operatorname{Min}\Big[\|f\| \cdot \int_{\tilde{x}_0}^{\tilde{x}_1} |dU|,\ \|f'\| \cdot \int_{\tilde{x}_0}^{\tilde{x}_1} |U|\, dx\Big]. \qquad (7.8)$$

In general if f is a class of C^{p+1}, if

$$U_0 = U,\ U_p = -\int_{\tilde{x}_0}^{x_0} U_{p-1}\, dx \qquad p = 1, 2, \dots \qquad (7.9)$$

and if

$$U_q(\tilde{x}_0) = U_q(\tilde{x}_1) = 0 \qquad q = 1, 2, \dots, p, \qquad (7.10)$$

then

$$M(\tilde{x}_1;\, U) = \int_{\tilde{x}_0}^{\tilde{x}_1} f^{(p+1)} U_p\, dx \qquad (7.11)$$

and also

$$|M(\tilde{x}_1;\, U)| \leq \operatorname{Min}\Big[\|f\| \cdot \int_{\tilde{x}_0}^{\tilde{x}_1} dU,\, \|f^{(q)}\| \cdot \int_{\tilde{x}_0}^{\tilde{x}_1} |U_{q-1}|\, dx \qquad q = 1, 2, \dots, p+1\Big] \qquad (7.12)$$

It is interesting to evaluate this last expression, (7.12), for some choices of U. Virtually all numerical integration schemes replace the integral

$$\int_{\tilde{x}_0}^{\tilde{x}_1} f\, dx \tag{7.13}$$

by a finite sum

$$\sum_{i=1}^{m} a_i\, f\,(X_i)\,, \tag{7.14}$$

where

$$\tilde{x}_0 \leqq X_1 < X_2 < \ldots < X_{n-1} < X_m \leqq \tilde{x}_1$$

and where the a_i $(i = 1, 2, \ldots, m)$ are a set of weights such that

$$\sum_{i=1}^{m} a_i = (\tilde{x}_1 - \tilde{x}_0)\,; \tag{7.15}$$

they are usually non-negative and we will agree that they are so selected for our purposes. For example, the so-called Trapezoid Rule is that scheme in which $m = 2$, $X_1 = \tilde{x}_0$, $X_2 = \tilde{x}_1$, $a_1 = a_2 = (\tilde{x}_1 - \tilde{x}_0)/2$. The so-called Simpson Rule is that one in which $m = 3$, $X_1 = \tilde{x}_0$, $X_2 = (\tilde{x}_0 + \tilde{x}_1)/2$, $X_3 = \tilde{x}_1$, $a_1 = a_3 = (\tilde{x}_1 - \tilde{x}_0)/6$, $a_2 = 2(\tilde{x}_1 - \tilde{x}_0)/3$. Similarly the Gauss integration schemes can equally well be expressed in terms of (7.14).

In fact, we may generally express the sum (7.14) as a Stieltjes integral with help of the function

$$u(x) = \begin{cases} 0 & x \leqq X_1, \\[4pt] \sum_{i=1}^{j} a_i & X_j < x \leqq X_{j+1} \qquad (j = 1, 2, \ldots, m-2), \\[4pt] \sum_{i=1}^{m-1} a_i & X_{m-1} < x < X_m, \\[4pt] \sum_{i=1}^{m} a_i & X_m \leqq x. \end{cases} \tag{7.16}$$

It is easy to see that

$$\sum_{i=1}^{m} a_i f(X_i) = \int_{\tilde{x}_0}^{\tilde{x}_1} f\, du\,.$$

Note that

$$u(\tilde{x}_0) = 0, \qquad u(\tilde{x}_1) = \sum_{i=1}^{m} a_i = (\tilde{x}_1 - \tilde{x}_0)$$

by (7.15) and thus that $U(x)$ is such that

$$U(\tilde{x}_0) = U(\tilde{x}_1) = 0\,;$$

that is, in all cases (7.8) is applicable.

We now go to evaluate the expressions

$$\int_{\tilde{x}_0}^{\tilde{x}_1} |dU|\,, \qquad \int_{\tilde{x}_0}^{\tilde{x}_1} |U|\, dx\,. \tag{7.17}$$

It is not difficult to see that

$$\int_{\tilde{x}_0}^{\tilde{x}_1} |dU| = \sum_{j=1}^{m} |a_j| = \sum_{j=1}^{m} a_j = (\tilde{x}_1 - \tilde{x}_0)\,,$$

since a_j $(j=1, 2, \ldots, m)$ is non-negative. It is more difficult to evaluate the second of the expressions (7.17) and in fact it is very much dependent upon the particular choices of the $a_1, a_2, \ldots, a_m$. For the Trapezoid Rule (cf. above) a simple calculation shows that

$$\int_{\tilde{x}_0}^{\tilde{x}_1} |U|\, dx = \tfrac{1}{4}(\tilde{x}_1 - \tilde{x}_0)^2$$

and similarly for the Simpson Rule (cf. above)

$$\int_{\tilde{x}_0}^{\tilde{x}_1} |U|\, dx = \tfrac{7}{12}(\tilde{x}_1 - \tilde{x}_0)^2.$$

It is also easy to see in the case of the Trapezoid Rule that

$$U_1(x) = \tfrac{1}{2}(x - \tilde{x}_0)(x - \tilde{x}_1)$$

and thus that (7.10), (7.11), (7.12) hold for $p = 1$; furthermore

$$\int_{\tilde{x}_0}^{\tilde{x}_1} |U_1(x)|\, dx = \tfrac{1}{12}(\tilde{x}_1 - \tilde{x}_0)^3.$$

It follows readily that for the Trapezoid Rule

$$|M(\tilde{x}_1\,;\,U)| \leqq \text{Min}\,[\|f\| \cdot (\tilde{x}_1 - \tilde{x}_0),\, \tfrac{1}{4}\|f'\| \cdot (\tilde{x}_1 - \tilde{x}_0)^2,\, \tfrac{1}{12}\|f''\| \cdot (\tilde{x}_1 - \tilde{x}_0)^3].$$

In a similar manner one can find similar error estimates for the Simpson Rule and, in fact, for each of the standard integration schemes.

To summarize: It is clear from what has transpired above that the various schemes for numerical integration are all attempts to approximate the function

$$x - \tilde{x}_0$$

by various step functions, the parameters at our disposal being m, the number of mesh points, $X_1, X_2, \ldots, X_m$, the locations of these points, and $a_1, a_2, \ldots, a_m$, the functional values at these locations.

8. Importance to Mathematics [2])

Our present analytical methods seem unsuitable for the solution of the important problems arising in connection with non-linear partial differential equations and, in fact, with virtually all types of non-linear problems in pure mathematics. The truth of this statement is particularly striking in the field of fluid dynamics. Only the most elementary problems have been solved analytically in this field. Furthermore, it seems that in almost all cases where limited successes were obtained with analytical methods, these were purely fortuitous, and not due to any intrinsic suitability of the method to the milieu. The accidental character of such successes becomes particularly plausible, if one realizes that changes in the physical definition of the problem, which are physically quite irrelevant and minor, usually suffice to make the previously successful analytical approach quite unapplicable. A typical example for this phenomenom: The introduction of a small non-constancy of entropy or of a curvative (spherical or cylindrical) symmetry in the one-dimensional transient ("Riemann") or two-dimensional stationary ("Hodograph") situations in com-

---

[2]) Some portions of the material in this section have been extracted from the draft of a manuscript prepared by the late JOHN VON NEUMANN and the author, but which was never felt to be in "shape" to be published.

pressible, non-viscous, non-conductive fluid dynamics. Compare this "rigidity" of the non-linear problems with the ease and elegance with which "perturbations" are handled in the linear calculus of quantum mechanics.

To continue this line of thought: A brief survey of almost any of the really elegant or widely applicable work, and indeed of most of the successful work in both pure and applied mathematics suffices to show it deals in the main with linear problems. In pure mathematics we need only look at the theories of partial differential and integral equations, while in applied mathematics we may refer to acoustics, electro-dynamics, and quantum mechanics. The advance of analysis is, at this moment, stagnant along the entire front of non-linear problems. That this phenomenon is not of a transient nature but that we are up against an important conceptual difficulty is clear from the fact that although the main mathematical difficulties in fluid dynamics have been known since the time of RIEMANN and of REYNOLDS, and although as brilliant a mathematical physicist as RAYLEIGH has spent the major part of his life's effort in combating them, yet no decisive progress has been made against them — indeed, hardly any progress which could be rated as important by the criteria that are applied in other, more successful (linear!), parts of mathematical physics.

It is nevertheless equally clear that the difficulties of these subjects tend to obscure the great physical and mathematical regularities that do exist. To name one example: The emergence of shocks in compressible, non-viscous, non-conductive fluids shows that non-linear partial differential equations tend to produce discontinuities, that their theory does not form a harmonic whole without these discontinuities, that the nature of the "characteristic curves" is probably seriously affected by them. Yet, our present information about these phenomena, or rather about their deeper mathematical meaning, as well as about the details of the formation, interaction and dissolution of these discontinuities is worse than sketchy. Another example: The emergence of turbulence in incompressible, viscous hydrodynamics indicates that for non-linear, partial differential equations of that mixed (parabolic-elliptic) type it is not always the knowledge of the simplest, most symmetric (laminar) individual solutions which matters but rather information of certain large, connected families of solutions — where each of these "turbulent" solutions is hard to characterize individually, but where the common statistical characteristics of the entire family contain the really important insights. Again our properly mathematical information on these turbulent solutions is practically nil, and even the united (semi-physical, semi-mathematical) information is most tenuous. Even the analysis of the situations in which they originate, the (linear!) perturbation-type stability discussion of the laminar flow, has been carried out only in rare cases, and with methods of great apparent difficulty.

It is important to avoid a misunderstanding at this point: One may be tempted to qualify these problems as problems in physics, rather than in applied mathematics, or even pure mathematics. It should be emphasized that such an interpretation is wholly erroneous. It is perfectly true that all these phenomena are important to the physicist and are usually mainly appreciated by him. Yet, this should not detract from their importance to the mathematician. Indeed, we believe that one should ascribe to them the greatest significance from the purely mathematical point of view as well. They give us the first indication regarding the conditions that we must expect to find in the field on non-linear partial differential equations, when a mathematical penetration into this area, that is so difficult of access, will at least succeed. Without understanding them and assimilating them to one's thinking even from the strictly mathematical point of view, it seems futile to attempt that penetration.

That the first, and occasionally the most important, heuristic pointers for new mathematical advances should originate in physics, is not a new or a surprising occurrence. The calculus itself originated in physics. The great advances in the theory of elliptic differential equations (potential theory, conformal mapping, minimal surface) originated in physical equivalent insights (RIEMANN, PLATEAU). This applies even to the heuristic approach to the correct formulations of their "uniqueness theorems" and of their "natural boundary conditions". Such advances as have been made in the theory of non-linear partial differential equations, are also covered by this principle, just in what seems to us to be the most decisive instances. Thus, although shock waves were discovered mathematically, their precise formulation and place in the theory and their true significance has been appreciated primarily by the modern fluid dynamicists. The phenomenon of turbulence was discovered physically and is still largely unexplored by mathematical techniques.

We could, of course, continue to mention still other examples to justify our contention that many branches of both pure and applied mathematics are in great need of computing instruments to break the present stalemate created by the failure of the purely analytical approach to non-linear problems. Instead, we conclude by remarking that really efficient high-speed computing devices may, in the field of non-linear partial differential equations as well as in many other fields, which are now difficult or entirely denied of access, provide us with those heuristic hints which are needed in all parts of mathematics for genuine progress. In the specific case of fluid dynamics these hints have not been forthcoming for the last two generations from the pure intuition of mathematicians, although a great deal of first-class mathematical effort has been expended in attempts to break the deadlock in that field. To the extent to which such hints arose at all (and that was much less than one might desire), they originated in a type of physical experimentation which is really computing. We can now make computing so much more efficient, fast and flexible, that it should be possible to use the new computers to supply the needed heuristic hints. This should ultimately lead to important analytical advances.

Bibliography

[1] GOLDSTINE, H. H., VON NEUMANN, J.: Blast Wave Calculations. Commun. Pure and Appl. Math. **8** (1955) No. 1, pp. 327—354.

[2] HOUSEHOLDER, A. S.: Principles of Numerical Analysis. McGraw-Hill, New York 1953.

[3] HOUSEHOLDER, A. S.: Bibliography on Numerical Analysis. J. Assoc. Comput. Mach. **3** (April 1956) No. 2, pp. 85—100.

[4] FORSYTHE, G. E., ROSENBLOOM, P. C.: Numerical Analysis and Partial Differential Equations. J. Wiley & Sons, New York 1958. (Bibliography pp. 38—42 and 164—195.)

[5] VON NEUMANN, J., GOLDSTINE, H. H.: Numerical Inverting of Matrices of High Order. Bull. Amer. Math. Soc. **53** (Nov. 1947) No. 11, pp. 1021—1099.

[6] RADEMACHER, H. A.: On the Accumulation of Errors in Processes of Integration on High-Speed Calculating Machines. Proc. Symposium on Large-Scale Digital Calculating Machinery, Jan. 7—10, 1947. Annals of the Computation Laboratory of Harvard University, Cambridge/Mass., Vol. 16, pp. 176—187.

[7] BLISS, G. A.: Functions of Lines in Ballistics. Trans. Amer. Math. Soc. **21** (1920) No. 2, pp. 93—106.

Further Literature of Interest

[8] GOLDSTINE, H. H.: Systematics of Automatic Electronic Computers. Nachrichtentechn. Fachber. **4** (1956), pp. 1—4.

[9] HOUSEHOLDER, A. S.: Numerical Mathematics from the Viewpoint of Electronic Digital Computers. Nachrichtentechn. Fachber. **4** (1956), pp. 21—25.

[10] RALSTON, A., WILF, H. (Editors): Mathematical Methods for Digital Computers. J. Wiley & Sons, New York 1960.

[11] LANGER, R. E. (Editor): Frontiers of Numerical Mathematics. The University of Wisconsin Press, Madison/Wisc. 1960.

Eight papers presented at a symposium conducted by the Mathematics Research Centre, US Army, at the University of Wisconsin, October 1959. The titles are as follows: Stress Analysis in the Plastic Range — Some Mathematical Problems of Nuclear Reactor Theory — Numerical Problems of Contemporary Celestial Mechanics — Aeroelasticity — Operations Research — Mathematical Bottlenecks in Theoretical Chemistry — Magnetohydrodynamics — On the Application of Numerical Methods to the Solution of Systems of Partial Differential Equations Arising in Meteorology.

[12] FORSYTHE, G. E., WASOW, W. R.: Finite-Difference Methods for Partial Differential Equations. J. Wiley & Sons, New York 1960.

[13] ULAM, S. M.: A Collection of Mathematical Problems. Interscience Publ., New York 1960.

FRIEDRICH L. BAUER
und KLAUS SAMELSON

Mainz, Deutschland

Maschinelle Verarbeitung von Programmsprachen

Mit 12 Bildern

Disposition

Zusammenfassung. Aus der sogenannten „automatischen Programmierung" heraus hat sich die maschinelle Verarbeitung von Programmsprachen entwickelt, der heute große praktische Bedeutung zukommt. Die damit verbundene Einsicht in den Aufbau formaler Sprachen zeigt zahlreiche Berührungspunkte mit der mathematischen Logik auf. Die hier in erster Linie interessierenden problemnahen Programmsprachen sind jedoch schon weitgehend gebunden durch Konventionen im Bereich derjenigen wissenschaftlichen Disziplin, der eine solche Sprache dienen soll.

Durch sequentielles Arbeiten mit rekursiven Prozessen kann die praktische Durchführung der maschinellen Verarbeitung — die Übersetzung — zeitlich und speichermäßig höchst effektiv gemacht werden. Der Umfang der Aufgabe, das erzeugte Programm zu optimisieren, also an vorhandene maschinelle Einrichtungen anzupassen, wächst jedoch mit der Allgemeingültigkeit der Sprache, und bisher liegen nur isolierte Ansätze zur Lösung dieser Aufgabe vor.

Angesichts der erheblichen Arbeit, die heute in die Programmierung von Übersetzern gesteckt wird, verdienen die Entwicklung von Metasprachen und von Methoden zur Erzeugung von Übersetzern aus der syntaktischen Beschreibung heraus große Beachtung.

Summary. The methods of processing programming languages by computers, which are of considerable practical importance today, have developed from the so-called "automatic programming". The insight into the structure of formal languages gained from this development reveals numerous points of contact to formal logics. Problem oriented programming languages, however, which are the primary topic of this article, are to a large extent bound by the conventions of the respective scientific domain which the said programming languages have to serve.

The practical execution of the processing procedure by computers, i. e. the translating, can be made extremely efficient as to profit of time and storage by adopting a sequential mode of working with recursive processes. The problems of optimizing the generated program, i. e. to adapt it to existing hardware, increase with the generality of the language. Up to now only isolated attempts have been made toward solving such problems.

Considerable work is being invested today into the construction of translating programs. Therefore, particular attention should be given to the development of metalanguages and to methods of generating translators from the syntactical description of the language to be translated.

Résumé. Le traitement mécanique des langages de programmation (c'est-à-dire des langages utilisés pour établir les programmes) qui a pris aujourd'hui une grande importance pratique s'est développé à partir de ce qu'on apelle la «programmation automatique». L'aperçu ainsi donné sur la structure des langues formelles, fait ressortir de nombreux points de contact avec la logique formelle. Les langages de programmation touchant aux problèmes, qui nous intéressent surtout ici, sont toutefois déjà fortement liés par des conventions dans le domaine de la discipline scientifique qui les utilise.

On peut rendre l'exécution pratique du traitement mécanique — la traduction — très efficace du point de vue rapidité et capacité de mémoire par des suites d'opération selon des méthodes de récurrence. L'ampleur de la tâche d'optimisation du programme établi, c'est-à-dire l'adaptation de ce dernier aux machines existantes, est d'autant plus grande que le langage est plus général et jusqu'ici on n'en a fait que quelques applications isolées.

En ce qui concerne le travail considérable qui réside dans l'établissement des programmes des traductrices, la mise au point de métalangues et de méthodes d'établissement de traductrices basée sur la description syntactique mérite une grande attention.

1. Einleitung

Die heute in ihrem Ausmaß noch nicht abzusehenden Möglichkeiten der Anwendung digitaler Informationswandler — um nur einige Beispiele zu nennen: Meßwerte in Regelungssystemen, Buchungsvorgänge im kaufmännischen Rechnungswesen — stehen im Brennpunkt des allgemeinen Interesses. Einen ausgesprochenen Randfall der Verwendung von Informationswandlern stellt die Verarbeitung von (codierten) Sprachen dar. Hier haben sich zwei Hauptrichtungen herausgebildet: Einerseits die Verarbeitung natürlicher Sprachen, insbesondere die Sprachenübersetzung sowie Aufgaben der Informationssichtung (etwa im Patentwesen), andererseits die Verarbeitung von Programmsprachen, der dieser Aufsatz gewidmet ist.

1.1 Überblick über die Entwicklung

Was in der Rückschau als *maschinelle Verarbeitung von Programmsprachen* inmitten zahlreicher anderer Anwendungen von digitalen Informationswandlern erscheint, hat eine Entwicklung hinter sich, die fast so alt ist wie der Gebrauch

von Rechenautomaten, und ist dementsprechend auf einem hohen Entwicklungsstand. Schon in den ersten Anfängen wurde erkannt, daß ein Rechenautomat
nicht nur zur Durchführung von Rechnungen, sondern auch zur vorbestimmten
Abänderung des ihm aufgegebenen Programms verwendet werden kann. Als
man mit den Rechenanlagen vertrauter wurde, lernte man, einige Routinearbeiten
der Programmierung von der Anlage selbst vor Erledigung der eigentlichen
Aufgabe durchführen zu lassen (*Relative Adresse* der EDSAC-Schule [1] und
Block-Codierung der Princeton-Schule [2], *floating address* von WILKES [3] und
subroutines der EDSAC- und ILLIAC-Schule [1, 33]).
Bezeichnenderweise kam in dieser Entwicklungsphase, in der man von einem
Pseudocode sprach, der am *Maschinencode* orientiert war und der vom
digitalen Informationswandler in diesen übersetzt wurde, das unglückliche Schlagwort *„Automatische Programmierung"* auf, das den Eindruck erwecken konnte,
die Maschinen besorgten das Denken.
Die Auffassung, daß ein solcher *Pseudocode* eine gleichberechtigte Programmsprache neben dem *Maschinencode* ist, setzte sich nur langsam durch, sie kam
schließlich darin zum Ausdruck, daß man einer mit einem Pseudocode ausgerüsteten Maschine einen neuen Namen gab (Rechenautomat *Whirlwind*
maskiert als *„Summer School Computer"*, 1953 [30]).
Die automatische Programmierung auf dieser Stufe stellte jedoch noch nichts
anderes dar als eine Codifizierung einiger einfacher Regeln, nach denen ein
menschlicher Bearbeiter ein Programm fertigstellt. Sie war dementsprechend
stets eng verknüpft mit der Entwicklung der sogenannten *Programmierungstechnik*, im übrigen bald nicht mehr darauf beschränkt, von dieser lediglich zu
übernehmen, sondern mehr und mehr durch den (von der Codifizierung her-
rührenden) Zwang zum systematischen Vorgehen diese auch befruchtend.
Die theoretischen und praktischen Erfolge der automatischen Programmierung
bewirkten in den letzten Jahren unmerklich den Übergang in die heutige Entwicklungsphase, die die gedankliche Bindung des Pseudocode an die vorhandene Maschinensprache aufgab und die Frage nach *der* Sprache, in der eine
Aufgabe zweckmäßig formuliert werden kann, als Ausgangspunkt ansieht.
Die auf der Ausgangsseite der maschinellen Übersetzung stehenden Programmsprachen entfernten sich nun mehr und mehr von den auf der Zielseite befindlichen Maschinensprachen. Die letzteren blieben, der Funktion der heutigen
digitalen Informationswandler entsprechend, fast ausschließlich *Kommandosprachen*, die syntaktisch auf primitivem Niveau stehen; die ersteren aber wurden
mehr und mehr zu *problemorientierten Sprachen*, die zwangsläufig in ihrem
Aufbau deutliche Züge von syntaktischer Struktur erhielten. Den Wandel
beleuchtet die terminologische Ablösung von *Pseudocode* durch *problemnahe
Programmsprache* und von *programmierendes Programm* (ERSHOV [5]) durch
Übersetzer. Die heutige Sprechweise ist nüchterner, sie läßt keinen Zweifel
darüber aufkommen, daß die schöpferische Arbeit in der Abfassung eines Programms lediglich auf einer anderen, von Ballast freien Stufe geleistet wird. Es entstanden theoretische Ansätze zu einer allgemeinen Diskussion codierter Sprachen,
die großenteils auf weitreichende Untersuchungen in der mathematischen Logik
zurückgreifen konnten, und es entstanden einige praktisch benützte problem-
orientierte Sprachen, die dem Sammeln von Erfahrungen dienten. Gewisse
Querverbindungen zur Übersetzung natürlicher Sprachen bilden sich. Gegenstand
des praktischen Interesses in der maschinellen Verarbeitung von Programmsprachen ist heute noch die effektive Durchführung des Verarbeitungsvorganges,

Gegenstand des theoretischen Interesses ist bereits die Entwicklung einer *Meta-sprache*, die die Beschreibung der codierten Sprachen auf der Eingangs- und Ausgangsseite des Verarbeitungsprozesses gestattet, sowie die maschinelle Durchführung eines Verarbeitungsvorganges, der aus den beschreibenden Angaben in der Metasprache den Übersetzer selbst herstellt.

1.2 Praktische Bedeutung der maschinellen Verarbeitung von Programmsprachen

Die eingangs erwähnten Zielsprachen haben als Kommandosprachen unabhängige Elemente von fester Bedeutung *(Befehle)*, die vom Steuerwerk serienweise abgearbeitet werden. Die damit für ein Maschinenprogramm erforderliche Zerschlagung des Operationsablaufs widerspricht oftmals weitgehend der Art, in der die zu behandelnden Probleme gedanklich geformt werden. Die Aufschreibung im Maschinencode ist platz- und zeitraubend, vom Standpunkt der Informationstheorie ist sie redundant, ohne den Vorteil der Korrekturmöglichkeit von Fehlern aufzuweisen. Daraus und aus der geringen Strukturierung entsteht eine Unübersichtlichkeit, die im Verein mit der Ungewohntheit der Notation praktisch stets Anlaß zu mannigfachen Programmierungsirrtümern gibt. Hinzu kommt, daß aus technischen Gründen der Speicher in eine eindimensionale Folge von Plätzen fester Zeichenlänge zerlegt ist, was umfangreiche Buchführungsarbeiten und vor allem in rekursiven Prozessen die Notwendigkeit des Rechnens mit Adressen erfordert, ein beängstigender Rückschritt im Hinblick auf die Einführung von Indizes in der Mathematik im vorigen Jahrhundert.

Diesen Unbequemlichkeiten zufolge wäre es absurd zu erwarten, daß maschinelle Kommandosprachen im Laufe der Entwicklung zu Muttersprachen der Benutzer von Rechenanlagen aufrücken könnten, also zu Sprachen, in denen der Benutzer vom ersten Augenblick an denkt, in denen sein Problem entsteht, zu Sprachen, in denen er sein Problem gedanklich formt und fixiert [1]).

Die Verfügbarkeit problemnaher Programmsprachen mit anschließender maschineller Verarbeitung zu Maschinensprachen bedeutet offensichtlich das Maximum an Ökonomie im Gebrauch von Rechenanlagen. Der Fortfall der expliziten Maschinenprogrammierung sowie der damit verbundenen Irrtumsmöglichkeiten bedeutet eine spürbare Zeitersparnis; auch stehen einer Verbesserung von Programmen infolge der Übersichtlichkeit und Kompaktheit der problemnahen Notation nicht mehr solche Schwierigkeiten gegenüber, daß sie einfach aus ökonomischen Gründen unterbleiben müßten. Die Hersteller von Rechenanlagen sollten insbesondere bedenken, daß durch diese Möglichkeit, einschließlich der Austauschbarkeit von Programmen, die in standardisierten problemnahen Sprachen abgefaßt sind, die Aufnahmefähigkeit des Marktes für Rechenanlagen beträchtlich steigen kann, insbesondere der noch bestehende personelle Engpaß auf dem Rechenmaschinengebiet eher überwunden werden kann.

1.3 Grundsätzliches über Programmsprachen

Einen Rechenautomaten oder eine allgemeine datenverarbeitende Anlage zu programmieren, heißt, die Arbeitsvorschrift operativ eindeutig zu beschreiben,

---

[1]) Verschiedene Experten aus der Pionierzeit der Entwicklung von Rechenanlagen haben allerdings gelernt, völlig *in der Sprache der Maschine* zu denken. Jedoch ist zu bedenken, daß der *Standpunkt der Maschine* auch in höheren Programmsprachen völlig beherrscht werden kann.

insbesondere für mathematische Probleme eine konstruktive Lösung zu geben. Programmsprachen, die dazu dienen, müssen also besondere semantische Züge haben: Sie befassen sich mit bestimmten Objekten, zielen auf bestimmte Operationen mit diesen Objekten ab und legen dabei insbesondere auch den (u. U. bedingungsabhängigen) Ablauf dieser Operationen fest. Welcher Art die Objekte und die Operationen sind, ist problembedingt und überdies häufig durch traditionelle Einflüsse mitbestimmt. Dafür einige Beispiele:

Für eine Maschinensprache im Sinne des Ingenieurs sind die Objekte Aggregate von Bits, d. h. Impulsfolgen, Flip-Flopzustände u. ä., die den üblichen Maschinenoperationen unterliegen. Für eine der numerischen Mathematik nahestehende (problemnahe) Programmsprache sind die Objekte etwa Gleitkommazahlen, die Operationen sind die üblichen der Arithmetik. Eine für Registrier-, Sortier-, Zählungs- und Listenarbeiten bestimmte problemnahe Sprache müßte als Objekte Zahlen- und Buchstabenfolgen haben, eine für digitale Überwachung, Steuerung und Regelung von Fabrikationsgängen vorgesehene Sprache müßte als Objekte Kurven und Diagramme, Meßstellen und Kommandos haben. Auch innerhalb mathematischer Aufgaben sind die Objekte nicht lediglich auf Zahlen beschränkt: Es wurde schon vor einigen Jahren ein Programm angegeben [6], das Funktionen differenziert; die Objekte sind hier Funktionen aus einem Funktionenkörper.

Typisch problemnahe Sprachen haben stark abkürzenden Charakter; darin liegt ihre Stärke. Solche Abkürzungen führen aber gerade zu kompliziertem syntaktischen Aufbau. Lediglich die primitiven Kommandosprachen haben eine überaus einfache Syntax. Um zu erläutern, was hier als Syntax bezeichnet wird, sei das Beispiel der numerischen Rechnung gewählt und als problemnahe Programmsprache die übliche arithmetische Notation. Der arithmetische Ausdruck

$$(a + (b + c) \times d - e)/2$$

ist in seiner operativen, semantischen Bedeutung uns wohlvertraut. Gleichwohl unterliegt der Aufbau solcher Ausdrücke einem nicht ganz einfachen System von Regeln, das sich, soweit man sich auf Variable (repräsentiert durch Einzelbuchstaben) und Zahlen (repräsentiert durch Ziffernfolgen) als Objekte und auf die vier Grundrechenoperationen und die Klammerung als Operationen beschränkt, folgendermaßen beschreiben läßt:

Ein arithmetischer Ausdruck besteht aus einer Zeichenfolge, gebildet aus den Zeichen

Größen	Q:	a	b	c	$\ldots$
Konnektive	K:	$+$	$-$	$\times$	$/$
Klammern	:	(	)		

die

(1a) mit einer öffnenden Klammer oder einer Variablen beginnt,

(1b) mit einer Variablen oder einer schließenden Klammer endet, bei der

(2a) einem Konnektiv stets eine Variable oder eine öffnende Klammer folgt,

(2b) einem Konnektiv stets eine schließende Klammer oder eine Variable vorausgeht, bei der ferner

(3a) die Gesamtanzahl der öffnenden und der schließenden Klammern gleich ist und,

(3b) von links nach rechts gezählt, die Anzahl der öffnenden Klammern niemals kleiner ist als die Anzahl der schließenden Klammern.

Diese Beschreibung ist implizit, nämlich durch Bedingungen gekennzeichnet. Es ist hier leicht, eine konstruktive Beschreibung zu geben, also Regeln, nach denen arithmetische Ausdrücke konstruiert werden können, und zwar alle möglichen.

Wir geben erst eine Beschreibung in Form eines *Übergangsdiagramms*, wie es in der Informationstheorie [7] üblich ist. Die Kreise bezeichnen Zustände, α bezeichnet den Anfangszustand, ω den möglichen Endzustand (Bild 1).

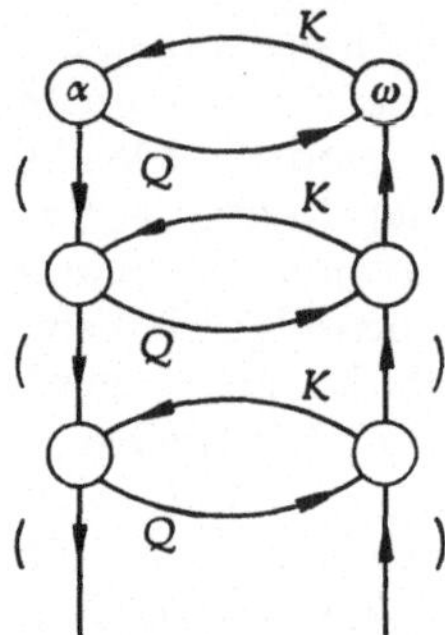

Bild 1. Übergangsdiagramm für arithmetische Ausdrücke

Gleichwertig ist folgende rekursive Beschreibung:

(1) Eine Größe ist ein arithmetischer Ausdruck;

(2) sind A_1 und A_2 arithmetische Ausdrücke, so sind

$$(A_1) \quad A_1 + A_2 \quad A_1 - A_2 \quad A_1 \times A_2 \quad A_1/A_2$$

arithmetische Ausdrücke.

Diese Beschreibungen geben zwar alle sinnvollen arithmetischen Ausdrücke; sie sind aber in folgender Hinsicht unvorteilhaft:

Es ist $a + b$ ein Ausdruck und es ist c ein Ausdruck; somit ist $a + b \times c$ ein Ausdruck.

Wegen des Vorranges der Multiplikation vor der Addition entspricht diese Bildung jedoch nicht der operativen Bedeutung des Ausdrucks — anders ausgedrückt: Die Bildung eines Ausdrucks ist nach den angegebenen Regeln nicht eindeutig rekonstruierbar. Eine diese Mängel vermeidende Beschreibung ist etwa folgende:

(1) Eine Größe ist ein Faktor;

(2a) ein Faktor ist ein Term;

(2b) sind T ein Term und F ein Faktor, so sind

$$T \times F \qquad\qquad T/F$$

Terme;

(3a) ein Term ist ein Ausdruck;

(3b) ist T ein Term, so sind

$$+ T \qquad\qquad - T$$

Ausdrücke;

(3c) sind A ein Ausdruck und T ein Term, so sind

$$A + T \qquad\qquad A - T$$

Ausdrücke;

(4) ist A ein Ausdruck, so ist (A) ein Faktor.

Diese Beschreibung hat hinsichtlich Faktor und Ausdruck eine verschränkte Rekursion.

Es ist einleuchtend, daß eine Programmsprache operativ-konstruktiv sein muß, d. h. daß ein konstruktives Verfahren angebbar sein muß, das die operative Bedeutung eines in der Programmsprache geschriebenen Programms (*die Semantik*) ergibt. Die obige Beschreibung der Syntax ist operativ-konstruktiv, z. B. durch Vergleich nach Mustern läßt sich anhand der Regeln (1) bis (4) die operative Bedeutung eines arithmetischen Ausdrucks eindeutig angeben.

2. Theorie der Sprachen

Aus dem Bisherigen geht hervor, daß auch die formale Seite der Programmsprachen von großer praktischer Bedeutung ist. Nun liegen zwar in der mathematischen Logik ausgedehnte formale Untersuchungen über Sprachen (*Kalküle*) vor. Die dort verwendeten Bezeichnungen, Begriffsbildungen und Methoden können uns also Anhaltspunkte liefern. Die Zielsetzung der mathematischen Logik ist jedoch von unserer verschieden, insbesondere liefert das Entscheidungsproblem als Existenzproblem keine Arbeitsvorschriften. Auf Grund dieser enttäuschenden Situation umfaßt der für unsere praktischen Absichten unmittelbar brauchbare Teil der vorhandenen theoretischen Untersuchungen über formalisierte Sprachen kaum mehr als die grundlegenden Begriffsbildungen. Da uns überdies mathematische Grundlagenfragen hier nicht betreffen, können wir auch die Sprechweise vereinfachen und unserem Zweck anpassen.

2.1 Definitionen

Ein *Alphabet A* ist eine (endliche) Menge von Elementen, genannt *Zeichen*.

Eine *Kette* k_A aus dem Alphabet A ist eine endliche Folge von Zeichen, die gewöhnlich zeilenweise von links nach rechts geschrieben wird (abstrakter: eine geordnete endliche Menge von Zeichen).

Eine *Verkettung* ist eine Aufreihung von Ketten, die eine neue Kette definiert (abstrakter: eine geordnete endliche Menge von Ketten, die eine geordnete endliche Menge von Zeichen indiziert).

Ein *Sprachschatz* S_A ist eine Menge von Ketten über einem Alphabet A.

Eine beliebige Kette soll *zulässig* in S_A heißen, wenn sie in der Menge S_A liegt.

Ein Zeichen soll *eigentlich* heißen, wenn es einzeln bereits eine zulässige Kette bildet, die übrigen Zeichen des Alphabets sollen *uneigentlich* genannt werden.

Zwischen den Ketten eines Sprachschatzes können Relationen bestehen, deren Gesamtheit wir als *Syntax* bezeichnen.

Sprachschatz und Syntax zusammen bilden eine *Sprache*.

2.2 Konstruktive Definitionen eines Sprachschatzes

Eine konstruktive Definition von S_A kann auf mannigfache Art geschehen. Bei Sprachen, die aus endlich vielen Ketten bestehen, kann die Angabe aller ihrer Ketten zur Definition dienen. Eine allgemeinere Möglichkeit einer konstruktiven Definition bildet ein Übergangsdiagramm (vgl. Bild 1), wobei für jede Kette ein Zustand definiert ist, der bestimmt, welche Zeichen der Kette angefügt werden dürfen. Die Konstruktion beginnt mit der leeren Folge an einem bestimmten Anfangszustand. Zulässige Ketten liegen vor, wenn gewisse Zustände (Endzustände) erreicht werden.

Die Beschreibung durch Übergangsdiagramme wird für Sprachen mit hinreichend einfachem Aufbau oft benützt. Einfache Beispiele liegen auf der Hand:

Die Menge der Morsezeichen kann als Sprache dargestellt werden mit dem Alphabet $A = \{- \cdot\}$; das Übergangsdiagramm ist hier ein *Baum*. Viele Sprachen, die zur Darstellung eines Maschinenbefehls bei der Eingabe in einen Rechenautomaten benützt werden, sind endliche Sprachen mit baumartigem Übergangsdiagramm. Die Ketten solcher Sprachen, etwa Maschinenbefehle oder ihre Synonyma, können als Elemente eines neuen Alphabets aufgefaßt werden, das zur Bildung einer neuen Sprache dient. Die üblichen Maschinenprogramme sind solcherart aus dem Alphabet der Maschinenbefehle aufgebaut. Viele in der Nachrichtentechnik verwendeten Codesprachen zeigen Übergangsdiagramme, die Zyklen enthalten. Als Beispiel hierfür möge die in Bild 2 dargestellte binäre 3-Exzeß-Verschlüsselung von Ziffernfolgen dienen.

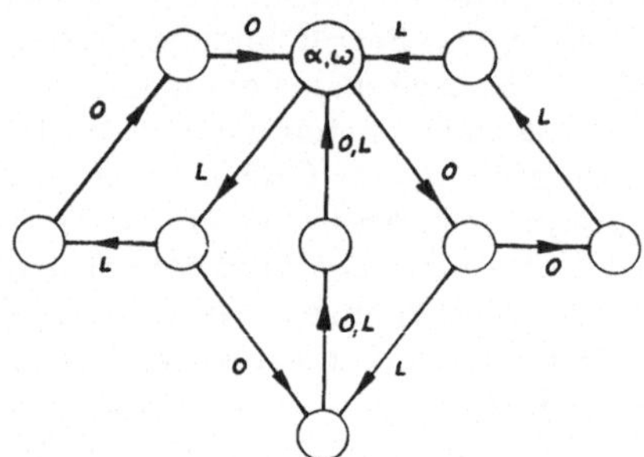

Bild 2.   Übergangsdiagramm für
die binäre 3-Exzeß-Verschlüsselung

2.3 Verkettungssprachen

Die Beschreibung durch ein Übergangsdiagramm kann auch mehr algebraisch notiert werden. Es seien $\Sigma_1, \Sigma_2, \ldots \Sigma_n$ Klassen (den Zuständen entsprechend) derart, daß Implikationen der Art

$$k \in \Sigma_i \to k\,\chi \in \Sigma_i \qquad \textit{(Produktionen)}$$

bestehen, wo $\chi \in A$ jeweils ein festes Zeichen ist. Dann ist S_A die Vereinigung gewisser Klassen Σ_k, die Endzuständen entsprechen. Die Konstruktion beginnt mit Implikationen der Art

$$k \in \varnothing \to k\,\chi \in \Sigma_i$$

wo $\varnothing$ die leere Menge ist, d. h.

$$\chi \in \Sigma_i \qquad \textit{(Anfänge)}$$

Diese Schreibweise erlaubt nun Verallgemeinerungen, die mit dem Übergangsdiagramm nicht oder noch nicht ohne weiteres zu fassen sind. Es seien, neben $S_0 = S_A, S_1, S_2, \ldots S_m, \ldots$ lediglich Mengen von Ketten, die durch Implikationen folgender Art

$$k_1 \in S_{i_1}, k_2 \in S_{i_2}, \ldots k_s \in S_{i_s} \to k_{j_1} k_{j_2} \ldots k_{j_r} \in S_j \qquad (*)$$

definiert sind, wobei die Schreibweise Produktionen und als Trivialfälle Anfänge erfaßt. Die Elemente k_j auf der rechten Seite können auch wiederholt auftreten. Wenn eine Menge S_j auch auf der linken Seite der Produktion auftritt, und allgemeiner, wenn es eine Folge von Produktionen gibt derart, daß S_j auch Elemente enthält, die durch Verkettung von Elementen aus S_j entstehen, so heißt S_j *rekursiv definiert*. Rekursive Definitionen sind Verallgemeinerungen der Zyklen in Übergangsdiagrammen. Sprachen solcher Syntax werden als Verkettungssprachen bezeichnet[2]).

Die meisten Sprachen der mathematischen Logik sind von dieser Art, ebenso die meisten gebräuchlichen problemnahen Programmsprachen. Die ALGOL-Sprache [15, 50] ist hierunter, wie ein Blick auf ihre syntaktische Konstruktion zeigt. In den meisten der interessanten Fälle sind die Produktionen rekursiv. Rekursive Produktionen sind ein probates Mittel zur Beschreibung, wenn die Sprache abzählbar unendlich viele Ketten enthält.

Insbesondere für Sprachen mit umfangreichen Definitionen kann es angebracht sein, die Schreibweise dadurch zu vereinfachen, daß die Mengenbezeichnungen stellvertretend für die Elemente der Menge stehen und die Verkettung der Elemente dementsprechend in Mengenbezeichnungen ausgedrückt wird [3]), daß also die Implikationen ersetzt werden durch eine andere Schreibweise:

$$S_{i_1}\, S_{i_2}\, S_{i_3} \ldots S_{i_r} \rightsquigarrow S_j \qquad\qquad (**)$$

Diese Schreibweise ist im wesentlichen (nämlich abgesehen davon, daß simple Rekursionen durch die üblichen „drei Punkte" der Mathematik entbehrlich gemacht wurden) die des ALGOL-Berichts von 1958 (vgl. Beispiel 1). Backus [9] benützt eine vorteilhaftere Notation, indem er auch alle Produktionen, die Elemente aus S_j liefern, zusammenfaßt (vgl. Beispiel 1). Seine Bezeichnungen $\overline{or}$ und $:\equiv$ können als Vereinigung und Inklusion von Mengen aufgefaßt werden; die Deutung als Abkürzung für Beziehungen der Art (*), die für einzelne Elemente gelten, ist aber im Falle rekursiver Definitionen anschaulicher. Der ALGOL-60-Bericht [50] verwendet die Backus-Notation, wobei $:\equiv$ durch $::=$, $\overline{or}$ durch $|$ ersetzt ist.

Beispiel 1

Gegenüberstellung verschiedener Schreibweisen zur syntaktischen Definition von Zahlen.   Alphabet: $A = 0, 1, 2, 3, \ldots 9$ Sprache: G

(*)	(**)	ALGOL 1958	Backus-Notation
$0 \in A$	$0 \rightsquigarrow A$	$\zeta \sim 0$	$\langle\text{digit}\rangle :\equiv\ 0\ \overline{or}$
$1 \in A$	$1 \rightsquigarrow A$	1	$1\ \overline{or}$
$2 \in A$	$2 \rightsquigarrow A$	2	$2\ \overline{or}$
$3 \in A$	$3 \rightsquigarrow A$	3	$3\ \overline{or}$
$4 \in A$	$4 \rightsquigarrow A$	4	$4\ \overline{or}$
$5 \in A$	$5 \rightsquigarrow A$	5	$5\ \overline{or}$
$6 \in A$	$6 \rightsquigarrow A$	6	$6\ \overline{or}$
$7 \in A$	$7 \rightsquigarrow A$	7	$7\ \overline{or}$
$8 \in A$	$8 \rightsquigarrow A$	8	$8\ \overline{or}$
$9 \in A$	$9 \rightsquigarrow A$	9	9
$k \in A \rightarrow k \in G$	$A \rightsquigarrow G$		$\langle\text{integer}\rangle :\equiv \langle\text{digit}\rangle\ \overline{or}$
$k_1 \in G,$	$GA \rightsquigarrow G$	$G \sim \zeta\zeta\zeta\ldots\zeta$	$\langle\text{integer}\rangle\ \langle\text{digit}\rangle$
$k_2 \in A \rightarrow k_1\, k_2 \in G$			

---

[2]) Für eine axiomatische Definition der Verkettung (*concatenation*) siehe Rosenbloom [8], S. 189. Für noch allgemeinere Typen von Produktionen (siehe Rosenbloom [8], S. 162) haben wir in üblichen Programmsprachen keine Anwendung gefunden.

[3]) Diese Notation ist zum Beispiel in der elementaren Gruppentheorie üblich.

2.4 Operative Sprachen

Die einleitend erwähnten *eigentlichen Zeichen* müssen, die *uneigentlichen* können in den Anfängen der Syntax einer Verkettungssprache vorkommen. In vielen wichtigen Fällen kommen in den Anfängen lediglich eigentliche Zeichen vor. Die uneigentlichen Zeichen werden dann *Konnektive* bzw., soweit sie in den Produktionen grundsätzlich paarig auftreten, *Klammerzeichen* genannt; in den Produktionen kommen sodann keine Verkettungen vor, die lediglich aus uneigentlichen Zeichen bestehen.

Es bezeichne fortan μ die Klasse der eigentlichen Zeichen, $\varkappa$ die Klasse der Konnektive, β die Klasse der Klammern. Die folgenden einfachsten Typen von Produktionen sind von praktischer Bedeutung:

$$
\begin{array}{lll}
P & \varkappa\,S_{i1} & \leadsto S_j \\
\text{(Klammerfreie Sprache)} & \varkappa\,S_{i1}\,S_{i2} & \leadsto S_j \\
& \varkappa\,S_{i1}\,S_{i2}\,S_{i3} & \leadsto S_j \\[2ex]
F & \varkappa\,\beta\,S_{i1}\,\beta & \leadsto S_j \\
\text{(Funktionssprache)} & \varkappa\,\beta\,S_{i1}\,S_{i2}\,\beta & \leadsto S_j \\
& \varkappa\,\beta\,S_{i1}\,S_{i2}\,S_{i3}\,\beta & \leadsto S_j \\[2ex]
O & S_{i1}\,\varkappa\,\beta\,S_{i2}\,\beta & \leadsto S_j \\
\text{(Operatorsprache)} & S_{i1}\,\varkappa & \leadsto S_j \\[2ex]
\ddot{U} & \varkappa\,S_{i1} & \leadsto S_j \\
\text{(Übliche arithmetische Sprache)} & S_{i1}\,\varkappa\,S_{i2} & \leadsto S_j \\
& \beta\,S_{i1}\,\beta & \leadsto S_j
\end{array}
$$

In diesen und ähnlichen Typen von Produktionen werden die den Klassen S_i angehörenden Elemente *Operanden* genannt, die Verkettung eine *Verknüpfung durch Konnektive*. Die Bedeutung dieser Verknüpfung ist üblicherweise eine Operation, die in der einzelnen Produktion durch das spezielle konnektive Zeichen und durch die Anzahl der links- und der rechtsstehenden Elemente gekennzeichnet wird [4]). Die richtige Assoziation der Operanden muß für jede nach den Produktionen gebildete Kette rekonstruierbar sein. Die definierenden Produktionen beschreiben dann die Syntax vollständig und sind mit ihr identisch. Die eindeutige Beschreibung des Aufbaus der Ketten wird durch Klammern (F, O) trivialerweise erreicht; in der klammerfreien *Polnischen Notation* (P) ist sie sichergestellt, wenn ein und dasselbe Konnektiv nicht in Verknüpfungen mit verschiedener Operandenzahl vorkommt. Mit dieser Sprache arbeiten APS III [10] und APT [11]. Die Operatorsprache benutzt PERLIS in IT [12, 13].

Die übliche arithmetische Notation ist durch das beidseitige Auftreten der Operanden bei den binären Speziesoperationen gezwungen, Klammern zu verwenden, tut dies aber so sparsam wie möglich, indem sie eine teilweise Ordnung für die Assoziativkraft der Speziesverknüpfungen einführt (Multiplikation und Division vor Addition und Subtraktion) und innerhalb der beiden letzteren des assoziativen Gesetzes wegen nicht in Schwierigkeiten kommt. Innerhalb der Multiplikation und Division ist ebenfalls kein Vorrang nötig, wenn $''/b''$ als $'' \times b^{-1}''$

---

[4]) Man beachte die zweistellige Wirkung des Zeichens $''-''$ in $a-b$ und die einstellige in $-a$.

aufgefaßt wird[5]). Erkauft wird das durch Komplikationen in der Verkettungssyntax.

Eine Gegenüberstellung der Syntax verschiedener Notationen für arithmetische Formeln, wie sie in Beispiel 2 gegeben ist, möge zur Erläuterung dienen (syntaktische Notation nach Backus).

Beispiel 2

P: ⟨VARIABLE⟩ $:\equiv a \ \overline{\text{or}} \ b \ \overline{\text{or}} \ c \ \overline{\text{or}} \ d$

       ⟨AUSDRUCK⟩ $:\equiv$ ⟨VARIABLE⟩
                       $\overline{\text{or}}$ NEG ⟨AUSDRUCK⟩
                       $\overline{\text{or}}$ ADD ⟨AUSDRUCK⟩ ⟨AUSDRUCK⟩
                       $\overline{\text{or}}$ SUBT ⟨AUSDRUCK⟩ ⟨AUSDRUCK⟩
                       $\overline{\text{or}}$ MULT ⟨AUSDRUCK⟩ ⟨AUSDRUCK⟩
                       $\overline{\text{or}}$ DIV ⟨AUSDRUCK⟩ ⟨AUSDRUCK⟩

       ⟨FORMEL⟩ $:\equiv$ ⟨AUSDRUCK⟩ GLEICH ⟨VARIABLE⟩

F: ⟨VARIABLE⟩ $:\equiv a \ \overline{\text{or}} \ b \ \overline{\text{or}} \ c \ \overline{\text{or}} \ d$

       ⟨AUSDRUCK⟩ $:\equiv$ ⟨VARIABLE⟩
                       $\overline{\text{or}}$ NEG (⟨AUSDRUCK⟩)
                       $\overline{\text{or}}$ ADD (⟨AUSDRUCK⟩ ⟨AUSDRUCK⟩)
                       $\overline{\text{or}}$ SUBT (⟨AUSDRUCK⟩ ⟨AUSDRUCK⟩)
                       $\overline{\text{or}}$ MULT (⟨AUSDRUCK⟩ ⟨AUSDRUCK⟩)
                       $\overline{\text{or}}$ DIV (⟨AUSDRUCK⟩ ⟨AUSDRUCK⟩)

       ⟨FORMEL⟩ $:\equiv$ ⟨AUSDRUCK⟩ GLEICH ⟨VARIABLE⟩

O: ⟨VARIABLE⟩ $:\equiv a \ \overline{\text{or}} \ b \ \overline{\text{or}} \ c \ \overline{\text{or}} \ d$

       ⟨OPERAND⟩ $:\equiv$ ⟨VARIABLE⟩ $\overline{\text{or}}$ (⟨AUSDRUCK⟩)

       ⟨AUSDRUCK⟩ $:\equiv$ ⟨VARIABLE⟩
                       $\overline{\text{or}}$ ⟨AUSDRUCK⟩ NEG
                       $\overline{\text{or}}$ ⟨AUSDRUCK⟩ ADD ⟨OPERAND⟩
                       $\overline{\text{or}}$ ⟨AUSDRUCK⟩ SUBT ⟨OPERAND⟩
                       $\overline{\text{or}}$ ⟨AUSDRUCK⟩ MULT ⟨OPERAND⟩
                       $\overline{\text{or}}$ ⟨AUSDRUCK⟩ DIV ⟨OPERAND⟩

       ⟨FORMEL⟩ $:\equiv$ ⟨AUSDRUCK⟩ GLEICH ⟨VARIABLE⟩

K: ⟨VARIABLE⟩ $:\equiv a \ \overline{\text{or}} \ b \ \overline{\text{or}} \ c \ \overline{\text{or}} \ d$

       ⟨FAKTOR⟩ $:\equiv$ ⟨VARIABLE⟩ $\overline{\text{or}}$ (⟨AUSDRUCK⟩)

       ⟨TERM⟩ $:\equiv$ ⟨FAKTOR⟩ $\overline{\text{or}}$ ⟨TERM⟩ $\times$ ⟨FAKTOR⟩ $\overline{\text{or}}$
                       ⟨TERM⟩ / ⟨FAKTOR⟩

       ⟨AUSDRUCK⟩ $:\equiv$ ⟨TERM⟩ $\overline{\text{or}}$ + ⟨TERM⟩ $\overline{\text{or}}$ − ⟨TERM⟩ $\overline{\text{or}}$
                       ⟨AUSDRUCK⟩ + ⟨TERM⟩ $\overline{\text{or}}$
                       ⟨AUSDRUCK⟩ − ⟨TERM⟩

       ⟨FORMEL⟩ $:\equiv$ ⟨AUSDRUCK⟩ = ⟨VARIABLE⟩

---

[5]) Trotzdem werden bei einzeiliger Schreibweise (Verwendung von "/" oder "÷") häufig überflüssige Klammern gesetzt, offenbar weil der noch weitaus vorherrschende Gebrauch des waagerechten Bruchstrichs die törichte Ansicht suggeriert, auch jene Zeichen hätten Vorrang vor "×".

Das folgende Beispiel 3 bringt eine Gegenüberstellung des Erscheinungsbildes einer arithmetischen Formel in den verschiedenen Notationen. Hinzugefügt sind die Notationen der sogenannten Einadreßsprache E und Dreiadreßsprache D, die (mit Adressen als Variablensymbolen) ihrer Trivialität wegen als Maschinensprachen Verwendung finden. Die erstere entsteht aus der Operatorsprache, wenn die Produktionen eingeschränkt werden zu

$$\langle \text{AUSDRUCK} \rangle \ \text{ADD} \ \langle \text{VARIABLE} \rangle \ \text{usw.}$$

Die zweite entsteht aus der üblichen arithmetischen Sprache, wenn keinerlei Rekursion zugelassen wird, die Sprache also lediglich aus Ketten *elementarer Formeln* der Form

$$\langle \text{VARIABLE} \rangle = \langle \text{VARIABLE} \rangle \ \text{ADD} \ \langle \text{VARIABLE} \rangle$$

usw. besteht.

Beispiel 3

$P:$ ADD DIV ADD MULT $a\ b\ c$ SUBT d ADD MULT $e\ f\ g$ MULT MULT $h\ j\ k$ GLEICH z

$F:$ ADD (DIV(ADD(MULT$(ab)c$)SUBT$(d$ADD(MULT$(ef)g)))$) MULT(MULT $(hj)k$)) GLEICH z

$O:$ a MULT b ADD c DIV (d SUBT(e MULT f ADD g)) ADD(h MULT j MULT h) GLEICH z

$K:$ $(a \times b + c)/(d - (e \times f + g)) + h \times j \times k = z$

$E:$ LIES e MULT f ADD g NEG ADD d GLEICH a' LIES a MULT b ADD c DIV a' GLEICH a' LIES h MULT j MULT k ADD a' GLEICH z

$D:$ $a \times b = a'$ $a' + c = a'$ $e \times f = b'$
　　　 $b' + g = b'$ $d - b' = b'$ $a'/b' = a'$
　　　 $h \times j = b'$ $b' \times k = b'$ $a' + b' = z$

3. Charakteristika üblicher Programmsprachen

Es dürfte unmittelbar klar sein, daß eine zur maschinellen Verarbeitung bestimmte Sprache syntaktisch völlig eindeutig definiert sein muß und daß ein maschineller Übersetzer eine Standardisierung erzwingt, die sich bis auf die Wahl der Symbole erstreckt. Die in einem Problemkreis übliche Sprache gibt für eine zugehörige Programmsprache meist nur rohe Anhaltspunkte. Die syntaktisch eindeutige Standardisierung kann sich bereits als umfangreiche Aufgabe erweisen, die außerdem dadurch erschwert wird, daß sie nicht ohne Willkür möglich ist.

Immerhin gelten für die Aufstellung problemnaher Sprachen einige Grundsätze, die sich aus ihrer Rolle als Mittler zwischen Mensch und Automat ergeben. Solche sind [5, 14 bis 16].

1. Eine problemnahe Programmsprache muß sich an die in dem betreffenden Problemkreis übliche Notation so eng und zwanglos wie möglich anschließen, so daß sie ohne weitere Erklärungen gelesen und nach Erlernung orthographischer Regeln fehlerlos geschrieben werden kann. Gewisse mnemotechnische Grundbedingungen können nicht außer acht gelassen werden.

2. Als Programmsprache muß sie eindeutig einen operativen Sachverhalt ausdrücken, der als ihr semantischer Gehalt aufzufassen ist. Dementsprechend muß sie mechanisch in eine Maschinensprache übersetzbar sein.

Sollen Programmsprachen auch als Verständigungsmittel zwischen Menschen dienen, so kommt dem Punkt 1 eine gesteigerte Bedeutung zu. Aber auch sonst ist Punkt 1 für die praktische Handhabung der Programmsprache entscheidend. Selbstverständlich wird man bei Punkt 2 auch die Einfachheit des Übersetzungsvorganges nicht aus den Augen lassen. Soweit die Technik der Übersetzung beherrscht wird, werden Überlegungen dieser Art oftmals eine Willkür in der Standardisierung der Sprache vermindern.

Auch von der Befehlsstruktur der Rechenanlage, für die das übersetzte Programm bestimmt ist, hängt die Einfachheit der Übersetzung ab. Es darf erwartet werden, daß gewisse Maschinencharakteristika sich verschieben werden, wenn die Benutzer von Rechenanlagen nach und nach zur Verwendung problemnaher Formelsprachen übergehen sollten. Es hat sich bereits gezeigt, daß einige sehr spezielle Befehlstypen bei der Verwendung der mechanischen Übersetzung an Wert verlieren. Es wäre töricht, in einer solchen zweckbegründeten Entwicklung einen Verlust für die Rechenautomatentechnik zu erblicken; im Gegenteil, es darf erwartet werden, daß ein einheitlicheres und zweckdienlicheres Niveau in der logischen Struktur der Rechenanlagen auch technische Erleichterungen und Fortschritte bringt.

3.1 Praktischer Aufbau von Programmsprachen

Abgesehen vom Problemkreis der numerischen Mathematik liegen auf anderen Gebieten noch wenig praktische Erfahrungen über problemnahe Programmsprachen vor, wenn auch an solchen für kaufmännische und für militärische Anwendungen gearbeitet wird. Man kann aber doch heute bereits gewisse Charakteristika solcher Sprachen angeben.

1. Entsprechend dem Aufbau natürlicher Sprachen sind größere abgeschlossene Einheiten (*Sätze*) vorhanden. Sätze sind syntaktisch weitgehend voneinander unabhängig, d. h., die zwischen ihnen bestehenden Zusammenhänge sind nicht mehr durch formale Regeln gefaßt oder faßbar, sondern werden vom semantischen Inhalt der Programme bestimmt.

2. Es gibt Sätze operativen Charakters und Sätze deskriptiven Charakters. Die letzteren haben für ein Programm eine über das Lokale hinausgreifende Bedeutung. Hierher gehören im besonderen freie Definitionen, die in einer Programmoperation als Vereinbarungen über abkürzende Symbolfragen anzusehen sind. Wenn Sätze deskriptiven Charakters über ein einmaliges Programm hinausgreifende Gültigkeit haben, wird eine gelegentlich naiverweise als *Lernfähigkeit* bezeichnete Eigenschaft des Übersetzers eingeführt.

3. Die Sätze operativen Charakters stellen das Gerüst der Abläufe dar. Sie können von geschachtelter Struktur sein. Die hierzu verwendbaren Notationen differieren; am üblichsten ist die direkte Verwendung von klammerartigen Symbolen.

4. Der Ablaufzusammenhang zwischen den operativen Sätzen kann im übrigen eine komplizierte Struktur haben mit Verzweigungen, die von Eigenschaften der Objekte der Programmsprache abhängig sind. Der Zusammenhang kann in mannigfacher Art zum Ausdruck gebracht werden: Topologische Strukturdiagramme, fallweise Klassifikation einschließlich Schachtelklassifikation (z. B.

Dezimalklassifikation), Angabe der qualifizierenden Bedingungen vor dem operativen Satz. Die Besonderheiten des Schreib- und Druckvorganges auf den zur Verfügung stehenden mechanischen Hilfmitteln begünstigen jedoch lineare, zeilenartige Aufschreibungen, für die auch von der Art unserer Sprachschrift her eine gewohnheitsmäßige Vorliebe bestehen mag. Durch Markierung der Sätze und durch zweckentsprechende Fortsetzungsverweise läßt sich eine lineare zeilenweise Aufschreibung stets erreichen, wenn auch klar gesehen werden muß, daß dies Opfer in bezug auf Ursprünglichkeit und Übersichtlichkeit der Notation bedeutet.

5. Eine besondere Art des Ablaufzusammenhangs liegt bei Wiederholungen von operativen Sätzen vor. Solche Wiederholungen bewirken, daß die Folge der auszuführenden qualifizierten Operationen (die *dynamische* Operationsanzahl) wesentlich umfangreicher sein kann als die der Gesamtheit der niedergeschriebenen Sätze entsprechende Menge von Operationen (die *statische* Operationsanzahl). Je größer jedoch das Verhältnis zwischen dynamischer und statischer Operationsanzahl ist, um so größer ist die Effektivität in der Verwendung des Automaten, gemessen an der notwendigen Einstellarbeit. Bei den Wiederholungen (*Schleifen*) braucht es sich jedoch nicht um identische zu handeln (*Iterationen*), häufiger sind Wiederholungen mit gleichmäßig wechselnden Objekten und Operationen (*Rekursionen*). Die Wiederholung als solche kann durch eine die zu wiederholenden operativen Sätze qualifizierende Angabe einfacher als durch explizite Angabe des qualifizierten Ablaufzusammenhangs ausgedrückt werden. Für Rekursionen haben sich in der Mathematik der Indexlauf, d. h. die ein- oder mehrdimensionale Numerierung (*Indizierung*) der Objekte, und die Indexabzählung als Quantifizierung eingebürgert, deren Brauchbarkeit jedoch nicht auf mathematische Aufgaben beschränkt ist. An Stelle einer absoluten Numerierung der Objekte (das zweite, dritte, ...) kann auch eine relative Numerierung (das vorletzte, das letzte, das nächste, das übernächste) zweckmäßig sein (vgl. [17]).

3.2 Syntaktische Struktur von Kommandosprachen

Die hier getroffene Einteilung in operative Sätze, deskriptive Sätze, qualifizierende Bedingungen und quantifizierende Angaben findet sich, stark verkümmert, auch in gängigen Maschinensprachen. Die Objekte sind strikt durchnumerierte Speicherplätze (*Zellen*). Die operativen Sätze sind Einzelbefehle aus dem elementaren Operationsrepertoire der Maschine (*Maschinenbefehle*), die selbst in Zellen untergebracht sind. Der Ablaufzusammenhang wird entweder in jedem Befehl durch Mitangabe des Ortes (*Zellennummer*) des nächsten auszuführenden Befehls gegeben oder er ist seriell nach den Zellennummern der Befehle. Sogenannte Sprungbefehle dienen zur Durchbrechung dieser Reihenfolge. Qualifizierende Bedingungen beschränken sich meist auf arithmetischen Vergleich, umfassen aber gelegentlich auch Alarmsituationen (Überlauf, Division durch Null) oder Bedienungsmittel (Wahlschalter); in der Regel sind sie mit dem Sprungbefehl starr verbunden, beziehen sich aber neuerdings auch auf die Ausführung des seriell nächsten Befehls (*Überspringbefehl*).

Quantifizierende Angaben können gelegentlich mit einem Befehl verbunden werden; sie sind bei Verschiebeoperationen üblich. Andere als triviale Sätze deskriptiven Charakters kommen nicht vor.

3.3 Überblick über die historische Entwicklung der problemnahen Programmsprachen

Die ersten Ansätze zu *automatischer Programmierung*, die sich in der AIKEN-Schule [18, 19] und in der EDSAC-Schule [1] finden, lassen auch rückschauend noch kaum einen Zusammenhang mit der Entwicklung problemnaher Programmsprachen erkennen. Es sind dies die Einführung der relativen Adresse und die Benützung von Bibliotheksprogrammen einfacher Art sowie die Verwendung interpretativer Programme zur Durchführung einer besonderen Arithmetik (z. B. Gleitkomma oder Doppelte Genauigkeit) mit einer Festkommamaschine. Diese Anfänge dienten in erster Linie dazu, die (absichtlich oder unabsichtlich) primitiven Fähigkeiten des Rechenautomaten zu erweitern. Der Nachweis der Möglichkeit solcher Erweiterungen, um den auch die Princeton-Schule [2] verdient war, trug jedoch wesentlich zu den ersten, entscheidenden Schritten von RUTISHAUSER und WILKES bei.

Um zuerst WILKES' Verdienst zu würdigen: Er dürfte der erste gewesen sein, der (1952) den Begriff der *symbolischen Adresse (floating address)* einführte und gebrauchte [3]. Schon früher waren auf den Programmiertischen von AIKEN [20] und ZUSE [21 bis 23] Knöpfe, die, mit den gebräuchlichen Zeichen für arithmetische Operationen versehen, die Codierung der entsprechenden Maschinenbefehle bewirkten. Nun ermöglichte die Einführung der symbolischen Adressen erstmals auch eine freiere, problemnähere Namensgebung für Objekte, die von der Zellennumerierung losgelöst ist, sowie — in Verbindung mit Sprungbefehlen — auch eine freiere Bezeichnung der Sprungziele.

RUTISHAUSERS Vorschlag (1951) der *automatischen Planfertigung* machte sich lediglich vom Adressenkonzept noch nicht völlig frei, ging aber im übrigen wesentlich weiter: Er wies nach (vgl. [24 bis 26]), daß die Übersetzung konventioneller mathematischer Formeln (die er in direkter Zahlverschlüsselung annimmt), vom Automaten selbst ausgeführt werden kann. Er führte das Ergibt-Zeichen $\Rightarrow$, das bereits in ZUSES Plankalkül vorkommt (vgl. z. B. [57] insbes. S. 70, „Das Ergibt-Zeichen") und das als Abkürzung für die Speicherungsoperation auf dem Programmiertisch in ZUSES Rechenanlage Z 4 schon vorhanden war, als ablaufanzeigendes, dynamisches Gleichheitszeichen ein. Damit brach er der echten *algorithmischen Schreibweise* Bahn. Die Objekte waren durch (als Adressen verschlüsselte) Variablensymbole bezeichnet, die ein- oder mehrfach indiziert sein konnten, wobei er sich auf lineare Indexabhängigkeit (der Adressen) beschränkt. In Verbindung damit steht die Einführung von Wiederholungsanweisungen. Damit begann RUTISHAUSER mit dem bis heute noch nicht abgeschlossenen Prozeß, die übliche mathematische Formulierung, bei der manches *zwischen den Zeilen* gelesen werden muß, zu einer vollständigen operativen Sprache zu entwickeln. Auf rein theoretischem Gebiet hat sich LORENZEN [27] um diese Aufgabe verdient gemacht.

Ein Originalbeispiel aus [25] in RUTISHAUSERS algorithmischer Schreibweise ist in Bild 3 für das Eliminationsverfahren von GAUSS-BANACHIEWICZ gegeben.

Die Zeit zwischen 1951 und 1954 brachte mancherlei Fortschritte in der Programmierungstechnik, aber in der Entwicklung problemnaher Sprachen wenig Neues. Die damals entstehenden *Compiler* (A 2 [28, 29], CS, SS [30], NYU [31], MAGIC I [4], Speedcoding [32]) hatten eine stark maschinengebundene Sprache; teilweise war dies durch technische Eigentümlichkeiten der verfügbaren Rechen-

automaten erzwungen. WHEELER und andere (vgl. [33], S. 72) erweiterten den
Gebrauch der symbolischen Adresse, auch unter Einbeziehung von Konstanten.

$$
\begin{aligned}
&\text{Für } k=1(1)n \\
&\quad \text{Für } i=1(1)k-1 \\
&\qquad a_{ik} \Rightarrow h_o \\
&\qquad \text{Für } j=1(1)i-1 \\
&\qquad\quad h_{j-1} + (t_{ij} \times t_{jk}) \Rightarrow h_j \\
&\qquad\quad \text{Ende Index } j \\
&\qquad -(h_{i-1} : t_{ii}) \Rightarrow t_{ik} \\
&\qquad \text{Ende Index } i \\
&\quad \text{Für } i=k(1)n \\
&\qquad a_{ik} \Rightarrow h_o \\
&\qquad \text{Für } j=1(1)i-1 \\
&\qquad\quad h_{j-1} + (t_{ij} \times t_{jk}) \Rightarrow h_j \\
&\qquad\quad \text{Ende Index } j \\
&\qquad h_{i-1} \Rightarrow t_{ik} \\
&\qquad \text{Ende Index } i \\
&\quad \text{Ende Index } k \\
&\text{Für } i=n(-1)1 \\
&\quad b_i \Rightarrow h_o \\
&\quad \text{Für } j=i+1(1)n \\
&\qquad h_{j-1} + (t_{ij} \times x_j) \Rightarrow h_j \\
&\quad \text{Ende Index } j \\
&\quad h_n \Rightarrow x_i \\
&\quad \text{Ende Index } i \\
&\text{Schluss .}
\end{aligned}
$$

Bild 3.   Eliminationsverfahren von *Gauß-Banachiewicz* in algorithmischer Schreibweise nach *Rutishauser*

RUTISHAUSERS Vorschlag war offenbar der Zeit und den Umständen weit voraus;
die Züricher Rechenanlage ERMETH, die erste von den Erfordernissen der
automatischen Programmierung her mitbestimmte Maschine, war erst im Bau.

Das Jahr 1954 brachte einen Umschwung. CARR [4] setzte sich für eine universelle Sprache ein, die nicht mehr an Maschinensprachen orientiert sein muß,
möglicherweise nicht mehr sein kann.

Die praktische Verwirklichung der RUTISHAUSERschen Ideen setzte ein mit den
Arbeiten von LANING und ZIERLER [30, 34] am Massachusetts Institute of
Technology (MIT); die auch schon die *Synthese von Klammerübersetzung* und
floating address fanden. Über RUTISHAUSER hinaus hatten sie dementsprechend
Sprunganweisungen mit symbolischem Sprungziel, die noch maschinen-
orientiert waren, aber den Sprung mit automatischer Rückkehr und den Sprung
mit berechnetem Sprungziel einschlossen. Nur einfache Indizes waren zugelassen. Die Problematik wurde auch von WEGSTEIN und anderen, vgl. [35], aufgegriffen, der Gedanke des Behandelns von Formeln am schärfsten von
KAHRIMANIAN für analytische Differentiation [6]. Die eigentlich praktische Nutz-

anwendung eines integrierten Programmsystems auf der Basis einer Formelsprache brachte dann die Inangriffnahme des FORTRAN-Projektes [32].

Noch vor der Fertigstellung dieses umfangreichen Formelübersetzers konnten einfachere Versionen (IT [12], PACT [36, 37, 38]) ihre Nützlichkeit unter Beweis stellen. Daneben fanden einige Compiler weite Verbreitung (SOAP [39], SAP [40], GP [41], Flow-matic [42]).

Die FORTRAN-Sprache [43 bis 46] hatte alle syntaktischen Züge, die wir im vorangehenden besprachen, und ging damit weit über RUTISHAUSERS Vorschlag hinaus. Sprachlich neu war die Einführung von arithmetischen Bedingungen (größer, gleich, kleiner), noch beschränkt auf die Verbindung mit Sprüngen, und die Einbeziehung komfortabler Ein- und Ausgabe-Anweisungen, sowie die Angabe der Index-Erstreckung indizierter Größen. Adressen waren damit begrifflich erstmals völlig eliminiert. Gegenüber PACT fehlte die Möglichkeit, Formeln unter Substitution von Variablen zu duplizieren. Nachteilig für die Lesbarkeit von FORTRAN-Programmen war noch eine gewisse Starrheit in der äußerlichen Anordnung, die aus der Verwendung von Lochkartengeräten herrührte, und ein gelegentlicher Mangel an Selbstverständlichkeit der Symbolik. Ein Originalbeispiel für die FORTRAN-Formulierung ist in Bild 4 für eine Matrixmultiplikation gegeben.

Andere Systeme, die etwas später entwickelt wurden (Math-matic [47], ein Originalbeispiel in Bild 5 für Matrixmultiplikation; AP 3 [17], ein Originalbeispiel in Bild 6 für Integration nach SIMPSON; *Mercury* Autocode [48]), konnten hierin schon Verbesserungen bringen.

Mit dieser Entwicklung stieg jedoch die Gefahr auf, daß die von verschiedenen Gruppen entwickelten Sprachen sich — trotz beträchtlicher innerer Verwandtschaft — äußerlich mehr und mehr voneinander entfernten. Der alte Gedanke der einheitlichen Sprache bekam neue, praktische Impulse: Die Arbeitsgruppe ZMMD innerhalb des GAMM-Fachausschusses Programmieren arbeitete eine algorithmische Sprache für wissenschaftliche numerische Berechnungen aus [14, 49], die für mehrere verschiedene Rechenanlagen gemeinsam sein sollte. Neu war daran insbesondere, daß die automatische Fertigung von abgeschlossenen Bibliotheks-

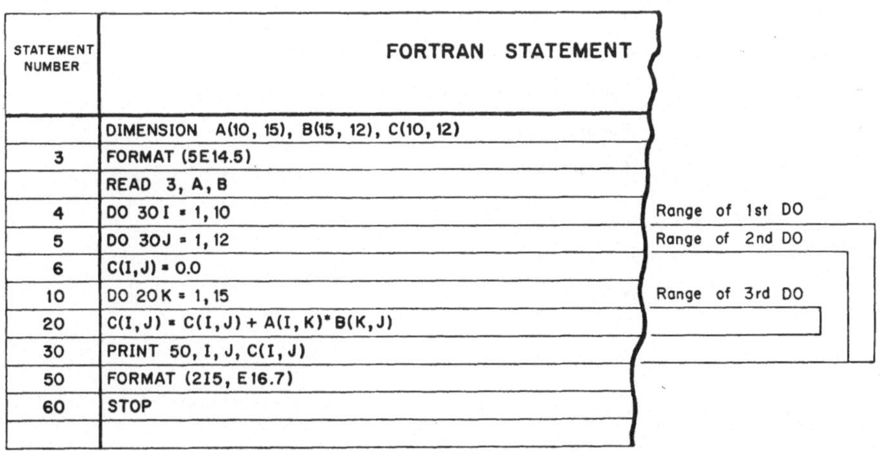

STATEMENT NUMBER	FORTRAN STATEMENT	
	DIMENSION A(10, 15), B(15, 12), C(10, 12)	
3	FORMAT (5E14.5)	
	READ 3, A, B	
4	DO 30 I = 1, 10	Range of 1st DO
5	DO 30 J = 1, 12	Range of 2nd DO
6	C(I, J) = 0.0	
10	DO 20 K = 1, 15	Range of 3rd DO
20	C(I, J) = C(I, J) + A(I, K)*B(K, J)	
30	PRINT 50, I, J, C(I, J)	
50	FORMAT (2I5, E16.7)	
60	STOP	

Bild 4.   Matrixmultiplikation in FORTRAN-Sprache

(1) READ-ARRAY B(12,20) SERVO
3.

(2) LARGEST = 0.

(3) READ-ITEM A(12) SERVO 3 IF
SENTINEL JUMP TO SENTENCE
15.

(4) VARY I 1 (1) 20 SENTENCE 5
THRU 9.

(5) D(I) = 0.

(6) VARY J 1 (1) 12 SENTENCE 7.

(7) D(I) = D(I)+A(J)*B(J,I)

(8) IF $|D(I)|$ > LARGEST, JUMP TO
SENTENCE 13.

(9) IGNORE.

(10) WRITE-ARRAY D(20).

(11) WRITE-ARRAY CONVERTED
D(20)

(12) JUMP TO SENTENCE 3.

(13) LARGEST = D(I).

(14) JUMP TO SENTENCE 9.

Bild 5. Matrixmultiplikation in der Sprache von UNIVAC Math-matic

```
 1   DEBUT  FONCTION  SIMPSON  ENTREE  A  B  DELTA  V  F(Y) .

 2   CALCULER      IBAR = V x ( B - A ) .

 3   QUANTITE      N = 1 .

 4   CALCULER      H = ( B - A ) / 2 .

 5                 J = H x ( F ( A ) + F ( B ) ) .

 6   QUANTITE      K  VARIE  DE  1  A  N  PHRASE  7 .

 7   CALCULER      S = Σ ( K )  F ( A + ( 2 x K - 1 ) x H ) .

 8                 I = J + 4 x H x S .

 9   SI            ( ABS ( I - IBAR ) - DELTA ) < 0  ALLER  A  15 .

10   QUANTITE      IBAR = I .

11   CALCULER      J = ( I + J ) / 4 .

12                 N = 2 x N .

13                 H = H / 2 .

14   ALLER  A      6 .

15   CALCULER      SIMPS = I / 3 .

16   FIN  FONCTION  SIMPSON  SORTIE  SIMPS .
```

Bild 6. Integration nach *Simpson* in AP 3-Sprache der Firma Bull

programmen ermöglicht werden sollte. Ein Vergleich mit einem Vereinheit-
lichungsvorschlag des ACM Committee on Programming Languages zeigte
beträchtliche strukturelle Übereinstimmung, und es gelang einer achttägigen
Arbeitskonferenz in Zürich im Mai 1958, sich auf einen gemeinsamen Vorschlag
über eine algorithmische Formelsprache (ALGOL) zu einigen. Der vorläufige
Bericht über ALGOL [15, 16] (ein Kommentar von ZEMANEK [51] stellt eine vor-
zügliche Einführung dar; für eine Erläuterung anhand von Beispielen vgl. [51 a/b])
zeigte folgende syntaktische Struktur:

Die Sätze operativen Charakters, Anweisungen (*statements*) genannt, können
klammerartig zusammengesetzt sein und mit Marken (*labels*) bezeichnet werden.
Bedingungen können durch arithmetische Vergleiche oder durch BOOLEsche
Variable gestellt werden. Sie wirken auf die ganze nächste (u. U. zusammengesetzte) Anweisung und verallgemeinern damit den Fall der bedingten Sprung-
anweisung mit festem oder durch Berechnung aus einer Liste auszuwählendem,
markiertem Sprungziel. Indizierte Variablen können beliebige Indexausdrücke
besitzen, die Anweisung für den Indexlauf bezieht sich ebenfalls auf die ganze
nächste (u. U. zusammengesetzte) Anweisung und kann listenmäßig oder fort-
schreitend mit fester Schrittweite gegeben sein.

Duplizieren von Formelgruppen unter Substitution von Variablen ist möglich,
daneben aber auch der Gebrauch von abgeschlossenen Formelgruppen mit freien
Parametern, Prozeduren (*procedures*) genannt.

```
procedure     Simps (F ( ), a, b, delta, V)

comment     a, b are the min. and max. resp. of the points def. interval of integ.
            F ( ) is the function to be integrated.
            delta is the permissible difference between two successive Simpson sums.
            V is greater than the maximum absolute value of F on a, b;

begin
Simps: Ibar   := V × (b − a)
          n := 1
          h := (b − a)/2
          J := h × (F (a) + F (b))
Jl:       S := 0
          for k := 1 (1) n
              S :=
              S + F (a + (2 × k − 1) × h)
              I := J + 4 × h × S
          if  (delta < abs (I − Ibar))
begin     Ibar  := I
          J := (I + J)/4
          n := 2 × n ; h := h/2
          go to Jl
end       Simps := I/3
return
integer (k, n)
end       Simps
```

Bild 7.   Integration nach *Simpson* in ALGOL-Schreibweise (1958)

Die Sätze deskriptiven Charakters umfassen u. a. Vorschriften über Arithmetik und über die Erstreckung indizierter Variablen. Insbesondere aber besteht die Möglichkeit, Funktionen und Prozeduren frei zu definieren. Damit war der Schritt zur Erweiterungsfähigkeit einer Sprache durch Definitionen innerhalb dieser Sprache praktisch vollzogen, ein Schritt, dem in größerer Allgemeinheit theoretische Bemühungen [35, 52] schon seit längerem dienten (vgl. hierzu auch Abschnitt 4). Beispiele für die ALGOL-Schreibweisen (1958 bzw. 1960) finden sich in Bild 7 (Integration nach SIMPSON [15, 16]) sowie in den Bildern 8a und 8b (Matrixmultiplikation).

ALGOL fand weithin Zustimmung als Arbeitsgrundlage. Die sachlichen Einwände konzentrierten sich auf die Notwendigkeit, einer später gegebenenfalls erforderlich werdenden Erweiterung nicht den Weg zu verbauen. Die ZMMD-Gruppe nahm um die Jahreswende 1958/59 Pilot-Modelle von ALGOL-Übersetzern für die Maschinen PERM, ERMETH und Z 22 in Betrieb.

Europäische Interessenten an ALGOL fanden sich im November 1958 in Mainz und im Februar 1959 in Kopenhagen zusammen. In Kopenhagen wurden Absprachen über eine gemeinsame Codierung auf Fernschreibern, über Anforderungen an Standardfunktionen und über Zusammenarbeit bei der Herstellung von Übersetzern getroffen. Regnecentralen, Kopenhagen, übernahm die Herausgabe eines ALGOL-Bulletins [76], das als Diskussionsforum dient. Nachdem auf der ICIP-Konferenz, die im Juni 1959 in Paris stattfand, die Diskussion ihren Höhepunkt erreichte, gingen erweiterte Expertengruppen an die Vorbereitung einer erneuten Konferenz, die ALGOL endgültig fixieren sollte. Diese fand im Januar 1960 in Paris statt und brachte den ALGOL 60 Report heraus [50]. ALGOL 60 ersetzt nunmehr ALGOL 58. Die Abänderungen sind äußerlich nur geringfügig. Neben „orthographischen" Verbesserungen fanden jedoch strukturelle Abrundungen statt: Neben Erweiterungen der Index-Laufanweisung betreffen sie vor allem den dynamischen Charakter der deskriptiven Sätze (*declarations*), sowie die Struktur der Prozeduren. Die syntaktische Beschreibung gewann durch Verwendung der Notation von BACKUS [9] an Strenge, die Semantik ist an der Syntax fast vollständig ablesbar.

Augenblicklich (November 1960) sind an einer Vielzahl von Orten ALGOL-Übersetzer in Vorbereitung, an einigen Orten auch bereits in Dienst. Die Arbeitsgruppe ZMMD ging in der ALCOR-Gruppe auf, die nach einheitlichen logischen Plänen (ALCOR-Verfahren) an der Herstellung von Übersetzern für eine Reihe von Maschinen arbeitet [77]. (ALCOR ist die Abkürzung von *ALGOL Converter*.)

ALGOL ist als Gemeinschaftsarbeit, in der weitreichende Erfahrungen und unabhängige Urteile zusammenflossen, derzeit das syntaktisch höchst entwickelte System einer problemnahen Programmsprache für wissenschaftliche numerische Rechnungen. Mancherorts glaubt man, daß mit Erweiterungen geringeren Umfangs auch Probleme aus dem Gebiet der kommerziellen Rechnung und Datenverarbeitung vernünftig beschrieben werden können. Eine Arbeitsgruppe in den USA hat eine darauf speziell zugeschnittene Programmsprache COBOL [86 bis 89] entwickelt[6]). Damit wäre der weitaus überwiegende Teil der für Rechenanlagen auf dem zivilen Sektor heute praktisch auftretenden Probleme erfaßbar.

---

[6]) Vgl. hierzu den Beitrag "The Present Status, Achievement and Trends of Programming for Commercial Data Processing", von R. W. BEMER, in diesem Buch S. 312—349.

```
'procedure'

mamu (a[ , ], b[ , ], m, l, n) =: (c[ , ]);

   'comment' this procedure yields the product of a matrix a
             with m rows and l columns and a matrix b with l
             rows and n columns. the resultant matrix with m
             rows and n columns is called c;

          'array' (a[1,1:m,l], b[1,1:l,n], c[1,1:m,n]);


'begin'
   mamu :     'for' k := 1(1)n;
              'begin'
                    'for' i := 1(1)m;
                    c[i,k] := a[i,1]×b[1,k];
                    'for' j := 2(1)l;
                    'begin'
                          'for' i :=1(1)m;
                          c[i,k] := a[i,j]×b[j,k] + c[i,k]
                    'end'
              'end';
   'return'
'end' mamu;
```

Bild 8a. Matrixmultiplikation in ALGOL-Schreibweise (1958), Fernschreiber-Codierung

```
'PROCEDURE' MAMU(A,B,M,L,N) RESULT:(C);

          'COMMENT' THIS PROCEDURE YIELDS THE PRODUCT OF A MATRIX A
                    WITH M ROWS AND L COLUMNS AND A MATRIX B WITH L
                    ROWS AND N COLUMNS. THE RESULTANT MATRIX WITH M
                    ROWS AND N COLUMNS IS CALLED C;

'ARRAY' A,B,C; 'INTEGER' M,L,N; 'VALUE' M,L,N;

'BEGIN'
          'INTEGER' K, I, J;

'FOR' K:= 1 'STEP' 1 'UNTIL' N 'DO'
          'BEGIN'
          'FOR' I:= 1 'STEP' 1 'UNTIL' M 'DO'
                    C[I,K]:=A[I,1]×B[1,K];

          'FOR' J:= 2 'STEP' 1 'UNTIL' L 'DO'
                    'FOR' I := 1 'STEP' 1 'UNTIL' M 'DO'
                          C[I,K]:=A[I,J]×B[J,K]+C[I,K]
          'END' K
'END' MAMU
```

Bild 8b. Matrixmultiplikation in ALGOL-Schreibweise (1960), Fernschreiber-Codierung

Die Entwicklung in der UdSSR vollzog sich, 1952 beginnend, weitgehend unabhängig und ohne Wechselwirkung mit der westlichen Welt[7]). Eine von LJAPUNOV [53, 54] vorgeschlagene Sprache, die nach ERSHOV [5] in der UdSSR weite Verbreitung fand, ist vom Charakter einer reinen mehrstelligen Operator-

---

[7]) Nach Mitteilung von P. NAUR [76] arbeitet jedoch neuerdings ERSHOV am Rechenzentrum in Nowosibirsk an einem ALGOL-Übersetzer.

sprache, die lediglich vor der orthodoxen Schreibweise der arithmetischen Formeln halt machte. Im übrigen haben jedoch in ALGOL die Prozeduren eine ähnliche Operatorstruktur. Bemerkenswert ist die Notation der Ablaufzusammenhänge durch zweiwegige Enscheidungsoperatoren, die, so gut es in linearer Aufschreibung eben geht, die topologische Struktur erkennen läßt. Ein Beispiel (numerische Lösung parabolischer Differentialgleichungen) findet sich in Bild 9. Hier mag vermerkt werden, daß die Vorschläge der ZMMD-Gruppe [14] für den Ablaufzusammenhang eine Schreibweise vorsahen, die eine Klassifikation nach Fällen und Unterfällen direkt vornehmen ließ.

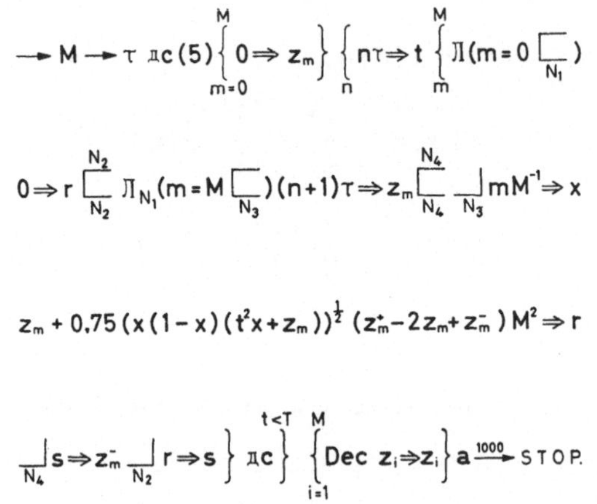

$$\longrightarrow M \longrightarrow \tau \; \text{дc}\,(5) \left\{ 0 \Rightarrow z_m \right\}_{\substack{m=0}}^{M} \left\{ n\tau \Rightarrow t \right\}_n \left\{ \Pi(m=0 \; \underset{N_1}{\boxed{}}) \right\}_m^{M}$$

$$0 \Rightarrow r \underset{N_2}{\overset{N_2}{\boxed{}}} \Pi_{N_1}(m=M \underset{N_3}{\boxed{}})(n+1)\tau \Rightarrow z_m \underset{N_4}{\overset{N_4}{\boxed{}}} \underset{N_3}{\rfloor} m M^{-1} \Rightarrow x$$

$$z_m + 0{,}75\,(x\,(1-x)\,(t^2 x + z_m))^{\frac{1}{2}}\,(z_m^{+} - 2z_m + z_m^{-})\,M^2 \Rightarrow r$$

$$\underset{N_4}{\rfloor} s \Rightarrow z_m^{-} \underset{N_2}{\rfloor} r \Rightarrow s \left. \right\} \text{дc} \left. \right\} \overset{t<T}{\underset{i=1}{\left\{ \text{Dec}\; z_i \Rightarrow z_i \right\}}}^{M} a \xrightarrow{1000} S\,T\,O\,P.$$

Bild 9. Numerische Lösung parabolischer Differentialgleichungen in der von *Ljapunov* vorgeschlagenen Sprache

Seit längerem wird ferner an verschiedenen Orten die Notwendigkeit empfunden, eine universelle maschinennahe Sprache (UNCOL) zu besitzen, die weniger der Formulierung des Problems als dem Austausch fertiger Programme (z. B. innerhalb einer Gruppe, die verschiedene Maschinen benützt) dienen könnte. Äußerliche Schwierigkeiten stehen offenbar der Vereinheitlichung hier entgegen. Die klammerfreie Schreibweise in APS III [10] von RICE und in APT [11] von RICH könnte vielleicht die Richtung andeuten, in der UNCOL liegen kann; weitere Vorschläge macht CONWAY [55].

Standen bei diesen Entwicklungen praktische Gesichtspunkte durchaus im Vordergrund, so sollen doch einige mehr theoretische Fortschritte nicht übergangen werden. GORN [36] macht 1954 bereits Vorschläge für universelle Programmsprachen auf einfachem syntaktischem Niveau, die durch höchste Flexibilität ausgezeichnet sein sollten. Er verwendet grundsätzlich mehrstellige Operatoren und ähnelt damit LJAPUNOV.

ZUSE hat mit dem Plankalkül [56, 57] schon frühzeitig eigene Wege beschritten. Er hat damit zweifellos RUTISHAUSER befruchtet. In seiner Zielsetzung geht er so weit, daß heute noch keine praktische Verwirklichung abzusehen ist.

4. Durchführung der maschinellen Übersetzung

Eine Übersetzung aus einer Ausgangssprache in eine Zielsprache ist trivialerweise die Abbildung der Ketten der Ausgangssprache auf Ketten der Zielsprache, die (wenigstens klassenweise) eineindeutig ist. Eine maschinelle Übersetzung erfordert einen Satz von Regeln, einen Algorithmus, der die Abbildung der zulässigen Ketten vermittelt. Festgelegt wird diese Abbildung durch die Interpretation, also den Bedeutungsgehalt der beiden Sprachen.

Die uns interessierenden Sprachen dienen der Beschreibung datenverarbeitender, in erster Linie arithmetisch-numerischer Prozesse. Die Interpretation der maschinennahen Sprachen liegt im Leseprogramm und der Verdrahtung der Maschine selbst. Die problemnahen Sprachen sind Formalisierungen der in dem betreffenden Problemkreis üblichen Notationen, so daß die Interpretation weitgehend selbstverständlich ist wie etwa in den Beispielen des Abschnitts 1.3. Wo dies nicht der Fall ist, wird üblicherweise eine informelle verbale Beschreibung des symbolischen Operationsablaufs gegeben (vgl. etwa die Beschreibung des Satzes „DO n $i = m_1$, m_2, m_3" in FORTRAN [43, 44]). Voraussetzung für uneingeschränkte Übersetzbarkeit ist natürlich, daß die Interpretation der Zielsprache diejenige der Ausgangssprache vollständig umfaßt. Dies ist durch die Konstruktion der Sprachen und der Rechenanlagen im allgemeinen sichergestellt.

In der Praxis gibt es in Details Unterschiede in der Interpretation der Ausgangssprache, die durch die von Maschine zu Maschine verschiedenartige Behandlung der arithmetischen Operationen erzwungen werden; z. B. ergibt $x = a/b$, $a = 1$, $b = 5$ in einer zehnstelligen Dezimalmaschine $x = 0{,}2000000000$, während eine zehnstellige Binärmaschine mit Aufrundung das zu große Resultat 0,00L0L0L0LL liefert.

Da aber für die Ergebnisse die konkrete Interpretation durch die Maschine allein maßgeblich ist, wird effektiv die Interpretation der Ausgangssprache durch die Übersetzungsangabe und durch die Interpretation der Maschine, die beide streng determiniert sind, festgelegt und vorgenommen. Die Übersetzungsregeln sind dabei natürlich so zu wählen, daß für jede Zielsprache (Maschine) die sich ergebende Interpretation der Ausgangssprache der ursprünglichen gedanklichen Interpretation möglichst nahekommt. Für die Praxis ist es wünschenswert, die Semantik problemnaher Programmsprachen durch Modellübersetzer zu standardisieren. Für ALGOL sind solche in Vorbereitung.

4.1 Prinzipien der Übersetzung

Nichttriviale Übersetzungsregeln werden durch eine Abbildung der Syntax der Ausgangssprache in die der Zielsprache vermittelt. Der einfachste Fall ist derjenige einer eindeutigen Abbildung der einzelnen Zeichen, Anfänge und Produktionen der einen Sprache auf die der anderen. Ein einfaches Beispiel 4 erläutere diesen Sachverhalt.

Beispiel 4

Ausgangssprache: C (vereinfachte mathematische Operatorsprache)

$\langle \varkappa \rangle$ $:\equiv$ LIES $\overline{\text{or}}$ ADD $\overline{\text{or}}$ SUBT $\overline{\text{or}}$ MULT $\overline{\text{or}}$ GLEICH

$\langle a \rangle$ $:\equiv$ a $\overline{\text{or}}$ b $\overline{\text{or}}$ c $\overline{\text{or}}$ . . . $\overline{\text{or}}$ y $\overline{\text{or}}$ z

$\langle \text{FOLGE} \rangle$ $:\equiv$ LIES $\langle a \rangle$ $\overline{\text{or}}$ FOLGE $\langle \varkappa \rangle$ $\langle a \rangle$

$\langle \text{PROGRAMM} \rangle$ $:\equiv$ $\langle \text{FOLGE} \rangle$ GLEICH $\langle a \rangle$

$\langle \text{PROGRAMM} \rangle$ ist die Menge der zulässigen Ketten.

Zielsprache: *E* (vereinfachte Einadreß-Maschinensprache)

$\langle \varkappa \rangle$ $:\equiv$ 1 $\overline{\text{or}}$ 2 $\overline{\text{or}}$ 3 $\overline{\text{or}}$ 4 $\overline{\text{or}}$ 5 $\overline{\text{or}}$ 6

$\langle a \rangle$ $:\equiv$ 0000 $\overline{\text{or}}$ 0001 $\overline{\text{or}}$ 0002 $\overline{\text{or}}$ ... $\overline{\text{or}}$ 9998 $\overline{\text{or}}$ 9999

$\langle$BEFEHLSFOLGE$\rangle$ $:\equiv$ 1 $\langle a \rangle$ $\overline{\text{or}}$ $\langle$BEFEHLSFOLGE$\rangle$ $\langle \varkappa \rangle$ $\langle a \rangle$

$\langle$MASCHINENPROGRAMM$\rangle$ $:\equiv$ $\langle$BEFEHLSFOLGE$\rangle$ 6 $\langle a \rangle$

$\langle$MASCHINENPROGRAMM$\rangle$ ist die Menge der zulässigen Ketten.

Hat die Zielsprache die Interpretation, daß $\langle \varkappa \rangle$ $\langle a \rangle$ ein Einadreß-Maschinen-befehl ist, mit der vierstelligen Adresse $\langle a \rangle$ und mit dem Befehlscode 1 = lies vom Speicher, 2 = addiere, 3 = subtrahiere, 4 = multipliziere, 5 = dividiere, 6 = speichere, so ist die Zuordnung zwischen diesen Sprachen offensichtlich (bei der Abbildung auf die Adressen im übrigen irrelevant), und wir haben nur verschiedene Codierungen der gleichen Sprache vor uns. Das Beispiel 4 ist ein einfaches Modell der Sprachen der älteren Compiler, bei denen eine 1-1-Zu-ordnung zwischen Befehlen (und sogar Elementen wie Operationscode und Adressen) der Ausgangs- und Zielsprache bestand. Hier ist es noch kaum sinn-voll, von Übersetzung zu reden, da es sich um zeichenweise Umcodierung des Alphabets handelt. Komplizierter ist schon das folgende Beispiel 5.

Beispiel 5

Ausgangssprache: *P* (Polnische Notation ohne Negation)

A: $\langle \varkappa \rangle$ $:\equiv$ $+$ $\overline{\text{or}}$ $-$ $\overline{\text{or}}$ $\times$ $\overline{\text{or}}$ / $\langle a \rangle$ $:\equiv$ a $\overline{\text{or}}$ b $\overline{\text{or}}$ c $\overline{\text{or}}$ ... $\overline{\text{or}}$ z

    1. $\langle$AUSDRUCK$\rangle$ $:\equiv$ $\langle a \rangle$ $\overline{\text{or}}$ $\langle \varkappa \rangle$ $\langle$AUSDRUCK$\rangle$ $\langle$AUSDRUCK$\rangle$

    2. $\langle$FORMEL$\rangle$ $:\equiv$ $\langle$AUSDRUCK$\rangle$ $=$ $\langle a \rangle$

    3. $\langle$LISTE$\rangle$ $:\equiv$ $\langle$FORMEL$\rangle$ $\overline{\text{or}}$ $\langle$FOLGE$\rangle$ $=$ $\langle a \rangle$

    4. $\langle$FOLGE$\rangle$ $:\equiv$ $\langle$AUSDRUCK$\rangle$ $\overline{\text{or}}$ $\langle$LISTE$\rangle$ $\langle$AUSDRUCK$\rangle$

Zielsprache: *C*

A: $\langle \varkappa \rangle$ $:\equiv$ $+$ $\overline{\text{or}}$ $-$ $\overline{\text{or}}$ $\times$ $\overline{\text{or}}$ / $\langle a \rangle$ $:\equiv$ a $\overline{\text{or}}$ b $\overline{\text{or}}$ ... $\overline{\text{or}}$ z

    1. $\langle$AUSDRUCK$\rangle$ $:\equiv$ $\langle a \rangle$ $\overline{\text{or}}$ $\langle$AUSDRUCK$\rangle$ $\langle \varkappa \rangle$ $\langle a \rangle$

    2. $\langle$FORMEL$\rangle$ $:\equiv$ $\langle$AUSDRUCK$\rangle$ $=$ $\langle a \rangle$

    3. $\langle$LISTE$\rangle$ $:\equiv$ $\langle$FORMEL$\rangle$ $\overline{\text{or}}$ $\langle$FOLGE$\rangle$ $=$ $\langle a \rangle$

    4. $\langle$FOLGE$\rangle$ $:\equiv$ $\langle$AUSDRUCK$\rangle$ $\overline{\text{or}}$ $\langle$LISTE$\rangle$ $\langle$AUSDRUCK$\rangle$

Die Interpretation ist selbstverständlich: Werden den Variablen irgendwelche Werte zugewiesen, so ergeben sich damit für die Ausdrücke Werte durch arith-metische Verknüpfung der Werte der beiden Konstituenten. Die Formel schließ-lich weist der rechtsstehenden Variablen den sich ergebenden Wert des links-stehenden Ausdrucks zu.

Betrachten wir etwa den Satz

$$+ \times ab \times cd = e$$

der Ausgangssprache. Er entspricht der Formel

$$a \times b + c \times d = e$$

in üblicher Schreibweise.

Zur Übersetzung haben wir die Zeichen des Alphabets und die den Produktionen entspringenden Wortbildungen der Ausgangssprache auf die Zeichen des Alphabets und Wortbildungen der Zielsprache zu übertragen.

Die Zeichen des Alphabets sind augenscheinlich in 1-1-Korrespondenz, die wir durch $\langle a \rangle$ o—• $\langle a' \rangle$, $\langle \varkappa \rangle$ o—• $\langle \varkappa' \rangle$ symbolisieren wollen. Die Produktionen $P\,1$ von P und $C\,1$ von C aber haben diese Korrespondenz nicht mehr, $P\,1$ umfaßt mehr als $C\,1$. Daher müssen wir $P\,1$ in mehrere Produktionen zerlegen, die Syntax *verfeinern*, allerdings ohne dabei neue Bildungen zulässiger Ketten einzuführen.

Spalten wir aus $P\,1$ diejenigen speziellen Produktionen ab, die nur Variable $\langle a \rangle$ enthalten, so lassen sie sich sofort mit Produktionen aus C in Korrespondenz setzen

$(\ddot{U}_1)$ $\langle \text{AUSDRUCK} \rangle :\equiv \langle a \rangle \ \overline{\text{or}} \ \langle \varkappa \rangle \ \langle a \rangle \ \langle a \rangle$ o—•

$\qquad \langle \text{AUSDRUCK}' \rangle :\equiv \langle a' \rangle \ \overline{\text{or}} \ \langle a' \rangle \ \langle \varkappa' \rangle \ \langle a' \rangle$

Die Produktionen von $P\,1$ mit einer Variablen in erster Position dagegen

$\qquad \langle \text{AUSDRUCK} \rangle :\equiv \langle \varkappa \rangle \ \langle a \rangle \langle \text{AUSDRUCK} \rangle$

lassen sich nicht so einfach übertragen. Die Vorschrift ergibt sich aus der Interpretation. Für jeden Wert der Variablen soll der Wert des Ausdrucks rechts mit dem der davorstehenden Variablen verknüpft werden. In C dürfen wir rechts nur eine Variable anfügen. Also müssen wir den Wert des Ausdrucks durch eine Formel, die für diesen Zweck zur Verfügung steht, einer Hilfsvariablen $\langle \hat{a} \rangle$ (aus einem neuen, von dem gegebenen $\langle a' \rangle$ unterscheidbaren Alphabet) zuweisen. Damit müssen wir in C zur Übertragung von $\langle \text{AUSDRUCK} \rangle$ aus P bereits auf die allgemeinere Klasse $\langle \text{FOLGE} \rangle$ zurückgreifen. Damit erhalten wir die korrespondierenden Produktionen

$(\ddot{U}_2)$ $\langle \text{AUSDRUCK} \rangle :\equiv \langle \varkappa \rangle \ \langle a \rangle \ \langle \text{AUSDRUCK} \rangle$ o—•

$\qquad \langle \text{FOLGE}' \rangle :\equiv \langle \text{FOLGE}' \rangle = \langle \hat{a} \rangle \ \langle a' \rangle \ \langle \varkappa' \rangle \ \langle \hat{a} \rangle$

Entsprechend lassen sich natürlich die übrigen Fälle behandeln:

$(\ddot{U}_3)$ $\langle \text{AUSDRUCK} \rangle :\equiv \langle \varkappa \rangle \ \langle \text{AUSDRUCK} \rangle \ \langle a \rangle$ o—•

$\qquad \langle \text{FOLGE}' \rangle :\equiv \langle \text{FOLGE}' \rangle \ \langle \varkappa' \rangle \ \langle a' \rangle$

$(\ddot{U}_4)$ $\langle \text{AUSDRUCK} \rangle :\equiv \langle \varkappa \rangle \ \langle \text{AUSDRUCK}_1 \rangle \ \langle \text{AUSDRUCK}_2 \rangle$ o—•

$\qquad \langle \text{FOLGE}' \rangle :\equiv \langle \text{FOLGE}'_2 \rangle = \langle \hat{a} \rangle \ \langle \text{FOLGE}'_1 \rangle \ \langle \varkappa' \rangle \ \langle \hat{a} \rangle$

Die Übersetzungsregel besagt: Man baue einen Ausdruck $\mathfrak{a} \in \langle \text{AUSDRUCK} \rangle$ durch Umkehrung der ausgangsseitigen Produktionen ab, d. h. nach dem Schema (beginnend mit $\mathfrak{a}_0 = \mathfrak{a}$)

$$\mathfrak{a}_i \rightsquigarrow \quad \begin{matrix} \mathfrak{a}_{i_1} & & \mathfrak{a}_{i_2} \\ & \searrow \ \ \varkappa_i \ \ \nearrow & \\ & \mathfrak{a}_i & \end{matrix}$$

derart, daß $\mathfrak{a}_\sigma \in \langle \text{AUSDRUCK} \rangle$ und $\varkappa_i \, \mathfrak{a}_{i_1} \, \mathfrak{a}_{i_2} = \mathfrak{a}_i$ ist, bis sämtliche $\mathfrak{a}_i$ zu Variablenzeichen $\langle a \rangle$ reduziert sind. Dies ergibt einen Baum T (vgl. Bild 10).

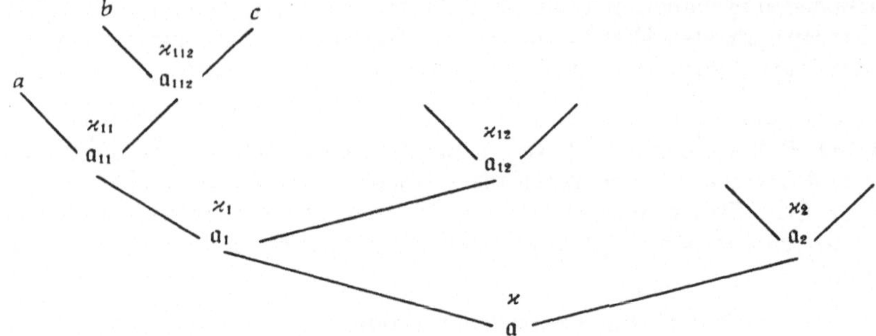

Bild 10.   Der „Baum" als Hilfsmittel beim Abbau von Ausdrücken

Diesen Baum baue man, von den Zweigenden beginnend, wieder ab, wobei durch die Korrespondenzen $(\ddot{U}_1)$ $(\ddot{U}_2)$ $(\ddot{U}_3)$ $(\ddot{U}_4)$ die Übersetzung, d. h. der Aufbau einer Folge $a' \in \langle \text{FOLGE}' \rangle$, bewerkstelligt wird. Praktisch bedeutsam, aber theoretisch nicht wesentlich ist dabei die Reihenfolge, in der man die Zweige des Baumes auf- und wieder abbaut.

Abschließend sei noch bemerkt, daß die Übersetzung der hier verwendeten Zielsprache (C) in die Maschinensprache einer Einadreßmaschine in Beispiel 2 schon behandelt ist.

Daß die Übersetzungsregeln noch wesentlich verwickelter werden, sobald man als Ausgangssprache die übliche arithmetische Schreibweise mit Klammern und Präzedenzregeln für die Operationen verwendet, ist naheliegend. Schwierigkeiten machen das Ersetzen von Klammern durch Präzedenzregeln ($\times$, / vor +, —) und die Verwendung der Zeichen +, — als einstellige und zweistellige Operatoren.

Der Baum bestimmt eine Halbordnung der Ausdrücke a_k aus a. Die Polnische Notation liefert zu jedem Ausdruck einen eindeutigen Baum. Ausdrücken in konventioneller Notation dagegen entsprechen, solange man die Assoziationsgesetze zuläßt, im allgemeinen mehrere verschiedene Bäume, beispielsweise ergibt $a + b + c \times d$

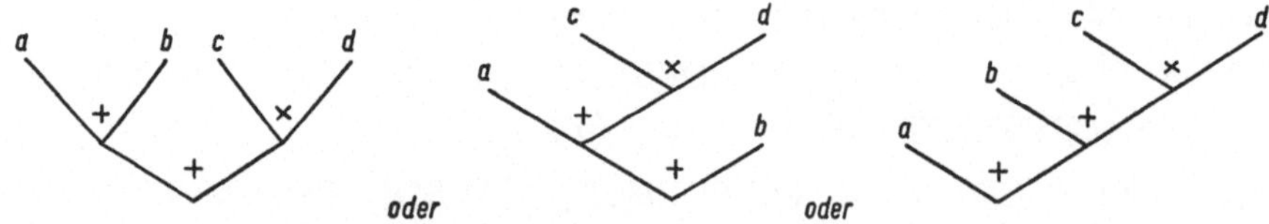

Ersetzt man dagegen die Assoziativgesetze, die bekanntlich für das numerische Rechnen mit fester Stellenzahl in Strenge nicht gelten, durch eine strenge Assoziationsregel (z. B. in ALGOL von links nach rechts, soweit nicht Klammern und Präzedenzregeln andere Vorschriften geben), so entspricht jedem Ausdruck genau ein Baum, wie ja auch $a + b + c \times d$, $a + c \times d + b$, $c \times d + b + a$ dann verschiedene Ausdrücke sind.

Zur Verifikation der Zuverlässigkeit von Zeichenketten in einem Sprachschatz (Wortproblem der mathematischen Logik) wurde von Markov [81] ein Algorithmus angegeben, der aus einer Menge von Ersetzungsregeln für Zeichenketten und aus einer Vorschrift für die Abfolge ihrer Anwendung besteht. Die Abfolge im

Markov-Algorithmus muß jedoch durch den Aufbau des Baumes ergänzt werden, wenn er die Grundlage für eine Übersetzung durch korrespondierende Produktionen liefern soll.

Markov-Algorithmen, die über dem vereinigten Ausgangs- und Zielalphabet arbeiten, können auch unmittelbar eine Übersetzung definieren. Sie wurden von Asser [82] zur theoretischen Übersetzung in die Sprache von fiktiven Turingmaschinen benutzt. Auch Varianten von Markov-Algorithmen wurden angegeben [83].

4.2 Hauptprobleme der maschinellen Verarbeitung von Programmsprachen

Die Ausführungen der vorangegangenen Abschnitte hatten bereits gezeigt, daß das eigentliche Übersetzungsproblem sich in die folgenden Aufgabenkreise aufgliedern läßt:

a) Auflösung rekursiv definierter (*geschachtelter*) Strukturen, die Klammerzeichen und konventionelle Präzedenzregeln für die Assoziativität involvieren;

b) Abbildung von Ablaufzusammenhängen, die z. B. durch gerichtete Graphen darstellbar sind;

c) Auswertung deskriptiver Aussagen (insbesondere Prozeßdefinitionen).

An diese eigentlichen Sprachübersetzungsprobleme schließt das Optimisierungsproblem an. Hier ist die Aufgabenstellung schon mehr technisch bedingt; gefragt ist nach Methoden, die es gestatten, aus einem gegebenen Formelprogramm ein nach irgendwelchen Gesichtspunkten (meist Zeit- und Speicherbedarf) möglichst günstiges Programm zu erzeugen.

Hierher gehört insbesondere die rekursive Auswertung der Speicherabbildungsfunktion indizierter Variablen, also die sogenannte Adressenfortschaltung, die insbesondere bei Rechnungen aus dem Bereich der linearen Algebra von großer Wichtigkeit ist, weiter die Auflösung der Berechnung bestimmter geschlossen dargestellter Funktionen in Rekursionen überhaupt.

Im Zusammenhang mit diesen der Programmerzeugung zugehörigen Aufgaben stehen die Fragen der Programmkontrolle. Auf diesem Gebiet gibt es jedoch anscheinend bisher nur theoretische Ansätze, die von einer Realisierung durch Programme noch weit entfernt sind.

Hinsichtlich der von bestehenden Übersetzungssystemen verwendeten Methoden ist leider zu sagen, daß die Anzahl zugänglicher Verfahrensbeschreibungen wesentlich hinter der Zahl der verfügbaren Sprachbeschreibungen zurückbleibt. Dies mag zum Teil darin begründet liegen, daß die Beschreibungen der Übersetzer kompliziert und wegen des Fehlens geeigneter Sprachen zur Darstellung datenverarbeitender Prozesse schwerfällig sind.

4.3 Der Abbau geschachtelter Strukturen

Das bedeutsamste Beispiel der geschachtelten Stukturen sind die arithmetischen (und aussagenlogischen) Ausdrücke in konventioneller Schreibweise, die in fast allen neueren problemnahen Programmsprachen zur Beschreibung der Arithmetik verwendet werden. Die Aufgabe ist im wesentlichen bereits in Beispiel 3 skizziert: Der einem gegebenen Ausdruck entsprechende Baum T ist mit Hilfe der invertierten Produktionen der Sprache aufzubauen und anschließend mit Hilfe der Übersetzungen von oben, also von den Zweigenden her, wieder abzubauen, wobei die Worte der Zielsprache erzeugt werden.

Die erste Darstellung eines konstruktiven Verfahrens gab Rutishauser [25].
Darin werden zur Darstellung von Ausdrücken die sogenannten *Klammergebirge* verwendet, die eine dem Baum T äquivalente Beschreibung liefern.

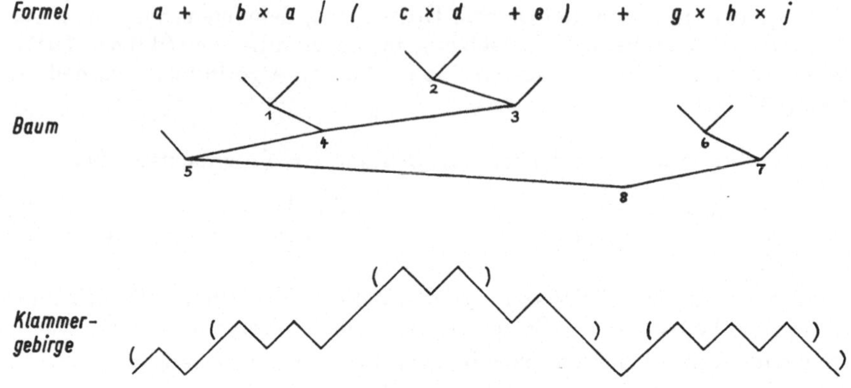

Bild 11. Darstellung eines Ausdrucks als Formel, als Baum (nach *Kantorovich*)
und als Klammergebirge (nach *Rutishauser*)

Bild 11 zeigt ein die Darstellung erläuterndes Beispiel: Einzelne zweistellige
Operationen werden ebenfalls durch eine Gabel $\left(\begin{smallmatrix} a & & b \\ & \varkappa & \end{smallmatrix}\right)$ für $a \varkappa b$ dargestellt.

Zusammengefügt aber werden die Gabeln an den oberen, den Operanden entsprechenden Spitzen. Öffnende Klammern werden durch eine Verlängerung des
rechts ansteigenden Zweiges, schließende Klammern durch einen nach links ab-
steigenden Zweig dargestellt, implizite Klammern in Produktsummen werden
ebenso dargestellt, am Anfang und Ende wird je eine Klammer hinzugefügt. Auf
Grund der Konstruktion entspricht jedem Teillinienzug der Form von Gipfel-
ketten derselben Höhe eine Folge von Operationen gleichen Typs, die in Einadreß-
speichern ohne Zwischenspeicherung aneinandergefügt werden können. Das
Klammergebirge ist also die der Einadreßsprache angepaßte Darstellung wie der
Baum die der Dreiadreßsprache.

Im übrigen hat Rutishausers Abbauverfahren ziemlich genau die Abfolgeregel
des originalen Markov-Algorithmus vorweggenommen. Dieses Abbauverfahren
erscheint heute etwas umständlich, da es die sukzessive rechnerische Ermittlung
der jeweils höchsten Gipfelkette mit anschließendem Abbau und Wiederholung
des Prozesses bis zum völligen Abtragen des Gebirges vorsah. Im Anschluß an
Rutishauser zeigte jedoch C. Böhm [58] 1952, daß man Formeln mit expliziter
Klammerung jeder zweistelligen Operation sequentiell auswerten kann. Die jeweils vorhandene Anzahl offener (noch nicht durch schließende Klammern
kompensierter) Klammern, die das Niveau im Klammergebirge angibt, wird dabei
durch eine äußerlich komplizierte rekursive Funktion angegeben. Im übrigen aber
wird die Übersetzung (ähnlich wie in dem späteren IT-System von Perlis [12])
ausschließlich durch den Vergleich jedes Zeichens mit dem unmittelbar folgenden
gesteuert. Weiter erkannte Böhm, daß man den Abbau völlig klammerfreier Ausdrücke durch Vergleich zweier jeweils aufeinanderfolgender Operationszeichen
durchführen kann.

RUTISHAUSERS und BÖHMS Ideen waren jedoch ihrer Zeit weit voraus, und das Fehlen jeglicher Auseinandersetzung mit ihnen unmittelbar nach ihrer Veröffentlichung hat die Entwicklung um Jahre verzögert.

Dies zeigt insbesondere ein Blick auf die Auswertung von Ausdrücken in FORTRAN (nach SHERIDAN [59]). Dort wird durch Einfügen redundanter Klammern in den Ausdruck ein genaues Äquivalent des Klammergebirges hergestellt und anschließend ähnlich wie bei BÖHM mit Hilfe von Niveauzählern in Einadreßbefehle mit Niveauangabe umgesetzt. Dabei wird allerdings sorgfältig auf Ausmerzung aller in der Zielsprache (SAP-System) vermeidbaren Operationen geachtet, unter bedenkenloser Anwendung der Assoziativgesetze.

Daß man den Abbau von Ausdrücken auch ohne die bei BÖHM noch notwendigen Einschränkungen mit dem sequentiellen Lesen verbinden kann, wurde erst später erkannt. So findet sich z. B. die Methode des *Abbaus vom ersten (Klammer-)maximum* bei BOTTENBRUCH [60] skizziert. Sie beginnt mit dem Abbau, sobald die erste schließende Klammer zeigt, daß das erste lokale Maximum des Klammergebirges überschritten ist. Nach Abbau der Klammer wird die darumliegende abgebaut, bis das Auftreten einer öffnenden Klammer eine neue Maximumsuche einleitet. Etwa das gleiche Verfahren beschreiben ADAMS und SCHLESINGER [61] für die IBM 650. Auch das Programmiersystem PPS für die Moskauer Maschine BESM scheint nach ERSHOV [62] in dieser Weise zu arbeiten. Aus einer Diskussionsbemerkung von GARWICK anläßlich der ICIP, Paris 1959, ist zu entnehmen, daß das Verfahren auch anderen Orts benützt wird. Augenscheinlich wird hier die erste ausführbare Operation unter Umständen zunächst überlaufen, wenn die maximale explizite Klammer eine Produktsumme und damit implizite Klammern enthält. Dies zeigt ein Blick auf Bild 11, wo das (erste und absolut größte) Gipfelpaar bei $c \times d$ liegt, während das Verfahren bei e ansetzt.

Eine genaue Beschreibung des Mechanismus zur Unterscheidung impliziter Niveauunterschiede findet sich in den genannten Arbeiten nicht.

4.4 Sequentielle Übersetzung mit rekursiver Struktur

Der syntaktische Aufbau eines Ausdrucks läßt sich statt statisch durch Graphen wie den Baum oder das Klammergebirge auch sequentiell als Weg in einem Übergangsdiagramm beschreiben. Wesentlich ist, daß die Menge der Zustände zwar unbeschränkt ist, jedoch in einige wenige Klassen zerfällt. Damit reduzieren sich die Übergänge auf einige wenige Typen. Deshalb wird das Übergangsdiagramm hier zweckmäßigerweise durch eine Übergangsmatrix ersetzt. Ein Beispiel für diese Darstellung wird in Bild 12 gegeben.

Die verschiedenen Zustandsklassen sind durch eigene Zeichenreihen der Form $\sigma +$ usw. beschrieben, worin das letzte Zeichen die Zustandsklasse festlegt (σ stellt die Gesamtheit der davorstehenden Zeichen dar). Diese Klassen entsprechen den Zeilen der Matrix. Mit α ist der Anfangs-, mit ω der Endzustand bezeichnet. Den Zeichen χ des Alphabets entsprechen die Spalten der Matrix[8]. Ist in einem bestimmten, durch das Klassensymbol gekennzeichneten Zustand ein Zeichen χ abgefragt worden, so gibt das zugeordnete Matrixfeld den neuen Zustand an. Ein Zustandsübergang erfolgt also entweder durch Wegnahme des letzten Zeichens (*last in — first out*) oder durch Hinzufügung eines neuen Zeichens

---

[8]) Das Zeichen v steht stellvertretend für alle Variablen, also Elemente der Klasse $\langle v \rangle$.

(oder beides). Speicher solcher Art werden als *Keller* [78], *push-down* [75], *stack* [80] oder *nesting store* bezeichnet. Ein Buchstabe „*l*" im Feld besagt, daß ein neues Zeichen abgefragt werden darf, ein Buchstabe „*r*" dagegen bedeutet, daß der neue Zustand ein Zwischenzustand ist, aus dem, in Konjunktion mit dem zuvor abgegebenen Zeichen, sich ein neuer Zustand bestimmt. Man bewegt sich

Σ \ χ	(	v	×	+	)	Ende
σv τ	✕	✕	σ r τ	σ r τ	σ r τ	σ r τ
σ× τ v̲	σ×(l τ v̲	σ×v l τ v̲ v̲	σ× l τ	σ+ r τ	σ r τ	σ r τ
σ+ τ v̲	σ+(l τ v̲	σ+v l τ v̲ v̲	σ+× l τ v̲	σ+ l τ	σ r τ	σ r τ
σ(τ	σ((l τ	σ(v l τ v̲	σ(× l τ	σ(+ l τ	σv l τ	✕
φ φ (α→)	φ(l φ	φv l φ v̲	✕	✕	✕	φ
φ φ v̲ (ω→)	✕	✕	φ× l φ v̲	φ+ l φ v̲	✕	φ φ v̲

Bild 12.   Übergangsmatrix für arithmetische Ausdrücke

also in der gleichen Matrixspalte solange ohne Abfrage von Zeichen, bis man auf ein Feld trifft, das ein „*l*" enthält. Die Abfrage eines neuen Zeichens darf stets nur auf eines der stark umrandeten Matrixfelder führen. Diese Vorschrift legt die zulässigen Zeichenfolgen fest. Jede solche streng syntaktische Darstellung durch ein Übergangsdiagramm liefert nun auch sofort eine *sequentielle* Abbau- und Übersetzungsvorschrift echt rekursiver Natur (vgl. GRAU [92]).

Diese erhält man, wenn man den bisher eingeführten syntaktischen Zuständen eine Klasse interpretativer Zustände hinzufügt, die durch Reihen geordneter, den Variablen v korrespondierender Größen v̲ bestimmt werden und je nach Bedarf unter Heraushebung der letzten Elemente durch τ oder τ v̲ dargestellt werden. Die Übergänge sind auch hier, wie im Fall der syntaktischen Zustände, in den Matrixfeldern angegeben. Insbesondere bedeutet $\tau \to \tau\,$v̲, daß die der Variablen v korrespondierender Größe v̲ der Reihe τ anzufügen ist. τ v̲ $\to$ τ besagt, daß aus den beiden letzten Größen der Reihe durch die im syntaktischen Zustand angegebene Operation (+ oder ×) die neue letzte Größe der Reihe gebildet wird, und zwar unter Auslöschung der ersteren beiden. Interpretiert man den Buchstaben „*l*" als *lesen eines neuen Formelzeichens*, „*r*" als *repetieren mit dem letztgelesenen Formelzeichen*, so beschreibt die Matrix die sequentielle Abbauvorschrift vollständig. Faßt man die Größen v̲ als die den Variablen zugeordneten Adressen auf und die „Operationen" als die Abgabe der entsprechenden

Maschinenbefehle, so erhält man einen Übersetzungsalgorithmus. Diese Auffassung entspricht der *sequentiellen Formelübersetzung,* wie sie in [68] beschrieben ist und den logischen Plänen der ALCOR-Gruppe zugrundeliegt. Die Grundlagen dafür finden sich bereits[9]) in dem von ANGSTL und BAUER 1951 entworfenen Logikrechner *Stanislaus* [63] und bei SAMELSON [64], sowie in einem Entwurf einer „formelgesteuerten Rechenanlage" von BAUER und SAMELSON 1957 [78].

Die speziell im Beispiel (vgl. Bilder 11 und 12) gewählte Darstellung ergibt in Strenge einen Abbau des Klammergebirges vom ersten Gipfelpaar. Dies ist das derzeitige ALCOR-Verfahren. Es entspricht selbstverständlich wieder einer Variante eines MARKOV-Algorithmus.

Eine geringfügig modifizierte Darstellung entspricht dem *Abbau vom letzten Gipfelpaar der ersten Gipfelkette,* die allerdings notwendig die Anwendung des Assoziativgesetzes der Multiplikation bedeutet. Diese Methode beschreibt WEGSTEIN [66] durch Angabe des Flußdiagramms.

In Bild 11 sind die Operationszeichen in der durch den Baum vorgeschriebenen Weise numeriert, die genau die Reihenfolge des Abbaus vom ersten Gipfelpaar (ALCOR) wiedergibt. Die Methoden des Abbaus von der höchsten Gipfelkette, von der ersten Gipfelkette und vom ersten Klammermaximum liefern übereinstimmend die Reihenfolge 2, 3, 4, 1, 5, 7, 6, 8.

4.5 Die Effektivität der Abbauprogramme

Betrachtet man die Effektivität der erzeugten Programme unter Ausschluß spezieller Optimisierungen, so ergibt sich folgendes Bild:

Bei *Einadreßsprachen* liefert — wenn man die Assoziativgesetze zuläßt — der Abbau von der höchsten Gipfelkette für alle äquivalenten Ausdrücke das gleiche, hinsichtlich der Operationszahl (und des unwichtigen Hilfsspeicherbedarfs) günstigste Programm. Der Abbau von der ersten Gipfelkette bzw. vom ersten Klammermaximum liefert die gleiche Operationszahl wie die vorhergenannte Methode (der Hilfsspeicherbedarf dagegen wird abhängig von der Aufschreibung). Beim Abbau vom ersten Gipfelpaar (ALCOR) hängt die Operationszahl (und der Hilfsspeicherbedarf) von der Aufschreibung ab. Es gibt natürlich stets eine Aufschreibung (Maxima so weit links wie möglich), in der die drei letztgenannten Methoden das gleiche optimale Programm liefern wie der Abbau von der höchsten Gipfelkette.

Legt man die strenge Assoziationsvorschrift des ALGOL-Berichts (Reihenfolge der Operationen ist die der Aufschreibung) zugrunde, so werden die erstgenannten Methoden komplizierter. Die ALCOR-Methode enthält die Vorschrift bereits. Die erzeugten Programme haben bei allen Methoden die gleiche Operationszahl und unterscheiden sich nur noch (in der oben beschriebenen Weise) hinsichtlich des Hilfsspeicherbedarfs.

Bei *Dreiadreßsprachen* ist die Operationszahl naturgemäß stets die gleiche. Hinsichtlich des Hilfsspeicherbedarfs bestehen die gleichen Unterschiede wie bei Einadreßsprachen.

---

[9]) Eine gewisse Verwandtschaft zeigen, wie schon erwähnt, das Verfahren von BÖHM [58] sowie ein von NAMUR [65] diskutiertes Verfahren, beide für eine wesentlich einfachere Notation mit expliziter Klammerung um jede zweistellige Operation. Der Vergleich zweier aufeinanderfolgender Operationen findet sich für klammerfreie Ausdrücke ebenfalls schon bei BÖHM.

Die Verwendung des Baumes T in der Gestalt einer halbgeordneten Menge elementarer Formeln (d. h. im wesentlichen Dreiadreßbefehle) findet sich wohl erstmals bei KANTOROVICH [67], der ihn am Beispiel eines arithmetischen Ausdrucks erläutert, ohne allerdings auf die Konstruktion aus der Formel heraus einzugehen. KANTOROVICH weist bereits darauf hin, daß diese Struktur wesentlich allgemeinere Algorithmen als die Arithmetik beschreiben kann.

In einigen Programmsprachen (ALGOL, PPS) treten rekursive Definitionen geschachtelter Strukturen auch für die vollständigen Sätze der Sprachen auf. Die Definitionen sind aber einfach, etwa

$$\langle\text{SATZ}\rangle \quad := \langle\text{ELEMENTARER SATZ}\rangle \overline{\text{or}} \textbf{ begin } \langle\text{SATZLISTE}\rangle \textbf{ end}$$
$$\langle\text{SATZLISTE}\rangle := \langle\text{SATZ}\rangle \overline{\text{or}} \langle\text{SATZLISTE}\rangle; \langle\text{SATZ}\rangle$$

Die Behandlung kann sich auf eine reine Abzählung der Klammern beschränken und bietet keinerlei Schwierigkeiten. Die Definitionen haben Bedeutung nur im Zusammenhang mit den Ablaufanweisungen, die wir nun diskutieren wollen.

4.6 Ablaufzusammenhänge

Solange die Eingabemechanismen aller Rechenanlagen eine eindimensional-sequentielle Niederschrift der Programme verlangen, lassen sich Ablaufzusammenhänge nur explizit oder mit Hilfe von Klammerungen beschreiben. Die explizite Darstellung ist im Grunde nichts anderes als die Verwendung des üblichen Sprungbefehls mit symbolischer Adresse, die Behandlung also eine triviale 1-1-Übersetzung[10]). Das gleiche gilt in den meisten Programmsprachen für bedingungsabhängige Abläufe, die einfach dem klassischen bedingten Sprungbefehl nachgebildet sind. Wohl erst in ALGOL sind bedingungsabhängige Anweisungen der Form „**if** B **then** Σ" eingeführt worden, die besagen, daß die Anweisung Σ ausgeführt werden soll, wenn B zutrifft, und sonst nicht. Hier zeigt sich die Bedeutung der Klammerung, die es gestattet, beliebig lange Folgen von Anweisungen von einer Bedingung abhängig zu machen. Aber auch hier ist die Abbildung trivial. Die Bedingung ist durch einen bedingten Sprung zu ersetzen, und das Sprungziel ergibt sich durch Klammerkellerung.

Von großer Bedeutung sind die Rekursionsanweisungen zur Schleifendarstellung, wie etwa das *DO-statement* in FORTRAN, *VARY* in Math-matic, **for** in ALGOL. Jedoch zeigt z. B. die Beschreibung im ALGOL-Report, daß sie sich unmittelbar durch einfache arithmetische Anweisungen und Sprünge ausdrücken lassen, also nur eine bequeme Abkürzung darstellen und für die Übersetzung keine Schwierigkeiten bieten. Auch hier zeigt sich wieder die Bedeutung der Klammerung von Anweisungen, die es in ALGOL erlaubt, *eine* Anweisung der Rekursion zu unterwerfen, während z. B. in FORTRAN die Namen der Anfangsund Endformel angegeben werden müssen. Daneben sind eine Reihe (schwer verständlicher) Warnungstafeln hinsichtlich der Schachtelung von *DO-statements* aufgestellt, die in ALGOL durch die Aussage ersetzt werden, daß eine Anweisung, auch wenn zusammengesetzt, ein geschlossenes Ganzes bildet.

Neue Probleme bieten Zusammenhangsbeschreibungen erst in dem Moment, in dem es technisch möglich ist, dem Automaten graphische Darstellungen anzubieten. Denn zur Beschreibung komplizierter Zusammenhänge sind die Graphen

---

[10]) Sie lautet z. B. in FORTRAN und ALGOL „**go to** N", wobei N die Nummer bzw. der Name einer Anweisung ist.

das geeignete Mittel. Graphische Darstellungen in codierter Form werden schon bei der Behandlung elektrischer Schaltungen und Netzwerke verwendet, aber eine Benützung in Programmsprachen ist bisher unterblieben.

4.7 Deskriptive Sätze

Die deskriptiven Sätze der üblichen Programmsprachen liefern vom Standpunkt der Übersetzungstechnik Information über Unterprogramme der üblichen Programmierung. Eine Besonderheit ist, daß bei allen arithmetischen Operationen die Information nicht an die Operation, sondern an die Namen der Operanden geknüpft ist, um die Geschlossenheit der arithmetischen Notation nicht zu zerstören. Man sagt nicht mehr „$a + b$ in Festkomma", „$c \times d$ doppelt genau" wie in Compilersprachen mit den entsprechenden Vorrichtungen, sondern man sagt „a, b *sind* ganzzahlig", „c, d *sind* doppelt genau" (*INTEGER* in FORTRAN, **real, integer, Boolean** in ALGOL). Daß es sich um eine Klasseneinteilung der eigentlichen Symbole, also ein Element der Sprachdefinition selbst innerhalb der Sprache handelt, kommt allerdings nirgends klar zum Ausdruck.

Übersetzungstechnisch bieten die deskriptiven Sätze also eigentlich keine wesentlichen Probleme; es handelt sich nur um eine Mechanisierung der üblichen Bibliotheksprogrammfertigung.

Bemerkenswert ist in erster Linie, daß die Notwendigkeit solcher Definitionen von Prozessen wie etwa **procedure** in ALGOL erst in letzter Zeit erkannt worden ist (ZMMD-Vorschläge [14, 49], ALGOL [15, 50] FORTRAN II [46]). Der Übersetzer hat hier abgeschlossene Bibliotheksprogramme mit autonomer interner Speichereinteilung für Zwischenergebnisse vorzunehmen. Besondere Maßnahmen sind erforderlich, wenn Prozesse auf sich selbst Bezug nehmen (*recursive procedures*), jedoch liegt eine interpretative Behandlung mittels Kellerstrukturen (vgl. Abschnitt 4.4) auf der Hand [80]. Die wesentlichen Züge eines solchen Vorgehens wurden schon in der Programmierungsanleitung für die ERMETH [90] beschrieben.

4.8 Optimisierung

Ein besonderes Problem allerdings ist mit den Dimensionsangaben für Zahlsätze (*DIMENSION statement* in FORTRAN, *array declaration* in ALGOL) verknüpft. Diese Angabe stellt die Beschreibung der Speicherabbildungsfunktion des betreffenden Zahlsatzes dar, wobei wohl in allen existierenden Programmsprachen Rechteckspeicherung vorgeschrieben ist.

Die Angabe einer indizierten Variablen in einem arithmetischen Ausdruck erfordert demnach die Auswertung der durch die Dimensionsbeschreibung gegebenen Speicherfunktion. Die direkte Auswertung erfordert schon bei zweifach indizierten Größen, also Matrizen, mindestens eine Multiplikation, was bei den meisten Prozessen der linearen Algebra auf eine Vervielfachung der Rechenzeit führen würde. Aus diesem Grunde werden in der üblichen Programmierung in Rekursionen über indizierte Variable auch die Speicherfunktionen, also die Adressen, rekursiv berechnet, wozu meistens als spezielles Hilfsmittel Indexregister benützt werden können. Die Wichtigkeit der Übertragung dieser Adressenberechnungsmethode auf die programmübersetzenden Systeme wurde frühzeitig erkannt. Es handelt sich hier also um das erste effektiv in Angriff genommene Optimisierungsproblem.

Schon RUTISHAUSER behandelte indizierte Variable, wobei er sich allerdings auf
Indizes beschränkte, die in den laufenden Variablen linear sind. Im übrigen sah er
nur jeweils vollständige Auswertung der Speicherfunktion im Programm, oder,
für die innerste Schleife, Streckung der Schleife, d. h. explizite Wiederholung
der Befehle der Schleife mit vorweg vom Übersetzer berechneten Indexwerten
vor. Die Form der Schleifen des ersten (nach RUTISHAUSER) indizierte Variable verarbeitenden Systems, PACT, läßt darauf schließen, daß hier nur einige
vorprogrammierte Standardschleifentypen dem Übersetzer „auf Lager" gegeben
wurden. Selbst FORTRAN enthält scharfe Beschränkungen hinsichtlich der zulässigen Indexausdrücke (linear in einer einzigen laufenden Variablen), obwohl
angeblich ein beträchtlicher Anteil des immensen in FORTRAN investierten
Arbeitsaufwandes auf die Indizierungsfragen entfiel. Allerdings ist dabei noch
eine andere Optimisierungsfrage, die der effektivsten Verteilung der wenigen
Indexregister auf Grund von Häufigkeitsangaben im Formelprogramm, mit im
Spiel. Trotzdem zeigen die Beschränkungen in FORTRAN, daß die rekursive
Auswertung der Speicherfunktion ein ernsthaftes Problem darstellt, und sämtliche heute vorhandenen oder geplanten Übersetzersysteme, soweit bekannt,
beschränken sich auf die rekursive Behandlung linearer Indexausdrücke über
linearen Speicherfunktionen[11]). Eine genauere Diskussion findet sich in [68].

Das allgemeine Problem, dem sich die spezielle Aufgabe der Adressenfortschaltung unterordnet, ist die automatische Auflösung geschlossener Darstellungen bestimmter Funktionsklassen in Rekursionen. Auf die Fragestellung hat
wohl ERSHOV [5] erstmals hingewiesen. Über bereits vorhandene Lösungen oder
Teillösungen ist bisher, abgesehen von den Speicherabbildungen, nichts bekannt.
Auch mit den arithmetischen Ausdrücken sind Optimisierungsprobleme verknüpft, die allerdings nicht die Bedeutung des Problems der Adressenfortschaltung haben. Es handelt sich dabei um Zeit-, insbesondere Befehls- und
Rechenspeichereinsparungen.

KANTOROVICH [67] hat darauf hingewiesen, daß sich diese Probleme alle durch
Analyse des dem arithmetischen Ausdruck zugeordneten Baumes T lösen lassen.
Eine Tabelle der zulässigen Maßnahmen findet sich in der Beschreibung des
GAT-Systems durch ARDEN und GRAHAM [69].

Die Feststellung identischer Teilausdrücke bedeutet die Auffindung identischer
Teilbäume. Die Minimisierung des Hilfsspeicherbedarfs, die der Abbau von
der höchsten Gipfelkette liefert, läßt sich demnach zwanglos mit der Bestimmung
identischer Teilbäume vereinigen.

---

[11]) Es ist interessant, daß trotz dieser Schwierigkeiten und der daraus resultierenden
    Beschränkungen alle neueren Übersetzungssysteme darauf verzichten, die Adressen-
    rechnung explizit in die Programmsprache einzubeziehen, obwohl dies an sich keine
    wesentlichen Schwierigkeiten machen würde. Die Gründe sind vermutlich solche der
    Übersichtlichkeit. Das gewohnte Formelbild würde auf diese Weise weitgehend
    zerstört, und ein technisch durch die Speicherorganisation bedingtes Element würde
    wieder in die Arithmetik eingeschleppt. Auch kann der durch explizite Adressen er-
    reichbare Effekt stets erreicht werden, wenn man einfach-indizierte Variable benützt
    und die Indexabhängigkeit durch eigens definierte Hilfsfunktionen ausdrückt, die
    die Speicherabbildung beschreiben. Beispielsweise kann eine dreieckige Matrix
    $\{a_{ik}\}$, $1 \leq i \leq k \leq n$ lückenlos auf die Linie abgebildet werden durch $dr\,(i, k)$
    $= k \times (k-1)/2 + i$; es ist also lediglich zu verwenden $a\,[dr\,(i, k,)]$ anstelle von
    $a\,[i, k]$ sowie die Feldangabe $a\,[1: n \times (n + 1)/2]$.

FORTRAN enthält nach Sheridan [59] Identitätsfeststellung und eine weitere spezielle Optimisierung in der Anordnung aufeinanderfolgender Multiplikationen und Divisionen, die stets abwechselnd angeordnet werden. In neuerer Zeit hat Ershov [70] eine Methode beschrieben, die den Zeitaufwand bei der Bestimmung identischer Teilausdrücke direkt proportional der Anzahl der erzeugten Befehle und nicht dem normalerweise angenommenen Quadrat der Befehlszahl macht. Die Beschreibung zeigt, daß die (nach Ershov) üblichen Methoden darin bestehen, daß man jeden neu erzeugten Befehl des Zielprogramms mit allen vorangegangenen, mit dem ersten des Ausdrucks beginnend, vergleicht, was die quadratische Abhängigkeit von der Befehlszahl erklärt. Demgegenüber würfelt Ershov den Anfangspunkt des Vergleichsprozesses anhand einer aus einer empirischen Befehlsstatistik gewonnenen Verteilungsfunktion aus. Die Baumstruktur der arithmetischen Ausdrücke zeigt jedoch, daß als Anfangspunkte des Suchprozesses nur die Baumenden zulässig sind, über die man allenfalls würfeln kann.

An die Befehlsoptimisierung schließt das Problem der Optimisierung rationaler Ausdrücke einer Unbestimmten (im Sinne der Algebra) an, d. h. die Aufgabe, einen solchen Ausdruck durch algebraische Umformungen auf eine hinsichtlich der Operationszahl optimale Form zu bringen. Für Polynome ist diese Form das bekannte Hornersche Schema

$$P(x) = \sum_1^n a_\nu x^{n-\nu} = (\dots((a_0 \times \varkappa + a_1) \times \varkappa + a_2) \times \dots + a_{n-1}) \times \varkappa + a_n.$$

Für allgemeine rationale Ausdrücke ist jedoch nichts Gleichartiges bekannt. Daß das Problem nicht einfach zu lösen ist, zeigt bereits die Tatsache, daß das äquivalente Problem des Aussagenkalküls, das für die Schaltalgebra von größter Bedeutung ist, bis heute noch nicht vollständig gelöst ist.

Im übrigen sind Optimisierungsaufgaben, die eine wesentlich größere praktische Bedeutung haben (z. B. die Speicherverteilung für Rechenanlagen mit Speichern verschiedenartiger Kapazität und Zugriffszeit), noch voller Problematik. Methoden zur Optimisierung von Maschinenprogrammen wurden von Duncan und Hawkins [91] diskutiert.

4.9 Programmkontrollen

Das Austesten eines mit den herkömmlichen Programmierungsmethoden gefertigten Programms ist bekanntlich eine der unangenehmsten und ineffektivsten Beschäftigungen am Rechenautomaten. Die beiden größten Unsicherheitsfaktoren, nämlich die generelle Unübersichtlichkeit eines Maschinenprogramms und die problemfremden Adressenrechnungen, fallen bei der Benutzung problemnaher Sprachen aus. Trotzdem gibt es natürlich noch Möglichkeiten, formale Fehler zu machen. Daher haben sich in letzter Zeit verschiedene Autoren (Janov [71, 72], Karp [73]) mit der Frage konstruktiver Verfahren zur sogenannten *logischen Kontrolle* und auch zur Verbesserung insbesondere der Ablaufbeschreibung gegebener Programme beschäftigt.

Im wesentlichen laufen die Aussagen über Programme auf folgendes hinaus:

Eine Folge von arithmetischen Anweisungen ⟨VARIABLE⟩ = ⟨AUSDRUCK⟩ ist korrekt aufgebaut, wenn in jedem Ausdruck alle darin auftretenden Variablen entweder ausdrücklich gekennzeichnete Anfangsdaten (freie Variable) sind oder in einer vor dem betreffenden Ausdruck liegenden Formel als Resultat auftreten. Bei Programmen mit Übergangsanweisungen, insbesondere Verzweigungen, eliminiere man alle Übergangsanweisungen, indem man jede derartige Anweisung durch das mit dem Übergangsziel beginnende Programm-Endstück ersetzt und bei Bedingungen alle Alternativen der Reihe nach durchläuft. Man erhält durch dieses systematische Strecken eine abzählbare Folge formal möglicher *gestreckter* Programme ohne Bedingungen. Korrektheit aller dieser Programme bedeutet Korrektheit des ursprünglichen Programms, und verschiedene Programme, bei denen die Mengen der gestreckten Programme identisch werden, sind äquivalent. Schleifen führen bei einer solchen rein formalen Behandlung natürlich auf unendliche gestreckte Programme, die ihrer Periodizität wegen aber keine Schwierigkeiten machen. Will man aus den formal möglichen Programmen die materiell möglichen aussortieren, d. h. solche Programme eliminieren, die unerfüllbaren Bedingungen entsprechen[12]), so ist eine wenigstens teilweise Interpretation unumgänglich. Dies ist die übliche Methode des *Programmtestens*, wobei man für die Ausgangsdaten Stichproben (meist sehr wenige spezielle) aus den jeweils zulässigen Wertebereichen verwendet, die natürlich auch nur Stichproben aus der Menge der materiell möglichen Programme liefern. Der materielle Test ist aber der entscheidende. Denn in der Praxis kommt es darauf an, ob ein Programm *richtig* ist in dem Sinne, daß es den vom Programmierer beabsichtigten Algorithmus darstellt, und die formale Korrektheit ist eine zwar notwendige, aber relativ unbedeutende Voraussetzung hierfür. Daher sind therapeutische Maßnahmen zur automatischen Korrektur fertiger Programme zwar nicht nutzlos, aber von wesentlich geringerer Bedeutung als prophylaktische Maßnahmen, die die Möglichkeit von Irrtümern bei der Programmfertigung einschränken. Es ist einleuchtend, daß die Verwendung einer problemnahen Programmsprache eine solche prophylaktische Maßnahme darstellt, da sie dem Hersteller des Programms gestattet, sein Programm in einer gewohnten Form frei vom Ballast aller technischen Charakteristika der Rechenanlagen zu formulieren.

5. Metasprachen

Es ist sicher, daß der derzeit erreichte Zustand, der durch die Existenz oder Entwicklung bestimmter problemnaher Programmsprachen und der entsprechenden Übersetzer gekennzeichnet ist, nur eine Etappe einer Entwicklung darstellt, deren nächstes Stadium sich bereits deutlich abzeichnet. Es ist gekennzeichnet durch den Begriff der *universellen Metasprache*.

Unter *Metasprache* versteht man eine Sprache (im landläufigen Sinn), in der eine formalisierte Sprache (im Sinne dieses Berichts), die *Objektsprache*, beschrieben ist. Es ist selbstverständlich, daß auch die Metasprache formalisiert werden kann, wie dies z. B. in Abschnitt 2.3 in den Formen (*) (**) oder in der BACKUSschen Notation geschehen ist. Die zur Beschreibung von Verkettungssprachen als Objektsprachen angegebenen Metasprachen sind dabei offenbar so aufgebaut, daß sie sich selbst wieder als Verkettungssprachen einfacher Struktur mit operativem Charakter auffassen lassen.

Der Begriff der Metasprache zeigt bereits die Aufgabenstellung: eine generelle Metasprache, die es gestattet, eine beliebige Sprache durch Angabe ihres Alphabets und der syntaktischen Definition zu beschreiben und durch Angabe der

---

[12]) Die Unerfüllbarkeit kann permanent sein, etwa „$a: = 0;$ **if** $(a > 1)$ **then** Σ" (ALGOL), oder vom zulässigen Wertebereich von Ausgangsdaten abhängen.

Übersetzungsregeln im Sinne von Abschnitt 4.1 auf eine bereits *bekannte* Sprache abzubilden, gestattet die Einführung beliebiger neuer problemnaher Sprachen. Ist die Metasprache durch ein Übersetzungsprogramm operativ formuliert, so liefert dieses den Übersetzer für jede neu formulierte Sprache in die bekannte Zielsprache, die eine Maschinensprache sein kann, aber nicht sein muß. Die Entwicklung neuer problemnaher Sprachen ist damit auf die reine Definition, die *Sprachschöpfung*, reduziert, während der Übersetzer dann sofort zur Verfügung steht.

Eine universell eingeführte Metasprache (mit zugehörigem Übersetzer) schließlich gestattet es, neue Notationen je nach Bedarf zu definieren und weiterzugeben, ohne daß jemals entsprechende Maschinenprogramme gefertigt werden müßten. Gewisse Ansätze in Richtung auf eine solche Metasprache zeigte bereits ZUSES Plankalkül [23, 56, 57]. Wesentlich konkretere Resultate scheinen in neuester Zeit NEWELL, SHAW und SIMON mit dem General Problem Solver GPS [74] und J. McCARTHY mit LISP [75] erzielt zu haben, jedoch liegen über den Mechanismus und die Effektivität dieser Systeme noch keine genauen Angaben vor. Für ALGOL-Übersetzer arbeitet in dieser Richtung E. T. IRONS [79].

Das interessanteste Problem dieser Art ist wohl das der sogenannten *unstratified language* (nach GORN). Dabei handelt es sich darum, eine Sprache zu formulieren, die es gestattet, ihre eigene Syntax zu beschreiben, d. h. als Metasprache zu sich selbst als Objektsprache zu dienen (was z. B. bei den natürlichen Sprachen der Fall ist). Eine solche Sprache, die natürlich einen einmal mit anderen Mitteln (etwa der Umgangssprache oder einem Maschinenprogramm) zu beschreibenden *Keim* besitzen muß, würde es gestatten, ihre eigene Formulierung (ihren Übersetzer) zu verbessern[13]) und sich durch in ihr selbst abgefaßte Neudefinitionen zu bereichern, was in der amerikanischen Literatur häufig als „bootstrapping" bezeichnet wird[14]). Trivialerweise ist die Sprache jeder Maschine, die ihre Befehle manipulieren kann, von dieser Art, der „Keim" ist die Maschine selbst. Neuere sprachtheoretische Arbeiten von GORN [84, 85] können als Ausgangspunkt für weitere Untersuchungen dienen. Klare Vorstellungen über den generellen Aufbau solcher Sprachen bestehen jedoch anscheinend noch nicht, und wir haben hier ein noch weitgehend ungelöstes Problem vor uns.

Schrifttum

[1] WILKES, M. V., WHEELER, D. G., GILL, S.: The Preparation of Programs for an Electronic Digital Computer. Addison Wesley Press, Cambridge, Mass. 1951. Neuauflage 1957.

[2] VON NEUMANN, J., GOLDSTINE, H. H.: Planning and Coding of Problems for an Electronic Computing Instrument. Report on the Mathematical and Logical Aspects of an Electronic Computing Instrument. The Institute for Advanced Study, Princeton, N. J. 1947/48.

[3] WILKES, M. V.: The Use of a Floating Address System for Orders in an Automatic Digital Computer. Proc. Cambridge Philos. Soc. **49** (1953), S. 84—89.

---

[13]) Praktische Erfolge in dieser Richtung hat JULIAN GREEN (persönliche Mitteilung) erzielt.

[14]) Fälschlicherweise wird jedoch auch stufenweiser Bau von Programmierungssystemen, wobei jedes höhere Übersetzungsprogramm in der Sprache der bereits erreichten Stufe abgefaßt wird, so bezeichnet. Solche Übersetzer pflegen sehr schwerfällig zu sein.

[4] BROWN, J. H., CARR III, J. W.: Automatic Programming and its Development on the MIDAC. Symposium Automatic Programming Digital Computers, Office of Naval Research 13.—14. Mai 1954. PB 111 607, S. 84—97.

[5] ERSHOV, A. P.: The Work of the Computing Centre of the Academy of Sciences of the USSR in the Field of Automatic Programming. Symposium Mechanisation of Thought Processes, National Physical Lab., Teddington, 24.—27. November 1958, S. 257—278.

[6] KAHRIMANIAN, H. G.: Analytical Differentiation by a Digital Computer. Symposium Automatic Programming Digital Computers, Office of Naval Research, 13.—14. Mai 1954. PB 111 607, S. 6—14.

[7] SHANNON, C. E., WEAVER, W.: The Mathematical Theory of Communication. University of Illinois Press, Urbana/Ill. 1949.

[8] ROSENBLOOM, P. C.: The Elements of Mathematical Logic. Dover Publ., New York 1950.

[9] BACKUS, J. W.: The Syntax and Semantics of the Proposed International Algebraic Language of the Zürich ACM-GAMM Conference. Information Processing, Proc. Internat. Conf. UNESCO, Paris, 15.—20. Juni 1959. Verlag Oldenbourg, München 1960, S. 125—132.

[10] RICE, H. G.: The APS III Compiler for the Datatron 204. Manuskript, Westinghouse Research Lab., Pittsburgh 1957.

[11] RICH, B.: APT Common Computer Language. Manuskript, Appl. Phys. Lab., Johns Hopkins University, Baltimore, Md. 1957. Siehe auch in: Annual Review in Automatic Programming Vol. 2, herausgegeben von R. GOODMAN. Pergamon Press, Oxford 1961, S. 141—159 (von R. P. RICH).

[12] PERLIS, A. J., SMITH, J. W., VAN ZOEREN, H. R.: Internal Translator (IT), a Compiler for the 650. Carnegie Institute of Technology, Computation Center, Pittsburgh 1956. Reproduced by Lincoln Lab. Div. 6, Document 6 D—327.

[13] Automatic Programming: The IT Translator. In: Handbook of Automation, Computation and Control Vol. 2, herausgegeben von E. M. GRABBE, et al. John Wiley, New York 1959, S. 2 · 200 — 2 · 228.

[14] BAUER, F. L., BOTTENBRUCH, H., RUTISHAUSER, H., SAMELSON, K.: Proposal for a Universal Language for the Description of Computing Processes. Zürich, Mainz, München, Darmstadt (ZMMD-Projekt), April 1958.

[15] PERLIS, A. J., SAMELSON, K. (Herausg.): Report on the Algorithmic Language ALGOL by the ACM Committee on Programming Languages and the GAMM Committee on Programming. Numerische Mathematik 1 (1959) No. 1, S. 41—60.

[16] Preliminary Report — International Algebraic Language. Communications ACM 1 (1958) No. 12, S. 8—22.

[17] POYEN, J.: AP 3 autoprogrammation pour Gamma 60. Chiffres 2 (Juni 1959) No. 2, S. 123—138.

[18] HOPPER, G. M.: Automatic Programming, Definitions. Symposium Automatic Programming Digital Computers, Office of Naval Research, 13.—14. Mai 1954. PB 111 607, S. 1—5.

[19] HOPPER, G. M.: First Glossary of Programming Terminology. Report to the Association for Computing Machinery (ACM), Juni 1954.

[20] AIKEN, H. H. and Staff of the Computation Lab. Harvard Univ.: Description of a Magnetic Drum Calculator. Ann. Comput. Lab. Harvard Univ. Vol. 25. Harvard University Press, Cambridge, Mass. 1952.

[21] ZUSE, K.: Ein neues Rechengerät für technische und wissenschaftliche Rechnungen. Techn. Hefte 1 (1958) No. 1, S. 55—58.

[22] LYNDON, R. C.: The Zuse Computer. Math. Tabl. Other Aids Comput. 2 (1947), S. 355—359.

[23] ZUSE, K.: Der Programmator. Z. angew. Math. Mech. 32 (1952), S. 246.

[24] RUTISHAUSER, H.: Über automatische Rechenplananfertigung bei programmgesteuerten Rechenmaschinen. Z. angew. Math. Mech. 31 (1951), S. 255.

[25] RUTISHAUSER, H.: Automatische Rechenplanfertigung bei programmgesteuerten Rechenmaschinen. Mitt. Inst. Angew. Math. ETH Zürich, No. 3. Verlag Birkhäuser, Basel 1952.

[26] RUTISHAUSER, H.: Automatische Rechenplanfertigung bei programmgesteuerten Rechenmaschinen. Z. angew. Math. Mech. **32** (1952), S. 312—313.

[27] LORENZEN, P.: Einführung in die operative Logik und Mathematik. Springer Verlag, Berlin 1955.

[28] A—2 Compiler Manual. Programming Research Section, Remington Rand Corp.

[29] Automatic Programming: The A—2 Compiler System. Computers and Automation **4** (Sept. 1955), S. 25—31 und **4** (Okt. 1955), S. 15—23.

[30] ADAMS, CH. W., LANING, J. H. jr.: The MIT Systems of Automatic Coding: Comprehensive, Summer Session, and Algebraic. Symposium Automatic Programming Digital Computers, Office of Naval Research, 13.—14. Mai 1954. PB 111 607, S. 40—68.

[31] GOLDFINGER, R.: New York University Compiler System. Symposium Automatic Programming Digital Computers, Office of Naval Research, 13.—14. Mai 1954. PB 111 607, S. 30—33.

[32] BACKUS, J. W., HERRICK, H.: IBM 701 Speedcoding and Other Automatic Programming Systems. Symposium Automatic Programming Digital Computers, Office of Naval Research, 13.—14. Mai 1954. PB 111 607, S. 106—113.

[33] MULLER, D. E.: Interpretive Routines in the ILLIAC Library. Symposium Automatic Programming Digital Computers, Office of Naval Research, 13.—14. Mai 1954. PB 111 607, S. 69—73.

[34] LANING, J. H., ZIERLER, N.: A Program for Translation of Mathematical Equations for Whirlwind I. Engineering Memorandum E—364, Massachusetts Institute of Technology, Cambridge, Mass., Januar 1954.

[35] GORN, S.: Planning Universal Semi-Automatic Coding. Symposium Automatic Programming Digital Computers, Office of Naval Research, 13.—14. Mai 1954. PB 111 607, S. 74—83.

[36] MEHLAN, W. S.: A Description of a Cooperative Venture in the Production of an Automatic Coding System. J. Assoc. Computing Mach. **3** (1956), S. 266—271.

[37] MOCK, O.: Logical Organization of the PACT I Compiler. J. Assoc. Computing Mach. **3** (1956), S. 279—287.

[38] BAKER, CH. L.: The PACT I Coding System for the IBM Type 701. J. Assoc. Computing Mach. **3** (1956), S. 272—278.

[39] POLEY, S., MITCHELL, G.: Symbolic Optimum Assembly Programming (SOAP). 650 Programming Bulletin 1, Form 22—6285—1, Internat. Business Machines Corp., New York.

[40] Share Assembly Program (SAP). In: Handbook of Automation, Computation and Control Vol. 2, herausgegeben von E. M. GRAEBE, et al. John Wiley, New York 1959, S. $2 \cdot 165 - 2 \cdot 167$.

[41] UNIVAC Generalized Programming. Remington Rand Univac Div. of Sperry Rand Corp., New York 1957.

[42] Flow-Matic Programming System. Remington Rand Univac Div. of Sperry Rand Corp., New York 1958.

[43] Programmers Reference Manual FORTRAN. Internat. Business Machines Corp., New York 1956.

[44] Programmers Primer for FORTRAN. Internat. Business Machines Corp., New York 1957.

[45] BACKUS, J. W., et al.: The FORTRAN Automatic Coding System. Proc. Western Joint Computer Conf., Los Angeles, 26.—28. Februar 1957, S. 188—198.

[46] BACKUS, J. W.: Automatic Programming: Properties and Performance of FORTRAN Systems I and II. Symposium Mechanisation of Thought Processes, National Physical Lab., Teddington, 24.—27. Nov. 1958, S. 231—255.

[47] UNIVAC Math-Matic Programming System. Remington Rand Univac Div. of Sperry Rand Corp. 1958.

[48] BROOKER, R. A.: Some Technical Features of the Manchester Mercury Autocode Programme. Symposium Mechanisation of Thought Processes, National Physical Lab., Teddington, 24.—27. Nov. 1958, S. 201—229.

[49] GAMM Fachausschuß Programmieren (Herausgeber): Vorschläge für eine algorithmische Schreibweise zur Formelübersetzung. Zürich, Mainz, München, Darmstadt, Oktober 1957.

[50] NAUR, P. (Editor), et al.: Report on the Algorithmic Language ALGOL 60. Numerische Mathematik 2 (1960) No. 2 S. 106—136. (Desgl. in: Communications ACM 3 (1960) No. 5, S. 299—314.)

[51] ZEMANEK, H.: Die algorithmische Formelsprache ALGOL. Elektron. Rechenanl. 1 (1959), S. 72—79 und S. 140—143.

[51a] BOTTENBRUCH, H.: Erläuterung der algorithmischen Sprache ALGOL anhand einiger elementarer Programmierbeispiele. Bl. Dtsch. Ges. Versicherungsmath. 4 (1959) No. 2, S. 199—208.

[51b] STEPHAN, D.: Die Algorithmische Sprache ALGOL 60, an Beispielen erläutert. Bl. Dtsch. Ges. Versicherungsmath. 5 (1960) No. 1, S. 61—86.

[52] BOTTENBRUCH, H.: Übersetzung von algorithmischen Formelsprachen in die Programmsprachen von Rechenmaschinen. Z. math. Logik Grundl. Math. 4 (1958), S. 180—221.

[53] LJAPUNOV, A. A.: On Logical Schemes of Programming (russ.). Problemi Kibernetiki 1 (1958), S. 46—74. (Engl. Übers. bei Pergamon Press, London, in Vorbereitung).

[54] Automatic Programming: A Soviet Algebraic Language Compiler. In: Handbook of Automation, Computation and Control Vol. 2, herausgegeben von E. M. GRAEBE, et al. John Wiley, New York 1959, S. 2·228—2·234.

[55] CONWAY, M. E.: Proposal for an UNCOL. Communications ACM 1 (1958) No. 10, S. 5—8.

[56] ZUSE, K.: Über den allgemeinen Plankalkül als Mittel zur Formalisierung schematisch-kombinatorischer Aufgaben. Archiv der Math. 1 (1948/49) No. 6, S. 441—449.

[57] ZUSE, K.: Über den Plankalkül. Elektron. Rechenanl. 1 (1959) No. 2, S. 68—71.

[58] BÖHM, C.: Calculatrices digitales. Du déchiffrage de formules logico-mathématiques par la machine même dans la conception du programme (Dissertation, Zürich 1952). Ann. Mat. pura appl. Ser. 4, 37 (1954), S. 5—47.

[59] SHERIDAN, P. B.: The Arithmetic Translator-Compiler of the IBM FORTRAN Automatic Coding System. Communications ACM 2 (1959) No. 3, S. 9—21.

[60] BOTTENBRUCH, H.: Einige Überlegungen zur Übersetzung einer algorithmischen Sprache in Maschinenprogramme. Manuskript, Institut für Praktische Mathematik (IPM) der Techn. Hochschule Darmstadt, 1957.

[61] ADAMS, E. S., SCHLESINGER, S. I.: Simple Automatic Coding Systems. Communications ACM 1 (1958) No. 7, S. 5—9.

[62] ERSHOV, A. P.: Programming Programme for the BESM Computer (russ.). Verlag der Akademie der Wissenschaften der UdSSR, Moskau 1958. (Engl. Übers. erschienen bei Pergamon Press, London 1960.)

[63] BAUER, F. L.: The Formula-Controlled Logical Computer "Stanislaus". Mathematics of Computation (MTAC) 14 (1960), S. 64—67.

[64] SAMELSON, K.: Probleme der Programmierungstechnik. Aktuelle Probleme der Rechentechnik. Ber. Internat. Mathematiker-Kolloquium, Dresden, 22.—27. Nov. 1955. VEB Deutscher Verlag der Wissenschaften, Berlin 1957, S. 61—68.

[65] NAMUR, P.: Entwurf eines Hochgeschwindigkeits-Rechenautomaten mit Leuchtpunktabtastung als Grundelement. Dissertation, Technische Hochschule Darmstadt, November 1954.

[66] WEGSTEIN, J. H.: From Formulas to Computer Oriented Language. Communications ACM 2 (1959) No. 3, S. 6—8.

[67] KANTOROVICH, L. V.: On a Mathematical Symbolism Convenient for Performing Machine Calculations (russ.). Doklady AN SSSR 113 (1957) No. 4, S. 738—741.

[68] SAMELSON, K., BAUER, F. L.: Sequentielle Formelübersetzung. Elektron. Rechenanl. 1 (1959), S. 176—182. (Engl. Übers. in: Communications ACM 3 (1960) No. 2, S. 76—83.)

[69] ARDEN, B., GRAHAM, R.: On GAT and the Construction of Translators. Communications ACM 2 (1959) No. 7, S. 24—26.

[70] ERSHOV, A. P.: On Programming of Arithmetic Operations (russ.). Doklady AN SSSR 118 (1958) No. 3, S. 427—430. (Engl. Übers. in: Communications ACM 1 (1958) No. 8, S. 3—6.)

[71] JANOV, Y. J.: On the Equivalence and Transformation of Program Schemes (russ.). Doklady AN SSSR 113 (1957) No. 1, S. 39—42. (Engl. Übers. in: Communications ACM 1 (1958) No. 10, S. 8—12.)

[72] JANOV, Y. J.: On Matrix Program Schemes (russ.). Doklady AN SSSR 113 (1957) No. 2, S. 283—286. (Engl. Übers. in: Communications ACM 1 (1958) No. 12, S. 3—6.)

[73] KARP, R. M.: Some Applications of Logical Syntax to Digital Computer Programming. Thesis, Harvard University, Cambridge, Mass. 1957.

[74] NEWELL, A., SHAW, J. C., SIMON, H. A.: Report on a General Problem-Solving Program. Information Processing, Proc. Internat. Conf. UNESCO, Paris, 15.—20. Juni 1959. Verlag Oldenbourg, München 1960, S. 256—264.

[75] McCARTHY, J.: LISP, a Programming System for Symbolic Manipulations. Vortrag, ACM National Conference Massachusetts Institute of Technology, Cambridge, Mass., 1.—3. Sept. 1959.

[76] ALGOL Bulletin. Herausgegeben von P. NAUR. Regnecentralen Kopenhagen. Erscheint nach Bedarf in unregelmäßigen Abständen.

[77] ALGOL Manual der ALCOR-Gruppe. Herausgegeben von der ALCOR-Gruppe (federführend ist das Institut für Angewandte Mathematik, Universität Mainz).

[78] BAUER, F. L., SAMELSON, K.: Verfahren zur automatischen Verarbeitung von kodierten Daten und Rechenmaschine zur Ausübung des Verfahrens. Deutsche Patentauslegeschrift 1 094 019. Anm.: 30. März 1957; Bek.: 1. Dez. 1960.

[79] IRONS, E. T.: A Syntax Directed Computer for ALGOL 60. Report, Princeton University, School of Engineering, Princeton/N.J. 1960.

[80] DIJKSTRA, E. W.: Recursive Programming. Numerische Mathematik 2 (1960) No. 5, S. 312—318.

[81] MARKOV, A. A.: Teoria algorifmov. Trudi Matem. Inst. Steklova 42. Isd. Akad. Nauk SSSR, Moskau 1954, 375 Seiten.

[82] ASSER, G.: Turing-Maschinen und Markow'sche Algorithmen. Z. math. Logik Grundl. Math. 5 (1959), S. 346—365.

[83] ASSER, G.: Normierte Post'sche Algorithmen. Z. math. Logik Grundl. Math. 5 (1959), S. 323—333.

[84] GORN, S.: Common Programming Language Task, Part I, Sect. 5. Final Report AD 59 UR 1, U. S. Army Signal Corps, Contract No. DA—36—039—sc—75 047. The Moore School of Electrical Engineering, University of Pennsylvania; July 31, 1959.

[85] GORN, S.: Common Programming Language Task. Final Report AD 60 UR 1, U. S. Army Signal Corps, Contract No. DA—36—039—sc—75 047. The Moore School of Electrical Engineering, University of Pennsylvania; June 30, 1960.

[86] COBOL COmmon Business Oriented Language. Report, Dept. of Defense, Washington, D. C., April 1960.

[87] The COBOL Translator. Report, International Business Machines Corp., New York 1960.

[88] SAMMET, J. E.: Detailed Description of COBOL. In: Annual Review in Automatic Programming Vol. 2, herausgegeben von R. GOODMAN. Pergamon Press, Oxford 1961, S. 197—230.

[89] WILLEY, E. L., et al.: A Critical Discussion of COBOL. In: Annual Review in Automatic Programming Vol. 2, herausgegeben von R. GOODMAN. Pergamon Press, Oxford 1961, S. 293—304.

[90] WALDBURGER, H.: Gebrauchsanweisung für die ERMETH. Institut für Angewandte Mathematik an der Eidgen. Techn. Hochschule, Zürich 1958.

[91] DUNCAN, F. G., HAWKINS, E. N.: Pseudo-code Translation on Multi-level Storage Machines. Information Processing, Proc. Internat. Conf. UNESCO, Paris, 15. bis 20. Juni 1959. Verlag Oldenbourg, München 1960, S. 144—152.

[92] GRAU, A. A.: Recursive Processes and ALGOL Translation. Communications ACM 4 (1961) No. 1, S. 10—15.

W I L L E M L O U I S
V A N D E R P O E L

Den Haag, The Netherlands

Micro-programming and Trickology*)

With 3 Figures

Disposition

(Disposition cont'd)

---

*) *Acknowledgement.* Many of the tricks described in this contribution have been found by other people. The most prominent among these were DR. G. VAN DER MEY and MR. J. G. VAN LEYDEN who invented the more subtle tricks. It must be further understood that much of the material is a result of close teamwork.
The author wishes to express his warmest thanks to all concerned.

Summary. The growth of automatic programming languages for computers poses certain problems in logical design and machine code programming. Most classical computers are not very well equipped for composite actions such as searching a list, block transfer, sorting etc. There is a marked tendency in computers today to cope for these macro-actions by means of built-in features. The purpose of this article is to show some ways to build up these macro-instructions from a coding system where the programmer has immediate access to the micro-programming of the machine. Unfortunately, this subject cannot be treated without referring to a particular machine code. For this the ZEBRA code has been selected.

After a short introduction into the features of ZEBRA, a survey is given of all sorts of complicated macro-actions and how they can be expressed in this very flexible microcode. One of the key stones is the feature to repeat an instruction. In this way often a multiple use can be made of a single instruction. Another feature is the generation of pieces of coding in fast registers which are subsequently executed. These pieces were not written out in full beforehand. This technique is called "under-water programming". A considerable ingenuity is often required to devise the macro-instructions and this has given rise to the name "trickology" for the art of using this tricky programming.

Zusammenfassung. Die Entwicklung der automatischen Programmsprachen für Rechenautomaten erlegt der logischen Planung und der Festlegung des Maschinencodes gewisse Probleme auf. Die meisten klassischen Rechenautomaten sind in bezug auf zusammengesetzte Befehlsabläufe, wie beispielsweise Durchsuchen von Listen, Blocktransfer, Sortieren usw., nicht besonders gut ausgestattet. Heute besteht bei Rechenautomaten die deutliche Tendenz, solche Makroabläufe vor allem durch besondere, in die Maschine eingebaute Befehle zu bewältigen. In diesem Beitrag sollen einige Wege aufgezeigt werden, wie man solche Makrobefehle auch in einem Programmsystem aufbauen kann, in dem der Programmierer einen direkten Zugriff zum Mikroprogramm der Maschine hat. Unglücklicherweise kann man diesen Gegenstand jedoch nicht behandeln, ohne auf einen bestimmten Maschinencode zurückzugreifen. Es wird der Befehlscode des Rechenautomaten ZEBRA zugrunde gelegt.

Nach einer kurzen Einführung in die besonderen Merkmale von ZEBRA wird ein Überblick gegeben über alle möglichen Arten von komplizierten Makroabläufen und auf welche Weise man sie in diesem sehr flexiblen Mikrocode ausdrücken kann. Hierbei besteht einer der Hauptgedanken in der Möglichkeit zur Wiederholung eines Befehls. Auf diese Weise kann häufig ein einziger Befehl vielfach gebraucht werden. Ein anderes Merkmal besteht in der Erzeugung von Teilstücken des Programms in schnellen Registern, die nachher ausgeführt werden. Diese Teilstücke waren vorher nicht voll ausgeschrieben. Dieses Verfahren wird als „Unterwasserprogrammierung" bezeichnet. Da es jedoch häufig einer gewissen Erfindungskraft beim Zurechtlegen solcher Makroabläufe bedarf, so mag es gerechtfertigt sein, diese Programmierungsart als „Trickologie" zu bezeichnen.

Résumé. L'accroissement des langages de programmation automatique pour les grandes calculatrices électroniques pose certains problèmes quant à la réalisation logique et à la programmation en code-machine. La plupart des calculatrices classiques n'est pas très bien équipée pour les actions composées, telles que le traitement des listes, le transfert en bloc des mots, le tri des mots etc. A l'heure actuelle, il y a dans le domaine des calculatrices une forte tendance à assurer ces macro-actions au moyen de dispositifs incorporés dans la machine. Le but du présent article est d'indiquer les moyens pour réaliser ces macro-instructions à partir d'un système de code dans lequel le programmeur a un accès direct à la micro-programmation de la machine. Malheureusement ce sujet ne peut être traité sans se baser sur un code-machine particulier. A cet effet, a été choisi le code de la machine ZEBRA.

Après une brève introduction expliquant les caractéristiques de la ZEBRA, l'auteur donne un aperçu de toutes sortes de macro-actions compliquées en précisant comment elles peuvent être exprimées dans ce micro-code extrêmement flexible. Un des points d'appui du système est la possibilité de répéter une instruction permettant de faire d'une seule instruction un usage multiple. Une autre caractéristique est la création des fragments de code dans des registres rapides, fragments qui sont exécutés ensuite et qui ne sont pas écrits en toutes lettres au préalable. Cette technique est appelée celle de la «programmation submergée». Souvent, la composition des macro-instructions demande une grande ingéniosité, ce qui a donné lieu à la création du mot «Trucologie», par lequel on désigne l'art de la programmation.

1. Introduction

There is a very marked tendency today to do away with all machine languages. At the highest level, problem oriented languages are the main goal. At most a machine oriented language can serve as intermediate step in describing a translator or compiler. Nevertheless somewhere some people must descend to the machine languages themselves to be able to make the programs for the transition between machine language and machine oriented but essentially machine-free languages. It shall not be the subject of this article to go into the problems of machine-free languages at any level as they have been dealt with in the contribution by F. L. BAUER and K. SAMELSON, in this volume pp. 227—268.

It is clear that the structure of automatic programming languages will have a repercussion on the logical structure of machines. Perhaps the most important facility of automatic programming languages is the automatic allocation of names in the store. As this allocation process is essentially a dynamic process (e. g. in recursive procedures [1, 2]) the store must be dynamically addressable, i. e. reference to locations must be possible relative to the last stored quantity. Such a store is called *stack, LIFO (last-in-first-out) memory, push-down store,* or *nesting store*[1]). Of course it is possible to build the stacking property into the hardware but it is also possible to programme the facility by keeping track of the position of the top of the stack (cf. KDF 9 of English Electric [3] and B 5000 of Burroughs [4]). This brings us to the desirability of index registers as they give just the possibility to add something to the address of an order to be executed, e. g. the top address of the stack. Going to a subroutine requires the storing of the top address of the stack for later reference when returning from that subroutine. A whole hierarchy of such top-addresses forms a list and it is clear that especially list searching for reference to variables of other levels of the hierarchy can be a frequent operation.

The necessity of having index registers is often interpreted by machine builders as a necessity to add the contents of these index registers to the address on the same instruction. But when analised in time sequence this always requires an extra add cycle before the execution of the instruction. Therefore it seems more

---

[1]) The same is designated "Keller" by F. L. BAUER and K. SAMELSON, cf. this volume, pp. 255—257 (Editor's remark).

logical to do this addition during the previous instructions. The end of the previous instruction fetches the next instruction and modifies it at the same time. As a by-product the advantage emerges that now with the same ease the modifiers can be modified by a whole string of such instructions (cf. 2 and 4 orders in EDSAC 2 [5], NKm orders in ZEBRA [6] and the structure of the Bendix G 20 Computer [20]). In this way the most general addresses can be composed as e. g. $(((a) + (b) + c) + d) + e$ where (n) denotes contents of n. The limitation of the number of index-registers to only a few and the special orders to handle them is a very severe drawback for automatic programming. The conclusion is: make every location of the main store also available as index register (cf. the *George*-Computer [7] and the Bendix G 20).

Of course the organization of stacks, lists, index registers etc. is greatly helped by having a big store of uniform properties. As soon as a two level store enters the picture, a transferring of blocks of information between main (high speed) store and background store becomes a problem. In this connection it is worth while to mention that it is possible to make the allocation for blocks to be stored by built in hardware and to keep track of the addresses in a label list. The allocation can be done in such a way that the first available free block is seized and reserved and is given a label which is independent of the real address that need not be known to the outside program any more. Especially when two independent programs are run on an interrupt basis side by side which must not disturb each other, this scheme can have great advantages (cf. *Atlas* Computer of Ferranti [18, 19]). Of course the same technique can be programmed as well.

Instead of having a stack, the individual locations can be organised in quite another way. When a variable must be stored the first free location can be looked up. To link the position of that location to the previous one in the stack or list a tag or label can be assiciated with it which gives reference to the previous address. This is called a threaded list. Manipulation of this list only requires manipulation with the tags, never with the information itself. Especially for system with variable length items (sorting problems, variable multi-length arithmetic, automatic allocation) this way of organization has many advantages notwithstanding the drawback of consuming extra storage space for the tags.

The reason for going in many details of machine structure in connection with automatic programming is that the present article wants to deal with some of the organization problems at the lowest machine level.

The structure of the micro-instructions is of course very important for building machines which are well suited for doing their work efficiently but that goal can be attained through a suitable structure of micro-instructions. The question is, how far must one go in decomposing the well known mathematical concepts of addition; multiplication and the organizational operation as transport, test, list searching etc. into more elementary fragments to be able to make one's own order code. The argument that micro-code is more difficult to be handled by the human programmer does not hold for automatic programming and the flexibility gained could well be a boon to speed.

It is the fate and doom of a machine code programmer that he can only describe his findings in a particular code for a particular machine. This has been done before, and most books on programming descend to the level of a particular machine (e. g. WILKES, WHEELER, GILL [8]). Nevertheless I shall go through the cumbersome details of describing a particular machine to be able to come to the subject proper.

Some justification for doing this can perhaps be found in the reason that the structure of the machine in question (*Stantec ZEBRA*) is rather different from most classical machines so that the order code is composed of *functional bits* which each have a seperate and independent meaning. (Reference is made to [6] pp. 49—94.) We have tried to devise the logical design in such a way that the micro-programming permits the easy implementation of most macro-operations required. In fact it has appeared that a completely new technique of programming emerged (which we have called *under-water programming*) in which far more complicated macro-operations can be more easily dealt with than in most usual built-in machine codes. It also appeared that some very complicated actions involving timing problems in strobing a real time input or output device (such as a telephone dial or a teleprinter) can be solved in an incredible low number of instructions. Many of these complicated macro-instructions are connected with list searching, manipulation of treaded lists, block transfer, interpretation techniques so that the structure of micro-instructions has helped a great deal to make all sort of processes occuring in automatic programming particularly simple and speed.

In the design of ZEBRA not all ideal circumstances for making a good machine for automatic programming have been realised. For instance, the limited number of fast access index registers with special treatment and the optimum programmed store do not comply with the requirements given in the first part of this introduction.

A second reason for making the design as it stands was economic need to make the machine as simple as possible without sacrificing speed. Indeed much gain in speed has resulted from a more compact use of time and simultaneous action of the elementary particles of the operation; on the other hand input and output facilities were rather limited.

Hence I consider the purpose of this article to lie more in the line of giving limits how some sort of macro-operations can be dissected in general, but the only way to describe it is by taking two particular examples at hand. Other machines with a coding of similar scope have been built. To mention a few of them: The Z 22 Computer has a very similar functional bit coding (cf. the contribution by ZUSE, in this volume, particularly p. 528); the *Mailüfterl* Computer of the Institut für Niederfrequenztechnik, Technische Hochschule Wien [9] is also based on a similar functional bit coding and has as special features operations for both binary and binary coded decimal. All have a one cycle basic operation.

In another line of thought the microprogramming in EDSAC 2 [10] has been applied. Here a class of micro-operations are provided in the machine but they are not accessible for the outside programmer. Instead they are used as constituents in time series for composing the more complicated instructions on a wired-in basis. All wiring is done in matrix form so that it is not too difficult to devise new orders and to build them in. In the same way the computers G 3 of the Max-Planck-Institut für Physik und Astrophysik, München [11, 12], and TR 4 of Telefunken [13] are logically designed.

Again a slightly different form of micro-coding is used in the TX—0 Computer built at the Lincoln Laboratory, Massachusetts Institute of Technology [14, 15].

The structure of the computer had to be made simple as it was only meant as test machine. Here there was adopted a decoded operation part of three orders with an address for fetching, storing and jumping. The fourth operation was addressless and the address bits were used to do all other operations (including input and output) in a functional bit way [15]. Both in EDSAC 2 and TX—0 the concept of having different groups of digits controling operations in time sequence was incorporated. In ZEBRA this is done only to the extent as comes naturally.

The concept of micro-programming and the practice of devising tricks to do the more complicated composite actions is so interwoven in ZEBRA that the volume of knowledge of these tricks has been given a special name: *trickology*. Without this knowledge of trickology and the standard programs based on it, ZEBRA would be a useless machine. In general this applies to all computer systems. The computer in itself will be of little value when given to a man only in possession of the manual of basic machine properties. The library of programs and the philosophy of program organization will make this computer into a useful tool. It is not unusual that this body of paper knowledge is more costly and more difficult to obtain than the machine itself. Especially when exchange of programming between machines takes place the program organization or languages used must be rigorously the same.

2. Description of ZEBRA Computer

ZEBRA is a binary magnetic drum calculator with a storage capacity of 8192 words of 33 bits. The drum is divided in 256 tracks of 32 words each. The words are consecutive on the drum. Words are transferred in series through the machine. Revolution time is 10 ms. The arithmetic unit comprises two accumulators A and B, A having 33 bits and an overflow position, B having 33 bits and a special carry trap for a carry-over. The control unit comprises a control register C which holds the next instruction, a control counter D both of 33 bits word length, and an execution register E in which the instruction to be executed is set up from C. A fast store comprising 12 short registers of 33 bits plus a few odd registers containing constants or performing special functions completes the picture.

Input is via 5 hole punched paper tape. Max. speed is 200 symbols/s.

Output is via 5 hole punched paper tape. Max. speed is 60 symbols/s.

Further output is via ordinary teleprinter (7 symbols/s).

The bits of the contents of a word are denoted by small letters derived from the name of the register or location with the left most digit starting in 0.

Thus

$$(B) = \overline{b_0\, b_1\, b_2 \ldots \ldots \ldots b_{32}}$$

It is a matter of interpretation to use the digits in a word to represent a fraction in the following way:

$$\overline{p_0\, p_1 \ldots \ldots \ldots \ldots p_{32}} = - p_0 + \sum_{j=1}^{32} p_j\, 2^{-j}, \quad \text{where } p_0 \text{ acts as sign digit.}$$

In the same way a number can be regarded as a signless integer:

$$\overline{p_0\, p_1 \ldots \ldots \ldots p_{32}} = \sum_{j=0}^{32} p_j\, 2^{32-j}$$

For the machine addition this makes no difference as all digits are treated in exactly the same way.

The structure of an instruction is as follows:

$$c_0\ c_1\ c_2\ c_3\ c_4\ c_5\ c_6\ c_7\ c_8\ c_9\ c_{10}\ c_{11}\ c_{12}\ c_{13}\ c_{14}\ \ c_{15}\ c_{16}\ c_{17}\ c_{18}\ c_{19}\ \ c_{20}\ c_{21}\ c_{22}\ c_{23}\ c_{21}\ c_{25}\ c_{26}\ c_{27}\ c_{28}\ c_{29}\ c_{30}\ c_{31}\ c_{32}$$

operation part consisting of 15 bits bearing the names	fast store address	13 bits for drums address
$A\ K\ Q\ L\ \ R\ I\ \ B\ C\ D\ E\ V\ V_4\ V_2\ V_1\ W$	m	n

There are two addresses, one for selecting a fast register, the other for selecting a drum location. The 15 operation bits all have a separate meaning.

The *fast addresses* have the following properties and contents:

0   contains a fixed constant 0. It cannot be written into.

1   contains a fixed constant ε $(p_{32} = 1)$. It cannot be written into.

2   is identical with accumulator A. It cannot be written into.

3   is identical with accumulator B. It cannot be written into.

$\left.\begin{array}{l} 4 \\ \cdot \\ \cdot \\ \cdot \\ 15 \end{array}\right\}$ normal fast registers. They can be read off and written into.

$\left.\begin{array}{l} 16 \\ \cdot \\ \cdot \\ \cdot \\ 21 \end{array}\right\}$ not provided in the machine.

22   contains (A). It cannot be written into. When selected, a_0 is transferred to the flip-flop for generating the signal for operating printer 2.

23   contains $p_0 = 1$; p_1 to $p_{32} = 0$. Constant. It cannot be written into.

24   contains the logical product of (A) and (B) taken bit by bit when read off. When written into it has no effect as such but causes the logical product of (5) and the contents of the selected drum address to be read from the drum instead of the original contents.

25   same as 22 except that it operates teleprinter 1.

26   contains contents of 5th hole of input tape. All zero's for 0, all ones for 1. When written into, a_0 is transferred to 5th hole of output punch.

27   same for 4th hole.

28   same for 3rd hole.

29   same for 2nd hole.

30   same for 1st hole.

31   when read off contents is 0 and input tape is stepped. When written into this has no effect except that it causes the symbol set up in the punch to be punched and the tape advanced.

2.1 Something about the Notation of Instructions

The instructions when written down on paper differ from the form in which they are present in the machine. This is purely a matter of input program and does not concern any of the principal points of the article. But as this notation has grown and is used we shall adhere to its conventions.

In general, functional bits $A, K, \ldots\ldots$ are written when present and are omitted when absent. The letter A serves as opening symbol and must stand in front. The letter X serves as opening symbol when A is absent; thus $\bar{A} = X$.

Other functional letters can be written in an arbitrary order. They serve to separate the addresses. The V-digits are treated separately and are always written at the end.

Of the two addresses none, one or both can be present. A drum address is written with at least 3 digits or must be ≥ 32. A fast address is smaller than 32. Non-significant zero's can be suppressed even if the address is zero.

The drum address is written before the fast address when the W-digit is absent, thus:

$A200BCE5$ Functional digits A, B, C and E present. Drum address $= 200$, fast address $= 5$.

$X200R$ Functional bits R only. Drum address $= 200$, fast address $= 0$.

The fast address is written first when the W-digit is present. The W-digit is automatically inserted by the input program and is never written by the programmer. When the fast address is written first, another address p can be written. This will cause an inactive drum address $8192 - 2p$ to be input. Thus:

$XK5$ Functional digits K and W present, drum address 000, fast address 5.

$X5K7$ Functional digits K and W present, drum address 8178, fast address 5.

A point $"\cdot"$ is written when no functional digits are available for separation of two addresses.

As an X jumping to the immediately following register is very frequent, an abbreviation will be introduced: $(p) = Xp + 1$ is denoted by N. In the same way NKK denotes $(p) = Ap + 1$.

2.2 The Function of the Operation Digits

The A-digit determines the character of the operation. If $c_0 = 0$ the operation is called X, and if $c_0 = 1$ the operation is called A. An X-operation has as main element the extraction of a new instruction, and the A-operation has as main element the execution of an instruction. However, the distinction between these kinds is not sharp.

The K-digit determines for which unit the fast registers are used, i. e. for the arithmetic unit or for the control. Together with the A-digit, the K-digit determines the way of coupling between the four parts: arithmetic unit, control, fast registers, and drum store. This will be clear from the functional interconnection scheme depicted in Fig. 1. (The term *fast registers* is now preferred to and replacing the terms *short registers* or *short store* which have frequently been used previously.)

The function of the Q-digit is the addition of $\pm\ \varepsilon$ to the B-accumulator, independent of the store.

The digits L and R effect the shifting of the contents of the double-length accumulator to the left or to the right, respectively.

The I-digit controls the additive or subtractive action of an instruction. This only applies to the accumulators, not to the control, and then only for the transfer to A or B.

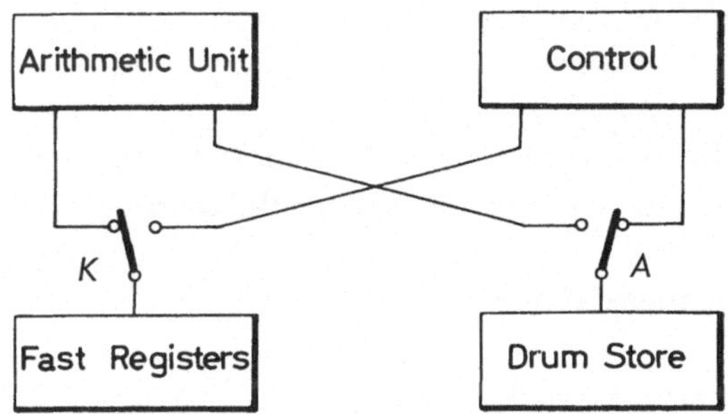

Fig. 1.   Scheme of the functional interconnection between the four main computer units

The B-digit determines whether an operation refers to the A or to the B-accumulator. This only applies to adding, not to shifting.

The C-digit determines whether or not the accumulator engaged in the operation must be cleared.

The digits D and E determine whether reading or writing takes place from/to the drum and the fast registers, respectively.

The digits V, V_4, V_2, V_1 are called the test digits. With a testing operation the operation is either or not executed, dependent on the criterion described by the digits V, V_4, V_2, V_1. If the instruction is not executed, an instruction $A\,0$ is executed instead.

The digit W is related to the time selection on the drum. If $c_{14} = 0$, the execution of an operation is delayed till the selected storage location on the drum is present. If $c_{14} = 1$, the operation is executed immediately without the drum being waited for. The drum is completely disregarded. Zero is always read and nothing can be written on the drum.

The remainder of the digits forms the addresses: c_{15} to c_{19} constitute the fast address and c_{20} to c_{32} constitute the drum address; c_{20} to c_{27} serve the track selection and c_{28} to c_{32} serve the time selection within the selected track. For the sake of shortness the contents of the drum address will always be denoted by (n) and the contents of the selected fast address will always be written as (m). There is $(n) = 0$ if the W-digit is 1. If (n) is destined for A, this number is denoted by $(n)_A$. Then $(n)_B$ and $(n)_C$ are 0.

In the same way by $(m)_A$, $(m)_B$ and $(m)_C$ is denoted the contents of (m) as far as they are destined for A, B, or C. Both other entrances receive a 0.

2.3 The Action of the Instructions — The Functional Digits

The A-digit.
In the control the A-digit has the following action:

Operation X: $(C) + 2\,\varepsilon \rightarrow D$ $(n)_C + (m)_C \rightarrow C$
Operation A: $(m)_C + (D) \rightarrow C$ $(4) \rightarrow D$

Both operations do not differ in so far as the arithmetic unit is concerned. In any case adding or storing takes place according to:

$$(A) \pm \{(n)_A + (m)_A\} \to A \qquad (B) \pm \{(n)_B + (m)_B\} \to B$$

These standard operations can be modified by the other operation digits.

Register 4 has a special function and is related to the A-operations. All instructions are either X-instructions or A-instructions.

The K-digit.

If the K-digit is absent: the fast registers are used for the arithmetic unit.

If K is present: the fast registers are used for the control.

On a reading operation: $(m) \to C$

On a writing operation: $(D) \to m$

The Q-digit.

If the Q-digit is absent: normal.

If Q is present: ε is added to (B) (or is subtracted dependent on I). The ε is introduced in the carry entrance of the pre-adder of B as if it were a carry from "b_{33}". The adding of ε under control of Q is also taking place on a storing operation.

The L-digit.

If L is absent: normal.

If L is present: (A) and (B) are shifted one place to the left. If A and B are not cleared, the leftmost digit of B shifts to the rightmost digit of A, and B is completed on the right-hand side with a zero. The leftmost digit of A is lost. If A or B are cleared, zero is always transported from B to A. All other operations are performed in the normal way.

The R-digit.

If R is absent: normal.

If R is present: A and B are shifted one place to the right. When A and B are not cleared, the rightmost digit of A shifts to the leftmost digit of B. The rightmost digit of B is lost. A is supplemented on the left-hand side with a digit from a place which will be called a_{-1}. This place is situated on the left side of a_0, and completes the A-accumulator to an adder of 34 places instead of 33 places. For this extra place the following rules hold:

If A is cleared, a_{-1} is also cleared. All numbers to be added are first added together in what is called the pre-adder; then the resulting number is completed with a copy of its sign digit, after which the number of 34 digits is added into A with the main adder. This digit is serving effectively to store an overflow. The only method to recover this digit is to shift it to the right by an R-operation. The shifting to the right prevails over shifting to the left; thus a combination of R and L shifts to the right only.

For the sake of doing multiplications the following facility has been added to LR: if LR is present, add b_{32}. (15) to A instead of $(m)_A$.

The I-digit.

If the I-digit is absent: normal.

If the I-digit is present: take the complement of the numbers of drum and fast register, in so far as they are destined for the arithmetic unit. The contents of

15 on an XD- and an LR-operation and the ε on a Q-operation are also complemented when I is present. The I-digit does not refer to numbers to be stored, or to the control.

The B-digit.

If the B-digit is absent: the operation refers to A.

If the B-digit is present: the operation refers to B.

The addition normally takes place in A just as the storing normally takes place from A. However, if the B-digit is present, the addition takes place in B and the storing also takes place from B. The B-digit has no influence on the addition of (15) to A on an LR-operation. This addition always relates to A. The addition or subtraction of ε on a Q-digit also always takes place in B. The B-digit has no relation to the control.

The C-digit.

If the C-digit is absent: do not clear A and B.

If the C-digit is present: clear the accumulator as prescribed by the B-digit, before an addition or a shift takes place. The C-digit does not relate to the control.

The D-digit.

If the D-digit is absent, and if the execution is waiting for the drum: read the number from the selected drum storage location and perform on it an operation according to the other digits.

If the D-digit is present, and the execution is waiting for the drum: write in the selected drum storage location the number from A or B according to the following rules:

With an operation without B: $c_8 = 0$: (n) destined for A.
                                   $c_8 = 1$: Transfer (A) to n.
With a B-operation: $c_8 = 0$: (n) destined for B.
                                     $c_8 = 1$: Transfer (B) to n.

On the combination of X and D an extra addition takes place: Add (15) instead of $(m)_A$ or $(m)_B$ to A or B according to the B-digit.

The E-digit.

If the E-digit is absent: read the relevant fast register and use it for A, B or C according to the K and B-digit in the operations.

If the E-digit is present: read the number as determined by K and B in the selected register.

If K and B are both absent: $c_9 = 0$: (m) destined for A.
                                     $c_9 = 1$: (A) m
If K is absent, B is present: $c_9 = 0$: (m) destined for B.
                                      $c_9 = 1$: (B) m
If K is present: $c_9 = 0$: (m) destined for C.
                                      $c_9 = 1$: (D) m

2.4 The Test Digits

If the V-digit is not present, the digits V_4, V_2 and V_1 together determine a number, having the value 0 to 7. These combinations are denoted by $U0$ to $U7$, added behind an instruction. If the instruction contains Uk, this operation is executed if a testable switch k has been thrown. If not, the operation $A0$ is executed. The sense switches will be also denoted by $U1$ to $U7$. $U0$ is considered to be always thrown. An instruction with $c_{10}, c_{11}, c_{12}, c_{13} = 0$ will be executed in the normal way. $U7$ is materialized as a key having a normally closed contact; hence in contrast to the other six switches the test $U7$ succeeds when switch $U7$ is not thrown. This key serves as a start key.

If the V-digit is present, a V is added to the instruction.

$\overline{c_{10}, c_{11}, c_{12}, c_{13}} = 1000$ is denoted by V: See next paragraph.

$\overline{c_{10}, c_{11}, c_{12}, c_{13}} = 1001$ is denoted by $V1$: Execute the instruction if $a_0 = 1$, else execute A.

$\overline{c_{10}, c_{11}, c_{12}, c_{13}} = 1010$ is denoted by $V2$: Execute the instruction if $b_0 = 1$, else execute A.

$\overline{c_{10}, c_{11}, c_{12}, c_{13}} = 1011$ is denoted by $V3$: Execute the instruction if $(A) = 0$, else execute A.

$\overline{c_{10}, c_{11}, c_{12}, c_{13}} = 1100$ is denoted by $V4$: Execute the instruction if $b_{32} = 1$, else execute A.

The combinations $V5$, $V6$ and $V7$ are free for special applications. A test can be performed with the aid of these functional digits.

2.5 Double-length Facilities

To be able to perform double-length arithmetic very easily a device to take the carry-over from B to A is provided. As this carry-over is only produced on the last impulse time in a word, it is not possible to add it to A in the same cycle. This is always done in a later cycle (not necessarily the next).

The normal rule for double-length arithmetic is as follows: On every B- or Q-operation the carry-over is stored in an intermediate storage of one digit, named *carry-trap*. This carry is added to A on the first instruction having a $V0$, which can be written simply as V. The B-instruction and the related V-instruction must have an equal I-digit. The carry-trap retains the carry which has been put into it on the last B- or Q-operation. The carry from the carry-trap is introduced on the carry entrance of the pre-adder of A as if it were a carry from $"a_{33}"$. On a left shifting instruction with V it is introduced one digit time late as if it were a carry from a_{32}. This implies that an instruction of the form $A200L5V$ can give wrong results, because the addition of (200) and (5) in the pre-adder can give rise already to a carry from a_{33} to a_{32} so that no other carry can be added at the same time. For a better understanding a short account will be given of the precise action of the carry-trap. A subtraction in B is performed by adding the inverse of the number together with introducing an extra complementary one on the carry entrance of the main adder of B as if it were a carry from $"b_{33}"$. When a number is added, the resulting carry is just the opposite of what it would be, when the same number would be subtracted. For example, subtracting 0 gives a carry 1. In general this can be formulated as follows: The borrow produced on a subtraction is the opposite of the carry produced by adding the complement. However, on the next V-instruction the fact that a borrow has been stored in the carry-trap in opposite form must be taken into consideration by reversing its significance as an I-operation. The negative value of a borrow is automatically accounted for by the introduction into the pre-adder. The result of this pre-addition (now including the borrow) is subtracted from A on a subtraction.

These seemingly awkward rules are necessary to be able to round-off on multiplication with a special trick, and to use the V as a sort of "Q-digit" for the A-accumulator.

Examples.

Round-off on multiplication:

$N \ldots IB23$	Last instruction of multiplication contains I. $B23$ subtracts $\frac{1}{2}$ from tail giving carry-over when tail $\geq \frac{1}{2}$.
$N \ldots V$	Round-off is added to head on next operation. B-instruction and corresponding V-instruction do not have the same I-digit!

The use of V as "Q-digit":

$N \ldots BI$	Subtract 0 from B thus making carry $= 1$.
$N \ldots V$	Add extra 1 to head from carry-trap; etc.

2.6 The Order of Preference

The functional digits of the operation are written in a certain order. This order is: $AKQLRIBCDEVV_4V_2V_1$. By reading it from the right to the left the order of preference of the functional digits is given. One can imagine the action to be thus that all functions take place subsequently. First from the test digits it is tested whether the operation is taking place or not. Then if storing has to take place, first storing is effected. Then if clearing has to take place, the clearing is performed. The relevant register is indicated by the B-digit. The position of the inversion digit is of no importance. The order of LR indicates that R has preference over L. When R and L are used together, only a shift to the right is effective. As last action the additions with Q and A take place. The position of the K-digit is unimportant.

3. The Repetition Instruction

The possibility to repeat an instruction has given this type of coding its greatest power. In this chapter we shall give a number of applications which encompass the most frequent types of serial operations. They comprise multiplication, division, normalisation (single and double length), block transport, zero-searching, searching in a non-ordered list for a specified part of a word, generating random numbers with Fibonacci series, etc.

The basic idea of repeating an instruction stems from the fact that when a register is serving as the next instruction source, the drum address is not used as such when the W-bit is present. Nevertheless the address counter is augmented by 2 every cycle. This does not influence the fast address until the drum address overflows into the fast address. Thus when the drum address is equal to $8192-2p$, it will overflow after getting added p times 2 to it. Hence the notation $X5K7$ for: repeat instruction in 5 seven times.

Program:

100	NKE6		5	instruction to be repeated: A ..
101	X5Kp→		6	return instruction
→102	etc.			

Action:

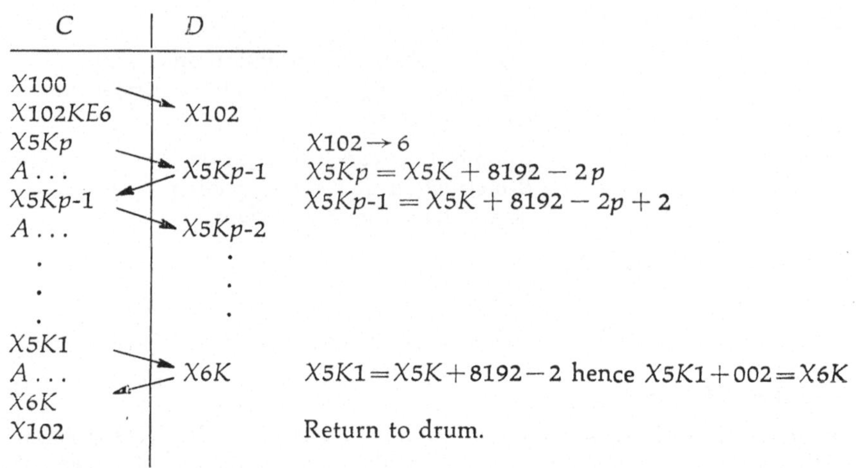

In this example we see the alternation between an X- and an A-instruction. The X is called the repeating instruction, the A is called the repeated instruction.

Of course both X- and A-instructions can do useful things. Observe that this count requires no extra apparatus but uses the normal address counter.

3.1 Multiplication

The most important application for a repetition instruction is multiplication. This can be done by the classical VON NEUMANN system. The A and B are forming a double-length accumulator, the multiplicand is placed in 15, the multiplier is placed in B, and A is cleared initially. At every cycle the last digit of B is tested and only when it is 1, the contents of 15 is added to A. Then A and B are both shifted to the right, thereby dropping the right hand digit of the multiplier and shifting a bit from the product from A to B. This digit does not change any more. The repetition of a multiplication runs as follows.

Program:

100	NKE6LRC	Place return instruction in 6. Clear A and add (15) conditionally. Shift right.
101	X5K15LR	Repeat ALR fifteen times ($X5K15LR$ itself is done sixteen times).
102	NLRI	The last cycle is done negatively because of the sign convention.

5	ALR
6	return instruction

With respect to timing the 31 repeated and repeating instructions just fit into one revolution time of the drum.

Of course for an isolated multiplication the instruction ALR in 5 must be prepared. To give an insight how this can be done, an example shall be given of a complete open subroutine for multiplication of (A) and (B) without pre-supposing any contents of the registers.

Program:

100	NE5	Pre-instruction activity only starts after next instruction.
101	NKKCE15	Store multiplicand $\rightarrow$ 15. $ALR \rightarrow A$.
102	ALR	Constant. After-action of $NE5$ stores $ALR \rightarrow 5$.
103	NKE6LRC	
104	X5K15LR	Multiplication as described above.
105	NLRI	After-action of $E5$ destroys ALR but that does not matter.

3.2 Division

A division is more complicated but here also the classical von Neumann scheme fits into the two available operations.

A step of a division can be subdivided in:

a) shift to the left, subtract divisor and note down a quotient digit 1, right or wrong;

b) test whether result has become negative. If so, subtraction must be undone. Add divisor again and remove quotient digit.

The repetition starts with the following initial contents: A and B contain the double-length dividend (positive), $(15) =$ negative divisor.

Then the *program* runs as follows:

100	NKE7	Place return instruction in 7.
101	X6K31QLD	Repeating instruction: shift left, XD subtracts divisor, Q adds 1 to quotient. Repeated instruction: test sign of result. If negative undo action of XDQ. Only 63 word times fit into 2 revolutions.
102	AQI15V1	So last restoration is done separately.
103	unused	
104	etc.	

6	AQI15V1
7	return instruction

Of course in a practical application this core has to be supplemented by some preparatory programming for dealing with all combinations of signs. In practice a closed subroutine will be made for division once and for all. An example can be found in [6].

3.3 Normalisation

Normalisation is shifting a number a to the left until $(a) > \frac{1}{2}$ and counting the number of necessary steps. The example of single length normalisation (shifting in A and counting in B) has been given already in [6]. So we shall deal with the more difficult case of double-length normalisation. A and B are supposed to be filled with a positive double-length number which has to be normalised with a repetition instruction. The difficulty is that both accumulators are occupied for shifting and cannot be used for counting. The solution can be found by using the repeating instruction itself as an indication for the number of steps.

Program:

100	NR23	Shift double-length number temporarily to the right and make sign-digit 1 for making next test succeed for the first time.
101	NKE6V1	Pre-instruction succeeds. $KE6$ has no meaning yet.
102	NKE6	Place return instruction $X104KE6V1$ in 6. Thus the repeated instruction is a test.
103	XK6L	Repeat and shift left $X104KE6V1$. As long as number to be normalised is still positive, test fails and repetition goes on. As soon as test succeeds, return to 104 and store the present repeating instruction in 6. When having shifted over n places, contents of 6 is in the end $XK6L+2n$. $2n$ can be separated from (6) later.

The technique of first preparing a few instructions in the registers which afterwards are executed many times and meanwhile alter themselves is called *underwater programming* because the active instructions do not appear as such in the object program. We shall see many examples of under-water programming later on where often the instructions executed far outnumber the instructions written down.

3.4 Block Transport from Drum to Registers

It is clear that for the preparation of under-water programs often a block of words has to be transferred to the registers. This can be done by a repetition instruction in the following way. As the instruction to be repeated must be modified during the repetition, the obvious place to put it is the B-accumulator. With the XBD combination the repeating instruction can modify the repeated instruction on every cycle.

Suppose we want to transfer (m), $(m + 2) \ldots (m + 8)$ to registers 6, 7, 8, 9, 10; then the *program* runs as follows:

100	NC5	(5) to A. Necessary for starting.
101	NKKBC	Take modifier $X002 \cdot 1$ in A.
102	X002·1	Modifier for augmenting drum address with 2 and register address with 1.
103	NKKBCE15	Put modifier $X002 \cdot 1 \to 15$
104	AmCE5	and take instruction to be repeated in B.
105	NKE4	Store return instruction in 4.
106	X3K6BD	Repeat $AmCE5$ six times and modify it during repetition in B. It becomes successively $AmCE5$, $Am + 2CE6$, $Am + 4CE7$, $Am + 6CE8$, $Am + 8CE9$, $Am + 10CE10$ so that it has just transferred $(m) \to 6$, $(m + 2) \to 7$ etc. Remark that there are no waiting times except for the first one.
107	etc.	

The same type of procedure can be applied for transport of numbers in the other direction.

3.5 Zero Searching

In list processing it often occurs that the first free location of a list must be looked up. This can again be done with a repetition instruction.

Suppose that the list is 50 places long and that these places are alternately spaced on n, $n + 2$, etc. The *program* now runs as follows:

100	*NKKBC*	
101	*AnCQ*	Take *AnCQ* in B to be repeated.
102	*NKE4ICV*	Store return instruction $X104$ in 4. Fill A with a number $\neq 0$ to insure that process will start.
103	*X3K50QV3*	Repeat $(B) = AnCQ$ 50 times. The Q on the repeating as well as on the repeated instruction step the address n by two every cycle so that all alternate locations are fetched in A. The test $V3$ looks for zero.
104	*X . . . V3*	When somewhere during the repetition the test fails, (4) comes into C and the program returns to 104 (see below). A $V3$ test on 104 can see whether actually a zero has been found and then goes on to 106. If nowhere a zero can be found, the repetition comes to a normal end on 4 after having repeated (3) for 50 times. But now the test on 104 succeeds because $(A) \neq 0$. The place x where an eventual zero has been found can be reconstructed from
105	not used	

$$(B) = Ax + 2CQ.$$

For example when (6) must be stored in x there can follow:

106	*NC6*	Take (6) in A.
107	*NK3QIBC*	Take as next instruction $(108) + (B) = ADxK3Q$. Put $-\varepsilon$ in B afterwards.
108	*AD000K3Q–* *A002CQ*	Instruction executed is $ADxK3Q$ storing $(6) \rightarrow x$.
109 110	*N* etc.	$K3$ modifies after-action not to $X110K3QIBC$ but to $X109K3QIBC$ and the Q on 108 clears B again so that the instruction on 109 is extracted unmodified by the $X109K3QIBC$.

In this example there are a few difficult actions to visualize. Therefore an action diagram shall be added. Each successive line gives an instruction.

Action:

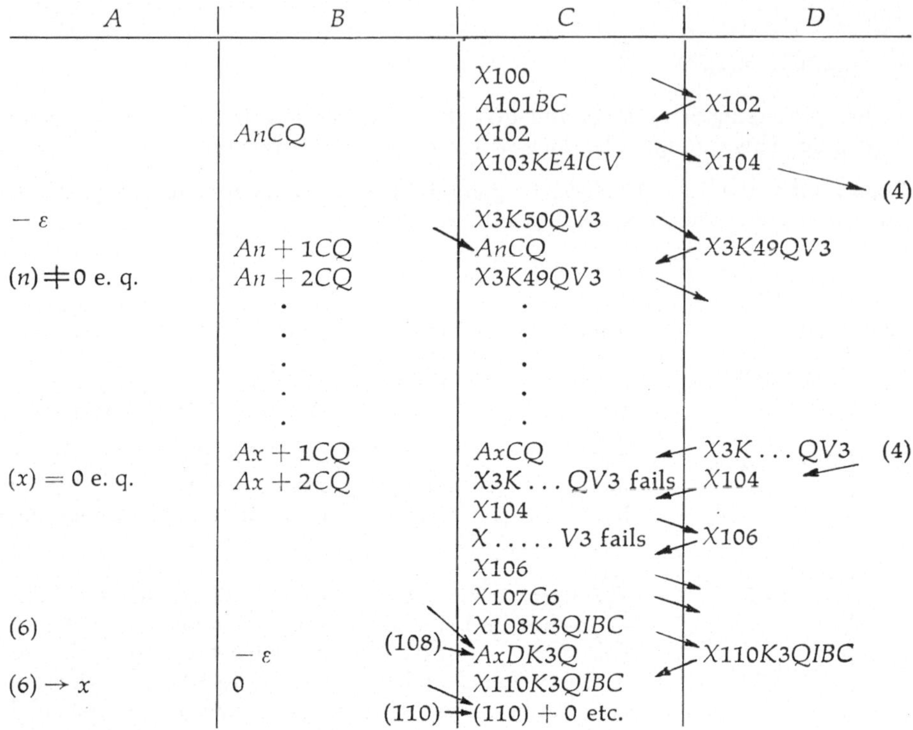

3.6 Searching in a List

A more complicated action is searching an item in a non-ordered list. Suppose e. g. that a list contains in the usual even numbered places an identifier in the right-hand 15 digits. The left-hand 18 digits and the next word contain information to be extracted. So in this case a search must be made for a part of the word to be equal to a prescribed word. A mask defines the part of the word.

The mask is put in 5 and the prescribed word is put negatively in 15 at the start. $(5) = 2^{15} - 1$; $(15) = -a$.

100	*NKKBC*	
101	*AnQE24*	Put *AnQE24* in *B* as instruction to be repeated.
102	*NKE4ICV*	Return instruction to 4. $-\varepsilon$ to *A* to let the first repetition succeed.
103	*X3K50QCDV3*	The *XCD* combination puts $(15) = -a$ in *A*. Then *AnQE24* is repeated. *E24* fetches (n) masked by (5) and adds this to *A*. The next $X\ldots V3$ tests for
		$-a + (n)_{\text{masked}} = 0$?
		The *Q* on $X\ldots QV3$ and *AnQE24* steps up the instruction *AnQE24* over 2.
104	$X\ldots V3$	Test whether zero has been found or whether repetition has ended list.
	etc.	

Needless to say that this type of repetition is a keystone to all sorts of automatic programming language translation programs to search in identifier lists. Even in this computer with its waiting type store, the action is comparatively fast; only two word times per item. When the first item has been looked up, all others follow without further waiting times.

3.7 Generating Random Numbers by the Series of Fibonacci

A curious example of the application of a repetition instruction is the execution of a number of steps of the process $u_{n+1} = u_n + u_{n-1}$, the series of FIBONACCI. This is sometimes used as a generator of random numbers. The overflow of the addition is lost. The process described here, is a simplified form which would not be very good as random generator as the numbers are cyclically even, odd, odd. Suppose we want to progress p terms in the series. $(A) = u_{n-1}$; $(15) = u_n$.

Program:

100	NBE5	Pre-instruction.
101	NKKBC	Take ALRCE15.
102	ALRCE15	After-action BE5 puts this in 5 as instruction to be repeated.
103	NKE6BC	Place return instruction in 6 and clear B.
104	X5KpDQ	Repeating instruction forms u_{n+1} in A by the XD
105	etc.	facility and puts ε in B.

The repeated instruction ALCRE15 then interchanges (A) and (15)!! For CE15 places u_{n+1} in 15 and the LR facility puts $(15) = u_n$ at the same time in A. The ε in B made LR succeed. The right shift of LR cleared B again. The same process is repeated p times.

3.8 The Repetition of a Subroutine

Although highly important for the most frequent processes a single repeated instruction cannot do more complicated repetitive processes. But fortunately it is possible to use as repeated instruction the call-in combination of a subroutine so that in fact the whole subroutine is repeated. This mode of working has as a drawback a loss of time because the program repeated is not any more in the fast registers but on the drum.

In principle this repetition works as follows.

Program:

100	NKE5	Store return instruction. The subroutine 200 reads like	N etc.
101	X4Kn	where e. g. (4) = X200KE6	
102		The first time X4Kn−1 is stored in 6 etc. The last time this instruction has become X5K and returns to 102.	XK6 return

A practical and elegant way to implement this idea is the following *program:*

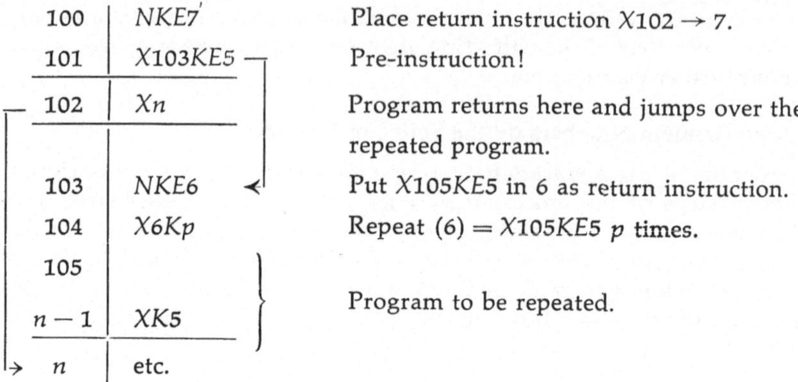

100	*NKE7*	Place return instruction $X102 \rightarrow 7$.
101	*X103KE5*	Pre-instruction!
102	*Xn*	Program returns here and jumps over the repeated program.
103	*NKE6*	Put $X105KE5$ in 6 as return instruction.
104	*X6Kp*	Repeat $(6) = X105KE5$ p times.
105		Program to be repeated.
$n-1$	*XK5*	
n	etc.	

4. Fast Repetitions

Until so far all repetitions were of the type: two instructions, a repeating and a repeated instruction alternating each other. They work most effectively on alternate places of the drum. As soon as they have to work on every consecutive word they become very slow. There is another type of repetition which is termed a fast repetition. Here only one instruction is doing the work and is repeating itself.

4.1 Drum Clearing

As a first example a drum clearing routine is given. It will be programmed on the drum and consequently destroys itself during its action.

Program:

100	*NCE15*	Pre-instruction clears A and clears 15 as second action.
101	*A103BCKE4*	$X000K3QCD \rightarrow B$. Place return instruction to 103 which will thence be cleared.
102	unused	A is cleared.
103	*X000K3QCD*	Start execution of instruction in B. Store $0 \rightarrow 000$; next instruction is $X001K3QCD$. XCD takes $(15) = 0 \rightarrow A$. Q augments instruction in B and $K3$ takes new instruction. Process stops when at last instruction has become $X000K4QCD$.

With another filling of 15 and making $(103) = X000K3QD$ it is possible with the same trick to fill the store with any arithmetic progression.

4.2 Fast Sorting in Classes

A frequent problem is the determination between which boundaries x_1, x_2, x_3 etc. $(x_1 < x_2 < x_3 < x_4$ etc.) a number x is lying. According to the class found another number can be extracted.

Program:

100	N	
101	$NKKBC$	Take return instruction in B.
102	$X114$	
103	$NKKBCE4$	$X114 \rightarrow 4$.
104	$A108K3QV1-X114$	Take instruction to be executed $-(4)$ in B.
105	$NK3Q$	Modify next instruction into $AK23$.
106	$AK23-A108K3QV1+X114$	$AK23$ makes second action of $X108K3Q$ into $A108K3Q$.
107	not used	Thus form $x_1 - x$. Next instruction comes from $(3) + (4) = A109K3QV1$.
108	x_1	Test $x_1 - x$. If negative: go on. If positive: return to 114.
109	$x_2 - x_1$	Form $x_2 - x$; etc.
110	$x_3 - x_2$	Form $x_3 - x$.
111	$x_4 - x_3$	
112	$A000 - x_4$	At last form something which is certainly positive.
113	not used	
114	etc.	

Of the critical part of the program an action diagram will be given which clarifies the action in the different registers.

Action:

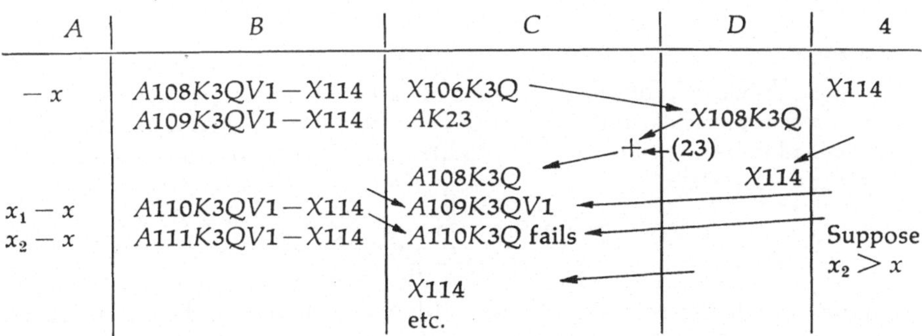

4.3 Summing the Store

For checking purpose it can be very convenient to form a sum of the store from a pre-determined beginning to the end. When a single spare location is filled with the negative sum of all the others then this checks sum must result in 0, which can be easily tested.

Suppose we want to sum the store from address x to the end. Then the *program* could run as follows:

100	*A000IC*	Take $-$ (000) in *A*.
101		
102	*NKKBC*	
103	*X54*	$= \frac{1}{2} \times$ (return instruction).
104	*NKKBCE4*	Place $\frac{1}{2}$ (return instruction) in 4.
105	*AxK3Q$-$X54*	$= AxK3Q - (4) \rightarrow B$.
106	*NK3Q*	Execute *A109K23QIC* which subtracts (109) from *A* and 1 from *B*.
107	*A109K23QIC$-$(105)*	Next instruction becomes *A109K3Q* instead of *X109K3Q*. This adds again (109) to *A* and 1 to *B*.
		Next instruction becomes *AxK3Q* which adds (x) to A. Next instruction is *Ax$+$1K3Q* etc. Last instruction becomes *A000K4Q*. This adds (000) which had been subtracted right at the beginning. Furthermore the next instruction becomes $(4) + (4) = X108$ and the program returns to 108 with
108	etc.	$\displaystyle\sum_{k=x}^{8191}(k)$ in *A*.

The drawback of all three fast repetitions is that an end can only be forced by reaching the physical end of the store or by a test failing during the process. This limits the scope of the fast repetition. But for forming hash totals for checking purposes after having filled the store with a previously dumped contents it is very fast. In fact it is the fastest process which can ever be devised even in an immediate access store.

4.4 Displacing

A very neat application of a peculiar type of fast repetition appeared in a sorting routine. In that particular routine a set of items standing in alternate locations on the drum had to be moved up over two locations. Of course this can be done when starting at the last item.

But in this way it is a very slow process. When (x) has been picked up it can be dropped into $x + 2$ but then almost a revolution is lost in reaching $x - 2$.

The following trick solves the difficulty. Suppose the intermediate odd places can be used temporarily.

Now starting at the first item in a, (a) can be picked up and dropped in $a + 1$, in time ($a + 2$) can be picked up and dropped in $a + 3$ etc. By repeating this procedure a second time the displacement has been performed.

In the program example the address a of the first item to be displaced will be supposed in *B* and a flag consisting of a zero will be considered to be present as last element. Only one of the two steps necessary will be described.

Program:

100	*NKKC3*	Form in A:
101	*XD001K3QV3−X109K3Q*	$XDa+1K3QV3−X109K3Q$ as modifier.
102	*NKKB*	Form in B.
103	*AC000Q*	$AaCQ$.
104	*NKE4*	Store return instruction to 106 in 4.
105	*X107K3Q*	Form variable instruction $ACaQK2$.
106	etc.	Program returns here.
107	*X000K2*	Is executed as $ACaQK2$. Take (a) in A. Modify second action $X109K3Q$ into $XDa+1K3QV3$. Test if $(A)=0$.

If instruction: store $(a) \rightarrow a+1$. Take next instruction from B. This has become $ACa+2Q$ in the meantime because of the Q. Repetition ends with a failing test when 0 is found and program returns via 4 to 106.

4.5 Fast Division

As a last application of fast repetitions a division will be treated. Often it is known in advance that the quotient will be a small integer only. In a conversion process from binary to decimal a binary number < 1000 can be divided by 100. The quotient never exceeds 9. The fastest way to program such a division is a stretched division consisting of repeated subtractions only.

Suppose for the example that the divisor has been put in 15. The dividend is but negatively in A and B is cleared for the quotient.

Program:

100	*NBE5*	Pre-instruction.
101	*NKKBC*	Take $XK5QDV1$ in B.
102	*XK5QDV1*	and put it in 5 by second action of $BE5$.
103	*NKE4BC*	Place return instruction in 4 and clear B.
104	*XK5QD*	Start division. Q notes down units of the quotient. The XD facility adds the divisor to the negative dividend. From now on $(5) = XK5QDV1$ is continuously repeated testing the dividend. As long as subtraction succeeds quotient bits are registered until $V1$ fails. Then the second action also fails and (4) comes into C returning to 105 with the remainder in A (positive because the subtraction has been performed one step to far) and the quotient $+1$ in B.
105	*NI15Q*	This instruction restores the correct remainder and quotient.

5. Miscellaneous Tricks

A lot of useful tricks do not fall under the heading repetition instruction. But all tricks treated below fulfil the requirement that they are minimum programs in respect of time as well as of number of instructions or both. Some of them indicate ways of doing things which are not possible in another way, e. g. the extraction of four consecutive words from the store in four consecutive word times. In this respect it is rather irrelevant that the store of the machine in question is a waiting type store although many of the tricks have been produced under the necessity of doing it optimally or alternatively wasting prohibitive waiting times. The result however can be applied to other machines with non-waiting types of store. The gain in speed will then not be of the order of 32 but of the order of 2 to 4.

5.1 Transferring a Number without Making Use of the Accumulators

By accident the following trick was discovered in a situation where the accumulators could not be destroyed and all registers except a particular one (say m) were occupied. In that situation (4) had to be transferred to m. The following few instructions do this transportation via the D register, instead of via A or B.

Instructions:

NKEm Pre-instruction. Store "return-instruction" from D to m.

A. . . .   Any A-instruction e. g. $AE4$. On every A-instruction (4) $\rightarrow D$.

etc.   Second action of KEm stores $(D) \rightarrow m$.

The pictured case of passing over a number *behind your back* shows once more how arithmetic unit and control unit must be regarded as one integral organising unit as has been shown before in repetition instructions where B often served as an extension of the control. Especially in the next few tricks the boundaries between arithmetic and control become very vague. In a certain way this is true for every machine as soon as it starts calculation on instructions. However in many machines calculation with instructions only means calculation with addresses. In all examples shown until here it is very clear that the aspect of altering the operation part as well is at least as important. This is the main reason that all registers contain full words, even the D-register and the short registers when used as modifier with NKm.

5.2 Extraction of Three and Four Consecutive Words

The problem of extraction from the main store two or more words (or numbers) from consecutive lines is more a problem of timing. Of course a program can always be written for it but then more than one word time is lost for extraction of one word. This is perhaps not so serious in an immediate access store but in a waiting type store like a drum this wastes a whole revolution. In any case doing it in one word time per word is quicker. The difficulty in getting access to consecutive words with a two address instruction is amounting to two main points:

a) All instructions must be dependent on the same initial and variable address. For fixed addresses there is not the problem of index-modifying the instructions.

b) The first address is used for the extraction, the register address can serve as next instruction source (via modification) but then the extracted number cannot be stored away. Or the accumulator is freed from the extracted numbers by *Em* but then the register address is not available any more for fetching a new instruction.

For two numbers it is not difficult to devise a solution as there the difficulty mentioned under point b) is not yet present; both numbers can be left in the accumulators. Therefore our attention will only be directed to the extraction of three and four numbers. Both examples given are the result of laborious trying. Although thought to be possible it was not known for a long time how to do the four number extraction until VAN LEYDEN found the solution. A proof can be given that no five consecutive numbers can be extracted.

The three word extraction reads as follows: $(B) = n$; then $(n) \to 4$, $(n+1) \to B$ and $(n+2) \to A$ at the end of the program.

Program:

100	*NQIBE6*
101	*NKKIB*
102	*NKKBDE61V7*
103	*NQIE1*
104	*NKQIE4*
105	*NKIB3*
106	*NKI*
107	etc.

An explanation of the above program is given in detail as follows.

Action:

A	B	C	D	
	n	*X101QIBE6*		Only *QI* is important, *BE6* is pre-instruction.
	$n-1$	*A102IB*	*X103QIBE6*	Subtract constant from (102) to (*B*). Accidentally this constant could be written as an *NKK*.
	$n-1-A103BDE61V7$			
		X103QIBE6		$n-A104BDE61V7 \to 6$.
	$n-A105BDE61V7$	*X104QIE1*		Only *QI* is important. The *E1* is harmless and required on the return instruction in 4 for modification.
	$n-A106BDE61V7$	*X105QIKE4*	*X106QIE1*	Store return instruction.
			4	$X106QIE1 \to 4$. *QI* goes on subtracting 1 from *B*.

(cont'd)

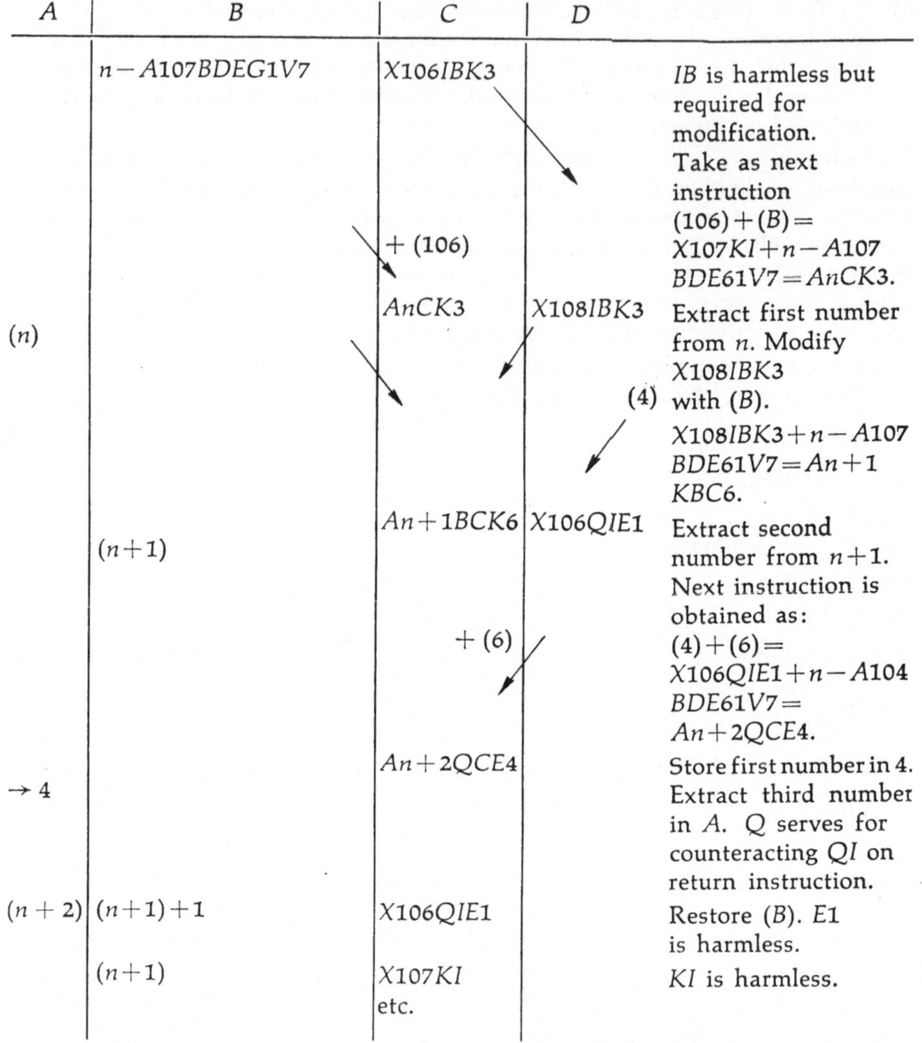

Observe that the program as written down in the form of N and NKK instructions only, is impervious against displacement, i. e. it would work equally well in any place of the drum when input with the N, NKK notation. Of course for all programming on paper a symbolic or relative addressing system is used, but as this is a question of the construction of an appropriate input program, it does not belong to the realm of machine-bound micro-programming and hence will be explicitly omitted from this article.

The four word extraction is based on the idea that the only channel from where a string of four consecutive instructions can come is from A or B by storing $\rightarrow 4 \rightarrow D \rightarrow C$. First by successive $A \ldots E4$ orders a chain of appropriate orders is built up in $B, 4, D, C$. The best way to explain is the action diagram (cf. p. 295).

The program (cf. p. 296) is as follows: $(A) = n$ at the beginning, the program returns with (n) in 5, $(n + 1)$ in 6, $(n + 2)$ in A, $(n + 3)$ in B.

Action:

A	B	C	D	4	
n		X101BE4			Pre-instruction.
(102)		A102	X103BE4		Add *A000CE4* to *n*.
AnCE4		X103BE4			
	(104)	A104BC	X105BE4		Take chain filling
					instruction in *B*.
	AQBE4	X105BE4			Store *AQBE4* in 4.
	(106)	A106BCK23	X107BE4	AQBE4	Take constant *B* and modify
					X107BE4 into A107BE4.
	A110BCE4	A107BE4	AQBE4		Change (*B*), store to 4.
	A111E4	AQBE4	AQBE4	A110BCE4	The chain has started:
					$A \to 4 \to D \to C.$
	A112E4	AQBE4	A110BCE4	A111E4	*Q* augments *B*.
	A113E4	A110BCE4	A111E4	A112E4	Return instruction to *B*.
	X114	A111E4	A112E4	A113E4	$AnCE4 + X001B = An + 1BCE4.$
		A112E4	A113E4	AnCE4	$An + 1BCE4 - X000B + X001\cdot1 =$
An+1BCE4					$An + 2CE5.$
An+2CE5		A113E4	AnCE4	An+1BCE4	$An + 2CE5 + X001B1 =$
					$An + 3BCE6.$
An+3BCE6		AnCE4	An+1BCE4	An+2CE5	At last (*n*) $\to$ *A*.
(*n*)		An+1BCE4	An+2CE5	An+3BCE6	$(n+1) \to B$
					return instruction $\to$ 4
	(n+1)	An+2CE5	An+3BCE6	X114	$(n) \to 5.$
5					
(n+2)		An+3BCE6	X114		$(n+1) \to 6.$
	6				
	(n+3)	X114 etc.			

Program:

100	*NBE*4
101	*NKK*
102	*A*000*CE*4
103	*NKKBC*
104	*AQBE*4
105	*NKKBCK*23
106	*A*110*BCE*4
107	$+1-X$000*BC*
108	⎫
109	⎭ free places
110	*X*114
111	*X*001*B*
112	*X*001·1−*X*000*B*
113	*X*001*B*1
114	etc.

Perhaps the idea of having a series of instructions available, which are put up beforehand, can be useful generally for inner cycles of procedures where the utmost of speed is required. In this machine the setting up could be done only in a clumsy way, in most machines it cannot be done at all, but a control could be built with a stack of fast-access registers pre-filled with the required instructions and executed without an extra instruction fetch cycle.

5.3 Storing Four Numbers in Consecutive Locations

The storing of four numbers is much easier. This is caused by the irregular action of the *D*-digit which always stores from the accumulators. Only a sketch of the program shall be given.

The numbers to be stored in n, $n+1$, $n+2$ and $n+3$ shall be denoted by a, b, c and d. Then at the outset the following contents of the registers must be set up:

$A=2$	a
$B=3$	c
4	*XBDn* $+$ 3*K*8
5	*ADn* $+$ 1*K*6
6	*ABD*000*C* $-$ *XCD*000*K*5
7	d
8	return instruction to drum
15	b

The process is started by:

$$XCDnK5$$
$$(5) = ADn + 1K6$$
$$\boxed{+ 2 + (6)}$$
$$ABDn + 2C7$$
$$(4) = XBDn + 3K8$$

Store $a \to n$ next instruction from 5.
XCD takes $(15) \to A$.
Store $b \to n + 1$. $K6$ modifies $XCNnK5$ to $ABDn + 2C$.
Store $c \to n + 2$; $n \to B$. Two successive A-instructions hence next instruction from 4.
Store $d \to n + 3$. Next instruction from 8. Return.

5.4 Modifying a Modifier during a Repetition

Once the problem arose of storing two numbers in n and $n + 2$ and extracting three numbers from $n + 6$, $n + 8$ and $n + 10$[2]). Of course the alternate spacing of locations lends itself better for treatment with a normal repetition instruction. There is no time to do it with index-modified drum instructions as n is variable. The only way to make it quick is by *under-water programming*.

Action:

A	B	C	
a	$AnCD11V$	$XK3BD6$	Modify (B) with (15).
	$An+2CD13$	$AnCD11V$	Store $a \to n$. Fetch $(11) + 1 = b$.
b		$XK3BD5$	Modify $An+2CD13+X002.2-X000V = An+4CE15$.
	$An+4CE15V$	$An+2CD13$	Store $b \to n+2$. Fetch 2nd modifier in A.
$X002-X000\cdot6$		$XK3BD4$	
	$An+6CE17$	$An+4CE15$	Store new modifier in 15. $(15) = X002-X000\cdot6$. Extraction of $(n+4)$ is not used.
$(n+4)+1$		$XK3BD3$	Go on modifying $An+6CE17+X002-X000\cdot6 = An+8CE11$.
	$An+8CE11$	$An+6CE17$	$(n+6) \to A$. E17 is harmless.
$(n+6)$		$XK3BD2$	
	$An+10CE5$	$An+8CE11$	$(n+6) \to 11$; $(n+8) \to A$.
$(n+8)$		$XK3BD1$	Last modification is not important.
		$An+10CE5$	$(n+8) \to 5$; $(n + 10) \to A$
	$Xk4BD$	(4)	
	return instruction		Return to drum routine.

---

[2]) The problem came from a program for solution of simultaneous differential equations with the method of Runge-Kutta-Gill [16] where y and q of the previous equation must be stored and y, q, k of the next equation must be fetched.

The preparation shall not be given. At the outset we suppose:

$(A) =$	a, first number to be stored
$(11) =$	$b{-}1$, b is second number to be stored
$(15) =$	$X002{\cdot}2 - X000V$ 1st modifier
$(13) =$	$X002 - X000{\cdot}6$ 2nd modifier
$(B) =$	$AnCD11V$

The *program* starts with

> $NKE4$ Place return instruction in 4.
>
> $XK3BD6$ Repeat (B) six times.

The explanation follows from the action diagram (cf. p. 297).

5.5 Multiplication with Small Factors

For multiplication with small constant factors often shorter programs can be devised than would appear possible at first sight. Only a few examples will be given.

Multiplication of (B) with 10.

Program:

> $NLC3$ Form 2-fold of B but take 1-fold in A.
>
> $AL2$ Form 4-fold in B and add 1-fold from A giving 5-fold.
>
>   After-action $LC3$ forms 10-fold.

Multiplication with 32. It is obvious how it can be done with five shifts. It can, however, be done in four instructions. Suppose $(B) = b$.

Program:

$NLC3$	Form $2b$ in B but take b in A.
$NLB3$	Form $2b$ in A and $4b+2b=6b$ in B.
$NLB3$	Again double A and triple B giving $(A) = 4b$; $(B) = 18b$.
$NLIB2$	Form in B $36b{-}4b=32b$.

Multiplication with 100. It is obvious how to do it in six word times (twice the program for forming 10-fold). It can be done in five instructions.

Program:

$NLC3$	$(A) = \;\; b$	$(B) = \;\; 2b$
$NLB3$	$(A) = 2b$	$(B) = \;\; 6b$
$NLB3$	$(A) = 4b$	$(B) = 18b$
$NLB3$	$(A) = 8b$	$(B) = 54b$
$NLIB2$		$(B) = 108b - 8b = 100b$

Dependent on the required constant remarkable short solutions can be found. Until so far no systematic tabulation of the shortest programs for factors has been undertaken but for all factors under 100 the solution is known by hand methods.

6. Miniaturization

Until so far problems of micro-programming have been treated, doing compound actions with repetition instructions. A second field of applications is miniaturization in the sense of compressing programs in a space as small as possible. Especially one kind deserves attention, viz. the so-called *tape programs*. A tape program is a program which does not use anything on the drum (except track zero, see below) but reads its instructions during action. The registers may be used freely. Therefore, these programs could also be named *register programs*. As the number of registers is very limited much ingenuity has gone into these tape programs. To be read-in they make use of an input program for input in binary form. This binary input program is almost permanently contained on the drum in track zero and is kept locked (i. e. track zero can be read but not be written into unless specifically unlocked by a carefully guarded switch). Many of the register programs borrow instructions from track zero. The advantage of tape programs lies in the fact that they can be run and used without being anything on the drum and without destroying anything on the drum. So they are inherently suitable for service programs, testing programs etc. In the sequel a few examples will be treated, namely:

1) a tape copying program to copy tape from input reader to output punch,

2) a program to input decimal number by telephone dial,

3) a program for punching out the contents of the store (from a predetermined address to another address) in binary form to be read in subsequently,

4) a program for reading tape and printing the symbols immediately on the teleprinter. This serves for making tapes print their own title on the output printer without even the standard printing routines being present in the machine.

For a good understanding of the register programs it is not strictly necessary but very desirable to know how they can be read into the machine by track zero. Since a few instructions are borrowed from the binary input program, the description has been added in an appendix (cf. Section 7, p. 308 ff.).

Another kind of miniaturization was required in finding a pre-input program; i. e. a program consisting of as few instructions as possible which enables the machine to read in a more complete input program. Some machines have a built-in facility to read words into the store starting with an empty machine; this machine has not. Therefore the pre-input program must be put into the machine manually which is a rather tedious procedure. Fortunately this need never be done under normal operating conditions as track zero cannot normally be destroyed. Only in case of a breakdown of track zero one must revert to the pre-input program. In fact the pre-input program does not build up track zero in one step but in three steps. This *bootstrapping* technique is well known.

6.1 The Pre-input Program

After an intensive search for miniaturization at last a program of only two instructions could be devised. It is rather unsatisfactory that in general no theory
exists which can prove that a particular solution is the minimum solution although
for this case an ad hoc proof can be given that two instructions form the
minimum pre-input program.

Instructions:

000	$X8190IB30$	Read 1st hole from tape into B.
8190	$AD8191LK29$	Store word from A into 8191. Shift A and B left.
		If 2nd hole $= 0$ after-action of
		$X8190IB30$ becomes $X000IB31$: step tape
		and go again to 000.
		If 2nd hole $= 1$ after-action becomes
		$X8191IB30$: go to instruction in 8191.

Reading from the first hole by register 30 causes a string of zeros to be read in
case of hole zero and a string of ones ($= -1$) in case of hole one. Hence $IB30$
reads 0 or 1 into the right-hand side of B. The L on 8190 shifts A and B to the left,
the after-action of $IB30$ becomes $IB31$ because $8190 + 2$ overflows into the register
address. This does the stepping. In this way A and B can arbitrarily be filled.
Every cycle (A) is stored in 8191 overwriting the previous number in 8191. At last
a suitable storing instruction (e. g. $XnBD31$) which stores the word built up in B
in location n. The end mark of a word is given by the presence of a second hole
whereupon the $K29$ modifies $X8192IB30$ by -1 into $X8191IB30$. One can see that
B always ends in 00 or in 11 which puts a severe limitation to the words which can
be input. For a detailed description of the coding on the tape we must refer to the
programming manual of the machine [17].

6.2 Tape Copying Program

The requirement of this program was that it could copy tape continuously as well
as step by step (this for correction purposes). It is admitted that this copying of
tapes with a high speed computer is an abuse of the machine. Parts of the program however have served for copying titles, etc.

Program:

4	$X6K1$
5	$XK14BCU7$
6	$X5K1V4$
7	$XK15RIC$
8	ALR
9	$XK10L$
10	$X011LE26$
11	$XK11QBCU7$
12	$X013LE27$
13	$XK11QBCU1$
14	$X001C7$
15	$X8K5$

The progam is started in 11 and stops. Copying is started when "start" is pressed and stopped when $U1$ is pressed. When $U1$ is locked in the "1" position, starting with $U7$ only does a single step. The program is explained in the following action table giving the successive contents of C.

Action:

11 =	$XK11QBCU7$	Program makes a loop stop until $U7$ is pressed. Then also the after-action fails and control goes to 4. 1 has been put into B.
4 =	$X6K1$	Go to 6 and execute once (unless a jump).
6	$X5K1V4$	$V4$ succeeds. Go to 5 and execute once.
5	$XK14BCU7$	As long as $U7$ is pressed $U7$ fails and control comes to 6 again with $(B) = 1$. As soon as $U7$ is released, go to 14 and clear B.
14	$X001C7$	Take $XK15RIC$ in A as constant. Of this constant only the I-bit is of importance. $(A) = 000011$ etc.
001	$X003LIB26$	Read 5th hole of symbol to be copied in B. $(A) = 00011 \ldots$
003	$NLIB27$	Read 4th hole of symbol to be copied in B. $(A) = 0011 \ldots$
004	$NLIB28$	Read 3rd hole of symbol to be copied in B. $(A) = 011 \ldots$
005	$NLIB29$	Read 2nd hole of symbol to be copied in B. $(A) = 11 \ldots$
006	$NLIB30$	Read 1st hole. Symbol S is now complete. $(A) = 1 \ldots$
007	$NL31V1$	Test succeeds. $2S \rightarrow B$, step tape $(A) = 0 \ldots$
008	$X001RV1$	$V1$ fails.
	$L31V1$	After-action also fails. Hence go to 4.
4	$X6K1$	
6	$X5K1V4$	$V4$ now fails because $2S$ is even. Hence go to 7.
7	$XK15RIC$	Jump to 15; clear A, $S \rightarrow B$.
15	$X8K5$	Start multiplication of 5 steps.
8	ALR	The multiplication constant is $(15) = X8K5$ itself!!
	$X8K4$	Only the K-bit is important. The multiplication
	etc.	brings symbol S from the right most places of B to one place but left in A. $(A) = 0xxxxx$. Repetition ends in 9.
9	$XK10L$	Shift symbol in A left.
10	$X011LE26$	Put 5th hole in punch buffer. Shift bit off.
011	$X12K5$	Go to 12. This instruction is borrowed from track zero, otherwise instruction in 10 could not make use of a register address for setting up the punch.

(cont'd)

12	$X013LE27$	Set up 5th hole. Timing is just right.
013	$NQLE28$	Set up 3rd hole. Q is of no importance.
014	$NLE29$	Set up 2nd hole.
015	$NLE30$	Set up 1st hole.
016	$NE31$	Punch symbol.
017	$X13K1$	Go back to register 13.
13	$XK11QBCU1$	Test $U1$. If $U1 = 0$ go on to 14 and copy another symbol. If $U1 = 1$ go to stop cycle on 11 with $(B) = 1$ again.

6.3 Decimal Input by the Telephone Dial

More difficult, especially in timing, is the dial input program. The telephone dial is coupled in series with $U7$. In quiescent state it means that $U7$ normally succeeds. When dialling the dial interrupts $U7$ for 60 ms for every impulse, the time between the impulse being 40 ms (both with 10 % tolerance). A zero is dialled as 10 impulses. The convention has been made that when a next decimal digit follows within 1.5 s it must be accepted; 1.5 s after the last decimal digit the program goes on with the dialled number converted to binary in A.

The filling of the registers is as follows.

Program:

4	$XK14QCD$
5	A
6	$X011K3$
7	$AD000$
8	$X5K96U7$
9	$AE15$
10	return instruction
11	$XK11BCU7$
12	$X017.3$
13	$X9K2400BCU7$
14	$X7K8D$
15	0 initially. Later: partially converted number.

The explanation of the program is given in an action table (cf. pp. 303—304).

The principle of strobing the timing of the dial is done according to the timing diagram shown in Fig. 2.

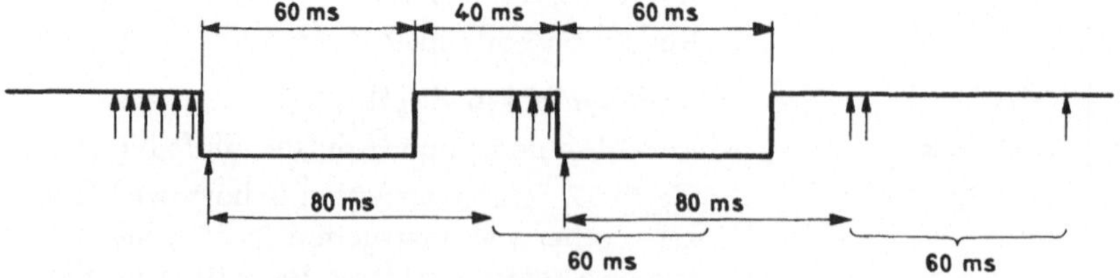

Fig. 2.   Principle of strobing the timing of the dial

Strobing is done continuously until the start of the first pulse is seen. From that moment onward the program goes into a wait cycle for 80 ms (nothing interesting in the meantime). Then the program looks again for the start of the next pulse during 60 ms. When it does not arrive within 60 ms, the decimal digit is finished and the digit can be added to ten times the previous result. Then it enters into a wait cycle for 1500 ms. If a next pulse arrives within these 1500 ms, the program starts building up the next decimal digit; if no pulse arrives, the program must return with the complete dialled number in A.

Action:

11	$XK11BCU7$	Loop stop on 11. Clear B. Test $U7$. As soon as the beginning of the first pulse comes in, $U7$ fails. Then also the contents of D fails and program goes to 4.
4	$XK14QCD$	The Q-bit registers a one in B for the pulse seen. XCD adds (15) into a cleared A. We shall suppose that in 15 an already partially built-up number a is present.
14 7	$X7K8D$ $AD000$	Start waiting 80 ms by repeating $AD000$ eight times. The instruction $AD000$ tries to write on 000 but track zero is locked. Hence this has no effect. But it must wait for 000 and thus loses 10 ms. In the meantime the repeating instruction has added nine times (15) $= a$ to the accumulator, thus forming $10a$ in A. The repetition ends in 8.
8	$X5K96U7$	Start repeating (5) $= A$ for 96 times. This takes 60 ms. A is a harmless non-waiting instruction.
5	A	The repeating instruction tests $U7$. When a next pulse arrives within that time, the repeating as well as the repeated instructions are A-instructions and the program goes back to 4 where a next one is noted down in B. The forming of $10a$ is done again. When no pulse arrives within 60 ms, the decimal digit S is complete in B, zero being represented by $10(A) = 10a$. The repetition ends in 6.
6	$X011K3$	Borrow an instruction from track zero and modify it with the digit S. $(011) = X12K5 = X12K + 8192 - 10$ hence $(011) + S = X12K + 8192 - 10 + S$.
	$X12K5 + 8192 - 10 + S$	For all digits $S < 10$ this is a jump to 12. But in case of $S = 10$ the instruction just becomes $X13K$.
12	$X017 \cdot 3$	Add the digit S to $10a$ thus having performed the conversion.
017	$X13K1$	Via a borrowed instruction on 017 it comes to 13. In case of a digit $S = 10$ the instruction on 12 is skipped and nothing is added.
13 (cont'd)	$X9K2400BCU7$	Go into the 1500 ms wait cycle by repeating (9) 2400 times.

9	$AE15$

Store $10a+S$ into 15.

This action is done repeatedly: clear B. In the meantime $U7$ tests the dial again. When a pulse arrives within 1500 ms, the after-action of $U7$ fails and the program goes to 4 again. When ready, repetition ends in 10.

10	return instruction

6.4 Punching the Contents of the Store in Binary Form

We shall suppose that t words in the store from address n onward have to be dumped in binary form on the tape. The format shall be the same as for binary input, i. e. the 33 bits of the word will be punched as 7 characters of 5 bits each and of which the 5th bit of the most significant symbol and the first bit of the least significant symbol will be 0 (cf. Appendix Section 7).

Program:

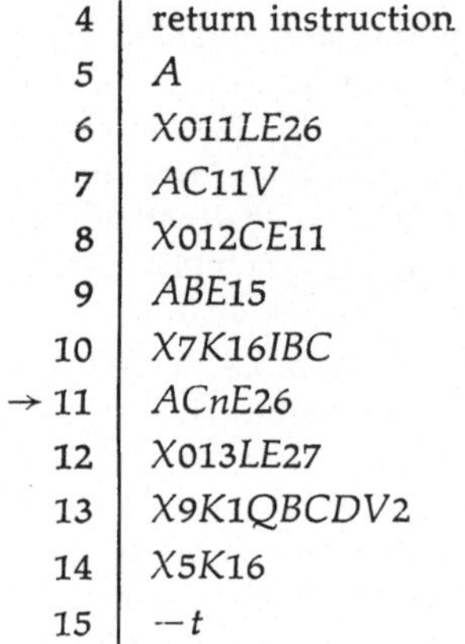

4	return instruction
5	A
6	$X011LE26$
7	$AC11V$
8	$X012CE11$
9	$ABE15$
10	$X7K16IBC$
→ 11	$ACnE26$
12	$X013LE27$
13	$X9K1QBCDV2$
14	$X5K16$
15	$-t$

The program is entered at 11 by $X11K1$ with $(A)=0$, $(B)=0$.

Action:

11	$ACnE26$	Set up 5th hole of first symbol $= 0$. Extract $(n) =$ word to be punched.
12	$X013LE27$	Set up 4th hole on punch and shift next bit to a_0. A small piece of punching program is borrowed from track zero. B was clear initially.
013	$NLE28Q$	Set up 3rd hole on punch. Shift a one into the least significant side of B. This one travels left during the punching of seven symbols and comes to b_0 right at the end of punching the 7th symbol. All other ones shifted into B by other than the first symbol, have no meaning.
014	$NLE29$	Set up 2nd hole.

015	NE30	Set up 1st hole.
016	NE31	Punch symbol. Note that even setting up the holes and punching are microprogrammed.
017	X13K1	Go to 13.
13	X9K1QBCDV2	Test shifting count in B. When not all seven symbols have been output it fails and program comes to 14.
14	X5K16	Introduce a time delay of an extra revolution by
5	A	repeating a harmless instruction in 5. Only once every 20 ms a symbol can be punched owing to the speed of the punch. For a faster punch this delay could be changed.
6	X011LE26	Set up 5th hole of next symbol and shift.
011	X12K5	Borrow (011). Repeat from 12 until all 7 symbols have been punched. Then:
	.	
	.	
	.	
	.	
	.	
13	X9K1QBCDV2	Test shifting count in B. All symbols have been punched and test succeeds. $XQBCD$ adds $(15)+1=-t+1$.
9	ABE15	Store augmented count again in 15.
	X10KQBCDV2	The after-action again tests with $V2$ but now $(B) = $ count!! As long as count is negative, output must go on.
10	X7K16IBC	Introduce a time delay for the punch. IBC prepares a carry $= 1$ and clears B.
7	AC11V	Although repeated 16 times, augment extraction instruction with 1.
8	X012CE11	Store augmented extraction instruction $An+1CE26$ in 11. Clear A.
012	X11K1IV	IV is not active. Start again in 11. When at last all words have been punched:
9	ABE15	
	X10KQBCDV2	Test of after-action: on $X10K \ldots V2$ fails and program goes to 4.
4	return instruction.	

6.5 Read and Print Text

Although normally all printing is done via the standard output program, this very short register program is just meant for printing titles on the supervisory type-writer even when no standard output program is present in the machine.

The standard output program is necessary for all normal printing and can arrange for all types of digit lay-out. It has been made because operating the printer by micro-programming it is no easy matter. This will become clear when it is realised that the only means to influence the output teleprinter is by transferring the sign bit of A into a special flip-flop through a gate operated by selecting register 25. A teleprinter requires a signal of a structure as depicted in Fig. 3 (signal to teleprinter is 1 in quiescent state).

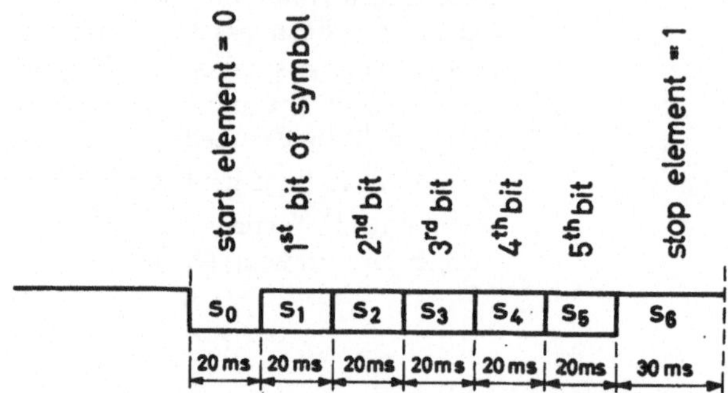

Fig. 3.   Structure of the signal required by teleprinter

The teleprinter reverts to rest if signal ($=$ contents of output flip-flop) remains 1. Or a next start can follow. The separate bits will be designated with $s_0 - s_6$.

The correct timing has to be generated by micro-programming. Fortunately the symbols can be read from tape in the same form as they are to be printed. The program has been designed in such a way that it stops printing as soon as a blank symbol is read (blank is a non-existant symbol in teleprinter code). The filling of the registers is as follows.

Program:

4	$X5K1$
5	$AC3$
6	$X7K1$
7	$X12K1BDV3$
8	return instruction
9	$X017CV3$
→ 10	$X001C12$
11	$X011C3$
12	$X9K1I$
13	$AC23V4$
14	$X012RC25$
15	$+64$

The program is entered at 10 with a cleared B-accumulator.

Action:

10	$X001C12$	Put $X9K1I$ in A as shifting count. Only I-bit is important. Go to 001 for reading a symbol.
001	$X003LIB26$	
003	$NLIB27$	Read symbol from tape. (For explanation reference is made to the example of the tape copying program.)
004	$NLIB28$	
005	$NLIB29$	
006	$NLIB30$	
007	$NL31V1$	$(B) = 0\text{———————}0\ s_5\ s_4\ s_3\ s_2\ s_1$ $(s_6 = 0)$.
008	$X001RV1$	I-bit in A shifted out. Instruction fails.
	$L31V1$	After-action fails. Instructions executed at level 009 of drum.
4	$X5K1$	(level 010)
5	$AC3$	$(A) = 0\text{———————}0\ s_5\ s_4\ s_3\ s_2\ s_1\ s_0$ (level 011)
	$XK6$	After-action.
6	$X7K1$	
7	$X12K1BDV3$	Test symbol in A. If $s = 0$, (7) fails and program returns on 8. If no blank: add stop bit $s_6 = 1$ with XBD facility. (level 014)
12	$X9K1$	$(B) = 0\text{———————}0\ s_6\ s_5\ s_4\ s_3\ s_2\ s_1\ s_0$ (level 015)
9	$X017CV3$	Test if all bits have been put on printer. Clear A. (level 016)
017	$X13K1$	Level 017 was just reached in time.
13	$AC23V4$	Transfer right-most bit of B to left-most bit of A. (level 018)
	$X14K$	After-action. (level 019)
14	$X012RC25$	Set up this bit on printer flip-flop and shift bit off in B. From now on next bit has to wait 20 ms. (level 020)
012	$X11K1IV$	Level 012 is reached after 23 word times waiting.
11	$X011C3$	$(B) \rightarrow A$.
011	$X12K5$	Level 011 is reached after almost another revolution ($= 10$ ms).
12	$X9K1I$	Go back to 9 for next digit.
9	$X017CV3$	If all digits including stop bit have been set up test fails.
	$X10K$	After-action $(B) = 0$.
10	$X001C12$	Start reading next symbol. Reading a symbol just wastes an extra 10 ms making up for 30 ms of stop bit.

APPENDIX

7. The Binary Input Program on Track Zero

For the understanding of the binary input program which can be supposed to be permanently stored in track zero it is necessary to know the composition of a binary word on tape. A binary word is represented on tape by 7 symbols of 5 bits each. Of the available 35 bits only 33 are necessary for the word, hence 2 are available for other purposes. One has been given the significance that the word must not be placed in the store by the so called store instruction but that the store instruction itself has to be replaced by that word. In that way input can be started at arbitrary location by giving the appropriate *input indication*. The other spare bit is used for relative addressing by adding (9) to the word when this bit is present. With the help of it programs can be made relocatable.

The composition of the word is as follows:

$$+ \quad AKQL \quad RIBCD \quad EVV_4V_2V_1 \quad W_1\,xxxx \quad x0000 \quad 00000 \quad 0000 \quad +$$

$$\quad\quad \text{1st} \quad\quad \text{2nd} \quad\quad \text{3rd} \quad\quad \text{4th} \quad\quad \text{5th} \quad\quad \text{6th} \quad\quad \text{7th} \quad\quad\quad\quad \text{symbol}$$

input indication bit   parameter bit

Track zero has to fulfil the following requirements:

It must provide a stop at 000.

Blank tape at start must be skipped.

All symbols 2—31 must leave track zero and are treated elsewhere.

The opening symbol 1 indicates that binary tape follows. The first word read must replace the store instruction, following words are to be stored until another input indication follows.

A rudimentary punch routine is included in track zero.

The coding and explanation of track zero is as follows:

000	*X000KE4U7*	Loop stop on 000. Loop until *U7* is pressed and released. Go on to 002.
001	*X003LIB26*	Read symbol. In the meantime, shift shifting count in *A* left.
002	*X020E4*	Go on to 020. *E4* is of no significance for the present use.
003	*NLIB27*	
004	*NLIB28*	Read symbol and shift it into *B*.
005	*NLIB29*	Shift shifting count in *A* at the same time.
006	*NLIB30*	
007	*NL31V1*	Step tape. Test shifting count. If $(A) \geqq 0$ test fails and word is ready.
008	*X001RV1*	If $(A) < 0$, undo *L* of previous order. Read next symbol. If *V1* fails: go to special outlet on 4 (cf. some of the tape programs).

009	NRB31	If 007 failed, do step here and undo after-action of $LIB30$. Hence of the 35 bits, two are now in A, 33 in B.
010	X012RB9V4	If parameter bit is present: add (9) and shift off parameter bit. Otherwise after-action of 009 does right shift. In both cases no carry hence a borrow has been put in the carry trap.
011	X12K5	Instruction only used in dial program.
012	X11K1IV	Go to 11 and repeat it once. IV subtracts 1 from A. A just contained input indication bit. Hence no input indication on (A) becomes -1 (all ones). If input indication: $(A) = 0$.

Normally $(11) = ADnQBC11V1$: store word built up in B into n. $QBC11$ augments instruction itself with 1 thus forming $ADn+1QBC11V1$. All this only when $(A) < 0$.

Then go on to 12. $(12) = X001BCE11V1$: put augmented store instruction again in 11.

Or in case (11) failed: replace store instruction by another. $V1$ now succeeds in all cases as after-action $X12KIV$ has subtracted 1 from A. Return to 001 with cleared B and read next word.

013	NLE28Q	
014	NLE29	
015	NLE30	Rudimentary punching cycle for use by tape programs.
016	NE31	
017	X13K1	
018	NKKBCK3	If blank tape has been read $(B) = 2$. Go on to 022 and read next symbol.
019	X001BCE11V1	If 1 has been read $(B) = 1$: prepare for binary reading $X001BCE11V1 \rightarrow B$. Go to 21!
002 → 020	X029U6	Test $U6$. If $U6 = 1$ go to 029. If $U6 = 0$ go to 022.
018 → 021	X019BE12	Put $X001BCE11V1$ in 12 and go to 019 (now executed as instruction).

This also put $X001BCE11V1$ in 11. Hence first word read will always replace 11 by suicide.

018 → 022	NBC26	
023	NLB27	
024	NLB28	Read opening symbol negatively in cleared B.
025	NLB29	Only case that $S = 0$ and $S = 1$ have to be
026	NLB30	considered here.

(cont'd)

027	$N31Q$	Step tape and add 1 to $-S$.
		Hence $(B) = 1$ for $S = 0$
		$(B) = 0$ for $S = 1$
		$(B) < 0$ for $S \geq 2$
028	$X32K3QIBCV2$	Test if (B) is positive. If negative: go to outlet for other symbols $s \geq 2$. For $S = 0$ and 1 test fails.
$020 \rightarrow 029$	$X34U7$	If $U7 = 1$ go to 34. The contents of 34 is used to restart a program. This is of no concern for binary input.
030	$X018IC1$	Put shifting count -1 in A. After-action of $N31Q$ has made $(B) = 2$ for $S = 0$, $(B) = 1$ for $S = 1$. Shifting count $(A) = -1$ is only becoming positive after 7 symbols having been read.
031	$X8191$	If $U7 = 0$ on 029 go to 8191 as special outlet. This place can only be reached when going to 000 with $U7 = 0$, $U6 = 1$. Also used as constant.

Normally the form of the input indication to start input of words at location n has the form $ADnQBC11V1$ (in binary form). When it is necessary to fill registers they can only be filled individually by preceding each word with the input indication $X001BCEmV1$ (store in m and read next word) when m is the register to be filled. $V1$ enables the input program to replace this store instruction. Only for filling 11 and 12 another trick is needed. After having filled all necessary registers, 11 and 12 can be filled as the last ones by giving an input indication of the form $X030QIBCE12$. Hence $(11) = X030QIBCE12$ and the next word is stored in 12, replacing the usual $X001BCE11V1$. Program is directed to 030 with -1 in B. Via 030 control arrives at $(018) = NKKBCK3$ taking in $X001BCE11V1$ in B but as $(B) = -1$ the $K3$ does not go to 020 but to 019 as next instruction. Hence $X001BCE11V1$ is executed as instruction putting $X001BCE11V1$ in 11 without destroying (12). The next word read is overwriting $(11) = X001BCE11V1$ by suicide action and program starts action on 11.

Bibliography

[1] SAMELSON, K., BAUER, F. L.: Sequentielle Formelübersetzung. Elektronische Rechenanlagen **1** (Nov. 1959) No. 4, pp. 176—182. (Engl. translation entitled "Sequential Formula Translation", Communications ACM **3** (Febr. 1960) No. 2, pp. 76—83.)

[2] DIJKSTRA, E. W.: Recursive Programming. Numerische Mathematik **2** (Oct. 1960) No. 5, pp. 312—318.

[3] DAVIS, G. M.: The English Electric KDF 9 Computer System. The Computer Bulletin **4** (Dec. 1960) No. 3, pp. 119—120.

[4] LONERGAN, W., KING, P.: Design of the B 5000 System. Datamation **7** (1961) No. 5, pp. 28—32.

[5] Programming for EDSAC 2. The University Mathematical Laboratory, Cambridge, England 1958.

[6] VAN DER POEL, W. L.: The Logical Principles of Some Simple Computers. Dissertation, University of Amsterdam. Uitgeverij Excelsior, 's-Gravenhage 1956.

[7] KASSEL, L.: *George* Programming Manual. Report ANL—5995. Argonne National Laboratory, Lemont, Ill. 1959.

[8] WILKES, M. V., WHEELER, D. J., GILL, S.: The Preparation of Programs for an Electronic Digital Computer. Addison Wesley Press, Cambridge, Mass. 1951. Revised Edition 1957.

[9] KUDIELKA, V., WALK, K., BANDAT, K., LUCAS, P., ZEMANEK, H.: Programs for Logical Data Processing. Research Report, Mailüfterl Volltransistor-Rechenautomat, Vienna, February 1960.

[10] WILKES, M. V., STRINGER, J. B.: Micro-programming and the Design of the Control Circuits in an Electronic Digital Computer. Proc. Cambridge Philosoph. Soc. **49** (April 1953) Part 2, pp. 230—238.

[11] BILLING, H.: Die im Max-Planck-Institut für Physik und Astrophysik entwickelte Rechenanlage G 3. Elektron. Rechenanlagen **3** (April 1961) No. 2, pp. 83—84.

[12] BILLING, H., HOPMANN, W.: Mikroprogramm-Steuerwerk. Elektron. Rdsch. **9** (Oct. 1955) No. 10, pp. 349—353.

[13] TR 4 — Telefunken. Digital Computer Newsletter **12** (Oct. 1960) No. 4. Reprinted in Communications ACM **3** (Oct. 1960) No. 10, pp. 586—589.

[14] GILMORE JR., J. T., PETERSON, H. P.: A Functional Description of the TX—0 Computer. Memorandum 6 M—4789, Lincoln Laboratories, Massachusetts Institute of Technology, Cambridge, Mass., November 20, 1956.

[15] CARR III, J. W.: Programming and Coding — Section 17, Microprogramming. In: Handbook of Automation, Computation, and Control Vol. 2 (Eds.: E. M. GRABBE, et al.). John Wiley, New York 1959, pp. 2·251—2·257.

[16] GILL, S.: A Process for the Step-by-step Integration of Differential Equations in an Automatic Digital Computing Machine. Proc. Cambridge Philosoph. Soc. **47** (Jan. 1951) Part 1, pp. 96—108.

[17] Stantec ZEBRA Program Manual. Standard Telephones & Cables, Ltd., England 1958.

[18] DEVONALD, C. H., FOTHERINGHAM, J. A.: The Atlas Computer. Datamation **7** (1961) No. 5, pp. 23—27.

[19] GILL, S.: Neue Wege beim Bau von Großrechenanlagen (Atlas). Elektron. Rechenanlagen **3** (April 1961) No. 2, pp. 81—83.

[20] Bendix G—20 System. Communications ACM **3** (May 1960) No. 5, pp. 325—328.

ROBERT W. BEMER

New York, USA

The Present Status, Achievement and Trends of Programming for Commercial Data Processing

With 4 Figures

Disposition

Summary. Programming for commercial problems requires all of the techniques necessary to scientific problems and a great many more. This paper documents some of the basic elements derived in the explosive development of programming techniques that has taken place in the last eight years, which is the short time that electronic data processing equipment has been applied in volume to commercial applications.

Programming costs are already a major portion of total data processing expenditures. This relative percentage may be expected to increase as new hardware advances come into production. It is therefore particularly important to assess the possibilities in reduction of programming costs through automatic techniques. Among these are machine-independent languages, program generators for special classes of recurring problems, program-hardware interactions, and total systems control programs.

There are several trends to be noted in programming methods. Among these are the automatic operating systems (with disappearance of the operator console), tabular languages, input-output control systems, the automatic production of automatic programming processors, remote operation of computers through communications links and corresponding service to small users, standardization of techniques and communication between different computers by common language. There is also an important trend to generalize programs and share them among many users of a particular class of machine through trade organizations.

Commercial programming has developed into a complex discipline of its own, with professional status. Technical education and publication therefore assumes an increasing importance.

Zusammenfassung. Die Programmierung von Problemen der kommerziellen Datenverarbeitung erfordert alle für das wissenschaftliche Rechnen notwendigen Programmiermethoden — und dazu noch viele weitere. Dieser Beitrag hält einige der grundsätzlichen Tendenzen fest, die sich im Laufe der stürmischen Entwicklung der Programmiertechnik etwa während der letzten acht Jahre herausgebildet haben, seit elektronische Datenverarbeitungsanlagen in größerem Umfange für kommerzielle Aufgaben eingesetzt werden.

Die Kosten für Programmierarbeiten machen heute schon einen beträchtlichen Teil der Gesamtkosten für die Datenverarbeitung aus, und es ist zu erwarten, daß der relative Anteil dieser Kosten mit fortschreitender Entwicklung der technischen Anlagen weiter wächst. Es ist deshalb besonders wichtig, die Möglichkeiten der Senkung der Programmierkosten durch automatische Programmiertechniken abzuschätzen. Hierzu gehören maschinenunabhängige Programmsprachen, Programmgeneratoren für spezielle Klassen von rekursiven Problemen, Wechselwirkungen zwischen Programm und technischer Anlage, sowie Programme zur Steuerung von Gesamtsystemen.

In der Entwicklung der Programmiermethoden sind verschiedene Tendenzen hervorzuheben. Dazu gehören automatische Bedienungssysteme (unter Weglassung des Bedienungspultes), tabellarische Programmsprachen, Ein-/Ausgabe-Steuerprogramme, automatische Herstellung von Programmübersetzern, Fernbedienung von Rechenanlagen mit Hilfe von Nachrichtenübertragungsgeräten und Fernbenutzung durch Kleinabnehmer, Standardisierung der Technik und des Verkehrs zwischen verschiedenen Rechenanlagen durch eine gemeinsame Programmsprache. Von Wichtigkeit sind auch die Bestrebungen, Programme zu verallgemeinern und einer größeren Anzahl von Benutzern einer bestimmten Typenklasse von Maschinen durch entsprechende Vertriebsorganisationen zur Verfügung zu stellen.

Die Programmierung auf dem Gebiet der kommerziellen Datenverarbeitung hat sich bereits in eine eigene komplexe Disziplin mit professionellem Status fortentwickelt. Dementsprechend kommt der technischen Ausbildung und den publizistischen Bemühungen auf diesem Gebiet eine wachsende Bedeutung zu.

Résumé. La programmation des problèmes de traitement des données commerciales exige toutes les méthodes qui sont également nécessaires pour poser numériquement les problèmes scientifiques, et encore quelques unes de plus. Le présent travail traite de quelques uns des éléments de base qui se sont développés pendant ces huit dernières années au cours de l'évolution rapide de la technique de la programmation et en particulier pendant la période relativement courte au cours de laquelle des installations de traitement électronique des données ont été mises en service sur une grande échelle pour résoudre des problèmes commerciaux.

Les frais de programmation représentent une partie importante des frais totaux dans le domaine du traitement des données. Ce pourcentage continuera apparemment à croître dès que de nouveaux progrès dans l'assemblage des machines seront appliqués à la production. C'est pourquoi l'évolution exacte des possibilités de réduction des frais de programmation par des procédés automatiques prend une importance particulière. On compte parmi ceux-ci les langages de programme indépendants de la machine, les programmes «produisant programmes» pour des classes spéciales de problèmes récurrents, les interactions entre le programme et la machine, et les programmes pour commander le système complètement.

Il faut remarquer diverses tendances d'évolution dans les méthodes de programmation; parmi celles-ci figurent, par exemple, les systèmes entièrement automatiques (dans lesquels on n'a plus besoin de panneau de commande), les langages de programme synoptiques, les programmes de commande d'entrée et de sortie, l'établissement automatique des traducteurs de programme, la télécommande des ensembles de calcul par l'intermédiaire des réseaux de télécommunication et service correspondant pour les petits utilisateurs, la normalisation des méthodes et l'échange d'information entre différents ensembles de calcul par l'introduction d'un langage de programme commun. Les efforts en vue de généraliser les programmes et de les mettre à la portée d'un nombre aussi grand que possible d'utilisateurs d'une classe déterminée de type de machine par des organisations correspondantes d'exploitation sont également très importants.

La programmation dans le domaine du traitement des données commerciales a déjà évolué vers une discipline propre complexe avec un statut professionnel. L'éducation technique et les efforts publicitaires prennent en conséquence une importance croissante.

1. The Environment

1.1 What Programming Is

The data processing or computing machine of today is provided with a repertoire of basic instructions or commands imbedded in the hardware. These instructions are the prime control for actual operation. However, such a set may be likened to the nervous system of man and its synaptic control of body movements and actions. Although these elements are mostly present at birth, education of the brain and related control centers is required for efficient action. The programming of a computer is equivalent to this education. The external command *"Write your name"* will, in a human, set in motion that stored program necessary to make the required movements automatically. The equivalent training could be given to the machine so that, upon receiving the same command in a natural language, circuitry would be actuated, storage would be searched, and the printer would be activated and print out *"I am a Siemens-Halske 2002"*.

In the quest for more speed and easier operation of electronic computers, it has been recognized that an equivalent amount of education is necessary to allow the human-machine-human input and output operation to keep reasonable pace with internal speeds. Programming systems in general correspond to a liberal education; programming for specific applications may be likened to on-the-job training in a specific field, utilizing the liberal education for easier assimilation. Comprehensive treatments of the principles of programming may be found in the literature [1 to 7].

1.2 The Need for Improved Programming Systems

During the first decade of mass usage of stored program computers, various devices have been developed to lessen the programming burden. These range from simple assembly programs through symbolic and mnemonic assembly programs, macro-instructions, interpreters, generators and compilers. All of these must be mentioned under the present state of the art because of the nonuniform advancement of segments of the programming population. Even today we find a large number of people, primarily in the area of commercial applications, still programming in actual machine language for one reason or another, particularly in the belief that this yields the ultimum efficiency in running time.

Such complacency is possible when there is but one machine operating eight hours or less per day, with only a few applications of a rather permanent and invariant nature. However, whenever the first machine of a type is utilized around the clock, or in multiple machine usage, or where the problems to be solved are many and varied, — then we find that communication with the computer must be accomplished in a higher level of language. Most experienced users of computing and data processing equipment are clamoring for advanced programming systems for these several reasons:

1.21 Complexity of Business Problems. The staff of programmers does not seem to diminish appreciably even after the first applications have been established and running. This is due in part to improvement and expansion which was not possible before and in part to continuing and awkward changes. The human clerk is well adapted to making changes and handling exceptions. For this reason, business users venturing into the computer field did not realize at first the volume and continuing nature of procedural change due to laws, competition, improved methods and management vagaries.

Scientific installations generally preceded commercial installations. The business user, looking at the large profits realized in scientific computing, was deluded into believing the same techniques were applicable to his operation. Unfortunately, commercial problems are in general at least ten times as complex as scientific problems. For one thing, there is no general language for business, as there is for mathematics. For another, many scientific problems are highly repetitive, which lends itself nicely to the looping facilities of stored programming. Thus a scientific program of 10,000 instructions is the exception, whereas a commercial program of 80,000 instructions is almost commonplace.

1.22 Ratio of Programming to Running Time. Elapsed time for initial programming and subsequent changes is presently too disproportionate to the actual running time on the machine. It is not unusual for an average application to require six months of programming and diagnostic correction to achieve a correctly running program. The computer must be prepared for every eventuality; the human clerk can stop and ask every time a strange condition arises. This reduces the time span in which competitive changes may be made effectively.

For the last five years, programming costs have been considered to be roughly equal to all other costs of operating data processing equipment, such as price or rental, installation, power, etc. Extrapolation of programming and engineering advances indicate that this percentage may well climb from 50 to 90 within the next five years. Machine speeds are now 100 times what they were five years ago. Programming cannot maintain this pace, nor will pouring armies of programmers into the gap help appreciably. The answer must lie in advanced programming systems which do a much larger proportion of the reasoning that humans now do.

1.23 Changing Technologies and New Machines. The evolution of new and improved hardware faces the user with additional problems. He finds himself with the opportunity to obtain a computer which will do the same job faster and cheaper than his present machine, yet his programming investment for the old machine must usually be considered a total loss. A possible amelioration is seen in adapting new technology to old logic, so that there is a family of machines with roughly the same basic machine language. This technique has found expression in simple transistorizing of machines that were formerly tube oriented, or in replacing electrostatic storage with magnetic core storage. This is self-defeating because the late members of such families cannot compete in power with new machines that have broken completely away and are balanced to the new technologies.

This dilemma has now occurred for one and possibly two generations of computers. The first time was not so difficult, for most users were not yet adjusted to the shifted emphasis required to convert applications from clerks or punched card equipment to the very different electronic data processing concepts. They were capable of making fresh starts with a new machine and their previous investments were not so great. As more investment accrued, yielding more experience, and the use of computers settled down to a predictable production pace, the costs of reprogramming a large volume of applications became staggering. Without the prospect of being able to program in a language independent of computer characteristics, the user must face an endless series of interruptions with changing machines.

1.24 New Methodology. Although many data processing installations simply converted existing methods and procedures to electronic equipment, additional efficiency and profit may be obtained by revising such procedures to correspond to the logic of the computer. This requires not only programming languages but additional ancillary languages suitable to the methods analyst, such as flowchart-ing, table structures, flow logic, etc., all oriented toward machine recognition and convenience.

1.25 Systems Concepts. An entire business system was formerly the servo-synthesis of the actions of a complex of humans with various responsibilities, however dimly understood. The hybrid mode of operating a data processing system under human supervision is not as satisfactory as having the supervision reside in program hierarchies within the machine. New languages are therefore needed to express executive concepts and translate them to machine action.

1.3 Opportunities in Commercial Applications

There is presently a great variety in the applications handled by data processing equipment, yet the total volume is nothing to what we may expect for the future, when such equipment is integrated with communications systems. Computers are among the most expensive devices manufactured. Unshared usage requires high volume. The shared usage of the future will reach a variety of low volume applications. Some of the present applications firmly established as profitable operations are:

> Insurance, premiums and claims
> General accounts, payable and receivable
> Railway freight control
> Petroleum reserves, product optimization
> Tax gathering and verification, refunds
> Inventory, shop scheduling, parts catalogs, spares
> Shipping, transportation problem
> Stock and bond trading, quotations
> Livestock improvement
> Personnel records, skills inventory
> School curricula and grading
> Real time process control
> Banking, check clearing
> Reservations and loading
> Military defense systems
> Optimum steel production
> Merchandizing, order and reorder

Some applications which are just now coming into being are:

> Mechanical language translation
> Medical diagnosis, records [8]
> Numerical machine tool control
> Legal searching and correlation
> Information retrieval, abstracts, library
> Compressed communications
> Business games, optimizing profit
> Mechanical editing
> Patent search

An exhaustive survey of governmental applications may be found in [9].

2. Programming Languages

2.1 Machine-oriented Languages

A general criterion for distinguishing a machine-oriented language is that programs written in this language will not run on another computer (not of the same generic family) unless under control of a simulation program which duplicates the characteristics of the original machine. Using as an example a machine with instructions consisting of one operator and one operand address, the various levels of convenience of representation might be:

00110001010101000110	(binary representation, no programming translation required)
3 1546	(decimal digits used for characters, input-output devices will accept and produce such characters)
H A623	(alphabetic characters as well in input-output devices)
RAD 20.66	(symbolic notation — *RAD* stands mnemonically for Reset *AD*d, 20.66 is an address number standing conveniently for the actual address eventually assigned by the assembly program)
RAD GROSSPAY	(*GROSSPAY* serves the same purpose as 20.66 but is more convenient to the programmer for its mnemonic content)

Each refinement puts an additional burden upon the assembly program in the assignment and translation functions, removing this same burden from the programmer. This is justified by the assumption that the machine can perform these clerical functions with greater economy and fewer errors than the human. A further refinement is the addition of macro-instructions [10, 11], which are machine-like and compound. For example, any of the instructions

  (a) *MOVE, TODAY, CURDT*
  (b) *MOVE, TODAY, CURRENTDATE*
  (c) *MOVE TODAY TO CURRENTDATE*

would generate for the 705 the instruction pair

RCV CURRENTDATE	(*ReCeiVe* at the address for *CURRENTDATE*)
TMT TODAY	(*TransMiT* the contents of *TODAY*)

Such macro-instructions illustrate the correspondence between programming and hardware which sometimes leads to ambiguity and misunderstanding. For a machine with instructions consisting of one operator and two addresses, these would be simple instructions, not macro-instructions. Thus programming systems in effect redesign the hardware of a computer. Conversely it might be possible to construct a machine which accepts, as instructions built into hardware, an algebraic language such as ALGOL.

The common practice of limiting the number of characters in symbols employed by the programmer is illustrated by (a). This is done for two reasons. First, in a machine which moves information by words (groups of bits addressable uniquely) it is uneconomical to use more than one word to represent a symbol. In most present machines 6 bits are used internally to represent a letter or digit, thus a machine with 24-bit words handles no more than four character symbols conveniently. Second, since these names must be carried through the translation process, they become a more expensive burden as an increasing number of manipulations are made. A better practice is to assign a working number (or address number) to each symbol, in a table of double reference, more particularly because the set of meaningful alphabetic symbols is very sparse; i. e., *GXPQ* carries no more mnemonic content to the programmer than 63987. (Cf. [12].) The number of characters in each symbol may then be unlimited. COBOL [13], for example, restricts the length of symbols to 30 characters for practical convenience.

More meaningful symbols may be used as separators or punctuators for clarity to the programmer as it is shown by (c). The translating program can be made to recognize this function and even to accept extraneous *noise* words. Thus the so-called *"English language"* of the FLOW-MATIC Programming System [14] for UNIVAC I is basically a method of employing three-address macro-instructions with freer form. Thus

$$ADD\ A,\ B,\ C \quad \text{is equivalent to} \quad ADD\ A\ TO\ B\ GIVING\ C$$

The difference lies in the fact that commas, as separators, do not order the process either mnemonically or logically. The programmer must know the function of each of the operands as written in the macro-instruction. The alternate form of FLOW-MATIC is still restrictive logically. A rather rigid form is still required. For example, it is not permissible to vary the previous instruction to

$$TO\ B\ ADD\ A\ GIVING\ C$$

Although proper English, such logical ability is not inherent in the formation rules of the restricted and artificial programming language and is therefore not reflected in the translators. The macro-instruction *ADD   A, B, C* is even more ambiguous, however, since only by definition (which the programmer must remember) is it known whether it means

$$A = B + C, \quad A + B = C, \quad \text{or even, although unlikely} \quad B = A + C$$

The same operation may be expressed in a number of alternate forms, any or all of which may be acceptable, *provided* that the recognizing and translating mechanisms are incorporated in the processor.

$$C = A + B$$
$$A + B = C$$
$$SET\ C = A + B$$
$$REPLACE\ C\ SUM\ A\ AND\ B$$
$$REPLACE\ C\ BY\ THE\ SUM\ OF\ A\ AND\ B, \text{ etc.}$$

BY, THE and *OF* are examples of extraneous noise words added for clarity. They are ignored by the translator.

Macro-instructions are normally of two types, *library* or *programmer*. Library macro-instructions are those useful to a general class of problems and are thus automatically available in the processor, which recognizes them by table-scanning to be different from the one-for-one representation of a single machine instruction. Quite often these may be of a complex generative nature (usually formed under control of a matrix of alternates) which alters or eliminates redundant instructions for efficiency.

Programmer macros, in contrast, are those specific to this particular problem. Usually some sequence of instructions is virtually repeated in many places with slight or no variations. The programmer, recognizing this, defines the general case by example (which is assimilated by the processor upon recognition as such) and thereafter saves much copying and possible error by its use. Processors commonly recognize this type of instruction by finding the term *MACRO* instead of the normal operation code. The following Example 1 shows how a programmer macro may be defined and later used.

Example 1

Name	Operator	Operand Field	
SUMPROD	*MACRO*	A, B, C	
	ADD	A, B, C	$(A+B\rightarrow C)$
	MPY	C, B, C	$((A+B)\cdot B\rightarrow C)$
	MPY	C, A, C	$((A+B)\cdot B\cdot A\rightarrow C)$
	.		
	.		
	.		
	SUMPROD	X, G, Y	

The last instruction thus computes $Y = X\cdot G\cdot(X+G)$. This device may be used very effectively when the number of instructions created is large and when other macros of the same type are used recursively in the definition of a still larger macro. This will be recognized as the genesis of the **procedure** *statement* in ALGOL.

The Example 1 also illustrates the artificial time sequence of input to a translator. Normally the sequence of entries is mapped into the sequence of instructions executed, whether in contiguous sequence or chained (as in drum storage machines). Here, however, the instructions of the example are never executed in their own right; they are merely dummies. (Cf. Figure 4 for automatic reorganization of the program through addition, deletion and replacement.) Literals and operators may also be varied within macro-instructions. (Cf. [15].)

Macro-instructions are essentially open subroutines and are placed in the main line of the program, whereas closed subroutines require transfer instructions and are set up by a calling sequence or linkage. Each time the macro is used, a copy of the instructions generated is placed in direct line in the program. It is not to be supposed that macro-instructions yield but a few machine instructions while subroutines have many. The output of macro-instructions may also be formed as a subroutine. The proper way to build a macro-instruction generator is to equip it with the facility for self-determination of whether to insert in-line or as a closed subroutine. The processor may contain a program section which weighs available storage space against execution time and the number of times used, for the closed subroutine consumes more running time by virtue of the extra calling sequence required to set it up to operate.

The expansion of a macro-instruction through Autocoder language into machine language for the IBM 705 is illustrated in the following Example 2 which is an excerpt from a two-tape merge problem taken from [16]. The sense of the macro-instruction is to turn off the error indication triggers whenever a signal is received from any of them.

Example 2

Macro-instruction written in Autocoder language:

$$DOA \quad XOFF$$

Basic Autocoder instructions incorporated in program:

⌺ ⌺ 000005	LOD	14	⌺ ⌺ 000005	
	TRA		XOFF	
XOFF	UNL	14	XOFF3	TYPEWRITER INDICATOR OFF SUBROUTINE
	LOD	14	# 0010 #	
	ADM	14	XOFF3	TO RETURN ADDRESS
	SEL		901	
	TRS		XOFF2	TURN OFF 0901
XOFF2	SEL		902	
	TRS		XOFF3	TURN OFF 0902
XOFF3	TR			RETURN TO MAIN PROGRAM

This produces basic machine instructions as:

Location	Contents
0524	80EK4
0529	11609
1609	71FM4
1614	81GN2
1619	61FM4
1624	20901
1629	O1634
1634	20902
1639	O1644
1644	10534
1752	0010

2.2 Procedure-oriented Languages

The distinguishing feature of a procedure-oriented language is that its syntax is not necessarily related to that of the machine language for a particular machine. There are many similarities; the need still exists to specify the procedure or algorithm for problem solution in terms of time-dependent steps, both logical and arithmetical. In general a procedure-oriented language depends upon imperative statements. However, machine languages are introspective; procedure-oriented languages are normally not introspective. That is, the specific characters of the imperative statement may not be operated upon by actions initiated by another imperative statement. The introspective nature of machine language may be illustrated by the instruction group of the following Example 3.

Example 3

Address	Operation	Operand
0001	*SET*	0046
0002	*RESET ADD*	0001
0003	*ADD*	0020 (The contents of 0020 are 0027)
0004	*STORE*	0001
0005	*TRANSFER*	0001

The instruction in 0001 will now be *SET* 0073 when obeyed. A corresponding example for a procedure-oriented language may be constructed by mapping

Address: Operation, Operand   *into*   Label: Statement

Introspection is now illustrated by the following statement group:

SUBSTITUTE: REPLACE LAST DATE BY CURRENT DATE PLUS 3.

: CHANGE OBJECT OF (SUBSTITUTE) TO NEXT TO LAST DATE.

: GO TO SUBSTITUTE.

It will be seen that scanning and logical difficulties are magnified greatly in the latter set. Thus there is little introspection in present languages of this type.

A good test for validating a procedure-oriented language is to determine whether a human could follow the procedure manually with limited knowledge of data-processing equipment. This is one of the two reasons for the design of such languages — broader understanding with less experience. The second reason is that casting procedures in this form leads to limited independence of machine type, so that large sections of program will not have to be rewritten for a second machine.

Some examples of such languages are FLOW-MATIC [14], Commercial Translator [17], FACT [18], and (on the scientific side) ALGOL[1]). The first great advance made in such languages was the separation of the program into two parts, procedure and data description. In using machine languages, the characteristics of the data (operands) are implicit in virtually every instruction. Since the statements of a procedure-oriented language must go through a computer translation process, it is economical to give the full characteristics of the data only

---

[1]) Reference is made to the contribution by F. L. BAUER and K. SAMELSON, in this volume pp. 227—268.

once and let the machine program produced be the intersection of the procedure and the data description. This is a considerably more complicated process and costs more in machine translation time, but it has been found that the advantages in reduction of human cost and error, plus the multimachine freedom from reprogramming, more than compensate.

A further advance was made in Commercial Translator, with the breaking out of a third section on environment. Here the machine features (how many tapes, what storage size, etc.) need to be specified only once, and the resultant program is the intersection of all three inputs. Commercial Translator also introduced the concept of logical multipliers, assigning arithmetic values of **1** to truth and **0** to falsity. Thus the statement:

> *DISTANCE* = 500 − 60 * *TIRED* (the asterisk signifies multiplication, either logical or arithmetic)

If *TIRED*, as a characteristic of some variable, is *true*, then
> *DISTANCE* = 500 − 60 * (1) = 440

If *TIRED* is not true, then the modifying term disappears and *DISTANCE* = 500.

Another vital concept in such languages is that of logical brackets to delimit the two resultants of a conditional statement. Consider the statement

IF A=C THEN IF A>B THEN DO K ELSE DO L ELSE IF B>A THEN DO M ELSE DO N.

This statement represents the flowchart of Figure 1.

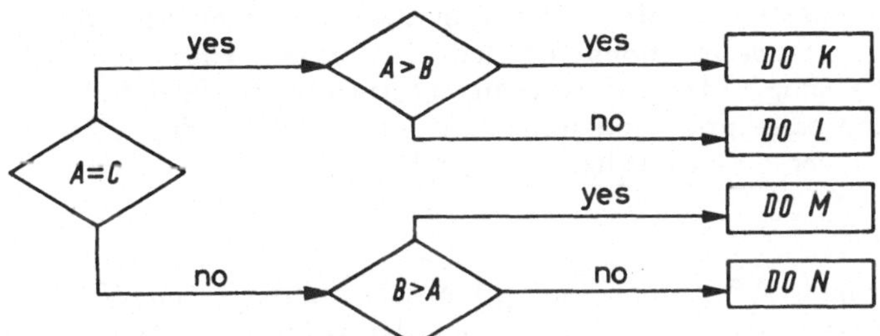

Fig. 1. Flowchart representing the statement
IF A = C THEN IF A > B THEN DO K ELSE DO L ELSE IF B > A THEN DO M ELSE DO N

Obviously *THEN* and *ELSE* are logical brackets [19] which could be represented by single symbols for easier understanding, thus:

> *IF A=C ⟨IF A>B ⟨K⟩ ⟨L⟩⟩ ⟨IF B>A ⟨M⟩ ⟨N⟩⟩*

It is not our intention to introduce herewith such a bracket notation; it is only to clarify the principle. The ALGOL language, for instance, in the author's opinion is not quite as recursive as it possibly could be, and therefore not as convenient in comparison to the less restrictive syntactical mechanism present in the statement of Fig. 1. The awkwardness in ALGOL, due to the definition of the **if**-statement which makes mandatory the provision of the statement parentheses **begin** and **end**, increases with more complex flowcharts. We must be aware that business problems often structure themselves in much more complicated logical patterns than do scientific problems.

2.3 Problem or Goal-oriented Languages

A problem-oriented language is distinguished by the lack of a stated procedure for solution. The responsibility for creating the object program as a procedure in machine language belongs to the processor, which presumably allows for all known variations in this type of problem. The method of problem solution is implicit in the intelligence of the processor, which is variable and may be augmented. Two classes of such languages are presently in volume use, the ordering (or sort) generators and the report generators. (Reference is also made to Section 4.)

Obviously such processors are suitable only for highly repetitive types of work which will justify the expenditure of creating the language and programming system. Processors for problem-oriented languages are special purpose as contrasted to the general purpose nature of machine- or procedure-oriented languages. There is a direct analogy (as there usually is between programming and hardware) with the building of special purpose computers for recurring applications, since they can be more efficient than a general purpose machine, although limited.

Other specialized languages have been created, and fall in this class. Examples are the languages for automatic control of machine tools [20], operating systems for computers [21 to 25], tabular languages [26 to 28], and even languages for design problems. This latter class is exemplified by a program especially created for the design of electrical transformers. The transformer manufacturer allows the prospective customer to fill in a form (surely a type of language!) with his own specifications and requirements, see them entered into a computer and watch while the printer, after a matter of five minutes or so, writes a complete set of specifications for that tranformer. These specifications also comprise the shop order and working information for manufacture, a bill of materials, the sales price and terms, — together with a duplicate copy with a dotted line to serve as a purchase contract!

2.4 Simulators

A simulator is a useful programming tool which does not qualify as a language processor in its own right. It is a program that runs on one type of computer to simulate the action of another type under control of a program written in the language of the second computer. Thus a program that runs on a *Mercury* Computer could also be run on a UNIVAC 1103 under control of an interpretive simulator, if one happened to have been written. Simulators are useful under the following circumstances:

(a) During transition to a new machine. If the new machine produces W times as much work per cost unit as the old one, and if the simulator runs no more than W times as slow as a direct program, the simulator will be useful to run until the programs are rewritten and checked out for the new machine. Not only is the cost of producing the simulator neglected here, but it may be advantageous to incur time losses to effect the transition.

(b) To check programming systems written for a machine not yet manufactured, so that the systems will be available with machine delivery.

(c) To check production programs on an existing machine before releasing and displacing it by the new machine.

(d) In mixed machine installations to compensate for unbalanced work loads. If machine A is overloaded and B is available, simulate some of the A programs on B.

A sometimes cheaper means of achieving (b) is to write the translation processor for the new machine directly in its own language and then rewrite that same translation process as an application problem on another machine for which a comparable program exists. The processor is then assembled on the old machine, producing a machine language program for the new machine. From this point on, both the old and new programs are useful, depending upon which machine is available [29].

3. Elements of Programming Systems

There have been three basic stages in the solution of problems by data processing equipment. The first is illustrated by Method I of Figure 2. The entire process of planning and coding the solution is done without machine aid. Primitive

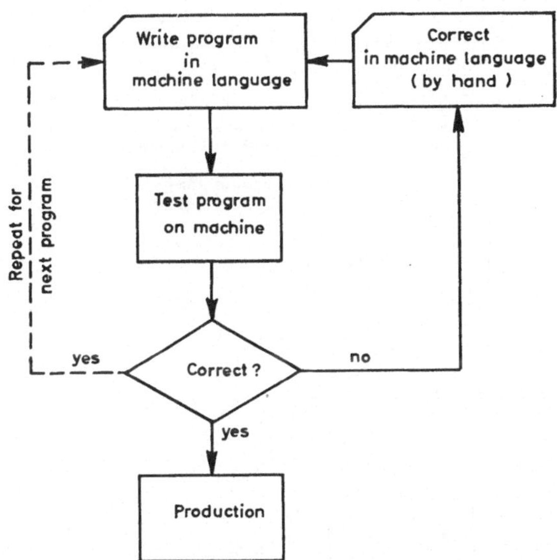

Fig. 2.   Solution of problems by data processing equipment
Method I: Planning and coding without machine aid

programming systems are exemplified by Method II of Figure 3. This is basically the assembly method, but with some modification an equivalent interpretive system could be constructed.

The third stage in development of programming systems had its origins in the supervisory system concept. With the flux of new ideas in the operation of stored program computers, it is difficult to get general agreement on just what elements should comprise an operational system. A composite, with much latitude of definition, might consist of:

Executive Control or Supervisor
Translator — Assembly Language to Machine Language
Translator — Procedure Language to Assembly Language
Diagnostic Section
Input-output Control System (IOCS)
Macro-instruction and Subroutine Library
Application Library
Ordering Generator
Report and File Maintenance Generator   } (treated in Section 4)

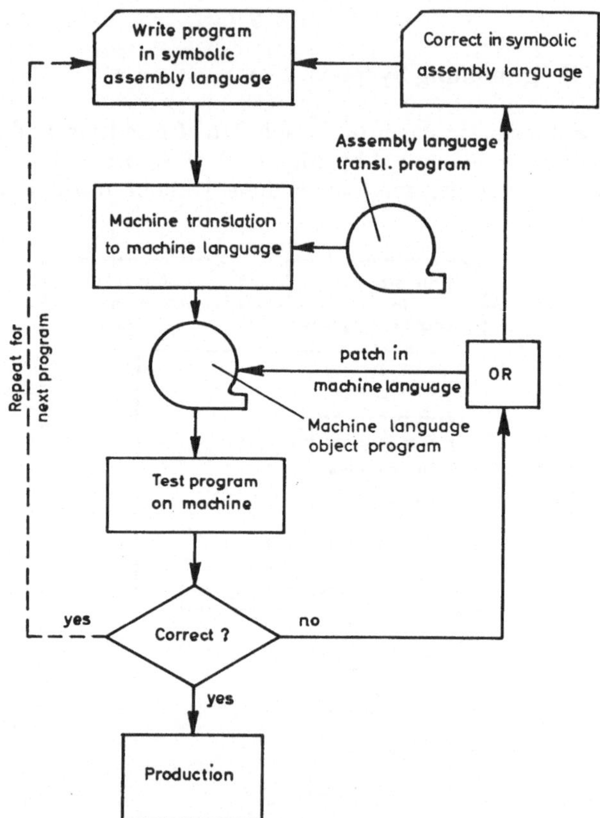

Fig. 3.   Solution of problems by data processing equipment
Method II: Primitive programming systems

All of these are best interconnected by various control elements (programmed) and the entire system is called a *processor*. Applications programs, which obtain specific answers, are normally called *source* programs. These are converted by the processor to running, or *object*, programs which are then executed, still under the control of the overall processor. It is realized that many contemporary data processing installations provide only manual linkages to interconnect these various phases. Method III of Figure 4 represents the computer in full control of its own operation, subject to manual override.

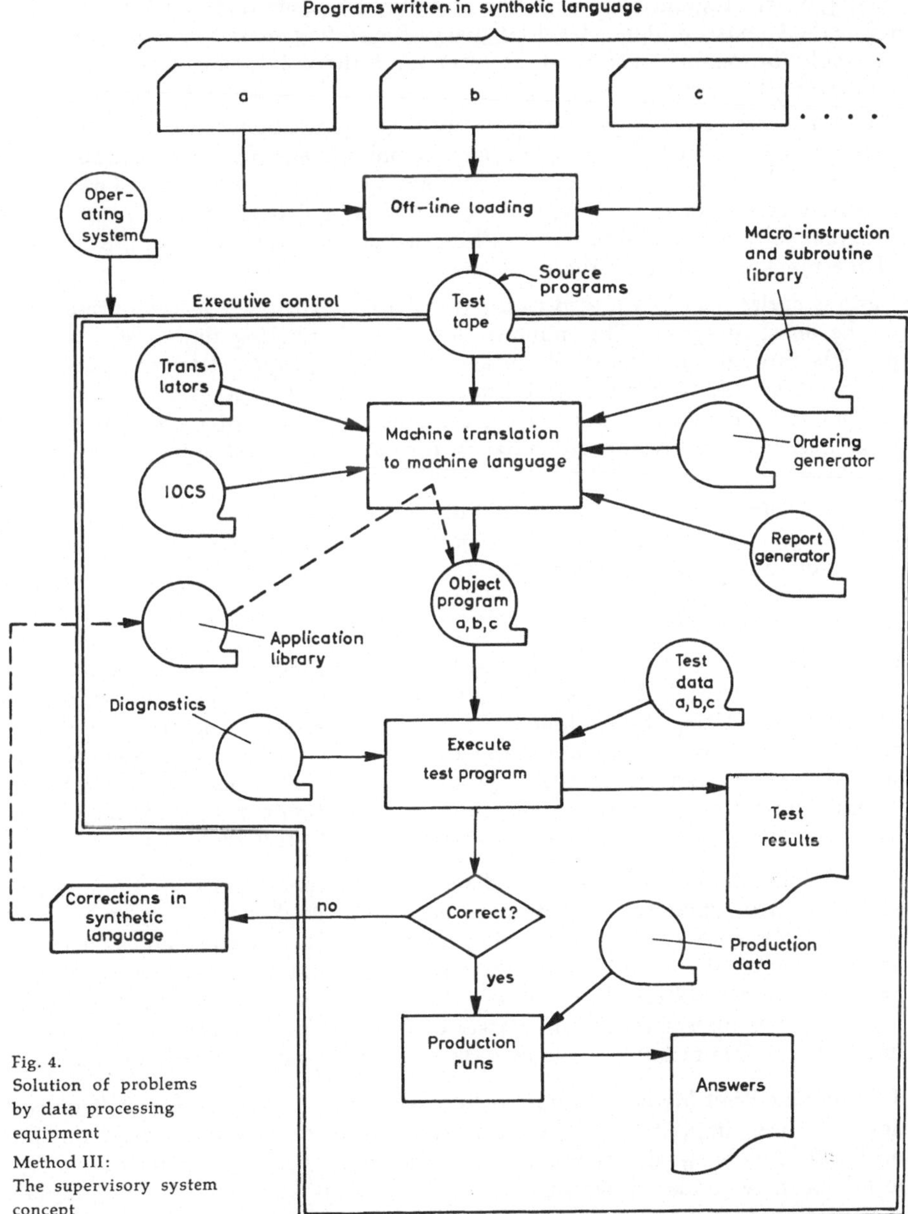

Fig. 4.
Solution of problems
by data processing
equipment

Method III:
The supervisory system
concept

3.1 Translators

There is considerable variation in the capabilities and duties of that element which translates from the source to the object language. The translation procedure might utilize a two-stage process from synthetic language through an intermediate assembly language to machine language. This allows for intermixing other program sections at the assembly language level, particularly when no methods exist in higher level languages for stating these procedures. Such an assembly processor must exist anyway, and there is some economy in not duplicating this process.

There are some advantages, however, in direct generation of machine language without going through the intermediate assembly stage. Direct generation often speeds up the translation process by eliminating variety in assembly. That is, the assembly section does not have to be general enough to accept what any human programmer might possibly write. All it must account for are the known actions of the previous section of the translator.

Various duties may be charged to the translator, particularly in the optimization of the object program. The minimization of both running time and storage is possible through analysis of the usage of index registers, detecting duplicated computation and statistical optimization of decision processes through flow algebra [30]. Thus those portions of the object program which are most likely to be executed are given preferential treatment in flow and storage interchange problems.

The translator may interrogate the configuration of the machine both when translating and when running the object program to utilize available internal and external storage most efficiently.

3.2 Diagnostic Section

Only a small core of programmers ever achieve programs which run correctly on the first attempt. This is especially true as programs become larger and more complex. Using the machine itself is the most effective method of detecting errors and mistakes. There are many theories about what constitutes 100 per cent verification and checkout of a program. There is serious question whether complex programs can ever be fully proven. All methods of machine diagnostics involve printout of intermediate and final answers to test problems.

3.21 Tracing Method. The earliest diagnostic systems superimposed an interpretive control upon the execution of each individual instruction and caused printout after each execution, showing input, output, operation and instruction address for identification. This method was useful for detecting spurious loops and catching several errors in one run. Such systems were eventually modified to be effective only upon certain classes of instructions, perhaps as indicated by breakpoints. This technique is known as (selective) automonitoring or tracing.

3.22 Storage Print Method. Storage print, or dump, is another basic diagnostic device. In the simplest form, the entire contents of storage are printed out immediately following an error stop, in formats of varying complexities. This technique may, under program control, be used at any time during program execution and then return control to the program being tested, for further execution. In the more advanced forms, the original contents of storage are retained on tape, compared against the contents at stop time, and only the changed portions of storage are printed. This avoids much tedious human search and isolates difficulties quicker. Usually some form of conversion is applied to storage before printing, particularly in a binary machine, whose dump would be rather unintelligible. Sometimes areas of storage known to contain instructions are transformed to assembly language form.

3.23 Snapshot Method. This is similar to tracing except that the method is not interpretive. Instead, actual and precise printing instructions are compiled in the symbolic program. They are flagged for easy and automatic removal when testing is complete.

3.24 Automatic Testing Systems. There have been many special supervisory systems written exclusively for bulk program testing. Test time is at a premium, particularly with new machines, and unmechanized testing with the human at the console is much too expensive. Such systems:

(a) Test, in series, the programs of many different people who are preferably not present.

(b) Reduce manual and console operations.

(c) Ensure proper tape loading for each program without time lag.

(d) Generate various classes of test data to exercise as many program branches as possible.

(e) Keep full records of all stops, addresses, conditions and operator actions for easier diagnosis following the run.

(f) Feed in corrected data after an error so other error conditions may be detected in the same run.

3.25 Running Checks. Many checks and verifications may be incorporated in the running program. Records written erroneously may be identified upon reading through the use of so-called *hash-totals,* which are not totals associated with the program but are rather an artificial summation of the characters or bits in a record, or group of records. Records may be automatically corrected if augmented by Hamming check bits or characters. Normally records with flaws are not allowed to stop the processing; they are written out on exception files for later handling.

Checkpoints may be incorporated in a program at a convenient break point (i. e., integral processes are fully completed). Zero balance or matching data tests may be made here. If errors are detected, the program is returned to the last succesful checkpoint and restarted; if everything is checked, this point is installed in the proper address as the last successful checkpoint. A comprehensive survey of other auditing checks may be found in [31].

3.3 Input-output Control Systems

Approximately 40 per cent of the total number of instructions in a typical commercial program will pertain to input-output operations [32]. This includes all data movement through the central processor and related housekeeping which must accompany this movement. A major saving to the programmer has been the development of specialized input-output control systems (as integral portions of the entire operating system) which can do the following functions automatically:

(a) Match tape labels to unit numbers, verifying correct mounting of data, system and program.

(b) Detect tape type or density, when more than one recording density is available.

(c) Prevent erroneous writing on tapes which contain permanent or semi-permanent records.

(d) Flip-flop tape units on symmetrical jobs, such as ordering.

(e) Maintain an automatic count of records entering and put out.

(f) Alternate input-output area usage in internal storage.

(g) Relocate programs in storage for multiple operation.

(h) Optimize read-compute-write overlap.

(i) Automatic unblocking of records for reading and blocking for writing.

(j) Housekeeping associated with tape files, such as rewind, error correction.

(k) End of reel operations in multi-reel files.

(l) End of job functions, such as logging time, notifying next user, upspacing printed records, labeling tape files created, etc.

(m) Automatic insertion of checkpoint and restart procedures pertaining to input-output operations.

Such an input-output control system package is essential to the operation of language elements such as *GET* record, *PUT* record, *OPEN* file and *CLOSE* file which appear in Commercial Translator, COBOL, etc.

3.4 Application Library

The use of the application library requires full system control. In the translation from source to object program, many items of information are gained at the expense of computational time and many specific decisions are made. Running problems according to Method II (cf. Fig. 3), a complete reprocessing must occur each time the source program is corrected. Virtually the same information must be regenerated with a corresponding time expenditure. The application library consists of current source programs maintained on magnetic tape or other external storage, not only in their original (or source) form but also in the latest object form, together with the storage assignment and other tables and information developed during the latest translation.

As changes are made, they are identified by the name of the application. The executive routine searches the library for that program, copying the library to another tape until it comes to the desired program. This program is now brought into internal storage, corrected in source form and translated to a corrected object form. All updated information on this program is now copied to the new tape and all succeeding programs are copied from the old to the new tape simultaneously with the test execution of the corrected program. Thus the object program is corrected from information delivered in source form without operator intervention in only a fraction of the time a complete reprocessing would take.

3.5 Macro-instruction and Subroutine Library

In the most flexible state, a program may consist of a mixture of machine-independent statements, algebraic equations, macro-instructions, symbolic machine instructions and actual machine instructions. The scan in the translator is responsible for separating these into classes during processing, retaining an exact indication of the ordering which indicates flow. Macro-instructions are identified by the machine language-like form and by the fact that pseudo-operators do not exist in the table of machine operation mnemonics. A table of macro-instruction operators for which generators exist in the library is maintained in storage during the scan.

After initial scanning, macro-instruction calls are grouped and reordered to the order in which the generators appear on the library tape. The library tape is then passed against this list and all generators called for are extracted. After generation and establishment of symbolic addresses, the generated groups of instructions are ordered again to the original sequence in which they were called for by the program and merged with all other instructions to be generated or assembled. Unless this method were followed, there would be a series of tape searches and rewinds for each macro. Also, duplicates do not require additional searches in the reordering method.

Closed subroutines are handled in much the same way, except that calling sequences and return linkages are written by a single standard generator.

4. Retrieval of Information and Updating of Files

Files of data are maintained for specific purposes including display of individual data, search by classes, listing, access by other programs on demand, etc. There are several classes of generalized programs particularly concerned with this process. They are:

(a) File maintenance and updating generators.

(b) Report generators.

(c) Ordering and merging generators.

The first two apply to any type of file, the last applies only to files which are effectively linear, such as magnetic tape, and not to random access files.

A file is a collection of data (on some storage medium) which displays groups of similar properties. The individual elements of files are called records. A record contains both the actual data needed and other data which serve to identify that record from all other records. This identification is known variously as the key, control field, label, name, identification number, etc. Such files are either sequenced or randomly ordered, according to the storage medium upon which they exist. Particular records are found correspondingly by either examining keys through a prescribed search pattern or by transforming the key to a secondary locator.

A deck of punched cards, a magnetic tape and a perforated paper tape are all examples of sequenced files. They may be ordered by time sequence or key, i. e., it may be desired to find the 18th record in a file or that record containing the data on *Smith, H. J.*, for instance. In the latter case, a multiplicity of searches may make it profitable to order the file alphabetically upon the key, rather than scan the entire file each time (in random or linear order) until the key is found to match the given key. This characteristic has accounted for perhaps 30 per cent of the operating time in today's commercial data processing. This figure is not appreciably affected by random access files, which are a minority. Clearly this has been an area for profitable improvements in the reduction of programming and operating time. Since the problem is algorithmic, all ordering procedures are similar in principle and vary mostly in details. Such is the origin of the complicated and highly specialized ordering (miscalled "sorting") generators of today.

4.1 Ordering Generators

Because of the relatively greater cost and access time required to retrieve data randomly from files, the ordered file is still more economical for a large share of data processing needs. Ordering is a two-stage process. The user provides the generator with specific choices of, and statements about, the required input parameters. The processor digests this information and produces a specialized running program for these specific conditions. The actual program produced is the result of modifying skeletal sections of program with computational results, and is then utilized to order the files. Except for certain special and largely invariant conditions, these machine-generated programs are cheaper to produce and more efficient to operate than those created by the average programmer-user. This is because they are the product of specialists that can consider a larger spectrum of applications, and because of certain invariant principles. An advanced ordering generator might require the user to specify:

(a) The file size (number of records) and organization (whether on a single or multiple tapes, and how these are labeled for identification).

(b) The machine model and particular configuration of components available for this job.

(c) The number of magnetic tape units available for either mounting the files or intermediate transfer of information, such as record rearrangement.

(d) A choice between physical rearrangement of records in the intermediate steps or rearrangement of tags which identify or symbolize the particular records, reserving the physical rearrangement of the entire file until the sequence is fully determinable.

(e) The amount of internal storage available for use by each phase, or stage, of the process.

(f) The length of the records, whether fixed or variable length, and (if variable) how the length may be determined.

(g) The length of the key and its placement (or the placement of its components) in the record.

(h) The ranking or marshalling (term used in England) order of the characters from which the key may be formed.

(i) Existing partial ordering or bias in the data to be ordered, if any.

Many considerations are removed from the concern of the user by being incorporated in the intelligence of the generator. Among these are:

(a) Overlap of read-compute-write operations where feasible.

(b) Choice of ordering method (digit, merge, distribution, internal ordering, sifting, etc.) or a combination of several of these techniques as required to best utilize the machine in the various stages of the process (unless specifically countermanded by the operator). (Cf. [33].)

(c) Internal or input-output buffering.

(d) Blocking (grouping) of records for faster transfer within storage or between media.

(e) Automatic padding, or filling, of incomplete blocks or groups of blocks so that the file is modular for regularized processing. Automatic removal of padding on completion.

(f) Automatic replacement of keys by working keys whenever the internal character code of the machine does not have binary correspondence to the desired ranking order. Automatic replacement of original keys upon completion of the process.

(g) Collection and transformation of all elements of a key into a contiguous unit for convenience of comparison, with later dispersal to original format upon completion of the process.

(h) Calculation of estimated running time to completion, and advising the operator.

(i) Balancing the process as a function of the ratio of average computation time to tape read-write time (function of tape passing speed and bit density).

(j) Assignment of actual addresses to instructions, input-output units, etc., with provision for symmetric exchange of functions during the process.

(k) Automatic incorporation of rerun and checkpoint routines, for use in case of machine failure or detection of bad data. Provision for interruption at controlled points for jobs with higher priorities; thus ordering may be resumed at a later time without loss. This is vital because many files are so large that it might take from 1 to 20 hours of continuous time on the fastest machines.

An excellent description of some of these routines, with application to many machines other than those manufactured by IBM, may be found in [34].

4.2 Report Generators

It may well be that someday the control and management of business will reside within the computer program. In the meanwhile, decisions are still made by humans on the basis of condensed and categorized information prepared by either other humans or data processing equipment. The normal form of such a summary is the printed report. Here again the process of preparing reports is algorithmic and is thus suitable to action by a generator program.

The report generators create running programs which will abstract information from one or more files as needed to construct a specific report, rearranging and editing this information as required by the format of the report. (Cf. [35 to 37].) The user normally supplies the generator with the following information:

(a) The characteristics and format of the records in the files to be used.

(b) A pictorial layout or description of the report format, indicating spacing within the line and other editing conditions.

(c) Special instructions on printing or indicating various levels of totals, etc.

(d) Which different reports are to be printed on this one run, or passage of input data.

(e) Order of rearrangement of data in case the file is in a different order.

(f) Conditional printing desired (group indication, where information is repetitive).

(g) Rules for insertions and deletions in the input file, if file maintenance is incorporated in the same run.

Typically, much of the input information supplied is identical to that required for ordering generators, thus the two processes are often combined. Most report generators contain, in varying degree, the ability to be linked with other programs, to perform simple arithmetic necessary to production of totals, to perform file maintenance and updating, and to be modified at programmer discretion with inserts of assembly language subroutines.

4.3 Random Access to Files

Files may be searched in three basic ways:

(a) The scan, or random search, method to find the record with a matching key. This is prohibitive in cost except for very small files.

(b) The search of a file ordered on some function of the keys, such as alphabetic or numeric sequence properties. There is expense in initial ordering time and in addition to or deletion from the file. However, it is well suited to linear files and batch processing. The search method is most commonly binary or in a FIBONACCIAN sequence. The binary search is most prevalent and consists of successive partitioning in halves, selecting the half in which the required record must exist by checking the limiting keys against the desired key, and successive reduction until only the desired record remains.

(c) The search of a file located in storage by some algorithmic function of the keys. The key for which the record must be found is then subjected to the same algorithmic function to yield the address where the record is probably located. The only reason it may not be there is because of possible duplications in the values yielded by the algorithm over the entire set of keys. The better method of this type is known as *chaining*. (Cf. [38 to 40].) Although an inherently simple process, it is often misunderstood because of confusion about the handling of duplicated addresses.

Assuming the file is loaded, the chaining method requires that the key be converted by the algorithm to a tentative address. The key is then compared to the key existing in this address. If they match, the further contents of that address are those desired. If they do not match, a further address is also contained within the location specified by the tentative address. The key in that address (the chain address) should then be matched against the search key. The process is recursive until the proper key and address are found.

Let us take a simple example to show the loading of N records into P positions. If $N=P$, the file is 100 per cent packed or loaded. The following Example 4 involves the data for 13 names, or keys. The algorithm chosen from the myriad possible is:

$$\text{Tentative address} = \sum \text{(Letter position in alphabet)} \bmod P$$

This evaluation is made in Example 4. The duplications which occur will be handled by chaining. Alternate algorithms might be found which minimize such duplications, but in general it is not worthwhile to waste time in searching for a slightly better algorithm. $P=N=13$ in the example. The file is now loaded initially in the order in which the names appear.

Example 4

Name	Computation							Σ	Tentative Address $= \Sigma \bmod 13$
John	10	$+15$	$+\ 8$	$+14$			$=$	47	8
Fritz	6	$+18$	$+\ 9$	$+20$	$+26$		$=$	79	1
Klaus	11	$+12$	$+\ 1$	$+21$	$+19$		$=$	64	12
Julien	10	$+21$	$+12$	$+\ 9$	$+\ 5$	$+14$	$=$	71	6
Grace	7	$+18$	$+\ 1$	$+\ 3$	$+\ 5$		$=$	34	8
Walter	23	$+\ 1$	$+12$	$+20$	$+\ 5$	$+18$	$=$	79	1
Roy	18	$+15$	$+25$				$=$	58	6
Stan	19	$+20$	$+\ 1$	$+14$			$=$	54	2
Alan	1	$+12$	$+\ 1$	$+14$			$=$	28	2
Heinz	8	$+\ 5$	$+\ 9$	$+14$	$+26$		$=$	62	10
Rene	18	$+\ 5$	$+14$	$+\ 5$			$=$	42	3
Bob	2	$+15$	$+\ 2$				$=$	19	6
Peter	16	$+\ 5$	$+20$	$+\ 5$			$=$	64	12

Example 5

Address	Method I				Method II			
	Chain	Name	Data	Seeks	Chain	Name	Data	Seeks
0		Grace		2		Grace		2
1	2	Fritz		1	4	Fritz		1
2	4	Walter		2	7	Stan		1
3	7	Roy		2		Rene		1
4	5	Stan		2		Walter		2
5		Alan		2	9	Roy		2
6	3	Julien		1	5	Julien		1
7	9	Rene		2		Alan		2
8	0	John		1	0	John		1
9		Bob		4		Bob		3
10		Heinz		1		Heinz		1
11		Peter		2		Peter		2
12	11	Klaus		1	11	Klaus		1

Average Seeks $=1.77$	Average Seeks $=1.54$

Method I of Example 5 shows the result of loading when duplications are assigned to the first available open position. Thus *Grace*, the first conflict, is assigned to zero position. Method II shows the result if a different rule is used, holding all duplicates aside until the list has been gone through once, then loading into the available vacant positions. The number of seeks required to find each item at random has been tabulated. Note the improvement due to Method II. The scan, or random search, method of random loading would average seven seeks per record.

$$\left(\sum_{1}^{13} N\right) \div N$$

It has been shown [41] that the average number of seeks with random frequency distribution will be 1.5.

The average seek number can be improved by a number of techniques. Obviously $P > N$ will do so, but the advantage has been found in actual practice to be insufficient to use anything other than 100 per cent loading. Advantage may be taken of natural characteristics of data. Use of the method on the 305 RAMAC has yielded average seeks of 1.2 for fully loaded files. This indicates [38] that the average commercial problem will interrogate 20 per cent of the file 80 per cent of the time. The average may become as low as 1.1 for loading on a fully statistical frequency basis. This method was used to convert the English vocabulary to numbers [42]. It was found that the natural frequency of English usage yielded an average seek of 1.14.

The chaining technique is very helpful in translating programs to convert the names of variables to working address numbers for faster processing (cf. [12]).

5. Factors Influencing the Level of Programming

5.1 Logistics of Machine Configuration

The largest single factor affecting the advancement of the programming art is the logistic structure of computing machinery. Data processing equipment consists of much more than a central processing unit with arithmetic and logical decision capabilities. The availability of various hierarchies of storage facilities, various input and output devices (both on- and off-line), printing devices and character sets all have a profound effect upon the improvement of techniques.

5.11 Character Sets. For example, the lack of other than numeric input-output facilities in most Russian computers has seriously slowed development of synthetic languages for communication with the machine. Even in scientific computations, where Russian algebraic compilers have shown promise in the area of efficient optimization [43, 44], the programmer is unable to refer to a storage location by the name of its contents and have the computer operate directly upon this information, automatically assigning an actual location in storage. Since alphabetic characters are not available, a slow and inefficient process of transcription is necessary. This must be done by hand before the program may be entered into the machine, no matter how advanced the system is on paper. Thus an apparently trivial feature heavily affects operating philosophy.

The stored program machine is a general purpose device. We have realized for years that one of the problems it may be given is the automatic translation from the language of the programmer to its own but this is not easily accomplished when the basic elements of the language, the characters, are not common to both languages.

Alphabetic and other special characters are more available on computers in USA, but programming languages may still be found using phrases such as *"if greater than or equal to"*. If a single symbol were available to the user to represent this phrase and others, processing time could be greatly reduced. As it is such phrases must be written out in their entirety by the programmer in longhand with the attendant possibilities of error and faulty decoding. A sample statement describing income tax deductions in Commercial Translator required 700 bits of information at 6 bits per character (a maximum of 64 symbols available). If three new characters could be added to the set, the total number of bits required would be reduced to 500 even if all characters had to be represented by 8 bits rather than 6. (Cf. [45].)

Interest in a larger set of characters has been increasing, largely influenced by the ALGOL language which presently has 110 characters for use in the reference language. This may improve general communication with the machine in all areas, and may prove to open new applications in computer-controlled typography. Some new machines, particularly the IBM 7030, are designed to handle larger character sets [46]. The *Bendix* input-output typewriter handles all the characters of ALGOL in an 8-bit form. *Ferranti* and *Bulmers (Friden)* in England have made provision for 7-bit sets for input and output.

5.12 Internal Storage. There is apparently a minimum size of internal storage necessary to scan and convert statements in a machine-independent language efficiently to the corresponding machine language program. In practice this has been found to be 2^{12} ($=4096$) words, each word handling a minimum of 6 characters. Storages from 2^{13} to 2^{15} in size are of course more advantageous. A storage of 2^8 is adequate for only the most ingenious scientific subroutines, wasting too much programmer effort to be useful for commercial work.

5.13 External Storage. The lack of medium access, medium cost storage media such as magnetic tape is an example of a machine characteristic which severely limits conceptualization of better computer usage. Although magnetic tape is for linear files, which have certain computational drawbacks, it is exceptionally useful for supervisory control and library facilities in an integrated system of data processing. This narrowness of conception is particularly evident in England, where tape usage is limited. A 1959 survey showed that only 11 out of 69 commercial computer systems were equipped with magnetic tape [47]. Few British programming systems actually control computer action automatically over multiple problems [48, 49]. Even when synthetic language is mechanically translated into machine language, corrections to the running programs are usually still made in machine language [50]. External storage media like tapes are mandatory for the use of application library techniques.

If such executive control is common in USA, it is not because the users are cleverer, but rather because the very existence of tape units in volume has prompted such experimental usage and development. In a survey of 61 large computers [32], government equipment averaged 18 tape units per machine, nongovernment equipment averaged 13 units. In both cases three units were used for peripheral operations. Each unit is capable of holding 5,000,000 characters per reel on the average, but there are some short tapes. Including metal, acetate and "Mylar" tapes, there are over 600,000 reels of tape in USA today.

As the design of modern architecture would not have been possible with the structural materials of a decade ago, it required the availability of magnetic tape in quantity to trigger and inspire new systems concepts and designs.

5.14 Instruction Repertoire. An examination of early programs for small internal storages show complex modification of instructions through looping and initialization. Present machines have larger storage and, perhaps more importantly, instructions which utilize index registers and indirect addressing. Not only do these features reduce the number of instructions necessary to do complex procedures, but they also reduce the amount of error which may be introduced in the program to be corrected later. It is safe to say that less than 10 per cent of all program instructions are ever modified today, over the entire spectrum of problems. In commercial applications alone, it is probably less than 5 per cent.

This characteristic may lead to permanent read-only memory [51] and larger programs with fewer loops. For example, the introduction of a photographic plate containing the entire basic programming system would have a heavy effect upon application programming. One of the present problems is to contain the working program so that incorrect modifications will not destroy the operating system with all its linkages to necessary auxiliary routines. Some present computers have provision for programmed storage protection by blocks to avoid such difficulties [52]. This would not occur with the programming system in separate storage from the working program.

5.2 Cooperative Organizations

One of the mixed blessings of computer usage is the ability of the machine designer to outstrip the last model by a factor of ten or so. The programmer and user is not susceptible to such magnification without artificial aids. For a single machine not much can be done, but for a group of identical machines the costs of programming can be spread out and amortized.

Early in 1954 a group of aircraft companies in USA found, in planning to replace IBM 701's by 704's, that severe dislocation of production would occur during the changeover by virtue of the reprogramming necessary even though the machines had common generic characteristics. It was found upon examination that a vast amount of duplication and redundancy had existed in the usage of the earlier machine. The question became *"Should basic programming remain in the realm of competitive advantage, or should a cooperative venture provide basic tools for all?"*

The outcome of this study was the SHARE organization, an informal cooperative among 704 users that has since grown to well over 100 members, each with at least one 704 installed or on order. It has been expanded since to include the successors 709 and 7090 as well. How well this organization succeeded is indicated by comparing the number of programming systems for less than twenty 701's with the number of systems for over one hundred 704's [53]. Within a general framework of assignment, each installation contributes basic programs with prescribed documentation to the entire body to use or modify as they wish. Accompanying each program, however, is a disclaimer that frees the originator of legal responsibility for its correct operation.

Following this single and successful venture, insularity disappeared in many areas. Functioning user groups include:

Group	*Machines*
ALWAC Users Association	ALWAC III, IV, V
CO-OP	CDC 1604
CUE	Burroughs 220
DATAMATIC 1000 Users Group	Datamatic 1000
DUO	Datatron 201 to 205
EXCHANGE	Bendix G-15
FAST	U.S. Army Fieldata Equipment
GUIDE International	IBM 705, 7070, 7080
LINC	Sperry Rand LARC
MCUG	Military AN FSQ series
PB 250 Users Group	Packard Bell 250
POOL	Royal-McBee LGP-30
RCA 501 Users Group	RCA 501
RUG	Autonetics RECOMP II
SHARE	IBM 704, 709, 7090
TUG	Philco 2000 (formerly Transac)
UNIVAC Users Group	UNIVAC Tape Systems
USE	UNIVAC Scientific 1103 and 1105

The above groups are all oriented to specific machines. In addition there are other groups oriented to particular applications or disciplines. They are:

Group	*Orientation*
CAMP	Military Applications
HEEP	Highway Engineering Exchange
NCG	Nuclear Codes Group
POUCHE	American Inst. of Chemical Engineers
ZMMD	ALGOL (Zürich-Mainz-Munich-Darmstadt)

These groups have found by experience that basic programming (the education of the machine) is not a competitive advantage after all, for each member has acquired a more intelligent machine for his particular applications through joint effort. This emphasizes that a certain amount of basic education is vital to operate a computer with any efficiency, whether it be for a single machine or a hundred like it. The original computer and the original programming may cost a million dollars each. The second computer costs nearly as much, but the second and succeeding sets of programs are available at only the cost of reproducing some cards or magnetic tape.

The success of organizations of this type in promoting operational standards has been marked. They also serve as a unified source of feedback for marketing criteria and information to the manufacturer. Interchange of new ideas and methods has effectively seeded and lifted the level of technical competence far above what might be accomplished by the secretive or insular user. Gone are the days when one oil company refused to test its programs on the manufacturer's sample machine for fear another oil company might steal its secrets and methods by a storage dump.

At present, the only user organizations existing outside USA are ZMMD and GUIDE International (including the Committee for Europe), which has over 230 participating installations.

These organizations have strong control over specifications of operating systems. The SHARE group, after selecting and improving SAP, the standard assembly program for the 704, completely specified an extensive operating system called SOS for the 709. (Cf. [54 to 59].) Gradually the interchange of programs is moving from those written in machine-oriented assembly language to those written in procedure-oriented and machine-independent languages such as ALGOL and COBOL. This ensures usage both to the next generation of computer for that group and, in many cases, exchange between several user groups.

A majority of these user groups have formed a joint users group, called JUG. A loose affiliation with the Association for Computing Machinery was accomplished in May 1961.

5.3 Standardization

5.31 Programming Languages. Much of the evolution of synthetic machine-independent languages has been quite similar. Most of the original translators for algebraic languages evolved roughly in the same era (cf. refs. [60 to 64]). The ALGOL 60 language is notable for the adaptation by P. NAUR of the meta-linguistic symbology of J. W. BACKUS [65], an entire department in the journal *Communications of the ACM* devoted to algorithms written in ALGOL, and the series of textbooks in ALGOL planned by Springer Verlag, Berlin, Germany.

Standardization in scientific languages preceded that in commercial languages, just as scientific usage of computers preceded commercial usage in volume. No professional body such as ACM or GAMM took equal interest in the problem of commercial data processing languages, possibly because the problems were more difficult. In the absence of any requested action, the U.S. Department of Defense convened a meeting of manufacturers and users on May 28 and 29, 1959 to consider such an effort. Committees were established for short range, intermediate and long range considerations. In particular, the short range committee was asked to prepare a proposal for a blend of FLOW-MATIC, AIMACO [66] and Commercial Translator by September 1959. This was to serve as a stopgap language which could be useful for a period of two years until supplanted by the language to be developed by the intermediate group.

British manufacturers took an extreme interest in this effort and were called together by International Computers and Tabulators (whose corresponding language was CODEL) [67] in July 1959 to consider the same problem. It was decided to await results from the group in USA and then evaluate that language.

As it developed, the short range group of CODASYL (Committee On Data Systems Languages) preempted the domain of the intermediate group, which was canceled. The resulting language was called COBOL (COmmon Business Oriented Language) [13] and went somewhat further than the original directive called for. The language is complex and conditions are worsened by some unreconcilable differences in various equipments. Despite some remaining flaws and differences in reconciliation, the following manufacturers have announced COBOL processors for the indicated machines:

Manufacturer	*Machine*
Bendix	G-20
Burroughs	B5000
Control Data	1604
Minneapolis-Honeywell	400
Minneapolis-Honeywell	800
Philco	2000
General Electric	225
IBM	705 III/7080
IBM	7070/7074
IBM	709/7090
IBM	1401
IBM	1410
ICT	1301
NCR	304
NCR	315
RCA	301
RCA	501
RCA	601
Sperry Rand	UNIVAC II
Sperry Rand	UNIVAC III
Sperry Rand	490
Sperry Rand	1107
Sperry Rand	SS80/SS90
Sylvania	MOBIDIC

5.32 Systems Standards. The chief obstacle to writing a single program for all different machines has been the intractability of hardware design. Many aspects of computer design must reflect competitive technologies and salable characteristics. However, many differences between the several computers have been, in the words of J. C. McPHERSON, *"capricious and arbitrary"*. Many different options may be equally suitable, but when differing options are selected through noncognizance — it is time for standards organizations to step in. It is possible that this area will contribute heavily to the reduction and simplification of programming effort.

A joint project in the standardization of certain aspects of data processing equipment has been formed with TC97 (Technical Committee 97) of the ISO (International Standards Organization) and TC53 of the IEC (International Electrotechnical Commission). Initial work will proceed in four areas, commencing with the first meeting in Geneva in May 1961. These areas are:

    Character Sets and Representations

    Data Transmission

    Programming Languages

    Glossary of Terminology

The first two areas have to do with the common language interchange of both data and programs between users and various equipments. It has been found that much of the complexity in COBOL and similar languages is due to the need to take care of basic differences in this area. The third area implies that there may be an eventual joining of the scientific and commercial procedure languages. This is supported by two trends noticed by workers in the field:

(a) Properties formerly exclusive to either type of language are very useful to each other. The business language is enhanced by algebraic notation and subscripting, the algebraic language can be improved by separating out data description and being able to refer to operands other than floating point variables.

(b) The underlying syntactical structure of both types of languages is similar enough to suggest an eventual blending into a common language for all purposes, each with its own jargon or dialect, if necessary, but enough equivalent that common processors may be used for either.

Another factor in raising the efficiency of programming is the selection of standard machine configurations. User groups do this to limit the variety of programs needed. Although some of the variables in modular systems are compensated for by program generation (such as varying sizes of internal storage), it is generally advantageous to pick a specific configuration which is not always the minimum. For example, the first SHARE standard 709 specified a 8,192 word storage. However, it turned out that almost all machines were ordered with a 32,768 word storage because the cost of the additional storage was more than offset by the increased power in problems per dollar. Most programming systems are attuned to top efficiency for a particular configuration. Sometimes they are not even prepared for lesser configurations. It is usually advantageous in cost to get additional hardware to bring the configuration up to the standard because of the more than compensating savings achieved through use of the programming system.

5.4 Experience

S. GILL [68] states that *"the practical business of tapping the vast potentialities of computers has come as such a novelty to us that we are practically developing an entirely new subject — a new version of mathematics, if you like"*. Considering the astonishing rate of growth in programming, it is not surprising that the literature has not had a chance to catch up properly. Besides, programming more than nearly any other field is learned by doing rather than reading.

Without risking philosophical debate, programming may be said to have enough of the nature of thought processes that new developments stem mostly from circumstances and not from speculation. The most effective means of disseminating such acquired knowledge is by *seeding* less experienced groups with a few highly experienced people. This has been adequately demonstrated by programmers who, having reached a stasis point in one group, move to another group with a higher experience level and quickly develop to a corresponding position in that group.

Conversely, it has been noted that those programmers that advance to higher management positions (that do not involve actual contact with machines and methods) quickly fall behind current technology levels unless they make strong efforts to keep up with new techniques. The present era of programming is one of stumbling in search of complete concepts. Current theories of programming are faulty and conflicting. The programmer who stops now is likely to retain a useless orientation for the future.

5.5 Education and Literature

The extremely rapid growth of the computing field has caused a notable lag in the publications of timely papers in the technical journals and in program documentation. Actual practice has preceded in time the publication of the theory of practice to a surprising extent. Perhaps this has been due to a certain attitude of waiting to see if the field would achieve true professional status.

5.51 Universities. Although single universities (such as Manchester and Cambridge in England; Mainz in Germany; Michigan, Illinois, Princeton, UCLA, MIT and others in the USA) made developmental efforts in both hardware design and programming, the infant science of computing was attached to a variety of departments. Such work has been supported variously by departments of mathematics, business administration, electrical engineering and any other with enough funding and interest to nurture a beginning. To date, no university recognizes a chair in information processing, which is the general field encompassing the computer sciences.

Not until 1957 was there any general effort to train people for computer design and programming. Even here the universities did not take the lead by themselves. The manufacturers, extrapolating to a drastic situation in the expanding field, took steps to provide universities with special and production computers for training purposes. The effect is now being felt. A few universities stand out remarkably in programming. In Germany there are Munich, Mainz, and Darmstadt, in Switzerland there is Zürich, and the USA has Carnegie Tech, Case Institute, MIT and Michigan. England has relaxed the early lead in programming techniques taken by M. V. WILKES at Cambridge and R. A. BROOKER at Manchester.

The impact of programming training at universities is now felt. Each graduate from the Massachusetts Institute of Technology in 1961 will have taken a mandatory course in computer programming. The latest count shows a total of 118 computers in universities in North America [69]. There are approximately 65 computers in European universities. Pages 135—138 of [9] list 145 universities in USA offering courses in automatic data processing and systems.

5.52 Manufacturers. The education of the user is of extreme interest to the marketer of a product. Many manufacturers operate their own training schools in order to staff satisfactorily a large number of machines. Some of these schools are larger than universities. For example, IBM currently trains about 11,000 programmers a year as part of a general educational program which reaches over 120,000. A program on this scale is necessary to achieve a predicted work force of 170,000 professionals in 1966 for USA alone [70]. Although sheer volume does not necessarily produce improved methods, the net effect has been an accelerated learning process in the efficient utilization of machines through programming. The description and documentation of programming systems has become more professional.

Manufacturers also support the informal educational process by distribution of technical literature. One manufacturer distributed over 450,000 copies of more than 150 different publications in 1959 [71]. In this instance, distribution of exchange programs among members of user groups averaged 150 programs a day.

5.53 Teaching by Machine. One of the most promising methods for raising the level and competence of programming is to enlist the aid of the machine itself. The Computation Center at the Carnegie Institute of Technology, under A. J. PERLIS, utilizes a 650 RAMAC to teach students to program that same machine. The student keypunches his name on a card, drops it in the read hopper and is automatically enrolled in the course. Provision is made for orderly progression through the lessons. When the lesson program written by the student does not work, the teaching program analyzes the faults and sends him back to restudy the proper previous lesson.

Many experiments are being made in automatic teaching by computer [72, 73]. North American Aviation has used semiautomatic methods to teach the FORTRAN language to over a thousand of its engineers. Computers are also being used to evaluate the effectiveness of programmers and point out where additional training or discipline is needed [74].

6. Costs and Statistics

6.1 Programming Systems

Some idea of the relative size of programming systems may be gained from the following survey (cf. [75]):

System	Machine	Number of Machine Language Instructions	System Type
SURGE	704	12,000	Sort, report generator
CLIP	709	18,000	Information processor
APT	704, 709	35,000	Machine tool language
CL–1	709	45,000	Information processor
SOS	709	50,000	Compiler, operating

A typical major programming system will cost from $ 250,000 to $ 1,000,000 to produce and require from 10 to 50 very high level programmers working from one to two years.

The average cost per instruction produced is much higher for programming systems than it is for applications, as they are much more complicated and generalized. The cost may vary from 13 to 25 dollars an instruction in order to produce a system which users may program at costs of only one or two dollars an instruction.

These investments are returned by the decrease in programming time. For example, a single Commercial Translator statement used in a payroll problem yielded 37 distinct machine language instructions, all correct without further diagnostics.

The costs of such programming systems may be expected to be reduced sharply in the next few years. In IBM's experimental expanded ALGOL system, for example, only 800 instructions are actually written in machine language; all others are written in expanded ALGOL itself and are thus usable for many different machines. The only machine language instructions needed are those for basic symbol manipulation and reduction to symbolic macro-instructions. The system is presently at about 12,000 machine language instructions; therefore 11,200 of these have been self-generated.

6.2 Programs for Specific Applications

6.21 Size. One of the largest applications on record [76] requires 65 separate machine runs for a single problem. With an average of 3,000 machine instructions per storage fill, this gives a total program size of about 200,000 instructions.

An oil company's first nine programs written in 705 Processor language [77] averaged 2760 instructions per program, or 13,800 characters. The total programs required from 7500 to 36,000 characters of storage, averaging 20,000.

6.22 Instruction Cost. Surveys taken in 1957 yielded the following average costs per checked out instruction:

Language	Cost per Instruction ($)
Machine language	10
Symbolic assembly	5—6
Symbolic + macros	2—3
Independent language	1

Further statistics are available for the programs mentioned in Section 6.21. The average times for the nine programs were:

Block diagram, code, assembly	7 days programmer time
Assembly	97 minutes (avg. 2.5 assemblies per program)
Machine test	50 minutes

A rough calculation with these data yields less than a dollar per checked out instruction, quite comparable to that for machine-independent languages.

The cost of moving applications to different machines varies considerably with the source language used to write the programs. Table 1 shows the additional advantages accruing from each additional degree of machine independency. Thus, machine-independent languages are extremely useful not only as an aid in decreasing the original cost of programs but also as insurance against moving the program to different machines.

6.23 Staff. The largest computers, depending upon the class and variety of applications, may require a staff of from 50 to 75 people [78].

Table 1.   Comparison of typical conversion from one machine (family) to another

Program Written in	Effort for Machine "A"	% Additional Effort for Machine "B"	Net Additional Effort for Machine "B"
Machine Language	100 % (base)	$\times$ 100 % =	100 %
Symbolic Assembly Language	80 %	$\times$ 80 % =	64 %
Macro-Language	60 %	$\times$ 40 % =	24 %
Procedure Language	20 %	$\times$ 25 % =	5 %

Bibliography

[1] GOTLIEB, C C.: General-Purpose Programming for Business Applications. In: Advances in Computers, Vol. 1 (Ed.: F. L. ALT). Academic Press, New York 1960, pp. 1—42.

[2] MCCRACKEN, D. D., WEISS, H., LEE, T.-H.: Programming Business Computers. J. Wiley & Sons, New York 1959.

[3] MCCRACKEN, D. D.: Digital Computer Programming. J. Wiley & Sons, New York 1957.

[4] GOTLIEB, C. C., HUME, J. N. P.: High Speed Data Processing. McGraw-Hill, New York 1958.

[5] JEENEL, J.: Programming for Digital Computers. McGraw-Hill, New York 1959.

[6] WRUPEL, M. H.: A Primer of Programming for Digital Computers. McGraw-Hill, New York 1959.

[7] LEVESON, J. H. (Editor): Electronic Business Machines. Heywood & Co., London 1959.

[8] LEDLEY, R. S., JUSTED, L. B.: Computers in Medical Data Processing. Operations Research 8 (1960) No. 3, pp. 299—310.

[9] 86th Congress, Use of Electronic Data Processing Equipment. U.S. Government Printing Office (41783), Washington, D.C. 1959.

[10] The Preparation of Macro-instructions for Use with Autocoder III. Reference Manual C 28—6056—1, IBM Corp., New York 1959.

[11] Programming the IBM 705 Using the Autocoder III System. Reference Manual C 28—6057, IBM Corp., New York 1959.

[12] WILLIAMS, F. A.: Handling Identifiers as Internal Symbols in Language Processors. Communications ACM 2 (1959) No. 6, pp. 21—24.

[13] Conference on Data Systems Languages (CODASYL), COBOL, Initial Specifications for a COmmon Business Oriented Language. U.S. Government Printing Office, Washington, D.C. 1960.

[14] UNIVAC FLOW-MATIC Programming System. Reference Manual U—1518, Sperry Rand Corp., New York 1958.

[15] GREENWALD, I. D.: A Technique for Handling Macro Instructions. Communications ACM 2 (1959) No. 11, pp. 21—22.

[16] Case Study Solutions for the 705 Autocoder. Form 22—6740—0, IBM Corp., New York.

[17] IBM Commercial Translator. General Information Manual F 28—8043, IBM Corp., New York 1960.

[18] FACT Manual. Report 160—2 M, DSI—27, DATAmatic Division. Minneapolis-Honeywell, Wellesley Hills, Mass. 1960.

[19] GOLDFINGER, R.: Syntactical Description of a Common-Language Programming System. CODASYL Report, March 8—10, 1960.

[20] APT, The Automatically Programmed Tool System (7 Volumes). Dept. of Electrical Engineering, Massachusetts Institute of Technology, Cambridge, Mass. 1959.

[21] LO, Y. C., GAUDETTE, C. H.: An Automatic Multiprogram Operating System. Preprint 60—329, Amer. Inst. Electr. Engrs., New York, February 1960.

[22] SMITH, R. B.: The BKS System for the Philco 2000. Communications ACM 4 (1961) No. 2, pp. 104, 109.

[23] CAOS, Completely Automatic Operational System. Report LMSD—48482, Lockheed Aircraft Corp., Sunnyvale, Cal. 1959.

[24] Introduction to the CL—1 Programming System. Manual TR 59—6, Technical Operations, Inc., Washington, D. C. 1960.

[25] BEMER, R. W.: A Checklist of Intelligence for Programming Systems. Communications ACM 2 (1959) No. 3, pp. 8—13.

[26] KAVANAGH, T. F.: TABSOL — A Fundamental Concept for Systems-Oriented Languages. Proc. Eastern Joint Computer Conf., New York, Dec. 13—15, 1960, pp. 117—136.

[27] EVANS, O. Y.: Advanced Analysis Method for Integrated Electronic Data Processing. Bulletin F 20—8047, IBM Corp., New York 1960.

[28] YOUNG, J. W., KENT, H. K.: Abstract Formulation of Data Processing Problems. J. Ind. Engng. 9 (1958) No. 6, pp. 471—479.

[29] BEMER, R. W.: Survey of Modern Programming Techniques. Computer Bulletin 4 (March 1961) No. 4, pp. 127—135.

[30] WOLPE, H.: Algorithm for Analyzing Logical Statements to Produce a Truth Function Table. Communications ACM 1 (1958) No. 3, pp. 4—13.

[31] The Auditor Encounters Electronic Data Processing. Price Waterhouse & Co., New York 1958.

[32] Proceedings of GUIDE, X, May 1960.

[33] BETZ, B. K., CARTER, W. C.: New Merge Sorting Techniques. Preprints, 14th ACM Conference, Massachusetts Institute of Technology, Cambridge, Mass., Sept. 1—3, 1959.

[34] BATCHELDER, J. C.: Sorting Methods for IBM Data Processing Systems. General Information Manual F 28—8001, IBM Corp., New York 1958.

[35] McGEE, R. C., TELLIER, H.: A Re-Evaluation of Generalization. Datamation 6 (1960) No. 4, pp. 25—29. Cf. also: User's Reference Manual, 9 PAC System, IBM Corp., New York 1960.

[36] IBM 7070 Report Program Generator. Bulletin J 28—6049, IBM Corp., New York 1959.

[37] Report Program Generator for IBM 1401 Card Systems. Bulletin J 29—0215, IBM Corp., New York 1960.

[38] The Chaining Method of Disk Storage Addressing for the IBM RAMAC 305. Bulletin J 28—2008—1, IBM Corp., New York 1958.

[39] The Chaining Method for the 650 RAMAC System. Bulletin J 28—4002, IBM Corp., New York 1958.

[40] PETERSON, W. W.: Addressing for Random Access Storage. IBM Journal Res. & Dev. 1 (1957) No. 2, pp. 130—146.

[41] JOHNSON, L. R.: An Indirect Chaining Method for Addressing on Secondary Keys. Communications ACM 4 (1961) No. 5, pp. 218—223.

[42] Bemer, R. W.: Do It By the Numbers (Digital Shorthand). Communications ACM **3** (1960) No. 10, pp. 530—536.

[43] Ershov, A. P.: Programming Programme for the BESM Computer. Pergamon Press, Oxford 1959. (Transl. from Russian.)

[44] Ljapunov, A. A.: On Logical Schemes of Programs (in Russ.). Problemi Kibernetiki Vol. 1. State Publishers of Physico-Mathematical Literature, Moscow 1958, pp. 46—74. (Engl. transl. in preparation by Pergamon Press, Oxford.)

[45] Smith, H. J.: A Short Study of Notation Efficiency. Communications ACM **3** (1960) No. 8, pp. 468—473.

[46] Bemer, R. W.: Survey of Coded Character Representation. Communications ACM **3** (1960) No. 12, pp. 639—641.

[47] Williams, R. H.: The Commercial Use of Computers in Britain. Automatic Data Processing **1** (Nov. 1959), pp. 33—35.

[48] Cook, R. L.: Time-Sharing on the National-Elliott 802. Computer Journal **2** (1960) No. 4, pp. 185—188.

[49] Strachey, C.: Time Sharing in Large Fast Computers. Computers and Automation **8** (Aug. 1959) No. 8, pp. 12—16.

[50] Gill, S.: Current Theory and Practice of Automatic Programming. Computer Journal **2** (1959) No. 3, pp. 110—114.

[51] Atlas (Ferranti Ltd., Manchester and London, England). Digital Computer Newsletter **12** (1960) No. 4; reprinted in: Communications ACM **3** (Oct. 1960) No. 10, pp. 580—582.

[52] Nekora, M. R.: Comment on a Paper on Parallel Processing. Communications ACM **4** (1961) No. 2, p. 103.

[53] Bemer, R. W.: The Status of Automatic Programming for Scientific Problems. Proc. 4th Annual Computer Applications Symposium, Armour Research Foundation of Illinois Institute of Technology Chicago, Ill., Oct. 24—25, 1957, pp. 107—117.

[54] Boehm, E. M., Steel, T. B.: The SHARE 709 System, Machine Implementation — Symbolic Programming. Journal ACM **6** (1959) No. 2, pp. 134—140.

[55] Bratman, H., Boldt, I. V.: The SHARE 709 System, Supervisory Control. Journal ACM **6** (1959) No. 2, pp. 152—155.

[56] Digri, F. J., King, J. E.: The SHARE 709 System, Input-Output Translation. Journal ACM **6** (1959) No. 2, pp. 141—144.

[57] Greenwald, I. D., Kane, M.: The SHARE 709 System, Programming and Modification. Journal ACM **6** (1959) No. 2, pp. 128—133.

[58] Mock, O., Swift, C. J.: The SHARE 709 System, Programmed Input-Output Buffering. Journal ACM **6** (1959) No. 2, pp. 145—151.

[59] Shell, D.: The SHARE 709 System, A Cooperative Effort. Journal ACM **6** (1959) No. 2, pp. 123—127.

[60] Rutishauser, H.: Über automatische Rechenplananfertigung bei programmgesteuerten Rechenmaschinen. Z. angew. Math. Mech. **31** (1951), p. 255.

[61] Rutishauser, H.: Automatische Rechenplanfertigung bei programmgesteuerten Rechenmaschinen. Mitt. Inst. Angew. Math. ETH Zürich, No. 3. Verlag Birkhäuser, Basel 1952.

[62] Laning, J. H., Zierler, N.: A Program for Translation of Mathematical Equations for Whirlwind I. Engineering Memorandum E—364, Massachusetts Institute of Technology, Cambridge, Mass., January 1954.

[63] Programmers Reference Manual FORTRAN. Internat. Business Machines Corp., New York 1956.

[64] Brooker, R. A.: Some Technical Features of the Manchester Mercury Autocode Programme. Symposium Mechanisation of Thought Processes, National Physical Lab., Teddington, Nov. 24—27, 1958, pp. 201—229.

[65] Naur, P. (Editor), et al.: Report on the Algorithmic Language ALGOL 60. Numerische Mathematik **2** (1960) No. 2, pp. 106—136; reprinted in: Communications ACM **3** (1960) No. 5, pp. 299—314.

[66] AIMACO, The Air Material Command Compiler. Manual AMCM 171—2, Wright-Patterson Air Force Base, Ohio 1959.

[67] WENSLEY, J. H., et al.: An Introduction to the CODEL Automatic Coding System. Computer Developments Ltd., Kenton, Middlesex 1959.

[68] GILL, S.: The Philosophy of Programming. Annual Review in Automatic Programming, Vol. 1 (Ed.: R. GOODMAN). Pergamon Press, Oxford 1960, pp. 178—188.

[69] REEVES, R. F.: Digital Computers in Universities I—IV. Communications ACM **3** (1960) No. 7, p. 406; No. 8, p. 476; No. 9, p. 513; No. 10, pp. 544—545.

[70] Special Report on Computers. Business Week, June 21, 1958.

[71] JONES, G. E.: Address to the International Systems Meeting, October 12, 1960, New York City.

[72] BAUER, W. F., GERLOUGH, D. L., GRANHOLM, J. W.: Advanced Computer Applications. Proc. IRE **49** (1961) No. 1 (Computer Issue), pp. 296—304.

[73] GALANTER, E. (Editor): Automatic Teaching. J. Wiley & Sons, New York 1959.

[74] BOGUSLAW, R., PELTON, W.: STEPS — A Management Game for Programming Supervisors. Datamation **5** (1959) No. 6, pp. 13—16.

[75] WAGNER, F. V.: Summary of Questionnaire on New POLs. SHARE, February 15, 1960.

[76] Proceeding of GUIDE, II, 1957.

[77] The IBM 705 Processor. Bulletin J 28—6068, IBM Corp., New York 1959.

[78] PAINE, R. M.: Selection of Computer Personnel. Computer Bulletin **3** (1959) No. 2, pp. 23—26.

HANS KONRAD SCHUFF

Dortmund, Deutschland

Probleme der kommerziellen Datenverarbeitung

Mit 6 Bildern

Disposition

Zusammenfassung. Die kommerzielle Datenverarbeitung umfaßt ein sehr weites Gebiet, das von der manuellen Buchführung über die Benutzung von Buchungs- und Lochkartenmaschinen bis zur Anwendung elektronischer Hochgeschwindigkeits-Rechenanlagen reicht. In diesem Beitrag werden nur die Probleme der mechanisierten Datenverarbeitung behandelt, und auch diese nur soweit, wie die Mechanisierung mit Hilfe von Lochkartenmaschinen und elektronischen Rechenanlagen geschieht, in der Hauptsache also die sogenannte „elektronische Datenverarbeitung".

Es wird eine systematische Gliederung der bei der Datenverarbeitung auftretenden Probleme versucht, wobei davon ausgegangen wird, daß der Datenfluß eines Betriebes als Regelkreis dargestellt werden kann. Da die Verdichtung von Information als charakteristische Eigenschaft der Datenverarbeitung angesehen wird, so liegt es nahe, den Verdichtungsgrad als Einteilungsprinzip heranzuziehen. Daneben werden auch andere Ordnungskriterien diskutiert: Anzahl der beteiligten Karteien, zeitlicher Ablauf der Arbeiten, organisatorische Konzeption.

Bei der Untersuchung der in den verschiedenen Betriebstypen auftretenden Hauptprobleme stellt sich ein auf den ersten Blick überraschend anmutendes Ergebnis heraus: Innerhalb des gleichen Betriebstyps zeigen sich oft größere Unterschiede im Hinblick auf eine zweckmäßige Vorgehensweise bei der Einführung der mechanisierten Datenverarbeitung als bei Betrieben verschiedenen Typs.

Abschließend werden einige Sonderprobleme der Datenverarbeitung behandelt, insbesondere die Prüfbarkeit der elektronischen Verarbeitung von Information, das Zusammenwirken zwischen Maschine und Mensch und Fragen der Wirtschaftlichkeit der elektronischen Datenverarbeitung.

Summary. The commercial data processing covers a very broad field, beginning with manual accounting and extending over the use of accounting and punched card machines up to the application of electronic high-speed data processing systems. In this paper only problems of mechanized data processing are dealt with, and those also only as far as mechanization takes place by means of punched card machines, electronic computers or data processing systems, thus emphasizing that branch which is commonly termed "electronic data processing".

The author tries to derive a systematic classification of the problems encountered in data processing, thereby relying on the possibility to represent the data flow of an industrial or commercial plant by a control circuit. Since the reduction of information (condensation of data) is believed to be one of the main characteristics of data processing, it appears quite natural to take the density degree as the classification principle. Besides that, also some other criteria of classification are discussed: Number of card-registers (files) involved, time sequence of work procedure, organisational concepts.

The investigation of the main data processing problems which occur within the various types of enterprises leads to a result which, at the first glance, seems to be surprising: Regarding a practical procedure in introducing a mechanized data processing, we sometimes find greater differences within the same type of enterprises rather than within enterprises of different types.

As a conclusion, some special problems of data processing are discussed, in particular, possibilities of testing and checking the electronic processing of data, the man-machine relationship and the economy of electronic data processing.

Résumé. Le traitement des données commerciales englobe un très vaste domaine qui s'étend de la comptabilité manuelle à l'utilisation des calculatrices électroniques à grande vitesse en passant par l'emploi des machines comptables et des machines à cartes perforées. Le présent article ne traite que les problèmes du traitement mécanisé des données, et dans la mesure où la mécanisation s'effectue à l'aide de machines à cartes perforées et de calculatrices électroniques, ce qu'on appelle en principe «le traitement électronique des données».

L'auteur essaie d'établir une classification systématique des problèmes qui se posent dans le traitement des données, en partant de ce que le flux des données d'une entreprise peut être représenté par un circuit de réglage. La concentration de l'information étant considérée comme une propriété caractéristique du traitement des données, on est tenté d'adopter le degré de concentration comme principe de classification. L'auteur étudie en outre d'autres critères de classement : le nombre de séries de cartes employées, la séquence des travaux dans le temps, la conception de l'organisation.

Lors de l'étude des problèmes principaux qui se posent dans les différents types d'entreprises, on constate au premier abord un result surprenant : au sein d'un même type d'entreprise, il existe souvent de plus grandes différences du point de vue de la méthode la plus rationnelle de travail lors de l'introduction du traitement mécanique des données, que dans des entreprises de types différents.

Pour finir, l'auteur étudie quelques problèmes spéciaux du traitement des données, en particulier la possibilité de vérification du traitement électronique de l'information, la coopération entre l'homme et la machine et des questions économiques du traitement des données.

1. Einleitung

Die manuelle Bearbeitung von Daten, die innerhalb eines Betriebes anfallen, ist als Vorstufe der elektronischen Datenverarbeitung anzusehen. Die Anfänge dieser manuellen Datenverarbeitung sind sehr alt. Sie beginnen mit der handgeschriebenen Buchführung, die durch den Eigentümer des Betriebes selbst geschieht, und führen über den Buchhalter in immer weiterer Arbeitsteilung mit dem Wachsen der Betriebe schließlich zu ganzen Sälen von Verwaltungsangestellten. Die Verwaltungsarbeit wächst mit der Größe eines Betriebes. Sie wächst aber nicht linear, sondern wahrscheinlich in Form einer e-Funktion. Dies rührt daher, daß die Vermehrung der Verwaltungsangestellten wieder zusätzliche Arbeiten für diese Verwaltungsangestellten selber bedingt und in einem großen Betrieb immer mehr formale Kontrollen erforderlich werden, die zuvor nicht üblich waren. So wird beispielsweise die Arbeitszeitkontrolle in einem Kleinbetrieb ohne das Erstellen einer geschriebenen Kontrolliste durch den Meister selber durchgeführt. Wächst der Betrieb, so ist hierfür einerseits das Erstellen einer Liste, andererseits das Überwachen und das Anliefern der hierzu notwendigen Daten durch besonderes Personal erforderlich.

Mit dem Anwachsen der Datenverarbeitung wächst naturgemäß die Zeit der Fertigstellung der von der Betriebsleitung verlangten Berichte. Man hilft sich hier durch das Parallelarbeiten mehrerer Sachbearbeiter. Bei entsprechend geschickter Organisation läßt sich auf diese Weise bereits eine hohe Arbeitsgeschwindigkeit sogar für Großbetriebe erreichen. Es entstehen hierbei jedoch zwei grundsätzliche

Schwierigkeiten. Einmal ist das Parallelarbeiten einer großen Anzahl von Menschen nur noch schwierig zu übersehen. Die Arbeiten müssen in einzelnen Stufen immer wieder zusammengefaßt und sodann in der nächsten Stufe wieder aufgetrennt werden. Sind beispielsweise die Bewegungen in einer kleineren Kontengruppe so häufig, daß schließlich ein Sachbearbeiter nur noch einzelne wenige Konten überwachen kann, so lassen sich die notwendigen Daten aus der Buchhaltung nur noch so schwerfällig gewinnen, daß die erstellten Berichte an Aktualität schnell verlieren. Es ist daher erforderlich das Parallelarbeiten auszuschalten. Dies ist aber nur möglich, wenn die an Stelle des Buchhalters eingesetzte Maschine wesentlich schneller arbeitet als ein Mensch. Das zweite grundsätzliche Hindernis für eine beliebige Ausdehnung einer Verwaltung ist der geforderte Lebensstandard, denn die Verwaltungsarbeit trägt im Grunde kaum zur Hebung des Lebensstandards bei.

Die Maschinen zur mechanisierten Datenverarbeitung haben zwei Vorläufer. Der eine ist die bereits von LEIBNIZ erfundene Tischrechenmaschine, deren Zweck es war, die Rechenoperationen, insbesondere Multiplikation und Division, die bei manueller Bearbeitung ziemlich viel Zeit erfordern, zu beschleunigen. Der zweite Vorläufer sind die Lochkartenmaschinen, die von HOLLERITH, POWERS und BULL geschaffen wurden. Diese Maschinen beschleunigen im wesentlichen das Addieren von Zahlen sowie das Ordnen von Informationen (Daten). Eine Kombination beider Maschinen ist die heute meist elektronische Rechenanlage in ihrer analogen Nachbildung der wesentlichen Funktionen eines datenverarbeitenden Sachbearbeiters. (Vgl. hierzu [1] insbes. Kap. 14, S. 81 ff.)

2. Die mechanisierte Datenverarbeitung

2.1 Der Datenfluß eines Betriebes als Regelkreis

Der Geschäftszweck eines jeden Betriebes ist die Produktion irgendwelcher Güter. Dabei kann es sich im normalen Sinne um die tatsächliche Erzeugung von Handelsgütern, aber auch um deren Verteilung, ja sogar um die Erzeugung physisch nicht sichtbarer Güter wie die Erzeugung von Sicherheiten (Versicherungen) u. ä. handeln. Neben diesem *Fluß von Erzeugnissen* innerhalb der einzelnen Geschäftsbetriebe gibt es den sog. *Datenfluß* zur Auslösung, Beobachtung und Steuerung des Flusses der Erzeugnisse.

Beispiel: In einem Produktionsbetrieb werden Maschinen erzeugt. Die einzelnen Maschinenteile werden auf Werkzeugmaschinen gefertigt, gelangen sodann in ein Zwischenlager, werden von dort zur Montage entnommen und schließlich wird das Erzeugnis ausgeliefert. Dies ist aber nur möglich, wenn etwa gemäß einem eingehenden Kundenauftrag die Anweisungen an den Einkauf zur Beschaffung der Rohstoffe, sodann die Arbeitsanweisungen an das Bedienungspersonal der Werkzeugmaschinen und schließlich die Anweisungen an die Montage ergehen. Zum Schluß ist dann an den Kunden die Rechnung auszustellen und deren ordnungsgemäße Bezahlung zu überwachen. (Vgl. hierzu Bild 1.)

Bei einer Handelsfirma sind die Waren gemäß Kundenaufträgen aus dem Lager zu entnehmen und auszuliefern, und das Lager ist laufend aufzufüllen.

In einem Betrieb, in dem keine eigentlichen physischen Güter erzeugt werden, wie bei Versicherungen, Banken oder Behörden, ist ebenfalls ein Datenfluß erforderlich, um die hier entstehenden Güter, wie z. B. die Sicherheit bei einer Versicherung, den Geldbesitz bei einer Bank usw., richtig zu verwalten.

Betrachten wir die gemeinsamen Merkmale des Datenflusses in einem Betrieb,
so sieht man, daß hier zunächst Ereignisse oder Vorgänge auftreten, wie sie z. B.
eine Bestellung, das Ergebnis einer Marktforschung, ein Betriebsplan u. ä. darstellen. Diese Ereignisse werden erfaßt und in eine abstrakte Form gebracht. Bei
manuellen Systemen werden sie etwa auf Fragebogen aufgeschrieben, beim
mechanisierten System in Lochkarten oder Lochstreifen abgelocht. Diese Erfassung
muß insbesondere beim mechanisierten System genau geprüft werden, da an
diesem Punkt der Mensch mit dem System in enger Berührung steht und leicht
Fehler auftreten können. Das so erfaßte Ereignis wird aufbereitet zu einer Meßgröße, d. h. etwa: die Angaben über Bestellungen werden sortiert, verdichtet und

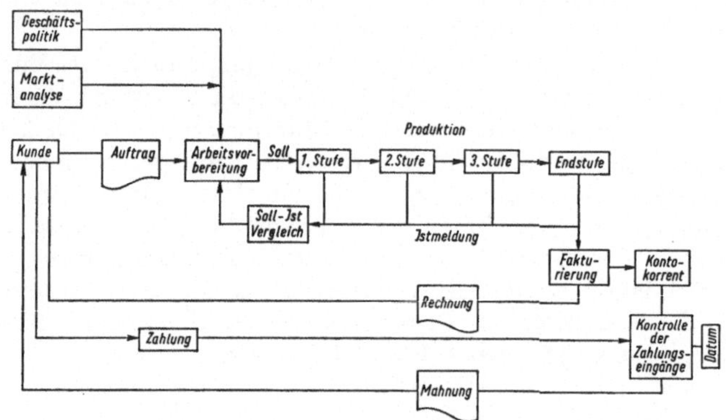

Bild 1.   Beispiel eines Datenverarbeitungssystems als Regelkreis
Stellinformation liefert z. B. der Soll-Ist-Vergleich
Ein innerer Regelkreis umfaßt nur das Werk, während ein äußerer den Kunden mit umfaßt

allenfalls umgerechnet. Aus dieser Meßgröße wird die für den Betrieb notwendige
Stellgröße ermittelt, die dann z. B. in Anweisungen an die Arbeiter besteht. Die
Stellgröße wird zur direkten Steuerung des Betriebes benutzt. Ihre Ausführung
wird wiederum überwacht, Abweichungen von den gegebenen Anweisungen
werden registriert und wiederum zu Meßgrößen aufbereitet, zu Stellgrößen um-
geformt und dienen zur weiteren Steuerung des Betriebes. Die gewonnenen
Beobachtungsergebnisse des Betriebsablaufs werden natürlich nicht nur zur
Steuerung des Betriebes, sondern auch zur Erstellung von Information benutzt,
die nach außen hin abgegeben wird, wie dies z. B. in der Lohnabrechnung bzw. in
den Kundenrechnungen geschieht. Bezieht man den Kunden mit in das System ein,
so bildet die letztere Information freilich wiederum eine Stellgröße, die beim
Kunden ein Ereignis, nämlich die Bezahlung, auslöst und die innerhalb des
Betriebes überwacht wird. Wir sehen, daß der Datenfluß eines Betriebes analog
der Arbeitsweise eines Regelmechanismus arbeitet, wie er aus der Technik bekannt
ist. Oftmals greifen hierbei sogar eine Reihe von Regelkreisen ineinander, wie z. B.
der Regelkreis des Betriebes selbst und der Regelkreis, der den Kunden mit umfaßt. Ferner wirken innerhalb des Betriebes kurzfristige und langfristige
Regelungsvorgänge ineinander. (Vgl. hierzu [2] insbes. Kap. 8, S. 148 ff., [3]
insbes. Kap. 2, S. 37 ff., sowie [4, 5].)

Man sieht, daß jeder dieser Regelkreise seine Information aus möglicherweise
vielen Quellen bezieht, sie dann aber verdichtet, verarbeitet und als Stellgröße

wiederum an viele Stellen aussendet. Dieser Knotenpunkt des Datenflusses ist im manuellen System die Verwaltung, im elektronischen System die elektronische Rechenanlage. Sie bildet gleichsam den Motor des gesamten Datenflusses. Das genannte Analogon des Datenflusses als das eines Regelkreises legt eine Systematik der hierbei auftretenden Probleme nahe.

2.2 Der Gang der mechanisierten Datenverarbeitung

Bevor wir uns mit der Systematik der Probleme und der Arbeitsweise der Datenverarbeitung befassen, seien zunächst die Probleme dargestellt, die beim normalen Ablauf einer Datenverarbeitung in deren einzelnen Stufen auftreten.

2.21 Organisatorische Vorbereitung — Objektivierbarkeit der Information. Die in das Datenverarbeitungssystem hineingelangende Information muß, wie oben angegeben, eine Form haben, die es gestattet, sie objektiv und sicher wiederzuerkennen. Der Informationsfluß in die Datenverarbeitung hinein muß ferner gewissen zeitlichen Bedingungen genügen. Dies sind die beiden Hauptpunkte, die vor Beginn der eigentlichen Datenverarbeitung berücksichtigt werden müssen. Die Objektivierbarkeit der Information, die im allgemeinen in Form sog. Belege zur elektronischen Datenverarbeitung gelangt, verlangt wiederum dreierlei: Einmal muß die Information für die mechanische Ablochung eingerichtet sein. Sie muß so vollständig sein, daß sich aus ihr alle verlangten Ergebnisse gewinnen lassen. Schließlich muß die Richtigkeit der Information gewährleistet sein.

Die eintreffende Information liegt heute noch in den weitaus meisten Fällen in handgeschriebener Form vor. Da die Handschrift in hohem Grade subjektiv ist, muß die Information in objektive Merkmale für eine Maschine übersetzt werden. Diese objektiven Merkmale sind entweder Lochungen in einer Lochkarte, in einem Lochstreifen oder bestimmte, objektiv wiedererkennbare Zeichen (etwa auf einer Zeichenlochkarte). Die Umsetzung vom Beleg direkt in Magnetband, die vor einigen Jahren bei bestimmten Systemen üblich war [6], hat sich nicht durchgesetzt. Interessant werden dürfte jedoch die Umsetzung auf die neuerdings auftauchenden sog. Magnetkarten [7].

Das Hauptproblem bei der Objektivierung von Information ist die Vermeidung von Fehlern, deren es verschiedene gibt. Zunächst kann der Beleg falsch ausgefüllt sein. Sodann können Lesefehler auftreten, es können trotz richtiger Ablesung Lochfehler geschehen. Zur Vermeidung dieser Fehler muß vorgeschrieben werden, daß der Beleg deutlich ausgefüllt wird, daß diese Ausfüllung möglichst in angegebenen Feldern geschieht. Die Einteilung solcher Felder ist besonders beim Ablochen in Lochkarten wichtig, da die Lochkarte ein Datenträger mit fester Feldlänge ist, im Gegensatz zum Lochstreifen, der in seiner Länge groß ist gegenüber der einzelnen Information und der daher und wegen der Art seiner Ablesung als ein Datenträger mit variabler Feldlänge bezeichnet werden kann [8]. Unter einem Informationsfeld versteht man dabei eine Einzelangabe, etwa eine Schlüsselnummer, eine einzelne Meßzahl oder ähnliches. Die Ausfüllung der Belege ist im wesentlichen ein menschliches Problem [9].

Die Ablochung von Daten ist eine Massenarbeit. In jeder derartigen Arbeit werden eine Reihe von Fehlern auftreten. Die Arbeit muß daher überprüft werden. Dies geschieht im allgemeinen mit Prüflochern bzw. bei Lochstreifenablochung durch zweimalige Ablochung. Weitere Kontrollmöglichkeiten sind das Ausdrucken der abgelochten Information über eine Tabelliermaschine oder ein Spezialdruckgerät

bzw. das Abstimmen von Summen. Grundsätzlich kann man eine einmal abge-
lochte Information beliebig oft prüfen und daher eine gegen unendlich gehende
Sicherheit erreichen. Solche Kontrollen sind jedoch kostspielig. Man wird daher
möglichst die abgelochten Daten nur soweit kontrollieren, daß eine hinreichend
richtige Berichterstattung der betrachteten Vorgänge gewährleistet wird.

In diesem Zusammenhang ist zu unterscheiden zwischen signifikanter und weniger
signifikanter Information, d. h. zwischen Information, deren Richtigkeit den
Ablauf des ganzen Systems bestimmt, und Information, bei der Fehler nicht
wesentliche Schäden hervorrufen. Signifikante Information ist im allgemeinen
jede Schlüsselzahl. Als Beispiel ist hierfür zu nennen, daß z. B. bei einer Bestellung
von 100 kg einer bestimmten Ware es zunächst einmal wichtig ist, daß die richtige
Ware auch wirklich ausgeliefert wird, d. h. die Richtigkeit der Warennummer ist
in jedem Falle von erheblicher Bedeutung. Hier darf kein Fehler vorliegen. Die

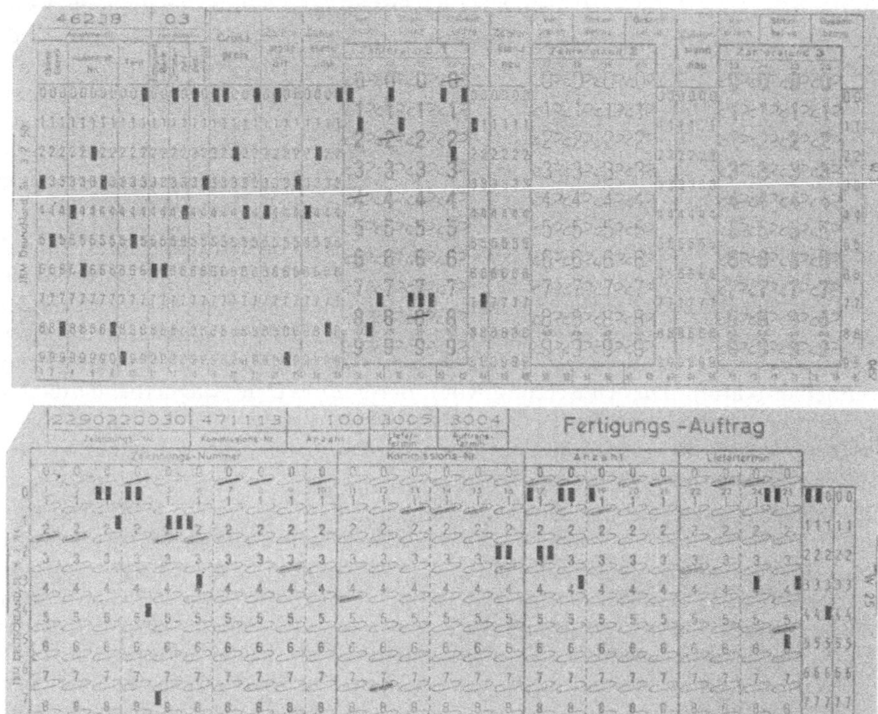

Bild 2.   Ausführungsbeispiele von Zeichenlochkarten

Menge kann dagegen Fehler aufweisen, und es wird im allgemeinen kein großer
Schaden auftreten, sofern diese Fehler einen bestimmten Betrag nicht über-
schreiten. Freilich sind auch hierbei Fehler wie etwa das Hinzusetzen einer weiteren
Null zur Menge möglich, die erhebliche Störungen des Systems hervorrufen.
Zur Sicherung gegen derartige Fehler sind eine Reihe von Methoden entwickelt
worden. Die Aufstellung sicherer Schlüsselzahlsysteme ist im Abschnitt 3.2 beim

Begriff der Informationskartei näher beschrieben. Die Richtigkeit der Meßzahlen kann bei einer Rechenanlage im allgemeinen durch eine Größenkontrolle, die unwahrscheinliche Werte entdeckt, geschehen. Fehler, die bei diesen Kontrollen nicht bemerkt werden, können jedoch schwer gefunden werden. Man wird daher bemüht sein, derartige Meßzahlen neuerdings automatisch, etwa durch selbstlochende Meßgeräte anfallen zu lassen. Derartige Geräte bergen zwar ebenfalls Fehlermöglichkeiten in sich, die Fehlerquote ist hier jedoch wesentlich geringer als beim manuellen Umsetzen der Daten. Eine Zwischenstufe zwischen dem manuellen Umsetzen von Daten und der automatischen Gewinnung objektiver Information sind die sog. Zeichen- oder Strichlochverfahren. Hierbei werden etwa bei einer Lochkarte an bestimmten Stellen mit einem entweder magnetisch oder elektrisch leitenden Medium Zeichen angebracht, die von einer Maschine gelesen und in objektive Information umgesetzt werden können (vgl. Bild 2). Man umgeht hierbei das Ablochen und damit einen manuellen Gang. Es bleibt die Fehlermöglichkeit beim Eintragen der Zeichen selbst. Außerdem stellen diese Verfahren an den Menschen, der den Beleg ausstellt, wesentlich höhere Anforderungen als das normale Schreiben. Sie bieten daher zusätzliche Fehlermöglichkeiten. (Vgl. hierzu [3] insbes. Kap. 7, S. 189 ff., sowie [10, 11].)

2.22 Der zeitliche Anfall der Information. Bei den meisten Datenverarbeitungssystemen findet eine periodische Verarbeitung der Einzelinformationsarten statt. Es ist daher erforderlich, daß die Information bei Beginn einer derartigen Verarbeitung vollständig vorhanden ist. Aus diesem Grunde muß bei der organisatorischen Vorbereitung dafür gesorgt werden, daß die Information zu bestimmten Zeitpunkten wirklich vollständig eingetroffen ist, bzw. es müssen bei kontinuierlich anfallenden Daten feste Zeitabschnitte gelegt werden. Dem zeitlich exakten Anfall von Information stehen sowohl menschliche Gründe, z. B. das Zurückhalten von Akkordlohnbelegen durch die Arbeiter, wie auch sachliche Gründe entgegen, wie sie z. B. bei der verspäteten Anlieferung von Rechnungen bestehen. Es ist schwierig, allgemeine Richtlinien für eine gute Einhaltung des aufzustellenden Terminplans zu geben. Das vielleicht wirksamste Mittel ist die automatische Blockierung der weiteren Arbeit bei nicht rechtzeitiger Ablieferung von Information, die darin besteht, daß man den einzelnen Abteilungen erst dann Informationen für weitere Tätigkeit gibt, wenn sie zuvor die Information an die Datenverarbeitung geliefert haben. Dies ist jedoch nicht in allen Fällen möglich. Es gibt an vielen Stellen unabhängige Informationserzeuger, und man muß im Einzelfall untersuchen, wie diese zur rechtzeitigen Ablieferung der Information gebracht werden können. Auch dies ist im wesentlichen eine psychologische Frage. Zur Sicherung gegen unvollständige Ablieferung von Information müssen Kontrollen wie z. B. die fortlaufende Numerierung der Belege eingeführt werden. Vor Beginn der eigentlichen Datenverarbeitung hat man damit die Möglichkeit, das Fehlen von Belegen festzustellen. (Vgl. hierzu [12].)

2.23 Vollständigkeit der Information. Die zur Verarbeitung kommende Information muß so vollständig sein, daß sie wirklich alle gewünschten Ergebnisse zu erbringen gestattet, d. h. die Belege müssen vorsehen, daß sämtliche Meßgrößen, die ein Ergebnis bestimmen, wirklich angegeben werden. Auf die Theorie der Vollständigkeit der Information sei hier nicht näher eingegangen. Es ist dies ein Problem der allgemeinen Informationstheorie. Hier sei lediglich darauf hingewiesen, daß dafür Sorge zu tragen ist, daß die Belege auch wirklich vollständig

ausgefüllt werden, d. h. daß die gesamte zur Ablieferung geplante Information
je Beleg wirklich ausgeliefert wird.

Die organisatorischen Vorbereitungen der mechanisierten Datenverarbeitung umfassen im wesentlichen die oben angegebenen Gebiete. Der hier anfallende
Arbeitsaufwand ist erheblich, wird aber im wesentlichen durch psychologische
Probleme bestimmt. Die manuelle Datenverarbeitung bedingt durch den relativ
langsamen Ablauf einzelner Vorgänge eine sehr starke Arbeitsteilung, wobei vielfach in verschiedenen Abteilungen die gleiche Information zur Erstellung verschiedener Berichte benutzt wird. Eine elektronische Datenverarbeitung kann die
Zusammenlegung bzw. die Auflösung von Abteilungen zur Folge haben, und es
liegt auf der Hand, daß hierbei erhebliche Widerstände innerhalb der einzelnen
Betriebe zu überwinden sind. Eben aus diesem Grunde erscheinen auch die meisten
Empfehlungen für die Einrichtung einer elektronischen Datenverarbeitung recht
theoretisch. *In der Praxis genügt im allgemeinen eine genaue Kenntnis der
Leistungsfähigkeit elektronischer Rechenanlagen sowie eine systematische Denk-
weise in organisatorischen Fragen, um ein hinreichend gutes System für die elektronische Datenverarbeitung zu schaffen.* Die wichtigste Eigenschaft des Organi-
sators ist daneben naturgemäß Geschicklichkeit bei der Überwindung von
Schwierigkeiten, die ihm von den beteiligten Personen in den Weg gelegt werden.
Sieht man von diesen Schwierigkeiten ab, so genügt an sich eine Betrachtung vom
Ergebnis her, aus der heraus man die nötigen Eingangsgrößen analysiert. Man
hat sich dann zu bemühen, diese möglichst sofort automatisch zu erfassen, zu verarbeiten und das gewünschte Ergebnis zu erstellen. Zur direkten Datenerfassung
ist ein heute noch vielfach berechtigter Einwand zu beachten, nämlich der hohe
Preis der Erfassungsgeräte, besonders bei dezentralem Auftreten der zu erfassen-
den Meßgrößen. (Vgl. hierzu [1] insbes. Kap. 13, sowie [13].)

2.3 Bereitstellung der Daten

Ein weiterer Arbeitsgang der mechanisierten Datenverarbeitung ist nach
der eigentlichen Erfassung der Daten ihre Bereitstellung für die Verarbeitung in den Lochkartenmaschinen bzw. Rechenanlagen. Vielfach wird
man vor Eingabe in die verarbeitende Maschine noch Kontrollen über die Richtigkeit der abgelochten Information ausführen. Hierfür gibt es eine Reihe von
Spezialgeräten. Sodann ist es zweckmäßig, die Daten in eine für die Verarbeitung
geeignete Reihenfolge zu sortieren. Dies kann nur bei Simultanverarbeitung vermieden werden. Bei Lochkartensystemen sind die Daten möglicherweise noch mit
anderen Daten zusammenzumischen. Es sind Dopplergänge zwischenzuschalten
und einiges andere mehr. Dies fällt freilich bei einer stärker automatisierten Verarbeitung, etwa mit den Magnetbändern, weg. Bei Verwendung von Magnetbändern wird im übrigen das Problem des Datenträgers akut, da hier die Lochkarten möglicherweise nur einmal zur Eingabe der Daten verwendet werden.
Dann fällt aber der Preis einer Lochkarte sehr ins Gewicht. Die Eingabe von
maximal 80 Symbolen verlangt einen Kostenaufwand von 0,5 bis 0,8 Pfennig.
Der Datenträger Lochstreifen (hierzu zählt z. B. auch die in Bild 3 dargestellte
Lochstreifenkarte) kostet für die gleiche Menge Information nur 0,1 Pfennig.
Noch billiger dürfte die Verwendung von Magnetkarten sein, die zwar im ein-
zelnen Exemplar teurer als die Lochkarte sind, jedoch eine wesentlich dichtere
Speicherung von Daten und eine mehrfache Verwendbarkeit gestatten [14]. Die
Schwierigkeiten, die sich bei der Übertragung von Daten direkt auf Magnetband

ergaben, werden bei der Magnetkarte vermutlich nicht auftauchen, so daß dieser Datenträger sich in Zukunft immer mehr durchsetzen sollte. Voraussetzung ist freilich, daß entsprechende Verarbeitungsgeräte vorhanden sind. Dies ist z. Z. nur bei einer Firma der Fall.

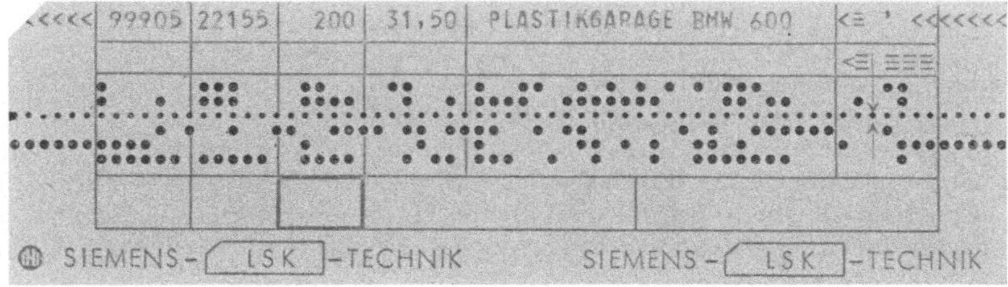

Bild 3. Lochstreifenkarte

Bei der Bereitstellung von Daten wird man im allgemeinen bereits eine gewisse Vorbereitung der Verarbeitung vornehmen. Diese kann einerseits wieder in Kontrollen bestehen, andererseits kann man auch hier schon entweder zur Archivierung oder zur Kontrolle Druckgänge erledigen. Die Bereitstellung der Daten endet damit, daß die Daten in eine geordnete sog. Arbeitskartei aufgenommen werden. Das Wort „Kartei" wird im folgenden stets in einer ganz spezifischen Bedeutung, die dem englischen Wort „file" entspricht, verwendet. Es bedeutet ein Kollektiv von einzelnen Informationssätzen. Eine Kartei kann geordnet oder ungeordnet vorliegen. Die gesamte Datenverarbeitung stellt im wesentlichen das Gegeneinanderverarbeiten von Karteien dar, wie dies im Abschnitt 3 dargestellt wird.

2.4 Die eigentliche Datenverarbeitung

Sind die Daten bereitgestellt, so folgt die Verarbeitung in verschiedenster Weise auf einer Tabelliermaschine, einem Rechenlocher oder einer elektronischen Rechenanlage. Die Verarbeitung wirft die verschiedenartigsten Probleme auf. Es soll hier nicht eingegangen werden auf die Probleme der Programmierung[1]). Die Programmierung elektronischer Rechenanlagen ist beim Einsatz für die kommerzielle Datenverarbeitung oftmals noch schwieriger als bei technischen Problemen. Sie stellt auch einen nicht unwesentlichen Kostenfaktor dar. Ferner ergeben sich erhebliche Probleme von der technischen Seite der Maschinen. Besonders zu Beginn des Einsatzes elektronischer Rechenanlagen war die Kapazität der Maschinen bei weitem nicht ausreichend für die den Maschinen meist ziemlich überraschend gestellten Probleme [15]. Die Sicherheit der Rechengeräte ist in der letzten Zeit sehr viel besser geworden. Die Kapazität der Rechengeräte, insbesondere der Speicher, läßt aber immer noch weitgehend zu wünschen übrig, besonders bei einer einigermaßen guten Integration der Arbeit. Mit einer gewissen Besorgnis muß festgestellt werden, daß in letzter Zeit eine Reihe von Herstellern von der bisherigen Entwicklungstendenz der mittleren Rechenanlagen abgehen, zugunsten eines niedrigen Preises die Leistung der Anlagen einschränken und vor allem die

---

[1]) Vgl. hierzu den Beitrag "The Present Status, Achievement and Trends of Programming for Commercial Data Processing", von R. W. BEMER, in diesem Buch S. 312—349.

zentralen Einheiten in ihrer Konzeption sehr stark beschneiden. Hierbei werden vielfach die bisherigen Erfahrungen in der elektronischen Datenverarbeitung nicht ausgewertet. Als derartige Erfahrungen seien zu nennen: die rein interne Programmierung der Ein- und Ausgabe, die Vorrangverarbeitung (vgl. hierzu [16] insbes. Kap. 6, S. 24 ff.), die Pufferung der peripheren Geräte sowie möglichst halbanalytische Programmierungssysteme. Das Abgehen von den hier als günstig erkannten Prinzipien ist sicherlich nicht der richtige Weg für eine zukünftige Entwicklung. Vielmehr sollte man sich bemühen, durch Rationalisierung der Herstellung von Rechenanlagen und durch wesentlich schärfere Durchbildung des Baukastenprinzips zu einer Verbilligung zu kommen. Wie in einzelnen Veröffentlichungen beschrieben, ist eine derartige Verbilligung durchaus notwendig [17]. Gegenwärtig jedenfalls besteht eine erhebliche Unterversorgung der deutschen Industrie in bezug auf Lochkartenmaschinen und elektronische Rechenanlagen.

Ein weiteres Problem beim Einsatz von elektronischen Rechenanlagen ist das des Bedienungspersonals. Der Betrieb einer Rechenanlage erfordert meist eine von vornherein nicht zeitlich festzulegende Dienstzeit. Außerdem kann nur besonders qualifiziertes Personal eingesetzt werden. Dies führt zur Zeit zu immer höheren Lohnforderungen der Programmierer und des Bedienungspersonals für Rechenanlagen. Aus diesem Grunde wird es notwendig sein, seitens der Wirtschafts- und sozialwissenschaftlichen Fakultäten der Hochschulen geschulte Spezialkräfte heranzubilden, wie dies bereits auf dem mathematisch-technischen Sektor in den entsprechenden Fakultäten geschieht. Ferner müßte man eine mittlere Ausbildungslaufbahn für den Fachmann zur Programmierung und Bedienung elektronischer Rechenanlagen schaffen.

2.5 Auswertung der Ergebnisse der Datenverarbeitung

Das Produkt einer mechanisierten Datenverarbeitung ist vielfach eine große Anzahl geschriebener Zahlen und alphabetischer Angaben. Es wird laufend über die sog. Papierfriedhöfe der Berichte geschrieben. Hierbei ist vielleicht zweierlei zu beachten. Einmal wird heute oft noch der geschriebene Bericht zur Archivierung und als Dokument aufbewahrt. Man kann hier dazu übergehen, die Daten auf Magnetbändern festzuhalten und sie dort über die gesetzlich vorgeschriebene Zeit zu verwahren. Dies setzt freilich eine entsprechende Organisation voraus, die es gestattet, in hinreichend kurzer Zeit an die jeweils benötigten Angaben heranzukommen. Ein Problem, das sich aber programmierungstechnisch durchaus lösen läßt.

Natürlich ist es ungeheuer wichtig, das Erstellen unnötiger Berichte zu vermeiden und bei periodisch erstellten Berichten in möglichst kurzen Zeiträumen jeweils nachzuprüfen, ob diese Berichte noch benötigt werden. Ferner sollte man die Berichte möglichst in ihrem Volumen zusammendrängen. Es liegt auf der Hand, daß sehr lange Berichte kaum noch gelesen werden. Es sollte daher eine wesentlich stärkere Verdichtung bei der Erstellung von Berichten vorgenommen werden. Hier ist wahrscheinlich bei sehr vielen Betrieben noch eine umfangreiche Erziehungsarbeit sowohl der Stellen, die die Berichte empfangen, wie auch der Verarbeitungsabteilung vorzunehmen. Man sollte sich vielleicht in vielen Fällen „angewöhnen", daß einige wenige mit Hilfe von Methoden der mathematischen Statistik gewonnene Kennzahlen durchaus zur Beurteilung des jeweiligen Problems, also etwa der Beschäftigungslage eines Betriebes, der Auftragslage u. ä. genügen. Das Schreiben sehr umfangreicher Berichte läßt sich lediglich dort nicht vermeiden, wo diese Berichte nach außen gehen, etwa bei der Lohnabrechnung, bei der Rechnungsschreibung usw.

Sofern dies möglich ist, sollte man auch Datenträger wie Lochkarte oder Lochstreifen als Ergebnis der Datenverarbeitung gewinnen, z. B. bei der Arbeitsvorbereitung in Form von Verbundkarten. Bei stärkerer Automatisierung ist es auch durchaus denkbar, daß man Lochstreifen zum Steuern des Betriebsablaufes, etwa bei lochstreifengesteuerten Werkzeugmaschinen, direkt verwendet [18]. Handelt es sich um Arbeiten, deren Ergebnis die Veränderung großer Karteien ist, so ist es vielfach zweckmäßig, diese nicht direkt in Klartext auszugeben, sondern — insbesondere, wenn die Information von einer Reihe von Stellen verlangt wird und die Kartei häufigen Veränderungen unterliegt — diese in einem Großspeicher festzuhalten und den benutzten Stellen die Möglichkeit einer direkten Abfrage über ein Rechengerät zu erlauben. Dies setzt freilich eine nicht allzu dezentrale Organisation der Benutzer der Kartei voraus und bietet im übrigen auch ein maschinentechnisches Problem bezüglich der durch Abfragen für die Rechenanlage blockierten Zeit. (Vgl. hierzu [19, 20].)

3. Systematik der Probleme

Die Aufgabe der elektronischen oder allgemeiner der mechanisierten Datenverarbeitung ist die Erzeugung charakteristischer Stellgrößen innerhalb der vorliegenden Datenflußkreise. Man kann als ein Hauptprinzip der Datenverarbeitung ansehen, daß sie aus großen Mengen von Informationen durch Verdichtung charakteristische Größen gewinnt, die leicht zu übersehen sind. Freilich gibt es auch den umgekehrten Fall, daß aus einem Informationssatz mehrere neue entstehen. Doch sieht man, wenn man diese Fälle verfolgt, daß auch hier anschließend im allgemeinen wieder Verdichtungsarbeiten folgen. Diese charakteristische Eigenschaft der Datenverarbeitung, die Verdichtung bzw. Dispersion von Informationen, kann man als ein *Einteilungsprinzip der Probleme der Datenverarbeitung* verwenden. Es ist eine weitere charakteristische Eigenschaft der Datenverarbeitung, daß man es stets mit der Bearbeitung von Kollektiven von Informationssätzen, also sog. Karteien zu tun hat; und die hier vorliegenden Probleme unterscheiden sich sehr danach, wieviele Karteien bei der Verarbeitung benutzt werden und welcher Art sie sind, d. h. wie schnell sie sich verändern. Hier liegt eine zweite Möglichkeit einer Systematik der Probleme der elektronischen Datenverarbeitung. Es mag durchaus sein, daß sich weitere Einteilungsprinzipien finden lassen; die beiden genannten scheinen uns jedoch hier ausreichend.

3.1 Systematik nach dem Verdichtungsgrad

Betrachtet man als Beispiel die Kostenrechnung eines Industriebetriebes, so besteht diese — sofern es sich um reine Istkostenrechnung handelt — im wesentlichen darin, daß sämtliche aus den verschiedenen Quellen anfallenden Kosten nach dem durch die sog. Kostenstellen gegebenen Ordnungsprinzip gesammelt werden, d. h. man summiert zunächst für jede Kostenart die auf einer bestimmten Kostenstelle angefallenen Kosten, sodann werden die gesamten Kostenarten aufsummiert, und man erhält schließlich die Kosten je Kostenstelle. Aus einer sehr großen Anzahl von Informationssätzen erhält man hier in mehreren Stufen immer weniger Informationen, die aber für die Beschreibung des Betriebsgeschehens charakteristischer sind als die einzelnen Informationssätze.

Verfolgt man die Kostenrechnung etwa weiter zur Erfolgsrechnung, so ist es durchaus möglich, daß hier wiederum eine Aufteilung auf die Erzeugnisse erfolgt, wobei als Ergebnis dieser Arbeit mehr Zahlen entstehen, als vorher vorhanden waren, da es durchaus möglich ist, daß eine Kostenstelle mehrere Erzeugnisse produziert. Auch hier ist es charakteristisch, daß der Verdichtungsgrad der Informationen verändert wird. Genau genommen sei unter dem Verdichtungsgrad der Quotient aus der Anzahl der eingegebenen Informationssätze zur Anzahl der Ergebnissätze verstanden. Hierbei eine eindeutige Zahl angeben zu können, macht es notwendig festzulegen, zwischen welchen der bei der betreffenden Datenverarbeitung benutzten Karteien der Verdichtungsgrad gebildet wird. Als Beispiel sei wiederum die Fabrikateerfolgsrechnung eines Industriebetriebes gewählt.

Hier werden bei der Eingabe das Mengengerüst und die Kostenstellensummen eingegeben, und als Ergebnis erscheint eine Kartei, die je Erzeugnis einen Informationssatz enthält. Betrachtet man den Verdichtungsgrad zwischen der Kartei des Mengengerüstes und der Ausgabe, so ist dieser mindestens gleich eins; betrachtet man hingegen den Verdichtungsgrad zwischen der Kartei der Kostenstellen und dem Ergebnis, so ist durchaus ein Verdichtungsgrad kleiner als eins möglich.

Gemäß dem Verdichtungsgrad können die Probleme eingeteilt werden in aufgliedernde Arbeiten mit einem Verdichtungsgrad kleiner als eins, in reproduzierende Arbeiten mit einem Verdichtungsgrad gleich eins und in verdichtende Arbeiten mit einem Verdichtungsgrad größer als eins. Letztere spaltet man zweckmäßig noch auf in normale Verdichtungsarbeiten, in Kontrollarbeiten und in die sog. Modellerzeugung, die meist den höchsten Verdichtungsgrad hat und sofort eine weitere Auswertung der Ergebnisse durch ein mathematisches Modell nach sich zieht.

3.11 Aufspaltende Arbeiten. Bei diesen Arbeiten entstehen allgemein aus einem Informationssatz der Eingabeseite mehrere Informationssätze als Ergebnis. Derartige Fälle treten neben dem oben als Beispiel erwähnten auch in der Arbeitsvorbereitung auf, wenn aus der Bestellung eines bestimmten Produktes eine große Anzahl von Arbeitsanweisungen für die Herstellung der einzelnen Teile erzeugt wird. Allgemein treten solche Probleme dann auf, wenn eine Information die Tätigkeit einer größeren Anzahl von Stellen in einem Betrieb verlangt. Bei integrierter Datenverarbeitung sind derartige aufspaltende Arbeiten dadurch häufig, daß man die vorgegebene Information in einem Arbeitsgang benutzt, um alle notwendigen Folgearbeiten parallel auszulösen. Beispielsweise kann bei einem Handelsbetrieb durch die Bestellung sowohl die Anweisung an das Lager wie auch die Rechnungsschreibung, die Erstellung der Versandunterlagen und schließlich sogar die Nachbestellung ausgelöst werden. Jedoch sind diese Arbeiten für die Gruppe der aufspaltenden Arbeiten nicht unbedingt charakteristisch, da es sich hier um die Ausgabe mehrerer Ergebniskarteien gleichzeitig handelt. Wichtig sind hier die Arbeiten, die die Erzeugung einer einheitlichen Ergebniskartei zur Folge haben, deren Umfang größer ist als der der Eingabekartei. Es entsteht hierbei sofort das Problem: Wie zerlegt man einen Informationssatz in verschiedene Sätze? Hierzu ist zweifellos ein Verteilungsschlüssel erforderlich, so daß man sagen kann, daß neben der einen Eingabekartei, die die eigentliche Verarbeitung bestimmt, eine Kartei mit Verteilungsschlüsseln vorhanden sein muß, deren Umfang mindestens den Umfang der Ausgabekartei hat. Verarbeitungsmäßig besteht das Problem, ob die betreffende Kartei wirklich in Klartext ausgegeben, d. h. geschrieben werden soll, oder ob es genügt, dieselbe einzuspeichern und für weitere Arbeiten zu benutzen. Vielfach schließt sich bei den erwähnten Arbeiten nämlich ein Verdichtungsgang an. Schwierigkeiten treten bei aufspaltenden Arbeiten auf, wenn die Ergebniskartei erheblichen Umfang annimmt, was oftmals der Fall ist (z. B. ist bei Apparaten, die aus sehr vielen Einzelteilen zusammengesetzt werden, die Arbeitsvorbereitung mit der Kartei der Einzelteile belastet). Hierbei wird es sich vielfach empfehlen, die Ergebnisse wiederum in maschinenlesbarer Form für den nachfolgenden Verdichtungsgang zu erstellen. Es wird dabei oftmals schwierig sein, die Verwendung von Magnetbändern zu umgehen. Sofern eine Ausgabe in Klartext erforderlich ist, steigt das Druckvolumen sehr stark. Dieses Problem scheint jedoch jetzt durch die Entwicklung der leistungsfähigen xerographischen Drucker gelöst zu sein. Eine weitere Schwierigkeit ist das Zusammenbringen des Verteilungsschlüssels mit der jeweiligen Information. Denkt man z. B. wieder an die Arbeitsvorbereitung in einem Montagebetrieb, so wird es erforderlich sein, die Fertigprodukte nach Artikelnummern zu sortieren und die Stücklisten in gleicher Sortierung einzugeben. Eine unsortierte Eingabe dürfte selbst bei den heutigen Großspeichern im allgemeinen noch auf Schwierigkeiten stoßen. (Vgl. hierzu [3] insbes. Kap. 6, sowie [21].)

3.12 Reproduzierende Arbeiten. Bei diesen Arbeiten handelt es sich oftmals um externe Arbeiten, d. h. um Arbeiten, deren Ergebnis aus dem Betrieb bzw. aus dem betrachteten Regelsystem des Datenflusses herausgeht, z. B. Lohn- und Gehaltsabrechnung, Rechnungsschreibung u. ä. Ferner gehören hierhin eine große Anzahl von Buchungsarbeiten, deren Ergebnis archiviert werden muß. Das gleiche gilt für eine Reihe von Bestandsführungen, und zwar sowohl für Lagerbestände wie für die Führung von Policen oder Kostenbeständen. Derartige Arbeiten stellen einen nicht unerheblichen Teil der Belastung der Datenverarbeitungsabteilung dar. Zu alledem treten sie oftmals periodisch auf (z. B. die Lohnabrechnung) und führen daher zu Spitzenbelastungen. Diese Spitzenbelastungen, die meist kurz nach dem Monatsende auftreten, sind der Schrecken eines jeden Lochkartenfachmanns. Sie bedingen einmal eine hohe Personalanspannung in den ersten Monatstagen und erzwingen außerdem eine Auslegung des Maschinenparkes, die meist doppelt so hoch ist, als sie durch den auf den Monat umgelegten Bedarf erzwungen würde. Der Einsatz elektronischer Rechenanlagen ist vielfach ein Mittel, diese Spitzenbelastungen zu mildern. Das periodische Auftreten von Datenverarbeitungsaufgaben ist letztlich durch die Eigenschaften der physikalischen Welt gegeben und kann daher nicht beseitigt werden.

Es gibt freilich eine Reihe von nicht sehr sinnvollen Periodensetzungen sowie eine Reihe von unnötigen Schwierigkeiten innerhalb sinnvoller Periodenarbeiten. Hierzu gehören z. B. die Schwierigkeiten, die durch die Nichtübereinstimmung des Monats mit einem Vielfachen der Woche bestehen. Dies bedingt beispielsweise eine dauernde Verschiebung des Lohnabrechnungstermins innerhalb der Wochentage. Ferner ist bei einer großen Anzahl von Betrieben nicht einzusehen, warum der Abschlußtermin der internen Kostenrechnung unbedingt mit dem der Lohnabrechnung übereinstimmen muß, insbesondere, da man festgestellt hat, daß die Lohnkosten sehr weitgehend zeitproportional sind. Es sollte in jedem Betrieb untersucht werden, welche Termine wirklich mit den etwa durch gesetzliche Vorschriften auftretenden Perioden zusammenfallen müssen. Ein Teil der Spitzenbelastung liegt auch in der Natur der Lochkartenmaschinen, da es hier infolge

der vielen hintereinanderfolgenden Arbeitsgänge im allgemeinen notwendig ist,
das Eintreffen des letzten Eingangswertes abzuwarten, bis die Verarbeitung ein-
setzt. Gerade hierdurch treten naturgemäß Maschinenengpässe auf. Bei der zusammenfassenden Arbeitsweise der elektronischen Rechenanlagen dürfte es in
viel mehr Fällen möglich sein, eine gewisse kontinuierliche Arbeitsweise zu
betreiben, d. h. eine Arbeit etwa täglich bis zu einem sehr weiten Vorbereitungs-
stand zu bringen und dann am Ende der Periode nur noch kurze Restarbeiten
auszuführen. Diese integrierende Arbeitsweise ist im übrigen viel mehr als die
höhere Geschwindigkeit der Rechenanlagen ein Mittel zur Milderung der Spitzenbelastung der Lochkartenabteilungen. (Vgl. hierzu [22 bis 24].)

3.13 Verdichtende Arbeiten. Bei Verdichtungsarbeiten ist die Menge der Aus-
gabedaten im allgemeinen erheblich geringer als die der Eingabewerte. Verdichtungsarbeiten sind typische Lochkartentabellierarbeiten. Für sich allein betrachtet,
bringen Rechenanlagen hier im allgemeinen nicht sehr viel Neues, eventuell
gestatten sie die unsortierte Eingabe des Ausgangsmaterials. Typische Arbeiten
dieser Klasse sind die Kostenrechnung mit Aufstellung eines Betriebsabrechnungsbogens sowie die Fabrikateerfolgsrechnung in der Industrie, ferner die große
Menge der statistischen Arbeiten, wie sie z. B. auch von Behörden geleistet werden.
Der Typ der Verdichtungsarbeit läßt sich programmierungsmäßig besonders einfach fassen; es ist hier sehr leicht, mit Compilern zu arbeiten. Das Wesen der Verdichtungsarbeit besteht darin, daß das Eingangsmaterial nach einem Schlüssel zu
Gruppen zusammengefaßt wird und hier je Gruppe eine bestimmte Verarbeitung
der etwa aufgelaufenen Summen stattfindet. Sodann werden aus der Rechenanlage
bzw. der Lochkartenmaschine die erhaltenen Werte je gebildete Gruppe ausgegeben. Geschieht dies nicht, so gelangt man zur nächsten Klasse der Arbeiten.
(Vgl. hierzu [25].)

3.14 Kontrollarbeiten. Die Kontrollarbeiten stellen eine Weiterführung der bisher
genannten Arbeiten insofern dar, als es sich hier um Aufgaben handelt, die nicht
das Ausgeben der gesamten Ergebnisinformation verlangen. Vielmehr wird hier
nur diejenige Information in Klartext ausgegeben, die manuelle Entscheidungen
verlangt. Das typische Beispiel ist eine Lagerbestandsführung mit automatischer
Nachbestellung. Hierbei registriert die Rechenanlage das Über- bzw. Unterschreiten von Lagerbestandsmengen. Bei einem Unterschreiten wird eine Anweisung zur Nachbestellung erstellt, deren Höhe etwa noch optimal berechnet
werden kann, was freilich im allgemeinen das Festhalten der Bewegungs-
vorgeschichte je Artikel verlangt. Wächst ein Bestand zu stark an oder nimmt die
Häufigkeit der Bewegung ab, so könnte die Rechenanlage automatisch etwa eine
Preissenkung vornehmen. Vielfach ist aber gerade dieser Fall wegen des Einflusses
der Saison schwierig zu fassen. Ähnliche Arbeiten gibt es auf verschiedenen anderen Gebieten. An sich wird in vielen Veröffentlichungen über integrierte Datenverarbeitung die Kontrollarbeit gefordert. Hierbei sollte jedoch nicht vergessen
werden, daß es heute noch vielfach unmöglich ist, die vorliegenden Datenverarbeitungsprobleme in allen Fällen so weitgehend zu formalisieren, daß wirklich die Arbeitsweise der Kontrollarbeiten eingehalten werden kann. Eine grundsätzliche Schwierigkeit bei Kontrollarbeiten besteht darin, daß viele Geschäfts-
handlungen in den verschiedensten Branchen von Ereignissen abhängen, die nicht
statistisch vorhersagbar sind, da sie nur selten auftreten. In unserem Wirtschafts-
leben gibt es — statistisch ausgedrückt — nur wenige Vorgänge, für die das Gesetz
der großen Zahlen gilt, für die sich also eine Regel aufstellen läßt. Diese Tatsache

ist struktureller Art, so daß sicherlich selbst bei bester Durchbildung der Systeme eine vollständige Formalisierung nicht möglich sein wird. (Vgl. hierzu [26, 27].)

3.15 Modellarbeiten. Noch weiter als die Kontrollarbeiten gehen die sog. Modellarbeiten. Dabei handelt es sich um Arbeiten, bei denen die Grundlagen für mathematische Modelle erstellt werden, die zur Beschreibung des Betriebes bzw. des Betriebsablaufes dienen. Derartige mathematische Modelle sind in neuerer Zeit in vielfacher Form entworfen worden. Man faßt das Verfahren der Darstellung von Betrieben durch mathematische Modelle unter dem Namen *„operations research"* zusammen. Als solches ist dieses Gebiet zu einem speziellen, sehr umfangreichen und sehr fruchtbaren Gebiet für die Anwendung der elektronischen Rechenanlagen geworden. Doch sollte man sich davor hüten anzunehmen, daß *operations research* unbedingt mit der Anwendung von Rechenanlagen verbunden ist.

Beispiele für mathematische Modelle sind z. B. die heute schon vielfach bekannten Linearplanungsaufgaben (*linear programming*). Hierbei wird etwa das Verhalten eines Betriebes durch eine lineare Kostenfunktion beschrieben, deren Minimum gesucht ist. Dabei sind im allgemeinen die Beschränkungen, die durch die Kapazitäten des Betriebes, durch die Möglichkeit der Anlieferung von Rohstoffen oder auch durch die Aufnahmefähigkeit des Marktes gegeben sind, zu berücksichtigen. Lassen sich diese Bedingungen ebenfalls als lineare Gleichungen bzw. Ungleichungen darstellen, so kann das Minimum der Kostenfunktion unter Einhaltung der genannten Ungleichungen gemäß der Simplex-Methode gefunden werden. Vielfach sind jedoch weder die Kostenfunktion noch die Nebenbedingungen lineare Funktionen. Im Sinne der numerischen Mathematik ist das Linearplanungsmodell überhaupt nur die sog. erste Näherung eines jeden Falles. Hier aber treten sofort mathematische Schwierigkeiten auf, da es bis heute nicht möglich ist, das allgemeine mathematische Planungsproblem numerisch mit vertretbarem Aufwand zu lösen. Man hilft sich hier mit einer Reihe von Zwischenüberlegungen, wie stückweise Linearisierung, quadratische Ansätze u. ä. Die Modellarbeiten sind dazu da, die Koeffizienten etwa eines mathematischen Planungsproblems festzustellen, und sie bestehen dann im allgemeinen im sofortigen Weiterrechnen des Problems und liefern hier im Idealfall die optimale Verhaltensweise des beschriebenen Betriebes. Derartige Arbeiten sind typische Beispiele für die Auffassung eines Datenflußsystems als Regelkreis (vgl. Abschnitt 2.1). Dies kann so weit gehen, daß die Anlage Steuerimpulse auf Maschinen sendet, die im Betrieb die Produktion regeln, so daß eine fast gänzliche Ausschaltung des Menschen entsteht. (Vgl. hierzu [3] insbes. Kap. 8, sowie [28, 29].)

3.2 Systematik nach der Informationsstruktur

Während wir bisher die Probleme der Datenverarbeitung systematisch nach ihrem Verdichtungsgrad unterteilt haben, soll der Hauptgesichtspunkt nunmehr die Struktur der verwendeten Information sein. Dabei ist zu beachten, daß die Information im allgemeinen als eine Sammlung von Informationen, also als eine Kartei auftritt und daß der wesentliche Gesichtspunkt der Karteien ihre zeitliche Beständigkeit ist.

Die Natur einer Kartei als eine Sammlung von in sich abgeschlossenen Informationssätzen macht es notwendig, diese Sätze auf irgendeine Weise zu charakterisieren, d. h. jeder Informationssatz muß eine Schlüsselinformation enthalten. Bei diesen Schlüsseln handelt es sich im allgemeinen um eine Kombination von

Zahlen und Buchstaben. Will man die Information in einer Rechenanlage irgendwie verarbeiten, also entweder einspeichern oder aufsuchen oder ähnliches, so wird
man als Erkennungsmerkmal stets den Schlüssel wählen. Hierbei treten nun einige
erhebliche Schwierigkeiten auf. Die einzelnen Positionen innerhalb eines
Schlüssels werden im allgemeinen so gewählt, daß sie bereits einiges über die
spezielle Natur des zu der Schlüsselinformation gehörigen Informationssatzes ausdrücken.

Beispiel. Warennummer-Schlüssel:

    Erste Ziffer — Stoffgruppe,
    zweite Ziffer — Stoffuntergruppe,
    dritte bis sechste Ziffer — die eigentliche Warennummer usw.

Ähnliche Methoden werden bei der Aufstellung fast aller Schlüssel angewendet.
Dies bedingt im allgemeinen eine Mannigfaltigkeit der Schlüsselzahlen, die erheblich höher ist als die tatsächlich auftretenden verschiedenen Informationssätze.
Beispielsweise ist es üblich, bei Warenummern sechs- bis achtstellige Schlüssel
zu verwenden, selbst wenn das Lager nur einige 10 000 Artikel enthält. Würde
man nun sämtliche 10^8 möglichen Schlüsselzahlen berücksichtigen, so würde
man in der Reihe der Zahlen von 0 bis 10^8 nur äußerst selten einmal eine wirklich
verwendete Schlüsselnummer finden, d. h. die Mannigfaltigkeit der Schlüsselnummern ist nicht dicht besetzt. Speichert man nun in einer Rechenanlage eine
derartige Information ein, so muß man die Adressierung mit der Schlüsselnummer
in Zusammenhang bringen. Dies ist aber auf einem direkten Wege bei einer nicht
dicht liegenden Schlüsselmenge fast nie möglich. Man kann versuchen, algebraische
Transformationen zu verwenden, d. h. umkehrbar eindeutige Beziehungen, so daß
sich sowohl für das Einspeichern wie auch für das Herausholen zur Verarbeitung
eine eindeutige Rechenweise ergibt. Ist dies nicht möglich, so kann man eine
Kartei über eine Tabelle verdichten, die jeweils nur die Schlüsselnummern und zu
ihnen die entsprechenden Adressen enthält. Dies ist vielfach infolge der hohen
Anzahl der auftretenden Schlüsselzahlen unmöglich, da Tabellenlesen eine sehr
zeitaufwendige Arbeit ist. Bei Großspeichern, auf denen besonders derartige
Arbeiten ausgeführt werden, geht man daher dazu über, aus den Schlüsselzahlen
Zufallszahlen zu entwickeln, d. h. man führt eine nur eindeutige und nicht um-
kehrbare Transformation aus, etwa die Quadratmethode, und macht dann innerhalb einer jeden transformierten Zahl eine kleine Tabelle auf. Hilft auch dies nicht,
so wird man überhaupt die unsortierte Verarbeitung der Informationen vermeiden
und sich auf das vorherige Sortieren der Informationen nach den gegebenen Aus-
wertungsgesichtspunkten verlegen. (Vgl. hierzu [30 bis 32].)

Das größte Problem eines Schlüsselsystems ist neben seiner Dichte die Erkennung
von Schlüsselfehlern. Um dies zu ermöglichen, kann man grundsätzlich zwei Wege
beschreiten, und zwar einmal das Einschränken der erlaubten Ziffern innerhalb
des gesamten Kollektivs, also bei n Dezimalen innerhalb der 10^n möglichen
Schlüsselzahlen. Für automatische Datenverarbeitung bietet dies jedoch gewisse
Schwierigkeiten. Man schlägt daher meist den anderen Weg ein, der darin besteht,
zu der gegebenen Schlüsselnummer eine zusätzliche Information hinzuzusetzen,
die dann eine Überprüfung der Schlüsselnummer auf ihre „Erlaubtheit" gestattet.

Beispiele hierfür sind etwa das Anfügen einer Dezimale, die man als Restklasse
modulo 10 der Quersumme der Ziffern der Schlüsselnummer erhält. Diese Möglichkeit besteht im übrigen auch bei alphabetischer Verschlüsselung, indem man

hier eine Quersumme modulo 26 bildet. Dieses Grundverfahren gestattet nicht die Entdeckung von Fehlern, die z. B. in der Vertauschung zweier Zahlen bestehen. Derartige Fehler findet man durch Bildung gewichteter Quersummen, wobei jede oder jede zweite Ziffer in der Schlüsselnummer mit einer anderen Zahl multipliziert und die jeweiligen Produkte addiert werden. Schließlich kann man als Modul anstelle von 10 eine andere, möglicherweise mehrstellige Zahl, etwa eine Primzahl, wählen. Neben den hier erwähnten gebräuchlichen Methoden zur Bildung prüfbarer Schlüsselsysteme kann man sich eine große Anzahl weiterer ausdenken. Wichtig ist dabei das Prinzip, das darin besteht, zu der gegebenen Information, die geprüft werden soll, eine Kenninformation hinzuzusetzen, die diese Prüfung gestattet, wobei man sich meistens mit einer relativen Prüfbarkeit, d. h. mit einer starken Vergrößerung der Wahrscheinlichkeit für die Entdeckbarkeit eines Fehlers zufrieden gibt.

Das wohl charakteristischste Merkmal einer Kartei ist ihre zeitliche Veränderlichkeit. Es gibt kaum eine Sammlung von Informationssätzen, die nicht im Laufe der Zeit verändert wird. Der Grad der Veränderlichkeit ist sehr unterschiedlich; so wird eine Arbeiterstammkartei, die auch Angaben über den Jahresverdienst enthalten soll, sicherlich monatlich einmal in jedem einzelnen Informationssatz geändert. Eine Lagerbestandskartei wird bei entsprechender Umsatzgeschwindigkeit ebenfalls in jedem Artikel monatlich geändert werden. Vielleicht einen etwas geringeren Veränderungsgrad wird die Kartei der Konten in einer Bank zeigen oder aber der Policenbestand einer Versicherung. Karteien, die zur automatischen Sprachübersetzung verwendet werden, also Lexika, werden vielleicht die geringste zeitliche Veränderung haben, aber auch hier wird es von Zeit zu Zeit notwendig sein, neue Worte einzufügen bzw. ungebräuchliche Ausdrücke auszustoßen. Auf Grund dieser Eigenschaften der Karteien kann man die sog. Aktivität einer Kartei definieren als Quotienten aus der Anzahl der je Zeiteinheit veränderten Informationssätze durch die Anzahl der in der Kartei enthaltenen Informationssätze. Damit ist die Aktivität einer Kartei eine zwischen 0 und 1 liegende Zahl. Sinnvoll ist dies natürlich nur, wenn die Kartei über mehrere Zeitperioden Bestand hat. Wir unterscheiden daher zwischen sog. Arbeits- und Bestandskarteien, je nachdem ob eine Kartei nur eine innerhalb einer einzigen Zeiteinheit (etwa einen Monat, vielleicht aber auch nur einen Tag) bestehende Sammlung von Informationen darstellt oder ob sie für eine längere Zeitdauer eingerichtet wird und dann etwa periodisch gewissen Ergänzungen unterliegt. Das Aussehen der einzelnen Arbeitsweisen der mechanisierten Datenverarbeitung wird ganz wesentlich durch die Anzahl der jeweils an der Arbeit beteiligten Karteien bestimmt. Dabei ist die Aktivität einer Kartei zunächst nicht von entscheidender Bedeutung. Diese bestimmt vielmehr die eigentliche zeitliche Arbeitsweise. Zunächst seien hier die Probleme der Datenverarbeitung nach der Anzahl der auftretenden Karteien unterschieden, und zwar genauerhin nach der Anzahl der zu Beginn einer Arbeit vorhandenen Karteien, also nicht der Ergebnisse, die etwa in Ergebniskarteien zusammengefaßt werden.

3.21 Einkarteienarbeiten. Arbeiten, bei denen ausschließlich eine Arbeitskartei, d. h. nur eine zeitlich begrenzt bestehende Informationssammlung benutzt wird, sind fast alle ausschließlich Verdichtungsarbeiten, ferner die meisten Arbeiten statistischer Art, die ohne Fortschreibung durchgeführt werden, und schließlich auch eine große Anzahl von Modellarbeiten. Als Ergebnis derartiger Arbeiten können eine oder mehrere Arbeits- oder auch Bestandskarteien entstehen. So

können die verdichteten Zahlen bei einer Statistik als Arbeitskartei für einen
weiteren Arbeitsgang verwendet werden und in eine Bestandskartei, etwa für
frühere Statistiken, eingebaut werden. Die Arbeitsweise kann sehr unterschiedlich
sein. Wir werden hierauf unten noch eingehen. Die hierunter fallenden Arbeiten
dienen also ganz charakteristisch der Bildung einer Stellinformation innerhalb des
Datenflußregelkreises, die durch einige wenige Informationsangaben charakterisiert wird. Das eigentliche Problem bei diesen Arbeiten besteht darin, daß die
Ergebnisse auch wirklich Meßgrößen für die im System untersuchte Eigenschaft
darstellen. Dies ist besonders bei Statistiken oftmals recht problematisch. Man
denke nur daran, daß die mathematischen Verfahren zur Bildung von Mittel-
werten, Streuungen und Regressionskoeffizienten stets zu einem Ergebnis führen,
auch wenn etwa inhomogene Kollektive vorliegen, oder aber bei der Regressions-
analyse, wenn die Streuungen derart groß sind, daß der Umfang des betrachteten
Kollektivs noch nicht zu einer sicheren Aussage Veranlassung gibt. Bei Modellarbeiten dürfte das Problem zu beachten sein, ob man wirklich alle Informationen
aus der betrachteten Arbeitskartei herauszieht, die für das mathematische Modell
charakteristisch ist, z. B. ob man sämtliche Nebenbedingungen berücksichtigt hat.
Generelle Richtlinien für diese erwähnten Probleme lassen sich sicherlich nicht
aufstellen. Ihre Lösung stellt aber eine äußerst wichtige Grundlage für die Datenverarbeitung dar. Beispiele für Arbeiten mit nur einer Stammkartei sind etwa der
Versand von Katalogen an eine große Menge von Kunden. Bei derartigen Arbeiten,
die im wesentlichen als Ergebnis das Schreiben von Adressen haben, kann gleichzeitig untersucht werden, ob der Versand an einen bestimmten Kunden auch
gerechtfertigt ist. (Vgl. hierzu [33] insbes. S. 228 und 233, sowie [34, 35].)

3.22 Zweikarteienarbeiten. Die meisten Datenverarbeitungsaufgaben bestehen
darin, daß zwei Informationssammlungen vorliegen, deren eine Veränderungen
in der anderen auslöst unter gleichzeitigem Anfall von Ergebnissen verschiedener
Art, d. h. es werden zwei Karteien miteinander verarbeitet. Hierbei entsteht eine
Reihe von Problemen durch die verschiedenen Aktivitäten dieser Karteien bzw.
durch die Schlüsselung. Diese Probleme werden im Abschnitt 4.1 näher
besprochen. Theoretisch sind bei diesen Arbeiten drei Varianten möglich, je nachdem wieviel Arbeits- oder Bestandskarteien an der Arbeit beteiligt sind.

a) *Arbeiten mit einer Arbeits- und einer Bestandskartei.* Dieser Fall umfaßt die große
Menge der hier zu betrachtenden Arbeiten (vgl. Bild 4). Der typische Arbeitsgang
besteht darin, daß aus der Arbeitskartei ein Informationssatz herausgenommen
wird. Es wird seine Schlüsselnummer analysiert und mit ihrer Hilfe der entsprechende Informationssatz der Bestandskartei in die Verarbeitung genommen.
Sodann folgt die eigentliche Änderung der Bestandskartei, die sehr verschieden-
artig sein kann. So kann es sich um die Herausnahme eines Stammsatzes, um eine
Änderung gewisser Felder innerhalb des Stammsatzes oder aber um das Neu-
hinzusetzen eines derartigen Satzes handeln. Im letzteren Fall ist zunächst keine
Information der betreffenden Schlüsselzahl in der Bestandskartei vorhanden. Es
kommt bei Zweikarteienarbeiten zu einem Schrumpfen bzw. einer Ausdehnung
der Bestandskarteien. Dies bietet bei sämtlichen Speicherarten gewisse Schwierigkeiten. Am leichtesten läßt sich das Problem noch mit Lochkarten lösen. Hier
werden ausscheidende Karten einfach aussortiert bzw. neue Informationssätze
gestanzt und dann über einen Mischer dem Bestand zugefügt. Das gleiche Verfahren läßt sich bei modernen Speichermitteln nur mit Hilfe der neuerdings auftretenden Magnetkarten durchführen. Hierin besteht einer der großen Vorzüge

dieses neuen Datenträgers. Bei Speicherung auf sequentiellen Speichern (z. B. Magnetband) wird es kaum zu umgehen sein, die gesamte Bestandskartei bei jedem Arbeitsgang auf einen anderen Speicher, also auf ein anderes Magnetband zu übertragen und hierbei Löschungen bzw. Ergänzungen vorzunehmen. Andernfalls läßt es sich nicht vermeiden, daß erhebliche Mengen unnützer Information mitgeführt bzw. zur Einfügung neuer Information vorsorglich entsprechender Platz gelassen wird. Letzteres ist auch notwendig bei Einspeicherung auf Großspeichern. Will man hier eine Adressierung durch eine eineindeutige Transformation (direkte Adressierung) vornehmen, so wird man eine ähnliche Arbeitsweise wie bei Magnetbändern einhalten müssen. Bei wahlfreier Adressierung (*random addressing*) wird man für neue Informationssätze vorsorglich Raum lassen müssen.

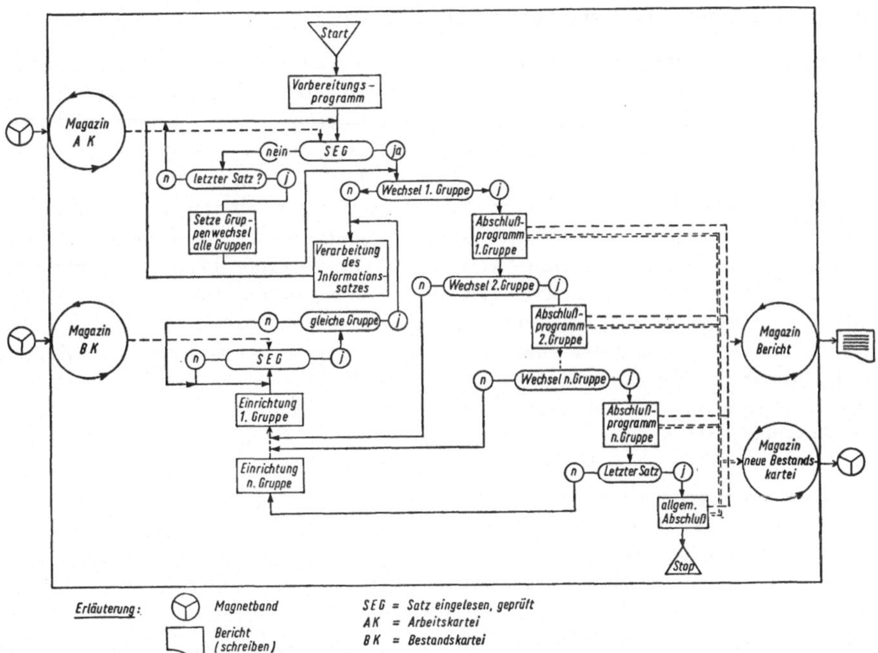

Bild 4.   Beispiel einer Zweikarteienarbeit

Bei Wegfall von Information wird man entweder die nicht eindeutigen Speicherbereiche zusammenrücken müssen, oder man muß neue Informationssätze in Lücken einfügen. Beispiele für die hierher gehörigen Arbeiten sind die Lohnabrechnung, bei der die Arbeitskartei der monatlich variablen Angaben, wie etwa Arbeitsstunden, variable Abzüge u. ä., verarbeitet wird gegen die Bestandskartei der Stammangaben über Arbeiter unter gleichzeitiger Einfügung von Änderungen dieser Kartei, etwa durch Abgänge oder Zugänge bzw. Änderung des Familienstandes der Arbeiter. Weitere Beispiele sind: die tägliche Buchungsarbeit mit Erstellung der jeweils neuesten Kontostände, ferner die meisten Arten der Lagerbestandsführung, bei denen die Lagerbestandskartei verarbeitet wird mit der Arbeitskartei der in der betrachteten Zeitperiode aufgetretenen Bestandsveränderungen, also Entnahmen oder Zugänge. Als Ergebnis kann dabei eine Arbeitskartei für die Nachbestellung, eine solche für Umsatzstatistiken oder ähnliches erzeugt werden. Derartige Arbeiten können sowohl in der Industrie als auch im Handel, in Banken oder Behörden auftreten. In Versicherungen wären etwa noch die Veränderungsarbeiten des Policenbestandes zu erwähnen. (Vgl. hierzu [36] insbes. Kap. 10, S. 191 ff., sowie [37, 38].)

b) *Sonstige Zweikarteienarbeiten.* Die übrigen Arten von Zweikarteienarbeiten sind selten. Arbeiten, bei denen nur zwei Arbeitskarteien vorliegen, können dadurch entstehen, daß Informationssätze, die an sich zu einer Arbeitskartei zusammengefaßt werden könnten, nicht zusammengemischt werden und daß zur Einsparung dieses Mischgangs beide Arbeitskarteien im allgemeinen in gleicher natürlicher Sortierfolge verarbeitet werden. Das Auftreten von Arbeiten mit zwei Bestandskarteien ist ebenfalls selten. Auch hier kann es sich um die Vermeidung von Mischgängen handeln, die dann bei gewissen Arbeiten zur Zusammenführung von Informationen aus Bestandskarteien führt.

3.23 Vielkarteienarbeiten. Arbeiten mit mehr als zwei Karteien können, ähnlich wie im vorangehenden Abschnitt 3.22 b) beschrieben, dadurch auftreten, daß Mischgänge z. B. bei Arbeitsinformation vermieden werden. Zum Beispiel ist es bei einer Bestandsführung möglich, etwa die Zu- und Abgänge in getrennten Arbeitskarteien in die Verarbeitung zu bringen und dann mit einer Bestandskartei zusammenzuführen. Da die Verarbeitung von mehr als zwei Karteien aber programmierungsmäßig wesentlich schwieriger und auch maschinenmäßig aufwendiger ist als die Verarbeitung zweier Karteien, wird man im allgemeinen einen vorherigen Mischgang der Arbeitskarteien in Kauf nehmen, insbesondere da man vielfach sortierfähige Medien, wie Lochkarten und Magnetkarten, für die erste Eingabe benutzt. Verwendet man beschränkt sortierfähige Medien wie Magnetbänder, so ist auch heute noch das Mischen und Sortieren von Bändern ein gesondertes Problem, das viel Maschinenzeit benötigt, die man gerne vermeidet. Es hat den Anschein, als ob das Aufkommen der schnellen Maschinen mit Vorrangverarbeitung hier eine wesentliche Erleichterung schafft.

Mehrkarteienarbeiten können aber besonders dann recht häufig auftreten, wenn man zu integrierter Datenverarbeitung übergeht. Durch das Auftreten einer Information in einer Arbeitskartei werden im allgemeinen eine ganze Menge von Bestandskarteien betroffen. So werden beispielsweise bei einem Betrieb, der ausschließlich auf Aufträge hin produziert, durch eine Bestellung sowohl die Auftragsbestandskartei wie auch die Stücklistenkartei, gegebenenfalls auch Lagerbestandskarteien und Maschinenbelastungskarteien betroffen. Will man in einem Arbeitsgang sowohl den Auftragsbestand feststellen wie auch die Arbeitsvorbereitung einschließlich der Kontrolle etwa vorhandener Halbfertigungserzeugnisse unter Berücksichtigung der bereits gegebenen Maschinenbelastung durchführen, so muß man sämtliche erwähnten Karteien zusammen mit der Arbeitskartei, bestehend aus den Bestellungen, verarbeiten. Besondere Schwierigkeiten entstehen hierbei dadurch, daß die natürliche Sortierfolge der verschiedenen Karteien völlig unterschiedlich ist und im allgemeinen grundsätzlich nicht so aneinander angeglichen werden kann, daß es möglich ist, mit sequentiellen Speichern zu arbeiten. Es wird hier notwendig sein, einen (in bezug auf die Reihenfolge der Arbeitskartei) nichtsequentiellen Zugriff zu den verschiedenen Bestandskarteien zuzulassen. Eine Erleichterung kann man sich natürlich dadurch schaffen, daß die umfangreichste Kartei die gleiche Sortierfolge wie die Arbeitskartei aufweist. In dem erwähnten Beispiel wird man daher, sofern überhaupt sortierte Verarbeitung vorliegt, die Arbeitskartei nach Artikeln sortieren und somit auf die wahrscheinlich umfangreiche Stücklistenkartei abstimmen. Nicht mit der Sortierung übereinstimmen dürfte dann die Kartei der Maschinenbelastung und wegen der Halbfertigfabrikate auch die Kartei der Zwischenlager.

4. Systematik der Arbeitsweise

Die im Abschnitt 3 klassifizierten Arbeiten können ganz verschiedene Probleme bei ihrer Verarbeitung hervorrufen, auch wenn es sich vom Standpunkt der Betriebswirtschaft um die gleichen Probleme handelt, wie etwa eine Bestands-führung, Kostenrechnung, Lohnabrechnung oder ähnliches. Die Art, in der ein Problem mit Hilfe von Maschinen gelöst wird, bestimmt sich sehr weitgehend durch quantitative und viel weniger durch qualitative Merkmale, d. h., die Länge der auftretenden Informationssätze, der Umfang der Arbeits- und Bestands-karteien, ihre zeitliche Veränderung (d. h. die Aktivität der Karteien) und vor allem die zeitlichen Anforderungen an die Erstellung von Ergebniskarteien bestimmen die eigentliche Arbeitsweise und geben im übrigen auch die schwierigsten Probleme auf. Man sieht, daß die Zeit hierbei die Hauptrolle spielt; daher scheint es zweckmäßig, diese Probleme nach der zeitlichen Behandlungs-weise zu untergliedern.

Die Arbeitsweise wird aber mindestens ebenso wesentlich wie durch die zeitlichen Anforderungen, durch die organisatorische Grundkonzeption, in der sich die Ein-stellung gegenüber der mechanisierten Datenverarbeitung äußert, bestimmt. Die ältere Konzeption, die im wesentlichen den Lochkartenmaschinen angemessen war, bestand darin, daß man bemüht war, die Massenarbeiten mit relativ einfacher, logischer und rechnerischer Struktur zu mechanisieren und alle übrigen Arbeiten noch manuell zu erledigen. Es entsteht dadurch die *schwerpunktmäßige Daten-verarbeitung*, die in den letzten Jahren bereits mit Hilfe von Lochkartenmaschinen unter Einsatz der Rechenstanzer zu einer *streckenweisen Datenverarbeitung* er-weitert werden konnte. Das Auftreten der Rechenanlagen führte ziemlich schnell zu der Vorstellung von der *integrierten* und schließlich der *vollautomatischen Datenverarbeitung*, bei der der Mensch immer weitergehend ausgeschaltet wird.

Das Auftreten der Rechenanlagen führte aber nicht nur in der Ausdehnung der Arbeiten zu einer neuen Konzeption, sondern auch im Hinblick auf die Tiefe ihrer Anwendung. Lochkartenmaschinen waren im allgemeinen reine Verarbeitungs-maschinen, während elektronische Rechenanlagen sinnvollerweise auch zum Fällen von betriebswirtschaftlichen Entscheidungen benutzt werden können.

4.1 Systematik der zeitlichen Verarbeitungsweise

Ganz allgemein wird jede Datenverarbeitung durch das Eintreffen von gewissen Ereignissen ausgelöst, z. B. durch eingehende Bestellungen, Belege, bei Behörden durch Gesetze und ähnliches, aber auch durch zeitlich feste Ereignisse, wie bestimmte Stichtage oder ähnliches. Im Hinblick auf die Zeit gibt es grundsätzlich zwei Möglichkeiten, die an zufälligen Zeitpunkten eingehende Information zu verarbeiten:

a) Man sammelt eine zeitlang die eingehende Information und verarbeitet sie dann periodisch als gesammelte Informationskartei oder

b) man verarbeitet sie sofort.

Die erstere Arbeitsweise beherrscht heute noch weitgehend die maschinelle Datenverarbeitung.

4.11 Periodische Arbeitsweise. Bei periodischer Arbeitsweise wird die Datenverarbeitung nicht ausschließlich durch das Eintreten eines Ereignisses, wie einer Bestellung, einem Lohnbeleg usw. ausgelöst. Vielmehr gehört hierzu das Eintreffen eines bestimmten Stichtages, an dem man mit der Datenverarbeitung beginnt. In der Vorzeit wird alle ankommende Information gesammelt und entweder kontinuierlich oder kurz vor Beginn der Datenverarbeitung abgelocht oder auf sonstige Weise in eine von der Maschine lesbare Form gebracht. Man stellt die Information auch physisch zu einer Arbeitskartei zusammen und verarbeitet sie nach einer der oben beschriebenen Verarbeitungstypen. Wird die Information dabei gegen eine oder mehrere Stammkarteien verarbeitet, so erinnern wir uns, daß diese Stammkarteien in einer bestimmten Reihenfolge vorliegen in bezug auf eine Schlüsselnummer, die das Wiedererkennen der Information ermöglicht. Dies gilt in jedem Falle, unabhängig davon, ob sich die Bestandskartei auf einem sequentiellen Speicher oder einem Speicher mit wahlfreiem Zugriff (*random access*) befindet. Es gibt hier wiederum grundsätzlich zwei Möglichkeiten:

Erstens kann man die Arbeitskartei während der Verarbeitung in die gleiche Reihenfolge wie wenigstens eine der mitverarbeiteten Bestandskarteien bringen und zweitens kann man auf eine Ordnung verzichten und die Arbeitskartei etwa in der Reihenfolge belassen, in der die Ereignisse zeitlich hintereinander eingetroffen sind.

Die erstere (sortierte) Verarbeitungsweise ist immer dann zu empfehlen, wenn das zeitliche Nacheinander der Ereignisse ohne Bedeutung für die Verarbeitung derselben ist, also keine Rangordnung definiert ist und wenn sich die Ereignisse auf einem leicht sortierfähigen Datenträger befinden. Unsortierte Verarbeitung wird man dann vornehmen müssen, wenn das zeitliche Nacheinander der Ereignisse auch eine Rangfolge definiert, etwa bei der Belieferung mit einer Ware, die möglicherweise nicht in unbegrenzten Mengen zur Verfügung steht.

Schwierigkeiten für die sortierte Verarbeitung entstehen dann, wenn als Datenträger ein Sequenzspeicher, wie Lochstreifen oder Magnetband, vorliegt, oder aber wenn mehrere Bestandskarteien in die Verarbeitung hineingezogen werden. Besonders in letzterem Fall wird es im allgemeinen nicht möglich sein, alle Karteien in die gleiche Reihenfolge zu bringen. Man ist dann gezwungen, die meisten Karteien auf einem Speicher mit wahlfreiem Zugriff abzusetzen und wird zur Vereinfachung vielfach die Arbeitskarteien auch nicht sortieren, sondern grundsätzlich eine unsortierte Verarbeitung vornehmen. Die Arbeitsweise an sich ist, wie oben erläutert, unabhängig davon, ob eine Sortierung vorliegt oder nicht. Bei Verdichtungsarbeiten ist vielleicht zu erwähnen, daß die Frage *sortierte* oder *unsortierte Arbeit* lediglich ein Speicherproblem ist, da man bei unsortierter Verarbeitung die zu erstellenden Gruppensummen in einer Form speichern muß, die ihre laufende rasche Veränderung während des Verarbeitungsganges ermöglicht. (Vgl. hierzu [39 bis 42].)

Das Hauptproblem der periodischen Verarbeitung ist die Aufstellung eines guten Terminplanes. Bei periodischer Verarbeitung werden im allgemeinen Belastungsspitzen auftreten. Es ist erforderlich, daß man — ausgehend von den Ablieferungsdaten der verschiedenen verlangten Ergebnisinformationen — mit Hilfe der Kenntnis der Dauer der Verarbeitungsgänge etwa unter Berücksichtigung mehrerer Stufen bzw. auch unter Berücksichtigung von Verzögerungen durch

Maschinenausfall, durch Fehler in der Information u. ä., einen Anfangstermin ausrechnet, zu dem die Verarbeitung beginnen muß bzw. einen Termin, zu dem der letzte, noch zu verarbeitende Beleg eingetroffen sein muß. Es ist bekannt, daß gerade das Problem des verspäteten Eintreffens von Belegen vielfach auf die Abteilung für mechanisierte Datenverarbeitung abgewälzt wird und hierdurch gerade in diesen Abteilungen sehr enge Terminspannen entstehen. Eine kurze Terminspanne zwischen Eintreffen der Belege und Auslieferung der Berichte ist zwar das Zeichen einer gut funktionierenden Verarbeitungsabteilung. Man muß jedoch oftmals feststellen, daß hier teilweise sinnlose Unterbietungen vorgenommen werden. Man sollte in jedem Fall untersuchen, welcher Ablieferungstermin wirklich für den Geschäftszweck des bestimmten Betriebes sinnvoll und gut ist und sollte sich bei den Terminspannen, die durch manuelle Zwischenarbeiten in den Verarbeitungsabteilungen entstehen, nur schwer zu Konzessionen bereitfinden. (Vgl. hierzu [12] insbes. S. 86 ff.)

Ein besonderes Merkmal der periodischen Verarbeitung, das auch ihren Charakter sehr stark beeinflußt, ist die Länge der Verarbeitungsperiode. Im allgemeinen wird man sich hier an die gegebenen Perioden, wie die Woche, den Monat und das Jahr halten. Die Verarbeitungsdauer an sich sollte im allgemeinen relativ zur Verarbeitungsperiode klein sein. Anderenfalls kommt man in ein Übergangsgebiet zur unperiodischen Verarbeitung, den Sonderfall der kurzperiodischen Datenverarbeitung. Sind nämlich die zeitlichen Forderungen an das Erstellen von Ergebnissen sehr streng und verfügt man nicht über Maschinenmittel für die später zu beschreibende unperiodische Verarbeitung, so wird man in sehr kurzen Perioden, etwa einem Tag oder einer Stunde, oder auch in noch kürzeren Perioden, die Information verarbeiten. In einem solchen Fall kann es sein, daß der Arbeitsgang selber einen wesentlichen Teil der Periodenlänge ausmacht. Hat man nicht nur eine Arbeit auf einer Anlage zu erledigen, so wird vor allem die Rüstzeit sehr stark in die kurze Periode eingehen und es kommt hier schnell zur vollen Kapazitätsauslastung der vorhandenen Anlagen. Bei den heutigen Möglichkeiten für die unperiodische oder simultane Verarbeitung sollte man vielfach untersuchen, ob nicht zur Erreichung des durch die Datenverarbeitung verlangten Zieles eine kurzperiodische Verarbeitung völlig ausreicht. Diese dürfte im übrigen bei den weitaus meisten Problemen, die nicht eine direkte Arbeitssteuerung darstellen oder deren Bearbeitung nicht bestimmte weitere Vorgänge im Betrieb blockiert, genügen. Ausnahmen dürften nur Verarbeitungsvorgänge der direkten Produktionsbeeinflussung während eines laufenden Produktionsbetriebes sein sowie Vorgänge, bei denen etwa ein Sachbearbeiter auf das Ergebnis der Datenverarbeitung warten muß und nicht die Möglichkeit hat, andere Arbeiten inzwischen zu erledigen. Ferner gehören zu den nicht periodisch zu bearbeitenden Problemen Datenverarbeitungsaufgaben, die durch den Direktanschluß von Spezialeingabegeräten, die von der Zentrale weit entfernt sein können, an eine Rechenanlage entstehen, wie dies z. B. bei Flugbuchungsaufgaben [43] der Fall ist.

Für die Lösung des Hauptproblems der periodischen Verarbeitung, das bei sortierter Arbeitsweise auftritt, nämlich dem Magnetbandsortieren, gibt es eine Reihe von Möglichkeiten, die sich im wesentlichen in zwei Klassen zusammenfassen lassen, nämlich einmal die Vergleichsverfahren, zu dem insbesondere das bekannte Bandmischen gehört, und das sogenannte Schubfachsortieren, das den Sortierverfahren der Lochkartentechnik ähnlich ist. (Vgl. hierzu vor allem [44], ferner [3] insbes. S. 270 ff., sowie [45, 46]; an dieser Stelle sei noch auf zwei weitere Arbeiten [156, 157] hingewiesen, in denen Misch- und Sortierprozesse auf elektronischen Rechenanlagen systematisch behandelt werden.)

Das Problem der Beleganlieferung, das schon anfangs erwähnt wurde, ist bei periodischer Verarbeitung von besonderer Bedeutung, da hier im allgemeinen bis zum Beginn der Verarbeitung sämtliche Informationen eingetroffen sein müssen, die noch berücksichtigt werden sollen. Man wird hier das Anliefern von Belegen besonders sorgfältig untersuchen müssen, vor allem wird man festzustellen haben, ob psychologische Hindernisse gegen das rechtzeitige Anliefern von Belegen sprechen, wie z. B. beim Zurückhalten von Akkordbelegen u. ä. Auch den gegenteiligen Effekt, nämlich das zu plötzliche Anliefern von Belegen kurz vor einem Stichtag wird man zu prüfen haben. Dies kann z. B. bei der automatischen Rechnungserstellung auf Grund von Angaben des Versandes entstehen.

4.12 Simultane Datenverarbeitung. Unter simultaner Verarbeitung versteht man die direkte Verarbeitung der Information nach ihrem Eintreffen. Allgemein sieht diese Arbeitsweise so aus, daß die Verarbeitungsanlage, die in diesem Fall durchweg eine elektronische Rechenanlage sein muß, ein Verarbeitungsprogramm während einer bestimmten Tageszeit dauernd enthält, bzw. evtl. sogar dieses Programm fest in ihr verdrahtet ist. Ferner wird es erforderlich sein, stets einen Teil des Speichers der Anlage für die Verarbeitung der kontinuierlich eintreffenden Information freizuhalten. Trifft nun eine Information ein, so wird diese unverzüglich in die Maschinensprache übersetzt, sofern dies noch nicht der Fall ist, und der Verarbeitungszyklus für diesen einen Informationssatz wird gestartet. Im allgemeinen muß man annehmen, daß die Information in einer Reihenfolge eintrifft, die nicht mit der Sortierfolge der angesprochenen Kartei übereinstimmt. Es dürfte daher durchweg unmöglich sein, die Bestandskarteien auf Sequenzspeichern wie Magnetbändern oder Lochstreifen festzuhalten; vielmehr wird es stets erforderlich sein, diese Karteien auf großen Speichern mit wahlfreiem Zugriff unterzubringen. Die simultane Datenverarbeitung ist eines der großen Schlagworte der Propaganda für die elektronische Datenverarbeitung. Gerade darum sollte man sie aber kritischer untersuchen. (Vgl. hierzu [47], insbes. Abschnitt 19·3, S. 371 ff., sowie [48].)

Es gibt zweifellos Vorteile der simultanen Datenverarbeitung. Es ist z. B. ähnlich wie beim manuellen System hier möglich, zeitlich sehr dringende Verarbeitungsgänge auch wirklich ohne Verzögerung zu erledigen, z. B. kann man hier an die Warenauslieferung aus einem Lager denken, für die die zugehörige Verarbeitung automatisch geschieht, und zwar in der Zeit, in der der Kunde auf die Auslieferung wartet. Bei integrierter Datenverarbeitung wird man das Ziel haben, über sämtliche für den Geschäftsbetrieb wichtigen Bestandskarteien laufend informiert zu sein, wodurch man dann ein Rückkopplungssystem mit sehr kleiner Zeitkonstante besitzt. In diesem Zusammenhang wird oftmals auf die Möglichkeit der Direktabfrage von räumlich getrennt von der Anlage liegenden Stellen hingewiesen.

Es gibt eine Reihe von Problemen, die sich überhaupt erst bei simultaner Datenverarbeitung lösen lassen. Insbesondere sei hier auf das bei Verkehrsbetrieben häufig auftretende Problem der Platzbestellung hingewiesen [43, 49, 50]. Zur Lösung dieses Problems gibt es bereits eine Reihe von Spezialgeräten, die meistens mit einem festverdrahteten Programm ausgerüstet sind und es gestatten, über weitverzweigte Übertragungsnetze, etwa Fernschreiber oder ähnliches, von den Bestellorten, Reisebüros, Bahnhöfen oder ähnlichem die Verfügbarkeit gewisser Reiseplätze in der Anlage anzufragen. Im allgemeinen ist diese so ausgebildet, daß sie bei Nichtverfügbarkeit eine Ausweichmöglichkeit angibt und daß man bei Verfügbarkeit Plätze abbuchen kann.

Eine andere Problemklasse, die für die simultane Datenverarbeitung geeignet ist, entsteht dadurch, daß der Zufluß von Informationen einen derartigen Umfang erreicht, daß er eine Rechenanlage praktisch dauernd in Betrieb hält (vgl. hierzu [51 bis 56]). Das in Europa typische Beispiel dieser Art ist das System des Versandhauses „Quelle" [57]. Hier wird die Lagerbestandsführung mit Erstellung der für die Auslieferung notwendigen Unterlagen einschließlich der Rechnung simultan verarbeitet, wobei die Rechenanlage von einer großen Anzahl manueller Eingabeplätze her direkt bedient wird. Man vermeidet dadurch einen Zwischenträger für die Information. Der Datenanfall ist derart groß, daß die Rechenanlage praktisch dauernd in Arbeit ist.

Typisch simultane Verarbeitungsprobleme sind schließlich die in letzter Zeit stark beachteten Probleme der Produktionssteuerung in Walzwerken [58].

Die bisher erwähnten Vorteile sollten jedoch nicht darüber hinwegtäuschen, daß es auch Bedenken gegen die simultane Datenverarbeitung gibt, die grundsätzlicher Art sind. Zunächst einmal wird eine simultane Datenverarbeitung im allgemeinen wesentlich teurer sein als eine periodische Verarbeitung, einmal, weil sie größere Maschinenmittel wie die z. Z. noch recht kostspieligen Speicher mit wahlfreiem Zugriff u. ä. erfordert, sodann aber blockiert sie die Rechenanlage praktisch über die ganze Zeit oder aber man muß eine Spezialanlage einsetzen. Die Maschine muß vielfach die meiste Zeit in Bereitschaft stehen. Es wird schwierig sein, in den kurzen Pausen zwischen den einzelnen Arbeitszeiten andere Arbeiten einzuschieben. So entsteht eine Einzweckbenutzung der Maschine, und diese wird im allgemeinen nur da gerechtfertigt sein, wo das Problem für die Erreichung des Geschäftszieles eine eminente Bedeutung hat, wie z. B. die glatte Auslieferung bei einem Versandhaus oder die automatische Produktionssteuerung in einem Fertigungsbetrieb. Die zunächst günstig erscheinende Direktabfragemöglichkeit bei simultaner Verarbeitung kann oftmals auch zu einem Hindernis für das Arbeiten werden. Es ist durchaus nicht immer günstig, den momentanen Stand einer Kartei zu erkennen, da dieser statistischen Schwankungen unterworfen sein kann, die für die Beurteilung des Betriebsgeschehens unwichtig sind. Hierdurch entsteht dann genau das, was die elektronische Datenverarbeitung gerade vermeiden soll, nämlich die Erzeugung nicht signifikanter Information. Schafft man sich dabei ein rückgekoppeltes Steuerungssystem, so kann es leicht geschehen, daß man auf Grund einer statistisch an sich nicht besonders signifikanten Schwankung eine Aktion einleitet, die wiederum eine noch größere Schwankung zur Folge hat, so daß das System sich aufschaukelt und schließlich zusammenbricht. Man wird also auf jeden Fall einen Integrationsgang als Glättung zwischenschalten müssen. Hierdurch gelangt man aber bereits wieder zur periodischen Verarbeitungsweise.

Betrachtet man als Beispiel noch einmal die Produktionssteuerung, z. B. in Walzwerken, so wird oftmals beim Ausfall von produzierten Walzerzeugnissen eine Umplanung verlangt, die sich möglicherweise auch über die bereits in den Tieföfen eingesetzten Blöcke erstrecken soll. Bei einem solchen Fall wird man stets eine simultane Datenverarbeitung einführen müssen. Eine Maschine steht dann ausschließlich für die Walzsteuerung in Bereitschaft. Dieses Problem hat oftmals auch einen entsprechend hohen Wert, das einen derartigen Einsatz rechtfertigt. Will man dagegen nicht eine derart enge Steuerung, sondern will man lediglich das Neueinplanen von Fehlchargen ermöglichen, so ist oftmals eine zwar kurzperiodische,

aber doch immer noch streng simultane Datenverarbeitung möglich. In einem
solchen Fall wird man die verfügbare Maschine möglicherweise noch für eine Reihe
anderer Aufgaben verwenden können. Recht gut ist dies mit den neueren Anlagen
möglich, die insbesondere eine Verzahnung von Programmen je nach ihrem Vorrang leicht gestatten.

Das Problem der Beleganlieferung ist bei simultaner Datenverarbeitung anders
als bei periodischer Verarbeitung. Es ist zwar auch hier erforderlich, daß die Belege
schnellstens zur Rechenanlage kommen, aber das Problem der Nachzügler, das
sich oftmals aus grundsätzlichen Erwägungen bei periodischer Verarbeitung nicht
oder nur schwer lösen läßt, tritt hier nicht in diesem entscheidenden Maße auf.
Es wird erst dann wieder von Bedeutung, wenn man von der simultanen Verarbeitung etwa an einem besonderen Stichtag zur periodischen Erstellung von
Auswertungen der bisherigen Verarbeitung übergeht. Ein besonderes Problem
simultaner Verarbeitung entsteht durch die Speicherung von Bestandskarteien in
Speichern mit wahlfreiem Zugriff. Wie bereits beim Begriff der Kartei erwähnt,
muß man hier jeweils den speziellen Charakter des vorliegenden Schlüssel-
kollektivs untersuchen und hiernach eine möglichst günstige Adressierungs-
methode auswählen. Eine endgültige Lösung des Adressierungsproblems gibt es
sicherlich heute noch nicht, wahrscheinlich insbesondere wegen des Standes der
Maschinenentwicklung. Zur Frage *simultane* oder *periodische Datenverarbeitung*
kann vielleicht vom Standpunkt der Aktivität einer Kartei her grundsätzlich
gesagt werden, daß sich eine Kartei mit hoher Aktivität besser für periodische
Verarbeitung eignet. Eine Kartei mit mittlerer Aktivität kann gut simultan verarbeitet werden, dagegen wird eine Kartei mit sehr geringer Aktivität wieder
besser periodisch verarbeitet, insbesondere dann, wenn sie einen erheblichen Umfang hat. Es dürfte jedoch schwierig sein, hier wirklich allgemeine Regeln aufzustellen.

4.2 Systematik der organisatorischen Konzeption

Neben der Zeit als Einteilungsprinzip läßt sich auch die organisatorische Auffassung der elektronischen Datenverarbeitung als ein Unterscheidungsmerkmal
benutzen. Es ergibt sich eine unterschiedliche Arbeitsweise je nachdem, ob man
die Lochkartenmaschinen bzw. Rechenanlagen nur als Hilfsmittel für die Erledigung von Massenarbeiten ansieht, ob man ihnen auch kompliziertere Funktionen
überträgt, ob man sie nur an einzelnen Punkten einsetzen will, oder ob man ihnen
das gesamte Feld der Verwaltungsarbeit überläßt. Es sei daher zunächst einmal
nach der Ausdehnung der Datenverarbeitung unterschieden.

4.21 Systematik nach der Einsatzbreite. Lochkartenmaschinen dienten ursprünglich
zur Überwindung von Engpässen, die bei der manuellen Datenverarbeitung an
bestimmten Punkten auftraten. Mit fortschreitender Vervollkommnung dieser
Maschinen gelang es, ganze Problemkreise zu mechanisieren. Mit dem Auftreten
der elektronischen Rechenanlagen entwickelte sich auch die Idee der Zusammenführung ganzer Arbeitsgebiete, die integrierte Datenverarbeitung, und mit fortschreitender Verbesserung der Rechenanlagen in Zusammenwirken mit den heute
auf dem Markt befindlichen verschiedensten Hilfsgeräten für die Datenerfassung,
-übertragung und -steuerung gelangt man schließlich zur Idee der automatischen
Datenverarbeitung, die das Eingreifen eines Menschen gänzlich überflüssig macht.

4.22 Schwerpunktmäßige Datenverarbeitung. Die einfachste Anwendungsweise
von Maschinen zur mechanisierten Datenverarbeitung besteht darin, daß man den

Maschinen ausschließlich die Arbeiten überträgt, die einen Engpaß in der manuellen Datenverarbeitung bedingen. Derartige Engpässe treten im allgemeinen bei den sogenannten klassischen Anwendungsgebieten der mechanisierten Datenverarbeitung, also der Lohnabrechnung, der Materialabrechnung und ähnlichen Arbeiten, insbesondere in Industriebetrieben, sowie bei statistischen Arbeiten der verschiedensten Arten auf. Die mechanisierte Datenverarbeitung besteht hier im wesentlichen darin, daß eintreffende Daten geordnet und angeschrieben werden, wobei sie nach gewissen Gruppenmerkmalen verdichtet und die Gruppensummen ebenfalls angeschrieben werden. Vielfach treten dabei einfache Rechenvorgänge, wie das Multiplizieren zweier Zahlen auf. Dieses kann auch mit normalen Lochkartenmaschinen, ja bereits mit Tabelliermaschinen erledigt werden. Arbeiten dieser Art sind typische terminbedingte Arbeiten, welche die für die Lochkartenabteilungen charakteristische Belastungskurve während des Monats ergeben. Man fängt die hierbei auftretende Spitzenbelastung dadurch auf, daß man mehrere Maschinen parallel arbeiten läßt. Das bei manueller Bearbeitung notwendige Parallelarbeiten der verschiedenen Sachbearbeiter ist also hier nicht gänzlich vermieden. Probleme bietet diese Art der Datenverarbeitung im wesentlichen nur durch die Beschränktheit der eingesetzten Maschinen, die eine Reihe von organisatorischen Vorkehrungen dafür verlangen, daß nicht allzu komplizierte Probleme auftreten, daß die Datenerfassung in einfachen und für die Locherei günstigen Formen geschieht. Schließlich wird auch das Aussehen der Berichte durch die Art des Schreibens der Tabelliermaschine erzwungen. (Vgl. hierzu [59, 60].)

4.23 Streckenweise Datenverarbeitung. Die Vervollkommnung der Lochkartenmaschinen machte es bereits vor längerer Zeit möglich, nicht nur einzelne Teile aus einem Problem zu mechanisieren, sondern ganze Problemkreise für sich geschlossen durch eine Lochkartenabteilung erledigen zu lassen. So ist es möglich, die gesamte Kostenrechnung eines Industriebetriebes zu mechanisieren oder aber die verschiedenen Formen der Bestands- und Kontenführung durch Lochkartenmaschinen zu erledigen. Hierbei ist zu bemerken, daß Lochkartenmaschinen keine simultane Datenverarbeitung zulassen und daß das Gegeneinanderverarbeiten von Arbeits- und Bestandskarteien hier im allgemeinen ein Zusammenmischen dieser Karteien verlangt. Unterbrochen wird im allgemeinen die streckenweise mechanisierte Datenverarbeitung dort, wo Zahlen entweder mit Hilfe von komplizierten Rechengängen zu gewinnen sind oder wo das Gewinnen nur weniger Zahlen ein besonderes Programm für die Lochkartenmaschinen verlangt. Die relativ hohe Rüstzeit dieser Maschinen würde eine Mechanisierung dieser Vorgänge unwirtschaftlich machen. Man kann z. B. die Kostenrechnung eines Industriebetriebes bis zur Vorsammlung der einzelnen Kostenarten treiben. Dann wird man z. B. aus den Gesamtlohnkosten einen Faktor für die lohnabhängigen Kosten manuell berechnen und diese wiederum in der Lochkartenabteilung für die einzelnen Kostenstellen ausrechnen. Die eigentliche Kostenstellenrechnung wird vielfach wiederum manuell durchgeführt, und nach Erledigung dieser Rechnung werden Teile der weiteren Arbeitsgänge bis zur Erfolgsrechnung über die Lochkarte erledigt. Eine derartige Arbeitsweise ist nicht sehr befriedigend. Sie wird jedoch vielfach durch die Beschränkung der Lochkartenmaschinen erzwungen. Mit dem Aufkommen der Rechenanlagen hat man bisher vielfach versucht, diese streckenweise Arbeitsmethode der Lochkartenmaschinen einfach auf Rechenanlagen zu übertragen. Dies ist naturgemäß möglich, wirft jedoch sofort das Problem der Wirtschaftlichkeit der Rechenanlagen auf. Wenn es nicht gelingt, durch den Einsatz

einer Rechenanlage Maschinenmiete einzusparen, wird man notwendigerweise die
Vorteile entweder in Zeitgewinn oder aber in der Erledigung neuer Arbeitsgebiete
suchen müssen. Da insbesondere bei den klassischen Lochkartenarbeiten ein Zeitgewinn im allgemeinen nicht von großer wirtschaftlicher Bedeutung ist oder aber,
da nunmehr nicht mehr parallel über mehrere Lochkartenmaschinen gearbeitet
wird, überhaupt nicht auftritt, so muß man den Einsatz, besonders der älteren
Rechenanlagen, im wesentlichen durch die Übernahme neuer Arbeitsgebiete rechtfertigen. Die streckenweise mechanisierte Datenverarbeitung ist also für eine
Rechenanlage durchaus keine angemessene Arbeitsweise, insbesondere, da diese
Anlagen auch wesentlich größere Möglichkeiten haben. (Vgl. hierzu [59 bis 61].)

4.24 Integrierte Datenverarbeitung. Mit dem Einsatz elektronischer Rechenanlagen
kam daher frühzeitig die Idee der Integration der Datenverarbeitung auf. Hierunter ist im wesentlichen die Aufhebung der durch die wachsenden Betriebsgrößen
entstandenen Arbeitsteilung gemeint [62].

Bei einigermaßen großen Betrieben ist es üblich, daß eine Information, die in den
Betrieb gelangt, nacheinander oder aber parallel durch eine Reihe von Abteilungen
läuft, die alle einen bestimmten Aspekt dieser Information betrachten und zur
Verarbeitung bringen. Beispielsweise wird eine Bestellung in der Abteilung für
Auftragsstatistik eine Buchung auslösen, in der Abteilung Arbeitsvorbereitung
wird sie zur Erstellung einer Arbeitsanweisung führen usw. Dabei ist es an sich
möglich, alle diese Folgen, die das Auftreten einer Information nach sich zieht,
in einem Arbeitsgang zu erledigen, wenn man nur einen hinreichend umsichtigen
und schnellen Sachbearbeiter hätte — einen solchen stellt aber eine Rechenanlage
dar.

Man sieht, daß die Einführung einer integrierten Datenverarbeitung sicherlich die
gesamte Abteilungsstruktur eines Betriebes, sei es nun ein Industriebetrieb, eine
Behörde oder ein sonstiger Verwaltungsbetrieb, völlig über den Haufen wirft.
Hierin liegen auch die wesentlichen Schwierigkeiten der integrierten Datenverarbeitung. Rein theoretisch dürfte es in vielen Fällen nicht schwierig sein festzustellen, welche Aktionen wirklich auf eine eintreffende Information hin er-
griffen werden müssen, um den Geschäftszweck zu erreichen. Die integrierte
Datenverarbeitung bedeutet für eine Rechenanlage also zunächst, daß die in einer
Arbeitskartei zusammengefaßten Eingangsinformationen gegen sämtliche
Bestandskarteien verarbeitet werden, die sie überhaupt jemals betreffen. Dies
kann bei der sehr schnellen Arbeitsweise der Rechenanlagen hintereinander oder
nebeneinander geschehen. Im letzteren Fall wird im allgemeinen der Einsatz großer
Speicher mit wahlfreiem Zugriff erforderlich werden. Liegt der Idealfall vor, daß
alle für die Datenverarbeitung notwendigen Programme sich gleichzeitig in
einem hinreichend schnellen Speicher in einer Rechenanlage unterbringen lassen,
so wird man sogar hier die simultane Arbeitsweise vornehmen können. (Vgl. hierzu [3] insbes. Kap. 2, sowie [26].)

Neben der eigentlichen Integration der Arbeiten ist auch eine innere Integration
in der Datenverarbeitung insofern notwendig, als die in der klassischen Arbeitsweise
meist manuell erstellten Zwischenstufen auf die mechanisierte Verarbeitung um-
gestellt werden müssen. Es handelt sich dabei oftmals um die Erstellung einzelner
Zahlen, um einzelne kleine Rechengänge, bei denen es — wenn man sie getrennt
betrachtet — nicht lohnt, eine Mechanisierung vorzunehmen. Im Gesamtsystem
wirkt sich ein manuelles Glied derart störend aus, daß sich auch die Mechanisierung derartiger kleiner Bereiche lohnt. Schließlich wird man auf der Seite der

Erstellung von Ergebnissen im allgemeinen so weit gehen müssen, daß diese entweder direkt zur Steuerung verwendet werden oder aber der direkten Berichterstattung extern oder intern dienen können und keine weitere Datenverarbeitung verlangen. Für die interne Berichterstattung bedeutet dies, daß die Statistiken meist nicht in der üblichen Form, also als normale Verdichtungsarbeiten erstellt werden, sondern daß statistische Kennwerte, wie Mittelwerte, Korrelationskoeffizienten, deren Sicherheiten und ähnliches mehr, errechnet werden sollten. Anzustreben ist, daß man wenigstens für Teile des Betriebsverhaltens mathematische Modelle findet, deren Eingangswerte die Rechenanlage erstellt unter direkt nachfolgender Berechnung des Modells. Als Ergebnis würde dann eine direkte Anweisung für das optimale Verhalten des Betriebes erscheinen. Hierbei handelt es sich freilich um einen Idealfall, der bisher nur in sehr wenigen Fällen verwirklicht werden konnte. Die Schwierigkeit besteht hier im allgemeinen darin, daß mathematische Modelle für das optimale Verhalten eines Betriebes nur sehr schwer gefunden werden können, vor allem aber, daß sie sehr leicht so aufwendig werden, daß eine praktische Berechnung trotz einer hohen Geschwindigkeit der Rechenanlagen nicht erledigt werden kann. Die Festlegung von Verhaltensweisen, z. B. die Festlegung eines Auslieferungsfahrplans, die langfristige Festlegung der Produktion oder ganz allgemein die Festlegung einer globalen Betriebsstrategie, die — wie man sagt — heute nach dem unternehmerischen Fingerspitzengefühl des Managers festgelegt wird, läßt sich zwar auch grundsätzlich in ein mathematisch exaktes Modell fassen. Jedoch muß dieses Modell eine derart große Anzahl von Komponenten berücksichtigen, um bessere Ergebnisse als bei der manuellen Behandlung zu liefern, daß es einerseits schwierig zu finden ist, andererseits aber der Ausrechnung auch große Widerstände entgegensetzt. Vielfach wird man hier mit der bereits weit verbreiteten linearen Planungsrechnung (*linear programming*) nicht mehr durchkommen, da diese ja grundsätzlich nur eine erste Näherung aller Probleme darstellt. Bei der nichtlinearen Planungsrechnung, auf die man übergehen muß, wenn man die Probleme nicht mehr durch irgendwelche Kunstgriffe auf lineare Fälle zurückführen kann, sieht man sich jedoch heute noch erheblichen mathematischen Grundlagenschwierigkeiten gegenüber. (Vgl. hierzu [1] insbes. Kap. 10, S. 30 ff., [2] insbes. S. 166 ff. u. 179—189, [63] insbes. S. 324 ff., sowie [64 bis 76].)

Bei integrierter Datenverarbeitung muß ganz besonders darauf hingewiesen werden, daß die Rechenanlage oder allenfalls sogar die Lochkartenmaschinen einen kleinen Teil des Verarbeitungssystems darstellen. Ein integriertes Datenverarbeitungssystem reicht von der Erfassung der Daten bis zur Erstellung der endgültigen Ergebnisse, gegebenenfalls bis zur Steuerung gemäß diesem Ergebnis. Die Erfassung der Daten kann heutzutage auf die verschiedenartigste Weise geschehen (vgl. hierzu [77]). So können physikalische Meßwerte mit Hilfe der verschiedensten Geräte in Lochstreifen oder Lochkarten, ja sogar in Magnetbänder übersetzt werden. Eine Schwierigkeit tritt auf bei der Übertragung dieser Daten zum Verarbeitungszentrum. Liegt dieses räumlich in der Nähe der Erfassungsstellen, so wird man entweder durch ein werksinternes Leitungsnetz oder aber durch Boten die Übertragung vornehmen können. Bei räumlich dezentral gelegenen Betrieben wird man auf die Übertragung über öffentliche Leitungsnetze oder auf den drahtlosen Weg angewiesen sein. In beiden Fällen stößt man hierbei auf eine äußerst rückständige Gesetzgebung — jedenfalls in Deutschland. Während es in den USA Privatgesellschaften möglich ist, Leitungsnetze dieser Art zu verlegen, muß man sich bei uns strikt an die z. T. nicht mehr zeitgemäßen einschränkenden

Bestimmungen der Bundespost halten. Bei der derzeitigen Auslegung des Fern-
schreibnetzes und bei dem Verbot, über das Telefonnetz etwa von Magnetband
auf Magnetband mit der hierbei möglichen hohen Geschwindigkeit zu übertragen,
sowie bei dem Verbot der kommerziellen Verwendung der Kurzwelle liegt ein
schweres Hindernis für eine integrierte Datenverarbeitung für alle diejenigen
Betriebe vor, die räumlich getrennt liegen. Es stellen sich dadurch im wesentlichen
wirtschaftliche Probleme. Grundsätzlich ist es heute möglich, über beliebige Ent-
fernungen Daten in hinreichender Menge praktisch ohne Zeitverzögerung und
auch mit den ausreichenden Sicherungsvorkehrungen gegen Fehler zu übertragen.
Die Möglichkeiten von Fehlern in der Übertragung müssen natürlich besonders
berücksichtigt werden. Da man die Ein- und Ausgabeseite voll mechanisch
gestalten kann, sind Fehler insbesondere durch Störungen in der Leitung oder bei
drahtloser Übertragung durch atmosphärische Störungen möglich. Eine Entdeckung dieser Fehler ist durch die gleichzeitige Übertragung gewisser Prüfinformationen, also von Quersummen u. ä, sowie die Doppelübertragung der Informationen möglich. Man sollte hier aber bedenken, daß die Entdeckung eines
Fehlers oftmals gar nicht das einzig Wichtige ist, es muß vielmehr für einen
reibungslosen Ablauf des Datenverarbeitungssystems auch sofort möglich sein,
den Fehler zu eliminieren. Dies kann nur dadurch geschehen, daß man entweder
mehrere sich gegenseitig kontrollierende Prüfinformationen bildet, also, wie dies
bei Magnetbändern neuerdings geschieht, sogenannte Quer- und Längskontrollen
vornimmt, oder daß man zusätzlich noch eine Doppelübertragung durchführt.
(Vgl. hierzu [33] insbes. S. 184 ff., ferner [73] und [78 bis 82].)

Hiermit ist ein allgemeines Problem der Datenverarbeitung angeschnitten, nämlich
das des Fehlererkennens. Oftmals findet man eine große Anzahl von Prüfungen
besonders bei Programmen für elektronische Rechenanlagen. Vielfach wird jedoch
verkannt, daß nicht eigentlich die Prüfung das Interessante, sondern vielmehr die
Beseitigung des Fehlers wichtig ist. Dieses sollte bei jedem Prüfzyklus in einem
Programm beachtet werden; es kann sonst dazu führen, daß die Entdeckung eines
Fehlers bei einer an sich nicht besonders signifikanten Information zu einer erheblichen Störung des gesamten Systems führt, da dieser Fehler auf komplizierte
Weise manuell bereinigt werden muß. Die Information sollte nach Möglichkeit
so in eine Maschine gelangen, daß beim Auftreten von Fehlern eine automatische
Korrektur möglich ist. Dies bedingt jedoch im allgemeinen einen ziemlich umfangreichen Aufwand, so daß man sich sehr wohl überlegen muß, welche Information
wirklich kontrolliert werden soll und welche für das System nicht von entscheidender Bedeutung ist. Bei Buchführungsarbeiten wird dies im allgemeinen durch die
Forderung der exakten Richtigkeit der Buchführung bestimmt. Bei Arbeiten, die
auf die Berechnung mathematischer Modelle für den Betrieb herauslaufen, sind
jedoch durchaus Fehler von minderer Signifikanz möglich, ohne daß hierdurch
das Ergebnis beeinflußt wird.

4.25 Automatische Datenverarbeitung. Die Schwierigkeiten, die oben bereits bei
der integrierten Datenverarbeitung und der Verwendung von mathematischen
Modellen erwähnt wurden, gelten in besonderer Weise für die Idee der automatischen Datenverarbeitung, bei der der Mensch völlig aus dem System ausgeschlossen werden soll. Genauer wäre unter einem solchen System eine automatische Datenerfassung, Verarbeitung und eine vollautomatische Steuerung des
betrachteten Betriebsablaufs zu verstehen, bei der Menschen nur noch als Programmierer oder als Wartungstechniker von Bedeutung sind. Weder die vor-

liegenden Rechenanlagen noch die zur Verfügung stehenden mathematischen Methoden, noch die Programmierungstechnik sind heute so weit fortgeschritten, daß man automatische Datenverarbeitung in vielen Fällen durchführen kann. Dennoch gibt es gewisse Bereiche, bei denen sie möglich ist, und andere Bereiche, bei denen sie sogar unbedingt notwendig erscheint.

Möglich erscheint eine automatische Datenverarbeitung z. B. bei Raffinerien, die aus einem Reservoir von verschiedenen Grundstoffen unter Beachtung technologischer Vorschriften und Begrenzungen gewisse Erzeugnisse herstellen und an die man über ein Datenverarbeitungssystem gemäß der Marktlage gewisse Anforderungen stellen kann; dies schafft die Möglichkeit einer automatischen Steuerung der technischen Vorrichtungen [83 bis 88].

Notwendig erscheint eine automatische Datenverarbeitung in gewissen militärischen Bereichen. Hierbei ist besonders interessant der z. Z. noch halb manuelle Einsatz einer elektronischen Datenverarbeitung für die Luftabwehr in den USA [89 bis 93]. In diesem sogenannten *SAGE-System* werden Daten über in der Luft befindliche Gegenstände wie Flugzeuge und Raketen automatisch erfaßt und in einer Form aufbereitet, die dann eine manuelle Befehlsgebung, etwa für die Abwehr, ermöglicht. Hierin wäre die allgemeine Leitung von normalen Flügen einzuschließen. Das System sieht nach der manuellen Zwischenstufe wieder eine automatische Auswertungsstufe vor, bei der die gegebenen Befehle in entsprechender Weise aufbereitet zur Steuerung benutzt werden. Bei den heute vorliegenden Fluggeschwindigkeiten von Projektilen wird man wohl die manuelle Stufe irgendwie vermeiden müssen, um ein System mit einer wirklich ausreichenden Sicherheit vor Überraschungsangriffen zu schaffen.

4.3 Systematik nach der Intensität der Datenverarbeitung

Vielfach parallel mit der Ausdehnung der mechanisierten Datenverarbeitung geht auch die Tiefe ihres Einsatzes. So wird man bei schwerpunktmäßiger oder streckenweiser Verarbeitung nur die Grundelemente der mechanischen Datenverarbeitung, nämlich das Ordnen von Daten und das Erledigen einfacher, aber aufwendiger Rechenvorgänge erledigen (klassisches Lochkartenverfahren). In dieser Stufe dient die Mechanisierung dann lediglich dazu, Engpässe, die durch manuelle Bearbeitung nicht mehr erledigt werden können, zu überwinden bzw. die Anzahl der Verwaltungsangestellten an den kritischsten Punkten zu vermindern.

Ein höheres Niveau der Datenverarbeitung stellt bereits die Verarbeitung ganzer Aufgabengebiete, z. B. Lohnabrechnung, Kostenrechnung u. ä., dar, wobei auf diesem Niveau im allgemeinen noch nicht genau das selektiert wird, was für den Geschäftsbetrieb unbedingt zu wissen erforderlich ist, sondern nach einem Schema alles das ausgeliefert wird, was einmal interessant werden könnte, wobei zu diesem Niveau natürlich auch die externen Berichte gehören. Man beachte hierbei, daß diese Unterscheidung nach der Intensität bzw. dem Niveau der Verarbeitung keine Wertunterscheidung darstellt, daß vielmehr selbst in einem vollautomatischen System Elemente niederen Niveaus enthalten sein müssen, eben die genannten externen Berichte, wie Lohnabrechnung, Rechnungsschreibung und ähnliches.

Eine dritte Stufe stellt die selektierende Datenverarbeitung (*Management by Exception*) dar [94]. Diese Verfahrensweise tritt bei streckenweiser oder integrierter Verarbeitung auf. Sie besteht darin, daß aus der Gesamtheit der bei der Datenverarbeitung entstehenden Ergebnisse nur diejenigen ausgewählt werden, die für den Geschäftsbetrieb von Bedeutung sind, z. B. kann man vielfach bei

Bestandsführungen irgendwelcher Art, also Lagerbeständen, Konten oder ähnlichem, für jedes Konto bzw. für jeden Artikelbestand eine obere bzw. untere Grenze definieren, die nicht über- bzw. unterschritten werden darf, und außerdem kann man eine mittlere Fluktuation etwa bei Artikeln in einem Auslieferungslager definieren. Während der Datenverarbeitung wird nun laufend geprüft, ob die obere oder untere Bestandsgrenze über- bzw. unterschritten wird oder ob in der mittleren Fluktuation eine wesentliche Änderung eintritt. Über alle Artikel, bei denen dies nicht der Fall ist, wird überhaupt keine Meldung erstellt. Berichtet wird nur über Artikel bzw. Konten, bei denen eine der genannten Größen überschritten wird bzw. eine wesentliche Änderung vorliegt. Bei integrierter Datenverarbeitung wird dann sofort eine Reaktion veranlaßt, also z. B. die Nachbestellung bei Unterschreitung des Mindestbestandes, die Sperrung eines Kontos bei Überschreiten der Kreditgrenze sowie bei Absinken der Fluktuation eine Herabsetzung des Preises des zum „Ladenhüter" gewordenen Produktes oder ähnliches mehr. Diese Art der Datenverarbeitung ist z. B. auch bei den normalen klassischen Lochkartenarbeiten, wie Lohnabrechnung, möglich. So hat man besonders in den USA mit dem Auftreten der elektronischen Rechenanlagen die Lohnabrechnung vielfach bereits während des Monats nach den Arbeitsplänen erstellt und jeweils eintretende Änderungen, etwa durch Krankheit oder Umdisposition, als Ausnahmen hineingenommen. (Vgl. hierzu [2] insbes. S. 148 ff., [63] insbes. S. 617 ff., sowie [94, 95].)

Es gibt somit zwei sehr unterschiedliche Arten der selektierenden Datenverarbeitung einmal auf der Seite der Ergebnisse und einmal auf der Seite der Eingangswerte. Beide Arten dienen dazu, die manuellen Arbeiten zu reduzieren und hier immer noch auftretende Engpässe zu vermeiden. Der Anwendung der Datenverarbeitung nach Ausnahmen sind naturgemäß dort Grenzen gesetzt, wo praktisch nur noch Ausnahmen die Datenverarbeitung bestimmen. Dies sei am Beispiel eines Produktionsbetriebes erläutert. Nimmt man einen Betrieb aus der Autoindustrie, so wird man hier vielfach nach einer Norm produzieren können, die aus einer einmaligen Marktforschung gewonnen wurde. Man wird hier diese Norm nur dann ändern, wenn sich wesentliche Änderungen im Marktsystem, d. h. auf der Eingabeseite des Systems ergeben. Bei einer Werft dagegen wird man Schiffe nicht gemäß einer vorhandenen Marktlage auf Kiel legen können, sondern lediglich auf Bestellung hin. Hier ist eine Arbeitsvorbereitung nach dem System der Ausnahmen also nicht möglich. Auf der Ausgabeseite liegen meist dort Grenzen, wo sich bei Konten oder Lagerbeständen die angegebenen Grenzbedingungen nicht genau definieren lassen bzw. wo sie sehr starken, aber nicht vorher bestimmbaren Saisonschwankungen unterworfen sind.

Während bei der vorigen Stufe angenommen war, daß die Maschine bekannten Situationen gegenübersteht und auf diese entweder nur meldend oder sogar steuernd reagiert, stellt das höchste Niveau der Datenverarbeitung eine Arbeitsweise dar, bei der man es der Maschine ermöglicht, durch Programme, die eine große Anzahl von Kombinationsmöglichkeiten berücksichtigen, auf sehr viele Situationen selbständig, ohne zusätzlichen Eingriff zu reagieren, die vorher nicht unbedingt alle erkannt werden können.

Dies ist dann möglich, wenn man die auftretenden Situationen etwa jeweils durch eine Reihe von Eigenschaften charakterisieren kann, deren Zusammentreffen eine unübersehbare große Anzahl von Möglichkeiten ergibt, und wenn es ferner gelingt, die Maschine so zu programmieren, daß sie einer beliebigen Kombination von Eigenschaften gegenüber richtig reagieren kann. Es tritt hier grundsätzlich das Problem auf, ob eine Maschine wirklich allen Situationen gewachsen sein kann. Die Antwort hierauf ist, daß eine Maschine dies wohl stets nur mit einer gewissen Annäherung erreicht, so daß man bei der Programmierung immer noch die Möglichkeit offen lassen muß, in gewissen nicht definierbaren Situationen auf manuelle Bearbeitung zurückzugreifen. (Vgl. hierzu z. B. [96].)

5. Die Datenverarbeitung der verschiedenen Betriebstypen

Nachdem oben erörtert wurde, wie sich die Datenverarbeitungsprobleme systematisch gliedern lassen, sei hier nun untersucht, wie die Datenverarbeitung in den einzelnen Betriebstypen näher aussieht. Man hat im allgemeinen zu unterscheiden zwischen Betrieben, bei denen der Informationsfluß ein direktes Mittel zur Erzeugung des Betriebszwecks ist — hierzu gehören reine Verwaltungsbetriebe wie Behörden, Banken und Versicherungen —, und solchen Betrieben, bei denen der Informationsfluß nur indirekt der Erreichung des Betriebszweckes dient, wozu im wesentlichen sämtliche Industriebetriebe, Verkehr und Handel gehören. Dabei werden bei Industriebetrieben noch besonders Gewinnungsbetriebe, Betriebe mit kontinuierlicher und Betriebe mit diskontinuierlicher Fertigung unterschieden.

5.1 Industrie

Betrachten wir unter den Industriebetrieben zunächst die Gewinnungsbetriebe, also im wesentlichen Bergbauunternehmen bzw. die Erdölgewinnungsindustrie, so liegen als Hauptprobleme hier die Lohnabrechnung, die Verarbeitung des Lagerwesens für das bei der Gewinnung verbrauchte Material sowie die Buchhaltung und die Kostenrechnung von der Erfassung der Kosten auf den einzelnen Kostenstellen bis zum fertigen Betriebsabrechnungsbogen vor [84, 97, 98]. An Volumen überwiegen im allgemeinen, besonders bei Bergbaubetrieben, die Lohn- und Materialabrechnung bei weitem. Die Kostenrechnung mit Erstellung des Betriebsabrechnungsbogens ist vielfach Normen unterworfen, die von Verbänden aufgestellt worden sind, und daher ist die organisatorische Betätigung hier weitgehend begrenzt. Die Geschäftsbuchhaltung kann bei Gewinnungsbetrieben sehr wohl mechanisiert werden. Man wird jedoch hierbei wie auch bei anderen Branchen stets noch auf eine gewisse Zurückhaltung stoßen, die aber im wesentlichen psychologischer Art ist. Im allgemeinen bietet die Datenverarbeitung bei den hier betrachteten Betriebstypen keine besonders großen Schwierigkeiten; freilich geht man neuerdings auf der technischen Seite des Bergbaus dazu über, mathematische Modelle zum Einsatz zu bringen, die gerade beim Bergbau von erheblicher Kompliziertheit sein können, da sie die sehr stark von den natürlichen Gegebenheiten des Gewinnungsraumes abhängigen Betriebsweisen berücksichtigen müssen. Dennoch ist es hier gelungen, eine Reihe von Problemen, wie etwa den optimalen Sohlenabstand, Verkehrsprobleme unter Tage, verschiedene Probleme der Luft-, Wasser- und Energienetze und weiteres mehr, einer Lösung zuzuführen. Diejenigen Teile von Bergbaubetrieben, die das Weiterverarbeiten des gewonnenen Materials vornehmen, gehören vielfach der kontinuierlichen Fertigung an. Erwähnt sei, daß man dort für eine Reihe von Problemen recht günstig mathematische Planungsansätze, allerdings vielfach noch mit linearen Ansätzen, angewendet hat.

Die zweite Gruppe, die Betriebe mit kontinuierlicher Fertigung, umfaßt im wesentlichen Betriebe der Chemie. Diese machen in unserer heutigen Wirtschaft einen sehr großen Teil der Industrie aus. Hier ergeben sich neben den oben erwähnten Problemen der Lohnabrechnung, die hier ja nicht von so erheblicher Bedeutung sind, im wesentlichen Probleme der Betriebsüberwachung und Steuerung, manchmal auch Probleme des Vertriebes. Für die Kostenrechnung derartiger Betriebe, die bereits kompliziert ist, da die Leistungen der einzelnen Betriebsteile gegeneinander sehr stark gekoppelt sind, hat man mit Hilfe der Matrizenrechnung Modelle entworfen, die zu recht guten Ergebnissen führen [99].

Bei Betrieben mit kontinuierlicher Fertigung ist auch die automatische Datenverarbeitung am weitesten fortgeschritten. Wie schon erwähnt, kann man gerade in Raffinerien mit einer gewissen Lösung der automatischen Datenverarbeitung rechnen. Bei größeren Betrieben der chemischen Industrie mit einem eigenen umfangreichen Vertrieb werden auch dessen Probleme von erheblicher Bedeutung. Diese sind denen von Handelsbetrieben ähnlich und seien dort näher behandelt.

Die bisher betrachteten Industriebetriebe sind typische Anwendungsgebiete der klassischen Lochkartentechnik. Die meisten derartigen Betriebe sind daher mit Lochkartenmaschinen ausgerüstet, und während heutzutage noch nicht alle Gewinnungsbetriebe elektronische Rechenanlagen eingeführt haben, kann festgestellt werden, daß dies bei größeren Chemiebetrieben durchweg der Fall ist. Übrigens kann man sich hier wie auch bei der noch zu betrachtenden übrigen Grundstoffindustrie, besonders bei größeren und älteren Unternehmen, des Eindrucks einer gewissen Erstarrung auf der Seite der Informationsverarbeitung nicht erwehren.

Eine der ältesten Benutzergruppen von Maschinen zur mechanischen Datenverarbeitung ist die Eisen- und Stahlindustrie. Hier ist dementsprechend die Verwendung elektronischer Rechenanlagen heutzutage schon weit fortgeschritten. Die Probleme der Datenverarbeitung sind hier zunächst einmal die klassischen Lochkartenprobleme, wie Statistiken verschiedener Art, und die mit der Kostenrechnung zusammenhängenden Gebiete, zu denen auch die Lohnabrechnung gehört sowie u. a. Materialabrechnung, Abrechnung von Transportkosten, Abrechnung von Walzstraßen u. ä. mehr. Ferner wird eine große Anzahl von Arbeiten für die sogenannte Stoffwirtschaft, d. h. die technische Betriebsüberwachung, durchgeführt.

Bei allen diesen Arbeiten handelt es sich entweder um Verdichtungsarbeiten verschiedener Typen, also Einkarteienarbeiten, wie auch um Zweikarteienarbeiten. So wird etwa bei der Lohnabrechnung die Stammkartei der Arbeiter gegen die Kartei der Arbeitsstunden verarbeitet oder bei der Fortschreibung der Erfolgsrechnung der monatliche Fabrikateerfolg gegenüber dem bisher angelaufenen jährlich fortgeschrieben. Man benutzte die Lochkarte hier vielfach in der streckenweisen Datenverarbeitung mit manuellen Zwischengliedern. Es hat sich in der Grundstoffindustrie gezeigt, daß die Neufassung der organisatorischen Konzeption insbesondere wegen der Größe der Betriebe und ihres teilweise verbeamteten Aufbaus große Schwierigkeiten mit sich bringt [100, 101].

Neuerdings ist man erfreulicherweise dazu übergegangen, sehr moderne Anwendungsgebiete durch Einsatz elektronischer Rechenanlagen zu automatisieren, nämlich die automatische Werkssteuerung für verschiedene Typen von Walzwerken [58, 102] (vgl. Bild 5). Walzwerke planen ihre Produktion aus einem mehr oder weniger großen Kollektiv von Aufträgen, und zwar in mehreren zeitlichen Stufen, d. h. auf eine globale Monatsplanung folgt eine detaillierte Wochen- und

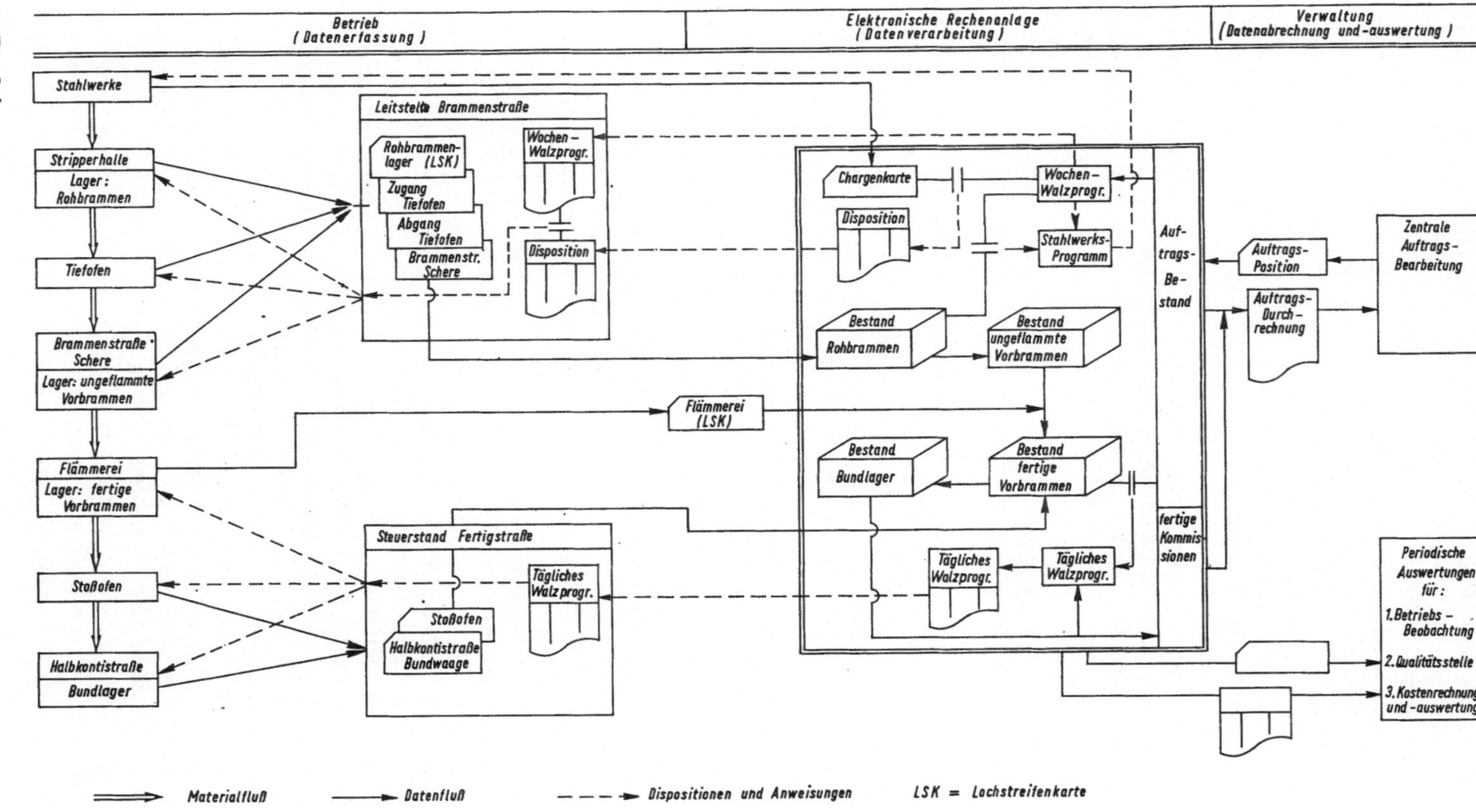

Bild 5. Beispiel für den Datenfluß bei der automatischen Walzwerkssteuerung

Schichtplanung. Aus dieser Planung wird die Vorstufe, die Stahlbestellung ermittelt. Während des Ablaufs des Plans kann es an den verschiedensten Stellen zu Abweichungen kommen. Die bekanntesten Beispiele hierfür sind das Eintreffen einer falschen Stahlqualität oder aber das Ausfallen einzelner Erzeugnisse, etwa Bleche oder Bänder. In diesen Fällen wird von der Rechenanlage eine sofortige optimale Umplanung verlangt. Dies stellt bei dem großen Kollektiv der Aufträge, das im allgemeinen vorliegt, und bei der hohen Anzahl der Kombinationsmöglichkeiten, z. B. bei Grobblechwalzwerken, eine erhebliche Anforderung an die Geschwindigkeit und Flexibilität der Rechenanlage und dürfte daher wohl nur mit den modernsten und schnellsten Rechenanlagen zu lösen sein. Durch Erweiterung dieses Walzwerks-Steuerungsproblems auf die gesamte Auftragsabwicklung gelangt man in Teilen der Werke bereits zu einer integrierten Datenverarbeitung. Es hat sich hier gezeigt, daß sich bei der Anwendung der Elektronik, sofern es sich nicht um die erwähnten neuen Probleme der Werkssteuerung handelt, oftmals eine stufenweise Einführung empfiehlt, d. h. zunächst die Lochkarte beizubehalten, sie sodann durch Magnetbänder zu ersetzen und schließlich die völlige Integration etwa auch unter Verwendung von großen Speichern mit wahlfreiem Zugriff anzustreben.

Die weiterverarbeitende Industrie hat wie die Grundstoffindustrie Probleme, die zu den klassischen Lochkartenproblemen gehören. Hier ist vielleicht besonders die Akkordlohnabrechnung zu nennen, die meist mit einem sehr großen Aufwand an Eingabedaten verbunden ist. Die weiterverarbeitende Industrie, etwa die Elektroindustrie, bei der ein produziertes Teil über eine große Anzahl von Produktionsstufen läuft, ist ein typisches Beispiel für Untersuchungen zur integrierten Arbeitsplanung. Zuerst sind in den USA weitgehende Überlegungen darüber angestellt worden, wie man unter gegebenen Terminbedingungen Aufträge so verplanen kann, daß die Produktion der Einzelteile, die meist eine Reihe von Werkzeugmaschinen passieren müssen, ohne Entstehung eines Engpasses abläuft und daß dabei die immerhin notwendigen Zwischenlager einen minimalen Umfang behalten, wobei zudem noch eine Reihe weiterer Bedingungen, wie etwa die Arbeitszeit, die Mindestlosgrößen und ähnliches beachtet werden müssen (vgl. [3]). Es gibt grundsätzlich zwei Typen dieses Problems, je nachdem ob der Betrieb nur nach Aufträgen oder auf Serie fertigt; letzteres ist verhältnismäßig einfach zu beherrschen (einfacher als das erstere!). Es wird nur dadurch kompliziert, daß es in der Serienfertigung gewisse Varianten gibt, wie dies z. B. bei Autofirmen der Fall ist [103]. Man hat hier in einigen Firmen sehr gute integrierte Systeme unter Einbeziehung von Verbundlochkarten und Fernschreibersystemen gefunden. Produziert der Betrieb nur auf Auftrag hin und hat er ein großes Sortiment, so erhält man den schwierigen Fall des Problems. Man wird zunächst unter Berücksichtigung der Kapazitätsgrenzen des Betriebes, der Termine und der Aufträge eine Arbeitsvorbereitung durchführen müssen. Dabei stößt man auf eine große Anzahl kombinatorischer Möglichkeiten für das Nacheinanderausführen von einzelnen Arbeiten. Dieser Problemtyp, der übrigens auch bei den oben erwähnten Walzwerkssteuerungen auftritt, setzt auch heute noch der Lösung durch Rechenanlagen erhebliche Schwierigkeiten entgegen, da die Anzahl der möglichen, sinnvollen Kombinationen meist derart groß ist, daß diese nicht alle der Reihe nach von einer Maschine durchgespielt werden können.

Man kann in diesem Falle auf zweierlei Art vorgehen. Entweder findet man eine Strategie, nach der sich die Optimalisierung in einer hinreichend kurzen Anzahl von Schritten durchführen läßt, wie dies z. B. analog bei der Simplex-Methode der Fall ist. Andernfalls wird man sich gezwungen sehen, Zusatzbedingungen zu stellen, also nicht alle Möglichkeiten genau zu untersuchen, und hierdurch das Kollektiv der vorhandenen Fälle einzuengen. Die Probleme sind hier meist derart schwierig, daß eine Geschwindigkeitssteigerung der Rechenanlagen um einige Zehnerpotenzen immer noch nicht die exakte Lösung gestatten würde. Neben der eigentlichen Arbeitsvorbereitung, die in Anweisungen an die einzelnen Produktionsstufen endet, wird man einen mit möglichst wenig Zeitverzögerung versehenen Regelkreis darüber aufbauen müssen, in dem festgestellt wird, was der Betrieb wirklich produziert hat, und der die Neufestsetzung der Arbeitsvorbereitung bei Planabweichungen gestattet. (Vgl. hierzu [39, 40, 104 bis 106].)

5.2 Handel

Bei Handelsbetrieben sind die typischen Lochkartenprobleme der Lohnabrechnung und Kostenrechnung meist von untergeordneter Bedeutung; hier ist die Auftragsabwicklung, also die Verbuchung der eingehenden Bestellungen sowie die Artikelbestandsführung und die Auslieferung der Bestellungen, das überwiegende Problem. Die Lösung dieses Problems richtet sich ganz nach der Anzahl der eingehenden Bestellungen sowie nach dem Umfang des Artikelsortiments. Es ist durchaus möglich, hier mit relativ kleinen Speichern auszukommen, wenn das Artikelsortiment nicht sehr hoch ist. Bei einigermaßen umfangreichem Bestellvolumen wird man Schwierigkeiten besonders auf der Eingabeseite haben. Verschiedene Lösungen sind hier versucht worden, z. B. durch Direkteingabe in die Rechenanlage oder durch halbautomatische Erfassung, etwa mit Hilfe von Strichlochkarten.

Eine für den Handel typische Arbeit ist ferner der Versand von Werbe- bzw. Artikelkatalogen. Hierbei handelt es sich um eine Einkarteienarbeit, die ausschließlich mit einer Bestandskartei durchgeführt wird. Aus der Abwicklung der Bestellungen bzw. aus der Bestandskontrolle ergibt sich noch eine Reihe von Nebenarbeiten wie etwa die Disposition der Lager, Inventurarbeiten und ähnliches. Die Disposition, die man nach den heute vorliegenden Verfahren der Unternehmensforschung optimal und automatisch gestalten könnte, wird vielfach dadurch erschwert, daß sie unvorhersehbare Saisonschwankungen des Verkaufs zu berücksichtigen hat, und zwar nicht nur Schwankungen, die innerhalb eines Jahres, sondern auch über mehrere Jahre hinweg auftreten, und daß sie beeinflußbar sein muß durch die Geschäftspolitik, die z. B. den Verbrauch bestimmter Artikel möglicherweise durch die Nichtauslieferung anderer zu erzwingen sucht.

In manchen Fällen werden beim Handel noch Probleme der Marktforschung hinzukommen, bei denen es sich im wesentlichen um die statistische Auswertung von Umfragen oder anders ermittelten Meßzahlen handeln wird. Hierbei sollten die Mittel der mathematischen Statistik voll ausgenutzt werden. Man beachte nur, daß z. B. die Korrelationsrechnung ein Ergebnis liefern kann, selbst wenn zwischen den Einflußgrößen überhaupt keine Beziehung besteht. Man muß sich bei einer Diskussion der Ergebnisse vor Fehlschlüssen hüten. (Vgl. hierzu [107 bis 109].)

5.3 Verkehrs- und Versorgungsbetriebe

Bei Verkehrsbetrieben treten wiederum die üblichen Probleme der Lohnabrechnung und der Kostenrechnung auf, freilich nicht in allzu großem Umfang. Hier ist aber ein neues Problem wichtig, und zwar die Überwachung und Abrechnung von

Reparaturarbeiten. Dies Problem stellt im wesentlichen eine spezielle Form der Kostenrechnung dar. Bei weitem interessanter sind die von Verkehrsunternehmen zu erledigenden Probleme der Auftragsabwicklung, worunter man hier etwa die Platzreservierung verstehen dürfte. Es handelt sich dabei übrigens um eine Zweikarteienarbeit. Die Platzreservierung ist besonders bei größeren Verkehrsbetrieben wie bei Fluglinien und Eisenbahnen von derart eminenter Bedeutung, daß es sich — ebenso wie beim Handel bei der Bestandsführung — lohnt, eine Einzweckrechenanlage zur Lösung der Probleme einzusetzen. Es gibt dementsprechend eine Reihe von Platzreservierungsanlagen auch bereits in Deutschland (z. B. [50]). Auf die Arbeitsweise dieser Geräte wurde bereits früher hingewiesen (siehe Abschnitt 4.12).

Wichtig sind auch hier die sogenannten Transportprobleme. Hierbei handelt es sich um das Problem, eine vorgegebene Menge von Gütern an bestimmte Zielorte zu bringen unter möglichst minimalem Transportaufwand; ein Problem, das im übrigen auch bei vielen Handelsbetrieben mit der Auftragsabwicklung vorliegt. Sofern die Frachttarife mengenproportional sind, läßt sich das Transportproblem in vielen Fällen mit Hilfe der linearen Planungsrechnung lösen. Schwierigkeiten mathematischer Art treten bei gestaffelten Tarifen auf. Man wird dann das Problem in mehrere lineare Planungsaufgaben zerlegen müssen.

Bei Versorgungsbetrieben liegt das Problem der Zählerablesung und des Inkassos mit der Führung des Kundenkontokorrents vor, das besonders im Hinblick auf die Wirtschaftlichkeit der mechanischen Datenverarbeitung schwierig ist, da bei nicht manueller Bearbeitung wegen der Zeitdifferenz zwischen Ablesung und Zahlung erhebliche Zinsverluste auftreten. (Vgl. hierzu [49, 110 bis 112].)

5.4 Banken

Betrachten wir nunmehr Betriebe, bei denen die Informationsverarbeitung direkt mit der Erreichung des Geschäftszwecks verbunden ist. Hierzu gehören zunächst die Banken, bei denen das volumenmäßig größte Problem das der Verbuchung der eingehenden Kontobewegungen ist. Besonders in den USA hat man wegen des sehr großen Anfalls von Schecks Spezialrechenanlagen (z. B. „ERMA" [113]) entwickelt, die es gestatten, diese Schecks völlig automatisch zu verarbeiten. Hierzu wurde eine eigene durch eine Rechenanlage und durch den Menschen direkt lesbare Schrift entwickelt (vgl. Bild 6), in der die Kontonummer, die Nummer der

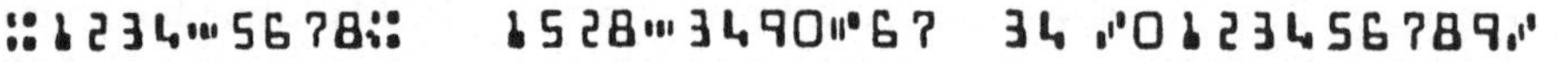

Bild 6. In den USA verwendete Magnetschrift

ausgebenden Bank und ähnliches auf den Scheck aufgedruckt sind. In die Rechenanlage muß dann nur noch der Betrag des Schecks eingegeben werden. Dies geschieht meist durch eine Direkteingabe in der Anlage von mehreren Plätzen her gleichzeitig. Man gibt dabei den Scheck in ein Lesegerät, in dem die zur Verbuchung notwendige weitere Information automatisch abgelesen wird. Die Kontobewegung wird dann sofort in der Rechenanlage verbucht. Die Rechenanlage druckt periodisch (etwa einmal täglich) sämtliche Kontobewegungen aus und erstellt die notwendigen Berichte sowohl für die Bank als auch für die Kunden. Zur weiteren Verarbeitung der Schecks hat man im übrigen spezielle Schecksortiermaschinen entwickelt, welche die erwähnte Schrift lesen und die Schecks hiernach mit erheblicher Geschwindigkeit sortieren können. Es handelt sich hier also um eine Zweikarteienarbeit, die simultan erledigt wird. Spezialanlagen für Banken sind in Deutschland bisher noch nicht eingesetzt worden.

Es ist freilich auch möglich, die anfallenden Buchungen auf andere Weise in maschinenlesbare Form zu übersetzen, etwa über Registrierkassen mit angeschlossenen Lochstreifenlochern, und dann die Verarbeitung auf einer normalen Rechenanlage vorzunehmen.

Neben diesem Problem der Buchung auf den einzelnen Konten tritt periodisch (etwa halbjährlich oder jährlich) das Problem der Zinsabrechnung auf. Dieses kann mit Rechenanlagen natürlich leicht gelöst werden. An weiteren Problemen sind etwa das Kreditgeschäft sowie der Effekten- und Wechselverkehr zu nennen. Beim Kreditgeschäft handelt es sich um die laufende Überwachung einer Bestandskartei, in der alle Angaben über den gewährten Kredit und die hierfür notwendigen Rückzahlungen enthalten sind. Die Rechenanlage wird hierbei die eingehenden Zahlungen zu verarbeiten und beim Ausbleiben dieser Zahlungen oder bei Nichtübereinstimmung mit den Vorschriften entsprechende Aktionen zu veranlassen haben. (Vgl. hierzu [113 bis 124].)

5.5 Versicherungen

Das Hauptproblem der Versicherungsgesellschaften ist die Führung der Policenkarteien mit der Eingliederung neuer Versicherter sowie der Löschung und Veränderung von Policen. Daneben umfaßt diese Arbeit die Verbuchung und Kontrolle der eingehenden Ratenzahlungen und die Verarbeitung von Schadensfällen. Sie erhält hier eine gewisse Ähnlichkeit mit Problemen des Kreditgeschäftes. Die besondere Schwierigkeit bei Versicherungen besteht darin, daß die Policenkarteien einerseits je Einzelinformationssatz eine erhebliche Anzahl von Angaben enthalten, etwa die ganze Geschichte des Versicherungsablaufs, und daß bei vielen Versicherungen erhebliche Mengen von Einzelversicherungen bestehen, seien es nun Sach-, Lebens- oder Krankenversicherungen. Sehr wichtig für Versicherungen dürfte die laufende Auswertung von Schadensfällen im Hinblick auf die Berechnung des Risikos, die Berechnung von Tarifen für bestimmte Fälle und ähnliches sein. Zu erwähnen ist schließlich die jährliche Rechnung der Deckungsrückstellung, die im übrigen auch in Industriebetrieben mit werkseigenen Altersversicherungen auftritt. (Vgl. hierzu [125 bis 134].)

5.6 Behörden

Öffentliche Betriebe und Behörden haben naturgemäß, soweit sie nur staatlich geleitete Betriebe sind, wie etwa die Bundesbahn als Verkehrsbetrieb oder die Post, weitgehend die gleichen Probleme wie privatwirtschaftliche Betriebe. Etwas anders liegen die Probleme bei eigentlichen Verwaltungsbehörden; beispielsweise tritt bei Finanzämtern das Problem der Steuerveranlagung, d. h. die Erstellung von Steuerbescheiden sowie die Erledigung des Lohnsteuerjahresausgleichs auf. Das Problem der Verbuchung der eingehenden Steuerzahlungen hat Ähnlichkeit mit dem Kreditgeschäft.

Ein bekanntgewordenes Problem, das mit Hilfe von elektronischen Rechenanlagen gelöst wurde, ist die Festsetzung von Versorgungs- und Altersrenten, eine Aufgabe, bei der sehr große Datenmengen zu bewältigen sind, die aber an sich keine sehr schwierigen Probleme bietet. In diesem Zusammenhang muß er-

wähnt werden, daß besonders häufig bei Behörden schwierige Programmierungsprobleme dadurch entstehen, daß Gesetzestexte in einen strengen Formalismus
umgewandelt werden müssen. Bei der (oftmals wohl absichtlich!) etwas unübersichtlichen Struktur unserer Gesetzesvorschriften ist hier zunächst eine ziemlich
umfangreiche Problemanalyse erforderlich. Es sind meist sehr viele Fallunterscheidungen zu treffen; es sind komplizierte, miteinander kombinierte oder sich
gegenseitig ausschließende Bedingungen vorhanden und ähnliches mehr. So kann
die Programmierung einer Gesetzesvorschrift, die nur wenige Sätze lang ist, oftmals mehrere tausend Maschinenbefehle umfassen.

Als Hilfsmittel für die Polizei können Rechenanlagen z. B. bei der Verkehrsregelung, bei der Berechnung von Verkehrsproblemen (z. B. mit Hilfe der Warteschlangentheorie) und in der Kriminalistik bei der Aufdeckung von Verbrechen
mit Hilfe statistischer Untersuchungen dienen. Für statistische Arbeiten, die im
wesentlichen Verdichtungsarbeiten sind, bestehen namentlich bei Behörden umfangreiche Anwendungsmöglichkeiten. In diesem Zusammenhang erinnere man
sich daran, daß die Lochkartenmaschinen ja überhaupt für eine Behördenstatistik,
nämlich die amerikanische Volkszählung, erfunden worden sind.

Was den Umfang der Anwendung elektronischer Rechenanlagen oder Lochkartenmaschinen bei Behörden angeht, so stellt man heutzutage erfreulicherweise bereits
eine gewisse Aufgeschlossenheit gegenüber diesen Arbeitsmitteln fest. Sie
könnten jedoch gerade bei Behörden zu einer ganz umfassenden Verminderung
des Personalbestandes führen, und dies dürfte vielleicht neben der vielfach
konservativen Beamtenhaltung dazu geführt haben, daß die Behörden noch nicht
in weit größerem Umfange Mittel zur mechanischen Datenverarbeitung eingesetzt
haben. Dennoch liegt hier bei dem wachsenden Beamtenapparat und der damit
steigend wachsenden Belastung der Volkswirtschaft ein Problem, dessen Lösung
in Kürze unbedingt notwendig sein wird. (Vgl. hierzu [135 bis 137].)

5.7 Unterschiede und Analogien

Betrachten wir nach dem obigen Überblick über die Datenverarbeitungsprobleme
der verschiedenen Branchen diese Probleme insgesamt, so stellt man fest, daß die
Probleme vielfach verschiedene Namen tragen und völlig verschiedenen Zwecken
dienen, daß sie aber vom Standpunkt der Datenverarbeitung doch eine große
Ähnlichkeit aufweisen. Man stellt dies z. B. fest beim Vergleich des Kreditgeschäftes mit den Problemen der Policenführung der Versicherungen und den
Buchungsproblemen der Finanzämter. Probleme der Statistik treten in fast allen
Branchen auf, nur heißen sie bei Industriebetrieben vielfach Kostenrechnung, bei
Behörden Bevölkerungsstatistik, bei Versicherungen Untersuchungen zur Tariffestsetzung usw. Gleich ist allen diesen Problemen aber, daß es sich um Verdichtungsarbeiten mit meist anschließenden Berechnungen mit den Mitteln der
mathematischen Statistik handelt. Das Problem der Lagerbestandsführung mit
Disposition und Abwicklung von Auslieferungen liegt beim Handel ebenso vor
wie bei Industriebetrieben, und mit gewissen Varianten gehört hierzu auch das
Problem der Kontenführung in Banken.

Unterschiedlichkeiten der Probleme sind oftmals in der gleichen Branche größer
als zwischen den Branchen. Eine unterschiedliche Bearbeitungsweise eines Karteiführungsproblems wird viel weniger durch die Brancheneigentümlichkeit als vielmehr durch den Umfang der Kartei, durch ihre Aktivität, durch die Länge der
einzelnen Informationssätze und durch die Anforderungen an die Geschwindig

keit der Abwicklung bestimmt. Diese Momente aber können in Handelsbetrieben in fast allen Varianten vorkommen, ebenso wie in Industriebetrieben.

Es gibt natürlich einige Probleme, die besonders extreme Anforderungen verlangen und hierfür Sonderlösungen hervorgerufen haben. Hierunter sind insbesondere die Probleme der Produktionssteuerung und der Platzreservierung bei Verkehrsbetrieben zu nennen. Vom Standpunkt der Programmierung her sind aber auch dies Probleme der Führung von Bestandskarteien.

Freilich sind hier die Anforderungen, besonders an die Schnelligkeit des Ergebnisses, sehr extrem. Andere Probleme zwingen zu Speziallösungen durch den extrem hohen Datenanfall im Bereich der Arbeitskartei, wie wir dies z. B. bei Banken gesehen haben. Ähnliches gilt für das Problem der Auftragsabwicklung bei Versandhäusern.

Die aufgezeigten Analogien lassen sich fast unbeschränkt fortführen, und die grundsätzliche Ähnlichkeit der Probleme der konventionellen Datenverarbeitung ist sicherlich eine Komponente, die die allgemeine Verbreitung der Mechanisierung erheblich fördert.

Bei der Betrachtung der Analogien der Datenverarbeitungsprobleme verschiedener Branchen sollte man aber trotzdem erhebliche Unterschiede nicht vergessen, die nicht durch die Eigentümlichkeiten der einzelnen Branchen, sondern vielmehr durch die Eigentümlichkeiten der einzelnen Betriebe oder Behörden hervorgerufen werden, wobei diese Betriebe sehr wohl genau der gleichen Branche angehören können. Es ist durchaus möglich, daß man in zwei Handelsbetrieben zu gänzlich unterschiedlichen Vorgehensweisen bei der Einführung der mechanisierten Datenverarbeitung gezwungen wird, wenn die Wünsche der Geschäftsführung entsprechend verschieden sind oder wenn die Haltung der betroffenen Personen dies erzwingt. So mag es in einem Betrieb sehr wohl möglich sein, mit automatischer Disposition und Nachbestellung zu arbeiten, während dies in einem anderen Betrieb, der vielleicht sogar dieselben Artikel verkauft und einen sehr ähnlichen Abnehmerkreis hat, nicht möglich ist. Es kann sein, daß ein Industriebetrieb die Kostenrechnung, die sich sehr stark formalisieren läßt, vollautomatisch durchführt, in einem anderen Betrieb völlig gleicher Struktur jedoch nicht auf die Möglichkeit manueller Eingriffe verzichtet werden darf, etwa um das Kostenbild in einer der Geschäftsführung angenehmen Weise auszugleichen. Durch diese Unterschiede zwischen den einzelnen Betrieben wird oftmals eine wesentlich stärkere Verschiedenheit der Arbeitsweise erzwungen als dies etwa durch Brancheneigentümlichkeiten der Fall wäre. Man wundert sich daher über die oft den nicht zum Betrieb gehörenden Beratern gestellte Frage: *„Haben Sie schon Erfahrung über die Anwendung von Rechenanlagen in unserer Branche?"* Eine Frage, die völlig am Problem vorbeigeht.

6. Sonderprobleme bei der Mechanisierung der kommerziellen Datenverarbeitung

Es gibt einige an sich am Rande liegende Probleme der elektronischen Datenverarbeitung, die aber sehr eng mit der Arbeitsweise und der Lösung der einzelnen Aufgaben verbunden sind, wie die Frage der möglichen Prüfbarkeit, ferner die durch die Einführung einer mechanisierten Datenverarbeitung ausgelösten menschlichen Probleme und das Problem der Wirtschaftlichkeit.

6.1 Prüfbarkeit

Bei Industriebetrieben geschieht die Nachprüfung des Geschäftsbetriebs im wesentlichen von drei Standpunkten her, und zwar einmal von den Besitzern des Betriebes, andererseits auch von staatlichen Stellen, z. B. zur Überwachung der Steuerzahlung, und schließlich gibt es in größeren Betrieben eine eigene Revisionsabteilung zur Prüfung im Auftrage der Geschäftsführung. Das Prüfziel dieser drei Stellen ist oftmals recht unterschiedlich. Hier kommt es aber mehr auf die Methoden und die gesuchten Fehlerarten an, die bei allen drei Prüfgruppen einheitlich sind. Man erhält sie als Antwort auf die Frage: Was soll eigentlich geprüft werden? und man hat hierbei zu unterscheiden

a) die Prüfung auf unabsichtliche Fehler und

b) die Prüfung auf absichtliche Fehler.

Es kann sich im Bereich der mechanisierten Datenverarbeitung um Fehler handeln, die der Mensch in das System hereinbringt, also Fehler, die durch das verkehrte Ablochen von Daten oder aber durch eine falsche Programmierung entstehen. Es kann sich auch um Fehler handeln, die das Maschinensystem selber erzeugt.

Ablochfehler kann man durch eine Reihe von Vorkehrungen ausschließen, wie das Prüfen der Lochungen, Summenkontrollochung, Abstimmung u. ä. Eine Sicherung gegen unbeabsichtigte Fehler ist hier meistens leicht zu erreichen. Eine absichtliche Erzeugung von Fehlern läßt sich hier leicht durch Kontrollausdruck der abgelochten Information unter Vergleich mit den Urbelegen feststellen.

Programmfehler lassen sich durch eine manuelle Durchrechnung der verschiedenen bei den Programmen auftretenden Fälle und eine Kontrolle gegenüber den durch die Maschine laut Programm erzeugten Ergebnissen prüfen. Hier gibt es freilich bereits eine gewisse Grenze der Nachprüfung, da es nur sehr schwer möglich ist, wirklich alle in einem Programm auftretenden Fälle der Reihe nach an Beispielen durchzuspielen. Es genügt nämlich nicht, sämtliche Programmwege einmal zu durchlaufen, vielmehr ist durchaus ein richtiges Ergebnis auf Grund einer bestimmten Zahlenkombination möglich, während eine andere Zahlenkombination noch ein falsches Ergebnis liefert.

Untersucht man die Prüfmöglichkeiten von Programmen genauer, so kommt man gelegentlich zu der sehr pessimistischen Auffassung, daß jedes überhaupt geschriebene Programm falsch ist. In streng mathematischem Sinne läßt sich die Richtigkeit eines Programmes nicht beweisen. Man stößt hier ähnlich wie an anderen Stellen bei der Anwendung von Rechenanlagen auf grundsätzliche logische Probleme, nämlich auf die genaue Bedeutung des Begriffes: „richtig". Man wird zu berücksichtigen haben, daß es sich hier nicht um die Richtigkeit mathematischer Lehrsätze handelt, sondern um die Richtigkeit von Vorgängen, die in der physischen Welt ausgeführt werden. Die Richtigkeit derartiger Dinge ist aber stets relativ, d. h. man wird sich hier mit der Feststellung zu begnügen haben, daß die Ablochung von Informationen oder ein Programm richtiger ist, d. h. daß dabei weniger Fehler auftreten als in allen übrigen möglichen Systemen, etwa manueller Art. Diese relative Sicherheit ist dann freilich auch einigermaßen leicht herstellbar. Absichtliche Fehler bei Programmen können ebenso wie absichtliche Fehler in Buchhaltungen manuellen Typs nur durch Stichproben festgestellt werden, freilich ist dies hier wesentlich leichter als beim manuellen System. Die strenge Konsequenz der Maschinen kommt hier der Prüfbarkeit in erheblichem Maße entgegen. Ein besonders unangenehmer Fehlertyp unter den Programmfehlern ist ein Fehler in der Systemanalyse. Besonders bei kommerziellen Arbeiten sind oftmals juristische Vorschriften wie das Errechnen eines Steuerbetrages u. ä. zu programmieren. Diese Vorschriften sind nicht im Hinblick auf ihre Programmierbarkeit gemacht und verlangen oftmals eine recht schwierige Auslegung. Feststellbar sind derartige Fehler wohl auch nur durch die Nachrechnung von bestimmten Prüffällen.

Die letztmögliche Fehlergruppe, die Fehler, die durch die Maschine in das System hineingebracht werden, umfaßt ausschließlich unbeabsichtigte Fehler. Bei der heutigen Maschinentechnik kann von vornherein gesagt werden, daß die hier auftretenden, nicht erkannten Fehler so selten sind, daß sie wahrscheinlich nicht betrachtet zu werden brauchen, jedenfalls nicht bei den moderneren Hochleistungsrechenanlagen. Viele Maschinenfehler werden durch eine große Anzahl von Eigenkontrollen ausgeschlossen, andere Maschinenfehler erzeugen derartige Ergebnisfehler, daß sie sofort herausfallen, und die Wahrscheinlichkeit für das Auftreten eines tatsächlich nicht erkannten und schwerwiegenden Fehlers ist gering.

Ein besonderer Aspekt der Prüfbarkeit ergibt sich aus der Verwendung von Magnetbändern. Grundsätzlich muß hierzu gesagt werden, daß es trotz der Löschbarkeit der Magnetbänder leichter ist, in ein Lochkartensystem durch Austausch einzelner Karten einen absichtlichen Fehler hineinzubringen als bei Magnetbändern. Bei Bändern muß vielmehr gegen die unbeabsichtigte Löschung eines Bandes Vorsorge getroffen werden, etwa durch besonders sorgfältige Aufbewahrung oder aber durch das Kopieren von Bändern mit wichtiger Information. Bei einer mechanisierten Datenverarbeitung, bei der zudem noch der Weg vom Urbeleg bis zur Auswertung sehr viel leichter als bei manuellen System verfolgt werden kann, ist somit ein Betrug äußerst schwierig, schon wegen der Beteiligung der verschiedenen Stellen wie Locherei, Programmierung, Bedienungspersonal u. ä. Besonders beim Ergebnissystem ist die Ausschaltung manueller Eingriffe manchmal für die Prüfung gut. Man überlege z. B. die Manipulationsmöglichkeiten an einer Bilanz im manuellen System, die bei einer voll maschinellen Erstellung fast unmöglich wäre. (Vgl. hierzu [138 bis 148].)

6.2 Menschliche Probleme

Durch die Einführung mechanisierter Datenverarbeitung werden eine Reihe von Personengruppen in ihrer Arbeitsweise erheblich betroffen. Mag man es nun im Hinblick auf rückständige Betriebsräte oder ähnliche Leute verschweigen oder nicht, die Rechenanlagen nehmen die Arbeitskraft oder besser die Arbeitsleistung von Personen auf, die bereits im Betrieb beschäftigt sind. Sie ersetzen also mit ihrer Arbeit die Arbeit von Menschen. Diese Personen stehen unter der Leitung anderer Leute, und hier ist schon die zweite betroffene Gruppe. Sodann werden spezielle Anforderungen an die Dateneingabe gestellt, und die Stellen, bei denen Information entsteht, müssen sich hiernach richten. Schließlich erhalten die auswertenden Stellen der Betriebe Berichte in bestimmter, im allgemeinen völlig neuer Form. Die Rechenanlagen selbst müssen wiederum von Menschen bedient und programmiert werden, und hier ist die letzte fünfte Gruppe, die durch die Einführung mechanisierter Datenverarbeitung betroffen ist.

A) Die Anzahl der durch Lochkartenmaschinen oder Rechenanlagen ersetzten Arbeitskräfte ist heutzutage noch recht gering. Im allgemeinen fängt man die

Übernahme von Arbeit auf Rechenanlagen sogar mit Hilfe des natürlichen Abgangs von Arbeitskräften auf. Will man aber eine moderne Datenverarbeitung durchsetzen, so muß man hier noch erheblich konsequenter vorgehen. Es ist also damit zu rechnen, daß eine Reihe von Beschäftigten ihren Arbeitsplatz verlieren, wobei durchaus angenommen werden kann, daß sie an einer anderen Stelle des Betriebes wieder weiter beschäftigt werden. Hierbei stößt man naturgemäß auf das Beharrungsvermögen besonders bei älteren Angestellten, die nicht mehr bereit sind, andere Arbeiten auszuführen, d. h. sich in ihrer Arbeitsweise umzustellen.

B) Erfahrungsgemäß sträuben sich die Abteilungsleiter der betroffenen Abteilungen sehr oft gegen die Verminderung der Zahl ihrer Untergebenen. Es ist noch allgemein der Grundsatz verbreitet, daß die Macht und das Ansehen des Abteilungsleiters proportional der Anzahl seiner Untergebenen ist. Dies drückt sich dann auch im Gehalt des Betreffenden aus. Dies ist im Grunde eine Ursache für das Bestehen des „Parkinsonschen Gesetzes" (siehe Kap. 1 des Buches „Parkinsons Gesetz"), aus dem konsequent folgt, daß sich jeder Wirtschaftsbetrieb und jeder Staat auf die Dauer selbst ruiniert. Wie das „Parkinsonsche Gesetz" zeigt, ist vornehmlich die Anzahl der Verwaltungsangestellten nicht arbeits-, sondern zeitproportional.

C) Eine weitere betroffene Kategorie ist der Kreis der Zulieferer von Informationen für die Datenverarbeitung. Während bei der derzeitigen Lage des Arbeitsmarktes die Einsparung von Arbeitskräften immerhin noch auf einen günstigen Boden fallen dürfte, so ist gerade die Überwindung von Hindernissen in der Datenlieferung bzw. die Erreichung einer guten Qualität der Daten heute sehr viel schwieriger zu erreichen, da man es bei schlechter Datenanlieferung nicht vertreten kann, die meist große Anzahl der Zulieferer durch geeignete neue Arbeitskräfte zu ersetzen. Es gibt aber auch hier eine ganze Reihe von Mitteln, um zeitlich und inhaltlich exakt die Information für die mechanische Datenverarbeitung zu erhalten. So kann man z. B. dafür sorgen, daß bei Nichtablieferung der Informationen oder bei Fehlern eine Störung der Arbeit des Betroffenen bzw. eine Minderung seiner Bezahlung automatisch eintritt oder man kann, was zwar langwieriger, aber möglicherweise ebenso erfolgversprechend ist, eine umfassende Erziehungsarbeit vorsehen, durch die alle Betroffenen von der Notwendigkeit einer guten Ablieferung der Information überzeugt werden.

D) Der Kreis, der mit Ergebnissen der Datenverarbeitung beliefert wird, ist für den internen Informationsfluß oftmals ziemlich klein und kann daher auch leichter beeinflußt werden. Für externe Berichte wie Lohnabrechnung und Rechnungsschreibung ist eine Beeinflussung oftmals ganz unmöglich oder kann nur durch langwierige Gewöhnungsarbeit bzw. durch im Einzelfall jeweils zu untersuchende Argumente erreicht werden. Für den internen Informationsfluß regelt sich das Verhalten der Betroffenen hier oftmals von selbst. Man hat nur dafür Sorge zu tragen, daß bei Änderung, Wegfall oder stärkerer Verdichtung von Information die Belieferten nicht auf ihre alte Arbeitsweise zurückgehen und etwa die überholten Berichte mit Hilfe der nun gelieferten besseren selber manuell erstellen. Eine etwas grotesk erscheinende Tatsache, die aber durchaus nicht selten sein dürfte.

Eine grundsätzliche Schwierigkeit entsteht natürlich dadurch, daß hier möglicherweise die Geschäftsführung selber betroffen ist und der Datenverarbeitung durch unnütze Forderungen etwa harte Zwangsbedingungen auferlegt bzw. eine fortschrittliche Datenverarbeitung überhaupt unmöglich macht. In einem solchen Falle stellt sich ein richtiges Verhalten der Betroffenen vielfach erst über das recht sichere Mittel der gegenseitigen Konkurrenz von Betrieben ein.

E) Die letzte Gruppe der durch die mechanische Datenverarbeitung betroffenen Menschen sind die Bediener der Anlagen selbst. Hierunter seien zunächst die mit der Ablochung von Daten Beschäftigten betrachtet. In einem Lochraum befindet sich eine große Anzahl von Menschen mit gleichartiger Tätigkeit. In ihm gelten daher die Gesetze der Gruppenpsychologie. Dies gilt besonders für die Arbeitsgeschwindigkeit bzw. die Einschätzung des Arbeitswertes. Bekanntlich bildet sich in einer derartigen Gruppe intuitiv eine Vorstellung der Leistungsnorm heraus, die das mittlere Leistungsniveau der Gruppe darstellt und aus der nach oben oder unten auszubrechen nur ganz besonderen Individuen der Gruppe gestattet wird. Will man das Leistungsniveau einer derartigen Gruppe anheben, so sollte man sich davor hüten anzunehmen, daß es hierzu bestimmte, allgemein gültige Methoden, wie z. B. bei der Locherei das Einführen von Prämien gibt. Grundsätzlich verändert sich die Leistungsnorm mit jeder Änderung der Arbeitsverhältnisse, mag diese objektiv gesehen nun positiv oder negativ sein. Ein Anheben der Arbeitsnorm ist ausschließlich davon abhängig, wie die Gruppe diese Änderung beurteilt. Eine Verschlechterung der Arbeitsbedingungen kann durchaus eine Anhebung des Leistungsniveaus zur Folge haben, wenn die Gruppe davon überzeugt wird, daß es sich um eine Verbesserung der Arbeitsbedingungen handelt. Bleibt die Leistungsnorm einer Gruppe auch nach Einführung von Änderungen noch ungenügend, so wird man sich im allgemeinen zum völligen Aufheben der Gruppe entschließen müssen. Dabei ist zu bedenken, daß selbst das Zurückbleiben einer einzelnen Person der Gruppe noch die Fortpflanzung der alten Gruppennorm bewirken kann.

Im Gegensatz zu den Lochräumen besteht das Bedienungs- und Programmierungspersonal im wesentlichen aus Individualisten, bei denen ganz andere Probleme vorliegen, wie z. B. noch das Starbewußtsein der Programmierer und der Übereifer von Organisatoren, der oftmals einer Datenverarbeitung nur schadet. Das Starbewußtsein tritt in allen Berufsgruppen auf, die neu sind und sich aus der Menge der übrigen hervorheben. Es läßt aber erfahrungsgemäß nach einiger Zeit nach. (Vgl. hierzu [3] insbes. S. 158 ff., [33] insbes. S. 126 ff. u. 204 ff., sowie [149 bis 151].)

6.3 Wirtschaftlichkeit

Über die Wirtschaftlichkeit mechanisierter Datenverarbeitung ist schon sehr viel geredet und geschrieben worden. Daneben wurde auch bekannt, daß an manchen Stellen der Einsatz elektronischer Rechenanlagen teils zu unwirtschaftlichen Systemen geführt hat. Es scheint daher durchaus angebracht zu sein, sich mit der Frage der Wirtschaftlichkeit der Rechenanlagen auch hier noch etwas näher zu beschäftigen.

Die Preise für Lochkartenmaschinen liegen heute etwa zwischen DM 4000,— und DM 5000,— Miete monatlich je Maschinensatz. Hinzu kommen die Preise für Zusatzmaschinen wie Rechenlocher u. a. Letztere liegen in einer Mietpreisklasse zwischen DM 3000,— und DM 7000,—. In der gleichen Größenordnung beginnen die Preise für kleinere Rechenanlagen, die meist für mathematische Zwecke eingesetzt werden und daher in der Ein- und Ausgabe naturgemäß oft ziemlich leistungsschwach sind. Man kann natürlich auch mit Rechenanlagen der unteren Klasse schon Datenverarbeitung ausführen, wie dies auch in einigen Fällen

geschieht (z. B. bei der NAAFI — Versorgungsorganisation der britischen Streit-
kräfte — in Mönchen-Gladbach).

Die Mietpreise für mittlere Rechenanlagen in einer Ausrüstung, die eine allgemeine Verwendung für die elektronische Datenverarbeitung erlaubt, liegen
zwischen DM 15 000,— und etwa DM 60 000,—, wobei die Ausrüstung der Anlagen
in Form von Lochkartenmaschinen bis DM 50 000,— kostet; ein Magnetband-
system kostet je nach Größe zwischen DM 15 000,— und DM 30 000,—. Es folgen
die Großrechenanlagen mit einer Monatsmiete zwischen DM 70 000,— und DM
120 000,—; Anlagen dieser Größenklasse sind in Deutschland erst neuerdings zum
Einsatz gekommen. Diese Klassifizierung nach dem Preis bedeutet durchaus keine
Klassifizierung nach der Leistung. Man muß vielmehr feststellen, daß es Rechenanlagen des mittleren Typs gibt, die in der Leistung manche Großrechenanlagen
teils bei weitem übertreffen.

Grundlage der Wirtschaftlichkeitsuntersuchungen ist im allgemeinen eine Betrachtung der Leistung der Rechenanlagen, da hieraus ihr möglicher Einsatz resultiert.
Es ist vielfach versucht worden, die Eigenschaften von Rechenanlagen anhand von
Tabellen zusammenzustellen und hieraus Leistungsvergleiche abzuleiten. Dies
unterliegt einer erheblichen Schwierigkeit, da die Leistung einer Rechenanlage
weder durch die absolute Geschwindigkeit noch durch die Ein- und Ausgabe-
kapazität noch durch das Speichervolumen direkt definiert werden kann. Es sind
z. B. Fälle bekanntgeworden, in denen Rechenanlagen mit geschickter Befehls-
konzeption zehnfach schnellere Rechenanlagen in ihrer Arbeitsgeschwindigkeit
übertrafen. Man könnte geneigt sein, hier eine Flexibilitätszahl zu definieren, in
der sich die Gewandtheit des Programmsystems bzw. der Maschinenkonzeption
ausdrückt. Eine derartige Zahl läßt sich aber nicht objektiv genau festlegen, und
es bedarf erst einer erheblichen Maschinenerfahrung auf verschiedensten
Maschinentypen, um hierüber ein Urteil abgeben zu können. Ein gewisser An-
haltspunkt dürfte die Bemerkung sein, daß die Geschwindigkeit einer Rechenanlage im wesentlichen durch die geschickte Wahl der eingebauten logischen
Befehle bestimmt wird und daß hier analytische oder halbanalytische Befehls-
systeme den algebraischen meist überlegen sind.

Bei der Ein- und Ausgabe dürfte die Pufferung in einem Spezialspeicher auch
heute noch das geeignete Mittel sein, um die unterschiedlichen Geschwindigkeiten,
die zwischen den peripheren Geräten und der Zentraleinheit naturgemäß bestehen,
in vernünftiger Weise einander anzupassen. Eine Eigenschaft, die sich besonders in den peripheren Geräten auf die Flexibilität des Gesamtsystems günstig
auswirkt, ist die sogenannte Vorrangverarbeitung, die bei neuen Hochleistungs-
maschinen durchweg vorgesehen ist. Freilich gelingt es in einigen Fällen schon,
eine dem Programmierer direkt erkennbare Pufferung ohne Leistungsminderung
zu umgehen.

Für den praktischen Einsatz der Rechenanlagen gibt es eine Reihe weiterer Komponenten zur Beurteilung der Leistung, z. B. die Auslegung des Bedienungspultes,
die rasche Einrichtbarkeit bei den peripheren Einheiten des Systems, die Einlese-
und Korrekturmöglichkeiten für das Programm und ähnliches mehr. Bei häufigem
Programmwechsel sind diese Faktoren oftmals weit ausschlaggebender als die
eigentliche Programmgeschwindigkeit.

Will man Rechenanlagen miteinander vergleichen, so ist es nach der Leistungs-
betrachtung natürlich notwendig, den Preis der Anlage hierzu in Relation zu
setzen. Man wird also, sofern man die Leistung auf irgendeine Weise durch eine

Zahl ausgedrückt hat, den Quotienten Leistung durch Preis bilden und hiermit die Anlagen vergleichen.

Es kann in einem Bericht wie dem vorliegenden nicht daran gelegen sein, für die Aufstellung der Leistungszahl genaue Richtlinien zu geben, da diese jeweils nur dem momentanen Stand der Technik entsprechen können. Für die Wirtschaftlichkeitsbetrachtung erfaßt man auf diese Weise im wesentlichen die Kosten für die Rechenanlage. Es gibt aber nicht unbeträchtliche Nebenkosten, so ·die Kosten für die Aufstellung und die Räume, in denen die Rechenanlage arbeitet, wobei zu bemerken ist, daß auch transistorisierte Maschinen normalerweise eine Klimaanlage verlangen, oft besonders dann, wenn die Hersteller darauf hinweisen, daß dies nicht notwendig sei. Insbesondere gilt dies für Magnetbandsysteme. Hinzu kommen die Kosten für die Wartung, sofern diese nicht im Mietpreis enthalten ist, für die Bedienung und für die Programmierung der Anlage.

Insbesondere letztere Kosten sind wesentlich höher als die Anschaffungskosten einer Rechenanlage, es sei denn, es handelt sich um ein System, in dem nur ganz wenige Programme notwendig sind. Vergleicht man den Kostenanteil von Maschinenpreis und Nebenkosten, so wird man etwa mit 30 bis 40 % der Kosten für die Rechenanlage und 60 bis 70 % für die Nebenkosten rechnen müssen.

Bei der Anschaffung einer Rechenanlage gibt es auch heute noch eine lebhafte Diskussion darüber, ob die Anlage gemietet oder gekauft werden soll. Für eine Anmietung von Rechenanlagen spricht ihr auch heute noch rasches Veralten, sowohl in technischer Hinsicht durch das Einführen neuer Bauelemente als auch in der Konzeption durch wachsende Programmierungserfahrung und das Auswerten derselben beim Bau neuer Anlagen. Die ersten in Deutschland eingeführten elektronischen Rechenanlagen waren schon bei ihrer Einführung durch neue Anlagen überholt. Die „zweite Generation" von Rechenmaschinen in Deutschland teilte dieses Schicksal im allgemeinen nicht. Manche Firmen ziehen hier erst in jüngster Zeit nach. Ein weiteres Argument für die Anmietung ist die spezielle Finanzstruktur der einzelnen Werke. Der Ankauf einer Anlage erfordert im allgemeinen eine Konsultation der Aufsichtsräte, was bei einer Anmietung nicht notwendig ist. Die steuerliche Behandlung von Rechenanlagen sieht die Miete als einen Unkostenbetrag an, während bei Ankauf aktiviert werden muß und dann freilich in etwa gleichen Raten wie bei der Anmietung abgeschrieben werden kann. Es ist ein Argument für den Ankauf einer Rechenanlage, daß man sich im allgemeinen auch bei einer gemieteten Anlage nur schwer nach kurzer Zeit (unter einem Zeitraum von 5 Jahren) von der Anlage trennen kann, da ein neues Gerät dazu zwingt, das gesamte Organisationssystem zu ändern, wodurch meist erhebliche Kosten entstehen.

Dem Preis, der für die Einführung einer mechanisierten Datenverarbeitung gezahlt werden muß, steht der Wert der mechanisierten Datenverarbeitung gegenüber. Es steht fest, daß sich eine mechanisierte Datenverarbeitung stets nur aus einem Grunde, nämlich der Einsparung von Verwaltungskosten, gegenüber evtl. möglichen anderen Systemen rechtfertigt. Freilich sind hierbei die verschiedensten Komponenten zu berücksichtigen. Die z. Z. wichtigste ist die Einsparung von Arbeitskräften. Hierin liegt bei dem Ziel, einen ständig steigenden Lebensstandard zu erhalten, eine gesamtwirtschaftliche Notwendigkeit zur Einführung einer mechanisierten Datenverarbeitung in möglichst vielen Betrieben vor, da eine derartige Verfahrensweise Menschen für den Produktionsprozeß freistellt. ·

Weitere Argumente, die den Wert des Einsatzes einer Rechenanlage oder einer Lochkartenmaschine rechtfertigen, sind die schnellere und exaktere Erlangung von Informationen sowie die größere Sicherheit des Systems.

Beim Vergleich zwischen Lochkarten- und Rechenanlagen bedeutet die Einführung einer Rechenanlage neuerdings sogar oftmals eine Verbilligung des bisherigen Systems und eine erhebliche Rationalisierung innerhalb der Lochkartenabteilung selbst. Dies sollte aber nicht den Schluß zulassen, daß der Weg zur Rechenanlage stets über die Lochkartenmaschine gehen muß. Es gibt eine größere Anzahl von Betrieben, in denen Rechenanlagen wirtschaftlich eingesetzt werden können, Lochkartenmaschinen dagegen nicht. Hierzu gehören viele Handelsbetriebe, Banken, Versicherungen, aber auch Industriebetriebe, insbesondere dort, wo moderne Aufgaben wie Arbeitsvorbereitung und ähnliches das wesentliche Problem der Datenverarbeitung darstellen.

Bei den erwähnten Argumenten für eine mechanisierte Datenverarbeitung, wie Geschwindigkeit, Exaktheit und Sicherheit, muß man sich sehr wohl kritisch überlegen, inwieweit die schnellere Abwicklung der Datenverarbeitung überhaupt für die Erreichung des Betriebszwecks erforderlich ist, wie groß die Exaktheit sein muß, um eine für die Steuerung des Betriebes ausreichende Sicherheit zu gewähren, und wie groß die Sicherheit sein muß; denn ein absoluter Ausschluß von Fehlern ist, wie bereits erläutert wurde, auch hier nicht gegeben.

Es gibt bei der Einführung einer mechanisierten Datenverarbeitung als Hauptgegenargument die Starrheit. Auch hier ist zu überlegen, wie weit eine derartige Starrheit des Systems in Kauf genommen werden kann, bzw. sofern man eine Rechenanlage einzusetzen gedenkt, wie weitgehend sie durch die Anlage erzwungen wird. Als Hauptkomponente der Wirtschaftlichkeitsbetrachtung wird aber immer wieder die von der Anlage übernommene Arbeit, d. h. im wesentlichen die Einsparung von Arbeitskräften dienen müssen.

Es scheint verfrüht, strenge Regeln für eine Wirtschaftlichkeitsberechnung unter Berücksichtigung sämtlicher eingehender Faktoren aufzustellen. Derartige Versuche sind zwar bereits unternommen worden, wahrscheinlich wird man hier zu allgemein gültigen Ergebnissen aber erst dann kommen, wenn es gelingt, für den betrachteten Betrieb ein formales Modell zu schaffen, in dem sich besonders die zur Zeit nicht wägbaren Einflüsse, wie die Geschwindigkeit oder Exaktheit des Systems, wirklich in Zahlen ausdrücken lassen. (Vgl. hierzu [3] insbes. S. 307 ff., [33] insbes. S. 161 ff. und 209 ff., [63] insbes. Kap. 10, S. 334 ff., sowie [17, 152 bis 154].)

7. Schlußbetrachtung

Wir haben in den obigen Erörterungen gesehen, daß sich die Probleme der elektronischen oder allgemeiner der mechanisierten Datenverarbeitung nach verschiedenen Gesichtspunkten klassifizieren lassen. Man kann sie unterteilen nach der Dichte der ausgelieferten Information, nach der Anzahl der verwendeten Karteien, und man kann die Arbeitsweise unterscheiden nach der zeitlichen Abwicklung, der organisatorischen Konzeption und der Tiefe der Anwendung der Rechenanlagen. Wir haben ferner gesehen, daß in den verschiedenen Branchen unterschiedliche Probleme bestehen, die bei genauerer Betrachtung sehr ähnliche Komponenten aufweisen. Man kann feststellen, daß allgemeine Rezepte für die Verfahrensweise bei mechanisierter Datenverarbeitung nur schwierig gegeben werden können, da die wesentlichen Unterschiede in der Verfahrensweise aus der ganz speziellen Struktur des jeweiligen Betriebes und nicht aus seiner Branchenzugehörigkeit resultieren. Die Einführung einer mechanisierten Datenverarbeitung wirft schließlich eine Reihe von menschlichen Problemen auf, und sie rechtfertigt sich lediglich aus der Wirtschaftlichkeitsüberlegung.

Betrachtet man die heute vorliegende Situation, so findet man eine größere Anzahl von Rechenanlagen bereits in der Industrie und in den übrigen Branchen (vgl. z. B. [155]). Trotzdem wird man sagen müssen, daß die praktische Erfahrung mit dem Einsatz von Rechenanlagen insbesondere mit modernen Speichermitteln wie Magnetbändern und Großraumspeichern noch in den Anfängen steckt. Wie bei den meisten neu auf den Markt kommenden Artikeln ist das Gebiet des Vertriebes von Rechenanlagen heute noch sehr wenig abgegrenzt. Es gibt eine größere Anzahl von Firmen, die sich um den Verkauf und die Vermietung von Rechenanlagen bemühen. Dies ist daher ein Gebiet, das heute noch recht wenig Stabilität zeigt, so daß es eigentlich nicht Wunder nimmt, wenn sich hier vielfach noch Methoden ausbreiten, die einem Dschungelkrieg ähnlicher sind als einem normalen Geschäftsverhalten. Mit fortschreitender Verbreitung der Rechenanlagen dürfte aber diese anfängliche Schwierigkeit verschwinden. Man sollte vielleicht als besondere Regel hinnehmen, daß es sich hier nur um den Verkauf eines neuen Artikels handelt, auch wenn dieser für die Betriebsstruktur sehr einschneidende Wirkungen hervorruft.

Schrifttum

[1] BROWN, R. H. (Herausg.): Office Automation. Integrated and Electronic Data Processing. Ergänzbare Publikationsreihe, veröffentlicht von Automation Consultants Inc., 1450 Broadway, New York 18, N. Y. Erste Ausgabe September 1955.

[2] KOZMETSKY, G., KIRCHER, P.: Electronic Computers and Management Control. McGraw-Hill, New York 1956.

[3] CANNING, R. G.: Electronic Data Processing for Business and Industry. John Wiley, New York 1956.

[4] ADAM, A.: Messen und Regeln in der Betriebswirtschaft. Physica Verlag, Würzburg 1959.

[5] GEYER, H., OPPELT, W. (Herausg.): Volkswirtschaftliche Regelungsvorgänge im Vergleich zu Regelungsvorgängen der Technik. Beihefte zur Regelungstechnik No. 3. Verlag R. Oldenbourg, München 1957.

[6] Remington Rand, Elektronische Rechenanlage UNIVAC Factronic. Die Lochkarte, Hausmitt. der Remington Rand GmbH, Frankfurt am Main, 20. Jahrgang, Heft 165 (ohne Datum), insbes. S. 1906 ff.

[7] SCHUFF, H. K.: Magnetkarten als Informationsträger in Datenverarbeitungssystemen. Elektron. Datenverarbeitung, Folge 4 (Dez. 1959), S. 26—31.

[8] Das Entwerfen von IBM Lochkarten. Firmenschrift, IBM Deutschland, Form 4771/15.

[9] QUEDTNAU: Anforderungen an Locherinnen und Prüferinnen. Firmenschrift, IBM Deutschland, Form 724/3—1021.

[10] Schreiblocher mit Nummernprüfung (Type IBM 026). IBM Nachrichten (Mai 1958) No. 135, S. 678.

[11] WOITSCHACH, M.: Das Lochkartenverfahren als Organisationsmittel. In: Handbuch der Lochkarten-Organisation. Ausschuß für wirtschaftliche Verwaltung, AWV-Schriftenreihe Nr. 142. Agenor Druck- und Verlagsgesellschaft, Frankfurt am Main 1956, S. 59—75, insbes. S. 65 ff.

[12] CHRISTEN, H.: Planung von Lochkarten-Organisationen. In: Handbuch der Loch-
     karten-Organisation. Ausschuß für wirtschaftliche Verwaltung, AWV-Schriften-
     reihe Nr. 142. Agenor Druck- und Verlagsgesellschaft, Frankfurt am Main 1956,
     S. 77—102, insbes. S. 83 ff.
[13] MENDELSON, M. J.: Data Processing Operations. In: Handbook of Automation,
     Computation and Control Vol. 2, herausgegeben von E. M. GRABBE et al. John
     Wiley, New York 1959, insbes. S. 3·02—3·03.
[14] Magnacard Specifications (revised). The Magnavox Company, Fort Wayne/Ind.,
     Oktober 1959.
[15] LEWIS, R. F.: Never Overestimate the Power of a Computer. Harvard Business
     Rev. 35 (Sept./Okt. 1957) No. 5, S. 77—84.
[16] IBM 7070 Maschinen Operationen. Firmenschrift, IBM Deutschland, Form 74821.
[17] KRAWINKEL, M.: Die Preisgestaltung bei datenverarbeitenden Anlagen in West-
     deutschland. Der Betrieb 12 (1959) No. 44, S. 1201—1203.
[18] STUPENRECHT, A.: Programmieren — auch in der Arbeitsvorbereitung. Elektron.
     Datenverarbeitung, Folge 1 (Januar 1959), S. 10—14.
[19] Square D Field Tests by RAMAC on Material Control. In: Office Automation
     Applications, herausgegeben von R. H. BROWN. Automation Consultants Inc.,
     New York. Abschnitt III/A 4.
[20] Inventory Control by Teleregister. In: Office Automation Applications, heraus-
     gegeben von R. H. BROWN. Automation Consultants Inc., New York. Abschnitt
     III/B 1.
[21] HOHLBAUM, W., ELSÄSSER, P.: Auftragsgesteuerte Fertigungsdisposition und
     Arbeitsvorbereitung mit der IBM 305. IBM Nachrichten (Mai 1959) No. 140,
     S. 932—949.
[22] IBM Lohnabrechnung mit der 650. Firmenschrift, IBM Deutschland,
     Form 724—3—1179.
[23] UNIVAC I as a Management Tool. In: Office Automation Applications, heraus-
     gegeben von R. H. BROWN. Automation Consultants Inc., New York.
     Abschnitt III/E 1.
[24] TELLIER, H.: Payroll and Salary Distribution. In: Handbook of Automation,
     Computation and Control Vol. 2, herausgegeben von E. M. GRABBE et al. John
     Wiley, New York 1959, S. 8·15—8·20.
[25] CHRISTEN, H.: Verkaufsabrechnung. In: Die Lochkarte in der Praxis. Handbuch
     der Lochkarten-Organisation, 2. Teil. Ausschuß für wirtschaftliche Verwaltung,
     AWV-Schriftenreihe Nr. 144. Agenor Druck- und Verlagsgesellschaft, Frankfurt
     am Main 1958, S. 159—190, insbes. „Verkaufsstatistik", S. 174—187.
[26] GANZMANN, L.: Beispiel eines integrierten Arbeitsablaufes. Elektron. Daten-
     verarbeitung, Folge 2 (Mai 1959), S. 6—13.
[27] Order Processing and Inventory Control with Electronic Computers. In: Office
     Automation Applications, herausgegeben von R. H. BROWN. Automation Consul-
     tants Inc., New York. Abschnitt III/F 10.
[28] CHURCHMAN, C. W., ACKHOFF, R. L., ARNOFF, E. L.: Introduction to Operations
     Research. John Wiley, New York 1957.
[29] MACNIECE, E. H.: Production Forecasting, Planning and Control. John Wiley,
     New York 1958.
[30] IBM 305 Leitfaden für die Programmierung. Firmenschrift, IBM Deutschland,
     Form 74825, insbes. S. 5 ff.
[31] SCHUFF, H. K.: Probleme der Programmierung für elektronische Rechenanlagen
     bei der Verarbeitung von Karteien. In: Neue Wege zur Fortführung der Auto-
     mation, herausgegeben von der Dtsch. Ges. für Betriebswirtschaft, Berlin 1957,
     S. 57 ff.
[32] PETERSON, W. W.: Addressing for Random-Access Storage. IBM Journal Res.
     & Dev. 1 (1957) No. 2, S. 130—146.
[33] MÜLLER, H.: Die elektronische digitale Rechenanlage und Grundlagen ihrer
     Anwendbarkeit. Duncker & Humblot, Berlin 1959.

[34] UNIVAC 120 in Statistics Work. In: Office Automation Applications, herausgegeben von R. H. BROWN. Automation Consultants Inc., New York. Abschnitt III/G 7.

[35] Remington Rand UNIVAC File Computer Processing Huge Volume of Statistical and Record Data. Journal of Machine Accounting 10 (1959) No. 2, S. 27—28.

[36] GOTLIEB, C. C., HUME, J. N. P.: High-Speed Data Processing. McGraw-Hill, New York 1958.

[37] IRWIN, D. M.: File Maintenance on Magnetic Tape. Machine Accounting and Data Processing 1 (1959) No. 2, S. 24—26.

[38] PEDDER, D. G.: Large Scale File Maintenance. The Business Computer Symposium, Olympia, London, 1.—3. Dezember 1958. Pitman and Sons, London 1959, S. 157—194.

[39] Material Control on the IBM 650. In: Office Automation Applications, herausgegeben von R. H. BROWN. Automation Consultants Inc., New York. Abschnitt III/A 8.

[40] Production Control on the UNIVAC File Computer. In: Office Automation Applications, herausgegeben von R. H. BROWN. Automation Consultants Inc., New York. Abschnitt III/A 9.

[41] GIBBONS, J.: Let's Look at the Available Business-Data Processors. Control Engng. 3 (1956) No. 7, S. 101—111.

[42] 305 RAMAC for Retailers. Firmenschrift, IBM Corp., New York, Form 32-7525-1.

[43] Airline Reservation by Electronics. Firmenschrift, The Teleregister Corp., Stamford/Conn. 1955.

[44] ZOEERBIER, W.: Vergleichende Betrachtungen zum Magnetbandsortieren. Elektronische Datenverarbeitung, Folge 5 (März 1960), S. 28—44.

[45] SHIOWITZ, M.: Digital Computer Programs for Data Sorting Problems. Notes for Summer Session, Wayne University, Detroit/Mich. 1954.

[46] FRIEND, E. H.: Sorting on Electronic Computer Systems. J. Assoc. Computing Mach. 3 (1956) No. 3, S. 134—168.

[47] McCRACKEN, D. D., WEISS, H., LEE, T.-H.: Programming Business Computers. John Wiley, New York 1959.

[48] Random Access Memory — "Oversold"? ADP Newsletter (John Diebold & Ass.) 3 (1959) No. 19.

[49] Railroad Reservation System. Firmenschrift, The Teleregister Corp., Stamford/Conn. 1959.

[50] POTTGIESSER, H.: Erfahrungen mit der elektronischen Platzbuchungsanlage der Deutschen Bundesbahn für die Fährlinie Großenbrode—Gedser. Signal und Draht 51 (1959) No. 1, S. 17—22.

[51] GÜNTSCH, F. R.: Hilfsmittel der Informationsverarbeitung für Flugsicherungssysteme. Elektron. Datenverarbeitung, Folge 7 (Sept. 1960), S. 9—16.

[52] 305 RAMAC for Merchandising and Inventory Control in the Textile Industry. Firmenschrift, IBM Corp., New York, Form 32—7765.

[53] 305 RAMAC for Fire and Casualty Insurance Companies. Firmenschrift, IBM Corp., New York, Form 32—7685.

[54] IBM 305 RAMAC. Firmenschrift, IBM Corp., New York, Form 74799.

[55] HOSKEN, J. C.: Evaluation of Sorting Methods. Proc. Eastern Joint Computer Conf., Boston/Mass., 7.—9. Nov. 1955, S. 39—55.

[56] Never Touched by Human Hands. ADP Newsletter (John Diebold & Ass.) 5 (1960) No. 1.

[57] Auftragsbearbeitung im Großversandhaus. Einfacher und schneller durch „Informatik". Firmenschrift, Standard Elektrik AG, Stuttgart 1957.

[58] FRIEDRICH, H., BAYER, S., WINKLER, H.: Arbeitsvorschlag der IBM für die Durchführung der Produktionsplanung eines Grobblechwalzwerkes mit der elektronischen Datenverarbeitungsanlage IBM 7070. Bericht, IBM Deutschland, 1959.

[59] Teile I und II des Handbuchs der Lochkarten-Organisation. AWV Schriftenreihe
      Nos. 142 und 144. Agenor Druck- und Verlagsgesellschaft, Frankfurt am Main,
      1956 und 1958.

[60] Umfangreiche Literatur hierüber in den Hauszeitschriften: Bull Informationen,
      Die Lochkarte (Remington Rand), IBM Nachrichten und in einer Reihe älterer
      Firmenschriften der IBM Deutschland, beispielsweise Form 724—3—1115, —1019,
      —1069, —1213, —1117 und andere.

[61] The Punched Card Data Processing Annual, Vol. 1. Gille Ass., Detroit/Mich. 1959.

[62] Haggerty Stores: The UNIVAC 60 in Retailing. In: Office Automation Applica-
      tions, herausgegeben von R. H. BROWN. Automation Consultants Inc., New York.
      Abschnitt III/F 7.

[63] GREGORY, R. H., VAN HORN, R. L.: Automatic Data-Processing Systems — Prin-
      ciples and Procedures. Wadsworth Publ. Co., San Francisco 1960.

[64] GRAD, B.: A Systems Approach to Integrated Systems Planning. Paper No. CP
      60—331. Amer. Inst. Electr. Engrs., New York 1960. (Eine Publikation in einer
      Zeitschrift des AIEE ist nicht vorgesehen.)

[65] HUNSBERGER, H. G.: What Integrating Data Processing Aims At. Nat. Assoc.
      Cost Accountants (N.A.C.A.) Bulletin 38 (1957) No. 6, S. 733—739.

[66] ROSS, H. J.: Integrated Data Processing for Every Office. Office Research In-
      stitute, Miami, Florida USA, 1957.

[67] Integrated and Electronic Data Processing in Canada. The Canadian Institute of
      Chartered Accountants, Toronto, Canada, 1957.

[68] Integrated Data Processing with Electronic Equipment. Nat. Assoc. Accountants
      (N.A.A.) Bulletin 39 (19. Mai 1958) No. 9, Section 1. (Diese 93seitige Sektion
      enthält acht von verschiedenen Autoren geschriebene Beiträge.)

[69] Catalog of Integrated Data Processing Equipment. Office Equipment News 8
      (1958), S. 26—33.

[70] FAIRBANKS, R. W.: Electronics in the Modern Office. Harvard Business Rev. 30
      (Sept./Okt. 1952) No. 5, S. 83—98.

[71] BUTLER, B. F.: Operations Control with an Electronic Computer. Proc. Eastern
      Joint Computer Conf., Boston/Mass., 7.—9.Nov. 1955, S. 19—21.

[72] DALY, R. P.: Integrated Data Processing with the UNIVAC File Computer. Proc.
      Western Joint Computer Conf., San Francisco/Cal., 7.—9. Feb. 1956, S. 95—98.

[73] HOMER, E. D.: Case Study — Integrated Planning for Integrated Data Processing.
      Journal of Machine Accounting 10 (1959) No. 12, S. 42—49.

[74] CARMEAN, J. M.: An Integrated Data Processing Method of Stock Control and
      Payroll Reconciliation. Journal of Machine Accounting 10 (1959) No. 11, S. 35—37.

[75] IDP Speeds 2000 Orders a Day and Spans 50-Mile Gap between Plants. Credit
      and Financial Management (Jan. 1959), S. 24 ff.

[76] WHITMORE, E.: Punched Cards Save a Small Texas Business. Management and
      Business Automation (März 1959), S. 28 ff.

[77] Common Language Machines. In: Office Automation, herausgegeben von
      R. H. BROWN. Automation Consultants Inc., New York. Abschnitt II/D 1.

[78] Capturing and Transmitting Data. ADP Newsletter (John Diebold & Ass.) 4
      (1960) No. 23.

[79] WHISLER, R. D.: An Integrated Data Processing System with Remote Input and
      Output. Proc. 5th Annual Computer Applications Symposium, Armour Research
      Foundation of Illinois Institute of Technology, Chicago, Ill., 29.—30. Oktober
      1958, S. 42—53.

[80] BLANTON, W. B.: Some Aspects of Telegraphic Data Preparation and Trans-
      mission. Western Union Techn. Rev. 11 (1957), S. 142—151.

[81] FITZGERALD, E. L.: Computers with Remote Data Input. Computers in Business
      and Industrial Systems. Proc. Eastern Joint Computer Conf., Boston/Mass.,
      7.—9. Nov. 1955, S. 69—75.

[82] Collectadata. Data Processing (London) 2 (1960), S. 150—155.

[83] FARRAR, G. T.: Refinery Instrumentation and Control. The Oil & Gas Journal (1959) No. 10, S. 127 ff.

[84] FARRAR, G. T.: Use of Electronic Digital Computers in the Oil Industry. The Oil & Gas Journal (1959) No. 4, S. 116 ff.

[85] Controlling Continuous Process for Computers. Data Processing (London) 2 (1960), S. 42 ff.

[86] SCHUMANN, W. Th.: Probleme der Wirtschaftlichkeit beim Einsatz von Lochkartenanlagen. MTW-Mitteilungen (Wien) 2 (1955) No. 6, S. 85 ff.

[87] Computer Runs Refinery Unit for Texaco. Business Week (4. April 1959), S. 44 ff.

[88] KIRCHMAYER, L. K.: Economic Control of Interconnected Systems. John Wiley, New York 1959.

[89] ROWE, H. T.: The IBM Computer AN/FSQ—7 and the Electronic Air Defense System SAGE. Computers and Automation 5 (1956) No. 9, S. 6—9.

[90] SAGE/BOMARC. Computing News 7 (1959) No. 20.

[91] ENTICKNAP, R. G., SCHUSTER, E. F.: SAGE Data System Considerations. Trans. AIEE 77, Pt. 1: Communication and Electronics (Jan. 1959) No. 40, S. 824—832.

[92] EVERETT, R. R., ZRAKET, C. A., BENINGTON, H. D.: SAGE — A Data-Processing System for Air Defense. Proc. Eastern Joint Computer Conf., Washington/D.C., 9.—13. Dez. 1957, S. 148—155.

[93] OGLETREE, W. A., TAYLOR, H. W., VEITCH, E. W., WYLEN, J.: AN/FST—2 Radar-Processing Equipment for SAGE. Proc. Eastern Joint Computer Conf., Washington/D.C., 9.—13. Dez. 1957, S. 156—160.

[94] ISRAEL, M. S.: Management by Exception. Workshop for Management, 1956.

[95] SIMMONS, A. C.: Anwendung des UNIVAC auf eine Lohnabrechnung. Vortrag, Electron. Conf. Amer. Management Assoc. (AMA), New York, 2. März 1955.

[96] Pattern Recognition and Machine Learning. In: Information Processing, Proc. Internat. Conf. UNESCO, Paris, 15.—20. Juni 1959. Verlag R. Oldenbourg, München 1960. Mehrere Einzelartikel, insbes. Einleitung und Schlußbemerkung zum Kapitel IV, von K. STEINBUCH, S. 223—225 bzw. 326—327.

[97] STEFFES, C.: Die Anwendung des Lochkartenverfahrens im Steinkohlenbergbau. Firmenschrift, IBM Deutschland, Form 1070.

[98] SCHÜTT, L.: Der Bull Elektronenrechner Gamma 3 in der Bergbau-Lohnabrechnung. Bull Informationen, Heft 3.

[99] ADAM, A.: Anwendungen der Matrizenrechnung auf wirtschaftliche und statistische Probleme. Physica Verlag, Würzburg 1959.

[100] RÜBMANN, H.: Die lochkartenmäßige Auswertung von Uraufschreibungen in der Stoffwirtschaft eines großen Hüttenwerkes. Stahl und Eisen 72 (1952) No. 7, S. 351—353.

[101] SCHÜTTE, W., SABASS, U., VON LINTIG, H.-H., SCHÜTZ, A.: Stoffwirtschaft und Arbeitsvorbereitung als Mittel der Planung und Lenkung. Stahl und Eisen 77 (1957) Nos. 16 und 17, S. 1045—1064 und 1146—1160.

[102] MASSEG, R. G.: The Use of a Computer in a Rolling Mill Office. Machinery Lloyd (1958) No. 16 A.

[103] KLEIN, P.: Automatische Produktionssteuerung und Überwachung. Dtsch. Ges. für Betriebswirtschaft, Berlin 1957.

[104] Office Automation Growing at Alcoa. Carborindum Centralizes Data Processing for Decentralized Operation. In: Office Automation Applications, herausgegeben von R. H. BROWN. Automation Consultants Inc., New York. Abschnitt III/A 14.

[105] Electronics in Action. Special Report No. 22, American Management Assoc., New York 1957.

[106] Keeping Peace with Automation. Special Report No. 7, American Management Assoc., New York 1956.

[107] Retailed Wholesale Trade. In: Office Automation Applications, herausgegeben von R. H. BROWN. Automation Consultants Inc., New York. Abschnitt III/F 1—10.

[108] MEYER, G.: Großhandel. In: Die Lochkarte in der Praxis. Handbuch der Loch-
      karten-Organisation, 2. Teil. Ausschuß für wirtschaftliche Verwaltung, AWV-
      Schriftenreihe Nr. 144. Agenor Druck- und Verlagsgesellschaft, Frankfurt am
      Main 1958, S. 191—218.

[109] HAUM, H.: Einzelhandel. In: Die Lochkarte in der Praxis. Handbuch der Loch-
      karten-Organisation, 2. Teil. Ausschuß für wirtschaftliche Verwaltung, AWV-
      Schriftenreihe Nr. 144. Agenor Druck- und Verlagsgesellschaft, Frankfurt am
      Main 1958, S. 219—240.

[110] FEGER, TH.: Der Einsatz elektronischer Rechenanlagen bei der Lösung von
      navigatorischen Aufgaben im Flugzeug und am Boden. Bericht Nr. 79, Deutsche
      Versuchsanstalt für Luftfahrt. Westdeutscher Verlag, Köln und Opladen,
      Dezember 1958, 102 S.

[111] Producing 750,000 Quarterly Bills. Data Processing (London) 1 (1959) No. 2,
      S. 74—82.

[112] Controlling City Traffic by Computer. Data Processing (London) 2 (1960) No. 3,
      S. 183.

[113] Stanford Research Institute: The Special Purpose Computer ERMA for Handling
      Commercial Bank Checking Accountants. Computers and Automation 7 (1958)
      No. 5, S. 20—22 und No. 7, S. 16—18.

[114] TANUTOM, B. W.: The Application of a Computer for Bank Accounting. Com-
      puters and Automation 8 (1959) No. 7, S. 18—20, 22, 24, 25.

[115] Automatic Banking. Data Processing (London) 2 (1960) No. 3, S. 156—169.

[116] ERMA. Computing News 7 (1959) No. 20.

[117] Electronics and Banks. Reat, Marwick, Mitchell & Co., New York 1956.

[118] Agreement on Magnetic Ink Check Character. Banking (Jan. 1959), S. 122.

[119] MILLER, F. B.: Automation Trends in the Banking Industry. Auditgram (Mai
      1959), S. 6 ff.

[120] BALLARD, C. R.: Banks Automated System Consolidates Clerical Work of All Its
      Branch Offices. The Office (Sept. 1959), S. 136 ff.

[121] RHEA, J. A.: ERMA Automates Checking at Bank of America. American Business
      (Nov. 1959), S. 32 ff.

[122] Installing Post-Tronic Machines to Account for Our Checking-Deposits.
      Auditgram (März 1959), S. 45.

[123] COOLEY, J.: Magnetic Ink's Imprint on Banking. Banking (Nov. 1959), S. 42 ff.

[124] New Concept in Electronically Controlled Demand Deposit Accounting. Journal
      of Machine Accounting 10 (1959) No. 6, S. 57.

[125] EAGEN, PH., DIEPENBROCK, R. G.: Automatic Premium and Loan Administration.
      The Interpreter (Juli 1959).

[126] A Computer Pays-off at Farmers Insurance. Management and Business Auto-
      mation (Okt. 1959), S. 13 ff.

[127] WILLARD, E. R.: Data Processing at Bureau of Old Age and Survivers Insurance.
      Machine Accounting and Data Processing 1 (März/April 1959), S. 10 ff.

[128] WISEMAN, R. T.: Electronic Mortgage Accounting. Systems Magazine (Mai/Juni
      1959), S. 8 ff.

[129] KAUFMAN, B.: Family Automobile Rating and Policy Writing on the 305 RAMAC.
      The Interpreter (Okt. 1959), S. 9 ff.

[130] HAVENS, F.: Life Policy Issue Automation. The Interpreter (April 1959), S. 7 ff.

[131] Plans for Ordinary Life Insurance Combined Functions Using IBM 650 with
      Tapes. The Interpreter (April 1959), S. 3 ff.

[132] CALDWELL, B.: Reconciling Agents Accountants on the IBM 305 RAMAC. The
      Interpreter (Sept. 1959).

[133] Solving the Disbursement Problem. Best's Insurance News, Fire and Casualty
      Edition (Okt. 1959), S. 31 ff.

[134] DIEBOLD, J.: UNIVAC Applications in Two Insurance Companies — Franklin Life
      Insurance Company and Metropolitan Life Insurance Company. Automatic Data
      Processing Methods Reports. Cudaly Publ. Co., Chicago 1956.

[135] KOHL, H. W.: Rentenreform mit dem elektronischen Magnettrommelrechner IBM 650. IBM Nachrichten (Aug. 1957) No. 131, S. 537—538.

[136] MICHLITZ, J.: Steuer- und Gebührenerhebung und die Steuerkostenabrechnung mit IBM Lochkarten. Firmenschrift, IBM Deutschland, Form 1006.

[137] NICKEL, W.: Zur Frage der Mechanisierung der Steuerverwaltung. Dtsch. Steuerzeitung 41 (1953) No. 18, S. 314—321.

[138] MINZ, W.: Prüfungsmethoden. Die Wirtschaftsprüfung (1960) No. 4, S. 89 ff.

[139] Audit Control under Automation. Banking (Juni 1959), S. 48 ff.

[140] Auditing the Computer. Accountancy (Juli/Aug. 1959), S. 368 ff.

[141] GRODY, C. E.: The Auditor Encounters Computers. The Internal Auditor (März 1959), S. 31 ff.

[142] McCULLOUGH, TH. E.: The Auditor Uses the Computer. The Internal Auditor (Dez. 1959), S. 34 ff.

[143] STILL, W. R.: Document and Audit Control. Best's Insurance News, Fire and Casualty Edition (Aug. 1959), S. 82 ff.

[144] STILL, W. R.: Document and Audit Control of Actions under IBM 705 System. The Interpreter (Dez. 1959), S. 17 ff.

[145] BLONK, V.: Electronic Data Processing — Programming for the Internal Auditor. The Internal Auditor (Sept. 1959), S. 16 ff.

[146] CADEMATARI, K. G.: The Experience of Auditors with EDP. The Price Waterhouse Review (1959) Summer-Issue, S. 20 ff.

[147] VANNAIS, L. E.: Service Centers in the CPA. Journal of Accountancy (Febr. 1959), S. 47 ff.

[148] GRODY, CH. E.: Auditors and Automation. Best's Insurance News, Life Edition (Sept. 1959), S. 105 ff.

[149] TANNENBAUM, R.: Overcoming Barriers to the Acceptance of New Ideas and Methods. In: Electronic Data Processing for Business and Industry, von R. G. CANNING. John Wiley, New York 1956, S. 315—321.

[150] COUVÉ, R.: Der Mensch im Lochkartenverfahren — Erkenntnisse aus Wissenschaft und Praxis. Hollerith Nachrichten (April 1934) No. 36, S. 443—455.

[151] KNORR, M.: Der Mensch und die Automatisierung. Veröff. Nr. 22 des Deutschen Industrieinstituts, Köln 1958.

[152] Do Punched Card Installations Actually Reduce Clerical Costs? Punched Card Data Processing 1 (1959), S. 9 ff.

[153] BEESON, B. E.: Savings through Electronics. Best's Insurance News, Fire and Casualty Edition (Nov. 1959), S. 53 ff.

[154] DIEBOLD, J.: Your Computer Lease or Buy? Policy Report No. 1. Diebold Publ., New York 1956.

[155] SCHUFF, H. K.: Elektronische Rechenanlagen 1958/59. VDI-Zeitschrift 102 (1960) No. 17, S. 701—705.

[156] BOEHM, C.: Die Bereinigung eines Versicherungsbestandes als Sonderfall des Mischprozesses. Bl. Dtsch. Ges. Versicherungsmathematik 3 (Okt. 1957) No. 3, S. 323—352.

[157] BOEHM, C.: Sortierprozesse auf elektronischen Rechenanlagen. Bl. Dtsch. Ges. Versicherungsmathematik 5 (1961) No. 2, S. 155—207.

YEHOSHUA BAR-HILLEL

Jerusalem, Israel

Theoretical Aspects of the Mechanization of Literature Searching *)

With 2 Figures

Disposition

Summary. In this article, some theoretical questions of current interest relating to the "library problem" and to the mechanization of literature searching, in particular, are investigated. To begin with, data-providing information systems are distinguished from reference-providing information systems. References can be provided in (at least) four stages: accession numbers, citations, abstracts, and copies of the documents recommended pertinent to a request. The problem of "false drops" loses much of its force for reference-providing in stages. Shortcircuiting reference-providing by direct scanning of an encoded document collection with the help of high-speed electronic computers is

---

*) Work on this paper was done under Contract No. N 62558—2214 of the U.S. Office of Naval Research and under a grant by the U.S. National Science Foundation.

rejected. Automatic indexing and extracting are criticized as either leading to inferior products or as being uneconomical. It is also not deemed feasible to mechanize the formulation and reformulation of the request in the form of a set of topic terms. It follows therefrom that the only steps of the literature search process which may be carried out by a digital computer are those which temporally are positioned between the formulation of the request (e. g. in the form of a certain Boolean function over the topic terms) and the printing of the reference list.

All attempts made so far to establish a general, mathematical theory of literature searching must be considered failures. As a basic prerequisite for such a theory, adequate measures of distance between topics and relevance of documents to topics, in the form of certain functions of the sets of index terms on the one hand and of the sets of topic terms on the other hand, would first have to be defined. The intrinsic difficulties in attaining this aim are pointed out. The fashionable appeal to lattice theory, symbolic logic, semantics, and thesauri is shown to be unsubstantiated. It is proposed to investigate literature search systems in which the role of the computer would be merely that of performing utterly routine and (for humans) time-consuming operations, under constant control of the user.

Zusammenfassung. In diesem Beitrag werden Fragen des Bibliotheksproblems, insbesondere der Mechanisierung des Literaturaufsuchens einer theoretischen Betrachtung unterzogen. Zunächst unterscheidet der Verfasser grundsätzlich zwischen daten- und literaturangabenliefernden Informationssystemen. Literaturangaben oder Referenzen lassen sich in (zumindest) vier Stufen bereitstellen, nämlich in Form von Zugangszahlen, Titeln, Referaten und schließlich in Form von Kopien der als zur Anfrage relevant empfohlenen Dokumente. Das Problem der unerwünschten Referenzen („false drops") fällt weniger schwer ins Gewicht für Bibliothekssysteme, welche die Literaturangaben stufenweise bereitstellen. Das Umgehen des eigentlichen Problems der Bereitstellung von Referenzen durch direktes Durchsuchen der gesamten Kollektion der verschlüsselt vorliegenden Dokumente mit Hilfe elektronischer Datenverarbeitungsmaschinen lehnt der Verfasser ab. Das automatische Verschlüsseln und „Auto-Abstrahieren" (Herstellen von Literaturauszügen) werden einer strengen Kritik unterzogen und entweder als zu unbefriedigenden Ergebnissen führend oder als unökonomisch befunden. Das Mechanisieren der ersten und wiederholten Formulierung der Anfrage in Form einer Serie von Sachbegriffen wird als undurchführbar erachtet. Daraus läßt sich folgern, daß nur jene Stufen innerhalb des Referenzenbereitstellungsprozesses von digitalen Maschinen ausgeführt werden können, die der Formulierung der Anfrage (z. B. als Boolesche Funktion formulierte Sachbegriffe) zeitlich folgen, jedoch noch vor dem Ausdrucken der Referenzenliste liegen.

Alle bisherigen Ansätze zur Erstellung einer allgemeinen, mathematischen Theorie zur Bewältigung des Bibliotheksproblems müssen als verfehlt betrachtet werden. Als grundlegende Vorbedingung für eine solche Theorie müßte man zunächst adäquate Maße definieren für den thematischen Abstand und für die Relevanz zwischen Dokument und Thema in Form bestimmter Funktionen von Indextermserien einerseits und Sachbegriffserien andererseits. Es werden die inhärenten Schwierigkeiten herausgestellt, die sich der Erreichung dieses Zieles entgegenstellen. Der Verfasser zeigt auch, daß das in Mode gekommene Sichberufen auf Verbandstheorie, symbolische Logik, Semantik und Thesauri keinen substantiellen Hintergrund hat. Es wird dann vorgeschlagen, Bibliothekssysteme zu untersuchen, in denen die elektronische Datenverarbeitungsmaschine lediglich bei der Ausführung regelrechter Routine- und (für den Menschen) zeitraubender Operationen eine Rolle spielt, wobei die Maschine ständig der Kontrolle durch den Benutzer unterstellt bleibt.

Résumé. Dans cet article, quelques questions d'intérêt en relation avec le «problème de bibliothèque» et particulièrement avec la mécanisation de la recherche documentaire sont discutées théoriquement. Pour commencer, les systèmes d'information fournissant des données sont distingués des systèmes fournissant des références. Les références peuvent être fournies en quatre étapes (au moins): les nombres d'accession, les citations, les abstraits, et les copies des documents recommandés pertinents à une demande. Le problème des références parasites («false drops») est moins grave pour des systèmes qui fournissent des références en étapes. On rejette l'idée d'éliminer la provision des références en scrutant directement une collection codée de documents à l'aide de calculatrices électroniques rapides. L'indexation et l'extraction automatiques sont critiquées de conduire à des résultats inférieurs ou de ne pas être économiques. On estime aussi qu'il n'est pas praticable de mécaniser la formulation et la reformulation de la demande dans la forme d'un aggrégat de termes topiques. Alors, il en suit que les seules étapes du procès de la recherche de la documentation qui peuvent être exécutées par une calculatrice digitale sont celles qui suivent chronologiquement la formulation de la demande (par example, dans la forme d'une certaine fonction Booléenne sur les termes topiques) jusqu'au moment de l'impression de la liste des références.

Jusqu'à ce moment tous les essais pour ériger une théorie mathématique générale de la recherche de la documentation doivent être regardés échoués. Une condition préalable fondamentale pour une pareille théorie serait la définition de mesures adéquates d'une distance entre thèmes et de la pertinence des documents aux thèmes dans la forme de certaines fonctions des aggrégats des termes indexes d'un côté et des aggrégats des termes topiques de l'autre. Les difficultés intrinsèques pour atteindre ce but sont indiquées. Il est illustré que l'appel coutumier à la théorie des treillis, la logique symbolique, la sémantique et les thesauri est sans substance. On propose l'investigation des systèmes de recherche documentaire dans lesquels le seul rôle de la calculatrice sera d'exécuter des operations qui sont entièrement routinières sous le control constant de l'utilisateur humain.

1. Introduction

The present article is meant to be almost exclusively critical; its specific aim is to scrutinize some of the theories that have recently been proffered in the field of literature searching. It will be shown that these theories are often based on naive and crude conceptions of linguistics and semantics and apply a mathematical terminology to no special avail. Not being a documentalist, and having only a user's interest in the mode of operation of a library or documentation room, it is not my business to evaluate documentation systems with regard to their substance. I am, however, vitally concerned that the much needed research into improving the techniques of recording and processing knowledge for subsequent retrieval, and especially into the mechanization of these techniques should not be directed into blind alleys. The theories to be criticized could lead — and occasionally have already led — in this direction. Should some constructive suggestions be derivable from my animadversions, this will be an incidental though certainly welcome side-effect.

During the last few years, the interest in the development of substantially mechanized literature searching systems has been constantly growing. This interest, which for obvious reasons was strongly bolstered by various military agencies, has expressed itself in a large number of research projects, conferences and publications dedicated wholly or largely to this topic.

Among the recently *published books* let us mention here:

(1) a 972-page volume by PERRY and KENT [1] which is probably the most authoritative expression of the approach of the Western Reserve University (Cleveland, Ohio, U.S.A.) school to our problem — with certain aspects being treated at greater detail in earlier publications [2, 3];

(2) a volume by VICKERY [4] which may be taken to represent the approach of the British Classification Research Group and where mechanization problems are discussed in chapters IV and VI;

(3) an iconoclastic book by METCALFE [5], which is especially critical of this last group but contains also many sobering criticisms of other fashionable approaches;

(4) five volumes by TAUBE and Assoc. [6, 69] expounding Coordinate Indexing.

Among the *international conferences* held in 1958—59, where the theory of literature searching and its mechanization were prominently discussed, let me mention:

(1) *Conference on Communication of Scientific Information*, IBM Research Laboratory, San Jose, California, May 26—27, 1958; the papers read at this conference were published in IBM Journal of Research and Development **2** (Oct. 1958) No. 4, and among the ten papers presented on this occasion those by DE GROLIER [7], GOOD [8], ASTRAHAN [9], and LUHN [10] are relevant to our problem;

(2) *International Conference on Scientific Information (ICSI)*, Washington, D.C., November 16—21, 1958, where 75 preprinted papers, divided into seven Areas, were discussed by 81 panel members; Areas 5 and 6 were dedicated to Organization of Information for Storage and Retrospective Search, with Area 5 dealing more specifically with Intellectual Problems and Equipment Considerations in the Design of New Systems and Area 6 with the Possibility of a General Theory, but with many papers in other Areas also impinging on our problem; the Proceedings of this conference were published in two volumes by the National Academy of Sciences, Washington, D. C., in 1959; they contain the full text of the preprinted papers together with summaries of the panel discussions and a useful index;

(3) *International Conference on Automatic Documentation in Action (ADIA)*, Frankfurt/Main, June 9—12, 1959, where 19 papers were presented; the Proceedings were published in 1961;

(4) *International Conference on Information Processing (ICIP)*, Paris, June 15—20, 1959, where one plenary session was mostly dedicated to Collection, Storage and Retrieval of Information; the Proceedings of this conference were published in 1960 jointly by UNESCO, Paris, R. Oldenbourg Verlag, München, and Butterworths Scientific Publications, London;

(5) *International Conference for Standards on a Common Language for Machine Searching and Translation*, Cleveland, Ohio, Sept. 6—12, 1959, where some fifty papers were presented, a good number of which were relevant to our problem; the papers and discussions of this conference were published as a book entitled "Information Retrieval and Machine Translation" (Ed.: ALLEN KENT), by Interscience Publishers, New York and London, in two parts, the first of which appeared in 1960 and the second in 1961.

Among the recent *conferences* dealing with literature searching but having a *less international character* one might mention:

(1) *Conference on a National Center for Scientific and Technical Literature*, Cleveland, Ohio, Feb. 3—4, 1958; the Proceedings have been published [11];

(2) *Symposium on Information Storage and Retrieval*, Washington, D.C., March 17—18, 1958; the Proceedings containing further material on Coordinate Indexing but also on other approaches have been published [12];

(3) *Symposium on Modern Trends in Documentation*, held at the University of Southern California in 1958; the Proceedings have been published [13].

In many other recent international congresses and symposia papers dealing with our problem were presented of which those given by DE GROLIER [14] before the Second International Congress on Cybernetics, Namur (Belgium), September 1958, and by BAR-HILLEL [15] before the Symposium on the Mechanization of Thought Processes, Teddington (England), November 1958, shall be mentioned here.

It goes without saying that meetings of the professional organizations of documentalists are nowadays hardly possible without due consideration being given to the mechanization of literature searching, and it would be too tedious to list them all. Let me then only mention two so-far unpublished reports by Professor E. PIETSCH on Automatic Documentation which he presented in September 1959, before a Meeting of the Documentation Committee of the Advisory Group for Aeronautical Research and Development of NATO and before a FID Meeting in Warsaw, and the October 1959 Annual Meeting of the American Documentation Institute.

Many of the mentioned books and Proceedings contain bibliographies reaching until 1957 and sometimes even 1958. In addition, a 22-page bibliography has been compiled by BOURNE [16], and an Article Bibliography on Document and Information Retrieval has been prepared in May 1959 by Mrs. LEA M. BOHNERT for a Workshop on Management of Technical and Scientific Information at the American University School of Government and Public Administration in Washington, D.C., containing 519 items. This is only a working draft and has therefore various shortcomings but should, in its final version, be definitely useful. Highly up-to-date bibliographic information is also contained in a pertinent publication of the U.S. National Science Foundation [17]. All these bibliographies are rather weak on material published in languages other than English. Let me then just call attention to a number of publications in German, French, Dutch and Russian, firstly the books by SCHEELE [18], RAYMOND [19], and LOOSJES [20], secondly the recent articles by PIETSCH [21, 22, 23], DE GROLIER [14, 24], and GUTENMAKHER [25, 26]. Since, however, I do not believe that any of these publications contain theoretical insights not found also in publications written in English, I shall in general not refer to them any further. In addition, it is likely that the major theoretical contributions of the Russian scientists in this field have been adequately summarized in CHERENIN's informative English paper [27] — which should be read with care since its style is often awkward and sometimes outright misleading, probably due to a not fully competent translation —, whereas the major practical contribution, the capacitive read-only memory devices developed in the Laboratory of Electromodelling of the Soviet Academy of Sciences are described in an article by GUTENMAKHER et al. [28], in a paper by MAKHMUDOV [28 a], the latter also available in English translation, as well as in two excellent trip reports by KENT and IBERALL [29], and by SCOTT [30].

Let me finally mention the second edition of the almost classic manual edited by CASEY, PERRY and BERRY [31] on the application of punched-cards to science and industry, which contains a great wealth of up-to-date information including a treatment of machine-sorted punched card system and of systems in use outside the United States. The existence of this book will allow me to concentrate my discussion on literature searching by digital computers or digital-computer-like devices.

2. The Problem

There are innumerable situations in human life whose rational and effective handling requires a mastery, at least to some degree, of the accumulated knowledge pertinent to these kinds of situations. Since this knowledge will only in very exceptional cases be stored in the memory of him who needs it on a certain occasion, he will have, in general, to obtain access to it by other means. I am interested here only in the problem how to retrieve knowledge that has already been recorded in some form or other at the time it is needed, say, for the sake of simplicity, in optically accessible form. This simplification will not matter for the logical and methodological aspects of our problem, which are the only aspects which I intend to discuss here. I shall not deal here with the many highly interesting questions of where and how to store this knowledge, how to translate it into a language the user understands, etc., but exclusively with the following situation: **Assuming that there exists somewhere a body of recorded knowledge—in technical terms, a collection of documents—and assuming that someone has a certain problem for the solution of which this collection might contain pertinent material, how shall he decide whether there are in fact documents in this collection that contain such pertinent material, and, if so, how shall this material be brought to his attention?**

The recorded knowledge to be utilized might be of two kinds which should preferably be kept apart in spite of the fact that the borderline between them is vague and flexible. On the one hand, it may consist of the recording of one or more facts or data (where the question of what constitutes "facts" or "data" can safely be waived at the present level of discussion). On the other hand, it may have a much less definite form consisting, in addition to the recording of a rather indefinite body of facts, of a discussion of methods, arguments, critiques, background information, etc., the usual mixture making up the substance of the books, articles, reports and other standard forms of scientific and technical documentation.

If someone is, for whatever purpose, only interested in certain factual data, he would like to have these data "at his fingertips". If a project engineer has to know at a certain stage of his work, whether and by whom an electronic component with certain specific properties is produced, or if a staff officer at the headquarters of a certain army would like to know at what production stage a certain type of intercontinental ballistic missile is in a potential enemy country, their needs would, in theory, best be covered by a system that would allow the relevant information to be presented in a form of straightforward statements of the kind: *"Component . . . fulfills the requirements and is produced by ———"*, or *"Missile . . . is already in operational production in ———"*, with the dots and dashes suitably filled in.

Information of this type is often stored in textbooks, reference books, handbooks, catalogues, classified documents, etc., and the question is where and how to locate it. As said above, I am not thinking now of the difficulties involved in getting copies of these documents, or in understanding them in case they are published in a language unknown to the user, but of the more theoretical difficulty of establishing just in what document or documents the required information is contained. This difficulty is well known, and has been extensively discussed. A great many proposals for overcoming it have been made during the ages, and a good part of the library sciences are dedicated to their treatment.

3. Data-Providing and Reference-Providing Systems

The advent of punched-card equipment and, even more so, the recent invention of electronic digital computers has encouraged speculation on the possibility of establishing an automatic data-providing information system that would respond to a specific request for data with a specific answer providing just these data, all this in an entirely automatic fashion and with great speed. At the basis of these speculations lies the well-known ability of electronic digital computers to solve complicated computational problems in a fraction of the time it takes a human computer to solve them, mainly because of the much greater speed in which an electronic component such as a vacuum tube or a transistor is able to change its state in comparison with the relative slowness of human neurons, as well as to the great advances in the programming of machines for the automatic performance of long series of elementary operations. The existence of data-processing machines that not only store huge amounts of specific data, which they are able to display at a moment's notice, but also process these data in certain ways if programmed to do so, and hence are in a position to put out statements that were not stored in their memory as such but are rather logical consequences of the stored statements, has caused many people to think of machines that would constantly be fed with a flow of incoming recordings of facts, say, within a specific field such as electronic componentry or army intelligence, and would relentlessly draw all possible logical consequences of these facts and store them too, perhaps even draw inductive inferences from them, etc.

Though I like occasionally to speculate myself, and I am quite ready to discuss the fascinating theory of the mechanization of deductive and inductive inference, let it be very clearly stated that to my knowledge no automatic data-providing system is at present in actual operation or in production stage that goes beyond the extremely restricted and rigid capacities of the data-processing computers, where "processing" is not much more than performing certain computations upon numerical data. Certain steps in this direction were made in the past, and I understand that quite a few groups are at present working towards the construction of large-scale data-providing systems. But I am not aware of any theoretical investigations which would indicate that anyone has been making serious progress towards the achievement of this aim. For this reason I shall deal here no further with such systems.

The second type of retrieval systems is needed by someone who is not particularly concerned with certain specific facts, but would rather like to know the "state of the art" pertinent to some research project. He is then interested in a system whose output is a collection of documents that, ideally, would consist of copies of all and only those documents the knowledge of whose contents would help him in his project, and would contain no copies of documents the reading of which would be of no avail to him. Elsewhere [15], I have tried to show that no implementation of such an "ideal" system could exist, not only for practical reasons, but for the much deeper reason that it is based on contradictory requirements. In practice, one may then expect a host of *reference-providing systems*[1]), each with some merits and demerits. This seems to have been also the consensus of the ADIA Conference (for publication cf. „Nachrichten für Dokumentation" Suppl. No. 8/1961). It also seems very unlikely that there should exist an effective theoretical procedure for their comparison so that the evaluation of such systems will have to be done according to almost exclusively practical considerations, with all the well-known difficulties inherent in such procedures.

The decisive factor is simply that of cost. This trivial point cannot be stressed enough. It is obvious that in an effective reference-providing system, the cost of the supplying of the literature suggested for reading must be commensurate with the cost of the whole research project. What has to be taken into account is, of course, not only the cost of setting up the reference-providing system and of procuring copies of the suggested reading material, but also the cost of not reading pertinent material because of imperfections in the system, plus many additional factors. An extensive analysis of the various cost factors involved, burdened by a rather pointless mathematical apparatus, is given in Chapter IV of [3] (cf. footnote 15); a shorter (and better) discussion appears in Chapter IV of [1]. Many papers at ICSI were dedicated to this issue.

4. The Four Stages of Reference-Providing

As long as not every piece of suggested reading is really pertinent — and this will in general happen even for the best possible reference-providing systems —, it might be more economical to have the system put out not copies of the documents suggested, but rather abstracts of these documents or perhaps their citations or even only their accession numbers, and leave to the user the decision whether to ask for the presumably more costly procurement of a full copy of a certain document. The most economical system might then perhaps consist of four stages: in the first stage, *accession numbers* are provided, which are used in the second stage to identify *citations*, from which the user will choose in the third stage the *abstracts*, after whose reading he will, in the last stage, ask for *copies* of those documents whose abstracts looked pertinent. The first two stages should preferably be combined, since the transition from accession number to citations is one-to-one and no further selection is indicated at this point.

That the most economical and, in this sense, most efficient reference-providing system should contain these four stages is not, of course, an original idea of mine, but just mirrors the existing situation. This is the way one often deals with literature, as every reader who has been doing some kind of research will agree out of his own experience. There exist to my knowledge no good reasons why this fourfold division should not be kept in mechanized or partly-

---

[1]) I prefer this admittedly awkward term to others that have been suggested of late, including the term "systems that store references" which has been adopted by at least one agency [32], which also uses "systems that store data" for my "data-providing systems". I think that the stress has to be laid on the form of the output of the system rather than on the form of its storage. The distinction between data-providing ond reference-providing should be rather obvious; it seems, nevertheless, that the point of making this distinction was stressed for the first time only in 1957 by METCALFE [5] and BAR-HILLEL [33].

mechanized reference-providing systems. Some of the better-known literature search systems such as the Rapid Selector, originally envisaged by VANNEVAR BUSCH and RALPH SHAW, under current further development at the U. S. National Bureau of Standards [17], the Filmorex of SAMAIN [32, p. 8], and the Kodak Minicard system — all of which have been described many times in the literature so that only the recent short discussion by DE GROLIER [14] and the detailed study of the Minicard System by TAUBE [6, Vol. IV, Chap. IV] shall be mentioned here — excel by *not* keeping this division and rather providing a copy of the suggested document in one single step, but then the economic feasibility of these systems is still very much in question.

This point is important in view of the necessary imperfections of the reference-providing systems. A system that for every pertinent document supplies also ten irrelevant documents would be at the moment, in view of the relatively high cost involved in procuring copies of complete documents, a rather uneconomical one. A system that, for every relevant citation, supplies also ten irrelevant ones which are quickly discarded by the user might well be practically efficient; this view is also shared, e. g., by ESTRIN [34]. Avoidance of so-called "false drops" is indeed a serious problem for document-providing systems. It is less serious when abstracts are provided, and might turn out to be quite harmless in the case where the output consists of citations. I shall come back below (Section 21) to this problem of false drops. For my present purpose I shall waive it in favor of the much more pressing question, how to make sure that the reference list provided is a complete as possible where completeness is to be taken not in an absolute sense, i. e., relative to the totality of documents existing at that moment, but in a more restricted sense, i. e., relative to a given document collection. In other words, assuming that P has a research problem and that D is the collection of documents which in some sense (that need not be specified here) stands at his disposal, how can one make sure that list of citations from D which is the output of (the first stage of) the reference-providing system will be as complete as practically possible and economically .feasible for P's purposes?

This is, of course, one of the many problems of library science in general, and perhaps the central problem of documentation in particular. Much thought has been devoted to its solution, and scores of reference-providing systems have been proposed to handle it.

The customary terms are, incidentally, 'information retrieval', 'information search', 'literature search' and similar ones. These terms, however, and especially the word 'information' occurring in some of them, might suggest that the output of the system dealt with is some actual piece of information, i. e., that we are dealing with data-providing systems. I am afraid that one of the reasons why these two kinds of systems have been so disastrously confused is the use of the fashionable term 'information' which I shall therefore try to avoid as much as possible.

Some of the reference-providing systems have been in actual use for many years, other are still in the experimental stage. Some seem to have been working quite efficiently and to the satisfaction of at least some of their users. Nevertheless, the traditional systems have been criticized lately, for instance by TAUBE and Associates [6], sometimes rather severely, and many more or less radical innovations have been proposed in their stead. Some of these have in their turn been operating for a few years now, and again to the satisfaction of some of their users[2]). These new systems were often backed up by new theories which seldom, however, went beyond the programmatic and outline stage. As stated in the introduction, most, if not all, of these theories of reference-providing have little substance and are often quite misleading. The following sections of this report will contain a critique of some of the more recent theories (while some older theories were criticized in an earlier paper [33]).

5. The Unavoidability of Indexing

The obvious general solution to our main problem, **how to select out of a given collection of documents those documents that are relevant to a given topic,** and the only practical solution for manually operating reference-providing systems — we shall presently turn to the issue of mechanization —, it to assign to each document a clue, or rather a set of clues, and to assign likewise to each topic a set of topic-terms, in such a way that by comparing the set of topic-terms with the set of clues a decision as to the (probable or possible) relevance of the document can be reached. A large number of closely intertwined questions arise as soon as this general solution has to be made specific in order to establish a definite system. It is here that the opinions of librarians, documentalists and information retrieval specialists diverge widely. There would be no point to discuss here this whole gamut of questions. There exists a vast literature on it, and in the bibliography we call attention to some of the most recent publications in the field. We shall restrict ourselves to discuss here, as implied by the title of our article, only some of the theoretical aspects of the problem.

Before we turn to this, however, let us first investigate whether general-purpose high-speed electronic computers or else specially designed automatic reference-providing machines could not be used in order to radically change the accustomed pattern of reference-providing. Could not the stage of clue assignment be completely skipped and the request topic be directly compared with the original documents? It is very natural that such a thought should have arisen, but it must be stressed that there is nothing in our knowledge of the workings of communication which would indicate that such a proposal is, or ever will be, practical. Since this is a point of capital importance for the problem of rational utilization of digital computers, it might be worthwhile to dwell on it at some length.

First, in view of current misleading formulations, let the rather trivial point be stressed that the comparison procedure mentioned above, if carried out by an automaton, could not be between the request *topic* and the documents but only between some *formulation* of this topic and the documents. A comparison can only be based upon matching some encoding of the formulation of the request topic with an encoding of the documents. Assuming that a suitable encoding of a set of documents is given — and it is not unlikely that future methods of printing will at no great extra cost provide such a machine-operable encoding each time a document is printed —, there can be no doubt that digital computers

---

could find out whether certain expressions, i. e., strings of words, do occur in these documents, even find out how often they occur and act in accordance with Boolean operations on these findings. For instance, if instructed to provide the references of all documents in the appropriate collection which contain the expression *electro-plating* at least three times and the expression *corrosion prevention* at least twice but do not contain the word *chromium* even once or else contain the expression *copper plating* at least once (notice that this formulation of the instruction in ordinary English is ambiguous, but that a non-ambiguous formulation can be easily achieved with the help of well-known symbolic methods), a digital computer could easily carry out this instruction. However, it is rather obvious that the reference list provided by this procedure will have little chance of being satisfactory. If what the requester was interested in was to get a list of all documents dealing with corrosion prevention through electro-plating, chromium plating excepted, or with copper plating in general, the lack of satisfactoriness will be due to a large number of much-discussed reasons. The first and immediately obvious one is that of language. Documents dealing with the mentioned topic but not written in English will not be caught. Second, among the documents written in English and dealing with this topic, an indeterminate number will not be referred to because they do not contain a sufficient number of times the expressions mentioned in the request formulation or contain an expression disallowed by this formulation. This may be because of any number of reasons. The author may be using synonyms, circumscriptions or even only such (for human beings) trivial deviations as having *prevention of corrosion* or *prevents corrosion* or *prevent corrosion* or *corrosion is prevented* or thousands of other formulations; on the other hand, to push the issue to its ridiculous extreme, the document may contain a sentence such as *In this paper we shall not deal with copper plating*. Thirdly, and even more seriously, the document, while still being highly pertinent to corrosion prevention through electro-plating, need not contain expressions which, in whatever extended sense of *synonymous*, are synonymous with the expressions occurring in the positive part of the request formulation. It might contain terms like *silver plating, brass plating, guilding, anticorrosive* and innumerably many others. The list of reasons could be almost indefinitely continued.

More sophisticated instructions could be envisaged which, at a cost, would improve the chances of the reference list's being satisfactory, and I shall mention one such method later on. But there exist so far no serious indications that the reference list obtained will ever be commensurate in quality with those obtained by competent humans at commensurate costs.

Though scientific and technological writers may not make full use of the theoretically unlimited number of ways of expressing their thoughts, put at their disposal by natural languages, they do make use of a large enough number to defeat any system based upon simple matching of expressions.

The situation would be different, of course, if scientists and technologists could be forced, or more or less gently persuaded, to use some rigidly standardized language for their publications. Everybody is free to discuss this issue, but unless the assumption of the universal use of a strictly regimented language of science is made, any scheme of directly comparing a request formulation with a straightforward one-to-one encoding of the original documents must be regarded as wholly utopian and unsubstantiated.

Though probably of purely theoretical interest, let it be stated that even the assumption of the enforced use of a completely standardized language for scientific and technological purpose will only solve some of the mentioned difficulties but by no means all of them. Though it is often assumed that such a language would not contain synonymous expressions, this assumption is demonstrably baseless. The most rigorous symbolic language system for the arithmetic of natural numbers, for instance, — surely a part of every language of science — contains for each natural number an infinite number of synonymous designations. The number 3, for example, can clearly be synonymously designated not only by "2+1", "1+2", "1+1+1" but also by "4−1", "5−2", . . . ad infinitum, not to mention innumerably many other possible designations. In this specific case, incidentally, there does not even exist a decision procedure for determining whether two expressions designate the same number.

Somewhat less utopian is the idea to standardize, if not the language of the original papers, at least the language and form of the *abstracts,* e.g., by allowing as the only method of preparing the abstracts the filling out of a kind of questionnaire containing, say for chemical abstracts, a certain number of statement forms, with the abstractor entitled only to fill out these forms, according to certain rigid instructions, or to leave them empty. I brought up this idea during an informal meeting of the First Conference on Machine Translation which convened in June 1952, at the Massachusetts Institute of Technology — probably not for the first time, though I am not aware of any prior detailed proposals to this effect —, and it has since been taken up at various occasions, though never brought to any conclusive empirical testing. PERRY's "telegraphic abstracts" [1, 2] seem to be a kind of offshoot of this idea — PERRY participated in the mentioned conference —, but in their present form at least they are far from attaining the envisaged aim, in addition to their various shortcomings pointed out in [33]. Here, however, is an interesting field for further theoretical and experimental investigations and one of the few subjects in literature searching where the collaboration of a symbolic logician could be of use, at least in the negative sense of helping to avoid the exploration of blind alleys. It is possible that such investigations are being conducted by PAGES at the Laboratory of Social Psychology, Paris [17, p. 39].

6. Critique of Automatic Indexing

Short of comparing the request formulation with the original document, one could think of comparing this formulation with a set of clues obtained from the documents by some mechanical procedure. Such procedures have come to be known as *automatic indexing.* (The abbreviation *auto-indexing* — introduced by LUHN in a series of publications [10, 35, 36, 37], together with the term *auto-abstracting* discussed in the following section — is not to be recommended since *auto* will usually be understood as being a whole word by itself meaning *self* rather than an abbreviation for *automatic.*) However, the chances that thereby a satisfactory set of clues will be obtained are again rather slim. There can be no doubt but that computers are in a position to select out of the words or word-strings occurring in the encoded form of the original document those words or strings which fulfill certain formal, statistical conditions such as occurring more than five times, occurring with a relative frequency at least double the relative frequency in English in general[3]) — on condition, of course, that such a general relative frequency distribution is presented to the machine in a consultable form —, etc. However, it is again rather unlikely that the set obtained thereby will be of a quality commensurate with that obtained by a competent indexer, for various, though not always the same reasons. First, there will be serious difficulties as to what is to be regarded as instances of the same word. Though this difficulty is recognized by some proponents of this method [36], it is not clear how they intend to meet it or why they believe that it can be met at all. In one example [36] it is indicated that such words as *differ, differentiate, differently, difference, differential* are to be regarded as instances of the same word, though it should be rather clear that this procedure would quite often result in including in the index set an index which should not be there and thereby perhaps excluding an index which should have been there, if the instructions are such that there exists an absolute cut-off for the number of index terms to be selected. Second, there arises again the problem of synonyms. Third, and most important, this procedure will yield at its best a set of words and word strings exclusively taken from the document itself. The efficiency of such an index set will then be equal to that of a set of uniterms obtained by a crude application of the uniterm system of indexing[4]). It would therefore share the major disadvantage of this indexing system, viz., that complex and costly measures will have to be taken in order to ensure an efficient matching of the request formulation with these index sets.

The cost of indexing as such is only a small part of the cost of reference providing by the uniterm method. It is very likely that manual uniterm indexing by cheap clerical labor will still, on the average, be qualitatively superior to any kind of automatic indexing, and it is very unlikely that the cost of automatic indexing will ever be less than this kind of manual uniterm indexing, unless the automatic indexing is to be of such a low quality as to totally defeat its purpose.

7. Critique of Automatic Extraction

Almost the same methods which have been proposed for automatic indexing could also be used for *automatic extraction* or *condensation*[5]). One can think of innumerably many methods of obtaining in a purely formal way, hence in a way performable by a computer, "significance numbers" of all the sentences of a given document and then to select out of the highest ranking sentences, again by innumerably many methods, a certain subset of the total set of sentences of the original document. This subset, arranged in the order in which its members appear in the original document, is doubtless a kind of *extract* of the document. It is quite natural to think that it could serve some of the purposes

---

[3]) For the idea of using the ratio of the relative frequency of a word in a given document to its relative frequency in the language in general as a measure of "significance" of this word in the document, rather than using the absolute frequency of this word in the document, see [33]. This idea is under further investigation by EDMUNDSON and BOHNERT at the Planning Research Corporation in Los Angeles, California [17, p. 33].

[4]) For a description of this system, see [6].

[5]) The term used by the inventor of this notion [36] is auto-abstracting, which is doubly unfortunate since in this term the second component is misleading too, the "abstraction" being of an extremely restricted kind.

a manually prepared *abstract* is meant to fulfill. It is unlikely, though no longer so completely out of question, that extracts prepared in some mechanical way relying mostly on counting of frequencies (with all kinds of additional sophistications such as giving words occurring in titles additional weights, etc.) will be of the same average quality as manually prepared extracts of the same length. Even if *averages* should turn out to be commensurate, it seems likely that mechanical extraction will sometimes yield rather inferior products and might therefore occasionally cause considerable damage to their users, unless this procedure is complemented by other abstracting methods or unless some *mechanical* method can be found by which these failures can be identifield. No proposals to this last effect seem to have been made so far, and it is not clear what direction they could possibly take[6]).

The major question, however, is probably of what use extracts, even if prepared by expert humans, could be. It is rather obvious that they would not be up to the standards of ordinary abstracts, not even of the so-called indicative type[7]). There exists some serious concern as to the degree of practical usefulness of even the best manually prepared *abstracts*[8]), and it should therefore be closely investigated as to what, if any, use can be made of *extracts*. The needed experimentation could profitably be made with extracts that were manually prepared. Only if such extracts should prove to have some value would it be worthwhile to continue investigation into mechanical extraction[9]).

Should it turn out, contrary to my present guess, that an extract could fulfill some useful purposes, it is still likely that an author's extract would in general be at least as good as a mechanically prepared extract and often much better. Preparing an extract, in fulfillment of certain specified conditions as to its length, should be such a simple procedure for an author that it is extremely hard to envisage how it could be beaten cost-wise by any machine.

The discussion as to the worthwhileness of having an author supply his own *abstract* at the time he submits an article for publication is still going on. (Such a discussion was held, for instance, at ICSI.) Opinions are sharply divided, and understandably so since there are good reasons both for and against this procedure. But the argument intending to show that authors' abstracts are inferior to abstracts prepared by some other person does not hold against authors' *extracts*, and I can hardly believe that it could be denied that an author's extract would in general be at least as good as an extract prepared by another human, in addition to its being much simpler to provide since the author will expend less effort than anyone else in rereading his own article for the purpose of marking those sentences he wants to have incorporated in the extract. Machine abstracting, *if only* it could ever reach the quality of an impartial expert human abstractor's output, with commensurate cost, would be something worthwhile

---

[6]) But I was told, during a visit to the IBM Research Laboratories in October 1958, that this problem is under investigation.

[7]) For a more elaborate critique, see [33].

[8]) There was much concern with this problem at ICSI. HERNER [38], e. g., showed that American medical scientists do *not* in general use abstract journals as their primary tool for information gathering.

[9]) In addition to IBM, where research along this direction is continuing, it seems that many other organizations plan to investigate this issue. Among them the Planning Research Corporation in Los Angeles, California, should be mentioned [17, p. 33].

to aim at since there would then be some good reasons to suppose that it would be of a quality commensurate with the author's abstract and perhaps even better. But this condition is totally counterfactual and there have, to my knowledge, been no serious attempts to implement it. Machine extracts, on the other hand, will in all likelihood always be inferior in quality to, and more expensive than, authors' extracts. However, it might be argued that it is usually not under the control of the user to have an author supply him with an extract of his article, whereas having it extracted by a machine at his disposal is under his control. This is indeed true and certainly a point in favor of attempts at machine extracting, should the usefulness of extracts ever be convincingly demonstrated. But even so, the point loses some of its cogency if we take into consideration that machine extracting could be economical, if at all, only when the machine can be supplied at no or very little extra cost with a machine-searchable version of the original text. Otherwise, preparing this machine-readable version itself would probably cost more than the human preparation of an extract. This is likely, however, only if the printer of the article is ready, or can be persuaded, to cooperate with the potential extractor. If, now, such a degree of cooperation can be attained, the degree of cooperation needed for having this article augmented by an author's extract is only slightly higher and would therefore still probably be a simpler thing to aim at than improving the mechanization of extracting.

8. Automatic Abstracting through Transformational Analysis

A different technique for automatic abstracting based upon a method of linguistic analysis called *discourse analysis* by its inventor has been recently discussed by HARRIS [39], though only in a rather tentative way. It is therefore rather difficult to judge its value, and still more so its economical feasibility. To give just one example of what an application of this method could perhaps achieve: It is a well-known stylistic feature of scientific writing to use in the first sentence of a paragraph a noun-phrase consisting, say, of an adjective and a noun — for instance, *linguistic structure* — and to use in the following sentences of the same paragraph the noun only — *structure*, in our illustration — instead of the noun-phrase, without introducing this abbreviation in some formal way. Every occurrence of *structure* in these sentences should then be regarded as a synonym of *linguistic structure* for further treatment, say of the frequency-counting kind mentioned before. Whether discourse analysis will be able to give a set of valid rules for the determination of the formal conditions in which a noun occurring without an adjective before it in the second sentence of a paragraph will be regarded as an abbreviatory synonym of a noun-phrase consisting of the same noun preceeded by an adjective in the first sentence of this paragraph, remains to be seen.

In addition to valid insights, the outline of this method contains, however, also various statements which are, literally understood, quite definitely wrong. It is envisaged that by the use of so-called *transformational analysis*, which is a preparatory step for discourse analysis but again so far exists only in outline, a complete text, say a paper, would be "reduced" to a sequence of sentences having a rather simple structure, so-called *kernel sentences*, with some kernel sentences occurring many times. By omitting repetitions — understood in a rather broad way, based upon a determination of text-dependent synonymities such as indicated above —, a shorter set of simple sentences is obtained which, so it is tentatively surmised, might serve as an adequate abstract of the document. This however, taken at its face value, is patently wrong: a sentence of the form *"A is not soluble in B"* would be kernelized into *"A is soluble in B"* and a sentence of the form *"If q then p"* would be processed into the sequence of the two sentences q and p, with possibly disastrous effects. Though these objections are surely well-known to the author of this method, it is not clear how exactly he intends to meet them. And it is, of course, not the question of how to meet every single one of them separately, which can always be attained by some *ad hoc* procedure, but how to get around the whole indefinitely large set of similar shortcomings.

It is again possible that this last method would be more effective for indexing than for abstracting. The above objections, for instance, clearly do not hold with regard to indexing, but even so it is still highly doubtful whether it can ever be refined into an economically feasible method with an output commensurate with that of competent human indexing. One could think of this technique also as being applied together with the above-mentioned frequency-counting one, improving the shortcomings of that technique in regard to synonymities, but it should be rather obvious that, at least for the time being, utilization of this combination of methods would now become so costly as to lose its competitiveness.

9. Restating the Problem

The idea of using machines for abstracting or indexing is a relatively new one and has still very much to prove its point. There are, however, other operations in the total information retrieval process which appear to be more easily amenable to mechanization and have indeed already been mechanized in many information systems. The use of punched-cards for selecting citations (and occasionally also abstracts) of documents whose index set comprises the set of topic terms or stands in some more complicated relationship to it, if this relationship is still expressible by Boolean functions, with both indexing and assignment of topic terms done by humans, has already proved its economical feasibility for document collections of a size of a few thousand, and will not be discussed here, especially since there exists an up-to-date exhaustive treatment of the issue [32].

The question to be discussed here is: **Can digital-computer-like devices be profitably used for reference-providing purposes and what are the relations between such a use and the methods of human indexing employed preliminarily to this use?**

The only features of digital computers which have so far been taken into account in the various schemes offered for their utilization in reference-providing, leaving aside science-fiction-type proposals with no substantial basis at the moment [10]), are the high speed with which they can perform matching and their large memory devices. This makes it rather likely that reference-providing machines, if and when they become commercial devices, will be special-purpose machines stressing these two features rather than general-purpose computers.

---

[10]) MOOERS' readable and stimulating piece of ball-gazing [40] suffers from a heavy reliance on "inductive inference machines", about which there exists, however, nothing so far but very obscure remarks.

Nevertheless, just for the sake of simplicity of expression, I shall use the term *"digital computers"* instead of, say, *"electronic reference-providing machines"*.

10. The Scope of Mechanization in Literature Searching

In order to have a specific situation before our eyes, let us assume that some outfit has a document library of a million items and that this outfit is ready to sell a certain service, say the provision of a list of references pertinent to a certain request topic, for $ 100, its mode of operation being either manual or including punched-card devices. The reference list provided by this outfit will usually have certain defects, both by containing irrelevant references and, perhaps more importantly, by not containing some pertinent references. Could a system be envisaged which, based upon this very same collection and starting from scratch, through the use of digital computers in suitable stages of the whole reference-providing process, would be in a position to compete commercially with the established system? The competition would consist in undertaking to supply either a reference list of approximately the same quality for a smaller sum, or a list of better quality for the same or even a higher sum, but still lower than the limit the requester would be willing to pay, or a list which, though of lower quality, would be supplied for such a low price that the requester would still be ready to pay that much for this service. This is an eminently practical question to which a satisfactory answer can be given only by an extremely detailed investigation of thousands of different particular items which we have no intention at all of doing here. We shall from here turn our attention only to the questions of principle involved.

A skilled reference librarian, when asked for a list of documents pertinent to a certain topic — and notice again that what this means is that a certain, quite definite formulation (of this topic) is submitted to him —, will, out of his knowledge of the specific way in which the document collection at his disposal is indexed, assign to the request what is in effect a certain Boolean function over some of the index terms[11]) and thereafter, in an obvious fashion, arrive at a *first approximation* of a reference list. A first approximation because the list arrived at by this simple operation will often be far from satisfactory, especially in the sense of not containing all or even a sufficiently large part of the relevant references. By either changing the topic terms with the help of *see* and *see also* indications which he will find in the subject catalogue — or with the help of analogous indications in other indexing systems — and/or by using a different Boolean function, he will arrive at additional references which he will add to the first list. No fast rules exist for this whole procedure, and the quality of the final reference list will mainly depend upon the understanding and skill of the particular reference librarian. Occasionally, the requester, if dissatisfied with the provided list, perhaps out of his feeling or even knowledge that references pertinent to his topic have been omitted, will himself change the formulation and thereby initiate a second round of this process.

Let it be immediately stressed that out of the processes described above, neither the assignment of topic terms to a given request, nor the reformulation of a given request are processes which could conceivably be adequately mechanized, contrary

---

[11]) This is a loose way of characterizing a process whose exact description would have to be rather tedious.

to some speculations in this direction, though they could be aided by some mechanical devices in a way we shall discuss immediately. It seems, therefore, that **the only steps of the literature search process which are amenable to performance by a digital computer are those steps which follow the assignment of the Boolean function over the topic terms, up to and including the printing of the reference list.** These steps, after human intervention, may be iterated several times to yield the final reference list.

None of these operations are such that they could not be in principle performed by a human being, though their performance might take him a longer, perhaps much longer time. The quality of the final output is wholly determined by the system of indexing and the skills of the requester and librarian in formulating and reformulating the request. It would not be entirely right, however, to conclude from this that the problem of employing digital computers for reference-providing is an exclusively practical one, raising no theoretical problems additional to those raised by conventional indexing in general. Due to the enormous speed and large storage capacity of digital computers, it is definitely conceivable that methods of indexing which would be utterly impractical for human operators and which therefore have not been seriously investigated in the past will turn out to be practical for these computers. As a matter of fact the availability of computers has not only given additional impetus to the investigation of certain extant indexing methods, but has also instigated the investigation of entirely new indexing methods, such as the one known as KWIC (Keyword-in-Context) Index [41], which, however, has yet to prove its economical value even for the restricted aim of *current awareness* for which it is meant.

It is likely that mechanization will play a greater role in information systems whose task is to call the attention of industrial research workers to recent developments of possible pertinence to their current work than in systems meant to service scientific research proper. When speed is more important than care and accuracy, a mechanically prepared *dissemination index* might indeed be more appropriate than a manually or semi-automatically prepared retrieval index [12]).

11. Comparison of Indexing Systems

The next seven sections will deal with some general theoretical problems involved in reference providing, after an introductory comparison of indexing systems. These problems are not specifically related to mechanization. However, they must be satisfactorily solved before even those stages in the whole literature search process that are at all amenable to mechanization, can be delegated to the uninterrupted operation of a computer.

The discussions as to the relative value of the various indexing systems are still going strong and show no tendency of subsiding. Since apriori reasons are more and more being regarded with suspicion, one has lately turned to experimental comparison. Interestingly enough, but perhaps not surprisingly, the first results have been rather inconclusive. Since the scope of these experiments has,

---

[12]) Cf. also the sensible remarks by LOWRY and ALPRECHT [42] with regard to another scheme of announcing new information. An interesting report on case studies of current awareness searches has recently been published by the Center for Documentation and Communication Research at Western Reserve University, Cleveland, Ohio.

however, been rather restricted, it is better not to rely too much at this stage on this inconclusiveness and to wait for the outcome of more extensive experimentation on the way, such as the ASLIB Cranfield Research Project conducted by CLEVERDON [43]. Each of the extant indexing systems seems to have its advantages and drawbacks and it is perhaps not unlikely that they should, in the grand average, turn out to be more or less equal in their efficiency though they *might* still show considerable difference in this respect with regard to particular document collections. But in spite of various and occasionally heated claims to the contrary, no convincing case has so far been made for the definite superiority of any indexing system over the others even in such well-determined situations. True enough, for a small industrial company with a few dozen prospective users of the document collection and a collection size of a few thousand, a descriptor-type indexing system such as Zatocoding [44] appears to have some definite advantages and has been working satisfactorily in some such companies [45]. But it also seems that even then the advantages are only temporary and are apt to be lost as soon as the company grows beyond a certain size, both as to the size of its document collection and to the number of its members, as DE GROLIER [7] rather dramatically found out for himself. Similar remarks could be made for every other indexing system.

Whenever a new indexing system is proposed, there exists an understandable tendency on behalf of its proponents to claim great theoretical and practical advantages for the system, usually combining this claim with a harsh criticism of the other systems. The criticism is in general valid, though often stated in a highly exaggerated manner, but most of the time the positive claims cannot be substantiated in their theoretical aspects and must await substantiation as to their practicality. A relatively detailed critique of the theorizing behind some of the recently proposed indexing systems, especially by workers in the United States, has been given elsewhere [33] and shall, in general, not be repeated. I shall rather turn my attention to some still more recent proposals.

12. Lattice Theory and Distance Measures between Topics

In another publication [33] I have already had an opportunity to deplore the tendency of some innovators to back up their practical proposals by invoking such fashionable and prestige-carrying disciplines as *structural linguistics, symbolic logic, theory of information, theory of games*, etc. Since then, some of these claims have been repeated by the same and other authors, but no additional substantiation has come to my attention so that no additional refutation is required. On the other hand, new claims have been made and backed up by reference to other disciplines, more especially of a mathematical nature such as *lattice theory* [46, 47, 48, 49, 50, 51], *topology* [48] and others. Now, sets of documents are sets and therefore, as all other sets, form a lattice with respect to the inclusion relation, and the assignment of indexes to documents can be regarded as a mapping of the document "space" into the "space" of the subsets of the total index set. But to my knowledge, nothing of any importance has so far been obtained by this "application" of lattice theory and topology to the theory of indexing. (This was also the consensus of the panel presiding over the meeting of Area 6 of ICSI.) MOOERS' claim [48] of having laid *"the foundations for a unified mathematical theory for the language symbols of retrieval"* must be definitely rejected. With regard to his paper, as to all other "mathematical" papers of Area 6, one can only say, following LEES but with a slight twist, that the information retrieval *"literature is peppered with mathematical and quasi-mathematical treatments; a few are of interest, but the vast majority are vacuous, if not just wrong"* [52, p. 271], and that in order to be of any avail *"the mathematical system serving as a model must yield theorems whose interpretation affords some deeper insight or knowledge"* [52, p. 300]. Unfortunately, I cannot but agree with FOSKETT [53] when he criticizes proponents of certain recent schemes of literature searching as *"attempts to disguise (their) commonplace notions in weird and sometimes self-invented pseudoscientific jargon, supported, albeit unnecessarily by masses of impressive mathematical diagrams and calculations"*. Whether the use of a lattice-theoretical or topological terminology might have a clarifying effect on the ways of thinking of librarians and documentalists who are not used to it is a moot question which I see no way of answering at this point.

However, lattice structure are supposed to come up also on other occasions. One decisive question, we recall, was how to change the assignment of topic terms to a request or *"how to make perturbations of the initial selection of search terms"*, in ESTRIN's [34] formulation, if the first reference list one gets by matching the first set of topic terms with the set of indexes is not satisfactory. I have already said that usually this is done with the help of the *see* and *see also* remarks accompanying the indexes in the catalogue, or corresponding similar devices. An indexing system might well stand or fall with the quality of these cross-references. Leaving aside that function of cross-references which consists of calling attention to synonyms, what they usually do, or are supposed to do, is to call the attention of the user to the possibility of changing the formulation of his request to a more or less closely related one, with the expectation that the new reference list thereby obtained will contain material relevant not only to the changed topic but also to the original one. If someone is interested in getting a list of all documents (in a given collection) relevant to the topic *Diseases of Animals in South America*, it is likeley that he would find interest in reading documents that treat the topic *Diseases of Dogs in Argentina*, which he would obtain by a suitable change in the original set of topic terms to a new one. A similar likelihood exists in the inverse direction, and perhaps a lesser likelihood that a document dealing with *Diseases of Cats in Brazil* would be relevant to the topic *Diseases of Dogs in Argentina*. Now the class of Dogs, as well as the class of Cats is a subclass of the class of Animals and therefore these two classes, together with all the other subclasses of the class of Animals, form again a lattice with respect to the inclusion relation. Similarly, Argentina and Brazil are parts of South America and therefore form together with all the other parts of South America a lattice with regard to the Being-Part-Of relation (on condition that we are ready to work with the notion of a *null-area* which is a part of every area). All this is certainly true and even rather trivially so, except that not distinguishing the Inclusion relation between classes from the Part relation between physical entities occasionally causes a certain amount of confusion. Assuming now that a certain classification of all animals is fixed, e. g., one of the standard biological classifications, the class of Dogs and the class of Cats will occupy certain fixed positions in the resulting *tree*. (Notice that under this assumption we get a tree structure rather than a lattice structure, because biologists do not like to work with null-classes as well as because the biological classification is assumed to be both exhaustive and exclusive.) Between these two classes, and any two classes occurring in the tree, there will be a path of shortest length combining them and we could measure their *distance* by the number of nodes between them (or rather by this number plus one, for obvious reasons) — as is intimated, e. g., by BERNIER and HEUMANN [54] — or perhaps by some monotone function of these numbers. Similarly, by assuming some division of South America into non-overlapping but together exhaustive parts, e. g., a political division into countries, and of a similar division of these parts into subparts, e. g., an administrative division into provinces, etc., we would arrive at another tree whose nodes would be occupied by South America and its various parts, subparts, etc., and could then again easily define a distance measure function (not to be confused, of course, with the average geographic distance of such two parts).

For the purposes of the following remark we shall keep the term *diseases* fixed. (Defining a tree in which this term would occupy a certain position would be possible but difficult and space consuming.) Assume now that being interested in the topic of *Diseases of Dogs in Argentina* we have reasons, good or bad, to be dissatisfied with the first reference list obtained from our system. To fix the idea, let us assume that the system uses some kind of so-called coordinate indexes, uniterms, descriptors or the like. Assume further that the topic terms assigned to our topic are just *Disease(s)*, *Dogs* and *Argentina*. We might then be inclined to change our topic in the hope that thereby additional documents would be called to our attention which might well satisfy our needs. It is rather natural to think of changing our topic in small steps, as it were, first to very closely related ones, then — if necessary — to rather closely related ones, to remotely related ones, etc. It is again rather natural to believe that the above-mentioned distance measures would be the means of doing this. For instance, we could think of defining the distance of two 3-membered index sets whose indexes occur pairwise in the same trees as the sum of the distances between these pairs and then define the distance between two topics as the distance between their index sets. Assuming, for instance, that the distance

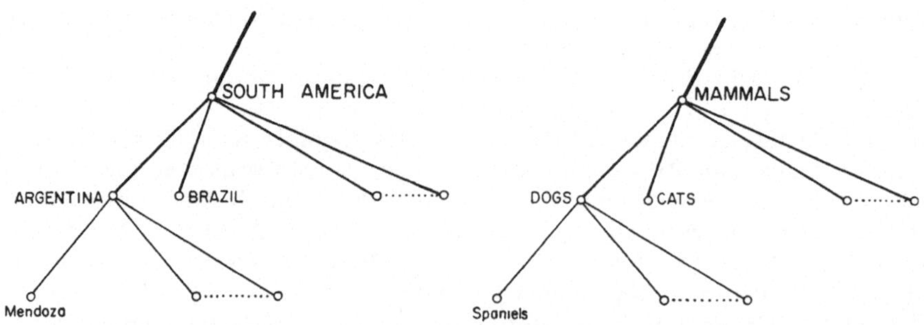

Fig. 1. Part of a geography tree   Fig. 2. Part of a zoology tree

between *Argentina* and *South America* in the geography tree (cf. Fig. 1) is 1, the distance between *Argentina* and (the province of) *Mendoza* is 1, between *Brazil* and *South America* 1, hence between *Argentina* and *Brazil* 2, and that the distance in the zoology tree (cf. Fig. 2) between *Dogs* and *Mammals*, between *Dogs* and *Spaniels*, between *Cats* and *Mammals* is 1, etc., then, according to the mentioned definition, topics with a minimum distance of 1 from the topic *Diseases of Dogs in Argentina* would be *Diseases of Dogs in South America, Diseases of Dogs in Mendoza, Diseases of Mammals in Argentina, Diseases of Spaniels in Argentina;* topics with distance 2 from the original topic would be, e. g., *Diseases of Dogs in Brazil, Diseases of Spaniels in South America, Diseases of Mammals in Mendoza; Diseases of Cats in Brazil* would have distance 4. One could then think, and has perhaps even vaguely thought, of having a reference-providing system where you would on the first push of the button get a list of all documents dealing, inasmuch as their indexing can be trusted, with the very request topic itself, on the second push of the button all those documents dealing with topics once removed from the original topic, on the third push the documents twice removed, etc.

However, it is quite obvious that this whole schema floats in thin air. The "mathematics" of it is as impeccable as it is simple and trivial, involving nothing but counting and adding, but the practical utility of the outcome of these operations is more than doubtful. There seems to exist but a strenuous and ill-determined relationship between the "distance" measures obtained by these operations and either our intuitive feelings about topic-relatedness or the practical usefulness of the additional reference lists. To give but a trivial counter-example: The term *Domestic Animals* would not appear at all in a scientific Biology tree; it is nevertheless rather likely that a document dealing with *Diseases of Domestic Animals in Argentina* would be relevant to the requester. So would, in all probability, a document on *Diseases of Dogs in Temperate Zones*. A distance according to some such schema as the mentioned one would not be defined at all between the original topic and such a topic as *Bacteria Living in Dogs* or *Life Cycle of Insect* X (which insect, let us suppose, may cause a disease in the dogs of Argentina), but nevertheless documents dealing with these and an innumerable number of other topics with no distance defined between them and the original topic might be no less relevant than documents dealing with topics of defined distances [13]). Nor is there a serious reason to supose that documents with distance n will necessarily be more relevant than documents with distance m, where n is smaller than m, nor even that this is likely to be so. Is it, for instance, really likely to be the case that a document dealing with *Diseases of Dogs in Brazil* will be less relevant than a document dealing with *Diseases of Spaniels in Argentina?*

BERNIER-HEUMANN, FAIRTHORNE, MOOERS and VICKERY — among others — are fully aware of the decisive importance of defining an adequate distance measure between topics. But their efforts must be regarded, in my opinion, as complete failures. BERNIER and HEUMANN [54] are talking of a rather shapeless, multi-faceted qualitative concept of semantic relatedness, but later go on to give some hints on a kind of measure of degree of relatedness and are ready to

---

[13]) This remark is, of course, so trivial that no supporting quotation should be needed. Since, however, its lesson is in constant danger of succumbing to wishful thinking, let me quote, at random, a remark by CLARIDGE [55, p. 378] made, incidentally, for another purpose: "*Any form of generic relationship can be taken as the basis of the classification, but once this is chosen, generic searches on other bases have become impossible.*" CLARIDGE's wholesale rejection of coordinate systems, for the reason that they destroy all order of the elements [52, p. 382], is certainly too rash. However, the paper deals with data-providing rather than with reference-providing. Cf. also VICKERY [50, p. 48].

state, in all seriousness, that "there is an eleventh-order relationship between 'beta-d-glucose' and 'thing'", because in a certain chemistry tree they have in mind there are 10 nodes between the two corresponding nodes, giving no hint of their awareness of the utter accidentality of these numbers. It turns out that all "semantemes" of a given science are related.

Why only of a given science? Presumably the biology tree(s) and the geography tree(s), too, have "thing" as their apex, thereby creating a relatedness between the "semantemes" of these trees. Finally, all "semantemes" will turn out to be related, a result that should not be too surprising.

And then the semantemes of a science are *"pictured as a large, very irregular ball made up of layers with the most abstract terms near the center"*. It would be pointless to go on quoting.

FAIRTHORNE [47], after having stated rather surprisingly, that *"distance, in any context, is based on the idea of 'difference'"*, quickly wanders off into irrelevant technicalities of non-Boolean operations. MOOERS [56] is concerned with distance measures between documents rather than between topics. Having defined one such "measure", he goes on to prove neatly that this "measure" does not fulfill the so-called triangle inequality, i. e., that according to his measure it is quite possible that the distance between documents A and B should be m, the distance between B and C should be n, and the distance between A and C greater than $m + n$! I did not understand why, having established this result on p. 9, he goes on for another 32 pages.

VICKERY [49] — who in another publication [50] rightfully stresses that *"relation between terms is the central semantic problem of subject indexing"* — does not attempt to define a metric for relatedness, but even his qualitative treatment is marred by oversights and inaccuracies. Aften having defined the relation of coordinateness between two terms as holding when they have *"meanings which are included in that of the next term"* — but forgetting already on the next page to draw a broken line indicating coordinateness between B and A in his illustrative figure

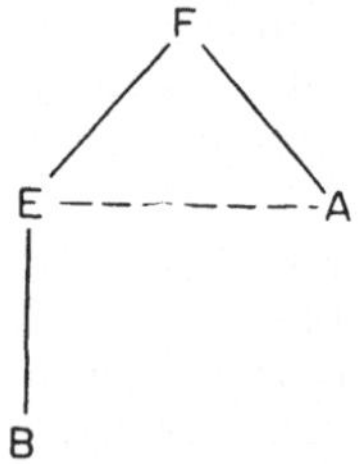

(and calling this figure a "lattice", for some reason) —, he goes on to talk about coordinateness of subjects (topics) without apparently being aware that it is by no means obvious how the transition between coordinateness of terms to coordinateness of topics works.

This failure completely vitiates VICKERY's talk [50] about "levels of discrimination". It is not clear at all what he has in mind when mentioning the possibility that *"the machine is programmed so that, requested to search for subject S at Level L, it will retrieve all items marked S and those at levels $L + 1$, $L + 2$, $L + 3$, $L - 1$ and $L - 2$ related to S"*. At the best, he might there be groping for a distance measure of the kind I have just discussed and found wanting. Incidentally, in the closing sentence of the paragraph, VICKERY makes a deplor-

able bow to fashionable ways of speech when he says that *"the machine might even re-programme itself"*.
The failures of these attempts, I would say, are not due to the insufficient stature of those who made them, but rather to the fact that they attempted the (almost) impossible. I do not hesitate at all to state that one of the aims of Area 6 of ICSI, i. e., *"the establishment of a concept of relatedness or connectivity of documents in a collection along with a suitable metric to define the degree of relatedness"*, as stated in the introduction to the papers published in this Area, is either unattainable at all or at least a devilishly difficult task, no approach being in view that has any change of leading to a function that will give us a useful measure of distance between topics, and still less between documents.

13. The Method of Decreasing Topic Term Sets

A somewhat different, less ambitious and therefore more promising approach to get at more satisfactory reference lists in case the first list is not satisfactory is the following, illustrated again by a descriptor-type indexing. Assume that to a certain request topic a set of n topic terms is assigned, and that the list of all those documents whose index set includes this topic-term set as a subset is not satisfactory. The reference librarian could then be instructed to obtain a list of all those documents whose index set comprises any $n-1$ out of the oridinal n topic terms. The reference list thereby obtained would in general be more comprehensive than the original one, perhaps even much more so, and might therefore be more satisfactory, in spite of the fact that it would now probably contain a good amount of references of little or no relevance to the original topic. If necessary, this procedure could be repeated with $n-2$, etc. It is known that this procedure has been partly successful in actual operation, the rationale behind it being rather obvious. However, it would again be a mistake, albeit an attractive one, to think that every document whose index set comprises m out of the n original topic terms is necessarily at least as relevant to the original request as every document whose index set comprises only $m-1$ topic terms. There is, for instance, no reason to assume that a document whose index set comprises *Diseases* and *Argentina* but not *Dogs* is more relevant to the requester's topic then a document whose index set comprises *Dogs* but neither *Diseases* nor *Argentina*. There are some vague and indefinite plausibility considerations involved here which may account for the relative practical success of this method, but it is very implausible that any theory can be built around these considerations[14]). The technique of decreasing topic term sets has been in use in the systems advocated by MOOERS, PERRY and others.

14. Degree of Relevance of Documents to Topics

So far we have stressed the difficulties of arriving at a reliable estimate of the probability of a document's containing material pertinent to a given request topic, from the characterization of the document by a set of indexes and the characterization of the request topic by a set of index terms. However, the situation is in reality even worse. In our discussion we assumed that a docu-

---

[14]) Sensible remarks on this topic, together with a kinder evaluation of TAUBE's association machine than my own [33], are to be found in ESTRIN [34, pp. 122 f.].

ment is either relevant to a given research topic or irrelevant, i. e., we worked with the so-called *classificatory concept* of relevance. In fact, however, it is rather the degree of the document's relevance which is important. Vaguely speaking, a document is worth the time spent on its reading if and only if its degree of relevance is higher than a certain point; very roughly speaking again, the estimate of the gain to be obtained from the perusal of a document should be higher than the utility of the effort spent in its reading. So far this is all rather trivial, but only because all the concepts employed in this remark are so vague and indeterminate. Leaving aside all well-known difficulties with regard to the measurement of utilities, the point I would like to stress now is how difficult, if not simply impossible, it is to arrive at an adequate explication of this *quantitative concept* of degree of relevance of document to topic. This explication is certainly a more difficult task than that of explicating the qualitative concept. The concept of degree of relevance, incidentally, should be distinguished from that of the *probability of being relevant* though, intuitively, there might exist some ill-determined connections between them. There exists, to my knowledge, only one serious attempt in this direction [57] (in which the just mentioned distinction is not yet made) but even this attempt has at most some exploratory value and raises, in addition to the theoretical questions of its adequacy, the practical question of the economical worth-whileness of the effort put into the determination of the relevance measures. In short, the essence of this proposal consists of assigning — so far in a rather arbitrary-looking way — weights to the index terms, whereas in the usual indexing systems an index term is just either included in or excluded from the index set of a given document.

15. The Appeal to Symbolic Logic

In an earlier publication [33], I have already had an opportunity to complain about the fact that some proponents of new indexing systems found it necessary to claim that their proposals were based on the findings of *symbolic logic,* thereby apparently intending to strengthen their proposals by an appeal to the high prestige which this discipline enjoys to a measure which seems inversely proportional to the degree of acquaintance with it. I shall not repeat here the argument to the effect that this appeal was utterly unjustified. How important it is to dispel the illusions that have been created in this respect emerges, for instance, from the fact that METCALFE [5] pays far too much respect to the claim that certain recent schemes for literature searching are based upon modern symbolic logic, whereas the old classificatory indexing systems are based upon old-fashioned traditional logic. I hold no special brief for the traditional theory of definition and even less for the metaphysics which goes with it, but a critique of this theory is completely independent of what is done in modern symbolic logic. As a matter of fact, the theory of definition is a rather neglected part of symbolic logic with sometimes rather serious repercussions for this discipline. Old-fashioned traditional scientific methodology is to be overcome and improved upon not by symbolic logic but rather by a modern methodology of science and a better understanding of theory and concept formation. This better understanding will indeed be helped by a better knowledge of symbolic logic (to a much higher degree than that shown by the proponents of the new indexing systems), but is not a simple consequence of this knowledge. Modern methodology might be sufficient to show that the methodological foundations of classificational indexing are shaky, but do nothing, as far as I can see, to show that the new systems are any better. Unfortunately, the appeal to symbolic logic manifests itself in nothing beyond the use of EULER circles, VENN diagrams and ample mentioning of *logical products* and *logical sums*, quite often in the wrong context, and the use of the most elementary symbolism of propositional and class calculi, again not at all always with adequate skill, whereas the probably much more relevant (but also much more difficult) logic of relations is hardly mentioned and never employed.

The feud between, say, coordinate indexing and classificational indexing has absolutely nothing to do with the issue, or rather pseudo-issue, between symbolic logic and traditional logic. Any reference to this issue is misleading and just another instance of the well-known fallacy of Appeal to Authority.

16. The Appeal to Semantics

Another theory to which appeal is often made is semantics, the study of the meaning and reference of signs. However, there are few signs in the recent publications of any serious knowledge of the considerable insights which semanticists have given us into the workings of language or of a mastery of the conceptual and terminological framework which they have erected. A recent publication [3] by authors who make heavy use of the term *semantics* and its various derivatives contains a definition of *degree of synonymity* (p. 24) according to which two terms have the degree of synonymity 1 if they apply to the same objects. This definition forms part of a "mathematical model" which they construct in the belief that it would be helpful for the theory of information retrieval. They show awareness of the difficulties of extrapolation from what holds in their model to what holds in actual situations, but do not seem to be aware that there are good reasons to suppose that nothing at all can be extrapolated. Though the definition of degree of synonymity just mentioned may have some value for this model, it is absolutely useless in any adequate theory of indexing. What they do define is rather the concept *degree of co-extension*. Whatever the importance of this concept in the theory of reference, one of the two major branches of logical semantics, within the theory of meaning one has to work with the concept *degree of co-intension* or rather just with the qualitative concept *co-intensional*[15]), as it is clearly this concept which is involved in indexing[16]).

---

[15]) For all these concepts, see, e. g., BAR-HILLEL [58], where further references are given.

[16]) The whole "mathematical model", incidentally, is not much more than a pointless mathematization of purely commonsensical qualitative remarks as to the various cost factors that are involved in various indexing systems. Writing down some 27 linear equations, where linearity is only assumed for the sake of being able to write down such equations, with summations and integrations interspersed for good measure, is only apt to create bad feelings against mathematical treatment in general, since documentalists who are the likely readers of such books might easily get the impression that this is all that mathematics can do.

It seems that this whole pseudo-mathematical effort was made in order to create a favorable background for the proposal of its initiators to use automatic equipment for information retrieval. In fact, however, nothing at all follows from the model, not only because it is so patently inadequate, but also because no indications are given of how to arrive at the numerical determination of the 27 constants which occur in it.

The lack of semantic understanding, not even of a highly sophisticated level, by many otherwise thoughtful workers in information retrieval is distressing. In spite of earlier warnings [33], one can still find in an important recent article [59, p. 318] a statement such as: *"Suppose one wants to find all articles on the application of nuclear theory, i. e., all articles each of which is associated with all of the following given words: application, nuclear, theory."* So long as the adherents of uniterm indexing systems do not realize how problematic this transition, so innocently indicated by "i. e.", will be in general, their theorizing will remain baseless: Not all documents dealing with Applications of Nuclear Theory will be indexed by *applications, nuclear* and *theory*, and not all documents indexed by these terms will deal with Applications of Nuclear Theory.

17. The Thesaurus Approach

Some recent attempts at attacking the problem of topic-distance have made considerable use of the term *thesaurus* [36, 47, 48, 51, 54]. Now a thesaurus like ROGET's is a kind of glorified synonym dictionary combined with a universal classification scheme. To the degree that such a thesaurus is based upon competent and shrewd observation, there can be no doubt that it might be helpful to someone who is in search of a reformulation of his original topic when a literature search based on the original formulation did not yield satisfactory results. It is again therefore rather natural to think of mechanizing these transitions, of having, at the push of a button, the original index terms replaced one after the other by those terms which a specific consulted thesaurus indicated as synonyms or quasi-synonyms, and of repeating the literature search with the index set thus obtained. However, there is no reason to assume that a satisfactory theory for this method can be found, any more than for the other methods discussed before. I do not see any possibility of quantitative control as to the relevancy of the additional documents whose references are supplied by this method. There will surely be documents that will be more or less relevant to the original topic and there will be others that will not. Since the practicality of this method will depend among other things upon the ratio of the numbers of these two kinds of documents, or perhaps some other function of these numbers, and as there does not seem to be any way of predicting something useful about this ratio, there again exists no other way to evaluate this proposal but to test it experimentally in comparison with other methods. However, even such an experimental test will tell very little of any general importance. Should it, for instance, turn out that a literature search method based upon ROGET's Thesaurus would not be worth its cost, one could still go on believing that some other thesaurus would do better.

Quite often however, the concept of a thesaurus has been watered down by workers in information retrieval to such a degree that it is no longer clear whether it is at all different from the cross-reference systems so well known to the librarians. It may be hoped that the somewhat mystical aurora which has been spread around the use of thesauri in literature searching, whether on purpose or by misunderstandings, will be dispersed in order to make room for a sober and down-to-earth discussion of the issue.

18. Analysis of Customary Literature Search Procedures

Altogether, time has perhaps come to ask oneself the fundamental question what exactly it is that one expects an automatic literature search system to perform. When embarking upon a new research program, one would usually be interested in getting a reliable view of the state of the art in order not to spend time on thinking through issues which have already been satisfactorily discussed by others or in performing experiments which have already been done by others and the results of which have already been published. In addition, of course, one would like to know whether sufficiently related issues have not been discussed before, and whether similar experiments have not been performed before from whose set-up and/or outcome one could learn. Usually there is no very great hurry for this process of getting to know the literature, and it is certainly not necessary at all to have a complete reference list at one's disposal before one starts reading the documents. The usual procedure is rather to start reading some documents which one regards as containing relevant material and to which one is led either by memory or by advice from a colleague or by the use of some existing literature search system. The reading of these documents itself then suggests the reading of additional documents through references, footnotes, etc., and these additional references are obtained rather cheaply as an almost automatic by-product of the reading itself. It is difficult to see how any other method, manual or automatic, could possibly be more efficient in this provision of additional references. However, what could of course happen, and does happen, probably quite often, is that this acquisition of additional references will not be sufficient to uncover all important references containing relevant material, if only for the obvious reason that the additional references will usually[17]) have been published at a date preceding that of the primary reference. In addition, of course, the secondary, tertiary, etc., references one will get by this customary procedure might still not cover the whole ground since it is conceivable and even likely that, when starting this process with a narrow primary reference list, the whole sequence of references obtained will converge only to a subset of the total set of relevant documents, whether because of a tendency to quote literature written in a certain language, or published in a certain country or for very many other reasons. Experience teaches that by this traditional method valuable material is often not caught, with occasionally rather detrimental consequences. Without here going into the details of the information gathering habits of scientists, it is clear that the major trouble of literature searching is how to get hold of very recent and/or out-of-the-way references. Whereas a lead provided by a footnote in an article one reads in preparation for his research will usually yield only older references belonging to a relatively restricted circle, the leads one will obtain by "disturbing" the original index set "impartially" will yield both older and more recent material, stemming from similar or totally different sources written in the same or in different languages. Unfortunately, however, we have already seen that a "purely-mechanical" (now using this term in its customary derogatory connotation) perusal of this method will not necessarily be satisfactory, either.

---

[17]) I say "usually" because often useful leads will be obtained from footnotes calling attention to documents yet to be published.

19. A Heterodox Conception of the Use of Computers in Information Retrieval

It might therefore be worthwhile to think of a literature search system that, while utilizing the high speed and the large memory capacities of the modern electronic computers, would not fall into the traps of their "mechanical" use. When the computer is used for computing, it is clearly best, for economical reasons, to program the solution of a problem and to have the computer work on it without any human intervention until the final solution is printed out. It seems that the rule: *Interrupt the work of a computer as little as possible,* has been too readily taken for granted also for non-computational uses. It might very well turn out that the best way to make human use of an electronic computer for such non-computational purposes as information retrieval (or machine translation, for that matter[18]) would be exactly this kind of intermittent employment which is still so much shunned. The actual decision as to the changes to be made in the original set of topic terms in order to get additional references would not be left to the computer. Whether a new search should be conducted on a index set obtained from the original one by omitting one of the topic terms, by substituting for one of the topic terms some other term, or whether the request is to be rephrased altogether, all this is probably best decided upon by the human requester, perhaps in collaboration with the reference librarian. Some kind of simple mechanical device might conceivably be useful for obtaining suggestions as to the changes to be introduced, but it is highly doubtful whether the use of an electronic computer for this purpose could ever be economically justified. It is possible, however, that an electronic computer (or rather a special-purpose device constructed with more or less the same components as an electronic computer but in different proportions and costing much less per hour) could be usefully employed for printing out the additional reference lists. This in such a way that whenever a new reference list is printed out, the machine would turn to some other literature search problem waiting for it and would come back to the original one only if especially instructed to do so. The requester would do this if he is not satisfied with the list, having checked through the titles of the suggested documents, perhaps having read some abstracts or even some of these documents themselves. In other words, what I am suggesting here is to find out whether for such purposes as information retrieval, electronic computer-like devices might not be better used as slaves to many masters, always doing only short runs of routine work, though with a rather inhuman capacity of instantaneously switching from job to job, rather than as almost autonomous units working prolongedly and uninterruptedly on some one job till its completion, when provided with one final set of instructions. I believe that this "conversing with the machine" is a more promising way of

---

[18]) In general, "the analogy between machine translation and literary search" [51, 60] has been greatly exaggerated. It is true enough that many people, including myself, have dealt with both fields — after all they are both non-numerical applications of digital computers —, but this personal union proves nothing about the existence of useful analogies, and I for one have so far been unable to profit from them in my own investigations. Nor is it very difficult to exhibit the sources of this prejudice as I have done elsewhere [61]. One such source is the customary fashionable, loose and thoughtless usage of such terms as 'information', 'translation', 'transformation', and the like.

utilizing the capacities of digital computers than letting the machine carry on a "monologue" by continuously working on a series of questions propounded at the beginning, contrary to the view of KOLLER et al. [62, p. 339]. However, I do not believe that present-day computers could be economically put to work along the indicated line. I understand that work is already in progress to construct computers that would be adapted to such kind of work.

This means, of course, a much less ambitious use of computers for information retrieval than has been envisaged and talked about by many recent workers in the field. The only stages in a complete literature search which I can see as being usefully turned over to computers are

(1) the storage of the references and their index sets,

(2) the matching of some Boolean function over a given set of topic terms with the various stored index sets,

(3) the printing out of reference lists corresponding to these matchings.

On the other hand, I do not believe that one should delegate to computers

(1) decisions as to the changes to be made in a literature search program when the output of the original program is not satisfactory,

(2) indexing and abstracting.

I also do not believe that it makes any sense at present to talk about computers learning to make literature searches and improving their performances in time. I do not think I should say here more about this last topic since nothing beyond non-committal talk exists on this subject until now.

The specific kind of man-machine partnership I am suggesting here is perfectly commonplace as such; it is only that this type has so far been shunned when the machine-partner was a digital computer with a salary of hundreds of dollars per hour. SAMAIN who heads the section on bibliographic research of the Documentation Center of the French National Center for Scientific Research has recently introduced an experimental service in which the requester is sent the copies of the abstracts selected by the original search which was conducted in accordance with the original formulation of his request, plus a list of associated terms which may suggest to him further useful searches [32, p. 9]. The decision whether and how to reformulate the request is left to the user, with some aid given to him by the list of associated terms. However, no indication is given as to the method of arriving at this list. Presumably, it is just commonsense that is used for this purpose.

20. The Outlook

The outlook for the possible use of computers in information retrieval is thus far from clear. Existent claims for their far-reaching use in this field have not been substantiated either in theory or in practice. Partial uses whose feasibility seems plausible in theory have not yet been seriously tested as to their economical practicality, and might, in addition, well require the construction of special purpose devices whose mode of operation differs rather radically from the one generally accepted at present as being most efficient. This point will have to be very closely studied. In the best study on the use of electronic computers for information retrieval that has come to my attention, OPLER and BAIRD [63] arrive at the conclusion that for very large systems which require frequent reference to logically complex comparisons, commercially available large electronic data processing machines are well suited, whereas smaller computers are of only marginal usefulness. This conclusion is reached from *experience* and not from theorizing. Their final evaluation is somewhat equivocal. Whereas in the opening Thesis (p. 37) they state simply that their *"experiences have shown that the use of electronic computers provides fast, convenient, accurate, and inexpensive retrieval"*, the remainder of the paper cannot but seriously qualify this statement, so that in the closing Conclusion (p. 48) their claim has been toned down to saying that *"only the experience to be gained in the years ahead can fully justify"* the widespread adoption of electronic computers in the information retrieval field. They have nothing to say on the use of special-purpose machines, perhaps because they believe that in *"only a few highly specialized cases could the installation of a large computer solely for searching be justified. These exceptional situations arise where very large files must be frequently searched (e. g., U. S. Patent Office, Chemical Abstracts, etc.),"* in addition to the fact that they just had no personal experience with such machines.

The prospects for efficient use of computers for information retrieval have so far been greatly hampered by inept theorizing, by pointless attempts to "apply" prestige-carrying scientific, and especially mathematical disciplines, by letting imagination roam freely and by greatly under-estimating the intellectual effort required to arrive at a good abstract, a good index set, and a good judgment as to the closeness of topics. This underestimation may partly be explained by the great crudeness of the semantical views exhibited by many information retrieval specialists. Greater sophistication in this respect, though leading to a negative appraisal of many existing attemps at the automation of literature searching, will unfortunately not necessarily lead to more promising attempts and is there-fore often regarded as being purely destructive, hence rather useless. I would not agree with this last turn of the argument. I am afraid that the present paper, as some of my earlier ones, is indeed almost purely destructive (though the suggestions as to the change in policy of using computers given above are constructive in a sense). But I would not want to agree that this paper is there-fore useless. On the contrary, should it fulfill its purpose of discouraging information retrieval workers from futile theorizing and from working towards the realization of hopeless schemes, thereby freeing their time for more promising investigations, the destructive force of my arguments could, at least indirectly, have definite constructive implications. I know, of course, that innumerably many times claims as to the futility or impossibility of certain approaches have been proved false in time so that the proponents of these claims were then regarded as reactionaries and stumbling blocks in the progress of science. But I also know that equally innumerably many times such warnings have been effective in redirecting research effort that was in danger of being wasted on futile projects into more profitable directions. The fact that I might prove to be wrong does not, I think, justify my shunning the risk. The issue is not an emotional one, that of being optimistic or pessimistic (as it has often been put by some of my colleagues and opponents) but, so I hope, a purely intellectual one. I have tried to present arguments for my "pessimistic" view, and I have tried to show that no good arguments have been given for the "optimistic" view cherished by others. I would like my criticism to be judged by the quality of its argument and not by its emotional appeal or its conforming or nonconforming to vested interests. I might be proved wrong, perhaps even very soon so, and, to be frank, I would not be too sorry about it; emotionally, if I am allowed to analyze myself for a moment, I have rather great expectations for the use of electronic computers and would be glad to see them do more than I can rationally justify at the present.

APPENDIX

In this appendix, I intend to discuss various issues which do not look so important to me as they do to others. I therefore did not deal with them at all in the main text, or only somewhat perfunctorily. But since many would feel that I omitted treating important theoretical aspects of the literature search problem, I feel obliged to present these issues as I see them.

21. False Drops

It is unavoidable that a reference list, even when based upon the best of all possible indexing systems, provided in response to a certain request, will occasionally contain references which are of little or no relevance to this request. I shall here take this unavoidability as a simple empirical fact rather than try to deduce it from the theory of transmission of information under noise as is often done by other authors, since I regard this approach as misleading: the set of indexes is *not*, in any serious sense, a transform of the document, but only a set of clues to it. Though then a certain number of false drops, as these unwanted references are often called, is unavoidable and therefore not a cause for any special worry, it may happen that under certain indexing system and/or coding systems this number of false drops may come to obtain alarming proportions. Again, as so often before, the problem is purely a question of degree and economics. In this I agree with KOLLER et al. [62] who state as one of the questions that have to be considered for the design of a retrieval system: *"How much 'noise' and what per cent of 'false drops' are tolerable?"* (p. 344). But they fail, unfortunately, to give reasons for their subsequent statement: *"It is not true that the large-scale searching system must have some degree of each of these disturbing characteristics."* It seems, incidentally, that these authors distinguish between two types of unwanted references: those resulting from an inadequate formulation of the request and those resulting from "ambiguities in the (indexing?) system", which alone they call "false drops". I am not sure that this distinction is justified. The inadequacy of a request formulation is itself often only relative to a certain indexing system, and seems to me therefore strongly connected with the specific form of the system.

If a certain document collection contains both documents dealing with the Export of Cars from France to the USA and the Export of Cars from the USA to France, and if both kinds of documents are indexed, in uniterm or descriptor fashion by *export, cars, France* and *USA*, then clearly any request for a list of documents dealing with one topic will be answered by a reference list containing also references to documents dealing with the other topic. With this simple observation the theoretical case rests. It is not true, of course, that therefore uniterm indexing is inferior to indexing by subject headings where this kind of false drop is avoided. If it can be shown that the cost incurred by these false drops is less than the difference in cost between the uniterm indexing and subject-heading indexing, for certain specified conditions, then uniterm indexing would still be superior under these conditions. More interesting from the theoretical point of view is, therefore, the fact that the choice is not necessarily between a uniterm system with its many incident false drops of this specific kind and a subject-heading system or classification system with their own well-known shortcomings, but that any number of alterations of a simple uniterm indexing system are possible which would reduce the number of false drops. Many such systems have been proposed in the past, sometimes couched in strange-looking terminology and based upon faulty and naive semantics, and many others will no doubt be proposed in the future. The common point of all these proposals is that through some appropriate tagging of the codes for the uniterms, the specific connection of these terms within the subject headings, lost in the transition from this heading to the unordered set of uniterms, is being re-established without damage to the possibility of approaching this document from these uniterms as such. To illustrate: False drops of the above-mentioned kind in a request for a reference list of documents dealing with the export of cars from France to the USA can be avoided if the indexing terms are taken to be *export, (of) cars, (from) France, (to) USA,* or rather their equivalents in some coding system, where suitable precautions will have to be taken in order to ensure the inclusion of this document in any request for literature on cars. It is easy to see that this method, though effective to a certain degree, is not fully so, since one and the same document could conceivably simultaneously deal with both the export of cars from the USA to France and the export of wine from France to the USA. Indexing this document by *export, (of) cars, (from) USA, (to) France, (of) wine, (from) France, to (USA)* would clearly cause this document to be referred to in a list provided in request for literature on the export of cars from France to the USA. Now it is not too difficult to think up an indexing system which would eliminate this kind of false drops too, but every such system has its price in terms of more complex coding, more complex retrieval operations, more complex rephrasal of the search question in preparation for the retrieval, etc. Some knowledge of linguistics, semantics and symbolic logic could conceivably be of some help in finding a more efficient indexing system, but I have no specific suggestions to make in this connection.

It is interesting, though on second thought not really surprising, that the specific methods for encoding relationships among uniterm-type index terms proposed by the Western Reserve University Group [1], by the U. S. Patent Office Group [62, 64, 65] and already in current use in some non-conventional technical information systems [32, pp. 14, 22], viz. by expanding the codes of these index terms to contain "role indicators", "interfixes", etc. — in our illustration, 'of', 'from' and 'to' are interfixes of a kind, whereas 'item manipulated', 'country of origin', and 'country of destination' would be role indicators — come rather close to variants of the "conventional" classification systems like the Colon system or the faceted classification system [4], thereby completing the circle. If someone cherishes a generalized fear of false drops he will have to forego the advantages of an unadulterated uniterm indexing system. But it has already been pointed out before (Section 4) that the problem of false drops can presumably be more sensibly handled through a multi-stage information system, combined with a judicious use of cross-references. It stands to reason, however, that coding of chemical formulae, e. g., for Patent Office purposes, will have best to be done through indicating both useful substructures and their mode of combination.

A great majority of the non-conventional technical information systems in current use described in [32] made no provision for encoding relationships among index terms for machine manipulation. There can be little doubt that the directors of these systems feel that the additional cost incurred by incorporating such a provision would not pay off in terms of the savings achieved by a reduction in the number of false drops. I do not know whether this feeling has been put to an objective test, but I am sure that such a test would be very difficult and costly.

A sober and unpretentious approach to this question is exhibited by KOELEWIJN [66, p. 269]: *"The final answer to this question (whether an indexing system for patent search would not be sufficiently selective without interfixings) can ... only be given by comparative tests."*

False drops may occur not so much as a consequence of an indexing system as of the coding system employed. Superimposed coding, as has been shown and discussed many times, will yield a certain number of false drops. However, it is known that this number can be kept under control so that this issue is not a decisive one for the general question of the practicality of superimposed coding.

22. Blank Sorts

Another issue which has gotten more publicity and discussion than it deserves is that of blank sorts, the technical term often used for denoting a situation where the reference list supplied in answering a request for literature is empty. Such an occurrence is often [57] regarded as a black mark on the reputation of the indexing system in use. Now, if the requester is convinced that the document collection he wants to have searched does contain information relevant to his request, he has, of course, good reason to be dissatisfied. He then has the choice of either blaming himself for an inept formulation of his request or of blaming the indexing and/or retrieval system in use. But then this may and will also happen if the reference list is not empty but is only more meager than the requester expected it to be. A blank sort is then nothing more than a psychologically more shocking sign for a defect in the system. However, if the requester has no good reason to doubt the quality of the retrieval system, a blank sort is as good an answer to his request as a list containing 1, 10 or 1000 references. I can easily imagine that a research scientist, having gotten hold of what seems to him to be a completely brand-new idea will sometimes be rather happy to find out that the request for literature on this idea yields a blank sort. This is in complete agreement with CRANE and BERNIER [67] who state: *"A genuine blank sort is a desirable outcome of many searches"* (p. 238). But they seem still to be under the contrary impact of earlier views, when the next-but-one sentence goes: *"Time for a search terminated by a blank sort is lost."* Altogether I am really convinced that there is absolutely nothing of specific importance to this issue of blank sorts, and that it should better be dropped from further theoretical discussions.

Bibliography

[1] PERRY, J. W., KENT, A.: Tools for Machine Literature Searching; Semantic Code Dictionary Equipment Procedures. Interscience Publishers, Inc., New York 1958.

[2] PERRY, J. W., KENT, A., BERRY, M. M.: Machine Literature Searching. Western Reserve University Press and Interscience Publishers, Inc., New York 1956.

[3] PERRY, J. W., KENT, A.: Documentation and Information Retrieval. Western Reserve University Press and Interscience Publishers, Inc., New York 1957.

[4] VICKERY, B. C.: Classification and Indexing in Science. Butterworths Scientific Publications, 2nd edition, London 1959.

[5] METCALFE, J.: Information Indexing and Subject Cataloguing; Alphabetical, Classified, Coordinate, Mechanical. The Scarecrow Press, Inc., New York 1957.

[6] TAUBE, M. and Associates: Studies in Coordinate Indexing. Documentation Inc., Washington, D. C. Vol. I, 1953; Vol. II, 1955; Vol. III, 1956; Vol. IV (The Mechanization of Data Retrieval), 1957; Vol. V, 1957 (cf. [69]).

[7] DE GROLIER, E.: Problems in Scientific Communication. IBM Journal Res. & Dev. 2 (Oct. 1958) No. 4, pp. 276—281.

[8] GOOD, I. J.: How Much Science Can You Have at Your Fingertips? IBM Journal Res. & Dev. 2 (Oct. 1958) No. 4, pp. 282—288.

[9] ASTRAHAN, M. M.: The Role of Large Memories in Scientific Communications. IBM Journal Res. & Dev. 2 (Oct. 1958) No. 4, pp. 310—313.

[10] LUHN, H. P.: A Business Intelligence System. IBM Journal Res. & Dev. 2 (Oct. 1958) No. 4, pp. 314—319.

[11] SHERA, J. H. et al. (Editors): Information Resources — A Challenge to American Science and Industry. Interscience Publishers, Inc., New York 1958.

[12] TAUBE, M., WOOSTER, M. (Editors): Information Storage and Retrieval; Theory, Systems and Devices. Columbia University Press, New York 1958.

[13] BOAZ, M. (Editor): Modern Trends in Documentation. Pergamon Press, New York 1959.

[14] DE GROLIER, E.: Quelques problèmes de codification posés par l'usage des machines en vue de la recherche de l'information et de la traduction des documents. Proc. 2nd Internat. Congress on Cybernetics, Namur, Sept. 3—10, 1958. Assoc. Internat. de Cybernétique, Namur 1960, pp. 162—179.

[15] BAR-HILLEL, Y.: The Mechanization of Literature Searching. Proc. Symposium Mechanisation of Thought Processes, Teddington/Middlesex, Nov. 24—27, 1958; Vol. II, pp. 789—807. Her Majesty's Stationery Office, London 1959.

[16] BOURNE, C. P.: Bibliography on the Mechanization of Information Retrieval. Stanford Research Institute, Menlo Park/Cal. 1958.

[17] Current Research and Development in Scientific Documentation, No. 5 (Oct. 1959). Office of Science Information Service, National Science Foundation, Washington, D. C.

[18] SCHEELE, M.: Die Lochkartenverfahren in Forschung und Dokumentation, mit besonderer Berücksichtigung der Biologie. Schweizerbartsche Verlagsbuchhandlung, E. Nägele, Stuttgart 1954.

[19] RAYMOND, F. H.: L'automatique des informations. Masson, Paris 1957.

[20] LOOSJES, TH. P.: Documentatie van wetenschappelijke literatur. N. V. Noord-Hollandsche Uitgeversmij, Amsterdam 1957.

[21] PIETSCH, E.: Bericht über die Arbeiten des Arbeitsausschusses zur Mechanisierung der Dokumentation in der Deutschen Gesellschaft für Dokumentation e. V. 1951—1958. Nachr. Dok. 9 (Dez. 1958) No. 4, pp. 190—193.

[22] PIETSCH, E.: Die automatische Erfassung und Auswertung des modernen Wissens. Universitas 13 (Okt. 1958) No. 10, pp. 1063—1074.

[23] PIETSCH, E.: Die technischen Möglichkeiten zur automatischen Erfassung und Verwertung des modernen Wissens. Universitas 14 (Feb. 1959), pp. 175—184.

[24] DE GROLIER, E.: Le progrès et l'avenir du «langage classificatrice» (unpublished).

[25] GUTENMAKHER, L. I.: Statističeskie i informatsionnie mašini novogo tipa (New type statistical and information machines). Vestnik Akad. Nauk SSSR 26 (Oct. 1956) No. 10, pp. 12—21.

[26] GUTENMAKHER, L. I.: Električeskoe modelirovanie nekotorykh processov umstvennogo truda (Electrical models of some thought processes). Vestnik Akad. Nauk SSSR 27 (Oct. 1957) No. 10, pp. 88—96.

[27] CHERENIN, V. P.: The Basic Types of Information Tasks and some Methods of their Solution. Proceedings of ICSI, Area 5, pp. 823—853.

[28] GUTENMAKHER, L. I., AVRUKH, M. L., VISSONOVA, I. A., MOKHEL', L. L., KHOLSHEVA, A. F.: Beskontaktnie magnitnie ustroistva dlia system upravlenia (Contactless magnetic arrangements for control systems). Contained in the proceedings "Avtomatičeskoe upravlenie i vičislitelnaia tekhnika" (Automatic control and computational technology). State Scientific-Technical Publishers of Machine Building Literature (MASHGIS), Moscow 1958, pp. 136—145.

[28a] MAKHMUDOV, YU. A.: LEM-1, Small Size General Purpose Digital Computer Using Magnetic (Ferrite) Elements (in Russian). Radiotekhnika **14** (March 1959) No. 3, pp. 47—57. (English translation: Communications ACM **2** (Oct. 1959) No. 10, pp. 3—9.)

[29] KENT, A., IBERALL, A. S.: Soviet Documentation. Amer. Doc. **10** (Jan. 1959) No. 1, pp. 1—19.

[30] SCOTT, N. R.: Report, contained in "Proceedings of a Seminar on the Status of Digital Computer and Data Processing Developments in the Soviet Union". Office of Naval Research, Washington, D. C., Nov. 12, 1958. Office of Technical Services, U. S. Dept. of Commerce, Publication No. PB 151 634, pp. 128—141.

[31] CASEY, R. S., PERRY, J. W., BERRY, M.: Punched Cards, their Application to Science and Industry (Second Edition). Reinhold Publishing Corp., New York 1958.

[32] Nonconventional Technical Information Systems in Current Use. Office of Science Information Service, No. 2 (Sept. 1959), National Science Foundation, Washington, D. C.

[33] BAR-HILLEL, Y.: A Logician's Reaction to Recent Theorizing on Information Search Systems. Amer. Doc. **8** (Apr. 1957) No. 2, pp. 103—113; cf. Comments by C. N. MOOERS, ibid., pp. 114—116 and by the Center for Documentation and Communication Research, ibid., pp. 117—122.

[34] ESTRIN, G.: Maze Structure and Information Retrieval. Proceedings of ICSI, Area 6, pp. 1383—1393.

[35] LUHN, H. P.: A Statistical Approach to Mechanized Encoding and Searching of Literary Information. IBM Journal Res. & Dev. **1** (Oct. 1957) No. 4, pp. 309—317.

[36] LUHN, H. P.: The Automatic Creation of Literature Abstracts. IBM Journal Res. & Dev. **2** (Apr. 1958) No. 2, pp. 159—165.

[37] LUHN, H. P.: Potentialities of Auto-Encoding of Scientific Literature. Research Report RC-101, May 15, 1959. IBM Research Center, Yorktown Heights/N.Y.

[38] HERNER, S.: The Information-Gathering Habits of American Medical Scientists. Proceedings of ICSI, Area 1, pp. 277—285.

[39] HARRIS, Z. S.: Linguistic Transformations for Information Retrieval. Proceedings of ICSI, Area 5, pp. 937—950.

[40] MOOERS, C. N.: The Next Twenty Years in Information Retrieval; Some Goals and Predictions. ZTB-121, Zator Company, Cambridge/Mass., 1959.

[41] LUHN, H. P.: Keyword-in-Context Index for Technical Literature (KWIC Index). ASDD Report RC-127, Aug. 31, 1959. IBM Advanced Systems Development Division, Yorktown Heights/N.Y.

[42] LOWRY, W. K., ALERECHT, J. C.: A Proposed Information Handling System for a Large Research Organization. Proceedings of ICSI, Area 5, pp. 1181—1202.

[43] CLEVERDON, C. W.: The Evaluation of Systems Used in Information Retrieval. Proceedings of ICSI, Area 4, pp. 687—698. — Cf. also ASLIB Cranfield Research Project: The Comparative Efficiency of Indexing Systems. Progress Report, June 1959.

[44] MOOERS, C. N.: Zatocoding and Developments in Information Retrieval, ASLIB Proc. **8** (Feb. 1956) No. 1, pp. 3—22.

[45] BRENNER, C. W., MOOERS, C. N.: A Case History of a Zatocoding Information Retrieval System, in [31], pp. 340—356.

[46] FAIRTHORNE, R. A.: The Problems of Retrieval. Amer. Doc. **7** (Apr. 1956) No. 2, pp. 65—75.

[47] FAIRTHORNE, R. A.: Delegation of Classification Amer. Doc. **9** (July 1958) No. 3, pp. 159—164.

[48] MOOERS, C. N.: A Mathematical Theory of Language Symbols in Retrieval. Proceedings of ICSI, Area 6, pp. 1327—1364.

[49] VICKERY, B. C.: The Structure of Information Retrieval Systems. Proceedings of ISCI, Area 6, pp. 1275—1289.

[50] VICKERY, B. C.: Subject Analysis for Information Retrieval. Proceedings of ICSI, Area 5, pp. 855—865.

[51] MASTERMAN, M., NEEDHAM, R. M., SPÄRCK-JONES, K.: The Analogy between Machine Translation and Literary Retrieval. Proceedings of ICSI, Area 5, pp. 917—935.

[52] LEES, R. B.: Review. Language **35** (Apr.—June 1959) No. 2, pp. 271—303.

[53] FOSKETT, D. J.: The Construction of a Faceted Classification for a Special Subject. Proceedings of ICSI, Area 5, pp. 867—888.

[54] BERNIER, C. L., HEUMANN, K. F.: Correlative Indexes III; Semantic Relations among Semantemes — The Technical Thesaurus. Amer. Doc. **8** (Juli 1957) No. 3, pp. 211—220.

[55] CLARIDGE, P. R. P.: Information Handling in a Large Information System. Proceedings of ICSI, Area 5, pp. 1203—1220.

[56] MOOERS, C. N.: Retrieval by the Method of Proximity Transformations. Unpublished, Cambridge, Mass. 1958.

[57] MARON, M. E., KUHNS, J. L., RAY, L. C.: Probability Indexing — A Statistical Technique for Document Identification and Retrieval. Technical Memorandum No. 3, Data Systems Project Office, Ramo-Wooldridge, Los Angeles/Cal., June 1959.

[58] BAR-HILLEL, Y.: Logical Syntax and Semantics. Language **30** (Apr.—June 1954) No. 2, pp. 230—237.

[59] LEDLEY, R. S.: Tabledex: A New Coordinate Indexing Method for Bound Book Form Bibliographies. Proceedings of ICSI, Area 5, pp. 1221—1243.

[60] YNGVE, V. H.: The Feasibility of Machine Searching of English Texts. Proceedings of ICSI, Area 5, pp. 975—995.

[61] BAR-HILLEL, Y.: The Present Status of Automatic Language Translation. Advances in Computers, Vol. I (Editor: F. L. ALT). Academic Press, New York 1960, pp. 91—163.

[62] KOLLER, H. R., MARDEN, E., PFEFFER, M.: The Haystaq System; Past, Present, and Future. Proceedings of ICSI, Area 5, pp. 1143—1179.

[63] OPLER, A., BAIRD, N.: Experience in Developing Information Retrieval Systems on Large Electronic Computers. Proceedings of ICSI, Area 4, pp. 699—710.

[64] LEIFOWICZ, J., FROME, J., ANDREWS, D. D.: Variable Scope Search System; VS_3. Proceedings of ICSI, Area 5, pp. 1117—1142.

[65] Patent Office Research and Development Reports, Nos. 1—19, 1956/61. Department of Commerce, Washington, D. C.

[66] KOELEWIJN, G. J.: The Possibilities of Far-Reaching Mechanization of Novelty Search of the Patent Literature. Proceedings of ICSI, Area 5, pp. 1071—1096.

[67] CRANE, E. J., BERNIER, C. L.: An Overall Concept of Scientific Documentation Systems and their Design. Proceedings of ICSI, Area 5, pp. 1047—1069.

Annotated Recent Literature (Addendum) [19])

[68] SCHEELE, M.: Literatur über Lochkartenverfahren. H. Guntrum II. K. G., Schlitz/Oberhessen 1959.

---

[19]) During the time that has passed since the manuscript of this paper was submitted to the Editor, various additional publications in the field of literature searching have come into the author's possession or have at least been brought to his attention. Some of these publications are — or seem to be, judging from their announced contents — of considerable importance for the subject topic. Therefore, it was decided to refer to this new material in form of an annotated additional bibliography.

This book, judging from the blurb, contains 2000 references on punched cards in a very wide sense, covering also the mechanization of literature searching. It is accompanied by 30 aspect (peek-a-boo) cards, which have themselves already been punched to indicate, for each aspect, which of the mentioned documents are relevant to it (as well as 30 additional empty aspect cards for the individual needs of the user). (Cf. [18].)

[69] TAUBE, M. and Associates: Studies in Coordinate Indexing, Vol. V. Documentation Inc., Washington, D. C. 1957.

Judging from the blurb, the book contains, in addition to various theoretical contributions, an evaluation of the IBM Universal Card Scanner for Punched Cards Information Searching Systems and of the Magnacard System which has recently evolved to become a serious rival of the Minicard System, evaluated in Vol. IV of this Series. (Cf. [6] and [70].)

[70] HAYES, R. M.: The Magnacard System. Internat. Conf. for Standards on a Common Language for Machine Searching and Translation, Cleveland/Ohio, Sept. 6—12, 1959. Information Retrieval and Machine Translation, Part 1. Interscience Publishers, New York 1960, pp. 563—574.

The Magnacard System claims to combine the high speed advantages of electronic processing and the high capacity of magnetic recording, with the ease of handling inherent in the use of individual unit records. The major difference from the Minicard System consists then in the use of magnetic cards instead of microfilms, trading cheapness and small size for erasabiliby. No new theoretical insights seem to be involved. Whether, and under what conditions, the system is economical, remains to be seen.

[71] MYERS, W. L., LOOMIS, G. L.: The Minicard Film Record as a Common-Language Medium. Internat. Conf. for Standards on a Common Language for Machine Searching and Translation, Cleveland/Ohio, Sept. 6—12, 1959. Information Retrieval and Machine Translation, Part 1. Interscience Publishers, New York 1960, pp. 575—624.

This is probably the latest generally available document on the Minicard System. There can be no doubt as to the great versatility of the system and its superiority in regard to speed over the best extant general-purpose computers. But, on the other hand, the system is enormously expensive and has still to prove its economic feasibility.

[72] KUIPERS, G. W.: A Research Program on Information Searching Systems. Presented at ADIA, P-116, ITEK Corporation, Waltham/Mass.

The Problem of transforming material presented in ordinary language into some normalized language (approximately of the type known to logicians as a simple applied first-order functional calculus), for subsequent processing into indexes and otherwise, is being tackled at ITEK Corp. So far, however, only the very first, and relatively simple steps towards this goal have been taken. It is not clear from the report how the next, more difficult problems are going to be dealt with.

[73] GOOD, I. J.: Speculations Concerning Information Retrieval. Research Report RC-78, Dec. 10, 1958. IBM Research Center, Yorktown Heights/N.Y.

This is an admittedly superficial, but still at times rather suggestive, discussion of the possible relevance of some twenty disciplines (including all those discussed in the present paper) to information retrieval. "Now the $ 64,000 question is how to define [a measure of the relevance of document B to document A]". Good goes on to outline six different measures, among them the one discussed above in Section 12, and another which is based upon some function of the ratios of the relative frequencies of the words occuring in the documents, somewhat similar to the idea discussed in [33]. (Cf. footnote 3.) Other measures are based upon frequency of corequestedness and on citation (in either direction).

[74] KESSEL, B., DELUCIA, A.: A Specialized Library Index Search Computer. Proc. Western Joint Computer Conference, San Francisco/Cal., March 3—5, 1959, pp. 57—59.

It is claimed that the special-purpose device described in the paper has an information handling capacity which could be matched only by a considerably larger and more expensive general-purpose computer. The output of the system consists not in copies of documents, as in the Minicard System, but in identification tags. The storage medium is magnetic tape. The search strategy seems to be similar to that of the Minicard System.

[75] KENT, A.: Machine Literature Searching and Translation — An Analytical Review. Internat. Conf. for Standards on a Common Language for Machine Searching and Translation, Cleveland/Ohio, Sept. 6—12, 1959. Information Retrieval and Machine Translation, Part 1. Interscience Publishers, New York 1960, pp. 13—236.

As far as our field of interest is concerned, attention is drawn to Table II of this review (pp. 28—135). Here, from a significant sampling of the recent literature bearing on machine searching, research, development, and operations, an informative analysis has been tried and notes prepared under the following headings: Name of investigator or institution — Subject field — Collection and analysis of documents — Study of meaning, and control of terminology — Study of natural language — Coding and notation studies — Equipment for search and correlation — Search strategy.

ERWIN REIFLER

Seattle, Wash., USA

Machine Language Translation

Disposition

Part I.   Historical Outline — World-Wide MT Research

Part II.   Linguistic Analysis — The Fundamental Problems

Summary. The purpose of machine translation (MT) is the high-speed mass translation from one language into one or more other languages. The present world-wide efforts to mechanize the translation process are the natural consequence of the coincidence of a highly developed technology and an advanced science of linguistics. Ultimate success will depend on the cooperation of both. At this early stage, however, the primary task is linguistic. Once the linguistic problems have been solved, the engineers will know how to solve the engineering problems involved.

The impact of MT on human culture and civilization will by far surpass that of the invention of book printing which made knowledge more readily accessible to the members of the same speech community, but did not surmount the language barrier.

The present paper consists of two parts. Part I outlines the history of MT development in the United States and abroad. Part II reviews and exemplifies the fundamental bilingual lexicographic and linguistic problems of multiple grammatical and non-grammatical meaning, and the problems of the automatic identification and translation of potential future, and therefore still unrecorded, compound words. Then it demonstrates the present, still preliminary, stage of MT research with a sample of a simulated Russian-English MT output elaborated on the basis of the University of Washington research material.

Zusammenfassung. Mit der maschinellen Sprachübersetzung (MT) bezweckt man eine massenweise Hochgeschwindigkeitsübersetzung von einer Sprache in eine oder mehrere andere Sprachen. Die gegenwärtigen, in vielen Teilen der Welt feststellbaren Bemühungen, den Übersetzungsvorgang zu mechanisieren, sind das natürliche Ergebnis des Zusammentreffens einer hochentwickelten Technologie und einer weit vorgeschrittenen Sprachwissenschaft. Der Enderfolg wird von der Zusammenarbeit beider abhängen, doch ist in diesem frühen Stadium die Aufgabe in erster Linie eine sprachwissenschaftliche. Sobald die sprachwissenschaftlichen Probleme einmal gelöst sind, werden die Ingenieure wissen, wie die betreffenden technischen Probleme zu lösen sind. MT wird für die menschliche Kultur und Zivilisation von noch größerer Bedeutung sein als die Erfindung der Buchdruckerkunst, die zwar die Verbreitung von Wissen unter den Mitgliedern derselben Sprachgemeinschaft ungemein beschleunigte, sich aber innerhalb der Sprachgrenzen hielt.

Der folgende Beitrag besteht aus zwei Teilen. Teil I gibt eine Übersicht der Geschichte der MT, ihre Entwicklung in den Vereinigten Staaten und in anderen Ländern. Teil II behandelt und erläutert mit Beispielen die zweisprachigen lexikographischen und sprachwissenschaftlichen Grundprobleme grammatischer und nichtgrammatischer Vieldeutigkeit und der automatischen Identifikation und Übersetzung potentieller, lexikographisch noch nicht erfaßter, zusammengesetzter Wörter. Ein Beispiel einer simulierten Russisch-Englischen Maschinenübersetzung, die auf Grund des Forschungsmaterials der Universität des Staates Washington ausgearbeitet wurde, erläutert den gegenwärtigen, noch frühen Stand der MT-Forschung.

Résumé. Le but de la traduction mécanique des langues (MT) c'est la traduction en quantité produite à grande vitesse d'une langue dans une ou plusieurs autres langues. Les efforts d'aujourd'hui à travers le monde de mécaniser le procès de traduction sont la conséquence naturelle de la coincidence d'une technologie très developpée et d'une science bien avancée de linguistique. La réussite definitive dépendra de la coopération des technologues et des linguistes. A cette étape initiale, cependant, la première tâche est celle de la recherche linguistique. Aussitôt que les problèmes linguistiques seront résolus, les ingénieurs sauront comment résoudre les problèmes techniques.

L'impact de la MT sur la culture et la civilisation humaines va surpasser énormément celui de l'invention de l'imprimerie qui a rendu plus accessible le savoir à ceux qui parlaient la même langue, mais n'a pas surmonté la barrière des langues.

L'exposé suivant consiste en deux parties. La première partie esquisse l'histoire du développement de la MT aux Etats Unis et à l'étranger. La deuxième partie passe en revue et examplifie les problèmes lexicographiques et linguistiques fondamentaux de la polysémie, grammaticale et non-grammaticale, bilingue, et les problèmes de l'identification et de la traduction automatiques des mots composés improvisés de l'avenir et, par conséquent, pas encore mentionnés dans les dictionnaires.

Enfin la deuxième partie exemplifie aussi l'état encore préliminaire de ces recherches
par une traduction automatique simulée humainement du Russe en Anglais, élaborée
avec des matériaux de recherches de l'Université de l'Etat de Washington.

Part I. Historical Outline — World-Wide MT Research

In January 1954 newspapers, radio and television all over the world reported a
new advance in the application of electronic computers. In these reports the
World Headquarters of the International Business Machines Corporation of
New York announced that a 701-type calculator had been applied to translation
work and had actually translated a number of specimen Russian sentences into
English. Thus the world at large learned for the first time of the coming new
miracle of machine translation or, as it is now generally called, MT.

The preparatory studies for this IBM experiment had been done at the Institute
of Languages and Linguistics of Georgetown University in Washington, D. C.
[1, 2]. Such research had, however, been carried on earlier by others. L. I. ZHIRKOV
[3], discussing a report by O. S. KULAGINA and I. A. MEL'CHUK on the linguistic
aspects of machine translation of a mathematical text from French to Russian,
remarks:

"The report was especially interesting for those who knew and recalled the prehistory
of machine translation, going back to 1933. In that year P. P. SMIRNOV-TROYANSKIY, an
inventor, appeared in the offices of the Academy of Sciences USSR and said that he had
worked out a machine translation method; he asked that his invention be studied from
the linguistic point of view. P. P. SMIRNOV-TROYANSKIY's invention was met with profound
skepticism by linguists; it was regarded as impractical and completely unnecessary.
Only a few conceded that machine translation was possible. In the course of subsequent
discussions, in which I took part, it turned out that P. P. SMIRNOV-TROYANSKIY had not
related his machine translation methods to he concept of electronic computers, but that
his method did make it possible to translate, say, a Russian text in Moscow and to issue
it in French translation, say, in Paris. And if it were possible to use machines for
translation into the languages of the peoples of the Soviet Union, we could so to speak
'circularize' a given text simultaneously in several languages. The matter dragged on
until a high-level conference of specialists in the fields of mechanics, electrical
engineering, and linguistics met 31 July 1944 in the Institute of Automation and Tele-
mechanics, Academy of Sciences USSR. Unfortunately the specialists in mechanics and
engineering sought to offer proof of the 'impossibility' of machine translation and,
infringing on the field of linguistics, spoke about synonyms, about fine shades of
meaning, in short, about things that had no relation to their field. As a result an
experimental model of the translating machine (with a dictionary tabulator of 1000
words) was never built. P P. SMIRNOV-TROYANSKIY left Moscow soon afterward, so far
as I know, and has since died, according to the information I have received" [1]).

In 1959 the Soviet Academy of Sciences published a booklet [4] in which some
of the historical material regarding the work of SMIRNOV-TROYANSKIY has been
collected. It is obvious from ZHIRKOV's representation of the SMIRNOV-TROYANSKIY
episode that he by no means intended to register by it a claim of Russian priority.
In fact, SMIRNOV-TROYANSKIY's ideas do not seem to have played any role in the
thinking of MT pioneers in Russia or elsewhere. The earliest instance of sug-

----

[1]) The translation is quoted from page 31 of the booklet marked JPRS/DC—68, CSO
DC—1750, and circulated by The Office of Documentation of the National Science
Foundation, Washington, D.C.

gestions and of the investigation of ideas of lasting importance and consequence for MT seems to have been the discussions that took place in 1946 between W. WEAVER of the Rockefeller Foundation and A. D. BOOTH of the London Birkbeck College Computation Laboratory. WEAVER, thinking of different languages as some sort of different code systems, pointed to the techniques developed during World War II for the breaking of enemy codes and suggested the use of such techniques for the detection of basic features which might be common to all languages. BOOTH, on the other hand, thought that any digital computing machine could be used for MT if it had the necessary storage capacity and if a word-for-word or dictionary translation was considered sufficient (cf. [5] p. 2 and [6] p. 2). In 1947, BOOTH and K. H. V. BRITTEN collaborated at the Institute for Advanced Study at Princeton in the elaboration of details for such a dictionary translation by a digital computer. The results of their work are mentioned in a report to the Rockefeller Foundation at the end of that year (cf. [5] pp. 2—3).

One of the prerequisites in BOOTH's scheme had been the availability in a digital computer of a permanent memory device with a capacity sufficiently large to permit the storage of a bilingual operational lexicon. In those early days of MT research memory devices with such a storage capacity did no yet exist. It was, however, pointed out that, if one limited MT to texts belonging to only a branch or even a sub-branch of science, a much smaller bilingual vocabulary of perhaps manageable proportions may be involved. This idea of a "micro-glossary" [2]) was later taken up by V. A. OSWALD [7, 8] of the University of California in Los Angeles and subsequently followed up by others in their MT research [3]).

R. H. RICHENS of the Commonwealth Bureau of Plant Breeding and Genetics, Cambridge, England, thought of another way to solve the problem of limited permanent storage. Early in 1948 he suggested the compilation of MT dictionaries whose lexical units consisted entirely of word stems and of all possible endings —, instead, as is usually the case, of the complete words (cf. [5] p. 3). He collaborated with BOOTH in testing these ideas extensively with sample dictionaries for ten languages used by a human ignorant of these languages who simulated the operations of a machine supplying word-for-word translations (cf. [6] p. 2 and [9]).

The next phase in the history of MT was initiated by a memorandum, entitled *"Translation"*, which WEAVER wrote on July 15, 1949, and sent to some 200 scholars working in various fields. This memorandum [10] strongly suggested the possibility of using electronic computers for the high-speed mass translation of scientific material, mentions his attempt to interest Professor N. WIENER of M. I. T., reports on the proposals of BOOTH and RICHENS, and, fully aware of the complexity of the linguistic problems involved, outlines several lines of attack in which due consideration is given to the phenomenon of universals, the problem of multiple meaning, and the "pinpointing" function of environment or context. There can be not doubt about the far-reaching significance of this memorandum for the rapid development and spread of MT research in the USA, Europe, USSR and Japan.

---

[2]) This term, created by OWALD for these small bilingual dictionaries, is still much used in MT literature. The present author suggested "idio-glossary" as more appropriate because what is meant is the vocabulary peculiar to a branch or sub-branch of knowledge, and its foreign correspondences.

[3]) For example, the Georgetown University MT project.

Other important milestones in the short but already very promising history of the new field of linguistic research aimed at the automation of the translation process are (in this order):

The First International Conference on Machine Translation held in June 17—20, 1952, at M. I. T. (cf. [5] pp. 5—6, [11] and [12]).

A number of grants by the Rockefeller Foundation [4]).

The IBM-Georgetown University Experiment in January 1954, mentioned earlier [1, 2].

The creation of the journal "Mechanical Translation" or *MT*, in 1954, published at M.I.T.[5]).

The design and construction of the first pilot model of a German-English translation machine in 1954 at the University of Washington in Seattle, Wash. In view of subsequent developments, its value is now only that of a candidate for a future MT museum. It has, however, served an important purpose in focusing at the University of Washington the inter-departmental endeavours in the new field of *Linguistic Engineering or Engineering Linguistics* [13]. The pilot model was planned by T. M. STOUT and built by graduate students of the Electrical Engineering Department of the University [14, 15].

The publication of the first book on MT, a collection of essays by 14 pioneers in 1955 [16].

The initiation in 1955 of theoretical and experimental work in MT in the Soviet Union [17] [6]).

The national meeting of MT pioneers with representatives of U. S. Government Agencies on January 18, 1956, in Cleveland, Ohio, during the "Conference on the Practical Utilization of Knowledge" at Western Reserve University.

The Second International Conference on Machine Translation at M.I.T. on October 20, 1956, attended by some thirty workers in the field from the United States, Canada and England. For the first time papers on MT were also submitted by researchers in the Soviet Union [7]).

The development of a photoscopic memory device with a practically unlimited permanent storage capacity and the shortest acces time attained so far [19].

The initiation and distribution since July 1957 of the publication "Current Research and Development in Scientific Documentation" compiled by the Office of Science Information Service of the National Science Foundation in Washington 25, D. C. It is now published semi-annually and lists all

---

[4]) The present author has been the grateful recipient of two ROCKEFELLER grants in 1952 and 1953.

[5]) Address for editorial correspondence: Dr. VICTOR H. YNGVE, Room 20 B—101, Department of Modern Languages and Research Laboratory of Electronics, Massachusetts Institute of Technology (M.I.T.), Cambridge 39, Mass., USA.

[6]) In [18] it is claimed that 1954 was the year in which MT research was started in the Soviet Union by the Academy of Sciences.

[7]) For the reports of the different research groups cf. Mech. Translat. (MT) 3 (1956) No. 2.

pertinent U. S. and foreign projects coming to the attention of the staff of the Foundation, including all MT projects [8]).

The financing by U. S. government agencies of MT projects in academic institutions and industrial organizations for the solution of the linguistic and engineering problems involved [9]), and the employment of modern structural linguists for this purpose by a number of industrial organizations.

The academic recognition accorded MT research in the form of special sessions on MT included in the programs of scientific societies [10]).

The first All-Union Conference on Machine Translation, Moscow, May 15—21, 1958 [21] [11]).

The International Conference on Information Processing under the sponsorship of UNESCO, Paris, June 13—23, 1959, whose program included a session on Automatic Translation of Languages [34].

The International Conference for Standards on a Common Language for Machine Searching and Translation, Cleveland, Ohio, September 6—12, 1959 [35].

The International Conference on Machine Translation of Languages and Applied Language Analysis, National Physical Laboratory, Teddington, Middlesex, England, September 5—8, 1961 [23].

Apart from the above mentioned publications covering conferences [20—23, 34, 35], reference is made to some further *Conference Proceedings* which also contain significant contributions in the field of machine translation [33, 36].

World-Wide MT Research (A Survey)

MT research teams are at present working in USA, England, Israel, Italy, Japan, and the Soviet Union. However, publications on MT originated also from several other countries, e. g. Belgium, France (including UNESCO), Germany, etc. (It is not the author's intention to claim entire completeness of the following survey.)

A. United States of America

According to the October 1959-Issue of the periodical "Current Research and Development in Scientific Documentation" (the last issue available to the author at the time this chapter was being prepared), MT research in the United States is at present being pursued at the following academic institutions (in alphabetic order):

University of California, Computer Center, Berkeley, Calif.
 MT Project: Russian-English.

---

[8]) For sale by the Superintendent of Documents, U.S. Government Printing Office, Washington 25, D.C. Scientists and other individuals concerned with scientific documentation are placed on the mailing list for these reports on request.

[9]) For details about these MT projects cf. the publication "Current Research and Development in Scientific Documentation".

[10]) For example, at the annual meetings of the American Oriental Society at Princeton University in April 1957; at the 8th Internat. Congress of Linguists at Oslo University, Oslo, Norway, in August 1957 (cf. [20]); and at the 4th Internat. Conf. of Slavicists in Moscow, in Sept. 1958 (cf. [22]).

[11]) Photocopies of the English translation of this report, labeled JPRS/DC—241, may be purchased from the Photoduplication Service, Library of Congress, Washington 25, D.C.

Principal Investigator: SIDNEY M. LAMB.
Supported by: The National Science Foundation.
Publications [144].

Georgetown University, Institute of Languages and Linguistics, Washington, D.C.
MT Projects: Russian-English; English-Arabic; English-Chinese; preliminary
work in the development of a general trans-Slavic syntax starting with
Czech, Polish and Serbo-Croatian.
Director: L. E. DOSTERT.
Supported by: The National Science Foundation.
Publications [98—106].

Havard University, Computation Laboratory, Cambridge, Mass.
MT Project: Russian-English.
Principal Investigator: ANTHONY G. OETTINGER.
Supported by: The National Science Foundation.
Publications [107—122].

Massachusetts Institute of Technology, Research Laboratory of Electronics, Cam-
bridge, Mass.
MT Project: German-English.
Principal Investigator: VICTOR H. YNGVE.
Supported by: The National Science Foundation.
Publications [5, 16, 124—143a].

University of Michigan, Willow Run Laboratories, An Arbor, Mich.
MT Project: Russian-English.
Principal Investigator: ANDREAS KOUTSOUDAS.
Supported by: The Army Signal Corps.
Publications [155—168].

University of Washington, Department of Far Eastern and Slavic Languages and
Literature and the Electrical Engineering Department, Seattle, Wash.
MT Projects: German-English; Russian-English. In the planning stage:
Chinese-English.
Project Director: ERWIN REIFLER.
Supported by: The Air Force.
Publications [11, 13, 27—32, 171—206].

Wayne State University, Department of Slavic Languages and Computer Center,
Detroit, Mich.
MT Project: Russian-English.
Principal Investigators: H. H. JOSSELSON and A. W. JACOBSON.
Supported by: The Office of Naval Research.

Further publications on MT originated from the following U. S.
Academic institutions:
Illinois Institute of Technology [123].
John Carroll University, Cleveland, Ohio [227a].
University of California, Los Angeles [7, 8, 145—154].
University of Pennsylvania [169/a/b/c].
University of Texas [170].
Western Reserve University [207—209b].

MT research is at present also being carried on in the following U.S. organizations:

National Bureau of Standards, Applied Mathematics Division, Washington, D. C.
    MT Project: Russian-English.
    Principal Investigator: IDA RHODES.
    Supported by: Office of Ordnance Research, Department of the Army.
    Publications [215—217].
Ramo-Wooldridge, Inc., Machine Translation Department, Los Angeles, Calif.
    MT Project: Russian-English.
    Principal Investigator: D. R. SWANSON.
    Supported by: The Air Force.
    Publications [222/a/b].
Rand Corporation, Santa Monica, Calif.
    MT Project: Russian-English.
    Principal Investigator: DAVID G. HAYS.
    Supported by: The Air Force.
    Publications [223—226].
Further publications on MT originated from the following U. S. organizations:
    Rockefeller Foundation [210].
    Aberdeen Proving Ground, Maryland [211—213].
    U. S. Department of Agriculture, Graduate School [214].
    U. S. Patent Office [218].
    International Business Machines Corporation [2, 12, 19, 219—221].
    Zator Company [227b].
    Miscellaneous [227—230].

B. England

Birkbeck College, Department of Numerical Automation, London.
    MT Projects: French-English; German-English.
    Principal Investigator: ANDREW D. BOOTH.
    Supported by: The Nuffield Foundation.
    Publications [16, 73—97].
Cambridge Language Research Unit, 20 Millington Road, Cambridge.
    MT Projects: General MT programs for many-to-one translations by means
    of an automatic thesaurus proper to the output language. Italian-Inter-
    lingual and Interlingual-English dictionary.
    Principal Investigator: MARGARET MASTERMAN.
    Supported by: The U.S. National Science Foundation.
    Publications [9, 61—71].
National Physical Laboratory, Control Mechanisms and Electronics Division,
    Teddington, Middlesex.
    MT Project: Russian-English.
    Project Director: D. W. DAVIES.
Further publications on MT originated from the University of London, University
    College [72].

C. Israel

Hebrew University, Jerusalem.
    MT Projects: Theoretical studies into the structure of language, linguistic
    models, etc.
    Principal Investigator: YEHOSHUA BAR-HILLEL.
    Publications [46—55].

D. Italy

Università degli Studi di Milano, Centro di Cibernetica e di Attività Linguistiche.
MT Projects: Russian-English; Italian-English. The approach is based on the research results of the Italian operational school concerning the thought processes underlying language and translation.
Principal Investigator: SILVIO CECCATO.
Supported by: The United States Air Force.
Publications [56—58].

E. Japan

Kyoto University, Department of Psychology, Faculty of Letters.
MT Project: English-Japanese.
Principal Investigator: ICHIRO HONDA.

Electrotechnical Laboratory, Electronics Division, Tokyo.
MT Project: English-Japanese.
Investigators: S. TAKAHASHI, H. WADA, R. TADENUMA, and S. WATANABE.
Publications [59—60].

F. Soviet Union [12])

Institute of Precision Mechanics and Computer Technology of the Academy of Sciences USSR (ITMVT AN SSSR).
MT Projects: From English, German, Chinese, and Japanese into Russian.

Steklov Mathematical Institute of the Academy of Sciences USSR (MAIN AN SSSR).
MT Projects: From English, French, and Hungarian into Russian.
Director of Research: A. A. LYAPUNOV.

Laboratory of Electrical Modelling of the All-Union Institute of Scientific and Technical Information of the Academy of Sciences USSR (LE VINITI AN SSSR).
MT Project: Isolation and cataloguing of the system of relationships (syntagmas) in the Russian language for MT purposes.

First Moscow State Institute of Foreign Languages (1. MGPIIYA).
MT Projects: From Russian into English, French, and Spanish.
Director of Research: I. I. REVZIN.

Leningrad State University, Experimental Laboratory of Machine Translation (ELMP).
MT Projects: From Indonesian, Arabic, Hindi, Japanese, Burmese, Norwegian, English, Spanish, and Turkish [13]) into Russian[14]).
Director of Research: N. D. ANDREYEV.

---

[12]) The information concerning MT in the Soviet Union is compiled from [17] and [18]; for the names of the many investigators we have to refer the reader to these two publications.

[13]) This is the order given by ROZENTSVEIG in [17].

[14]) In [24] ANDREYEV mentions the following languages for which algorithms of independent analysis are being developed by his laboratory (the order is his): Russian, Chinese, Czech, German, Rumanian, Vietnamese, Serbo-Croatian, English, French, Spanish, Norwegian, Arabic, Hindustani, Japanese, Indonesian, Burmese, and Turkish.

Gorki State University.
MT Projects: Both Russo-Foreign and Foreign-Russian MT.
Academy of Sciences of the Armenian SSR, Computation Center.
MT Project: Armenian-Russian and Russian-Armenian.
Academy of Sciences of the Georgian SSR, Institute of Automation and Tele-
mechanics.
MT Project: Georgian-Russian and Russian-Georgian.
For Soviet originated MT publications see Bibliography [3, 4, 17, 18, 21, 24,
231—320].

G. Other Countries

Publications on MT originated also from the following countries:
Belgium [37].
France (including UNESCO) [38—44].
Germany [45, 320].

Part II. Linguistic Analysis — The Fundamental Problems

1. The Timeliness of MT

The sudden advent of MT development is no chance occurrence. It is the natural
consequence of the coincidence of two human achievements, namely:

a) a highly development technology, and

b) an advanced science of linguistics able to analyze and describe the bilingual
or multilingual problems posed by this new venture of MT, and to formulate
its requirements.

Ultimate success will depend on the cooperation of both. At this early stage, the
primary task is linguistic. Once the linguistic problems have been solved, the
engineers will know how to solve the engineering problems involved.

2. The Significance of MT

It is clear that the impact of MT on human culture and civilization will by far
surpass that of the invention of book printing. Like the latter it will contribute
immensely to the spread and exchange of knowledge. But book printing made
knowledge more readily accessible only to large numbers of members of *the
same speech community;* MT, on the other hand, will not know such limitation.
On the contrary, the very purpose of MT is the highspeed mass translation by
machine from one language into one or more other languages — that is, *the
surmounting of the language barrier by automatic devices* — a purpose which
transcends the interests of the individual speech community.

3. The Linguistic Prerequisites

MT presupposes that different languages can somehow be mechanically corre-
lated. Such a correlation is, however, only possible if:

a) they have something in common, and if

b) what they have in common is expressed or expressible in distinctive signals.

This is actually the case. The speakers of all languages are endowed with the
same kind of speech apparatus which they use in a more or less similar way. But

also a large number of linguistic features is known to be either universals, wide-spread [15]) or shared by at least two languages [16]). Certain common or comparable features concern the phonetic aspect of language [17]). Those, however, belonging to its logical aspect are especially numerous. They are found in the grammar [18]) as well as in the lexicon [19]).

3.1 Semasiological Parallels

Such common or comparable features belonging to the logical aspect of language are due to *independent* parallel developments in the meanings of speech forms of languages which may be unrelated and distant from one another in space and time. These parallel developments are independent in the sense that they are linguistic coincidences although they betray the workings of a *common human logic*. A striking example of a widespread parallel is Chinese *tung*[2] (童), meaning "child" as well as "pupil of the eye" (in the latter sense today written 瞳 — that is augmented by 目 which means "eye"). Many languages share this pheno-menon of the association of the two, apparently incompatible, notions of "child" and "pupil of the eye" in one and the same word. English *pupil* (German *Pupille*) is itself derived from Latin *pupilla* meaning "little girl" as well (*pupillus* means "little boy") as also "pupil of the eye". The explanation for this phenomenon is the fact that whenever we look into somebody's eyes, we see there a small mirror image of ourselves [20]).

Another, but less common semasiological parallel is Chinese *hsing*[2] (行) which means *to go* as well as also "it will do" like French *aller* and *ça va* and German *gehen* and *es geht*.

These are examples for parallels in the development of lexical or, better, non-grammatical meaning. An example for an independent parallel evolution of

---

[15]) "A task for linguists of the future will be to compare the categories of different languages and see what features are universal or at least widespread ... a form class, comparable to our substantive expressions, with a class-meaning something like 'object', seems to exist everywhere ..." (Cf. [25] pp. 270, 271).

[16]) " ... à certains égards l'anglais ... pourrait admettre une (classification), où il figurerait par example à côté du Chinois; puisque, abstraction faite de toute parenté, evidemment hors de question, l'anglais et le chinois présentent, dit-on, certaines ressemblances de structure." (Cf. [26] p. 5.)

[17]) "Assurément cette recherche d'une doctrine générale n'est pas nouvelle. Il y a une partie de la linguistique où elle est pratiquée depuis plusieurs décades et où elle a obtenu des résultats décisifs. C'est la phonétique ..." (Cf. [26] p. 7.)

[18]) " ... Une enquête générale sur les langues du monde fera connaître les lacunes et des manques dans l'usage des catégories grammaticales. Mais elle montrera aussi quelles sont les plus répandues, celles qui paraissent necessaires el qui répondent à un besoin de l'esprit humain." (Cf. [26] p. 15.) See also footnote [15]) above.

[19]) " ... L'enquête qu'il y aurait lieu de faire sur l'évolution des faits grammaticaux pourrait naturellement être étendue aux faits de vocabulaire ... La sémantique est une science qui doit aussi faire appel à la méthode comparative en l'appliquant à toutes les langues ... On peut croire que les mêmes sentiments produisent à peu près les mêmes effets chez tous les peuples. Ces effets doivent se refléter dans le langage." (Cf. [26] pp. 16, 17.)

[20]) Cf. [27] pp. 381, 382 for semantic parallels for the same phenomenon in other languages.

grammatical concepts is literary Chinese *chih*[1] (之) which means *to go to* as well as *that, this*. We see here the association of the concept of a demonstrative pronoun with that of a verb denoting "movement to *another* place". This phenomenon is paralleled in a number of languages, among them ancient Latin: both *ire* ("to go") and *is, ea, id* ("that, this") are traced back to an identical Indo-European *ei—*. The details I have discussed elsewhere[21]).

Another example is modern Mandarin *che*[4] *ke*[4] (這個) which, when stressed, is the demonstrative pronoun meaning "this". If, on the other hand, it is in an unstressed position, it represents the definite article. Analogically also *i*[2] *ko*[4] (一個), the Mandarin cardinal number meaning "one", corresponds to the English indefinite "a, an" when in an unstressed position. This phenomenon of an evolution of the grammatical concepts of "definite article" and "indefinite article" from the earlier concept of a demonstrative pronoun or cardinal number, respectively, is paralled in many languages, among them Romance and Germanic languages (cf. the two uses of German *der, die, das* and of *ein*)[22]).

3.2 The Ability of Language to Verbalize Concepts

Most important, however, for MT is the fact that "as to denotation, whatever can be said in one language can doubtless be said in any other . . . the difference will concern only the structure of the forms and their connotation" (cf. [25] p. 278). Meanings and ideas expressed in one language can, for example, be expressed in another language by:

1. *Idiomatic translation* — that is a spoken or written form or a sequence of such forms peculiar to its linguistic system and imagery. An example is classical Greek ἐπιμελέομαι (with genitive), literally something like "I am making myself concerned in the direction of". To this corresponds classical Hebrew אֲנִי שׂוֹם לִבִּי אֶל, literally something like "I place my heart towards", and modern Chinese *wo*[3] *chu*[4] *i*[4] (我注意), literally something like "I pour thoughts on" (followed by a direct object). The idiomatic translation of this concept into English is *I pay attention to*, and into German it is *ich richte mein Augenmerk auf* (or *berücksichtige, bin aufmerksam auf, achte auf*) which literally is somthing like "I direct my eyes' attention on to". Although we have here the different imageries of something like *concern* or *care* in Greek, *"placing"* one's heart in Hebrew, *"pouring"* one's thoughts in Chinese, *"paying"* attention in English and *"directing"* one's eyes in German, they all express very well the same notion.

2. *Native expressions used metaphorically*. An example is Chinese *tien*[4] (電), "lightning", also used to translate English "electric, electricity, etc.".

---

[21]) In my paper [28] I had pointed out that the archaic form of the Chinese character clearly indicated that the primary idea had been the verbal concept of "moving to another place" or "going thither" — that is something like "to thither". This concept of "thithering" was then not only used *dynamically* as a verb, but also *statically* as "something thither", — that is a demonstrative pronoun corresponding in meaning to English *yon* or *yonder*.

[22]) Cf. [27] and [29] where other examples for such independent parallels in the evolution of non-grammatical and grammatical concepts will be found.

3. *Native forms used in loan translations.* For example "automobile" (*auto* meaning "self", *mobile* meaning "movable") to which modern Chinese *tzu*[4] *tung*[4] *ch'ê*[1] (自動車) literally corresponds (自 "self", 動 "move", 車 "carriage").

4. *New spoken or written forms* which are either:

    a) *loanwords* from another language, for example German *Ersatz* in English.

    b) *new creations* like *Sanminismus* to render Chinese *San*[1] *Min*[2] *Chu*[3] *I*[4] (三民主義), the "Three People's Principles" of SUNYATSEN.

4. The Linguistic Signals and Their Semantic Distinctiveness

The primary concern of all translation is meaning — the meaning intended by the original author — and its translation from one linguistic system of signals into another linguistic system of signals. Consequently, the crucial problem for the success of MT is the *semantic* distinctiveness of the linguistic signals — that is their ability to distinguish between different meanings, and the extent of this ability. The logical aspect of language, and any universal features discernible in the logical aspect, will be of prime importance for MT, whereas universals in phonetics can hardly have any bearing on it.

Furthermore, of the conventional signals of language only the phonic and graphic signals [23]) fall within the sphere of interest of MT as initiatory stimuli for a correlation between languages by machine. There are, however, three reasons why comparatively little is being done at present in MT for speech ("phonic MT") and why most efforts are being directed towards the development of MT for written texts (graphic MT). These reasons are:

a) A number of engineering problems have still to be solved to permit MT based on the speech of *any* member of a speech community.

b) The conventional phonic signals are in a number of important languages often less distinctive than their corresponding written forms [24]).

c) It is easier for writers than for speakers to adhere closely to the conventions of their language, and they are more likely to do so.

MT research is, therefore, at present largely concerned with the conventional *graphic* forms of the linguistic signals of a language although also these are often not distinctive. This distinctiveness is the greater the larger the meaningful unit considered, and it decreases with the size of the latter. It is greatest in idiomatic expressions consisting of more than one free form, and this fact enables us, as we shall see later, to use purely lexicographical procedures and yet achieve an idiomatic MT of such idioms which no human translator could do better. The distinctiveness is, of course, smallest in the case of meaningful units consisting of only one free form and considered in isolation. It is worth while at this point to try to ascertain the size of the problem MT faces here with regard to the phonic and graphic distinctiveness of minimum free forms. If we denote origin by O, meaning by M, pronunciation by P, and spelling by S, and, furthermore, indicate agreement and disagreement between two words of

---

[23]) I. e. the meaningful constituents of speech and their written form.

[24]) So, for example, in Chinese and Japanese, but also in languages like English and French — that is in languages with a *historical form of writing*. Striking examples are the three English words *so*, *sew*, *sow* which have identical pronunciations.

a language in origin, meaning, pronunciation and spelling by prefixing a plus or a minus sign, then there are the following *theoretically possible* permutational combinations:

1.	+O	+M	+P	+S
2.	−O	+M	+P	+S
3.	−O	−M	+P	+S
4.	−O	−M	−P	+S
5.	−O	−M	−P	−S
6.	+O	−M	−P	−S
7.	+O	+M	−P	−S
8.	+O	+M	+P	−S
9.	+O	+M	−P	+S
10.	+O	−M	+P	+S
11.	+O	−M	−P	+S
12.	−O	+M	+P	−S
13.	+O	−M	+P	−S
14.	−O	+M	−P	+S
15.	−O	+M	−P	−S
16.	−O	−M	+P	−S

Of these the first is meaningless, the second unlikely. No problems for either phonic or graphic MT are presented by:

No. 5, i.e. the two entirely different words *good* and *evil.*
No. 6, i.e. the two cognate words *cattle* and *chattel.*
No. 7, i.e. the two cognates of identical meaning *yon* and *yonder.*
No. 8, i.e. the graphic variants *draught* and *draft, gaol* and *jail, licence* and *license.*
No. 12, if there are such.
No. 14, if there are such.
No. 15, the case of the perfect synonyms, if there are such.

The following two cases are of importance only to phonic MT:

No. 13, i.e. the cognate pairs *to* and *too, holy* and *wholly.*
No. 16. i.e. the unrelated pairs *no* and *know, die* and *dye, to* (or *too*) and *two.*

This leaves only the possibilities Nos. 3, 4, 9, 10 and 11. Of these the following two are of importance to both phonic and graphic MT:

No. 3, i.e. *seal* (German "Siegel") and *seal* (German "Seehund"),
        lie (German "liegen") and *lie* (German "lügen"),
        die (German "Würfel") and *die* (German "sterben"),
        rose (German "Rose") and *rose* (German "erhob sich"),
        leaves (German "Blätter") and *leaves* (German "verläßt"),
        last (German "letzter") and *last* (German "dauern").

No. 10, i.e. *sheep* (German "Schaf") and *sheep* (German "Schafe"),
        love (German "Liebe") and *love* (German "lieben"),
        fell (German "fällen") and *fell* (German "fiel").

The remaining cases are of importance only for graphic MT. They are:

No. 4, i.e. *lead* (German "Blei") and *lead* (German "führen").
No. 9, i.e. *cónvert* (German "Bekehrter") and *convért* (German "bekehren").
No. 11, i.e. *read* (German "lesen") and *read* (German "las, gelesen").

Since, as I have already pointed out above, MT research is at present concentrating on graphic MT, it is not concerned with *homophones*[25]) but with *homographs*[26]). Consequently the problems exemplified in Nos. 3, 4, 9, 10 and 11 are of greatest importance for it.

In the preceding tabulation I have included the criterium of origin because it brings out a detail which may be of some consequence in MT development. It shows that homographs may either represent *related* speech forms as those in numbers 9, 10, and 11, or *unrelated* ones as those in numbers 3 and 4. The two speech forms represented by *read* in number 11 are, of course, members of the same verb paradigm. But we could, in our MT-lexicography, also treat homographic cognates of the high-frequency type "substantive/verb", like *love* in number 10, or *convert* in number 9, as if they were members of a "super-paradigm", and then devise a logical routine for the automatic pinpointing of the intended grammatical meaning (either substantive or verb) for this whole type which in English has a large membership and is still very productive. Such a procedure is hardly advisable in the case of non-cognate homographic speech forms like those exemplified by *lie, die, rose, leaves, last* in number 3, and *lead* in number 4, which in English are neither numerous nor productive.

If we ignore the criterium of origin — as we well may in a purely descriptive survey of phono-semantic and graphio-semantic distinctiveness[27]) — then the types numbers 1 and 2, 3 and 10, 4 and 11, 5 and 6, 7 and 15, 8 and 12, 9 and 14, 13 and 16 coalesce, giving us eight theoretically possible patterns of which only three are of practical significance for graphic MT. These are the patterns labeled by the numbers 3/10, 4/11 and 9/14, namely all those whose last criterium is $+S$ — that is homography.

5. Conventional Means of Increasing the Semantic Distinctiveness of Individual Free Forms

Messages often consist not only of *primary* meaningful units such as sentences, clauses, idiomatic expressions, phrases and even individual free forms, but also of certain concomitant features which contribute to the total meaning. Speakers as well as writers often use such additional means to achieve semantic distinctiveness of ambiguous individual free forms even when the narrow or wider linguistic environment would sufficiently pinpoint the intended meaning. In listening to speakers we are aware of their tacit utilization of situations, and accompanying actions such as "facial expressions, mimicry, tone of voice...,insignificant handling of objects..., and, above all, gesture" (cf. [25] p. 39). In writing we are familiar with the phenomenon of conventional supplementary symbols, employed as differentiating features already in ancient times. Examples are in the case of alphabetic scripts the distinction between capital and small letters and the dots of the Umlaut in German, the spriritus symbols in Greek, the accents in Greek and in other languages, the vowel points, the dagesh and the shwa in Hebrew. Examples for such conventional differentiators in non-

---

[25]) I. e. different words with identical pronunciations, as those mentioned in the preceding footnote.

[26]) I. e. different words with identical spellings.

[27]) I. e. the extent to which different meanings are distinguished by differences in pronunciation or writing, respectively.

alphabetic scripts are significs in Egyptian hieroglyphic writing and in Chinese (the so-called "radicals"), the tone marks in Chinese, the Japanese kana symbols at the side of Chinese characters, or also, as we shall see below, Chinese characters at the side of Japanese kanas.

It is doubtful whether phonic MT will ever be able to utilize secondary features of speech to reduce the size of the multiple meaning problem of homophones. On the other hand, graphic MT will make full use of the supplementary graphic symbols. The latter are, however, not always obligatory. German Umlaut dots (or their substitute, the letter *e* after the vowels a, o and u) are always used, but there are German texts in which all words are written with small initials so that the non-grammatical and grammatical distinction between the capital and small initials of individual free forms in non-first positions[28]) is absent. The Hebrew vowel points and the Chinese tone marks are mostly omitted. The absence of such supplementary symbols increases the number of alternative semantic possibilities. But there are also many cases in which the lack of graphio-semantic distinctiveness is not due to the absence of supplementary symbols. For all cases of multiple meaning it is necessary to devise ways and means to enable an automatic system to pinpoint the intended meaning in consideration of the narrow or wider environment of ambiguous forms. These ways and means will be outlined further below.

6. Different Writing Systems

MT development has to deal with different writing systems which are either alphabetic, syllabic[29]), ideographic[30]), a combination of the alphabetic and ideographic[31]) or of the syllabic and ideographic[32]) systems. In the last two cases the ideographs are either the primary or the supplementary symbols. Research is at present being carried on in the United States, in Japan and in other countries for the purpose of developing electronic readers which will read and code printed source language material and feed it into the automatic translation system for further processing.

The following tables exemplify the different writing systems MT development has to consider, and demonstrate the use and significance of supplementary

---

[28]) The difference between *Los* (lot) and *los* (loose) is both non-grammatical (the lexical meaning "lot" versus the lexical meaning "loose") and grammatical (*Los* is a substantive, *los* a predicative adjective). The initials of the following forms are conventionally capitalized:
   a) All forms of pronouns used in address instead of *du*, and, in letter writing, all pronouns (including *du*) referring to the addressed person.
   b) All adjectives derived from personal names by the suffix-*isch*.
   c) All adjectives, pronouns and ordinal numbers in titles and in historical and geographical names.
   d) All invariable word forms with the suffix-*er*, derived from place names and the names of provinces or federal states.
   e) All substantives with the exception of certain petrified forms and certain forms used in idiomatic expressions.
[29]) For example, the Ethiopic system.
[30]) For example, the modern Chinese system.
[31]) In Korean.
[32]) In Japanese.

symbols which are often omitted from printed texts. It is helpful to distinguish here several cases, depending on the type of multiple meaning involved, and on whether or not differences in meaning are associated with differences in pronunciation.

6.1 Conventional Supplementary Symbols Indicative of Semantic Differences Associated with Phonic Differences

a) Multiple Non-Grammatical Meaning

Greek ἰέναι which is:

either ἰέναι, "to go", or ἱέναι "to send" [33]) (both verbs).

Hebrew מלך which is:

either מֶלֶךְ, "king", or מֹלֶךְ, "Moloch" [34]) (both substantives).

Chinese 蹶 which is:

either 蹶, "to stumble", or 蹶, "to kick", or 蹶, "to excite" [35]) (all verbs).

Japanese 里 which is:

either 里さと, "native place", or 里り, "Japanese mile" [36]) (both substantives).

b) Multiple Grammatical Meaning

Greek που which is:

either ποῦ, "where", or πού, "anywhere" [37]) (interrogative versus indefinite adverb).

Hebrew מלך which is:

either מֶלֶךְ, "king", or מָלַךְ, "he ruled" [34]) (substantive versus verb).

Chinese 種 which is:

either 種, "seed", or 種, "to sow" [35]) (substantive versus verb).

Japanese 亂 which is:

either 亂れ, "disorder", or 亂して, "to throw into disorder" [36]) (substantive versus verb).

---

[33]) The different spiritus indicate both different pronunciations (for ancient Greek) and meanings.

[34]) The difference in vowel pointing distinguishes both the different pronunciations and meanings.

[35]) The different positions of the tone mark distinguish between different pronunciations and meanings.

[36]) The different kana symbols on the right of the same Chinese character indicate the different pronunciations and meanings.

[37]) The different accents indicate both different pronunciations (for ancient Greek) and meanings.

c) Multiple Non=Grammatical and Grammatical Meaning

Greek εἶμι which is:

either εἶμι, "I shall go", or εἰμί, "I am"[37]), (different lexial meaning and tense).

Hebrew אלה which is:

either אַלָּה, "oak", or אָלָה, "he cursed", or אֵלֶּה, "these"[34]) (different lexical meaning and form class).

Chinese 惡 which is:

either 惡, "to dislike", or 惡, "where? why? how?"[35]) (different lexical meaning and form class).

Japanese 生 which is:

either 生, "to beget", or 生, "raw", or 生, "life"[36]) (different lexical meaning and form class).

6.2 Conventional Supplementary Symbols Indicative of Semantic Differences Not Associated with Phonic Differences

a) Multiple Non-Grammatical Meaning

Japanese ひ which is:

either 日ひ, "sun", or 火ひ, "fire"[38]) (both substantives).

Japanese う which is:

either 熟う, "to ripen", or 生う, "to beget"[38]) (both verbs).

b) Multiple Grammatical Meaning

Japanese から which is:

either 自から, "since" (the preposition) or 故から, "since" (the conjunction)[38].

German 'band' which is:

either band, "he bound", or Band, "ribbon, volume"[39]) (verb and substantive).

c) Multiple Non-Grammatical and Grammatical Meaning

Japanese き which is:

either 木き, "tree", or 黃き, "yellow"[38]) (different lexical meaning and form class).

---

[34]) Here the Japanese kana remains unchanged whereas the Chinese characters are the supplementary differentiating symbols.

[39]) Here the difference between small and capital initial is significant.

7. The Concurrent Pinpointing of Intended Non-Grammatical Meaning by the Determination of Grammatical Meaning

The preceding tables include examples showing that supplementary symbols sometimes simultaneously pinpoint both non-grammatical and grammatical meaning. I have, however, already pointed out before that such supplementary symbols are often not used. There are, moreover, many instances in which either no supplementary symbolization is available or where it is not effective. Examples for the latter case are German substantives when they introduce sentences. Since not only substantives but every word at the beginning of a German sentence has an initial capital letter, the form class of a substantive in such a position cannot be recognized by its initial letter. A striking example for the ambiguity that may be caused by this loss of effectiveness of German initial capital letters when they are in sentence-first positions is *Dichter ist der Hahn geworden*. This sentence may occur in a versified fable and the intended translation could then well be "A poet has the cock become". Otherwise the correct translation would be "Tighter has the faucet become".

In such cases it is necessary that the MT system determine both types of meaning, the non-grammatical and the grammatical, by a consideration of the narrow or wider context. It will, of course, first try to determine the intended *grammatical* meaning on the basis of the structural analysis of the linguistic environment of the ambiguous form. Once the grammatical meaning has been determined, the automatic system will try to determine also the intended non-grammatical meaning in consideration of the grammatical meaning. Frequently, however, this second step will not be necessary, because in many instances the pinpointing of the intended grammatical meaning simultaneously pinpoints the intended non-grammatical meaning. The following Chinese example will illustrate this:

The speech form represented by 光 (*kuang*[1]) is used as a substantive, an adjective and an adverb. As a substantive it means "light"; as an adjective it corresponds either to English "light" (as opposed to dark), "shining", "bald" or "bare"; as an adverb it means "only". The semantic relationship between these meanings is clear, except in the case of "only". But even the position of "only" in the scale of the meanings of 光 becomes clear if we compare the German semasiological parallel "bloß" which means "bare" as well as "only": "er hat bloß zwei Dollar" originally meant "he has *barely* two dollars", but it has come to mean "he has *only* two dollars", just like modern Mandarin 他光有兩塊錢 . The automatic translation system would, therefore, in the case of 光 first have to determine the form class — that is, whether it is a substantive, an adjective or an adverb, because the determination of the form class would here be tantamount to the pinpointing of the non-grammatical meaning.

In the case of the adjectival use of 光 this procedure is not quite satisfactory because it is not able to make a decision between the four alternatives "light/shining/bald/bare". If no procedure were available which could make such a decision, the automatic system would on the output side have to supply this whole string of alternatives, and it would have to be left to the human reader of the MT product to select that alternative which best fits the context. There is, however, a procedure which permits the automatic system to supply idiomatically correct translations in such cases. This procedure is based on the following facts. Of the meanings of adjectival 光 only one, namely "shining" may qualify a large variety of substantives, whereas in each of the meanings of "light", "bald" and "bare" it occurs as a qualifier of only a comparatively limited number of substantives [40]). Examples are:

光射   (literally: shining shot) "light beam, ray".

光景   (literally: shining or visible scape) "landscape, aspect of things, circumstances".

光頭   (literally: shining or visible head) "bald head".

光身   (literally: shining or visible body) "bare body".

Now we can treat the comparatively small number of these adjective-substantive phrases as idiomatic expressions [41]), and code each as a semantic unit into the permanent memory device of the automatic translation system. To each we add an idiomatic target language translation. If we do that, then the automatic translation system will in such cases always supply idiomatic translations [42]).

8. The Problem of Idioms

For the purposes of MT we have to distinguish between two kinds of idioms, namely:

a) *Monolingual Idioms* — that is idioms of the source language that are not shared by the target language. An example is German *das geht nicht*, literally "that goes not", but meaning "that cannot be done".

b) *Bilingual Idioms* — that is those that are shared by both the source and the target language. German *das geht nicht* is such a bilingual idiom if either French or modern Mandarin is the target language (cf. "çela ne va pas" and 這個不行).

The problem of idioms has in MT development always to be considered in the light of the two languages concerned in the translation process — that is, in the light of "source-target semantics". Bilingual idioms permit a word-for-word translation. This is, however, not possible in the case of monolingual idioms which require a free translation that conforms to the idiomatic requirements of the target language. In order to enable an automatic translation system to supply target-idiomatic translations for monolingual idioms we have to use the procedure already mentioned in the preceding section: we have to include the

---

[40]) In order to simplify the presentation, we ignore here the predicative use of 光.

[41]) And they certainly are idioms in terms of, for example, Chinese-English "source-target semantics" because otherwise the literal translation given for them above in parentheses would be satisfactory.

[42]) Permanent automatic memories with a large storage capacity and a very low access time are already being developed in the United States. They will make the procedure outlined above entirely feasible. I may add that it is relatively simple to insure that an automatic system recognize idiomatic sequences, for it need only be able to identify the longest source text constituent for which the permanent memory device has an equivalent entry. This procedure is one of the features of the scheme of the University of Washington MT Project.

source language idiom *in toto* in the automatic bilingual lexicon, together with the idiomatic target language translation.

We have, furthermore, to distinguish between paradigmatic idioms, namely those containing semantic units which are members of a paradigm and therefore may appear in different paradigmatic forms, and those that are not paradigmatic. German *das geht nicht* is paradigmatic because it may also appear in the forms *das ging nicht* (that could not be done), *das ist nicht gegangen* (it has not been possible to do that), *das wird nicht gehen* (it will not be possible to do that), etc., etc., or in the different word order required in dependent clauses, such as *daß das nicht geht* (that that can not be done). An example for a non-paradigmatic idiom is the English idiomatic expression *to make a long story short* in which the verb *make* is never conjugated nor the substantive *story* ever declined. If a monolingual idioms is paradigmatic, it has to be entered into the automatic permanent memory with all the permissible transformations due to the inflexion of forms and/or the requirements of word order, and together with all the idiomatic translations for these transformations [42]).

Another distinction which is proving very useful in MT is that between "genuine idioms" and "pseudo-idioms". German *das geht nicht* is a genuine idiom in terms of the semantic peculiarities of the English language because a literal translation, namely something like "that goes not", does not make sense. A literal translation of German *in erster Linie,* namely something like "in first line", not only does make sense, it even makes good sense and will, moreover, be correctly understood in the translated context. It is therefore not a genuine source-target semantic idiom. "In first line" is, however, not good English: the idiomatic translation is "in the first place" or "first of all". If we want the automatic translation system to supply idiomatic translations also in such cases, we have to treat them *as if they were idioms* and enter them in toto into the automatic permanent memory together with the idiomatic translation. Such a procedure is, of course, only possible in the case of high-frequency expressions which, since they have a high-frequency rating, are not very numerous. German *in erster Linie,* English *first of all,* are good examples for such high frequency expressions [42]).

It has to be emphasized here that idioms, whether they are genuine or pseudo-idioms, are graphio-semantically highly destinctive. In the English monolingual idiom [43]) *to bark up the wrong tree,* for example, a form of the verb *to bark,* the adverb *up,* a form of the substantive *tree* and the article *the* have to co-occur to make it an idiom. It is this graphio-semantic distinctiveness, which makes it possible to use the procedure outlined above and will permit future translation machines to supply idiomatic translations for idioms no human translator could do better. Thus idioms will never be an obstacle to MT; it is rather the non-idiomatic portions of the source-language text which present the most difficult problems for the automation of the translation process (cf. [30] § 3.3).

9. The Problem of Unpredictable Forms

When discussing the *ability of language to verbalize concepts,* I mentioned and exemplified a number of means which are at the disposal of a language and enable it to express whatever can be expressed in any other language. As the

---

[42]) That is, monolingual in consideration of the language known to the author.

last means I mentioned the use of new forms which are either borrowed from another language (loanwords) or new creations. Among these new forms we have to distinguish between the following two groups:

1. Those which at the time of the compilation of a MT lexicon are already recognized as members of the vocabulary of the source language and, therefore, can be considered for inclusion.

2. Those which are not yet known to the compilers of the MT lexicon and, therefore, can not be considered for inclusion.

Whenever a new form not included among the entries of the permanent MT memory is fed into the translation system, it will not be identified and can, therefore, not be translated. The MT system can however be so designed that it transfers every unidentified input form to the output either in its original script form, or in a transcription which is either in a special code or in the writing system of the target language. The MT system may, moreover, put out such a transcribed source language form in a distinguishing colour [44] so that the MT researcher who studies the translation output can easily detect and collect all semantic units of the source language which are not yet included in the automatic lexicon.

There is, however, one type of source language forms which an automatic translation system can be made to translate correctly, even though they are not yet known at the time of the compilation of the MT lexicon and not included in it. This is the ever-growing number of extemporized, and thus unpredictable, compounds which in many languages, foremost among them German, are created anew by speakers and writers for the requirements of the moment. Such compounds are entirely made up of meaningful bound forms which occur also as wellknown minimum free forms and which, therefore, can all be included in the automatic memory. An example for such an extemporized compound is German *Marssprachenforschungsgesellschaftsbericht* (literally "Mars Languages Research Society Report") which I have just made up to demonstrate the problem. *Mars, Sprache(n), Forschung(s), Gesellschaft(s)* and *Bericht* occur all as free forms and will any way form part of the MT lexicon. The automatic MT system can be so designed that, whenever such a new compound is fed into it and not identified in the permanent memory, it will be dissected into the constituent forms which have free-form occurrence, are consequently found in the permanent memory and can therefore be translated by the system [44].

This means that the automatic translation system will actually not translate the compound form, but rather its constituents. In the very numerous cases exemplified by *Marssprachenforschungsgesellschaftsbericht* this will amount to the same, but there are compounds which require special machine procedures in order to make sure that only the correct dissections, identifications and translations are made. A striking example is German *Dichterinbrunst*. The correct dissection is *Dichter/inbrunst* — that is "a poet's fervour (or ardour)". Both *Dichter* (poet or poets) and *Inbrunst* (fervour, ardour) will be included in the permanent MT memory, but so will also *dicht* (tight, dense), *in* (in), *Dichterin* (poetess) and *Brunst* (sexual desire). If the translation system makes, for example, the wrong dissection Dichterin/brunst, it will supply the wrong translation "sexual desire of a poetess".

---

[44] This is actually the procedure followed in the University of Washington MT Project.

30 Dig. Inf.

In my researches conducted in the summer of 1952 under a grant from the Rockefeller Foundation I found that two arrangements have to be made in order to
ensure that the automatic MT system will in such cases always make the right
dissection. One is the provision that the matching mechanism of the translation
system always identifies first the *longest* constituent for which the permanent
memory contains an equivalent [42]). The matching mechanism will, under this
provision, first identify *the longest lefthand* constituent *Dichterin-* if *right-to-left*
matching is used, and the *longest right hand* constituent *-inbrunst* if *left-to-right*
matching is used.

The second provision is concerned with what I have called the "X-factor"
problem in compounds. An "X-factor" is a constituent of a compound which may
itself occur as a free form, or form a semantic unit either with the preceding or
the following constituent of the compound. In *Dichterinbrunst*, *-in-* is such an
"X-factor". The solution to this problem takes into account certain linguistic
principles at the basis of the creation of compounds. As far as German *-in-* is
concerned, the rule says that *feminine substantives ending in "-in" can not be
lefthand constituents of compound substantives.* If this rule is included in the
program of the automatic MT system, the latter will in such cases discard the
result of right-to-left matching and retain only the result of left-to-right matching, thus arriving at the correct dissection *Dichter/inbrunst*. For the detailed
discussion, exemplification and logical procedure the reader is referred to the
special report on this problem (cf. [31] and [32] pp. 144—148).

10. The Problem of Multiple Grammatical and Non-Grammatical Meaning

In the discussion and exemplification of the semantic distinctiveness of the
linguistic signals, and in the tables exemplifying the supplementary symbols of
the different writing systems I have already had occasion to distinguish between
multiple grammatical and multiple non-grammatical meaning. The ambiguous
script forms *sheep* (either singular or plural), *love* (either substantive or verb),
fell (either the present tense of the verb *to fell* or the past tense of the verb
to fall), *convert* (either the substantive *cónvert* or the verb to *convért*) and *read*
(either the present tense or the past tense of the same verb) are examples for
multiple *grammatical* meaning. The ambiguous script forms *seal* (either German
"Siegel" or "Seehund", in either case a substantive) and *lie* (either German
"liegen" or "lügen", in either case a present tense verb) are examples for multiple
non-grammatical meaning. On the other hand, the ambiguous script forms *die*
(either a substantive corresponding to German "Würfel", or a verb corresponding
to German "sterben"), *rose* (either a substantive equivalent to German "Rose", or
a past tense verb equivalent to German "erhob sich"), *leaves* (either a plural
substantive meaning German "Blätter", or a present tense, singular, third person
verb meaning German "verläßt") and *last* (either an adjective translating German
"letzter", or a verb translating German "dauern") are each simultaneous examples
for both *multiple grammatical and multiple non-grammatical* meaning.

These have all been examples for grammatical and/or non-grammatical ambiguity
due to graphio-morphologic identity. The ambiguity of one minimum free form
may not affect the interpretation of other minimum-free-form constituents of a
sentence. An example is the wellknown Latin grammar school joke *qui patrem
suum necat non peccat* which plays upon the double, both grammatical and non-
grammatical, meaning of *suum* (either "his" or "of the swine") and, therefore,

may be translated either "who kills his father does not sin" or "who kills the father of swine does not sin". The alternative translations "of swine" or "his" do not affect the translation of *qui patrem . . . necat non peccat* which remains "who kills . . . father . . . does not sin". In other cases the interpretation of other minimum-free-form constituents of the sentence may be seriously affected, as, for example, in the previously quoted German verse line *Dichter ist der Hahn geworden* (either "tighter has the faucet become" or "a poet has the cock become"). If *Dichter* is an adjective and means "tighter", then *Hahn* must be translated "faucet", but if it is a substantive and means "poet", the *Hahn* must be translated "cock". In such cases MT will have to consider the wider context in order to determine whether a faucet or a cock is intended.

Syntactic identity is also frequently a cause of ambiguity. If, for example, the German subject would always precede, the directe object always follow the verb, then no wider context would be needed to determine the meaning of such sentences as *die Löwin biß die Schlange* or *das Ungeheuer verschlang das Wasser*, and the task of MT would here be much simpler. But without a consideration of wider context the first may mean either "the lioness bit the serpent", or "the serpent bit the lioness", the second either "the monster swallowed the water", or "the water swallowed the monster".

Apart from the syntacto-hierarchic relationships within the principal and the dependent clause, MT research has also to investigate those between dependent clauses, and between such clauses and the principal clause. Most MT projects are at present concerned with such studies for the purpose of elaborating a hierarchy of operational rules for the automatic resolution of all grammatical and non-grammatical source-target problems, or, if we look at the task from the point of view of the desired translation product, for the automatic selection of target alternatives which represent the meaning or meanings intended by the original author.

Multiple *grammatical* meaning presents the smaller problem of the two. Grammatical ambiguity is frequent in isolation, but rare in a linguistic environment. A thorough knowledge of the operational principles and rules concerning the morphologic and syntactic behaviour of a language will, it is now generally felt, enable the MT linguist to elaborate logical procedures on the basis of which the MT engineer will be able to develop machine programs for the automatic pinpointing of intended grammatical meaning. There are probably many different ways in which an automatic system can be made to extract from a foreign text all relevant grammatical information. One such scheme, a simple procedure for the automatic determination of the form classes of minimum-free-form constituents of an input text, I have outlined in a previous publication (cf. [32] pp. 161–163).

Multiple non-grammatical meaning presents the most formidable problem in MT. In the case of genuine or pseudo-idioms — that is source-target idiomatic free-form sequences of the input text — lexicographical procedures alone will be sufficient to ensure an idiomatic translation because such sequences are, as I have already emphasized earlier, graphio-semantically highly distinctive. In all other cases of multiple non-grammatical meaning, the prerequisite for the reduction of ambiguity will be the structural analysis of the source language text by the automatic system and the solution of all *grammatical* ambiguities of the text section in question. The determination of the first coincides in some cases, as we have seen earlier, with the determination of the second. In other cases it will be necessary for the automatic MT system to scan the syntactically connected narrow or wider context for clues that may pinpoint the intended non-grammatical meaning.

It is at present still doubtful whether it will ever be possible to resolve all problems of MT ambiguity by machine. There are those who believe that the non-grammatical meaning aspect presents complexities of an astronomical order which makes it advisable to forego here attempts at mechanization. Others, on the other hand, believe that the limitation to scientific publications, and the further limitation to a single branch or sub-branch of science, will sufficiently reduce the semantic problem to make complete mechanization of the translation process feasible.

Consequently they reject the creation of large general MT lexicons and propose the creation of comparatively small glossaries, the so-called *idio-glossaries*, containing the highly specialized and, therefore, limited vocabulary of idiolects — that is, sections of a language characteristic of a branch or sub-branch of human knowledge.

The present writer does not believe that such a limitation is necessary. Such a limitation would only reduce the multiple non-grammatical meaning problem of the scientific and technological vocabulary, but would not solve that of the general language vocabulary which all branches of science and technology share. The non-grammatical meaning problem of the scientific and technological vocabulary, on the other hand, does not present any serious difficulties. On the contrary, our researches at the University of Washington Machine Translation Project show that this problem is amenable to an automatic solution (cf. [30] § 2.2).

The present writer believes that it is still too early to make safe predictions concerning the extent to which it will be ultimately possible to mechanize the translation process. Whatever the ultimate degree of success, also incomplete solutions will prove beneficial because they will relieve at least part of the burden of the human translator. Some present preliminary results may already be useful for some purposes (cf. following Section 11). It is in any case worth while trying to find out whether there are any insuperable natural boundaries preventing full success in this new adventure of the human mind.

11. Samples of Predicted Russian-English MT Output Based on Preliminary Research Results at the University of Washington MT Project

In order to enable the reader to form an opinion about the type of MT already attainable today, we show below a Russian text, the predicted or simulated machine translation, the same after elimination of unwanted alternatives, and an English version prepared by a *human* translator. The "simulated machine translation" has been elaborated by hand on the basis of the Russian-English "MT-operational Lexicon" prepared by the staff of the University of Washington Machine Translation Project. The "human" translation follows the Russian original as closely as this is permissible without harming the intelligibility, except that the Russian word order is retained throughout. This has been done in order to determine where and to what extent automatic word order rearrangements will be necessary. The semantic units of the Russian original and their equivalents in the three English versions are marked by the same consecutive superscript numbers in order to facilitate comparison.

The reader of the simulated MT output is asked to keep in mind that such a "translation" is by no means to be taken as the final goal of MT development, although it may, as I have pointed out above, already be useful for some purposes. We consider it only as an intermediate result, to be studied in order to determine to what extent we have already succeeded, what has still to be done and what should be undertaken next.

The simulated MT text contains a number of editorial symbols intended to be supplied by the automatic MT system together with the translation in order to aid the reader in choosing the proper alternatives demanded by the context. These symbols and their significance are discussed and exemplified below. The reader will notice in the chart and in the simulated output text that also the space between free forms, in fact the number of spaces, is utilized in this symbolization.

In the abstract representation preceding each of the exemplifications given in the chart, uninterrupted sequences of the letter "X" stand for the letters of semantic units of the *target language*. This abstract representation is used only to emphasize the presence of the special editorial symbols.

11.1 Table and Significance of the Various Editorial Output Symbols

11.11 Symbols of Special Significance

a) The *hyphen* in these environments separates the free-form constituents of a single target equivalent.

Examples:

XXXX–XX–XXXX	what—is—more
XX-XXXXX	in—favor
XXXX-XXXXXXX-XXXXXXXX	edge—planing—machines

b) The *single slash* separates the alternative choices in a target "string", one of which must be selected on the basis of the context.

Examples:

XXXXX/XXXXXXXX/XXXXXX	leads/conducts/raises
XXXXXXXX/XXXXXXXXX	agitated/indignant

c) The *hyphen* in these environments indicates bound target equivalents, or right or left bound alternatives in target "strings".

Examples:

XXXX-	anti—
XXXXX–	tachy—
–XXXX/XXXXXXX/XXXXXXXXX	—like/visible/important

d) Alternatives within *parentheses* are to be selected or rejected depending on context; if selected, they are to be read with any material directly preceding or following the parentheses. (Consider also the following point e!)

Grammatical alternatives within parentheses preceding and following a target equivalent are mutually exclusive. The one appropriate to the context is chosen, but even this one may be excluded by the larger context.

Examples:

```
(XX/XXXX/XX)XXX-XXXX              (by/with/as)the—same
XXXXXXX/XX-(XX)XXXXXXX            changes/is—(ex)changed
(XX/XXX)XXXXXXX—XXXX(XXXX)        (to/for)working—over(time)
(XX)(XX/XXX)XXXXXXX(X)            (of)(to/for)surface(s)
```

e) *Double slash* signifies that the material within parentheses is to be read with the suggestions found only before or after the double slash depending on the location of the parentheses.

Examples:

```
(XX)XXXXXXXXXX//XXXXXXXXX         (of)dissolving//solutions
(XX/XXX)XXXXX(XX)//XXXXXX         (is/are)quick(er)//rather
```

f) An *asterisk* indicates that the immediately preceding target "string" may be automatically eliminated from consideration.

Examples:

```
XXX(XXX)    *XXXXX-XXXXXXXX       big(ger)    *great—distance
(XX)XXXX    *(XX)XXXX-XXXXXX      (of)bolt     *(of)bolt—joints
```

g) *Two hyphens* not separated by any space join two separate target "strings" which are to be considered as one target "string" to be eliminated if the next target equivalent is preceded by an asterisk.

Example:

```
XX/XX/XX/XXX/XX/XXXX--XXXX/XXXXXX₃   *XX—XXXXXXXXX
```
on/in/at/for/by/with—-—iron/ferric₃   *on—railroads

h) *Three hyphens* after a slash refer the reader to the section of the manual containing the reference list of unusual or rare target alternatives. These little used alternatives will be found in the manual under the whole entry as found in the output text.

Examples:

```
(XX)XXXXX/XXXXXXX/XXX/———         (to)carry/perform/lay/———
XXX/XXX/———                       but/and/———
```

i) The *subscript numbers* to the right of certain target alternatives refer to fields and subfields of specialization.

Examples:

```
XXXXXXXX/XXXXXXXXXXX₈₃/XXXXXXXXXX₉₁
```
variable/alternating₈₃/reversible₉₁

```
(XX/XXXX/XX)XXXXXXX/XXXXXXXXXX₅/XXXXXXX₉₇
```
(by/with/as)defeats/affections₅/strikes₉₇

11.12 The Role of Space Between Target Equivalents

a) *Three spaces* (a space being here marked by □) separate individual target "strings".

Examples:

XXX–XXXX□□□(XX)XXXXXXXXX   the–most□□□(of)important
XXXX□□□(XX)XXXXXXXXXX   such□□□(of)conditions

b) *One space* divides one target "string" into two groups and indicates that the groups so separated are to be read together after the proper choice from alternatives separated by a slash has been made.

Examples:

XX□XXXXXXXXX/XXXXXXXX–XX/XXXXXXX$_{91}$
is□included/switched–on/engaged$_{91}$
(XX/XXX)XXXX□XXXXXXXX/XXXXX/XXXXX(XX)
(is/are)more□frequent/thick/rapid(ly)

c) *Hyphen* and *two spaces* separate the target equivalents of the members of a compound where the first member is a prefix, i.e., occurs only as a bound form.

Examples:

XXXXX–□□XXXXXXXXXX   supra–□□clavicular
XXX–□□XXXXXXX   ept–□□gastric

d) *Two spaces* separate the target equivalents of the members of a compound whose first member occurs both bound and free.

Examples:

XXXXXX□□XXXXX   Diesel□□motor
XXXX□□XXXXX   Watt□□motor

e) *Two spaces*, a *hyphen* and *two more spaces* separate the constituents of a hyphenated compound.

Or, a *hyphen*, *two spaces*, *hyphen*, and *two more spaces* separate the constituents of a hyphenated compound if the first element is always bound.

Examples:

XXXX□□–□□XXX   dark□□–□□red
XXXXX–□□–□□XXXXXXX   dorso–□□–□□ventral

11.2 A Russian Text Sample and its Various Translations [45])

11.21 The Russian Original

ВНЕШНЯЯ ПОЛИТИКА СОВЕТСКОГО СОЮЗА

Pp. 127–128

```
         1 2        3         4        5        6
1.  I. США и Великобритания против сокрашения вооржений

    1       2      3         4      5.    6              7            8          9       10    11
2.  Среди наиболее важных недостатков в деятельности организации Объединенных наций необходимо в

    12       13      14          15          16  17 18      19        20        21   22
    первую очередь отметить неудовлетворительный ход работы по выполнению решения Ассамблеи от

    23     24   25 26 27   28        29         30
    14 декабря 1946 г. о всеобщем сокрашении вооружений.

    1          2     3    4    5       6           7          8     9   10       11
3.  Единогласно принятая в прошлом году Генеральной Ассамблеей резолюция о всеобщем сокращении

    12        13       14      15       16        17   18      19        20
    вооружений отвечает жизненным интересам миллионных народных масс, продолжающих, несмотря

    21      22     23      24      25   26 27   28      29       30   31      32        33
    на окончание второй мировой войны, нести на себе бремя военных расходов и непомерных тягот,

    34     35      36            37      38
    связанных с непрекращающимся ростом вооружений.
```

---

⁴⁵) This sample has previously been published, together with the edited form, the "human" translation, and the Russian original given here, in the first comprehensive MT report of the University of Washington covering the period May 1956 — June 1958 (cf. [171] Procedural Report, Section 10.4, pp. 62—73). It has also been published as Sample No. 101 of 111 predicted Russian-English MT outputs in the second comprehensive report on the University of Washington MT project covering the period June 1958 — October 1959 (cf. [171a] pp. 327—328).

4. Принятое Ассамблеей решение о всеобщем сокращении вооружений является вместе с тем выражением стремлений и требований миролюбивых народов к установлению прочного мира и международной безопасности, выражением требований, продиктованных пережитыми ими страданиями и понесенными жертвами.

5. Именно в силу этого указанное решение было встречено народами всего мира с глубоким удовлетворением и надеждами на быстрое и полное осуществление.

6. Однако эти надежды не оправдались.

7. При попытках наметить в рамках Совета безопасности и в комиссии по обычным вооружениям практические мероприятия по осуществлению решения Генеральной Ассамблеи о всеобщем регулировании и сокращении вооружений представители США и Великобритании выдвинули такие условия сокращений вооружений, которые не могли не привести к срыву выполнения указанного решения Ассамблеи.

8. Вся деятельность американской и английской делегаций в комиссии по обычным вооружениям
свидетельствует о том, что США и Великобритания не хотят сокращать свое вооружение, не
хотят разоружаться, тормозят разоружение, что дает основание для тревоги в рядах миролюбивых
наций.

9. Заявление Бевина в Саутпорте о том, что он не собирается содействовать разоружению, служит
убедительным ответом на вопрос о поичинах неудовлетворительного положения вещей с выполнением
решения Ассамблеи о сокращении вооружений.

10. Об этом же говорит недавнее выступление Трумэена в Петрополисе, в котором президент США
подчеркнул, что военные силы США будут сохранены, причем президент ни словом не обмолвился
об обязательстве произвести какое-либо сокращение вооруженных сил, пронятом на себя
Объединенными нациями в соответствии с решениями Генеральной Ассамблеи.

       1   2   3   4   5   6   7   8   9   10   11   12   13
11.   Такая позиция США и Великобритании в вопросе о сокращении вооружений и отсутствие положительных

         14   15   16   17   18   19   20   21 22   23   24 25   26   27 28
результатов в решении задач, указанных в резолюции от 14 декабря 1946 г., порождает, как мы

       29   30   31 32   33   34   35   36   37   38   39   40
сказали, справедливую тревогу и беспокойство за успех начатого дела, чему особенно содействуют

       41   42   43   44   45 46   47   48   49   50
гонка вооружений, включая атомное оружие, и военные приготовления некоторых могущественных

51 52   53   54   55   56
в военном и экономическом отношении государств.

       1   2   3 4   5   6   7   8   9   10   11
12.   Тем самым подрывается вера в искренность миролюбивых деклараций и заявлений о решимости

       12   13   14   15   16   17
избавить грядущие поколения от бедствий войны.

11.22 The Predicted Machine Translation

       1   2   3   4   5
1.   USA   and/even/too/---   Great-Britain   against/opposite   (of)shortening/reduction/dismissal/abbreviation$_{62}$/-

                                5-6
concentration$_{95}$(s)   *(of)reduction-of-arms

2. [1] among/in-middle [2] the-most [3] (of)important [4] (of)defects/lacks [5] in/to/at/on/of/like [6] (of)(to/for)activity(s)
[7] (of)(to/for)organization(s) [8] (of)united [8-9] *(of)United-Nations [10] (it)(is)necessary [11-12-13] in-the-first-place
[14] (to)mark/note [15] non-satisfactory [16] course/move(ment)/speed/operation/$process_{92}$/$stroke_{91}$/$thread_{91}$/$pitch_{91}$/---
[17] (of)work(s) [18] on/by/along/for/in/--- [19] (to/for)carrying-out [20] (of)(re)solution/decision/$derivation_{1}$(s)
[21] (of)(to/for)assembly(s) [22] from/of/for [23] 14 [24] (of)December [25] 1946 [26] year/gram(s) [27] about/against/with [28] universal
[29] shortening/reduction/dismissal/$abbreviation_{62}$/$concentration_{95}$ [29-30] *reduction-of-arms.

3. [1] unanimous(ly) [2] taken/received [3] in/to/at/on/of/like [4] past/last [5] (to/for)year [6] (of)(to/for)(by/with/as)general
[6-7] *(by/with/as)general-assembly [8] resolution [9] about/against/with [10] universal [11] shortening/reduction/dismissal/-
$abbreviation_{62}$/$concentration_{95}$ [11-12] *reduction-of-arms [13] answers [14] (to/for)(by/with/as)vital [15] (to/for)interests/-
[16] profits · (of)million(th) [17] (of)national/peoples [18] (of)masses/pastes/pulp, [19] (of)continuing, [20] in-spite-of
[21] end(ing)/completion [22] (of)(to/for)(by/with/as)second [23-24] (of)world-war, [25] (to)carry/perform/lay/--- [26] on/in/at/-
for/by/with [27] (to/for)self/selves [28] burden [29] (of)military [30] (of)expenditures/$spans_{91}$ [31] and/even/too/---
[32] (of)excessive [33] (of)loads, [34] (of)tied/connected/knitted [35] with/from/about [36] (to/for)(by/with/as)unceasing
[37] (by/with/as)growth/height [38] (of)equipment/$rigging_{96}$/$arms_{97}$.

4. taken/received (by/with/as)assembly (re)solution/decision/derivation$_1$ about/against/with universal shortening/reduction/dismissal/abbreviation$_{62}$/concentration$_{95}$ *reduction-of-arms is/appears simultaneously/- along-with-that (by/with/as)expression (of)aspirations and/even/too/--- (of)requirements/requests (of)peace-loving (of)peoples to(ward)/for (to/for)establishment (of)stable/durable (of)world/peace/- village-commune$_{64}$ and/even/too/--- (of)(to/for)(by/with/as)international (of)(to/for)safety/security(s), (by/with/as)expression (of)requirements/requests, (of)dictated (by/with/as)experienced (by/with)them (by/with/as)sufferings and/even/too/--- (by/with/as)carried/performed/suffered (by/with/as)victims/- sacrifices.

5. namely/just/exactly as-a-result (of)this shown/pointed (re)solution/decision/derivation$_1$ was/about (is)met (by/with/as)peoples (of)all (of)world/peace/village-commune$_{64}$ with/from/about (to/for)(by/with/- as)deep (by/with/as)satisfaction and/even/too/--- (by/with/as)hopes on/in/at/for/by/with fast and/even/too/--- full realization.

6. [1] however [2] these [3] (of)hope(s) [4] not [5] (they)were-vindicated.

7. [1] at/with/before/in-time/of [2] attempts [3] (to)plan/mark [4] in/to/at/on/of/like [5] frames/limits/chassis$_9$

[6] (of)advice/council [6-7] *(of)Security-Council [8] and/even/too/--- [9] in/to/at/on/of/like [10] (of)(to/for)commission(s)

[11] on/by/along/for/in/--- [12] (to/for)(by/with/as)customary/ordinary [13] (to/for)equipment/rigging$_{96}$/arms$_{97}$

[14] practical [15] (of)measure(s) [16] on/by/along/for/on/--- [17] (to/for)realization [18] (of)(re)solution/decision/deriva-

[19] tion$_1$(s) (of)(to/for)(by/with/as)general [19-20] *(of)general-assembly [21] about/against/with [22] universal [23] regulating

[24] and/even/too/--- [25] shortening/reduction/dismissal/abbreviation$_{62}$/concentration$_{95}$ [25-26] *reduction-of-arms

[27] representatives [28] USA [29] and/even/too/--- [30] (of)(to/for)Great-Britain [31] (they)moved-out/advanced [32] such

[33] (of)condition(s) [34] (of)shortening/reduction/dismissal/abbreviation$_{62}$/concentration$_{95}$(s) [34-35] *(of)reduction-of-arms,

[36] which [37-38-39] could-not-help-but [40] (to)bring/cite/reduce$_1$ [41] to(ward)/for [42] (to/for)tearing-off/disruption

[43] (of)carrying-out(s) [44] (of)shown/pointed [45] (of)(re)solution/decision/derivation$_1$(s) [46] (of)assembly(s).

8. all [1] activity [2] (of)(to/for)(by/with/as)American [3] and/even/too/--- [4] (of)(to/for)(by/with/as)English [5]

(of)delegations [6] in/to/at/on/of/like [7] (of)(to/for)commission(s) [8] on/by/along/for/in/--- [9] (to/for)(by/with/- [10]

as)customary/ordinary (to/for)equipment/rigging$_{96}$/arms$_{97}$ [11] attests/examines [12] about/against/with [13]

the-fact-that/that-which [14-15] USA [16] and/even/too/--- [17] Great-Britain [18] not [19] (they)want [20] (to)shorten/reduce/lay-off [21]

own [22] equipping/equipment/rigging$_{96}$/arms$_{97}$/arming$_{97}$, [23] not [24] (they)want [25] (to)disarm, [26] (they)hinder/brake [27]

disarmament, [28] that/what/something [29] gives/allows [30] foundation/base [31] for [32] (of)alarm [33] in/to/at/on/of/like [34]

rows/series/ranks [35] (of)peace-loving [36] (of)nations. [37]

9. declaration [1] Bevina [2] in/to/at/on/of/like [3] Sautporte [4] about/against/with [5] the-fact-that/that-which [6-7] he/it [8]

not [9] assembles/gets-ready/intends [10] (to)give-help/contribute [11] (to/for)disarmament, [12] serves [13] (to/for)(by/- [14]

with/as)convincing (by/with/as)answer [15] on/in/at/for/by/with [16] question [17] about/against/with [18] reasons/causes [19]

(of)unsatisfactory [20] (of)position/condition/thesis/regulation(s) [21] (of)things [22] with/from/about [23] (by/with/as)- [24]

carrying-out (of)(re)solution/decision/derivation(s) [25] (of)assembly(s) [26] about/against/with [27] shortening/- [28]

reduction/dismissal/abbreviation$_{62}$/concentration$_{95}$ *reduction-of-arms. [28-29]

                1   2-3   4   5   6   7   8
10. about/against/with   the-same   speaks/says   recent   performance/setting-out   Trumena   in/to/at/on/of/like

         9   10   11   12   13   14   15   16-17
     Petropolise,   in/to/at/on/of/like   which   president   USA   underscored,   that/what/something   military-

         18   19   20   21   22   23-24-25   26
     forces   USA   (they)will(be)   (are)kept,   wherein   president   not-a-word   mentioned/made-slip-of-tongue

              27   28   29   30   31
     about/against/with   obligation/liability$_{68}$ (to)make/derive   any/some   shortening/reduction/dismissal/-

                                  32-33   34   35   36
     abbreviation$_{62}$/concentration$_{95}$ (of)armed-forces   taken/received   on/in/at/for/by/with   self/selves

           37   37-38   39-40-41   42
     (by/with/as)united   *(by/with/as)United-Nations   in-accordance-with   (by/with/as)(re)solutions/decisions/-

                         43   43-44
     derivations$_1$ (of)(to/for)(by/with/as)general   *(of)general-assembly.

         1   2   3   4   5   6   7
11. such   position   USA   and/even/too/---   (of)(to/for)Great-Britain   in/to/at/on/of/like   question

                 8   9   9-10
     about/against/with   shortening/reduction/dismissal/abbreviation$_{62}$/concentration$_{95}$ *reduction-of-arms

           11   12   13-14   15   16
     and/even/too/---   absence   (of)positive-results   in/to/at/on/of/like   (re)solution/decision/derivation$_1$

          17   18   19   20   21   22
     (of)problems,   (of)shown/pointed   in/to/at/on/of/like   (of)(to/for)resolution(s)   from/of/for   14

23 (of)December 24 1946 25 year/gram(s), 26 engenders, 27 how/as/but 28 we 29 (they)said, 30 just/true 31 alarm

32 and/even/too/--- 33 anxiety/trouble 34 behind/for/after/in/at/--- 35 success 36 (of)begun 37 (of)affair/business-

cause/case$_{68}$(s), 38 (to/for)what/which/something 39 (e)special/peculiar(ly) 40 (they)give-help/contribute

41-42 armament-race, 43 including/switching-on/engaging$_{91}$ 44 atomic 45 arms/weapon(s), 46 and/even/too/--- 47 military/war

48 (of)preparation(s) 49 (of)certain/some 50 (of)powerful 51 in/to/at/on/of/like 52 military/war 53 and/even/too/---

54 economic 55 relation(ship)/attitude/ratio$_1$ 56 (of)states/governments.

12. 1 (by/with/as)the-same 2 is undermined/blasted 3 faith 4 in/to/at/on/of/like 5 sincerity 6 (of)peace-loving

7 (of)declarations 8 and/even/too/--- 9 (of)declarations 10 about/against/with 11 (of)(to/for)resoluteness

12 (to)save/spare 13 future 14 (of)generation(s) 15 from/of/for 16 (of)disasters 17 (of)war(s).

11.23 The Same after Elimination of Unwanted Alternatives

1.   (1) USA   (2) and   (3) Great-Britain   (4) against   (5) reduction-of-arms.

2.   (1) Among   (2) the-most   (3) important   (4) defects   (5) in   (6) activity   (7) of-organization   (8-9) of-United-Nations   (10) it-is-necessary   (11-12-13) in-the-first-place   (14) to-note   (15) non-satisfactory   (16) course   (17) of-work   (18) on   (19) carrying-out   (20) of-resolution   (21) of-assembly   (22) of   (23) 14   (24) of-December   (25) 1946   (26) year   (27) about   (28) universal   (29-30) reduction-of-arms.

3.   (1) Unanimously   (2) received   (3) in   (4) last   (5) year   (6-7) by-general-assembly   (8) resolution   (9) about   (10) universal   (11-) reduction-of-   (12) arms   (13) answers   (14) vital   (15) interests   (16) of-million   (17) of-peoples   (18) masses,   (19) continuing,   (20) in-spite-of   (21) end   (22) of-second   (23-24) world-war,   (25) to-carry   (26) on   (27) selves   (28) burden   (29) of-military   (30) expenditures   (31) and   (32) of-excessive   (33) loads,   (34) connected   (35) with   (36) unceasing   (37) growth   (38) of-arms.

4.   (1) Received   (2) by-assembly   (3) resolution   (4) about   (5) universal   (6-7) reduction-of-arms   (8) is   (9-10-11) simultaneously   (12) expression   (13) of-aspirations   (14) and   (15) of-requests   (16) of-peace-loving   (17) peoples   (18) for   (19) establishment   (20) of-durable   (21) peace   (22) and   (23) of-international   (24) security,   (25) expression   (26) of-requests,   (27) dictated   (28) by-experienced   (29) by-them   (30) sufferings   (31) and   (32) by-suffered   (33) sacrifices.

5. Just¹ as-a-result²⁻³ of-this⁴ shown⁵ resolution⁶ was⁷ met⁸ by-peoples⁹ of-all¹⁰ world¹¹ with¹² deep¹³ satisfaction¹⁴ and¹⁵ with-hopes¹⁶ for¹⁷ fast¹⁸ and¹⁹ full²⁰ realization²¹.

6. However¹ these² hopes³ not⁴ were-vindicated⁵.

7. With¹ atempts² to-plan³ in⁴ frames⁵ of-Security-Council⁶⁻⁷ and⁸ in⁹ commission¹⁰ for¹¹ customary¹² arms¹³ practical¹⁴ measures¹⁵ for¹⁶ realization¹⁷ of-resolution¹⁸ of-general-assembly¹⁹⁻²⁰ about²¹ universal²² regulating²³ and²⁴ reduction-of-arms²⁵⁻²⁶ representatives²⁷ USA²⁸ and²⁹ of-Great Britain³⁰ advanced³¹ such³² conditions³³ of-reduction-of-arms,³⁴⁻³⁵ which³⁶ could-not-help-but³⁷⁻³⁸⁻³⁹ bring⁴⁰ to⁴¹ disruption⁴² carrying-out⁴³ of-shown⁴⁴ resolution⁴⁵ of-assembly⁴⁶.

8. All¹ activity² of-American³ and⁴ of-English⁵ delegations⁶ in⁷ commission⁸ for⁹ customary¹⁰ arms¹¹ attests¹² about¹³ the-fact-that¹⁴⁻¹⁵ USA¹⁶ and¹⁷ Great-Britain¹⁸ not¹⁹ want²⁰ to-reduce²¹ own²² arms,²³ not²⁴ want²⁵ to-disarm,²⁶ they-hinder²⁷ disarmament,²⁸ that²⁹ gives³⁰ foundation³¹ for³² alarm³³ in³⁴ ranks³⁵ of-peace-loving³⁶ nations³⁷.

9.
1	2	3	4	5	6-7	8	9	10	11	12
Declaration	Bevin	in	Southport	about	the-fact-that	he	not	intends	to-assist	disarmament,

13	14	15	16	17	18	19	20	21	22
serves	as-convincing	answer	for	question	about	reasons	of-unsatisfactory	condition	of-things

23	24	25	26	27	28-29
with	carrying-out	of-resolution	of-assembly	about	reduction-of-arms.

10.
1	2-3	4	5	6	7	8	9	10	11	12	13
about	the-same	speaks	recent	preformance	Truman	in	Petropolis,	in	which	president	USA

14	15	16-17	18	19	20	21	22	23-24-25	26
underscored,	that	military-forces	USA	will-be	kept,	wherein	president	not-a-word	mentioned

27	28	29	30	31	32-33	34	35	37-38
about	obligation	to-make	some	reduction	of-armed-forces	taken	on-self	by-United-Nations

39-40-41	42	43-44
in-accordance-with	resolutions	of-general-assembly.

11.
1	2	3	4	5	6	7	8	9-10	11	12
such	position	USA	and	of-Great-Britain	in	question	about	reduction-of-arms	and	absence

13-14	15	16	17	18	19	20	21	22	23	24
of-positive-results	in	resolution	of-problems,	shown	in	resolution	of	14	December	1946

25	26	27	28	29	30	31	32	33	34	35	36	37
year,	engenders,	as	we	said,	just	alarm	and	anxiety	for	success	of-begun	affair,

38	39	40	41-42	43	44	45	46	47
to-which	especially	contribute	armament-race,	including	atomic	weapons,	and	military

48	49	50	51	52	53	54	55	56
preparations	of-certain	powerful	in	military	and	economic	relationship	states.

12.
1	2	3	4	5	6	7	8	9
By-the-same	is-undermined	faith	in	sincerity	of-peace-loving	declarations	and	of-declarations

10	11	12	13	14	15	16	17
about	resoluteness	to-save	future	generations	from	disasters	of-war.

11.24 Human, Unconventional Translation

Pp. 127-128

1 2 3 4 5 6
1. USA and Great Britain Against the Reduction of Arms.

1 2 3 4 5 6 7 8 9
2. Among the most serious shortcomings in the activity of the organization of the United Nations

10 11-12-13 14 15 16 17 18 19
it is necessary in the first place to note the unsatisfactory course of work in the carrying out

20 21 22 23 24 25 26 28 29 30
of the resolution of the Assembly of the 14th of December 1946 on a general reduction of arms.

1 2 3 4 5 6-7 8 9 10
3. Unanimously accepted in the last year by the General Assembly the resolution for the general

11 12 13 14 15 16 17 18 19
reduction of arms answers the vital interests of the millions of people's masses, continuing,

20 21 22 23 24 25 26 27 28 29
in spite of the end of the second world war, to carry on themselves the burden of military

30 31 32 33 34 35 36 37 38
expenses and excessive loads, connected with the incessant growth of arms.

1 2 3 4 5 6 7 8 9 10
4. The accepted by the Assembly resolution on the general reduction of arms is together with

11 12 13 14 15 16 17 18 19
this an expression of the aspirations and claims of peace-loving peoples for the establishment

20 21 22 23 24 25 26 27 28
of lasting peace and international security, an expression of the claims dictated by the experi-

29 30 31 32 33
enced by their sufferings and borne losses.

```
     1       2      3        4       5          6           7        8        9         10
5.  Just    on   strength  of this  the indicated  resolution  was   received  by the peoples  of the whole

     11      12     13       14        15       16    17      18     19       20         21
    world   with   deep   satisfaction  and    hopes  for    a prompt  and   complete   realization.

     1        2      3        4      5
6.  However,  these  hopes   were   not   justified.

     1         2          3          4         5           6            7         8     9        10
7.  In    the attempt  to outline  within  the limits  of the council  of security  and   in   the commission

     11       12          13         14        15       16      17             18
    for   conventional  armaments  practical  measures  for   the realization  of the resolution

          19-20           21        22         23        24        25        26          27
    of the General Assembly  on   the general  regulation  and   reduction  of arms,   the representatives

       28       29        30           31          32       33           34          35      36
    of the USA   and   Great Britain  brought forward  such  conditions  of the reduction  of arms,  which

     37-38-39        40       41        42              43              44             45
    could not fail  to lead   to   the frustration  of the carrying out  of the mentioned  resolution

          46
    of the Assembly.

     1        2         3            4        5         6           7         8         9        10
8.  The whole  activity  of the American  and  English  delegations  in   the commission  for  conventional

     11      12       13      14      15      16    17      18          19      20       21        22    23
    arms   attests   to    that,   that  the USA  and  Great Britain  not   want  to reduce  their  arms,

     24    25      26          27        28           29      30       31     32     33     34      35
    not   want   to disarm,  hinder  disarmament,  which  gives  a basis  for  alarm  in   the ranks

      36          37
    of peace-loving  nations.
```

9. The declaration of Bevin in Southport about that that he not intends to further
the disarmament gives a convincing reply to the question about the reasons of the unsatisfactory
state of affairs with the carrying out of the decision of the Assembly on the reduction of arms.

10. About this also speaks a recent speech of Truman in Petropolis, in which the president
of the USA stressed that the military forces of the USA will be maintained, whereby the president not with a word not mentioned about the obligation to make any reduction of military
forces, taken upon themselves by the United Nations in accordance with the resolution
of the General-Assembly.

11.
1 Such   2 an attitude   3 of the USA   4 and   5 Great Britain   6 in   7 the question   8 of   9 the reduction   10 of arms   11 and   12 the lack   13 of positive   14 results   15 in   16 the solution   17 of the problems,   18 stated   19 in   20 the resolution   21 of   22 the 14th   23 of December   24-25 1946,   26 engenders,   27 as   28 we   29 said,   30 justified   31 alarm   32 and   33 anxiety   34 for   35 the success   36 of commenced   37 work,   38 which   29 is particularly   40 furthered   42 by the armament   41 race,   43 including   44 atomic   45 weapons,   46 and   47 military   48 preparations   49 of some   50 powerful   51 in   52 the military   53 and   54 economic   55 aspects   56 states.

12.
1 By that same fact   2 is undermined   3 the belief   4 in   5 sincerity   6 of peace-loving   7 declarations   8 and   9 statements   10 about   11 the resoluteness   12 to save   13 future   14 generations   15 from   16 the disasters   17 of war.

12. Conclusion

Compared with other modern achievements, the development of such a highly complicated matter as machine translation seems to be proceeding at a surprising speed. Although it is today mainly a linguistic problem, let us not forget that this is so only because of the incredibly rapid pace at which our technology has progressed for some time. Without the previous development of electronic computing devices nobody would have given much thought to the possibility of mechanizing the translation process. It is, I believe, only right to acknowledge here that it is the natural sciences and the engineer who in the last analysis are making mechanical translation possible.

But how will this threatening expansion of the empire of THE MACHINE affect our lives? Will it make superfluous the study of foreign languages and thus take away the bread of language teachers and translators? Will it lower the literary level of translations, or, worse still, will it have a corrupting influence on our natural languages and the artistic form of works written in them? What horrible consequences may all this have for human culture? Will these translation machines be the beginning of worse to come? Will they be the forerunners of teaching machines and learning machines taking the place of both teachers and students with the result that factories will ultimately replace universities? I know from many conversations, and these not with people outside the teaching profession, but with teachers on the university level, that such nightmarish questions are influencing the attitude of many with regard to the coming of translation machines.

I believe that just the opposite will be the case. This new venture requires the elaboration of so many linguistic details, the number of languages, which are or will become important because of their literary products, is so large that many more language experts will be required for this truly gigantic task. Thus the development of mechanical translation will rather encourage the teaching and learning of foreign languages. The human translator, on the other hand, will not only not suffer, he will actually benefit. He will use translation machines for the high-speed rough translation in bulk. Thus he will be able to devote all his working time to the polishing of the crude translation products supplied to him by the machine in an unbelievably short time. But he will need to do this only if publication is desired, and only as far as literary merits are involved. Consequently, he will be able to increase enormously the number of works he wants to translate during his life span. Nor do I believe that universities will disappear. On the contrary, they will become much more productive and efficient because of the quicker and wider accessibility of an incomparably larger number of important works of foreign origin.

But, however, we may feel about the progressive substitution of mechanical operations for the work of human beings, there can be no question about the growing need for machine translation. The ever-increasing volume of important publications in a multiplicity of languages, the insufficient number of competent translators and the time consumed in translation all justify the search for a mechanical solution to the problem of high-speed mass translation.

Bibliography

[1] DOSTERT, L. E.: The Georgetown — IBM Experiment. In: Machine Translation of Languages, ed. by W. N. LOCKE and A. D. BOOTH. John Wiley, New York 1955, pp. 124—135.

[2] SHERIDAN, P.: Research in Language Translation on the IBM Type 701. IBM Appl. Sci. Div. Techn. Newsletter No. 9 (Jan. 1955), pp. 5—24.

[3] ZHIRKOV, L. I.: Limits of Applicability to Machine Translation (in Russ.). Voprosy Yazykoznaniya 5 (1956) No. 5, pp. 121—124.

[4] Perevodnaya Mashina P. P. TROYANSKOGO (P. P. TROYANSKIY's Translating Machine). Sbornik Materialov o Perevodnoy Mashine dlya Perevoda s Odnogo Yazyka na Drugie, Predlozhennoy P. P. TROYANSKIM v 1933 g. Isdatel'stvo Akad. Nauk SSSR, Moscow 1959.

[5] BOOTH, A. D., LOCKE, W. N.: Historical Introduction. In: Machine Translation of Languages, ed. by W. N. LOCKE and A. D. BOOTH. John Wiley, New York 1955, pp. 1—14.

[6] BOOTH, A. D., BRANDWOOD, L., CLEAVE, J. P.: Mechanical Resolution of Linguistic Problems. Butterworths, London 1958.

[7] OSWALD, V. A. jr., LAWSON, R. H.: An Idioglossary for Mechanical Translation. Modern Language Forum 38 (1953) No. 3/4, pp. 1—11.

[8] OSWALD, V. A. jr.: The Rationale of the Idioglossary Technique. Research in Machine Translation, Rep. 8th Annual Round Table Meeting on Linguistics and Language Study. Georgetown University Press, Washington, D.C. 1957.

[9] RICHENS, R. H., BOOTH, A. D.: Some Methods of Mechanized Translation. In: Machine Translation of Languages, ed. by W. N. LOCKE and A. D. BOOTH. John Wiley, New York 1955, pp. 24—46.

[10] WEAVER, W.: Translation. In: Machine Translation of Languages, ed. by W. N. LOCKE and A. D. BOOTH. John Wiley, New York 1955, pp. 15—23.

[11] REIFLER, E.: Report on the First Conference on Mechanical Translation. Mech. Translat. (MT) 1 (1954) No. 2, pp. 23—32.

[12] REYNOLDS, A. C. jr.: The Conference on Mechanical Translation. Mech. Translat. (MT) 1 (1954) No. 3, pp. 47—55.

[13] REIFLER, E.: Materials for the MT Pilot Model at the University of Washington. Mimeographed Report, University of Washington, Seattle, Wash. 1954.

[14] STOUT, T. M.: Computing Machines for Language Translation. Mech. Translat. (MT) 1 (1954) No. 3, pp. 41—46.

[15] DOUTHWAITE, G.: The University of Washington Automatic Language Translator. Washington Engineer 8 (Febr. 1956) No. 4, pp. 12, 13, 24.

[16] LOCKE, W. N., BOOTH, A. D. (Editors): Machine Translation of Languages. John Wiley, New York 1955.

[17] ROZENTSVEIG, V. YU.: The Work in the Soviet Union on Machine Translation from Foreign Languages into Russian and from Russian into Foreign Languages. Rep. 4th Internat. Congress of Slavicists, Moscow 1958.
Translated by L. R. MICKLESEN, cf. Mech. Translat. (MT) 5 (Dec. 1958) No. 3, pp. 95—100.

[18] KULAGINA, O. S., MARTYNOVA, A. I., NIKOLAYEVA, T. M.: Mechanical Translation at the Academy of Sciences of the USSR. V. A. Steklov Institute of Mathematics of the Academy of Sciences of the USSR, Moscow 1958, p. 3.

[19] KING, G. W.: The Photoscopic Memory System. Final Report on Computer SET AN/GSQ—16 (XW—1), Vol. 1. IBM Research Center, Yorktown Heights, N. Y., June 20, 1959.

[20] Proc. 8th Internat. Congress of Linguists. Oslo University Press, Oslo 1958, pp. 502—539.

[21] Abstracts of the Conference on Machine Translation, Moscow, May 15—21, 1958, 71 papers.

[22] American Contributions to the Fourth International Congress of Slavicists, Moscow, Sept. 1958. Mouton & Co., 'S-Gravenhage 1958.

[23] Proc. Internat. Conference on Machine Translation of Languages and Applied Language Analysis. National Physical Laboratory, Teddington, Middlesex, England, Sept. 5—8, 1961. To be published by Her Majesty's Stationery Office, London 1962.

[24] ANDREYEV, N. D.: Basic Directions of Work at the Experimental Laboratory of Machine Translation. Cf. [35] Pt. 2, pp.687—691.

[25] BLOOMFIELD, L.: Language. Henry Holt & Co., New York 1933, 1954.

[26] VENDRYES, J.: La comparaison en linguistique. Bull Soc. Linguist. Paris **42** (1942—1945) Fasc. 1 (No. 124), pp. 1—18.

[27] REIFLER, E.: Linguistic Analysis, Meaning and Comparative Semantics. Lingua, Review of General Linguistics, III. Haarlem, Netherlands, August 1953, pp. 371—390.

[28] REIFLER, E.: A Few Striking Examples Demonstrating the Contribution Comparative Semasiology Can Make Towards Historical Linguistics. Proc. 8th Internat. Congress of Linguists. Oslo University Press, Oslo 1958, pp. 622—625.

[29] REIFLER, E.: La fission de l'atome en sinologie à l'aide de la sémantique comparative. Bull. Université L'Aurore, Shanghai (last number), 1949, pp. 239—254.

[30] REIFLER, E.: The Machine Translation Project at the University of Washington — Outline of the Project. Linguistic and Engineering Studies in the Automatic Translation of Scientific Russian into English (Technical Report). The University of Washington Press, Seattle, Wash. 1958.

[31] REIFLER, E.: Mechanical Determination of the Constituents of German Substantive Compounds. Mech. Translat. (MT) **2** (1955) No. 1, pp. 3—14.

[32] REIFLER, E.: The Mechanical Determination of Meaning. In: Machine Translation of Languages, ed. by W. N. LOCKE and A. D. BOOTH. John Wiley, New York 1955, pp. 136—164.

[33] Proceedings of the International Conference on Scientific Information. National Academy of Sciences, National Research Council, Washington, D. C., 1958.

[34] Proceedings of the International Conference on Information Processing. Chapter III: Automatic Translation of Languages. UNESCO, Paris, 15—20 June, 1959. R. Oldenbourg, München 1960, pp. 157—220.

[35] KENT, A. (Editor): Information Retrieval and Machine Translation. Proceedings based on the Internat. Conf. for Standards on a Common Language for Machine Searching and Translation, Cleveland, Ohio, Sept. 6—12, 1959. Interscience Publishers, Inc., New York. Part 1 (1960), Part 2 (1961).

[36] Proceedings of the National Symposium on Machine Translation. Los Angeles, Calif., February 1960.

Collection of Publications on MT Linguistics [46])

Belgium

[37] POULET, J.: La traduction mécanique. Le Linguistic (Bruxelles) **3** (1957) No. 5.

---

[46]) The following citations of publications on MT linguistics represent the most significant literature on machine language translation from all over the world which has appeared until about the middle of 1960. (*Editor's remark:* Some important more recently dated titles have exceptionally been added after completion of the manuscript.) The titles are presented in geographical order (alphabetically) for the reader's convenience. For the major countries (except USSR) a subdivision into institutions and organizations has been made. The order is as follows: Belgium [37]; France (including UNESCO) [38—44]; Germany [45]; Israel [46—55]; Italy [56—58]; Japan [59—60]; United Kingdom [61—97]; USA [98—230]; USSR [231—320]. For an even more complete collection of MT literature reference is made to the bibliography included in [171a] pp. 37—55.

France (including UNESCO)

[38] DELAVENAY, E.: Electronic Translators with Built-in Dictionaries. The UNESCO Courier, July/Aug. 1959, p. 21.

[39] DELAVENAY, E.: La machine à traduire. Presses Universitaires de France, Paris 1959. (English Version: Introduction to Machine Translation. Thames & Hudson, London 1960.)

[40] DELAVENAY, E., DELAVENAY, K.: Bibliography of Mechanical Translation. Janua Linguarum No. 11. Mouton & Co., 'S-Gravenhage 1960.
(This booklet contains references to numerous research papers not included in our bibliography presented here.)

[41] DELAVENAY, E.: La traduction automatique. Bull. Bimestriel de l'Association pour l'Etude et le Developpement de la Traduction Automatique et de la Linguistique Appliquée (ATALA) Paris 1 (April 1960) No. 1, pp. 1—33.

[42] GOURDON, R. L.: Procédés et moyens de traduction intégrale automatique, quasi instantanée, de tous documents établis dans une langue quelconque, reproduits en un ou plusieurs documents de même disposition mais de langues différentes. French Patent No. 1 010 789. Filed: Oct. 26, 1948. Issued: March 26, 1952. Corresponding German Patent No. 911 187).
(French patent covering a mechanical and optical device which is claimed to be capable of providing a word for word translation. The device uses a keyboard input and photographic film for storage and output.)

[43] HOLMSTROM, J. E.: UNESCO Report on Technical Translating and Related Problems. First draft mimeograph, August 15, 1953. UNESCO, Paris. 196 pages.

[44] Scientific and Technical Translating and other Aspects of the Language Problem. Collection: Documentation and Scientific Terminology. UNESCO, Paris 1957.

Germany

[45] NACKE, O.: Concerning Two Principles for Construction of a Common Machine Language for Medicine. Cf. [35] Pt. 1, pp. 503—513.

Israel

[46] BAR-HILLEL, Y.: The Present State of Research on Mechanical Translation. American Documentation 2 (Oct. 1951) No. 4, pp. 229—237.

[47] BAR-HILLEL, Y.: A Quasi-Arithmetical Notation for Syntactic Description. Language 29 (1953) No. 1, pp. 47—58.

[48] BAR-HILLEL, Y.: Some Linguistic Problems Connected with Machine Translation. Philsoph. Science 20 (1953), pp. 217—225.

[49] BAR-HILLEL, Y.: Machine Translation. Computers and Automation 2 (1953) No. 5, pp. 1—6.

[50] BAR-HILLEL, Y.: Can Translation be Mechanized? American Scientist 1 (April 1954) No. 2, Abstract 41; Methodos 7 (1955) Nos. 25—26, pp. 45—62.

[51] BAR-HILLEL, Y.: Logical Syntax and Semantics. Language 30 (July 1954), p. 230.

[52] BAR-HILLEL, Y.: Idioms. Cf. [16], pp. 183—193.

[53] BAR-HILLEL, Y.: Some Linguistic Obstacles to Machine Translation. Proc. 2nd Internat. Congress on Cybernetics, Namur, Belgium, Sept. 3—10, 1958. Assoc. Internat. de Cybernétique, Namur 1960, pp. 197—207.

[54] BAR-HILLEL, Y.: Decision Procedure for Structure in Natural Languages. Paper presented before the Colloque de Logique, Louvain, Belgium, September 5—9, 1958; published in revised form in: Logique et Analyse 2 N.S. (Jan. 1959) No. 5, pp. 19—29.

[55] BAR-HILLEL, Y.: The Present Status of Automatic Translation of Languages. In: Advances in Computers Vol. 1 (ed. by F. L. ALT). Academic Press, New York 1960, pp. 91—163.

Italy

[56] ALBANI, E., CECCATO, S., MARETTI, E.: Classifications, Rules, and Code of an Operational Grammar for Mechanical Translation. Cf. [35] Pt. 2, pp. 693—753.

[57] CECCATO, S.: La grammatica insegnata alle macchine. Civiltà delle Macchine 4 (1956) No. 1/2, pp. 1—22.

[57a] CECCATO, S., MARETTI, E.: Suggestions for Mechanical Translation. In: Information Theory, Third London Symposium (Ed. C. CHERRY). Butterworths Scientific Publ., London 1956, pp. 171—180.

[58] MARETTI, E.: Adamo II. Civiltà delle Macchine 4 (1956) No. 3, pp. 25—32.

Japan

[59] TAKAHASHI, S., WADA, H., TADENUMA, R., WATANABE, S.: English-Japanese Machine Translation. Cf. [34], pp. 194—199.

[60] TAMACHI, T.: Automatic Language Translator (in Jap.). J. Inst. Electr. Commun. Engrs. Japan 41 (July 1958) No. 7, pp. 736—745.

United Kingdom — Cambridge Language Research Unit

[61] CROSSLAND, R. A.: Graphic Linguistics and its Terminology. Mechanical Translation 3 (July 1956) No. 1, pp. 8—11.

[62] HALLIDAY, M. A. K.: The Linguistic Basis of a Mechanical Thesaurus. Mechanical Translation 3 (Dec. 1956) No. 3, pp. 81—88.

[63] JOYCE, T., NEEDHAM, R. M.: The Thesaurus Approach to Information Retrieval. American Documentation 9 (July 1958) No. 3, pp. 192—197.

[64] NEEDHAM, R. M., PARKER-RHODES, A. F.: This Question of Lattice Theory. Essays on and in Machine Translation, Cambridge Language Research Unit, Cambridge, England, June 1959, 13 pages, dittoed.

[65] PARKER-RHODES, A. F.: An Electronic Computer Programme for Translating Chinese into English. Mechanical Translation 3 (July 1956) No. 1, pp. 14—19.

[66] PARKER-RHODES, A. F.: Some Recent Work on Thesauric and Interlingual Methods in Machine Translation. Cf. [35] Pt. 2, pp. 923—934.

[67] RICHENS, R. H.: Preprogramming for Mechanical Translation. Mechanical Translation 3 (July 1956) No. 1, pp. 20—25.

[68] RICHENS, R. H.: Interlingual Machine Translation. The Computer Journal (London) 1 (Oct. 1958) No. 3, pp. 144—147.

[69] RICHENS, R. H.: Tigris and Euphrates — A Comparison between Human and Machine Translation. Proc. Symposium Mechanisation of Thought Processes, Teddington/Middlesex, Nov. 24—27, 1958. Her Majesty's Stationery Office, London 1959, pp. 279—307.

[70] STANIFORTH, J. M.: General Schema of a Thesauric Translation Programme, Using Punched-Card Techniques. Essays on and in Machine Translation, Cambridge Language Research Unit, Cambridge, England, June 1959, 5 pages, dittoed.

[71] WORDLEY, C.: Establishing the Contextual Meaning of Words. Essays on and in Machine Translation, Cambridge Language Research Unit, Cambridge, England, June 1959, 6 pages, dittoed.

United Kingdom — University of London, University College

[72] Aspects of Translation. Studies in Communication, 2. The Communication Research Centre, University College, London. Secker and Warburg, London 1958.

United Kingdom — Birkbeck College

[73] BOOTH, A. D.: Syntactic Processing for Machine Translation and Its Implications for Cost and Speed. Cf. [35] Pt. 2, pp. 759—763.

[74] BOOTH, A. D.: The Current Status of Direct Input in Great Britain. Cf. [35] Pt. 2, pp. 887—893.

[75] BOOTH, A. D.: Mechanical Translation. Computers and Automation 2 (1953) No. 4, pp. 6—8.

[76] BOOTH, A. D., BOOTH, K. H. V.: Automatic Digital Calculators. Butterworths, London 1953. (Chapter 17 concerned with Machine Translation.)

[77] BOOTH, A. D.: Calculating Machines and Mechanical Translation. Discovery 15 (April 1954), pp. 280—285.

[78] BOOTH, A. D., LOCKE, W. N.: Historical Introduction. Cf. [16], pp. 1—14.

[79] Booth, A. D., Richens, R. H.: Some Methods of Mechanized Translation. Cf. [16], pp. 24—46.
[80] Booth, A. D.: Storage Devices. Cf. [16], pp. 119—123.
[81] Booth, A. D.: Use of a Computing Machine as a Mechanical Dictionary. Nature (London) **176** (Sept. 17, 1955) No. 4481, p. 565.
[82] Booth, A. D.: Present Objectives of Machine Translation in the United Kingdom. Babel **2** (Oct. 1956) No. 3.
[83] Booth, A. D.: Influence of Context on Translation. In: Information Theory, Third London Symposium (Ed. C. Cherry). Butterworths Scientific Publ., London 1956, pp. 181—183.
[84] Booth, A. D.: Mechanical Translation. ASLIB Proceedings **9** (June 1957) No. 6, pp. 177—181.
[85] Booth, A. D.: General Applications of the Digital Computer. J. Inst. Electr. Engng. (London) **3** (1957) No. 36, pp. 629—636.
[86] Booth, A. D., Brandwood, L., Cleave, J. P.: Mechanical Resolution of Linguistic Problems. Academic Press, New York; Butterworths Scientific Publ., London 1958. In particular: The Analysis of Content and Structure; Stylistic Analysis (Ch. 3 and 4), French (Ch. 8), German (Ch. 9), Multilingual Translation (Ch. 11).
[87] Booth, A. D.: Translating Machines. Internat. Soc. Sci. Bull UNESCO, 10 (1), 1958.
[87a] Booth, A. D., Colin, A. J. T.: On the Efficiency of a New Method of Dictionary Construction. Information and Control 3 (Dec. 1960) No. 4, pp. 327—334.
[88] Booth, K. H. V.: Programming for an Automatic Digital Calculator. Butterworths Scientific Publ., London 1958.
[89] Brandwood, L.: Mechanical Translation of French. Mechanical Translation **3** (Nov. 1956) No. 2, pp. 52—61.
[90] Brandwood, L.: Analysing *Plato's* Style with an Electronic Computer. Institute of Classical Studies, Bull. No. 3, University of London, 1956, pp. 45—54.
[91] Cleave, J. P.: A Model for Mechanical Translation. Mechanical Translation **4** (Nov. 1957) Nos. 1/2, pp. 2—4.
[92] Cleave, J.: A Type of Program for Machine Translation. Mechanical Translation **4** (Dec. 1957) No. 3, pp. 54—58.
[93] Cleave, J. P., Zacharov, B.: Language Translation by Electronics. Wireless World **61** (1958) No. 9, pp. 433—435.
[94] Cleave, J. P.: Braille Transcription and Mechanical Translation. Mechanical Translation 2 (Dec. 1955) No. 3, pp. 50—53.
[94a] Colin, A. J. T.: The Automatic Construction of a Glossary. Information and Control 3 (Sept. 1960) No. 3, pp. 211—230.
[95] Firth, J. R.: Linguistic Analysis and Translation. For Roman Jacobson, Mouton & Co., 'S-Gravenhage 1956, pp. 133—139.
[95a] Levison, M.: The Application of the Ferranti Mercury Computer to Linguistic Problems. Information and Control 3 (Sept. 1960) No. 3, pp. 231—247.
[96] Mackay, A. L.: The Organization and Availability of Technical Translations. ASLIB Proceedings **10** (May 1958) No. 5, pp. 105—114.
[97] Zacharov, B.: A Refinement in Coding the Russian Cyrillic Alphabet. Mechanical Translation **4** (Dec. 1957) No. 3, pp. 76—78.

USA — Georgetown University

[98] Series of Seminar Work Papers on Machine Translation (MT). Georgetown University, Washington, D. C.
[99] Series of Russian-English Research Reports. Occasional Papers on Machine Translation. Georgetown University, Washington, D. C.
[100] Brown, A. F. R.: Language Translation. Journal ACM **5** (1958) No. 1, pp. 1—8.
[101] Dostert, L. (Editor): Report of the Eighth Annual Round Table Meeting on Linguistics and Language Studies. Research in Machine Translation. Georgetown University Press, Washington, D. C. 1957.

[102] DOSTERT, L.: The Georgetown — IBM Experiment. Cf. [16], pp. 124—135.
[103] GARVIN, P.: Some Linguistic Problems in Machine Translation. For Roman Jacobson, Mouton & Co., S'Gravenhage 1956, pp. 180—186.
[104] PACAK, M.: Morphology in Terms of Mechanical Translation. Cf. [35] Pt. 2, pp. 881—885.
[105] Georgetown University Machine Translation Research. Monthly Summary Reports (started in October 1959 with Vol. 1, No. 1). Institute of Languages and Linguistics, Machine Translation Research Center, Georgetown University, Washington, D. C.
[106] General Analysis Technique (Russian-English) Research Reports, Parts I, II, IV, VI, VIII, XI, XIV, XVI, XX. Institute of Languages and Linguistics, Machine Translation Research Center, Georgetown University, Washington, D. C. 1959.

USA — Harvard University

[107] BROWER, R. A. (Editor): On Translation. Harvard Studies in Comparative Literature. Harvard University Press, Cambridge, Mass. 1959.
[108] FOUST, W.: Linguistic Data Needed in Machine Translation. Honors Thesis in Linguistics and Applied Mathematics. Harvard University, Cambridge, Mass. 1957.
[109] GUILIANO, V. E.: Compilation of an Automatic Dictionary. Design and Operation of Digital Calculating Machinery, Progress Report No. AF—49, Harvard University, 1957.
[110] GIULIANO, V. E.: The Trial Translator: An Automatic Programming System for the Experimental Machine Translation of Russian into English. Proc. Eastern Joint Computer Conf., Philadelphia, Dec. 3—5, 1958, pp. 138—144.
[111] GIULIANO, V. E.: An Experimental Study of Automatic Language Translation. Doctoral Thesis, Harvard University, Cambridge, Mass. 1959.
[112] GIULIANO, V. E., OETTINGER, A. G.: Research on Automatic Translation at the Harvard Computation Laboratory. Cf. [34], pp. 163—183.
[113] GOULD, R.: Multiple Correspondence in Automatic Translation. Mechanical Translation 4 (Nov. 1957) Nos. 1/2, pp. 14—27.
[114] MILLER, G. A., BEEBE-CENTER, J. G.: Some Psychological Methods for Evaluating the Quality of Translations. Mechanical Translation 3 (Dec. 1956) No. 3, pp. 73—80.
[114a] NEWMAN, E. B., WAUGH, N. C.: The Redundancy of Texts in Three Languages. Information and Control 3 (June 1960) No. 2, pp. 141—153.
[115] OETTINGER, A.: A Study for the Design of an Automatic Dictionary. Doctoral Thesis, Harvard University, Cambridge, Mass., April 1954.
[116] OETTINGER, A.: Distribution of Word Length in Technical Russian. Mechanical Translation 1 (Dec. 1954) No. 3, pp. 38—40.
[117] OETTINGER, A.: The Design of an Automatic Russian Technical Dictionary. Cf. [16], pp. 47—65.
[118] OETTINGER, A.: An Input Device for the Harvard Automatic Dictionary. Mechanical Translation 5 (July 1958) No. 1, pp. 2—7.
[119] OETTINGER, A.: A Survey of Soviet Work on Automatic Translation. Mechanical Translation 5 (Dec. 1958) No. 3, pp. 101—110.
[120] OETTINGER, A.: Automatic Language Translation. Harvard University Press, Cambridge, Mass. 1960. 380 pages.
[121] SALTON, G.: The Use of Punctuation Patterns in Machine Translation. Mechanical Translation 5 (July 1958) No. 1, pp. 16—24.
[122] Mathematical Linguistics and Automatic Translation. Series of Progress Reports (NSF). The Computation Laboratory, Harvard University, Cambridge, Mass.

USA — Illinois Institute of Technology

[123] WUNDHEILER, L., WUNDHEILER, A.: Some Logical Concepts for Syntax. Cf. [16], pp. 194—207.

USA — Massachusetts Institute of Technology

[124] CHOMSKY, N.: Semantic Considerations in Grammar. Monograph No. 8, Institute of Languages and Linguistics, Georgetown University, Washington, D. C., Nov. 1955.

[125] CHOMSKY, N.: Three Models for the Description of Language. IRE Trans. Information Theory **IT-2** (1957) No. 3, pp. 113—124.

[126] CHOMSKY, N.: Syntactic Structures. Mouton & Co., 'S-Gravenhage 1957, 116 pages.

[127] LEES, R. B.: Review of *Chomsky's* "Syntactic Structures". Language **33** (Juli/Sept. 1957) No. 3, Pt. 1, pp. 375—408.

[128] LEES, R. B.: Structural Grammars. Mechanical Translation **4** (Nov. 1957) Nos. 1/2, pp. 5—10.

[129] LOCKE, W. N.: Speech Input. Cf. [16], pp. 104—118.

[130] LOCKE, W. N.: Translation by Machine. Scientific American **194** (Jan. 1956) No. 1, pp. 29—33.

[131] LOCKE, W. N., YNGVE, V. H.: Research in Translation by Machine at the Massachusetts Institute of Technology. Cf. [20], pp. 510—514.

[132] M.I.T. International Conference on Machine Translation, October 1956. Mechanical Translation **3** (Nov. 1956) No. 2, pp. 32—61.

[133] ULVERSTAD, B.: Syntactical Variants. Mechanical Translation **4** (Nov. 1957) Nos. 1/2, pp. 28—34.

[134] YNGVE, V. H.: Machines for the Translation of Languages. Journal of Communication **5** (Summer, 1955) No. 2, pp. 35—40.

[135] YNGVE, V. H.: Syntax and the Problem of Multiple Meaning. Cf. [16], pp. 208—226.

[136] YNGVE, V. H.: Sentence for Sentence Translation. Mechanical Translation **2** (Nov. 1955) No. 2, pp. 29—37.

[137] YNGVE, V. H.: The Translation of Languages by Machine. In: Information Theory, Third London Symposium (Ed. C. CHERRY). Butterworths Scientific Publ., London 1956, pp. 195—205.

[138] YNGVE, V. H.: Mechanical Translation Research at Massachusetts Institute of Technology. Mechanical Translation **3** (Nov. 1956) No. 2, pp. 44—45.

[139] YNGVE, V. H.: The Technical Feasibility of Translating Languages by Machine. Communications and Electronics, No. 28 (Jan. 1957), pp. 792—797.

[140] YNGVE, V. H.: Gap Analysis and Syntax. IRE Trans. Information Theory **IT-2** (1957) No. 3, pp. 106—112.

[141] YNGVE, V. H.: A Framework for Syntactic Translation. Mechanical Translation **4** (Dec. 1957) No. 3, pp. 59—65.

[142] YNGVE, V. H.: A Programming Language for Mechanical Translation. Mechanical Translation **5** (July 1958) No. 1, pp. 25—41.

[143] YNGVE, V. H.: The COMIT System for Mechanical Translation. Cf. [34], pp. 183—187.

[143a] YNGVE, V. H.: In Defense of English. Cf. [35] Pt. 2, pp. 935—940.

USA — University of California at Berkeley

[144] LAMB, S. M., JACOFSEN, W. H. jr.: A High-Speed Large-Capacity Dictionary System. Internal Memorandum, University of California, Berkeley 4, Cal., November 1959, 99 pages.

USA — University of California at Los Angeles

[145] BULL, W. E., AFRICA, CH., TEICHROEW, D.: Some Problems of the "Word". Cf. [16], pp. 86—103.

[146] HARPER, K. E.: The Mechanical Translation of Russian: Preliminary Report. Modern Language Forum **38** (1953) Nos. 3/4, pp. 12—29.

[147] HARPER, K. E.: Translating Russian by Machine. Journal of Communication **5** (Summer, 1955) No. 2, pp. 41—46.

[148] HARPER, K. E.: A Preliminary Study of Russian. Cf. [16], pp. 66—85.
[149] HARPER, K. E.: Contextual Analysis. Mechanical Translation **4** (Dec. 1957) No. 3, pp. 70—75.
[150] HARPER, K. E.: Semantic Ambiguity. Mechanical Translation **4** (Dec. 1957) No. 3, pp. 68—69.
[151] KAPLAN, A.: An Experimental Study of Ambiguity and Context. Mechanical Translation **2** (Nov. 1955) No. 2, pp. 39—46.
[152] OSWALD, V. A. jr., FLETCHER, S. L. jr.: Proposals for the Mechanical Resolution of German Syntax Patterns. Modern Language Forum **36** (1951) Nos. 3/4, pp. 1—24.
[153] OSWALD, V. A. jr.: Mikrosemantics. Mimeographed Report, University of California, Los Angeles, June 1952, pp. 1—10.
[154] PIMSLEUR, P.: Semantic Frequency Counts. Mechanical Translation **4** (Nov. 1957) Nos. 1/2, pp. 11—13.

USA — University of Michigan

[155] KOUTSOUDAS, A.: Mechanical Translation of Languages. Engineering Research Institute Report 2144—895 M, Willow Run Laboratories, University of Michigan, Dec. 20, 1955.
[156] KOUTSOUDAS, A.: The Feasibility of Formulating Rules for the Mechanical Translation of the Russian Language: An Initial Investigation. Engineering Research Institute Report 2144—911 M, Willow Run Laboratories, University of Michigan, Feb. 20, 1956.
[157] KOUTSOUDAS, A.: Mechanical Translation of Russian: The First Test of Rules. Engineering Research Institute Report 2144—920 M, Willow Run Laboratories, University of Michigan, March 19, 1956.
[158] KOUTSOUDAS, A.: Test of Rules on a Randomly Selected Text. Engineering Research Institute Report 2144—939 M, Willow Run Laboratories, University of Michigan, May 11, 1956.
[159] KOUTSOUDAS, A., MACHOL, R.: Machine Translation Work at the University of Michigan. Mechanical Translation **3** (Nov. 1956) No. 2, pp. 34—41.
[160] KOUTSOUDAS, A., KORFHAGE, R.: Mechanical Translation and the Problem of Multiple Meaning. Mechanical Translation **3** (Nov. 1956) No. 2, pp. 46—51, 61.
[161] KOUTSOUDAS, A., MACHOL, R.: Frequency of Occurrence of Words: A Study of Zipf's Law with Application to Mechanical Translation. Engineering Research Institute Report 2144—147 T, Willow Run Laboratories, University of Michigan, June 1957.
[162] KOUTSOUDAS, A.: Mechanical Translation and *Zipf*'s Law. Language **33** (1957) No. 4, pp. 545—552.
[163] KOUTSOUDAS, A.: Defining Linear Context to Resolve Lexical Ambiguity. Informative paper, Willow Run Laboratories, University of Michigan, 1958.
[164] KOUTSOUDAS, A., HUMECKY, A.: Ambiguity of Syntactic Function Resolved by Linear Context. Word **13** (Dec. 1957) No. 3, pp. 403—414.
[165] KOUTSOUDAS, A.: The Plural Number of Nouns. Language and Speech, October—November 1958.
[166] KOUTSOUDAS, A., HALPIN, A.: Report of Project Michigan — Research in Machine Translation II Vol. 1, Russian Physics Vocabulary, with Frequency Count: Left-to-right Alphabetization; Vol. 2, Russian Physics Vocabulary, with Frequency Count: Right-to-left Alphabetization. Engineering Research Institute Report 2144—312 T, Willow Run Laboratories, University of Michigan, September 1958.
[167] KOUTSOUDAS, A.: Research in Machine Translation I; General Program. Engineering Research Institute Report, Willow Run Laboratories, University of Michigan, March 1959.
[167a] KOUTSOUDAS, A.: Machine Translation at the University of Michigan. Cf. [35] Pt. 2, pp. 765—770.
[168] LEHISTE, I.: Order ob Subject and Predicate in Scientific Russian. Mechanical Translation **4** (Dec. 1957) No. 3, pp. 66—67.

USA — University of Pennsylvania

[169] GLEITMAN, L. R.: The Isolation of Elements for a Grammatical Description of Language. Cf. [35] Pt. 2, pp. 823—830.

[169a] HARRIS, Z. S.: Transfer Grammar. Internat. J. Amer. Linguistics **20** (Oct. 1954) No. 4, pp. 259—270.

[169b] HIŻ, H.: Steps toward Grammatical Recognition. Cf. [35] Pt. 2, pp. 811—822.

[169c] JOSHI, A. K.: Computation of Syntactic Structure. Cf. [35] Pt. 2, pp. 831—840.

USA — University of Texas

[170] LEHMANN, W. P.: Structure of Noun Phrases in German. Report 8th Annual Round Table Meeting on Linguistics and Language Studies, Georgetown University, Washington, D. C. 1957, pp. 125—133.

USA — University of Washington

[171] Linguistic and Engineering Studies in Automatic Language Translation of Scientific Russian into English, USAF, Phase I. Dept. of Far Eastern and Slavic Languages and Literature and Department of Electrical Engineering, University of Washington. Report No. RADC—TN—58—321. ASTIA Document No. AD—148992. University of Washington Press, Seattle 1958.

[171a] Linguistic and Engineering Studies in Automatic Language Translation of Scientific Russian into English, USAF, Phase II. Dept. of Far Eastern and Slavic Languages and Literature and Department of Electrical Engineering, University of Washington. Report No. RADC-TR-60-11. Contract AF 30(602)—1827. University of Washington Press, Seattle 1960. Contents of this Report:
1) REIFLER, E.: Outline of the Research, pp. 5—8.
2) REIFLER, E.: Machine Language Translation, pp. 13—55.
3) REIFLER, E.: MT Linguistics and MT Lexicography at the University of Washington, pp. 59—65. (Cf. [35] Pt. 2, pp. 841—852.)
4) MICKLESEN, L. R.: Lexicography, pp. 71—87.
5) MICKLESEN, L. R.: MT Operational Analysis, pp. 93—181.
6) 111 Samples of Simulated Machine Translations, pp. 183—348.
7) JOHNSON, D. L.: The Digital Computer in Machine Translation, pp. 351—353.
8) WALL, R. E. jr.: The Digital Data-Processing Problem of Machine Translation of Russian to English, pp. 355—448.
9) STATHACOPOULOS, A. D.: A Possible Application of Electronic Computers to the Block Analysis of Greek Sentences, pp. 449—474.
10) PAHL, PH. M., JOHNSON, D. L.: Pattern Recognition in an Electronic Reader, pp. 477—481.
11) MICKLESEN, L. R., WALL, R. E. jr.: Logical Programming Research in the University of Washington Machine Translation Project, pp. 485—492. (Cf. [35] Pt. 2, pp. 853—866.)

[172] CULBERTSON, D.: Dictionary Card Processing Procedure. Cf. [171], 22 pages.

[173] DODD, ST. C.: Model English. Cf. [16], pp. 165—173.

[174] DOUTHWAITE, G.: The University of Washington Automatic Language Translator. Washington Engineer **8** (Febr. 1956) No. 4, pp. 12, 13, 24.

[175] JOHNSON, D. L.: Introduction (to the Engineering Section). Cf. [171], 3 pages.

[176] JOHNSON, D. L., WALL, R. E.: Logical Processing and Context Analysis in Machine Translation. The Trend in Engineering at the University of Washington **10** (July 1958) No. 3, pp. 14—22, 25.

[177] MICKLESEN, L. R.: A Machine Translation from One Language to Another. The Trend in Engineering at the University of Washington **8** (July 1956) No. 3, pp. 28—29.

[178] MICKLESEN, L. R.: Form Classes; Structural Linguistics and Machine Translation. For Roman Jacobson, Mouton & Co., 'S-Gravenhage 1956, pp. 344—352.

[179] MICKLESEN, L. R.: Russian-English Machine Translation. Cf. [22], pp. 245—265.

[180] Micklesen, L. R.: Procedural Report. Cf. [171], 81 pages.
[181] Niehaus, U. K.: Automatic Pinpointing of Intended Non-Grammatical Meaning. Cf. [171], 8 pages.
[182] Niehaus, U. K.: Use of the IBM 650 Computer for the Study of Syntax in the Solution of the Problem of Multiple Meaning: Details. Cf. [171], 21 pages.
[183] Reifler, E.: Linguistic Analysis and Comparative Semantics. Paper presented at First Conference on General Semantics, University of Chicago, June 1951. ETC: Review of General Semantics 12 (Autumn 1954) No. 1, pp. 33—36. Expanded in [27].
[184] Reifler, E.: Studies in Mechanical Translation, No. 1: Mechanical Translation. Mimeographed, University of Washington, Jan. 10, 1950, 51 pages.
[185] Reifler, E.: Studies in Mechanical Translation, No. 2: Some Problems of the Mechanical Translation of Languages. Mimeographed, University of Washington, April 9, 1951, 18 pages.
[186] Reifler, E.: Studies in Mechanical Translation, No. 3: Machine Translation with a Pre-Editor and Writing for Machine Translation. Mimeographed, University of Washington, June 1952, 16 pages. Microfilmed, Roll No. 799, Mass. Inst. Technol., Cambridge, Mass. 1954.
[187] Reifler, E.: Studies in Mechanical Translation, No. 4: General Machine Translation and Universal Grammar. Mimeographed, University of Washington, June 1952, 6 pages. Microfilmed, Roll No. 799, Mass. Inst. Technol., Cambridge, Mass. 1954.
[188] Reifler, E.: Studies in Mechanical Translation, No. 5: Report on the First Conference on Mechanical Translation. Mechanical Translation 1 (Aug. 1954) No. 2, pp. 23—32.
[189] Reifler, E.: Studies in Mechanical Translation, No. 6: Report on Research Results for the Summer Quarter, 1952. Mimeographed, University of Washington, Aug. 30, 1952, 7 pages.
[190] Reifler, E.: Studies in Mechanical Translation, No. 7: The Mechanical Determination of the Constituents of German Substantive Composita. Mechanical Translation 2 (July 1955) No. 1, pp. 3—14.
[191] Reifler, E.: Studies in Mechanical Translation, No. 8: The Machine Translation Form-Class Filtering System. Mimeographed, University of Washington, October 1952, 20 pages.
[192] Reifler, E.: Mechanical Determination of Meaning. Cf. [16], pp. 136—164.
[193] Reifler, E.: The Machine Translation Pilot Model at the University of Washington. Internal paper, October 1956.
[194] Reifler, E.: The Machine Translation Project at the University of Washington. Reports for the 8th Internat. Congress of Linguists, Oslo, August 5—9, 1957, pp. 343—347.
[195] Reifler, E.: Some New Terminology. Mechanical Translation 4 (Dec. 1957) No. 3. Cf. also "Some New MT Terms" in [171], 2 pages.
[196] Reifler, E.: Outline of the Project. Cf. [171], 9 pages.
[197] Stathacopoulos, A. D.: Noun Phrase Analysis Using the IBM 650 Computer. The Trend in Engineering at the University of Washington 9 (April 1957) No. 2, pp. 20—22.
[198] Stout, T. M.: Computing Machines for Language Translation. The Trend in Engineering at the University of Washington 6 (July 1954) No. 3, pp. 11—15, 29. Also in: Mechanical Translation 1 (Dec. 1954) No. 3, pp. 41—46.
[199] Wall, R. E. jr.: Engineering Progress in Machine Translation. The Trend in Engineering at the University of Washington 8 (July 1956) No. 3, pp. 9—15, 27—28.
[200] Wall, R. E. jr.: Some of the Engineering Aspects of the Machine Translation of Language. AIEE-Paper 56—693, New York 1956; 5 pages.

[201] WALL, R. E. jr.: Russian to English Machine Translation with Simple Logical Processing. AIEE-Paper 57—1062, New York, August 16, 1957; 10 pages.

[202] WALL, R. E. jr.: Some of the Economics of Machine Translation. Cf. [171], 2 pages.

[203] WALL, R. E. jr.: Use of the IBM 650 Computer for the Study of Syntax in the Solution of the Problem of Multiple Meaning: Outline. Cf. [171], 9 pages.

[204] WALL, R. E. jr.: Precise Specification of the Processing Steps. Cf. [171], 4 pages.

[205] WALL, R. E. jr.: Statistical Aspects of the Scientific Russian Word Count. Cf. [171], 4 pages.

[206] WALL, R. E. jr.: Translation Quality and its Measurement. Cf. [171], 5 pages.

USA — Western Reserve University

[207] KENT, A.: Machine Literature Searching and Translation — An Analytical Review. Cf. [35] Pt. 1, pp. 13—236.

[208] PERRY, J. W.: Machine Translation of Russian Technical Literature. Notes on Preliminary Experiments. Mechanical Translation **2** (July 1955) No. 1, pp. 15—24.

[209] PERRY, J. W.: A Practical Development Problem. Cf. [16], pp. 174—182.

[209a] PERRY, J. W.: Exploitation of Abstracts by Applying Machine Translation Techniques. Cf. [35] Pt. 2, pp. 787—810.

[209b] PERRY, J. W.: Intermediate Languages in Retrieval and Translation Systems. Cf. [35] Pt. 2, pp. 1145—1158.

USA — Rockefeller Foundation

[210] WEAVER, W.: Translation. Cf. [16], pp. 15—23.

USA — Aberdeen Proving Ground, Maryland

[211] REITWIESNER, G. W., WEIK, M. H.: Survey Memorandum of the Field of Mechanical Translation of Languages. Memorandum Report No. 1147, Ballistic Research Laboratories, Aberdeen Proving Ground, Maryland, May 1958.

[212] WEIK, M. H.: Suggestions on a Device for Digital Encoding of Russian Scientific Text. Techn. Note No. 1150, Ballistic Research Laboratories, Aberdeen Proving Ground, Maryland, June 1958.

[213] WEIK, M. H.: A Minimum "Ones" Binary Code for English Text. Techn. Note No. 1215, Ballistic Research Laboratories, Aberdeen Proving Ground, Maryland, Sept. 1958.

USA — U. S. Department of Agriculture, Graduate School

[214] ORNSTEIN, J.: Mechanical Translation. Science **122** (Oct. 21, 1955) No. 3173, pp. 745—748.

USA — National Bureau of Standards

[215] Syntax Patterns in English Studied by Electronic Computer. Computers and Automation **6** (July 1957) No. 7, pp. 15—17, 32.

[216] Machine Translation of Russian. National Bureau of Standards Techn. News Bull. **43** (1959) No. 6, pp. 101—102.

[217] A New Approach to the Mechanical Syntactic Analysis of Russian. Report No. 6595, National Bureau of Standards, Washington, D. C., November 10, 1959.

USA — U. S. Patent Office

[218] NEWMAN, S. M., SWANSON, R. W., KNOWLTON, K. C.: A Notation System for Transliterating Technical and Scientific Texts for Use in Data Processing Systems. Cf. [35] Pt. 1, pp. 345—376.

USA — International Business Machines Corporation

[219] CRAFT, J. L., GOLDMAN, E. H., STROHM, W. B.: A Table Look-up Machine for Processing of Natural Languages. IBM Journal Res. & Dev. **5** (July 1961) No. 3, pp. 192—203.

[220] KING, G. W.: Table Look-up Procedures in Language Processing, Part I — The Raw Text. IBM Journal Res. & Dev. 5 (April 1961) No. 2, pp. 86—92.

[221] KING, G. W.: Addressing of Very Large Memories. Research Report RC—303, IBM Research Center, Yorktown Heigths/N. Y., Juli 1960.

USA — Ramo-Wooldridge Corporation

[222] Experimental Machine Translation of Russian into English. Project Progress Report, Ramo-Wooldridge Corp., Los Angeles, Calif., Dec. 15, 1958.

[222a] Machine Translation Studies of Semantic Techniques. Final Report, Contract AF 30(602)—2036, C72—1U7. Ramo-Wooldridge Corp., Canoga Park, Calif., February 22, 1961. 91 pages, plus sample translations and references.

[222b] BANES, A. V., ENGEL, H. L., SWANSON, D. R.: An Instruction Code for Language Processing. Cf. [35] pt. 2, pp. 755—758.

USA — Rand Corporation

[223] EMUNDSON, H P., HAYS, D. G.: Research Methodology. Progress Report P-1251, The Rand Corp., Santa Monica, Calif., Dec. 1957, pp. 1—22.

[224] HARPER, K. E., HAYS, D. G.: The Use of Machines in the Constructions of a Grammar and Computer Program for Structural Analysis. Cf. [34], pp. 188—194.

[225] HAYS, D. G.: Linguistic Research at the Rand Corporation. Progress Report P—1900, The Rand Corp., Santa Monica, Calif., February 1960, 20 pages.

[226] The Rand Corporation Progress Reports. Principal co-authors of these reports are K. E. HARPER, H. P. EDMUNDSON, and D. G. HAYS.
       1) Survey and Critique. MT Study 1, RM—2063, February 1958.
       2) Research Methodology. MT Study 2, RM—2060.
       3) Resume of Machine Codes and Card Formats. MT Study 3, RM 2064.
       4) Manual for Pre-editing Russian Scientific Text. MT Study 4, RM—2065.
       5) Manual for Keypunching Russian Scientific Text. MT Study 5, RM—2061, December 1957.
       6) Manual for Coding Russian Inflectional Grammar. MT Study 6, RM—2066—1.
       7) Manual for Assigning Word Numbers and English Equivalents to Russian Forms. MT Study 7.
       8) Manual for Post-editing Russian Scientific Text. MT Study 8, RM—2068.
       9) Bibliography of Russian Scientific Articles. MT Study 9, RM—2069.
       10) A Glossary of Russian Physics on Punched Cards. RM—2538.
       11) The Use of Machines in the Construction of a Grammar and Computer Program for Structural Analysis. P—1588. Cf. [224].
       12) Order of Subject and Object in Scientific Russian when Other Differentia are Lacking. RM—2655.
       13) A Russian Structure for Comparison. P—1720.

USA — Miscellaneous

[227] TAUBE, M., HEILPRIN, L. B.: Automatic Dictionaries for Machine Translation. Proc. IRE 45 (July 1957) No. 7, pp. 1020—1021.

[227a] MELTON, J. L. (John Carroll University, Cleveland, Ohio): A Method of Information Processing and Machine Translation of Scientific Materials. Cf. [35] Pt. 2, pp. 771—786.

[227b] SOLOMONOFF, R. J. (Zator Comp., Cambridge, Mass.): A Progress Report on Machines to Learn to Translate Languages and Retrieve Information. Cf. [35] Pt. 2, pp. 941—953.

[228] MACDONALD, N.: Language Translation by Machine. A Report of the First Succesful Trial. Computers and Automation 3 (Feb. 1954) No. 2, pp. 6—10.

[229] WOODBURY, D. O.: The Translating Machine. The Atlantic, August 1959, pp. 60—64.

[230] GODE, A.: The Signal System in Interlingua. Mechanical Translation 2 (Dec. 1955) No. 3, pp. 55—60.

USSR (cumulative)

[231] Abstracts of the Conference on Machine Translation, Moscow, May 15—21, 1958. Engl. transl. provided by the U. S. Joint Publications Research Service, JPRS/DC—241. *)

[232] Abstracts of the Conference on Mathematical Linguistics, Leningrad, April 15—21, 1959. Engl. transl. provided by the U. S. Joint Publications Research Service, JPRS/893—D.

[233] ANDREYEV, N. D. (Leningrad): Mechanical Translation and the Problem of an Intermediary Language (in Russ.). Voprosy Yazykoznaniya 6 (1957) No. 5, pp. 117—121. Engl. transl. cf. JPRS/DC—68, Soviet Experiments in Machine Translation, pp. 58—67.

[234] ANDREYEV, N. D.: Interview on Machine Translation Present and Future. Reported by Leningrad correspondent of Isvestiya, Moscow, July 9, 1958.

[235] ANDREYEV, N. D., ZINDER, L. R.: Basic Problems in Applied Linguistics. Engl. transl. cf. JPRS/991—D, Soviet Developments in Machine Translation (Oct. 29, 1959), pp. 18—40.

[236] ANDREYEV, N. D.: Meta-Language of Machine Translation and its Application. Engl. transl. cf. JPRS/2150—N, Soviet Developments in Machine Translation (Feb. 1, 1960), pp. 26—40.

[237] ANDREYEV, N. D., GOLOVANOV, V. P., IVANOVA, L. I., OGLOBLIN, A. K.: Root-Separating Program for an Indonesian Algorithm of Machine Translation. Engl. transl. cf. JPRS/2150—N, Soviet Developments in Machine Translation (Feb. 1, 1960), pp. 61—67.

[238] ANDREYEV, N. D., ZAPDOVA, YE. A., TIMOFEYEVA, O. A.: Certain Problems in the Construction of a Burmese-Russian Algorithm of Russian Translation. Engl. transl. cf. JPRS/2150—N, Soviet Developments in Machine Translation (Feb. 1, 1960), pp. 91—98.

[239] ANDREYEV, N. D., BATOVA, D. A., PENFILOV, V. S., PETROVA, V. M.: Elements of Independent Analysis in the Vietnamese—Russian Algorithm of Machine Translation. Engl. transl. cf. JPRS/2150—N, Soviet Developments in Machine Translation (Feb. 1, 1960), pp. 154—160.

[240] ANDREYEV, N. D.: Principle of Construction of Electric Reading Devices. Engl. transl. cf. JPRS/2150—N, Soviet Developments in Machine Translation (Feb. 1, 1960), pp. 171—173.

[241] ANDREYEV, N. D.: The Universal Code of Science and Machine Languages. Cf. [35] Pt. 2, pp. 1061—1073.

[242] RABINTSEV, A. A., SEMENISHCHEV, YU. P.: Machine Translation from Japanese into Russian. Engl. transl. cf. JPRS/2150—N, Soviet Developments in Machine Translation (Feb. 1, 1960), pp. 161—165.

[243] BABITSKIY, I. I. (Moscow): Concerning One Model of a German Simple Sentence. Cf. [232], pp. 28—32.

[243] BAD, L., KUNINA, YA. (Leningrad): Mathematics Assists Linguistics. Engl. transl. cf. JPRS/621—D, Soviet Developments in Machine Translation (March 27, 1959), pp. 10—12.

---

*) *General note.* The various series published by the U. S. Joint Publications Research Service (abbrev. JPRS) presents information on Soviet developments in different fields of science (here: machine translation) as reflected by published works appearing in various Soviet periodical sources. They are published as an aid to U. S. Government research.
U. S. Joint Publications Research Service Main Office: Suite 300, 205 East 42nd Street, New York 17, N.Y. — D. C. Office: Second Floor, 1636 Connecticut Ave., N. W., Washington 9, D. C., U. S. A.

[245] BARKHUDAROV, L. S., KOLSHANSKIY, G. V.: On the Problem of the Potentialities of Machine Translation (in Russ.). Voprosy Yazykoznaniya **7** (1958) No. 1, pp. 129—133. Engl. transl. cf. JPRS/DC—319, Soviet Developments in Machine Translation (Nov. 14, 1958), pp. 1—9.

[246] BELOKRINITSKAYA, S. S. (Moscow): Principles in Compiling a German-Russian Dictionary of Polysemantic Words for Machine Translation. Cf. [231], p. 50. Engl. transl. cf. JPRS/925—D, Soviet Developments in Machine Translation (Oct. 5, 1959), pp. 72—82.

[247] BELSKAYA, I. K., KOROLEV, L. N., MUKHIN, I. S., PANOV, D. YU., RAZUMOVSKIY, S. N.: Certain Problems of Automatic Translation. Engl. transl. by Air Technical Intelligence ATIC—306672 F—TS—9118/V.

[248] BELSKAYA, I. K.: Machine Translation of Languages. Research (London) **10** (1957) No. 10, pp. 383—389.

[249] BELSKAYA, I. K.: Main Features of the Glossary and Grammatical Programs for English-Russian Machine Translation. Cf. [231], pp. 51—54.

[250] BELSKAYA, I. K.: Some General Problems in Machine Translation. Cf. [231], pp. 1—5. Engl. transl. cf. JPRS/925—D, Soviet Developments in Machine Translation (Oct. 5, 1959), pp. 1—24.

[251] BELSKAYA, I. K.: Machine Translation Methods and Their Application to an Anglo-Russian Scheme. Cf. [34], pp. 199—217.

[252] BELSKAYA, I. K.: Machine Translation Methods, and Their Application to Translation from English to Russian. Computers and Automation **8** (Oct. 1959) No. 10, pp. 20, 22, 27, 28.

[253] BELSKAYA, I. K.: On the Principles for Constructing a Dictionary for Machine Translation (in Russ.). Voprosy Yazykoznaniya **8** (1959) No. 3, pp. 89—94. Engl. transl. cf. JPRS/992—D, Soviet Developments in Machine Translation (Oct. 29, 1959), pp. 1—9.

[254] BERKOV, V. P., ERMOV, B. A.: Concerning Attempts at Machine Translation (in Russ.). Voprosy Yazykoznaniya **4** (1955) No. 6, pp. 145—148.

[255] BERKOV, V. P., ZASORINA, L. N., GUROV, N. V., IOFFE, S. KH., SMIRNOV, A. F. (Leningrad): The Category of Voice in the Intermediary Language. Cf. [232], p. 74.

[256] BERKOV, V. P. (Moscow): Grammatical Information and an Information Language. Cf. [232], pp. 69—70.

[257] BERKOV, V. P., GUROV, N. V. (Leningrad): Design Principles of an Intermediary Language Dictionary. Cf. [232], pp. 66—68.

[258] BERKOV, V. P., CHERKASOVA, M. P.: Work on a Norwegian-Russian Algorithm of Machine Translation. Engl. transl. cf. JPRS/2150—N, Soviet Developments in Machine Translation (Feb. 1, 1960), pp. 68—78.

[259] BRATCHIKOV, I. L., FITIALOV, S. YA., TSEYTIN, G. S. (Leningrad): On the Structure of a Dictionary and the Coding of Information for Machine Translation. Engl. transl. cf. JPRS/2150—N, Soviet Developments in Machine Translation (Feb. 1, 1960), pp. 41—60.

[260] DZHAPARADZE, D. (Tbilisi); MELCHUK, I. A., MOLOSHNAYA, T. N. (Moscow): The Treatment of Coordinating Conjunctions in Translating from Input Language into Intermediary Language. Cf. [232], pp. 63—66.

[261] GUTENMAKHER, L.: The Problem of an Information Machine. Engl. transl. cf. JPRS/662—D, Soviet Developments in Information Processing and Machine Translation (April 24, 1959), pp. 7—10.

[262] HSU, KO-CHANG: A Survey of Structural Linguistics (in Russ.). Voprosy Yazykoznaniya **8** (May/June 1959) No. 3, pp. 41—60. Engl. transl. cf. JPRS/992—D, Soviet Developments in Machine Translation (Oct. 29, 1959), pp. 10—35.

[263] IVANOV, V. V.: Committee for Applied Linguistics (in Russ.). Voprosy Yazykoznaniya **7** (1958) No. 3, pp. 136—137. Engl. transl. cf. JPRS/DC—319, Soviet Developments in Machine Translation (Nov. 14, 1958), pp. 21—24.

[264] IVANOV, V. V.: A Theory of the Relations between Language Systems and the Principles of Comparative Historical Linguistics. Cf. [232], pp. 3—8.

[265] IVANOV, V. V.: Linguistic Problems in the Creation of a Machine Language for an Information Machine. Engl. transl. cf. JPRS/2150—N, Soviet Developments in Machine Translation (Feb. 1, 1960), pp. 6—25.

[265a] IVANOV, V. V.: Linguistic Problems in the Design of a Machine Language for the Information Machine. Cf. [35] Pt. 2, pp. 1075—1090.

[266] KOLSHANSKIY, G. V. (Moscow): The Logical Nature of Context. Cf. [231], pp. 27—30.

[267] KOROLEV, L., RASOUMOVSKI, S., ZELENKEVITCH, G.: Les expériments de la traduction automatique de l'anglais en russe à l'aide de la calculatrice BESM. Published by Academy of Sciences, USSR, Moscow 1956, 15 pages.

[268] KULAGINA, O. S., MELCHUK, I. A.: Machine Translation from French to Russian (in Russ.). Voprosy Yazykoznaniya 5 (1956) No. 5, pp. 111—121. Engl. transl. cf. JPRS/DC—68, Soviet Experiments in Machine Translation, pp. 9—30.

[269] KULAGINA, O. S.: On a Method for Defining Linguistic Concepts (in Russ.). Bull. Seminar on Problems of Machine Translation, Moscow State Pedagogical Institute of Foreign Languages (1957) No. 3, pp. 1—18.

[270] KULAGINA, O. S.: One Method of Defining Grammatical Concepts on the Basis of the Theory of Sets (in Russ.). Problemi Kibernetiki, Vol. 1. State Publishers of Physico-Mathematical Literature, Moscow 1958, pp. 203—214. Engl. transl. cf. JPRS/646—D, Soviet Developments in Machine Translation (April 10, 1959), pp. 1—18.

[271] KULAGINA, O. S. (Moscow): Automatization of Translation Programming. Cf. [231], p. 67.

[272] KULAGINA, O. S., BAKULOVSKAYA, G. V. (Moscow): Experimental Translations from the French Language into Russian on the "Strela" Computer (in Russ.). Problemi Kibernetiki, Vol. 2. State Publishers of Physico-Mathematical Literature, Moscow 1959, pp. 283—288. (Engl. transl. in prep. at Pergamon Press, London.)

[273] KULAGINA, O. S.: On the Operational Description of Translation Algorithms and of the Automatization of the Process of their Programming (in Russ.). Problemi Kibernetiki, Vol. 2. State Publishers of Physico-Mathematical Literature, Moscow 1959, pp. 289—302. (Engl. transl. in prep. at Pergamon Press, London.)

[273a] KULAGINA, O. S., MARTYNOVA, A. I., NIKOLAYEVA, T. M.: Mechanical Translation at the Academy of Sciences of the USSR. Cf. [35] Pt. 2, pp. 867—879.

[274] KUZNETSOV, P. S., LYAPUNOV, A. A., REFORMATSKIY, A. A.: Fundamental Problems of Machine Translation (in Russ.). Voprosy Yazykoznaniya 5 (1956) No. 5, pp. 107—111. Engl. transl. cf. JPRS/DC—68, Soviet Experiments in Machine Translation, p. 1.

[275] KUZNETSOV, P. S. (Moscow): The Sequence in Building a Language System. Cf. [231], pp. 7—8.

[276] LAKHUTI, D. G., REVZIN, I. I., FINN, V. K.: One Approach to Semantics. Engl. transl. cf. JPRS/991—D, Soviet Developments in Machine Translation (Oct. 29, 1959), pp. 1—17.

[277] LEYKINA, B. M. (Leningrad): First Stage of an Independent Analysis of the Structure of the Simple Clause in English. Engl. transl. cf. JPRS/2150—N, Soviet Developments in Machine Translation (Feb. 1, 1960), pp. 166—170.

[278] LYAPUNOV, A. A., KULAGINA, O. S. (Moscow): Machine Translation Studies in the Mathematical Institute of the Academy of Sciences, USSR. Cf. [231], pp. 8—10.

[279] MARTEMYANOV, YU. S. (Moscow): The Concept of Expression and Syntagmatic Analysis. Cf. [232], pp. 49—51.

[280] MELCHUK, I. A. (Moscow): Conference on the Problems of Development and Construction of Information Machines (in Russ.). Voprosy Yazykoznaniya 5

(1957) No. 5, pp. 161—162. Engl. transl. cf. JPRS/DC—68, Soviet Experiments in Machine Translation, pp. 68—71.

[281] MELCHUK, I. A.: An Intermediary Language for Machine Translation (in Russ.). Voprosy Yazykoznaniya **7** (1958) No. 3, p. 149. Engl. transl. cf. JPRS/DC—319, Soviet Developments in Machine Translation (Nov. 14, 1958), pp. 25—26.

[282] MELCHUK, I. A.: Machine Translation from Hungarian into Russian (in Russ.). Problemi Kibernetiki, Vol. 1. State Publishers of Physico-Mathematical Literature, Moscow 1958, pp. 222—264. Engl. transl. cf. JPRS/646—D, Soviet Developments in Machine Translation (April 10, 1959), pp. 28—29.

[283] MELCHUK, I. A.: Work on Machine Translation in the USSR (in Russ.). Vestnik Akademii Nauk SSSR (Feb. 1959) No. 2, pp. 43—47. Engl. transl. cf. JPRS/662—D, Soviet Developments in Machine Translation (April 24, 1959), pp. 11—16; also in Computers and Automation **8** (1959) No. 8, pp. 23—25.

[284] MELNIKOV, G. P. (Moscow): The Possibilities of Automation in Linguistic Research. Cf. [232], pp. 91—96.

[285] MELNIKOV, G. P.: Machine Language and the Plane of Content (On Ways of Creating a Self-Teaching Machine Translator). Cf. [232], pp. 44—48.

[286] MOLOSHNAYA, T. N. (Moscow): Certain Questions of Syntax in Connection with Machine Translation from English to Russian. Engl. transl. cf. JPRS/DC—68, Soviet Experiments in Machine Translation, pp. 1—10.

[287] MOLOSHNAYA, T. N., PURTO, V. A., REVZIN, I. I., ROZENTSVEIG, V. YU.: Certain Linguistic Problems in Machine Translation (in Russ.). Voprosy Yazykoznaniya **6** (1957) No. 1, pp. 107—113. Engl. transl. cf. JPRS/DC—68, Soviet Experiments in Machine Translation, pp. 36—47.

[288] MOLOSHNAYA, T. N.: Problems in Distinguishing Homonyms in Machine Translation from English into Russian. Problemi Kibernetiki, Vol. 1. State Publishers of Physico-Mathematical Literature, Moscow 1958, pp. 215—221. Engl. transl. cf. JPRS/646—D, Soviet Developments in Machine Translation (April 10, 1959), pp. 19—27.

[289] MUKHIN, I. S. (Moscow): An Experiment on the Machine Translation of Languages Carried out on the BESM. Published by Academy of Sciences, USSR, Moscow 1956, 28 pages.

[290] MUKHIN, I. S.: An Experiment on the Machine Translation of Languages Carried out on the BESM. Proc. Instn. Electr. Engrs. (London) **103 B** Suppl. (1956) No. 3, pp. 463—472.

[291] NIKOLAYEVA, T. M. (Moscow): Analysis of Punctuation Marks during Machine Translation from Russian. Cf. [231], pp. 73—75; and also JPRS/925—D, Soviet Developments in Machine Translation (Oct. 5, 1959), pp. 25—35.

[292] NIKOLAYEVA, T. M.: Russian Sentence Analysis (in Russ.). Academy of Sciences, USSR, Moscow 1958. (Paper presented in 1957 to Conference of Young Specialists of Inst. Totchn. Mekh. i Vytchisl. Tekhn.). Engl. transl. cf. JPRS/DC—387, Soviet Developments in Machine Translation (Nov. 1958), pp. 1—15.

[293] NIKOLAYEVA, T. M.: Conference on Machine Translation. Engl. transl. cf. JPRS/ 487—D, Soviet Developments in Machine Translation (Jan. 16, 1959), p. 21.

[294] PANOV, D. YU.: Automatic Translation (in Russ.). Published by Academy of Sciences, USSR, Moscow 1956. Engl. transl. prepared by Pergamon Press, London 1960, 73 pages.

[295] PANOV, D. YU.: Concerning the Problem of Machine Translation of Languages. Published by Academy of Sciences ,USSR, Moscow 1956, 35 pages. (Detailed report on research at Inst. Totchn. Mekh. i Vytchisl. Tekhn. on Russian/English translation.)

[296] PANOV, D. YU. (Moscow): Extracts from the Second Edition of *Panov's* Avtomatitcheskiy Perevod. JPRS/487—D, Soviet Developments in Machine Translation (Jan. 16, 1959), pp. 1—20.

[297] PANOV, D. YU., LYAPUNOV, A. A., MUKHIN, I. S.: Mechanical Translation from One Language to Another. Engl. transl. cf. JPRS/DC—379, Soviet Developments in Machine Translation (Nov. 28, 1958), 34 pages.

[298] PARSHIN, V. V. (Moscow): Machine Translation of Compound Nouns from German into Russian. Cf. [231], pp. 76—77; and also JPRS/925—D, Soviet Developments in Machine Translation (Oct. 5, 1959), pp. 64—71.

[299] PROSATOV, V.: Soviets Say Machine Translators to be Common Thing by 1960. JPRS/487—D, Soviet Developments in Machine Translation (Jan. 16, 1959), p. 33.

[300] RAZUMOVSKII, S. N.: On the Question of Automatizing the Programming of Problems of Translation from One Language into Another (in Russ.). Doklady Acad. Nauk SSSR 113 (1957) No. 4, pp. 760—761. Engl. transl. by *Morris D. Friedman*, M.I.T. Lincoln Laboratory, Cambridge, Mass.

[301] REVZIN, I. I.: Addendum to the Paper "Some Problems in the Formalization of Syntax" (in Russ.). Bull. Seminar on Problems of Machine Translation, Moscow State Pedagogical Institute of Foreign Languages (1957) No. 3, pp. 20—29.

[302] REVZIN, I. I. (Moscow): The 'Active' and 'Passive' Grammar of *L. V. Shcherba* and the Problems of Machine Translation. Cf. [231], pp. 13—15.

[303] REVZIN, I. I.: A Formal Theory of the Sentence. Cf. [231], pp. 31—33.

[304] SHELLIMOVA, I. N. (Moscow): Establishment of Syntactic Cues for Prepositional Phrases. Cf. [231], pp. 80—82.

[305] SHAUMYAN, S. K. (Moscow): Generalization and Postulation of Constructs in Studying Language Structure. Cf. [232], pp. 37—41.

[306] SOFRONOV, M. V. (Moscow): The General Principles of Machine Translation from the Chinese Language (in Russ.). Voprosy Yazykoznaniya 7 (1958) No. 2, pp. 116—121. Engl. transl. cf. JPRS/DC—319, Soviet Developments in Machine Translation (Nov. 14, 1958), pp. 10—20.

[307] STEBLIN-KAMENSKIY, M. I. (Leningrad): The Significance of Machine Translation for Linguistics. Cf. [231], p. 13; and also JPRS/2150—N, Soviet Developments in Machine Translation (Feb. 1, 1960), pp. 2—5.

[308] STEKLOV, V. A., KULAGINA, O. S. (Kazan): Machine Translation from French. Engl. trans. cf. JPRS/621—D, Soviet Developments in Machine Translation (March 29, 1959), pp. 1—9.

[309] TOPOROV, V. N. (Moscow): The Introduction of Probability into Linguistics and the Results. Cf. [232], pp. 9—12.

[310] VORONIN, V. A. (Moscow): Grammatical Analysis for Machine Translation of Chinese into Russian. Cf. [231], pp. 60—61; and also JPRS/925—D, Soviet Developments in Machine Translation (Oct. 5, 1959), pp. 83—92.

[311] VORONIN, V. A.: Machine Translation from Chinese into Russian (in Russ.). In: Mashinnom Perevode s Kitayskogo na Russkiy Yazyk. Publ. by Inst. Precision Mech. and Computer Technology, Acad. Sci. USSR, Moscow 1958, pp. 1—34. Engl. transl. cf. JPRS/1133—D, Soviet Developments in Machine Translation (Jan. 26, 1960), pp. 1—20.

[312] VOYSHVILLO, YA. K., KUZNETSOV, A. V., LAKHUTI, D. G., FINN, V. K.: Urgent Tasks of Scientific Research and Educational Work in the Field of Logic (in Russ.). Problemi Philosoph. 8 (March 1959) No. 3, pp. 175—179. Engl. transl. cf. JPRS/863—D, Soviet Developments in Machine Translation (Aug. 7, 1959), pp. 1—11.

[313] YAFIMOV, M. B.: Some Principles in Machine Translation from Japanese into Russian. Cf. [231], pp. 63—64; and also JPRS/925—D, Soviet Developments in Machine Translation (Oct. 5, 1959), pp. 93—99.

[314] YAFIMOV, M. B.: The Analysis of Japanese in Machine Translation (in Russ.). Publ. by Inst. Precision Mech. and Computer Technology, Acad. Sci. USSR, Moscow 1958. Engl. transl. cf. JPRS/1130—D, Soviet Developments in Machine Translation (Jan. 26, 1960), pp. 1—12.

[315] LIU, Y. C.: Simple Explanation of Machine Translation (in Chinese). Chung-kuo
      Yü-wen (Peking) No. 12 (Dec. 1958), pp. 575—578. Engl. transl. cf. JPRS/729—D,
      Soviet Developments in Machine Translation (May 22, 1959), pp. 1—11.
[316] ZASORINA, L. N., KARACHAN, N. B., MEDVEDEVA, S, N., TSEYTIN, G. S. (Leningrad):
      A Project of Programs for a Morphological Analysis of the Russian Language in
      Machine Translation. Engl transl. cf. JPRS/2150—N, Soviet Developments in
      Machine Translation (Feb. 1, 1960), pp. 99—148.
[317] ZUCKERMANN, A. M., TERENTIEV, A. P.: Chemical Nomenclature Translation.
      Cf. [35] Pt. 1, pp. 493—501.
[318] Research on Machine Translation in the Chinese People's Republic. JPRS/1131—D,
      Soviet Developments in Machine Translation (Jan. 26, 1960), pp. 1—5.
[319] Logical Analysis of the Phoneme Concept (in Russ.). Logicheskiye Issledo-
      vaniya, Moscow 1959, pp. 159—177. Engl. transl. cf. JPRS/1132—D, Soviet
      Developments in Machine Translation (Jan. 26, 1960), pp. 1—17.
[320] DRAGUNOV, A. A.: Untersuchungen zur Grammatik der modernen chinesischen
      Sprache (in German, translated from the Russian). Akademie-Verlag, Berlin 1960.
      280 pages.

KONRAD ZUSE

Bad Hersfeld, Deutschland

Entwicklungslinien einer Rechengeräte-Entwicklung von der Mechanik zur Elektronik

Mit 12 Bildern

Disposition

1.   Einleitung

2.   Zur Vorgeschichte

3.   Die Entwicklung von 1934 bis 1945
3.1   Mathematische Gesichtspunkte
3.2   Konstruktive Gesichtspunkte
3.21 Mechanische Geräte
3.22 .Elektrotechnische Geräte
     a) Röhren-Relaistechnik
     b) Die elektromechanischen Geräte Z 2 bis Z 4
     c) Spezialmodelle

4.   Die Entwicklung nach 1945
4.1   Das Serienprinzip
4.2   Verbesserte Relaisgeräte
4.3   Einsatz der Elektronik

Zusammenfassung. Im Mittelpunkt der Betrachtung steht die Entwicklung programmgesteuerter Rechengeräte, die für den Einsatz im wissenschaftlich-technischen Sektor bestimmt sind. Der hier gegebene Überblick über diese Entwicklung, wie sie sich stufenweise von der Mechanik zur Elektronik vollzogen hat, erfolgt bewußt aus der Perspektive des Verfassers heraus, dessen erste Ideen der Konstruktion programmgesteuerter Rechengeräte bis zum Jahre 1934 zurückreichen. Die während des zweiten Weltkrieges vom Verfasser gebauten Modelle Z 1 bis Z 4, über die bisher kaum Einzelheiten bekannt sind, werden kurz skizziert. Der weitere Weg, den diese Rechengeräte-Entwicklung heute genommen hat, stellt sich dar als zwangsläufige Folge einer realen Einschätzung der sich nach 1945 einem Rechengerätekonstrukteur in Deutschland bietenden Möglichkeiten, wobei die sowohl beim Entwurf wie in der praktischen Fertigung gemachten eigenen Erfahrungen und die hierbei angestellten richtungweisenden, originellen Überlegungen zum Tragen kommen.

Summary. The main concern of this paper is the development of program-controlled computers suitable for use in the field of science and engineering. The survey of this development given here in its step-by-step progress from mechanics to electronics is wittingly presented in the perspective of the author whose conception and first ideas of constructing program-controlled computers go back to 1934. The prototypes Z 1 through Z 4 built by the author during World War II, on which details are hardly known so far, are briefly discussed. The further progress which this computer development has undergone up to the present, represents the right logical consequence of a realistic estimation of the possibilities which offered themselves to a computer constructor in Germany after 1945; hereby, the experience gained in both theoretical design and practical construction of computers as well as original directive and thoughtful considerations made in the course of this progression by the author, came into effect.

Résumé. L'auteur s'occupe particulièrement de l'évolution des calculatrices commandées par programme et destinées au secteur technico-scientifique. Cette étude de l'évolution progressive de la mécanique vers l'électronique est bien entendu le fruit des conceptions de l'auteur, dont la première idée de construire des calculatrices commandées par programme remonte à 1934. L'auteur donne un bref aperçu des premiers modèles Z 1 à Z 4 qu'il a construits au cours de la deuxième guerre mondiale et sur lesquels on n'avait jusqu'ici que pende détails. L'évolution.ultérieure constitue la suite logique d'une estimation réaliste des possibilités qui s'offraient après 1945 aux constructeurs allemands de calculatrices, et de l'application de l'expérience personnelle acquise tant dans l'établissement du projet qu'au cours de la fabrication ainsi que des considérations originales et directives qui en ont résulté.

1. Einleitung

Für die modernen Rechengeräte hat sich schlagwortartig die Bezeichnung „Elektronische Rechenmaschinen" eingebürgert. In diesem Zusammenhang treten uns Begriffe wie Elektronik, Speichertechnik, Programmsteuerung, Logistik, Dualsystem, gleitendes Komma und andere mehr entgegen, die alle eine gewichtige Rolle spielen. Das logisch wesentliche Merkmal ist aber — was nicht übersehen werden darf — die *Programmsteuerung*. Die Elektronik sorgt nur für die unvorstellbar hohe Geschwindigkeit.

Die Entwicklung der programmgesteuerten Rechengeräte kann man etwa in drei Abschnitte einteilen. Da ist zunächst eine Zeit des Tastens und Versuchens, die man als Vorgeschichte bezeichnen kann und die bis in die Zeit kurz vor dem zweiten Weltkrieg reicht; es folgt dann eine, teilweise durch gewisse Probleme der Kriegsführung intensivierte Entwicklung während des Krieges und schließlich die weltweite, mit größter Energie vorangetriebene Entwicklung seit dem Ende des Krieges, deren Ende noch nicht abzusehen ist.

2. Zur Vorgeschichte

Als ein Vorläufer auf dem Gebiet des Rechenmaschinenbaus, der bereits die *Grundidee* einer programmgesteuerten Rechenanlage hatte (1835), kann der Engländer CHARLES BABBAGE angesehen werden [1, 2]. Er arbeitete jahrzehntelang an dieser Idee, ohne sie jedoch infolge des damaligen Standes der Technik praktisch zum Tragen bringen zu können. Sein Name und seine Idee gerieten in Vergessenheit, und in den Jahren um 1930 gab es wohl kaum einen Rechenmaschinen-Fachmann, dem diese Idee der Programmsteuerung bekannt war.

Gewisse Ansätze der Programmsteuerung lagen jedoch auch schon bei einigen *Lochkartenmaschinen* vor [3].

Die Anwendung des *Dualsystems* für Rechenmaschinen wurde ideenmäßig von zwei Franzosen, L. COUFFIGNAL [4] und R. VALTAT [5] vorbereitet. Schließlich verdient unter den Vorläufern der Entwicklung noch der Engländer A. M. TURING [6] Erwähnung. Er hatte sich bereits frühzeitig vom logischen Standpunkt aus mit der *logistischen Rechenmaschine* befaßt, jedoch nicht mit dem Ziel, eine praktisch einsetzbare Rechenmaschine zu bauen. Vielmehr benutzte er die Idee der Rechenmaschine als Modell für seine theoretischen Studien in der Anwendung der mathematischen Logik.

3. Die Entwicklung von 1934 bis 1945

Die eigentliche Entwicklung programmgesteuerter Rechenmaschinen begann etwa im Jahre 1935, und zwar unabhängig voneinander in Deutschland und in den USA.

In Deutschland kam es zur Entwicklung einer Reihe von Geräten durch den Verfasser, die mit Z 1, Z 2, Z 3 und Z 4 bezeichnet wurden, sowie zweier Spezialmodelle. Eine weitere Entwicklung, und zwar elektronischer Art, erfolgte durch H. SCHREYER in Zusammenarbeit mit dem Verfasser an der Technischen Hochschule in Berlin [7, 8]. Schließlich ist auch die Entwicklung von Dr. G. DIRKS und Ing. G. DIRKS zu erwähnen, die im wesentlichen auf dem Gebiet der elektronischen Buchungsmaschinen [33, 34] und der Magnetspeicherung [35, 36] schon frühzeitig Pionierarbeit leisteten. Leider bestand zwischen den beiden ersten Entwicklungen auf der einen Seite und der letzteren auf der anderen Seite keine Verbindung, so daß die Möglichkeiten, die in der Vereinigung aller deutschen Entwicklungen auf diesem Gebiet gelegen hätten, nicht ausgenutzt werden konnten.

Auch in den USA liefen mehrere Entwicklungen etwa gleichzeitig nebeneinander her, nämlich diejenigen elektromechanischer Art von H. H. AIKEN und seinem Mitarbeiterstab [9] und den Bell Laboratorien [10] und schließlich die der ersten brauchbaren elektronischen Rechenmaschine von J. P. ECKERT, J. W. MAUCHLY und H. H. GOLDSTINE, die unter dem Namen ENIAC bekannt und 1946 in Betrieb genommen wurde [11].

Das erste programmgesteuerte Rechengerät, das in allen Teilen vollständig gearbeitet hat, war das deutsche Gerät Z 3 (1941). In den USA wurde als erstes der *Harvard Mark I Computer* in Betrieb genommen (1944).

Von den in Deutschland gebauten Spezialmodellen befand sich eines über zwei Jahre lang im täglichen Einsatz. Die deutschen Geräte wurden bis auf das bei Kriegsende annähernd fertiggestellte Gerät Z 4 durch Luftangriffe zerstört.

Diese Entwicklung sei nun insbesondere aus der Perspektive des Verfassers näher betrachtet und zwar einmal nach mathematischen und zum anderen nach konstruktiven Gesichtspunkten.

3.1 Mathematische Gesichtspunkte der Entwicklung

Befassen wir uns zunächst mit der *Idee der Programmsteuerung*, und zwar wie sie BABBAGE vorschwebte. Er zerlegte jede mathematische Formel in einzelne Elementargleichungen, die wir heute Plangleichungen nennen, etwa in der Form:

$$V_1 + V_7 = V_6$$
$$V_6 \times V_5 = V_9$$

Hierbei entsprechen die Indizes der Variablen den „Adressen" im heutigen Sinne. Jede Elementargleichung ist gekennzeichnet durch drei Adressen (zwei für die Variablen und eine für das Resultat) und ein Operationszeichen. BABBAGE legte seinem System die beim JACQUARD-Webstuhl eingeführte Lochkartentechnik zugrunde. Indem er jeder Variablen und jeder Operation eine gesonderte Karte zuordnete, die dann in einer den Formeln entsprechenden Reihenfolge hintereinander gesetzt wurden, schuf er somit ein Programm. Eine eigentliche Adressenentschlüsselung kannte er noch nicht. Sein Gerät sollte so arbeiten, daß jeder Speicherzelle ein bestimmtes Loch in der Lochkarte zugeordnet ist, das die betreffende Speicherzelle aufruft. Ferner kannte BABBAGE schon den bedingten Befehl, wenn er ihn auch konstruktiv noch nicht ausgewertet hat.

Als eine Art Programmsteuerung kann man auch die Schalttafeln (Panneau) der Lochkartengeräte auffassen. Im wesentlichen bestand jedoch die Programmierung lediglich darin, bestimmte Register mit bestimmten Spalten der abzufühlenden bzw. zu lochenden Karten für die Dauer der Rechnung fest miteinander zu verbinden, wobei auswechselbare Panneaus den verschiedenen Programmen entsprechen. Diese Art der Programmsteuerung ist heute noch bei vielen Lochkartengeräten üblich. Die Programmsteuerung von BABBAGE kommt somit der heute üblichen Form am nächsten.

Heute ist die Codierung von Befehlen in Form von Operations- und Adressenteilen üblich. Das erste Gerät, welches konsequent nach diesem Prinzip arbeitete, war das Gerät Z 3 (Bild 1).

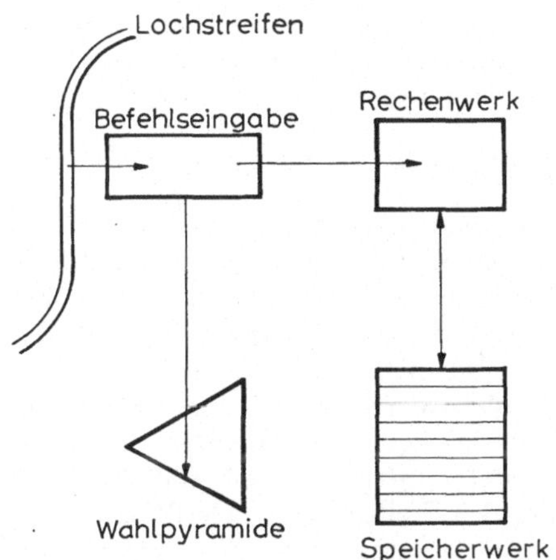

Bild 1. Grundschema des Rechengerätes Z 3

Bei diesem werden die Befehle in codierter Form in einen Lochstreifen gestanzt und nacheinander in ein Befehlsregister gebracht, das sowohl das Rechenwerk als auch das Speicherwerk steuert. Die Entschlüsselung der Adressen erfolgt dabei über eine Wahlpyramide. Die Z 3 arbeitete noch nicht mit bedingten Befehlen, sondern mit sogenannten starren oder linearen Programmen.

Ein weiterer mathematischer Gesichtspunkt ist die *Wahl des Zahlensystems*. Die ersten Maschinen, die in Deutschland gebaut wurden, arbeiteten nach dem reinen Dualsystem. In den USA hat man meistens codierte Dezimalsysteme verwendet. Ein weiterer Schritt in dieser Entwicklung war die *Einführung des gleitenden Kommas*, wofür der Verfasser seinerzeit den Ausdruck „halblogarithmische Form" einführte [12]. Die voll-logarithmische Form erschien zwar für wissenschaftliche Rechnungen erstrebenswert, da sich hiermit Multiplikationen und Divisionen elegant durchführen ließen und auch das Potenzieren verhältnismäßig leicht möglich gewesen wäre. Schwierigkeiten bereitet jedoch die Addition bei der

Erfassung eines großen Spielraums in der Größenordnung der Zahlen. Für die bekannten dezimalen Additionslogarithmen läßt sich selbstverständlich leicht das duale Analogon für die Logarithmen mit der Basis 2 finden. Die konstruktive Verwirklichung dieser Idee stößt jedoch auf erhebliche Schwierigkeiten. Die Speicherung der Additionslogarithmen erfordert erheblichen Aufwand, der mit der geforderten Genauigkeit stark anwächst. Will man das vermeiden, so sind komplizierte Interpolationen erforderlich, die den Zeitgewinn des logarithmischen Rechnens wieder rückgängig machen [13].

Diese Schwierigkeiten lassen sich umgehen, wenn man von dem Logarithmus nur den ganzzahligen Teil, d. h. also die Stellen vor dem Komma (Exponent), und als Mantisse nicht die logarithmische Mantisse, sondern die reine Ziffernfolge der darzustellenden Zahl verwendet. Durch diese Einführung der „halblogarithmischen Form" wurden die vielen Vorteile des logarithmischen Rechnens erst für die Rechenmaschinen verwertbar.

Unter den mathematischen Gesichtspunkten ist noch die *Anwendung der mathematischen Logik* (Logistik) auf Probleme der Schaltungstechnik zu nennen. Auch diese Fragen wurden unabhängig voneinander in den USA [14] und Deutschland [15, 16] aufgegriffen. Diesbezügliche Arbeiten des Verfassers aus den Kriegsjahren blieben leider unveröffentlicht [17]. Heute ist die Schaltalgebra eine Wissenschaft für sich geworden und gehört zum täglichen Handwerkszeug der Rechenmaschinen-Konstrukteure.

3.2 Konstruktive Gesichtspunkte der Entwicklung

Wie schon im Titel des Aufsatzes gesagt, reicht die konstruktive Entwicklung der programmgesteuerten Rechengeräte „von der Mechanik zur Elektronik". Die Modelle von BABBAGE waren rein mechanisch, ganz einfach aus dem Grunde, weil es vor hundert Jahren die Elektrotechnik im heutigen Sinne noch nicht gab. BABBAGE hielt sich an damals bekannte Konstruktionselemente, dezimale Rechenmaschinen mit Ziffernrädern u. dgl. Man kann sich vorstellen, welche Schwierigkeiten die Konstruktion des von ihm geplanten Speichers für 1000 Worte zu je 50 Dezimalstellen bereitete. Interessant ist, daß BABBAGE erstmalig die unverzögerte Durchschaltung des Stellenübertrages durch sämtliche 50 Dezimalstellen des Rechenwerkes einführte, eine Idee, die ebenso wie die seiner Programmsteuerung wieder vergessen und von der Rechenmaschinen-Industrie nicht aufgegriffen wurde.

3.21 Mechanische Geräte

Vor der Entwicklung der modernen programmgesteuerten Rechengeräte waren Rechenmaschinen im wesentlichen mechanisch gebaut. Einige Versuche, Rechengeräte mit Relais zu bauen, waren zwar schon unternommen worden, hatten aber keine praktische Bedeutung erlangt. Lediglich bei Lochkartenmaschinen wurde der Vorteil der elektrischen Übertragungsmöglichkeit schon frühzeitig ausgenutzt. Das eigentliche Rechnen selbst erfolgte auch in diesen Geräten mechanisch.

Auch der Verfasser begann seine ersten Entwicklungen auf rein mechanischer Basis. Das Ziel war dabei, ein mechanisches Analogon für das elektrische Relais zu entwickeln. Hieraus entstand die *mechanische Schaltgliedtechnik*. Das Grundprinzip besteht darin, daß mechanische Bleche in zueinander rechtwinkligen Richtungen verschiebbar sind und je zwei diskrete Stellungen einnehmen können.

Die Stellung der Bleche entspricht den zu verknüpfenden Ja-Nein-Werten einer Schaltung. Dabei bewirkt bzw. verhindert ein Steuerblech die Übertragung von Ja-Nein-Werten von einem Blech auf ein zweites durch mechanische Kuppelung

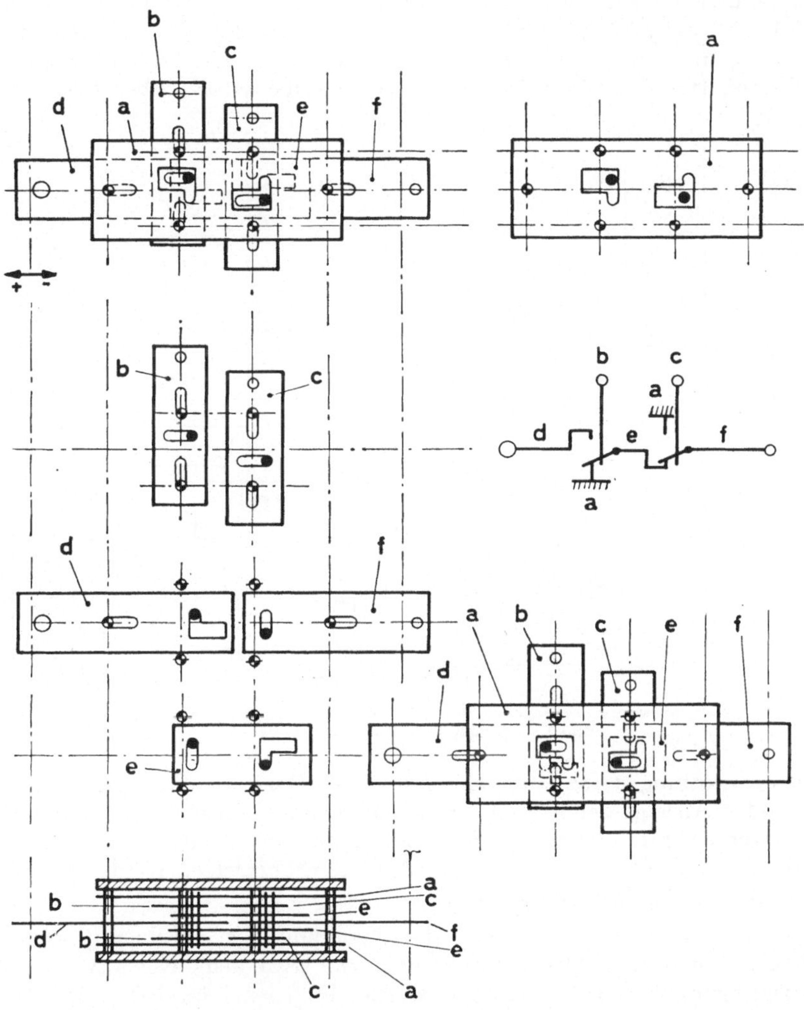

Bild 2. Mechanisches Schaltgliedsystem
a) Festblech; b, c) Steuerbleche; d) Impulsblech; e) Zwischenblech; f) Resultatblech
Die Analogie der Funktionen der Schaltglieder mit den Funktionen der Glieder eines Relaissystems
ist durch identische Buchstabenindizes verdeutlicht

über Stifte und geeignet geformte Ausschnitte (Bild 2). Aus solchen Schaltgliedern kann man unter konsequenter Anwendung der Schaltalgebra komplette Rechenwerke aufbauen.

In dieser Technik wurde das Modell Z 1 ausgeführt, welches ein vollständiges Rechenwerk im Dualsystem mit gleitendem Komma enthielt.

33 Dig. Inf.

Im Grundaufbau (Bild 3) sehen wir zwei Rechenwerke A und B. A dient der Verarbeitung des Exponenten, B der Verarbeitung der Mantisse. Die in mechanischer Schaltgliedtechnik aufgebauten Schaltungen entsprechen etwa den heutigen in der Relaistechnik üblichen Additionsschaltungen. Unten rechts ist die Eingabe- und Ausgabevorrichtung angedeutet. Die Eingabe erfolgt über eine vierstellige Dezimaltastatur DT mit Kommaeinstellung K. (Die Position des Kommas kann relativ zu der eingegebenen Gruppe von vier Dezimalziffern durch Verschieben frei eingestellt werden.) Die Ausgabe erfolgt über eine einfache

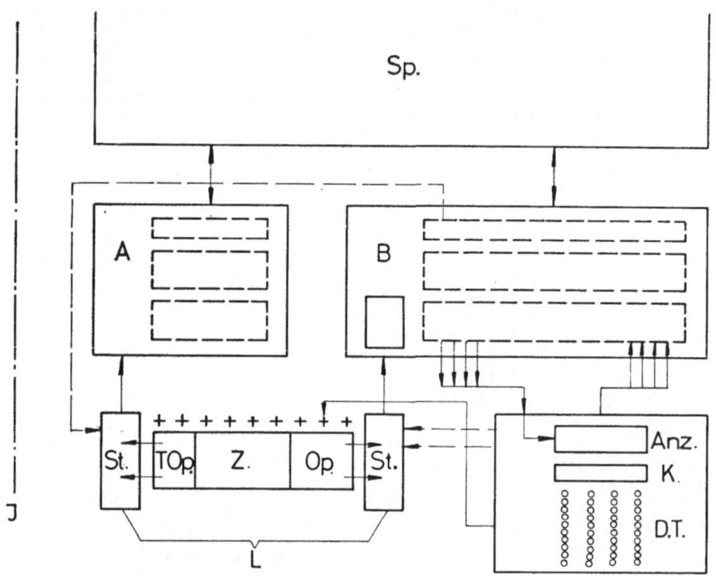

Bild 3. Grundaufbau des Rechengerätes Z 1

Anzeigevorrichtung (Anz) für ebenfalls vier Dezimalziffern mit einer entsprechenden Anzeige der Lage des Kommas. Die einzeln eingetasteten Dezimalziffern werden ziffernweise zwecks Übertragung ins Dualsystem über je vier Glieder des Rechenwerkes B gegeben. Beim Rückübersetzen werden die Ziffern des Resultates einzeln herausgegeben.

Besonders interessant ist vielleicht die Steuerung der einzelnen Operationen durch das Leitwerk L. Das Prinzip entspricht etwa dem, was man heute als „Mikroprogrammierung" bezeichnen würde. In jedem einzelnen „Spiel" (entsprechend einer einzelnen Addition) sind dabei bestimmte Einstellungen an den Rechenwerken erforderlich, die von verschiedenen Bedingungen der jeweiligen „Situation" abhängen. Diese Situation wird durch drei Komponenten gekennzeichnet:

1. die Art der Operation (Op),
2. die Teiloperation (TOp),
3. die Spielnummer innerhalb der Teiloperation (Taktgeber Z).

Diese werden an getrennten Organen eingestellt und fortgeschaltet. Im ganzen ergeben sich neun Ja-Nein-Werte als Komponenten zur Kennzeichnung der Operations-Situation. Jedem einzelnen der im Verlauf einer Rechenoperation auszulösenden Einzelvorgänge (Übertragung von Werten, Starten von Ketten usw.) ist nun ein Steuerblech zugeordnet, das genau in den Situationen anspricht, in denen es in Funktion treten soll. Ein Beispiel zeigt Bild 4. Wir haben vertikale Einstellbügel b_1—b_9, welche den neun Ja-Nein-Werten der Situationskennzeichnung entsprechen. Sie sind doppelt ausgeführt und miteinander fest gekoppelt. In der Zeichnung ist die Situation LL, OOOL, OLO eingestellt; das bedeutet: Teiloperation Nr. 3, Spiel Nr. 1 der Operation Nr. 2. Ein Blech wird durch eine Feder zwecks Abfühlung der Situation nach rechts verschoben und ist derart mit

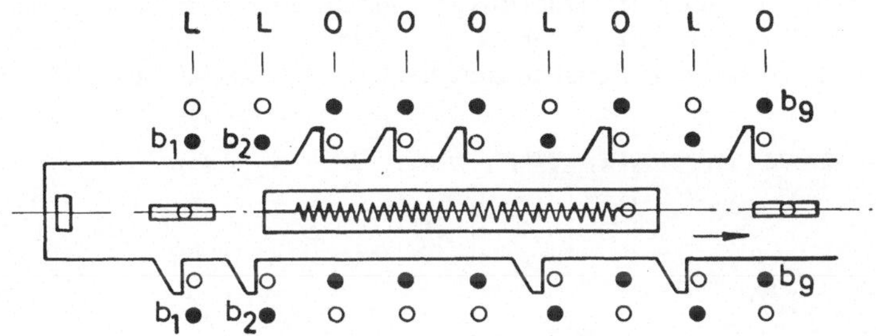

Bild 4. Schema eines Steuerblocks

Nocken versehen, daß es nur in der gewünschten Einstellung der Bügel nicht gesperrt ist und durch die freigegebene Bewegung die betreffenden Steuervorgänge auslöst. Die Auslösung der dem Steuerblech zugeordneten Vorgänge hängt dabei noch von weiteren Bedingungen, z. B. Teilergebnissen der Rechnungen, ab (Schaltungsteil St in Bild 3). Etwa 90 derartige Bleche, welche je

Bild 5. Teilansicht der Konstruktion des Gerätes Z 1

einen Mikrobefehl repräsentieren, waren bei dem Gerät Z 1 erforderlich, um die Steuerung für folgende sieben Operationen zu bewirken: Addieren, Subtrahieren, Multiplizieren, Dividieren, Wurzelziehen, Dezimal-Dual- und Dual-Dezimal-Übersetzen im gleitenden Komma.

Die mechanische Schaltgliedtechnik hat sich für den Aufbau von Rechenwerken nicht sonderlich bewährt. Gerade bei komplizierten Rechengeräten setzt die

Mechanik bald natürliche Grenzen, die z. B. durch das Zusammenspiel verschiedener Teile des Gerätes gegeben sind. Man kann nicht im beliebigen Maße „um die Ecke herum" durch Gestänge u. dgl. Signale übertragen (Bild 5).

Dagegen ergab die Anwendung dieser Technik auf das Speicherwerk günstige Konstruktionen, die allerdings heute ebenfalls durch die moderne Magnetspeichertechnik überholt sind. Die Geräte Z 1, Z 2 und Z 4 waren mit *mechanischen Speichern* ausgerüstet. Das Grundprinzip der Speicherung besteht darin, daß schichtweise zwischen Glasplatten Speicherglieder in Matrixform angeordnet sind, wobei die gespeicherte Dualziffer in jedem einzelnen Falle durch die Lage eines Metallstiftes gekennzeichnet ist, der rechts oder links vor einer Nase liegt (Bild 6). Der Vorteil der Konstruktion liegt darin, daß sie aus verhältnismäßig

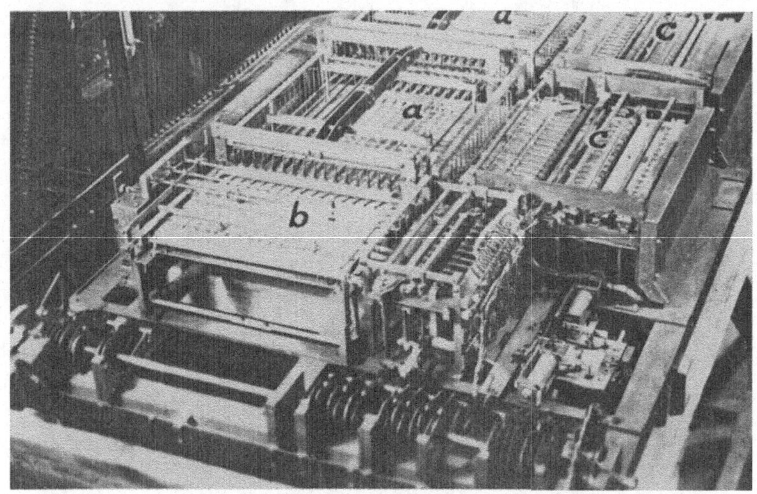

Bild 6.   Mechanische Speicherschaltgliedtechnik

einfachen, gestanzten Blechen aufgebaut werden kann. Die Versuchsmodelle wurden allerdings von Hand gefertigt, da die Anfertigung von Werkzeugen für den einmaligen Bau nicht lohnte.

Der mechanische Speicher des Gerätes Z 4 ist aber noch nach dem Kriege (etwa acht Jahre) in Betrieb gewesen.

Nach dem Kriege wurden auch noch einige Versuche durchgeführt, die mechanische Schaltgliedtechnik auf Lochkartengeräte anzuwenden, erlangten jedoch angesichts der Entwicklung der wesentlich schnelleren elektronischen Bauelemente keine praktische Bedeutung und sind heute nur noch aus historischen Gründen erwähnenswert [18].

3.22 Elektrotechnische Geräte

a) *Röhren-Relaistechnik.* Sehr bald ergab sich die Notwendigkeit, für den Bau der Rechengeräte die Möglichkeiten der Elektrotechnik auszunutzen. Dies erfolgte in zwei Richtungen. Von H. SCHREYER wurden elektronische Bauelemente entwickelt, die von vornherein für Rechenmaschinen zugeschnitten waren [7, 8]. SCHREYER ging von der elementaren Tatsache aus, daß sich alle Rechenoperationen in drei Grundoperationen des Aussagenkalküls auflösen lassen, und entwickelte entsprechende elektronische Bauglieder für diese drei Operationen. Sie bauten auf dem Zusammenspiel zwischen Röhre und Glimmlampe auf, wobei der Röhre die Funktion der Wicklung eines elektromagnetischen Relais und der Glimmlampe die Funktion der Kontakte zufällt. Als Speicherelemente dienten ebenfalls Glimmlampen, deren gezündeter oder nicht gezündeter Zustand den Speicherinhalt darstellt. Die erreichte Frequenz betrug etwa 10 kHz. Da es geplant war, hiernach Rechenmaschinen nach dem Parallelprinzip zu bauen, konnte damit die Rechengeschwindigkeit gegenüber Relaismaschinen etwa vertausendfacht werden. Die Entwicklung führte zum Bau eines kleinen zehnstelligen dualen Rechenwerkes mit etwa 100 Röhren. Das Gerät wurde leider gegen Ende des Krieges durch Kriegseinwirkung zerstört.

b) *Die elektromechanischen Geräte Z 2 bis Z 4.* Die zweite Richtung schlug der Verfasser ein und verfolgte den Bau von Geräten, die mit den bekannten elektromechanischen Fernsprechrelais aufgebaut sind. Die inzwischen von ihm entwickelte Schaltalgebra, die im wesentlichen in der Anwendung des Aussagenkalküls besteht, gestattete es, ohne große Schwierigkeiten den logischen Aufbau der in mechanischer Schaltgliedtechnik entwickelten Geräte auf die Relaisgeräte zu übertragen.

Es wurde zunächst ein kleines Rechenwerk mit festem Komma gebaut (1939), das etwa 200 Relais enthielt. Dieses Rechenwerk, das die Bezeichnung Z 2 erhielt, wurde mit dem mechanischen Speicher des Gerätes Z 1 gekoppelt. Eine einfache Programmsteuerung mit Lochstreifen wurde angeschlossen. Es gelang mit diesem Gerät gewisse einfache Formeln durchzurechnen und das Prinzip der Programmsteuerung zu demonstrieren. Jedoch kam das Gerät für den praktischen Einsatz noch nicht in Frage.

Es folgte der Bau des Gerätes Z 3, das wegen seiner historischen Bedeutung etwas eingehender beschrieben werden soll.

Die Daten sind folgende:

Programmsteuerung:	Lochstreifen (Normalfilm), Einadreßcode, je Befehl 8 Bits (wie bei Z 4).
Programmherstellung:	Handlocher
Rechenwerk:	rein dual, gleitendes Komma, Parallelrechenwerke für Exponenten und Mantisse, Wortlänge: 22 Bits (Vorzeichen, sieben Exponentenstellen, 14 Mantissenstellen), eingebaute Operationen: $+, -, \times, :, \sqrt{\ }$, Multiplikation mit 2, $^1/_2$, 10, 0.1, -1 Übersetzung: dezimal-dual, dual-dezimal, Steuerung der Operationen: Schrittschalter und Relaisketten.
Speicherwerk:	Relaisspeicher für 64 Worte.
Eingabe:	Tastatur, vier Dezimalen mit Kommaeinstellung.
Ausgabe:	Anzeige auf Lampenfeld, vier Dezimalen mit Komma-Anzeige.
Gesamtzahl der Relais:	2600
Bauzeit:	1939 bis 1941
Aufstellungsort:	Berlin, Methfesselstraße 7; 1944 durch Bombenangriff zerstört.

Bild 7 zeigt ein Blockschema des Zahlenkreislaufes. Das Gerät entsprach in seinem Aufbau im wesentlichen dem Gegenstand der Patentanmeldung [12]. An seiner Finanzierung war die Deutsche Versuchsanstalt für Luftfahrt (DVL), Berlin-Adlershof, wesentlich beteiligt. Es sei hier der Name von Herrn Professor

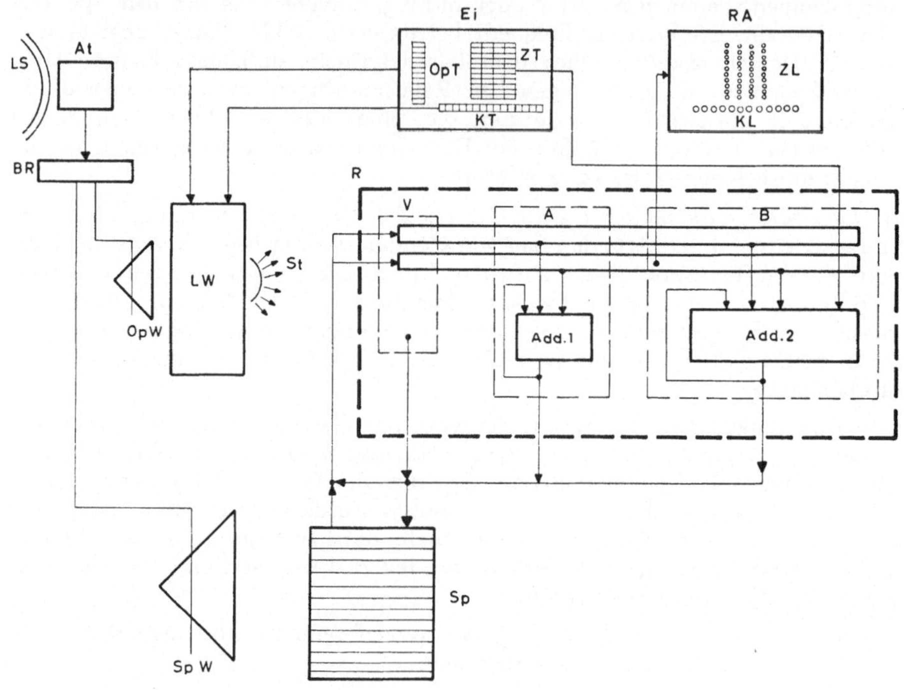

Bild 7. Blockschema des Zahlenkreislaufes im Gerät Z 3

LS = Lochstreifen, At = Abtaster, BR = Befehlsregister, OpW = Operationswähler, LW = Leitwerk, St = Steuerungsleitungen, SpW = Speicherwähler, Sp = Speicher, Ei = Eingabe, RA = Ausgabe, OpT = Operationstasten, ZT = Zifferntasten, KT = Kommatasten, ZL = Ziffernlampen, KL = Kommalampen, R = Rechenwerk, V = Vorzeichenwerk, A = Exponentenwerk, B = Mantissenwerk, Add 1, 2 = Additionswerke

TEICHMANN erwähnt, der sich stark dafür einsetzte, daß diese Entwicklung zum praktischen Einsatz kam. Auf dem Gerät wurde eine Reihe von interessanten Programmen erprobt und durchgerechnet.

Nach Fertigstellung des Gerätes Z 3 wurden sofort die Pläne für ein verbessertes Gerät, die Z 4, ausgearbeitet, mit dessen Bau sofort begonnen wurde. Dieses Gerät entspricht in seinem logischen Aufbau im wesentlichen dem Gerät Z 3; es unterscheidet sich von diesem jedoch in folgenden Punkten:

1. größere Stellenzahl (32 Bits),
2. besondere Einrichtungen zur Programmfertigung,
3. mechanisches Speicherwerk,
4. verschiedene technische Verbesserungen.

Das Gerät war 1945 soweit fertiggestellt, daß es einfache Programme rechnen konnte. Es war das einzige von den während des Krieges gebauten Geräten, das gerettet werden konnte.

Die Historie dieses Gerätes ist eine abenteuerliche Geschichte. Es wurde später weiter ausgebaut (Bild 8) und an die Eidgenössische Technische Hochschule, Zürich, vermietet (1950—1955). Anschließend fand es Aufstellung im Institut von Herrn Professor Dr.-Ing. H. Schardin, Laboratoire des Recherches, St. Louis.

Bild 8.   Rechengerät Z 4

c) *Spezialmodelle.* Neben diesen universalen programmgesteuerten Rechengeräten wurden während des Krieges vom Verfasser zwei Spezialmodelle für Flügelvermessungen gebaut. Es handelte sich dabei um folgende Aufgabenstellung:

Flügel und Leitwerk eines ferngesteuerten Flugkörpers wurden für jedes gefertigte Modell an etwa 100 Meßstellen vermessen und die Abweichungen von der Soll-Form auf einem Protokoll registriert. Durch eine längere Rechnung, die im wesentlichen in Additionen, Subtraktionen und Multiplikationen mit Einflußwerten bestand, wurden die zu erwartenden aerodynamischen Abweichungen des Flugkörpers ermittelt und entsprechende Einstellungen der Flügel und des Leitwerkes vorgenommen. Für diese Rechnungen waren sechs normale Vierspezies-Tischrechenmaschinen mehrschichtig laufend im Einsatz. Der Verfasser baute nun ein Spezialmodell, welches das Rechenprogramm automatisch durchführte, wobei lediglich die Werte des Protokolls einzutasten waren.

Das Gerät arbeitete in Relaistechnik und besaß etwa 800 Relais. Die Programme waren auf Schrittschaltern fest verdrahtet und konnten lediglich durch Knopfdruck ausgelöst werden. Ebenso waren die konstanten Einflußwerte auf Schrittschaltern verdrahtet. Die Ablesung des Protokolls wurde durch ein Lampenfeld erleichtert, auf welches das Protokoll aufgelegt wurde. Die jeweils angeforderte Zahl wurde erleuchtet.

Dieses Gerät arbeitete etwa zwei Jahre lang bei den Henschel-Flugzeugwerken in mehrschichtigem Einsatz. Auch dieses Modell wurde durch Kriegseinwirkungen zerstört.

Ein verbessertes Modell mit erweiterter Aufgabenstellung wurde fertiggestellt, konnte jedoch nicht mehr in Betrieb genommen werden. Bei diesem Modell wurden die Werte an den Meßuhren direkt abgetastet und auf die Rechenmaschine übertragen [19]. Die Meßuhren wurden dabei durch ein Schrittschalterwerk abgefühlt, und pro $^1/_{100}$ Millimeter Abfühlweg wurde ein Impuls in das Rechenwerk gegeben. Der Meßwert stand dann auf Schrittschaltern im Rechenwerk und konnte von dort aus dual verschlüsselt ausgewertet werden.

Erwähnenswert ist ferner noch der während des Krieges erfolgte Bau eines kleinen logistischen Rechengerätes für Operationen des Aussagenkalküls [20]. Das Gerät konnte den Funktionsablauf einer aussagenlogischen Funktion mit fünf Variablen ausrechnen.

Neben dem Bau praktischer Modelle mögen folgende theoretische Arbeiten des Verfassers genannt sein, die im wesentlichen bis 1945 entstanden:

1. Ansätze einer allgemeinen Theorie des Rechnens [17] (unveröffentlicht).
   Diese Arbeit behandelt in erster Linie die Anwendung des Aussagenkalküls
   auf Rechenprobleme und gewisse Grundelemente der Schaltungsmathematik.

2. Der Plankalkül [21].

Ziel dieser Untersuchungen war es, das programmgesteuerte Rechnen über das Zahlenrechnen hinaus auf allgemein kombinatorische Rechenprozesse auszudehnen, z. B. auch auf das Problem der „Programmfertigung". Dem Verfasser schwebten hierbei „vorwiegend arithmetische" Rechengeräte einerseits und „logistische" Rechengeräte andererseits vor.

Ziel des Plankalküls war es, die theoretischen Voraussetzungen für die Formulierung derartiger allgemeinster Probleme zu schaffen. Pläne für nach diesen Prinzipien gebaute Rechengeräte blieben jedoch auf dem Papier. Die während des Krieges angefertigten Geräte waren bewußt ohne bedingte Befehle und damit ohne die dadurch gegebenen Möglichkeiten geplant, um erst einmal diese Stufe der Programmsteuerung sicher zu erreichen. Die verschiedenen Möglichkeiten bedingter Befehle, der Befehlsumrechnung usw. wurden lediglich im Plankalkül untersucht.

4. Die Entwicklung nach 1945

Nach Kriegsende wurden die Schranken für den Informationsaustausch zu beiden Seiten des Atlantiks geöffnet. Die in Europa und die in Amerika während des Krieges gebauten Geräte wurden bereits eingangs erwähnt. Die wesentlichen Unterschiede beider Entwicklungen seien hier nochmals tabellarisch gegenübergestellt:

Stand 1945

Deutschland	*USA*
Dualsystem	Dezimalsystem (verschlüsselt)
gleitendes Komma	festes Komma
elektromechanische Geräte, elektronische Vorversuche	elektromechanische und elektronische Geräte
Magnetspeicherung (DIRKS)	
kleiner Aufwand	großer Aufwand

In Deutschland kamen die Arbeiten nach dem Kriege selbstverständlich zunächst für einige Jahre zum Stillstand. Währenddessen nahmen die Entwicklungen in den USA und auch in anderen Ländern, insbesondere in England, gewaltige Formen an. Der Vorsprung, den Deutschland in gewisser Hinsicht Ende des Krieges hatte, wurde sehr bald aufgeholt. Es ist hier nicht der Platz, auf die Fülle der amerikanischen und englischen Entwicklungen im einzelnen einzugehen. Jedoch seien einige charakteristische Merkmale der weiteren Entwicklung besprochen.

4.1 Das Serienprinzip

Vor allem ist hier das Serienprinzip zu erwähnen, das sich bald als sehr vorteilhaft für den Bau elektronischer Rechengeräte erwies. Es bietet die Möglichkeit, den an sich hohen konstruktiven Aufwand elektronischer Schaltungen durch deren höhere Geschwindigkeit auszugleichen, indem man Vorgänge, die bei elektromechanischen Geräten nebeneinander auf parallelen Schaltungsteilen ablaufen, bei elektronischen Geräten nacheinander in der gleichen Schaltung zur Ausführung bringt.

Es war das Verdienst JOHN VON NEUMANNS, als einer der ersten dieses Prinzip herausgestellt und mit allen Konsequenzen untersucht zu haben [22].

Die Möglichkeit der Verschlüsselung von Dezimalziffern wurde gründlich untersucht (AIKEN-Code, STIBITZ-Code). Das Rechnen mit Adressen im Verein mit bedingten Befehlen und gespeicherten Programmen wurde in den angelsächsischen Ländern in seinen Möglichkeiten untersucht und in einer Reihe von Rechengeräten verwirklicht. Hierdurch erhielten die Programme eine große Beweglichkeit.

Die Konstruktionselemente wurden auf breiter Basis studiert und in vielen Variationen verwendet. Erwähnt seien Ultraschall-, Kathodenstrahlröhren-, Magnettrommel- und Magnetkernspeicher.

4.2 Verbesserte Relaisgeräte

Als etwa im Jahre 1949 in Deutschland die Entwicklung wieder aufgegriffen werden konnte, war es schwer, den Anschluß zu finden. Es seien hier aus den verschiedenen Arbeiten nur die Entwicklungen, an denen der Verfasser beteiligt war, herausgegriffen. Da die Elektronik um die damalige Zeit noch immer Unsicherheiten aufwies, wurden zunächst die Arbeiten an den Relaisgeräten fortgesetzt. Wie schon oben erwähnt, konnte aus dem Kriege als einziges Gerät die Z 4 gerettet werden, welche an der Eidgenössischen Technischen Hochschule in Zürich aufgestellt wurde. Die Ergänzungen bestanden in erster Linie in einem Lochstreifenwerk für Zahlen und im Einbau von bedingten Befehlen (hauptsächlich bedingter Sprungbefehle).

Das Gerät Z 4 fand noch einen Nachfolger in dem Gerät Z 5, welches 1952 an die Optischen Werke Leitz in Wetzlar geliefert wurde (Bild 9). Auch die Z 5 ist ein Relaisgerät, das im Dualsystem und mit gleitendem Komma arbeitet. Sie besitzt eine sechsmal höhere Geschwindigkeit als die Z 4. Die bedingten Sprungbefehle wurden durch Rufbefehle ergänzt, so daß mit Hilfe der Bandsteuerung die einzelnen Bänder und daselbst beliebige Unterprogramme aufgerufen werden können.

Das Gerät Z 5 stellt gewissermaßen den Abschluß einer Entwicklungsreihe von Relaisgeräten, nämlich Z 3, Z 4, Z 5, dar. Die Relaistechnik behielt aber weiterhin

ihre Bedeutung für die Konstruktion von Rechenmaschinen, obwohl schon die
ersten, wesentlich schnelleren elektronischen Maschinen gebaut wurden. Waren
bisher nur einzelne Exemplare bestimmter Gerätetypen entstanden, so begann
jetzt die serienmäßige Fertigung von z. T. kleineren Relaisgeräten.

Bild 9. Relais-Rechengerät Z 5

Hierbei handelt es sich einmal um einen Rechenlocher, der für eine große Büromaschinenfirma gebaut und in etwa 25 Exemplaren ausgeliefert wurde und auch
heute noch in Betrieb ist. Mit diesem Gerät konnte die Zeit überbrückt werden,
in der ein großer Bedarf an Rechenmaschinen auf diesem Sektor einsetzte, die

Bild 10. Relais-Rechengerät Z 11

elektronische Entwicklung jedoch noch nicht marktreif war. Der Rechenlocher
arbeitet im verschlüsselten Dezimalsystem (STIBITZ-Code); durch Kombination
zweier Parallel-Addierwerke konnte trotz einer an sich niedrigen Impulsfrequenz
von etwa 10 Hz eine Multiplikationszeit von 0,25 Sekunden erreicht werden.

Ein weiterer Typ dieser Art ist das Relais-Rechengerät Z 11 (Bild 10). Es ist das erste in Deutschland serienmäßig gebaute programmgesteuerte Rechengerät für mathematische Rechnungen. Von ihm sind inzwischen über 30 Stück zum Einsatz gekommen.

Als Ausgangspunkte dieses Gerätes sind einmal das im Kriege gebaute Spezialmodell des Verfassers und zum anderen das von Herrn Regierungsrat H. SEIFERS in München konstruierte Modell SM 1 anzusehen, das speziell für Zwecke der Flurbereinigung entwickelt worden war [23]. SEIFERS hat den Prototyp völlig selbständig und zunächst ohne Verbindung mit dem Verfasser gebaut. Das Gerät arbeitete anfangs rein dual, mit festem Komma und mit fest eingebauten Programmen (Schrittschaltersteuerung).

Seine größte Verbreitung hat das Gerät Z 11 im Vermessungswesen (Flurbereinigung, Landesvermessung, Stadtvermessung) gefunden. Aber auch in einer Reihe von optischen Firmen und in der Rentenberechnung hat es mit Erfolg Eingang gefunden. Im Vermessungswesen ist es deshalb so beliebt, weil die einzelnen Programme lediglich über Drucktasten ausgewählt zu werden brauchen. Die Anforderungen an die Programme wurden jedoch gerade durch den Einsatz in der Optik immer höher. Die Schrittschaltersteuerung erlaubt es zunächst, die einzelnen Programme an sich sehr beweglich zu gestalten. Die Steuerung besteht nämlich darin, daß von den einzelnen Kontaktbahnen der Schrittschalter Spannung an verschiedene Stellen des Gerätes gelegt wird (meistens Übertragungen auslösende Relais). Jeder derartige „Mikrobefehl" kann von beliebigen Bedingungen abhängig gemacht werden, indem er über beliebige Kontaktkombinationen innerhalb des Gerätes gelegt wird. In jedem Schritt der Drehwähler wird ein aus Mikrobefehlen zusammengesetzter Befehl ausgeführt. Jedoch müssen diese Befehle vor dem Bau in die Verdrahtungspläne aufgenommen werden.

Bald jedoch entstand das Bedürfnis, die Programme ändern zu können. Dazu wurde auch dieses Gerät mit einer Bandsteuerung versehen, wobei die Programme von vier Bändern in beliebiger Ordnung abgerufen werden können. Die Möglichkeit, Zahlen dual oder dezimal über Lochstreifen aus- und einzugeben, gibt dem Gerät weitere Beweglichkeit.

4.3 Einsatz der Elektronik

Inwischen hatte das allgemeine Interesse an elektronischen Rechengeräten dazu geführt, daß einige deutsche Hochschul- und Forschungsinstitute die Entwicklung elektronischer Rechengeräte aufnahmen. Es ist hier nicht der Ort auf diese Entwicklungen einzugehen; die Arbeiten der Entwicklungsgruppen in Göttingen, München [24] und Darmstadt dürfen als bekannt vorausgesetzt werden (vgl. hierzu auch [25, 26]). Es mag eine gewisse Tragik darin liegen, daß eine einheitliche Linie aller deutschen Stellen, die im Angesicht der enormen Anstrengungen im Ausland unter den erschwerten Nachkriegsverhältnissen an diesem Problem arbeiteten, nicht erreicht werden konnte.

Für den Verfasser gab es auf Grund einfacher realer Umstände nur den Weg der Entwicklung industriell zu fertigender Geräte. Die hierbei geltenden Gesichtspunkte seien einmal zusammengestellt:

1. Das Gerät muß verhältnismäßig klein sein, einmal aus Gründen des Kapitalbedarfs und zweitens, um es den europäischen, insbesondere deutschen Verhältnissen besser anzupassen.

2. Die Rechengeschwindigkeit einerseits und die Leistungsfähigkeit von Ein-
   und Ausgabe andererseits müssen zueinander in einem vernünftigen Verhältnis stehen.

3. Die Punkte 1 und 2 bedingen, daß das Gerät kein ausgesprochenes „daten-
   verarbeitendes" Gerät sein kann, da hierzu leistungsfähige Ein- und Ausgabegeräte erforderlich sind, deren Entwicklung langwierig und teuer ist.

4. Bei der Konstruktion der Rechenmaschine selbst soll der Gesichtspunkt
   gelten, mit möglichst geringem Aufwand eine möglichst große Vielseitigkeit
   zu erreichen, d. h. die Vielseitigkeit des Gerätes soll dadurch erreicht werden,
   daß aus einfachen Grundoperationen gut organisierte Programme aufgebaut
   werden.

5. Eine somit wirtschaftlich tragbare hohe Speicherkapazität soll erreicht werden.
   Dies ist insbesondere auch im Zusammenhang mit Punkt 4 wichtig, da eine
   bewegliche Programmierung nur durch gespeicherte Programme erreicht
   werden kann.

6. Das Gerät sollte nach Möglichkeit mit bewährten Bauelementen gebaut
   werden.

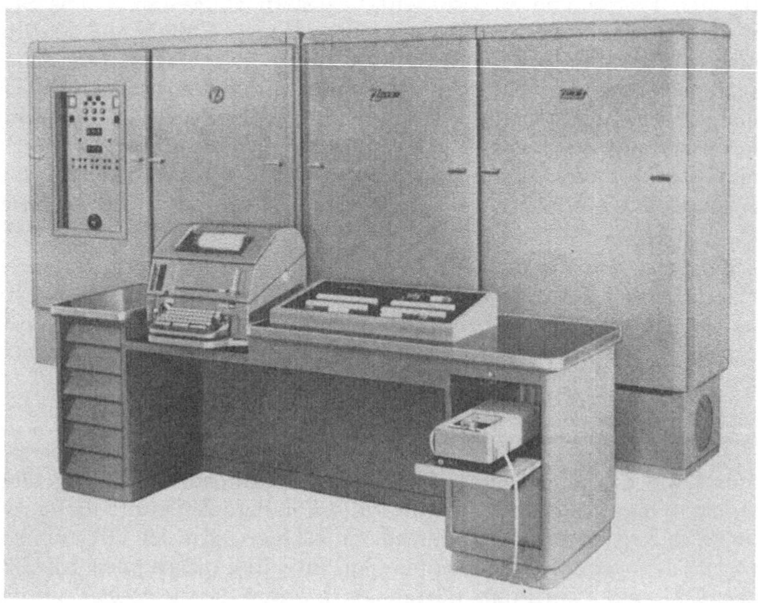

Bild 11. Das elektronische Rechengerät Z 22

Diese Gesichtspunkte führten zur Konstruktion des programmgesteuerten
Rechengerätes Z 22 (Bild 11) mit folgenden charakteristischen Merkmalen:

a) Röhrentechnik und Logik mit Dioden (entsprechend Punkt 6);

b) Serienprinzip (entsprechend den Punkten 1 und 4);

c) Trommelspeicher (entsprechend den Punkten 5 und 6);

d) Einfache Grundoperationen, stark ausgebaute logische Möglichkeiten (entsprechend Punkt 4);

e) Eingabe über Lochstreifen, Ausgabe über Fernschreiber (entsprechend den Punkten 3 und 6);

f) Einsatzmöglichkeiten vorwiegend im wissenschaftlich-technischen Sektor einschließlich kommerzieller Mathematik.

Um den logischen Aufbau des Gerätes entsprechend Punkt 4 (einfache Grundoperationen) zu besprechen, seien zunächst einmal einige grundsätzliche Gesichtspunkte betrachtet.

Die Theorie des Rechnens ergibt, daß sämtliche Rechenoperationen grundsätzlich in aussagenlogische Operationen mit Ja-Nein-Werten zerlegt werden können. Diese 3 Grundoperationen sind: Konjunktion, Disjunktion und Negation. Tatsächlich ist es prinzipiell möglich, Rechenmaschinen nach diesem Prinzip zu bauen, deren eigentliches Rechenwerk lediglich die aussagenlogischen Operationen ausführt, (z. B. das oben erwähnte einfache Rechengerät für Operationen des Aussagenkalküls).

Die Einfachheit des Aufbaues gilt aber im Rahmen einer programmgesteuerten Rechenmaschine nur für das Rechenwerk. Das Speicherwerk selbst ist zwar ebenfalls insofern einfach, als jede „Speicherzelle", d. h. jede geschlossen aufzurufende Einheit lediglich einen einzigen Ja-Nein-Wert zu speichern hat. Die Auswahleinrichtungen sind aber sehr umfangreich, da ja jeder einzelne Ja-Nein-Wert für sich ansprechbar sein muß. Ebenso sind die Programme sehr umfangreich, da sämtliche Operationen — selbst einfache Additionen — in ihre kleinsten rechnerischen Grundoperationen mit Ja-Nein-Werten aufgelöst werden müssen. Diesem Extrem mit dem einfachsten logischen Rechenwerk steht die andere Lösung gegenüber mit einem Rechenwerk, bei welchem die arithmetischen Grundoperationen eventuell mit gleitendem Komma fest verdrahtet sind. Nach diesem Prinzip wurden ja zunächst fast alle programmgesteuerten Rechenmaschinen gebaut. Die mit der Geräteserie Z 1 bis Z 5 gemachten Erfahrungen zeigen, daß derartige Rechenwerke recht komplizierte interne Schaltungen erfordern. Besonders das gleitende Komma stellt hohe Anforderungen. Mit Hilfe der Relaistechnik ist es verhältnismäßig leicht, derartige Schaltungen aufzubauen, da das Relais ein ideales Mittel zum Aufbau von Schaltungen aus logisch-mathematischen Ansätzen darstellt. Ein Relais greift mit einer Vielzahl von Kontakten in viele Stromkreise ein, und die Verknüpfungen bedürfen keiner verstärkenden Elemente, was bei Röhren nicht der Fall ist. Die direkte Übertragung solcher Schaltungen in eine elektronische Technik ist zwar oft durchgeführt worden, erfordert aber erheblichen Aufwand.

Auf die Frage, ob es nun einen vernünftigen Mittelweg zwischen dem Rechenwerk mit elementaren aussagenlogischen Operationen und der vollausgebauten Mehrspeziesmaschine gibt, bieten sich auf Grund der Untersuchungen zahlreiche Möglichkeiten an. Als besonders vorteilhaft darf wohl folgende Lösung gelten:

1. Als Informationseinheit wird eine Folge von Ja-Nein-Werten gewählt (Wort).

2. Als Grundoperationen gelten folgende:
   a) duale Addition;
   b) Komplementbildung;
   c) Links- und Rechtsverschiebung;
   d) Intersektion.

Die Komplementbildung besteht in der (aussagenlogischen) Umkehrung, d. h. in der Negation jedes einzelnen Ja-Nein-Wertes des betreffenden Wortes. Hiermit ist die

Subtraktion lösbar. Die Links- und Rechtsverschiebung ist bei Auffassung des Wortes als Dualzahl identisch mit Verdoppelung bzw. Halbierung der Zahl.

Die Intersektion ist aussagenlogisch gleichbedeutend mit der Bildung der Konjunktion zwischen je zwei Ja-Nein-Werten zweier Worte, welche der gleichen Stelle zugeordnet sind. Hiermit ist es möglich, aus einem gegebenen Wort entsprechend einer in einem anderen Wort gegebenen Anweisung einen Teil herauszuschneiden und getrennt zu verarbeiten. Ist z. B. das Wort bedeutungsmäßig aufgeteilt in Vorzeichen, Exponent und Mantisse (Zahl im gleitenden Komma), so kann der Exponent zur getrennten Verarbeitung aus dem vollen Wort herausgeschnitten werden, indem man die Operation der Intersektion mit einer Konstanten durchführt, welche in den Stellen, die den Exponenten zugeordnet sind, eine Eins aufweist und in allen anderen Stellen eine Null.

Damit wäre für die Konstruktion des Rechenwerkes eine günstige Lösung gefunden. Es sei nun auf die grundsätzlichen Gesichtspunkte bei der Programmierung eingegangen. Die Entwicklung der Programmsteuerung sei in diesem Zusammenhang, beginnend mit der Stufe der linearen Programme, wie folgt gezeichnet:

1. a) Lineare Programme ohne Beeinflussung durch den Ablauf der Rechnung,
    b) Sprung in Unterprogramme,
    c) Sprung in Unterprogramme mit automatischer Rückkehr;
2. Beeinflussung des Programmablaufes durch die Rechnung:
    a) bedingte Ausführung einzelner Befehle,
    b) bedingte Sprungbefehle,
    c) bedingtes Anrufen von Unterprogrammen;
3. Programmspeicherung;
4. Programmspeicherung mit Adressenumrechnung;
5. Vereinigung von Programm- und normalem Informationsspeicher.

Die Stufen 1a sowie 2a und 2b lassen sich noch gut mit sogenannten Bandsteuerungen erreichen. Bei den Stufen 1b, 1c und 2c tritt allerdings schon ein Nachteil des Bandes in Erscheinung, da das bedingte Heranführen eines gerufenen Programmteiles unter Umständen den blinden Durchlauf längerer Bandteile erfordert. Hier setzt der Vorteil der Programmspeicherung ein, da das Aufsuchen beliebiger Programmteile nur an die Zugriffszeit des Speichers gebunden ist. Hiermit hängt nun eng das Umrechnen der Adressen entsprechend Stufe 4 zusammen, das einmal dazu dienen kann, die Indizes von Variablen abzuzählen (n-stellige Vektoren bzw. $m \cdot n$-stellige Matrix) oder das Zusammenspiel beliebiger Unterprogramme beliebig frei zu gestalten, indem die Frage der Auswahl des nächsten Programmteiles zum Gegenstand der Rechnung selbst gemacht wird.

Bei der Entwicklung von Geräten in dieser Stufenfolge wurden zunächst Geräte entworfen und gebaut, welche für das Anzeigen und Umrechnen der Programme eigene Einrichtungen besitzen (Programmspeicher, Indexregister, Indexzähler usw.). Es zeigte sich jedoch bald, daß derartige Programmumrechnungen vorteilhaft mit dem gleichen Rechenwerk durchgeführt werden, in dem die eigentliche Informationsverarbeitung erfolgt. Ebenso ist es vorteilhaft, die normalen Informationseinheiten (Zahlen) strukturmäßig den Befehlen anzupassen und ein Wort wahlweise einmal die eine und einmal die andere Bedeutung annehmen zu lassen. Damit ist dann auch eine Trennung der Speicher für beide Informationsarten logisch nicht mehr erforderlich. Im Gegenteil, es ergibt sich eine wesentlich höhere Beweglichkeit in der Programmierung, wenn beide Informationsarten im gleichen Speicher behandelt werden.

Damit sind gewisse logische Grundsätze für den Bau einfacher, aber sehr universeller Geräte gegeben. Gedankengänge dieser Art führten an mehreren Stellen zu Entwürfen und teilweise praktischen Ausführungen von Modellen [27, 28].

Insbesondere ausgehend von dem Projekt der MINIMA entstand über einige Zwischenentwürfe das Blockschema der Z 22 (Bild 12), wobei wesentliche Ergänzungen gegenüber dem eigentlichen MINIMA-Projekt eingebaut wurden.

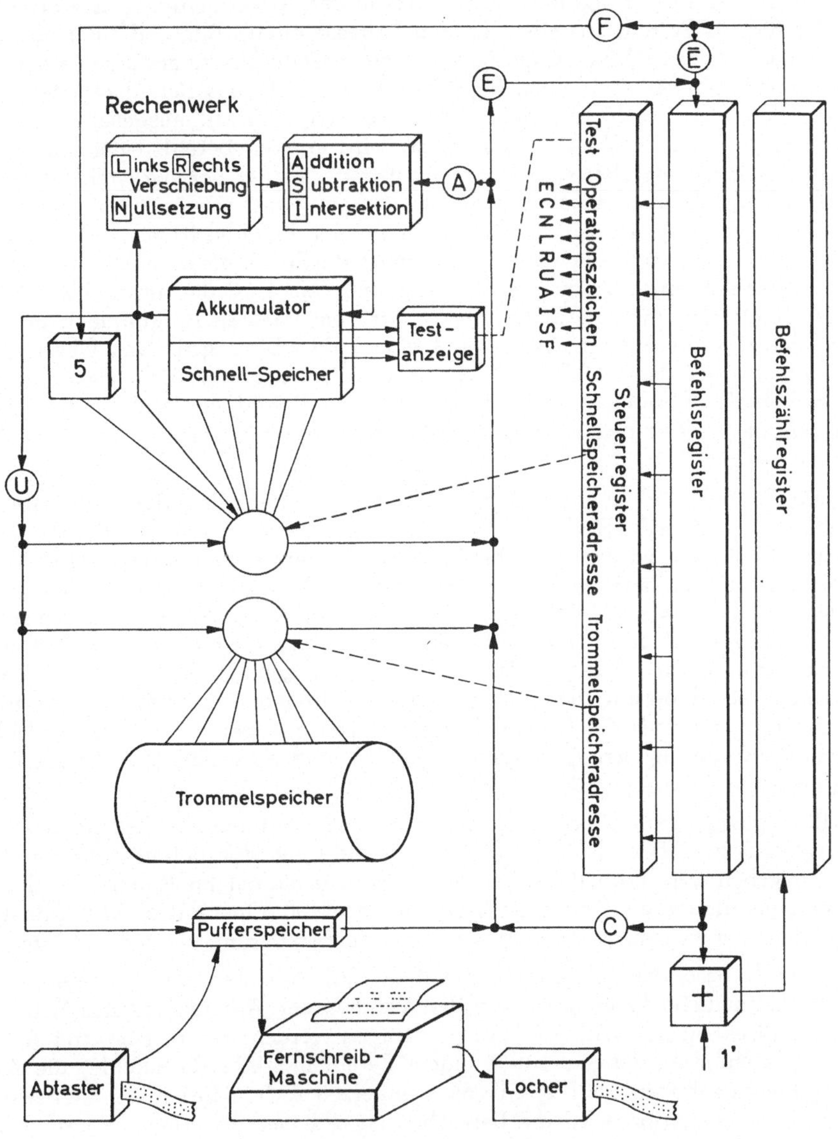

Bild 12. Blockschema Z 22

Als Hauptspeicher ist ein Trommelspeicher und als Schnellspeicher ein Ferritkernspeicher vorgesehen. Das Rechenwerk kann, wie oben erwähnt, die Operationen $+$, $-$, Verschieben, Intersektion durchführen. Ein wesentliches Merkmal im Aufbau des Befehlscodes sind die *„funktionellen Bits"*. Diesen sind (ohne Entschlüsselung) bestimmte Stromtore des Gerätes direkt zugeordnet, welche die Übertragungswege von Informationen freigeben oder sperren. Jedes Bit ist mit einem großen lateinischen Buchstaben benannt, so daß der Operationsteil des Befehls durch eine Aneinanderreihung solcher Buchstaben angegeben wird.

So bewirkt z. B. „E" die Übertragung eines Wortes vom Speicher in das Befehlsregister, „A" die Übertragung eines Wortes in den Akkumulator. Der Adressenteil des Befehls besteht aus einer Trommeladresse mit 13 Bits und einer Schnellspeicheradresse mit 5 Bits. Das Programmwerk besteht aus einem Befehlsregister, einem Steuerregister und einem Befehlszählregister. In das Befehlsregister läuft jeweils derjenige Befehl ein, der in der nächsten Wortzeit ausgeführt werden soll. Nachdem der Befehl eingelaufen ist, wird er vom Befehlsregister auf das Befehlssteuerregister übertragen, von wo für die Dauer der nächsten Wortzeit die kommandierenden Einstellungen im Gesamtgerät vorgenommen werden. Besondere Vorsorge ist für das Durchzählen der Befehlsadressen bei linearen Programmen getroffen. Da von der Trommel durch die gleichen Übertragungsund Auswahlorganisationen sowohl die Befehle als auch die durch die Befehle zu verarbeitenden Informationen laufen, wird bei linearen Programmen im allgemeinen abwechselnd ein Befehl und eine Zahl übertragen. Das Übertragen der Befehle auf das Befehlsregister ist jedoch wiederum die Wirkung von „Abrufbefehlen", deren Adresse von Befehl zu Befehl um eins weiterzählen muß. Normalerweise benutzt man hierfür besondere Adressenregister mit Zähleinrichtungen.

Bei der Z 22 ist die Organisation jedoch so getroffen, daß der volle Abrufbefehl in der Zwischenwortzeit über ein Halbaddierwerk in ein Befehlszählregister übertragen wird, wobei die Trommeladresse um eins erhöht wird. Vom Befehlszählregister läuft er dann in der nächsten Wortzeit wieder im Kreislauf in das Befehlsregister. Der Vorteil gegenüber einfachen Adressenzählregistern besteht darin, daß der vollständige Befehlstext einen Kreislauf ausführt und in geänderter Form wieder in das Befehlsregister gelangt. Wenn auch im allgemeinen die Änderung des Befehls lediglich in der Erhöhung der Adresse besteht, so kann doch der Umstand, daß der gesamte Befehl über das Befehlsregister läuft, dahingehend ausgenutzt werden, daß auch der Abrufbefehl eine oder mehrere Mikrooperationen auslösen kann.

Die Bedingungsorganisation ist so getroffen, daß bestimmte Schnellspeicher abhängig von zwei Befehlsbits P, Q die Ausführung des Befehls unterbinden oder freigeben. Die Schnellspeicher selbst werden einmal im Rahmen arithmetischer Operationen als Rechenwerksregister benutzt (Operanden, Multiplikator usw.) und dienen zum anderen in der Programmsteuerung als Indexregister.

Es ist noch besondere Vorsorge getroffen, daß Adressen leicht umgerechnet werden können. So kann durch ein Befehlsbit C der Adressenteil des Befehlsregisters direkt in den Akkumulator übertragen werden. Ferner sind drei Arten von Adressenumrechnungen mit je einem Befehl möglich. (G-Befehle; die Anregung hierzu gab Herr Dr. F. R. GÜNTSCH, seinerzeit Technische Universität Berlin). Durch diese Operation wird die Beweglichkeit des Gerätes erheblich gesteigert. Logisch gesehen bedeutet es allerdings einen erheblichen Schritt über das ursprüngliche Ziel hinaus, mit elementaren Operationen ein universelles Gerät zu bauen.

Die Grundprogramme bestehen aus dem Leseprogramm, arithmetischen Programmen und dem Druckprogramm. Sie beanspruchen zusammen etwa 1000 Befehle. Grundsätzlich kann jeder Benutzer sein eigenes Grundprogramm aufbauen. Jedoch bedeutet die Entwicklung eines Grundprogrammes eine erhebliche Arbeit, so daß von dieser Möglichkeit kaum Gebrauch gemacht wird. Das im allgemeinen benutzte Grundprogramm wird mit dem Namen „Freiburger Code" bezeichnet.

Es seien hier noch als Förderer der Idee dieses Gerätes die Namen von Herrn Prof. Dr. H. GÖRTLER, Universität Freiburg/Br., Prof. Dr. W. HAACK, Technische Universität Berlin, und Prof. Dr. H. CREMER, Technische Hochschule Aachen, genannt. Diese drei Hochschulen erhielten dann auch die ersten Geräte. Heute ist das Gerät bei einer Reihe von Hochschulen und Forschungsstellen eingesetzt. Es hat aber auch in der Industrie und im Vermessungswesen Eingang gefunden.

Das Aufkommen der Transistoren und deren mittlerweile preiswerte Gestaltung hat auch in der Weiterentwicklung des Elektronenrechners Z 22 einen Niederschlag gefunden. Durch Verwendung dieser vorteilhaften Halbleiterelemente in Verbindung mit gedruckten Steckschaltungen entstanden daraus zwei neue Typen von Rechenanlagen, nämlich die Geräte Z 23 und Z 31.

Die zur Verwendung in Wissenschaft, Industrietechnik und Behörden bestimmte volltransistorisierte Rechenanlage Z 23 lehnt sich in ihrem logischen Aufbau an die bewährte Befehlsstruktur der Z 22 an und wurde hinsichtlich der Programmierungsmöglichkeiten wesentlich verbessert. Sie arbeitet im Binärsystem nach dem Serienprinzip. Die Leistungsfähigkeit wurde gegenüber ihrer Vorgängerin erheblich gesteigert. So beträgt das Fassungsvermögen der Magnetspeichertrommel 8192 Worte, das Wort zu 40 Binärstellen (entsprechend etwa 11 Dezimalstellen) gerechnet, bei beliebiger Zahlendarstellung mit gleitendem oder festem Komma. Der Ferritkern-Schnellspeicher wurde sogar um mehr als das Zehnfache vergrößert und faßt 240 Worte. In Verbindung mit einer erheblich gesteigerten Ein- und Ausgabegeschwindigkeit und dem Übergang vom Zweitakt- zum Eintaktverfahren im Befehlskreislauf ergibt sich eine dreimal größere Rechengeschwindigkeit gegenüber der Z 22.

Die Rechenzeiten betragen

	mit festem Komma	mit gleitendem Komma
für die Addition	0,3 ms	10,6 ms
für die Multiplikation und Division	13 ms	20 ms

Für vorwiegend kommerzielle Anwendungen ist die volltransistorisierte Rechenanlage Z 31 gedacht. Sie arbeitet im Gegensatz zur Z 22 und Z 23 im Dezimalsystem, da es bei kaufmännischem Einsatz besonders auf hohe Ein- und Ausgabegeschwindigkeit ankommt. Bei einer Wort- bzw. Zahlenlänge von zehn Dezimalstellen plus einer Vorzeichenstelle, die außerdem noch zur Unterscheidung von Zahlen, Befehlen und Klartext dient, betragen die Rechenzeiten

	mit festem Komma
für die Addition und Subtraktion	0,4 ms
für die Multiplikation	28 ms (im Mittel)
für die Division	38 ms (im Mittel),

wobei sich bei kürzerer Zahlenlänge die Zeiten für die Multiplikation und Division wesentlich verringern. Die Informationsdarstellung erfolgt auch wieder serienmäßig.

Das Rechenwerk enthält zwei Akkumulatoren mit Verschiebemöglichkeit, denen zwei Addierwerke und ein Komplementwerk zugeordnet sind, zwei Zählregister sowie Einrichtungen zum Testen und Vergleichen. Es können auch logische Operationen, und zwar gleichzeitig mit arithmetischen Arbeiten, sowie Rechnungen mit mehrfacher Zahlenlänge ausgeführt werden.

Die Befehlsstruktur ist, soweit das bei einem dezimalen Rechner vertretbar erscheint, nach ähnlichem analytischen Prinzip wie bei den vorgenannten Rechenanlagen aufgebaut und gewährleistet eine große Beweglichkeit in der Programmierung, wodurch sich die Anlage dank einer durch Sicherheitscode und entsprechende Kontrollen ermöglichte hohe Rechensicherheit auch gut für wissenschaftlich-technische Probleme eignet.

Kennzeichnend für die Z 31 ist das Baukastenprinzip. Die Anlage kann je nach Bedarf den Erfordernissen des Benutzers durch Zusatzgeräte beliebig (und fast unbegrenzt) angepaßt werden. So kann z. B. die Speicherkapazität des Arbeitsspeichers von 200 bis auf 9800 Worte variiert werden. Speichererweiterungen sind durch Anschluß weiterer Magnetspeichertrommeln, Kernspeichersätze und Magnetbandeinheiten möglich. Ferner können Lochkarten- und Lochstreifengeräte, Schreibmaschinen, Drucker sowie Spezialgeräte (z. B. Zeichentische) angeschlossen werden.

Erwähnenswert ist abschließend vielleicht noch das Konzept einer *Feldrechenmaschine* [29, 30], das zwar zunächst noch nicht zum Bau eines Gerätes geführt hat, im Rahmen dieser Zusammenstellung aber kurz erwähnt werden soll, zumal ähnliche Überlegungen in jüngster Zeit auch an anderen Orten erwogen werden [31, 32].

Angeregt wurde der Verfasser hierzu durch Diskussionen über das Problem der Wetterrechnung. Die hierbei zu lösenden partiellen Differentialgleichungen lassen sich mit Feldern von Gitterpunkten lösen. Der Grundgedanke ist kurz der, ganze derartige Felder als Operanden zu verwenden und Operationen zwischen diesen zu definieren. Als solche kommen Feldadditionen, Feldmultiplikationen, Verschiebung des ganzen Feldes in Zeilen- und Spaltenrichtung und dergleichen in Frage. Konstruktiv läßt sich für diese Zwecke der verhältnismäßig wirschaftliche Trommelspeicher gut einsetzen. Die Felder sind in passender Reihenfolge auf dem Umfang der Trommel gespeichert, so daß bei einer Trommelumdrehung ein komplettes Feld an den Lese- und Schreibköpfen vorbeiläuft. In passendem Zusammenspiel mit dem Rechenwerk lassen sich dadurch sehr günstige Zeiten für die Feldoperationen erzielen.

In der in obiger Betrachtung gegebenen Reihe von Geräten:

> Rechenwerk nur aussagenlogisch,
> Rechenwerk entsprechend Z 22 mit einfachen Grundoperationen,
> Rechenwerk mit voll ausgebauter Arithmetik,

stellt dieses Gerät eine weitere Stufe dar, bei der die Operanden Felder von Werten darstellen.

Im Rahmen einer Abhandlung über digitale Informationswandler verdienen noch zwei ebenfalls transistorisierte Geräte hier erwähnt zu werden, die unabhängig von einer Rechenanlage analoge Meßwerte digital in Lochstreifen übersetzen bzw.

in Lochstreifen gestanzte Informationen des Rechners in Analogform als Kurven aufzeichnen. Es handelt sich hierbei einmal um das *elektronische Planimeter* Z 80 und zum anderen um den lochstreifen- bzw. lochkartengesteuerten Zeichentisch *Graphomat* Z 64. Beide Geräte sind für Anwendungen gedacht, bei denen es auf höhere Präzision ankommt.

Schrifttum

[1] BABBAGE, CH.: Passages from the Life of a Philosopher. Green and Longmans, London 1864.

[2] BABBAGE, H. P.: Babbage's Calculating Engines. E. and F. N. Spon, London 1889.

[3] HOLLERITH, H.: The Electrical Tabulating Engine. J. Royal Statistic. Soc. **57** (1894) Teil 4, S. 678—682.

[4] COUFFIGNAL, L.: Calcul mécanique. Sur l'emploi de la numération binaire dans les machines à calculer et les instruments nomomécanique. C. R. Acad. Sci. (Paris) **202** (1936), S. 1970—1972.

[5] VALTAT, R. L. A.: Calcul mécanique. Machine à calculer fondée sur l'emploi de la numération binaire. Académie des Sciences, Séance de 25. Mai 1936. S. 1745—1748. (Vgl. auch Deutsche Patentschrift Nr. 664012, mit französischer Priorität vom 12. Sept. 1931.)

[6] TURING, A. M.: On Computable Numbers, with an Application to the Entscheidungsproblem. Proc. London Math. Soc. Ser. 2, **42** (1937), S. 230—265. Berichtigung dtto. **43** (1937), S. 544—546.

[7] SCHREYER, H.: Das Röhrenrelais und seine Schaltungstechnik. Dissertation, Techn. Hochschule Berlin, 20. August 1941, 44 Seiten.

[8] SCHREYER, H.: Schaltung von Glimmlampe und Elektronenröhre als Röhrenrelais. Deutsche Patentanmeldung Sch 1704. Anm.: 19. Nov. 1940; Bek.: 12. Aug. 1954.

[9] AIKEN, H. H. and Staff of the Computation Laboratory: A Manual of Operation for the Automatic Sequence Controlled Calculator. Annals Comput. Lab. Harvard Univ. Vol. 1. Harvard University Press, Cambridge/Mass., 1946.

[10] ANDREWS, E. G.: A Review of the Bell Laboratories' Digital Computer Developments. Rev. Electronic Digital Computers. Joint Computer Conf., Philadelphia, 10.—12. Dez. 1951, S. 101—105.

[11] GOLDSTINE, A., GOLDSTINE, H. H.: The Electronic Numerical Integrator and Computer (ENIAC). Math. Tabl. Other Aids Comput. **2** (1946) No. 15, S. 97—110.

[12] ZUSE, K.: Rechenvorrichtung. Deutsche Patentanmeldung Z 391. Anm.: 16. Juni 1941; Bek.: 4. Dez. 1952.

[13] ZUSE, K.: Rechenmaschine (logarithmisch). Deutsche Patentanmeldung p 50746. Anm.: 1. Aug. 1949; Bek.: 9. April 1953.

[14] SHANNON, C. E.: A Symbolic Analysis of Relay and Switching Circuits. Trans. Amer. Inst. Electrical Engrs. **57** (1938), S. 713—723.

[15] PIESCH, H.: Begriff der allgemeinen Schaltungstechnik. Arch. Elektrotechn. **33** (1939) No. 10, S. 672—686.

[16] PIESCH, H.: Über die Vereinfachung von allgemeinen Schaltungen. Arch. Elektrotechn. **33** (1939) No. 11, S. 733—746.

[17] ZUSE, K.: Ansätze einer Theorie des allgemeinen Rechnens unter besonderer Berücksichtigung des Aussagenkalküls und dessen Anwendung auf Relaisschaltungen. Unveröffentlicht (1943).

[18] ZUSE, K.: Rechenvorrichtung zum Darstellen einer oder mehrerer Funktionen. Deutsches Patent Nr. 962654. Pat. ab 31. Mai 1949.

[19] ZUSE, K.: Verfahren zur Abtastung von Oberflächen und Einrichtung zur Durchführung des Verfahrens. Deutsches Patent Nr. 872645. Pat. ab 3. Okt. 1943.

[20] ZUSE, K.: Vorrichtung zum Ableiten von Resultatangaben mittels Grundoperationen des Aussagenkalküls. Deutsche Patentanmeldung Z 394. Anm.: 11. Okt. 1944; Bek.: 12. März 1953. Desgl. Österr. Patent Nr. 172288.

[21] Zuse, K.: Theorie der angewandten Logistik. Kap. 1, Allgemeiner Plankalkül — Kap. 2, Allgemeine Rechenpläne — Kap. 3, Rechenpläne mit Zahlenrechnung — Kap. 4, Operationen mit algebraischen Ausdrücken (insbes. Aussagenkalkül) — Kap. 5, Schachtheorie. Unveröffentlicht (1945). Eine Kurzfassung „Über den Plankalkül" ist erschienen in der Zeitschrift „Elektronische Rechenanlagen" 1 (1959) No. 2, S. 68—71.

[22] von Neumann, J.: First Draft of a Report on the EDVAC. Contract No. W—670—ORD—492, Moore School of Electrical Engineering, University of Pennsylvania, 30. Juni 1945.

[23] Seifers, H.: Rechenautomat SM 1 für Vermessung und Flurbereinigung. Z. Vermessungswesen 79 (1954) No. 9, S. 285—294.

[24] Piloty, H., Piloty, R., Leilich, H. O., Proebster, W. E.: Die programmgesteuerte elektronische Rechenanlage München (PERM). Nachrichtentechn. Z. 8 (1955) S. 603—609 und 650—658.

[25] Biermann, L. (Herausg.): Vorträge über Rechenanlagen, gehalten in Göttingen, 19. bis 21. März 1953. Max-Planck-Institut für Physik, Göttingen 1953.

[26] Elektronische Rechenmaschinen und Informationsverarbeitung. Bericht über die GAMM/NTG Fachtagung, Darmstadt, 25.—27. Okt. 1955. Nachrichtentechn. Fachber. 4. Vieweg, Braunschweig 1956.

[27] Fromme, Th., Pösch, H., Witting, H.: Modell eines Rechenautomaten mit kleinstem Aufwand zum Studium von Programmierungsproblemen, 1954/55. Unveröffentlicht.

[28] van der Poel, W. L.: A Simple Electronic Digital Computer. Appl. sci. Res., Sec. B 2 (1952), S. 367—400.

[29] Zuse, K.: Die Feldrechenmaschine. Über den Entwurf einer programmgesteuerten Rechenmaschine, welche insbesondere für partielle Differentialgleichungen geeignet ist. MTW-Mitteilungen (Wien) 5 (1958) No. 4, S. 213—220.

[30] Zuse, K.: The Field Computer. Design of a Program-Controlled Calculating Machine Particularly Adapted for Partial Differential Equations. Actas Congreso Internacional de Automatica, Madrid, 13.—18. Okt. 1958. Instituto de Electricidad y Automatica, Madrid 1961, S. 190—193.

[31] Brown, I. F., Meltzer, B.: Some Aspects of the Logical and Circuit Design of a Digital Field Computer. Electronic Engng. 31 (1959) No. 380, S. 590—592.

[32] Unger, S. H.: A Computer Oriented Toward Spatial Problems. Proc. Western Joint Computer Conf., Los Angeles, 6.—8. Mai 1958, S. 234—239.

[33] Dirks, G., Dirks, G.: Elektrisches Rechenverfahren. Deutsche Patentanmeldung D 6578 IX b/42 m. Anm.: 10. Okt. 1944; Bek.: 3. Sept. 1953.

[34] Dirks, G.: Verfahren und Vorrichtungen zum Betreiben von elektrischen Rechen-, Schreib-, Sortier-, Speicher- u. dgl. Maschinen. Deutsche Patentauslegeschrift Nr. 1 021 188. Anm.: 1. Okt. 1948; Bek.: 19. Dez. 1957. (Denselben Gegenstand betreffend, jedoch ausführlicher in der Beschreibung ist die Schweizerische Patentschrift Nr. 341 665.)

[35] Dirks, G., Dirks, G.: Magnetische Speichersteuerung für Rechen-, Schreib-, Sortiergeräte. Das unter diesem Titel am 12. Juli 1943 eingereichte und beim Reichspatentamt unter dem ursprünglichen Aktenzeichen D 91 194 IX b/43 a registrierte Patentgesuch wurde unterteilt und bekanntgemacht als Deutsche Patentauslegeschriften Nr. 1 007 091 (Bek.: 25. April 1957) und Nr. 1 066 042 (Bek.: 24. Sept. 1959).

[36] Dirks, G., Dirks, G.: Magnetisches Speichergerät zur Steuerung usw. von Schreib-, Rechen-, Sortier-Maschinen, Vergleichs- und sonstigen Geräten. Das unter diesem Titel am 17. Juli 1943 eingereichte und beim Reichspatentamt unter dem ursprünglichen Aktenzeichen D 91 234 IX b/43 a registrierte Patentgesuch wurde unterteilt und bekanntgemacht als Deutsche Patentauslegeschriften Nr. 1 011 178 (Bek.: 27. Juni 1957), Nr. 1 020 468 (Bek.: 5. Dez. 1957) und Nr. 1 020 469 (Bek.: 5. Dez. 1957).

JAN OBLONSKÝ

Prague, Czechoslovakia

Computer Progress in Czechoslovakia

I. A Self-Correcting Computer

With 2 Figures

Disposition

1. Introduction

2. Checking System
2.1 Checking of Transfers
2.2 Checking of the Operations
2.3 Checking of the Control
2.4 Checking of the Memory
2.5 Checking of the Input Unit
2.6 Checking of the Output Unit

3. Correction of Errors

4. Communication of Errors

5. Concluding Remarks

Summary. The Czechoslovakian automatic computer SAPO is a computer with a triple arithmetic unit. Certain failures of its components are detected, classified, printed and the resulting errors are automatically corrected. The checking circuits included in the control detect also failures of the memory as well as the failures of the control itself. The computer is designed to correct errors due to a failure of any single component. The error-detecting and error-correcting system of the computer is described in the paper.

Zusammenfassung. Der tschechoslowakische Rechenautomat SAPO zeichnet sich durch ein dreifach vorhandenes Rechenwerk aus. Gewisse auf seine Komponenten zurückzuführende Fehlleistungen werden ermittelt, klassifiziert, ausgedruckt und die dadurch bedingten Fehler automatisch berichtigt. Die als Teil des Steuerwerks vorhandenen Prüfschaltungen ermitteln gleichfalls allfällige Störungen im Speicher sowie in der Steuerung selbst. Die logische Struktur der Rechenanlage ist so beschaffen, daß Fehler, die auf ein Versagen eines einzelnen Bauteils zurückzuführen sind, von selbst berichtigt werden. In diesem Beitrag wird die Struktur der Fehlerermittlungs- und Fehlerberichtigungsschaltungen der Rechenanlage beschrieben.

Résumé. Le calculateur automatique Tchécoslovaque SAPO est muni d'une unité arithmétique triple. Certains défauts de fonctionnement sont détectés, classifiés, imprimés, et les erreurs qui en resultent sont rectifiées automatiquement. Les circuits de contrôle détectent des erreurs commises aussi par la memoire et par ces circuits eux-mêmes. Le calculateur est conçu de façon à corriger le mauvais fonctionnement de n'importe quel élément. Le système de détection et de correction des erreurs est décrit dans cet article.

1. Introduction

Correct results from an automatic computing machine are obtained when two
conditions are fulfilled, namely, if 1) the machine is supplied with correct input
information, e. g. program and data, and 2) the machine performs the sequence of
operations prescribed by the given program with adequate reliability. When the
first condition holds, the ability of the machine to produce right results is due to
the combined influence of three independent factors:

1. The requirements of the program.
2. The actual reliability of the computer components.
3. The logical structure of the computer.

Different measures have been suggested to increase the probability of the right
final answer from a computer by controlling these three factors. The reliability of
the computation is affected strongly by the changes in any one of them.

The requirements of the program are to a certain degree implied by the given
problem but nevertheless the programmer can affect them quite substantially.
Some methods have been suggested for this purpose in [1,11]. Another possible
method (restricted to arithmetic operations) uses a subroutine for the correction
of errors arising from failures of the computer. An example of a similar technique
is the programming of the floating point operations for a fixed-point computer.
The actual reliability of the computer components depends on the safety factor
achieved by the designer of circuits and on the elimination of components
working too close to the limits of error-free operation (cf. [24, 26]). The satisfaction of the last condition depends upon the diagnostic techniques in the maintenance, which in their turn are influenced by the design, especially, if it includes
an elaborate system of marginal checking, as mentioned e. g. in [4, 8, 12, 19, 26].

The reliability can be further increased by a proper logical design of the computer.
The structural complexity can be reduced in great extent by selecting suitable
algorithms. The component failures can be checked by using error detecting and
correcting techniques. These include a possible use of the error detecting and
error correcting codes or a suitable system-design. Both have been described in
the literature, especially from the theoretical point of view (cf. [2, 5, 6, 9, 10, 11, 15,
16, 17, 18, 20, 22, 23, 25]). It is quite possible to design a computer which automatically detects and corrects errors due to failures of its own components. Such
a computer may produce correct results without special requirements upon the
program and without exaggerated requirements upon the reliability of the computer components.

In this paper the computer SAPO[1]) is described designed in the years 1950—53 by
A. Svoboda and others. SAPO represents a system in which the logical methods
mentioned are combined to achieve the automatic detection and correction of
errors due to intermittent failures of its components (cf. [3, 21]).

SAPO is a stored program relay computer with magnetic drum memory and
punched card input-output. Arithmetic operations are performed in the binary
system with floating point. The control uses five-address instructions. The final
goal of the design was to eliminate the effect of a single failure at one instant in
any part of the computer. This elimination is performed automatically by the

---

[1]) SAPO has its origin from "Samočinný Počítač" which is the Czech term for "automatic computer".

machine without the intervention of the operator and without any requirements upon the program.

In the design of SAPO the following list of conditions is respected:

1. The input data and the program must be correctly read and stored in the memory.

2. The contents of the memory must remain undisturbed by any failure. The memory must supply right words at right moments from the addresses specified by instructions. The memory must store the received results only at the addresses specified by the program.

3. Every instruction must be performed by the operation unit without error, e. g. the unit has to receive correct data, perform the correct operation and generate the correct result.

4. The next instruction must be correctly specified, read and interpreted.

5. The results of the computation must be correctly transferred from the memory into the output medium of the computer.

It may be well assumed that these conditions have to be fulfilled by any computer of a similar class. In SAPO the conditions 3 and 4 are greatly simplified by the mode of operation, resulting from the use of five-address instructions. One of the five addresses always specifies the location of the result of the performed operation. Every operation ends by the storing of the result. Therefore, after any operation the operation unit becomes completely disengaged for the performance of the following operation. Two other addresses are used to specify instructions for two possible alternatives of the continuation of the program, the choice depending upon the sign of the result.

The correct activity of any computer depends on the correct function of its five basic units, e. g. the input unit, the output unit, the memory, the operation unit and the control. For that reason SAPO is equipped with a checking system embracing all its units. The control reacts on informations received from the checking system and adjusts the microprogram of the operations so that the correctness of the final result is insured.

2. Checking System

2.1 Checking of Transfers

For the detection of one error in the transfer, the 31 bits of the word are completed by one extra bit to make the sum of the all 32 bits odd. The parity check is performed after every transfer and its failure is signalized to the control of the computer. The same check is used for the reading from the magnetic drum memory.

2.2 Checking of the Operations

For this purpose, the computer has three independent operation units which perform identical operations so that every result is obtained in triplicate. The checking process is explained with the aid of Fig. 1. There are three operation units O_1, O_2, O_3, two selectors S_1, S_2, one verifier V, the magnetic drum memory M, and the control C.

The three results computed in the units O_1, O_2, O_3 are transferred into the two selectors S_1 and S_2. Each selector transforms them into a single result according to the majority principle. Let us denote $d_{i,j}$ the i-th digit of the result computed by the operation unit O_j, $s_{i,k}$ the i-th digit created in the selector S_k so that $i = 1, 2, \ldots, 31$; $j = 1, 2, 3$; $k = 1, 2$. Then $s_{i,k}$ for both $k = 1, 2$, is given by the Boolean expression

$$s_{i,1} = s_{i,2} = d_{i,1}\, d_{i,2} + d_{i,1}\, d_{i,3} + d_{i,2}\, d_{i,3}. \tag{1}$$

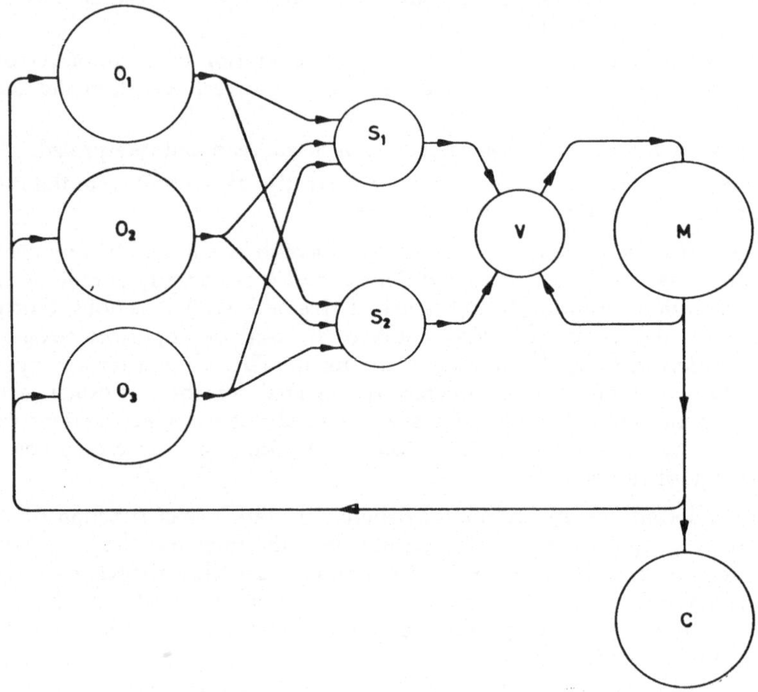

Fig. 1. Block diagram of the error checking and correcting scheme

The results $(s_{1,1}, s_{2,1}, \ldots, s_{31,1})$ and $(s_{1,2}, s_{2,2}, \ldots, s_{31,2})$ created in the selectors are mutually checked in the verifier V which checks the validity of the equation

$$s_{i,1} = s_{i,2} \tag{2}$$

independently for all $i = 1, 2, \ldots, 31$. In the verifier the 32nd digit $s_{32,1}$ is created according to the Boolean expressions

$$K_1 = s_{1,1} \tag{3}$$

$$K_i = K_{i-1}\, \bar{s}_{i,1} + \overline{K}_{i-1}\, s_{i,1} \tag{4}$$

$$s_{32,1} = \overline{K}_{31}. \tag{5}$$

The result $(s_{1,1}, s_{2,1}, \ldots, s_{32,1})$ is retained in the verifier and at the same time it is transmitted into the input register of the memory where it is prepared to be stored. However, the storing process itself is initiated only after the equation (2) has been found valid for all $i = 1, 2, \ldots, 31$ in the verifier and after the value A defined later by the equation (21) has been found to be $A = 1$. For the purpose of checking, the stored result is read immediately after storing. The read word $(s_{1,3}, s_{2,3}, \ldots, s_{32,3})$ is transmitted back into the verifier and it is compared with the retained $(s_{1,1}, s_{2,1}, \ldots, s_{32,1})$ to check the validity of the equation

$$s_{i,1} = s_{i,3} \tag{6}$$

independently for all $i = 1, 2, \ldots, 32$. Only after a successful check (6) the computer is allowed to procede to the next instruction.

The checking procedure is extended by the classification of the detected errors performed by the selector S_1. The error signals are created according to the Boolean expressions

$$e_{i,1} = d_{i,1}\,\overline{d}_{i,2}\,\overline{d}_{i,3} + \overline{d}_{i,1}\,d_{i,2}\,d_{i,3} \tag{7}$$

$$e_{i,2} = \overline{d}_{i,1}\,d_{i,2}\,\overline{d}_{i,3} + d_{i,1}\,\overline{d}_{i,2}\,d_{i,3} \tag{8}$$

$$e_{i,3} = \overline{d}_{i,1}\,\overline{d}_{i,2}\,d_{i,3} + d_{i,1}\,d_{i,2}\,\overline{d}_{i,3} \tag{9}$$

where $e_{i,j} = 1$ signalizes the error in the digit $d_{i,j}$. The total number of errors in the result from the operation unit O_j is computed according to the Boolean expressions

$$M_{0,j} = 1 \tag{10}$$

$$M_{i,j} = M_{i-1,j}\,\overline{e}_{i,j} \tag{11}$$

$$m_j = M_{31,j} \tag{12}$$

$$N_{0,j} = 0 \tag{13}$$

$$N_{i,j} = N_{i-1,j}\,\overline{e}_{i,j} + M_{i-1,j}\,e_{i,j} \tag{14}$$

$$n_j = N_{31,j} \tag{15}$$

$$P_{0,j} = 0 \tag{16}$$

$$P_{i,j} = P_{i-1,j} + N_{i-1,j}\,e_{i,j} \tag{17}$$

$$p_i = P_{31,j} \tag{18}$$

Then $m_j = 1$ signalizes no error, $n_j = 1$ signalizes one error and $p_j = 1$ signalizes two or more errors in the result of the operation unit O_j. It is evident that

$$m_j + n_j + p_j = 1 \tag{19}$$

$$m_j\,n_j + m_j\,p_j + n_j\,p_j = 0. \tag{20}$$

When an error has been detected, the signals $n_j = 1$ or $p_j = 1$ are printed after the operation, by a special typing machine.

The total number of errors in one operation performed by all three operation units implies whether the results $(s_{1,1}, s_{2,1}, \ldots, s_{31,1})$ and $(s_{1,2}, s_{2,2}, \ldots, s_{31,2})$ are acceptable for a successful continuation of the computation. The decision is based on the value A computed according to the Boolean formula

$$A = m_1\,m_2 + m_1\,m_3 + m_2\,m_3 + m_1\,n_2\,n_3 + m_2\,n_1\,n_3 + m_3\,n_1\,n_2, \tag{21}$$

expressing that either of the two conditions holds, namely, 1) at least two of the three original results are without any error, or 2) one original result is found without any error and the other two do not contain more than one detected error each. If $A = 1$, the results created in the selectors are accepted as correct and the computation is allowed to continue.

2.3 Checking of the Control

The control unit of the computer consists of three main parts:

    a) The instruction interpreting circuits.

    b) The error detecting circuits.

    c) The error control circuits.

The *instruction interpreting circuits* comprise the current instruction register, two next instruction registers and the associated switches. So far as whole words are transmitted between these units, the parity check is used for their checking. The same check is also used for the checking of the functional parts of the instructions in the operation units. The transmission of the addresses from the current instruction register is checked by the duplication of the memory address registers, which both are operating in parallel. One of them accepts the true values of the addresses, the other their complements. This property is checked and only if the contents of both registers are mutually complementary, the address selection circuits of the memory are permitted to initiate the reading or the writing. Besides, the right conditions of all the switches are checked thereby at every transfer.

The *error detecting circuits* include two selectors S_1, S_2 and the verifier V (Fig. 1). The selectors are checked by the verifier, which itself is self-checking because of the fact that its undetected faulty function would be possible only at the simultaneous occurence of two errors in the whole machine. As was stated earlier, the aim of the present design does not go farther.

The *error control circuits* induce changes in the microprogram of the computer to correct the detected errors. Their function is described in detail in Section 3 below. They are designed in such a way that their faulty function cannot result in an error in the computation under the assumption that there is no coincidence of their error with some error in the other circuits of the computer.

2.4 Checking of the Memory

As it follows from the beforegoing description, the checking of the memory is performed in three ways. The address selecting circuits are duplicated and only the correct function of both permits the further function of the memory. The writing into the memory is checked by the immediate reading of every written word back into the verifier. The reading of words itself is checked by their parity.

2.5 Checking of the Input Unit

Punched cards are used for the input of data into the computer SAPO. In each card only one word is punched together with its address. Every word is punched in the same card three times and the three readings of each word are processed by the circuits shown in Fig. 1 in the same way as the three results from the operation units of the computer. In this way the errors in the input mechanisms and circuits are corrected as well as the errors in the original punching which is done independently in order to aviod the coincidence of two errors on the same card.

2.6 Checking of the Output Unit

Punched cards are also used for the output. Again each result is punched in triplicate in the same card to eliminate the errors in the punching mechanisms and circuits. The content of the memory is punched with the parity bit. When the result of the operation is punched directly, all the three results from the operation units are punched as they come from the units, the eventual elimination of errors being postponed to the further processing of the punched cards.

3. Correction of Errors

When correcting errors we have to meet one of the three following cases:

a) The whole operation was without any failure.
b) There were failures in the operation units but the value A was found to be 1, so that the final corrected result is acceptable.
c) There was a failure not classified by b).

The errors of the group b) were corrected in the selectors according to the equation (1). The failures of the class c) are corrected by the repetition of the part of the computing process affected by the failure.

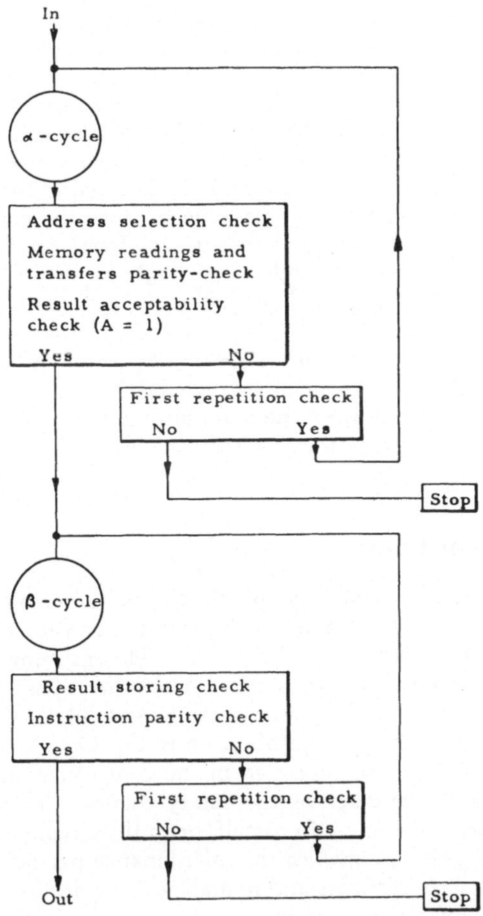

Fig. 2.   The built-in microprogram for the correction of errors in one step of the computation

The error correcting process may be followed by means of Fig. 2, showing the flow-diagram of the microprogram for the correction of errors of the class c). The computation in the computer proceeds in steps. In each step one instruction is performed. Every step has two parts, the α-cycle and the β-cycle.

The α-cycle starts with the address parts of the instruction checked and accepted in the current instruction register and the functional parts accepted in all the three operation units. During the α-cyle two operands are transmitted from the memory into the three operation units, and the operation is initiated. Then, the two alternative instructions are transmitted into the next instruction registers. The computed results are corrected in the selectors and if $A = 1$, stored in the verifier. Only if the α-cycle is performed without any error of the class c), it is successfully closed and the β-cycle is permitted to follow. Otherwise the complete α-cycle is automatically repeated. The repetition is possible because no original data were destroyed by the error in the β-cycle. If the repetition is error-free, the β-cycle follows and the computation proceeds. Otherwise the computer stops after the second trial and the computation may proceed only after human intervention.

The β-cycle starts with the result accepted in the verifier, the two alternative next instructions accepted in the next instruction registers and the current instruction remaining in the current instruction register. During the β-cycle the result is stored in the memory, the next instruction selected according to the sign of the correct result and transmitted into the current instruction register and the operation units. Only after the error-free performance of the β-cycle the computer may proceed to the next α-cycle. When any error is detected in the β-cycle, the whole β-cycle is repeated. The repetition is possible because the correct result remains in the verifier and the correct next instruction from the beforegoing α-cycle remains in the next instruction register throughout the whole β-cycle. When there is any error in the repeated β-cycle, the computer stops and human intervention is necessary.

When the computer stops after two trials due to errors either in the α-cycle or in the β-cycle, correct data remain in its registers so that after the repair of the faulty part it is sufficient to press the start button again and the computer proceeds in the computation from the last correct step without any loss of already correct results.

4. Communication of Errors

All errors detected and corrected by the circuits of the computer are printed by two typewriters, the A-printer and the B-printer. For each erroneous operation one row of the report is printed by the A-printer. The resulting report has five sections. In the first section the typewriter marks the symbol of the operation affected by the error. The symbols printed in the second, third and fourth section mark the errors detected in the operation units O_1, O_2, O_3, respectively. In the fifth section we read the errors detected in the control circuits of the computer. The B-printer types the number of the faulty channel detected by the verifier either in the selectors and the verifier itself, or in the circuits of the memory. The report set up by the printers enables the maintenance personnel of the computer to analyze the occurrence of errors and to make due reparations of the faulty parts of the machine. These repairs are mostly done in the times scheduled for the maintenance and do not interfer with the plan of the utilization of the computer.

5. Concluding Remarks

The debugging of the computer SAPO showed several interesting points. First of all, special precautions must have been taken in the detailed design to enable the computer to start after it has been switched on. Second, it turned out that the machine will refuse to start when all its registers have not been filled with proper information. Third, the design of the computer made it possible to run by using two operation units only. For instance, to run without the third operation unit O_3, its output is disconnected and the corresponding value p_3 it set $p_3 = 1$. Then, when evaluating the equation (21), the computer accepts the results produced by the two remaining operation units only if they are identical. Otherwise, the detected error is corrected by the repetition according to the scheme of Fig. 2.

After about four years of successful operation of the computer, it is the opinion of its designers, that the self-correcting ability of the computer is desirable and brings considerable advantages in the simplification of the programming and program-debugging, in the augmentation of the reliability of the results and in the nearly total elimination of interruptions due to unscheduled maintenance during the running of time-limited problems. The formulation of the task to eliminate one error in any moment in any result-influencing part of the computer, turns out to be a technically good one, resulting in very acceptable degree of necessary reliability of the components. From the two main methods of error-correcting combined in the present design, e. g. the triplication of the operation units and the microprogram-controlled repetition of faulty operations as showed in Fig. 2, the latter one appears more economical on material and more promising for use in future computer designs.

Bibliography

[1] BROWN, J. H., CARR III, J. W., LARROWE, B., McReYNOLDS, J. R.: Prevention of Propagation of Machine Errors in Long Problems. J. Assoc. Computing Mach. 3 (Oct. 1956) No. 4, pp. 348—354.

[2] CREVELING, C. J.: Increasing the Reliability of Electronic Equipment by the Use of Redundant Circuits. Proc. IRE 44 (April 1956) No. 4, pp. 509—515.

[3] ČERNÝ, V., MAREK, J. M., OBLONSKÝ, J.: The Czechoslovak Automatic Computer SAPO (in Czech). Stroje na zpracování informací, Prague 2 (1954), pp. 11—92.

[4] DAGGETT, N. L., RICH, E. S.: Diagnostic Programs and Marginal Checking in the Whirlwind Computer. Convention Record IRE (1953) Part 7, pp. 59—61.

[5] DICKINSON, W. E., WALKER, R. M.: Reliability Improvement by the Use of Multiple Element Switching Circuits. IBM Journal Res. & Dev. 2 (April 1958) No. 2, pp. 142—147.

[6] ECKERT, J. P.: Checking Circuits and Diagnostic Routines. Convention Record IRE (1953) Part 7, pp. 62—65.

[7] ELMORE, W. B.: Reliability in Electronic Data Processors. Computers and Automation 4 (May 1955) No. 5, pp. 6—9.

[8] ESTRIN, G.: Diagnosis and Prediction of Malfunction in the Computing Machine at the Institute for Advanced Study. Convention Record IRE (1953) Part 7, pp. 59—61.

[9] FLEHINGER, B. J.: Reliability Improvement through Redundancy at Various System Levels. IBM Journal Res. & Dev. 2 (April 1958) No. 2, pp. 148—158.

[10] GAVRILOV, M. A., OSTIANU, V. M., RODIN, V. N., TIMOFJEV, B. L.: Realisacija schem diskretnych korektorov. Doklady AN SSSR 123 (1958) No. 6, pp. 1025—1028.

[11] GOLDSTINE, H. H.: Some Remarks on Logical Design and Programming Checks. Proc. Eastern Joint Computer Conference, Washington, Dec. 8—10, 1953, pp. 96—98.

[12] GREMS, M., SMITH, R. K., STADLER, W.: Diagnostic Techniques Improve Reliability. Proc. Western Joint Computer Conference, Los Angeles, Feb. 26—28, 1957, pp. 172—178.

[13] HAMMERTON, J. C.: Accuracy Control in Electronic Business Data Processing Systems. Electronic Engng. **30** (Aug. 1958) No. 366, pp. 483—486.

[14] HAMMERTON, J. C.: Accuracy Control in a File Processor. Electronic Engng. **30** (Sept. 1958) No. 367, pp. 536—540.

[15] HAMMING, R. W.: Error Detecting and Error Correcting Codes. Bell System Techn. J. **29** (1950) No. 2, pp. 147—160.

[16] LÖFGREN, L.: Automata of High Complexity and Methods of Increasing their Reliability by Redundancy. Information and Control **1** (May 1958) No. 2, pp. 127—147.

[17] MAUCHLY, J. W.: The Advantages of Built-in Checking. Proc. Eastern Joint Computer Conference, Washington, Dec. 8—10, 1953, pp. 99—101.

[18] MOORE, E. F., SHANNON, C. E.: Reliable Circuits Using Less Reliable Relays. J. Franklin Inst. **262** (Sept. 1956) No. 3, pp. 191—208, **262** (Oct. 1956) No. 4, pp. 281—297.

[19] MUNCY, J. H.: A Survey of Electronic Failure Prediction Technique. Convention Record IRE (1954) Part 11, pp. 9—12.

[20] VON NEUMANN, J.: Probabilistic Logics and the Synthesis of Reliable Organisms from Unreliable Components. Automata Studies (Eds. C. E. SHANNON, J. McCARTHY), Princeton University Press, 1956, pp. 43—98.

[21] OBLONSKÝ, J.: Some Features of the Czechoslovak Relay Computer SAPO. Nachrichtentechn. Fachber. **4** (1956), pp. 73—75.

[22] PETERSON, W. W.: On Checking an Adder. IBM Journal Res. & Dev. **2** (April 1958) No. 2, pp. 166—168.

[23] REED, I. S.: A Class of Multiple-Error-Correcting Codes and the Decoding Scheme. Trans. IRE Information Theory (1954) PGIT-4, pp. 38—49.

[24] RENWICK, W.: Design of Computer Circuits for Reliability. Electronic Engng. **29** (Sept. 1956) No. 343, pp. 380—384.

[25] SCHNEIDER, S., WAGNER, D. H.: Error Detection in Redundant Systems. Proc. Western Joint Computer Conference, Los Angeles, Feb. 26—28, 1957, pp. 115—121.

[26] TAYLOR, N. H.: Marginal Checking as an Aid to Computer Reliability. Proc. IRE **38** (Dec. 1950) No. 12, pp. 1418—1421.

ANTONÍN SVOBODA

Prague, Czechoslovakia

Computer Progress in Czechoslovakia

II. The Numerical System of Residual Classes (SRC)

With 6 Figures

Disposition

Summary. Before the era of the high-speed electronic digital computers the representation of numbers in the decimal numerical form was exclusively used in computational practice. The design of the first program-controlled mathematical machines (for instance, Harvard Mark I and ENIAC) was also based on the decimal number system. It took long time before the merit of other polyadic form (for instance, the dyadic or binary number system) was recognized for this purpose. Compatibility with the switching properties of electronic elements and simplicity of logic are outstanding features claimed for the use of the binary system.

The algorithms for the arithmetic operations in computing machines can also be based on a numerical system which is not polyadic, i. e. on the numerical System of Residual Classes (SRC). The SRC-encoding of numbers in computers has certain unexpected theoretical as well as practical features. To begin with, the theoretical background of SRC number representation and characteristics of SRC arithmetic operations and algorithms are presented in this paper in form of a condensed survey appended by some elucidating examples. The question of encoding of numbers to be transmitted through the data channels and processed in the SRC arithmetic unit is considered to be of predominant importance as to its practical applicability. There are two basic methods of encoding which are known and which have already been used at advantage to design computing circuits: the one-out-of-n code to represent n integers by n bits and the combinatory code of representing 2^n integers by n bits. The SRC permits to develop another system of encoding which is, in fact, a combination of the two methods of encoding mentioned above. Logical circuits for arithmetic operations based on this type of coding have certain interesting features which are discussed in the paper.

The author is aware of the fact that his effort to present a clear and unified picture of the SRC is certainly far from being satisfactory. The SRC is only, in its first stages of evolution, influenced by practical applications in computing machines. New conceptions, algorithms and logical circuits can be expected for the future.

Zusammenfassung. Vor dem Zeitalter der elektronischen Hochgeschwindigkeits-Rechenmaschinen wurde in der rechnerischen Praxis zur Zahlendarstellung ausschließlich das dezimale Zahlensystem benutzt. Auch bei der Planung und Entwicklung der ersten programmgesteuerten Rechenautomaten (z. B. Harvard Mark I und ENIAC) ging man vom dezimalen Zahlensystem aus. Es hat geraume Zeit gebraucht, bis man für diesen Zweck die Vorzüge anderer polyadischer Darstellungsformen für Zahlen (z. B. das dyadische oder binäre Zahlensystem) erkannte. Zu den hervorstechenden Merkmalen, die man für die Anwendung des Binärsystems anführt, gehören die Kompatibilität mit den Schalteigenschaften elektronischer Elemente und die Einfachheit der Logik.

Die Algorithmen zur Durchführung arithmetischer Operationen in Rechenmaschinen können auch auf einem nicht-polyadischen Zahlensystem, dem Zahlensystem der Restklassen (abgek. SRC) beruhen. Die SRC-Codierung von Zahlen in Rechenmaschinen hat mancherlei unerwartete Aspekte sowohl in theoretischer als auch in praktischer Hinsicht. In diesem Beitrag werden zunächst die theoretischen Grundlagen der SRC-Zahlendarstellung sowie die charakteristischen Merkmale der SRC-Arithmetik und der entsprechenden Algorithmen in der Art eines zusammenfassenden Überblicks dargestellt, der durch einige erläuternde Beispiele ergänzt wird. Das Problem der Codierung der in den Datenkanälen zu übertragenden und im SRC-Rechenwerk zu verarbeitenden Zahlen wird wegen seiner großen Bedeutung für die praktische Nutzanwendung hoch eingeschätzt. Es gibt bekanntlich zwei grundlegende Methoden der Zahlenverschlüsselung, welche bereits in vorteilhafter Weise beim Entwurf von Rechenschaltungen zur Anwendung kamen: den eins-aus-n-Code zur Darstellung von n Zahlenwerten durch n Dualstellen und den kombinatorischen Code zur Darstellung von 2^n Zahlen durch n Dualstellen. Das Restklassensystem macht die Anwendung einer weiteren Codierungsart möglich, welche im Grunde eine Vereinigung der zwei oben genannten Codierungen darstellt. Logische Schaltungen zur Durchführung arithmetischer Operationen, welche auf dieser Art der Codierung basieren, weisen einige bemerkenswerte Eigenschaften auf, die im vorliegenden Beitrag erörtert werden.

Der Verfasser ist sich der Tatsache bewußt, daß sein Unterfangen, ein übersichtliches und vereinheitlichtes Bild des Restklassensystems zu geben, sicherlich noch weit davon entfernt ist, in jeder Hinsicht befriedigend zu sein. In seinem jetzigen ersten Stadium der Evolution wurde das Restklassensystem nur im Lichte der praktischen Anwendung in Rechenmaschinen gesehen. Neue Konzepte, Algorithmen und Vorschläge für logische Schaltungen sind in Zukunft durchaus zu erwarten.

Résumé. Avant l'époque des calculateurs automatiques on n'employait dans le calcul pratique que des nombres exprimés dans le système décimal. Les premiers projets des calculateurs automatiques (par exemple Harvard Mark I et ENIAC) étaient aussi basés sur le système décimal. Il a duré assez longtemps jusqu'à ce que les avantages des autres systèmes aient été reconnus (par exemple du système binaire). La facilité de la représentation par des circuits logiques simples est considérée comme un grand avantage du système binaire.

Les algorithmes pour les opérations arithmétiques peuvent être basés aussi sur un système non-polyadique, par exemple sur le système des classes résiduelles (SRC). L'usage de ce système dans les calculateurs automatiques est accompagné par des questions intéréssantes du point de vue théorique et pratique. Pour commencer, ce papier présente l'aspect théorique de la représentation des nombres dans le SRC, suivi par une discussion des opérations arithmétiques du SRC et des algorithmes correspondants présentés d'une façon sommaire et accompagnés par quelques exemples. Le problème de la représentation des nombres par des signaux passant par les canaux de transmission et par les résaux de l'unité arithmétique est considéré très important du point de vue de son applicabilité pratique. En principe on connaît deux solutions fondamentales de ce problème qui ont été employées avantageusement pour projeter des circuits arithmétiques: le code «un seul bit pris parmis n» représentant n nombres entiers par n bits et le code combinatoire représentant 2^n nombres entiers par n bits. Le SRC permet le dévelopement d'un autre système de représentation qui est en effet une combination des deux méthodes mentionnées plus haut. Des circuits logiques pour les opérations arithmétiques basées sur le code SRC possèdent des propriétés intéressantes discutées dans ce papier.

L'auteur admet que son effort de présenter une image complète et unifiée du SRC n'a pas réussi complètement, le SRC étant seulement dans un état de commencement d'évolution a été influencé par des applications pratiques dans le domaine des calculateurs automatiques. Des conceptions, des algorithmes et des circuits logiques nouveaux s'attendent à l'avenir.

1. Introduction

The idea to use the residual classes of numbers for the encoding of integers in mathematical machines was first suggested by M. VALACH [1, 2]. The first block diagrams of arithmetical circuits were described by A. SVOBODA and M. VALACH in [3]. The Numerical System of Residual Classes (SRC) introduced in that paper was extended by A. SVOBODA in [4, 5] to cover the operations with fractions. The papers include a procedure of approximation of numbers written in the SRC.

The present paper is meant as an essay to present the problematic of the SRC in the form of a condensed survey. The presentation of the procedure of the approximation using the conception of the Φ- and Ψ-transforms, leads to a concise treatment of the subject. Number-theoretical aspects of the SRC and its utilization in mathematical machines are also subject of the articles [6 to 15].

We shall see that the encoding based on the SRC is also related to a numerical form composed of ordered digits. A detailed comparison of the SRC with the polyadic system is contained in [5]. An important remark has to be made at this point: the existence of the SRC does not place it in any opposition to the polyadic numerical system. A balanced design of logical circuits follows only from the proper use of both systems. Sometimes we have to use a polyadic system with digits represented in the SRC and at other times we use an SRC with digits represented in a form which is polyadic. The present state of the research in the field of algorithms for arithmetic operations indicates that certain computing blocks with decimal inputs and outputs obtain a desirable physical symmetry and simplicity by using the SRC for the encoding of internal numerical information of the arithmetic unit.

2. Basic SRC Arithmetic and Algorithms

2.1 Number Representation and Definitions

The *classical encoding* of numerical information in mathematical machines is based on the *polyadic* numerical form:

$$X = x_0 \cdot p^0 + x_1 \cdot p^1 + \ldots + x_{n-1} \cdot p^{n-1}; \quad 0 \leqq x_i \leq p - 1, \tag{1}$$

where the integer X is said to be expressed by the ordered digits x_i belonging to to the set $0, 1, \ldots, p - 1$. The integer $p > 1$ is the *base* of the polyadic numerical form. To write the number X in a binary ($p = 2$), ternary ($p = 3$), ... or a decimal ($p = 10$) form, we use the *symbol* $x_{n-1} x_{n-2} \ldots x_1 x_0$ composed of the well known conventional digits. (For $p > 10$ we have to extend the list of these conventional symbols.)

A polyadic numerical system is characterized by the base $p > 1$.

In the polyadic system an integer is expressed by a symbol containing ordered digits.

The *base* of a *System of Residual Classes (SRC)* is a set

$$p_i; \quad i = 0, 1, \ldots, n \tag{2}$$

of integers $p_i > 1$ in which the elements of any pair p_a, p_b are mutually prime, they may be primes. The symbol for a base is written with square brackets as

$$[p_i] \text{ or } [p_0 p_1 \ldots p_n]. \tag{3}$$

The *symbol* for the *integer* X in the SRC contains the ordered digits

$$x_{p_i} \equiv X \ (\mathrm{mod}\ p_i); \quad 0 \leq x_{p_i} \leq p_i - 1, \tag{4}$$

where i is the *order* of the digit. The symbol for X is written with round brackets as

$$(x_{p_i}) \text{ or } (x_{p_0} x_{p_i} \ldots x_{p_n}). \tag{5}$$

There are

$$P = p_0 \cdot p_1 \cdot \ldots \cdot p_n \tag{6}$$

different symbols (5) available to represent integers X taken from an *interval of definition* (abbrev. ID in the following) containing not more than P integers.

For the interval of definition we usually accept one of the following alternatives:

Interval of definition for *non-negative integers* (abbrev. IDA):

$$0 \leq X \leq P - 1. \tag{7 A}$$

Interval of definition for *integers of both signs* (abbrev. IDB):

$$-\frac{P}{2} \leq X < +\frac{P}{2}. \tag{7 B}$$

There is a one-to-one correspondence between the integers of the ID and the symbols (5). The integers

$$X' = X \pm k \cdot P; \quad k = 1, 2, \ldots \tag{8}$$

fall outside the ID and are not represented by the symbols (x_{p_i}).

The congruences (4) holding for X hold also for all X'. For this reason P is called the *period* of the SRC.

For the purpose of changing the sign of a number (choosing IDB) we take a complement

$$x'_{p_i} \equiv p_i - x_{p_i} \pmod{p_i} \text{ of the digit } x_{p_i} \text{ in each order.}$$

Example 1

> The SRC with the base [2 3 5] has a period $P = 30$. If we choose the alternative IDA, the SRC will represent integers from the interval (0, 29). Then the symbol (1 2 3) corresponds to the integer 23. If we choose IDB, the system will represent integers from $(-15, +14)$. Now, the symbol (1 2 3) will correspond to the integer $-7 \ (= 23 - 30)$.

2.2 Extension and Reduction of the Base

The *extension of the base* is an operation by which some additional elements $p_a, p_b, \ldots$ are introduced into the base $[p_i]$, and the corresponding additional digits $x_{p_a}, x_{p_b}, \ldots$ are included in the symbols (x_{p_i}). The extended base

$$[p_0 \, p_1 \ldots p_a \ldots p_b \ldots p_n] \tag{9}$$

has to respect the rules mentioned in Section 2.1. The extended symbol

$$(x_{p_0} \, x_{p_1} \ldots x_{p_a} \ldots x_{p_b} \ldots x_{p_n}) \tag{10}$$

contains the new digits

$$x_{p_a} \equiv X \pmod{p_a}$$

$$x_{p_b} \equiv X \pmod{p_b} \tag{11}$$

$$\vdots$$

The extension of the base mutiplies the original period P:

$$P \cdot p_a \cdot p_b \ldots = P_{\text{ext}} \gg P. \tag{12}$$

The ID is multiplied by the same factor. The extended symbol (10) represents the same integer X as the original symbol (5).

Example 2

The extension of the base [2 3 5] to [2 3 5 7] increases the period from $P = 30$ to $P_{\text{ext}} = 210$. If we work in the IDA, then

[2 3 5]   [2 3 5 7]

$23 = (1 \ 2 \ 3)$ extends to $(1 \ 2 \ 3 \ 2)$,

where $23 \equiv 2 \pmod{7}$.

If we work in the IDB, then

[2 3 5]   [2 3 5 7]

$-7 = (1 \ 2 \ 3)$ extends to $(1 \ 2 \ 3 \ 0)$,

where $-7 \equiv 0 \pmod{7}$.

The *reduction of the base* is an operation which is inverse to the extension of the base. Certain elements $p_a, p_b, \ldots$ of a given base (9) are cancelled as well as the corresponding digits $x_{p_a}, x_{p_b}, \ldots$ of the symbol (10).

The reduction of the base reduces the original period P:

$$\frac{P}{p_a \cdot p_b \ldots} = P_{\text{red}} \ll P. \tag{13}$$

The ID reduces in the same proportion. The numerical value of the reduced symbol is defined by

$$X_{\text{red}} \equiv X \pmod{P_{\text{red}}}, \tag{14}$$

where X_{red} must be in the ID corresponding to P_{red}. The reduced symbol represents the same integer X, as before the reduction, only if it already falls inside the reduced ID.

Example 3

The reduction of the base [2 3 5 7] to [2 3 5] reduces the original period $P = 210$ to $P_{\text{red}} = 30$. When working in IDA we express before the reduction integers from (0, 209), after the reduction integers from (0, 29). When working in IDB, we express integers from $(-105, +104)$ before the reduction, and integers from $(-15, +14)$ after the reduction. For instance,

IDA: [2 3 5 7]

$\qquad 100 = (0 \ 1 \ 0 \ 2)$

$\qquad\quad 10 = (0 \ 1 \ 0)$ $\equiv 100 \pmod{30}$;

IDB: [2 3 5 7]

$\quad -100 = (0 \ 2 \ 0 \ 5)$

$\quad -\ 10 = (0 \ 2 \ 0)$ $\equiv -100 \pmod{30}$.

2.3 The Overflow

The *control of the overflow* during the arithmetic operations is a problem which arises in all computers working with a fixed number of digits.

To detect an overflow during an addition performed in the p o l y a d i c numerical system, we observe the carry from the highest order existing in the machine. (That is a s i m p l e matter.)

In the SRC the overflow is rather hard to detect. It is necessary to know, or at least to estimate, the magnitude of the numbers in relation to the ID. This disadvantage is compensated somehow by the simplicity of algorithms for the arithmetic operations proceeding independently in each order (class p_i) of the numbers involved. There is nothing similar to the *carry* in the polyadic system.

2.4 Formel SRC Arithmetic

An operation or its result will be called f o r m a l , if we perform it in a numerical system with a fixed number of digits by n e g l e c t i n g the eventual o v e r f l o w.

2.41 Formal Primitive Operations. The *formal sum* $S' = (s_{p_i})$, the *formal difference* $D' = (d_{p_i})$ and the *formal product* $Z' = (z_{p_i})$ of the integers X, Y are defined by

$$s_{p_i} \equiv x_{p_i} + y_{p_i} \,(\mathrm{mod}\ p_i)\,; \quad 0 \leq s_{p_i} \leq p_i - 1 \tag{15}$$

$$d_{p_i} \equiv x_{p_i} - y_{p_i} \,(\mathrm{mod}\ p_i)\,; \quad 0 \leq d_{p_i} \leq p_i - 1 \tag{16}$$

$$z_{p_i} \equiv x_{p_i} \cdot y_{p_i} \,(\mathrm{mod}\ p_i)\,; \quad 0 \leq z_{p_i} \leq p_i - 1 \tag{17}$$

for $i = 0, 1, \ldots, n$.

The *formal evaluation* F' of an integral algebraic function $F(X, Y, \ldots)$ of integral variables is performed independently in each class p_i.

The sum $S = X + Y$, the difference $D = X - Y$, the product $Z = X \cdot Y$ and the value of the integral algebraic function $F(X, Y)$ can be computed by a formal operation, if the desired correct result falls inside the ID; then it holds $S = S'$, $D = D'$, $Z = Z'$, and $F = F'$.

Example 4

In the SRC with the base [2 3 5 7], $P = 210$, $\mathrm{IDB} = (-105, +104)$ we calculate S', D', Z', and F' for $F = X^2 - Y^2$ and $X = +8$, $Y = -9$:

$$
\begin{aligned}
&\qquad [2\ 3\ 5\ 7] \\
X &= (0\ 2\ 3\ 1) = 8 \\
-Y &= (1\ 0\ 4\ 2) = 9 \\
Y &= (1\ 0\ 1\ 5) = -9 \ \text{(the complement)} \\
S' &= (1\ 2\ 4\ 6) = -1 \\
D' &= (1\ 2\ 2\ 3) = 17 \\
Z' &= (0\ 0\ 3\ 5) = -72 \\
(X^2)' &= (0\ 1\ 4\ 1) = 64 \\
(Y^2)' &= (1\ 0\ 1\ 4) = 81 \\
F' &= (1\ 1\ 3\ 4) = -17.
\end{aligned}
$$

In the selected SRC it is possible to add and subtract any pair of integers from the interval $(-52, +52)$ (about the half of IDB), to multiply any pair of integers from $(-10, +10)$, to evaluate F for X, Y from the same interval. We see that all formal results obtained in this example can be accepted as equal to the corresponding non-formal results $S, D, Z,$ and F.

2.42 Formal Division. The *formal division* of $Z = (z_{p_i})$ by $Y = (y_{p_i})$ produces the *formal quotient* $X' = (x_{p_i})$ defined as a solution of the congruences (17). We write it

$$X' \equiv Z : Y \ (\text{mod } P). \tag{18}$$

Two conditions:

   A) The base $[p_i]$ contains only primes[1]),

   B) The digits of the divisor (y_{p_i}) are all different from zero,

fulfilled at the same time, imply that the formal quotient (18) is unique. The formal quotient exists, even if Z is not divisible by Y; then, however, the numerical fraction $Z : Y = X$ is unequal to the formal quotient X'.

The conditions:

   C) Z is divisible by Y,

   D) The (non-formal) quotient $X = Z : Y$ is in ID,

fulfilled together with the conditions A) B), imply that the following *algorithm for division* may be used.

$$\begin{aligned}
Z' &\equiv Z \ (\text{mod } P), \ (Z' \text{ in ID}) \\
X' &\equiv Z' : Y \ (\text{mod } P) \\
X &= X' = Z : Y,
\end{aligned} \tag{19}$$

even if Z is not in ID.

Example 5

The SRC be the same as in Example 4. The division $-6208 : 97 = -64$ respects all four conditions A, B, C, D. Then we have:

$$[2 \ 3 \ 5 \ 7]$$

$$\begin{aligned}
Z &= -6208 \\
Z' &= +92 &&= (0 \ 2 \ 2 \ 1) \equiv -6208 \ (\text{mod } 210) \\
Y &= +97 &&= (1 \ 1 \ 2 \ 6) \\
X = X' &= -64 &&= (0 \ 2 \ 1 \ 6) \equiv 92 : 97 \ (\text{mod } 210).
\end{aligned}$$

2.43 The Formal Reciprocal. When the conditions A) B) are satisfied, the formal quotient

$$\overline{Y} \equiv 1 : Y \ (\text{mod } P) \tag{20}$$

is unique. We call it the *formal reciprocal* of Y and write $Y = (y_{p_i})$, $\overline{Y} = (\overline{y}_{p_i}) = (1 : Y)$ to express that

$$y_{p_i} \cdot \overline{y}_{p_i} \equiv 1 \ (\text{mod } p_i). \tag{21}$$

---

[1]) Remark: The condition A) is not mentioned in [5] by a mistake.

The following Table 1 is useful for the evaluation of the formal reciprocals.

Table 1.   The formal reciprocals

$p_i = [2 \quad 3 \quad 5 \quad 7 \quad 11]$

$(1 : 1) = (1 \quad 1 \quad 1 \quad 1 \quad 1)$

$(1 : 2) = \quad\quad (2 \quad 3 \quad 4 \quad 6)$

$(1 : 3) = \quad\quad\quad\quad (2 \quad 5 \quad 4)$

$(1 : 4) = \quad\quad\quad\quad (4 \quad 2 \quad 3)$

$(1 : 5) = \quad\quad\quad\quad\quad\quad (3 \quad 9)$

$(1 : 6) = \quad\quad\quad\quad\quad\quad (6 \quad 2)$

$(1 : 7) = \quad\quad\quad\quad\quad\quad\quad\quad (8)$

$(1 : 8) = \quad\quad\quad\quad\quad\quad\quad\quad (7)$

$(1 : 9) = \quad\quad\quad\quad\quad\quad\quad\quad (5)$

$(1 : 10) = \quad\quad\quad\quad\quad\quad\quad (10)$

Example 6

To find $\overline{Y}$ for $Y = (1\ 1\ 2\ 6) = 97$ (cf. Example 5) we use the Table 1. We find $\overline{Y} = (1\ 1\ 3\ 6)$. The formal division by Y may be replaced by a formal multiplication by $\overline{Y}$.

2.44 Division by Elements of the Base. An integer $Z = (z_{p_i})$ is divisible by a product $Y = p_a \cdot p_b \ldots$ of the elements of the base $[p_i]$ when $z_{p_a} = z_{p_b} = \ldots = 0$. The magnitude of the quotient $X = Z : Y$ being Y-times smaller than Z, a Y-times smaller ID is sufficient to represent the resulting quotient X. In view of the Sections 2.2 and 2.42 we can perform the division by Y after a reduction of the base by $p_a, p_b, \ldots$ (after striking off the zeros $z_{p_a}, z_{p_b}, \ldots$ in the symbol Z).

Example 7

The integer $Z' = (0\ 0\ 5\ 3)$ of Example 4 is divisible by $2 \cdot 3 = 6$. To divide by 6 we cancel the zeros in Z' (reducing the base to $[5\ 7]$), find the formal reciprocal $(1 : 6) = (1\ 6)$, and calculate $Z' : 6 = (3\ 5) \cdot (1\ 6) = (3\ 2) (= -12$ in relation to the reduced base and IDB $= (-17, +17))$.

Example 8

To transcribe a symbol (x_{p_i}) into a polyadic (e. g. decimal) form we can follow the procedure (cf. also [8])

$$(X - x_{p_a}) : p_a = X'$$

$$(X' - x_{p_b}) : p_b = X''$$

i. e. reducing the base by each step until only a single digit remains. The magnitude of the final result is established easily in relation to the reduced ID, and the value of X is computed in the polyadic system by retracing the steps of the procedure.

For instance:

$$
\begin{array}{cc|cc}
& [2\ 3\ 5] & & \text{ID} \\
X = (1\ 2\ 3) & & -15 & +14 \\
(X - x_{p_2}) = X - 3 = (0\ 2\ 0) & & & \\
X' = (X - 3) : p_2 = (0\ 1) & & -3 & +2 \\
(X' - x_{p_1}) = X' - 1 = (1\ 0) & & & \\
X'' = (X' - 1) : p_1 = (1) & & -1 & +0
\end{array}
$$

We decide that $X'' = -1$ so that $X = (-1 \cdot 3 + 1) \cdot 5 + 3 = -7$ (cf. Example 1).

2.5 System of Orthogonal Vectors

The *basic system of orthogonal vectors* Q_{p_i} ; $p_i = p_0, p_1, \ldots, p_n$ is defined by

$$
[p_0\, p_1 \ldots p_n]
$$

$$
Q_{p_0} = (1\ 0 \ldots 0) = \frac{P}{p_0} \cdot \varphi_{p_0}
$$

$$
Q_{p_1} = (0\ 1 \ldots 0) = \frac{P}{p_1} \cdot \varphi_{p_1} \tag{22}
$$

$$
\vdots \qquad\qquad \vdots
$$

$$
Q_{p_n} = (0\ 0 \ldots 1) = \frac{P}{p_n} \cdot \varphi_{p_n}
$$

where φ_{p_i},

$$
1 \leq \varphi_{p_i} \leq p_i - 1, \tag{23}
$$

can be interpreted as the digits of an integer $\Phi = (\varphi_{p_i})$ prime to P. The vectors Q_{p_i} have the properties

$$
Q_{p_i} \cdot Q_{p_i} \equiv Q_{p_i}; \quad Q_{p_i} \cdot Q_{p_j} \equiv 0; \quad i \neq j \pmod{P} \tag{24}
$$

which we accept as the conditions of unicity and of mutual orthogonality. Any integer $X = (x_{p_i})$ can be written as a linear combination of the basic orthogonal vectors

$$
X \equiv x_{p_0} Q_{p_0} + x_{p_1} Q_{p_1} + \ldots + x_{p_n} Q_{p_n} \pmod{P}. \tag{25}
$$

To any base $[p_i]$ belongs a system of Q_{p_i} and an integer Φ defined by (22). For some bases the basic orthogonal vectors and the corresponding Φ-numbers have been calculated (Table 2). To each integer $X = (x_{p_i})$ belongs a Φ-transform $X^* = (x_{p_i}^*)$ defined by

$$x_{p_i}^* \equiv \varphi_{p_i} \cdot x_{p_i} \pmod{p_i} \quad \text{or} \quad X^* \equiv \Phi \cdot X \pmod{P}. \tag{26}$$

For numerical work we transform the expression (25) into

$$\frac{X}{P} = x = \frac{x_{p_0}^*}{p_0} + \frac{x_{p_1}^*}{p_1} + \ldots + \frac{x_{p_n}^*}{p_n} - k, \tag{27}$$

where the integer k has to be chosen such that X falls inside the ID. We have to make

$$0 \leq x < 1 \tag{28 A}$$

if X has to fall in IDA, and

$$-\tfrac{1}{2} \leq x < +\tfrac{1}{2} \tag{28 B}$$

if X has to fall in IDB.

Table 2.   The basic orthogonal vectors Q_{p_i} and the corresponding
Φ-numbers for some bases

The base	P	Q_2	Q_3	Q_5	Q_7	Q_{11}	Q_{13}	Q_{17}
[2 3]	6	3	4					
[2 3 5]	30	15	10	6				
[2 3 5 7]	210	105	70	126	120			
[2 3 5 7 11]	2310	1155	1540	1386	330	210		
[2 3 5 7 11 13]	30030	15015	20020	6006	25740	16380	6930	
[2 3 5 7 11 13 17]	510510	255255	170170	306306	145860	46410	157080	450450

The base	[2 3]	[2 3 5]	[2 3 5 7]	[2 3 5 7 11]	[2 3 5 7 11 13]	[2 3 5 7 11 13 17]
$\Phi =$	(1 2)	(1 1 1)	(1 1 3 4)	(1 2 3 1 1)	(1 2 1 6 6 3)	(1 1 3 2 1 4 15)
	5	1	193	2003	4241	388873

Example 9

Find the decimal expression for the integer $Z' = (0 \ 0 \ 3 \ 5)$ (cf. Example 4). By using the expression (25) we get:

$$Z' \equiv 0 \cdot 105 + 0 \cdot 70 + 3 \cdot 126 + 5 \cdot 120 = 978$$
$$\equiv 138 \equiv -72 \pmod{210}$$

bringing the result $Z' = -72$ well inside the IDB $=$ $(-105, +104)$. By using the relation (27) instead of (25), we find the Φ-transform

$$Z'^* = \Phi \cdot Z' = (1\ 1\ 3\ 4) \cdot (0\ 0\ 3\ 5) = (0\ 0\ 4\ 6)$$

and compute

$$Z' : P = z' = \frac{0}{2} + \frac{0}{3} + \frac{4}{5} + \frac{6}{7} - k = -0.34285714\ldots,$$

where we take $k = 2$ to bring z' into the interval (28 B). Finally $Z' = P \cdot z' = -72$.

2.6 Operations with Fractions

The rational numbers of the Form $X : p^m = x$ can be written as "polyadic fractions"; the "polyadic point" is inserted in the symbol for the integer X.

2.61 Definition of the Fractional Symbol. The *rational numbers* of the form

$$X : R; \text{ where } R = p_a \cdot p_b \ldots, \tag{29}$$

can be written in the SRC by using *fractional symbols*. These symbols are formed from the symbol (x_{p_i}) for the integer X by enclosing the digits $x_a, x_b, \ldots$ corresponding to the elements $p_a, p_b \ldots$ of R in (29), in *fractional brackets*. The case $R = P$ is the most important because then the fraction

$$x = X : P, \text{ written as } x = /x_{p_i}/ \tag{30}$$

indicates the place of X within the ID (cf. (28 A), (28 B)) on a scale which has a uniform length $(= 1)$.

To form fractional symbols in the SRC we will use oblique brackets $/\ /$.

Example 10

The formation of fractional symbols in the SRC:

$$[\,2\ 3\ 5\ 7\,]$$
$$23 = (\,1\ 2\ 3\ 2\,)$$
$$23 : \quad 2 = (/1/2\ 3\ 2\,)$$
$$23 : \quad 10 = (/1/2/3/2\,)$$
$$23 : \quad 6 = (/1/2/3\ 2\,) = (/1\ 2/3\ 2)$$
$$23 : P = 23 : 210 = (/1\ 2\ 3\ 2/) = /1\ 2\ 3\ 2/$$

Remark. The multiplication of fractions in the SRC will be discussed later. For practical applications of the SRC in mathematical machines it is important to perform this operation with symbols related to a fixed base, and that asks for a proper rounding-off of the results. In the sections which follow we shall concentrate on facts concerning this key problem and shall omit other matter which is less important or trivial (the addition of the fractions etc.).

2.62 Extension and Reduction of the Fractional Symbol. The *extension of the fractional symbol* $/x_{p_i}/ = x$ is any procedure expressing the fraction x in relation to an extended base. For instance:

$$[2\ 3\ 5]\quad [2\ 3\ 5\ 7]\qquad\qquad [2\ 3\ 5\ 7]$$
$$23 = X = (1\ 2\ 3) = (1\ 2\ 3\ 2) = 7\,X:\quad 7 = (1\ 2\ 1\ 0):7$$
$$x = X:30 = /1\ 2\ 3/ = (/1\ 2\ 3/2) = 7\,X:210 = /1\ 2\ 1\ 0/.$$

The *reduction of the fractional symbol* is a process inverse to the extension. A zero digit standing inside the fractional brackets indicates the possibility of the reduction of the corresponding order. For instance:

$$[2\ 3\ 5\ 7]\quad [3\ 5\ 7]\qquad [3\ 7]$$
$$x = /0\ 1\ 0\ 2/ = /2\ 0\ 1/\qquad = /1\ 3/$$
$$= X:210\qquad = (X:2):105 = ((X:2):5):21.$$

2.63 Rounding-off of Fractions. To *round-off a fraction* x (towards smaller values), we subtract ε and then reduce the symbol for $x - \varepsilon$. The magnitude of ε follows from the requirement that $x - \varepsilon$ must be reducible and ε as small as possible. The procedure of the rounding-off is explained in [5]. Here we will give two numerical examples.

Example 11

Rounding-off in a single order. Let us take $[2\ 3\ 5\ 7]$, $P = 210$, IDA $= (0, 209)$, $x = /1\ 2\ 3\ 2/ = 23:210$. To round-off in the order 7, we take $\varepsilon = x_7:P = 2:210 = /0\ 2\ 2\ 2/$ and form $x - \varepsilon = /1\ 0\ 1\ 0/$ reducible in the order 7. The reduction to the base $[2\ 3\ 5]$ yields finally $x \doteq /1\ 0\ 3/$.

Example 12

Rounding-off in several orders can be done by a repetition of the procedure of Example 11. Another alternative is described here. Let us choose $x = /0\ 1\ 0\ 2/ = 100:210$ under the same conditions as in Example 11. The rounding-off in the orders 3,7 can proceed as follows:

$$[2\ 3\ 5\ 7]\qquad\qquad\qquad [3\ 7]$$
From $x = /0\ 1\ 0\ 2/$ we form by reducing the base: $/1\ 2/ = 16:21$. By extending it back to the original base we get $16 =$
$$[3\ 7]\quad [2\ 3\ 5\ 7]\qquad [2\ 3\ 5\ 7]$$
$(1\ 2) = (0\ 1\ 1\ 2)$ and take $\varepsilon = /0\ 1\ 1\ 2/ = 16:210$. Then
$$[2\ 3\ 5\ 7]$$
$x - \varepsilon = /0\ 0\ 4\ 0/$ is reducible in the orders 3,7 and we obtain
$$[2\ 5]$$
$x \doteq /0\ 4/ \equiv 4:10$ with an error smaller than $1:10$.

Remark. The results of the rounding-off towards the smaller values are systematically too low, the error being smaller than $c = 1:P'$ (where P' is the period corresponding to the resulting fraction). To equalize the probabilities for errors of both signs, we add a correction $c:2$ (approximately) to the fraction x before its rounding-off.

2.7 The Estimate

2.71 Estimation of a Fraction. The *estimation of a fraction x* (defined in relation to $[p_i]$ with the period P) is another process of approximation. The *estimate* is obtained by an approximate evaluation of the formula (27) with terms defined in relation to the base $[p_j']$ (called the base for the estimate) different from $[p_i]$. (The bases may contain different elements or some elements may be in common.) The base $[p_j']$ for the estimate has usually the period $P' \ll P$.

One way of making an estimate of x is to set up a table of estimates of the fractions of the form $x^*_{p_i} : p_i$ needed in (27) (Table 3).

Table 3.   The table of the estimates

$x^*_{p_i} : p_i$		[2 3]	[2 5]	[2 3 5]	[2 3 13]	[2 5 11]
1 : 2	0.5	/1 0/	/1 0/	/1 0 0/	/1 0 0/	/1 0 0/
1 : 3	0.33333333	/0 2/	/1 3/	/0 1 0/	/0 2 0/	/0 1 3/
2 : 3	.66666667	/0 1/	/0 1/	/0 2 0/	/0 1 0/	/1 3 7/
1 : 5	0.2	/1 1/	/0 2/	/0 0 1/	/1 0 2/	/0 2 0/
2 : 5	.4	/0 2/	/0 4/	/0 0 2/	/1 1 5/	/0 4 0/
3 : 5	.6	/1 0/	/0 1/	/0 0 3/	/0 1 7/	/0 1 0/
4 : 5	.8	/0 1/	/0 3/	/0 0 4/	/0 2 10/	/0 3 0/
1 : 7	0.14285714	/0 0/	/1 1/	/0 1 4/	/1 2 11/	/1 0 4/
2 : 7	.28571429	/1 1/	/0 2/	/0 2 3/	/0 1 9/	/1 1 9/
3 : 7	.42857143	/0 2/	/0 4/	/0 0 2/	/1 0 7/	/1 2 3/
4 : 7	.57142857	/1 0/	/1 0/	/1 2 2/	/0 2 5/	/0 2 7/
5 : 7	.71428571	/0 1/	/1 2/	/1 0 1/	/1 1 3/	/0 3 1/
6 : 7	.85714286	/1 2/	/0 3/	/1 1 0/	/0 0 1/	/0 4 6/
1 : 11	0.09090909		/0 0/	/0 2 2/	/1 1 7/	/0 0 10/
2 : 11	.18181818		/1 1/	/1 2 0/	/0 2 1/	/0 0 9/
3 : 11	.27272727		/0 2/	/0 2 3/	/1 0 8/	/0 0 8/
4 : 11	.36363636		/1 3/	/0 1 0/	/0 1 2/	/0 0 7/
5 : 11	.45454545		/0 4/	/1 1 3/	/1 2 9/	/0 0 6/
6 : 11	.54545455		/1 0/	/0 1 1/	/0 0 3/	/0 0 5/
7 : 11	.63636364		/0 1/	/1 1 4/	/1 1 10/	/0 0 4/
8 : 11	.72727273		/1 2/	/1 0 1/	/0 2 4/	/0 0 3/
9 : 11	.81818182		/0 3/	/0 0 4/	/1 0 11/	/0 0 2/
10 : 11	.90909091		/1 4/	/1 0 2/	/0 1 5/	/0 0 1/
1 : 13	0.07692308			/0 2 2/	/0 0 6/	/0 3 8/
2 : 13	.15384615			/0 1 4/	/0 0 12/	/0 1 5/
3 : 13	.23076923			/0 0 1/	/0 0 5/	/1 0 3/
4 : 13	.30769231			/1 0 4/	/0 0 11/	/1 3 0/
5 : 13	.38461539			/1 2 1/	/0 0 4/	/0 2 9/
6 : 13	.46153846			/1 1 3/	/0 0 10/	/0 0 6/
7 : 13	.53846154			/0 1 1/	/0 0 3/	/1 4 4/

$x^*_{p_i} : p_i$		[2 3]	[2 5]	[2 3 5]	[2 3 13]	[2 5 11]
8 : 13	.61538462			/0 0 3/	/0 0 9/	/1 2 1/
9 : 13	.69230769			/0 2 0/	/0 0 2/	/0 1 10/
10 : 13	.76923077			/1 2 3/	/0 0 8/	/0 4 7/
11 : 13	.84615385			/1 1 0/	/0 0 1/	/1 3 5/
12 : 13	.92307692			/1 0 2/	/0 0 7/	/1 1 2/
1 : 17	0.05882353			/1 1 1/	/0 1 4/	/0 1 6/
2 : 17	.11764706			/1 0 3/	/1 0 9/	/0 2 1/
3 : 17	.17647059			/1 2 0/	/1 1 0/	/1 4 8/
4 : 17	.23529412			/1 1 2/	/0 0 5/	/1 0 3/
5 : 17	.29411765			/0 2 3/	/0 1 9/	/0 2 10/
6 : 17	.35294117			/0 1 0/	/1 0 1/	/0 3 5/
7 : 17	.41176470			/0 0 2/	/0 2 6/	/1 0 1/
8 : 17	.47058823			/0 2 4/	/0 0 10/	/1 1 7/
9 : 17	.52941176			/1 0 0/	/1 2 2/	/0 3 3/
10 : 17	.58823529			/1 2 2/	/1 0 6/	/0 4 9/
11 : 17	.64705882			/1 1 4/	/0 2 11/	/1 1 5/
12 : 17	.70588235			/1 0 1/	/1 1 3/	/1 2 0/
13 : 17	.76470588			/0 1 2/	/1 2 7/	/0 4 7/
14 : 17	.82352941			/0 0 4/	/0 1 12/	/0 0 2/
15 : 17	.88235294			/0 2 1/	/0 2 3/	/1 2 9/
16 : 17	.94117646			/0 1 3/	/1 1 8/	/1 3 4/

Another way of making an estimate is to compute (27) as a linear combination
of the tabulated fractions $1 : p_i$. This method needs less extended tables but leads
to larger errors in the estimates. These errors are brought back to the standard of
the Table 3 if we use the formula

$$x \doteq x^{**}_{p_0} \cdot r_0 + x^{**}_{p_1} \cdot r_1 + \ldots + x^{**}_{p_n} \cdot r_n, \tag{31}$$

where $x^{**}_{p_i}$ are the digits of the Ψ-transform of the Φ-transform of X ($X^{**} \equiv$
$\Psi \Phi \cdot X \pmod{P}$), and the fractional symbols r_i are taken from Table 5. The
factors Ψ depend on both the bases $[p_i]$ and $[p_j']$; they are tabulated for several
cases (Table 4).

Table 4.   The elements of the Ψ-factors

The base $[p_j']$ for the estimate	The elements of the original base $[p_i]$		
	[2 3 5 7 11 13 17 …]		
[2 3]	(1 1 6 6 6 6 …)		
[2 5]	(1 1 1 3 10 10 10 …)		Ψ-factors
[2 3 5]	(1 1 1 2 8 4 13 …)		
[2 3 13]	(1 1 3 1 1 1 10 …)		
[2 5 11]	(1 2 1 5 1 6 8 …)		

Table 5.   The fractional symbols r_i

	The bases $[p_j']$ for the estimate				
	[2 3]	[2 5]	[2 3 5]	[2 3 13]	[2 5 11]
r_2	/1 0/	/1 0/	/1 0 0/	/1 0 0/	/1 0 0/
r_3	/0 2/	/1 3/	/0 1 0/	/0 2 0/	/1 3 7/
r_5	/1 1/	/0 2/	/0 0 1/	/1 1 5/	/0 2 0/
r_7	/1 2/	/1 2/	/1 2 2/	/1 2 11/	/1 2 3/
r_{11}	/0 2/	/1 4/	/1 1 4/	/1 1 7/	/0 0 10/
r_{13}	/1 2/	/1 3/	/1 2 3/	/0 0 6/	/1 3 5/
r_{17}			/1 1 2/	/1 1 3/	/1 2 9/

Remark. All tables are based on estimates lower than the value estimated. The error of the estimate is always lower than $1 : P'$ for each term of (27) or (31). (P' is the period of the base for the estimates.)

Example 13

Given: $[p_i] \equiv [2\ \ 3\ \ 5\ \ 7]$, $[p_j'] \equiv [2\ \ 5]$; find the estimate of $x = $ /0 1 0 2/ (cf. Example 12).

Solution a: In Table 2 we find $\Phi = (1\ 1\ 3\ 4)$; thus $\Phi x = $ /0 1 0 1/, and we evaluate (27) by using Table 3 as follows; $(1 : 3) + (1 : 7) = $ /1 3/ $+$ /1 1/ $= $ /0 4/ $= x$.

Solution b: From Tab. 4 we read $\Psi = (1\ 1\ 1\ 3)$; thus $\Psi \Phi x = $ /0 1 0 3/. The formula (31) is calculated by using the fractional symbols of Table 5 as follows: $x = 1 \cdot$ /1 3/ $+ 3 \cdot$ /1 2/ $= $ /0 4/ $= 4 : 10 \doteq x$.

Example 14

Given: $[p_i] \equiv [2\ 3\ 5\ 7\ 11\ 13]$, $[p_j'] \equiv [2\ 3\ 5]$; find the estimate of $x = $ /1 2 1 2 1 2/. In Table 2 we look up $\Phi = (1\ 2\ 1\ 6\ 6\ 3)$ and in Table 4 we find $\Psi = (1\ 1\ 1\ 2\ 8\ 4)$; thus $\Psi \Phi x = $ /1 1 1 3 4 11/. The formula (31) yields (reading in Table 5) : $x \doteq 1 \cdot$ /1 0 0/ $+ 1 \cdot$ /0 1 0/ $+ 1 \cdot$ /0 0 1/ $+ 3 \cdot$ /1 2 2/ $+ 4 \cdot$ /1 1 4/ $+ 11 \cdot$ /1 2 3/ $= $ /1 0 1/ $= 0.7$ (against the actual value $0.7546\ldots$)

Remark. The symbol $\Psi \Phi\ x$ contains the information about the error of the estimate:

$$\varepsilon = \frac{1}{P'} \cdot \sum_j \frac{x^{**}_{p_j}}{p_j} \tag{32}$$

where the summation is made only for p_j which are in $[p_i]$ but not in $[p_j']$. For instance, in Example 14 the error $\varepsilon = (3/7 + 4/11 + 11/13) : 30 = 0.0546\ldots$

2.72 Interval of the Uncertain Estimate. When all estimates are taken lower than the values estimated the resulting estimate x' of the fraction x produces the information

$$x' \leq x < x' + \varepsilon_m \tag{33}$$

where the upper limit ε_m of the uncertainty is determined by the bases $[p_i]$ and $[p_j']$. The information about the position of x within the interval of definition (m, M) (cf. (28 A) or (28 B)) becomes ambiguous when x' falls too close to the upper bound M of ID. The estimate falls then into the interval of uncertain estimate $\langle M - \varepsilon_m, M \rangle$ and we cannot be sure whether the actual value of x lies close to M or close to m.

To decide between the two alternatives we repeat the estimation for kx where $k > 1$ is an integer chosen substantially smaller than $1 : 2\,\varepsilon_m$ (and *odd* in the case (28 B)). The estimate of kx is usually outside the interval of the uncertain estimate. If not, a larger k must be used. If k is selected properly (so that kx is close to the same end of the ID as x), the ambiguity of the estimate is eliminated.

Example 15

> Given: $[p_i] \equiv [2\ 3\ 5\ 7\ 11\ 13]$, $[p_j'] \equiv [2\ 3\ 5]$, IDA $= \langle 0, 1 \rangle$. The error of the estimate will be zero for its components in the classes 2, 3, 5 and less than $1 : P' = 1 : 30$ for each of the remaining classes 7, 11, 13. For this reason the total error of the estimate will be less than $\varepsilon_m = 1 : 10$. The interval of the uncertain estimate becomes $\langle M - \varepsilon_m, M \rangle \equiv \langle 0.9, 1 \rangle$ containing the following two estimates: $/1\ 2\ 4/ = 29 : 30$, $/0\ 1\ 3/ = 28 : 30$.

Example 16

> The estimate of $x = /1\ 1\ 1\ 1\ 1\ 1/ = 1 : 30030$ written in the SRC defined in the preceding example yields $x' = /0\ 1\ 3/$, a value belonging to the interval of the uncertain estimate. By taking $k = 6$ we establish the estimate of $y = kx = 6x = /0\ 0\ 1\ 6\ 6\ 6/$ which gives $y' = /0\ 0\ 0/$ a value not belonging to the critical interval. We conclude that x is therefore in the interval $\langle 0, \varepsilon_m \rangle \equiv \langle 0, 0.1 \rangle$.

2.8 Base Extension by Using the Estimates

The *extension of the base* was defined in Section 2.2. We are now in a position to indicate *numerical procedures* for the extension.

We will narrow our problem slightly by supposing the IDA. For a given $[p_i]$; $i = 0, 1, \ldots, n$, and $X = (x_{p_0}, x_{p_1} \ldots x_{p_n})$ we have to find $x_{p_{n+1}} \equiv X \pmod{p_{n+1}}$ where p_{n+1} is the new element of the extended base $[p_i]$; $i = 0, 1, \ldots, n, n + 1$.

The value of $x_{p_{n+1}}$ being a function of x_{p_i}; $i = 0, 1, \ldots, n$, i. e. the extension can be read from tables. For the mathematical machines a decoder can be designed according to these tables. To save the hardware which is excessive for larger bases, we can use indirect methods indicated below.

The extension can be performed by using the estimates. In our example we will suppose an SRC with IDA. To find $x_{p_{n+1}}$ we will choose a base $[p_j']$ for the estimate which includes p_{n+1} as its own element. We form $x = X : P = /x_{p_0}\, x_{p_1} \ldots x_{p_n}/$ and remark that $x : p_{n+1} = X : P \cdot p_{n+1} = /x_{p_0}\, x_{p_1} \ldots x_{p_n}\, x_{p_{n+1}}/$. By designating $y = /x_{p_0}\, x_{p_1} \ldots x_{p_n}\, 0/$ we find by a subtraction

$$/0\ 0 \ldots 0\ x_{p_{n+1}}/ = \frac{x}{p_{n+1}} - y = z.$$

The right-hand side of this equation is evaluated approximately by using estimates. The resulting approximation z' can be made sufficiently accurate to define $x_{p_{n+1}}$ on the left-hand side of the equation. Due to the errors in the estimates, the correspondence between z' and $x_{p_{n+1}}$ is of the type many to one. However, there is no ambiguity in the definition of $x_{p_{n+1}}$ if the base of the estimate has been chosen properly.

Example 17

> Given: $[p_i] \equiv [2\ 3\ 5\ 7]$, $p_{n+1} = p_4 = 11$, $X = (1\ 1\ 4\ 3)$; find $x_{11} \equiv X \pmod{11}$. We choose $[p_j'] \equiv [2\ 5\ 11]$ and for the extended base $[2\ 3\ 5\ 7\ 11]$ we read $\varPhi = (1\ 2\ 3\ 1\ 1)$ and $\varPsi = (1\ 2\ 1\ 5\ 1)$ (cf. Tables 2 and 5). To compute $x : p_{n+1} = x : 11$ we remark first $x = /1\ 1\ 4\ 3/ = 11 \cdot /1\ 1\ 4\ 3\ x_{p_{n+1}}/$
> $= /1\ 2\ 4\ 5\ 0/$. Now, from $\varPhi\varPsi x = /1\ 2\ 2\ 4\ 0/$ we find by estimating $x' = /1\ 3\ 4/$. To divide by 11 we round-off first (cf. Section 2.63) $/1\ 3\ 4/ \doteq /1\ 4/ = 9 : 10$. Then we extend $[2\ 5]$ back to $[2\ 5\ 11]$ (for instance by using tables) $\doteq 9 = (1\ 4) = (1\ 4\ 9)$ so that $/1\ 4/ : 11 = /1\ 4\ 9/ \doteq x : 11$. The estimate of $y = /1\ 1\ 4\ 3\ 0/$ gives $y' = /1\ 4\ 10/$. The fraction $/0\ 0\ 0\ 0\ x_{11}/ = (x : 11) - y = z$ is finally approached by $/0\ 0\ 10/ = /1\ 4\ 9/ - /1\ 4\ 10/$. The estimate of $/0\ 0\ 0\ 0\ x_{11}/$ is derived from $\varPhi\varPsi /0\ 0\ 0\ 0\ x_{11}/$ and gives $x_{11}\, r_{11}$ (because here $\varPhi\varPsi \equiv 1 \pmod{11}$) (cf. Tab. 5). As a result we have
>
> $$x_{11} \cdot /0\ 0\ 10/ = /0\ 0\ 10/ + \varDelta,$$
>
> where $\varDelta$ stands for the correction of the errors in the estimates. The correction has to be as small as possible in its absolute value (which itself must respect the condition $0 \leq x_{11} \leq 10$). In our case there is $\varDelta = 0 = /0\ 0\ 0/$. We find this value quite easily if we remark (in this case) that the resulting symbol on the right-hand side of the equation must have the form $/0\ 0\ ?/$. We see that $x_{11} = 1$ and write the extended symbol $X = (1\ 1\ 4\ 3\ 1)$ $(X = 199)$.

Remark 1. The element p_{n+1} is used in the base $[p_j']$ to make possible the division by p_{n+1} during the estimation.

Remark 2. The second and the following extensions of the base are simpler. We can suppose that $/\,x_{p_0}\,x_{p_1}\,\ldots\,x_{p_n}\,x_{p_{n+1}}\,x_{p_{n+2}}\,/ \doteq 0$, then find the estimate y' of $y = /x_{p_0}\,x_{p_1}\ldots x_{p_n}\,x_{p_{n+1}}\,0/$ and the estimate of $/0\;0\ldots0\;0\;x_{p_{n+2}}/ \doteq (\Phi\Psi)\cdot r_{p_{n+2}}\cdot x_{p_{n+2}}$ where $(\Phi\Psi)\equiv\Phi_{\!}\Psi\;(\mathrm{mod}\;p_{n+2})$ is a digit of the factor $\Phi\Psi$. The digit $x_{p_{n+2}}$ is determined finally from the relation

$$(\Phi\Psi)\,r_{p_{n+2}}\,x_{p_{n+2}} = -\,y' + \varDelta.$$

For instance, the second extension of the symbol $X = (1\ 1\ 4\ 3)$ discussed in the Example 17, in relation to the base $[2\ 3\ 5\ 7\ 11\ 13]$, leads to the relation

$$5\ /1\ 3\ 5/\ x_{13} = -\,/0\ 3\ 8/ + \varDelta = /0\ 2\ 3/ + \varDelta.$$

By taking $\varDelta = -/0\ 2\ 2/ = -\,2:110$, we find $x_{13} = 4$.

Remark 3. All estimates must be outside the interval of the uncertain estimate.

2.9 Multiplication of Fractions with Rounding-off

Let us have three fractions as follows:

$$0 \le x = X : P = /x_{p_i}/ < 1$$
$$0 \le y = Y : P = /y_{p_i}/ < 1 \tag{34}$$
$$0 \le z = Z : P = /z_{p_i}/ < 1$$

The relation $z = xy$ can be true only if $Z = XY : P$ is an integer. If not, we have to approach the product by

$$z = xy + \varepsilon \tag{35}$$

by taking $Z = (XY - T) : P$, where $T \equiv XY \;(\mathrm{mod}\,P)$. This formula gives a product z which is systematically too low ($\varepsilon \le 0$). To get errors of both signs with the same probability, we can use the general formula

$$\begin{aligned}
&Z = (XY + C - T) : P \\
&T \equiv XY + C \;(\mathrm{mod}\,P); \; 0 \le T \le P - 1 \\
&C = (P - Q) : 2 \\
&Q \equiv P \;(\mathrm{mod}\,2); \; 0 \le Q \le 1.
\end{aligned} \tag{36}$$

The product XY must be computed in relation to a base which excludes the possibility of an overflow. The original base $[p_i]$ with the period P must be extended up to $[p_i\,p_i']$ with the period $P_{\mathrm{ext}} = P\cdot P' \ge (P - 1)^2$, the upper bound of the products XY. The additional elements p_i' of the extended base form the base $[p_i']$ with the period P'.

Example 18

Given: $[p_i] \equiv [2\ 7]$, $P = 14$, $[p_i'] \equiv [3\ 5]$, $P' = 15$, $[p_i p_i'] = [2\ 7\ 3\ 5]$, $P_{\mathrm{ext}} = 210$, $x = /1\ 6/ = 13:14$, $y = /0\ 3/ = 10:14$; find the approximation of the product $x\,y \doteq z$ by using the formula (36) with $C = 7$.

$$[2\ 7] \qquad\qquad\qquad [2\ 7\ 3\ 5]$$

$$
\begin{aligned}
X &= (1\ 6) &&-\text{ extension} \rightarrow &&(1\ 6\ 1\ 3) \rightarrow \\
Y &= (0\ 3) &&-\text{ extension} \rightarrow &&(0\ 3\ 1\ 0) \rightarrow \\
& && C = &&(1\ 0\ 1\ 2) \rightarrow
\end{aligned}
$$

$$\longleftarrow \text{reduction} - (1\ 4\ 2\ 2) \longleftarrow \quad XY + C$$

$$T = (1\ 4)$$

$$- \text{ extension} \rightarrow (1\ 4\ 2\ 1) \longrightarrow \text{operation}$$
$$XY + C - T$$

$$(0\ 0\ 0\ 1) \longleftarrow$$

$$P = (0\ 0\ 2\ 4) \longrightarrow \text{division}$$
$$(XY + C - T) : P$$

$$(0\ 4) \longleftarrow$$

$$Z = (1\ 2) \longleftarrow \text{reduction} - (1\ 2\ 0\ 4) \longleftarrow \text{extension} -$$

The resulting product
$$z = /1\ 2/ = 9 : 14 = 126 : 196 \doteq 130 : 196 \doteq x\, y.$$

3. The System of Residual Classes in Computers

The use of the SRC in mathematical machines is just in the first stage. For this reason it is rather difficult to appreciate its merits definitely and generally. The matter presented here is not more than a foundation for a constructive discussion.

3.1 Typical Examples of Encoding

3.11 Encoding of Integers. The information about an integer $X = (x_{p_i})$ is carried by a set of signals X_{p_i} related to the corresponding digits x_{p_i}.

For the *regular* encoding of the digit x_{p_i}, the signal X_{p_i} is transmitted by a group of p_i wires numbered with $X_{p_i} = 0, 1, \ldots, p_i - 1$. In this case a pulse passing through the wire number X_{p_i} (*alone*) of the group represents the digit $x_{p_i} = X_{p_i}$.

For the *binary* encoding of the digit x_{p_i}, the signal X_{p_i} is transmitted by a group of m wires by using the conventional binary encoding. To represent all values of x_{p_i} for a given class p_i, we have to make $2^m \geq p_i$.

3.12 Encoding of Fractions. The information about a fraction $x = /x_{p_i}/$ is carried similarly by a set of signals X_{p_i} representing the corresponding digits x_{p_i}.
The *floating point* representation (encoding) is defined by

$$\xi = x \cdot p^E, \tag{37}$$

where p is one of the elements of the base $[p_i]$,

$\quad\quad$ x is a fraction held in the interval $-0.5 \leq -\alpha \leq x \leq +\alpha < +0.5$,

$\quad\quad$ E is an integral exponent,

and where $x = /x_{p_i}/$ is encoded in the SRC. If the algorithms for the arithmetic operations are developed properly, it is not necessary to enforce the uniqueness of the representation of the number ξ through (37). In other words, it is not necessary to introduce the normalization.

For the *rational* encoding, a number x is defined by its sign (sgn x) and by the ratio $x_1 : x_2 = |x|$ of two positive fractions encoded in the SRC. The complete definition can be set up as follows:

$$x = (\mathrm{sgn}\ x) \cdot |x| \quad\quad\quad 0 \leq x_1 = /x_{1p_i}/ < 1$$
$$|x| = x_1 : x_2 \quad\quad , \text{where} \quad\quad 0 < x_2 = /x_{2p_i}/ < 1 \quad\quad\quad (38)$$

In an SRC with a period P the smallest $x_2 = 1 : P$. The interval of definition is then $-(P-1) \leq x \leq P - 1$. The value of x_2 can be interpreted as the scale of the representation (displaying a certain analogy with the factor p^E of the floating representation). The variation of the accuray of the representation due to the rounding-off is unfavorable for small numerical values of x_1, x_2. For that reason we keep them as large as possible.

Example 19

$\quad\quad$ Set up a rational representation for the SRC with the base $[p_i] = [2\ 3\ 5\ 7], P = 210$.

$[2\ 3\ 5\ 7]$	$x = (\mathrm{sgn}\ x)\ \cdot\ x_1\ :\ x_2$
$/1\ 1\ 1\ 1/ = \quad\ 1 : 210$	$10 = (+1) \cdot /0\ 1\ 0\ 2/ : /0\ 1\ 0\ 3/$
$/0\ 1\ 0\ 3/ = \quad 10 : 210$	$10 = (+1) \cdot /0\ 1\ 0\ 3/ : /1\ 1\ 1\ 1/$
$/1\ 2\ 2\ 0/ = \quad 77 : 210$	$0.77 = (+1) \cdot /1\ 2\ 2\ 0/ : /0\ 1\ 0\ 2/$
$/0\ 1\ 0\ 2/ = 100 : 210$	$0.77 = (+1) \cdot /0\ 1\ 4\ 0/ : /0\ 2\ 0\ 4/$
$/0\ 1\ 4\ 0/ = 154 : 210$	$-0.736 = (-1) \cdot /0\ 1\ 4\ 0/ : /1\ 2\ 4\ 6/$
$/0\ 2\ 0\ 4/ = 200 : 210$	$15.4 = (+1) \cdot /0\ 1\ 4\ 0/ : /0\ 1\ 0\ 3/$
$/1\ 2\ 4\ 6/ = 209 : 210$	$1 = (+1) \cdot /1\ 2\ 4\ 6/ : /1\ 2\ 4\ 6/$
	$0 = (\pm 1) \cdot /0\ 0\ 0\ 0/ : /1\ 2\ 4\ 6/$

For the encoding of *polyadic fractions*, the digits are encoded in the SRC (as integers). We mention here the interesting case where the fraction is decimal:

$$x = X_{-1} \cdot 10^{-1} + X_{-2} \cdot 10^{-2} + \ldots + X_{-n} \cdot 10^{-n}; \quad 0 \leq X_i \leq 9 \quad\quad (39)$$

where the digits X_i of the fraction are represented in the SRC (usually in relation to the base $[2\ 5]$ or $[2\ 3\ 5]$).

3.2 Discussion about Encodings

3.21 Regular Encoding. The *regular encoding* is a compromise between the *one-of-n* encoding on one side and a *combinational* (for instance, polyadic) encoding on the other side. In fact, the representation of the digit x_{p_i} is done as an *one-of-p_i* encoding (impulse on *one* out of p_i wires), and the representation of

(x_{p_i}) or $/x_{p_i}/$ as a combinational encoding of the channels $i = 0, 1, \ldots, n$. This compromise leads to a substantial saving of logical elements in comparison to the *one*-of-*n* encoding and leaves intact the desirable symmetry of these circuits.

3.22 Binary Encoding. The regular encoding is not well suited for storage purposes. If we face the problem to store the number (x_{p_i}) defined in relation to an extensive base $[p_i]$, then to save the storage equipment we use the *binary encoding*. By this way, only few more bits are needed than with the conventional binary encoding.

Example 20

> To store the numbers (x_{p_i}) defined in relation to the base
> [2 3 5 7 11 13 17 19] with $P = 9699690$ we should spend
> $2 + 3 + 5 + 7 + 11 + 13 + 17 + 19 = 77$ bits in the case of the
> regular encoding. By using the binary encoding for x_{p_i} we
> need only $1 + 2 + 3 + 3 + 4 + 4 + 5 + 5 = 27$ bits. The con-
> ventional binary encoding would take 24 bits.

3.23 Floating Point Representation. The *floating point representation* is useful for the same reasons as the floating polyadic point. The interval of definition set by α in (37) should be fixed with regard to the algorithms of the computing circuit to prevent the overflow. If a result of an operation leaves the interval of definition set by α, we have to normalize it in the usual way.

a) *Addition.* We will follow an example of the floating point encoding in connection with the following algorithm for the addition.

> *Suppositions:* $\zeta \doteq \xi + \eta$ (admitting the error of the rounding-off), $\xi = x \cdot 2^{E_x}$,
> $\eta = y \cdot 2^{E_y}$, $\zeta = z \cdot 2^{E_z}$ (cf. (37)), $E_x \geq E_y$, $\Delta = E_x - E_y \geq 0$, $|x| \leq \alpha$, $|y| \leq \alpha$.
> The base $[p_i]$ includes 2.

> *The algorithm:* Find $y' = y \cdot 2^{-\Delta} \doteq /y'_{p_i}/$ by using the procedure of the round-
> ing-off and the extension (cf. Sections 2.44 and 2.63) applied to the digit
> modulo 2.

> Find $z' = x + y'$ and test the condition $|z'| \leq \alpha$.
> Test Yes! : take $z = z'$, $E_z = E_x$.
> Test No! : take $z = z' : 2$, $E_z = E_x + 1$.

We present now in detail a numerical calculation based on the above addition algorithm.

Example 21

> The base $[p_i] \equiv [2 \ 3 \ 5 \ 7 \ 11 \ 13]$ has $P = 30030$; the base for
> the estimate being $[p_i'] \equiv [2 \ 3 \ 5]$, we have to select $\alpha = 4 : 30$
> (rather small) because the error can reach almost $3 : 30$ for each
> estimate. We will work out the algorithm for $x = 6696 : 30030$,
> $E_x = 0$, $y = 3467 : 30030$, $E_y = -2$.

Operation		Fractions in SRC	The Estimate	Remarks
		[2 3 5 7 11 13]	[2 3 5]	
		$x = $ /0 0 1 4 8 1/	/0 1 4/	$\doteq 4:30$
		$y = $ /1 2 2 2 2 9/	/0 2 2/	$\doteq 2:30$
		$-$ /1 1 1 1 1 1/		
Rounding-off	$\{$	$\doteq$ /0 1 1 1 1 8/		
Reduction		$=$ /2 3 4 6 4/		
Division		$y \cdot 2^{-1} = $ /? 2 3 4 6 4/		
Trial	$? = 0$	/0 2 3 4 6 4/	/1 0 0/	$= 15:30$
No!	$? = 1$	$y \cdot 2^{-1} = $ /1 2 3 4 6 4/		Decision: $? = 1$
		$-$ /1 1 1 1 1 1/		
Rounding-off	$\{$	$\doteq$ /0 1 2 3 5 3/		
Reduction		$\doteq$ /2 1 5 8 8/		
Division		$y \cdot 2^{-2} \doteq $ /? 2 1 5 8 8/		
Trial	$? = 0$	/0 2 1 5 8 8/	/1 2 4/	$= -1:30$
				Decision: $? = 0$
Yes!	$? = 0$	$y \cdot 2^{-2} = $ /0 2 1 5 8 8/		$= y'$
Addition		$z' = $ /0 2 2 2 5 9/	/0 0 1/	$= 6:30 > \alpha$
Normalization		$=$ /1 1 1 8 11/		Test No!
		$z' : 2 = $ /? 1 1 1 8 11/		
Trial	$? = 0$	/0 1 1 1 8 11/	/1 2 2/	$= -13:30$
Result	$? = 1$	$z = $ /1 1 1 1 8 11/		Decision: $? = 1$
				$E_z = E_x + 1 = 1$

To check the result we give the decimal equivalents: $\xi = 0.222977\ldots$, $\eta = 0.028863\ldots$, $\zeta_{\text{correct}} = 0.251840\ldots$, $\zeta_{\text{calculated}} = 0.251815\ldots$, the error $0.000025\ldots$

Remark 1. Select the constant α so small that the decisions of the algorithm will always be correct, even if based on estimates which are not accurate.

Remark 2. The value x entering the calculation was estimated /0 1 4/ $= 4:30 = \alpha$ so that the condition of the normalization seems to be satisfied. However, the actual value $x = 0.222977 > 6:30 > \alpha$ is outside of ID. Due to the proper selection of α, this fact has no effect on the correctness of the whole procedure.

Remark 3. The procedure of the estimate used in Example 21 should be explained in more detail: We take $\Phi = (1\ 2\ 1\ 6\ 6\ 3)$ from Table 2, and $\Psi = (1\ 1\ 1\ 2\ 8\ 4)$ from the Table 4, so that $\Phi \cdot \Psi = (1\ 2\ 1\ 5\ 4\ 12)$. The coefficients of (31) are tabulated in Table 5: $r_2 = $ /1 0 0/, $r_3 = $ /0 1 0/, $r_5 = $ /0 0 1/, $r_7 = $ /1 2 2/, $r_{11} = $ /1 1 4/, $r_{13} = $ /1 2 3/. To calculate the estimate of $x = $ /0 0 1 4 8 1/, we find $\Phi \Psi x = (0\ 0\ 1\ 6\ 10\ 12)$ and form

$$0 \cdot r_2 + 0 \cdot r_3 + 1 \cdot r_5 + 6 \cdot r_7 + 10 \cdot r_{11} + 12 \cdot r_{13} = \text{/0 1 4/} = 4:30.$$

b) *Multiplication.* The algorithm for the multiplication in the floating representation is quite simple. We will mention it only in the form of an example. Starting with the suppositions already outlined before (cf. Section 3.23 a) we want to find $\vartheta = \xi \cdot \eta$ where $\vartheta = d \cdot 2^{E_d}$. Then $|d| = |x| \cdot |y|$ and $E_d = E_x + E_y$. To compute

$|x|$, $|y|$ from x, y we have to find (sgn x), (sgn y). The absolute values of negative fractions are defined then as their complements. The product $|d|$ is calculated as in the Section 2.9. If the sign of the result d is negative, we write it as the complement of $|d|$.

c) *Division.* The number of divisions performed is usualy small in comparison with the number of additions and multiplications. In this case it looks not uneconomical to compute quotients by a subroutine containing additions and multiplications. A direct algorithm for division of integers or fractions is unknown in the SRC (in other numerical systems as well).

3.24 Rational Representation. The *rational representation* starts to be economical in special computers where the frequency of multiplications and divisions is comparable with the frequency of additions. The main feature of the rational representation is the homogeneous structure of algorithms for the basic arithmetic operations.

Algorithms for basic operations will be defined here in relation to fixed numbers x, y represented by their signs (sgn x), (sgn y) and two couples (x_1, x_2), (y_1, y_2) respecting the relations (38).

a) *Multiplication.* To calculate $t = x \cdot y$ find

$$t_1 = x_1\, y_1, \ t_2 = x_2\, y_2, \ (\text{sgn } t) = (\text{sgn } x) \cdot (\text{sgn } y); \tag{40}$$

then $|t| = t_1 : t_2$ and t_1, t_2 respect (38).

Example 22

> Perform the multiplication for $x = (\text{sgn } x)\, x_1 : x_2 = (+1) \cdot /0\ 1\ 4\ 0/ : /0\ 2\ 0\ 4/ = 0.770$ and $y = (\text{sgn } y)\, y_1 : y_2 = (-1) \cdot /0\ 1\ 4\ 0/ : /1\ 2\ 4\ 6/ = -0.736$ defined in relation to the base [2 3 5 7] of Example 19. We will use the algorithm for the multiplication of fractions (Section 2.9) in relation to an extended base (for instance [2 3 5 7 13 17], $C = 105$). We find:
>
> $$t_1 = x_1\, y_1 = /0\ 1\ 4\ 0/ \cdot /0\ 1\ 4\ 0/ = /1\ 2\ 3\ 1/$$
> $$t_2 = x_2\, y_2 = /0\ 2\ 0\ 4/ \cdot /1\ 2\ 4\ 6/ = /1\ 1\ 4\ 3/$$
> $$\text{sgn } t = (-1)$$
> $$t = (-1)/1\ 2\ 3\ 1/ : /1\ 1\ 4\ 3/ = -0.567$$
> $$(\text{correct result} = -0.567)$$

b) *Division.* To calculate $w = x : y$ find

$$w_1 = x_1\, y_2, \ w_2 = x_2\, y_1, \ (\text{sgn } w) = (\text{sgn } x) \cdot (\text{sgn } y); \tag{41}$$

then $|w| = w_1 : w_2$ and w_1, w_2 respect (38).

Example 23

> Perform the division for the same x, y as in the Example 22. We find:
>
> $$w_1 = x_1\, y_2 = /0\ 1\ 4\ 0/ \cdot /1\ 2\ 4\ 6/ = /1\ 0\ 3\ 6/$$
> $$w_2 = x_2\, y_1 = /0\ 2\ 0\ 4/ \cdot /0\ 1\ 4\ 0/ = /1\ 0\ 2\ 0/$$
> $$\text{sgn } w = (-1)$$
> $$w = (-1)/1\ 0\ 3\ 6/ : /1\ 0\ 2\ 0/ = -1.041$$
> $$(\text{correct result} = -1.046)$$

c) *Addition and Subtraction.* To calculate $z = x \pm y$ find

$$z_1 = |\,(\text{sgn } x) \cdot x_1 \cdot y_2/2 \pm (\text{sgn } y) \cdot x_2 \cdot y_1/2\,|, \quad z_2 = x_2 \cdot y_2/2 \tag{42}$$

then $|z| = z_1 : z_2$ and the $(\text{sgn } z)$ is determined by the sign of the sum inside the straight brackets.

Example 24

Perform the addition (42) $z = x + y = 0.770 + (-0.736)$ again for the same x, y as in Example 22. Using some results from the Example 23 we find:

$x_1\, y_2 : 2 =$
$$/1\ 0\ 3\ 6/ : 2 \doteq /0\ 2\ 2\ 5/ : 2 = /?\ 1\ 1\ 6/ = /0\ 1\ 1\ 6/$$

$x_2\, y_1 : 2 =$
$$/1\ 0\ 2\ 0/ : 2 \doteq /0\ 2\ 1\ 6/ : 2 = /?\ 1\ 3\ 3/ = /1\ 1\ 3\ 3/$$

(For the division by 2 cf. Example 21.)

$(+1)/0\ 1\ 1\ 6/ + (-1)/1\ 1\ 3\ 3/ =$
$$/0\ 1\ 1\ 6/ + /1\ 2\ 2\ 4/ = /1\ 0\ 3\ 3/ \;(\in \langle -0.5, +0.5\rangle)$$

To find the sign of this result, we make its estimate
(cf. Example 13)

$$\Phi\,\Psi\,/1\ 0\ 3\ 3/ = /1\ 0\ 4\ 1/ \doteq /1\ 0/ + 4 \cdot /0\ 2/ + /1\ 2/ = /0\ 0/$$

indicating that $/1\ 0\ 3\ 3/ > 0$ and that $\text{sgn } z = (+1)$. Therefore $z_1 = /1\ 0\ 3\ 3/$.

$$z_2 = x_2\, y_2 : 2 = /1\ 1\ 4\ 3/ : 2 \doteq /0\ 0\ 3\ 2/ : 2 = /?\ 0\ 4\ 1/ =$$
$$/1\ 0\ 4\ 1/$$

Finally
$$z = (+1)/1\ 0\ 3\ 3/ : /1\ 0\ 4\ 1/ = 0.030 \text{ (correct result } 0.034)$$

d) *Normalization* is an optional operation which is applied if we want to keep the value at least of one of the fractions x_1, x_2 in (38) above a predetermined numerical value. For instance, when the unequalities

$$x_1 < \beta < 0.5, \quad x_2 < \beta < 0.5 \tag{43}$$

hold at the same time, we make

$$x_1' = 2\,x_1, \quad x_2' = 2\,x_2 \tag{44}$$

and test the conditions (43) for the new couple (x_1', x_2'). If they hold, we repeat the procedure until at least one of the unequalities fails.

Remark. The constant β is to be chosen so that $0.5 - \beta$ is larger than the maximum possible error of the estimate used to check the condition $|x| < \beta$. The estimated validity of this unequality is then a conclusive test for the validity of $|x| < 0.5$ which is necessary for the decision to normalize.

e) *Output-Transformation* of the rational representation of a variable u is performed to achieve its comfortable evaluation. The first step of the transformation of the absolute value is expressed as

$$|u| = u_1 : u_2 = (u_1)_e : E \quad \text{for} \quad |u| \leq 1 \tag{45 A}$$

$$\text{or} \quad |u| = u_1 : u_2 = E : (u_2)_e \quad \text{for} \quad |u| > 1 \tag{45 B}$$

where $E \leq 1$ is a positive constant and properly selected fraction (or one). The second step transforms $(u_1)_e$ or $(u_2)_e$ into a decimal form.

First step. If $|u| \leq 1$, we go through the iteration:

$$(u_2)_0 = u_2 \qquad\qquad (u_1)_0 = u_1$$
$$(u_2)_{n+1} = E(u_2)_n + (1-(u_2)_n)(u_2)_n \qquad (u_1)_{n+1} = E(u_1)_n + (1-(u_2)_n)(u_1)_n \qquad (46\,\text{A})$$

The ratio $|u| = u_1 : u_2 = (u_1)_n : (u_2)_n$ is kept constant. The sequence $(u_2)_n$ tends towards E, the sequence $(u_1)_n$ towards $(u_1)_e \leq E$ and $|u|$ towards $(u_1)_e : E$.

If $|u| > 1$, we pass through the iteration:

$$(u_1)_0 = u_1 \qquad\qquad (u_2)_0 = u_2$$
$$(u_1)_{n+1} = E(u_1)_n + (1-(u_1)_n)(u_1)_n \qquad (u_2)_{n+1} = E(u_2)_n + (1-(u_1)_n)(u_2)_n \qquad (46\,\text{B})$$

It is now the sequence $(u_1)_n$ which tends towards E, the sequence $(u_2)_n$ towards $(u_2)_e < E$ and $|u|$ towards $E : (u_2)_e$.

Second step. We transform $(u_1)_e$ or $(u_2)_e$ into a decimal form. For instance, when $(u_1)_e = U_1 : P$ we want the decimal expression for the integer U_1. To do that we use a repeated division by ten.

Example 25

Perform the output-transformation for the number
$$u = (\operatorname{sgn} u)\, u_1 : u_2 = (+1)/1\ 2\ 4\ 2/ : /0\ 1\ 3\ 3/.$$

We will select $E = 100 : 210 = /0\ 1\ 0\ 2/$ (though it is the best policy to take E close to one; for a similar reason we should use a base with P slightly larger than a power of 10). We start the first step with a test of (45 A) by making the estimate (cf. Example 13) of
$$\delta = u_1 - u_2 = /1\ 2\ 4\ 2/ - /0\ 1\ 3\ 3/ =$$
$$/1\ 1\ 1\ 6/ \ (\in \langle -0.5, +0.5 \rangle).$$
$$\Phi\Psi\delta = (1\ 1\ 3\ 5)/1\ 1\ 1\ 6/ = /1\ 1\ 3\ 2/ \doteq$$
$$/1\ 0/ + /1\ 3/ + 3/0\ 2/ + 2/1\ 2/ = /0\ 3/ = -0.2$$

Therefore $\delta < 0$, $|u| < 1$, (45 A) holds. We go through the iteration (46 A):

$$(u_2)_0 = u_2 = /0\ 1\ 3\ 3/ \qquad\qquad (u_1)_0 = u_1 = /1\ 2\ 4\ 2/$$
$$1 - (u_2)_0 = /0\ 2\ 2\ 4/ = (u_2')_0$$
$$E(u_2)_0 = /0\ 1\ 0\ 2//0\ 1\ 3\ 3/ \qquad\qquad E(u_1)_0 = /0\ 1\ 0\ 2//1\ 2\ 4\ 2/$$
$$= /1\ 1\ 0\ 1/ \qquad\qquad\qquad = /1\ 2\ 1\ 1/$$
$$(u_2')_0(u_2)_0 = /0\ 2\ 2\ 4//0\ 1\ 3\ 3/ \qquad (u_2')_0(u_1)_0 = /0\ 2\ 2\ 4//1\ 2\ 4\ 2/$$
$$= /1\ 0\ 2\ 6/ \qquad\qquad\qquad = /1\ 2\ 3\ 2/$$
$$(u_2)_1 = /1\ 1\ 0\ 1/ + /1\ 0\ 2\ 6/ \qquad (u_1)_1 = /1\ 2\ 1\ 1/ + /1\ 2\ 3\ 2/$$
$$= /0\ 1\ 2\ 0/ \qquad\qquad\qquad = /0\ 1\ 4\ 3/$$

And by the same procedure:

$$(u_2)_2 = /1\ 0\ 0\ 0/ \qquad\qquad\qquad (u_1)_2 = /1\ 2\ 4\ 5/$$
$$(u_2)_3 = /1\ 1\ 3\ 5/ \qquad\qquad\qquad (u_1)_3 = /1\ 0\ 2\ 3/$$
$$(u_2)_4 = /1\ 2\ 1\ 3/ \qquad\qquad\qquad (u_1)_4 = /1\ 1\ 0\ 1/$$
$$(u_2)_5 = /0\ 1\ 0\ 2/ \qquad\qquad\qquad (u_1)_5 = /0\ 0\ 4\ 0/$$
$$= (u_2)_6 = \ldots = E \qquad\qquad\qquad = (u_1)_6 = \ldots = (u_1)_e$$

The first step of the output-transformation leads to $|u| = (u_1)_e : E = /0\ 0\ 4\ 0/ : /0\ 1\ 0\ 2/ = (0\ 0\ 4\ 0) : (0\ 1\ 0\ 2) = 0.840$ (correct value $= 0.837$). The second step has to produce the decimal expression for $EP|u| = 100|u| = (0\ 0\ 4\ 0)$. The matter was discussed in Section 2.44.

$$[2\ 3\ 5\ 7]$$

$$U = (0\ 0\ 4\ 0)$$
$$U_0 \equiv (0\quad 4\quad) \equiv 4 \ (\text{mod } 10) \quad \text{(Reduction)}$$
$$= (0\ 1\ 4\ 4) \qquad\qquad \text{(Extension)}$$
$$U - U_0 = (0\ 2\ 0\ 3)$$
$$10 = (0\ 1\ 0\ 3)$$
$$(U - U_0) : 10 = (\quad 2\quad 1\ )$$
$$= (0\ 2\ 3\ 1) \qquad\qquad \text{(Extension)}$$
$$U_1 \equiv (0\quad 3\quad) \equiv 8 \ (\text{mod } 10) \quad \text{(Reduction)}$$
$$(0\ 2\ 3\ 1) \qquad\qquad \text{(Extension)}$$
$$(U - U_0) : 10 - U_1 = (0\ 0\ 0\ 0) = 0, \text{so that } U = 10\,U_1 + U_0 = 84.$$
$$\text{Finally } |u| = 84 : 100 = 0.84$$

Remark 1. The convergence of (46 A) follows from the relation

$$(E - (u_2)_{n+1}) : (E - (u_2)_n) = 1 - (u_2)_n < 1.$$

The same is true about (46 B).

Remark 2. The expressions (40), (41), (42), (45), (46) are written to underline the procedure of the calculations by the application of known rules.

Remark 3. For $E = 1$ the iteration (46 A) represents a useful algorithm for the division $u_1 : u_2 = (u_1)_e$.

Remark 4. An arithmetic unit using rational representation will be quite fast if we use two multipliers of fractions and an adder. The multiplication and division will take the same time. The addition, however, will take much longer because the two multiplications in (42) are followed by an addition and often by an estimate.

3.25 Digit-by-digit Encoding of Polyadic Form. The encoding of a *polyadic form* (e. g. decimal) may be conceived as a representation of each of its digits in the SRC. We find it very useful for arithmetic circuits working in the series-parallel mode of operation. The symmetry of these circuits leads to a constant loading of the supply of the energy, and we regard this fact as a desirable feature. By selecting properly the algorithms for the circuits, we can achieve an excellent time for the multiplication (100 clock times for 10×10 decimals). The circuits do not need much hardware, a fact we cannot claim for SRC arithmetic circuits working in the parallel mode of operation.

3.3 Elementary Arithmetic Circuits

3.31 Function of One Variable. The *function* $R = R(X)$ defined by the polynomial

$$R = \sum_k A_k X^k, \ k = 0, 1, \ldots, n \tag{47}$$

where X is an integral variable and A_k are integral factors, is transformed into a set of congruences

$$r_{p_i} \equiv R(x_{p_i}) \pmod{p_i} \tag{48}$$

written in relation to a base $[p_i]$ in the SRC. All functional values R must be inside the ID of the system. The relations (48) are generated in independent circuits. The simplest circuits are obtained by using the regular representation of integers: a *permutation of wires* or their *renumbering* performed separately for each class p_i.

Example 26

Given $R = 16 - 8X + X^2$ in the interval of definition
$$-4 \leq X \leq +8, \; 0 \leq R \leq 49.$$

The base $[p_i] \equiv [3 \; 4 \; 5]$ is adequate because $P = 60 > 49$. We write the congruences (48)

$$r_3 \equiv 1 - 2x_3 + x_3^2 \qquad \pmod{3}$$
$$r_4 \equiv x_4^2 \qquad \pmod{4}$$
$$r_5 \equiv 1 - 3x_5 + x_5^2 \qquad \pmod{5}$$

and set up the corresponding tables:

$$x_3 = 0 \; 1 \; 2 \qquad\qquad x_4 = 0 \; 1 \; 2 \; 3 \qquad\qquad x_5 = 0 \; 1 \; 2 \; 3 \; 4$$
$$r_3 = 1 \; 0 \; 1 \qquad\qquad r_4 = 0 \; 1 \; 0 \; 1 \qquad\qquad r_5 = 1 \; 4 \; 4 \; 1 \; 0$$

The arithmetic circuit will have three independent sections as depicted in Fig. 1.

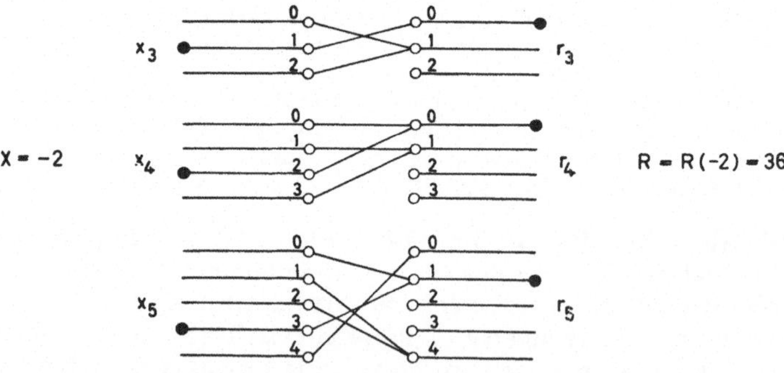

Fig. 1. Arithmetic circuit for the function $R \equiv 16 - 8X + X^2 \pmod{60}$
The dots mark the relation $R(-2) = 36$

Remark. The circuit of Fig. 1 may be used to solve the congruence

$$R \equiv 16 - 8X + X^2 \pmod{60}$$

seeking X for a given R. The discussion of the interesting properties of the circuit under these conditions we leave to the reader.

3.32 Function of Two Variables. The *function* $R = R(X, Y)$ defined by the polynomial

$$R = A_{jk} X^j Y^k; \quad j, k = 0, 1, \ldots, n, \tag{49}$$

where X, Y are integral variables and A_{jk} are integral factors, is transformed into a set of congruences

$$r_{p_i} \equiv R(x_{p_i}, y_{p_i}) \pmod{p_i}, \tag{50}$$

where p_i belong to the base $[p_i]$ of the SRC.

Using the regular representation we can conceive the arithmetic circuits as *diode* or *magnetic core matrices.*

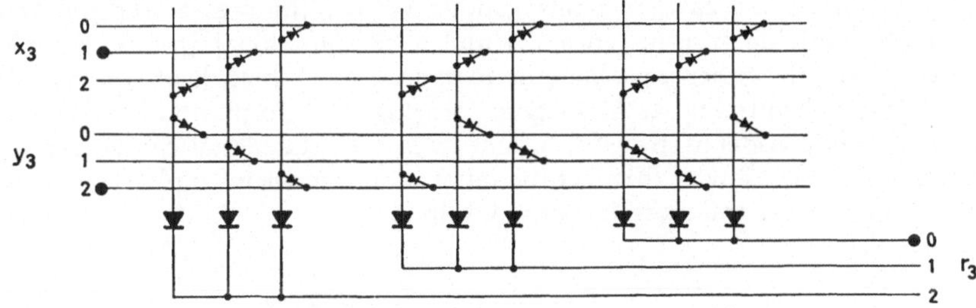

Fig. 2.   Adding circuit $r_3 \equiv x_3 + y_3 \pmod 3$ using diodes
The dots mark the addition $1 + 2 \equiv 0 \pmod 3$

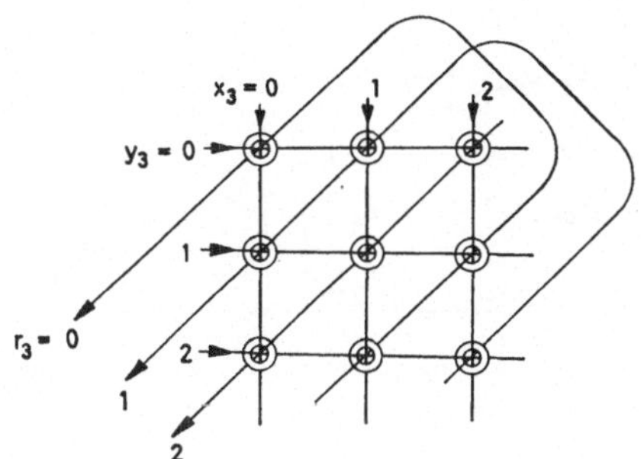

Fig. 3.   Adding circuit $r_3 \equiv x_3 + y_3 \pmod 3$ using magnetic cores

Example 27

To design an *adder* we take, for instance, $R = X + Y$, with $0 \le X \le 10$, $0 \le Y \le 10$, $0 \le R \le 20$.

The base $[2\ 3\ 5]$ with $P = 30$ is adequate. The relations established by the congruences (50) are expressed numerically by the three matrices as follows:

y_2	x_2 0 1		y_3	x_3 0 1 2		y_5	x_5 0 1 2 3 4
0	0 1		0	0 1 2		0	0 1 2 3 4
1	1 0		1	1 2 0		1	1 2 3 4 0
	r_2		2	2 0 1		2	2 3 4 0 1
				r_3		3	3 4 0 1 2
						4	4 0 1 2 3
							r_5

$$X = (x_{p_i}), \quad Y = (y_{p_i}), \quad R = (r_{p_i}).$$

The arithmetic circuit will have three independent branches. By using the regular representation and germanium diodes in the electronic design we get a circuit possessing a high degree of symmetry (cf. Fig.2). It is clear that the number of elements found in a certain state is invariant for any possible combination of the incoming signals. A magnetic core version of an adder circuit modulo 3 is depicted in Fig. 3.

a) *Relay Adder.* In the case of a relay adder, we use the regular representation only for one variable (for instance, X) and a combinational (for instance, the binary code) for the other variable (for instance, Y). A branch of a relay adder modulo 5 is sketched in Fig. 4. Any signal carrying the information X and passing through the relay adder is transformed at once into the signal carrying the information $X + Y$. In view of this fact the relay adder represents a physical analogy of an operator $(+ Y)$ transforming any X into $X + Y$.

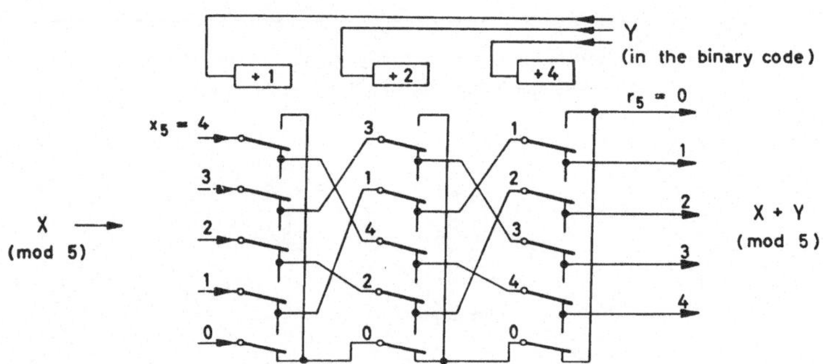

Fig. 4.   Adding circuit modulo 5 using relays

b) *Relay Multiplier Based on the Index Theorem.* The use of a combinational representation of one of the variables is recommended also in the case of a relay multiplier. The design then is based on the well-known theorem of the indices (for instance, cf. [16]).

For any prime p we can find an integer g (primitive root) so that the set

$$g^1, g^2, \ldots, g^{p-1} \quad (\bmod\, p) \tag{51}$$

contains any and all elements of the set

$$1, 2, \ldots, p - 1 \quad (\bmod\, p). \tag{52}$$

The elements of the set (51) can be developed from the set

$$g^1, g^2, g^4, g^8, \ldots, g^{2^{n-1}} \tag{53}$$

as products of the elements in its subsets. A set (53) containing n elements has $2^n - 1$ (non empty) subsets. For this reason the smallest n sufficient to produce all elements of the set (51) is defined by $2^{n-1} < p \leq 2^n$.

To design a branch of a multiplier belonging to the class p we can use blocks corresponding to the elements of (53).

Example 28

For $p = 7$ we find $g = 3$. Then the set (51) contains the elements $3^1 \equiv 3$, $3^2 \equiv 2$, $3^3 \equiv 6$, $3^4 \equiv 4$, $3^5 \equiv 5$, $3^6 \equiv 1$ (mod 7) corresponding to (52).

Example 29

Design the branch of a multiplier for $p = 7$. The block diagram (Fig. 5) combines three elements of (53) applied as operators $(\cdot\, g^1)$, $(\cdot\, g^2)$, $(\cdot g^4)$ for $g = 3$ (cf. Example 28). The code for the signal carrying Y is given in a table of Fig. 5. The branch of a relay multiplier modulo 7 is shown in Fig. 6 in a more detailed form. The multiplication by zero requires a fourth relay.

Remark. The coding of Y in Fig. 6 is defined by the table of Fig. 5. For instance, to multiply by $Y = 6$ we actuate the relays g^1, g^2.

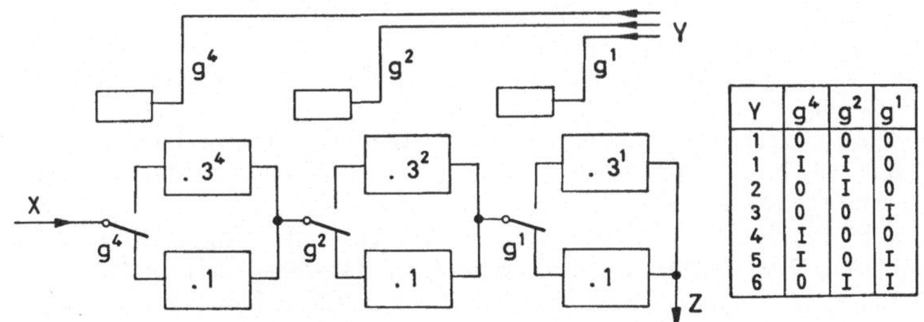

Y	g^4	g^2	g^1
1	0	0	0
1	I	I	0
2	0	I	0
3	0	0	I
4	I	0	0
5	I	0	I
6	0	I	I

Fig. 5. Block diagram of a relay multiplier for $Z \equiv X \cdot Y$ (mod 7)
Note that there are two code lines provided for $Y = 1$

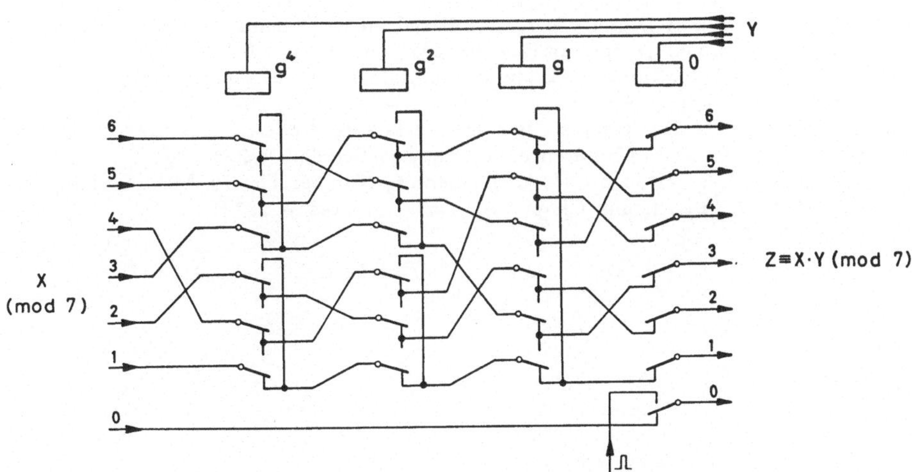

Fig. 6. The branch of a relay multiplier modulo 7
The multiplication by $Y = 0$ is accomplished by an extra relay

Bibliography

[1] VALACH, M.: Vznik kodu a číselné soustavy zbytkových tříd (Origin of the code and number system of residual classes). Stroje na Zpracování Informací, Sborník III. Nakl. ČSAV, Praha 1955, pp. 211—245.

[2] VALACH, M.: Převod čísel ze soustavy zbytkových tříd do polyadické soustavy změnou měřítka periody (The translation of numbers from the system of residual classes to a polyadic system by change of scale of period). Stroje na Zpracování Informací, Sborník IV. Nakl. ČSAV, Praha 1956, pp. 53—64.

[3] SVOBODA, A., VALACH, M.: Operátorové obvody (Operational circuits). Stroje na Zpracování Informací, Sborník III. Nakl. ČSAV, Praha 1955, pp. 247—295.

[4] SVOBODA, A.: Rational Numerical System of Residual Classes. Stroje na Zpracování Informací, Sborník V. Nakl. ČSAV, Praha 1957, pp. 9—37.

[5] SVOBODA, A.: Le système numérique de classes résiduelles dans les machines mathématiques. Automatisme (Publ. Dunod, Paris) 5 (1960) Nos. 1 & 2, pp. 16—24, 65—69. (Cf. also similar treatments of the SRC in: Actas Congreso Internac. de Automatica, Madrid, Oct. 13—18, 1958, pp. 388—397; and in: Information Processing, Proc. Internat. Conf. UNESCO, Paris, June 15—20, 1959. R. Oldenbourg, München 1960, pp. 419—422.)

[6] MACLEAN, M. A., ASPINALL, D.: Decimal Adder Using a Stored Addition Table. Proc. Instn. Electr. Engrs. 105 B (1958) No. 20, pp. 129—135, 144—146.

[7] PETERSON, W. W.: On Checking an Adder. IBM Journal Res. & Dev. 2 (1958) No. 2, pp. 166—168.

[8] GARNER, H. L.: The Residue Number System. IRE Trans. Electronic Computers EC—8 (1959) No. 2, pp. 140—147. (Cf. also: Proc. Western Joint Computer Conf., San Francisco, March 3—5, 1959, pp. 146—153.)

[9] AIKEN, H. H., SEMON, W.: Advanced Digital Computer Logic. Harvard University, Wright Air Dev. Center, Techn. Rep. WADC TR—59—472; July 1959.

[10] HOFFMANN, W., MÜLLER, H. E.: Die quasi-logarithmischen Eigenschaften des Restklassensystems. Z. angew. Math. Mech. (ZAMM) 40 Sonderheft GAMM-Tagung, Freiberg/Sa. 1960, pp. T 61 — T 64.

[11] FRAENKEL, A. S.: The Use of Index Calculus and Mersenne Primes for the Design of a High-Speed Digital Multiplier. Journal ACM 8 (1961) No. 1, pp. 87—96.

[12] KARST, E.: Faktorenzerlegung Mersennescher Zahlen mittels programmgesteuerter Rechengeräte. Numerische Mathematik 3 (1961) No. 1, pp. 79—86.

[13] CHENY, P. W.: A Digital Correlator Based on the Residue Number System. IRE Trans. Electronic Computers EC—10 (1961) No. 1, pp. 63—70.

[14] MANN, H. B.: On Modular Computation. Mathematics of Computation (MTAC) 15 (1961) No. 74, pp. 190—192.

[15] HENDERSON, D. S.: Residue Class Error Checking Codes. Paper presented at the 16th National ACM Conference, Los Angeles, September 5—8, 1961.

[16] USPENSKY, J. V., HEASLET, M. A.: Elementary Number Theory. McGraw-Hill, New York 1939. In particular Chap. VIII, Par. 6: Indices. p. 237 ff.

Supervisory Author:

HIDEO YAMASHITA

Tokyo, Japan

Digital Computer Development in Japan

With 61 Figures

Disposition

Part VI.   The Esaki Diode

1. Introduction
2. Basic Principles
3. Examples of Digital Circuits

Part VII.   High-Speed Arithmetic System

1. Introduction
2. Adder
3. Shifting Register
4. Detector
5. Transmission Circuit
6. Conclusion

Bibliography (cumulative)

Summary. The first modest trials of replacing several mechanical computing elements in conventional desk top calculators by electrical components have already been attempted in Japan round about 1939 by H. YAMASHITA. The principle of program control, however, was not applied until the American automatic computer developments became known after the end of World War II. The application of the theory of switching to relay networks has been brought to a high standard at an early stage in Japan. Therefore, it was but a natural approach to utilize in practice the results obtained by the theoretical investigations for the design of computers. We started with the construction of relay computers. Here, the large-scale relay computer ETL Mark II installed at the Electrotechnical Laboratory (ETL) of the Ministry of International Trade and Industry, belongs to the most significant developments. This computer the design principles of which are described in the first part of this contribution is, since it has been completed in November 1955, actively used for the solution of various kinds of mathematical and scientific problems such as logical mathematics, atomic power reactor calculations, numerical weather forecasting, etc.

The second phase of development in the digital computer field in Japan started with the invention of the parametron by EIICHI GOTO in 1954. It is characterized to a large extent by original contributions of Japanese scientists, which also found vigorous resonance in other countries. In the passed years the Japanese industry has developed a relatively large variety of medium-speed parametron computers and put them on the market. In the second and third part of this contribution the principle of the parametron and some memory systems suited for parametron computers are discussed.

Apart from the parametron, attention has also been paid to the development of highly efficient transistor circuits. The design of the ETL Mark IV computer with junction type transistors as dynamic flip-flops is a characteristic in this respect. In the fourth part there is shortly described the operation of the electronic basic circuits. Additionally, the most significant descriptive data of the prototype ETL Mark IV are given.

TOHRU MOTOOKA of the Tokyo University has investigated computing and control circuits which merely consist of magnetic cores and resistances (diodes are eliminated). The magnetic circuitry developed by him and described in the fifth part appears to be suitable specially for digital circuits in control engineering.

The discovery of the tunneling effect in semi-conductor diodes by LEO ESAKI and the development of the tunnel diode (accordingly designated "Esaki Diode") is, as can already be seen now, having significant consequences with respect to the development of the next generation of computer switching circuits. Many symptoms indicate that the Esaki Diode will very soon hold a predominant position among the electronic elements. The Esaki Diode and some of its characteristic digital circuitry is the subject of the sixth part of this contribution.

In the final part VII a novel type of logical circuits is described aiming at the accomplishment of complex computer logic in one-step operation. The basic circuits, i. e. adder, shifting register, detector, and selective transmitter, comprise common transistors, diodes, and pulse transformers. By combining these circuits, logical networks of a great variety can be designed which are used in the construction of a high-speed parallel computer for performing arithmetic operations in the ten microseconds order of magnitude.

Zusammenfassung. Die ersten bescheidenen Versuche, verschiedene mechanische Rechenelemente in konventionellen Tischrechenmaschinen durch elektrische Komponenten zu ersetzen, wurden in Japan bereits um das Jahr 1939 von H. YAMASHITA durchgeführt. Das Prinzip der Programmsteuerung kam jedoch erst nach Bekanntwerden der amerikanischen Rechenautomatenentwicklungen zur Anwendung, das heißt also, erst nach Beendigung des zweiten Weltkrieges. Die Entwicklung vollzog sich am Anfang in ähnlicher Weise wie in den anderen Ländern auch: begonnen wurde mit dem Bau von Relais-Rechenautomaten. Da die Anwendung der Schaltalgebra auf Relais-Netzwerke in Japan schon sehr früh auf einen hohen Stand gebracht worden war, so lag es nahe, die Ergebnisse der theoretischen Untersuchungen in der Praxis beim Bau von Rechenautomaten auszunutzen. Zu den bedeutendsten Entwicklungen zählt hierbei die Relais-Großrechenanlage ETL Mark II, welche im Elektrotechnischen Laboratorium (ETL) des Ministeriums für Internationalen Handel und Industrie gebaut wurde. Die Rechenanlage ETL Mark II, deren Entwicklungsprinzipien im ersten Teil dieses Beitrages dargestellt werden, ist seit ihrer Fertigstellung im November 1955 zur Lösung der verschiedenartigsten mathematisch-wissenschaftlichen Probleme, z. B. aus der mathematischen Logik, für Atomreaktorberechnungen, numerische Wettervorhersage und ähnliches, eingesetzt.

Mit der Erfindung des Parametrons durch EIICHI GOTO im Jahre 1954 beginnt in Japan eine zweite Entwicklungsphase auf dem Gebiet der Rechenautomaten; sie ist weitgehend durch originelle Beiträge japanischer Wissenschaftler gekennzeichnet, die auch in allen anderen Ländern starke Beachtung gefunden haben. Die japanische Industrie hat in den letzten Jahren eine größere Anzahl von mittelschnellen Parametron-Rechenautomaten entwickelt und auf den Markt gebracht. Im zweiten und dritten Teil dieses Beitrages werden die Prinzipien des Parametrons dargestellt und für Parametron-Rechenautomaten geeignete Speichersysteme diskutiert.

Neben dem Parametron wurde auch der Entwicklung von leistungsfähigen Transistorschaltungen die nötige Aufmerksamkeit geschenkt. Hier darf als charakteristisch der Bau des Rechenautomaten ETL Mark IV gelten, in dem Flächentransistoren als dynamische Flip-Flops verwendet werden. Im vierten Teil wird neben den wichtigsten Kenndaten des ETL Mark IV Prototyps auch eine kurze Beschreibung der Arbeitsweise der verwendeten elektronischen Grundschaltkreise gegeben.

Der Untersuchung von Rechen- und Steuerschaltungen, welche lediglich Magnetkerne und Widerstände (keine Dioden) enthalten, widmete sich TOHRU MOTOOKA von der Universität Tokyo. Die von ihm entwickelten magnetischen Schaltkreise, die im fünften Teil beschrieben werden, dürften insbesondere für digitale Steuerschaltungen in der Regelungstechnik geeignet sein.

Die Entdeckung des Tunneleffekts in Halbleiterdioden durch LEO ESAKI und die Entwicklung der nach ihm benannten Tunneldiode (Esaki-Diode) hat — wie sich schon jetzt deutlich abzuzeichnen beginnt — im Hinblick auf die Entwicklung der nächsten Generation von Rechenautomatenschaltungen bedeutende Konsequenzen. Viele Anzeichen sprechen dafür, daß die Esaki-Diode schon bald eine dominierende Stellung unter den elektronischen Schaltelementen einnehmen dürfte. Ihr ist der sechste Teil dieses Beitrages vorbehalten, in dem u. a. auch einige charakteristische digitale Schaltungen mit Esaki-Dioden gezeigt sind.

Schließlich wird in Teil VII ein neuer Typ von logischen Schaltungen beschrieben, welche die Durchführung komplexer logischer Operationen in einem Schritt zum Ziele haben. Es werden vier Grundschaltungen behandelt, nämlich Binäraddierwerk, Schieberegister, Detektorschaltung und selektive Übertragung. Alle diese Schaltungen sind aufgebaut aus gewöhnlichen Transistoren, Dioden und Impulstransformatoren. Durch geeignete Kombination dieser Schaltungen läßt sich eine Vielzahl von logischen Netzwerken entwerfen, die zum Aufbau eines parallel arbeitenden Hochgeschwindigkeits-Rechenautomaten verwendet werden, dessen Rechenzeiten in der Größenordnung von etwa zehn Mikrosekunden liegen sollen.

Résumé. Les premiers essais modestes de remplacement de divers éléments mécaniques de calcul des machines à calculer classiques de bureau par des éléments électriques ont été effectués au Japon dès 1939 par H. YAMASHITA. Le principe de la commande par programme ne fut cependant appliqué que lorsqu'on eût connaissance de la mise au point des ensembles de calcul automatique américains, c'est à dire après la fin de la deuxième guerre mondiale. Au début, l'évolution se poursuivit de la même manière que dans les autres pays : on commença par construire des machines à calculer automatiques à relais. Comme l'application de l'algèbre des commutations aux circuits de relais avait atteint de très bonne heure un degré élevé de perfection au Japon, on fut tenté d'utiliser les résultats des études théoriques dans la pratique de la construction des calculatrices automatiques. Le grand ensemble de calcul à relais ETL Mark II, qui à été construit dans le Laboratoire Electrotechnique (ETL) du Ministère du Commerce International et de l'Industrie, compte parmi les mises au point les plus importantes. Cet ensemble de calcul ETL Mark II, dont les principes de mise au point sont exposés dans la première partie de cet ouvrage, est utilisé depuis sa terminaison en novembre 1955 pour résoudre les problèmes mathématiques et scientifiques les plus variés tels que ceux de la logique mathématique, des calculs de réacteurs nucléaires, des prévisions météorologiques chiffrées etc.

Avec la découverte du «Parametron» par EIICHI GOTO en 1954, commença au Japon une deuxième phase d'évolution dans le domaine des calculatrices automatiques; elle est caractérisée dans une large mesure par des contributions originales des savants japonais qui ont retenu l'attention de tous les autres pays. L'industrie japonaise a mis au point ces dernières années un grand nombre de calculatrices automatiques parametron à moyenne vitesse et les a lancées sur le marché. La deuxième et la troisième partie du présent ouvrage décrivent les principes du parametron et étudient les systèmes de mémoire convenant aux calculatrices automatiques de cette marque.

A côté du parametron, on a également accordé l'attention au développement de la mise au point des montages de puissance à transistors. La construction de la calculatrice automatique ETL Mark IV, dans laquelle on a utilisé des transistors à surface comme basculeurs dynamiques, peut-être considérée en l'occurrence comme caractéristique. La quatrième partie de l'ouvrage donne en outre, à côté des caractéristiques les plus importantes du prototype de l'ETL Mark IV, une courte description du mode de fonctionnement des circuits électroniques fondamentaux employés.

TOHRU MOTOOKA de l'Université de Tokyo s'est consacré à l'étude des circuits de calcul et de commande qui ne comportent que des noyaux magnétiques et des résistances (à l'exclusion de diodes). Les circuits magnétiques qu'il a mis au point sont décrits dans la cinquième partie et devraient convenir tout particulièrement aux circuits de commande numériques dans la technique du réglage.

La découverte par LEO ESAKI de l'effet de tunnel dans les diodes à semi-conducteurs et la mise au point de la diode-tunnel (appelée de son nom diode Esaki) ont des conséquences importantes du point de vue de l'évolution de la prochaine génération des circuits de calculatrices automatiques. De nombreux indices montrent que la diode

Esaki devrait bientôt prendre une position dominante parmi les éléments électroniques de couplage. La sixième partie de cet ouvrage lui est réservée et décrit, entre autre, quelques schémas caractéristiques des montages numériques à diodes Esaki.

Finalement, la septième partie décrit un nouveau type de circuits logiques qui ont pour but de permettre l'exécution des opérations logiques complexes en un seul pas de programme. Elle étudie quatre montages élémentaires : l'addeur binaire, le registre à transfert, le circuit de détection et le transfert sélectif. Tous ces montages sont composés de transistors, diodes et transformateurs d'impulsions ordinaires. La combinaison judicieuse de ces montages permet d'exécuter une multitude de circuits logiques qui est utilisée pour construire un ensemble de calcul à grande vitesse travaillant en parallèle et dont les temps de calcul doivent être de l'ordre d'environ 10 microsecondes.

MOTINORI GOTO
and YASUO KOMAMIYA

Tokyo, Japan

I. The Relay Computer ETL Mark II

1. Introduction

After World War II at the Electrotechnical Laboratory (ETL) in Japanese Government, the authors started research work on logical algebraic equations. Subsequently they worked on logical functional equations and their applications to relay networks. The solution of logical algebraic equations represents action conditions of relay networks at a fixed instant. The solution of the logical functional equation, however, is represented as a function of time under given initial conditions. Therefore, it is somewhat similar to the solution of differential equations. Hence, it is called *logical mathematics*.

A theory of relay networks considering time lag of switching elements, i.e. sequential networks, was completed as an outgrowth of M. GOTO's studies in logical mathematics. Thereafter in 1951, Y. KOMAMIYA completed a theory of computing networks with a method which solves usual algebraic conditions by logical mathematics. Applying the results of these studies, the Mathematics Research Group of the Electrotechnical Laboratory designed and completed a pilot model automatic relay computer, the ETL Mark I in 1952. This computer was the first program-controlled computer in Japan. Subsequently, we engaged in designing the ETL Mark II for practical use and completed it in November 1955. In the construction of these computers, M. GOTO served as the director and Y. KOMAMIYA as the chief designer. As a result of a novel design based on the abovementioned theories, these computers have the following merits.

1. There is no circuit waste such as might be caused by a method of trial and error. The circuits are completely designed on the basis of logical mathematics. The computing circuits have the feature that they operate in inverse symmetry about the center line. Therefore, detection and correction of the trouble spots is very easy. These computers perform self-checking simultaneously with calculation. If these computers are missing a calculation, the unit causing the trouble performs automatically a second trial. Intermittent troubles are omitted automatically and the computers stop only in the event of an essential trouble. Therefore, there can be no trouble as long as the computers are running.

2. These computers are controlled without the provision of electrical clock pulses, each relay being energized by its preceding relay in the same fashion as a row of falling nine pins. Accordingly, there is no time waste owing to time allowance for the width of the clock pulse and of the interval between the clock pulses.

ETL Mark I was designed and manufactured by the ETL Mathematics Research Group and is installed in the Tanashi Annex (Tokyo) of our Laboratory.

The construction of ETL Mark II was performed as designated research by the Agency of Industrial Science and Technology under the Japanese Government, and it costs about Yen 36,000,000 (about $ 100,000); it was designed by the ETL Mathematics Research Group and built by the Fuji Communication Apparatus Manufacturing Company. The input equipment (tape readers and perforators) was produced and supplied by Shinko Seisaku-Sho. ETL Mark II is installed in our main laboratory at Nagata-cho in Tokyo.

The pertinent Japanese literature relating to both theoretical and practical aspects of the subject discussed in this Part I, is cited in the appended Bibliography [1 to 19].

2. The Fundamental Equation of Computing Networks

The authors prove that many unknowns of equation (1) (cf. Section 2.1) can be determinately solved by applying logical mathematics, i.e. the unknowns are expressed by the logical combinations of the known quantities in the equation.

The equation can be considered the fundamental equation of computing networks, as all computing networks can be arrived at the special case (for example, a binary full adder is the case of $n = 3$, a conversion circuit between decimal and binary the case n etc.), thus making possible the construction of any desired computing circuits by calculation alone and by an entirely unified and similar mathematical method all through the design of the circuits.

Using the results, various computing circuits which have hitherto fallen beyond the scope of mathematics can be treated and therefore various interesting excellent computing circuits can be constructed. In this paper, this theorem is discussed in Section 2.1 and the circuits of solving the fundamental equation in Section 2.2. As applications of the theorem, only the binary full adder is discussed in Section 2.3.

The symbols of logical mathematics and ordinary algebra used in this paper are as follows:

Negation	$\sim$	Subtraction	$-$
Logical Product	$\cdot$	Algebraic Product	$\cdot$
Logical Sum	$\vee$	Algebraic Sum	$+$
Exclusive-or	$\oplus$		
Equivalence	$\rightleftarrows$	Equality	$=$

The strength of the logical symbols is defined in the order of the above mentioned series, the uppermost (negation) being the strongest. The symbol " $\cdot$ " for the logical or algebraic product is often omitted when there is no possibility of confusion.

The following symbol is also used for conciseness of the description:

$$(Definition) \quad \sum_{n}^{p} x_{r_1} \cdot x_{r_2} \dots x_{r_p} .$$

The symbol means the exclusive-or of the all combinations of the logical product which is constructed from the arbitrary p elements of $x_1, x_2, \ldots, x_n$. For example, in the case of $n = 3$, $p = 2$,

$$\sum_{3}^{2} x_{r_1} x_{r_2} \rightleftharpoons x_1 \cdot x_2 \oplus x_2 x_3 \oplus x_3 x_1.$$

2.1 Solution of the Fundamental Equation

The author treats the equation in the algebraic form

$$A_1 + A_2 + \ldots + A_n = d_m \, 2^m + d_{m-1} \, 2^{m-1} + \ldots + d_1 \, 2 + d_0 \qquad (1)$$

where

$A \ (n \geq i \geq 1)$:   known quantities, their value being 1 or 0;

$d \ (m \geq i \geq 0)$:   unknowns, their value being 1 or 0;

m :   if m_0 is a maximum integer satisfying $2^{m_0} \leq n$, m is $m \geq m_0$ ($d_m \rightleftharpoons 0$ holds clearly for $m > m_0$).

The essential part of this section is devoted to representing each d_i in the Eq. (1) by the logical combination of each A_i. In the first place, the lemma which is necessary to solve Eq. (1) is discussed.

(Lemma)   When $A_1 + A_2 = d_1 \, 2 + d_0$,

$$d_0 \rightleftharpoons A_1 \oplus A_2 \quad \text{and} \quad d_1 \rightleftharpoons A_1 \cdot A_2 \quad \text{hold,}$$

where each A_i and each d_i are either 1 or 0.

(Proof)   It is a well known fact.

(Theorem)   When $A_1 + A_2 + \ldots + A_n = d_m \, 2^m + d_{m-1} \, 2^{m-1} + \ldots + d_1 \, 2 + d_0$,

$$d_i \rightleftharpoons \sum_{n}^{2^i} A_{r_1} \cdot A_{r_2} \ldots A_{r_{2^i}} \quad \text{holds.}$$

(Proof)   Clearly, $d_m \rightleftharpoons 0$ when $m > m_0$.

It is therefore permissible to put $m = m_0$ in Eq. (1).

(a)   If $i = 0$, it is discussed below that

$$d_0 \rightleftharpoons A_1 \oplus A_2 \oplus \ldots \oplus A_n$$

can be proved.

The following relations hold.

$$\left.\begin{aligned}
A_2 + A_1 &= A_{01} \, 2 + A'_{01} \\
A_3 + A'_{01} &= A_{02} \, 2 + A'_{02} \\
A_4 + A'_{02} &= A_{03} \, 2 + A'_{03} \\
&\;\;\vdots \\
A_n + A'_{0(n-2)} &= A_{0(n-1)} \, 2 + A'_{0(n-1)}
\end{aligned}\right\} \qquad (2)$$

where the value of each A_{0i} and A'_{0i} is either 1 or 0. Adding each side of Eqs. (2), we obtain

$$A_1 + A_2 + \ldots + A_n = (A_{01} + A_{02} + \ldots + A_{0(n-1)})\, 2 + A'_{0(n-1)}.$$

Hence

$$d_0 \gtrless A'_{0(n-1)} \tag{3}$$

and

$$A_{01} + A_{02} + \ldots + A_{0(n-1)} = d_m\, 2^{m-1} + d_m\, 2^{m-2} + \ldots + d_2\, 2 + d_1. \tag{4}$$

And, applying (*Lemma*) to every equation of (2) the following equations are obtained:

$$\left.\begin{aligned}
A'_{01} &\gtrless A_2 \oplus A_1 \\
A'_{02} &\gtrless A_3 \oplus A'_{01} \\
A'_{03} &\gtrless A_4 \oplus A'_{02} \\
&\ \ \vdots \\
A'_{0(n-1)} &\gtrless A_n \oplus A'_{0(n-2)}
\end{aligned}\right\} \tag{5}$$

After substituting every equation of (5) one after another and considering Eq. (3), we obtain

$$d_0 \gtrless A_1 \oplus A_2 \oplus \ldots \oplus A_n.$$

(b) Assuming that the (*Theorem*) holds until i, that is, the coefficient of 2^i, the following relation holds in Eq. (4), namely

$$d_{i+1} \gtrless \sum_n^{2^i} A_{0r_1} \cdot A_{0r_2} \ldots A_{0r_{2^i}}. \tag{6}$$

Applying (*Lemma*) to Eqs. (2), in general, there hold

$$\left.\begin{aligned}
A_{0r_j} &\gtrless A_{(r_j+1)} \cdot A'_{0(r_j-1)} \\
A'_{0(r_j-1)} &\gtrless A_1 \oplus A_2 \oplus \ldots \oplus A_{r_j}
\end{aligned}\right\} \tag{7}$$

and

Therefore, it holds

$$A_{0r_j} \gtrless A_{(r_j+1)}\,(A_1 \oplus A_2 \oplus \ldots \oplus A_{r_j}). \tag{8}$$

Consequently also

$$\begin{aligned}
A_{0r_1} \cdot A_{0r_2} \ldots A_{0r_{2^i}} &\gtrless A_{(r_1+1)}\,(A_1 \oplus A_2 \oplus \ldots \oplus A_{r_1}) \cdot \\
&\quad \cdot A_{(r_2+1)}\,(A_1 \oplus A_2 \oplus \ldots \oplus A_{r_1} \oplus \ldots \oplus A_{r_2}) \cdot \\
&\qquad\ \ \vdots \\
&\quad \cdot A_{\{r_{(2^i)}+1\}}\,(A_1 \oplus A_2 \oplus \ldots \oplus A_{r_1} \oplus \ldots \oplus A_{r_2} \oplus \ldots \oplus A_{r_{2^i}})
\end{aligned} \tag{9}$$

holds, where $r_1 < r_2 < r_3 < \ldots < r_{2^i}$ is assumed without loss of generality.

Calculating Eq. (9), namely

$$\text{Eq. (9)} \rightleftarrows A_{(r_1+1)}(A_1 \oplus A_2 \oplus \ldots \oplus A_{r_1}) \cdot$$
$$\cdot A_{(r_2+1)} (A_{r_1+2} \oplus A_{r_1+3} \oplus \ldots \oplus A_{r_2}) \cdot$$
$$\vdots$$
$$\cdot A_{\{r_{(2i)}+1\}}(A_{\{r_{(2^i-1)}+2\}} \oplus A_{\{r_{(2^i-1)}+3\}} \oplus \ldots \oplus A_{r_{2i}}) \quad (10)$$
$$\rightleftarrows \Sigma A_{s_1} \cdot A_{r_1+1} \cdot A_{s_2} \cdot A_{r_2+1} \ldots A_{s_{2i}} \cdot A_{\{r_{(2i)}+1\}} \quad (10')$$

is obtained, where

$$\left. \begin{aligned} 1 &\leqq s_1 \leqq r_1 \\ r_1 + 2 &\leqq s_2 \leqq r_2 \\ r_2 + 2 &\leqq s_3 \leqq r_3 \\ &\vdots \\ r_{(2i-1)} + 2 &\leqq s_{2i} \leqq r_{2i} \end{aligned} \right\} \quad (11)$$

Every term in Eq. (10') is clearly different from one another.

Inversely, considering the logical product which is constructed from the arbitrary $2^{(i+1)}$ elements of $A_1, A_2, \ldots, A_n$, i.e.

$$A_{t_1} \cdot A_{t_2} \ldots A_{t_2(i+1)} \quad \text{where} \quad t_1 < t_2 < \ldots < t_{2(i+1)} \quad (12)$$

there exists only one combination of $r_1, r_2, \ldots, r_{2i}$ such that the term Eq. (12) exists only in the expansion formula of $A_{0r_1} \cdot A_{0r_2} \ldots A_{0r_{2i}}$.

That is, the term Eq. (12) does exist only once in $A_{0r_1} A_{0r_2} \ldots A_{0r_{2i}}$ such that $r_1, r_2, \ldots, r_{2i}$ are determined by

$$\left. \begin{aligned} s_1 &= t_1 \\ r_1 &= t_2 - 1 \\ s_2 &= t_3 \\ r_2 &= t_4 - 1 \\ s_{2i} &= t_{\{2^{(i+1)}-1\}} \\ r_{2i} &= \{t_{2(i+1)}\} - 1 \end{aligned} \right\} \quad (13)$$

Therefore, Eq. (6) becomes the following:

$$d_{i+1} \rightleftarrows \overset{2^{(i+1)}}{\underset{n}{\Sigma}} A_{r_1} \cdot A_{r_2} \ldots A_{r_2(i+1)}. \quad (14)$$

Accordingly, the (*Theorem*) holds for any i by mathematical induction.

2.2 Representation of the Solution of the Fundamental Equation by Relay Networks

The following relations hold clearly:

$$A_1 \oplus A_2 \oplus \ldots \oplus A_n$$

$$\rightleftarrows \begin{cases} A_n \rightleftarrows (A_{n-1} \rightleftarrows (A_{n-2} \rightleftarrows (\ldots \rightleftarrows (A_3 \rightleftarrows (A_2 \rightleftarrows A_1)) \ldots) & \text{when } n \text{ is odd} \\ & \quad (15) \\ \sim A_n \rightleftarrows (A_{n-1} \rightleftarrows (A_{n-2} \rightleftarrows (\ldots \rightleftarrows (A_3 \rightleftarrows (A_2 \rightleftarrows A_1)) \ldots) & \text{when } n \text{ is even} \\ & \quad (16) \end{cases}$$

Let it be assumed that

$$X_1 \rightleftarrows (A_n \rightleftarrows (A_{n-1} \rightleftarrows (\ldots \rightleftarrows (A_3 \rightleftarrows (A_2 \rightleftarrows A_1))\ldots) \tag{17}$$

and

$$X_2 \rightleftarrows (\sim A_n \rightleftarrows (A_{n-1} \rightleftarrows (\ldots \rightleftarrows (A_3 \rightleftarrows (A_2 \rightleftarrows A_1))\ldots), \tag{18}$$

then

$$X_1 \rightleftarrows \sim X_2 \tag{19}$$

holds.

Thus, the equations (17) and (18) are representable by the diagrams of the Figures 1 and 2, respectively.

(*Corollary*) When $A_1 + A_2 + A_3 = d_1 2 + d_0$,
       then $d_1 \rightleftarrows A_1 A_2 \oplus A_2 A_3 \oplus A_3 A_1$.

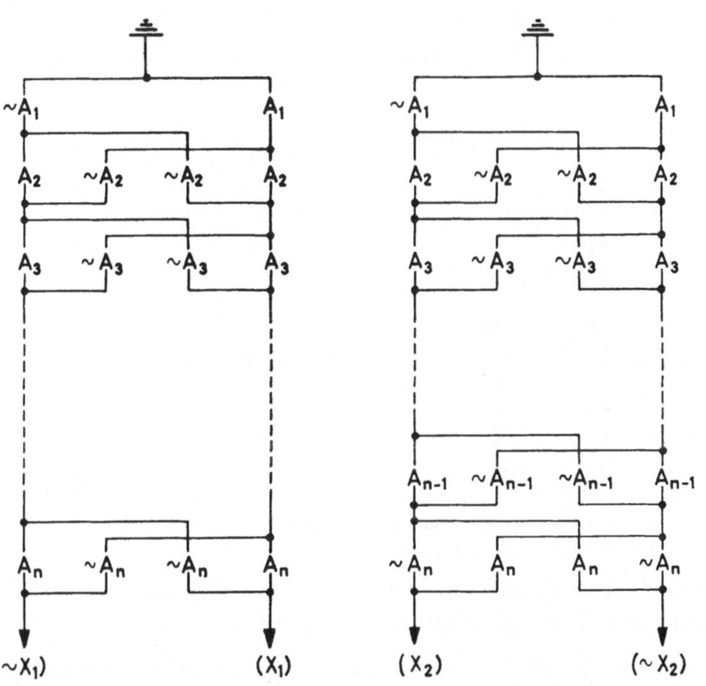

Fig. 1. Relay circuit representation of Eq. (17)   Fig. 2. Relay circuit representation of Eq. (18)

(*Proof*)   This is clear from (*Theorem*) in Section 2.1.

In general, let it be assumed that

$$Y \rightleftarrows A_1 A_2 \oplus A_2 A_3 \oplus A_3 A_1,$$

then the relations

$$Y \rightleftarrows A_1 A_2 \vee A_2 A_3 \vee A_3 A_1 \tag{20a}$$

$$\rightleftarrows A_2 A_3 \vee (A_2 \rightleftarrows \sim A_3) A_1 \tag{20b}$$

and

$$\sim Y \; \rightleftarrows \; \sim A_1 \sim A_2 \vee \sim A_2 \sim A_3 \vee \sim A_3 \sim A_1 \qquad\qquad (21\,a)$$

$$\rightleftarrows \; \sim A_2 \sim A_3 \vee (A_2 \rightleftarrows \; \sim A_3) \sim A_1 \qquad\qquad (21\,b)$$

hold. Therefore, in the above equations Y and $\sim Y$ can be represented by the diagrams of the Figures 3 a and 4 a or 3 b and 4 b, respectively.

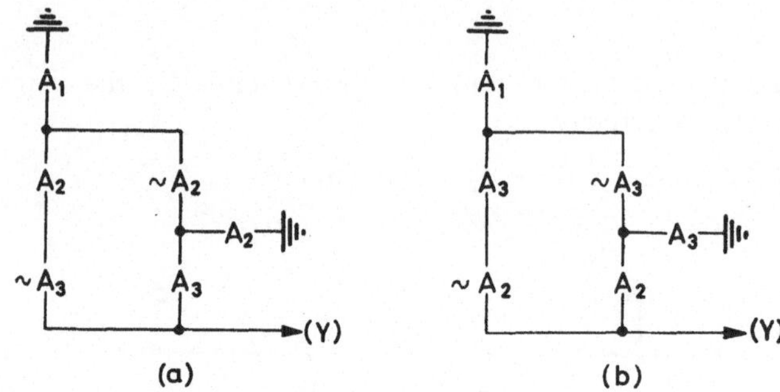

Fig. 3.   Relay circuit representation of Y in Eq. (20a/b)

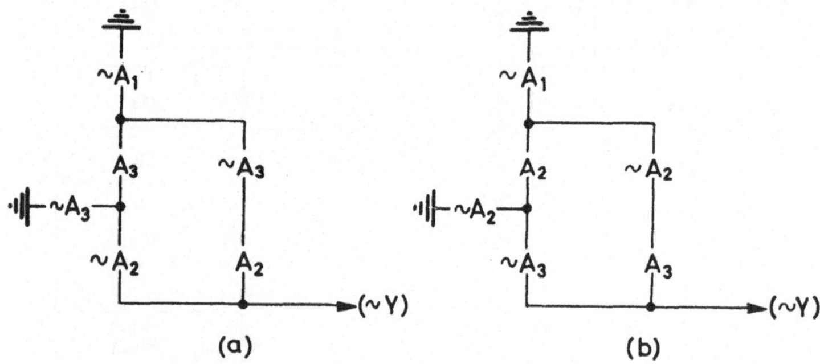

Fig. 4.   Relay circuit representation of $\sim Y$ in Eq. (21a/b)

The relay networks which represent the fundamental equation (1) will now be illustrated by relying on the results stated above.

In this paper, the case of $n = 5$ of the fundamental equation (1) is discussed below.

(*Example*)   When $A_1 + A_2 + \ldots + A_5 = d_2 2^2 + d_1 2 + d_0$,   then according to the (*Theorem*) in Section 2.1

$$d_0 \rightleftarrows \overset{1}{\underset{5}{\Sigma}}, \quad d_1 \rightleftarrows \overset{2}{\underset{5}{\Sigma}}, \quad d_2 \rightleftarrows \overset{4}{\underset{5}{\Sigma}} \qquad\qquad (22)$$

hold.

If Eqs. (22) are expressed directly by relay circuits, it becomes necessary that many contacts are mounted on a relay. This, however, is not practical. In the method mentioned below, only about 5 change-over contacts are sufficient in contacts to be mounted on a relay for any n of Eq. (15).

Now, the following relations hold:

$$A_1 + A_2 + A_3 = B_{11}2 + B_{10} \left.\vphantom{\begin{matrix}a\\b\end{matrix}}\right\} \tag{23}$$
$$A_4 + A_5 + B_{10} = B_{21}2 + B_{20}$$

$$B_{11} + B_{21} = C_{11} + C_{10} \tag{24}$$

where each B and C are either 1 or 0.

Adding each side of Eq. (23) and considering Eq. (24),

$$d_0 \rightleftarrows B_{20}, \quad d_1 \rightleftarrows C_{10}, \quad d_2 \rightleftarrows C_{11} \tag{25}$$

are obtained. Applying (*Theorem*) to Eqs. (23) and (24), there is obtained

$$\begin{aligned} d_0 &\rightleftarrows B_{20}\\ &\rightleftarrows (A_5 \rightleftarrows (A_4 \rightleftarrows (A_3 \rightleftarrows (A_2 \rightleftarrows A_1))\ldots) \end{aligned} \tag{26}$$

$$\begin{aligned} d_1 &\rightleftarrows C_{10}\\ &\rightleftarrows \sim (B_{21} \rightleftarrows B_{11}) \end{aligned} \tag{27}$$

$$\begin{aligned} d_2 &\rightleftarrows C_{11}\\ &\rightleftarrows B_{11} \cdot B_{21} \end{aligned} \tag{28}$$

$$B_{10} \rightleftarrows (A_3 \rightleftarrows (A_2 \rightleftarrows A_1)) \tag{29}$$

$$B_{11} \rightleftarrows A_1 A_2 \vee A_2 A_3 \vee A_3 A_1 \tag{30}$$

$$B_{21} \rightleftarrows A_4 A_5 \vee A_5 B_{10} \vee B_{10} A_4 \tag{31}$$

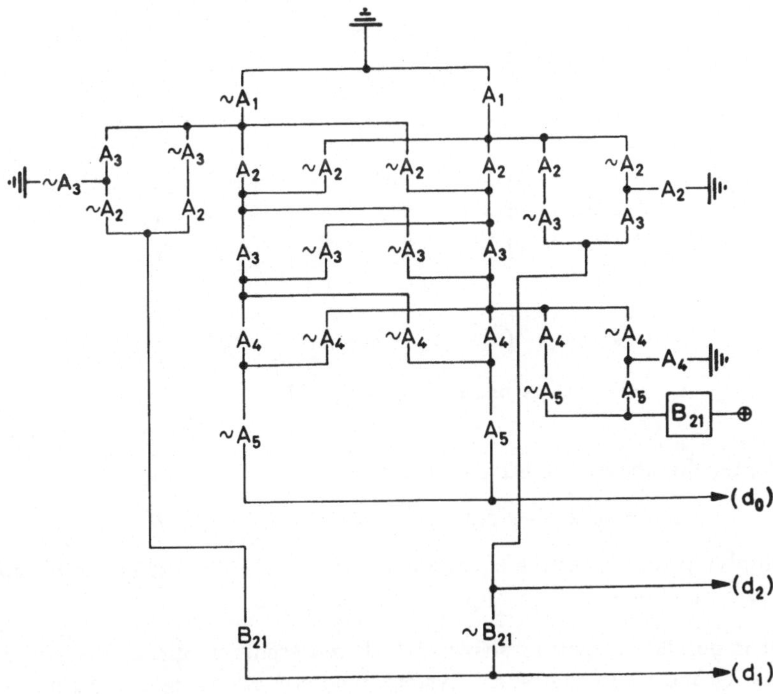

Fig. 5. Relay circuit representation of the fundamental equation (1) for $n = 5$

The relay circuit representing the solution of the fundamental equation (1) for $n = 5$ is constructed as depicted in the diagram of Fig. 5 by applying the above-mentioned diagrams (cf. Figs. 1 to 4) to the equations (26) through (31).

Remark. Hitherto, there has been no positive testing method for computing circuits except the error detecting and correcting code or more primitive ones. But the computing circuits introduced from logical mathematics as mentioned above have the character of inverse symmetry about the center line. Therefore, by applying the said characteristic, complete self-checking of the circuits is made possible.

2.3 Binary Full Adder (Application of the Fundamental Equation)

Let it be assumed that X_n and Y_n are two non-negative numbers with n digits in the binary system. It is possible to express them as follows:

$$X_n = x_n 2^n + x_{n-1} 2^{n-1} + \ldots + x_1 2 + x_0 \tag{32}$$

$$Y_n = y_n 2^n + y_{n-1} 2^{n-1} + \ldots + y_1 2 + y_0 \tag{33}$$

where, of course, each x_i and each y_i are either 1 or 0.

And, if Z_n is defined by

$$Z_n = X_n + Y_n, \tag{34}$$

$$Z_n = (x_n + y_n) 2^n + (x_{n-1} + y_{n-1}) 2^{n-1} + \ldots + (x_1 + y_1) 2 + (x_0 + y_0) \tag{35}$$

is obtained from Eqs. (32) and (33).

To expand the right hand side of Eq. (35) in powers of 2, the following relations are considered (cf. Table 1):

Table 1.

$$
\begin{aligned}
\text{Coefficient of } 2^0 &: \quad x_0 + y_0 &&= z_0' 2 + z_0 \\
\text{Coefficient of } 2^1 &: \quad x_1 + y_1 + z_0' &&= z_1' 2 + z_1 \\
\text{Coefficient of } 2^2 &: \quad x_2 + y_2 + z_1' &&= z_2' 2 + z_2 \\
&\qquad\vdots \\
\text{Coefficient of } 2^n &: \quad x_n + y_n + z_{n-1}' &&= z_n' 2 + z_n,
\end{aligned}
$$

with each z_i' and each z_i being either 0 or 1.

Considering the above Table 1 we obtain

$$Z_n = z_n' 2^{n+1} + z_n 2^n + z_{n-1} 2^{n-1} + \ldots + z_1 2 + z_0 \tag{36}$$

by multiplying the respective equations 2^0, 2^1, 2^2, $\ldots$, 2^n, and summing up each side of the equations.

Now, it is possible to get an answer which represents a sum of the two binary numbers X_n and Y_n in the binary system, whereby z_n', z_1, z_2, $\ldots$, z_n in Eq. (36) are solved.

When in the above Table 1 the relations

$$x_0 + y_0 = z_0' \, 2 + z_0$$
$$x_i + y_i + z_{i-1}' = z_i' \, 2 + z_i \qquad \text{(for } 1 \leq i \leq n)$$

are solved by the application of the (*Theorem*) in Section 2.1, there is obtained:

$$z_0 \rightleftarrows \sim (y_0 \rightleftarrows x_0) \tag{37}$$
$$z_0' \rightleftarrows x_0 \, y_0 \tag{38}$$

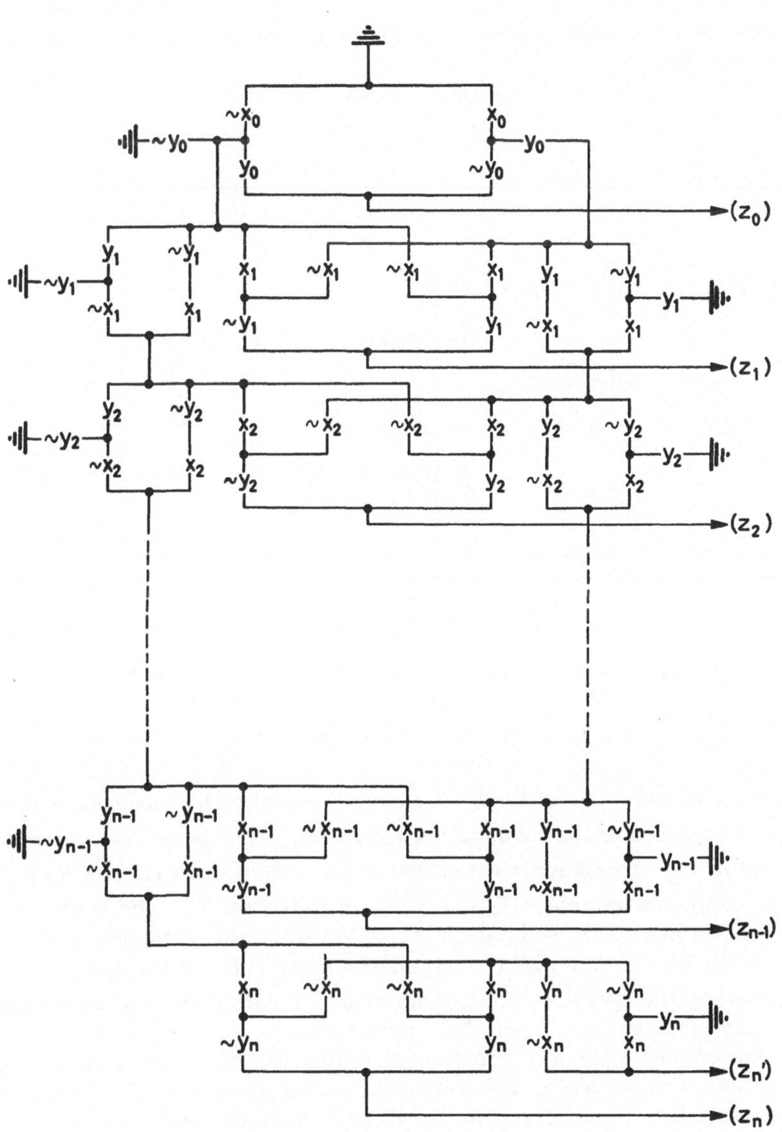

Fig. 6. Scheme of the binary full adder relay circuit

$$z_i \rightleftarrows (x_i \rightleftarrows (y_i \rightleftarrows z'_{i-1})) \tag{39}$$

$$z_i' \rightleftarrows x_i\, y_i \lor y_i\, z'_{i-1} \lor z'_{i-1} x_i \tag{40}$$

Hence, the relay circuits set up according to Section 2.3 result in the scheme as shown in Fig. 6.

3. Design Features

The contact networks are switched during no-current-condition. The principle underlying this operation will now be discussed (cf. Fig. 7). Because of the fact that the relations

$$\left.\begin{aligned} \dot{X}_i &\rightleftarrows \sim X_i \\ f &\rightleftarrows \sim f \end{aligned}\right\} \tag{41}$$

hold, the contact networks can be constructed with make contacts only. For example, when the break contact $\sim X_i$ must be used, the conjugate make contact

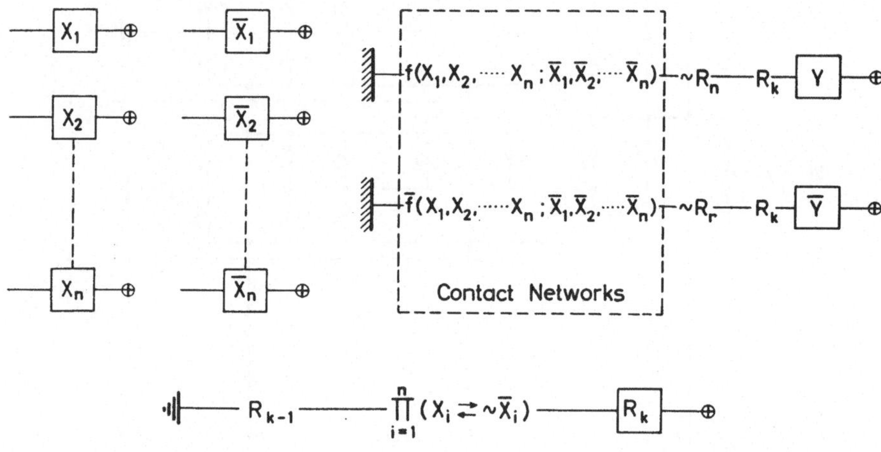

Fig. 7. Principle of no-current-condition switching of the contact networks

$\overline{X}_i$ is used, and so on. Accordingly, the operating coil of the relay R_k is operated after the completion of the collation between X_i and $\overline{X}_i$ (this means the completion of switching of f and $\overline{f}$ contact networks) and as a result, the contact R_k is made, and operating coils of relays Y and $\overline{Y}$ are operated by R_k. The break contacts $\sim R_n$ are broken (i.e. $\sim R_n \rightleftarrows 0$; $R_n \rightleftarrows 1$) after the completion of all R_i (i.e. $R_1 \rightleftarrows R_2 \rightleftarrows \ldots \rightleftarrows R_n \rightleftarrows 1$); this means completion of the computing unit, etc. Therefore, the operating coils of the relays Y and $\overline{Y}$ are separated from the contact networks at once after the completion of operation of the unit. As a result, the contact networks constructed only with make contacts are broken in succession. Consequently, the contact networks are switched without electric current. Only break contacts $\sim R_k$ break current. Such break contacts as $\sim R_k$ are not numerous in this computer. Therefore, there is almost no consumption by spark in contacts. Even such break contacts as $\sim R_k$ do not break more than 200 mA. The matter which has to be considered is $R_1 \gtrless R_2 \gtrless R_n \gtrless 0$ before the unit is operated, because the contact networks are constructed only with make contacts. A large number of relays are not needed to set up the proper and the conjugate contact network, because break contacts are transformed to make contacts of the inverse relay. (If the break contacts are contacts of proper relays, the make contacts corresponding to the conjugate relays are used, and so on.)

In this computer, as mentioned above, the computing circuits are designed as an application of the theory of computing networks and the control unit as an outgrowth of the theory of relay networks. As a result, no clock pulse is used. The control principle (not only in the control unit but also in the computing units) is completely different from any other computer, that is, it is controlled not by electric clock pulses, but by a sequence of cause and effect operating automatically one after the other in the manner of a lot of falling nine pins. Therefore, as relays are operated by relays of the preceding operating stage, all relays are connected by the chain of causality. This implies the conception that the chain of the causality will be destroyed in the middle of an operation and that the computer stops if some trouble happens to occur in any unit. As a result of using this principle, it is very easy to check the computer. For example, the above mentioned R_k is able to be utilized as a check position. As a matter of fact, this computer performs self-checking simultaneously with calculation. If the computer misses a calculation, the unit which causes the fault automatically performs a second trial. Therefore, intermittent faults are omitted automatically and the computer stops only in the event of an essential fault. Due to this fact, there can be no error as long as the computer is running. More concretely, the checks in this computer may be classified into two kinds, transfer checks and checks of the computing circuits. A transfer check is a check concerning the transfer of a number word, and is performed by the perfect collation between a number word which is sent from an out-gate and a number word which is received by an in-gate. The order tape of the order tape reader is advanced one step upon receipt of the information that the collation has been completed. The check of computing circuits is performed as follows. Computing circuits which are designed on logical mathematics possess an inverse symmetry about the center line of the circuits: that is, when current flows through a proper terminal, the current does not flow through the conjugate terminal. Therefore, the check is performed by the collation between the proper terminals and the conjugate terminals.

The merits of the above mentioned control principle with regard to computing speed are the following. Where the electric clock pulse is used, time allowance due to time lag of operation of switching components in general has to be provided for in the width of the clock pulse and the interval between the clock pulses. Otherwise, the operation of the switching element will not be reliable. Under the abovementioned control principle, however, it is not necessary to provide for such time allowance. Therefore, the computing speed of the computer is greater than in any other relay computer. On the other hand, it may be said that the ETL Mark II is a kind of asynchronous computer.

4. Computer Characteristics

General Description: General purpose, tape controlled, floating point (externally decimal, internally binary), parallel system, complete checking with collation between the proper and conjugate informations, automatic computer.

Number of Relays: 22,253.

Word System: Number words and order words are separated.

Number Word: $\pm$ (10 decimal digits) $\times 10^{+19 \sim -19}$ (externally);
$\pm$ (34 bits) $\times 2^{+63 \sim -63}$ (internally).

Order Word: 30 bits (the proper and conjugate respectively, or a total of 60 bits); 10 bits each for the out-gate address part, for the in-gate address part and for the operation and discrimination part.

Address System: Particular one-address system.

The main units (cf. Figs. 8 to 10) are as follows.

Fig. 8.   Punchers' room. The Tape Preparation Keyboards (for order tape and number tape) are installed on the right and left hand side, respectively; the Tape Storage Units are installed in the center

Tape Preparation System comprising: Number Tape Preparation Unit — Decimal-to-binary Conversion Circuit (for number tape) — Number Tape Preparation Keyboard (2 sets) — Number Tape Perforator (2 sets) — Order Tape Preparation Unit — Decimal-to-binary Conversion Circuit (for order tape) — Order Tape Preparation Keyboard (2 sets) — Order Tape Perforator (2 sets).

Input System comprising: Order Tape Reader (7 positions) — Number Tape Reader (7 positions).

Output System comprising: Line Printer (1 set) — Number Tape Perforator (3 positions).

Storage System comprising: Relay Storage Unit (200 words) — Constant Storage Unit (180 words) — Tape Storage Unit (3 positions).

Fig. 9.   Operators' room. The Number Tape Readers are installed on the left hand side and the Order Tape Readers in the center; the Line Printer is installed on the right hand side in the foreground and the Supervisory Control Desk in the background

Fig. 10.   Relay room. The Constant Storage Units (in the foreground) and the Relay Storage Units are situated on the left hand side; the Control Unit, the units of the Arithmetic and Computing System etc. on the right hand side

Arithmetic and Computing System comprising: Flaoting Point Algebraic Adder (computing speed: 0.20 sec.) — Fixed Point Algebraic Adder (computing speed: 0.11 sec.) — Floating Point Multiplier (computing speed: 0.14 to 1.11 sec.) — Floating Point Divider (computing speed: 0.16 to 1.39 sec.) — Exponent Part Register (I) — Numerical Part Register — Exponent Part Register (II) — Floating-to-fixed-point Register — Normalizing Register — Sign Register — Logical Register.

Control Unit.

Supervisory Control Desk.

Power Supply.

Air-Conditioner.

HIDETOSI TAKAHASI
and EIICHI GOTO

Tokyo, Japan

II. The Parametron

1. Introduction

The parametron is a digital system component using non-linear reactance elements. It was invented in Japan in 1954 by E. GOTO [20 to 24]. Independently and about the same time, J. VON NEUMANN proposed the use of basically the same concept for computer system design in USA [25]. However, VON NEUMANN's proposal has not been followed up by the computer designers nor brought into practice until the successful Japanese developments in this field became known.

The operation of the parametron is based on a phenomenon known as *parametric oscillation* (cf. [26, 27]), from which the name *Parametron* is originated. A parametron element may only consist of a capacitor, a resistor, and coils wound on ferrite cores; therefore, it is extremely rugged, stable, durable and inexpensive. Owing to these unparalleled abvantages, intensive research and development work has been started at an early stage in several laboratories in Japan to apply parametrons to various digital systems. In 1959, nearly half of the electronic digital computers which were in operation in Japan used parametron logical elements. Further application of the parametron has been made to such digital devices as telegraphic equipment, telephone switching systems, and numerical control of machine tools.

2. Basic Principles

The parametron is essentially a resonant circuit in which either the inductance or the capacity is caused to undergo a periodic variation. Since the results of a mathematical analysis are entirely analogous for both cases, the following explanation is given for the former case only.

The circuit diagram of a parametron is shown in Fig. 11. It comprises coils wound around two magnetic ferrite toroids F_1 and F_2, a capacitor C, a damping resistor R and a small toroidal transformer T. Each of the cores F has two windings l and L each being connected in a balanced configuration; the windings representing the inductance $L = L_1 + L_2$ form with the capacitor C a resonant circuit tuned to frequency f. An *excitation current* which is a superposition of a d.c. bias and an a.c. current of frequency $2f$ (in the 100 kc/s or Mc/s range of magnitude) is applied by means of the other windings $l = l_1 + l_2$. This causes a periodic variation of the inductance L of the resonant circuit at the frequency $2f$. The operation of the parametron is based on a spontaneous generation of a subharmonic oscillation of order 2, that is, an oscillation at the frequency f within the resonant circuit. This phenomenon is called parametric oscillation. MELDE's experiment and a play ground swing are the well known mechanical analogues of this phenomenon, and it is usually treated and explained in terms of MATHIEU's equation [28]. A simpler explanation, however, may be obtained by the following consideration.

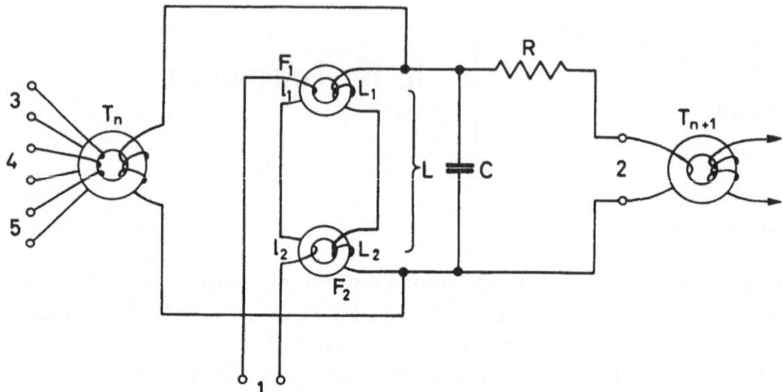

Fig. 11. Circuit diagram of a parametron

F_1, F_2 = ferrite toroid cores, L = resonant circuit inductance, C = resonant circuit capacity, R = resistor effecting both damping and coupling, T_n = coupling transformer of the n-th stage, T_{n+1} = coupling transformer of the $(n+1)$-th stage, l_1, l_2 = excitation windings, 1 = excitation terminals, 2 = output terminals, $3, 4, 5$ = input terminals

Let the inductance L of the resonant circuit be varied as

$$L = L_0 (1 + 2\,\Gamma \sin 2\,\omega\,t) \tag{1}$$

where $\omega = 2\pi f$, and let us assume a sinusoidal a.c. current I_f in the resonant circuit at a frequency f, which can be decomposed into sine and cosine components as follows:

$$I_f = I_s \sin(\omega\,t) + I_c \cos(\omega\,t) . \tag{2}$$

Then, the induced voltage V is given by:

$$\begin{aligned}
V = \frac{d}{dt}(L\,I_f) = {} & L_0\,(I_s \cos \omega\,t - I_c \sin \omega\,t) + \\
& + 3\,\omega\,\Gamma\,L_0\,(I_s \sin 3\,\omega\,t + I_c \cos 3\,\omega\,t) + \\
& + \omega\,\Gamma\,L_0\,(-I_s \sin \omega\,t + I_c \cos \omega\,t) .
\end{aligned} \tag{3}$$

The first term shows the voltage due to a constant inductance L_0, and the second or third harmonic term may be neglected in our approximation, since it is off resonance. The third term which is essential for the generation of a subharmonic, shows that the variable part of the inductance behaves like a negative resistance $-R = \omega\,\Gamma\,L_0$ for the sine component I_s, but behaves like a positive resistance $+R = \omega\,\Gamma\,L_0$ for the cosine component I_c.

Therefore, provided that the circuit is nearly tuned to f, the sine component I_s of any small oscillation (A in Fig. 12) which may be present in the circuit, will build up exponentially (B in Fig. 12), while its cosine component will damp out rapidly. In the case of an exactly linear circuit, the oscillation would continue to grow indefinitely. Actually, the non-linear B-H curve of the cores causes detuning of the resonant circuit, and the hysteresis losses also increase with increasing amplitude, so that a stationary state (C in Fig. 12) is rapidly established as in vacuum tube oscillators. A quantitative approach to this non-linear case ignoring the non-linear losses is possible by a generalized form of MATHIEU's equation [29] with damping and non-linear reactance:

$$\left[\frac{d^2}{dt^2} + \omega\,\delta\,\frac{d}{dt} + \omega^2\,(1 + \alpha + \beta x^2 + 2\,\Gamma\sin 2\,\omega\,t)\right] x = 0 \tag{4}$$

where δ is the damping factor ($= 1/Q$), α is the detuning and βx^2 is the non-linear part of the reactance. In our approximation x may be either the current

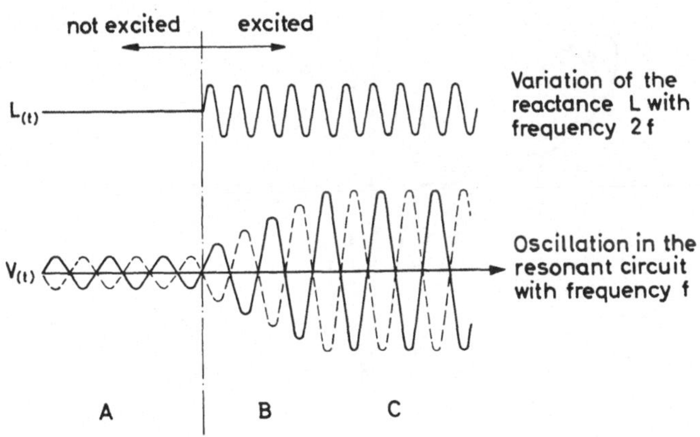

Fig. 12.   Oscillation of parametrons
A = initial oscillations of small amplitude
B = building up period
C = steady state of parametric oscillations with high amplitude

or the voltage in the resonant circuit. Equation (4) can be solved approximately for small values of x in that we put

$$x = R \cos(\omega\,t - \Phi) \tag{5}$$

where R and Φ are slowly varying functions of time. The solution is most intuitively illustrated by showing the locus of (R, Φ) in polar coordinates. An example of the locus for the typical case $\alpha = 0$, $\delta = \Gamma/2$ is shown in Fig. 13. The existence of a saddle point at the origin indicates the exponentially growing of an oscillation which is in a definite phase relation to the excitation wave. Spiral points A and A' in the figure indicate the stable stationary oscillation. The existence of two possible phases in this oscillation which differ by π radians from each other, corresponding to A and A', should be noted. These two modes of oscillation are respectively shown by the solid line and the dotted line in Fig. 12. An especially important feature is that the choice between these two modes of stationary oscillation is effected entirely by the sign of the sine component of the small initial oscillation that had existed in the circuit (A in Fig. 12). In other words, the choice between A and A' in Fig. 13 depends on which side of the thick curve $B-B'$ the separatrix, i.e. the points representing the initial state, lies. An initial oscillation of quite small amplitude is sufficient to control the mode or the phase of the stationary oscillation of large amplitude which is to be used as the output signal. Hence, the parametron has an amplifying action which may be understood as a superregeneration. The upper limit of this superregenerative amplification is believed to be determined only be the inherent noise, and an amplification of as high as 90 db has been reported [30].

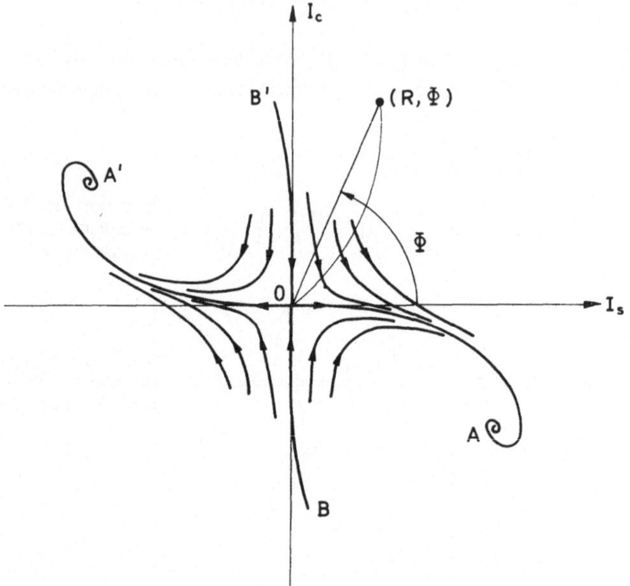

Fig. 13.   The locus of amplitude R to phase Φ of an oscillating parametron in polar coordinates
I_s = sine component I_c = cosine component

The existence of dual mode of stationary oscillation can be used to represent the binary digits 0 and 1 in a digital system, and thus a parametron can store one bit of information. However, the oscillation of the parametron in this stationary state is extremely stable, and if one should try to change the state of an oscillating parametron from one mode to another just by directly applying a control voltage to the resonant circuit, a signal source as powerful as the parametron itself would be necessary. This difficulty can be got around by providing a means for quenching the oscillation, and making the choise between the two modes, i.e. the rewriting of information, by a weak control voltage applied at the beginning of each building up period, making use of the superregenerative action.

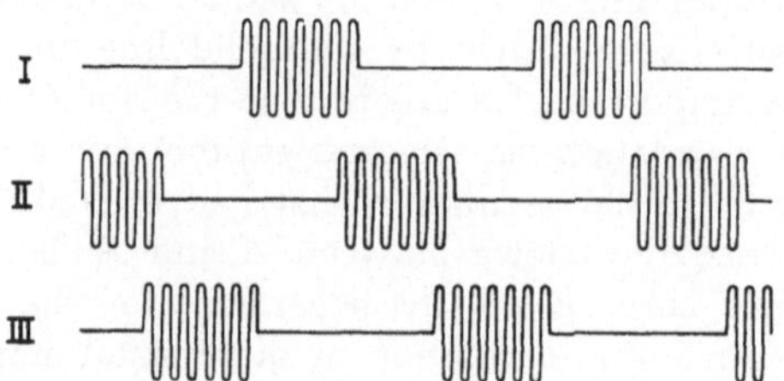

Fig. 14.   Excitation current of three clock groups I, II, and III

Actually, this is done by modulating the exciting wave by a periodic square wave which serves as the clock or timing pulses of the computer. Hence, for each parametron there is an alternation of active and passive periods, corresponding to the switching on and off of the excitation current. Usually, in parametron circuits there are used three clock waves, labeled I, II, and III, all having the same pulse recurrence frequency, but differing in phase by $120°$ to one another as shown in Fig. 14. Therefore any parametron must belong to one of the three groups, I, II or III, according to the phase of the envelope of the a.c. current by which it is excited.

3. Basic Digital Operations

Digital systems can be constructed using parametrons by intercoupling parametron elements in different groups by suitable coupling means, such as the toroidal transformers T shown in Fig. 11.

The parametron is a synchronous device and operates in the rhythm of the clock pulses. Each parametron receives new binary information (1 or 0) at the beginning of every active period, and transmits it to the parametron(s) of the next stage with a delay of one third clock period. This delay can be used to form a delay line, and Fig. 15 shows one such delay line which consists of parametrons

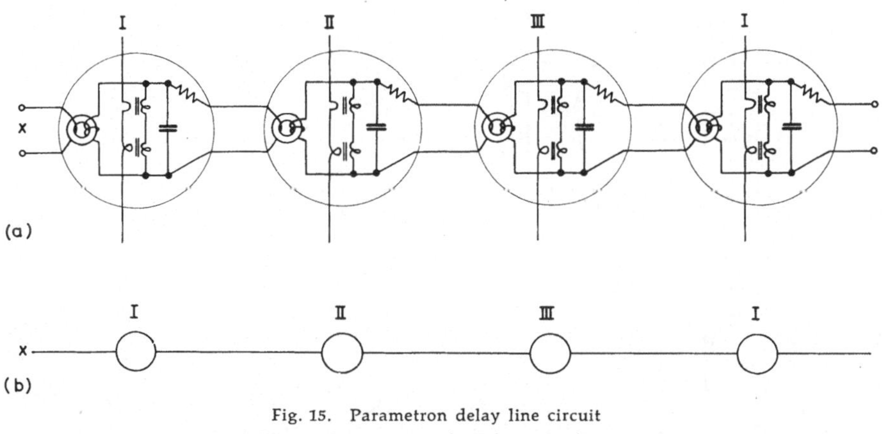

Fig. 15. Parametron delay line circuit
a) Wiring diagram   b) Schematic diagram

simply coupled in chain. Successive parametrons are associated with alternating clock groups, I, II, III, I, etc. Hence, the phase of oscillation of a parametron in the succeeding stage will be controlled by that in the preceding stage, and a binary signal x applied to the leftmost parametron will be transmitted along the chain from left to right in synchronism with the switching on and off of the excitation currents. Hence, the circuit may be used as a delay line or a dynamic memory circuit.

Logical operations can be performed with parametrons on the basis of the *majority principle* (cf. Fig. 16). In this figure, the outputs of three parametrons X, Y, and Z (stage I) which are all oscillating at a voltage V, are coupled to a single parametron U (stage II) with a coupling factor k. The effective phase control signal acting on U is the algebraic sum of the three signals from X, Y and Z, each of which has the value $+kV$ or $-kV$. Thus, the mode of U representing a binary signal u will be determined according to the majority of the three binary signals x, y and z, respectively represented by the oscillation modes of X, Y and Z. It would be possible, in principle, to generalize the majority circuit of Fig. 16 to five, seven, nine, etc. inputs, that is, to any odd numbers of inputs. In practice, however, the non-uniformity in the characteristics of each parametron causes disparity in the input signals and makes the majority decision inaccurate, and this fact limits the allowable number of inputs to three or five in most cases.

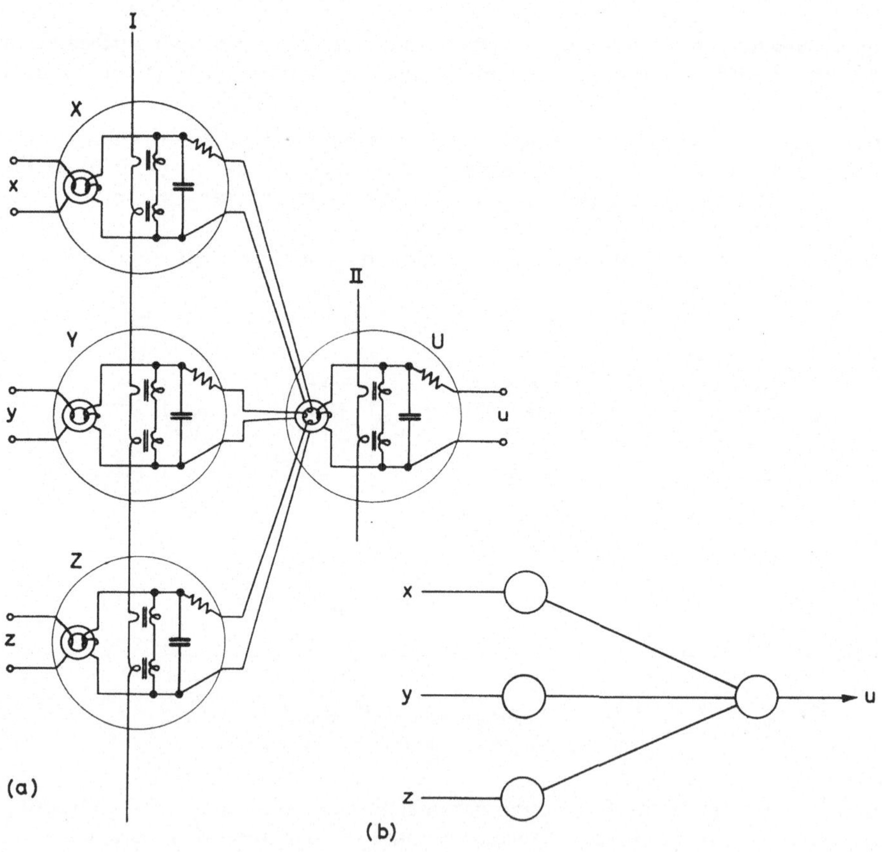

Fig. 16.   Three-input majority operation circuit
a) Wiring diagram   b) Schematic diagram

It is easy to recognize that the majority operation just outlined includes the basic logical operations AND and OR as special cases. Suppose that one of the three inputs in Fig. 16, say z, is fixed to a constant value 1. Then we obtain a biased majority decision on the remaining two inputs x and y, and the resulting circuit gives x OR y (cf. Fig. 17 a). Similarly, if z is fixed to a constant value 0, we obtain a circuit for x AND y (cf. Fig. 17 b). These constant signals are actually derived from a special parametron oscillating in a defined mode which we call a *constant* parametron or some other voltage source equivalent to it.

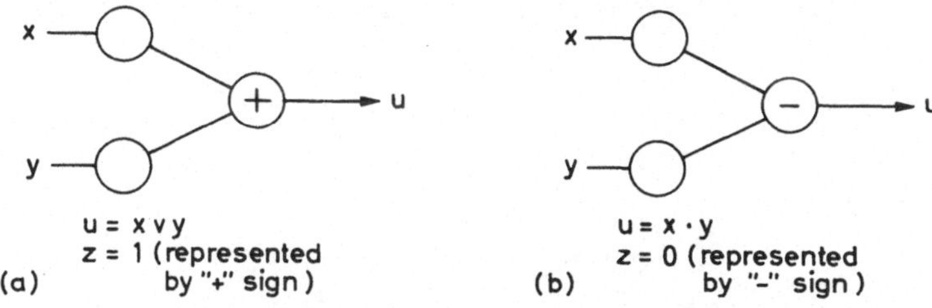

Fig. 17. Schematic diagrams of logic circuits
a) Two-input OR circuit   b) Two-input AND circuit

If two of five inputs in a *five-input majority operation* are fixed to a constant value, either **1** or **0**, we obtain either an OR or an AND circuit, respectively, for three input variables x, y and z, as it is diagrammatically shown in Figs. 18 a/b. Negation or NOT operation can be made most simply in parametron circuits. In order to change the binary signal **1** into **0** and vice versa, we only have to reverse the polarity of the input signal; this can easily be made by coupling two

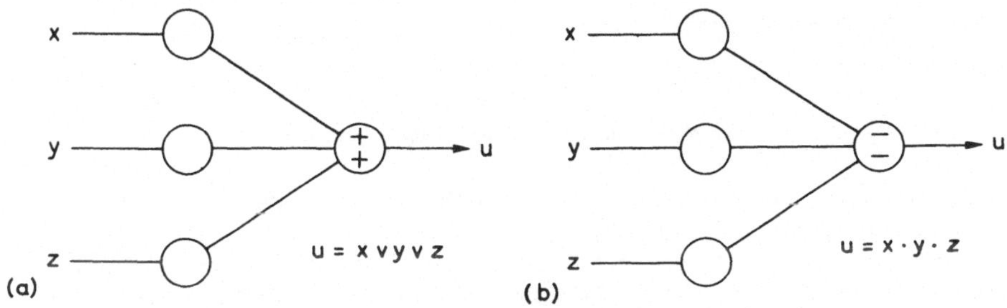

Fig. 18. Schematic diagrams of logic circuits
a) Three-input OR circuit   b) Three-input AND circuit

parametrons in reversed polarity as shown in Fig. 19 a. In the schematic diagram (Fig. 19 b), such coupling in reversed polarity will be indicated by a short bar in the coupling line as it is shown in the figure.

Since a digital system of any complexity can be synthesized by combining the four basic logical components or blocks namely *delay*, AND, OR and NOT, it will be seen that a complete digital system, e. g. a general purpose electronic computer, can in principle be constructed using only one kind of circuit element: the parametron. It should be noted that the above conclusion presupposes that some means for logical branching, that is, amplification of signal power, is provided. Fortunately, parametrons have a large superregenerative amplification and the output of a single parametron can supply input signals to a rather large number of parametrons in the next stage. For the parametrons currently used, the maximum allowable number of the branching is from 10 to 20. This feature adds flexibility in design of digital systems using parametrons.

A complete digital apparatus may consist of hundreds or thousands of parametrons, coupled to each other by wires (via resistors and transformers) to form
a network. Such a network of parametrons may be conveniently described by
a schematic diagram. A short summary of the rules and conventions for the
diagrammatic network representation currently used in Japan is given in the
following.

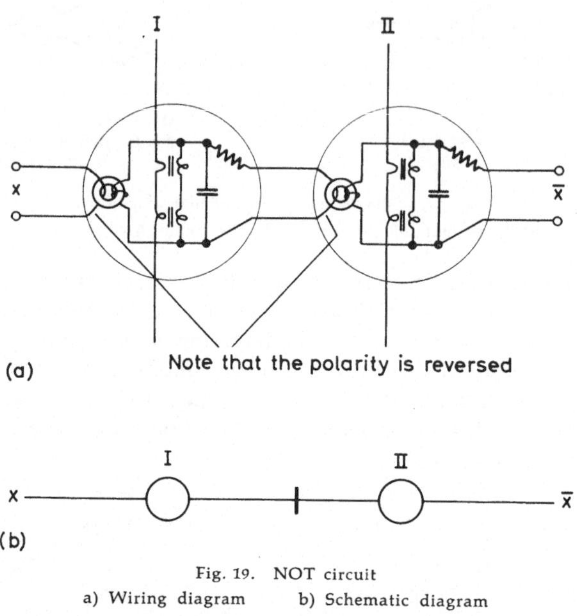

Fig. 19.   NOT circuit
a) Wiring diagram   b) Schematic diagram

Each parametron is represented by a small circle, as shown in the figures.
Each pair of circles is connected by a line if corresponding parametrons are
coupled, one line being used per unit coupling intensity. Hence, a double line
between circles will indicate that both parametrons are coupled at double coupling
intensity (cf. Fig. 24). As already mentioned, a short bar across any coupling
line denotes that both parametrons are coupled with reversed polarity, that is,
negation (cf. Fig. 19b), and otherwise it is understood that they are coupled in
the same polarity.

Only parametrons belonging to different groups (I, II and III) can be coupled
with each other, and the information is transmitted along these lines always in
the direction: I→ II, II→ III and III→ I. Therefore, each coupling line has a
definite direction of transmission, and to show this direction, usually the output
lines from a parametron will come from the right side of the circle and go into
the left side of another circle as input to it. As has been explained above, there
may be many parametrons which take some of their input signals from so-called
constant parametrons. These belong to a special triplet of parametrons, connected
in a ring always holding the digit 1, and serving as the phase reference. There
may obviously be a great many lines that come from these constant parametrons.
In order to avoid complication and instead of drawing these lines, a "+" symbol
is inscribed into the respective circle per each unit of constant input to indicate
constant input of positive polarity; similarly, a "−" sign is indicative for constant

input of negative polarity. Accordingly, a circle with a "+" sign having two input lines corresponds to an OR element, a circle with a "−" sign having two input lines corresponds to an AND element, and a circle with two "+" signs having three input lines corresponds to a three-input OR element, etc. It should be noted that the distinction between 0 and 1 in a parametron circuit is only possible by referring to the oscillation phase of these constant parametrons, since the phase is a relative concept.

4. Simple Examples of Parametron Circuits

The following figures show some simple examples of actual parametron circuits in schematic diagrams. The reader will not find it difficult to trace the functioning of these circuits. Fig. 20 shows a parametron flip-flop or a one-bit memory circuit. Three parametrons coupled in ring form are necessary to store one bit of information. In Figs. 20a and 20b, it is assumed that the signals at the set and

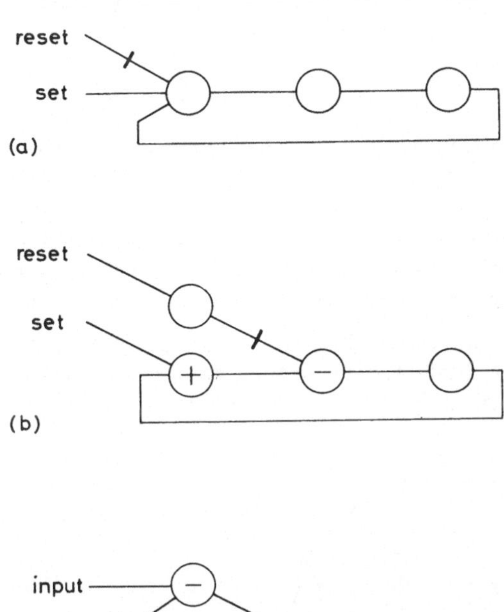

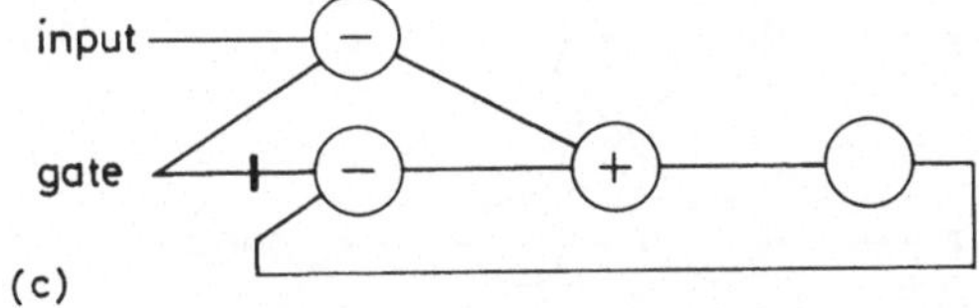

Fig. 20.   Flip-flop circuits

a) Standard circuit   b) Flip-flop with special 0-reset feature   c) Flip-flop controlled by an input gate

reset inputs are both normally 0. The flip-flop will be set to 1 when a 1-signal is applied to the set input, and it will be reset to 0 when a 1-signal is applied to the reset input. There is a functional difference between a) and b): when both the set and the reset signals are applied simultaneously, the stored information will not change in circuit a), but it will be reset to 0 in circuit b).

A flip-flop with an input gate is shown in Fig. 20 c. As long as **0** is applied to the gate, the stored information does not change, but upon the application of **1**, the signal from the input is transferred to the flip-flop.

Three stages of binary counting circuits connected in cascade, thus forming a scale of 8 counter, are shown in Fig. 21. This circuit comprises three flip-flops to

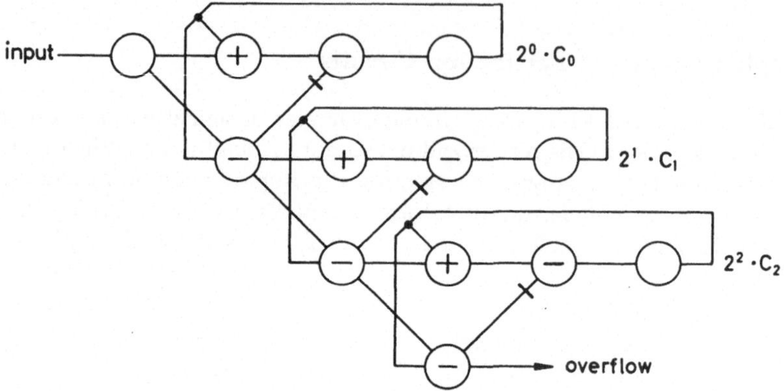

Fig. 21.   Binary counter employing cascaded flip-flops
The registered number is $C = C_0 + 2C_1 + 4C_2$

store 3 bit count. In the quiescent state in which **0** is applied to the input, the bits stored in each flip-flop do not change, but each time a **1** is applied to the input for a single clock period, the registered binary number is increased by 1 (mod 8).

A binary full adder circuit for three input signals, a parity check circuit for five input signals and a circuit for performing the function x AND (y OR z) are diagrammatically shown in Figs. 22, 23, and 24, respectively. These examples show

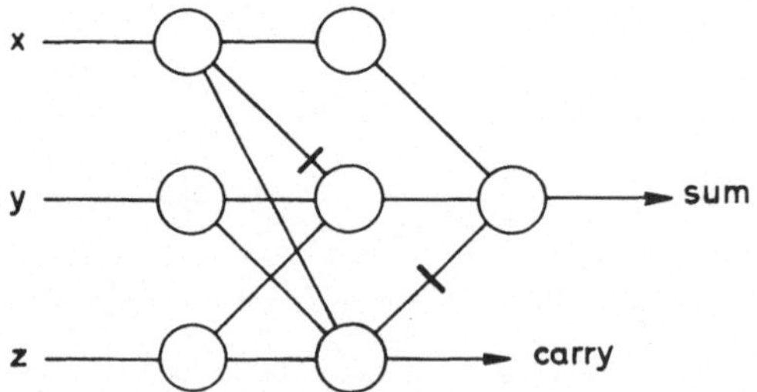

Fig. 22.   Binary full adder circuit

how majority operations can advantageously be used in comparison to the conventional AND and OR operations. These circuits would require much more parametrons if they were composed of logical AND and OR blocks as in usual diode networks. Flexibility of circuit design by using a three- or five-input majority operation will be regarded as one of the characteristic features of parametron circuits.

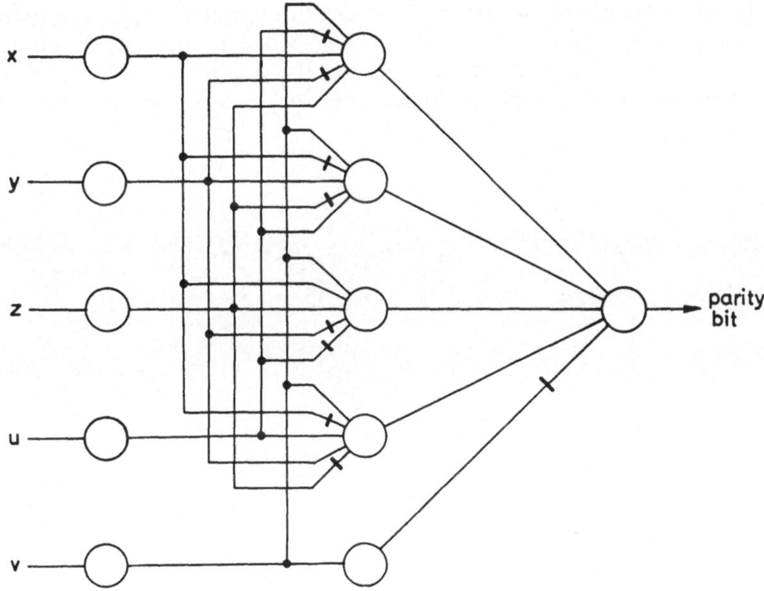

Fig. 23.   Parity check circuit for five input signals

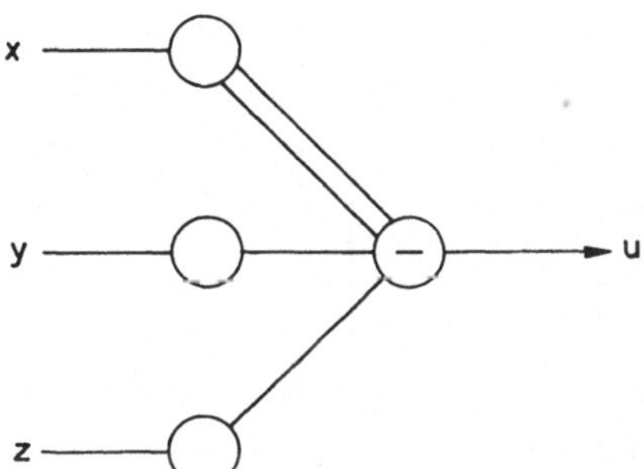

Fig. 24.   Circuit with double coupling intensity between two parametrons performing the logical function

$$u = x \cdot (y \vee z)$$

5. Characteristic Features of Parametrons

A commercially available unit composed of 25 parametrons and the component parts thereof are shown in Fig. 25. In this unit a ferrite disc with two small holes (known as a *binocular* type core [31]) is used instead of the two toroids of Fig. 11; the coupling transformer consists of a single turn around a ferrite toroid and is connected in series to the resonant circuit as shown in Fig. 26. As the life of parametrons is considered to be practically permanent, the parametron circuits are usually not provided as plug-in units, but are directly wired into the logical networks.

As may be seen from the Figs. 11, 15, 16, and 19, the wiring of the parametron circuits is done in an unconventional way. A wire connected to the output terminals of one parametron in stage I is passed through the coupling transformers of all those parametrons in stage II that are provided to receive the input signal from the said preceding parametron. This results in a remarkable simplification in the construction of complex logical networks, such as general purpose

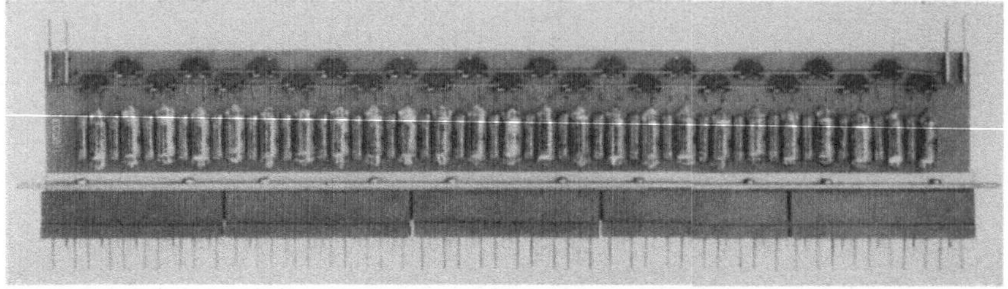

Fig. 25.   Commercially available parametron unit

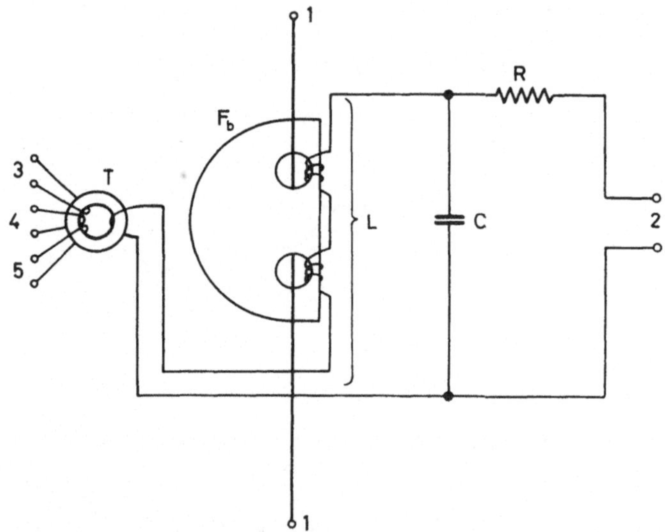

Fig. 26.   Parametron circuit with a "binocular" type core and a serially connected coupling transformer
F_b = binocular type ferrite core, T = coupling transformer, L = resonant circuit inductance, C = resonant
circuit capacity, R = damping resistor, 1 = excitation terminals, 2 = output terminals,
3, 4, 5 = input terminals

computers, since the whole system can be assembled of identical standardized units; these units can be connected with a minimum number of soldering points using wires only to form the entire desired logical network.

The typical characteristics of parametrons commercially available in Japan are shown in Table 2.

Table 2. The characteristics of commercially available parametrons

	High speed type	Standard type	Low power type
Pump frequency $2f$	6 Mc/s	2 Mc/s	200 kc/s
Maximum clock frequency	140 kc/s	25 kc/s	2 kc/s
Excitation power per one parametron for continuous excitation	120 mW	30 mW	5 mW
DC bias	0.6 Amp	0.6 Amp	0.6 Amp
Maximum number of inputs	3 or 5	3 or 5	3 or 5
Maximum number of output branching	12	15	15
Coupling coefficient k[1])	-35 db	-40 db	-40 db

For application to digital computers we are most concerned in the speed of operation, which is essentially determined by the clock frequency. The upper limit of the clock frequency is due to the rates of building up and damping of parametric oscillation.

From equation (4) follows that the oscillation builds up proportionally to $e^{2\pi \Gamma f t}$, and hence the maximum clock frequency will be proportional to the product Γf, which we call the *figure of merit* of the parametron owing to its analogy to the figure of merit $g_m/2\pi c$ of vacuum tubes.

The figure of merit of a parametron naturally depends on the frequency and amplitude of the excitation current but the value for conventional parametrons in normal operation lies between 20 kc/s and 1.5 Mc/s.

For reliable operation, the clock frequency should be chosen around $\Gamma f/10$ if the coupling factor is $k = 1/50$ (-34 db), and hence the upper limit for clock frequency is about 150 kc/s for commercial parametron units.

In the past, most effort has been paid to develop parametrons using a variable inductance, but it is apparent that the same principle applies when the capacity is the variable element. Parametrons using ceramic nonlinear capacitors (barium titanate) have been studied by OSHIMA and KIYASU [32]. Studies on parametrons using the variable barrier capacity of germanium and selenium diodes have also been made [33, 34], and a parametric oscillation at $2f = 120$ Mc/s has been realized.

Magnetic thin film parametrons have also been developed. Ferrite cores have been replaced by vacuum evaporated permalloy films, and subharmonic oscillations have been obtained at 30 Mc/s [35]. Parametrons using copper wires electroplated with permalloy have successfully been operated at 6 Mc/s pump or excitation

---

[1]) The coupling coefficient k is defined as the ratio

$$k = \frac{\text{voltage of unit input measured at the resonant circuit}}{\text{voltage of stationary oscillation}}$$

frequency [36]. The mass production of uniform thin magnetic films has been the main problem of the yield of these parametrons.

The parametrons which are commercially available at the present time, are composed of capacitors, resistors and coils with ferromagnetic cores which are all stable and durable components. Unlike the more conventional switching circuits using magnetic amplifiers, the parametrons do not require any diodes for their operation. These features guarantee parametron circuits for extremely high reliability and long life. Several digital computers which presently are in operation in Japan, have an extremely rare breakdown due to parametron malfunctioning.

The necessity of a high frequency power supply may be one of the inherent disadvantages of parametrons and will possibly limit their use in small-scale digital systems. At the present stage, parametron circuits seem to be unfavourably compared with respect to vacuum tube and transistor circuits as far as the speed of operation is concerned; however, this point may be much improved by further development, in particular, with thin magnetic film parametrons and with parametrons using the variable barrier capacity of semi-conductor diodes.

6. Applications

All the characteristics of the parametrons just mentioned make them ideally suited for applications in large-scale digital systems, and particularly, for general purpose digital computers. Soon after the invention of the parametron in 1954, projects were launched to construct general purpose computers using control and arithmetic units entirely composed of parametrons. Table 3 presents a survey of the characteristic data of the most prominent parametron computers built in Japan.

Application of parametrons to other digital devices has also been made in a number of laboratories. For example, the Japan Overseas Telephone and Telegraph Company has constructed regenerative repeaters, telegraph code converters which convert MORSE code to five-bit teleprinter code [37], and ARQ (automatic request) systems, all of which have in the meantime been brought into commercial use.

The Japan Telegraph and Telephone Corporation has built a number of experimental common control telephone switching systems employing parametrons in control circuits. The Fuji Electric Company and the Government Mechanical Laboratory [38] have built experimental numerically controlled machine tools in which parametrons are used for all numerical and control operations. Among other applications we finally mention: automatic recording systems for meson monitor used in cosmic ray observation [39] and multi-channel pulse height analysers for nuclear research.

Table 3. The characteristics of general purpose parametron computers

Type (Date of completion)	Place of installation	Number of parametrons	Pump frequency	Clock frequency	Speed of operation (for fixed point) including access		Main memory	Power consumption
					Addition	Multiplication		
HIPAC-1 (Dec. 1957)	Central Laboratory Hitachi Electric Co. Kokubunji, Tokyo	4400	2 Mc/s	10 kc/s	10 ms	19 ms	1024 words (magnetic drum)	6 kw
MUSASINO-1 (March 1957)	Electrical Communication Lab. Musasíno, Tokyo	5400	2 Mc/s	6 kc/s	4 ms	20 ms	256 words (core matrix)	5 kw
NEAC-1101 (April 1958)	Central Laboratory Nippon Electric Co. Kawasaki	3600	2 Mc/s	20 kc/s	3.5 ms	8 ms	128 words (core matrix)	5 kw
SENAC-1 (Nov. 1958)	Electrical Communication Lab. University of Tohoku Sendai	9600	2 Mc/s	20 kc/s	2 ms	3 ms	160 words (magnetic drum)	15 kw
PC-1 (March 1958)	Department of Physics University of Tokyo Tokyo	4200	2 Mc/s	15 kc/s	270 µs	3.4 ms	256 words (core matrix)	3 kw
PC-2 (Aug. 1959)	Department of Physics University of Tokyo Tokyo	13 000	6 Mc/s	100 kc/s	40 µs	300 µs	4096 words (core matrix)	10 kw

Note: All these computers employ binary number representation. For a description of the MUSASINO-1 computer, reference is made to [40, 41].

HIDETOSI TAKAHASI
and EIICHI GOTO

Tokyo, Japan

III. Memory Systems for Parametron Computers

1. Introduction

In its application as logical element the parametron has excellent properties: the almost permanent life, the high reliability and the moderate price. However, parametrons are not satisfactorily applicable as large-capacity memory elements. As it was shown in Part II, at least three parametrons are necessary to memorize one bit of information, and there are also needed high frequency power supplies. Hence, the cost per one bit of information will grow fairly high. In order to improve this defect, suitable memory elements have to be combined with parametrons. If the above-mentioned merits of parametrons shall be retained in the combined memory system, the memory element itself should have the same merits.

Memory elements which satisfy the above-mentioned requirements are electric and ultra-sonic delay lines, ferromagnetic cores and ferroelectric capacitors. On the other hand, cathode ray tubes and the like are not desirable, since they have a relatively short life. Hereinafter, the term *hysteresis element* will be used to denote both ferromagnetic and ferroelectric memory elements, since the residual magnetization or electric polarization, respectively, of the hysteresis curve is utilized in the memory action.

The authors made various studies on the methods of combining parametrons with delay lines and hysteresis elements [42] and satisfactory results were obtained. In the methods proposed by the authors, parametrons are coupled directly with the memory elements, whereby neither vacuum tube amplifiers nor rectifiers (diodes) are necessary.

2. Delay Lines

A delay line consisting of parametrons is shown in Fig. 27a (cf. also Part II). The parametrons in the intermediate stages can obviously be replaced by an electric or an acoustic delay line with electro-mechanical transducers at both ends as shown in Fig. 27b. The phase control signal of parametron II is supplied from parametron I through a delay line. The signal delay circuit of Fig. 27b is similar to a mercury tank delay line. Instead of a vacuum tube circuit, the parametron II is used to amplify and reshape the delayed signals. The main difference consists in the fact that the binary information passing through the delay line is not represented by the presence or absence of signals but by the phase of the oscillation.

Taking into account that the amplifying mechanism of the parametrons is super-regenerative and that one parametron has only one terminal pair which is used for both input and output in a time sharing way, it is possible to construct a regenerative cyclic memory device with one single parametron. In Fig. 28 a parametron is connected to one side of a delay line having a reflecting termination

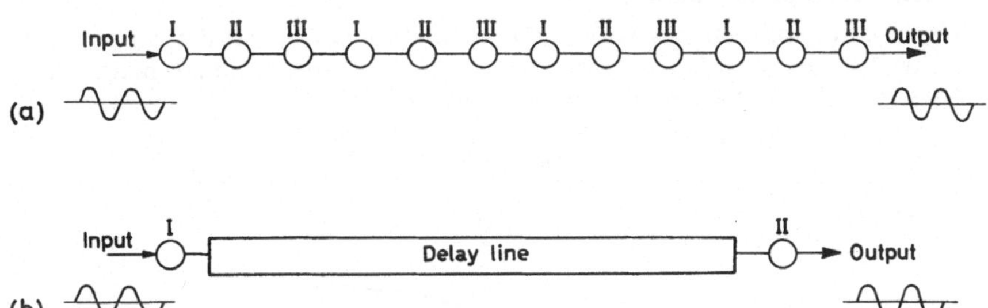

Fig. 27.   Delay line storage unit
a) Delay line consisting of parametrons   b) Electric or acoustic delay line controlled by parametrons

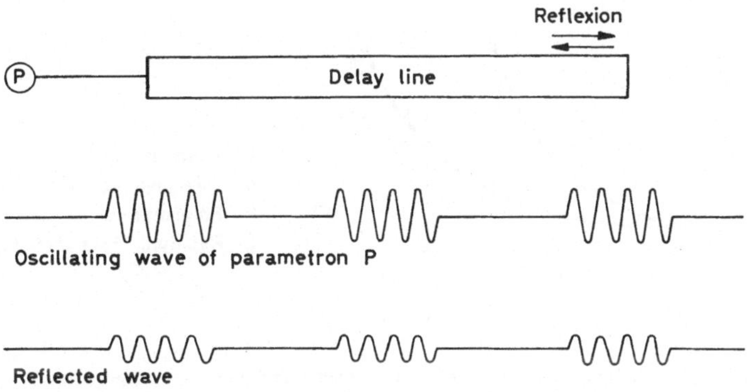

Fig. 28.   Reflection type delay line controlled by a single parametron

on the other side. The oscillation wave transmitted from the parametron is reflected at the right end of the delay line and fed back to the same parametron as a phase control signal. In the experiments made on this reflection type circuits, the ultra-sonic delay line was represented by a short brass wire, and a piece of barium titanate was used as the transducer. A 1 Mc/s carrier wave was employed and a memory capacity of 5 bits was obtained. — Systematic and extensive research work on this type of storage device was conducted at the Electric Communication Laboratory of Japan Telephone and Telegraph Company.

3. Hysteresis Elements — The Dual Frequency Method

Ferromagnetic and ferroelectric materials generally have hysteresis curves as shown in Fig. 29. It is possible to store one bit of information in each memory element made of such materials, according to the polarity of residual magnetization or electric polarization, respectively. The parametron, on the other hand, represents binary information by the oscillation phase difference of π radian. Therefore, in order to build a storage device by combining the hysteresis elements with parametrons, the following two processes must necessarily be realized:

(1) The writing process, in which magnetization (electric polarization) of correct polarity is imposed to the hysteresis element in accordance with the oscillation phase of the parametron.

(2) The reading process, in which the oscillation phase of the parametron is controlled in accordance with the polarity of the residual magnetization (electric polarization) of the hysteresis element.

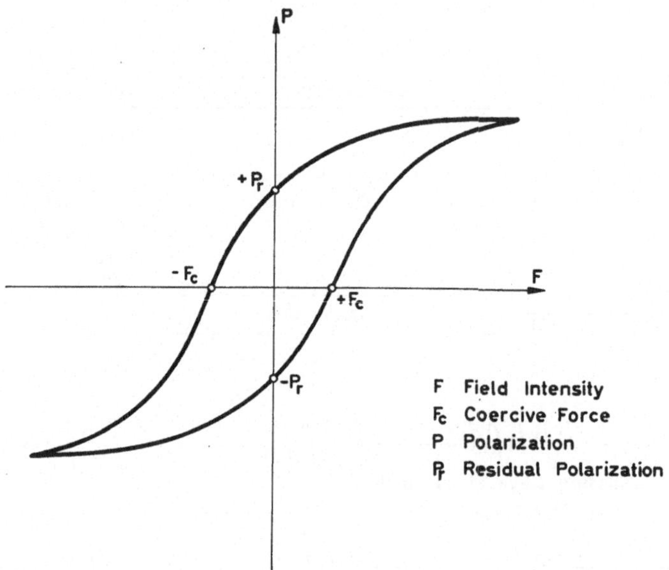

Fig. 29.   Hysteresis curve of ferromagnetic and ferroelectric materials

For these two processes, the so-called *dual frequency method* is employed. Hereinafter, the excitation frequency of the parametrons will be denoted by $2f$ and the parametric oscillation frequency by f. Hence, the oscillation wave of the parametrons will be called "f-wave".

When an "$f/2$-wave" having half oscillation frequency of the parametrons is superimposed on the f-wave with suitable phase and amplitude relations, an asymmetrical waveform is obtained (cf. Fig. 30). The maximum positive and negative amplitudes differ considerably, and the polarity of the absolute maximum amplitude reverses in accordance with the reversal of the phase of the f-wave which is to be supplied from the parametron. When such an asymmetric alternating current is impressed onto a hysteresis element, e.g. a ferrite core, its magnetization is polarized into one direction as shown in Fig. 31 and said polarization remains even after the a.c. currents are terminated; thus, for the writing process the polarity of the residual magnetization (polarization) is determined by the phase of the f-wave of the parametron.

Next, in order to read out the polarity of the residual polarization, a pure $f/2$-wave is applied to the hysteresis element. In case the residual polarization equals zero, the f-component, that is the 2nd harmonic distortion, does not appear at all in the output, because of the symmetry of the hysteresis curve. Conversely, when the residual polarization differs from zero, the f-component is generally not zero, and the phase of the f-component will be reversed by reversing the polarity of the residual polarization.

Assuming that the f-component is $+U \sin (2\pi ft + \delta)$ for positive residual polarization $+P_r$, the f-component should be $-U \sin (2\pi ft + \delta)$ for negative residual polarization $-P_r$, due to the symmetry of the hysteresis curve. Consequently, by supplying this 2nd harmonic distortion component (f-component) to a parametron as its control signal, there can be taken out either amplified "0"-phase or "π"-phase waveforms from the parametron, i.e. the binary digits **0** or **1**, in accordance with the polarity of the residual polarization of the hysteresis element. The voltage ratio between the output f-component induced during the reading process and the f-wave used in the writing process is about 30 db; this value of amplification can be very easily achieved with a parametron. Due to the fact that parametrons essentially have only one terminal pair commonly used for input and output, the amplified f-wave in the reading process will effect upon the hysteresis element, and if the $f/2$-wave representing field ist not switched off immediately after the reading process, the conditions for writing will be attained.

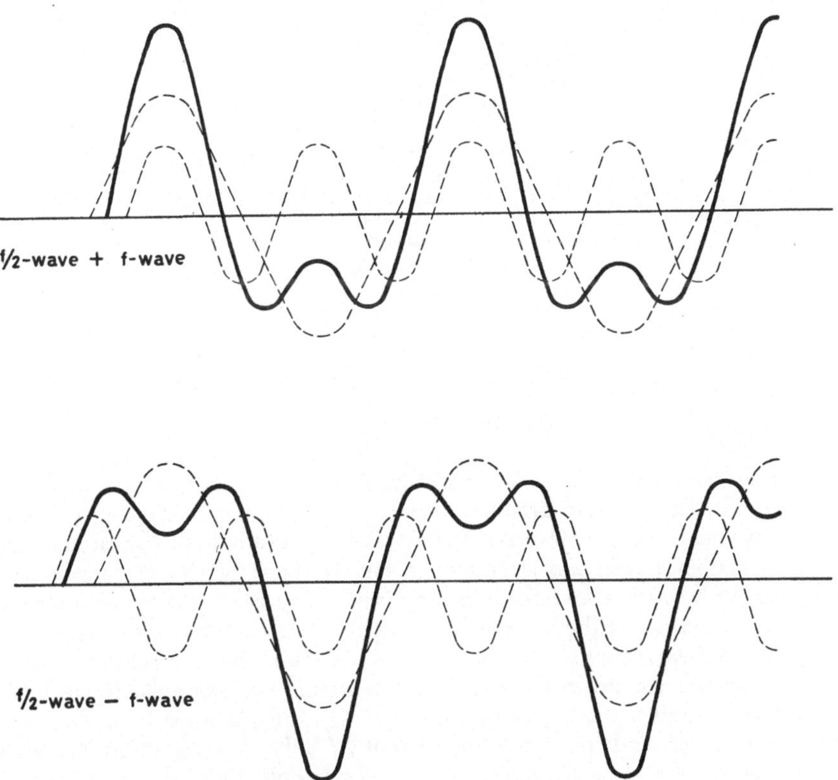

Fig. 30.   Asymmetrical waveform resulting from the superposition of the $f/2$-wave and the f-wave

$f/2$-wave: $2 \cos \pi f t$ f-wave: $\cos 2\pi f t$

Experiments have shown that the polarity of the polarization written in this way
is the same as that of the initial residual polarization just read out. Hence, the
stored information is regenerated quite automatically whenever it is read out
without providing any special circuitry for regeneration. Since the reading process
is nondistructive in the present dual frequency method, the regeneration is not
indispensable, but it will serve to improve the reliability of the storage system.
Compared with other storage systems, such as cathode ray tube memories and
core memories of the d.c. pulse type, this point may be regarded as a merit of
the dual frequency method, since in those systems elaborate regeneration circuits
are indispensable.

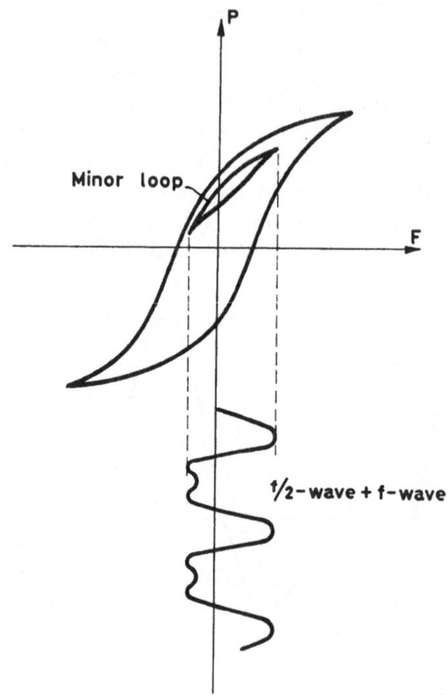

Fig. 31.   Polarization of a hysteresis element by impressing an asymmetrical waveform

For a large-scale memory it is essential that a suitable random access method can
be employed. In the dual frequency method, double coincidence selection is
possible by means of the $f/2$-wave and f-wave. An example of the circuit for the
double coincidence selection is shown in Fig. 32. Each of the m parametrons P
serves for both writing and reading amplifiers. The black points arranged in a
square matrix represent the hysteresis elements. Onto each hysteresis element can
be applied an f-wave signal of a parametron via the respective column conductor
and an $f/2$-wave via the respective line conductor. For example, if we wish to
store a binary digit in the hysteresis element $X_{3,2}$, an $f/2$-wave is applied on the
3rd line conductor, and the excitation current $2f$ only to parametron P_2; there is
also applied on the same parametron P_2 a phase control signal which represents
the digit to be stored in the element $X_{3,2}$. Then this element on the 3rd line and
2nd column conductor is polarized with a polarity corresponding to the digit to

be stored. Conversely, in order to read out the stored information of element $X_{3,2}$, an $f/2$-wave is first applied to the 3rd line conductor, and afterwards is applied the excitation current $2f$ to the parametron P_2. Then the amplified signal, the phase of which corresponds to the digit stored in element $X_{3,2}$, appears at the parametron P_2.

Now, let us consider a storage unit of 1024 words capacity, each word comprising 42 bits. Thus, we need 42 matrix planes with $n = 32$ line and $m = 32$ column conductors each. The selector switch for the $f/2$-wave and the $2f$-excitation current can be used commonly for all 42 matrix planes. At least the following elements are needed for the whole storage unit: A selector circuit which selectively supplies the $f/2$-wave to one line out of 32 lines; a selector circuit which selectively supplies the $2f$-excitation current to one group of parametrons out of 32 groups, each group comprising 42 parametrons; $32 \times 42 = 1344$ parametrons and $32 \times 32 \times 42 = 43,088$ hysteresis elements, e.g. ferrite cores.

In case that ferrite cores are used as hysteresis elements, each parametron will be composed of two ferrite cores, a resistor and a tuning capacitor; it will be used as writing and reading amplifier for 32 memory cores. Therefore, the resulting composition of the storage unit is quite reasonable with respect to the expense of elements.

Such a memory system consisting of parametrons and ferrite cores only, can be considered to have a very high reliability and an almost permanent life time. Further characteristic features are summarized hereunder.

The reading process is nondistructive. If necessary, automatic regeneration of the stored information can be attained without employing any special circuitry. The stored information is preserved even if the mains supply is switched off.

The binary information is processed in a perfectly symmetric manner. In other memories the symmetry is not so good as in the present dual frequency method.

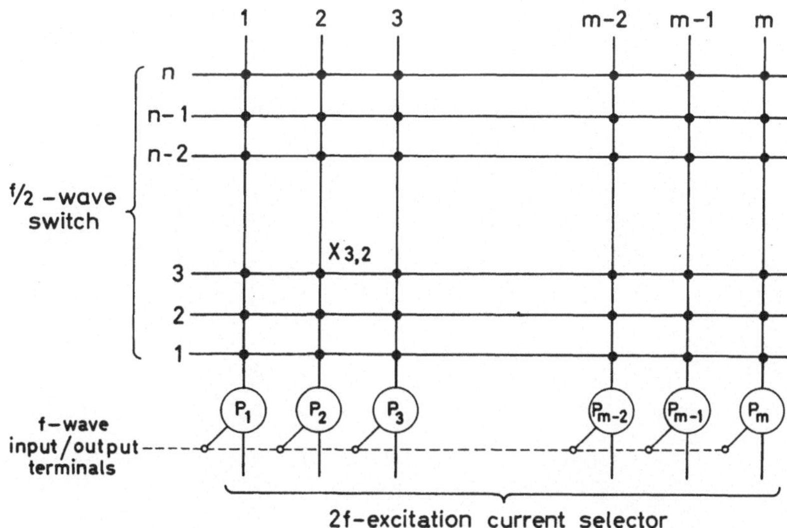

Fig. 32. Storage matrix arrangement for double coincidence selection in the dual frequency method

For example, in core memories using d.c. pulses, the binary information is represented by the presence or absence of a pulse. Hence, it is inherently asymmetric. Binary information is read out by writing 0 and by measuring the reaction which is proportional to the magnitude of change of magnetic flux. Even a small variation in the characteristics of the ferrite cores or in the sensing pulses will result in misoperation. In the dual frequency method the binary digits 0 and 1 are symmetric. The reading process is based on the polarity rather than on the magnitude of residual magnetization. Hence, the chance of misoperation will be much less than in the d.c. pulse method.

The requirements for the quality of the material are not so serious as in other storage systems. In principle, almost any types of soft ferrites can be used in the present memory. However, improvements of the material characteristics of the hysteresis elements used will naturally serve to increase the number of storage elements which can be driven by one parametron amplifier, to reduce the access time and to reduce the power consumption, also in the dual frequency method.

S H I G E R U   T A K A H A S H I
and H I R O J I   N I S H I N O

Tokyo, Japan

IV. The Transistorized Computer ETL Mark IV

ETL Mark IV is a fully transistorized digital automatic computer which was completed at the Electrotechnical Laboratory (ETL) of the Japanese Government in November, 1957 [43, 44]. This is the second transistorized computer following the ETL Mark III [45, 46], and the third electronic digital computer ever completed in Japan.

To begin with, the characteristics of the ETL Mark IV computer are briefly summarized as follows:

(1) General features: 180 kc/s clock pulse synchronization — Stored program control — Binary-coded decimal number notation internally — Serial operation by digits and parallel operation by bits.

(2) Numerical word: 6 digits including sign.

(3) Instructions: Single address code — 29 distinct operations — 6 digits instruction word including 3 digits address part and 2 digits functional part.

(4) Storage unit: 1000 word capacity magnetic drum with 1.67 ms average access time.

(5) Average operation time including access:
Addition or subtraction   3.4 ms
Multiplication   4.8 ms
Division   6.4 ms
Decision   1.7 ms.

(6) Input/output unit:
Mechanical tape reader   10   characters per second
Photoelectric tape reader   200   characters per second
On-line typewriter   6   characters per second
Tape punch   30   characters per second
Off-line typewriter   10   characters per second.

(7) Main components: 470 transistors and 4600 germanium diodes.

(8) Power consumption: 50 watts.

A general view of the ETL Mark IV computer is given in Fig. 33.

The possibly most striking feature of ETL Mark IV resides in its basic circuitry (cf. Fig. 34). This is a kind of dynamic circuitry which employs a germanium diode AND-OR pyramid, a capacitor storage, a junction transistor pulse regeneration amplifier and a transformer coupled output circuit including NOT function. The operation of this circuitry, indicating waveforms in its various parts, is described in Fig. 35. Three kinds of synchronizing pulses, $CP1$, $CP2$ and SP (strobe pulse), are supplied by a clock pulse generator which is also transistorized. Provided that input pulses are fed to all terminals of the AND circuit at the left-hand

Fig. 33.   General view of ETL Mark IV computer

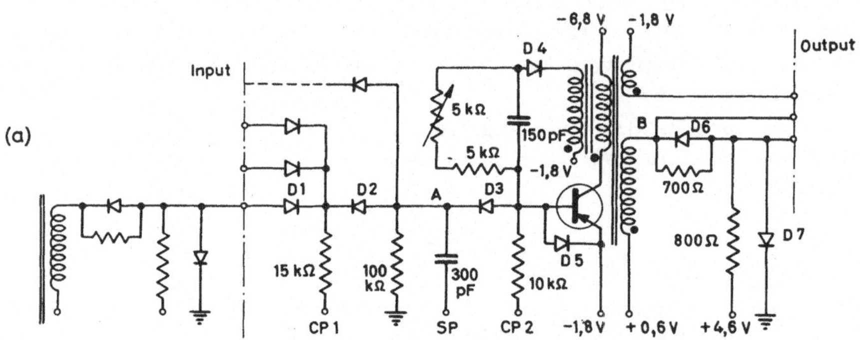

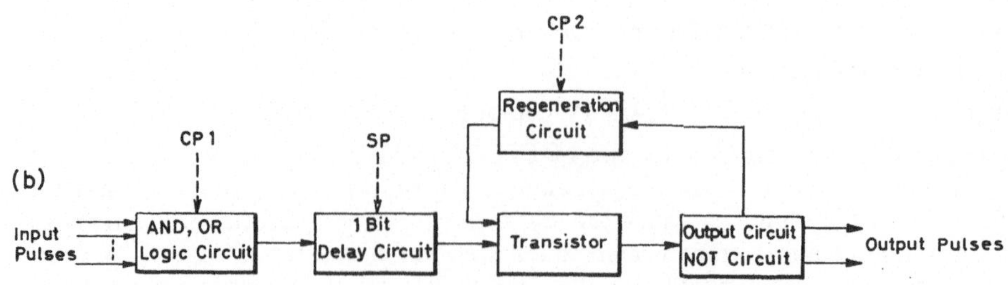

Fig. 34.   Basic circuitry of ETL Mark IV computer
a) Detailed circuitry description   b) Functional diagram

side of Fig. 34, a clock pulse $CP1$ charges the capacitor of 300 pF negatively through the diode $D2$, and the voltage at point A is thereby lowered (cf. Fig. 35). The capacitor is discharged on application of a strobe pulse SP. The discharge current is fed to the base of the junction transistor through the diode $D3$ and

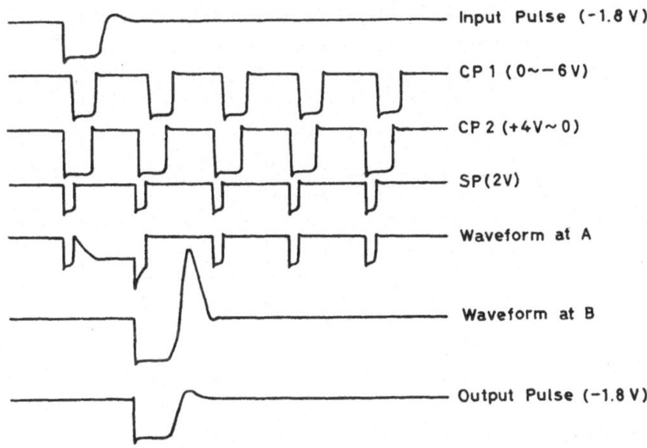

Fig. 35.   Waveforms of basic circuitry

triggers the pulse regeneration, the duration of which is limited by the clock pulse $CP2$. In this way the output pulse is obtained which is exactly delayed by one bit in comparison to the input pulses.

This basic circuitry is incorporated into etched-circuit dip-soldered standard packages as shown in Fig. 36. Such a package can include an AND-OR pyramid

Fig. 36.   Standard packages of ETL Mark IV computer

up to three gates with six terminals each. ETL Mark IV employs 380 standard packages and 100 supplementary gate packages which have to be provided for incorporating remaining circuitry parts of big logical pyramids.

The above described basic circuit normally operates with an emitter bias voltage of -1.8 V. This voltage generally is stabilized by a transistorized regulation circuit; for the purpose of marginal checking the voltage is intentionally changed. Whereas each package operates satisfactorily between -1.3 V and -2.3 V, the entire computer operates successfully in a voltage range between -1.4 V and -2.1 V.

Any kind of logical network can be very easily constructed as a suitable combination of this basic circuitry without the necessity of providing any other type of circuitry. As an example, a schematic diagram of a binary-coded decimal adder with inputs X and Y, each consisting of four lines, is depicted in Fig. 37. This adder is one of the most complicated logical units used in the ETL Mark IV.

It should be pointed out that ETL Mark IV is an experimental machine; its word length of only 6 decimal digits is rather small for practical use. The computation speed and the storage capacity are also insufficient. After the prototype has

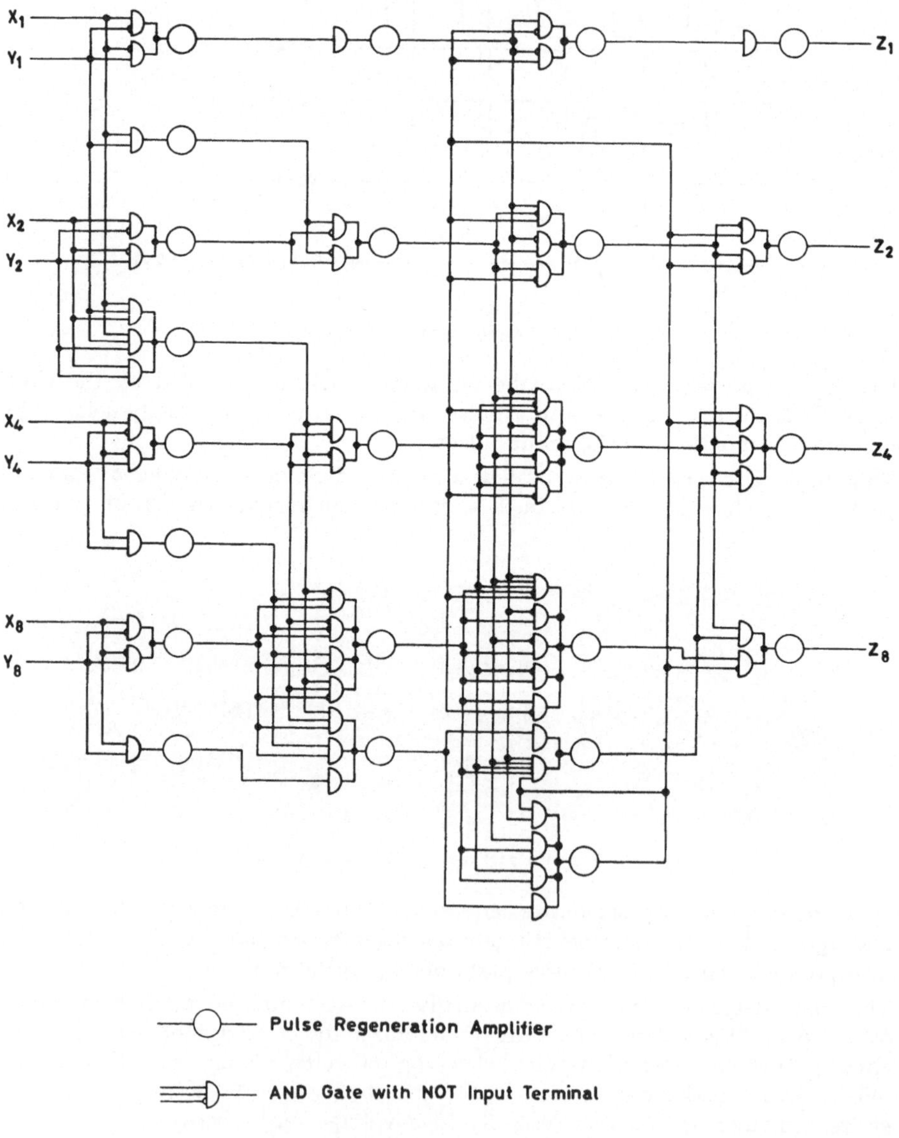

Fig. 37. Schematic diagram of decimal adder

proved satisfactory operation and in order to overcome the aforementioned insufficiencies, the machine has been logically redesigned for expansion to incorporate also a ferrite core matrix storage unit and two index registers. The reconstruction of the machine started in March 1959 and was completed in August 1959. The expanded version is now designated ETL Mark IV-A. The principal changes of the characteristic data are as follows:

(1) Word length expanded to 8 digits including sign.

(2) Provision of two index registers.

(3) A ferrite core matrix memory of 1000 words capacity is provided in addition to the original magnetic drum store.

(4) Average operation time including access:
    Addition or subtraction   0.2 ms
    Multiplication   1.7 ms
    Division   3.3 ms
    Decision   0.1 ms.

(5) Main components: 1000 transistors and 7000 germanium diodes.

(6) Increase of the clock pulse rate to 200 kc/s.

In conclusion, reference is made to a systematic analysis of dynamic circuitry technique which is employed in the above described computer, aiming at a simplification of logical design and computer structure [47].

TOHRU MOTOOKA

Tokyo, Japan

V. Magnetic Core Switching Circuits

1. Introduction

In digital computers and digital control systems, the magnetic cores play as important parts as transistors, vacuum tubes, relays, etc. It is well known, that magnetic cores are reliable and inexpensive components with the advantage of relatively low power consumption; they can operate at room temperature and maintain a given state even after current is taken off. A large number of magnetic core circuits has already been devised, but with a few exceptions, all of them employ diodes in addition to the cores. The inclusion of diodes generally results in a far more expensive, less compact and less reliable circuitry than switching circuits employing only cores. The most outstanding feature of the method of composing switching logic described in this section is that the entire logic consists only of magnetic cores, having nearly rectangular hysteresis loops, and resistors. The switching logic is composed without employing any *electronic* components such as vacuum tubes, transistors, diodes, etc. and thus results in a system of nearly permanent life time, high reliability and logical versatility. However, it requires a larger number of cores, and the speed of operation is below that of other types of logical systems.

The new magnetic core switching logic consists of two elements, a memory element and a coupling element, and by suitably combining these two elements, the entire switching system can be organized. Whereas the coupling element of conventional core logic comprises electronic elements, the logical system described here employs a cyclic gate of magnetic cores as coupling element. This results in the advantage that the number of turns of the windings and the size of the cores can comparatively freely be selected, because the impedance level of the cores is not restricted by electronic components.

2. Logical Elements

The subject switching logic is classified into two types, i. e. Type I and Type II. Their logical elements are slightly different, but as the basic idea is the same, emphasis is given to the logical elements of Type I in the following description.

2.1 Memory Element

There are two types of memory elements employed in the Type I circuit. The first one is the conventional magnetic core memory consisting of one core with three windings, and the second one is a memory consisting of two cores. The former type is called a *single type* memory element, and the latter type a *push-pull type* memory element. The following description is mainly devoted to the push-pull type.

The push-pull type memory element consists of two identical magnetic cores with almost rectangular hysteresis loops and three windings on each core. The windings are connected as shown in Fig. 38. In this element, the shift input is always a unidirectional current, while on the other hand the direction of current flow in the input and output depends on the respective signal being 0 or 1. The residual states of the two cores in the memory element, which are indicative for the stored binary information and the reset state, respectively, are shown in Fig. 39; positive residual state is designated by "+", negative residual state by "−". After a shift pulse has been terminated, the magnetic flux in both cores resides at the bottom of the *B/H* curve (reset state). Because the input coils of

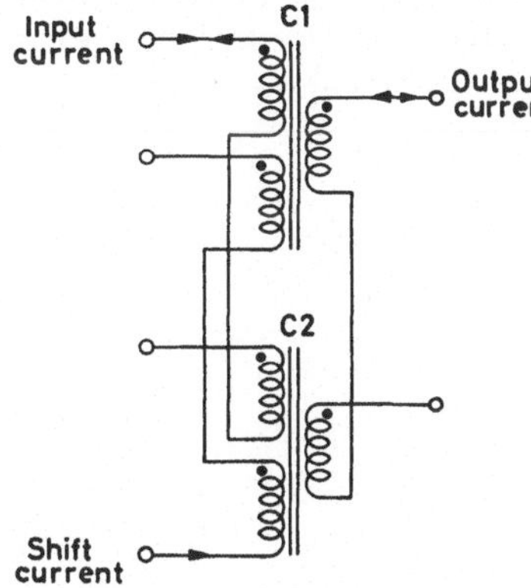

Fig. 38. Push-pull type memory element

Information contents of memory element	Core C1	Core C2
1	+	−
0	−	+
reset	−	−

Fig. 39. Residual states of the two cores in the push-pull type memory element representing stored information and reset

the two cores are connected in opposite direction, the magnetic flux in core C1 is changed if the input signal is 1, and the flux in core C2 is changed if the input signal is 0. Finally, when the shift input is applied, the output signal will flow in one direction if the memory is in the 1-state and in the opposite direction if the memory is in the 0-state, due to the fact that the output coils of the two cores are also connected in opposite direction.

From the above description, the following observations can be made: (1) the two binary states, 0 and 1, are symmetrically treated with respect to the reset state, and (2) even if the hysteresis loop of the individual cores is not quite rectangular, the effect of the deviation of the two cores is cancelled in the output coils resulting in an overall characteristic, which yields a well defined output.

These facts lead to the following advantages: (1) for cores with the same specifications as for other types of logic, the reliability of the operation of the present logic system is increased because of the better defined output; (2) for the same overall reliability, the requirements with respect to the hysteresis loop characteristics of the cores are considerably reduced in comparison to other systems; (3) because of the symmetry of the states 0 and 1, the formation of logical circuits becomes easier, and provisions for error detection may be incorporated in a comparatively simple manner, if necessary.

2.2 Coupling Element

The coupling elements which will be used with the above described memory elements should have the following properties: (1) since the information current is of a bilateral type, the coupling element should be able to allow for and to inhibit the transmission of a bilateral current; (2) the coupling element should have the same reliability and life time in comparison to the memory element; (3) the coupling element should have a high impedance ratio between its OFF- and ON-states; (4) the coupling element should have a wide allowable range of impedance level in design.

The magnetic core coupling element described hereafter comes up to these factors considerably well. The element consists of two identical magnetic cores of almost rectangular hysteresis loop with two windings on each core. The windings are connected as shown in Fig. 40. In this element the gate current either does or does not flow, the direction of flow being arbitrary. The direction of the signal current, which is being gated, depends on whether the signal is **0** or **1**.

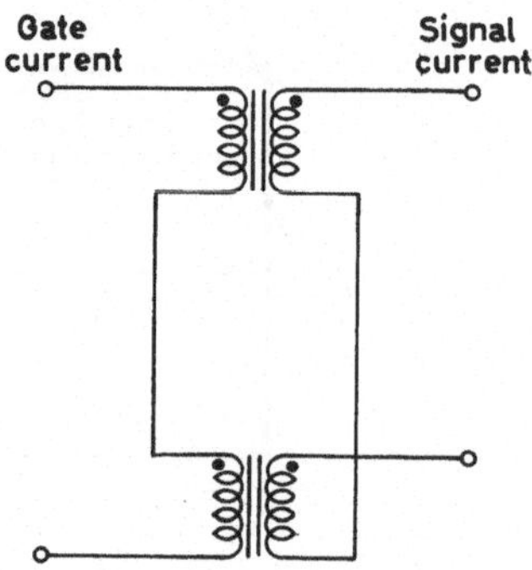

Fig. 40.   Coupling element

First it is assumed that the magnetic flux in both cores resides at the bottom of the B/H curve (reset state). When the gate current does not exist, the signal transmitted through the coupling element changes the flux in one of the two cores regardless of the direction of its flow, because of the opposite serial connection of the two coils. This change of flux presents a large impedance to the signal current. On the other hand, if the cores are sufficiently biased, the signal current does not cause any significant change of flux in either core and the signal current passes the element relatively easy. After the transmission of the signal, the magnetic flux changes in one of the two cores and, as will be shown later, the flux has to be reset to the bottom position (i.e. negative residual state) before the next operation.

3. Operation

The basic operation of this logic system is best explained by means of a shifting register composed of a simple chain of memory and control elements. The operation of the logic is based on the use of two operating phases (timing or clock pulses). Each memory and coupling element is permanently associated with one of the two operating phases. Two types of basic logic have been devised. The first, designated Type I, resembles the conventional diode-core transfer circuits. The second or Type II circuit is an exact analogy of the split type diode-core transfer circuit. The circuits are now described in the above order and then they are briefly compared with each other.

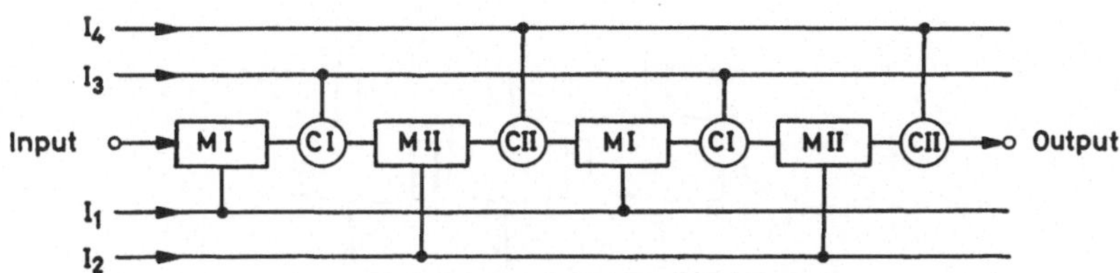

Fig. 41.   Block diagram of Type I shifting register

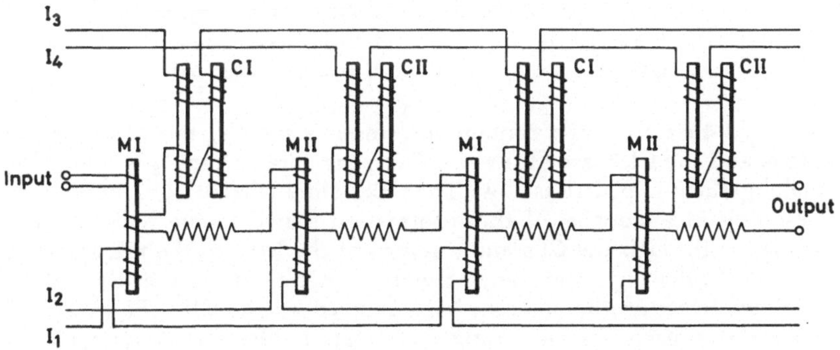

Fig. 42.   Type I shifting register with single type memory elements

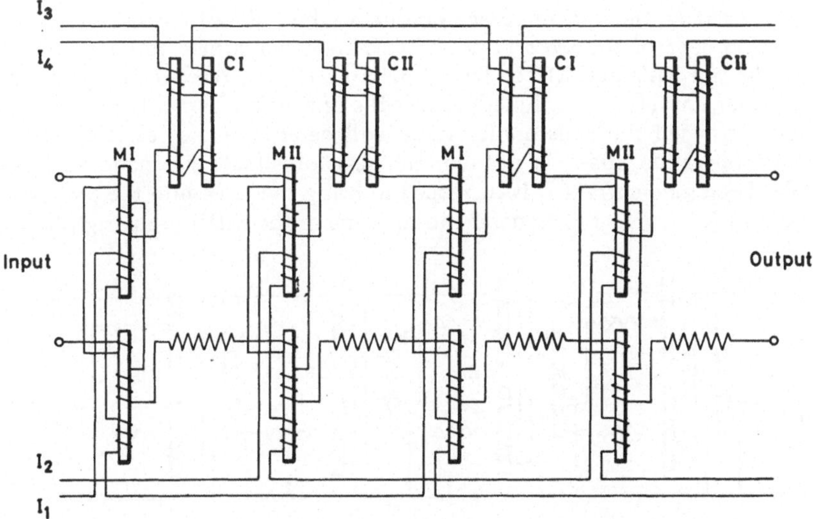

Fig. 43.   Type I shifting register with push-pull type memory elements

40 Dig. Inf.

The structure of the *Type* I *shifting register* is diagrammatically shown in Fig. 41. In this block diagram MI stands for a memory element, Cl for a coupling element, MII for a conjugate memory element of MI, and CII stands for a conjugate coupling element. The detailed circuitry of the Type I shifting register with single type memory elements is shown in Fig. 42, with push-pull type memory elements in Fig. 43. The gate and shift currents used in the Type I shifting register are shown in Fig. 44.

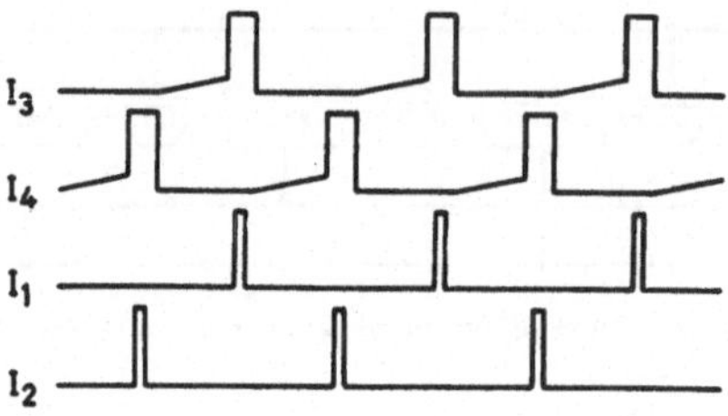

Fig. 44.   Shift and gate currents of Type I shifting register

I_1 Shift current I_2 Conjugate shift current

I_3 Gate current I_4 Conjugate gate current

It is assumed that the MI's contain information signals, the MII's are in the reset state, and the CII's are also reset. First, the gate current I_3 is applied to the CI's making their impedances low. Then the shift current I_1 is applied to the MI's resulting in a transfer of the information stored in the MI's to the right adjacent MII's through the CI's and a return of the MI's to the reset state. Since the CII's are in the high impedance region, a change of state in the MII's does not have any effect on the adjacent MI's coupled by the CII's. However, one of the two cores in each CII has changed its state in the process of presenting a high impedance to the current from an MII to an adjacent MI. Therefore, before applying gate current to the CII's to lower their impedance, the CII's should be reset to their initial state. The resetting is accomplished by the slow rising portion of gate current I_4. Since I_4 increases gradually, the induced current in the signal transmission coils of the CII's is not of sufficient magnitude to have any effect on the adjacent MI's and MII's. Thus, the CII's will be reset to the bottom flux level without any effect on the adjacent MI's and MII's. For this purpose, there has been provided the resistor. Its value will determine the resetting speed. If maximum operation speed is desired, the resistor should be made as large as possible. Then gate current I_4 is increased to bring the CII's into the ON-state and shift current I_2 is applied to transfer the contents of the MII's to the right adjacent

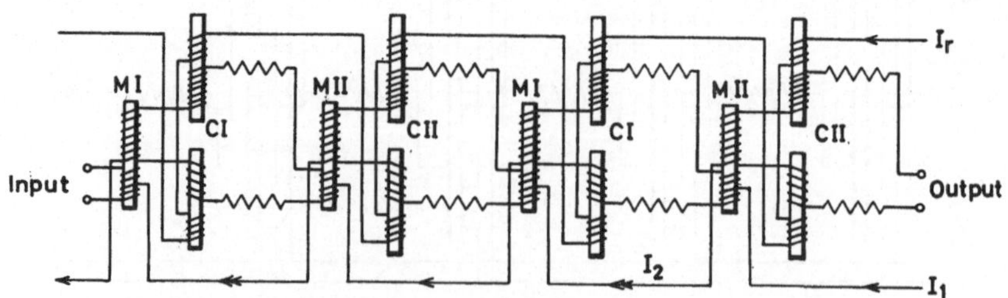

Fig. 45.   Type II shifting register with single type memory elements

MI's. Thus, one full cycle of shift is completed except for the resetting of the CI's which is performed by the slow rising edge of the next gate current I_3.

The arrangement of a *Type* II *shifting register* is shown in Fig. 45 representing a simple chain of Type II circuits, whereby single type memory elements are employed. However, push-pull type memory elements can be used in a similar manner. The Type II circuit memory element differs from the Type I circuit memory element in the same manner as the memory element of the conventional diode-core logic differs from the memory element of the split type diode-core logic. For the coupling cores it is only necessary to reset them into their initial states before shift pulses are applied; they need not be kept in low impedance state, because the shift current flows in a direction to keep the coupling cores in saturation. The gate and shift currents are diagrammatically shown in Fig. 46.

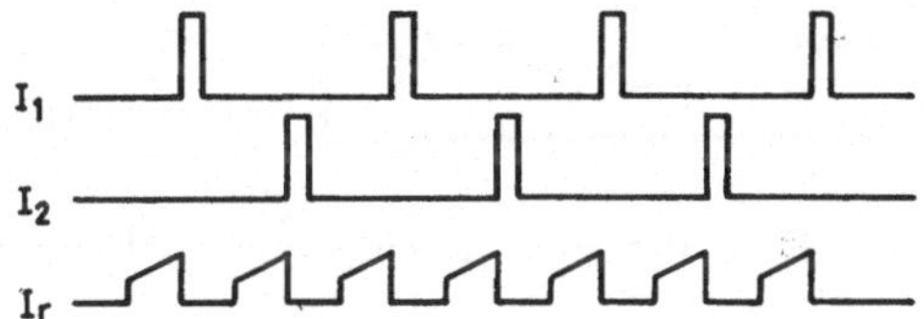

Fig. 46.   Shift and gate currents of Type II shifting register
I_1, I_2 Shift current I_r Gate current

The operation of the Type II shifting register is not presented in further detail here, because it can easily be recognized from consideration of the functioning of the split type diode-core logic. The merits of the Type II circuits reside in a simplification of gate current waveform and easy design of single type logic circuits.

4. Basic Switching Logic

By using the memory and coupling elements described in the previous sections, a versatile switching logic will be composed. For the sake of convenience, the following symbols are introduced for the basic elements of the *Type* I *circuit*:

Memory element
(1)   push-pull type   —▶⊘—
(2)   single type   —▶○—

Coupling element   —●—

Normal and reversed connections are indicated in the following manner:

Normal connection   ———

Reversed connection   —/—

Branching at the coupling element is indicative for a series connection of the input coils of the memory elements at the succeeding stage. Junction at the coupling element is indicative for a series connection of the output coils of the memory element at the preceding stage. Making use of the above mentioned rules, the basic switching logic is formed in a manner as shown in Fig. 47.

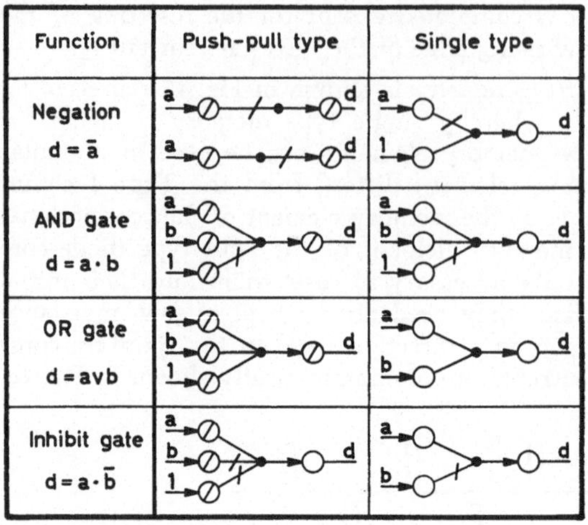

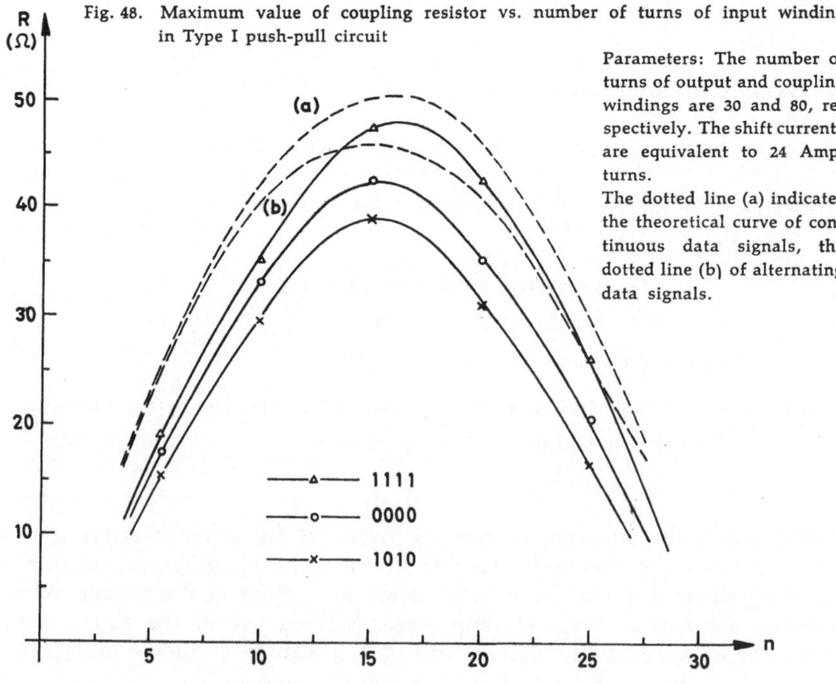

Fig. 47. Basic switching logic

The basic switching logic of the *Type* II *circuit* is analoguous to the split type diode-core logic.

5. Experimental Performance

The present magnetic core switching circuits have been realized in practice with ferrite cores of the following dimensions: outer diameter 5 mm; inner diameter 3.5 mm; thickness 1 mm. The experiments were conducted at less than 10 kc/s

Fig. 48. Maximum value of coupling resistor vs. number of turns of input winding in Type I push-pull circuit

Parameters: The number of turns of output and coupling windings are 30 and 80, respectively. The shift currents are equivalent to 24 Amp. turns.

The dotted line (a) indicates the theoretical curve of continuous data signals, the dotted line (b) of alternating data signals.

using shift current pulses with rise times less than 1 μs. Typical numbers of turns of the input, output and coupling windings are 10, 30 and 80, respectively. In the case of large shift current pulses and for the Type I shifting register, the relation of the number of turns of the input winding and maximum value of the coupling resistor is diagrammatically shown in Fig. 48. The experimental values are represented by full lines, and the theoretical values by dotted lines. The small difference of these curves is due to the equivalent circuit in which it is assumed that the switching time of a core is represented by a constant load resistor and that the cores have a quite rectangular hysteresis loop. This equivalent circuit can be used in the design of switching logic, because the experiment fairly coincides with the theoretically anticipated characteristics.

6. Conclusion

The operating speed of the logic system described in the foregoing is largely dependent upon the shape of the gate current. For this reason the system is essentially a slow speed type. However, owing to the fact that no diodes are used in the system, the impedance level of each element can be chosen rather freely, and this contributes to the high reliability and also to the ease of design. In conclusion, reference is made to several articles [48 to 51] which are relevant to the subject diodeless magnetic core logic system.

E I I C H I G O T O

Tokyo, Japan

VI. The Esaki Diode

1. Introduction

The Esaki diode or tunnel diode was invented by Leo Esaki[2]) in 1957 at the Laboratory of Sony Corp. in Tokyo. Esaki, who is a physicist, was interested in the theory of rectification. In order to check the validity of various theories of rectification, he studied the characteristic of p-n junction diodes composed of germanium with very high impurity content which, generally, is un-favourable for transistors and rectifiers. In the course of these experiments, Esaki found a diode showing a peculiar negative restistance characteristic as shown in Fig. 49. Esaki also gave a theoretical explanation of the new phenomenon, never observed before, and ascribed it to the tunneling effect of electrons through the narrow p-n junction barrier [52]. The name *tunnel diode* is derived therefrom.

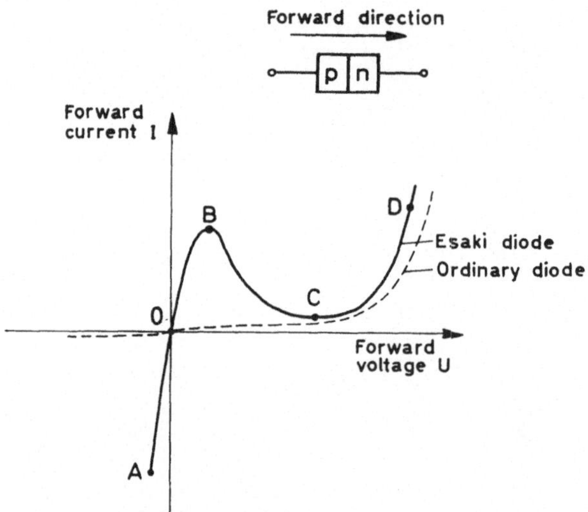

Fig. 49.   Voltage-to-current characteristic of an *Esaki* diode

The negative resistance characteristic of the Esaki diode can be used for amplify-ing electric signals, for performing logical operations, and for information storage in electronic computers. It was soon recognized that it should be possible to make the Esaki diode operate at extremely high frequencies, much higher than the

---

[2]) At present, staff member of IBM Research Center, Yorktown Heights, N. Y., USA.

operating frequencies of transistors. The technical developments of high frequency transistors during the ten years after the invention of the transistor had all encountered a deadlock at a frequency of about 1000 Mc/sec. The discovery of an entirely new principle of solid state amplification was highly desirable and strongly looked for. The tunneling effect principle of amplification was introduced just at the right time as a promising solution of the problem. As a result, research studies on the subject have immediately been initiated and ever since conducted very actively all over the world.

2. Basic Principles

The essential structure of an ESAKI diode is the same as that of an ordinary *p-n* junction diode rectifier. The difference between these diodes consists merely in the content of impurities. While semiconducting materials used in ordinary diodes contain about one millionth of impurities at the utmost, ESAKI diodes contain about one thousandth. As the thickness of the barrier of an abrupt *p-n* junction is inversely proportional to the square root of impurity content, the thickness of the barrier of an ESAKI diode is very narrow, about 200 Å or less, which is less than one tenth of that of ordinary diodes. The important role of the tunneling effect in such narrow junctions was pointed out by ESAKI. The tunneling effect is a purely quantum mechanical concept and has no counterpart in classical mechanics. Intuitively, it means that electrons can penetrate (*tunnel*) through a mountain of a classically unsurmountable potential barrier. The narrowness of the barrier is essential for this effect, since the penetrating probability decreases exponentially with the thickness of the barrier.

The energy band diagram of the ESAKI diode is shown in Fig. 50. When no voltage is applied between the *p-n* junction (cf. Fig. 50 a), which corresponds to the point O of the *U/I* curve of Fig. 49, the total current should be zero according to the requirements of thermodynamics.

When a small voltage corresponding to section *OB* of the *U/I* curve of Fig. 49 is applied to the *p-n* junction, the conduction electrons in the conduction band of the *n*-side tunnel through the narrow barrier region and flow into the empty zone at the top of the valence band of the *p*-side. As a result, a large forward current passes through the junction (cf. Fig. 50b).

When a sufficiently large voltage corresponding to section *BC* of the *U/I* curve of Fig. 49 is applied to the junction, the tunneling flow of electrons is inhibited, because the energy of electrons in the conduction band of the *n*-side assumes a forbidden value at the *p*-side (cf. Fig. 50c); note that energy has to be conserved in the tunneling process. As a result, the current decreases as the applied voltage increases and thus the negative resistance effect is obtained.

When the applied voltage is further increased, the well-known minority carrier injection current which is the same as that observed in ordinary diodes, dominates the tunneling current. Therefore, the current starts to rise again (cf. section *CD* of the *U/I* curve of Fig. 49).

ESAKI originally worked with germanium. The same negative resistance effect has since been observed in highly doped *p-n* junction diodes made of silicon and intermetallic semiconductors such as Ga-As, Ga-Sb, and In-Sb.

An equivalent circuit of the Esaki diode is shown in Fig. 51. $-R$ denotes a non-linear resistance having a voltage-to-current characteristic as shown in Fig. 49. C is the barrier capacity the value of which also varies in accordance with the applied voltage; however, the voltage dependence of C is not so drastic as that of $-R$ and may be regarded as constant in digital computing circuits. The parasitic

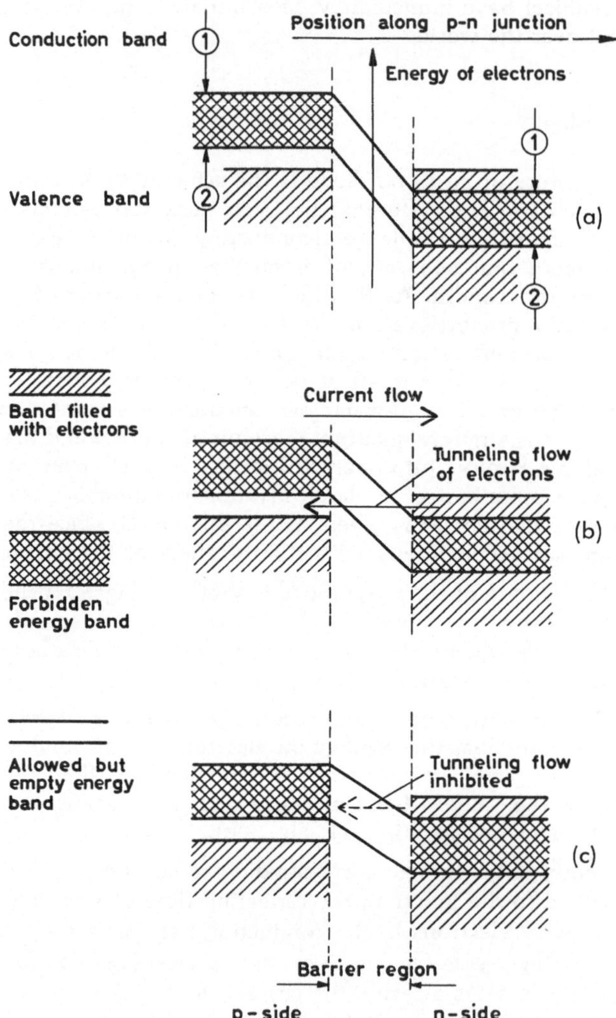

Fig. 50. Energy band diagram of an *Esaki* diode

Both *p*- and *n*-type semiconductors are degenerate, i. e. the impurity levels form a continuum because of the high content of impurities; the impurity level continuum overlaps with the valence band in *p*-type and with the conduction band in *n*-type material

a) No voltage applied (corresponding to point O of U/I characteristic)
b) Small voltage applied (corresponding to section OB of U/I characteristic)
c) Sufficiently high voltage applied (corresponding to section BC of U/I characteristic)

(For the U/I characteristic cf. Fig. 49)

series resistance and inductance is denoted by R_s and L_s, respectively. Theoretically, the tunneling mechanism of the Esaki diode is believed to be operable at as extreme high frequencies as 10^{11} cycles per second. The equivalent circuit of Fig. 51 has been checked up to several 1000 Mc/sec and is in good agreement

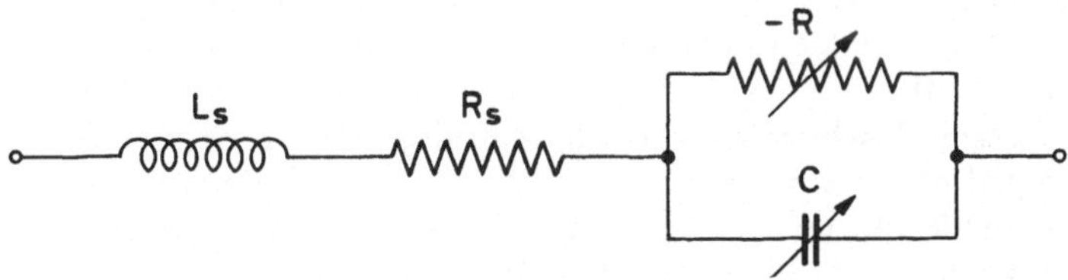

Fig. 51.   Equivalent circuit of the *Esaki* diode

with the experimental facts. In practice, the operating frequency of Esaki diode amplifiers and oscillators is limited by the presence of R_s and L_s, hence these parasitic series impedances have to be maintained as small as possible. On the other hand, the maximum operating speed of digital devices and the maximum gain bandwidth of Esaki diode negative resistance amplifiers are inversely proportional to the time constant τ with $\tau = C\,|-R_m|$; $|-R_m|$ being the minimum absolute value of the differential negative resistance in the voltage-to-current characteristic. The time constant τ will be a reasonable figure of merit of the diode's operating speed. For instance, taking an energetical point of view, the building up rate of signals will never exceed the rate of $\exp(t/\tau)$. The value of τ depends on both the semiconductor material and the impurity concentration. Typical values of τ are $4 \cdot 10^{-8}$ sec for a silicon Esaki diode, and $4 \cdot 10^{-10}$ sec for a germanium Esaki diode.

At the University of Tokyo, 1 Mc/sec clock digital operations have been accomplished with the former diodes, and 30 Mc/sec clock with the latter ones [53, 54]. These facts imply that Esaki diodes having time constants of the order of 10^{-11} sec would result in a billion bit rate (1000 Mc/sec clock) machine, and such time constants are already possible with some materials such as In-Sb [55].

The possibility of obtaining amplification, oscillation, and digital operations at microwave frequencies makes the Esaki diode an attractive and promising new component in electronics, and for electronic computers particularly. Moreover, in comparison to transistors, other advantages are as follows: less noise, smaller size, smaller power consumption, greater resistivity against radiation damage, and wider range of working temperature. Especially, Esaki diodes can even operate at absolute zero °K temperatures, since their operation is based on the tunneling effect of majority carriers in a degenerate semiconductor, while transistors and ordinary diodes can only operate in a relatively narrow temperature range, since their operation relies on thermally injected minority carriers. However, in order to fully utilize the ultimate potential advantages of Esaki diodes in digital computers, many problems have still to be solved. For this purpose, research and development work is now being extensively conducted all over the world, and the results accomplished at this early stage are very promising and encouraging. A brief description of the Esaki diode circuit developments which are under investigation in Japan, is given below.

3. Examples of Digital Circuits

An EsAKI diode is a two-terminal negative resistance component which is essentially bilateral. Therefore, unlike ordinary transistor switching circuits, the EsAKI diode circuits require the incorporation of some special methods to obtain a unilateral characteristic for the transmission and amplification of digital signals. This situation is completely analoguous to the one which has been encountered in the parametron.

A digital system closely related to the logical principles of the parametron has been developed at the University of Tokyo [53, 54]. The nonlinear characteristic of an EsAKI diode can be utilized for the storage of a binary digit. For instance, by connecting the EsAKI diode to a suitable load resistance R_L and a d.c. power voltage U_s, there is obtained a circuit with two stable points A and B as shown in Fig. 52. The basic circuit adopted by the University of Tokyo Development

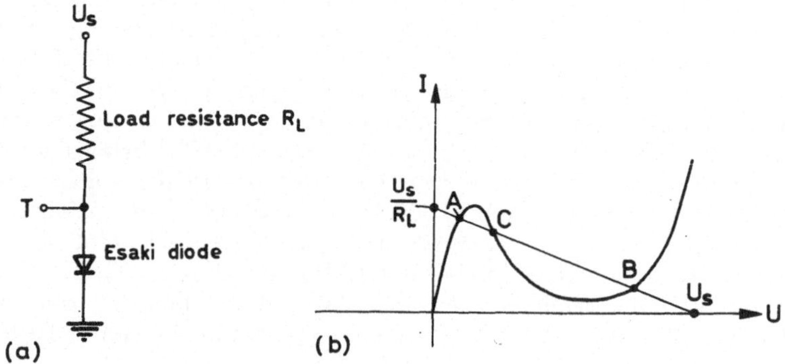

Fig. 52.   Resistance load bistable circuit
In the diagram (b) the points A and B are stable, point C is unstable

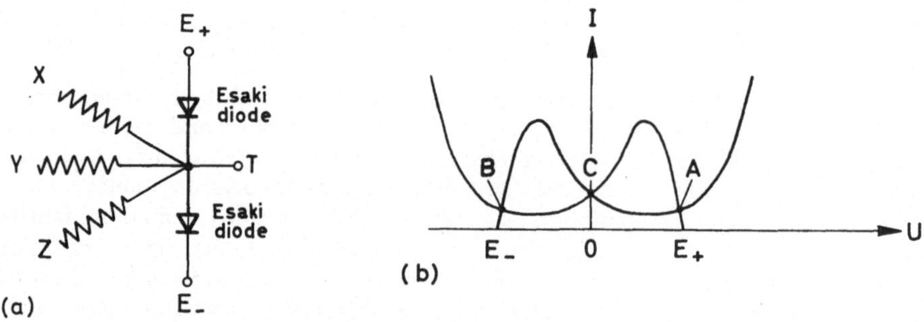

Fig. 53.   *Esaki* diode pair circuit
In the diagram (b) the points A and B are stable, point C is unstable

Group consists of two EsAKI diodes connected in series as shown in Fig. 53a, which is the so-called "EsAKI *diode pair*". As will be seen from Fig. 53b, the pair circuit also has two stable operating points A and B when a suitable voltage E_+ and E_- is applied to both ends of the serially connected diodes. When diodes of almost the same characteristics are used and symmetric voltages E_+, E_- are applied, a binary digit is represented in accordance with the polarity of the d. c. potential at the middle point T of the pair. The choice between the two stable points depends on the polarity of the weak current applied to the middle point T at the time of switching-on the power voltages E_+ and E_-.

A majority circuit for three inputs is obtained by applying three currents from similar pairs X, Y, and Z. By arranging the pairs in three groups and cyclically timing one group after the other, a digital system can be designed which operates on almost the same principle as the parametron, i.e. three clock mode majority logic. With this scheme, a 30 Mc/sec clock operation was obtained employing

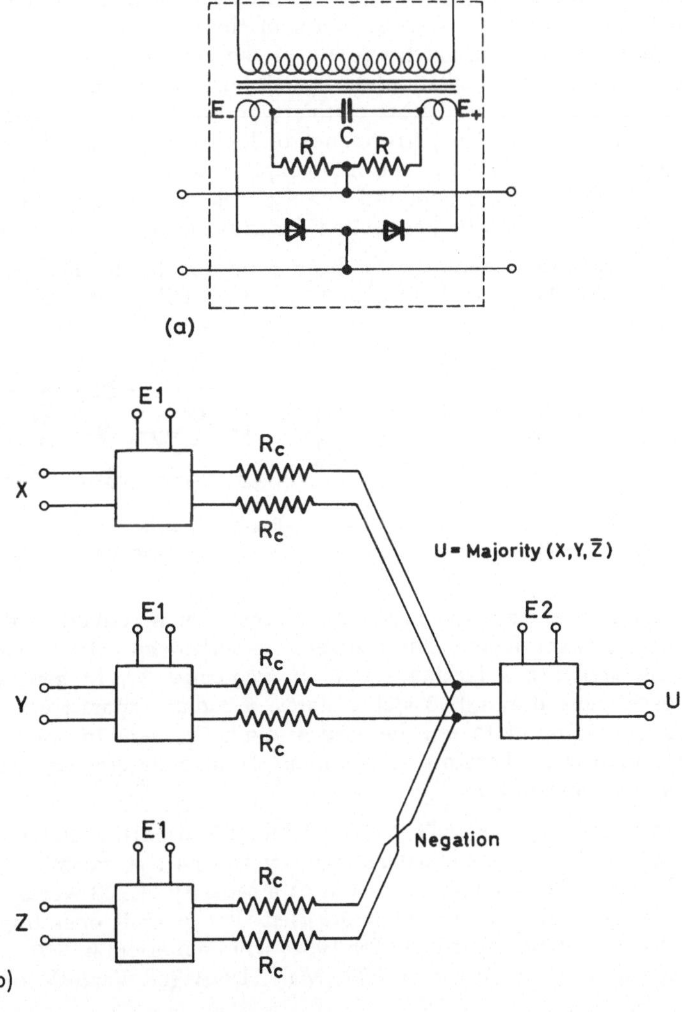

Fig. 54. Floating ground power supply system for *Esaki* diode pair logic
a) Basic circuit (d.c. auto-bias is generated in the R-C network)
b) Majority circuit with negation

germanium Esaki diodes of a time constant $\tau = 4 \cdot 10^{-10}$ sec, as already mentioned above.

The disadvantage of the original diode pair circuits reside in the difficulties of performing negation. Sh. Oshima developed a floating power supply system to get around this difficulty [56]. A power transformer is attached to each diode pair so that the diode pairs do not have any common ground d.c. potential (cf. Fig. 54a). Coupling between pairs is made by inserting coupling resistors R_c on both sides; then the negation is simply effected by reversing the polarity of the coupling (cf. Fig. 54b). The merit of the pair circuit resides in its high resistivity against power voltage variations.

A hard oscillator scheme has been devised by Y. Komamiya [57]. An Esaki diode is connected to a suitable network composed of passive elements and a d.c. supply voltage. This circuit represents an oscillator of the not-self-starting type. Oscillations are initiated by external triggering of the circuit by a pulse (or pulses) or by any other kind of oscillation(s). The simplest circuit of a hard oscillator is shown in Fig. 55. Hard oscillators of this type can be used for the storage of binary digits and also for the performance of logical operations by making use of their triggering property. For the intercoupling of the oscillators, a.c. circuit components such as transformers and wave guides may be employed. The hard oscillator scheme is said to be best suited for asynchronous operation.

Subharmonic oscillator schemes have been proposed by K. Fushimi [58] and T. Yamamoto [93]. An example of a subharmonic oscillator is shown in Fig. 56.

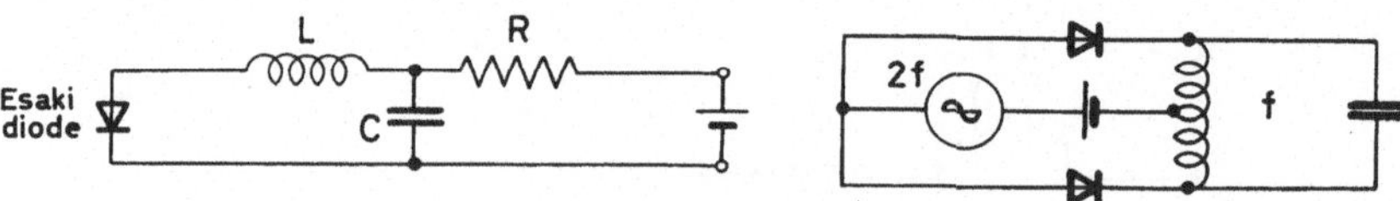

Fig. 55. Simplest form of *Komamiya*'s hard oscillator   Fig. 56. Phase locked subharmonic oscillator with *Esaki* diodes

The oscillation of frequency f is maintained in the resonant circuit by the negative resistance of the Esaki diodes. The frequency is locked into the $1/2$-subharmonic frequency by applying a locking signal of frequency $2f$. In general, $1/2$-subharmonic oscillation attains two stable states, π radians apart from each other. Hence, this type of oscillator can be used in digital systems in exactly the same way as parametrons. Therefore, this circuit is also designated "Esaki *diode parametron*" by some authors.

For the high-speed computer ETL Mark VI (cf. [59 to 62]), Shigeru Takahashi is developing an Esaki diode matrix memory [63, 64]. A memory cell of the matrix is shown in Fig. 57. The memory with a capacity of 128 words is expected to have an access time shorter than 0.2 µsec. The overall operating speed of ETL Mark VI (completion scheduled for 1962) will be more than 500 times higher than the speed of its predecessor ETL Mark IV-A (cf. Part IV of this contribution).

Barely three years have passed since the invention of the Esaki diode, and its manufacturing and application techniques are still in the development stage.

Nevertheless, because of the many basic advantages, the Esaki diode will — there is no doubt — be applied to a great extent in electronic computers in the near future. In conclusion, reference is made to some additional literature which might be of some interest with regard to the Esaki diode and its circuitry [65 to 94].

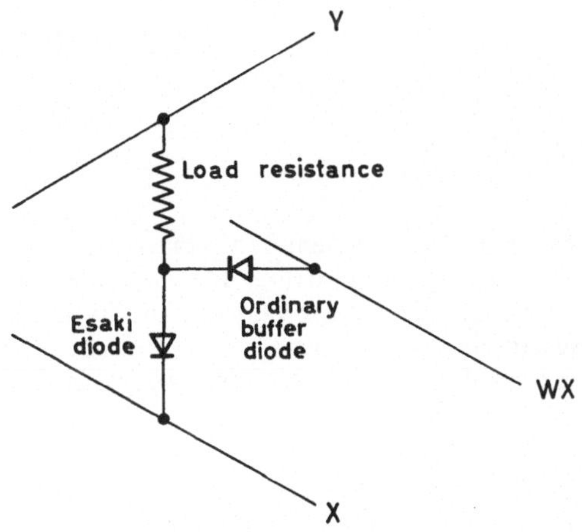

Fig. 57. Memory cell for an *Esaki* diode matrix

Writing is accomplished by double coincidence pulsing of X and Y lines; reading is accomplished by pulsing a Y line and sensing the voltage in a WX line

NORIYOSHI KUROYANAGI

Tokyo, Japan

VII. High-Speed Arithmetic System

1. Introduction

The subject high-speed arithmetic system consists of four special logical circuits, i.e. high-speed adder, high-speed shifting register, high-speed detector, and selective transmission circuit. The basic concept in the design of these special logical circuits resides in the goal to accomplish a chain of complicated logical operations with great logical depth in a one-step operation.

2. Adder

The block diagram of the adding circuit is illustrated in Fig. 58. Each pair of bits (x_ν, y_ν) of the addend X $(= \Sigma x_\nu 2^\nu)$ and the augend Y $(= \Sigma y_\nu 2^\nu)$ is fed to a half adder HA which supplies at its output the sum (s_ν) and the carry (c_ν) of the respective pair of bits supplied to its input. The sum and carry signals of the half adders HA are fed to a high-speed propagating circuit (black box Φ in Fig. 58).

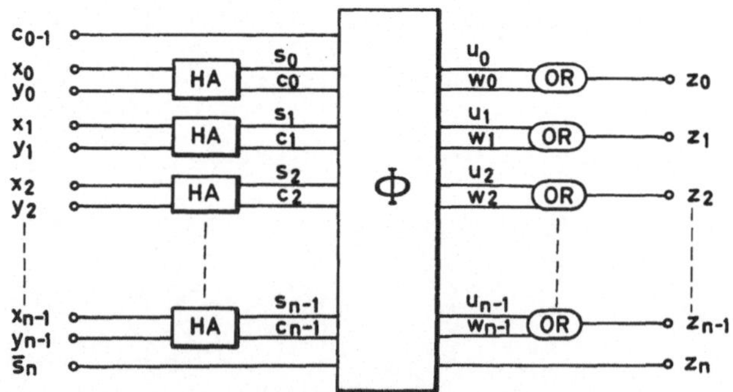

Fig. 58. Block diagram of the adder

The carry propagating circuit Φ generates pairs of carry signals (u_ν, w_ν) which are logically connected by OR gates. At the outputs of these OR gates appear the signals (z_ν) representing the result Z $(= \Sigma z_\nu 2^\nu)$.

The carry propagating circuit Φ is illustrated in Fig. 59. In this circuit, the transistors $T (c_\nu)$, $T (s_\nu)$, and $T (\bar{s}_\nu)$ functioning as gate elements, are controlled by the respective input signals c_ν, s_ν, and $\bar{s}_\nu$. In this way, some closed circuits are established (for example, as shown by the dotted line). The currents flowing through these closed circuits are capable to display via inserted pulse trans-

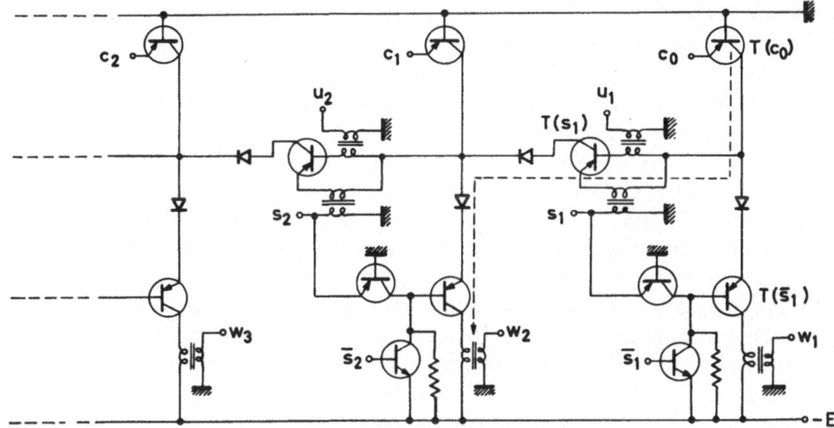

Fig. 59.   Carry propagating circuit

formers all carry signals u_0, u_1, ... u_ν, ... u_{n-1}, and w_0, w_1, ... w_ν, ... w_n, in a one-step operation. Thus, all carry signals (u_ν, w_ν) are simultaneously obtained within a time interval which is only limited by the sum of transistor switching time and the delay time of the pulse transformers.

3. Shifting Register

Usual shifting register circuits need n operational steps for shifting a word n places and, therefore, the time necessary for completing the shift amounts to n times the interval necessary for a one-place shift. The circuit of the subject high-speed shifting register is shown in Fig. 60. Each bit x_ν of an input word

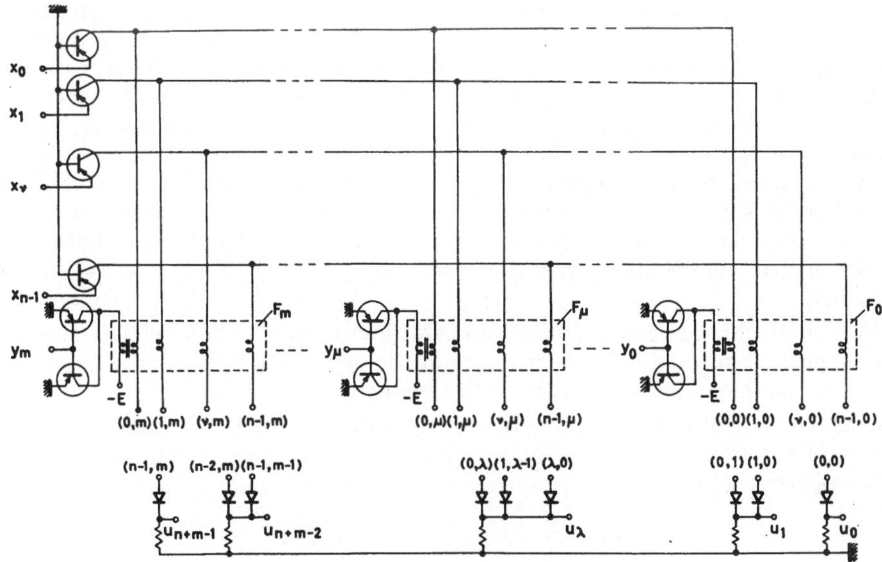

Fig. 60.   Shifting register circuit

$X (= \Sigma x_\nu 2^\nu)$ applied to the shifting register circuit synchronously controls a transistor gate and makes it either conductive or non-conductive.

The shifting input Y which indicates the number of places the input word X should be shifted, is provided to drive the respective one of the pulse transformer voltage feeders. For example, in order to perform a μ-place shift, the pulse transformer F_μ is driven by applying a shifting input signal to terminal y_μ. Each pulse transformer comprises a primary winding being connected to the respective shifting input terminal via a transistor gate, and a plurality of secondary windings each one being connected to a corresponding diode OR gate. When the signal of the shifting input Y and all the bit signals of the input word X are synchronously applied, corresponding pulse currents will flow in the associated branch lines. Each pulse current is fed through an OR gate to the respective output terminal u_λ $(\lambda = \mu + \nu)$. That is to say, if x_ν is shifted μ places, the $(\mu + \nu)$-th output u_λ of the result U $(= \Sigma u_\lambda 2^\lambda)$ will be pulsed.

In Fig. 60, the interstage terminals (ν, μ) are connected in such a way that the interstage terminal $(0, 0)$ of the pulse transformer F_0 is connected with the corresponding terminal $(0, 0)$ of the u_0 diode output gate, etc.

The shifting register circuit described does not have any storage function. It is provided to cooperate with any kind of suitable storage-type registers of conventional design connected to the input terminals x_ν and output terminals u_λ, respectively.

4. Detector

Various kinds of detecting functions have to be provided in an arithmetic unit. In conventional circuits, the detecting operation for a certain bit is performed step by step. The basic circuitry of the subject high-speed detector may be derived from the diagram of Fig. 61. With a circuit of this type it is possible to perform at high speed such complicated detecting functions as, for example, to indicate how many bits of a certain binary value (e. g. **0**) continue from the least significant digit of a given number and to check whether or not the first reverse binary value (e. g. **1**) thus detected stands isolated, that means which binary value (**0** or **1**) follows next on the left-hand side. By inverting the binary values supplied to the inputs this circuit obviously is capable to indicate how many **1**-s continue from the least significant digit until the first **0** appears and to check whether this **0** is on the left-hand side followed by **1** or **0**. — The detecting circuit can of course be designed such that it indicates in a similar manner a continuous train of bits commencing from the *most* significant digit of a given binary number.

The combination of detector, adder, and shifting register circuits renders possible high-speed performance of complex arithmetic operations such as multiplication, division, addition, and subtraction with floating point.

As an example of suitable application of the detector circuit reference is made to the applied technique of binary multiplication. The multiplier and the multiplicand are respectively

$$X = \sum_{\nu=0}^{\nu=n-1} x_\nu 2^\nu ; \quad Y = \sum_{\nu=0}^{\nu=n-1} y_\nu 2^\nu$$

taking $n = 9$, for instance (cf. the example below).

When the binary value 0 continues for $(\nu - 1)$ bits from the least significant digit in the multiplier X, the partial product S stored in the accumulator is first shifted ν places to the right before the addition of the multiplicand Y is effected. For the next step of operation the ν lowest significant digits of the multiplier are extinguished; the resulting new multiplier is designated by $X(\nu)$.

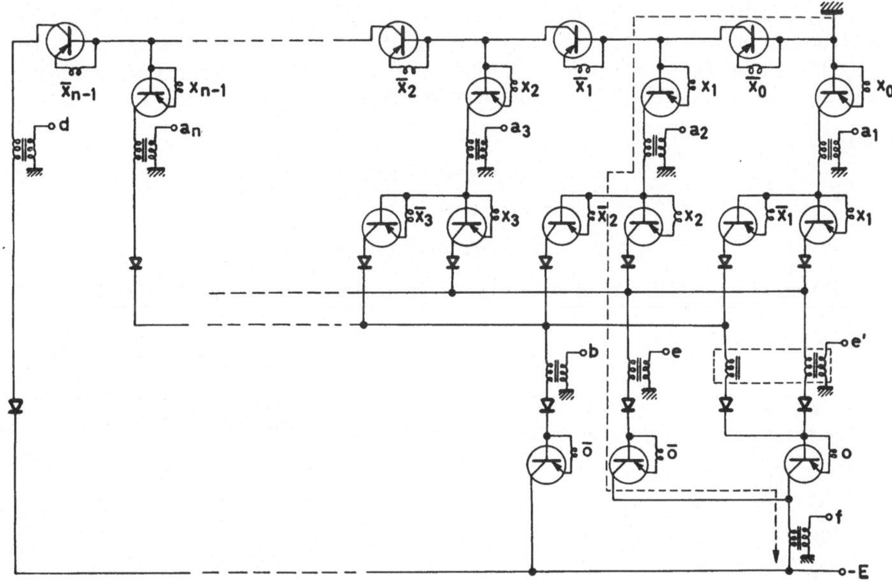

Fig. 61. Detector circuit for high-speed multiplication

In case there is a train of 1-s continuing from the least significant digit, the respective part of the multiplier is transformed into the difference of two binary numbers (e. g. $0111 = 1000 - 0001$).

The detector circuit depicted in Fig. 61 is capable to provide the necessary output signals for high-speed multiplication. In addition there is provided a flip-flop (not explicitly shown in Fig. 61) representing two possible internal states $\bar{o}$ and o by which the detector is conditioned. The input signals (x_ν and $\bar{x}_\nu$) of the multiplier X and the respective flip-flop signals ($\bar{o}$ or o) are applied via correspondingly designated pulse transformers to the associated transistor gates. In this way, one closed circuit is unequivocally established (for example, as shown by the dotted line) representing the interconnection of transistors tending to the conductive state. Output signals are synchronously obtained via the respective pulse transformers a_ν, b, d, e, e', and f. The output signals are effective in the following way:

a_ν shift the partial product S ν places to the right and, for the next step of operation, shift the multiplier X ν places to the right thereby extinguishing its ν lowest significant digits;

b add the multiplicand Y to the shifted partial product $S(\nu)$, thereby disregarding overflow;

e set the internal state of the flip-flop to o;

e' reset the internal state of the flip-flop to $\bar{o}$;

f   invert the binary values of the shifted partial product (then designated by $\overline{S(\nu)}$) and add the multiplicand Y, thereby disregarding overflow;

d   end of multiplication. Make final shift of the partial product λ places to the right to obtain correct positioning in the accumulator of the result of the multiplication.

Generally, multiplication is started with the initial internal state $\bar{o}$ of the flip-flop. Under control of the flip-flop the input signals of the multiplier X are inverted such as $(x_\nu \rightarrow \bar{x}_\nu;\ \bar{x}_\nu \rightarrow x_\nu)$ when the internal state is set to o during operation. This is just the transformation for detecting a continuation of 1-s.

Example:

$$X = 0\ 1\ 0\ 0\ 1\ 1\ 1\ 1\ 0$$
$$Y = 1\ 0\ 0\ 0\ 1\ 0\ 0\ 0\ 1$$
$$\text{Number of bits}\quad n = 9.$$

For the time sequential action of multiplication performance cf. Tables 4 and 5.

Table 4.   Detector action during multiplication

Step	Activated inputs						Activated outputs			Shift
1st	$\bar{x}_0$	x_1	x_2	$\bar{o}$			a_2	e	f	$\nu_1 = 2$
2nd	$\bar{x}_0$	$\bar{x}_1$	$\bar{x}_2$	x_3	x_4	o	a_4	e'	f	$\nu_2 = 4$
3rd	$\bar{x}_0$	x_1	$\bar{x}_2$	$\bar{o}$			a_2	b		$\nu_3 = 2$
4th	$\bar{x}_0 \ldots \bar{x}_i \ldots \bar{x}_8$			$\bar{o}$			d			$(\lambda = 2)$

Table 5.   High-speed multiplication performance

	17 16 15 14 13 12 11 10 9	8 7 6 5 4 3 2 1 0	
$X\,(0)$		0 1 0 0 1 1 1 1 0	$\nu_1 = 2$
S_0	0 0 0 0 0 0 0 0 0		
$S_0\,(2)$	0 0 0 0 0 0 0 0 0	0 0	
$\overline{S_0\,(2)}$	1 1 1 1 1 1 1 1 1	1 1	
Y	1 0 0 0 1 0 0 0 1		
S_1	1 0 0 0 1 0 0 0 0	1 1	
$X\,(2)$		0 0 0 1 0 0 1 1 1	
$\overline{X\,(2)}$		1 1 1 0 1 1 0 0 0	$\nu_2 = 4$
$S_1\,(4)$	0 0 0 0 1 0 0 0 1	0 0 0 0 1 1	
$\overline{S_1\,(4)}$	1 1 1 1 0 1 1 1 0	1 1 1 1 0 0	
Y	1 0 0 0 1 0 0 0 1		
S_2	0 1 1 1 1 1 1 1 1	1 1 1 1 0 0	

	17 16 15 14 13 12 11 10 9	8 7 6 5 4 3 2 1 0	
X (6)		0 0 0 0 0 0 0 1 0	$v_3 = 2$
S_2 (2)	0 0 0 1 1 1 1 1 1	1 1 1 1 1 1 0 0	
Y	1 0 0 0 1 0 0 0 1		
S_3	1 0 1 0 1 0 0 0 0	1 1 1 1 1 1 0 0	$\lambda = 2$
X (8)		0 0 0 0 0 0 0 0 0	
S_3 (2) $= Z = X \cdot Y$	0 0 1 0 1 0 1 0 0	0 0 1 1 1 1 1 1 0	(0)

Note: The first step is marked by the dotted line in Fig. 61.

The final shift λ of the partial product S_3 stored in the accumulator to give in the last step the correct positioning, i. e. the actual result of the multiplication, is determined by the condition $\lambda + \Sigma v = n + 1$. In practice, however, the final shift λ is determined in a special tricky manner. Since the least significant digit of S_0 (marked by bold face type) is not affected during the process of multiplication, it is indifferent whether it is initially **0** or **1**. If it is **0** as in Table 5, the least significant digit of S_3 (also marked by bold face type) in any case will also become **0**; the same applies for **1**. It has now proved convenient to previously set the least significant digit of S_0 to **1** as an index. This index **1** then will appear in the respective indexed position of S_3. In order to determine the final shift λ, after appearance of the signal d which indicates the end of multiplication, the right half part of the accumulator which then contains the sequence of digits as follows (cf. S_3): 1 1 1 1 1 1 0 **1** 0, is applied to the detector, thereby providing activated inputs $\bar{x}_0 \, x_1 \, \bar{x}_2 \, \bar{o}$ and activated outputs $a_2 \, b$. Whereas b is of no significance now, a_2 is indicative for $\lambda = 2$. When this shift is carried out (cf. S_3 (2)) the indexed position falls just outside the accumulator and thus does not disturb the actual result of multiplication.

5. Transmission Circuit

In a computer, each of the major logical circuits should be capable to selectively transfer in accordance with the instruction to be executed, its output signals which generally represent the information of one word, to another properly selected major logical circuit. Owing to the fact that in a *high-speed* computer the information transfer has to be performed in a *parallel* mode, a large number of switching elements will be required, if the design is based on conventional logical circuits.

However, on application of the basic switching concept shown by the shifting register circuits (Fig. 60), a so-called selective transmission circuit can be designed comprising a comparatively small number of elements; it completes in a one-step operation the transfer of the information signals representing one word.

6. Conclusion

All the above described circuits can be built with common transistors, diodes, and pulse transformers. The operational feasibility of these circuits has been experimentally confirmed under the following conditions:

Pulse width: 0.2 μs
Pulse repetition frequency: 1   Mc/s
Length of one word: 40   bits.

These results permit to anticipate the overall operating times of a computer employing the subject high-speed arithmetic system as follows:

Addition and subtraction (fixed point):   1 μs
Addition and subtraction (floating point):   4 μs
Multiplication (average value):   14 μs
Division (average value):   41 μs.

In conclusion, reference is made to some pertinent papers published by the author in Japan [95 to 100]. — A brief description in English of the high-speed binary multiplication method used in Section 4 "Detector" is given, for example, in [101].

Bibliography of Part I [3])

[1] GOTO, M.: The Solutions of Logical Equations and their Applications (in Jap.). The Collection of Memorial Treatises from Electrotechnical Laboratory, Tokyo, July 1948, pp. 1—5.

[2] GOTO, M.: Application of Logical Mathematics to the Theory of Relay Networks (in Jap.). J. Inst. Electr. Engrs. Japan **69** (1949) No. 726, pp. 125—130.

[3] GOTO, M.: Synthesis of a Network with Relays of the Minimum Number by Means of Logical Mathematics (in Jap.). Bull. Electrotechn. Lab. **13** (1949) No. 12, pp. 494—496.

[4] GOTO, M.: Synthesis of Relay Networks by Means of the Solution of Logical Equations, Part 1 (in Jap.). Bull. Electrotechn. Lab. **14** (1951) No. 2, pp. 427—433. Part 2 (in Jap.), ditto, **15** (1952) No. 2, pp. 99—106.

[5] GOTO, M.: Synthesis of Relay Networks with the Minimum Contacts Operated by the Minimum Relays (in Jap.). Bull. Electrotechn. Lab. **15** (1951) No. 8, pp. 449—460.

[6] GOTO, M.: Theory of Relay Circuits — Mathematics for Communication Engineering, Part 1 (in Jap.). The Institute of Electrical Communication Engineering of Japan Press, Tokyo, January 1952, pp. 1—36.

[7] GOTO, M.: On the Method of Assigning Secondary Relay in Relay Networks (in Jap.). Bull. Electrotechn. Lab. **19** (1955) No. 10, pp. 760—768.

[8] GOTO, M.: On the General Solution of a Logical Algebraic Equation with Many Unknowns (in Jap.). Bull Electrotechn. Lab. **20** (1956) No. 2, pp. 1—87.

[9] KOMAMIYA, Y.: The Propositional Logic in which the Propositional Value has the Continuous Power and its Applications (in Jap.). Researches of the Electrotechn. Lab. No. 498. Tokyo, May 1949, pp. 1—68.

[10] KOMAMIYA, Y.: The Complex Propositional Logic and its Applications, Part 1 (in Jap.). Bull. Electrotechn. Lab. **14** (1950) No. 7, pp. 392—395.

[11] KOMAMIYA, Y.: Theory of Relay Networks for the Transformation between the Decimal System and the Binary System (in Jap.). Bull. Electrotechn. Lab. **15** (1951) No. 8, pp. 636—645.

[12] KOMAMIYA, Y.: Theory of the Computing Networks (in Jap.). Researches of the Electrotechn. Lab. No. 526. Tokyo, November 1951, pp. 1—103; ditto in Engl.: Proc. First Japan National Congress for Applied Mechanics (1951), pp. 527—532.

---

[3]) The Roman figure is indicative for the respective Part to which the literature citation belongs.

[13] KOMAMIYA, Y.: Relay Digital Automatic Computer (in Jap.). J. Inst. Electr. Engrs. Japan 14 (1954) No. 794, pp. 1401—1422.

[14] KOMAMIYA, Y.: Many-valued Propositional Logical Mathematics and Computing Networks (in Jap.). Spring Joint Meeting of Inst. Electr. Engrs. Japan, 1955, p. 9.

[15] KOMAMIYA, Y., SUEKANE, R.: On the Pilot Model of the Electrotechnical Laboratory Automatic Relay Computer (in Engl.). Proc. 3rd Japan National Congress for Applied Mechanics (1953), pp. 333—337.

[16] KOMAMIYA, Y., SUEKANE, R., TAKAGI, M., KUWABARA, S.: Electrotechnical Laboratory Automatic Relay Computer. Part I, The Logical Design — Part II, The Circuits — Part III, The Components and the Equipment (in Jap.). Spring Joint Meeting of Inst. Electr. Engrs. Japan, 1955, pp. 546—548.

[17] KOMAMIYA, Y., SUEKANE, R., TAKAGI, M., FUJINAKA, M., OGATA, K., TAKAHASHI, K., KUWABARA, S.: Test of the ETL Mark II (in Jap.). Spring Joint Meeting of Inst. Electr. Engrs. Japan, 1956, p. 518.

[18] GOTO, M., KOMAMIYA, Y., SUEKANE, R., TAKAGI, M., KUWABARA, S.: Theory and Structure of the Automatic Relay Computer ETL Mark II (in Engl.). Researches of the Electrotechn. Lab. No. 556. Tokyo, September 1956, pp. 1—214.

[19] KOMAMIYA, Y.: Theory of Computing Networks (in Engl.). Researches of the Electrotechn. Lab. No. 580. Tokyo, September 1959, pp. 1—28.

Bibliography of Part II

[20] GOTO, E.: The Parametron, a New Circuit Component Using Non-linear Reactors (in Jap.). Paper of the Electronic Computer Techn. Committee, Institute of Electrical Communication Engineers of Japan, July 23, 1954.

[21] GOTO, E.: On the Application of Parametrically Excited Non-linear Resonators (in Jap.). J. Inst. Electr. Commun. Engrs. Japan 38 (1955) No. 10, pp. 770—775.

[22] TAKAHASI, H.: Parametron (in Jap.). Kagaku 26 (1956) No. 3, pp. 113—118.

[23] KIYASU, Z.: Parametron (in Jap.). J. Inst. Electr. Commun. Engrs. Japan 41 (1958) No. 4, pp. 397—403.

[24] GOTO, E.: The Parametron, a Digital Computing Element which Utilizes Parametric Oscillation. Proc. Inst. Radio Engrs. 47 (1959) No. 8, pp. 1304—1316.

[25] WIGINGTON, R. L.: A New Concept in Computing. Proc. Inst. Radio Engrs. 47 (1959) No. 4, pp. 516—523.

[26] MINORSKY, N.: Introduction to Non-linear Mechanics. J. W. Edwards Brothers. Inc., Ann Arbor, Mich. 1947.

[27] McLACHLAN, N. W.: Ordinary Non-linear Differential Equations. Clarendon Press, Oxford 1950.

[28] McLACHLAN, N. W.: Theory and Application of Mathieu Functions. Clarendon Press, Oxford 1947.

[29] OSHIMA, S., ENOMOTO, H., WATANABE, S.: Analysis of Parametrically Excited Circuits (in Jap.). J. Inst. Electr. Commun. Engrs. Japan 41 (1958) No. 10, pp. 971—978.

[30] KIYASU, Z. (personal communication).

[31] FUKUI, K., ONOSE, K., HABARA, K., KATO, M.: Multi-apertured Parametron (in Jap.). J. Inst. Electr. Commun. Engrs. Japan 41 (1958) No. 2, pp. 147—151.

[32] KIYASU, Z., SEKIGUTI, S., TAKASIMA, M.: Parametric Excitation Using Variable Capacitance of Ferroelectric Materials (in Jap.). J. Inst. Electr. Commun. Engrs. Japan 41 (1958) No. 3, pp. 239—244.

[33] KIYASU, Z., FUSIMI, K., YAMANAKA, K., KATAOKA, K.: Parametric Excitation Using Barrier Capacitor of Semi-conductor (in Jap.). J. Inst. Electr. Commun. Engrs. Japan 40 (1957) No. 2, pp. 162—169.

[34] KIYASU, Z., FUSIMI, K., AIYAMA, Y., YAMANAKA, K.: Parametric Excitation Using Selenium Rectifier (in Jap.). J. Inst. Electr. Commun. Engrs. Japan 41 (1958) No. 8, pp. 786—791.

[35] OSHIMA, S., FUTAMI, K.: Evaporated Film Parametron (in Jap.). Convention Record of Inst. Commun. Engrs. Japan, August, 1960.

[36] GOTO, E., SOMA, T., ISHIBASHI, Y., NAKAGAWA, K.: Electro-plated Film Parametron (in Jap.). Report Prof. Group Electronic Computers, Inst. Electr. Commun. Engrs. Japan, May, 1960.

[37] NAKAGOME, Y., KANBAYASI, T., WADA, T.: Parametron Morse to 5-bit Code Converter (in Jap.). J. Inst. Electr. Commun. Engrs. Japan 40 (1957) No. 9, pp. 974—980.

[38] SAJIKI, S., TOGINO, K.: An Application of Parametrons to Numerical Control of Machine Tools (in Jap.). Report of The Government Mechanical Laboratory, Tokyo, October, 1958.

[39] KAMATA, K., SASAKI, F.: Parametron and Punched Card Recorder for Standard Meson Monitor (in Engl.). J. Sci. Res. Inst. Tokyo 51 (1957) No. 1448, pp. 54—68.

[40] MUROGA, S., TAKASHIMA, K.: System and Logical Design of the Parametron Computer MUSASINO-1 (in Jap.). J. Inst. Electr. Commun. Engrs. Japan 41 (1958) No. 11, pp. 1132—1141.

[41] MUROGA, S., TAKASHIMA, K.: The Parametron Digital Computer MUSASINO-1. IRE Trans. Electronic Computers EC-8 (1959) No. 3, pp. 308—316.

Bibliography of Part III

[42] TAKAHASI, H., GOTO, E.: Memory Systems for Parametron Computers (in Jap.). Report Prof. Group Electronic Computers, Inst. Electr. Commun. Engrs. Japan, February 23, 1956.

Bibliography of Part IV

[43] TAKAHASHI, S., NISHINO, H., MATSUZAKI, I., AISO, H., KONDO, K., YONEDA, H.: ETL Matk IV (in Jap.). Rep. Prof. Group Electronic Computers, Inst. Electr. Commun. Engrs. Japan, February, 1958.

[44] NISHINO, H., TAKAHASHI, S., MATSUZAKI, I., AISO, H., KONDO, K., YONEDA, H.: Transistor Computer ETL Mark IV (in Jap.). J. Inst. Electr. Commun. Engrs. Japan 42 (Nov. 1959) No. 11, pp. 1038—1045.

[45] TAKAHASHI, S., NISHINO, H., MATSUZAKI, I.: The ETL Mark III, a Transistorized Digital Automatic Computer (in Engl.). Bull. Electrotechn. Lab. 20 (1956) No. 4, pp. 279—291.

[46] TAKAHASHI, S., et al.: ETL Mark III, a Transistorized Digital Automatic Computer (in Engl.). Electrotechn. Journal Japan 3 (Dec. 1957) No. 4, pp. 143—147.

[47] NISHINO, H.: Vereinfachung von Rechenautomaten mit dynamischer Schaltungstechnik (in German). Dissertation, Technische Hochschule Darmstadt, April 1959. Bull. Electrotechn. Lab. 23 (1959) Nos. 9, 10, 11, pp. 678—684, 769—784 and 866—876.

Bibliography of Part V

[48] MOTOOKA, T.: New Shifting Registers Consisting of Magnetic Cores Only (in Jap.). J. Inst. Electr. Engrs. Japan 76 (Dec. 1956) No. 819, pp. 1459—1467.

[49] MOTOOKA, T.: The New Shift Registers Consist of Magnetic Cores Only (in Engl.). Electrotechn. Journal Japan 3 (June 1957) No. 2, pp. 61—64.

[50] Motooka, T.: Switching Circuits Composed of Magnetic Cores Having Rectangular Hysteresis Loop (in Jap.). Bull. Electr. Engng. & Electronic Engng. Depts. 7 (March 1959), pp. 3—312.

[51] Russell, L. A.: Diodeless Magnetic Core Logical Circuits. IRE National Convention Rec. 5 (March 1957) Pt. 4, pp. 106—114.

Bibliography of Part VI

[52] Esaki, L.: New Phenomenon in Narrow Ge p-n Junctions. Phys. Rev. 109 (Jan. 1958), pp. 603—604.

[53] Goto, E., and the University of Tokyo V.H.S. Computer Group: On the Possibility of Building a Very High-Speed Computer with Esaki Diodes (in Jap.). Report Prof. Group Electronic Computers, Inst. Electr. Commun. Engrs. Japan, October, 1959.

[54] Goto, E., et al.: Esaki Diode High-Speed Logical Circuits. IRE Trans. Electronic Computers EC-9 (March 1960) No. 1, pp. 25—29.

[55] Dacey, G. C.: Properties of Esaki (Tunnel) Diodes — A Survey. Internat. Solid-State Circuits Conf., Philadelphia, Febr. 10—12, 1960, pp. 6—7.

[56] Oshima, S., Amano, K.: Floating Power Supply System for Esaki Diode Logic (in Jap.). Convention Record of Inst. Electr. Commun. Engrs. Japan, July, 1960.

[57] Komamiya, Y.: Esaki Diode Hard Oscillator Asynchronous Logic (in Jap.). Report Prof. Group Electronic Computers, Inst. Electr. Commun. Engrs. Japan, May, 1960.

[58] Fushimi, K.: Esaki Diode Parametron (in Jap.). Report Prof. Group Electronic Computers, Inst. Electr. Commun. Engrs. Japan, May, 1960.

[59] Takahashi, S.: Separate Carry Storage Adders (in Engl.). Bull. Electrotechn. Lab. 24 (1960) No. 7, pp. 506—512.

[60] Takahashi, S., Nishino, H.: Tracing Experiments and Some Considerations on the High-Speed Carry Propagation Circuit of the University of Manchester (in Jap.). Proc. Soc. Information Processing Japan 1 (1960) No. 1, pp. 23—27.

[61] Takahashi, S., Matsuzaki, I.: Basic Circuitry of ETL Mark VI (in Jap.). Report Prof. Group Electronic Computers, Inst. Electr. Commun. Engrs. Japan, February, 1961.

[62] Takahashi, S., Watanabe, S.: Capacitance Type Fixed Memory (in Engl.). Symposium on Large Capacity Memory Techniques for Computing Systems, Washington, D. C., May, 1961.

[63] Takahashi, S.: Esaki Diode Matrix Memory (in Jap.). Report Prof. Group Electronic Computers, Inst. Electr. Commun. Engrs. Japan, May, 1960.

[64] Takahashi, S., Ishii, O.: Esaki Diode High-Speed Memory (in Jap.). Report Prof. Group Electronic Computers, Inst. Electr. Commun. Engrs. Japan, August, 1960.

[65] Baldinger, E.: A Survey of the Tunnel Diode Equivalent Circuit. Internat. Solid-State Circuits Conf., Philadelphia, Febr. 15—17, 1961, pp. 6—7.

[66] Bergman, R. H.: Tunnel Diode Logic Circuits. IRE Trans. Electronic Computers EC-9 (Dec. 1960) No. 4, pp. 430—438.

[67] Berry, D. L., Fisch, E. A.: High-Speed Tunnel Diode Memory. Internat. Solid-State Circuits Conf., Philadelphia, Febr. 15—17, 1961, pp. 112—113.

[68] Bogusz, J. F., Schaffer, H. H.: Superregenerative Circuits Using Tunnel Diodes. Internat. Solid-State Circuits Conf., Philadelphia, Febr. 15—17, 1961, pp. 102—103.

[69] Chang, K. K. N.: Low-Noise Tunnel Diode Amplifier. Proc. IRE 47 (1959) No. 7, pp. 1268—1269.

[70] Chang, K. K. N., Heilmeier, G. H., Prager, H. J., Pan, W. Y., Yin, H. B., Carlson, D. J., Wheeler, A.: Low-Noise Tunnel Diode Down-Converter Having Conversion Gain. Internat. Solid-State Circuits Conf., Philadelphia, Febr. 10—12, 1960, pp. 46—47.

[71] CHAPLIN, G. B. B., THOMPSON, P. M.: Wide Tolerance Logic Circuits Using Tunnel Diodes in the Voltage Mode and Rectifier Diode Coupling. Internat. Solid-State Circuits Conf., Philadelphia, Febr. 15—17, 1961, pp. 38—39.

[72] CHAPLIN, G. B. B., THOMPSON, P. M.: A Fast Word Organized Tunnel Diode Memory Using Voltage-Mode Selection. Internat. Solid-State Circuits Conf., Philadelphia, Febr. 15—17, 1961, pp. 40—41.

[73] CHOW, W. F.: Tunnel Diode Digital Circuitry. Internat. Solid-State Circuits Conf., Philadelphia, Febr. 10—12, 1960, pp. 32—33.

[74] FUKUI, H.: The Characteristics of Esaki Diodes at Microwave Frequencies. Internat. Solid-State Circuits Conf., Philadelphia, Febr. 15—17, 1961, pp. 16—17.

[75] GOTO, E.: Parametron and Esaki Diode Progress in Japan. Internat. Solid-State Circuits Conf., Philadelphia, Febr. 15—17, 1961, pp. 28—29.

[76] HARRISON, W. V., FOOTE, R. S.: High-Speed Switching Circuitry Using Tunnel Diodes. Internat. Solid-State Circuits Conf., Philadelphia, Febr. 15—17, 1961, pp. 76—77.

[77] HINES, M. E., ANDERSON, W. W.: High-Frequency Negative-Resistance Circuit Principles for Esaki Diode Applications. Internat. Solid-State Circuits Conf., Philadelphia, Febr. 10—12, 1960, pp. 12—13.

[78] KIM, C. S., HOPKINS, J. B.: High-Frequency and High-Power Operation of Tunnel Diodes. Internat. Solid-State Circuits Conf., Philadelphia, Febr. 15—17, 1961, pp. 22—23.

[79] KING, G. B., SHARPE, G. E.: Low-Gain Wide-Band Esaki Diode Amplifiers. Internat. Solid-State Circuits Conf., Philadelphia, Febr. 15—17, 1961, pp. 98—99.

[80] LEWIN, M. H.: Negative Resistance Elements as Digital Computer Components. Proc. Eastern Joint Computers Conf., Boston, Dec. 1—3, 1959, pp. 15—27.

[81] LEWIN, M. H., SAMUSENKO, A. G., LO, A. W.: The Tunnel Diode as a Logic Element. Internat. Solid-State Circuits Conf., Philadelphia, Febr. 10—12, 1960, pp. 10—11.

[82] MILLER, E., YIN, H. B., SCHULTZ, J. B.: Tunnel Diode Radio-Frequency Amplifiers. Internat. Solid-State Circuits Conf., Philadelphia, Febr. 10—12, 1960, pp. 14—15.

[83] MILLER, J. C., LI, K., LO, A. W.: The Tunnel Diode as a Storage Element. Internat. Solid-State Circuits Conf., Philadelphia, Febr. 10—12, 1960, pp. 52—53.

[84] NEFF, G. W., BUTLER, S. A., CRITCHLOW, D. L.: Esaki (Tunnel) Diode Logic Circuits. Internat. Solid-State Circuits Conf., Philadelphia, Febr. 10—12, 1960, pp. 16—17.

[85] NEFF, G. W., BUTLER, S. A., CRITCHLOW, D. L.: Esaki Diode Logic Circuits. IRE Trans. Electronic Computers EC-9 (Dec. 1960) No. 4, pp. 423—429.

[86] SARD, E. W.: Tunnel Diode Amplifiers with Unusually Large Bandwidths. Internat. Solid-State Circuits Conf., Philadelphia, Febr. 10—12, 1960, pp. 66—67.

[87] SOMMERS, H. S.: Tunnel Diodes as High-Frequency Devices. Proc. IRE 47 (1959) No. 7, pp. 1201—1205.

[88] STERZER, F., PRESSER, A., SOLOMON, A. H.: Microwave Tunnel Diode Autodyne Receiver. Internat. Solid-State Circuits Conf., Philadelphia, Febr. 15—17, 1961, pp. 88—89.

[89] TAKAHASI, H., GOTO, E., ISHIDA, H.: DC Free Logic for Esaki Diodes (in Jap.). Report Prof. Group Electronic Computers, Inst. Electr. Commun. Engrs. Japan, December, 1960.

[90] TIEMANN, J. J.: Tunnel Diodes and Their Use as Multifunctional Circuit Elements. Internat. Solid-State Circuits Conf., Philadelphia, Febr. 10—12, 1960, pp. 8—9.

[91] TRAMBARULO, R.: Some X-Band Microwave Esaki Diode Circuits. Internat. Solid-State Circuits Conf., Philadelphia, Febr. 15—17, 1961, pp. 18—19.

[92] TURNBULL, J. R.: 100-Mc Nonsynchronous Esaki Diode Computer Circuitry. Internat. Solid-State Circuits Conf., Philadelphia, Febr. 15—17, 1961, pp. 74—75.

[93] YAMAMOTO, T., KISHIMOTO, A.: Parametric Oscillation and Amplification Using Esaki Diodes. Internat. Solid-State Circuits Conf., Philadelphia, Febr. 15—17, 1961, pp. 20—21.

[94] KAENEL, R. A.: High-Speed Analog-to-Digital Converters Utilizing Tunnel Diodes. IRE Trans. Electronic Computers **EC-10** (June 1961) No. 2, pp. 273—284. (This paper comprises a bibliography of 55 items relating to "The Use of Tunnel Diodes as Switching Elements".)

Bibliography of Part VII

[95] KUROYANAGI, N.: High-Speed Adding System (in Jap.). J. Inst. Electr. Commun. Engrs. Japan **42** (Nov. 1959) No. 11, pp. 1051—1057.

[96] KUROYANAGI, N.: High-Speed Adding System (in Engl.). Rev. Electr. Commun. Lab. Tokyo **8** (March/April 1960) Nos. 3/4, pp. 175—188.

[97] KUROYANAGI, N.: High-Speed Shifting Circuit (in Jap.). J. Inst. Electr. Commun. Engrs. Japan **43** (Feb. 1960) No. 2, pp. 188—193.

[98] KUROYANAGI, N.: A Circuit Detecting the Number of Bits (in Jap.). J. Inst. Electr. Commun. Engrs. Japan **43** (July 1960) No. 7, pp. 794—800.

[99] KUROYANAGI, N.: High-Speed Arithmetic System (in Engl.). Volt (Nov. 1960), pp. 28—30.

[100] KUROYANAGI, N.: Study of a High-Speed Arithmetic Operation System (in Jap.). Research Report No. 1560. Sakurai's Special Section, Electrical Communication Lab., Nippon Telegraph and Telephone Public Corp., Tokyo, April 28, 1961, pp. 1—136. (Cf. also Electr. Commun. Lab. Techn. J. **10** (1961) No. 8, pp. 1577 ff.)

[101] MACSORLEY, O. L.: High-Speed Arithmetic in Binary Computers. Proc. IRE **49** (Jan. 1961) Computer Issue, pp. 67—91; in particular "Multiplication Using Variable Length Shift", pp. 71—73.

WALTER HOFFMANN

Rüschlikon/Zürich, Schweiz

Entwicklungsbericht und Literaturzusammenstellung über Ziffern-Rechenautomaten

Disposition

1. Anfänge des mechanisierten Rechnens

2. Die Arbeiten von Charles Babbage

3. Die Lochkartentechnik seit Herman Hollerith

4. Europäische Rechenautomaten-Entwicklungen vor 1945

5. Der Bau der ersten Rechenautomaten in den USA
5.1 Harvard Mark I Rechenautomat
5.2 Entwicklungen bei den Bell Telephone Laboratorien
5.3 Elektronische Schaltkreise für Zähl- und Rechenschaltungen
5.4 Elektronenröhren-Rechenautomat ENIAC

6. Entwicklungsstufen der „ersten Generation" von Rechenautomaten in den USA
6.1 Die Rechenautomaten des Harvard Computation Laboratory
6.2 IBM-Rechenautomaten
6.3 EDVAC — BINAC — UNIVAC
6.4 Die Klasse der „Princeton"-Rechenautomaten
6.5 Projekt „Whirlwind"
6.6 Kommerzielle Großrechenanlagen der Electronic Research Associates, Inc.
6.7 Rechenautomaten am National Bureau of Standards
6.8 Weitere frühe amerikanische Entwicklungen (RAYDAC — OARAC — CALDIC)

7. Stufen der Rechenautomaten-Entwicklung in England
7.1 Rechenautomaten an der Cambridge University
7.2 Rechenautomaten-Entwicklung an der Manchester University
7.3 Weitere englische Entwicklungsgruppen (NPL, Teddington — Birkbeck College, London — LEO Computers, Ltd.)
7.4 Auswertung der Forschungsergebnisse an englischen Hochschulinstituten durch die Industrie
7.5 Weitere Rechenanlagen-Herstellerfirmen in England
7.6 Synoptische Darstellungen über Rechenautomaten in England

8. Rechenautomaten in Deutschland
8.1 Die Entwicklungen in Göttingen, Darmstadt und München
8.2 Unterstützung durch die Deutsche Forschungsgemeinschaft
8.3 Rechenautomaten-Entwicklung an der TH Dresden
8.4 Die Rechenautomaten der Zeiss-Werke in Jena
8.5 Industrielle Entwicklungen
8.6 Kleine Anlagen
8.7 Tagungen und Überblicksberichte

Zusammenfassung. Jeder, der sich heute mit dem Gebiet der Rechenautomaten befaßt — sei es als Ingenieur mit technischen Dingen oder als Mathematiker oder Betriebswirtschaftler mit der Anwendung und Programmierung der Anlagen —, weiß, daß sich hier in den letzten zwei Jahrzehnten eine stürmische Entwicklung vollzogen hat. Der Bedarf an Fachkräften ist gewaltig angestiegen, und die Zahl derer ist groß, die mit diesem Gebiet erstmalig zu tun bekommen. Naturgemäß besteht insbesondere für Neulinge in diesem Fachgebiet ein Interesse und Bedürfnis, sich über den Verlauf der bisherigen Entwicklungen ein Bild zu verschaffen und auch über die Historie einige Einzelheiten von allgemeinerem Interesse zu erfahren, deren Kenntnis für ältere Fachkollegen zum Teil eine Selbstverständlichkeit ist. Mit dem vorliegenden Beitrag soll versucht werden, dieses Bedürfnis in gewissem Sinne zu befriedigen.

In dem für diesen Überblick vorgegebenen Rahmen und Umfang muß sich der Autor auf eine entsprechend gegliederte Aufzählung von Fakten beschränken; eine Diskussion der Motive für die einzelnen Entwicklungen und Detailbeschreibungen der gebauten Anlagen sind bewußt unterblieben. Dafür soll dem Leser durch die umfangreiche Literaturzusammenstellung der Zugang zum Originalschrifttum erleichtert werden, wo er — falls ihm daran gelegen ist — eine authentische Antwort auf diese Fragen bekommen kann.

Dieser Entwicklungsbericht geht aus von einem kurzen Streifzug der Anfänge des mechanisierten Rechnens, wobei Hinweise auf andere zusammenfassende Darstellungen gegeben werden, die sich speziell mit diesem Thema beschäftigen und historisch interessante Quellen vermitteln. Er reicht bis zu den Rechen- und Datenverarbeitungsanlagen der sogenannten „ersten Generation"; darunter versteht man die konventionellen, großenteils mit Elektronenröhren ausgestatteten Rechenanlagen, die z. Z. noch in sehr großer Zahl in Gebrauch sind, deren Produktion jedoch zugunsten der mit Transistoren und anderen modernen Festkörperelementen ausgerüsteten Anlagen allmählich eingestellt wird. Im Vordergrund dieses Beitrages steht die für USA, England und Deutschland typische Entwicklung. Die in anderen europäischen Ländern gebauten Rechenanlagen werden summarisch erwähnt unter Verweis auf die einschlägige Literatur. Vollständigkeit bei der Aufzählung der verschiedenen Typen von Maschinen wurde in keinem Fall angestrebt. Abschließend wird der Leser auf Bücher und Schrifttum mit laufender Berichterstattung über das Geschehen auf dem Rechenautomatengebiet und auf Zusammenstellungen von Begriffen und Fachwörtern auf diesem Gebiet hingewiesen.

Summary. Anyone taking an interest in computers — either as engineer in technical matters or as mathematician or economist in the application and programming of the machines — is aware that a turbulent evolution has taken place in this field during the last two decades. The demand for people skilled in the art has tremendously increased, and the number of newcomers to this field is great. Particularly these quite naturally show an interest and a desire to learn something about the developmental progression which has taken place so far as well as to get to know some details of general interest on the computer historics, the knowledge of which has partly become self-understood to experienced professional colleagues. The present contribution is intended to satisfy these needs to a certain extent.

Within the given range for this survey the author has to limit himself to an adding up of facts arranged in an appropriate sequence. A discussion of the motives for the individual developments and detailed description of the computers built has consciously been omitted. Instead, the reader is given an extensive bibliographical collection to facilitate his access to the original literature, where — in case he wishes to do so — he can get an authentic answer to his questions.

This survey starts by shortly touching the origin of mechanical calculations whereby indications of other comprehensive representations are given, which deal particularly with this subject and provide historically interesting sources. It extends to the calculating and data processing machines of the so-called "first generation", by which are meant the conventional computers equipped mainly with vacuum tubes and which are still in use in great numbers at the present time, the production of which, however, will gradually be stopped in favour of computers equipped with transistors and other up-to-date solid state components. This contribution is mainly focused on the development typical for the United States, Great Britain and Germany. The computers that have been built in other European countries are summarized with reference to the corresponding literature. In no case was a complete representation of the various types aimed at. Finally, the reader is referred to books and literature currently reporting on the happenings in the computer field as well as to glossaries of terminology.

Résumé. Tous ceux qui s'occupent aujourd'hui du domaine des calculatrices automatiques — soit qu'il s'agisse d'ingénieurs traitant des questions techniques, de mathématiciens ou de chefs d'entreprises utilisant et programmant les installations —, savent qu'au cours des vingt dernières années il s'est produit une évolution extrêmement rapide. Le besoin de personnel a augmenté considérablement et ceux qui ont à faire pour la première fois dans ce domaine, sont nombreux. Naturellement, les nouveaux venus dans cette spécialité ont l'intérêt et le besoin de se faire une idée de l'évolution des perfectionnements réalisés jusqu'à ce jour et d'apprendre quelques détails de l'intérêt général de l'histoire, dont la connaissance va en partie de soi pour les collègues professionnels expérimentés. Le présent travail essaye de satisfaire ce besoin dans un certain sens.

Dans le cadre et l'ampleur accordés à cette étude, l'auteur doit se limiter à une énumération des faits, subdivisée en conséquence; la discussion des motifs des divers perfectionnements et les descriptions des détails des installations construites, sont sciemment restées dans l'ombre. A leur sujet, l'abondante bibliographie permet au lecteur de retrouver facilement les documents originaux, où, s'il le désire, il trouvera la réponse authentique à ces questions.

Ce rapport sur l'évolution dans ce domaine débute par un court aperçu des débuts du calcul mécanisé en renvoyant à d'autres documents d'ensemble s'occupant spécialement de ce thème et donnant des sources historiquement intéressantes. Il remonte jusqu'aux installations de calcul et de traitement de l'information de ce qu'on appelle la «première génération»; on entend par là les ensembles de calcul classiques équipés en grande partie de tubes électroniques, dont un grand nombre est encore utilisé actuellement, mais dont la production cède cependant progressivement le pas aux installations équipées de transistors et d'autres éléments semi-conducteurs modernes. Le premier plan de ce rapport est occupé par l'évolution typique aux Etats-Unis, en Angleterre et en Allemagne. Les ensembles de calcul construits dans les autres pays ne sont que sommairement indiqués et le texte cite la littérature correspondante. Le rapport n'a pas la prétention d'énumérer complètement les divers types de machines. Enfin, le lecteur est renvoyé à des livres et la bibliographie complétée par un compte rendu des événements dans le domaine des calculatrices automatiques et un résumé des définitions ainsi que la terminologie de ce domaine.

1. Anfänge des mechanisierten Rechnens

Der Ursprung für die heutigen Rechenanlagen liegt in dem Bestreben, Rechenprozesse zu automatisieren. Dieses Bemühen kann man bis in die Anfänge der Mathematik zurückverfolgen. Schon im Altertum und im Mittelalter bediente man sich für das Rechnen mechanischer Hilfsmittel, hauptsächlich des mit verschiebbaren Kugeln ausgestatteten Rechenbrettes (römisch: *Abacus*; chinesisch: *Chu Pan*). Obwohl dieses Rechenhilfsmittel in seiner Bedienung dem primitiven Abzählen an Fingern und Zehen recht verwandt erscheint, vermag es in der Hand eines geübten Rechners dennoch zu einer verblüffenden Beschleunigung der Rechnung beizutragen. Der Abacus, von dem es zahlreiche Varianten gibt, erfreut sich noch heute in zahlreichen Ländern des Ostens großer Beliebtheit; es wird sogar behauptet, daß er bei mehr als der Hälfte der Erdbevölkerung noch in regelmäßigem Gebrauch steht. Der chinesische Abacus kann bis etwa 1100 v. Chr. zurückverfolgt werden. Hierzu verweisen wir auf eine authentische Darstellung von Shu-t'ien Li [1], wo sehr interessante, durch zahlreiche historische Quellen belegte Einzelheiten zusammengetragen sind.

Eine wesentliche Voraussetzung für jegliches Bemühen um eine Mechanisierung des praktischen Rechnens ist eine vernünftige Zahlendarstellung. Das dezimale Zahlensystem mit der Ziffer Null als Stellenwert war den Chinesen bereits in der späteren Zeit der Chou Dynastie (etwa 6. bis 3. Jahrhundert v. Chr.) bekannt. Diese Art der Zahlendarstellung in „arabischen" Ziffern ist über Indien in den abendländischen Kulturkreis eingedrungen und hat sich schließlich im Mittelalter auch bei uns in Mitteleuropa allgemein durchgesetzt. Damit war der Weg geebnet für das Rechnen mit Maschinen.

Im 17. Jahrhundert kamen die ersten mechanischen Rechenmaschinen mit Radgetriebe zur Ausführung von Additionen und Subtraktionen auf (Blaise Pascal, 1641). Erst vor kurzem wurde bekannt, daß der Tübinger Professor für biblische Grundsprachen, später für Mathematik und Astronomie, Wilhelm Schickard (1592 bis 1635) bereits im Geburtsjahr Pascals (1623) eine Rechenmaschine konstruierte, die nicht nur addieren und subtrahieren, sondern auch multiplizieren und dividieren konnte [2]. Die zuletzt genannten Grundrechnungsarten wurden mit Hilfe von Neperschen Rechenstäben [3] (erfunden von John Napier, 1550 bis 1617) ausgeführt. Inzwischen ist es gelungen, die Rechenmaschine von Wilhelm Schickard zu rekonstruieren [4]; das Modell konnte im Frühjahr 1960 fertiggestellt werden und steht heute im Tübinger Rathaus.

Die Konstruktion von Maschinen, die alle vier Grundrechnungsarten mit mehrstelligen Zahlen ausführen konnten, bereitete erhebliche Schwierigkeiten. Leibniz (1646 bis 1716) widmete diesem Problem viele Jahre seines Lebens. Er wurde offenbar durch einen Schrittzähler auf den Gedanken gebracht, daß es möglich sein müsse, alle vier Grundrechnungsarten mittels Getriebe (und nicht unter Zuhilfenahme der Neperschen Rechenstäbe) auszuführen. Nach anfänglichen Mißerfolgen und nach Vornahme von zum Teil wesentlichen Änderungen am ursprünglichen Modell, konnte die Leibnizsche Maschine, die mit Staffelwalzen arbeitet, schließlich (1674) doch gangfähig gemacht werden. Ein voller Erfolg blieb Leibniz mit seiner Maschine jedoch versagt. Es haben offenbar zwei Modelle der Leibnizschen Rechenmaschine existiert; eines wird seit 1879 in der Landesbibliothek in Hannover aufbewahrt, vom zweiten fehlt jede Spur.

Die recht interessante Weiterentwicklung der „gewöhnlichen" Rechenmaschine in den folgenden Jahrhunderten bis zu den heute in großer Vollkommenheit erhältlichen Tisch- und Bürorechenmaschinen kann hier nicht im Detail erörtert werden; der Hinweis auf einige gute zusammenfassende Darstellungen, die teilweise historisch bedeutsame Quellen nachweisen, möge genügen [5 bis 9].

2. Die Arbeiten von Charles Babbage

Etwas grundsätzlich Neues brachte um 1835 die Idee der *Programmsteuerung*, die von dem englischen Mathematiker und Philosophen CHARLES BABBAGE [10] (1792 bis 1871) stammt. Nach dem Vorbild des JACQUARD-Webstuhls (1804), bei dem Kartonblätter mit eingestanzten Löchern die Steuerung des Webvorgangs besorgen, wollte BABBAGE eine Rechenmaschine bauen, bei der die Aufeinanderfolge einzelner Rechenoperationen nach einem vorher festgelegten, in Lochkarten eingestanzten Programm erfolgt. BABBAGE hatte eine klare Vorstellung, wie ein Rechenautomat funktionieren müsse: Neben einem Rechenwerk (*mill*) und einem Steuermechanismus benötigt man noch ein Werk zur Zahlenspeicherung (*store*) und Einrichtungen zur Zahleneingabe und -auslieferung. In seinem Buch [11] gibt er eine skizzenhafte Darstellung der von ihm erdachten „Analytischen Maschine" (*analytical engine*). Die Realisierung seiner genialen Ideen scheiterte jedoch an den unzulänglichen Mitteln der Technik der damaligen Zeit. Auch seinem Sohn H. P. BABBAGE gelang es nicht, die Maschinen des Vaters in allen Teilen funktionsfähig fertigzustellen. Er sammelte sorgfältig die Schriften und Aufzeichnungen über diese Maschinen und veröffentlichte sie [12]. Teile von BABBAGES Rechenmaschinen stehen heute im South Kensington Science Museum in London.

Über die Art und Weise wie man die Analytische Maschine zur Durchführung numerischer Rechnungen praktisch gebrauchen sollte, hat sich BABBAGE selbst in seinen Schriften nur sehr allgemein geäußert, wiewohl er sich auch mit diesem Gegenstand — wir nennen das heute „Programmieren" — beschäftigt haben muß. Von großem dokumentarischen Wert sind uns hierbei die Aufzeichnungen eines jungen Offiziers der Turiner Militärakademie, L. F. MENABREA, vom Oktober 1842 [13], die als das Ergebnis einer Diskussion über die Analytische Maschine zwischen BABBAGE und einigen italienischen Mathematikern gelten. MENABREAS Schrift wurde ein Jahr später unter Hinzufügung eines ausführlichen Kommentars von der COUNTESS OF LOVELACE, einer Tochter von LORD und LADY BYRON, ins Englische übersetzt [14]. Dieser Kommentar und andere Notizen von LADY LOVELACE, die offenbar mit BABBAGE gut befreundet war, zeugen von höchster Sachkenntnis, so daß es sicherlich nicht unbillig ist, LADY LOVELACE als den ersten Programmierexperten in der Geschichte der Rechenautomaten zu bezeichnen.

Die Arbeiten von CHARLES BABBAGE waren lange Zeit in Vergessenheit geraten; erst H. H. AIKEN hat sie wiederentdeckt — aber auch erst, als er sein Konzept eines programmgesteuerten Rechenautomaten bereits in Gedanken fertig entwickelt vor sich sah. Er hat die historische Bedeutung der Analytischen Maschine von BABBAGE für die heutige Rechenautomatenforschung erkannt und publik gemacht [15]. Daraufhin wurden BABBAGES Arbeiten vielenorts gründlich studiert, und zahlreiche interessante Einzelheiten sind inzwischen darüber bekannt geworden (vgl. z. B. [16, 17]).

Die Idee einer programmgesteuerten Rechenmaschine wird um die Jahrhundertwende von P. E. LUDGATE abermals aufgeworfen [18], der jedenfalls das Prinzip der Analytischen Maschine von BABBAGE kennt und öfters darauf Bezug nimmt. Soweit bekannt, ist LUDGATES Vorschlag niemals realisiert worden, obwohl die

Detailplanung in sechsjähriger Arbeit recht weit fortgeschritten war; beispielsweise wurden als geplante Rechenzeiten für 20stellige Dezimalzahlen angegeben: 3 Sekunden für Addition oder Subtraktion, 10 Sekunden für Multiplikation, maximal 1,5 Minuten für Division (konvergenzabhängig), 2 Minuten für die Bestimmung des Logarithmus einer Zahl. Die Abmessungen der Maschine sollten 26 × 24 × 20 Zoll sein.

3. Die Lochkartentechnik seit Herman Hollerith

Als nächste Stufe in der Entwicklung der Rechenautomaten sind die *Lochkartenmaschinen* anzusehen, die etwa bis auf das Jahr 1886 zurückgehen. Zur Erleichterung und Beschleunigung der Auswertung der Ergebnisse aus den damals in den USA alle zehn Jahre stattfindenden Volkszählungen konstruierte H. HOLLERITH [19], Beamter im Statistischen Bundesamt der Vereinigten Staaten, eine schon elektrisch arbeitende Lochkarten-Auswertemaschine (*tabulating machine*) [20]. HOLLERITHS Maschinen und die von ihm ausgearbeiteten Verfahren der Lochkartenauswertung wurden bei der Volkszählung 1890 erstmals eingesetzt mit dem Erfolg, daß man für die gesamte Auswertung nur noch etwa ein Sechstel der Zeit benötigte als vorher. HOLLERITH vervollkommnete seine Maschinen (betr. technischer Einzelheiten sei auf die entsprechenden US-Patentschriften [21] verwiesen) und entwickelte das Lochkartenverfahren als rationelle statistische Auswertemethode zu praktischer Brauchbarkeit. Aus der von ihm 1896 gegründeten Firma „Tabulating Machine Company" ist später die „International Business Machines Corporation (IBM)" hervorgegangen (1924).

Unter den Pionieren der Lochkartenmaschinentechnik sind weiterhin zu nennen: JAMES POWERS, der von der amerikanischen Regierung vor der Volkszählung von 1910 angestellt wurde und die Aufgabe hatte, die existierenden Lochkarteneinrichtungen zu verbessern; nach 1910 gründete er die „Powers Accounting Machine Company" und schaffte die Grundlage für das Powers-Samas-System. Während diese Gesellschaft in den USA von Remington Rand übernommen wurde (1927), hat sie sich in anderen Ländern selbständig weiterentwickeln können. Erst in jüngster Zeit (1959) ist es in England zur Fusion der Powers-Samas Accounting Machines Ltd. mit der British Tabulating Machine Co. Ltd. gekommen, aus der die „International Computers & Tabulators Ltd. (ICT)" hervorging. — Wir erwähnen ferner FREDERIK BULL, der in den frühen Zwanzigerjahren in Norwegen an der Entwicklung und Verbesserung von elektromechanischen Lochkartenmaschinen arbeitete. Die von ihm entwickelte Maschinentechnik bildete die Grundlage für die von der 1931 gegründeten Compagnie des Machines Bull, Paris, gebauten Lochkartenmaschinen. BULL vermachte alle seine Patente dem norwegischen Institut für Krebsforschung.

Seit HOLLERITH wurde die Lochkartentechnik auf industrieller Basis weitgehend vervollkommnet. Wichtige Daten in dieser Entwicklung sind etwa die folgenden Jahreszahlen[1]). 1900: Erstmalige Verwendung des Lochkartenverfahrens außerhalb des Statistischen Bundesamtes der USA, nämlich bei amerikanischen Eisenbahngesellschaften. 1902: Einführung der automatischen Kartenzuführung. 1913: Ausdrucken der Ergebniswerte beim „Printing Tabulator". (Schon etwa 1910 hatte

---

[1]) Es ist jeweils angegeben der Zeitpunkt der ersten praktischen Nutzanwendung, nicht das Datum der betreffenden Erfindung.

TORRES Y QUEVEDO [22 bis 24] in Madrid eine mit einer gewöhnlichen Rechenmaschine gekoppelte Schreibmaschine vorgeführt.) 1913: Einbau eines Addier-
werkes beim „Accumulating Tabulator". 1914: Verwendung von Lochkarten in
der Buchhaltung und im kaufmännischen Rechnungswesen. 1917: Aufkommen
elektromechanischer Stanzer („Electric Key Punch"). 1921: Anbringen von Steck-
tafeln (Panneau) an Tabelliermaschinen ermöglicht die wahlweise Verbindung
bestimmter Register mit bestimmten Spalten der abzufühlenden bzw. zu lochenden Karten für die Dauer der Rechnung. 1931: Einbau der Multiplikation bei
Lochkartenmaschinen. 1931: Einführung alphanumerischer Lochkartenmaschinen.
1936: In Deutschland kommt die Tabelliermaschine Type D 11 (Deutsche Hollerith
Gesellschaft, Berlin) auf den Markt, die durch eine Schalttafel kurze Rechen-
programme zu steuern erlaubt. 1939: Verwendung von Lochkartenverfahren in
der Industrieplanung. 1946: Ausrüstung von Lochkartenmaschinen mit elektro-
nischem Rechenwerk.

Während Lochkartenverfahren für Aufgaben der Statistik und des kaufmännischen Rechnungswesens schnell große Beliebtheit erlangten [25], dauerte es
verhältnismäßig lange, bis man versuchte, auch mathematisch-wissenschaftliche
Rechenaufgaben mit Lochkartenmaschinen anzugreifen [26 bis 35]. Die Lochkartenmaschine kann in gewissem Sinne als Vorstufe des Rechenautomaten mit
relativ kurzem und ziemlich starrem Programm angesehen werden. — Trotz der
weiten Verbreitung, die die Lochkartenmaschinen gefunden haben, findet man in
der allgemein zugänglichen Literatur kaum befriedigende Beschreibungen dieser
Maschinen. Eine lobenswerte Ausnahme bildet hierbei das Buch [36], auf das
der Leser, der sich für technische Einzelheiten der Lochkartenmaschinen interessiert, verwiesen sei.

4. Europäische Rechenautomaten-Entwicklungen vor 1945

1931 dürfte von R. L. A. VALTAT [37] zum erstenmal der Vorschlag gemacht
worden sein, das schon LEIBNIZ [38] bekannte *duale Zahlensystem* beim Bau
mechanischer Rechenmaschinen zu benutzen. Auch von L. COUFFIGNAL [39]
stammt ein ähnlicher Vorschlag; er deutete in seiner Doktorarbeit auch die Möglichkeit eines programmgesteuerten Ablaufs numerischer Rechnungen an [40].
1936 veröffentlichte in England A. M. TURING [41], der ebenso wie COUFFIGNAL
die Arbeiten von BABBAGE nicht kannte, eine theoretische Arbeit über mit automatischen Maschinen berechenbare Zahlen oder Funktionen [42]. Diese von ihm
lediglich durch ihr Verhalten und Vermögen, nicht aber durch ihre technische
Realisierung definierten Automaten bezeichnet man heute als „TURING-
Maschinen" [2]).
Etwa zur gleichen Zeit stellte sich K. ZUSE [43] in Deutschland die Aufgabe, die
bei baustatischen Problemen auftretenden langwierigen numerischen Rechnungen zu automatisieren. Seine ersten Rechengeräte waren in einer eigens von
ihm entwickelten mechanischen Schaltgliedtechnik [43a] aufgebaut. Kennzeichnend war ferner die Benutzung des dualen Zahlensystems und des *gleitenden
Kommas* (semi-logarithmische Zahlendarstellung durch $z = \pm a \cdot B^b$, wobei B
die Basis des benutzten Zahlensystems bedeutet). ZUSE gelang es im

---

[2]) Für eine ausführlichere Darstellung vgl. den Beitrag „Logische Maschinen" von
R. TARJÁN, insbes. den Abschnitt „Turing-Maschinen", in diesem Buch S. 139—140.

Jahre 1941 ein in allen Teilen arbeitendes, programmgesteuertes Relais-Rechengerät (die Z 3 [43 b]) fertigzustellen[3]), das überhaupt das erste jemals funktionsfähige Gerät war, das programmgesteuerte Rechnungen ausführen konnte.

Etwa ab 1942 versuchten H.-J. DREYER und Mitarbeiter am Institut für Praktische Mathematik der Technischen Hochschule Darmstadt (Prof. Dr. A. WALTHER) die elektrische Programmsteuerung mit umlaufenden Kontaktwalzen bei einer Buchungsmaschine für die Untertafelung von Funktionswerten. Als weiteres Projekt, das auf eine Automatisierung des Rechenablaufs bei vielschichtigen numerischen Prozessen abzielte, wurde kurze Zeit später die elektrische Verkopplung von Fernschreib- und Lochkartenmaschinen mit automatischer Programmsteuerung mittels Lochstreifen in Angriff genommen.

Es muß an dieser Stelle auch erwähnt werden, daß G. DIRKS (Vater) und Dr. G. DIRKS (Sohn) bereits im Jahre 1943 die magnetische Speicherung von Daten auf einer umlaufenden Trommel und die magnetische Speichersteuerung für Rechen-, Schreib-, Sortiermaschinen usw. konzipiert haben (vgl. die entsprechenden Deutschen Patentauslegeschriften [44]). Die DIRKSschen Arbeiten verliefen von den übrigen Entwicklungen leider völlig isoliert, als daß sie sich in einem frühen Stadium hätten befruchtend auswirken können. Man kann sagen, daß sie der breiten Fachwelt überhaupt erst auf Grund patentrechtlicher Erwägungen zur näheren Kenntnis gelangten.

Auf die oben erwähnten ersten Versuche zur Erstellung programmgesteuerter Rechenmaschinen in Deutschland wird in den bereits genannten Büchern [5, 6] sowie in einer weiteren Darstellung der modernen Rechenautomatenentwicklung [45] etwas näher eingegangen. Weitere Einzelheiten über die in Deutschland vor 1945 durchgeführten Entwicklungen wurden in der deutschen Ausgabe der „FIAT Review of German Science" veröffentlicht [46].

Den Krieg überdauert hat nur ZUSES Relais-Rechenmaschine Z 4, deren Rechenwerk im dualen Zahlensystem arbeitet und bei der die Programmsteuerung durch Lochstreifen erfolgt [47, 47a]. Die Z 4 wurde im März 1945, also wenige Wochen vor Kriegsende, zum ersten Male einem Kreis von Wissenschaftlern in Göttingen im Betrieb vorgeführt. Sie kam dann nach Hopferau im Allgäu, wo sie ZUSE nach dem Kriege wieder instandsetzte [48, 48a]. 1950 wurde die Z 4 im Institut für Angewandte Mathematik der ETH Zürich aufgestellt und hat dort fünf Jahre sehr nützliche Rechendienste geleistet [49]; Ende 1959 wurde sie von der Zuse KG dem Deutschen Museum in München zum Geschenk gemacht. — Die Darmstädter Entwicklungen sind im September 1944 einem Luftangriff zum Opfer gefallen.

5. Der Bau der ersten Rechenautomaten in den USA

Unabhängig von den Entwicklungen in Deutschland entstanden etwa zur gleichen Zeit, nämlich gegen Ende der Dreißigerjahre, auch in den USA die ersten Pläne für programmgesteuerte Rechenanlagen, wobei man allerdings — im Gegensatz zu Deutschland — sogleich an den Bau von Großanlagen schritt. Während für die Entwicklungen und den Bau der ersten Anlagen in Deutschland nur sehr bescheidene Mittel zur Verfügung standen (z. B. kostete ZUSES erster programmgesteuerter Relaisrechner, der 1941 betriebsbereit war, etwa 25 000 RM), wurden

---

[3]) Eine ausführliche, authentische Darstellung dieser Entwicklung wird erstmals gegeben in dem Beitrag von K. ZUSE, in diesem Buch S. 508—532; es wird auch verwiesen auf die von der Zuse KG kürzlich herausgegebene Jubiläumsfestschrift [43 c].

in den USA für die dortigen Entwicklungen, insbesondere auch in Anbetracht
militärischer Bedürfnisse, von Anfang an ungleich höhere finanzielle Mittel auf-
gewendet (z. B. kostete AIKENS Mark I etwa 400 000 $).

5.1 Harvard Mark I Rechenautomat

Ungefähr seit 1937 beschäftigte sich H. H. AIKEN [50] mit der Möglichkeit der
Erstellung von Rechenmaschinen mit automatischem Programmablauf. Nach
seinen Ideen und Vorschlägen wurde 1939 in Zusammenarbeit des Computation
Laboratory der Harvard Universität mit der International Business Machines
Corp. (IBM) mit dem Bau der ersten programmgesteuerten Großrechenanlage
begonnen. Dieser vorwiegend aus Relais, Zählern und Standardbauteilen der
Lochkartentechnik aufgebaute *Automatic Sequence Controlled Calculator (ASCC)*,
der auch unter dem Namen *Harvard Mark I Computer* bekannt ist, wurde am
7. August 1944 formell dem Computation Laboratory der Harvard Universität
übereignet, nachdem schon vorher einige Rechnungen unter militärischer Geheim-
haltung mit ihm durchgeführt worden waren. Es handelte sich bei Mark I um den
ersten *großen*, wirklich funktionsfähigen Rechenautomaten [51 bis 53].

5.2 Entwicklungen bei den Bell Telephone Laboratorien

Unabhängig von H. H. AIKEN beschäftigte sich etwa ab 1937 auch G. R. STIBITZ
mit der Entwicklung programmgesteuerter Ziffern-Rechenmaschinen (vgl. [54]).
Als erster Schritt in dieser Richtung ist sein *Complex Number Computer* [55] anzusehen, der im September 1940 auf einer Tagung der American Mathematical
Society in Hannover, N. H., vorgeführt wurde. Dieses Rechengerät für komplexe
Zahlen sowie einige weitere Relais-Rechenmaschinen, an deren Planung STIBITZ
maßgebend beteiligt war, wurden bei den Bell Telephone Laboratorien unter der
Leitung von S. B. WILLIAMS und E. G. ANDREWS gebaut [56]. STIBITZ hat unter
anderem den bekannten „3-Exzeß-Code" und den biquinären Code [57] angegeben. In dem 1942 gebauten *Relay Interpolator*, dem Bell Modell II [58],
wurde die Befehlssteuerung durch Lochstreifen verwirklicht. Bell Modell III war
der *Ballistic Computer* [59], der unter einem Regierungskontrakt in den Jahren
1939 bis 1943 gebaut wurde. Es folgten später (ab 1944) noch die Modelle IV, V
[60 bis 62] und VI [63], von denen Modell V das wichtigste ist. In diesem
Monsterrechenautomaten, der über 9000 Relais und über 50 andere Bauelemente
aus der Fernschreibtechnik enthält und der mit einem Gewicht von etwa 10 Tonnen
rund doppelt so schwer war wie der Harvard Mark I Rechenautomat, ist die
Benutzung der semi-logarithmischen Zahlendarstellung (gleitendes Komma) [64]
bemerkenswert.

5.3 Elektronische Schaltkreise für Zähl- und Rechenschaltungen

Einen wesentlichen Fortschritt gegenüber Rechenschaltungen mit Relais und
anderen elektromechanischen Bauteilen, wie sie in den bisher erörterten Rechenautomaten verwendet wurden, bildeten Schaltkreise mit Elektronenröhren, wodurch insbesondere die Rechengeschwindigkeit um ein Vielfaches erhöht werden
konnte. Den Ausgangspunkt für nahezu alle Zähl- und Rechenschaltungen mit
Elektronenröhren bildet die von W. H. ECCLES und F. W. JORDAN bereits 1919
angegebene Röhrenschaltung für zwei stabile Zustände [65], die man auch als
Trigger oder *Flip-Flop* zu bezeichnen pflegt. Zwar wurden etwa 1931 die ersten
elektronischen Zählschaltungen mit Thyratrons bekannt [66, 67], aber wohl erst

1939 benutzte man die *Eccles-Jordan*-Schaltung für diese Zwecke. In diesem Jahr baute P. CRAWFORD JR. am Massachusetts Institute of Technology eine gewöhnliche digitale Rechenmaschine aus bistabilen elektronischen Schaltkreisen auf (unveröffentlichte M.I.T. Thesis).

Ähnliche Ziele verfolgte zur gleichen Zeit H. YAMASHITA in Japan. Auch er wollte das Rechenwerk gewöhnlicher Rechenmaschinen elektronisch aufbauen[4]).

In Verbindung mit ZUSES Arbeiten beschäftigte sich H. SCHREYER in Berlin mit der Verwendung von Elektronenröhren an Stelle von Relais in Rechenschaltungen [68, 69][5]).

Die *Eccles-Jordan*-Schaltung bildete schließlich auch die Grundlage für die Schaltkreistechnik im ersten elektronischen Rechenautomaten ENIAC. Ein Überblick über die frühe Entwicklung der elektronischen Zählschaltungen wird gegeben in [70] und [71].

5.4 Elektronenröhren-Rechenautomat ENIAC

Mit dem Bau des *ENIAC* (*Electronic Numerical Integrator And Computer*) [72 bis 73a] begannen 1943 J. P. ECKERT JR., J. W. MAUCHLY und Mitarbeiter an der Moore School of Electrical Engineering der Pennsylvania University. Dieser mit 18 000 Elektronenröhren bestückte Rechenautomat wurde 1946 fertiggestellt und hatte die erstaunliche Multiplikationszeit von 2,8 Millisekunden für ein Produkt zweier zehnstelliger Dezimalzahlen. Das bedeutete eine Steigerung der Multiplikationsgeschwindigkeit um etwa das 2000fache gegenüber dem Relais-Rechenautomaten Harvard Mark I, bei dem eine Multiplikation durchschnittlich 6 Sekunden dauerte. Obwohl sich die später gebauten elektronischen Rechenautomaten in ihrem logischen Aufbau teilweise stark vom ENIAC unterscheiden, so benutzte man im Prinzip doch weitgehend die für ENIAC entwickelte Schaltkreistechnik mit Elektronenröhren [74], insbesondere in den elektronischen Lochkartenmaschinen. Trotz des raschen Fortschreitens der Rechenautomatentechnik war ENIAC noch bis 1955 in Betrieb.

6. Entwicklungsstufen der „ersten Generation" von Rechenautomaten in den USA

In rascher Aufeinanderfolge wurden in den Jahren ab 1948 zahlreiche weitere Entwicklungen elektronischer Großrechenanlagen bekannt, vor allem in den USA und in England, später auch in anderen Ländern. Eine gute Darstellung in deutscher Sprache über den Stand der Entwicklung etwa Anfang 1950 haben H. RUTISHAUSER, A. P. SPEISER und E. STIEFEL gegeben [75].

6.1 Die Rechenautomaten des Harvard Computation Laboratory

H. H. AIKEN und seine Mitarbeiter hatten im Anschluß an den bereits erwähnten Bau von Mark I an der erfolgreichen Weiterentwicklung der Rechenautomaten einen entscheidenden Anteil durch den Bau dreier weiterer großer Rechen-

---

[4]) Vgl. die authentische Bemerkung von H. YAMASHITA, in diesem Buch auf S. 577.

[5]) Vgl. hierzu auch im Beitrag von K. ZUSE den Abschnitt 3.22a „Röhren-Relaistechnik", in diesem Buch auf S. 516—517.

automaten: *Harvard Mark II* (oder *ARC* als Abkürzung für *Aiken Relay Calculator*) [76], *Harvard Mark III* (oder *ADEC* als Abkürzung für *Aiken Dahlgren Electronic Calculator*) [77] und *Harvard Mark IV* [78].

Im Frühjahr 1945 wurde mit der Konstruktion des Mark II begonnen, der für den Naval Proving Ground, Dahlgren, Va., bestimmt war. 1948 wurde diese Maschine fertiggestellt. Mark II enthält rund 13000 besonders für diese Maschine konstruierte elektromechanische Relais mit einer Schaltzeit zwischen 6 und 10 Millisekunden, wodurch die Multiplikationszeit gegenüber Mark I (6 Sekunden) auf 250 Millisekunden herabgesetzt werden konnte. Bemerkenswert ist die semi-logarithmische Zahlendarstellung in der Maschine und die Möglichkeit, Mark II als Ganzes an einem Problem rechnen zu lassen oder ihn wahlweise in zwei getrennt operierende Teile aufzuspalten, wie es ähnlich auch bei dem schon erwähnten Rechenautomaten Bell Modell V vorgesehen war.

Auch Mark III wurde für das Navy Bureau of Ordnance des Proving Ground, Dahlgren, Va., anschließend an Mark II vom Computation Laboratory der Harvard Universität unter der Leitung von H. H. AIKEN gebaut. Mit den Arbeiten wurde im Sommer 1948 begonnen; die Maschine wurde im März 1950 fertiggestellt. Die bei der Planung dieses mit Elektronenröhren und steckbaren Baueinheiten ausgerüsteten Rechenautomaten gewonnenen Erkenntnisse über die *Minimisierung von logischen Schaltungen* haben H. H. AIKEN und seine Mitarbeiter in einem Buch [79] niedergelegt. Hauptmerkmal des Mark III ist die *Verwendung von Magnettrommeln und Magnetbändern* als Speicher und als Mittel zur Eingabe und Auslieferung von Zahlen und Befehlen. In Mark III wurde die interne Speicherung der Befehle des Programms auf einer besonders dafür vorgesehenen Magnettrommel verwirklicht im Gegensatz zu den meisten anderen damals bekannten Rechenautomaten, bei denen die Programmsteuerung extern mit Hilfe von Lochstreifen erfolgte. Weitere Besonderheiten von Mark III waren die Verwendung von Befehlen mit algebraischen Adressen und die Möglichkeit der Berechnung von Speicherzellen-Adressen durch den Rechenautomaten selbst. Für die Auswahl von Speicherzellen und für Verschiebeoperationen war ein Hilfsregister vorgesehen, das als „i-Register" bezeichnet wurde (vgl. [77], S. 30 ff.), jedoch nicht mit den später in Manchester aufgekommenen „Indexregistern" zu verwechseln ist, welche zur Erleichterung von Befehlsumrechnungen eingeführt wurden. — Die Idee des magnetischen Trommelspeichers tauchte damals an mehreren Stellen gleichzeitig auf [80 bis 85]. (Die Patentanmeldungen von DIRKS [44] waren zu jener Zeit noch nicht veröffentlicht.) Das in Mark III angewendete Prinzip des Umlaufspeichers wurde allerdings schon 1947 von J. P. ECKERT JR. und J. W. MAUCHLY in der allgemeinen Form des Verzögerungsstrecken-Umlaufspeichers patentiert [86]. Unabhängig davon gab H. BILLING in Deutschland das Prinzip des Magnettrommel-Umlaufspeichers an [87].

Wesentliche Kennzeichen des Mark IV, der im Harvard Computation Laboratory für den eigenen Gebrauch gebaut wurde, sind die Verwendung von Dioden-Widerstandsnetzwerken für logische Verknüpfungen [88 bis 91] (spätere Veröffentlichungen über Dioden-Logik vgl. [92 bis 94]) und die vermutlich erstmalige Verwendung von Magnetkernen als Schalt- und Speicherelemente in elektronischen Rechenautomaten [95]. Man verwendete zunächst die in Deutschland während des Krieges entwickelten Magnetkerne mit rechteckiger Hystereseschleife („Permenorm-5000-Z"-Kerne), die in den USA von der Allegheny Ludlum Steel Corp. nachgebaut wurden. — Interessante Einzelheiten über die am Harvard Computation Laboratory durchgeführten Untersuchungen und Entwicklungen enthalten die Progress Reports dieses Laboratoriums „Investigations for Design of Digital Calculating Machinery" [96].

6.2 IBM-Rechenautomaten

Die am Bau des Automatic Sequence Controlled Calculator (Harvard Mark I) beteiligte International Business Machines Corp. (IBM) entwickelte in den Jahren 1944 und 1945 ihren „Pluggable Sequence Relay Calculator" [97, 98]. Insgesamt wurden fünf solche Maschinen gebaut, wobei sich die später gebauten drei Modelle von ihren beiden Vorläufern durch einige Verbesserungen unterscheiden.

Im Januar 1948 wurde der von IBM entwickelte „Selective Sequence Electronic Calculator (SSEC)" [99] in Betrieb genommen, eine sehr große Maschine mit etwa 12 500 Elektronenröhren und 21 400 Relais. SSEC hatte gegenüber ENIAC folgende wesentlichen Verbesserungen: Binär codiertes Dezimalsystem — Darstellung von Zahlen und Befehlen im gleichen Code — Selektive Programmsteuerung mittels bedingter Sprungbefehle — Programmsteuerung im wesentlichen extern durch Befehlslochstreifen — Möglichkeit des Abrufs von Teilen der Befehlssequenz intern aus einem Relaisspeicher oder einem Einstellspeicher (*dial storage*) — Modifizierung der Befehlssequenz durch Adressenberechnung.

Ebenfalls im Frühjahr 1948 brachte IBM den elektronischen Rechenlocher Type 604 [100, 100a] heraus. Diese Maschine hat sich im Rahmen der Lochkartentechnik bestens bewährt. Ein großer Erfolg für IBM wurde auch der 1954 auf den Markt gebrachte Magnettrommelrechner Type 650 [101 bis 103], eine Rechen-anlage, die zur mittleren Größenklasse zählt. Auch die etwa ab 1951 entwickelten Großrechenanlagen der 700er Serie, die auf einen 1950 gebauten Prototyp, die „Tape Processing Machine", zurückgehen, haben sich bewährt und eine weite Verbreitung gefunden (Literatur über IBM 701: [104 bis 110]; IBM 702: [111, 112]; IBM 704: [113 bis 115]; IBM 705: [116, 117]; IBM 709: [118]). Nach einer von *John Diebold & Associates* [119] veranstalteten Zählung sind bis Ende 1960 von IBM an Kunden geliefert worden: 5400 Anlagen der Type 604 und der verwandten Typen 607, 608 und 609; 1350 Anlagen der Type 650 und 320 Anlagen der 700er Serie. Von dem Datenverarbeitungssystem IBM 305 RAMAC [120], dessen Entwicklungsbeginn in das Jahr 1955 fällt und das durch einen Magnetplattenspeicher großen Fassungsvermögens[6]) gekennzeichnet ist, wurden entsprechend obiger Zählung bis Ende 1960 etwa 1000 Anlagen ausgeliefert.

Soweit die von IBM auf den Markt gebrachte „erste Generation" von Rechen-anlagen, die alle noch mit Elektronenröhren bestückt sind. Die Krönung der Elektronenröhren-Rechenanlagen (und damit der ersten Maschinengeneration), die nicht nur von IBM sondern überhaupt gebaut worden sind, dürfte NORC (*Naval Ordnance Research Calculator*) [121, 121a] gewesen sein. Mit einer durch-schnittlichen Rechengeschwindigkeit von 15 000 Operationen pro Sekunde (Addition 15 µs, Multiplikation 31 µs) war er zur Zeit seiner Inbetriebnahme (1955 in Dahlgren, Va.) der schnellste programmgesteuerte Digitalrechner der Welt.

Auf die von IBM etwa ab 1958 herausgebrachten Transistormaschinen, welche schon der „zweiten Generation" angehören, sei jetzt nicht weiter eingegangen. Dagegen scheint es angebracht, hier auf einen Artikel [122] zu verweisen, in

---

[6]) Vgl. den Beitrag „Neue technische Entwicklungen", von A. P. Speiser, insbes. den Abschnitt „Magnetplattenspeicher", in diesem Buch auf S. 95—96.

dem eine Schilderung der Geschichte der Entwicklung der elektronischen IBM Rechenanlagen gegeben wird. Anhand dieser Lektüre kann der Leser auch einen Überblick über die verschiedenen Typenbezeichnungen der von IBM bis heute auf den Markt gebrachten Rechenanlagen gewinnen.

6.3 EDVAC — BINAC — UNIVAC

Von Mitarbeitern der Entwicklungsgruppe an der Moore School of Electrical Engineering der Universität von Pennsylvanien wurde nach der Fertigstellung des ENIAC als nächstes Projekt der Bau des elektronischen Rechenautomaten *EDVAC* (*Electronic Discrete Variable Automatic Computer*) in Angriff genommen, der gegenüber ENIAC wesentliche Verbesserungen in seinem logischen Aufbau aufweisen sollte.

Ganz allgemein ist zu sagen, daß das logische Konzept eines serienmäßig, im dualen Zahlensystem arbeitenden Rechenautomaten mit *intern* gespeichertem Programm (wie es EDVAC ist), die Darstellung von Befehlen in codierter numerischer Form und die sich daraus ergebende Möglichkeit der Befehlsumrechnung (Adressenmodifikation) durch die Maschine selbst, nämlich durch die Addition von Parametern zu den die Befehle repräsentierenden Zahlen, offenbar von JOHN VON NEUMANN [123] erstmalig angegeben worden sind in dem berühmten Moore School Bericht [124], der bereits ziemlich konkrete Vorschläge über die logische Planung des späteren EDVAC enthielt. Dieser Bericht ist datiert vom Juni 1945, also einem Zeitpunkt, als ENIAC noch im Bau war. Bei EDVAC, der von der Moore School für die Ballistic Research Laboratories, Aberdeen Proving Ground, Maryland, gebaut wurde, handelt es sich um einen elektronischen Rechenautomaten mit Serienrechenwerk und Vieradreß-Befehlssystem [125 bis 127]. Die interne Programmspeicherung ist verwirklicht durch in Quecksilber-Verzögerungsstrecken zyklisch umlaufende Programmbefehle. Man macht sich hierbei die endliche Laufzeit von akustischen Ultraschallsignalen in einem Quecksilbertank zunutze [128, 129]. (Es sei hier beiläufig erwähnt, daß später, insbesondere in England, auch andere, nämlich magnetostriktive Verzögerungsstrecken zur Datenspeicherung in Rechenautomaten verwendet wurden; in einer kürzlich erschienenen Bibliographie sind die wichtigsten Publikationen auf diesem Gebiet zusammengestellt [130].) — EDVAC ist als Muster anzusehen für fast alle späteren mittelschnellen elektronischen Rechenautomaten, die meist noch mit einem Magnettrommelspeicher ausgerüstet wurden und durchschnittliche Rechengeschwindigkeiten von etwa 300 Multiplikationen pro Sekunde und etwa 1000 Additionen pro Sekunde für etwa 12stellige Dezimalzahlen erreichten.

Nach mehr als fünfjähriger eigener Erfahrung in der Planung und beim Bau großer elektronischer Rechenautomaten hielten es J. P. ECKERT JR. und J. W. MAUCHLY, die beiden führenden Köpfe der Moore School Entwicklungsgruppe, für angebracht, eine eigene Gesellschaft zu gründen und den Bau von Rechenautomaten kommerziell zu betreiben; sie gründeten die Eckert-Mauchly Computer Corporation, Philadelphia. Der als erstes von dieser Gesellschaft gebaute *BINAC* (*Binary Automatic Computer*) [131, 131a] — er war für die Northrop Aircraft, Inc., bestimmt — zählt ebenso wie EDVAC zu den ersten amerikanischen elektronischen Rechenautomaten, die im dualen Zahlensystem arbeiteten.

Etwa 1950 begann die Eckert-Mauchly Computer Corp., die später von der Firma Remington Rand übernommen wurde, mit der kommerziellen Herstellung der ersten *UNIVAC-Systeme* [132, 133], die heute, nachdem sie weiter ausgebaut

und verbessert wurden, zu den bekanntesten Datenverarbeitungsanlagen zählen.
(Nach [122] wurden bis Ende 1960 74 Anlagen UNIVAC I und II ausgeliefert.) —
UNIVAC, der als erster Rechenautomat neben rein numerischen auch alphabetische Zeichen verarbeiten konnte, baut in seiner logischen Struktur auf EDVAC
und BINAC auf.

6.4 Die Klasse der „Princeton"-Rechenautomaten

Beiträge von außerordentlicher Bedeutung für die weitere Entwicklung von
Rechenautomaten wurden von der Gruppe am Institute for Advanced Study,
Princeton, N. J., geleistet; hier wurde der „Princeton"- oder „I.A.S."-Computer
[134, 135], ein Rechenautomat mit Parallelrechenwerk und Einadreß-Befehls-
system, entwickelt und gebaut. Insbesondere die mathematische Gruppe unter
JOHN VON NEUMANN und H. H. GOLDSTINE hatte bedeutenden Anteil an der
Erarbeitung zweckmäßiger Verfahren der Programmierung, beispielsweise durch
Angabe des Flußdiagramms und der Sprungbefehle, und die von ihnen herausgegebenen Berichte [136, 137] waren für Jahre hinaus richtungweisend für die
logische Planung und Programmierung von Rechenautomaten.

Rechenautomaten vom Princeton-Typ, die für 12stellige Dezimalzahlen durchschnittlich 1500 Multiplikationen pro Sekunde und 15 000 Additionen pro Sekunde
leisten, wurden an vielen Stellen nachgebaut, beispielsweise ORDVAC [138],
ILLIAC [139], ORACLE [140, 141], MANIAC [142], JOHNNIAC, AVIDAC.
Auch die Stockholmer BESK [143, 144], die Münchener PERM [145 bis 147] und
die Moskauer BESM [148 bis 151] können in gewissem Sinne als Rechenautomaten
vom Princeton-Typ angesehen werden.

Es spricht für die Leistungskraft der Princeton-Logik, daß 1957, d. h. rund zehn
Jahre nach ihrer Formulierung [136, 137], an der Universität von Illinois mit der
Entwicklung eines sehr flexiblen und superschnellen Rechenautomaten [152, 153]
begonnen wurde, dessen logische Planung als eine naturgemäße und konsequente
Anwendung der von JOHN VON NEUMANN und H. H. GOLDSTINE aufgestellten
Grundsätze des logischen Entwurfs angesehen werden kann. Eine Verbesserung
der originalen Princeton-Logik ist in der Hinzunahme von Indexregistern sowie
gewissen Steuervorrichtungen für den simultanen anstatt strikt sequentiellen
Operationsablauf zu erblicken.

6.5 Projekt „Whirlwind"

In dem *Whirlwind-Projekt* [154 bis 156] am Massachusetts Institute of Technology, Cambridge, Mass., das ursprünglich als digitaler Simulator für „Wahre
Zeit" (*real time*) Probleme aus der Regelungs- und Steuerungstechnik gedacht war,
wurden gleichfalls neue Ideen sehr früh verwirklicht, darunter beispielsweise die
elektrostatische Speicherung auf dem Schirm besonders entwickelter Kathodenstrahlröhren [157, 158], die man als „Holding gun storage tubes" bezeichnete,
weiterhin die Verwendung von Magnetkernen in Speichermatrizen [159 bis 161],
das „Marginal checking" [162], die Befehlsübersetzung [163].

6.6 Kommerzielle Großrechenanlagen der Electronic Research Associates, Inc.

Ein bedeutender Anteil an der frühzeitigen kommerziellen Entwicklung elektronischer Großrechenanlagen kommt der Firma Electronic Research Associates,
Inc., St. Paul, Minn., zu. Den Ausgangspunkt der Aktivität dieser Firma bildeten

Kontrakte mit amerikanischen Regierungsstellen (National Bureau of Standards und Office of Naval Research). Die Entwicklungsarbeit konzentrierte sich einerseits auf den Bau leistungsfähiger Magnettrommelspeicher [164] und andererseits auf die Erstellung eines sehr schnellen, insbesondere für wissenschaftliche Rechnungen geeigneten, deshalb parallel und im Binärsystem arbeitenden Rechenautomaten mit einem großen Magnettrommelspeicher. Aus dieser Entwicklung sind später die bekannten Rechenautomaten ERA 1101 [165], ERA 1102 und ERA 1103 [166] hervorgegangen.

Als diese Firma später von Remington Rand übernommen wurde, bekamen die aus ERA 1103 weiterentwickelten und verbesserten Rechenautomaten die Bezeichnung *UNIVAC-Scientific* im Gegensatz zu dem bereits erwähnten, von der Eckert-Mauchly Computer Corp. entwickelten UNIVAC Datenverarbeitungssystem, das häufig auch als *UNIVAC-Factronic* [167] bezeichnet wird. (UNIVAC ist die Abkürzung für *Uni*versal *A*utomatic *C*omputer.)

6.7 Rechenautomaten am National Bureau of Standards

Ein bemerkenswertes Kennzeichen der vom National Bureau of Standards (NBS) in Washington, D.C., gebauten Rechenautomaten SEAC (frühere Bezeichnung: *NBS Interim Computer*) [168 bis 175] und DYSEAC [176 bis 179] ist die in diesen beiden Rechenautomaten vermutlich erstmalig verwendete dynamische Schaltkreistechnik [180]. Die wichtigsten Veröffentlichungen, die über SEAC und DYSEAC erschienen sind und die unter anderem die dynamische Schaltkreistechnik, die logische Systemplanung [181] und die nach mehrjähriger Betriebsdauer gemachten Erfahrungen [182] behandeln, wurden in einem vom National Bureau of Standards veröffentlichten Buch [183] zusammengefaßt.

Als weitere wesentliche Beiträge der NBS-Entwicklungsgruppe sind zu nennen die Untersuchung von Methoden und logischen Schaltungen zur Steigerung der Geschwindigkeit bei der Durchführung arithmetischer Operationen [184] und die logische Planung von Systemen mit simultanem Operationsablauf (*concurrent operation*), wozu in erster Linie das Datenverarbeitungssystem *Pilot* [185] zählt.

Im Institute for Numerical Analysis des National Bureau of Standards in Los Angeles, Calif., wurde der Rechenautomat SWAC [186, 187] gebaut, dessen Entwicklung ursprünglich unter der Bezeichnung Projekt „Zephyr" lief.

6.8 Weitere frühe amerikanische Entwicklungen (RAYDAC – OARAC – CALDIC)

Die Raytheon Manufacturing Comp., Waltham, Mass., entwickelte unter der Bezeichnung Projekt „Hurricane" für das Office of Naval Research einen elektronischen Hochgeschwindigkeits-Rechenautomaten, der später die Kurzbezeichnung RAYDAC bekam [188 bis 195]. Bemerkenswert sind bei RAYDAC das Paralleladdierwerk, bei dem die Verarbeitung aller Überträge gleichzeitig erfolgt, sowie im System vorgesehene Maßnahmen zur Kontrolle des Zahlentransfers und der richtigen Ausführung algebraischer Operationen [195a].

Als weitere frühe amerikanische Rechenautomaten-Entwicklungen seien zumindest noch erwähnt der von der General Electric Comp., Syracuse, N. Y., gebaute OARAC [196, 197], und CALDIC [198] von der Universität von Californien, Berkeley.

7. Stufen der Rechenautomaten-Entwicklung in England

7.1 Rechenautomaten an der Cambridge University

Zu den ersten Entwicklungen in England zählt der EDSAC (*Electronic Delay Storage Automatic Calculator*), mit dessen Bau M. V. WILKES und seine Mitarbeiter am University Mathematical Laboratory in Cambridge, England, Ende 1946 begannen und den sie im Mai 1949 fertigstellen konnten [199 bis 203]. Obwohl hier der Entwicklungsbeginn später liegt als bei anderen vergleichbaren Rechenautomaten in Amerika (z. B. EDVAC), so gilt EDSAC allgemein als der erste in Betrieb gekommene Rechenautomat der Welt mit echter *interner* Speicherung der Befehlssequenz. Es handelt sich bei EDSAC, ähnlich wie bei dem bereits erwähnten EDVAC, um einen serienmäßig im binären Zahlensystem arbeitenden Rechenautomaten mit einem Ultraschallspeicher [204]. Es wird jedoch im Gegensatz zu EDVAC ein Einadreß-Befehlssystem benutzt. Die Entwicklungsgruppe um M. V. WILKES hat sich ebenfalls um die Herausarbeitung einer Systematik der Programmierungsverfahren sehr verdient gemacht [205, 206].

Diese Entwicklungsgruppe hat auch wesentliche Beiträge für die logische Planung von Rechenautomaten geleistet. Hier muß das Konzept der Mikroprogrammierung [207] genannt werden, das im späteren Rechenautomaten EDSAC 2 verwirklicht wurde. Hierbei werden die logisch komplizierten Makrobefehle aus logisch sehr einfachen Mikrobefehlen auf dem Wege der festen Verdrahtung aufgebaut; die intern in der Maschine vorgesehenen Mikrooperationen sind extern, z. B. für den Programmierer, nicht zugänglich. Dadurch daß die Verdrahtung matrixförmig durchgeführt ist, bereitet es jedoch keine sehr großen Schwierigkeiten, neue Makrobefehle hinzuzunehmen und sie in die Maschine einzubauen [208].

7.2 Rechenautomaten-Entwicklung an der Manchester University

Hervorragende Entwicklungsarbeiten auf dem Gebiet der Rechenautomaten hat auch die Gruppe um F. C. WILLIAMS an der Universität Manchester geleistet. WILLIAMS hat beispielsweise das Prinzip der elektrostatischen digitalen Informationsspeicherung mittels gewöhnlicher, kommerziell erhältlicher Kathodenstrahlröhren angegeben (*Williams tube*) [209 bis 211]. Ein besonderes Merkmal des Rechenautomaten Mark I der Universität Manchester [212 bis 214] sind die dort vermutlich erstmalig verwendeten besonderen Indexregister (*b-lines*) zur Befehlsumrechnung. Das Vorhandensein derartiger Indexregister ist heute eine Selbstverständlichkeit bei leistungsfähigen Rechenautomaten. Bei der für den Manchester Rechenautomaten gebauten Magnettrommel [84, 85] ist der Außenläufermotor bemerkenswert, der im Trommelinneren untergebracht ist.

Die weiteren Entwicklungen von Rechenautomaten in Manchester sind in immer stärkerem Maße gekennzeichnet durch eine enge Zusammenarbeit mit der englischen Firma Ferranti (Manchester Mark II → Ferranti *Mercury*; Manchester MUSE → Ferranti *Atlas*), worauf weiter unten noch zurückzukommen sein wird.

7.3 Weitere englische Entwicklungsgruppen (NPL, Teddington — Birkbeck College, London — LEO Computers, Ltd.)

Als eine weitere Entwicklungsgruppe in England muß erwähnt werden das National Physical Laboratory in Teddington, Middlesex, wo das ACE Pilot Modell [215, 216] gebaut wurde, mit dessen Entwicklung 1945 unter der Leitung von A. M. TURING [41] begonnen worden ist.

Ferner nennen wir das Birkbeck College der Universität London, wo etwa 1946 unter der Leitung von A. D. Booth die Rechenautomatenentwicklung begonnen hat und mehrere kleinere elektronische Rechenmaschinen mit Magnettrommel-speicher [217 bis 219] gebaut wurden.

Auf dem Gebiet der kommerziellen Datenverarbeitung kommt der LEO Computers, Ltd., einer von der bekannten Teefirma Lyons gegründeten Tochtergesellschaft, ein hoher Verdienst zu. Die LEO-Anlagen [220 bis 222] (LEO = *Lyons Electronic Office*) werden speziell für die Erledigung von massenweise anfallenden Büroarbeiten entwickelt und gebaut. Die erste Anlage dieser Art befindet sich seit Januar 1954 in vollem Gebrauch und zählt damit zu den ersten praktisch zum Einsatz gekommenen Datenverarbeitungsanlagen überhaupt [223]. Folgende Arbeiten werden von der Anlage vollautomatisch bewältigt: Versandgeschäft-erledigung, Lagerbuchhaltung, Kostenanalyse, Marktforschung, Lohnabrechnung. Die LEO-Anlagen gehen in ihrem logischen Konzept auf EDSAC zurück, von dem sie in gewissem Sinne eine kommerzielle Version darstellen. Es bestand eine enge Zusammenarbeit zwischen den Erbauern von LEO und der Entwicklungsgruppe um M. V. Wilkes an der Cambridge University.

7.4 Auswertung der Forschungsergebnisse an englischen Hochschulinstituten durch die Industrie

Die meisten an englischen Hochschul-Forschungsinstituten durchgeführten Entwicklungen von Rechenautomaten wurden von englischen Firmen kommerziell ausgewertet. So bauen beispielsweise die Entwicklungen bei der Firma Ferranti auf den Rechenautomatenentwicklungen der Universität Manchester auf. Die ersten von Ferranti gebauten Rechenautomaten stellten im wesentlichen kommerzielle Nachbauten des oben erwähnten Manchester Mark I Rechenautomaten dar, während dem späteren *Mercury* Computer von Ferranti [224] bis auf einige Abweichungen im Befehlscode die logische Struktur des zweiten an der Universität Manchester gebauten Rechenautomaten Mark II [225] zugrunde liegt. Die jüngste Entwicklung (Rechenautomat MUSE [226] an der Manchester Universität — Datenverarbeitungssystem *Atlas* [227, 228, 228a] bei Ferranti) zielt auf die Schaffung extrem leistungsfähiger Maschinen der obersten Größenklasse mit höchster Rechengeschwindigkeit ab.

Die Firma The English Electric Comp., Stafford, hat sich an den Entwicklungen des National Physical Laboratory beteiligt und bringt als Weiterentwicklung des ACE Prototyps den kommerziell hergestellten Rechenautomaten DEUCE auf den Markt [229]. Diese Firma hat inzwischen ihr Programm erweitert und stellt unter der Typenbezeichnung KDP 10 [230] ein flexibles Datenverarbeitungssystem her, das jedoch auf einer ursprünglichen RCA Entwicklung (Type 501 [231 bis 233]) basiert. Eigenentwicklungen stellen das für wissenschaftliche Rechnungen bestimmte KDF 9-System [234, 235] und die vornehmlich für Produktions-steuerung bestimmte kleinere Anlage KDN 2 dar.

Die Entwicklungsgruppe am Birkbeck College arbeitete mit der British Tabulating Machine Co. Ltd. (jetzt ICT) zusammen, woraus der HEC-Computer (spätere Typenbezeichnung 1200) hervorging [236]. Natürlich hat auch die ICT ihr Programm inzwischen erweitert, wobei auf eine intensive eigene Entwicklungsarbeit zurückgegriffen werden kann.

Die EDSAC-Entwicklungsgruppe des University Mathematical Laboratory, Cambridge, England, hat ihre, insbesondere mit den Quecksilber-Verzögerungsstrecken gemachten Erfahrungen mit LEO Computers Ltd. ausgetauscht und damit die dortigen Entwicklungen befruchtet, wie weiter oben bereits erwähnt wurde.

7.5 Weitere Rechenanlagen-Herstellerfirmen in England

Neben den im vorigen Abschnitt bereits genannten Firmen

Ferranti Ltd., Computer Department, West Gorton, Manchester 12;

The English Electric Comp. Ltd., Data Processing and Control Systems Division, Kidsgrove, Stoke-on-Trent, Staffordshire;

International Computers and Tabulators Ltd., Gloucester House, 149 Park Lane, London W. 1;

Leo Computers Ltd., Hartree House, Queensway, London W. 2;

müssen als weitere Rechenanlagen-Herstellerfirmen in England noch genannt werden:

EMI (Electric and Musical Industries) Electronics Ltd., Computing Division, Blyth Road, Hayes, Middlesex. Diese Firma stellt die EMIDEC-Datenverarbeitungsanlagen Type 1100 [237] und Type 2400 her.

Standard Telephones & Cables Ltd., Counaught House, 63 Aldwych, London W. C. 2. Diese Firma stellt den Digitalrechner *Stantec* ZEBRA [238 bis 240] her. Dieser Rechner geht auf Entwicklungen bei der holländischen Post-, Telegraphen- und Telefonverwaltung unter W. L. VAN DER POEL zurück [241 bis 243][7].

Associated Electrical Industries (A. E. I.) Ltd., Computer Department, Trafford Park, Manchester 17. Diese Firma, die durch Fusion der Metropolitan-Vickers Electrical Co. mit anderen britischen Firmen entstanden ist, stellt die Datenverarbeitungsanlage AEI 1010 her, die im ersten englischen Transistor-Rechner *Metrovick* 950 [244, 245] einen Vorläufer hat.

Elliott Brothers (London) Ltd., Elstree Way, Borehamwood, Hertfordshire. Seit 1956 besteht eine Zusammenarbeit mit der National Cash Register (NCR) Co. Ltd., die für kommerzielle Anlagen den Vertrieb übernommen hat. Den ersten Digitalrechner hat Elliott Bros. Ltd. 1952 gebaut; es war der mit magnetostriktiven Verzögerungsstrecken ausgestattete *Nicholas* [246, 247]. Als nächstes wurde mit Unterstützung der National Research Development Corp. der Elliott-NRDC 401 Computer [248, 249] entwickelt. Heute befinden sich die Typen 402 E, 402 F, 405 [250], 802 [251] und 803 auf dem Markt.

Natürlich bestehen auch von den wichtigsten amerikanischen Herstellerfirmen in England Tochtergesellschaften:

Burroughs Adding Machine Ltd., 356 Oxford Street, London W. 1.

IBM United Kingdom Ltd., 101 Wigmore Street, London W. 1.

Univac Computer Division, Remington Rand Ltd., 26 Kensington High Street, London W. 8.

The National Cash Register Co. Ltd., 206—216 Marylebone Road, London N. W. 1.

---

[7] In diesem Zusammenhang sei verwiesen auf den Beitrag "Microprogramming and Trickology", von W. L. VAN DER POEL, in diesem Buch S. 269—311.

7.6 Synoptische Darstellungen über Rechenautomaten in England

Verschiedene britische Institutionen haben in den vergangenen Jahren Rechen-
automatentagungen abgehalten, welche immer einen guten Überblick über den
Entwicklungsstand in England zum betreffenden Zeitpunkt vermittelten. Hierbei
sind zu erwähnen:

> Conference on High-Speed Automatic Calculating Machines. University
> Mathematical Laboratory, Cambridge, England, 22.—25. Juni 1949. (Konferenz-
> bericht siehe [252].)

> Computer Conference held on the Occasion of the Inauguration of the
> Electronic Digital Computer of the University of Manchester. Manchester,
> England, 9.—12. Juli 1951. (Konferenzbericht siehe [253].)

> Automatic Digital Computation. Symposium held at the National Physical
> Laboratory, Teddington, Middlesex, England, 25.—28. März 1953. (Konferenz-
> bericht siehe [254].)

> Convention on Digital Computer Techniques. Institution of Electrical Engineers,
> London, 9.—14. April 1956. (Konferenzbericht siehe [255].)

Es wurde auf diesen Tagungen über zahlreiche weitere englische Rechenautomaten-
Entwicklungen berichtet, die in den vorausgegangenen Abschnitten nicht alle
erwähnt werden konnten.

Große Beachtung findet jeweils die in der Olympia-Halle in London abgehaltene
„Electronic Computer Exhibition". Bisher sind zwei Ausstellungen dieser Art abgehalten worden, die erste vom 28. November bis 4. Dezember 1958 und die
zweite vom 3. bis 12. Oktober 1961. Über die dort ausgestellten elektronischen
Rechenmaschinen, Datenverarbeitungsanlagen und peripheren Geräte wurde in
den einschlägigen Fachzeitschriften mannigfach berichtet, z. B. in [256/a/b]. Aus
Anlaß dieser Ausstellungen fanden gleichzeitig Symposien über Datenverarbeitungsprobleme statt; die dabei gehaltenen Vorträge sind gedruckt erschienen [257].

Abschließend verweisen wir auf einige weitere Veröffentlichungen über englische
Rechenanlagen, die teilweise sehr informative Übersichten in Tabellenform enthalten [258 bis 264]. Ein historischer Beitrag über die Rechenautomaten-Entwicklung in England aus der Sicht eines Repräsentanten der National Research
Development Corporation wird in [256] gegeben. Die wichtigsten englischen Erst-
entwicklungen sind auch in [16], insbesondere S. 117—172, behandelt.

8. Rechenautomaten in Deutschland

Nachdem bereits im Abschnitt 4 auf die deutschen Rechenautomaten-Entwicklungen vor 1945 eingegangen wurde, soll nunmehr die Nachkriegsentwicklung in
Deutschland umrissen werden[8]).

8.1 Die Entwicklungen in Göttingen, Darmstadt und München

Nach dem Kriege war es der Einzelinitiative weniger Wissenschaftler zu verdanken, daß die Entwicklung von Rechenautomaten in Deutschland wieder aufgenommen wurde. Verschiedene Forscher lernten auf ihren ersten Reisen in die
USA nach Beendigung des Krieges die große Bedeutung der dort mit sehr großem

---

[8]) Hierbei wird die ZUSEsche Entwicklung bewußt ausgeklammert, da ihr ein eigener
   Beitrag im vorliegenden Sammelband gewidmet ist (siehe S. 508—532).

Aufwand gebauten Rechenautomaten kennen und waren sehr beeindruckt von den Möglichkeiten, welche diese Geräte eröffneten. Etwa seit 1948 wurde in Deutschland mit der Entwicklung elektronischer Rechenanlagen begonnen, und zwar in Göttingen, Darmstadt und München.

In Göttingen gaben wissenschaftliche Arbeiten auf dem Gebiet der theoretischen Astrophysik und Quantenmechanik, die in Fortsetzung älterer Arbeiten in Berlin-Babelsberg und Hamburg-Bergedorf am Max-Planck-Institut für Physik unter der Leitung von Professor L. BIERMANN durchgeführt wurden, und von H. BILLING konzipierte Ideen [87], die zur unabhängigen Entwicklung des Magnettrommel-speichers führten, den Anlaß zum Bau von Rechenautomaten. Von der Göttinger Rechenautomaten-Entwicklungsgruppe unter H. BILLING wurden gebaut die Rechenautomaten G 1 [266, 267], G 1a [268], G 2 [267, 269] und G 3 [270, 271]. Die dem Max-Planck-Institut für Physik und Astrophysik angeschlossene Entwicklungsgruppe ist mittlerweile zusammen mit dem Institut von Göttingen nach München übergesiedelt. Die G 3, die im Dezember 1960 zum Rechnen freigegeben wurde, ist hinsichtlich ihrer logischen Planung insofern interessant, als daß sie in der Steuereinheit (ähnlich wie bei EDSAC 2) von der fest verdrahteten Mikro-programmsteuerung [272] Gebrauch macht und daß sie einen „Keller" (vgl. F. L. BAUER und K. SAMELSON [273]) zur Speicherung von Zwischenergebnissen mit dorthin automatisch vorgenommener Zahlenüberführung besitzt.

In Darmstadt fällt die Wiederaufnahme der Arbeiten an der Entwicklung eines programmgesteuerten Rechenautomaten am Institut für Praktische Mathematik (IPM) der Technischen Hochschule in das Jahr 1949. Entwicklung, Bau und Anwendungen mathematischer Maschinen und Instrumente gehören unmittelbar zum Schwerpunkt der Lehr- und Forschungstätigkeit dieses Instituts seit der Übernahme der Leitung durch Professor A. WALTHER (1928). Bei der Planung von DERA (*Darmstädter Elektronischer Rechen-Automat*) [274 bis 278] hat man sich den Rechenautomaten Harvard Mark IV zum Vorbild genommen. — Inzwischen befindet sich in Darmstadt mit Unterstützung der Deutschen Forschungsgemeinschaft ein wissenschaftliches Großrechenzentrum mit einer IBM 704 im Aufbau, das der gesamten deutschen Forschung zugute kommen soll.

In München hat im November 1950 Professor H. PILOTY, Direktor des Instituts für elektrische Nachrichtentechnik und Meßtechnik der Technischen Hochschule, den Entschluß gefaßt, sich mit der Entwicklung und dem Bau eines elektronischen Rechenautomaten zu befassen. Dieser Entschluß wurde wesentlich beeinflußt durch die auf einer Studienreise in den USA gewonnenen Eindrücke. Dafür war nicht allein bestimmend die große Bedeutung, die in den Rechenautomaten selbst liegt, sondern auch die ihnen zugrunde liegende interessante und neuartige Technik, die auch außerhalb der Rechenautomaten lohnende Anwendungsmöglichkeiten verspricht und insbesondere auch deshalb für ein solches Hochschulinstitut besonders reizvoll war. Die PERM (*Programmgesteuerte Elektronische Rechen-anlage München*) [145 bis 147, 279, 279a] folgte dem logischen Konzept des Princeton-Computers (vgl. Abschnitt 6.4).

8.2 Unterstützung durch die Deutsche Forschungsgemeinschaft

Die im vorigen Abschnitt erwähnten Arbeiten zur Entwicklung von Rechenautomaten in Deutschland wurden zunächst mit ERP-Mitteln durchgeführt. Seit etwa 1952 wurden diese Vorhaben von der Deutschen Forschungsgemeinschaft (DFG) unterstützt, die sie in ihre Schwerpunktprogramme einbezog [280 bis 282]. Sie hat eine besondere Kommission „Rechenanlagen" ins Leben gerufen, welche die

Leiter der drei genannten Entwicklungsstellen und andere auf verwandten Gebieten arbeitende Forscher vereinigt. Es ist im wesentlichen der Kommission „Rechenanlagen" zu verdanken, daß heute praktisch alle deutschen Universitäten und Technischen Hochschulen über leistungsfähige elektronische Rechenanlagen verfügen. Der Anfang dazu wurde im Winter 1956/57 gemacht, als die DFG im Rahmen einer großzügigen Beschaffungsaktion kommerziell erhältliche Rechenanlagen anmietete und sie deutschen Hochschul-Forschungsinstituten zur Verfügung stellte.

Die Kommission „Rechenanlagen" richtete 1954 im Institut für Praktische Mathematik, Darmstadt, eine Literaturstelle ein, die eine Dokumentation des gesamten Schrifttums auf dem Gebiet der Rechenautomaten durchführt. Titellisten dieses Schrifttums [283] werden vierteljährlich gemeinschaftlich herausgegeben von der DFG in Bad Godesberg und dem Provisorischen Internationalen Rechenzentrum (PICC) in Rom.

8.3 Rechenautomaten-Entwicklung an der TH Dresden

Am Institut für Angewandte Mathematik (später Institut für Maschinelle Rechentechnik) der Technischen Hochschule Dresden begannen Ende 1950 die ersten Experimentalarbeiten an einem Versuchsmodell eines kleinen elektronischen Rechenautomaten unter der Leitung von Professor N. J. LEHMANN in Zusammenarbeit mit dem Funkwerk Dresden. Mit dem Bau des Rechenautomaten D 1 [284 bis 287] wurde im Funkwerk 1953 begonnen. Über den Entwicklungsstand 1958 wird in [288] kurz berichtet. Charakteristisch für D 1 ist der Magnettrommelspeicher mit einem elektromagnetischen Schlittenantrieb zum Verschieben der Magnetköpfe. Beim Rechenautomaten D 2 ist man von diesem Prinzip jedoch wieder abgekommen.

8.4 Die Rechenautomaten der Zeiss-Werke in Jena

In den optischen Werken VEB Carl Zeiss, Jena, wurde 1954/55 innerhalb des erstaunlich kurzen Zeitraumes von etwa neun Monaten die OPREMA (*Optische Rechen-Maschine*), eine Zwillings-Relais-Rechenanlage mit Dreiadreß-Befehlssystem und Parallelrechenwerk [289 bis 293], entwickelt und gebaut, die in erster Linie für die Bewältigung komplizierter optischer Rechnungen ausgelegt wurde. Inzwischen ist auch die Entwicklung eines elektronischen Rechenautomaten ZRA-1 [294 bis 296] abgeschlossen worden, der in den Zeiss-Werken in größeren Stückzahlen gebaut werden soll. Die eigentliche Entwicklungsgruppe unter H. KORTUM und W. KÄMMERER wurde inzwischen organisatorisch aus dem Zeiss-Werk herausgelöst und bildet seither den Kern des Zentralinstituts für Automatisierung, das in Dresden errichtet wurde.

8.5 Industrielle Entwicklungen

Der Bau ganzer Rechenautomaten ist etwa ab 1955 in immer stärkerem Maße von den Hochschulinstituten und wissenschaftlichen Forschungsgruppen, die sich meist immer nur mit dem Bau eines Prototyps beschäftigten, um mit dieser Maschine später selbst rechnen zu können, an zahlreiche Firmen der Büromaschinen- und elektrotechnischen, vor allem auch elektronischen Industrie übergegangen, die eine serienmäßige Herstellung von Rechenanlagen aufgenommen haben. Diese Entwicklung ist für alle bedeutenden Industrieländer charakteristisch, natürlich auch für Deutschland. Allerdings muß gesagt werden, daß — abgesehen von der Firma Zuse KG, Bad Hersfeld — die deutschen Industriefirmen, die heute elektronische Rechenanlagen auf dem Markt haben, verhältnismäßig spät (1955/56) mit der eigenen Entwicklung auf diesem Gebiet begonnen haben. Als es jedoch soweit war, so haben Intensität und Tempo dieser Industrieentwicklung sowie auch die aufgewendeten Mittel die Hochschulentwicklungen rasch und deutlich überflügelt. Zu diesem Zeitpunkt wurde es als nicht mehr zweckmäßig erachtet, die selbstgebauten Anlagen in Göttingen, Darmstadt und München nachzubauen. Um möglichst einen Anschluß an den insbesondere in den USA und England hohen Entwicklungsstand zu gewinnen und um überhaupt wettbewerbsfähig zu werden, haben die betreffenden deutschen Firmen gleich mit der Entwicklung moderner Transistor-Rechenautomaten begonnen. Folgende elektronischen Rechenanlagen deutschen Entwurfs befinden sich heute auf dem Markt:

Rechenanlage ER 56 [297, 298] von Standard Elektrik Lorenz AG, Stuttgart,

Rechenanlage 2002 [299 bis 303] von Siemens & Halske AG, München,

Rechenanlage TR 4 [304 bis 306] von Telefunken GmbH, Backnang.

Die Standard Elektrik Lorenz AG hat außerdem für das deutsche Großversandhaus „Quelle" das *Informatik-System* entwickelt, in dem etwa 16 000 Transistoren verwendet worden sind [307 bis 311]. Diese erste von einer deutschen Firma gebaute Spezialzweckanlage ist dazu bestimmt, die bei Versandgeschäften anfallenden zahlreichen Datenverarbeitungsaufgaben zu bewältigen. Diese Firma hat inzwischen einige weitere Spezialzweckanlagen installiert, vor allem Platzreservierungssysteme für die Deutsche Bundesbahn [312, 313] und für die skandinavische Luftfahrtgesellschaft SAS [314].

Es ist zu erwähnen, daß die IBM Deutschland GmbH in Sindelfingen bei Stuttgart IBM-Rechenanlagen amerikanischen Entwurfs in Serienfertigung erzeugt. — Bei der Firma Schoppe & Faeser, Minden/Westf., wird die Rechenanlage LGP-30 [315 bis 319] in Lizenz gebaut.

8.6 Kleine Anlagen

Neuerdings werden auch kleine Anlagen, die am besten als weiterentwickelte Buchungsmaschinen angesprochen werden, von deutschen Firmen angeboten. Die Olympia Werke AG, Wilhelmshaven, bieten das System „Omega" an [320]. Die Steuerung der Anlage erfolgt extern durch einen photoelektrisch gelesenen Lochstreifen. Als Speicher ist eine Magnettrommel eingebaut. — Die Siemag, Feinmechanische Werke GmbH, Eiserfeld/Sieg, brachten die „Dataquick" auf den Markt. Bei dieser Anlage erfolgt die Steuerung von einer normalen Steuerbrücke einer Buchungsmaschine; auch hier ist ein Zahlenspeicher vorhanden. — Erwähnt seien schließlich noch die elektronischen Buchungsmaschinen Klasse M 300 der Kienzle Apparate GmbH, Villingen/Schwarzwald.

Eine magnetbandgesteuerte Kleinrechenmaschine, für die als Hauptanwendungsgebiet die automatische Meßwertverarbeitung gedacht ist, wurde im Recheninstitut der Technischen Universität Berlin gebaut [321, 321a].

8.7 Tagungen und Überblicksberichte

Zunächst war es der Initiative der Kommission „Rechenanlagen" der Deutschen Forschungsgemeinschaft zu verdanken, daß in Deutschland Kolloquien abgehalten wurden, auf denen die an der Entwicklung beteiligten Fachleute ihre Erfahrungen austauschen und neue Anregungen sammeln konnten. Hierbei sind zu erwähnen:

Kolloquium über Probleme der Entwicklung programmgesteuerter Rechengeräte und Integrieranlagen. Veranstaltet an der Technischen Hochschule Aachen, Mathematisches Institut, Lehrstuhl C, Prof. Dr. H. CREMER, Juli 1952. (Publikation siehe [322].)

Kolloquium über Rechenanlagen. Veranstaltet am Max-Planck-Institut für Physik, Göttingen, 19. bis 21. März 1953. (Publikation siehe [323].)

Rundgespräch über Rechenanlagen. Veranstaltet an der Technischen Hochschule München, Institut für elektrische Nachrichtentechnik und Meßtechnik, Prof. Dr.-Ing. H. PILOTY, 26. bis 28. April 1954. (Tagungsbericht siehe [324].)

Eine umfassende Berichterstattung über die wichtigsten Rechenautomaten-Entwicklungen in Europa brachte die von der Gesellschaft für Angewandte Mathematik und Mechanik (GAMM) und der Nachrichtentechnischen Gesellschaft (NTG) veranstaltete Fachtagung „Elektronische Rechenmaschinen und Informationsverarbeitung", Darmstadt, 25. bis 27. Oktober 1955. Die auf dieser Tagung gehaltenen Vorträge sind in gedruckter Form erschienen [325].

Als nächste sind zu nennen das anläßlich der Einweihung der neuen Räume der Mathematischen Institute der TH Dresden abgehaltene Mathematiker-Kolloquium, Dresden, 22. bis 27. November 1955 [325 a], und die von der NTG veranstaltete Diskussionstagung „Informationsverarbeitende Systeme", Stuttgart, 14. bis 15. Oktober 1957 [326].

Einen Höhepunkt der Tagungsaktivität in Deutschland bedeutet zweifellos der Kongreß der International Federation for Information Processing (IFIP), München, 27. August bis 1. September 1962.

Einen Überblick über den Stand der Entwicklung und die in Deutschland erhältlichen Rechenanlagen vermittelt die alljährlich im Frühjahr in Hannover stattfindende Deutsche Industriemesse, worüber in den Fachzeitschriften jeweils ausführlich referiert wird [327 bis 334].

Weiterhin verweisen wir auf die Serie „Fachgebiete der Technik in Jahresübersichten" der VDI-Zeitschrift, in der auch die elektronischen Rechenanlagen besprochen werden [335 bis 339]. In diesen Berichten treten angesichts der Vielzahl der heute produzierten Rechenautomatentypen die in Deutschland erhältlichen Anlagen naturgemäß stärker in den Vordergrund.

Der Stand des elektronischen Rechnens und der elektronischen Datenverarbeitung in Deutschland, wie er sich etwa im Herbst 1960 darbot, ist in einem erst kürzlich herausgekommenen Heft [339 a], auf das der Leser abschließend noch aufmerksam gemacht wird, übersichtlich zusammengestellt.

9. Digitale Rechenanlagen in anderen Ländern

Informative Berichte über den Stand der Entwicklung auf dem Gebiet der Ziffern-Rechenautomaten in Europa sind bereits mehrfach veröffentlicht worden, und es wäre dem kaum etwas hinzuzufügen, wenn die Autoren in größerem Maße (oder überhaupt) Literaturhinweise gegeben hätten. Aus den hier zu nennenden Übersichten [340 bis 346] ragen im besonderen zwei [345, 346] heraus, die sich durch Gründlichkeit in der Darstellung und durch große Sachkenntnis der Verfasser auszeichnen. Angesichts des Vorhandenseins solcher Übersichten erscheint es kaum sinnvoll, die dort gegebene Darstellung der Entwicklung und des heutigen Standes der Technik auf dem Gebiet der digitalen Rechenanlagen hier im Detail zu wiederholen. Vielmehr wollen wir — dem Charakter dieses Beitrages Rechnung tragend — in der folgenden, alphabetisch nach Ländern gegliederten Übersicht, die hinsichtlich der aufgezählten Maschinen keinen Anspruch auf Vollständigkeit erhebt, den Leser auf die entsprechende Literatur (soweit bekannt, Originalschrifttum) hinweisen. (Es werden meist nur Rechenautomaten erwähnt, die in den betreffenden Ländern entwickelt und gebaut wurden; importierte Anlagen finden i. a. keine Berücksichtigung.)

Belgien. Der IRSIA-FNRS Rechenautomat wurde gebaut von der Bell Telephone Manufacturing Co., Antwerpen [347 bis 349]. In ihrer logischen Planung basiert diese Maschine auf Harvard Mark IV.

Dänemark. Die Entwicklungsgruppe im Institut für Rechenmaschinen (Regnecentralen) der Dänischen Akademie für Technische Wissenschaften in Kopenhagen baute nach dem Muster der Stockholmer BESK einen eigenen Rechenautomaten DASK [350]. Inzwischen ist eine weitere volltransistorisierte Maschine GIER fertiggestellt worden [351].

Frankreich. Mit dem Selbstbau eines Rechenautomaten am Institut Blaise Pascal [352, 353] in den Jahren 1948/51 hatte L. COUFFIGNAL offenbar wenig Erfolg; die Maschine scheint nicht in Betrieb gekommen zu sein.
Es gibt heute drei französische Firmen, die elektronische Rechenanlagen herstellen, nämlich:

Compagnie des Machines Bull, Paris: GAMMA 3 [354 bis 357], GAMMA 60 [358 bis 362], Serie 300 [363, 364].

Société d'Electronique et d'Automatisme (S.E.A.), Courbevoie/Seine: Allgemein [365], CAB 500 [366 bis 368], CAB 1011, CAB 2022 [369], CAB 2100 [370], CAB 3000 [370], CAB 5040 [370], SEA 3900 [367, 371].

Société Nouvelle d'Electronique (S.N.E.), Paris: Universalrechner KL 901 für wissenschaftliche Probleme [372].

Italien. In Rom besteht seit über 30 Jahren das „Istituto Nazionale per le Applicazioni del Calcolo (INAC)", das sich unter der Leitung von Professor M. PICONE große Verdienste um die Verbreitung der praktischen Mathematik erworben hat. Allerdings wurde in diesem Institut keine eigene Maschine gebaut, sondern ein Rechenautomat der englischen Firma Ferranti erworben, der den Namen FINAC bekommen hat.

Rom beherbergt als weitere Institution von Rang das „Provisorische Internationale Rechenzentrum (PICC)" (neugewählter Leiter: S. COMÉT), das — nachdem nun zehn Staaten die Statuten ratifiziert haben — zu einer permanenten Einrichtung gemacht werden und dann auf übernationaler Basis Rechenaufträge u. ä. übernehmen und ausführen sowie die internationale Zusammenarbeit auf diesem Gebiet pflegen soll. Wir verweisen auf das von dieser Institution herausgegebene Bulletin [373] sowie auf eine weitere sehr informative Publikation, das „International Repertory of Computation Laboratories" [374], eine Zusammenstellung mit den wichtigsten Angaben über etwa 300 Rechenzentren und -laboratorien aus 32 Ländern. Auch die „Titellisten" [283] seien hier nochmals erwähnt.

Von Hochschulentwicklungen ist als bemerkenswert zu nennen der an der Universität von Pisa gebaute Rechenautomat CEP (Calcolatrice Elettronica Pisana) [375, 376], eine Einadreßmaschine mit einer sehr flexiblen Befehlsstruktur unter

Anwendung der Mikroprogrammierungstechnik; die kurze Zugriffszeit von 0,1 µs für jeden der 230 Mikrobefehle ermöglicht hohe Rechengeschwindigkeiten.

Die Büromaschinenfirma Olivetti hat inzwischen auch elektronische Rechenanlagen in ihr Produktionsprogramm aufgenommen und im Sommer 1959 ihre erste Maschine, die Datenverarbeitungsanlage ELEA 9003 [377] und einige Zeit später den für wissenschaftliche Probleme bestimmten Digitalrechner ELEA 6001 [378] angekündigt.

Jugoslawien. Die Rechengeräteentwicklung ist konzentriert im Boris-Kidrich-Institut für Kernforschung in der Nähe von Belgrad. Die Arbeiten sind hauptsächlich auf Analogrechner ausgerichtet. Inzwischen dürfte jedoch ein teilweise transistorisierter, serienmäßig arbeitender, mit einem 4096 Worte umfassenden Magnetkernspeicher versehener Digitalrechner fertiggestellt worden sein [379].

Niederlande. Im Mathematisch Centrum, Amsterdam (Direktor: A. VAN WIJN-GAARDEN) wurden gebaut: Relaisrechner ARRA, Elektronenrechner ARRA, FERTA für die Fokker-Flugzeugwerke und ARMAC [380] (vgl. auch [381] für einen allgemeinen Überblick). Mit finanzieller Unterstützung durch die Nillmij Versicherungsgesellschaft wurde eine holländische Rechenautomaten-Herstellerfirma, die N. V. Electrologica, gegründet [382]. Das technische Fachpersonal für Entwicklung und Bau von Rechenautomaten des Mathematisch Centrum wurde von dieser Firma übernommen. Gebaut wird die Maschine X—1 [383 bis 387].

Im Laboratorium der holländischen PTT wurden unter der Leitung von L. KOSTEN und W. L. VAN DER POEL die Maschinen PTERA [241 bis 243] und ZEBRA [238 bis 240] entwickelt (die letztere wird von der englischen Firma Standard Telephone & Cables Ltd. gebaut und vertrieben — vgl. hierzu Abschnitt 7.5).

Bei den N. V. Philips Gloeilampenfabrieken in Eindhoven wurden gebaut: PETER, PASCAL (*Philips Automatic Sequence Calculator*) [388] und STEVIN.

Norwegen. Im Rechenzentrum der Universität Oslo in Blindern wurde nach dem Vorbild des englischen Rechenautomaten APE(X)C (Birkbeck College, London) ein eigener kleiner Rechenautomat NUSSE [389] und an der Technischen Hochschule Trondheim eine kleine digitale Integrieranlage DIANA gebaut.

Österreich. Forschungsarbeiten mit einem weiten Spektrum wurden unter der Leitung von H. ZEMANEK im Institut für Niederfrequenztechnik der Technischen Hochschule Wien durchgeführt (vgl. die auf der Darmstädter Fachtagung gegebenen Überblicksvorträge [390, 391]); gebaut wurde der Rechenautomat *Mailüfterl* [392, 393]. Die gesamte Gruppe ist kürzlich aus dem Verband der Hochschule ausgeschieden und zur IBM übergegangen, wo sie die „Forschungsgruppe Wien" der IBM Österreich bildet. Das *Mailüfterl* hat diesen Transfer mitgemacht.

Polen. Gebaute Rechenautomaten im Institut für Mathematische Maschinen der Polnischen Akademie der Wissenschaften: XYZ 1 [394], ZAM 2 (ZAM 3 ist in Entwicklung), SKRZAT 1 [395]. Bemerkenswert ist die Schaffung einer Programmsprache SAKO [396, 397]. Es sei an dieser Stelle auch noch auf die ausführliche Rechenautomaten-Beschreibung [398] verwiesen.

Rumänien. Von der Rechenautomatengruppe im Institut für Atomphysik der Rumänischen Akademie der Wissenschaften gebaute Rechenautomaten: CIFA—1 [399], CIFA—2 und CIFA—3 (letztere für die Universität von Bukarest); CIFA—101 befindet sich in Entwicklung.

Auf dem Gebiet der Schaltkreistheorie arbeitet eine Gruppe um Professor G. C. Moisil im Mathematischen Institut der Akademie der Wissenschaften (vgl. z. B. [400]).

Schweden. Die Initiative in diesem Land ging aus von der Rechenautomaten-Entwicklungsgruppe am Matematikmaskinnämnden in Stockholm. 1950 wurde die Relaismaschine BARK und Ende 1953 der elektronische Rechenautomat BESK (*Binär Elektronisk Sekvens Kalkylator*) [143, 144] in Betrieb genommen. BESK erwies sich als eine sehr erfolgreiche Konstruktion und wurde deshalb an mehreren Orten — z. T. mit kleinen Änderungen — nachgebaut bzw. weiterentwickelt, beispielsweise durch die SAAB Flugzeugwerke (Rechenautomaten SARA, D 2, D 21) und durch die Facit AB Åtvidabergs-industrier (Datenverarbeitungssystem Facit EDB). Eine bemerkenswerte Eigenentwicklung von Facit stellt der Karussellspeicher ECM 64 [401, 402] dar. Auch die an der Universität Lund nach Plänen der BESK-Entwicklungsgruppe gebaute etwas kleinere elektronische Rechenmaschine SMIL [403] weist technische Merkmale der BESK auf.

Die Bo Nyman AB baut die WEGEMATIC 1000 [404] (Vorläufer: ALWAC IIIE) und entwickelt die WEGEMATIC 8000 (Vorläufer: ALWAC 800). Der Vertrieb dieser Maschinen erfolgt durch die Addo AB.

Schweiz. Zuses Rechenautomat Z 4 war nach seiner Wiederinstandsetzung nach dem zweiten Weltkrieg von 1950 bis 1955 im Institut für Angewandte Mathematik der ETH Zürich in Betrieb und wurde in dieser Zeit neben den Forschungsinstituten der ETH auch von Forschungsabteilungen industrieller Betriebe benutzt. Dem Institut selbst diente die Z 4 zur Durchführung numerischer Experimente und Untersuchung von Verfahren zur Vereinfachung der Programmierung [49, 405]. Die Z 4 wurde durch den im Institut selbst gebauten elektronischen Rechenautomaten ERMETH [406 bis 408] abgelöst.

Sowjetunion. Im März 1956 fand in Moskau die erste große Rechenautomatentagung in der UdSSR statt, auf der ein allgemeiner Überblick über die dortigen Entwicklungen gegeben wurde. Neben den bereits auf der Darmstädter NTG-Fachtagung im Oktober 1955 entschleierten Rechenautomaten BESM [148] und URAL [409], erfuhr man von der Existenz einiger weiterer Maschinen, darunter STRELA und M—2. Die Sowjetunion, die im Vergleich zu den USA relativ spät (ca. 1948) mit dem Bau elektronischer Rechenautomaten begonnen hat, konnte auf diesem Gebiet in kurzer Zeit stark aufholen, was beispielsweise daraus hervorgeht, daß der Rechenautomat BESM zum Zeitpunkt seiner Inbetriebnahme im Jahre 1952 mit durchschnittlich 8000 Rechenoperationen pro Sekunde der schnellste Rechenautomat der Welt war. Auf der von über 800 Teilnehmern besuchten Moskauer Rechenautomatentagung wurde deutlich, in welch starkem Maße die Ausbildung von Mathematikern und Fachkräften, die mit Rechenautomaten umgehen können, gefördert wird. Ein Tagungsbericht in russischer Sprache ist erschienen [410]; englische Zusammenfassungen der Vorträge wurden in den USA veröffentlicht [411].

Inzwischen ist es in den Jahren 1958 und 1959 zu gegenseitigen Besuchen von russischen und amerikanischen Rechenautomaten-Fachleuten in den USA bzw. in der UdSSR gekommen (wir verweisen auf die diesbezüglichen ausführlichen Berichte [412 bis 416]), die dazu beigetragen haben, einen besseren Überblick über den Stand der Rechenautomatenentwicklung in der Sowjetunion zu gewinnen. In diesem Zusammenhang ist auch ein Bericht von Feigenbaum [416a] über sein Zusammentreffen mit sowjetischen Fachwissenschaftlern anläßlich des

IFAC-Kongresses 1960 in Moskau und anderen Städten der UdSSR recht aufschlußreich.

Einen offenbar recht authentischen Überblicksbericht über Digitalrechner in der UdSSR hat V. CZAPLA, Prag [417] kürzlich veröffentlicht. Danach sollen Ende Juni 1960 schätzungsweise etwa 600 digitale Rechenanlagen in der Sowjetunion in Betrieb gewesen sein.

Hier eine Aufzählung der wichtigsten bekannt gewordenen sowjetischen digitalen Rechenanlagen, vor allem der Universalrechner: BESM [148 bis 151]; URAL [409, 418, 419, 552 S. 197—199 und 280—291]; STRELA [552 S. 190—197 und 236—272]; M—1; M—2 [420, 421, 422 S. 29—95]; M—3 [552 S. 199—201, 457 S. 130—146]; M—20 (s. Bem. in [416] S. 151); M—50 (s. Bem. in [417] S. 17, Tafel); MESM; SESM (s. Bem. in [416] S. 150); LEM—1 [423]; TSEM—1 [424, 425]; KIEW (s. Bem. in [416] S. 150; ein Datenblatt über diese Rechenanlage erhielten die Besucher des IFAC-Kongresses, Moskau 1960, bei der Besichtigung dieser Rechenanlage in Kiew); SETUN (s. Bem. in [416] S. 149; in dieser Rechenanlage wird das ternäre Zahlensystem benutzt); ARAGATS, RAZDAN, YEREVAN (über diese drei Rechenanlagen wird kurz referiert in [416] S. 151); Digitalrechner im Moskauer Energieinstitut (s. Bem. in [346] S. 256).

Es ist bemerkenswert, daß inzwischen auch einige westeuropäische Anlagen in die Sowjetunion exportiert wurden, nämlich die Bull GAMMA 3 und der Transistorrechner National-Elliott 803.

Tschechoslowakei. Hier sind zu nennen die Lochkartenanlagen der Firma ARITMA [426], der Relais-Rechenautomat SAPO [427 bis 435] [9]) und der in Entwicklung befindliche elektronische Rechenautomat EPOS, dessen Dezimalziffern in einem Restklassencode [10]) mit den zueinander primen Basiszahlen 2, 3, 5 verschlüsselt sind. Die Rechenautomatenentwicklung ist konzentriert im Forschungsinstitut für Mathematische Maschinen des Ministeriums für Feingerätetechnik in Prag. In diesem Institut wurden auch die digitalen Integrieranlagen NUDA [436] und DAPOS für Werkzeugmaschinensteuerung gebaut. Einen Überblick über das Forschungsprogramm und die Entwicklungen in diesem Institut vermitteln die seit 1953 jedes Jahr regelmäßig veröffentlichten Bände der Serie „Stroje na Zpracování Informací" (Maschinen für Informationsverarbeitung) [437]. — Das Rechenzentrum der Tschechoslowakischen Akademie der Wissenschaften verfügt über einen sowjetischen Rechenautomaten vom Typ URAL—1. (Maschinen von diesem Typ sind, nebenbei bemerkt, auch noch in andere osteuropäische Staaten, z. B. nach Ungarn, geliefert worden.) — Wir verweisen an dieser Stelle auch auf den Reisebericht von BLACHMAN in [343] S. 15—16, und auf die Darstellungen von NADLER [344] und BENEŠ [437a] über die Forschungen auf dem Rechenautomatengebiet in der Tschechoslowakei.

Ungarn. Hier sind neben Maschinen sowjetischen Ursprungs (M—3 und URAL—1) auch westeuropäische Anlagen in Betrieb (Bull GAMMA 3 und National-Elliott 803). Obwohl keine bemerkenswerte technische Eigenentwicklung auf dem Gebiet der Rechenautomaten getrieben wird, so befassen sich einige Gruppen (vor allem an

---

[9]) Vgl. hierzu auch den Beitrag "A Self-Correcting Computer", von J. OBLONSKÝ, in diesem Buch S. 533—542.

[10]) Vgl. hierzu auch den Beitrag "The Numerical System of Residual Classes (SRC)", von A. SVOBODA, in diesem Buch S. 543—574.

der Technischen Hochschule in Budapest und an der Universität von Szeged [438])
mit weitreichenden theoretischen Studien[11]).

Verschiedene andere Länder. Es wäre wohl ein kaum zu bewältigendes Unterfangen, wollte man über die Aktivitäten auf dem Gebiet der Rechenautomaten in *allen* Ländern der Welt berichten. In mehr oder minder großem Ausmaß beschäftigt man sich heute wohl schon überall, wenn auch nicht immer gleich mit technischer Eigenentwicklung, so doch zumindest mit der praktischen Nutzanwendung elektronischer Rechen- und Datenverarbeitungsanlagen. Einige ziemlich willkürlich gewählte Beispiele sollen die obigen Ausführungen über die Aktivitäten in Europa und in den USA ergänzen und zeigen, daß wir es heute mit einer weltweiten Forschungsbewegung zu tun haben: *Australien* (C.S.I.R.O. Radiophysics Computer [439, 440] folgt in seiner logischen Struktur dem EDSAC) — *Brasilien* (an der Technischen Hochschule von Rio de Janeiro kommt bereits 1952 ein Buch über elektronische Rechenautomaten heraus [441]) — *Kanada* (Rechenautomaten an der Universität von Toronto [442 bis 445]; Fachtagungen über Rechenautomaten [446, 447]) — *China* (Nachbau der Moskauer BESM in Peking; mehrere andere Maschinen sollen im Bau sein, jedoch sind keine konkreten Angaben erhältlich) — *Indien* (mit der Entwicklung von Spezialzweckanlagen, z. B. einem „Automatic Rain Telemetering System (ARTS)", beschäftigt sich eine Gruppe von Fachleuten im Indian Statistical Institute, Kalkutta) — *Israel* (Rechenautomat WEIZAC [448] folgt in seiner logischen Struktur dem Princeton-Computer) — *Japan*[12]) (Fachtagung über Rechenautomaten [449]; Gründung der Japan Electronic Industry Development Association (J.E.I.D.A.) und Einrichtung des J.E.I.D.A. Rechenzentrums [450]) — *Spanien* (Internationaler Kongreß über Automatik in Madrid [451]) — *Südafrika* (Gründung der Computer Society of South Africa, Johannesburg, und Herausgabe des „South African Computer Bulletin").

Interessant sind die in einer kürzlich erschienenen Übersicht [452] gemachten Angaben über die *Verbreitung von Rechenanlagen über die ganze Welt* etwa nach dem Stand in der zweiten Hälfte des Jahres 1961. Danach befanden sich zu diesem Zeitpunkt in der Freien Welt nahezu 12 000 Rechen- und Datenverarbeitungsanlagen aller Größen, wovon etwa 9000 allein auf die USA entfallen. Im einzelnen sieht die Verteilung so aus: Freies Europa 1687, Kanada 500, Japan 307, Südamerika 222, Australien 82, Afrika und Mittlerer Osten 58, Südasien 13. Es wird geschätzt, daß der Sowjetblock etwa über maximal 600 Rechenanlagen zu dieser Zeit verfügte.

10. Bücher und Schrifttum mit laufender Berichterstattung über den Fortgang der Rechenautomaten-Entwicklung

Bei der Beschäftigung mit einem bestimmten Fachgebiet ist für den Wissenschaftler das Zurückgreifen auf literarische Hilfsmittel wie Lehrbücher, Handbücher, Nachschlagewerke, Zeitschriftenartikel, Literaturzusammenstellungen usw. unerläßlich. In Anbetracht der gewaltigen literarischen Produktion auf nahezu allen Fach-

---

[11]) Vgl. hierzu auch den Beitrag „Logische Maschinen", von R. TARJÁN, in diesem Buch, insbesondere S. 128 (§ 4.24) und S. 152—153 (§ 7.63).

[12]) Vgl. hierzu auch den Beitrag "Digital Computer Development in Japan", von H. YAMASHITA, et al., in diesem Buch S. 575—649.

gebieten, insbesondere aber auf einem Fachgebiet wie dem hier betrachteten, das zufolge seiner faszinierenden Aspekte zu einer mehr oder minder sachlich und wissenschaftlich fundierten publizistischen Behandlung geradezu herausfordert, kommt es weniger darauf an, *alles* zu lesen und zu kennen, was produziert wird, als vielmehr eine gute Auswahl zu treffen. So ist es auch bei der hier gegebenen Literaturzusammenstellung nicht beabsichtigt, auch nur eine annähernd vollständige Übersicht über Bücher und Schrifttum auf dem Rechenautomatengebiet zu bringen, sondern dem interessierten Leser eine bewußt begrenzte Selektion — wie es dem Verfasser scheint — *empfehlenswerter* Publikationen vorzulegen. Wesentlich vollständigere Literaturzusammenstellungen hat der Verfasser an anderer Stelle veröffentlicht [453, 454]. Wir beschränken uns außerdem auf Literatur, die sich in erster Linie auf Ziffern-Rechenautomaten und digitale Techniken und Verfahren bezieht; Analogrechner bleiben außer Betracht.

10.1 Bücher

Obwohl das Schrifttum, insbesondere Bücher, auf dem Gebiet der digitalen Rechenanlagen in *deutscher Sprache* noch nicht sehr umfangreich ist — gemessen an der angelsächsischen Produktion —, so hat es gerade in jüngster Zeit durch das neuerschienene Buch von A. P. SPEISER [455] eine bedeutende qualitative Bereicherung erfahren. Es erscheint ebenfalls angebracht, auf das in Vorbereitung befindliche „Taschenbuch der Nachrichtenverarbeitung" [456] hinzuweisen, mit dessen Erscheinen 1962 zu rechnen ist. — Aufbauend auf den an der Universität Jena gehaltenen Vorlesungen hat W. KÄMMERER seine „Ziffernrechenautomaten" [457] geschrieben und eine gelungene Darstellung in der Form eines Lehrbuches versucht. Eine Einführung in das Gebiet des elektronischen Digitalrechners und die Grundlagen seiner Anwendbarkeit gibt H. MÜLLER [458], während die technischen Grundlagen der elektronischen Bauelemente von G. HAAS [459] behandelt werden. Eine leichtfaßliche Einführung in die Schaltalgebra vermittelt U. WEYH [460]. Mit Fragen des Einsatzes elektronischer Rechenautomaten befassen sich die Bücher von E. P. BILLETER [461] und G. MEYER [462], wobei naturgemäß auch die grundlegenden Fragen der Programmierung behandelt werden. Die Programmierung als solche steht im Mittelpunkt bei den Büchern von F. R. GÜNTSCH [463], H. PÖSCH [464], B. THÜRING [465, 466] und W. KNÖDEL [696]. Probleme der Datenverarbeitung vom Standpunkt des Betriebswirtschaftlers werden von B. HARTMANN [467] behandelt. Lernprozesse und die entsprechenden Analogien zwischen Automat und Mensch untersucht K. STEINBUCH [468].

Von den zahlreichen Rechenautomaten-Büchern in *englischer Sprache* können hier nur solche Bücher namentlich erwähnt werden, die heute eine gewisse Aktualität besitzen oder sich merklich über den Durchschnitt hinausheben. Als Standardwerk zur Einführung in das Gebiet der Ziffern-Rechenautomaten ist wohl immer noch „der RICHARDS" [469] anzusehen (erschienen 1955). Dieses didaktisch vorzüglich aufgebaute Buch unterrichtet den Leser in klarer Weise über die logische Struktur der Rechenautomaten und schließt von dieser Seite her gesehen das ganze Gebiet der ziffernmäßig arbeitenden Rechenautomaten in seine Betrachtung ein: von der Einzelfunktion der kleinsten Einheit bis zur Programmierungstechnik. Im Vordergrund stehen die arithmetischen Grundoperationen (Addition, Subtraktion, Multiplikation, Division, Konvertierung) und deren Realisierungsmöglichkeiten. Mechanische und schaltungstechnische Details treten zurück gegenüber der Darstellung der logischen Struktur. Diese spürbare Lücke nach der technischen Seite hin wird durch RICHARDS' zweites Buch [470] geschlossen, das einen ausgezeichneten Überblick vermittelt über die Vielzahl der einzelnen Rechenautomatenbauteile und -schaltungen. Der Stand der Technik ist etwa bis Mitte 1957 berücksichtigt. — Das Buch von PHISTER [471] ist als Lehrbuch angelegt und bezweckt weniger die Beschreibung von Rechenautomaten als das Einführen in die Technik des Entwerfens digitaler Systeme. — Wesentlich umfangreicher und anspruchsvoller ist das Buch von LEDLEY [472], dessen Titel möglicherweise etwas irreführend gewählt ist (besser wäre vielleicht "The Use and Design of Digital Computers"[13]). Das Buch umfaßt ein sehr weites Gebiet der Planung digitaler Rechenanlagen und ist so umfassend, daß es fast an ein Nachschlagewerk grenzt. — Sehr stark an tatsächlich bestehenden Rechenautomaten orientiert ist das ausgezeichnete Buch von SMITH [473], das ein umfassendes Bild über die in die heutigen Rechenautomaten eingebauten logischen und technischen Schaltungen vermittelt. Im Vordergrund der Betrachtung steht das logische Konzept des Princeton-Computers, das der Verfasser deshalb gewählt hat, weil es auf die Entwicklung der Rechenautomaten in der ganzen Welt von stärkstem Einfluß war. — Erwähnt werden muß auch das von GRABBE, RAMO und WOOLDRIDGE herausgegebene Handbuch über Rechenautomaten und Regelungstechnik in drei Bänden [474 bis 476]. Für Rechenautomatenfachleute ist hauptsächlich der zweite Band [475] von Interesse; von diesem wiederum ist insbesondere das Kapitel II "Digital Computer Programming" (270 Seiten) hervorzuheben, das eine hervorragende Abhandlung über Verfahren der Programmierung darstellt. — Der Verlag Academic Press, New York, hat eine Bücherserie "Advances in Computers" (Hrsg. F. L. ALT) [477] ins Leben gerufen. Von Fachautoren wird in ausgewählten Beiträgen über Teilfragen auf dem Gebiet der Rechenautomaten und auf verwandten Gebieten referiert und der erreichte Entwicklungsstand darzulegen versucht. — Obwohl heute nicht mehr aktuell, erwähnen wir dennoch — insbesondere für die an den frühen technischen Entwicklungen interessierten Leser — das vom Mitarbeiterstab der Engineering Research Associates, Inc. geschriebene Buch [478], das aus mehreren Entwicklungsberichten an das Office of Naval Research entstanden ist. Für die technische Seite der Entwicklung der Hochgeschwindigkeits-Rechenautomaten hatte das Buch zum Zeitpunkt seines Erscheinens (1950) fast die Bedeutung einer Enzyklopädie.

Auf eine Reihe weiterer englischsprachiger Rechenautomatenbücher sei wenigstens durch Titelzitat hingewiesen. Die meisten dieser Bücher vermitteln eine elementare Einführung in das Gebiet der Rechenautomaten, wobei beim Leser keine besonderen technischen oder mathematischen Vorkenntnisse vorausgesetzt werden. Es sind einige sehr gute und empfehlenswerte Bücher darunter — aber es würde über den Rahmen dieser Literaturzusammenstellung hinausgehen, wollte man sie alle kritisch würdigen. Vornehmlich mit der Organisation von digitalen Rechenanlagen, ihrer logischen Planung und mit der Schaltungstechnik beschäftigen sich folgende Bücher [16, 36, 79, 479 bis 515]. Die Programmierung wird behandelt in den Büchern [205, 206, 516 bis 526]. Einige Bücher über Datenverarbeitung sind [527 bis 544].

Auch auf einige Bücher über Rechenautomaten in *französischer Sprache* soll an dieser Stelle hingewiesen werden [545 bis 551].

---

[13]) Vgl. Bem. in Buchbesprechung 1073, Computing Reviews **2** (1961) No. 5, S. 150.

Ein ziemlich umfassendes *russisches* Buch über den Aufbau von Rechenautomaten und Verfahren der Programmierung ist 1959 erschienen [552]; es enthält technische Beschreibungen der sowjetischen Universalrechner BESM, STRELA, URAL und M-3 und gibt einen Überblick über die in diesen Maschinen verwendeten Befehlscodes. — Ein erstklassiges wissenschaftliches Kompendium über Regel- und Steuerungstechnik unter Einschluß der Rechenautomaten stammt von FELDBAUM [553]. Der Hauptteil des Buches befaßt sich mit dem Einsatz verschiedenartiger Rechengeräte (Analog- und Digitalrechner) in automatischen Regelsystemen. — Eine Auswahl von Beiträgen zur Technik der Rechenautomaten wurde unter der Redaktion von LEBEDEV in Buchform zusammengestellt [554]; inzwischen liegt davon eine englische Übersetzung vor. — Ein Sammelband mit Beiträgen zu theoretischen Fragen der mathematischen Maschinen (Logische Struktur, Programmierung, Rechenverfahren) wurde von BASILEWSKI herausgegeben [555]; die meisten Beiträge in diesem Buch setzen zum Verstehen gründliche theoretische Vorkenntnisse voraus. — Als Fortschrittsberichte auf dem Gebiet der Rechenautomaten (im weitesten Sinne) sind die Bände der Serie „Problemi Kybernetiki" [556] anzusehen, die von verschiedenen Autoren verfaßte Beiträge zur logischen Struktur von Digitalrechnern, Fragen der Programmierung, maschinellen Sprachenübersetzung usw. enthalten. Diese für den Fachmann sehr interessanten Bände werden dankenswerterweise vom Verlag Pergamon Press, Oxford, ins Englische übersetzt [557]. — Die arithmetischen Einheiten in elektronischen Rechenautomaten und die damit im Zusammenhang stehenden Fragen der Codierung werden in dem Buch von KARZEV [558] behandelt. — Auf dem Gebiet der Programmierung sind zu nennen das inzwischen ins Englische übersetzte Buch von ERSHOV [559] über den BESM-Übersetzer und das Buch von SCHURA-BURA et al. [560] über Programmierungsverfahren, insbesondere die Anwendung von Bibliotheksprogrammen. In [560] werden die in den Jahren 1955/56 im Rechenzentrum der Universität Moskau gemachten Erfahrungen dargelegt; dieses Buch enthält auch eine Beschreibung des Rechenautomaten M-2. — Eine populärwissenschaftliche Abhandlung über Informationsverarbeitungsmaschinen stammt von GUTENMACHER [561], während sich KAGAN et al. in dem Buch [562] mit der Lösung von technischen Problemen mit digitalen Rechenmaschinen auseinandersetzen.

Es sei abschließend bemerkt, daß es verhältnismäßig schwierig ist, Zugang zu russischer Rechenautomaten-Fachliteratur zu bekommen und daß es möglicherweise noch andere Fachbücher gibt, die inzwischen in der Sowjetunion erschienen sind. Erschwerend für die Buchbeschaffung aus der Sowjetunion ist fernerhin die Tatsache, daß die Auflagen sehr bald nach Erscheinen vergriffen und Nachlieferungen nicht möglich sind. Wir weisen darauf hin, daß sowjetische Rechenautomaten-Fachliteratur auch in [416] aufgeführt ist.

10.2 Konferenzberichte

Es ist hinlänglich bekannt, daß die rasche Entwicklung auf dem Gebiet der Rechenautomaten es dem Autor eines Buches kaum möglich macht, in jeder Hinsicht aktuell zu sein. Insbesondere wenn es sich um Fragen der technischen Entwicklung handelt, sind Rechenautomatenbücher verhältnismäßig rasch überholt. Deshalb sind für den Fachmann zur Orientierung über den Stand der Entwicklung Konferenzen und Fachtagungen und die dabei meist herausgegebenen Konferenzberichte mit den Fachvorträgen von großer Bedeutung. Obwohl verhältnismäßig viele Konferenzen über Rechenautomaten schon stattgefunden haben, so sind nicht alle von ihnen von solch großer Bedeutung gewesen, daß sie alle hier Berücksichtigung finden müßten.

Auf Konferenzberichte von in England [252 bis 255], Deutschland [322 bis 326], Sowjetunion [410, 411], Kanada [446, 447], Japan [449], Spanien [451] abgehaltenen Fachtagungen wurde in früheren Abschnitten bereits hingewiesen. Ergänzend hierzu seien noch genannt das im Januar 1951 in Paris abgehaltene internationale Fachkolloquium «Les machines à calculer et la pensée humaine» [563], das im November 1958 am National Physical Laboratory, Teddington, England, abgehaltene Symposium "Mechanisation of Thought Processes" [564], die im Juni 1959 von der UNESCO in Paris veranstaltete "International Conference on Information Processing (ICIP)" [565] und die im April 1961 in Karlsruhe abgehaltene NTG-Fachtagung „Lernende Automaten" [566].

In den USA haben die von der Association for Computing Machinery (ACM), dem American Institute of Electrical Engineers (AIEE) und dem Institute of Radio Engineers (IRE) ins Leben gerufenen *Joint Computer Conferences* große Bedeutung erlangt und sind traditionell geworden. Eine *Eastern* Joint Computer Conference wird alljährlich im Winter an der Ostküste, eine *Western* Joint Computer Conference alljährlich im Frühjahr an der Westküste der Vereinigten Staaten abgehalten. Gedruckte Konferenzberichte sind bisher regelmäßig veröffentlicht worden [567 bis 587]; neuerdings sind sie bereits jeweils zu Beginn der Tagung erhältlich. Seit 1961 ist die American Federation for Information Processing (AFIP) Veranstalter dieser Tagungen.

Neben den Eastern und Western Joint Computer Conferences spielen auch die *Computer Sessions* auf den alljährlich vom Institute of Radio Engineers (IRE) abgehaltenen Veranstaltungen *IRE International Convention* (früher: IRE National Convention) [588] und *IRE Western Convention (WESCON)* [589, 590] eine wichtige Rolle. — Die Association for Computing Machinery (ACM) hat von zwei im Jahre 1952 selbständig abgehaltenen Tagungen eigene Konferenzberichte herausgebracht [591, 592]. Die auf späteren Nationalen ACM-Tagungen gehaltenen Vorträge von Rang wurden im allgemeinen jeweils im *Journal ACM* veröffentlicht.

Drei bedeutende Fachtagungen (1947 und 1949 über Rechenautomaten und 1957 über Schaltkreistheorie) wurden vom Computation Laboratory der Harvard University veranstaltet [593 bis 595]. Erwähnenswert ist auch eine kürzlich vom AIEE abgehaltene Session über Gigahertz-Rechenautomaten-Systeme [697]. Abschließend weisen wir noch auf drei in den USA abgehaltene Konferenzen über Fragen der Programmierung hin; auch hierüber sind Konferenzberichte erschienen [596 bis 598].

10.3 Zeitschriften und Referateblätter

Zum Schrifttum mit laufender Berichterstattung über den Fortgang der Rechenautomaten-Entwicklung gehören in erster Linie die periodisch erscheinenden einschlägigen Fachzeitschriften und Referateblätter mit Besprechungen von Fachpublikationen sowie verschiedenenorts meist unregelmäßig erscheinende zusammenfassende Übersichtsartikel.

Veröffentlichungen über Rechenautomaten sind heute in sehr vielen Zeitschriften verstreut. Das Gebiet ist so umfassend, daß z. B. auch Wirtschaftswissenschaftler, Flugzeugbauer, Meteorologen, Sprachwissenschaftler, Mediziner, Dokumentalisten usw. in ihren eigenen Fachzeitschriften Beiträge publizieren, die mit dem Gebiet der Rechenautomaten in der einen oder anderen Weise eine Beziehung haben. Darauf sollte erst einmal hingewiesen werden, bevor die wichtigsten Zeitschriften genannt werden, bei denen die Rechenanlagen (und zwar in erster Linie Digitalrechner), deren Entwicklung und Anwendung im Vordergrund stehen:

ADL Nachrichten (Deutschland)
(ADL = Arbeitsgemeinschaft Deutscher Lochkartenfachleute)

Automatic Data Processing (England)

BTA, Bürotechnik und Automation (Deutschland)

Bulletin of the Provisional International Computation Centre (Italien)
Calculo Automatico y Cibernetica (Spanien)

Chiffres, Revue de l'Association Française de Calcul (Frankreich)

Communications of the Association for Computing Machinery (USA)

Computer Bulletin (England)

Computer Journal (England)

Computers and Automation (USA)

Cybernetica, Revue de l'Association Internationale
de Cybernétique (Belgien)

Datamation (USA)

Data Processing in Business and Industry (England)

Data Processing, the Magazine of Automatic Office
Methods and Management (USA)
(früher: Punched Card Data Processing)

Digital Computer Newsletter (USA)
(seit 1954 abgedruckt im Journal ACM und seit 1958
abgedruckt in den Communications ACM)

Electro Calcul, Revue Internationale
du Calcul Automatique et de ses Applications (Frankreich)

Elektronische Datenverarbeitung (Deutschland)

Elektronische Rechenanlagen (Deutschland)

IBM Journal of Research and Development (USA)

Information and Control (USA)

IRE Transactions on Electronic Computers (USA)

Journal of the Association for Computing Machinery (USA)

Journal of the Information Processing Society of Japan (Japan)
(Englische Ausgabe mit Zusammenfassungen ausgewählter Artikel
soll ab 1962 einmal jährlich erscheinen)

Journal of Machine Accounting (USA)

Kybernetik, Zeitschrift für Nachrichtenübertragung,
Nachrichtenverarbeitung, Steuerung und Regelung im Organismus
und in Automaten (Deutschland)

Mathematics of Computation (USA)
(früher: Mathematical Tables and Other Aids to Computation (MTAC))

Mathematik, Technik, Wirtschaft (MTW),
Zeitschrift für moderne Rechentechnik und Automation (Österreich)

Nordisk Tidsskrift for Informations-Behandling (Dänemark)
South African Computer Bulletin (Südafrika).

Begrüßenswerte Bemühungen im Hinblick auf eine Verbesserung in der fachlichen Unterrichtung der Leserschaft ihrer Zeitschriften *Elektronische Rechenanlagen* und *Elektronische Datenverarbeitung* unternehmen die Verlage R. Oldenbourg, München, und Friedr. Vieweg & Sohn, Braunschweig, durch die Vorbereitung von „Beiheften" zu ihren Zeitschriften, die in zwangloser Folge erscheinen und jeweils ein abgeschlossenes Gebiet behandeln [566, 599 bis 603].

Hier müssen auch die Rechenautomaten-Sonderhefte erwähnt werden, die einige Zeitschriften von Fall zu Fall zusammenstellen und in denen jeweils über die für die betreffenden Länder charakteristischen Neuentwicklungen ausführlich berichtet wird [604 bis 609].

Besprechungen von Fachpublikationen über Rechenautomaten erscheinen in den folgenden Referatediensten:

Abstracts of Computer Literature (USA)
(herausgegeben von der Electrodata Division Library,
Burroughs Corp., Pasadena, Cal.)
Abstracts of Current Computer Literature (USA)
(als Anhang in: IRE Transactions on Electronic Computers)
Computer Abstracts (England)
(in Form einer Zeitschrift herausgegeben von der
Technical Information Comp., London)
Computer Abstracts on Cards (USA)
(in Form von Literaturkarten herausgegeben von der
Cambridge Communications Corp., Cambridge, Mass.)
Computing Reviews (USA)
(in Form einer Zeitschrift herausgegeben von der
Association for Computing Machinery)
Ekspress Informazija Vytschislitelnaja Technika (UdSSR)
(enthält ausführliche Besprechungen von Veröffentlichungen über Rechen-
automaten fast ausschließlich aus westlichen Ländern; erscheint wöchent-
lich; herausgegeben vom Allunions-Institut für wissenschaftliche und technische Information (VINITI) der Akademie der Wissenschaften der UdSSR,
Moskau)
Literatuuroverzicht Automatisering (Niederlande)
(herausgegeben vom Niederländischen ADP Forschungszentrum,
Amsterdam)
Reviews of Books and Papers in the Computer Field (USA)
(als Anhang in: IRE Transactions on Electronic Computers).

An diese Stelle gehört auch ein Hinweis auf die bereits erwähnten Titellisten [283]. Eine Übersicht über die periodische Literatur auf dem Gebiet der Rechenautomaten hat J. E. HOLMSTROM kürzlich veröffentlicht [610].

10.4 Entwicklungsübersichten und Bibliographien

Einen der Serie „Fachgebiete der Technik in Jahresübersichten" (betr. Rechen-automaten siehe [335 bis 339]) der VDI-Zeitschrift ähnelnden Berichtsdienst hat die Zeitschrift *Proceedings of the IRE* mehrere Jahre lang unter dem Titel "Radio Progress During . . ." durchgeführt unter Einbeziehung der elektronischen Rechenautomaten [611 bis 616]. Der Abschnitt *Electronic Computers* wurde 1949 zum ersten Mal in diese sehr geschätzte Übersichtsreihe aufgenommen. Von 1955 bis 1958 sind diese Rechenautomaten-Übersichten in der Fachzeitschrift *IRE Transactions on Electronic Computers* erschienen [617 bis 620]; dann hat dieser Berichtsdienst leider aufgehört.

Eine hervorragende Bibliographie mit ausgewählten Titeln über Organisation und logische Planung von Rechenautomaten hat D. B. NETHERWOOD zusammengestellt [621]. Als besonders wertvoll bei dieser Schrifttumzusammenstellung erweist sich ein ausführlicher Index mit signifikanten Titelwörtern. — J. M. CARROLL bringt eine Zusammenstellung [622] (leider ohne Schrifttumhinweise) über periphere Geräte zur Eingabe und Auslieferung von Daten, insbesondere verschiedene Typen von Druckern. Dieser interessante Artikel wurde auszugsweise auch in deutscher Sprache veröffentlicht [623]. — Ungewöhnlich ausführliche Bibliographien haben G. L. HOLLANDER [624] über magnetische Datenspeicherung und -aufzeichnung und W. L. MORGAN [625] über digitale Magnetschaltungen und -materialien veröffentlicht. — Informative Übersichten in deutscher Sprache über Speicher in elektronischen Rechenautomaten stammen von K. STEINBUCH [626 bis 628], H. BILLING [629], R. PILOTY [630] und E. SCHAEFER [631, 632]. — Die Schaffung einer umfassenden Übersicht über Programmierungsverfahren hat ERSHOV in Angriff genommen [695].

Beachtung haben auch die in der Zeitschrift *Control Engineering* erschienenen Serien "Basic Books for You" [633, 634], "Basic Digital Series" [635 bis 647] und "Digital Application Series" [648 bis 661] gefunden. Für die einzelnen Beiträge konnten anerkannte amerikanische Rechenautomaten-Fachleute gewonnen werden, die recht gute, vor allem auch sehr übersichtliche und für den Leser verständliche Einführungsaufsätze über verschiedene Teilfragen geschrieben haben. Kürzlich hat *Control Engineering* mit einer neuen Serie "Computer Equipment Comparisons" begonnen [662 bis 665] (wird fortgesetzt); als Verfasser zeichnen Mitarbeiter der Management Consulting Firma CRESAP, McCORMICK und PAGET (CMP).

Unter dem Titel "Computers Today" brachte die Zeitschrift *Electronics* trotz gestraffter Form einen dennoch sehr informativen Entwicklungsbericht über die Technik der heutigen Rechenautomaten, vor allem in den USA [666].

10.5 Rechenautomaten-Vergleichslisten

Zusammenfassungen der Daten von Rechenautomaten in Listenform sind immer recht beliebt, vor allem weil sie eine kritische Gegenüberstellung verschiedener Maschinen oder Systeme ermöglichen. Zur Zeit ihres Erscheinens waren die vom Office of Naval Research (1953) [667] und den Ballistic Research Laboratorien (1955 und 1957) [668, 669] herausgegebenen Zusammenstellungen der charakteristischen Daten von amerikanischen elektronischen Rechenautomaten sehr wertvoll. Beispielsweise wurden in [669] über 100 in den USA arbeitende oder in Entwicklung befindliche Rechenautomaten nach ihren technischen Einzelheiten, logischen Merkmalen, Betriebserfahrungen, Betriebskosten, Personalbedarf usw. gekennzeichnet. In Übersichtstabellen wurde schließlich der Versuch gemacht, die Kenndaten der verschiedenen Rechenautomaten zusammenzufassen und einander gegenüberzustellen. Von den meisten besprochenen Anlagen sind Fotos abgebildet, so daß man auch äußerlich einen Eindruck von den Maschinen bekommt.

In einer 1955 von J. M. CARROLL veröffentlichten Übersicht [670] sind die technischen Daten von 38 auf dem Markt befindlichen amerikanischen Elektronenrechnern zusammengestellt; darüber hinaus werden z. B. auch Angaben über benötigtes Bedienungspersonal gemacht, der ungefähre Anschaffungspreis wird angegeben usw. — Elektronische Großrechenanlagen werden unter Herausstellung ihrer technischen Verwandtschaft auch in [650] miteinander verglichen. Eine Tabelle enthält einen Stammbaum der wichtigsten Rechenautomaten, wodurch die stufenweise Fortentwicklung und die Ähnlichkeiten der einzelnen Rechenautomaten untereinander recht anschaulich zum Ausdruck kommen.

Neuerdings werden Rechenautomaten-Vergleichstabellen auch auf kommerzieller Basis von Beratungsfirmen im Rahmen ihres Kundendienstes angefertigt. Ein beachtliches, allerdings auch ziemlich teures Werk in dieser Hinsicht stellt die *Data Processing Equipment Encyclopedia* [671] dar. — Die Auerbach Electronics Corp., Philadelphia, hat die in den USA kommerziell erhältlichen Großrechenanlagen in *Computer Comparison Charts* [672] zusammengestellt und in Form eines Berichtes an das Office of Naval Research, Washington, D. C. geliefert. — Die Adams Associates, Inc., Bedfort, Mass., veröffentlichen vierteljährlich ihr *Computer Characteristics Quarterly* [673]. (Dieser Service begann im Juli 1960.) In der Ausgabe vom Dezember 1961 sind die wichtigsten Charakteristiken (Monatsmiete — Erste Auslieferung — Additionszeit — Zykluszeit — Art und Kapazität der anschließbaren Speicher — Zugriffszeit — Wortlänge — Befehlsadressen — Magnetband-Verarbeitungsgeschwindigkeit — Pufferungsmöglichkeit — Anzahl und Arten der anschließbaren peripheren Einheiten zur Eingabe und Auslieferung — Verfügbarkeit von Programmübersetzern, usw.) von 61 heute in den USA auf dem Markt befindlichen programmgesteuerten Rechen- und Datenverarbeitungsanlagen enthalten. Die Liste ist außerdem unterteilt in Anlagen, die mit Transistoren (Festkörperelementen) und solche, die mit Elektronenröhren bestückt sind.

Es erscheint angebracht, daß in einem Entwicklungsbericht wie dem vorliegenden, auch einige der modernen amerikanischen Anlagen zumindest der Typenbezeichnung nach genannt werden. Da eine vollständige Aufzählung wegen der Vielzahl der verschiedenen Typen nicht möglich ist, so seien wenigstens die nach [673] jeweils fünf größten bzw. kleinsten Transistor- bzw. Elektronenröhrenanlagen in Tabelle 1 wiedergegeben.

Tabelle 1. Die größten und kleinsten mit Transistoren bzw. Elektronenröhren bestückten elektronischen Rechenanlagen in USA (nach [673], Dezember 1961)

	Transistoren	Elektronenröhren
Großanlagen	IBM 7030 (Stretch)	UNIVAC 1105
	UNIVAC LARC	IBM 709
	IBM 7090	UNIVAC 1103 A
	Philco 2000 (Mod. 212)	IBM 704
	IBM 7080	IBM 705 III
Kleinanlagen	IBM 1620	ALWAC III—E
	RECOMP III	IBM 305 RAMAC
	Control Data 160	Bendix G—15
	Packard Bell PB 250	PRC LGP—30
	Monrobot XI	Burroughs E—101

11. Glossarien

Eindeutige Begriffsbestimmungen von Fachausdrücken stellen allgemein ein schwieriges Problem dar. Besondere Schwierigkeiten ergeben sich jedoch auf einem Gebiet, das sich — wie es bei den Rechen- und Datenverarbeitungsanlagen der Fall ist — in einer stetigen und stürmischen Entwicklung befindet. Um so mehr besteht ein dringendes Bedürfnis zur Schaffung einer allgemein anerkannten Fachsprache, um einer Verwirrung der Begriffe entgegenzutreten. Man bemüht sich heute an vielen Stellen durch möglichst klare Definitionen der teilweise umstrittenen Begriffe eine international verständliche Fachsprache zu schaffen. In den letzten Jahren sind eine Reihe von Glossarien der Rechenautomaten-Terminologie veröffentlicht worden [674 bis 694]; sie zeigen, daß bereits viel Mühe und Arbeit investiert wurde, um einer befriedigenden Lösung dieses Problems näher zu kommen.

Schrifttum

[1] LI, SHU-T'IEN: Origin and Development of the Chinese Abacus. Journal ACM **6** (Jan. 1959) No. 1, S. 102—110.

[2] BARON VON FREYTAG LÖRINGHOFF, B.: Über die erste Rechenmaschine. Physikal. Blätter **14** (1958) No. 8, S. 361—365.

[3] NAPIER, J.: Rabdologiä sive numerationes per virgulas libri duo. Edimburgi 1617.

[4] BARON VON FREYTAG LÖRINGHOFF, B.: Wiederentdeckung und Rekonstruktion der ältesten neuzeitlichen Rechenmaschine. VDI-Nachrichten **14** (21. Dezember 1960) No. 39, S. 4.

[5] WILLERS, F. A.: Aus der Frühzeit der Rechenmaschinen. Wiss. Z. Techn. Hochschule Dresden **2** (1952/53) No. 2, S. 151—158.

[6] WILLERS, F. A.: Mathematische Maschinen und Instrumente. Akademie-Verlag, Berlin 1951. Insbes. die Abschnitte über Rechenmaschinen und Rechenautomaten, Seite 5—91.

[7] MEYER ZUR CAPELLEN, W.: Mathematische Instrumente. Dritte Auflage. Akademische Verlagsgesellschaft, Leipzig 1949.

[8] LIND, W.: Büromaschinen, Teil I. Zweite Auflage. Wintersche Verlagshandlung, Füssen 1954.

[9] CHASE, G. C.: History of Mechanical Computing Machinery. Proc. Assoc. Computing Machinery, Pittsburgh Meeting, 2.—3. Mai 1952, S. 1—28.

[10] *Charles Babbage* (Das Porträt). Elektron. Rechenanlagen **2** (Feb. 1960) No. 1, Seite 7—8.

[11] BABBAGE, CH.: Passages from the Life of a Philosopher. Green and Longmans, London 1864.

[12] BABBAGE, H. P.: Babbage's Calculating Engines. E. and F. N. Spon, London 1889.

[13] MENABREA, L. F., Bibliothèque Universelle de Genève, No. 82 (Oktober 1842).

[14] ADA AUGUSTA, COUNTESS OF LOVELACE: Sketch of the Analytical Engine Invented by Charles Babbage, Esq. By *L. F. Menabrea*, of Turin, Officer of the Military Engineers. Taylor's Scientific Memoires **3** (1843) Article XXIX, S. 666—731. (Dieser Artikel ist abgedruckt als Appendix I in dem Buch [16] insbesondere S. 341—408.)

[15] BABBAGE, R. H.: The Work of Charles Babbage. Proc. Symposium Large-Scale Digital Calculating Machinery, 7.—10. Jan. 1947. Ann. Comput. Lab. Harvard Univ. Vol. 16, S. 13—22. (Siehe auch Schrifttumshinweis [53] dieser Übersicht, insbes. Kap. I: Historical Introduction, S. 1—9.)

[16] BOWDEN, B. V. (Herausg.): Faster than Thought. A Symposium on Digital Computing Machines. Pitman and Sons, London 1953. Insbes. Kap. I: A Brief History of Computation, S. 3—31.

[17] WILKES, M. V.: Automatic Digital Computers. Methuen & Co., London 1956. Insbes. Kap. I: The Development of Automatic Digital Computers, Seite 1—16.

[18] LUDGATE, P. E.: On a Proposed Analytical Machine. Sci. Proc. Royal Dublin Soc. 12 N. S. (1909) No. 9, S. 77—91.

[19] *Hermann Hollerith* (Das Porträt). Elektron. Rechenanlagen 2 (Nov. 1960) No. 4, Seite 167. (Siehe auch einen kurzen bibliographischen Abriß in: Math. Tabl. Other Aids Comput. 3 (1948/49) No. 21, S. 62—63.)

[20] HOLLERITH, H.: The Electrical Tabulating Machine. J. Royal Statistic. Soc. 57 (1894) Pt. 4, S. 678—682.

[21] HOLLERITH, H.: US-Patentschriften Nos. 395 783 (1884), 395 781 (1887), 487 737 (1891), 677 214 (1900), 682 197 (1901), 685 608 (1901), 777 209 (1903), 945 236 (1905), 1 030 304 (1905), 974 272 (1906), 1 030 305 (1906), 1 087 061 (1912), 1 193 390 (1912), 1 237 646 (1912), 1 109 841 (1913), 1 295 167 (1913), 1 110 261 (1914), 1 830 699 (1914). (In Klammern steht das Jahr der Patentanmeldung.)

[22] TORRES Y QUEVEDO, L.: Arithemomètre électromécanique. Bull. Soc. d'Encouragement Ind. Nat. 119 (Sept./Okt. 1920), S. 588—599.

[23] TORRES-QUEVEDO, G.: Les travaux de l'ecole espagnole sur l'automatisme. Les Machines à Calculer et la Pensée Humaine. Colloques Internat. C.N.R.S. Vol. 37. Paris, 8.—13. Jan. 1951, S. 361—381.

[24] TORRES-QUEVEDO, G.: Présentation des appareils de Leonardo Torres y Quevedo. Les Machines à Calculer et la Pensée Humaine. Colloques Internat. C.N.R.S. Vol. 37. Paris, 8.—13. Jan. 1951, S. 383—406.

[25] BAEHNE, G. W. (Herausg.): Practical Applications of the Punched Card Method in Colleges and Universities. Columbia University Press, New York 1935. Insbesondere Teil I: Development and Principles of the Punched Card Method (von H. ARKIN), S. 1—20.

[26] COMRIE, L. J.: The Application of the Hollerith Tabulating Machine to Brown's Tables of the Moon.
Monthly Not. Royal Astronom. Soc. 92 (Mai 1932), S. 694—707.

[27] COMRIE, L. J.: The Application of Commercial Calculating Machines to Scientific Computing. Math. Tabl. Other Aids Comput. 2 (Okt. 1946) No. 16, S. 149—159.

[28] WOMERSLEY, J. R.: Scientific Computing in Great Britain. Math. Tabl. Other Aids Comput. 2 (Juli 1946) No. 15, S. 110—117.

[29] Proc. Scientific Computation Forum, August 1948. Herausgegeben vom Watson Scientific Computation Laboratory der IBM, New York 1950, 126 S.

[30] Proc. Seminar on Scientific Computation, Nov. 1949. Herausgegeben vom IBM Applied Science Department, New York 1950, 109 S.

[31] Proc. Computation Seminar, Dez. 1949. Herausgegeben vom IBM Applied Science Department, New York 1951, 173 S.

[32] Proc. Industrial Computation Seminar, Sept. 1950. Herausgegeben vom IBM Applied Science Department, New York 1951, 103 S.

[33] Proc. Computation Seminar, August 1951. Herausgegeben vom IBM Applied Science Department, New York 1951, 148 S.

[34] ECKERT, W. J.: Punched Card Methods in Scientific Computation. Herausgegeben vom Thomas J. Watson Astronom. Computing Bureau Columbia University, New York 1940.

[35] SCHÄFER, H.-W.: Besonderheiten der Anwendung von Lochkartenmaschinen in der Praktischen Mathematik.
Dissertation, Techn. Hochschule Darmstadt, Mai 1955.

[36] MURRAY, F. J.: Mathematical Machines. Vol. I, Digital Computers. Columbia University Press, New York 1961. Insbes. Kap. 6 bis 8, S. 80—164.

[37] VALTAT, R. L. A.: Rechenmaschine. Deutsche Patentschrift No. 664012. Priorität: Frankreich, 12. Sept. 1931.

[38] „Des Herrn von Leibniz Rechnung mit Null und Eins, und die aus selbiger fließende Erklärung der chinesischen uralten Charaktere, wie die Nachricht davon ehemals Herrn Tenzels curiöser Bibliothek einverleibet gewesen." Abgedruckt als Anhang in der deutschen Übersetzung des Buches „Denkmaschinen", von L. COUFFIGNAL, erschienen im Kilpper Verlag, Stuttgart 1955.

[39] COUFFIGNAL, L.: Calcul mécanique. Sur l'emploi de la numération binaire dans les machine à calculer et les instruments nomomécanique. C. R. Acad. Sci. Paris **202** (1936), S. 1970—1972.

[40] COUFFIGNAL, L.: Sur l'analyse mécanique. Application aux machines à calculer et aux calculs de la mécanique céleste. Thèses présentées à la Faculté des Sciences de Paris, Ser. A, 1772. Gauthier-Villars, Paris 1938.

[41] *Alan M. Turing* (Das Porträt). Elektron. Rechenanlagen 3 (April 1961) No. 2, Seite 53.

[42] TURING, A. M.: On Computable Numbers, with an Application to the "Entscheidungsproblem". Proc. London Math. Soc. Ser. 2, 42 (Nov. 1936) No. 11, S. 230—265. Korrektur: ibid. **43** (1937), S. 544—546. (Desgl. abgedruckt als Appendix One (A) und (B) in: Annual Review in Automatic Programming Vol. I (Hrsg.: R. GOODMAN). Pergamon Press, Oxford 1960, S. 230—267.)

[43] *Konrad Zuse* (Das Porträt). Elektron. Rechenanlagen 1 (Feb. 1959) No. 1, S. 5—6.

[43a] Deutsches Patent No. 907948 sowie Zusatzpatente Nos. 919017 und 924107.

[43b] Deutsche Patentanmeldung Z 26 476, neu Z 391 IXb/42 m. Anm.: 16. Juni 1941; Bek.: 4. Dez. 1952.

[43c] 25 Jahre Entwicklung programmgesteuerter Rechenanlagen vom mechanischen Schaltglied über Relais, Röhre, zum Transistor. Jubiläumsfestschrift der Firma Zuse KG, Bad Hersfeld 1961.

[44] Deutsche Patentauslegeschriften Nos. 1 007 091, 1 011 178, 1 020 468, 1 020 469 und 1 066 042.

[45] WALTHER, A.: Moderne mathematische Maschinen und Instrumente und ihre Anwendungsmöglichkeit auf Probleme des Stahlbaues. Abh. Stahlbau (1952) No. 12, S. 144—197.

[46] WALTHER, A., DREYER, H.-J.: Mathematische Maschinen und Instrumente. Instrumentelle Verfahren. Naturforschung und Medizin in Deutschland 1939 bis 1946, Band 3: Angew. Math. Teil I. Verlag Chemie, Weinheim/Bergstraße 1953, S. 129—165.

[47] LYNDON, R. C.: The Zuse Computer. Math. Tabl. Other Aids Comput. 2 (1946/47), S. 97—110.

[47a] ZUSE, K.: Calculator for Technical and Scientific Calculations Designed According to a Theoretical Plan. Office of Publication Board, Department of Commerce, Washington, D. C. 1946/47.

[48] ZUSE, K.: Ein neues Rechengerät für technische und wissenschaftliche Rechnungen. Der Wirtschaftsspiegel 1 (1948), S. 55—58.

[48a] Höhere Mathematik auf Knöpfen. Der Spiegel 3 (7. Juli 1949) No. 28, S. 30—32.

[49] STIEFEL, E.: Rechenautomaten im Dienste der Technik. Arbeitsgemeinschaft für Forschung des Landes Nordrhein-Westfalen, Heft 45. Westdtsch. Verlag, Köln und Opladen 1955, S. 29—45.

[50] *Howard H. Aiken* (Das Porträt). Elektron. Rechenanlagen 2 (Aug. 1960) No. 3, S. 113.

[51] AIKEN, H. H., HOPFER, G. M.: The Automatic Sequence Controlled Calculator. Electrical Engng. 65 (1946), S. 384—391, 449—454 und 522—528.

[52] LAKE, C. D., AIKEN, H. H., HAMILTON, F. E., DURFEE, B. M.: Calculator. US-Patentschrift No. 2 616 626; angemeldet am 8. Febr. 1945; erteilt am 4. Nov. 1952.

[53] A Manual of Operation for the Automatic Sequence Controlled Calculator. Ann. Comput. Lab. Harvard Univ. Vol. 1. Harvard University Press, Cambridge, Mass. 1946.

[54] STIBITZ, G. R., LARRIVEE, J. A.: Mathematics and Computers. McGraw-Hill, New York 1957. Insbes. S. 53—55.

[55] STIBITZ, G. R.: Complex Computer. US-Patentschrift No. 2 668 661; angemeldet am 19. April 1941; erteilt am 9. Febr. 1954.

[56] ANDREWS, E. G.: A Review of the Bell Laboratories' Digital Computer Developments. Rev. Electronic Digital Computers. Proc. Eastern Joint Computer Conf., Philadelphia, 10.—12. Dez. 1951, S. 101—105. (Vgl. auch US-Patentschriften Nos. 2 502 360, 2 609 143, 2 625 328, 2 666 578, 2 666 579, 2 671 611, 2 679 977, 2 692 082, 2 692 728, 2 797 862, 2 817 477, 2 977 048 als Ergebnis der Rechenautomaten-Entwicklungen bei den Bell Telephone Laboratorien.)

[57] STIBITZ, G. R.: Biquinary System Calculator. US-Patentschrift No. 2 486 809; angemeldet am 29. Sept. 1945; erteilt am 1. Nov. 1949.

[58] CESAREO, O.: The Relay Inerpolator. Bell Lab. Rec. 24 (Dez. 1946), S. 457—460.

[59] JULEY, J.: The Ballistic Computer. Bell Lab. Rec. 25 (Jan. 1947), S. 5—9.

[60] ALT, F. L.: A Bell Telephone Laboratories' Computing Machine. Math. Tabl. Other Aids Comput. 3 (1948/49) No. 21, S. 1—13, und No. 22, S. 69—84.

[61] WILLIAMS, S. B.: Bell Telephone Laboratories' Relay Computing System. Proc. Symposium Large-Scale Digital Calculating Machinery, 7.—10. Jan. 1947. Ann. Comput. Lab. Harvard Univ. Vol. 16, S. 40—68.

[62] WILLIAMS, S. B.: A Relay Computer for General Application. Bell Lab. Rec. 25 (Febr. 1947), S. 49—54.

[63] ANDREWS, E. G.: The Bell Computer Model VI. Electrical Engng. 68 (Sept. 1949), S. 751—756.

[64] WILLIAMS, S. B.: Digital Computer. US-Patentschrift No. 2 538 636; angemeldet am 31. Dez. 1947; erteilt am 16. Jan. 1951.

[65] ECCLES, W. H., JORDAN, F. W.: A Trigger Relay Utilising Three-Electrode Thermionic Vacuum Tubes. Radio Review 1 (Dez. 1919) No. 3, S. 143—146.

[66] WYNN-WILLIAMS, C. E.: The Use of Thyratrons for High-Speed Automatic Counting of Physical Phenomena. Proc. Royal Soc. (London) 132 (1931), S. 295—310.

[67] WYNN-WILLIAMS, C. E.: Thyratron Scale-of-Two Automatic Counter. Proc. Royal Soc. (London) 136 (Mai 1932), S. 312—324.

[68] SCHREYER, H.: Das Röhrenrelais und seine Schaltungstechnik. Dissertation, Techn. Hochschule Berlin, 20. August 1941, 44 Seiten.

[69] SCHREYER, H.: Schaltung von Glimmlampe und Elektronenröhre als Röhrenrelais. Deutsche Patentanmeldung Sch 1704. Anm.: 19. Nov. 1940; Bek.: 12. Aug. 1954.

[70] TOMPKINS, C. B., WAKELIN, J. H., STIFLER JR., W. W. (Herausg.): High-Speed Computing Devices. McGraw-Hill, New York 1950. Insbes. Kap. 3: Counters as Elementary Components, S. 12—30.

[71] GROSDORF, I. E.: Electronic Counters. RCA Review 8 (Sept. 1946), S. 438—447.

[72] GOLDSTINE, A., GOLDSTINE, H. H.: The Electronic Numerical Integrator ENIAC. Math. Tabl. Other Aids Comput. 2 (Juli 1946) No. 15, S. 97—110.

[73] BRAINERD, J. G., SHARPLESS, T. K.: The ENIAC. Electrical Engng. 67 (Feb. 1948), S. 163—172.

[73a] Britisches Patent No. 709 407; Priorität: USA, 26. Juni 1947.

[74] BURKS, A. W.: Electronic Computing Circuits of the ENIAC. Proc. IRE 35 (Aug. 1947) No. 8, S. 756—767.

[75] RUTISHAUSER, H., SPEISER, A. P., STIEFEL, E.: Programmgesteuerte digitale Rechengeräte (Elektronische Rechenmaschinen). Mitt. Inst. Angew. Math. ETH Zürich No. 2. Verlag Birkhäuser, Basel 1951. Separatdruck aus: Z. angew. Math. Physik (ZAMP) 1 (1950) No. 5, S. 277—297 und No. 6, S. 339—362 sowie ZAMP 2 (1951) No. 1, S. 1—25, und No. 2, S. 63—92.

[76] Description of a Relay Calculator. Annals Comput. Lab. Harvard Univ. Vol. 24. Harvard University Press, Cambridge/Mass. 1949.

[77] Description of a Magnetic Drum Calculator. Annals Comput. Lab. Harvard Univ. Vol. 25. Harvard University Press, Cambridge/Mass. 1952.

[78] AIKEN, H. H.: Le calculateur Mark IV. Les Machines à Calculer et la Pensèe Humaine. Colloques Internat. C.N.R.S. Vol. 37. Paris, 8.—13. Jan. 1951, S. 11—28.

[79] AIKEN, H. H., und *Staff of the Computation Laboratory of Harvard University:* Synthesis of Electronic Computing and Control Circuits. Annals Comput. Lab. Harvard Univ. Vol. 27. Harvard University Press, Cambridge/Mass. 1951.

[80] BOOTH, A. D.: A Magnetic Digital Storage System. Electronic Engng. **21** (Juli 1949) No. 257, S. 234—238.

[81] COHEN, A. A.: Magnetic Drum Storage for Digital Information Processing System. Math. Tabl. Other Aids Comput. **4** (1950), S. 31—39.

[82] KORNEI, O.: Survey of Magnetic Recording. Proc. Symposium Large-Scale Digital Calculating Machinery, 7.—10. Jan. 1947. Annals Comput. Lab. Harvard Univ. Vol. 16, S. 223—237.

[83] TUTCHINGS, A.: Magnetic Recording for Digital Computers. Report Conf. High-Speed Automatic Calculating Machines, Cambridge/England, 22.—25. Juni 1949, S. 81—84. (Betr. TRE Computer.)

[84] THOMAS, G. E.: Magnetic Storage. Report Conf. High-Speed Automatic Calculating Machines, Cambridge/England, 22.—25. Juni 1949, S. 75—80. (Betr. Manchester Computer.)

[85] WILLIAMS, F. C., KILBURN, T., THOMAS, G. E.: Universal High-Speed Digital Computers — A Magnetic Store. Proc. Instn. Electrical Engrs. Part 2, **99** (April 1952) No. 68, S. 94—106, 120—123. (Betr. Manchester Computer.)

[86] ECKERT JR., J. P., MAUCHLY, J. W.: Memory System. US-Patentschrift No. 2 629 827; angemeldet am 31. Okt. 1947; erteilt am 24. Febr. 1953.

[87] BILLING, H.: Numerische Rechenmaschine mit Magnetophonspeicher. Z. angew. Math. Mech. **29** (1949) No. 1/2, S. 38—42.

[88] Theory of Rectifier Computing Circuits, and Experimental Selenium Rectifier Computing Circuits. Progress Rep. Harvard Comput. Lab. Vol. 10 (Aug. 1950), Sections 2 and 3.

[89] PAGE, C. H.: Digital Computer Switching Circuits. Electronics **21** (Sept. 1948), S. 110—118.

[90] BROWN, D. R., ROCHESTER, N.: Rectifier Networks for Multiposition Switching. Proc. IRE **37** (Febr. 1949), S. 139—147.

[91] CHEN, T. C.: Diode Coincidence and Mixing Circuits in Digital Computers. Proc. IRE **38** (Mai 1950), S. 511—514.

[92] HUSSEY, L. W.: Semiconductor Diode Gates. Bell System Techn. J. **32** (Sept. 1953), S. 1137—1154.

[93] GLUCK, S. E., GRAY, H. J., LEONDES, C. T., RUBINOFF, M.: The Design of Logical Or-And-Or Pyramids for Digital Computers. Proc. IRE **41** (Okt. 1953) Computer Issue, S. 1388—1392.

[94] YOKELSON, B. J., ULRICH, W.: Engineering Multistage Diode Logic Circuits. Trans AIEE **74** Pt. 1, Communication and Electronics (Sept. 1955) No. 20, S. 466—475.

[95] WOO, W. D., WANG, A.: Static Magnetic Storage and Delay Line. J. appl. Phys. **21** (Jan. 1950), S. 49—54.

[96] Progress Rep. Harvard Comput. Lab. Vol. 2 (Dez. 1948), Vol. 3 (März 1949), Vol. 4 (Juni 1949), Vol. 5 (Sept. 1949) und folgende Bände.

[97] ECKERT, W. J.: The IBM Pluggable Sequence Relay Calculator. Math. Tabl. Other Aids Comput. **3** (Juli 1948) No. 23, S. 149—161.

[98] US-Patentschriften Nos. 2 447 806, 2 493 862, 2 490 362.

[99] HAMILTON, F. E., SEEBER JR., R. R., ROWLEY, R. A., HUGHES JR., E. S.: Selective Sequence Electronic Calculator. US-Patentschrift No. 2636672; angemeldet am 19. Jan. 1949; erteilt am 28. April 1953.

[100] NIMS, P. T.: The IBM Type 604 Electronic Calculating Punch as a Miniature Card-Programmed Electronic Calculator. Proc. Computation Seminar, 13.—17. Aug. 1951. IBM Applied Science Department, New York 1951, S. 37—47.

[100a] US-Patent No. 2658681; angemeldet am 9. Juli 1948.

[101] HAMILTON, F. E., KUTIE, E. C.: The IBM Magnetic Drum Calculator Type 650. Journal ACM 1 (Jan. 1954) No. 1, S. 13—20.

[102] HUGHES JR., E. S.: The IBM Magnetic Drum Calculator Type 650 Engineering and Design Considerations. Proc. Western Joint Computer Conf., Los Angeles, 11.—12. Febr. 1954, S. 140—154.

[103] HAMILTON, F. E., HUGHES JR., E. S., LIND, W. K.: Data Storage and Processing Machine. US-Patentschrift No. 2959351; angemeldet am 2. Nov. 1955 als Fortsetzung einer früheren Anmeldung vom 18. Dez. 1953; erteilt am 8. Nov. 1950.

[104] ASTRAHAN, M. M., ROCHESTER, N.: The Logical Organization of the New IBM Scientific Calculator. Proc. Assoc. Computing Machinery, Pittsburgh Meeting, 2.—3. Mai 1952, S. 79—83.

[105] BUCHHOLZ, W. W.: The System Design of the IBM 701 Computer. Proc. IRE 41 (Okt. 1953) Computer Issue, S. 1262—1275.

[106] FRIZZELL, C. E.: Engineering Description of the IBM Type 701 Computer. Proc. IRE 41 (Okt. 1953) Computer Issue, S. 1275—1287.

[107] ROSS, H. D.: The Arithmetic Element of the IBM Type 701 Computer. Proc. IRE 41 (Okt. 1953) Computer Issue, S. 1287—1294.

[108] STEVENS, L. D.: Engineering Organization of Input and Output for the IBM 701 Electronic Data Processing Machine. Rev. Input Output Equipment Used in Computing Systems. Joint Computer Conf., New York, 10.—12. Dez. 1952, S. 81—85.

[109] LOGUE, J. C., BRENNEMAN, A. E., KOELSCH, A. C.: Engineering Experience in the Design and Operation of a Large Scale Electrostatic Memory. IRE National Convention Rec. 1 (März 1953) Pt. 7, S. 21—29.

[110] WALTERS, R. L.: Diagnostic Programming Techniques for the IBM Type 701. IRE National Convention Rec. 1 (März 1953) Pt. 7, S. 55—58.

[111] BASHE, C. J., BUCHHOLZ, W., ROCHESTER, N.: The IBM Type 702, an Electronic Data Processing Machine for Business. Journal ACM 1 (Okt. 1954) No. 4, S. 149—169.

[112] BASHE, C. J., JACKSON, P. W., MUSSELL, H. A., WINGER, W. D.: The Design of the IBM 702 System. Trans. AIEE 74 Pt. 1, Communication and Electronics (Jan. 1956) No. 22, S. 695—704.

[113] BACKUS, J. W.: AMDAHL, G. M.: The System Design of the IBM Type 704. Paper presented to Meetings of the Association for Computing Machinery, 1955.

[114] SPEISER, A. P.: Beschreibung einer großen elektronischen Rechenmaschine (IBM 704). Bull. Schweiz. Elektrotechn. Vereins 48 (9. Nov. 1957) No. 23, S. 1013—1016.

[115] BROKATE, K.: Adressenmodifikation mit Indexregistern bei der Type 704. Nachr.-techn. Fachberichte 4 (1956), S. 150—153.

[116] FISCHER, B.: Einführung in die Elektronische Rechenanlage Typ 705. Elektronik 8 (1959) Nos. 8 u. 9, S. 245—250 u. 277—280.

[117] MERWIN, R. E.: The IBM 705 EDPM Memory System. IRE Trans. Electronic Computers EC-5 (Dez. 1956) No. 4, S. 219—223.

[118] GREENSTADT, J. L.: The IBM 709 Computer. Proc. Symposium New Computers — A Report from the Manufacturers, Los Angeles, 1. März 1957; herausgegeben von der Assoc. for Computing Machinery, New York, N. Y., S. 92—98.

[119] JD&A Computer Census Results — Transition to the Solid-States. Automatic Data Processing Service Newsletter 5 (23. Januar 1961) No. 17, 4 Seiten.

[120] Hawlitschka, H.-J.: Das elektronische Datenverarbeitungssystem IBM 305 RAMAC. Elektron. Rechenanlagen **2** (Mai 1960) No. 2, S. 58—66.

[121] Eckert, W. J., Jones, R.: Faster, Faster. A Simple Description of a Giant Electronic Calculator and the Problems it Solves. Internat. Business Machines Corp., New York 1955, 160 S. (Deutsche Übersetzung von E. Aikele, herausgegeben von der IBM Deutschland, Sindelfingen 1956, 176 S.)

[121a] Havens, B. L., Schreiner, K. E., Amdahl, L. D., Cedarholm, J. P., Jeenel, J., Meadows, H. R., Mitchell, G. E.: High-Speed Electronic Calculator. US-Patentschrift No. 2 957 626; angemeldet am 21. Nov. 1955; erteilt am 25. Okt. 1960.

[122] IBM Computers — The Story of Their Development. Data Processing (London) **2** (1960) No. 2, S. 90—101. (Vgl. dtsch. Übers. „IBM-Computer — die Geschichte ihrer Entwicklung", ADL Nachr. (1961) No. 16, S. 477—486.)

[123] *John von Neumann* (Das Porträt). Elektron. Rechenanlagen **1** (Mai 1959) No. 2, S. 57.

[124] von Neumann, J.: First Draft of a Report on the EDVAC. Contract No. W-670-ORD-492, Moore School of Electrical Engineering, University of Pennsylvania, 30. Juni 1945.

[125] A Functional Description of the EDVAC. Report of Work under Contract W36-034-ORD-7593. Research Division Rep. 50—9, Vol. I (Nov. 1949), 185 S.; Vol. II (Nov. 1949), 100 S. Herausgegeben von der Moore School of Electrical Engineering, University of Pennsylvania, Philadelphia.

[126] Gluck, S. E.: The Electronic Discrete Variable Computer (EDVAC). Electrical Engng. **72** (Febr. 1953) No. 2, S. 159—162.

[127] Gray, J. H.: Logical Description of Some Digital Computer Adders and Counters. Proc. IRE **40** (Jan. 1952) No. 1, S. 29—33.

[128] Auerbach, F. L., Eckert, J. P., Shaw, R. F., Sheppard, C. B.: Mercury Delay Lines Using a Pulse Rate of Several Megacycles. Proc. IRE **37** (1949), S. 855—861.

[129] Huntington, H. B., Emslie, A. G., Hughes, V. W., Shapiro, H., Benfield, A. E.: Ultrasonic Delay Lines I/II. J. Franklin Inst. **245** (1948) Nos. 1 und 2, S. 1—23, 101—115.

[130] Rothbart, A.: Bibliography on Magnetostrictive Delay Lines. IRE Trans. Electronic Computers **EC-10** (Juni 1961) No. 2, S. 285 (37 Titel).

[131] Auerbach, A. A., Eckert, J. P., Shaw, R. F., Weiner, J. R., Wilson, L. D.: The BINAC. Proc. IRE **40** (Jan. 1952) No. 1, S. 12—29.

[131a] Britisches Patent No. 736 144; Priorität: USA, 16. August 1950.

[132] Eckert jr., J. P., Weiner, J. R., Welsh, H. F., Mitchell, H. F.: The UNIVAC System. Rev. Electronic Digital Computers. Proc. Joint Computer Conf., Philadelphia, 10.—12. Dez. 1951, S. 6—16.

[133] Eckert jr., J. P., Weiner, J. R., Welsh, H. F., Shaw, R. F.: Dispositif électronique de traitement d'information. Schweiz. Patentschrift No. 331 573. Priorität: USA, 31. März 1952. (Vgl. auch Brit. Patent No. 749 836.)

[134] Estrin, G.: The Electronic Computer at the Institute for Advanced Study. Math. Tabl. Other Aids Comput. **7** (1953) No. 42, S. 108—114.

[135] Estrin, G.: A Description of the Electronic Computer at the Institute for Advanced Study. Proc. Assoc. Computing Mach., Toronto, 8.—10. Sept. 1952, S. 95—109.

[136] Burks, A. W., Goldstine, H. H., von Neumann, J.: Planning and Coding of Problems for an Electronic Computing Instrument. Part I: Preliminary Discussion of the Logical Design of an Electronic Computing Instrument. The Institute for Advanced Study, Princeton/N. J., Juni 1946, 53 S.

[137] Goldstine, H. H., von Neumann, J.: Planning and Coding of Problems for an Electronic Computing Instrument. Part II: Report on the Mathematical and Logical Aspects of an Electronic Computing Instrument. The Institute for Advanced Study, Princeton/N. J. Teil 1 (April 1947), 69 S.; Teil 2 (April 1948), 68 S., Teil 3 (Aug. 1948), 23 S.

[138] MEAGHER, R. E., NASH, J. P.: The ORDVAC. Rev. Electronic Digital Computers. Proc. Joint Computer Conf., Philadelphia, 10.—12. Dez. 1951, S. 37—43.

[139] WHEELER, D. J., ROBERTSON, J. E.: Diagnostic Programs for the ILLIAC. Proc. IRE 41 (Okt. 1953) Computer Issue, S. 1320—1325.

[140] CHU, J. C.: The Oak Ridge Automatic Computer. Proc. Assoc. Computing Mach., Toronto, 8.—10. Sept. 1952, S. 142—148.

[141] PERRY, C. L.: The Logical Design of the Oak Ridge Digital Computer. Proc. Assoc. Computing Mach., Toronto, 8.—10. Sept. 1952, S. 23—27.

[142] DEMUTH, H. B., JACKSON, J. B., KLEIN, E., METROPOLIS, N., ORVEDAHL, W., RICHARDSON, J. H.: MANIAC. Proc. Assoc. Computing Mach., Toronto, 8.—10. Sept. 1952, S. 13—17.

[143] STEMME, E.: Den Svenska Automatiska Räknemaskinen BESK. Teknisk Tidskrift, 29. März 1955, 12 S.

[144] COMÉT, ST.: Die Verwendung von BESK. Nachr.-techn. Fachber. 4 (1956), S. 62—65.

[145] PILOTY, H.: Die Entwicklung der PERM. Nachr.-techn. Fachber. 4 (1956), S. 40—45.

[146] PILOTY, H., PILOTY, R., LEILICH, H. O., PROEBSTER, W. E.: Die programmgesteuerte elektronische Rechenanlage München (PERM). Nachr.-techn. Z. 8 (1955) Nos. 11 und 12, S. 603—609, 650—658.

[147] PROEBSTER, W. E.: Das Paralleladdierwerk der PERM. Elektron. Rdsch. 9 (Okt. 1955) No. 10, S. 353—359.

[148] LEBEDEV, S. A.: BESM, eine schnellaufende elektronische Rechenmaschine der Akademie der Wissenschaften der UdSSR. Nachr.-techn. Fachber. 4 (1956), S. 76—79.

[149] LEBEDEV, S. A. (übersetzt von C. D. BENSTER): The High-Speed Electronic Calculating Machine of the Academy of Sciences of the U.S.S.R. (BESM). Journal ACM 3 (Juli 1956) No. 3, S. 129—133.

[150] MELNIKOV, V. A.: The High-Speed Electronic Computer of the U.S.S.R. Academy of Sciences (BESM). Its Reliability and Methods of Checking. Proc. Instn. Electr. Engrs. 103 Pt. B, Suppl. (1956) No. 2, S. 174—183, Diskussion S. 203—206.

[151] LEBEDEV, S. A. (Herausgeber): Elektronnaja Zifrovaja Vytschislitelnaja Maschina BESM. Gosud. Isd. Phys.-Math. Lit., Moskau 1959/60 (in 4 Teilen). Teil 1: Allgemeine Beschreibung von BESM und Methodologie der Ausführung der Operationen. Teil 2: Rechen- und Steuerwerk der BESM. Teil 3: Speicherwerk, Eingabe und Auslieferung. Teil 4: Programmierung.

[152] GILLIES, D. B., MEAGHER, R. R., MULLER, D. E., McKAY, R. W., NASH, J. P., ROBERTSON, J. E., TAUB, A. H.: On the Design of a Very High Speed Computer. Report No. 80, University of Illinois Digital Computer Laboratory, Oktober 1957.

[153] The Illinois Very-high-speed Computer. In: Electronic Digital Computers, von CH. V. L. SMITH. McGraw-Hill, New York 1959. Insbes. S. 420—434.

[154] FORRESTER, J. W.: The Digital Computation Program at Massachusetts Institute of Technology. Proc. Second Symposium Large-Scale Digital Calculating Machinery, 13.—16. Sept. 1949. Annals Comput. Lab. Harvard University Vol. 26, S. 65—70.

[155] EVERETT, R. R.: The Whirlwind I Computer. Electrical Engng. 71 (Aug. 1952), S. 681—686; desgl. in: Rev. Electronic Digital Computers. Joint Computer Conf., Philadelphia, 10.—12. Dez. 1951, S. 70—74.

[156] TAYLOR, N. H.: Evaluation of the Engineering Aspects of Whirlwind I. Rev. Electronic Digital Computers. Joint Computer Conf., Philadelphia, 10.—12. Dez. 1951, S. 75—78.

[157] FORRESTER, J. W.: High-Speed Electrostatic Storage. Proc. Symposium Large-Scale Digital Calculating Machinery, 7.—10. Jan. 1947. Annals Comput. Lab. Harvard University Vol. 16, S. 125—129.

[158] DODD, S. H., KLEMPERER, H., YOUTZ, P.: Electrostatic Storage Tube. Electrical Engng. 69 (Nov. 1950), S. 990—995.

[159] Forrester, J. W.: Coincident-Current Magnetic Computer Memory Developments at M.I.T. Proc. Symposium Large-Scale Digital Computing Machinery, Argonne Nat. Lab., 3.—5. Aug. 1953. ANL Report No. 5181, S. 150—158.

[160] Forrester, J. W.: Digital Information Storage in Three Dimensions Using Magnetic Cores. J. appl. Phys. **22** (Jan. 1951), S. 44—48.

[161] Papian, W. N.: The M.I.T. Magnetic-Core Memory. Proc. Eastern Joint Computer Conf., Washington, 8.—10. Dez. 1953, S. 37—42.

[162] Daggett, N. L., Rich, E. S.: Diagnostic Programs and Marginal Checking in the Whirlwind I Computer. IRE Convention Rec. **1** (1953) Pt. 7, S. 48—54.

[163] Carr, J. W.: Progress of the Whirlwind Computer Towards an Automatic Programming Procedure. Proc. Assoc. Computing Machinery, Pittsburgh Meeting, 2.—3. Mai 1952, S. 237—241.

[164] Perkins R. L.: Magnetic Drum Storage Devices. Product Engng. **24** (Aug. 1953), S. 192—195.

[165] Mullaney, F. C.: Design Features of the ERA 1101 Computer. Rev. Electronic Digital Computers. Joint Computer Conf., Philadelphia, 10.—12. Dez. 1951. S. 43—49. Siehe auch in: Electrical Engng. **71** (Nov. 1952), S. 1015—1018.

[166] Cray, S. R.: Computer-Programmed Preventive Maintenance for Internal Memory Sections of the ERA 1103 Computer System. Proc. WESCON Computer Sessions, Los Angeles, 25.—27. Aug. 1954, S. 62—66.

[167] Pösch, H.: Aufbau und Arbeitsweise der UNIVAC Factronic. Elektron. Datenverarbeitung Folge 4 (1959), S. 14—23.

[168] The Operating Characteristics of the SEAC. Math. Tabl. Other Aids Comput. **4** (Okt. 1950), S. 229—230.

[169] Leiner, A. L.: Provision for Expansion in the SEAC. Math. Tabl. Other Aids Comput. **5** (Okt. 1951), S. 232—237.

[170] Alexander, S. N.: The National Bureau of Standards Eastern Automatic Computer. Rev. Electronic Digital Computers. Joint Computer Conf., Philadelphia, 10.—12. Dez. 1951, S. 84—89.

[171] Slutz, R. J.: Engineering Experience with the SEAC. Rev. Electronic Digital Computers. Joint Computer Conf., Philadelphia, 10.—12. Dez. 1951, S. 90—94.

[172] Greenwald, S., Haueter, R. C., Alexander, S. N.: SEAC. Proc. IRE **41** (Okt. 1953) Computer Issue, S. 1300—1313.

[173] Greenwald, S., Pike, J. L., Haueter, R. C., Ainsworth, E. F.: SEAC Input-Output System. Rev. Input Output Equipment Used in Computing Systems. Joint Computer Conf., New York, 10.—12. Dez. 1952, S. 31—46.

[174] Pike, J. L.: Input-Output Devices Used with SEAC. Rev. Input Output Equipment Used in Computing Systems. Joint Computer Conf., New York, 10.—12. Dez. 1952, S. 36—38.

[175] Haueter, R. C.: Auxiliary Equipment to SEAC Input-Output. Rev. Input Output Equipment Used in Computing Systems. Joint Computer Conf., New York, 10.—12. Dez. 1952, S. 39—44.

[176] Leiner, A. L., Alexander, S. N.: System Organization of the DYSEAC. Trans. IRE Electronic Computers **EC-3** (März 1954) No. 1, S. 1—10.

[177] DYSEAC, the New NBS Electronic Computer. NBS Techn. News Bull. **38** (Sept. 1954) No. 9, S. 134—141.

[178] Interconnection of Electronic Computers. (One Machine Controls Other, Sharing Single Problem.) NBS Techn. News Bull. **40** (März 1956) No. 3, S. 33—35.

[179] Leiner, A. L., Notz, W. A., Smith, J. L., Weinterger, A., Bridge, W. H.: Summary Technical Report on the Logical System Design of the DYSEAC. National Bureau of Standards Rep. 3459 (Mai 1954). Vol. 1: 397 S.; Vol. 2: 264 S.; Vol. 3: 59 Schaltskizzen und Pläne.

[180] Eleourn, R. D., Witt, R. P.: Dynamic Circuit Techniques Used in SEAC and DYSEAC.

Trans. IRE Electronic Computers EC-2 (März 1953) No. 1, S. 2—9; desgl. in: Proc. IRE **41** (Okt. 1953) Computer Issue, S. 1380—1387.

[181] LEINER, A. L., NOTZ, W. A., SMITH, J. L., WEINBERGER, A.: System Design of the SEAC and DYSEAC.
Trans. IRE Electronic Computers EC-3 (Juni 1954) No. 2, S. 8—23.

[182] SHUPE, P. D., KIRSCH, R. A.: SEAC, Review of Three Years of Operation.
Proc. Eastern Joint Computer Conf., Washington, 8.—10. Dez. 1953, S. 83—90.

[183] Computer Development (SEAC and DYSEAC) at the National Bureau of Standards.
Circular 551, National Bureau of Standards, Washington, D.C., Jan. 1955, 146 S.

[184] System Design of Digital Computers — Methods for High-Speed Addition and Multiplication. Circular 591, Section 1, National Bureau of Standards, Washington, D.C., Febr. 1958, 22 S.

[185] LEINER, A. L., NOTZ, W. A., SMITH, J. L., WEINBERGER, A.: Pilot — A New Multiple Computer System. Journal ACM **6** (Juli 1959) No. 3, S. 313—335.

[186] HUSKEY, H. D.: Characteristics of the Institute for Numerical Analysis Computer. Math. Tabl. Other Aids Comput. **4** (April 1950), S. 103—108.

[187] HUSKEY, H. D., THORENSEN, R., AMBROSIO, B. F., YOWELL, E. C.: The SWAC, Design Features and Operating Experience. Proc. IRE **41** (Okt. 1953) Computer Issue, S. 1294—1299.

[188] BLOCH, R. M., CAMPBELL, R. V. D., ELLIS, M.: Logical Design of the Raytheon Computer. Math. Tabl. Other Aids Comput. **3** (1948) No. 24, S. 286—295.

[189] BLOCH, R. M., CAMPBELL, R. V. D., ELLIS, M.: General Design for the Raytheon Computer. Math. Tabl. Other Aids Comput. **3** (1948) No. 24, S. 317—323.

[190] BLOCH, R. M.: The Raytheon Electronic Digital Computer. Proc. Second Symposium Large-Scale Digital Calculating Machinery, 13.—16. Sept. 1949. Annals Comput. Lab. Harvard Univ. Vol. 26, S. 50—64.

[191] WEST, C. F., DeTURK, J. E.: A Digital Computer for Scientific Applications.
Proc. IRE **36** (Dez. 1948) No. 12, S. 1452—1460.

[192] REHLER, R. M.: The RAYDAC System and its External Memory. Rev. Input Output Equipment Used in Computing Systems. Joint Computer Conf., New York, 10.—12. Dez. 1952, S. 63—70.

[193] GRAY, W. H.: RAYDAC Input-Output System.
Rev. Input Output Equipment Used in Computing Systems. Joint Computer Conf., New York, 10.—12. Dez. 1952, S. 70—76.

[194] DEAN, F. R.: Operating Experience with RAYDAC. Rev. Input Output Equipment Used in Computing Systems. Joint Computer Conf., New York, 10.—12. Dez. 1952, S. 77—79.

[195] MURRAY, F. J.: Acceptance Test for Raytheon Hurricane Computer. Proc. Eastern Joint Computer Conf., Washington, 8.—10. Dez. 1953, S. 48—52.

[195a] BLOCH, R. M.: Diagnostic Information Monitoring System. US-Patentschrift No. 2 634 052; angemeldet am 27. April 1949; erteilt am 7. April 1953.

[196] LESTER, B. R.: A General Electric Engineering Digital Computer. Proc. Second Symposium Large-Scale Digital Calculating Machinery, 13.—16. Sept. 1949. Annals Comput. Lab. Harvard Univ. Vol. 26, S. 65—70.

[197] HOUSE, R. W.: Reliability Experience on the OARAC. Proc. Eastern Joint Computer Conf., Washington, 8.—10. Dez. 1953, S. 43—45.

[198] MORTON, P. L.: The California Digital Computer. Math. Tabl. Other Aids Comput. **5** (1951) No. 34, S. 57—61.

[199] WILKES, M. V., RENWICK, W.: The EDSAC, an Electronic Calculating Machine.
J. sci. Instrum. **26** (Dez. 1949), S. 385—391.

[199a] WILKES, M. V.: Programme Design for a High-Speed Automatic Calculating Machine. J. sci. Instrum. **26** (Juni 1949), S. 217—220.

[200] WILKES, M. V.: The EDSAC Computer. Rev. Electronic Digital Computers. Joint Computer Conf., Philadelphia, 10.—12. Dez. 1951, S. 79—83.

[201] The EDSAC. In: Automatic Digital Computers, von M. V. WILKES. Methuen, London 1956, insbes. S. 42—61.

[202] WHEELER, D. J.: Programme Organization and Initial Orders for the EDSAC. Proc. Royal Soc. London, A **202** (Aug. 1950), S. 573—589.

[203] WILKES, M. V., PHISTER, M., BARTON, S. A.: Experience with Marginal Checking and Automatic Routining of the EDSAC. IRE Convention Rec. **1** (1953) Pt. 7, S. 66—71.

[204] WILKES, M. V., RENWICK, W.: An Ultrasonic Memory Unit for the EDSAC. Electronic Engng. **20** (Juli 1948), S. 208—213.

[205] WILKES, M. V., WHEELER, D. J., GILL, S.: The Preparation of Programs for an Electronic Computer. With Special Reference to the EDSAC and the Use of a Library of Subroutines. Addison Wesley Press, Cambridge, Mass. 1951. Erweiterte Neuauflage 1957 unter Einbeziehung von [206].

[206] WILKES, M. V.: Introduction to Programming for an Automatic Digital Calculating Machine and Users' Guide to the EDSAC. University Mathematical Laboratory, Cambridge, England, Sept. 1954, 68 S.

[207] WILKES, M. V., STRINGER, J. B.: Microprogramming and the Design of the Control Circuits in an Electronic Digital Computer. Proc. Cambridge Philosoph. Soc. **49** (April 1953) Pt. 2, S. 230—238.

[208] WILKES, M. V., RENWICK, W., WHEELER, D. J.: The Design of the Control Unit of an Electronic Digital Computer. Proc. Instn. Electrical Engrs. **105** B (März 1958) No. 20, S. 121—128.

[209] WILLIAMS, F. C., KILBURN, T.: A Storage System for Use with Binary-Digital Computing Machines. Proc. Instn. Electrical Engrs. **96** Pt. 3 (März 1949) No. 40, S. 81—100 und **97** Pt. 3 (Nov. 1950), S. 453—454.

[210] ROBINSON, A.: The Testing of Cathode Ray Tubes for Use in the Williams Type Storage System. Proc. Assoc. Computing Machinery, Toronto Meeting, 8.—10. Sept. 1952, S. 42—45.

[211] WILLIAMS, F. C., KILBURN, T., LITTING, C. N. W., EDWARDS, D. B. G., HOFFMAN, G. R.: Recent Advances in Cathode Ray Tube Storage. Proc. Instn. Electrical Engrs. **100** Pt. 2 (Okt. 1953) No. 77, S. 523—543.

[212] KILBURN, T., TOOTILL, G. C., EWARDS, D. B. G., POLLARD, B. W.: Digital Computers at Manchester University. Proc. Instn. Electrical Engrs. **100** Pt. 2 (1953) No. 77, S. 487—500.

[213] POLLARD, B. W., LONSDALE, K.: The Construction and Operation of the Manchester University Computer. Proc. Instn. Electrical Engrs. **100** Pt. 2 (1953) No. 77, S. 501—512.

[214] POLLARD, B. W.: The Design, Construction, and Performance of a Large-Scale General-Purpose Digital Computer. Rev. Electronic Digital Computers. Joint Computer Conf., Philadelphia, 10.—12. Dez. 1951, S. 62—70.

[215] COLEBROOK, F. M.: Le modèle pilote du calculateur automatique électronique arithmétique (ACE) du N.P.L. Les Machines à Calculer et la Pensée Humaine. Colloques Internat. C.N.R.S. Vol. 37. Paris, 8.—13. Jan. 1951, S. 65—72.

[216] WILKINSON, J. H.: The Pilot ACE. Automatic Digital Computation. Proc. Symposium Nat. Phys. Lab. Teddington, England, 25.—28. März 1953, S. 5—14.

[217] BOOTH, A. D.: Le machine à calculer électro-magnétique de l'Université de Londres. Les Machines à Calculer et la Pensée Humaine. Colloques Internat. C.N.R.S. Vol. 37. Paris, 8.—13. Jan. 1951, S. 29—31.

[218] BOOTH, A. D.: The Physical Realization of an Electronic Digital Computer. Electronic Engng. **24** (Okt. 1952), S. 442—445.

[219] BOOTH, A. D.: The Development of A.P.E.(X).C. Math. Tabl. Other Aids Comput. **8** (April 1954) No. 46, S. 98—105.

[220] PINKERTON, J. M. M., KAYE, E. J., LENAERTS, E. H., GIBBS, G. R.: LEO (Lyons Electronic Office). Electronic Engng. **26** (1954) No. 317, S. 284—291; No. 318, S. 335—341; No. 319, S. 386—392.

[221] PINKERTON, J. M. M.: Features of the LEO IIC Computer. Automatic Data Processing **1** (Dez. 1959) No. 11, S. 42—46.

[222] PINKERTON, J. M. M.: The Evolution of Design in a Series of Computers, LEO I—III. The Computer Journal **4** (April 1961) No. 1, S. 42—46.

[223] THOMPSON, T. R.: Four Years of Automatic Office Work. The Computer Journal **1** (Okt. 1958) No. 3, S. 106—112. Siehe auch: LEO in Action as a Sales Administrator. Data Processing (London) **1** (1959) No. 2, S. 94—105.

[224] LONSDALE, K., WARBURTON, E. T.: Mercury, a High-Speed Digital Computer Based on the Manchester University Mark II Computer. Proc. Instn. Electr. Engrs. **103** B Suppl. (1956) No. 2, S. 174—183.

[225] KILBURN, T., EDWARDS, D. B. G., THOMAS, G. E.: The Manchester University Mark II Digital-Computing Machine. Proc. Instn. Electr. Engrs. **103** B Suppl. (1956) No. 2, S. 247—268.

[226] KILBURN, T.: MUSE. Information Processing, Proc. Internat. Conf. UNESCO, Paris, 15.—20. Juni 1959. Verlag Oldenbourg, München 1960, S. 433.

[227] DEVONALD, C. H., FOTHERINGHAM, J. A.: The Atlas Computer. Datamation **7** (1961) No. 5, S. 23—27.

[228] GILL, S.: Neue Wege beim Bau von Großrechenanlagen (Atlas). Elektron. Rechenanlagen **3** (April 1961) No. 2, S. 81—83.

[228a] KILBURN, T., PAYNE, R. B., HOWARTH, D. J.: The Atlas Supervisor. Proc. Eastern Joint Computer Conf., Washington, 12.—14. Dez. 1961, S. 279—294.

[229] HALEY, A. C. D.: DEUCE, a High-Speed General-Purpose Computer. Proc. Instn. Electr. Engrs. **103** B Suppl. (1956) No. 2, S. 165—173.

[230] The KDP 10. Data Processing (London) **2** (1960) No. 1, S. 54—57.

[231] POORTE, G. E., KRANZLEY, A. S.: The RCA 501 Electronic Data Processing System. Proc. Western Joint Computer Conf., Los Angeles, 6.—8. Mai 1958, S. 66—70.

[232] BROMBERG, H., HUREWITZ, T. M., KOZARSKY, K.: The RCA 501 Assembly System. Proc. Western Joint Computer Conf., San Francisco, 3.—5. März 1959, S. 127—131.

[233] The 501 System. Elektron. Rechenanlagen **1** (Nov. 1959) No. 4, S. 193—199.

[234] DAVIS, G. M.: The English Electric KDF 9 Computer System. The Computer Bulletin **4** (Dez. 1960) No. 3, S. 119—120.

[235] KDF 9 — English Electric's High-Speed General-Purpose Computer. Data Processing (London) **3** (1961) No. 3, S. 176—181.

[236] BIRD, R.: The HEC Computer. Proc. Instn. Electr. Engrs. **103** B Suppl. (1956) No. 2, S. 207—216.

[237] Features of the EMIDEC 1100 Computer. Automatic Data Processing **2** (April 1960) No. 4, S. 33—38.

[238] Britisches Patent No. 802745.

[239] VAN DER POEL, W. L.: ZEBRA, a Simple Binary Computer. Information Processing, Proc. Internat. Conf., UNESCO, Paris, 15.—20. Juni 1959. Verlag Oldenbourg, München 1960, S. 361—365.

[240] VAN DER POEL, W. L.: The Simple Code for ZEBRA. Het PTT-Bedrijf **9** (Aug. 1959) No. 2, S. 31—66.

[241] VAN DER POEL, W. L.: A Simple Electronic Digital Computer. Appl. sci. Research **B 2** (1952), S. 367—400.

[242] KOSTEN, L., VAN DER POEL, W. L.: PTERA, PTT Electronische Reken Automat (in holl.). Het PTT-Bedrijf **5** (1953) No. 4, S. 116—163.

[243] VAN DER POEL, W. L.: The Logical Principles of Some Simple Computers. Dissertation, Universität von Amsterdam. Uitgeverij Excelsior, 's-Gravenhage 1956.

[244] The Metrovick 950 Digital Computer. Brit. Commun. and Electronics **4** (Mai 1957) No. 5, S. 273—274.

[245] ACRED, N. B.: Control Circuit Design. Electronic Engng. **29** (Dez. 1957) No. 358, S. 586—590.

[246] HILL, N. D.: Nicholas. Automatic Digital Computation. Proc. Symposium Nat. Phys. Lab. Teddington, 25.—28. März 1953, S. 44—45.

[247] HERSOM, S. E.: Operating Experience with Nicholas. Proc. Instn. Electr. Engrs. **103** B Suppl. (1956) No. 2, S. 276—277.

[248] ELLIOTT, W. S., CARPENTER, H. G., JOHNSTON, A. S.: The Elliott-NRDC 401, a Demonstration of Computer Engineering by Packaged Unit Construction. Automatic Digital Computation. Proc. Symposium Nat. Phys. Lab. Teddington, 25.—28. März 1953, S. 272—276.

[249] JOHNSTON, A. S.: A Series of Computers Using Plug-in Units. Proc. Instn. Electr. Engrs. **103** B Suppl. (1956) No. 2, S. 186—187.

[250] KIRCHMANN, G.: Die National-Elliott 405 und ihre Programmierung. Elektron. Datenverarbeitung (1959) Folge 3, S. 21—29.

[251] COOK, R. L.: Time-Sharing on the National Elliott 802. Computer Journal **2** (Jan. 1960) No. 4, S. 185—188.

[252] Report of a Conference on High-Speed Automatic Calculating Machines. University Mathematical Laboratory, Cambridge, England, 22.—25. Juni 1949. Herausgegeben vom Cambridge University Mathematical Laboratory in Zusammenarbeit mit dem Ministry of Supply. Januar 1951, 141 S.

[253] Report of a Computer Conference held on the Occasion of the Inauguration of the Electronic Digital Computer of the University of Manchester. Manchester, England, 9.—12. Juli 1951, 40 S.

[254] Automatic Digital Computation. Proc. Symposium held at the National Physical Laboratory, Teddington, Middlesex, England, 25.—28. März 1953. Herausgegeben vom Her Majesty's Stationery Office, London 1954, 295 S.

[255] Convention on Digital Computer Techniques. London, 9.—14. April 1956. Supplement to the Proceedings of the Institution of Electrical Engineers **103** Part B (1956) Nos. 1—3, 542 S.

[256] SCHUFF, H. K.: Rückblick auf die englische Ausstellung von Rechenmaschinen (London Dezember 1958). Elektron. Datenverarbeitung (1959) Folge 2, S. 1—6 und Folge 3, S. 30—35.

[256a] SCHUFF, H. K., EICKEN, W.: Die zweite englische Ausstellung von Rechenanlagen (The Second British Electronic Computer Exhibition) 4.—12. Oktober 1961. Elektron. Datenverarbeitung Folge 13 (Sept. 1961), S. I—XII.

[256b] EICKEN, W.: Nachschau auf die zweite englische Elektronenrechner-Ausstellung in London vom 3. bis 12. Oktober 1961. Elektron. Datenverarbeitung Folge 14 (Dez. 1961), S. 272—275.

[257] The Business Computer Symposium. Olympia, London, 1.—3. Dez. 1958. Pitman and Sons, London 1959, 846 S.

[258] LEES, C. H.: Digital Computers Available in Britain. Brit. Commun. and Electronics **5** (Dez. 1958) No. 12, S. 942—949.

[259] DEKERF, J. L. F.: A Survey of British Digital Computers. Computers and Automation **8** (1959) No. 3, S. 25—29; No. 4, S. 34—36; No. 5, S. 38—39.

[260] PEDDER, D. C., PEDDER, R.: Survey of Digital Computer and Calculator Users and Orders. Automation and Automatic Equipment News **5** (Jan. 1960) No. 5, S. 258—272.

[261] A Review of Electronic Digital Computers Available in Great Britain. Data Processing (London) **1** (1959) No. 1, S. 30—43.

[262] HUND, G., MÖHLEN, W.: Bericht über die britischen Rechenanlagen. Bl. Dtsch. Ges. Versicherungsmath. **4** (April 1960) No. 4, S. 454—462.

[263] GOLDSMITH, J. A.: The State of the Art — (a) Commercial Computers in Britain, June 1959. The Computer Journal **2** (Okt. 1959) No. 3, S. 97—99.

[264] DOUGLAS, A. S.: The State of the Art — (b) Computers in British Universities. The Computer Journal **2** (Okt. 1959) No. 3, S. 100—102.

[265] LORD HALSBURY: Ten Years of Computer Development. The Computer Journal 1 (Jan. 1959) No. 4, S. 153—159.

[266] BIERMANN, L., BILLING, H.: Die Göttinger elektronischen Rechenmaschinen. Z. angew. Math. Mech. 33 (1953) No. 1, S. 49—60.

[267] BIERMANN, L.: Überblick über die Göttinger Entwicklungen, insbesondere die Anwendung der Maschinen G 1 und G 2. Nachrichtentechn. Fachber. 4 (1956), S. 36—39.

[268] HOPMANN, W.: Zur Entwicklung der G 1a. Nachrichtentechn. Fachber. 4 (1956), S. 92—96.

[269] ÖHLMANN, H.: Bericht über die Fertigstellung der G 2. Nachrichtentechn. Fachber. 4 (1956), S. 97—98.

[270] SCHLÜTER, A.: Das Göttinger Projekt einer schnellen elektronischen Rechenmaschine (G 3). Nachrichtentechn. Fachber. 4 (1956), S. 99—100.

[271] BILLING, H.: Die im Max-Planck-Institut für Physik und Astrophysik entwickelte Rechenanlage G 3. Elektron. Rechenanlagen 3 (April 1961) No. 2, S. 83—84.

[272] BILLING, H., HOPMANN, W.: Mikroprogramm-Steuerwerk. Elektron. Rundschau 9 (Okt. 1955) No. 10, S. 349—353. (Siehe auch Deutsche Patentauslegeschrift No. 1 070 410.)

[273] SAMELSON, K., BAUER, F. L.: Sequentielle Formelübersetzung. Elektron. Rechenanlagen 1 (Nov. 1959) No. 4, S. 176—182. (Engl. Übers. "Sequential Formula Translation", Communications ACM 3 (Febr. 1960) No. 2, S. 76—83.)

[274] DREYER, H.-J.: Der Darmstädter elektronische Rechenautomat DERA. Nachrichtentechn. Fachber. 4 (1956), S. 51—55.

[275] SCHÜTTE, W.: Einige technische Besonderheiten von DERA. Nachrichtentechn. Fachber. 4 (1956), S. 126—128.

[276] DREYER, H.-J., GORR, TH., SCHÜTTE, W.: Feinteilen der Taktgeberscheibe eines elektronischen Rechenautomaten. VDI Zeitschrift 100 (1958) No. 8, S. 329—331.

[277] UNGER, H.: Arbeiten der Darmstädter mathematischen Rechenautomatengruppe. Nachrichtentechn. Fachber. 4 (1956), S. 157—160.

[278] BOTTENBRUCH, H.: Unterprogramme für DERA. Nachrichtentechn. Fachber. 4 (1956), S. 161—164.

[279] LEILICH, H.-O.: Technische Probleme bei der Entwicklung von Magnettrommelspeichern. Elektron. Rundschau 9 (Okt. 1955) No. 10, S. 365—368.

[279a] TSUI, F., PILOTY, H.: Der Magnetkernspeicher der PERM. Elektron. Rechenanlagen 3 (1961) No. 6, S. 246—253.

[280] HOFFMANN, W., WOLMAN, W.: Rechenanlagen. Aus den Schwerpunktprogrammen der Deutschen Forschungsgemeinschaft, Forschungsberichte 2. Franz Steiner Verlag, Wiesbaden 1958, S. 9—34.

[281] Elektronisches Rechnen in der Forschung. Mitteilungen der Deutschen Forschungsgemeinschaft (Okt. 1958) No. 3, S. 1—10.

[282] Ausbildung im elektronischen Rechnen an deutschen Hochschulen (1958). Mitteilungen der Deutschen Forschungsgemeinschaft (Okt. 1958) No. 3.

[283] Titel von Veröffentlichungen über Analog- und Ziffernrechner und ihre Anwendungen. Gemeinschaftlich herausgegeben von der Deutschen Forschungsgemeinschaft (DFG) in Bad Godesberg und dem Provisorischen Internationalen Rechenzentrum (PICC) in Rom. Bearbeitet von der Literaturstelle der Kommission für Rechenanlagen der DFG im Institut für Praktische Mathematik (IPM) der Technischen Hochschule Darmstadt. Franz Steiner Verlag, Wiesbaden. 8. Jahrgang 1961.

[284] LEHMANN, N. J.: Bericht über den Entwurf eines kleinen Rechenautomaten an der Technischen Hochschule Dresden. Berichte Math.-Tagung, Berlin, Feb. 1953. VEB Deutscher Verlag der Wissenschaften, Berlin, S. 262—270.

[285] LEHMANN, N. J.: Stand und Ziel der Dresdener Rechengeräteentwicklung. Nachrichtentechn. Fachber. 4 (1956), S. 46—50.

[286] BACHMANN, K.-H.: Einige Besonderheiten des Dresdener Rechenautomaten D 1. Nachrichtentechn. Fachber. **4** (1956), S. 90—91.

[287] LEHMANN, N. J.: Über Projektierung und Aufbau kleiner Rechenautomaten mit Programmsteuerung an der Technischen Hochschule in Dresden (in russ.). Awtomatika i Telemechanika **17** (1956) No. 1, S. 3—18.

[288] Rechenautomat D 1—2. Technik **13** (Nov. 1958), S. 755—756.

[289] KÄMMERER, W., KORTUM, H.: OPREMA, die programmgesteuerte Zwillings-Rechenanlage des VEB Carl Zeiss, Jena. Feingerätetechnik **4** (März 1955) No. 3, S. 103—106.

[290] KÄMMERER, W.: Die programmgesteuerte Relais-Rechenanlage OPREMA. Einsatzmöglichkeiten und Erfahrungen. MTW Mitt. Math. Labor TH Wien **3** (Sept. 1956) No. 5, S. 225—230.

[291] KÄMMERER, W.: Die programmgesteuerte Relais-Zwillings-Rechenanlage OPREMA des VEB Carl Zeiss Jena. Aktuelle Probleme der Rechentechnik. Internat. Mathematiker-Kolloquium, Dresden, 22.—27. Nov. 1955. VEB Deutscher Verlag der Wissenschaften, Berlin, S. 15—16.

[292] KÄMMERER, W.: Dreiadreß-Parallel-Automat auf Relaisbasis — OPREMA. In: Ziffernrechenautomaten. Akademie-Verlag, Berlin 1960, insbes. S. 120—130.

[293] KÄMMERER, W.: Die Relaistechnik am Rechenautomaten OPREMA des VEB Carl Zeiss Jena. Feingerätetechnik **7** (Jan. 1958) No. 1, S. 13—20.

[294] KÄMMERER, W., KORTUM, H., STRAUBE, F.: Zeiss-Rechenautomat ZRA—1. Jenaer Rdsch. **4** (Febr. 1959), S. 19—26.

[295] KORTUM, H., KÄMMERER, W., STRAUBE, F.: Der neue Zeiss-Rechenautomat ZRA—1. Feingerätetechnik **8** (März 1959) No. 3, S. 97—104.

[296] Rechenautomat ZRA—1 aus Jena. Elektron. Rechenanlagen **2** (Aug. 1960) No. 3, S. 149—150.

[297] Elektronischer Rechenautomat mit Transistoren ER 56. Firmenschrift der Standard Elektrik Lorenz AG, Stuttgart-Zuffenhausen 1958, 28 S.

[298] BASTEN, R., DREYER, H.-J.: Der elektronische Rechenautomat ER 56. Elektron. Rechenanlagen **1** (Mai 1959) No. 2, S. 60—67.

[299] Siemens-Digitalrechner 2002. Entwicklungsberichte der Siemens & Halske AG **22** (Okt. 1959) Sonderheft, 109 S.

[300] MEYER, H.: Der Siemens-Digital-Rechner 2002 als Kern von Nachrichtenverarbeitungssystemen. Elektron. Rechenanlagen **1** (Mai 1959) No. 2, S. 80—85.

[301] HACKL, C.: Aufbau und Befehlscode des Siemens-Digitalrechners 2002. Elektron. Datenverarbeitung Folge 2 (1959), S. 46—53.

[302] GUMIN, H. W.: The Siemens Digital Computer 2002. Proc. Eastern Joint Computer Conf., Philadelphia, 3.—5. Dez. 1958, S. 157—160.

[303] KAUFMANN, H.: The Siemens 2002 Digital Computer. Siemens Rev. **25** (1958) No. 4, S. 148—153.

[304] Telefunken Digital-Rechenanlage TR 4. Elektron. Rechenanlagen **1** (Mai 1959) No. 2, S. 94—95.

[305] MÖLLER, W.: Digital-Rechenanlage TR 4. ADL Nachr. (April/Juni 1960) No. 13, S. 366—370.

[306] TR 4 — Telefunken. Digital Computer Newsletter **12** (Okt. 1960) No. 4. Abgedruckt in: Communications ACM **3** (Okt. 1960) No. 10, S. 586—589.

[307] Auftragsbearbeitung im Großversandhaus. Einfacher und schneller durch „Informatik". Firmenschrift der Standard Elektrik AG, Stuttgart-Zuffenhausen 1957, 48 Seiten.

[308] ZSCHEKEL, H.: Aufbau und Funktionen des Informatik-Systems „Quelle". SEG Nachrichten **5** (1957) No. 4, S. 177—182.

[309] GRÖTTRUP, H.: Ein- und Ausgabegeräte für das Informatik-System des Großversandhauses „Quelle". SEG Nachrichten **5** (1957) No. 4, S. 183—188.

[310] LÖSCH, J.: Die Programmsteuerung des Informatik-Systems „Quelle". SEG Nachrichten **5** (1957) No. 4, S. 189—190.

[311] Mutschke, H.: Förderband und Rohrpost im Großversandhaus „Quelle". SEG Nachrichten 5 (1957) No. 4, S. 196—198.

[312] Lösch, J.: Reservierung von Platzkarten bei der Deutschen Bundesbahn. SEL Nachrichten 6 (1958) No. 3, S. 119—126.

[313] Leitenberger, W.: Elektronische Buchungsanlage für Autoplätze auf Fährschiffen. Signal und Draht 50 (1958) No. 6, S. 117—120.

[314] Piloty, R., Zschekel, H.: Elektronisches Auskunftssystem über die Verfügbarkeit von Passagierplätzen im Luftverkehr. Elektron. Rechenanlagen 1 (Febr. 1959) No. 1, S. 6—16.

[315] Huskey, H. D.: Binary Digital Computer with Magnetic Drum Storage. US-Patentschrift No. 2 982 472. Angemeldet am 2. Mai 1955.

[316] Schoppe, H.: Der programmgesteuerte Ziffernrechenautomat LGP 30. Schoppe & Faeser Techn. Mitt. (März 1958) No. 1, S. 2—8.

[317] Lesemann, K.-J.: Interne Organisation eines kleinen programmgesteuerten Rechenautomaten (LGP 30). Z. Angew. Math. Mech. 38 (1958) No. 7/8, S. 268—273.

[318] Digitalrechner in neuartiger Bauweise (LGP 30). Elektron. Rechenanlagen 1 (Febr. 1959) No. 1, S. 44—45.

[319] Lesemann, K.-J.: Das Programmieren beim Ziffernrechenautomaten LGP 30. Schoppe & Faeser Techn. Mitt. (März 1958) No. 1, S. 9—16. Siehe auch: Elektron. Datenverarbeitung Folge 1 (1959), S. 31—44.

[320] Olympia-Omega. ADL-Nachrichten 14 (1960) No. 13, S. 345—346. — Siehe auch [339] S. 773 und Tafel 3, Spalte 7.

[321] Güntsch, F.-R., Lukas, H.: Magnetbandrechner der Technischen Universität Berlin. Elektron. Datenverarbeitung Folge 2 (1959), S. 13—46.

[321a] Baustein-Gliederung im Magnetbandrechner der Technischen Universität Berlin. Elektronik 9 (1960) No. 2, S. 45—47.

[322] Probleme der Entwicklung programmgesteuerter Rechengeräte und Integrieranlagen. Kolloquium an der TH Aachen, Juli 1952. Herausgeber: H. Cremer, Mathematisches Institut, Lehrstuhl C, TH Aachen, 1953, 98 S.

[323] Vorträge über Rechenanlagen, gehalten in Göttingen, 19.—21. März 1953. Im Auftrage der Kommission „Rechenanlagen" der Deutschen Forschungsgemeinschaft herausgegeben von L. Biermann, Max-Planck-Institut für Physik, Göttingen 1953, 145 S.

[324] Rundgespräch der Kommission für Rechenanlagen in der Deutschen Forschungsgemeinschaft, München, 26.—28. April 1954. Tagungsbericht im Auftrage der Deutschen Forschungsgemeinschaft herausgegeben von H. Piloty. Als Manuskript gedruckt. München 1954, 82 S.

[325] Elektronische Rechenmaschinen und Informationsverarbeitung. Nachrichtentechn. Fachber. (NTF) Band 4. Verlag Friedr. Vieweg & Sohn, Braunschweig 1956, 229 Seiten.

[325a] Aktuelle Probleme der Rechentechnik. Bericht über das Internationale Mathematiker-Kolloquium, Dresden, 22.—27. Nov. 1955. VEB Deutscher Verlag der Wissenschaften, Berlin 1957, 155 S.

[326] Informationsverarbeitende Systeme. Nachrichtentechn. Fachberichte (NTF) Band 14. Verlag Friedr. Vieweg & Sohn, Braunschweig 1959, 70 S.

[327] Hoffmann, W., Schappert, H.: Elektronische Rechenanlagen. Neuerungen auf der Deutschen Industrie-Messe Hannover 1957. VDI Zeitschrift 99 (21. Juli 1957) No. 21, S. 1025—1035.

[328] Fromme, Th.: Elektronische Rechenanlagen. Neuerungen auf der Deutschen Industrie-Messe Hannover 1958. VDI Zeitschrift 100 (21. Juli 1958) No. 21, S. 1017—1019.

[329] Fromme, Th.: Programmgesteuerte Digitalrechenanlagen. Neuerungen auf der Deutschen Industrie-Messe Hannover 1959. VDI Zeitschrift 101 (21. Juli 1959) No. 21, S. 1017—1020.

[330] Bericht über die Deutsche Industrie-Messe Hannover 1959. Elektron. Datenverarbeitung Folge 3 (1959), S. 36—45.

[331] HOEHL, B.: Elektronische Rechenanlagen. Neuerungen auf der Deutschen
Industrie-Messe Hannover 1960. VDI Zeitschrift **102** (21. Juli 1960) No. 21,
S. 987—990.

[332] Industrie-Messe Hannover 1960. Neuerungen auf dem Gebiet der Büroautoma-
tion. Elektron. Datenverarbeitung Folge 7 (Sept. 1960), S. 51—54.

[333] MIERZOWSKI, K.: Elektronische Rechenanlagen. Neuerungen auf der Hannover-
Messe 1961. VDI Zeitschrift **103** (21. Juli 1961) No. 21, S. 1088—1092.

[334] SCHUFF, H.-K.: Die Industrie-Messe Hannover 1961. Elektron. Datenverarbeitung
Folge 12 (Aug. 1961), S. 187—193.

[335] WALTHER A., HOFFMANN, W.: Rechenanlagen. VDI Zeitschrift **98** (1. Mai 1956)
No. 13, S. 614—618.

[336] WALTHER, A., HOFFMANN, W.: Entwicklung der Rechenanlagen 1956. VDI Zeitschrift **99** (1. Juni 1957) No. 16, S. 731—737.

[337] PRAUSE, K.: Elektronische Rechenanlagen 1957. VDI Zeitschrift **100** (1. Juni 1958)
No. 16, S. 701—708.

[338] SCHUFF, H. K.: Elektronische Rechenanlagen 1958/59. VDI Zeitschrift **102**
(11. Juni 1960) No. 17, S. 701—705.

[339] MIERZOWSKI, K.: Digital-Rechenanlagen. VDI Zeitschrift **103** (11. Juni 1961)
No. 17, S. 767—775.

[339a] Stand des elektronischen Rechnens und der elektronischen Datenverarbeitung in
Deutschland. Herausgegeben von der Deutschen Arbeitsgemeinschaft für Rechen-
anlagen (DARA). Zusammengestellt im Institut für Praktische Mathematik
(IPM) der Technischen Hochschule, Darmstadt 1961, 173 S.

[340] BLACHMAN, N. M.: Some Automatic Digital Computers in Western Europe. IRE
Trans. Electron. Computers **EC—5** (Sept. 1956) No. 3, S. 158—166.

[341] CALHOUN, E. S.: New Computer Developments Around the World. Proc. Eastern
Joint Computer Conf., New York, 10.—12. Dez. 1956, S. 5—9.

[342] SAMUEL, A. L.: Computers with European Accents. Proc. Western Joint Computer
Conf., Los Angeles, 26.—28. Febr. 1957, S. 14—17.

[343] BLACHMAN, N. M.: Central-European Computers. Communications ACM **2**
(Sept. 1959) No. 9, S. 14—18.

[344] NADLER, M.: Some Notes on Computer Research in Eastern Europe. Communications ACM **2** (Dez. 1959) No. 12, S. 1—2.

[345] AUERBACH, I. L.: European Electronic Data Processing — A Report on the
Industry and the State-of-the-Art. Proc. IRE **49** (Jan. 1961) Computer Issue,
S. 330—348. Siehe auch in: Bull. Provisional Internat. Computation Centre
(April 1961) No. 13, S. 11—52. (Vgl. auch "European Information Technology",
Techn. Report 1048—TR—1, Auerbach Electronics Corp., Philadelphia, 15. Januar
1961.)

[346] BLACHMAN, N. M.: The State of Digital Computer Technology in Europe.
Communications ACM **4** (Juni 1961) No. 6, S. 256—265. Übersetzung ins
Französische siehe: Bull. Provisional Internat. Computation Centre (Juli 1961)
No. 14, S. 18—38.

[347] LINSMAN, M., POULIART, W.: La machine mathématique I.R.S.I.A. — F.N.R.S.
Edite par le Departement Technique de la Bell Telephone Manufacturing Company S.A., Antwerpen, Belgien (ohne Datum).

[348] LINSMAN, M., POULIART, W.: Principales caractéristiques de la machine mathématique I.R.S.I.A. — F.N.R.S. Nachrichtentechn. Fachber. **4** (1956), S. 66—68.

[349] BELEVITCH, V.: Le trafic des nombres et des ordres dans la machine I.R.S.I.A. —
F.N.R.S. Nachrichtentechn. Fachber. **4** (1956), S. 69—71.

[350] PETERSEN, B. S.: Den Elektroniske Cifferregnemaskine ved Regnecentralen,
Dansk Institut for Matematikmaskiner. Ingeniøren **65** (1956) No. 46, S. 910—918.

[351] Siehe: [345] S. 346—347, Spalte 40; [346] S. 260.

[352] COUFFIGNAL, L.: Traita caractéristiques de la calculatrice de la machine à calculer universelle de l'Institut Blaise Pascal. Proc. Second Symposium Large-Scale Digital Calculating Machinery, 13.—16. Sept. 1949. Annals Comput. Lab. Harvard Univ. Vol. 26, S. 378—386.

[353] COUFFIGNAL, L.: La machine de l'Institut Blaise Pascal. Les Machines à Calculer et la Pensée Humaine. Colloques Internat. C.N.R.S. Vol. 37. Paris, 8.—13. Jan. 1951, S. 55—62.

[354] Calculateur électronique GAMMA à tambour magnétique. Onde Electrique 36 (Aug./Sept. 1956) No. 353/354, S. 719—726.

[355] DREYFUS, P. L., FEISSEL, H. G., LECLERC, B. M.: A Magnetic Drum Extension to the GAMMA 3 Computer. IRE Convention Rec. 4 (März 1956) Pt. 4, S. 105—108.

[356] PÄSLER, H.: Der Bull Magnettrommelrechner. Elektron. Rdsch. 10 (Nov. 1956) No. 11, S. 299—301.

[357] MACHERY, R.: Speicherschwingkreise und Datenein- und -ausgabe beim Bull Elektronenrechner GAMMA 3. Elektron. Rdsch. 9 (Okt. 1955) No. 10, S. 369—370.

[358] DREYFUSS, PH.: System Design of the GAMMA 60. Proc. Western Joint Computer Conf., Los Angeles, 6.—8. Mai 1958, S. 130—133.

[359] DUVERGER, L.: Le GAMMA 60 Bull. Automatisme 3 (1958) No. 12, S. 455—460 und 4 (1959) No. 2, S. 72—75.

[360] KURSCHILGEN, H.: Die elektronische Datenverarbeitungsanlage GAMMA 60. Elektron. Datenverarbeitung Folge 3 (1959), S. 1—7.

[361] GAMMA 60 — A New Concept. Data Processing (London) 2 (1960) No. 1, S. 26—31.

[362] DAVOUS, BATAILLE, HARRAND: Le GAMMA 60. Onde Electrique 40 (Dez. 1960) No. 405, S. 889—919.

[363] VOLMER, G.: Die Datenverarbeitungsanlage Bull 300. Bull Informationen (März 1960) No. 12, S. 2—4.

[364] WOLLESEN, K.-H.: Das Datenverarbeitungssystem Bull Serie 300. Elektron. Datenverarbeitung Folge 11 (Juni 1961), S. 111—122, und Heft 1/1962, S. 1—16.

[365] RAYMOND, F. H.: Considérations sur l'enregistrement magnétique dans le domaine des machines à calculer. Onde Electrique 35 (Febr. 1955) No. 335, S. 89—96.

[366] RECOQUE, A., BECQUET, F.: CAB 500, petite calculatrice arithmétique scientifique. Chiffres 2 (Juni 1959) No. 2, S. 65—75.

[367] RAYMOND, F. H.: Présentation de deux calculatrices S.E.A. Onde Electrique 40 (Dez. 1960) No. 405, S. 920—942.

[368] STARYNKEVITCH, D.: La programmation automatique des formules sur CAB 500. Elektron. Datenverarbeitung Folge 9 (Febr. 1961), S. 1—5.

[369] NAMAIN, P.: Une calculatrice numérique universelle Française CAB 2022. Ingénieurs et Techniciens (Juni 1955) No. 78, 9 S.

[370] SEA — CAB Series Computers (Société d'Electronique et d'Automatisme): CAB 2100, CAB 3000, CAB 5040. Digital Computer Newsletter 8 (April 1956) No. 2. Abgedruckt in: Journal ACM 3 (1956) No. 2, S. 125—127.

[371] L'ensemble électronique de gestion SEA 3900. Electro Calcul 1 (1960) No. 3, S. 35—43.

[372] MAYER, M. J.: Le calculateur KL 901 de la Société Nouvelle d'Electronique. Onde Electrique 40 (Dez. 1960) No. 405, S. 954—959.

[373] Bulletin of the Provisional International Computation Centre (Bulletin du Centre International Provisoire de Calcul) established by contract between the United Nations Educational, Scientific and Cultural Organization (UNESCO) and the Istituto Nazionale di Alta Matematica (Italy). Anschrift: Palazzo degli Uffici, Zona dell'E.U.R., Rom. (Im Juli 1961 erschien No. 14.)

[374] International Repertory of Computation Laboratories. Herausgegeben vom Provisional International Computation Centre, Rom, Juli 1961, 600 S.

[375] Centro Studi Calcolatrici Elettroniche (C.S.C.E.), Pisa, Italy. Digital Computer Newsletter 8 (Okt. 1956) No. 4. Abgedruckt in: Journal ACM 3 (1956) No. 4, S. 398. (Die in dieser Veröffentlichung angegebenen Daten sind z. T. überholt.)

[376] Siehe: [345] S. 344—345, Spalte 27; [346] S. 264.

[377] ELEA 9003 — C. Olivetti & C. — Milan, Italy. Digital Computer Newsletter 12 (Juli 1960) No. 3, S. 17—20.

[378] ELEA 6001 — C. Olivetti & C. S. p. A., Laboratorio di Ricerche Elettroniche — Milan, Italy. Digital Computer Newsletter 13 (Juli 1961) No. 3, S. 18—21.

[379] Siehe: [343] S. 17—18; [346] S. 258—259.

[380] ARMAC — Mathematical Centre, Amsterdam, Holland. Digital Computer Newsletter 9 (1957) Nos. 1 und 3. Abgedruckt in: Journal ACM 4 (Jan. 1957) No. 1, S. 106—108, und (Juli 1957) No. 3, S. 388.

[381] VAN WIJNGAARDEN, A.: Moderne Rechenanlagen in den Niederlanden (Auszug aus dem Vortrag). Nachrichtentechn. Fachber. 4 (1956), S. 60—61.

[382] N. V. Electrologica, Amsterdam, Holland. Digital Computer Newsletter 9 (1957) No. 3. Abgedruckt in: Journal ACM 4 (Juli 1957) No. 3, S. 386—387.

[383] LOOPSTRA, B. J.: The X—1 Computer. The Computer Journal 2 (April 1959) No. 1, S. 39—43.

[384] SCHUFF, H. K.: Die programmgesteuerte Rechenanlage X—1. Elektron. Datenverarbeitung Folge 1 (1959), S. 23—31.

[385] SCHÄFER, H.-W.: Bemerkungen zum elektronischen Rechengerät X—1. Elektron. Rechenanlagen 1 (Febr. 1959) No. 1, S. 37—38.

[386] HORT, E.: Die Lochkartengeräte zur X—1. Elektron. Datenverarbeitung Folge 5 (März 1960), S. 44—49.

[387] HORT, E.: Weitere Anschlußgeräte zur X—1: Schnelldrucker- und Magnetband-Systeme. Elektron. Datenverarbeitung Folge 8 (Dez. 1960), S. 12—14.

[388] HEIJN, H. J., SELMAN, J. C.: The Philips Computer PASCAL. IRE Trans. Electronic Computers EC—10 (Juni 1961) No. 2, S. 175—183.

[389] FRISCH, R.: Notes on the Main Organs and Operation Technique of the Oslo Electronic Computer NUSSE. Memorandum des Sozialökonomischen Instituts der Universität Oslo, Oktober 1956, 6 S.

[390] ZEMANEK, H.: Die Arbeiten an elektronischen Rechenmaschinen und Informationsbearbeitungsmaschinen am Institut für Niederfrequenztechnik der Technischen Hochschule in Wien. Nachrichtentechn. Fachber. 4 (1956), S. 56—59.

[391] ZEMANEK, H.: Logistische Rechenmaschinen unter besonderer Berücksichtigung der logistischen Relaisrechenmaschine des Instituts für Niederfrequenztechnik der Technischen Hochschule Wien. Nachrichtentechn. Fachber. 4 (1956), S. 207—212.

[392] ZEMANEK, H.: Projekt „Mailüfterl". Arbeitsbericht No. 1 über die Planung und den Bau einer Transistorrechenmaschine. Institut für Niederfrequenztechnik der Technischen Hochschule Wien, Mai 1957, 93 S.

[393] ZEMANEK, H.: „Mailüfterl", ein dezimaler Volltransistor-Rechenautomat. Elektrotechnik und Maschinenbau 75 (Aug. 1958) No. 15/16, S. 453—463.

[394] Siehe: [346] S. 256—257.

[395] FIETT, J., GRADOWSKI, J., LUKASZEWICZ, L., MAJERSKI, S., PIETRZYKOWSKI, T., SAWICKI, Z.: Electronic Digital Computer "SKRZAT 1" for Automatic Control of Technological Processes. Preprints of Papers Vol. 1, IFAC Congress, Moskau, 27. Juni bis 7. Juli 1960. Butterworths, London 1960, S. 289—292.

[396] LUKASZEWICZ, L.: SAKO — An Automatic Coding System. In: Annual Review in Automatic Programming Vol. 2, herausgegeben von R. GOODMAN. Pergamon Press, Oxford 1961, S. 161—176.

[397] MAZURKIEWICZ, A. W.: Arithmetic Formulae and the Use of Subroutines in SAKO. In: Annual Review in Automatic Programming, Vol. 2, herausgegeben von R. GOODMAN. Pergamon Press, Oxford 1961, S. 177—195.

[398] JAWORSKI, W.: Ein programmgesteuerter Zahlenrechner mit einer neuen Eingabe-vorrichtung (in poln.). Arch. Automatyki i Telemechaniki 3 (1959) No. 3, S. 79—119.

[399] TOMA, V.: CIFA—1, the Electronic Computer of the Institute of Physics of the Academy of the Rumanian People's Republic. Aktuelle Probleme der Rechen-technik. Internat. Mathematiker-Kolloquium, Dresden, 22.—27. Nov. 1955. VEB Deutscher Verlag der Wissenschaften, Berlin 1957, S. 27—41.

[400] MOISIL, G. C.: On the Synthesis of Switching Circuits with Relays and Contacts or with Electronic and Solid-state Devices. Preprints of Papers Vol. 4, IFAC Congress, Moskau, 27. Juni bis 7. Juli 1960. Butterworths, London 1960, S. 1745—1750.

[401] Magnetband-Karussellspeicher ECM 64. Elektron. Rechenanlagen 1 (Aug. 1959) No. 3, S. 146.

[402] STEMME, N.G.E., WAHLSTRÖM, S. E.: Speichervorrichtung. Deutsche Patentauslege-schrift DAS 1 097 179. Anm.: 21. Okt. 1958; Bek.: 12. Jan. 1961.

[403] FRÖEERG, C. E., WAHLSTRÖM, G.: SMIL, Siffermaskinen I Lund. Lunds Universitets Arsskrift N.F. Avd. 2, 53 (1957) No. 4; Kungl. Fysiografiska Sällskapets Handlingar N.F. 68 (April 1957) No. 4, 38 S.

[404] Siehe: [339] S. 768 und Tafel 1, Spalte 1.

[405] RUTISHAUSER, H.: Maßnahmen zur Vereinfachung des Programmierens. Bericht über die in 5jähriger Programmierungsarbeit mit der Z4 gewonnenen Erfah-rungen. Nachrichtentechn. Fachber. 4 (1956), S. 26—30.

[406] STOCK, R. J.: Die mathematischen Grundlagen für die Organisation der elektro-nischen Rechenmaschine der Eidgenössischen Technischen Hochschule. Mitt. Inst. angew. Math. ETH Zürich, No. 6. Birkhäuser, Basel 1956, 73 S.

[407] SPEISER, A. P.: Eingangs- und Ausgangsorgane sowie Schaltpulte der ERMETH. Nachrichtentechn. Fachber. 4 (1956), S. 87—89.

[408] SCHAI, A.: Die elektronischen und magnetischen Schaltungen der ERMETH. Scientia Electrica 3 (1957) No. 4, S. 127—140.

[409] BASILEWSKI, J. J.: Die universelle Elektronen-Rechenmaschine „URAL" für ingenieur-technische Untersuchungen. Nachrichtentechn. Fachber. 4 (1956), S. 80—86. (Engl. Übers. s. Journal ACM 4 (1957), S. 511—519.)

[410] Puti Razvitija Sovietskogo Matematitscheskogo Maschinostrojenija i Priboros-trojenija. Rechenautomatentagung, veranstaltet von der Akademie der Wissen-schaften der UdSSR, Moskau, 12.—17. März 1956. Konferenzbericht erschienen bei VINITI, Moskau 1957/58. Band mit den Vorträgen auf den Plenarsitzungen: 132 S.; Band 1: 230 S.; Band 2: 259 S.; Band 3: 280 S.

[411] Ways of Developing Soviet Computer Production. IRE Trans. Electronic Com-puters EC—6 (März 1957) No. 1, S. 37—49.

[412] CARR III, J. W., PERLIS, A. J., ROBERTSON, J. E., SCOTT, N. E.: Seminar on the Status of Digital Computer and Data Processing Developments in the Soviet Union. Office of Naval Research, 12. November 1958. Proceedings erhältlich vom Office of Technical Services, US Dept. of Commerce, Washington 25, D.C., unter Publikationsnummer PB 151 634, 179 S. (Siehe auch eine aus den in diesem Bericht enthaltenen Angaben zusammengestellte Tabelle mit den Kenndaten der sowjetischen Digitalrechner M—2, URAL, BESM und STRELA in: Communi-cations ACM 2 (1959) No. 1, S. 33—34.)

[413] CARR III, J. W., PERLIS, A. J., ROEERTSON, J. E., SCOTT, N. R.: A Visit to Com-putation Centers in the Soviet Union. Communications ACM 2 (1959) No. 6, S. 8—20.

[414] Automatic Control in Soviet Industry. A report of a visit to the Soviet Union in May, 1959, to study progress in automatic control applied to industrial production. Dept. Sci. Industr. Res., Charles House, 5—11 Regent Street, London, S.W. 1. Erschienen im Sept. 1959, 64 S.

[415] ZAITZEFF, E. M., ASTRAHAN, M. M.: Russian Visit to U. S. Computers. IRE Trans.
      Electron. Computers EC—8 (Dez. 1959) No. 4, S. 489—497. (Desgl. in: Communi-
      cations ACM 2 (1959) No. 11, S. 4—11.)

[416] WARE, W. H., ALEXANDER, S. N., ARMER, P., ASTRAHAN, M. M., BERS, L., GOODE,
      H. H., HUSKEY, H. D., RUBINOFF, M.: Soviet Computer Technology — 1959. IRE
      Trans. Electron. Computers EC—9 (März 1960) No. 1, S. 72—120. (Desgl. in:
      Communications ACM 3 (1960) No. 3, S. 131—166.)

[416a] FEIGENBAUM, E. A.: Soviet Cybernetics and Computer Sciences, 1960. Communi-
      cations ACM 4 (1961) No. 12, S. 566—579.

[417] CZAPLA, V.: Digitale Rechenanlagen in der Sowjetunion. MTW Moderne Rechen-
      technik und Automation 8 (1961) No. 1, S. 16—18.

[418] BASILEWSKI, J. J.: Universaler Rechenautomat für ingenieur-technische Probleme
      (in russ.). Priborostrojennie (Organ des Ministerstwa Priborostrojennija i
      Sredstw Awtomatisazij SSSR) Heft 4 (April 1956), S. 1—9.

[419] ETERMAN, J. J., PORTSCHINSKAJA, T. D., KARAWASCHKINA, P. I.: Die Behandlung
      mathematischer Aufgaben auf dem universalen Ziffernrechenautomaten URAL
      (in russ.). Priborostrojennije (Organ des Ministerstwa Priborostrojennija i
      Sredstw Awtomatisazij SSSR) Heft 5 (Mai 1956), S. 1—8.

[420] BRUK, I. S.: High-Speed Digital Computer M—2 (in russ.). Electrichestvo (1956)
      No. 9, S. 14—23. (Ins Englische übersetzt von M. D. FRIEDMAN, M.I.T. Lincoln
      Laboratory.)

[421] BRUK, I. S.: Hochgeschwindigkeits-Rechenautomat M—2 (in russ.). Gosud. Isd.
      Techn. Theor. Lit., Moskau 1957, 228 S.

[422] SCHOGOLEV, E. A., ROSLJAKOV, G. S., TRIFONOV, N. P., SCHURA-BURA, M. R.:
      Systeme von Standard-Unterprogrammen (in russ.). Gosud. Isd. Phys.-Math. Lit.,
      Moskau 1958, 231 S.

[423] MACHMUDOV, U. A.: LEM—1, Small Size General Purpose Digital Computer
      Using Magnetic (Ferrite) Elements (in russ.). Radiotechnika 14 (März 1959) No. 3.
      (Ins Englische übersetzt von E. M. ZAITZEFF, veröffentlicht in: Communications
      ACM 2 (Okt. 1959) No. 10, S. 3—9.)

[424] MIKHAILOV, G. A., SHITIKOV, B. I., YAVLINSKII, N. A.: Electronic Digital Computer
      TSEM—1 (in russ.). Problemi Kibernetiki 1 (1958), S. 190—202. Gosud. Isd.
      Phys.-Math. Lit., Moskau.

[425] Englische Übersetzung von [424], veröffentlicht in: Problems of Cybernetics 1
      (1960), S. 214—227. Pergamon Press, Oxford.

[426] SVOBODA, A.: ARITMA Calculating Punch. Nachrichtentechn. Fachber. 4 (1956),
      S. 72.

[427] OBLONSKÝ, J.: Some Features of the Czechoslovak Relay Computer SAPO. Nach-
      richtentechn. Fachber. 4 (1956), S. 73—75.

[428] ČERNÝ, V., MAREK, J. M., OBLONSKÝ, J.: Der tschechoslowakische Rechenautomat
      SAPO (in tschech., russ. u. engl. Zus.). Stroje na Zpracování Informací 2 (1954),
      S. 11—92.

[429] CHLOUPA, V.: Elektronische Schaltkreise des tschechoslowakischen Rechen-
      automaten SAPO (in tschech., russ. u. engl. Zus.). Stroje na Zpracování Informací
      4 (1956), S. 125—135.

[430] ČERNÝ, V.: Logische Operationscodes des tschechoslowakischen Rechenautomaten
      SAPO (in tschech., russ. u. engl. Zus.). Stroje na Zpracování Informací 2 (1954),
      S. 93—97.

[431] POKORNÝ, Z.: Flußdiagramme für die Zahlenumwandlung binär-dezimal und um-
      gekehrt im Rechenautomaten SAPO (in tschech., russ. u. engl. Zus.). Stroje na
      Zpracování Informací 2 (1954), S. 103—110.

[432] ČERNÝ, V.: Prüfeinrichtung in den Operationswerken des tschechoslowakischen
      Rechenautomaten SAPO (in tschech., russ. u. engl. Zus.). Stroje na Zpracování
      Informací 4 (1956), S. 115—124.

[433] Černý, V.: Hilfsgerät zur Prüfung des Hauptspeichers des tschechoslowakischen Rechenautomaten SAPO (in tschech., russ. u. engl. Zus.). Stroje na Zpracování Informací **3** (1955), S. 77—88.

[434] Oblonský, J.: Ein Verfahren zur Prüfung der Verbindungen bei der Konstruktion des Rechenautomaten SAPO (in tschech., russ. u. engl. Zus.). Stroje na Zpracování Informací **4** (1956), S. 137—145.

[435] Svoboda, A.: Die Anwendung der Korobovschen Programmfolge zur Bestimmung der Adressen in dynamischen Speichern bei Ziffern-Rechenautomaten (in tschech., russ. u. engl. Zus.). Stroje na Zpracování Informací **3** (1955), S. 61—76.

[436] Svoboda, F., Martinek, M.: Digital Computer for Generation of Data for Automatic Machine Control. Preprints of Papers Vol. 3, IFAC Congress, Moskau, 27. Juni bis 7. Juli 1960. Butterworths, London 1960, S. 1347—1350.

[437] Stroje na Zpracování Informací (Maschinen für Informationsverarbeitung). Herausgegeben vom Výzkumný Ústav Matematických Strojů MVS. Verlag der Tschechoslowakischen Akademie der Wissenschaften, Prag. **1** (1953), 132 S.; **2** (1954), 318 S.; **3** (1955), 370 S.; **4** (1956), 316 S.; **5** (1957), 293 S.; **6** (1958), 327 S., **7** (1960), 155 S.

[437a] Beneš, J.: Electronic Computing in Czechoslovakia. Bull. Centre Internat. Provisoire de Calcul, Rome (Jan. 1960) No. 8, S. 22—26.

[438] Kalmár, L.: Über einen Rechenautomaten, der eine mathematische Sprache versteht. Z. Angew. Math. Mech. **40** (1960), Sonderheft GAMM-Tagung Freiberg/Sa., S. T 64—T 66.

[439] Pearcey, T.: An Automatic Computer in Australia. Math. Tabl. Other Aids Computation **6** (1952) No. 39, S. 167—172.

[440] Vgl. mehrere Beiträge in: Proceedings of Conference on Automatic Computing Machines. Dept. of Electr. Engng., University of Sydney, 7.—9. Aug. 1951. Published by Commonwealth Scientific and Industrial Research Organization (C.S.I.R.O.) in Conjuction with the Dept. of Electr. Engng., University of Sydney. Melbourne, April 1952.

[441] Schreyer, H. T.: Computadores electronicos digitais. Todos os direitos reservados Registro No. 9192 da Biblioteca Nacional, Escola Técnica do Exército, Rio de Janeiro 1952, 370 S.

[442] Johnston, R. F.: The University of Toronto Model Electronic Computer. Proc. Assoc. Computing Machinery, Toronto-Meeting, 8.—10. Sept. 1952, S. 154—160.

[443] Hume, J. N. P.: Input and Organization of Subroutines for FERUT. Math. Tabl. Other Aids Computation **8** (1954) No. 45, S. 30—36.

[444] Gotlieb, C. C.: Running a Computer Efficiently. Journal ACM **1** (1954) No. 3, S. 124—127.

[445] Toop, J. H.: Operation of Electronic Brain Computers with Telegraph Circuits. Western Union Techn. Rev. **10** (1956) No. 4, S. 156—166.

[446] Proceedings of the Canadian Conference for Computing and Data Processing, 9.—10. Juni 1958. University of Toronto Press, Toronto 1958, 383 S.

[447] Proceedings of the Second Conference of the Computing and Data Processing Society of Canada, 6.—7. Juni 1960. University of Toronto Press, Toronto 1960, 365 S.

[448] Weizmann Institute of Science — Electronic Computer. Digital Computer Newsletter **7** (1955) No. 2, S. 17. (Abgedruckt in: Journal ACM **2** (1955) No. 2, S. 135.)

[449] Symposium über den Stand der Rechenautomaten-Entwicklung in Japan. Waseda Universität, Tokyo, 21. Nov. 1956. Vortragszusammenfassungen (in jap.), 105 S.

[450] J.E.I.D.A. and It's Computer Center. Appendix: Brief Survey of Japanese Digital Computers. Japan Electronic Industry Development Assoc., Tokyo 1959, 16 S. (Siehe auch: Communications ACM **2** (Okt. 1959) No. 10, S. 10—16.)

[451] Actas Congreso Internacional de Automatica, Madrid, 13.—18. Okt. 1958. Herausgegeben vom Instituto de Electricidad y Automática, Consejo Superior de Investigaciones Cientificas, Madrid 1961.

[452] Business in 1961 — Automation Speed Recovery, Boosts Productivity, Pares Jobs. Time, The Weekly Newsmagazine (29. Dez. 1961), 5 S.

[453] HOFFMANN, W.: Allgemeiner Literaturbericht über das Gebiet der Rechenautomaten. Bl. Dtsch. Ges. Versicherungsmathematik 2 (März 1956) No. 4, S. 487—504. (Engl. Übers.: Computer Literature Survey, An Annotated Bibliography, Part I. Research Report RZ—52, IBM Forschungslaboratorium, Zürich 1959.)

[454] HOFFMANN, W.: Ergänzender Literaturbericht über das Gebiet der Rechenautomaten. Bl. Dtsch. Ges. Versicherungsmathematik 3 (April 1958) No. 4, S. 501—518. (Engl. Übers. mit Ergänzungen: Computer Literature Survey, An Annotated Bibliography, Part II. Research Report RZ—53, IBM Forschungslaboratorium, Zürich 1959.)

[455] SPEISER, A. P.: Digitale Rechenanlagen. Springer-Verlag, Berlin 1961.

[456] STEINBUCH, K. (Hrsg.): Taschenbuch der Nachrichtenverarbeitung. Springer-Verlag, Berlin 1962.

[457] KÄMMERER, W.: Ziffernrechenautomaten. Band 1 in der Reihe „Elektronisches Rechnen und Regeln". Akademie-Verlag, Berlin 1960.

[458] MÜLLER, H.: Die elektronische digitale Rechenmaschine und Grundlagen ihrer Anwendbarkeit. Duncker & Humblot, Berlin 1959.

[459] HAAS, G.: Grundlagen und Bauelemente elektronischer Ziffernrechenmaschinen. Philips Technische Bibliothek, Eindhoven 1961.

[460] WEYH, U.: Elemente der Schaltungsalgebra. R. Oldenbourg Verlag, München 1960.

[461] BILLETER, E. P.: Der praktische Einsatz elektronischer Rechenautomaten. Einführung in die Programmierung und den betriebswirtschaftlichen Einsatz elektronischer Rechenautomaten. Springer-Verlag, Wien 1961.

[462] MEYER, G.: Elektronische Rechenmaschinen und ihr Einsatz in der kaufmännischen Verwaltung von Industriebetrieben. Physica-Verlag, Würzburg 1960.

[463] GÜNTSCH, F. R.: Einführung in die Programmierung digitaler Rechenautomaten. W. de Gruyter, Berlin 1960.

[464] PÖSCH, H.: Anleitung zur Programmierung für elektronische Ziffernrechner. R. v. Decker Verlag, Hamburg 1961.

[465] THÜRING, B.: Einführung in die Methoden der Programmierung kaufmännischer und wissenschaftlicher Probleme für elektronische Rechenanlagen. Teil I: Die Logik der Programmierung. R. Göller Verlag, Baden-Baden 1957.

[466] THÜRING, B.: Einführung in die Methoden der Programmierung kaufmännischer und wissenschaftlicher Probleme für elektronische Rechenanlagen. Teil II: Automatische Programmierung dargestellt an der UNIVAC Factronic. R. Göller Verlag, Baden-Baden 1958.

[467] HARTMANN, B.: Betriebswirtschaftliche Grundlagen der automatisierten Datenverarbeitung. R. Haufe Verlag, Freiburg i. B. 1961.

[468] STEINBUCH, K.: Automat und Mensch — Über menschliche und maschinelle Intelligenz. Springer-Verlag, Berlin 1961.

[469] RICHARDS, R. K.: Arithmetic Operations in Digital Computers. D. Van Nostrand, New York 1955.

[470] RICHARDS, R. K.: Digital Computer Components and Circuits. D. Van Nostrand, New York 1957.

[471] PHISTER, M.: Logical Design of Digital Computers. J. Wiley and Sons, New York 1958.

[472] LEDLEY, R. S.: Digital Computer and Control Engineering. McGraw-Hill, New York 1960.

[473] SMITH, CH. V. L.: Electronic Digital Computers. McGraw-Hill, New York 1959.

[474] GRABBE, E. M., RAMO, S., WOOLDRIDGE, D. E. (Hrsg.): Handbook of Automation, Computation, and Control Vol. 1, Control Fundamentals. J. Wiley and Sons, New York 1958.

[475] GRABLE, E. M., RAMO, S., WOOLDRIDGE, D. E. (Hrsg.): Handbook of Automation, Computation, and Control Vol. 2, Computers and Data Processing. J. Wiley and Sons, New York 1959.

[476] GRABLE, E. M., RAMO, S., WOOLDRIDGE, D. E. (Hrsg.): Handbook of Automation, Computation, and Control Vol. 3, Systems and Components. J. Wiley and Sons, New York 1961.

[477] ALT, F. L. (Hrsg.): Advances in Computers Vol. 1. Academic Press, New York 1960. (Vol. 2 erscheint voraussichtlich 1962.)

[478] TOMPKINS, C. B., WAKELIN, J. H., STIFLER JR., W. W.: High-Speed Computing Devices. McGraw-Hill, New York 1950.

[479] ALT, F. L.: Electronic Digital Computers. Their Use in Science and Engineering. Academic Press, New York 1958.

[480] BARTEE, T. C.: Digital Computer Fundamentals. McGraw-Hill, New York 1960.

[481] BERKELEY, E. C.: Giant Brains or Machines that Think. J. Wiley and Sons, New York 1949.

[482] BERKELEY, E. C., WAINWRIGHT, L.: Computers, Their Operation and Applications. Reinhold Publ., New York 1956.

[483] BERKELEY, E. C.: Symbolic Logic and Intelligent Machines. Reinhold Publ., New York 1959.

[484] BOOTH, A. D., BOOTH, K. H. V.: Automatic Digital Calculators. Butterworths, London 1953, Zweite verb. Auflage 1956.

[485] BUCHHOLZ, W. (Hrsg.): Planning a Computer System. McGraw-Hill, New York, erscheint voraussichtlich 1962. (Dieses Buch beschreibt das *Stretch* System IBM 7030.)

[486] BUKSTEIN, E.: Digital Counters and Computers. Rinehart and Co., New York 1960.

[487] CALDWELL, S. H.: Switching Circuits and Logical Design. J. Wiley and Sons, New York 1958.

[488] CULBERTSON, J. T.: Mathematics and Logic for Digital Devices. D. Van Nostrand, New York 1958.

[489] EVANS, D. S.: Fundamentals of Digital Instrumentation. Hilger and Watts, London 1960, 39 S.

[490] FLORES, I.: Computer Logic. Prentice-Hall, Englewood Cliffs, N. J. 1960.

[491] HALEY, A. C. D., SAY, M. G., SCOTT, W. E.: Analogue and Digital Computers. George Newnes, London 1960.

[492] VON HANDEL, P. (Hrsg.): Electronic Computers. Fundamentals, Systems and Applications. Springer-Verlag, Wien 1961.

[493] HARTREE, D. R.: Calculating Instruments and Machines. University of Illinois Press, Urbana 1949.

[494] HERSEE, E. H. W.: A Simple Approach to Electronic Computers. Blackie and Son, London 1959.

[495] HOLLINGDALE, S. H.: High-Speed Computing Methods and Applications. Macmillan Comp., New York 1959.

[496] HUMPHREY JR., W. S.: Switching Circuits with Computer Applications. McGraw-Hill, New York 1958.

[497] HURLEY, R. B.: Transistor Logic Circuits. J. Wiley and Sons, New York 1961.

[498] IRWIN, W. C.: Digital Computer Principles. D. Van Nostrand, New York 1960.

[499] IVALL, T. E.: Electronic Computers. Principles and Applications. Philosophical Library, New York 1956.

[500] KLEIN, M. L., MORGAN, H. C., ARONSON, M. H.: Digital Techniques for Computation and Control. Instruments Publ., Pittsburgh 1958.

[501] LIVESLEY, R. K.: An Introduction to Automatic Digital Computers. Cambridge University Press, 1957.

[502] MANDL, M.: Fundamentals of Digital Computers. Prentice-Hall, Englewood Cliffs, N. J. 1958.

[503] McCORMICK, E. M.: Digital Computer Primer. McGraw-Hill, New York 1959.

[504] MEYERHOFF, A. J. (Hrsg.): Digital Applications of Magnetic Devices. J. Wiley and Sons, New York 1960.

[505] MILLMAN, J., TAUB, H.: Pulse and Digital Circuits. McGraw-Hill, New York 1956.

[506] MONTGOMERIE, G. A.: Digital Calculating Machines and Their Application to Scientific and Engineering Work. Blackie and Son, London 1956.

[507] MURPHY, J. S.: Basics of Digital Computers, Vol. 1—3. J. F. Rider Publ., New York 1958.

[508] VON NEUMANN, J.: The Computer and the Brain. Yale University Press, New Haven 1958. (Deutsche Übers. „Die Rechenmaschine und das Gehirn" erschienen im Verlag R. Oldenbourg, München 1960.)

[509] PRESSMAN, A. I.: Design of Transistorized Circuits for Digital Computers. J. F. Rider Publ., New York 1959.

[510] SCOTT, N. R.: Analog and Digital Computer Technology. McGraw-Hill, New York 1960.

[511] SHANNON, C. E., McCARTHY, J. (Hrsg.): Automata Studies. Annals of Mathematics Studies No. 34. Princeton University Press 1956.

[512] STIFITZ, G. R., LARRIVEE, J. A.: Mathematics and Computers. McGraw-Hill, New York 1957.

[513] SUSSKIND, A. K. (Hrsg.): Notes on Analog-Digital Conversion Techniques. J. Wiley and Sons, New York 1958.

[514] WILKES, M. V.: Automatic Digital Computers. Methuen & Co., London 1956.

[515] WILLIAMS, S. B.: Digital Computing Systems. McGraw-Hill, New York 1959.

[516] ANDREE, R. V.: Programming the IBM 650 Magnetic Drum Computer and Data-Processing Machine. Henry Holt and Co., New York 1958.

[517] BOOTH, K. H. V.: Programming for an Automatic Digital Calculator. Butterworths, London 1958.

[518] CHAPIN, N.: Programming Computers for Business Applications. McGraw-Hill, New York, erscheint voraussichtlich Ende 1961.

[519] DAVISON, J. F.: Programming for Digital Computers. Business Publications Ltd., London 1961.

[520] EVANS II, G. W., PERRY, C. L.: Programming and Coding for Automatic Digital Computers. McGraw-Hill, New York 1961.

[521] GOODMAN, R. (Hrsg.): Annual Review in Automatic Programming. Pergamon Press, Oxford. Vol. 1 (1960); Vol. 2 (1961).

[522] JEENEL, J.: Programming for Digital Computers. McGraw-Hill, New York 1959.

[523] LEEDS, H. D., WEINBERG, G. M.: Computer Programming Fundamentals. McGraw-Hill, New York 1961.

[524] McCRACKEN, D. D.: Digital Computer Programming. J. Wiley and Sons, New York 1957.

[525] McCRACKEN, D. D., WEISS, H., TSAI-HWA LEE: Programming Business Computers. J. Wiley and Sons, New York 1959.

[526] WRUBEL, M. H.: A Primer of Programming for Digital Computers. McGraw-Hill, New York 1959.

[527] BELL, W. D.: A Management Guide to Electronic Computers. McGraw-Hill, New York 1957.

[528] BRIGHT, J. R.: Automation and Management. Harvard Business School, Boston, Mass. 1958.

[529] BURTON, A. J., MILLS, R. C.: Electronic Computers and their Business Application. Ernest Benn Ltd., London 1960.

[530] CANNING, R. G.: Electronic Data Processing for Business and Industry. J. Wiley and Sons, New York 1956.

[531] CANNING, R. G.: Installing Electronic Data Processing Systems. J. Wiley and Sons, New York 1957.

[532] CHAPIN, N.: An Introduction to Automatic Computers. Assistant Approach for Business. D. Van Nostrand, Princeton, N. J. 1958.

[533] Doss, M. P.: Information Processing Equipment. Reinhold Publ., New York 1955.

[534] Even, A. D.: Engineering Data Processing System Design. D. Van Nostrand, New York 1960.

[535] Gotlieb, C. C., Hume, J. N. P.: High-Speed Data Processing. McGraw-Hill, New York 1958.

[536] Graeie, E. M. (Hrsg.): Automation in Business and Industry. J. Wiley and Sons, New York 1957.

[537] Gregory, R. H., van Horn, R. L.: Automatic Data-Processing Systems — Principles and Procedures. Wadsworth Publ., San Francisco 1960.

[538] Kozmetsky, G., Kircher, P.: Electronic Computers. McGraw-Hill, New York 1956.

[539] Laufach, P. B.: Company Investigations of Automatic Data Processing. Graduate School of Business Administration, Harvard University, Boston 1957.

[540] Leveson, J. H. (Hrsg.): Electronic Business Machines. Heywood and Comp., London 1959.

[541] Levin, H. S.: Office Work and Automation. J. Wiley and Sons, New York 1956.

[542] Postley, J. A.: Computers and People. McGraw-Hill, New York 1960.

[543] Smith, J. S.: The Management Approach to Electronic Digital Computers. Macdonald & Evans, London 1957.

[544] Woodeury, D. O.: Let ERMA Do It. The Full Story of Automation. Harcourt, Brace & Co., New York 1956.

[545] Boucher, H.: Organisation et fonctionnement des machines arithmétiques. Masson, Paris 1960.

[546] Couffignal, L.: Les machines à penser. Les Editions de Minuit, Paris 1952. (Deutsche Übers. „Denkmaschinen" erschienen im G. Kilpper Verlag, Stuttgart 1955.)

[547] Naslin, P.: Principes des calculatrices numériques automatiques. Dunod, Paris 1958. (Deutsche Übers. „Aufbau und Wirkungsweise von Ziffernrechenautomaten" nach der 2. französ. Aufl. erschienen im VDI-Verlag, Düsseldorf 1961.)

[548] Naslin, P.: Circuits à relais et automatismes à séquences. Dunod, Paris 1958.

[549] Pelegrin, M.: Machines à calculer électroniques arithmétiques et analogiques. Dunod, Paris 1959.

[550] Raymond, F. H.: L'automatique des informations. Principes des machines (à calculer en particulier) opérant sur de l'information. Masson, Paris 1957.

[551] Sestier, A.: Les caculateurs numériques automatiques et leurs applications. Hommes & Techniques, Paris 1958.

[552] Kitov, A. I., Krinizkij, N. A.: Elektronnije zifrowije maschini i programmirowanije. Gosud. Isd. Phys.-Math. Lit., Moskau 1959.

[553] Feldbaum, A. A.: Vytschislitelnije ustrojstwa v avtomatitscheskych systemach. Gosud. Isd. Phys.-Math. Lit., Moskau 1959.

[554] Leeedev, S. A. (Hrsg.): Vytschislitelnaja technika. Isd. Akad. Nauk SSSR, Moskau 1958. (Engl. Übers. "Computer Engineering" erschienen bei Pergamon Press, Oxford 1960.)

[555] Basilewski, J. J. (Hrsg.): Voprosy theoriji matematitscheskych maschin. Gosud. Isd. Phys.-Math. Lit., Moskau 1958.

[556] Ljapunov, A. A. (Hrsg.): Problemi Kybernetiki. Vol. 1 (1958), Vol. 2 (1959), Vol. 3 (1960), Vol. 4 (1960), Vol. 5 (1961). Gosud. Isd. Phys.-Math. Lit., Moskau.

[557] Ljapunov, A. A. (Hrsg.), Goodman, R., Booth, A. D. (Hrsg. der Übers.): Problems of Cybernetics. Vol. 1 (1960). Pergamon Press, Oxford.

[558] Karzev, M. A.: Arifmetitscheskije ustrojstwa elektronnych zifrowych maschin. Gosud. Isd. Phys.-Math. Lit., Moskau 1958.

[559] Ershov, A. P.: Programming Programme for the BESM Computer. Pergamon Press, Oxford 1959.

[560] Schogolev, E. A., Rosljakov, G. S., Trifonov, N. P., Schura-Bura, M. R.: Systema standardnych podprogramm. Gosud. Isd. Phys.- Math. Lit., Moskau 1958.

[561] Gutenmacher, L. I.: Elektronische informationsverarbeitende logische Maschinen (in russ.). Isd. Akad. Nauk SSSR, Moskau 1960.

[562] Kagan, B. M., Ter-Mikaelian, T. M.: Lösung technischer Probleme auf automatischen Digitalrechnern (in russ.). Gosud. Energ. Isd., Moskau 1958.

[563] Les machines à calculer et la pensée humaine. Colloques Internationaux du Centre National de la Recherche Scientifique, XXXVII. Service des Publications du C.N.R.S., Paris 1953.

[564] Mechanisation of Thought Processes. Proceedings of a Symposium held at the National Physical Laboratory, Teddington, England, 24.—27. Nov. 1958. Her Majesty's Stationery Office, London 1959.

[565] Information Processing. Proceedings of the International Conference on Information Processing, UNESCO, Paris, 15.—20. Juni 1959. R. Oldenbourg Verlag, München 1960.

[566] Billing, H. (Hrsg.): Lernende Automaten. Bericht über die NTG-Fachtagung in Karlsruhe am 13. und 14. April 1961. Beihefte zur Zeitschrift Elektronische Rechenanlagen. R. Oldenbourg Verlag, München 1961.

[567] Review of Electronic Digital Computers. Philadelphia, 10.—12. Dez. 1951, 114 S.

[568] Electronic Computer Symposium: Engineering Tomorrow's Computers. Los Angeles, 30. April — 2. Mai 1952 (Veranstalter: Los Angeles Chapter of the IRE Professional Group on Electronic Computers and Department of Engineering, University of California), 250 S.

[569] Review of Input and Output Equipment Used in Computing Systems. New York, 10.—12. Dez. 1952, 142 S.

[570] Proc. 1953 Western Computer Conference: Commercial Applications of Computers, Applications to Aircraft and Missile Design, New Developments in Digital and Analog Computer Equipment. Los Angeles, 4.—6. Febr. 1953, 231 S.

[571] Proc. 1953 Eastern Joint Computer Conference: Information Processing Systems — Reliability and Requirements. Washington, 8.—10. Dez. 1953, 125 S.

[572] Trends in Computers: Automatic Control and Data Processing. Los Angeles, 11.—12. Febr. 1954, 191 S.

[573] Proc. 1954 Eastern Joint Computer Conference: Design and Application of Small Digital Computers. Philadelphia, 8.—10. Dez. 1954, 92 S.

[574] Proc. 1955 Western Joint Computer Conference: Functions and Techniques in Analog and Digital Computers. Los Angeles, 1.—3. März 1955, 132 S.

[575] Proc. 1955 Eastern Joint Computer Conference: Computers in Business and Industrial Systems. Boston, 7.—9. Nov. 1955, 100 S.

[576] Proc. 1956 Western Joint Computer Conference: Engineering Phases of Computers. San Francisco, 7.—9. Febr. 1956, 142 S.

[577] Proc. 1956 Eastern Joint Computer Conference: New Developments in Computers. New York, 10.—12. Dez. 1956, 105 S.

[578] Proc. 1957 Western Joint Computer Conference: Techniques for Reliability. Los Angeles, 26.—28. Febr. 1957, 240 S.

[579] Proc. 1957 Eastern Joint Computer Conference: Computers with Deadlines to Meet? Washington, 9.—13. Dez. 1957, 259 S.

[580] Proc. 1958 Western Joint Computer Conference: Contrasts in Computers. Los Angeles, 6.—8. Mai 1958, 244 S.

[581] Proc. 1958 Eastern Joint Computer Conference: Modern Computers — Objectives, Designs, Applications. Philadelphia, 3.—5. Dez. 1958, 184 S.

[582] Proc. 1959 Western Joint Computer Conference: New Horizons in Computer Technology. San Francisco, 3.—5. März 1959, 360 S.

[583] Proc. 1959 Eastern Joint Computer Conference (kein spezielles Thema). Boston, 1.—3. Dez. 1959, 260 S.

[584] Proc. 1960 Western Joint Computer Conference: The Challenge of the Next Decade. San Francisco, 3.—5. Mai 1960, 382 S.

[585] Proc. 1960 Eastern Joint Computer Conference (kein spezielles Thema). New York, 13.—15. Dez. 1960, 347 S.

[586] Proc. 1961 Western Joint Computer Conference: Extending Man's Intellect. Los Angeles, 9.—11. Mai 1961, 661 S.

[587] Proc. 1961 Eastern Joint Computer Conference: Computers — Key to Total Systems Control. Washington, 12.—14. Dez. 1961, 380 S.

[588] IRE International (früher: National) Convention Record. Erscheint seit 1953 (Vol. 1). Die Vorträge über Electronic Computers befinden sich bei Vol. 1 in Part 7; ab Vol. 2 befinden sie sich regelmäßig in Part 4.

[589] Proceedings of the WESCON Computer Sessions. Western Electronic Show and Convention, Los Angeles, 25.—27. Aug. 1954. Herausgegeben vom IRE, New York 1955, 91 S.

[590] IRE WESCON Convention Record. Erscheint seit 1957 (Vol. 1). Die Vorträge über Electronic Computers befinden sich regelmäßig in Part 4.

[591] Proceedings of the Association for Computing Machinery, Meeting at Pittsburgh, 2.—3. Mai 1952, 305 S.

[592] Proceedings of the Association for Computing Machinery, Meeting at Toronto, 8.—10. Sept. 1952, 160 S.

[593] Proceedings of a Symposium on Large-Scale Digital Calculating Machinery. Cambridge, Mass., 7.—10. Jan. 1947. Ann. Comput. Lab. Harvard Univ. Vol. 16. Harvard University Press, Cambridge, Mass. 1948, 302 S.

[594] Proceedings of a Second Symposium on Large-Scale Digital Calculating Machinery. Cambridge, Mass., 13.—16. Sept. 1949. Ann. Comput. Lab. Harvard Univ. Vol. 26. Harvard University Press, Cambridge, Mass. 1951, 393 S.

[595] Proceedings of an International Symposium on the Theory of Switching. Cambridge, Mass., 2.—5. April 1957. Ann. Comput. Lab. Harvard Univ. Vols. 29 and 30. Harvard University Press, Cambridge, Mass. 1959, 724 S. (in zwei Bänden).

[596] Symposium on Automatic Programming for Digital Computers. Navy Mathematical Computing Advisory Panel, 13.—14. Mai 1954. Published by the Office of Naval Research, Department of the Navy, Washington, D. C. 1955, 152 S.

[597] Proceedings of a Symposium on Advanced Programming Methods for Digital Computers. Washington, 28.—29. Juni 1956. Office of Naval Research Symposium Report ACR—15, 1957. Erhältlich unter No. PB 121 670 vom US Department of Commerce, Office of Technical Services, Washington 25, D. C.

[598] Automatic Coding. Symposium held at the Franklin Institute, Philadelphia, 24.—25. Jan. 1957. Monograph No. 3 of the Journal of the Franklin Institute, 1957, 118 S.

[599] KAUFMANN, H.: Nachrichtenverarbeitung und Automatisierung. Beihefte zur Zeitschrift Elektronische Rechenanlagen. R. Oldenbourg Verlag, München 1961.

[600] HOFFMANN, F.: Die Einsatzplanung elektronischer Rechenanlagen in der Industrie. Beihefte zur Zeitschrift Elektronische Rechenanlagen. R. Oldenbourg Verlag, München, in Vorbereitung.

[601] GEBHARDT-SEELE, P.: Rechenmodelle für wirtschaftliches Lagern und Einkaufen. Beihefte zur Zeitschrift Elektronische Rechenanlagen. R. Oldenbourg Verlag, München, in Vorbereitung.

[602] Theodor-Fromme-Heft. Beiheft 1 zur Zeitschrift Elektronische Datenverarbeitung. Verlag Friedr. Vieweg & Sohn, Braunschweig 1961.

[603] ALGOL 60. Beiheft 2 zur Zeitschrift Elektronische Datenverarbeitung. Verlag Friedr. Vieweg & Sohn, Braunschweig, in Vorbereitung.

[604] Computer Issue. Proc. IRE **41** (Okt. 1953) No. 10, S. 1219—1519.

[605] Computer Issue. Proc. IRE **49** (Jan. 1961) No. 1, S. 4—348.

[606] Elektronische Rundschau **9** (Okt. 1955) No. 10, S. 341—385.

[607] L'électronique industrielle et l'automatisme. Onde Electrique **36** (Juli 1956) No. 352, S. 559—684.

[608] Machine à calculer électroniques. Onde Electrique **36** (Aug./Sept. 1956) No. 353/354, S. 687—794.

[609] Les calculateurs électroniques. Onde Electrique **40** (Dez. 1960) No. 405, S. 877—1005, und **41** (Jan. 1961) No. 406, S. 9—80.

[610] HOLMSTROM, J. E.: The Periodical Literature of Computer Technology. Bull. Provisional Internat. Computation Centre (Juli 1961) No. 14, S. 7—17.

[611] Radio Progress During 1948. Electronic Computers. Proc. IRE **37** (März 1949) No. 3, S. 318—319.

[612] Radio Progress During 1949. Electronic Computers. Proc. IRE **38** (April 1950) No. 4, S. 373—375.

[613] Radio Progress During 1950. Electronic Computers. Proc. IRE **39** (April 1951) No. 4, S. 375—376.

[614] Radio Progress During 1951. Electronic Computers. Proc. IRE **40** (April 1952) No. 4, S. 429—430.

[615] Radio Progress During 1952. Electronic Computers. Proc. IRE **41** (April 1953) No. 4, S. 473—476.

[616] Radio Progress During 1953. Electronic Computers. Proc. IRE **42** (April 1954) No. 4, S. 739—745.

[617] BROWN, D. R.: Review of Electronic Computer Progress During 1954. IRE Trans. Electronic Computers **EC-4** (März 1955) No. 1, S. 33—38.

[618] NASH, J. P.: Review of Electronic Computer Progress During 1955. IRE Trans. Electronic Computers **EC-5** (März 1956) No. 1, S. 43—47.

[619] Review of Electronic Computer Progress During 1956. IRE Trans. Electronic Computers **EC-6** (März 1957) No. 1, S. 55—60.

[620] CASTANIAS, R. P., SHERMAN, J. E.: Review of Computer Progress in 1957. IRE Trans. Electronic Computers **EC-7** (März 1958) No. 1, S. 65—72.

[621] NETHERWOOD, D. B.: Logical Machine Design — A Selected Bibliography. IRE Trans. Electronic Computers **EC-7** (Juni 1958) No. 2, S. 155—178 und **EC-8** (Sept. 1959) No. 3, S. 367—380.

[622] CARROLL, J. M.: Trends in Computer Input/Output Devices. Electronics **29** (Sept. 1956) No. 9, S. 142—149.

[623] Entwicklungsrichtungen bei elektronischen Recheneinrichtungen. Techn. Rdsch. Bern **48** (19. Okt. 1956) No. 44, S. 5 und 7.

[624] HOLLANDER, G. L.: Bibliography on Data Storage and Recording. Trans. AIEE **73**, Teil 1: Communication and Electronics (März 1954) No. 11, S. 49—58.

[625] MORGAN, W. L.: Bibliography of Digital Magnetic Circuits and Materials. IRE Trans. Electronic Computers **EC-8** (Juni 1959) No. 2, S. 148—158.

[626] STEINBUCH, K.: Elektronische Nachrichtenspeicher. ETZ (A) **73** (Aug. 1952) No. 15, S. 489—496.

[627] STEINBUCH, K.: Elektrische Gedächtnisse für Ziffern. ETZ (A) **77** (Nov. 1956) No. 21, S. 799—806.

[628] STEINBUCH, K., ENDRES, H.: Elektrische Zuordner. NTZ **10** (Juni 1957) No. 6, S. 277—287.

[629] BILLING, H.: Die Magnetspeicher bei elektronischen Rechenmaschinen. In: Technik der Magnetspeicher (Hrsg.: F. WINCKEL), Springer-Verlag, Berlin 1960, S. 282—328.

[630] PILOTY, R.: Der digitale Speicher als Baustein in Datenverarbeitungsanlagen. In: Technik der Magnetspeicher (Hrsg.: F. WINCKEL), Springer-Verlag, Berlin 1960, S. 329—348.

[631] SCHAEFER, E.: Vergleich neuer Speicherelemente für elektronische Rechenmaschinen. Elektron. Rechenanlagen 2 (Nov. 1960) No. 4, S. 183—193.

[632] SCHAEFER, E.: Elektronische Auslesespeicher. Elektron. Rechenanlagen 3 (Okt. 1961) No. 5, S. 197—205.

[633] HIGGINS, T. J.: Control Engineering Library, Parts 1—4. Control Engng. **1** (1954) No. 11, S. 47—49; No. 12, S. 48—51 und **2** (1955) No. 1, S. 57—62; No. 2, S. 60—62.

[634] HIGGINS, T. J.: Periodicals and Bibliographies for Your Control Engineering Library. Control Engng. 2 (1955) No. 3, S. 67—69.

[635] NOE, J. D.: Data Processing Systems — How They Function. Control Engng. 2 (1955) No. 10, S. 70—77.

[636] LERNER, I. S.: Digital Computers Need Orderly Number Systems. Control Engng. 2 (1955) No. 11, S. 82—89.

[637] NELSON, E.: Digital Computers Need Logical Design. Control Engng. 2 (1955) No. 12, S. 60—66.

[638] LEIFER, M., BLACHMAN, N. M.: Communication Theory in Digital Systems. Control Engng. 3 (1956) No. 1, S. 72—77.

[639] SCOTT, N. R.: Practical Circuits for Gating in Digital Computers. Control Engng. 3 (1956) No. 2, S. 93—98.

[640] SCOTT, N. R.: Temporary Storage Elements and Special-Purpose Tubes. Control Engng. 3 (1956) No. 3, S. 93—98.

[641] BLANKENPAKER, J.: How Computers Do Arithmetic. Control Engng. 3 (1956) No. 4, S. 93—99.

[642] FOWLER JR., F.: The Computer's Memory. Control Engng. 3 (1956) No. 5, S. 93—101.

[643] BOLLES, E. E., ENGEL, H. L.: Control Elements in the Computer. Control Engng. 3 (1956) No. 8, S. 93—98.

[644] RUTINOFF, M., BETER, R. H.: Input and Output Equipment. Control Engng. 3 (1956) No. 11, S. 115—123.

[645] HOUSEHOLDER, A. S.: Solving Problems with a Digital Computer. Control Engng. 4 (1957) No. 1, S. 99—105.

[646] ROCK, S. M., KLAMMER, W. W.: Programming the Computer. Control Engng. 4 (1957) No. 3, S. 119—123.

[647] HAMMING, R. W.: Checking Techniques for Digital Computers. Control Engng. 4 (1957) No. 5, S. 111—114.

[648] GRABBE, E. M.: Data Processing Systems — How They are Used. Control Engng. 2 (1955) No. 12, S. 40—45.

[649] CARR III, J. W.: Solving Scientific Problems. Control Engng. 3 (1956) No. 1, S. 63—70.

[650] CARR III, J. W., PERLIS, A. J.: A Comparison of Large-Scale Calculators. Control Engng. 3 (1956) No. 2, S. 84—92.

[651] CARR III, J. W., PERLIS, A. J.: Small-Scale Computers as Scientific Calculators. Control Engng. 3 (1956) No. 3, S. 99—104.

[652] WEGSTEIN, J. H., ALEXANDER, S. N.: Programming Scientific Calculators. Control Engng. 3 (1956) No. 5, S. 87—92.

[653] ADAMS, C. W.: Processing Business Data. Control Engng. 3 (1956) No. 6, S. 105—112.

[654] GITTONS, J.: Let's Look at the Available Business-Data Processors. Control Engng. 3 (1956) No. 7, S. 101—111.

[655] HOPPER, G. M.: Programming Business-Data Processors. Control Engng. 3 (1956) No. 10, S. 101—106.

[656] SALZER, J. M.: Controlling a Process. Control Engng. 3 (1956) No. 12, S. 95—99.

[657] GIMPEL, D. J.: Sampled-Data Systems. Control Engng. 4 (1957) No. 2, S. 99—106.

[658] BOWER, G. G.: Analog-to-Digital Converters — What Ones are Available and How They are Used. Control Engng. 4 (1957) No. 4, S. 107—118.

[659] PHISTER JR., M., GRABBE, E. M.: Fitting the Digital Computer into Process Control. Control Engng. 4 (1957) No. 6, S. 129—136.

[660] GIBBONS, J.: How Input/Output Units Affect Data-Processor Performance. Control Engng. 4 (1957) No. 7, S. 97—102.

[661] RAGLAND, E. A., WASSALL, D. E.: The Digital Answer to Data Telemetering. Control Engng. 4 (1957) No. 8, S. 95—101.

[662] Staff of CRESAP, McCORMICK and PAGET: Punched Card Equipment for Medium Size Computers. Control Engng. **8** (1961) No. 10, S. 108—112.

[663] Staff of CRESAP, McCORMICK and PAGET: Punched Card Equipment for Intermediate and Large Size Computers. Control Engng. **8** (1961) No. 11, S. 115—118.

[664] Staff of CRESAP, McCORMICK and PAGET: Punched Paper Tape Equipment for Medium, Intermediate, and Large Computers. Control Engng. **8** (1961) No. 12, S. 105—109.

[665] Staff of CRESAP, McCORMICK and PAGET: Printing Equipment for Medium, Intermediate, and Large Size Computers. Control Engng. **9** (1962) No. 1, S. 91—95.

[666] LEARY, F.: Computers Today. Electronics **34** (28. April 1961), S. 63—94.

[667] A Survey of Automatic Digital Computers, 1953. Office of Naval Research, Department of the Navy, Washington, D. C. Publication Board No. 111 293, 109 S.

[668] WEIK, M. H.: A Survey of Domestic Electronic Digital Computing Systems. Ballistic Research Lab. Rep. No. 971, Aberdeen Proving Ground, Maryland, Dez. 1955, 272 S.

[669] WEIK, M. H.: A Second Survey of Domestic Electronic Digital Computing Systems. Ballistic Research Lab. Rep. No. 1010, Aberdeen Proving Ground, Maryland, Juni 1957. Publication Board No. 111 996 R, 453 S.

[670] CARROLL, J. M.: Electronic Computers for the Businessman. Electronics **28** (Juni 1955) No. 6, S. 122—131.

[671] Data Processing Equipment Encyclopedia. Vol. 1: Electromechanical Equipment; Vol. 2: Electronic Equipment. Gille Associates, Inc., Detroit, Mich. 1961. (With Quarterly Udapting Supplements.)

[672] Computer Comparison Charts — Domestic Large Scale Commercially Available Computers. EDP Information Technology Service, Auerbach Electronics Corp., Philadelphia, 10. Juni 1961.

[673] Computer Characteristics Quarterly. Vierte Ausgabe: Dezember 1961. Charles W. Adams Associates, Inc., Bedfort, Mass.

[674] HOPPER, G. M.: First Glossary of Programming Terminology. Druckschrift der Association for Computing Machinery, New York, Juni 1954, 25 S.

[675] Glossary of Terms Relating to Automatic Digital Computers. British Standard 2641 (1955), 16 S.

[676] IRE Standards on Electronic Computers — Definitions of Terms, 1956. Proc. IRE **44** (Sept. 1956) No. 9, S. 1166—1173.

[677] Begriffsbestimmungen für programmgesteuerte elektronische Rechenanlagen. Zusammengestellt vom Fachausschuß der Fachgruppe 6 der NTG. Informationswandler. NTZ **9** (Sept. 1956) No. 9, S. 434—436. Korrektur ibid. (Dez. 1956) No. 12, S. 590.

[678] Fachwörterverzeichnis Deutsch/Französisch/Englisch. In: Handbuch der Lochkarten-Organisation. AWV Schriftenreihe No. 142. Agenor Druck- und Verlagsgesellschaft, Frankfurt am Main 1956, S. 225—240.

[679] HEINHOLD, J. (Hrsg.): Programmierungstechnische Termini. Herausgegeben vom Fachausschuß Programmieren der GAMM, Bericht No. 1, März 1957, 16 S.

[680] Glossary of Computer Engineering and Programming Terminology. In [669] S. 416—439.

[681] BASTEN, R.: Deutsch-Englisches Wörterbuch für elektronische Rechenautomaten. Bl. Dtsch. Ges. Versicherungsmath. **3** (Okt. 1957) No. 3, S. 267—306.

[682] TONNDORF, R.: Elektronische Rechner. Angloamerikanische Fachwörter. Elektron. Rdsch. **11** (Okt. 1957) No. 10, S. 310—313.

[683] TERPIGOREWA, A. M.: Terminologie von Rechengeräten und -apparaten (in russ.). Akademie der Wissenschaften der UdSSR, Moskau 1957, 16 S.

[684] HOLMSTROM, J. E. (Hrsg.): Multilingual Terminology of Information Processing (Incomplete Provisional Draft). Provisional International Computation Centre, Rom, Juni 1959.

[685] Programmgesteuerte elektronische Rechenanlagen — Begriffe. NTZ **11** (Juli 1958) No. 7, S. 373—376.

[686] Kristoufek, K., Svoboda, F.: Fachwörter aus dem Gebiet der Informations-verarbeitung (in tschech., mit russ., engl. und dtsch. Übersetzungen der Fach-ausdrücke). Stroje na Zpracování Informací **6** (1958), S. 295—327.

[687] Mamonov, E. I.: Basic Nomenclature and Definitions in Automatic Digital Computing Engineering (in russ. bzw. engl. Übers.). In [554].

[688] IRE Standards on Static Magnetic Storage — Definitions of Terms, 1959. Proc. IRE **47** (März 1959) No. 3, S. 427—430.

[689] Terminologie de l'exploitation électronique des informations. Commissariat Géneral du Plan d'Equipment et de la Productivité, Paris 1959, 28 S.

[690] Berkeley, E. C., Lovett, L. L.: Glossary of Terms in Computers and Data Processing. Berkeley Enterprises, Inc., Newtonville, Mass. 1960, 90 S.

[691] Bibero, R. J.: Dictionary of Automatic Control. Chapman and Hall, London 1960, 282 S.

[692] de Burgh Wilmot, E.: Glossary of Terms Used in Automatic Data Processing. Business Publications, London 1960, 39 S.

[693] Clason, W. E.: Elsevier's Dictionary of Automation, Computers, Control and Measuring in Six Languages (English/American — French — Spanish — Italian — Dutch — German). Elsevier Publ. Comp., Amsterdam 1961, 848 S.

[694] Holmstrom, J. E. (Hrsg.): Multilingual Translation of Draft British Standard Definitions for Automatic Data Processing (Second Provisional Draft of Material for a Multilingual Terminology of Automatic Data Processing). Unter Verwendung von Dokument A(TLE) 8761 der British Standards Institution, April 1960. Provisional International Computation Centre, Rom 1961.

[695] Ershov, A. P. (Hrsg.), Voloshin, J. M.: Bibliographie über automatisches Programmieren (in russ.). Math. Inst. mit Rechenzentrum, Akad. Wiss. UdSSR, Sibirische Abt., Novosibirsk 1961, 37 S., 435 Titel.

[696] Knödel, W.: Programmieren von Ziffernrechenanlagen. Springer-Verlag, Wien 1961.

[697] Gigacycle Computing Systems. Proc. Sessions on Gigacycle Computing Systems Presented at the AIEE Winter General Meeting, New York, 29. Jan. — 2. Febr. 1962. Bericht S-136, American Institute of Electrical Engineers, New York, Januar 1962, 136 S.

Sachverzeichnis

Subject Index

Index des matières

Beachte: Die Stichwörter in bezug auf Beiträge in deutscher Sprache sind steil, diejenigen in bezug auf Beiträge in englischer Sprache sind *kursiv* gedruckt. Es wird empfohlen, gegebenenfalls unter beiden Stichwortgruppen zu recherchieren. (Anmerkung des Herausgebers.)

Note: The index words relating to contributions in German are in normal type, whereas those relating to contributions in English are typed in *italics*. It is recommended, whenever occasion arises, to examine both groups of index words. (Editor's remark.)

Notez: Les mots de l'index des matières concernant les contributions en langue allemande sont imprimés en caractères romains tandis que ceux concernant les contributions en langue anglaise, en *italique*. Il est recommandé d'examiner éventuellement les deux groupes de mots-clefs. (Remarque de l'éditeur.)